Mathematik für Informati

Matthias Schubert

Mathematik für Informatiker

Ausführlich erklärt mit vielen Programmbeispielen und Aufgaben

2. Aufl. 2012

Mit 118 Abbildungen

STUDIUM

Springer Vieweg

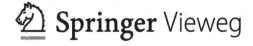

Dr. Matthias Schubert
Frankfurt
Deutschland

Prof. Dr. Matthias Schubert geboren 1952 in Bonn. Von 1970 bis 1978 Studium der Mathematik an der Universität Bonn, 1983 Promotion. Von 1983 bis 1986 Softwareentwickler und Projektleiter bei einer auf Materialwirtschaft und Logistik spezialisierten Unternehmensberatung in Bad Nauheim, anschließend Projekte im Bereich Gesundheitswesen und medizinische Informatik bei den städtischen Kliniken in Darmstadt. Seit 1988 Professor für Mathematik und Informatik an der Fachhochschule in Frankfurt. Hat dort sehr viele Mathematikvorlesungen für Informatiker gehalten. Wird das auch weiterhin tun. Verantwortlich für die Bereiche Datenbanken und Objektorientierte Programmierung. Engagiert im Masterstudiengang in den Bereichen Agile Methoden, Entwurfsmuster und Formale Methoden.

www.datenbankschubert.de
www.viewegteubner.de/tu/mathe-fuer-informatiker

Springer Vieweg
ISBN 978-3-8348-1848-5
ISBN 978-3-8348-1995-6 (eBook)
DOI 10.1007/978-3-8348-1995-6

Die Deutsche Nationalbibliothek verzeichnet diese Publikation in der Deutschen Nationalbibliografie; detaillierte bibliografische Daten sind im Internet über http://dnb.d-nb.de abrufbar.

Einbandentwurf: KünkelLopka GmbH, Heidelberg

Gedruckt auf säurefreiem und chlorfrei gebleichtem Papier

Springer Vieweg ist eine Marke von Springer DE.
Springer DE ist Teil der Fachverlagsgruppe Springer Science+Business Media
www.springer-vieweg.de

Vorwort

»Siehst du, Momo«, sagte er dann zum Beispiel, »es ist so: Manchmal hat man eine sehr lange Straße vor sich. Man denkt, die ist so schrecklich lang; das kann man niemals schaffen, denkt man.«
Er blickte eine Weile schweigend vor sich hin, dann fuhr er fort: »Und dann fängt man an, sich zu eilen. Und man eilt sich immer mehr. Jedesmal, wenn man aufblickt, sieht man, daß es gar nicht weniger wird, was noch vor einem liegt. Und man strengt sich noch mehr an, man kriegt es mit der Angst, und zum Schluß ist man ganz außer Puste und kann nicht mehr. Und die Straße liegt immer noch vor einem. So darf man es nicht machen.«
Er dachte einige Zeit nach. Dann sprach er weiter: »Man darf nie an die ganze Straße auf einmal denken, verstehst Du? Man muß nur an den nächsten Schritt denken, an den nächsten Atemzug, an den nächsten Besenstrich. Und immer wieder nur an den nächsten.«
Wieder hielt er inne und überlegte, ehe er hinzufügte: »Dann macht es Freude; das ist wichtig, dann macht man seine Sache gut. Und so soll es sein.«
Und abermals nach einer langen Pause fuhr er fort: »Auf einmal merkt man, daß man Schritt für die Schritt die ganze Straße gemacht hat. Man hat gar nicht gemerkt wie, und man ist nicht außer Puste.«
Er nickte vor sich hin und sagte abschließend: »Das ist wichtig.«

Michael Ende, Momo

Wie wird in diesem Buch Mathematik erklärt und wie lernt man Mathematik?

Man kann über Mathematik erzählen, man kann Mathematik als eine Sammlung von Rezepten für Anwender (ohne Beweise) präsentieren und man kann Mathematik als das exakte, logisch fundierte Gebäude aufbauen, das sie ihrer Natur nach ist. In diesem Buch finden Sie Darstellungen aus all diesen Blickwinkeln. Allerdings habe ich mich bemüht, einen gewissen Standard an mathematischer Exaktheit zu Grunde zu legen und stets beizubehalten. Ohne diesen Standard können Sie sehr schwer richtige und falsche Ergebnisse Ihrer Anwendungen voneinander unterscheiden. Ohne ein mathematisches Verständnis der Theorie fällt es viel schwerer, diese zu beherrschen und korrekt einzusetzen. Und ohne dieses Verständnis sind Sie nicht in der Lage, auch in neuen Situationen und bei nicht im Lehrbuch beschriebenen Problemen zu Lösungen zu kommen.

Alle wichtigen mathematischen Konzepte, mit denen Sie im Laufe Ihres Studiums konfrontiert werden, sollen logisch einwandfrei und genau definiert werden. Vor den exakten Definitionen jedoch möchte ich Ihnen immer, wenn es irgend möglich ist, erklären

- welche Bedeutung das entsprechende Konzept in der Informatik hat,
- wie es dazu kam, dass der entsprechende Begriff »erfunden« wurde, welche Leute daran beteiligt waren, warum sie es gemacht haben und wann das eigentlich war,
- und welche anschaulichen Vorstellungen einer – oft sehr abstrakten – Definition zu Grunde liegen.

Alle Sätze, die ganze Theorie wird an Beispielen erklärt und verdeutlicht und abgesehen von einigen Ausnahmen – fast alle in der Stochastik – werden auch alle Sätze bewiesen. Nur mit Hilfe der Beispiele können Sie es lernen, mit den allgemeinen Begriffen und Sätzen der Theorie umzugehen und sie erfolgreich auf weitere, neue Beispiele anzuwenden.

Und das bedeutet:
Sie müssen diese Beispiele (nach)rechnen und müssen die Bearbeitung dieser Beispiele verstehen. Bei Unklarheiten fragen Sie Ihre Dozentinnen und Dozenten, besprechen Sie sich untereinander. Sie müssen und sollten lernen, im Team zu arbeiten – Sie vermeiden es so, sich in Sackgassen zu verrennen, mehr Leute haben mehr Ideen und Sie lernen es, anderen Leuten zuzuhören und anderen Leuten etwas zu erklären. Das wichtigste aber ist:

Bearbeiten Sie die Übungsaufgaben.

Man lernt Mathematik nur, wenn man sie selber »macht«. Ehrenwort! Das gilt übrigens auch für Informatik, für Physik, für alle Ingenieurwissenschaften, wahrscheinlich für alle Lernprozesse überhaupt. Sie erwerben den Führerschein nicht dadurch, dass Sie lesen, wie man fährt, sondern nur dadurch, dass Sie selber fahren. Erst in der Anwendung des gelesenen oder gehörten Stoffes auf Probleme, bei der Sie nicht mehr an der Hand geführt werden, werden Ihnen Leistungsfähigkeit und Anwendungsbereiche der Theorie klar, die Sie vorher »abgenickt« haben. Meistens versteht man sie erst in solch einer Situation.

Diese Einsicht bedeutet zunächst ein wenig mehr Arbeit, aber andererseits garantiert Sie Ihnen eine sehr erfreuliche Antwort auf eine Ihrer dringendsten Fragen.

Wie kann man dieses dicke Buch zur effektiven Klausurvorbereitung nutzen?

Pro Semester umfasst dieses Buch ungefähr 30 Seiten mit Übungsaufgaben. Rechnen Sie diese Übungsaufgaben. Der Index zu diesem Buch hilft Ihnen bei der Suche nach der benötigten Theorie. Wenn Sie überhaupt nicht weiterkommen bzw. wenn Sie Ihre eigenen Lösungen überprüfen wollen, gibt es Hilfe: Auf meiner Homepage bzw. auf der entsprechenden Seite des Verlages finden Sie umfangreiche Materialien zu diesem Buch, unter anderem habe ich dort Lösungsvorschläge für sämtliche Übungsaufgaben abgestellt[1]. Arbeiten Sie auch hier mit anderen Studentinnen und Studenten zusammen. Erst in der Klausur selber verlangen wir unbedingte Einzelarbeit.

Und verfahren Sie genauso mit den Übungsaufgaben, die Ihnen Ihre Dozentin oder Ihr Dozent in der Vorlesung stellt. Sie sind wirklich das Herzstück Ihres Lernfortschritts.

Welche Mathematik brauchen Informatikerinnen und Informatiker?

Auf diese Frage gibt es mehrere mögliche Antworten. Deprimierende und weniger deprimierende. Die Vielfalt der Möglichkeiten zeigt sich unter anderem darin, dass jedes Lehrbuch zu diesem Thema mit einer anderen Stoffauswahl, der man zuweilen noch die Herkunft aus dem klassischen ingenieurwissenschaftlichen Bereich anmerkt, auf diese Frage antwortet.

[1] Beachten Sie dazu den Hinweis zu Beginn dieses Buches.

Die Antwort, die Sie (und mich und meine Kolleginnen und Kollegen) am ratlosesten macht, heißt: Sie brauchen alles, Sie brauchen die ganze Mathematik, Analysis, Algebra, Zahlentheorie, Statistik und so weiter, und so weiter. Denn in diesen Gebieten wird überall Informatik eingesetzt, bzw. es gibt für jedes dieser Gebiete Programme im wissenschaftlichen und kommerziellen Bereich, die Mathematik aus diesen Bereichen benutzen und in denen mathematische Formeln aus diesen Bereichen programmiert werden.
Aber: Nach dieser Logik müssten Informatikerinnen und Informatiker über alles Mögliche in der Welt Bescheid wissen: über Physik, über Materialwirtschaft, über Gehaltsabrechnungen, über Biologie, über Fantasy-Welten, über Lohnsteuergesetze, über englische, deutsche, japanische, französische und chinesische Sprachen und vieles mehr. Denn in all diesen Bereichen gibt es Anwendungen aus der Informatik, aus all diesen Bereichen sind Regeln und Verhaltensweisen in Programmen formalisiert worden.

Sie merken: Das kann man von keinem Informatiker verlangen. Die Lösung muss woanders liegen. Sie müssen eine der wichtigsten Fähigkeiten erwerben, die ein Informatiker zur erfolgreichen Arbeit braucht: die Fähigkeit, den Anwender, den Kunden zu zwingen, seine Spezifikationen exakt und verständlich anzugeben. Der Experte aus der Anwenderwelt muss alles, was wichtig für die Software-Modellierung ist, so bereitstellen, dass Sie es korrekt einarbeiten können. Betrachten Sie dazu folgenden Beispieldialog zwischen einer Person S, die die Spezifikation für ein Programm macht und einer Person R, die realisieren soll:

S: »Please write a program to search for an element in a table!«
R: »What kind of a table? A list? An array? A tree? Are the elements sorted? Do they have a key?«
S: »I don't want to consider these implementation issues. That is your job. «
R: »But what should be done if the sought element is not in the table?«
S: »Sorry?«

Frei übersetzt:
S: »Bitte schreiben Sie ein Programm, das ein Element in einer Tabelle sucht!«
R: »Welcher Art ist diese Tabelle? Eine Liste? Ein Array? Ein Baum? Sind die Elemente in dieser Tabelle sortiert? Haben sie einen Schlüssel?«
S: »Mit diesen Fragen der Implementierung möchte ich mich nicht beschäftigen. Das ist Ihre Angelegenheit.«
R: »Wie sollte das Programm reagieren, wenn das gesuchte Element nicht in der Tabelle vorhanden ist?«
S: »Wie bitte?«

Dieses Beispiel ist dem englischsprachigen Buch »Understanding Formal Methods« [Monin] entnommen und wird über dort über mehrere(!) Kapitel hinweg diskutiert. Unter anderem dient es dazu, klar zu machen, wie wichtig eine genaue Spezifikation der Eingangs- und Ausgangsbedingungen eines Programms ist.

Fassen wir zusammen: Sie müssen *nicht* die gesamte Mathematik kennen, aber Sie müssen sich anwenderspezifisches Expertenwissen so bereitstellen lassen können, dass Sie Eingangs- und Ausgangszustände Ihres Programms und die jeweiligen Verarbeitungsregeln genauestens beschreiben können. *Dafür* braucht man Mathematik, unter anderem Mengenlehre, Aussagenlogik und Prädikatenlogik.

Wir können uns jetzt einer Antwort auf die oben gestellte Frage »Welche Mathematik brauchen Informatikerinnen und Informatiker?« nähern, die nicht mehr so deprimierend ist, wie unser erster Versuch. Grundlage für die Formulierung dieser Antwort ist das Prinzip:

> Wir sagen, dass eine mathematische Theorie in der Informatik gebraucht wird, falls sie echter Bestandteil eines Gebiets der Informatik ist.

Das ist natürlich nur die Illusion einer Definition, trotzdem war dieses Prinzip für mich eine gute Richtschnur für die Stoffauswahl für dieses Buch und für die Antwort auf unsere Frage. Ich habe in jedem Kapitel, in jedem Abschnitt versucht, zu erklären, inwieweit der jeweils behandelte Stoff zur Informatik gehört und wo er gebraucht wird.

Inhalt und Aufbau dieses Buches

Das Buch behandelt die folgenden Themen:
Im ersten Teil werden die bereits erwähnten Grundlagen der Aussagen- und Prädikatenlogik und der Mengenlehre behandelt. Alles, was hier steht, brauchen Sie andauernd bei Ihrer Tätigkeit als Informatikerin oder Informatiker.
Mehrere Kapitel in diesem Buch beschäftigen sich damit, Ihnen eine gute Vorstellung von der Welt der Zahlen zu geben, dazu gehört ein möglichst großes Wissen von der mathematischen Welt der Zahlen einerseits und andererseits eine klare Vorstellung von dem kleinen Ausschnitt aus dieser Welt, den Sie in einem Computerprogramm gleich welcher Art realisieren können.
Ich beginne mit dieser Darstellung im zweiten Teil, in ihm geht es um natürliche Zahlen und das Prinzip der Induktion, um ganze Zahlen und um rationale Zahlen. Und gleichzeitig werden hier algebraische Strukturen zu ihrer Beschreibung besprochen, nämlich Gruppen, Ringe und Körper.
Ehe wir diese Betrachtungen mit der Diskussion der reellen und der komplexen Zahlen und die Mandelbrotmenge abschließen, erledigen wir auf dem Weg dahin noch etwas anderes: Die Mathematik der relationalen Datenbanken, der Codierung und der Verschlüsselung. Das geschieht im dritten Teil, hier geht es um Äquivalenzrelationen, Endliche Gruppen und Körper und um Zahlentheorie.

Der vierte Teil bespricht die reellen Zahlen und die komplexen Zahlen und ihre algebraische Abgeschlossenheit. Außerdem zeige ich Ihnen, wie man das berühmte »Apfelmännchen« erzeugen kann.
Diese ersten vier Teile bilden den Stoff einer Mathematikvorlesung für Informatikstudenten des ersten Semesters. Im zweiten Semester geht es wieder mehr um diskrete Mathematik, hierzu gehört der fünfte Teil dieses Buchs, in dem die Boolesche Algebra besprochen wird.

Desgleichen umfasst der Stoff dieses zweiten Semesters die Graphentheorie, hier werden Verbindungsprobleme diskutiert, es werden kürzeste, längste, billigste und teuerste Verbindungen gesucht, Brücken überquert und Heiratschancen geprüft. Insbesondere lernen Sie äußerst wichtige Werkzeuge für die schnelle Navigation in komplexen Datenstrukturen kennen, wie sie beispielsweise in jeder Datenbank verwendet werden. Sie werden zur Lösung dieser Probleme Algorithmen konstruieren und deren Laufzeit abschätzen. All das geschieht im sechsten Teil.

Die nächsten drei Teile beschäftigen sich mit der Stochastik (Wahrscheinlichkeitsrechnung und Statistik), typischerweise der Stoff des dritten Semesters in der Mathematikausbildung von Informatikern. Der siebte Teil beschäftigt sich mit der deskriptiven Statistik, der achte Teil mit der Wahrscheinlichkeitsrechnung und der neunte Teil hat die schließende Statistik zum Inhalt. Die Stochastik nimmt aus zwei Gründen eine besondere Stellung in diesem Buch ein:

- Zunächst scheint die Stochastik nicht in gleichem Maße ein »echter« Bestandteil der Informatik zu sein wie die anderen, bisher aufgeführten Gebiete. Allerdings erweist sich diese Einschätzung beispielsweise dann als falsch, wenn man sich mit dem hoch interessanten Gebiet des Data-Mining beschäftigt, wo statistische Methoden ein ganz zentraler Bestandteil sind.
- In den Kapiteln über Wahrscheinlichkeitsrechnung und schließende Statistik sah ich mich immer wieder gezwungen, mathematische Sätze zu benutzen, die ich nicht beweisen konnte, weil uns die dazu nötige Theorie fehlte. Das betrifft zu einem großen Teil fortgeschrittene Kenntnisse aus der Analysis. Zu solch einem Vorgehen war ich in keinem anderen Bereich dieses Buches veranlasst. Ich weiß, dass mich ein derartiges Vorgehen weit mehr beunruhigt als Sie – aber glauben Sie mir: je mehr Sie unbewiesene Sätze als »Rezepte« einsetzen, desto schwerer fällt es Ihnen, einen »Riecher«, ein Gefühl für richtige und falsche Ergebnisse Ihrer Anwendungen zu entwickeln.[2]

Damit kommen wir zum letzten Teil dieses Buches, es ist ein Anhang zur Analysis. Dieser Teil soll Sie an Dinge erinnern, die Sie aus der Schule wissen. Das Register hilft Ihnen dabei, dieses Wissen schnell wieder aufzufrischen. Sie brauchen diesen Anhang in diesem Buch bei drei Gelegenheiten:

- Bei der Diskussion der reellen Zahlen (Kapitel 9).
- Bei den Untersuchungen der Laufzeit von Algorithmen, wo Ihnen der Unterschied von logarithmischem, polynomialem und exponentiellem Wachstum klar werden muss (Kapitel 18).
- Und – immer wieder – in den Stochastikkapiteln 20 bis 24.

Programme, Programme, Programme

Dieses Buch ist voller Software, um den Informatikern unter Ihnen zu zeigen, wie man die Mathematik und die Algorithmen programmieren kann. Einige Programme brauchen wir auch zur Durchführung von numerischen Berechnungen, die für den Taschenrechner viel zu umfangreich oder kompliziert sind. Fast alles ist in Standard C++ geschrieben, nur für graphische Darstellungen wie z.B. die Zeichnung der Mandelbrot-Menge habe ich entscheidend die Entwicklungsumgebung von Microsoft .NET benutzt. Wichtige Programmteile sind im Text abgedruckt, die vollständigen Programme finden Sie wieder

[2] Ich habe Sie schon zu Beginn dieses Vorworts auf die anderen Nachteile dieser Strategie hingewiesen.

auf meiner Homepage bzw. auf der entsprechenden Seite des Verlages. Beachten Sie dazu wieder den Hinweis zu Beginn dieses Buches.
Außerdem habe ich in den Stochastikkapiteln viel mit Excel gearbeitet, einige Arbeitsblätter habe ich Ihnen ebenfalls ins Netz gestellt, wer sich mit Excel auskennt, wird mit ihnen leicht weiter arbeiten können. Alle anderen unter Ihnen, die Wahrscheinlichkeitstheorie und Statistik lernen wollen und noch keine Erfahrung mit Excel haben, sollten ein wenig Zeit investieren, um sich ein paar Grundlagen anzueignen. Es lohnt sich auf jeden Fall. Natürlich gibt es auch andere Software, mit der man in diesem Zusammenhang arbeiten kann, die genauso gut ist oder besser oder schlecht oder nur anders. Aber irgendeine Unterstützung zur Berechnung von Beispielen und statistischen Funktionen ist nützlich und hilft bei der Bearbeitung der Übungsaufgaben. Und Übungsaufgaben ... aber das sagte ich ja bereits.

Brauchen Informatikerinnen, brauchen Informatiker Mathematik?

»Informatiker brauchen Mathematik, die Informatik braucht Mathematik.« Das scheint selbstverständlich zu sein, an allen Hochschulen, Fachhochschulen und sonstigen Ausbildungsstätten, an denen Informatik gelehrt und gelernt wird, gehört Mathematik mit zum Studienprogramm, sie ist – teilweise bis in die letzten, das Studium abschließenden Semester hinein – ein fester und oft schwieriger Begleiter beim Erlernen der Informatik. Warum ist das so? Mathematik ist bis zum heutigen Tage von entscheidender Bedeutung bei allen Fragen, die die Hardware, den technischen Bereich der Informatik betreffen. Aber die Mathematik spielt auch im Bereich der Software eine sehr wichtige Rolle. Es gibt dafür mehrere Gründe – Gründe, die mit einer tiefer liegenden Beziehung zwischen diesen beiden Wissenschaften zu tun haben und die auch erklären, warum sich die Informatik zu einem großen Teil aus dem Schoß der Mathematik heraus entwickelt hat.

Am Anfang waren die Mathematiker bei der Bearbeitung von Problemen der Informatik meistens unter sich, denn sie waren an Rechnern, an Computern – »computer« ist das englische Wort für »Rechner« – interessiert, an Maschinen, die sie beim Rechnen unterstützten. Im Laufe der Zeit entwickelte sich die Informatik aber immer mehr zu einer eigenständigen Wissenschaft, die auch alle möglichen anderen Probleme bearbeiten können sollte. Diese Entwicklung ist in den letzten Jahren immer schneller und umfassender vorangeschritten und betrifft alle Bereiche des menschlichen Lebens. Damit haben wir scheinbar eine Wegentwicklung von der Mathematik, aber in Wirklichkeit ist das Gegenteil der Fall. Ich gebe Ihnen ein einfaches Beispiel: Wenn Sie sich in einem kleinen Notizbuch die Namen, Adressen und Telefonnummern Ihrer Freunde und Geschäftspartner anlegen, wird fast jeder Eintrag sein eigenes »Format« haben: Ein Eintrag hat keine Telefonnummer, ein anderer hat zwei oder drei, einer steht nur mit seinem Vornamen da, ein anderer Eintrag ist achtunggebietend mit Titel und Firmenbezeichnung notiert, Sie können nicht immer richtig sortieren, weil der Platz aufgebraucht ist, manchmal sortieren Sie kategorial (z.B. Freunde im Inland, Freunde im Ausland), manchmal alphabetisch, manchmal »nach Wichtigkeit«. Sobald Sie diese Aufgabe von einem Rechner durchführen lassen wollen, ist Schluss mit dieser Individualbehandlung. Sie müssen eine allgemeine Form finden, die alle Sonderfälle mit erfasst. Und wenn Sie Ihre Adresseinträge nach verschiedenen Kriterien (Name, Telefonnummer, Adresse usw.) sortieren wollen, wollen Sie dafür nur ein Programm schreiben, nicht pro Kriterium eins. Überhaupt wollen Sie in Ihrem Leben nur ein einziges Sortierprogramm schreiben, das für alle möglichen Dinge wie Zahlen, Personen, Texte, Worte, Buchstaben, Artikel eines Warenhauses und was da sonst noch sortiert werden kann, gleichermaßen funktioniert. Sie müssen allgemeine Strukturen erkennen können, konkrete Dinge wie Personen und Verkaufsartikel auf diese allgemeinen Strukturen hin abstrahieren können und diese Abstraktionen verarbeiten können bzw. in der objektorientierten Programmierung mit den richtigen Fähigkeiten zum aktiven Handeln versehen können. Auch diese Formalisierung des Verhaltens von abstrakten Strukturen ist eine zutiefst mathematische Tätigkeit. Es ist eng verwandt mit dem Entwurf von Algorithmen.

Diese Fähigkeit zur Abstraktion und zum Arbeiten mit Abstraktionen lernen Sie nirgendwo besser als in der Mathematik, Sie lernen sie nur in der Mathematik. Die Mathematik beschäftigt sich – sehr vereinfacht gesprochen – mit Objekten, die auf numerische und räumliche Eigenschaften hin reduziert sind. Diese Abstraktionen sind so stark, die Abstraktionsebene ist so hoch, dass viele Menschen oft denken, Mathematik habe mit der Realität überhaupt nichts zu tun. Das stimmt ganz offensichtlich nicht, dazu wird Mathematik in allen möglichen Bereichen des Lebens viel zu oft erfolgreich angewandt. Das geschieht aber auf der Grundlage einer so starken Abstraktion, einer so hohen Abstraktionsebene, dass ein und dieselbe Mathematik in den unterschiedlichsten realen Situationen angewendet werden kann. Welche andere Wissenschaft kann beispielsweise in so verschiedenartigen Anwendungsgebieten wie bei Marketingaktionen, in der Quantenphysik, bei politischen Meinungsumfragen, bei mathematischen Primzahlanalysen und in der medizinischen Forschung erfolgreich zum Einsatz kommen wie die Statistik? (Davon werden Sie übrigens im letzten Teil dieses Buches einen guten Eindruck bekommen). Und das geht nur,

- weil die entsprechenden Fragestellungen auf einem Niveau formuliert werden, das genügend von den für das Problem unwichtigen Einzelheiten und Eigenschaften abstrahiert
- und weil die »verbleibenden« abstrakten Strukturen mit der nötigen Tiefe und Qualität untersucht werden.

Diese beiden Fähigkeiten, die Fähigkeit zur guten, zur richtigen Abstraktion und zum effektiven Arbeiten und Formalisieren auf der einmal gewonnenen Abstraktionsebene, sind entscheidende Qualifikationen für die gute Softwareentwicklerin und für den guten Softwareentwickler.

- Sie wollen, dass Ihre Programme so oft wie möglich und in so unterschiedlichen Situationen wie möglich wieder verwendet werden können. Das bedeutet, Sie müssen Ihr Abstraktionsniveau so hoch wie möglich anlegen.
- Sie wollen, dass spätere Änderungen in den konkreten Anwendungen – auch in einer späten Phase der Implementierung – leicht eingebaut werden können. Das bedeutet: Ihre Abstraktionen müssen von hoher Qualität sein[3].
- Und Sie wollen, dass Ihre Programme so schnell, so effektiv wie möglich arbeiten. Das bedeutet, Sie müssen mit den abstrakten Strukturen gut und souverän umgehen können.

---

[3] Was das bedeutet, lernen Sie in einer Vorlesung über Software-Engineering und Entwurfsmuster.

Wieso, höre ich Sie völlig zu Recht fragen, wieso lernen wir diese Formen der Abstraktion und der Verarbeitung von abstrakten Strukturen nicht gleich an dem Ort und an den Beispielen, die ganz direkt aus der Informatik kommen?
Die Antwort darauf besteht aus mehreren Teilen:

- Gerade zu Beginn Ihres Studiums sind Sie in der Informatikausbildung viel zu sehr damit beschäftigt, erst einmal die Sprachen wie C++, Java oder C# zu lernen, in denen Sie später diese Abstraktionen modellieren und verarbeiten werden. Die Erlernung und Beherrschung dieser Sprachen ist etwas ganz anderes als der Entwurf einer guten und effektiven Softwarearchitektur – aber sie muss diesem Entwurf vorausgehen.
- Der Entwurf einer guten und effektiven Softwarearchitektur ist in hohem Maße nicht trivial, vergleichen Sie dazu eines meiner Lieblingsbücher zu diesem Thema [Mart]. So etwas können Sie nicht am Anfang Ihres Studiums lernen.
- Die Sprache der Mathematik hingegen steht Ihnen schon zu Beginn Ihres Studiums seit vielen Jahren zur Verfügung. In dieser Sprache können Sie sehr schnell leichte und auch schwierigere Probleme formulieren und bearbeiten, die die oben beschriebenen Fähigkeiten schulen und vertiefen. Sie werden sehr direkt, direkter als Ihnen zunächst bewusst ist, auf das Studium komplexer Software-Techniken und auf das Verständnis von Entwurfsmustern und anderen Abstraktionen vorbereitet.
- Und Sie müssen sowieso einige mathematische Kenntnisse erwerben, die Sie unmittelbar in Ihrer Informatikausbildung brauchen.

Ceterum Censeo – Im übrigen bin ich der Meinung

Vor einigen Jahren schrieb ich im Vorwort zu meinem Buch über Datenbanken:
»Dieses Buch wurde geschrieben im ständigen Gespräch, in der kontinuierlichen Diskussion mit ›meinen‹ Studentinnen und Studenten. Es verdankt ihnen alles: den Aufbau, die Beispiele, die Genauigkeit der Erklärungen und den gesprächsartigen, persönlichen Stil, in dem dieses Buch geschrieben wurde. In diesen Zeiten der Knappheit in den öffentlichen Kassen, der fortwährenden Umstrukturierungen im Hochschulbereich, der Einführung von Studiengebühren haben es die Studierenden wahrlich nicht leicht, ihr Studium konzentriert durchzuführen. Die allermeisten sind gezwungen, nebenher zu arbeiten, um das Studium zu finanzieren und nur wenige haben das Glück, einen ›Job‹ zu finden, der fachlich in enger Beziehung zum Studienfach steht. Umso großartiger ist es, in jedem Semester immer wieder eine große Zahl von Studentinnen und Studenten zu finden, die sich mit Interesse, Engagement und – sehr wichtig – Ausdauer an der Diskussion und Erarbeitung des Stoffes beteiligen. Manchmal scheint es, als ob die gegenwärtige Hochschulpolitik nur darauf aus ist, diese kreative Arbeitsatmosphäre immer unmöglicher zu machen. Lassen Sie uns alle dafür sorgen, dass das nicht geschieht.«

Diese Worte sind noch genauso wahr wie vor vier Jahren, die Anzahl der bürokratischen Regelungen mit Vorleistungen, Vorbedingungen und Exmatrikulationsandrohungen hat sich dagegen dramatisch erhöht und belastet das Studium mit zahlreichen, völlig fachfremden Hürden und Behinderungen. Man möchte den Reglementierern zurufen: Hört auf, solchen Schaden anzurichten und lasst uns in Ruhe arbeiten! Ich hoffe sehr, dass dieser Prozess noch umkehrbar ist.

Danke, Danke, Danke

Ich stehe in mehrfacher Hinsicht auf sehr breiten Schultern, ich verdanke sehr viel meinen großartigen Lehrern. Das betrifft sowohl die Schule als auch in besonderem Maße die Universität. Insbesondere konnte ich unter Bedingungen studieren, die sehr sparsam in Bezug auf formale Regelungen waren, dafür hoch, ja höchst engagiert in Bezug auf die Qualität der mathematischen Inhalte und der pädagogischen Konzepte. Ich wünsche Ihnen, liebe Studentinnen und Studenten, von ganzem Herzen vergleichbare Studiumsmöglichkeiten – nicht ohne Sie darauf hinzuweisen, dass die Studenten damals diese Situation auch nicht geschenkt bekommen haben. Sie haben oft hart dafür kämpfen müssen.

Viel in diesem Buch verdanke ich der Diskussion mit meinen Kollegen. Insbesondere die Stochastik habe ich mir von Grund auf von meinem Kollegen Egbert Falkenberg erklären lassen müssen. Ich habe – von manchem Schmunzeln der anderen Studenten begleitet – seine Vorlesung besucht und sein wunderschönes Skript durchgearbeitet. Wann immer ich etwas aus diesem Skript in meinem Buch verwende, habe ich es deutlich gemacht, aber der ganze Stochastikabschnitt in diesem Buch basiert insgesamt auf dieser Vorlesung. Nur die Fehler, die sind von mir. Für diese Hilfe auch noch mal hier ein großes Dankeschön.

Und dann Sie, die Studentinnen und Studenten! Mit Ihnen, in vielen Gesprächen und durch den Vergleich verschiedener Lösungswege, durch Ihre Kritik und Ihren Zuspruch ist dieses Buch in vielen Jahren entstanden, gewachsen und besser geworden. Ihre Reaktion hat mir Mut gemacht, Ihre Kritik hat mich nachdenklich gemacht, Ihre Klausuren haben mich manchmal überrascht und mir gezeigt, was ich besser machen muss. Auch Ihnen gebührt ein großer Dank. Wenn Sie dieses Buch lesen und Kritik und Verbesserungsvorschläge haben oder wenn Sie mir nur einfach Ihre Meinung sagen wollen, bitte, schreiben Sie mir. Auf meiner Homepage oder auf der Seite der Fachhochschule Frankfurt finden Sie meine Adresse. Oder schreiben Sie an den Verlag. Wir brauchen Ihre Reaktion.

Ulrich Sandten vom Verlag Vieweg+Teubner hatte die Idee zu diesem Buch. Er hat es mir vorgeschlagen und ich war sofort Feuer und Flamme. Die Realisierung dieses Buchs hat viel länger gedauert als zunächst geplant war, aber er hat mich in der gesamten Zeit großartig unterstützt, er hat mir Mut gemacht, wenn ich dabei war, ihn zu verlieren und er hat mit vielen Ideen zu Form und Inhalt dieses Buchs beigetragen. Dafür meinen allerherzlichsten Dank – ihm und dem gesamten Verlags-Team unter der Leitung von Ulrike Schmickler-Hirzebruch, die einen so tollen Job machen. Und danke an Ivonne Domnick, die meinen »nackten« Text in so eine schöne Form gebracht hat.

Ich bedanke mich ebenso bei »meiner« Fachhochschule Frankfurt (am Main), die mir im Sommersemester 2008 ein »Sabbatical« gewährt hat, ohne das dieses Buch wahrscheinlich nie fertig geworden wäre.

Carsten Biemann, ein ehemaliger Diplomand und jetzt ein guter Freund, hat das gesamte Buch sorgfältig Korrektur gelesen, hat viele Fehler gefunden, hat viel kritisiert, sehr selten gelobt und war eine große Hilfe. Danke auch ihm.

Ich widme dieses Buch »meinen« Studentinnen und Studenten, ohne die alles nichts wäre. Und natürlich meiner geliebten Marianne, die von Anfang an dagegen war.

Frankfurt, im März 2009 Matthias Schubert

Vorwort zur zweiten Auflage

When you are swinging, swing more!
Thelonious Monk

Drei Dinge brauchte diese neue Auflage

Zum ersten mussten natürlich einige Irrtümer, Druck- und Layoutfehler korrigiert werden. Zum zweiten hatte ich sowohl bei der Beschreibung des Ungarischen Algorithmus als auch bei der Definition der Akzeptoren und der Zurückweiser im Kapitel über die Min- und Maxterme auf einmal das Gefühl, dass ich da etwas völlig Unverständliches geschrieben hatte. Das war ein halbes Jahr nach der Erstellung der ersten Fassung, und ich war erschrocken, wie schnell sich das subjektive Gefühl von Verständlichkeit ändern kann. Ich habe diese Abschnitte also noch einmal völlig neu geschrieben und habe sie vor Drucklegung auch noch einmal von mehreren Leuten gegenlesen lassen. Diese neuen Versionen sind auch von den Studentinnen und Studenten freundlicher aufgenommen worden. Ein weiteres Kapitel, das große, für mich unerwartete Schwierigkeiten gemacht hat, war das Kapitel über die Komplexität von Algorithmen. Ich habe zum Verständnis der Begriffe P und NP noch einen weiteren kleinen Abschnitt hinzugefügt. Zum dritten (seufz) wollte der Ruf nach der linearen Algebra nicht verstummen. Ich habe mich ergeben und zwei Kapitel zu diesem Thema verfasst, die die wichtigsten Begriffe aus diesem Gebiet enthalten. Ich versuche dort auch, Ihnen zu vermitteln, warum dieser Teil der Mathematik für die Informatik eine große Relevanz haben kann. Es sind die neuen Kapitel 11 und 12.

Ein weiteres Mal: Danke

Ich muss mich bei allen, die mir so vielfältige und wichtige Rückmeldungen gegeben haben, bedanken. Dazu gehören Meldungen von Fehlern oder Ungereimtheiten, dazu gehören sehr freundliche, aufmunternde und lobende Worte aber auch sehr kritische. Ich bedanke mich bei meinem Verlag, bei Frau Ulrike Schmickler-Hirzebruch und Herrn Ulrich Sandten für die phantastische Betreuung, ich bedanke mich bei Ivonne Domnick für die tolle graphische Gestaltung und bei meinen Kollegen Dieter Hackenbracht und Jens Lorenz für ihre gründliche Kritik und ihre überaus freundlichen Worte.

Ich widme auch diese Auflage meinen Studentinnen und Studenten, die alle zu ihrer Entstehung so viel beigetragen haben. Und natürlich meiner geliebten Marianne, die übrigens (darum beneide ich sie) Thelonious Monk persönlich gekannt hat.

Frankfurt, im August 2011 Matthias Schubert

Inhaltsverzeichnis

I

Grundbegriffe der Aussagen- und Prädikatenlogik

1

In diesem Abschnitt müssen Sie einige logische Begriffe lernen, die jeder Mathematiker und Informatiker als Handwerkszeug braucht. Sie beschreiben gewissermaßen die Regeln, die man einhalten muss, wenn man Mathematik macht. Und sie liefern auch die entscheidenden Werkzeuge für die Abstraktionen, die bei jeder Formalisierung von Prozessen aus der realen Welt im Bereich der Informatik und speziell im Bereich der Programmierung so wichtig sind.
Ich gebe ein Beispiel:
Ein Lokalpolitiker sagt: Im Bahnhofsviertel von Neustadt gibt es keinen männlichen Einwohner, der älter als 85 Jahre ist.
Sie haben Zugang zu einer Datenbank, in der für alle Einwohner Neustadts die Adresse mit Stadtteil, das Geschlecht und das Alter abgespeichert sind. Sie wollen diese Aussage überprüfen. Welche Frage müssen Sie an die Datenbank richten? Wir werden im Laufe dieses Kapitels mehrere äquivalente Antworten darauf finden.
Bereits jetzt habe ich es gar nicht vermeiden können, zwei wichtige logische Begriffe zu verwenden: den der Aussage und den der Äquivalenz. Von beiden Begriffen werden Sie ein intuitives Verständnis haben, das wir formal präzisieren werden.
Wir beginnen aber mit dem Anfang, den Axiomen.

1.1 Axiome

Ungefähr im Jahre 300 vor Christus wurde das Buch geschrieben, das bis heute als der »Prototyp« eines mathematischen Textes gilt und das durch seinen Aufbau und seine Struktur maßgeblich die gesamte Gestalt der darauf aufbauenden Mathematik bestimmt hat:
Die »Elemente« des Euklid.
Zur historischen Orientierung: Alexander der Große starb im Jahre 323 vor Christus.
Euklid stand der mathematischen Abteilung der Universität von Alexandria vor. Er stammte wahrscheinlich aus Athen.
Die mathematische Form, die von den frühen griechischen Mathematikern entwickelt worden war und die in Euklids Elementen zu Grunde gelegt wurde, basiert auf einem streng deduktiven Denken.
Um eine Behauptung zu zeigen oder zu beweisen, muss man zeigen, dass diese Behauptung die notwendige logische Konsequenz aus vorher bewiesenen Sätzen ist. Diese wiederum müssen auf anderen Sätzen beruhen usw. Da diese Kette nicht endlos sein kann, muss man zu Beginn einige Sätze ohne Beweis akzeptieren und seinem System zu Grunde legen. Diese Sätze nannte Euklid Axiome oder Postulate. Es war nicht ganz klar, was genau einen Satz dafür geeignet machte, zum Axiom oder Postulat erklärt zu werden, er musste auf jeden Fall in irgendeiner Weise sehr offensichtlich sein.

Die 10 Axiome bzw. Postulate des Euklid lauten in etwas modernerer Form:

Axiome zur Arithmetik
1. Sind zwei Dinge einem dritten Ding gleich, so sind sie einander gleich.
2. Falls man zu zwei gleichen Zahlen gleiches hinzuaddiert, so sind die Summen gleich.
3. Falls man von zwei gleichen Zahlen gleiches abzieht, so sind die Differenzen gleich.
4. Dinge, die deckungsgleich sind, sind gleich.
5. Das Ganze ist größer als ein Teil.

Axiome zur Geometrie
1. Zwei Punkte können durch eine gerade Linie verbunden werden.
2. Jede endliche gerade Linie (d. i. eine Strecke) kann endlos in gerader Linie verlängert werden.
3. Man kann zu jedem gegebenen Punkt und zu jedem Radius einen Kreis mit diesem Radius und dem Punkt als Mittelpunkt zeichnen.
4. Alle rechten Winkel sind gleich.
5. Zu einer Geraden und einem außerhalb dieser Geraden liegenden Punkt gibt es genau eine Gerade durch diesen Punkt, die die ursprüngliche Gerade nirgends schneidet. (Die so genannte Parallele).

Dieses 5. Axiom ist das berühmte Euklidische Parallelenaxiom und nicht nur die Mathematiker haben sich 2 000 Jahre lang die Köpfe darüber zerbrochen, ob dieses Axiom nicht aus den anderen 4 Axiomen folgt, ob es überhaupt »wahr« ist. Erst im 19. Jahrhundert gelang es, nachzuweisen, dass es »Geometrien« gibt, wo die ersten 4 Axiome gelten und das 5. Axiom *nicht* gilt. Damit kann es auch nicht aus den ersten 4 Axiomen folgen. In der Geometrie der Ebene gelten alle 5 Axiome. Man nennt eine solche Geometrie eine euklidische Geometrie.
Als eine Konsequenz ergab sich, dass man aufgehört hat, *die* wahren Axiome zur mathematischen Erklärung der Welt zu suchen, sondern dass man sich entsprechend dem Gegenstand, den man untersucht, jeweils ein Axiomensystem konstruiert, das als Grundlage für die gewünschte mathematische Theorie am besten geeignet erscheint. Wir werden in der Vorlesung verschiedene Systeme für verschiedene Situationen kennen lernen.

Die zwei wichtigsten Fragen an ein Axiomensystem wurden:
1. Ist es widerspruchsfrei? Das bedeutet, es darf in einem Axiomensystem nicht möglich sein, eine Aussage und ihr Gegenteil herzuleiten.
2. Ist es vollständig? Das bedeutet, ist es möglich, jede Aussage, die wahr ist, auch in diesem Axiomensystem zu beweisen?

Die Antwort auf die zweite Frage ist in den allermeisten Fällen ein deprimierendes Nein. Das weiß man seit der Epoche machenden Entdeckung von Kurt Gödel in den dreißiger Jahren des letzten Jahrhunderts und ich empfehle jedem dazu das hochinteressante Buch »Gödel, Escher, Bach« von Douglas W. Hofstadter. [Hof]
Die Wichtigkeit der ersten Frage können wir noch besser beurteilen, wenn wir den Paragraph über Implikationen behandelt haben. Zunächst sprechen wir aber über Aussagen.

1.2 Aussagen

Definition:
Eine *Aussage* ist ein Satz, der entweder wahr oder falsch ist.

Beispiele:

- $1 = 0$.
- 41 ist eine Primzahl.
- 9 ist eine Primzahl.
- Es ist nicht wahr, dass alle Einwohner Frankfurts älter als 25 Jahre sind.
- Die Erde wird noch mindestens 100 000 Jahre weiter von Menschen bewohnt sein.

Auch wenn wir nicht entscheiden können, ob die letzte Aussage wahr oder falsch ist, so trifft doch nur einer der beiden Fälle (die Erde ist dann noch bewohnt oder sie ist innerhalb dieses Zeitraums nicht mehr bewohnt) zu. Keine Aussage ist z. B. der folgende Satz:

- x ist eine gerade Zahl.

Denn es ist, solange man nicht weiß, welchen Wert x hat, prinzipiell unmöglich zu entscheiden, ob dieser Satz wahr oder falsch ist. Dieser Satz hat nur die Form einer Aussage. Von solchen Aussageformen handelt einer unserer nächsten Abschnitte. Zunächst wollen wir aber verneinen:

1.3 Negationen

Die Negation einer Aussage ist ihre Verneinung. Es gilt:

- Wenn eine Aussage wahr ist, ist ihre Verneinung falsch.
- Wenn eine Aussage falsch ist, ist ihre Verneinung wahr.

Die Verneinung unserer Beispiele kann z.B. lauten:

- Es gilt nicht, dass $1 = 0$ ist *oder*: $1 \neq 0$.
- 41 ist keine Primzahl.
- Es gilt nicht, dass 9 eine Primzahl ist.
- Alle Einwohner Frankfurts sind älter als 25 Jahre *oder* Es gibt keinen Einwohner in Frankfurt, der 25 Jahre oder jünger ist.
- Es gilt nicht, dass die Erde noch mindestens 100 000 Jahre weiter von Menschen bewohnt sein wird *oder* Es wird weniger als 100 000 Jahre dauern, bis es auf der Erde keine Menschen mehr gibt.

Wie Sie vielleicht schon gemerkt haben, ist die Verneinung einer Aussage unter Umständen kein leichtes Geschäft und bei komplizierteren Aussagen muss man sehr aufpassen. Die Aussagenlogiker haben auch Symbole für die Verneinung:

Definition:
Sei A eine Aussage. Dann schreibt man für die Negation von A
- $\bar{A}$ oder
- $\neg A$.

In vielen Programmiersprachen schreibt man auch: ! A.

Ich werde zunächst das Symbol $\neg$ benutzen.

Also: $\neg$ (41 ist eine Primzahl) = 41 ist keine Primzahl.

Schließlich gilt noch: Die doppelte Negation einer Aussage ist die ursprüngliche Aussage: $\neg(\neg A) = A$.

1.4 Aussageformen

Definition:
Eine *Aussageform* nennt man einen Satz, der die Form einer Aussage hat, in dem aber sowohl das Subjekt als auch das Prädikat durch eine Variable ersetzt werden kann. Eine Aussageform enthält mindestens eine Variable.

Beispiele:
- $x = 0$.
- $1 = n$.
- $a = e$.
- a^2 ist eine Primzahl.
- z ist eine Primzahl.
- Es ist nicht wahr, dass alle Einwohner Frankfurts älter als t Jahre sind.
- Es ist nicht wahr, dass alle Einwohner der Stadt S älter als t Jahre sind.
- Die Erde wird noch mindestens z Jahre weiter von Menschen bewohnt sein.
- Der Planet P wird noch mindestens z Jahre weiter von Menschen bewohnt sein.

Diese Aussageformen werden eine wichtige Rolle spielen, wenn wir mit Quantoren arbeiten, dort benutzen wir sie, um wieder »richtige« Aussagen zu formulieren.

1.5 Oder-Aussagen

Wenn A und B Aussagen sind, dann nennt man (A oder B) eine Oder-Aussage. Man schreibt dafür: $A \vee B$. ($\vee$ als Anfangsbuchstabe des lateinischen Wortes »vel« – d.h. oder). Man definiert:

Definition:
$A \vee B$ ist wahr genau dann, wenn A wahr ist
oder wenn B wahr ist oder wenn beide Aussagen wahr sind.

Man nennt deshalb dieses *oder* auch das *einschließende oder*. In den meisten Programmiersprachen wird dafür das Symbol || oder aber das Schlüsselwort OR verwendet.
Beachten Sie, dass wir in der Umgangssprache das Wort »oder« meist im ausschließenden Sinne gebrauchen. Sie sagen: »Wir fahren im Sommer nach Spanien oder nach Griechenland« und meinen das als echte Alternative. Sie denken hier nicht an den Fall, dass beide Teile dieser Oder-Aussage wahr sind. In der Aussagenlogik hingegen ist auch dieser Fall eine gleichberechtigte Möglichkeit, die die Oder-Aussage wahr macht.
Man kann diese Definition auch mit Hilfe von einer so genannten Wahrheitstafel hinschreiben:

A	**B**	**$A \vee B$**
f	*f*	*f*
f	*w*	*w*
w	*f*	*w*
w	*w*	*w*

(hier und im Folgenden steht ***w*** für wahr und ***f*** für falsch).

Statt mit ***wahr*** und ***falsch*** kann man solche Verknüpfungen auch mit den Werten 1 (für ***wahr***) und 0 (für ***falsch***) charakterisieren. Das wird sich insbesondere für die Anwendungen in der Informatik als viel nahe liegender erweisen. Ich werde daher in Zukunft immer so verfahren.

Mit dieser Schreibweise erhalten wir:

A	**B**	**$A \vee B$**
0	0	0
0	1	1
1	0	1
1	1	1

Beispiele:

1. wahre Oder-Aussagen:
   - 10 ist eine gerade Zahl $\vee$ $5 < 1$
   - 10 ist eine ungerade Zahl $\vee$ $3^2 = 9$
   - 11 ist eine ungerade Zahl oder $1^2 = 1$
2. eine falsche Oder-Aussage:
   - Ein Dreieck hat 4 Seiten oder $1{,}41^2 = 2$

Definition:
Zwei Aussagen A und B sind *äquivalent* gleichwertig oder äquivalent, wenn gilt: A ist wahr, genau dann, wenn B wahr ist. Man schreibt: $A \leftrightarrow B$.

Offensichtlich gilt:

Satz 1.1
Seien A und B beliebige Aussagen. Dann gilt: $A \vee B \leftrightarrow B \vee A$.

(Wir werden das später auch das Kommutativgesetz der Oder-Verknüpfung nennen).

Solche Äquivalenzen kann man bequem mit Hilfe von Wahrheitstafeln überprüfen. Dafür ein weiteres Beispiel :

Satz 1.2
Seien A, B und C beliebige Aussagen. Dann gilt: $(A \vee B) \vee C \leftrightarrow A \vee (B \vee C)$.

(Wir werden das später auch das Assoziativgesetz der Oder-Verknüpfung nennen).

Beweis:

A	**B**	**C**	**$B \vee C$**	**$A \vee (B \vee C)$**	**$A \vee B$**	**$(A \vee B) \vee C$**
0	0	0	0	0	0	0
0	0	1	1	1	0	1
0	1	0	1	1	1	1
0	1	1	1	1	1	1
1	0	0	0	1	1	1
1	0	1	1	1	1	1
1	1	0	1	1	1	1
1	1	1	1	1	1	1

Da die 5. und die 7. Spalte in ihren Wahrheitswerten übereinstimmen, ist dieser Satz vollständig bewiesen.

Auf Grund dieses Satzes kann man bei drei Aussagen stets schreiben: $A \vee B \vee C$. Denn es ist egal, in welcher Reihenfolge man die Verknüpfungen durchführt. Das ist nicht bei jeder Operation so. Betrachten Sie z. B.
$(15 - 4) - 3 = 8 \neq 14 = 15 - (4 - 3)$.

Hier gilt dieses Assoziativgesetz offensichtlich nicht. Bei dieser Gelegenheit legen wir gleich noch eine weitere Priorität fest:

Regel:
Der Operator $\neg$ bindet enger als der Operator $\vee$. Das bedeutet:
$\neg A \vee B \;\leftrightarrow\; (\neg A) \vee B$.

Sehen Sie dazu den folgenden Satz:

Satz 1.3
Seien A und B beliebige Aussagen. Dann gilt: $\neg A \vee B$ bzw. $(\neg A) \vee B$ ist *nicht* äquivalent zu $\neg (A \vee B)$.

Beweis
Betrachten Sie den folgenden Ausschnitt aus der Wahrheitswertetabelle:

A	**B**	$\neg$**A**	$\neg$**A** $\vee$ **B**	$\neg$ **(A** $\vee$ **B)**
0	1	1	1	0
1	1	0	1	0

Um Oder-Aussagen verneinen zu können, brauchen wir die so genannte Und-Verknüpfung:

1.6 Und-Aussagen, die De Morganschen Gesetze

Wenn A und B Aussagen sind, dann nennt man (A und B) eine Und-Aussage. Man schreibt dafür: $A \wedge B$. Man definiert:

Definition:
A $\wedge$ **B** ist wahr genau dann, wenn beide Aussagen wahr sind.

In den meisten Programmiersprachen wird dafür das Symbol && oder aber das Schlüsselwort AND verwendet.

Auch diese Definition kann man mit Hilfe einer Wahrheitstafel hinschreiben:

A	**B**	**A ∧ B**
f	*f*	*f*
f	*w*	*f*
w	*f*	*f*
w	*w*	*w*

bzw.:

A	**B**	**A ∧ B**
0	0	0
0	1	0
1	0	0
1	1	1

Beispiele:

1. eine wahre Und-Aussage:
   - 11 ist eine ungerade Zahl ∧ $1^2 = 1$
2. falsche Und-Aussagen:
   - 10 ist eine gerade Zahl ∧ $5 < 1$
   - 10 ist eine ungerade Zahl ∧ $3^2 = 9$
   - Ein Dreieck hat 4 Seiten und $1{,}41^2 = 2$

Wieder gilt offensichtlich:

Satz 1.4
Seien A und B beliebige Aussagen. Dann gilt: $A \wedge B \leftrightarrow B \wedge A$.

(Das Kommutativgesetz der Und-Verknüpfung).

Und völlig analog unserer obigen Untersuchung der Oder-Verknüpfung zeigt man:

Satz 1.5
Seien A, B und C beliebige Aussagen. Dann gilt:
$A \wedge (B \wedge C) \leftrightarrow (A \wedge B) \wedge C$.

(Das Assoziativgesetz der Und-Verknüpfung).

Beweis:

A	B	C	$B \wedge C$	$A \wedge (B \wedge C)$	$A \wedge B$	$(A \wedge B) \wedge C$
0	0	0	0	0	0	0
0	0	1	0	0	0	0
0	1	0	0	0	0	0
0	1	1	1	0	0	0
1	0	0	0	0	0	0
1	0	1	0	0	0	0
1	1	0	0	0	1	0
1	1	1	1	1	1	1

Da wieder die 5. und die 7. Spalte in ihren Wahrheitswerten übereinstimmen, ist auch dieser Satz vollständig bewiesen.
Nun können wir uns an die Verneinungen heranwagen. Vorbereitend dazu wieder die Festlegung der Prioritätenregelung zwischen Negation und Und-Operation.

Regel:
Der Operator $\neg$ bindet enger als der Operator $\wedge$. Das bedeutet:
$\neg A \wedge B \leftrightarrow (\neg A) \wedge B$.

Leider ist nicht nur die Welt der Mathematik sondern auch die Welt der Informatik voller Fehler, die bei der Verneinung von Aussagen gemacht werden. Dabei muss man eigentlich nur zwei Dinge wissen. Die sind allerdings so wichtig, dass sie einen eigenen Namen bekommen haben. Man nennt sie die *Gesetze von De Morgan.*

Satz 1.6: Die De Morganschen Gesetze
Seien A und B beliebige Aussagen. Dann gilt:
(i) $\neg (A \vee B) \leftrightarrow (\neg A) \wedge (\neg B)$
(ii) $\neg (A \wedge B) \leftrightarrow (\neg A) \vee (\neg B)$

Beweis:
Wir werden die erste Äquivalenz mit einer Wahrheitstafel beweisen, aber dann haben wir genug Wissen zur Verfügung, um die zweite Äquivalenz mit den bereits bewiesenen Sätzen herleiten zu können. Zu (i):

A	B	$A \vee B$	$\neg (A \vee B)$	$\neg A$	$\neg B$	$(\neg A) \wedge (\neg B)$
0	0	0	1	1	1	1
0	1	1	0	1	0	0
1	0	1	0	0	1	0
1	1	1	0	0	0	0

Zu (ii):

$\neg(A \wedge B)$	$\leftrightarrow$	$\neg((\neg(\neg A)) \wedge (\neg(\neg B)))$	da stets: $\neg(\neg X) = X$
	$\leftrightarrow$	$\neg(\neg((\neg A) \vee (\neg B)))$	wegen (i)
	$\leftrightarrow$	$(\neg A) \vee (\neg B)$	da stets: $\neg(\neg X) = X$

q.e.d.[1]

Betrachten Sie einige *Beispiele* zu diesen Negationsgesetzen:

- Es sei falsch, dass x eine Zahl zwischen 0 und 100 ist

Das bedeutet: Es gilt nicht :	$(x \geq 0$	und	$x \leq 100)$,	also:
	$\neg(x \geq 0$	und	$x \leq 100)$,	also:
	$\neg(x \geq 0)$	oder	$\neg(x \leq 100)$,	also:
	$x < 0$	oder	$x > 100$	

- Nehmen Sie an (eine völlig theoretische Annahme), Sie wollen über einen Ihrer Dozenten X sagen:
  X kann weder Mathematik noch Informatik.

  Das sind zwei Verneinungen. Können Sie das auch mit einer Verneinung sagen? Versuchen wir es:
  X kann weder Mathematik noch Informatik. $\leftrightarrow$
  $\neg$ (X kann Mathematik) und $\neg$ (X kann Informatik) $\leftrightarrow$
  $\neg$ (X kann Mathematik oder X kann Informatik) $\leftrightarrow$
  Es ist (leider) falsch, dass X Mathematik oder Informatik kann.

- Wir können schon mal ein bisschen unser Eingangsbeispiel angehen. Wie formuliert man:
  Es ist falsch, dass X im Bahnhofsviertel von Neustadt wohnt und männlich ist und älter als 85 Jahre ist.
  Offensichtlich so:
  X wohnt nicht im Bahnhofsviertel oder X ist weiblich oder das Alter von X ist kleiner oder gleich 85.

Sie werden also nicht nur bei mathematischen Beweisführungen sondern auch beim Programmieren von Bedingungen, die in einem Programm abgefragt werden, solche Umformungen und Verneinungen sicher beherrschen müssen.

1.7 Implikationen

Eine Implikation ist die Folgerung einer Aussage oder Aussageform aus einer anderen Aussage oder Aussageform, aus der so genannten Voraussetzung.
Man schreibt: $A \rightarrow B$ und sagt: Aus A folgt B bzw. A impliziert B.

---

[1] q.e.d. steht für die lateinische Formel »quod erat demonstrandum« und heißt auf deutsch: »was zu beweisen war«. Mit dieser Formel wird in der mathematischen Literatur (übrigens in allen Sprachen) das Beweisende markiert.

Man definiert:

Definition:
Die *Implikation* A → B ist falsch genau dann, wenn A wahr ist und B falsch ist.
(Dann kann B offensichtlich nicht aus A folgen.)
In allen anderen Fällen ist sie wahr.

Aus dieser Definition folgt der folgende Satz:

Satz 1.7
Seien A und B beliebige Aussagen. Dann sind A → B und ¬ A ∨ B äquivalente Aussagen, d.h. es gilt:
(A → B) ↔ (¬ A ∨ B).

Beweis:
Da wir für die Implikation nichts anderes als die Definition zur Verfügung haben, müssen wir wieder mit Wahrheitstafeln arbeiten:

A	B	A → B	¬ A	¬ A ∨ B
0	0	1	1	1
0	1	1	1	1
1	0	0	0	0
1	1	1	0	1

q. e. d.

Beispiele:
- Wenn $1 = 1^2$ ist, ist $4^2 = 16$ (eine wahre Implikation, die man übrigens beweisen kann, wenn man für 4 den Ausdruck 1 + 1 + 1 + 1 hinschreibt).
- Wenn $1 = 1^2$ ist, ist $4^2 = 17$ (eine falsche Implikation).
- Wenn 1 = 0 ist, bin ich der Kaiser von China (eine wahre Implikation).
- Wenn 1 = 0 ist, bin ich nicht der Kaiser von China (eine wahre Implikation).

Es liegt an der Tatsache, dass eine Implikation immer wahr ist, wenn die Voraussetzung falsch ist, dass die Mathematiker so darauf bedacht sind, ihren Theorien widerspruchsfreie Axiomensysteme zu Grunde zu legen. Denn sobald ein Axiomensystem nicht mehr widerspruchsfrei ist, gibt es in diesem System eine Aussage A, die gilt und deren Verneinung ebenfalls gilt. Das bedeutet gerade, es gibt einen Widerspruch. Ich kann dann also A und ¬(A) ableiten. Das ist aber stets eine falsche Aussage. Sobald ich aber eine falsche Aussage habe, kann ich daraus alles folgern – die Implikation ist immer wahr.
Natürlich wollen wir auch Implikationen verneinen.
Bei dieser Gelegenheit erledigen wir gleich noch eine andere wichtige Eigenschaft der Implikationen mit:

Satz 1.8
Seien A und B beliebige Aussagen. Dann gilt:
a. Die Verneinung der Implikation $A \rightarrow B$ lautet: Es gilt A ist wahr und B ist falsch – also : $\neg (A \rightarrow B) \leftrightarrow (A \wedge \neg B)$.
b. $(A \rightarrow B) \leftrightarrow ((\neg B) \rightarrow (\neg A))$, d.h. $A \rightarrow B$ und $(\neg B) \rightarrow (\neg A)$ sind äquivalent.

Beweis:
Zu a.

$\neg (A \rightarrow B) \quad \leftrightarrow (\neg (\neg A \vee B))$ (Satz 1.7)

$\leftrightarrow (A \wedge \neg B))$ (Satz 1.6)

q. e. d.

Zu b.
Zur Beweisstrategie: Man kann versuchen, den einfacheren Ausdruck in den komplizierteren umzuwandeln oder man kann umgekehrt vorgehen: Vom Komplizierten zum Einfachen. In den allermeisten Fällen ist der zweite Weg der einfachere und man sollte ihn immer zuerst versuchen. Wir werden hier ebenfalls so verfahren und mit dem komplizierteren Ausdruck, nämlich mit $(\neg B) \rightarrow (\neg A)$ beginnen.

$((\neg B) \rightarrow (\neg A)) \leftrightarrow \neg (\neg B) \vee (\neg A)$ (Satz 1.7.)

$\leftrightarrow B \vee (\neg A)$ (wegen $\neg(\neg X) = X$)

$\leftrightarrow (\neg A) \vee B$ (Satz 1.1)

$\leftrightarrow A \rightarrow B$ (Satz 1.7)

q. e. d.

Betrachten Sie ein *Beispiel* zu der letzten Behauptung:
- $x > 10 \quad \rightarrow x^2 > 100$ ist demzufolge gleichbedeutend mit:
- $x^2 \leq 100 \quad \rightarrow x \leq 10$

Aber bitte beachten Sie, dass $A \rightarrow B$ und $(\neg A) \rightarrow (\neg B)$ zwei völlig voneinander verschiedene Aussagen sind. Sie sind auch nicht die Verneinungen voneinander. Zunächst ein *Beispiel* dazu:
- Die Implikation

  $$x > 10 \rightarrow x^2 > 100$$

  ist sicherlich wahr. Aber die Implikation

  $$x \leq 10 \rightarrow x^2 \leq 100$$

  ist offensichtlich falsch. Wer's nicht glaubt, betrachte Voraussetzung und Behauptung für $x = -20$.

Unsere Wahrheitstafeln sagen uns, warum das so ist:

A	**B**	$\mathbf{A \rightarrow B}$	$\mathbf{(\neg A) \rightarrow (\neg B)}$
0	0	1	1
0	1	1	0
1	0	0	1
1	1	1	1

Zum Abschluss dieses Abschnitts noch eine Definition :

Definition:
Seien A und B zwei beliebige Aussagen.
Die Implikation $(\neg B) \rightarrow (\neg A)$ heißt die *Kontraposition* zur Implikation $A \rightarrow B$.

Mit dem, was wir in diesem Abschnitt besprochen haben, insbesondere mit der Kontraposition, hängt eine bestimmte Beweistechnik der Mathematik eng zusammen: der indirekte Beweis.

1.8 Der indirekte Beweis

Ein mathematischer Satz besteht aus einer Voraussetzung A und einer Behauptung B, also $A \rightarrow B$. Der Beweis eines solchen Satzes besteht im Allgemeinen darin, dass man die Aussage B aus der Aussage A ableitet, dass man also zeigt: Wenn A wahr ist, dann muss auch B wahr sein. Es gibt aber auch eine Beweismethode, die mit dem Satz anfängt: »Angenommen B sei falsch«. Diese Beweismethode versucht statt der Implikation $A \rightarrow B$ die Kontraposition $(\neg B) \rightarrow (\neg A)$ nachzuweisen. Aus dem oben gesagten folgt, dass auch das ein gültiger Beweis ist, denn eine Implikation und ihre Kontraposition sind völlig gleichbedeutend oder – wie der Mathematiker sagt – äquivalent. Man nennt diese Beweismethode die Methode des indirekten Beweises und wir werden sehr bald Beispiele dafür kennen lernen. Es gibt auch noch andere Varianten des indirekten Beweises – sie alle beginnen mit der Verneinung der eigentlich zu beweisenden Behauptung, mit dem Satz: »Angenommen, die Behauptung sei falsch«.
Alles das, was wir bis jetzt gemacht haben, gehört zur Aussagenlogik. Die drei letzten Abschnitte dieses Kapitels betreffen die so genannte Prädikatenlogik 1. Stufe, bei der man Existenzaussagen und Allaussagen betrachtet. Hier werden auch unsere Aussageformen in Aussagen zurückverwandelt.

1.9 Existenzaussagen

Existenzaussagen sind Aussagen, die mit der Formel: »Es gibt …« anfangen.

Beispiele:

- Es gibt eine Zahl x mit der Eigenschaft $x > 0$.
  (Bitte bemerken Sie, dass mit Hilfe des »Es gibt … « die Aussage*form* $x > 0$ jetzt zu einer Aussage erweitert wurde).
- Es gibt eine Zahl z, für die gilt: $z^2 = 9$.
- Es gibt eine Zahl y, für die gilt: $y^2 < 0$.

Diese Formel »Es gibt« ist in der Mathematik so wichtig und sie kommt so oft vor, dass man dafür ein eigenes Zeichen definiert hat:

(ein umgekehrtes E) $\exists$ oder $\bigvee$ (ein großes V) .

Beide Zeichen finden Sie in der Literatur. Obwohl einiges für das $\bigvee$ spricht – es symbolisiert sehr gut, dass eine Existenzaussage als eine – oft unendlich lange – Oder-Aussage interpretiert werden kann – werden wir in diesem Buch stets das umgekehrte E: $\exists$ verwenden. Man nennt dieses Zeichen: *Existenzquantor*.
Mit Existenzquantor geschrieben, lauten die obigen *Beispiele*:

- $\exists_x \quad x > 0$
- $\exists_z \quad z^2 = 9$
- $\exists_y \quad y^2 < 0$

Für die Verneinung von Existenzaussagen brauchen wir die Allaussagen:

1.10 Allaussagen

Allaussagen sind Aussagen, die mit der Formel: »Für alle … gilt« anfangen.

Beispiele:
- Für alle x gilt: $x^4 \geq 0$.
- Für alle z gilt: $z^2 = 9$.
- Für alle y gilt: $y^2 > -1$.

Auch diese Formel »Für alle« ist in der Mathematik so wichtig und sie kommt so oft vor, dass man dafür ein eigenes Zeichen definiert hat:

$\forall$ (umgekehrtes A) oder $\bigwedge$ (Großes Dach)

Auch hier gilt, dass Sie in der Literatur beide Zeichen finden können. Obwohl einiges für das $\bigwedge$ spricht – es symbolisiert sehr gut, dass eine Allaussage als eine – oft unendlich lange – Und-Aussage interpretiert werden kann – werden wir in diesem Buch stets das umgekehrte A: $\forall$ verwenden. Man nennt dieses Zeichen: *Allquantor*.

Mit Allquantor geschrieben, lauten die obigen *Beispiele*:

- $\forall_x \quad x^4 \geq 0$
- $\forall_z \quad z^2 = 9$
- $\forall_y \quad y^2 > -1$

Bemerkung: Bald werden wir noch die Variablen, für die etwas gelten soll, genauer kennzeichnen. Wir werden hinzuschreiben, aus welcher Menge sie sein sollen. Danach richtet sich dann auch, ob die entsprechende Aussage wahr oder falsch ist. Genaueres erfahren Sie, wenn wir uns etwas näher mit Mengen beschäftigt haben.

1.11 Verneinungen von Existenz- und Allaussagen

Betrachten wir ein Beispiel:

- Wenn *nicht* gelten soll, dass es ein x gibt, sodass $x > 0$ ist, so heißt das doch: kein x ist größer 0 – also sind alle x entweder kleiner 0 oder gleich 0 – also:
- für alle x gilt: es gilt *nicht*: $x > 0$ oder
- für alle x gilt: $x \leq 0$.

Also:

- $\neg \left(\exists_x \; x > 0 \right) \leftrightarrow \forall_x \; \neg(x > 0) \leftrightarrow \forall_x \; x \leq 0$

Es gilt allgemein:

> Satz 1.9
> Sei A(x) eine Aussageform mit der Variablen x. Dann ist
>
> $\neg(\exists_x \; A(x)) \leftrightarrow \forall_x \neg A(x)$.

Die Verneinung der anderen beiden Beispielsätze für Existenzaussagen ergibt sich dann folgendermaßen:

- $\neg(\exists_z \; z^2 = 9) \leftrightarrow \forall_z \; z^2 \neq 9$
- $\neg(\exists_y \; y^2 < 0) \leftrightarrow \forall_y \; y^2 \geq 0$

Die Verneinung von Allaussagen funktioniert ganz analog der Verneinung der Existenzaussagen:

- Wenn *nicht* gelten soll, dass für alle x gilt: $x^4 \geq 0$, so heißt das doch:
- Es muss (mindestens) ein x geben, sodass $x^4 \geq 0$ *nicht* gilt oder
- Es muss (mindestens) ein x geben, sodass $x^4 < 0$ ist.

Also:

- $\neg\left(\forall_x \; x^4 \geq 0\right) \leftrightarrow \exists_x \; \neg(x^4 \geq 0) \leftrightarrow \exists_x \; x^4 < 0$

Es gilt allgemein:

Satz 1.10
Sei A(x) eine Aussageform mit der Variablen x. Dann ist

$$\neg\left(\forall_x\ A(x)\right) \leftrightarrow \exists_x\ \neg A(x).$$

Die Verneinung der anderen Beispiele für Allaussagen ergibt sich dann folgendermaßen:

- $\neg\left(\forall_z\ z^2 = 9\right) \leftrightarrow \exists_z\ \neg(z^2 = 9) \leftrightarrow \exists_z\ z^2 \neq 9$
- $\neg\left(\forall_y\ y^2 > -1\right) \leftrightarrow \exists_y\ \neg(y^2 > -1) \leftrightarrow \exists_y\ y^2 \leq -1$

Die Verneinung solcher Aussagen wird beim Nachweis, dass Grenzwerte von Folgen oder Funktionen nicht existieren, eine wichtige Rolle spielen. Aber betrachten wir noch einmal unser Eingangsbeispiel für Suchvorgänge in der Informatik.

1.12 Analyse von Suchkriterien in der Informatik, die Distributivgesetze

Zu Beginn dieses Kapitels haben wir die folgende Aussage beispielhaft formuliert:

- Im Bahnhofsviertel von Neustadt gibt es keinen männlichen Einwohner, der älter als 85 Jahre ist.

Das bedeutet aber:

- Es gilt nicht, dass es einen Einwohner gibt, der aus dem Bahnhofsviertel kommt und männlich ist und älter als 85 Jahre ist.

Wenn Sie jetzt Ihre Datenbank fragen (und das geht mit den herkömmlichen Datenbankabfragesprachen sehr gut):

- Gibt es einen (oder mehrere) Datensätze, bei denen
  - Wohnviertel = Bahnhofsviertel
  - AND Geschlecht = männlich
  - AND Alter > 85

Dann erkennen Sie an der Antwort sofort, ob diese Aussage wahr oder falsch ist.

Noch komplizierter wird es bei Abfragen der Art:

- Gibt es ein Buch über Datenbanken, dass aus dem Teubner Verlag ist oder weniger als 10 € kostet.

Der Buchanbieter müsste seine Datenbank fragen:

- Gibt es einen (oder mehrere) Datensätze, bei denen
  - Gebiet = Datenbanken
  - AND Verlag = Teubner
  - OR Preis < 10 €

Aber *Achtung*. Hier müssen wir genau wissen, was wir eigentlich wollen. Es gilt nämlich:

> Satz 1.11
> Seien A, B und C beliebige Aussagen. Dann gilt:
> $(A \vee B) \wedge C$ ist *nicht* äquivalent zu $A \vee (B \wedge C)$.

Beweis:
Betrachten Sie den folgenden Ausschnitt aus der Wahrheitswertetabelle:

A	**B**	**C**	$A \vee B$	$(A \vee B) \wedge C$	$B \wedge C$	$A \vee (B \wedge C)$
1	0	0	1	0	0	1

Und Sie sehen, dass es eine Wahrheitswertebelegung für A, B und C gibt, bei der die beiden Ausdrücke unterschiedliche Werte annehmen.
Man muss also Klammern setzen. Falls man keine Klammern setzt, werden gemischte Und- und Oder-Ausdrücke immer so ausgewertet, dass die Und-Verknüpfung eine höhere Priorität hat als die Oder-Verknüpfung. Genauso, wie die Multiplikation gegenüber der Addition. Das gilt auch für alle Programmiersprachen. Wenn Sie also programmieren:

- Gibt es einen (oder mehrere) Datensätze, bei denen
  - Gebiet = Datenbanken
  - AND Verlag = Teubner
  - OR Preis < 10 €

haben Sie in Wirklichkeit programmiert:

- Gibt es einen (oder mehrere) Datensätze, bei denen
  - (Gebiet = Datenbanken
  - AND Verlag = Teubner)
  - OR Preis < 10 €

Und Sie bekommen unter anderem alle Bücher angezeigt, die weniger als 10 € kosten, egal um was für ein Gebiet es dabei geht.
Sie müssen stattdessen abfragen:

- Gibt es einen (oder mehrere) Datensätze, bei denen
  - Gebiet = Datenbanken
  - AND (Verlag = Teubner
  - OR Preis < 10 €)

Wir formulieren das soeben besprochene wieder in einer allgemeinen *Regel:*

> Der Operator $\wedge$ bindet enger als der Operator $\vee$. Das bedeutet beispielsweise:
> $A \wedge B \vee C \leftrightarrow (A \wedge B) \vee C$.

Allgemein gibt es ein Analogon zum Ausklammern beim Rechnen mit Zahlen. Man nennt diese Beziehung Distributivgesetze. Es gilt:

> Satz 1.12
> Seien A, B und C beliebige Aussagen. Dann gilt:
> a. $A \vee (B \wedge C) \leftrightarrow (A \vee B) \wedge (A \vee C)$
> b. $A \wedge (B \vee C) \leftrightarrow (A \wedge B) \vee (A \wedge C)$

Beweis:
Wieder werden wir die erste Beziehung mit einer Wahrheitstafel beweisen und dann die zweite Beziehung daraus herleiten können. Dem liegt ein allgemeines Prinzip, das Dualitätsprinzip zu Grunde, über das wir später noch genauer sprechen werden.

Zu a.

A	**B**	**C**	$B \wedge C$	$A \vee (B \wedge C)$	$A \vee B$	$A \vee C$	$(A \vee B) \wedge (A \vee C)$
0	0	0	0	0	0	0	0
0	0	1	0	0	0	1	0
0	1	0	0	0	1	0	0
0	1	1	1	1	1	1	1
1	0	0	0	1	1	1	1
1	0	1	0	1	1	1	1
1	1	0	0	1	1	1	1
1	1	1	1	1	1	1	1

q. e. d.

Zu b.

$A \wedge (B \vee C)$	$\leftrightarrow$	$\neg(\neg A) \wedge (\neg(\neg B) \vee \neg(\neg C))$	(wegen $\neg(\neg X) = X$)
	$\leftrightarrow$	$\neg(\neg A) \wedge \neg((\neg B) \wedge (\neg C))$	(Satz 1.6)
	$\leftrightarrow$	$\neg((\neg A) \vee ((\neg B) \wedge (\neg C)))$	(Satz 1.6)
	$\leftrightarrow$	$\neg((\neg A \vee \neg B) \wedge (\neg A \vee \neg C))$	(Teil a)
	$\leftrightarrow$	$\neg(\neg A \vee \neg B) \vee \neg(\neg A \vee \neg C)$	(Satz 1.6)
	$\leftrightarrow$	$(\neg(\neg A) \wedge \neg(\neg B)) \vee (\neg(\neg A) \wedge \neg(\neg C))$	(Satz 1.6)
	$\leftrightarrow$	$(A \wedge B) \vee (A \wedge C)$	(wegen $\neg(\neg X) = X$)

q. e. d.

Einige von Ihnen haben jetzt vielleicht das Gefühl, dass auch für den zweiten Teil ein Beweis mit Wahrheitstafeln leichter gewesen wäre. Ich möchte aber, dass Sie mit dieser Art der Termumwandlung und insbesondere mit den De Morganschen Gesetzen vertraut werden. Je besser Sie damit umgehen lernen, desto leichter wird diese Art der Argumentation.

Übungsaufgaben

1. Aufgabe

Welcher der folgenden Sätze ist eine Aussage, welcher eine Aussageform, welcher ist keines von beiden:

a. x ist eine gerade Zahl.
b. 10 ist Element der Menge A.
c. $\sqrt{2}$ ist ungefähr 1,4.
d. Morgen regnet es.
e. Morgen regnet es wahrscheinlich.

2. Aufgabe

Verneinen Sie die folgenden Aussagen, Aussageformen oder Implikationen: (Mit dem Wort »oder« ist bei allen Beispielen stets das aussagenlogische, einschließende »oder« gemeint).

a. 10 ist eine gerade Zahl.
b. 10 ist eine gerade Zahl oder 10 ist nicht durch 4 teilbar.
c. x ist eine Primzahl oder x ist durch 5 teilbar.
d. y löst die Gleichung $x^2 = 27$ und y ist eine rationale Zahl.
e. Wenn z eine gerade Zahl ist, ist z durch 3 teilbar.
f. Wenn z gerade ist und b Primzahl ist, dann ist $z + b$ ungerade.
g. Wenn a eine natürliche Zahl ist, dann ist a^2 durch 4 teilbar oder beim Teilen von a^2 durch 4 bleibt der Rest 1.
h. Für alle reellen Zahlen z gilt: $z^2 > 0$ oder $z^2 = 0$.
i. Es gibt eine Zahl x, für die gilt: $x^2 = -5$.
j. Für alle positiven Zahlen $q \in Q$ gibt es eine Zahl $w \in Q$ so, dass $w^2 = q$ ist.

3. Aufgabe

Die Definition des Grenzwerts einer Funktion lautet: (vergleiche Anhang 1)

Definition:
Die Funktion $f: R \to R$ hat bei a den Grenzwert b, wenn gilt

$$\forall_{\varepsilon > 0} \exists_{\delta > 0} \forall_{x \in \mathbf{R}}\ 0 < |x - a| < \delta \ \rightarrow\ |f(x) - b| < \varepsilon\ .$$

Man schreibt: $\lim\limits_{x \to a} f(x) = b$.

Wie lautet die logische Formulierung der folgenden Behauptungen:

a. $f(x) = x^2$ hat bei 2 den Grenzwert 4.
b. $f(x) = x^2$ hat bei 3 *nicht* den Grenzwert 10.
c. $f(x) = 1/x$ hat bei 0 keinen Grenzwert.
d. Für alle a gilt: $f(x) = x^4$ hat bei a und bei – a denselben Grenzwert.

4. Aufgabe

Es gibt zwei verschiedene Darstellungen des Entweder … Oder-Operators $\oplus$:

A	**B**	**A $\oplus$ B**
0	0	0
0	1	1
1	0	1
1	1	0

a. Als Und-Verknüpfung von Oder-Aussagen
b. Als Oder-Verknüpfung von Und-Aussagen

Finden Sie beide.

5. Aufgabe

Formulieren Sie a) die Kontraposition und b) die Verneinung zu folgenden Implikationen:

- Wenn $a = b$ ist, dann ist auch $a^2 = b^2$.
- Wenn $\log_{10}(x) = 3$ ist, dann ist $x = 1\,000$.

6. Aufgabe

Welche der drei folgenden Aussagen sind äquivalent zu der Implikation:
Wenn $x^2 < 1$ ist, dann ist x keine ganze Zahl

- Wenn $x^2 \geq 1$ ist, ist x eine ganze Zahl oder

- Wenn x eine ganze Zahl ist, so ist $x^2 \geq 1$ oder
- Wenn x keine ganze Zahl ist, so ist $x^2 < 1$.

Symbolisieren Sie die beiden Teilaussagen der Implikation durch die Buchstaben A und B und notieren Sie die Bedeutung der anderen Aussagen mit Hilfe von A, B, $\neg$ und $\rightarrow$.

Die folgende schöne Aufgabe habe ich in dem Buch »Mathematik für Informatiker« von Gerald und Susanne Teschl [Teschl1] gefunden:

7. Aufgabe

Angenommen, das Wetter würde sich an die Regel »Ist es an einem Tag sonnig, so auch am nächsten« halten. Wenn es heute sonnig ist, was folgt dann:

a. Es ist immer sonnig.
b. Gestern war es sonnig.
c. Morgen ist es sonnig.
d. Es wird nie mehr sonnig sein.
e. Ab heute wird es immer sonnig sein.

8. Aufgabe

Zeigen Sie: Die Aussageform
$((A \rightarrow B) \wedge (\neg B)) \rightarrow (\neg A)$
ist stets wahr, gleichgültig, welche Wahrheitswerte A und B besitzen.
(Sie können das natürlich mit einer Wahrheitswertetabelle zeigen, es sollte aber Ihr Ziel sein, den Nachweis mit Hilfe einer kurzen inhaltlichen Argumentation zu erbringen).
Solche stets wahren Aussageformen nennt man *Tautologien.*

9. Aufgabe

Welcher der folgenden Ausdrücke ist eine Tautologie, welcher nicht?

a. $(A \rightarrow B) \leftrightarrow (\neg A \wedge B)$
b. $(A \rightarrow B) \leftrightarrow (\neg A \vee B)$
c. $((A \rightarrow B) \wedge (\neg A \rightarrow B)) \leftrightarrow B$

Grundbegriffe der Mengenlehre

Mengenlehre gibt es seit den achtziger Jahren des 19. Jahrhunderts. Sie wurde von Georg Cantor begründet. Der Begriffsapparat der Mengenlehre hat sich als so nützlich für die Formulierung von Aussagen in den verschiedensten mathematischen Gebieten erwiesen, dass er sich überall durchgesetzt hat. Für den Informatiker sind Mengen und Teilmengen u.a. im Zusammenhang mit den richtigen Beschreibungen der Wertebereiche für Variable in Programmen und für Attribute in Datensätzen von großer Bedeutung.

2.1 Grundlegende Definitionen

Wir beginnen mit einer Definition des Begriffes Menge, die noch von Cantor stammt:

> Definition:
> Jede Zusammenfassung von bestimmten, wohl unterschiedenen Objekten zu einem Ganzen wird *Menge* genannt. Die so zusammengefassten Objekte heißen *Elemente* der Menge.

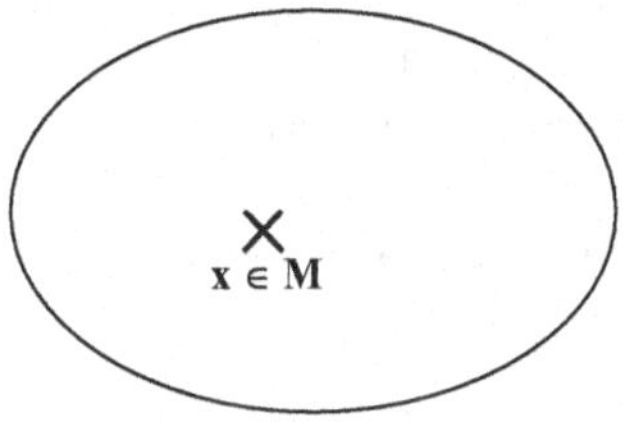

Bild 2-1: Element einer Menge

Beispiele:

- {0,3,6,8}
- {–10, 0.5, alle Staaten Lateinamerikas}
- Die Menge aller natürlichen Zahlen, die keine Primzahlen sind.
- Die Menge aller Brüche, die > 45 sind.

Man schreibt, falls x aus der Menge M ist: $\mathbf{x \in M}$ und sagt: x ist Element der Menge M. Man stellt die letzten Beispiele auch so dar:

- { x | x ist eine natürliche Zahl, die keine Primzahl ist}. Dabei bedeutet der Strich »|« : ».. für die gilt..«. Genauso liest man es auch vor.
- $\{ \frac{p}{q} \mid$ p und q sind ganze Zahlen , $q \neq 0$ und $p/q > 45 \}$

- Ein weiteres wichtiges Beispiel ist die leere Menge { }, die überhaupt kein Element enthält.

Ich brauche hier in diesem Kapitel für meine Beispiele einige Mengen, die ich erst in späteren Kapiteln genauer definieren werde. Es wird für das Verständnis der Beispiele reichen, wenn wir diese Mengen zunächst folgendermaßen intuitiv charakterisieren:

- **N**, die Menge der natürlichen Zahlen: 0, 1, 2, 3, 4, …
- **Z**, die Menge der ganzen Zahlen: … , – 4, – 3, – 2, – 1, 0, 1, 2, 3, 4, …
- **Q**, die Menge der positiven und negativen Brüche $\frac{p}{q}$ mit $p, q \in \mathbf{Z}$ und $q \neq 0$.

Folgende Begriffe, die wir bei Formulierungen mathematischer Tatsachen immer wieder brauchen werden, müssen Sie beherrschen:

2.2 Teilmenge, Durchschnitt, Vereinigung und Differenzmenge

Das erste ist der Begriff der Teilmenge:

> Definition:
> Die Menge A ist *Teilmenge* der Menge B genau dann, wenn jedes Element aus A auch Element von B ist.
> Man schreibt formal : $A \subseteq B \leftrightarrow \forall_x \; x \in A \rightarrow x \in B$.
> Falls es Elemente in B gibt, die nicht zu A gehören, heißt A *echte Teilmenge* von B.
> Man schreibt formal : $A \subset B \leftrightarrow A \neq B \wedge \forall_x \; x \in A \rightarrow x \in B$.

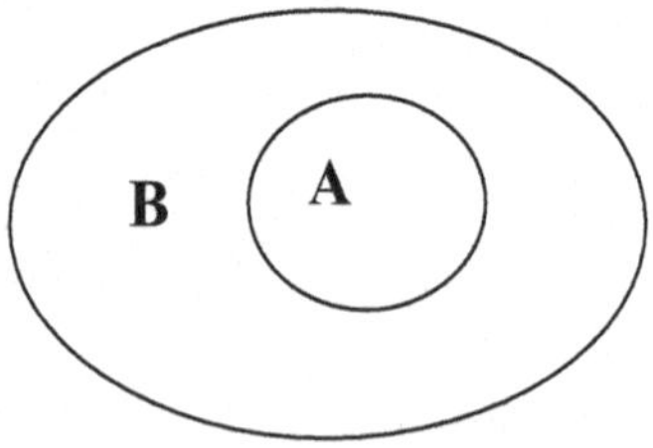

Bild 2-2: Die Teilmengenbeziehung

Beispiele:
- Die Menge der geraden positiven Zahlen ist Teilmenge der Menge der natürlichen Zahlen.
- Sei M eine beliebige Menge, dann gilt: { } ⊆ M. Die leere Menge ist Teilmenge jeder Menge. Warum ist das so? Argumentieren Sie mit der Definition der Teilmengenbeziehung und den Wahrheitswerten einer Implikation.

Als nächstes benötigen Sie den Begriff des Durchschnitts zweier Mengen:

Definition:
Der *Durchschnitt* der beiden Mengen A und B ist die Menge aller Elemente x, für die gilt: $x \in A$ und $x \in B$.
Man schreibt formal: $x \in A \cap B \leftrightarrow x \in A \wedge x \in B$.

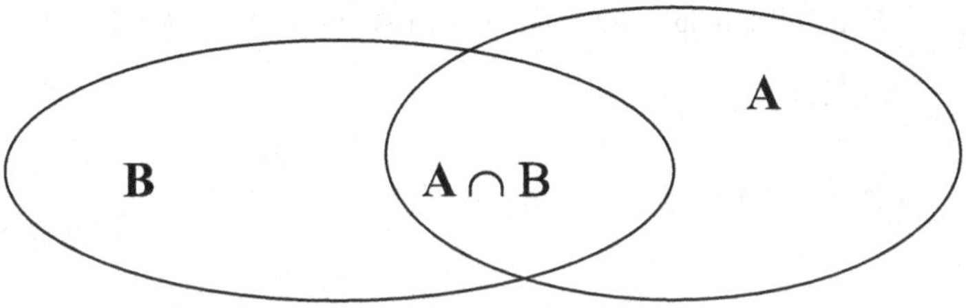

Bild 2-3: Der Durchschnitt

Beispiele:

- Der Durchschnitt der Menge der geraden Zahlen und der Menge der ungeraden Zahlen ist die leere Menge.
- Sei A $=\{ n \mid n$ ist natürliche Zahl und $n > 10 \}$ und sei
  B $=\{ n \mid n$ ist natürliche Zahl und $n < 15 \}$. Dann ist
  $A \cap B = \{ 11, 12, 13, 14 \}$.
- Der Durchschnitt der Menge der geraden Zahlen und der Menge der ganzen Zahlen ist die Menge der geraden Zahlen.

Das letzte Beispiel verdeutlicht einen allgemeinen Sachverhalt:

Satz 2.1
Seien A und B beliebige Mengen. Dann gilt: $A \subseteq B \leftrightarrow A \cap B = A$.

Beweis:
Der Beweis ist sehr, sehr einfach, wir führen ihn trotzdem, weil ich Ihnen bei dieser Gelegenheit wieder etwas über Beweistechniken erzählen kann.

1. Wir müssen eine Äquivalenz $\leftrightarrow$ zeigen. Das macht man im Allgemeinen so, dass man erst die eine Richtung $\rightarrow$ und dann die andere Richtung $\leftarrow$ zeigt.
2. Wir werden die Gleichheit zweier Mengen M_1 und M_2 zeigen müssen. Auch das zeigt man in zwei Schritten:
   1. Man zeigt: $M_1 \subseteq M_2$
   2. Man zeigt: $M_2 \subseteq M_1$
   Aus diesen beiden Teilschritten folgert man dann: $M_1 = M_2$.

Erster Schritt: $A \subseteq B \rightarrow A \cap B = A$

Erster Schritt, erster Teil: $A \subseteq B \rightarrow A \cap B \subseteq A$

Da für beliebige Mengen A und B stets gilt: $A \cap B \subseteq A$, ist dieser Teil trivialerweise wahr.

Erster Schritt, zweiter Teil: $A \subseteq B \rightarrow A \subseteq A \cap B$

Dieser Teil ist nicht ganz so selbstverständlich. Aber wir können folgern:

$x \in A \rightarrow x \in B$ (da ja $A \subseteq B$ vorausgesetzt war) $\rightarrow x \in A \cap B$

und der zweite Teil des ersten Schritts ist bewiesen.

Damit ist der erste Schritt vollständig erledigt und wir wissen: $A \subseteq B \rightarrow A \cap B = A$

Zweiter Schritt: $A \cap B = A \rightarrow A \subseteq B$

Sei x beliebig, $x \in A$. Aus $A \cap B = A$ folgt $x \in A \cap B$, also $x \in B$.

q. e. d.

Des Weiteren brauchen Sie den Begriff der Vereinigung zweier Mengen:

Definition:
Die *Vereinigung* der beiden Mengen A und B ist die Menge aller Elemente x, für die gilt: $x \in A$ oder $x \in B$.
Man schreibt formal: $x \in A \cup B \leftrightarrow x \in A \vee x \in B$.

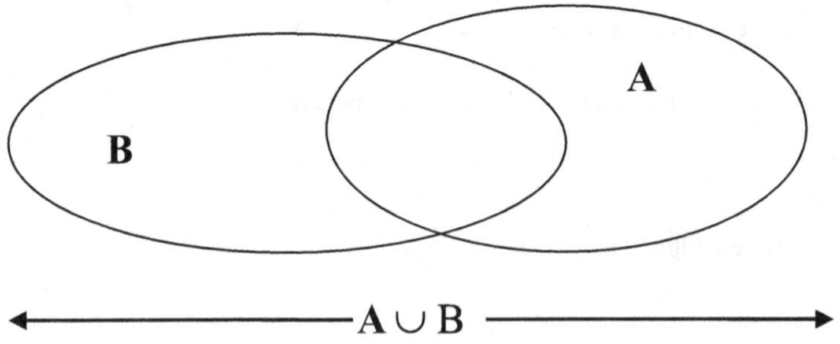

Bild 2-4: Die Vereinigung

Sie sehen bei diesen Definitionen, wie die Schreibweise für das logische »und« mit dem Symbol für den Durchschnitt zweier Mengen und die Schreibweise für das logische »oder« mit dem Symbol für die Vereinigung zweier Mengen korrespondiert. Diese Korrespondenz hat auch eine wichtige inhaltliche Bedeutung, wie Sie insbesondere im Abschnitt 2.3 sehr gut sehen können.

Beispiele:

- Die Vereinigung der Menge der nicht negativen, geraden Zahlen und der Menge der ungeraden Zahlen ist die Menge der natürlichen Zahlen.
- Sei $A = \{ n \mid n \text{ ist natürliche Zahl und } n > 10 \}$ und sei
  $B = \{ n \mid n \text{ ist natürliche Zahl und } n < 15 \}$. Dann ist
  $A \cup B$ = die Menge der natürlichen Zahlen.
- Sei $A = \{ 1, 3, 5, 6, 7 \}$ und sei
  $B = \{ 3, 4, 6, 9, 12 \}$. Dann ist
  $A \cup B = \{ 1, 3, 4, 5, 6, 7, 9, 12 \}$.

Es gilt allgemein:

> Satz 2.2
> Seien A und B beliebige Mengen. Dann gilt: $A \subseteq B \leftrightarrow A \cup B = B$

Beweis:

Erster Schritt: $A \subseteq B \rightarrow A \cup B = B$

Erster Schritt, erster Teil: $A \subseteq B \rightarrow A \cup B \subseteq B$
Sei $x \in A \cup B$ beliebig $\rightarrow x \in A \vee x \in B$. Falls aber $x \in A$ gilt, folgt aus $A \subseteq B$ auch, dass dieses $x \in B$ ist. Also gilt: $x \in A \cup B \rightarrow x \in B$, also $A \cup B \subseteq B$.

Erster Schritt, zweiter Teil: $A \subseteq B \rightarrow B \subseteq A \cup B$
Da für beliebige Mengen A und B stets gilt: $B \subseteq A \cup B$, ist dieser Teil trivialerweise wahr.

Zweiter Schritt: $A \cup B = B \rightarrow A \subseteq B$

Sei x beliebig, $x \in A$. Da offensichtlich $A \subseteq A \cup B$ ist, folgt: $x \in A \cup B$. Und mit $A \cup B = B$ gilt $x \in B$. Also: $x \in A \rightarrow x \in B$, also $A \subseteq B$.

q. e. d.

Der letzte Begriff dieses Abschnitts ist der Begriff der Differenzmenge:

> Definition:
> Die *Differenzmenge* $A \setminus B$ der beiden Mengen A und B
> ist die Menge aller Elemente x, für die gilt: $x \in A$ und $x \notin B$.
> Man schreibt formal : $x \in A \setminus B \leftrightarrow x \in A \wedge x \notin B$.

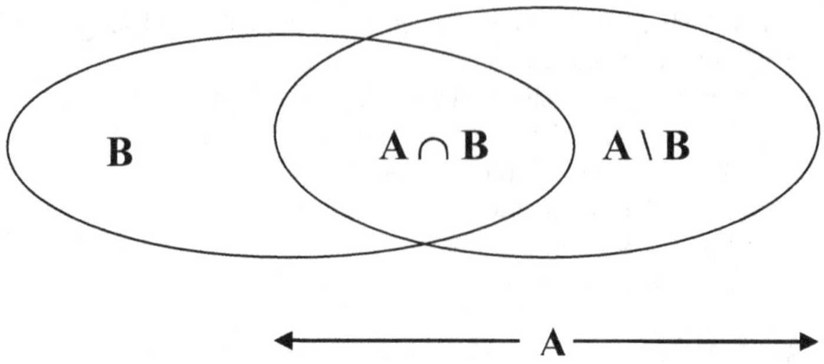

Bild 2-5: Die Differenzmenge

Beispiele:

- Sei A die Menge der natürlichen Zahlen und B die Menge der geraden Zahlen, dann ist $A \setminus B$ die Menge der ungeraden natürlichen Zahlen.
- Sei $A = \{ n \mid n \text{ ist natürliche Zahl und } n > 10 \}$ und
  sei $B = \{ n \mid n \text{ ist natürliche Zahl und } n < 15 \}$. Dann ist
  $A \setminus B = \{ n \mid n \text{ ist natürliche Zahl und } n \geq 15 \}$.
- Sei $A = \{ 1, 3, 5, 6, 7 \}$ und
  sei $B = \{ 3, 4, 6, 9, 12 \}$ Dann ist
  $A \setminus B = \{ 1, 5, 7 \}$.

2.3 Einige Eigenschaften der Operatoren $\cup$ und $\cap$

Völlig analog zu den im ersten Kapitel besprochenen Eigenschaften der Operatoren $\vee$ und $\wedge$ gilt für die Operatoren $\cup$ und $\cap$:

> Satz 2.3
> Seien M_1, M_2 und M_3 drei beliebige Mengen. Dann gilt:
> a. $M_1 \cup M_2 = M_2 \cup M_1$ (Kommutativgesetz für die Vereinigung)
> b. $(M_1 \cup M_2) \cup M_3 = M_1 \cup (M_2 \cup M_3)$ (Assoziativgesetz für die Vereinigung)
> c. $M_1 \cap M_2 = M_2 \cap M_1$ (Kommutativgesetz für den Durchschnitt)
> d. $(M_1 \cap M_2) \cap M_3 = M_1 \cap (M_2 \cap M_3)$ (Assoziativgesetz für den Durchschnitt)
> e. $M_1 \cap (M_2 \cup M_3) = (M_1 \cap M_2) \cup (M_1 \cap M_3)$ (Erstes Distributivgesetz)
> f. $M_1 \cup (M_2 \cap M_3) = (M_1 \cup M_2) \cap (M_1 \cup M_3)$ (Zweites Distributivgesetz)

Beweis:
Alle diese Eigenschaften folgen unmittelbar aus den entsprechenden Eigenschaften für die logischen Operatoren $\vee$ und $\wedge$. Ich zeige Ihnen nur für die Behauptung f), also für das Zweite Distributivgesetz, wie man hier argumentiert. Alle anderen Behauptungen zeigt man völlig analog. Also zu f.:

$x \in M_1 \cup (M_2 \cap M_3)$ $\leftrightarrow$
$x \in M_1 \vee x \in (M_2 \cap M_3)$ $\leftrightarrow$
$x \in M_1 \vee (x \in M_2 \wedge x \in M_3)$ $\leftrightarrow$ (wegen Satz 1.12)
$(x \in M_1 \vee x \in M_2) \wedge (x \in M_1 \vee x \in M_3)$ $\leftrightarrow$
$x \in (M_1 \cup M_2) \cap (M_1 \cup M_3)$ q.e.d.

Wieder gilt die allgemeine *Regel*:

Der Operator $\cap$ bindet enger als der Operator $\cup$. Das bedeutet beispielsweise:
$A \cap B \cup C = (A \cap B) \cup C$.

2.4 Kreuzprodukte und Relationen

Ein weiterer wichtiger Begriff ist das kartesische Produkt von Mengen, auch Kreuzprodukt genannt. Dieser Begriff ist beispielsweise in der Theorie (und Praxis) von Datenbanken von großer Bedeutung und ich zitiere dazu aus meinem Buch »Datenbanken« [Schub].

Definition:
Seien M_1 und M_2 zwei Mengen. Dann ist das *kartesische Produkt* $M_1 \times M_2$ die Menge aller Elementepaare (x_1, x_2), für die gilt : $x_1 \in M_1$ und $x_2 \in M_2$, also
$M_1 \times M_2 := \{ (x_1, x_2) \mid x_1 \in M_1 \text{ und } x_2 \in M_2 \}$.
Die Elemente von $M_1 \times M_2$ nennt man *Tupel*, genauer *Zweitupel*.

Seien M_1, M_2 und M_3 drei Mengen.
Dann ist das *kartesische Produkt* $M_1 \times M_2 \times M_3$ die Menge aller Elementetripel (x_1, x_2, x_3), für die gilt : $x_1 \in M_1$, $x_2 \in M_2$ und $x_3 \in M_3$, also
$M_1 \times M_2 \times M_3 := \{ (x_1, x_2, x_3) \mid x_1 \in M_1, x_2 \in M_2 \text{ und } x_3 \in M_3 \}$.
Die Elemente von $M_1 \times M_2 \times M_3$ nennt man *Tupel*, genauer *Dreitupel*.

Sei $n \in \mathbf{N}$, $n > 3$. Seien $M_1, M_2, \ldots, M_n$ n Mengen.
Dann ist das *kartesische Produkt* $M_1 \times M_2 \times \ldots \times M_n$ die Menge aller Elementetupel $(x_1, x_2, \ldots, x_n)$, für die gilt:
$x_1 \in M_1, x_2 \in M_2, \ldots, x_n \in M_n$, also
$M_1 \times M_2 \times \ldots \times M_n := \{ (x_1, x_2, \ldots, x_n) \mid x_1 \in M_1, x_2 \in M_2, \ldots, x_n \in M_n \}$.
Die Elemente von $M_1 \times M_2 \times \ldots \times M_n$ nennt man *Tupel*, genauer *n-Tupel*.

Beispiele:

- $M_1 = \{ 1, 3, 5 \}$ und
  $M_2 = \{ 2, 3 \}$. Dann ist
  $M_1 \times M_2 = \{ (1,2), (1,3), (3,2), (3,3), (5,2), (5,3) \}$.
- $M_1 = \{ -3, -1, 2 \}$ und
  $M_2 = \{2,4\}$ und
  $M_3 = \{ -0.75, -0.25, 2 \}$. Dann ist
  $M_1 \times M_2 \times M_3 = \{ (-3, 2, -0.75), (-3, 2, -0.25), (-3, 2, 2),$
  $(-3, 4, -0.75), (-3, 4, -0.25), (-3, 4, 2),$
  $(-1, 2, -0.75), (-1, 2, -0.25), (-1, 2, 2),$
  $(-1, 4, -0.75), (-1, 4, -0.25), (-1, 4, 2),$
  $(2, 2, -0.75), (2, 2, -0.25), (2, 2, 2),$
  $(2, 4, -0.75), (2, 4, -0.25), (2, 4, 2)\}$.
- Angenommen, wir hätten die Personen
  - Albert Einstein
  - Albert Schweitzer
  - Groucho Marx

Es sei MengeDerVornamen = { Albert, Groucho } und
MengeDerNamen = { Einstein, Schweitzer, Marx }. Dann ist
MengeDerVornamen x MengeDerNamen =
{(Albert, Einstein), (Albert, Schweitzer), (Albert, Marx),
(Groucho, Einstein), (Groucho, Schweitzer), (Groucho, Marx)}.

Es gibt eine interessante Formel für die Anzahl der Elemente von Kreuzprodukten endlicher Mengen. Ich gebe Ihnen dazu erst einmal die mathematische Bezeichnung für die Anzahl der Elemente einer Menge:

> Definition der Mächtigkeit von Mengen (erster Teil):
> Sei M eine Menge. Dann nennt man die Anzahl der Elemente von M die *Mächtigkeit* von M und schreibt dafür $| M |$.

Bemerkung: Falls M eine Menge mit unendlich vielen Elementen ist, schreiben wir zunächst dafür: $| M | = \infty$. Wir werden aber später sehen, dass es auch unter solchen Mengen verschiedene Größen gibt und wir werden uns deshalb für diese verschiedenen Arten der Unendlichkeit eigene Symbole definieren müssen.

Nun gilt der Satz:

> Satz 2.4
> Seien M_1 , M_2 zwei Mengen, die jeweils endlich viele Elemente haben. Dann gilt: Die Mächtigkeit des Kreuzprodukts $M_1 \times M_2$ ist gleich dem Produkt der Mächtigkeiten von M_1 und M_2.
> Also: $| M_1 \times M_2 | = | M_1 | \cdot | M_2 |$.

Wie Sie auch bei Betrachtung der Beispiele sehen können, erhalte ich für jedes Element aus M_1 gerade $| M_2 |$ Partner für die zweite Komponente meines Zweitupels und darum gilt dieser Satz offensichtlich.
Eng mit dem Begriff des Kreuzprodukts hängt die Relation zusammen, die in der Theorie der relationalen Datenbanken die entscheidende Rolle spielt. Unser oben begonnenes Beispiel mit unseren beiden Personen soll Ihnen davon einen kleinen Eindruck geben.

> Definition:
> Eine *Relation* R auf den Mengen $M_1, M_2, \ldots, M_n$ ist eine Teilmenge des kartesischen Produktes $M_1 \times M_2 \times \ldots \times M_n$, also $R \subseteq M_1 \times M_2 \times \ldots \times M_n$.

Beispiel:

- Sei N die Menge der natürlichen Zahlen und Z die Menge der ganzen Zahlen. Es sei $R_7 \subseteq \mathbf{N} \times \mathbf{N}$ folgendermaßen definiert:
  $R_7 = \{ (a, b) \in \mathbf{N} \times \mathbf{N} \mid \exists_{d \in Z}\ a - b = d \cdot 7 \}$
  Dann ist R_7 eine Relation.

Beispiele dieser Art brauchen wir später bei zahlentheoretischen Untersuchungen, insbesondere bei unseren Betrachtungen zu Verschlüsselungen, darum ist es nützlich, hier noch eine Vereinfachung der Notation zu verabreden.

> Definition:
> Falls für $(a, b) \in \mathbf{N} \times \mathbf{N}$ gilt: $(a, b) \in R_7$, schreibt man auch:
> $a \equiv b \pmod 7$.

Beispielsweise gilt für 17:
$17 \equiv 3 \pmod 7$, $17 \equiv 10 \pmod 7$, $17 \equiv 17 \pmod 7$, $17 \equiv 24 \pmod 7$ usw.
Sei $[17]_7 = \{ b \in \mathbf{N} \mid b \equiv 17 \pmod 7 \}$, dann gilt:
$[17]_7 = \{ 17 + d \cdot 7 \mid d > -3 \}$.

Was wir für die 7 gemacht haben, können wir natürlich auch für andere Zahlen machen:

- Sei $q \in \mathbf{N} \setminus \{0\}$ beliebig. Es sei $R_q \subseteq \mathbf{N} \times \mathbf{N}$ folgendermaßen definiert:
  $R_q = \{ (a, b) \in \mathbf{N} \times \mathbf{N} \mid \exists_{d \in Z}\ a - b = d \cdot q \}$
  Dann ist R_q eine Relation.

> Definition:
> Falls für $(a, b) \in \mathbf{N} \times \mathbf{N}$ gilt: $(a, b) \in R_q$, schreibt man auch: $a \equiv b \pmod q$
> Man nennt *mod* die *Modulo-Funktion.*

Sei $0 \leq x < q$ und sei $[x]_q = \{ b \in \mathbf{N} \mid b \equiv x \pmod q \}$, dann gilt:
$[x]_q = \{ x + d \cdot q \mid d \geq 0 \}$.

Unser vorläufig letztes Beispiel für eine Relation ist näher am Konzept der Datenbanken:

- Es sei die Relation P $\subseteq$ MengeDerVornamen x MengeDerNamen
  = { Albert, Groucho } x {Einstein, Schweitzer, Marx}
  folgendermaßen definiert:
  P = { (v , n) $\in$ MengeDerVornamen x MengeDerNamen | .
  Es gibt eine Person mit Vornamen v und Nachnamen n }.
  Dann ist P = {(Albert, Einstein), (Albert, Schweitzer), (Groucho, Marx)}.

Eine genauere Untersuchung von Relationen erfolgt im sechsten Kapitel.

2.5 Abbildungen

In gewisser Weise sind Abbildungen eine spezielle Sorte von Relationen und sie spielen auch eine enorm wichtige Rolle bei allen Arten von Datenbanken, nicht etwa »nur« bei relationalen Datenbanken. Wie immer beginnen wir mit einer Definition:

> Definition:
> Es seien A und B zwei nicht-leere Mengen. Eine Zuordnungsvorschrift f: $A \to B$ mit $x \to f(x)$ (sprich: f von A nach B mit x wird abgebildet auf f(x)), die jedem $x \in A$ genau ein Element aus B zuordnet, heißt *Abbildung* oder *Funktion.* f(x) heißt der *Funktionswert* oder das *Bild* von x, x heißt ein *Urbild* von f(x).
> Die Menge A heißt der *Definitionsbereich* von f, B heißt der *Bildbereich* von f.

Beispiele:

- $f: Z \to Z$ mit $f(x) = 2x + 3$
- $f: Q \to Q$ mit $f(x) = 2x + 3$
- $f: Z \to N$ mit $f(x) = x^2$
- $f: Z \to Z$ mit $f(x) = x^3$

Ehe wir weitermachen, möchte ich erst meine einleitenden Bemerkungen erläutern.

1. Eine Funktion f: $A \to B$ ist eine (spezielle) Relation.
   Erklärung: Betrachten Sie die Menge $F = \{ (x, f(x)) \mid x \in A \}$. Es ist $F \subseteq A \times B$ eine Relation, die die zusätzliche Eigenschaft hat, dass die erste Komponente die zweite Komponente eindeutig kennzeichnet.
2. Funktionen spielen eine wichtige Rolle bei Datenbanken aller Art.
   Erklärung 1: Jede Datenbank, jede Tabelle, jede Relation in einer Datenbank hat mindestens ein Attribut oder eine Attributkombination, die jeden Datensatz eindeutig kennzeichnet. Ein derartiges Attribut bzw. eine derartige Attributkombination nennt man Schlüssel einer Datenbank. Wir haben dann eine Abbildung
   K: Menge der Schlüssel $\to$ Menge der Kombinationen aller anderen Attributwerte

Solche Abbildungen (aber natürlich nicht nur diese) stellt man gerne in Tabellen dar. Unser obiges kleines Beispiel würde – mit einem Schlüssel ausgestattet – etwa lauten:

Schlüssel	Name	Vorname
32	Schweitzer	Albert
6	Marx	Karl
17	Einstein	Albert

Erklärung 2: Allgemein spielt die Untersuchung von Datenstrukturen auf das Vorhandensein von Funktionen, man spricht von *Funktionalen Abhängigkeiten*, eine große Rolle in der Theorie der Datenbanken.

Die folgenden Eigenschaften von Abbildungen werden uns immer wieder beschäftigen – sowohl bei unseren rein mathematischen Untersuchungen als auch bei der Charakterisierung von Schlüsseln oder Indizes in Datenbanken:

Definition:
Es sei f: $A \rightarrow B$ eine Abbildung.

1. Falls nie zwei (oder mehr) verschiedene x-Werte auf einen gemeinsamen y-Wert abgebildet werden, falls also gilt:

$$\forall_{x1,\, x2\, \in A}\ x_1 \neq x_2 \rightarrow f(x_1) \neq f(x_2)$$

bzw. falls gilt:

$$\forall_{x1,\, x2\, \in A}\ f(x_1) = f(x_2) \rightarrow x_1 = x_2$$

heißt die Abbildung *injektiv*.

2. Falls jedes Element y aus der Menge B ein Bild f(x) eines Elementes x aus A ist, falls also gilt:

$$\forall_{y \in B} \exists_{x \in A}\ y = f(x)$$

heißt die Abbildung *surjektiv*.

3. Falls f injektiv und surjektiv ist, heißt f *bijektiv*.

Lassen Sie uns dazu noch einmal unsere *Beispiele* von eben ansehen:

- $f: \mathbf{Z} \rightarrow \mathbf{Z}$ mit $f(x) = 2x + 3$

Behauptung: f ist injektiv.
Beweis: $f(x_1) = f(x_2) \rightarrow 2x_1 + 3 = 2x_2 + 3 \rightarrow 2x_1 = 2x_2 \rightarrow x_1 = x_2$
Behauptung: f ist nicht surjektiv.

Beweis: Zu zeigen ist:

$$\exists_{y \in \mathbf{Z}} \forall_{x \in \mathbf{Z}} \; y \neq 2x + 3$$

Das zeigen wir mit Hilfe eines Beweises durch Widerspruch:
Sei $y \in \mathbf{Z}$, $y = 8$ und sei $x \in \mathbf{Z}$ so, dass $2x + 3 = 8$, es folgt $2x = 5$ bzw. $= \frac{5}{2}$ im Widerspruch zu $x \in \mathbf{Z}$.

- $f : \mathbf{Q} \to \mathbf{Q}$ mit $f(x) = 2x + 3$

Behauptung: f ist injektiv.
Beweis: exakt wie eben.
Behauptung: f ist surjektiv.
Beweis: Diesmal ist zu zeigen:

$$\forall_{y \in \mathbf{Q}} \exists_{x \in \mathbf{Q}} \; y = 2x + 3$$

Sei also $y \in \mathbf{Q}$. Dann setze $x = \frac{y-3}{2}$.
Dann gilt: $x \in \mathbf{Q}$ und

$$f(x) = 2 \cdot \frac{y-3}{2} + 3 = y .$$

Also gilt: $f : \mathbf{Q} \to \mathbf{Q}$ mit $f(x) = 2x + 3$ ist bijektiv.

- $f : \mathbf{Z} \to \mathbf{N}$ mit $f(x) = x^2$

Behauptung: f ist nicht injektiv.
Beweis: Zu zeigen ist:
Es gibt in **Z** zwei verschiedene x-Werte, die auf denselben y-Wert abgebildet werden, also:

$$\exists_{x1, x2 \in \mathbf{Z}} \; f(x_1) = f(x_2) \wedge x_1 \neq x_2$$

Setze beispielsweise $x_1 = 3$ und $x_2 = -3$. Dann ist $f(x_1) = 3^2 = 9 = (-3)^2 = f(x_2)$.
Behauptung: f ist nicht surjektiv.
Beweis: Sei $y \in \mathbf{N}$, $y = 2$. Dann gilt für alle $x \in \mathbf{Z}$: $x^2 \neq 2$.

- Genauso können Sie zeigen:
  $f : \mathbf{Z} \to \mathbf{Z}$ mit $f(x) = x^3$ ist injektiv, aber nicht surjektiv.

Offensichtlich gilt:

> Satz 2.5
> Seien A und B zwei Mengen mit endlich vielen Elementen. Dann haben A und B die gleiche Mächtigkeit genau dann, wenn es eine bijektive Abbildung $f: A \to B$ gibt.

Diese für endliche Mengen offensichtliche Tatsache benutzt man, um die Definition der Mächtigkeit von Mengen mit unendlichen vielen Mengen genauer beschreiben zu können:

> Definition der Mächtigkeit von Mengen (vollständige Version):
> Sei M eine Menge.
> - Falls M endlich viele Elemente hat, nennt man die Anzahl der Elemente von M die *Mächtigkeit* von M und schreibt dafür $|M|$.
> - Zwei Mengen M und N mit *unendlich vielen Elementen* heißen *gleich mächtig* genau dann, wenn es eine Bijektion $\varphi: M \to N$ gibt.

Diese Definition klingt hoffentlich einleuchtend, aber sie hat trotzdem einige Konsequenzen, die Ihren intuitiven Vorstellungen von »gleich mächtig« im Sinne von »gleich groß« widersprechen.

Beispiel:

- Sei wie immer **N** die Menge der natürlichen Zahlen: 0, 1, 2, 3, 4, ... und sei **G** die Menge der geraden natürlichen Zahlen. Das sind die Zahlen, die ohne Rest durch 2 teilbar sind. Dann gilt einerseits: $\mathbf{G} \subseteq \mathbf{N}$, aber es gibt Zahlen n, für die gilt: $n \in \mathbf{N}$, aber $n \notin \mathbf{G}$. Die Zahl 3 ist so ein Wert. **G** ist also echte Teilmenge von **N**. Aber es gilt andererseits: **N** und **G** sind gleich mächtig, denn $\varphi: \mathbf{N} \to \mathbf{G}$ mit $\varphi(x) = 2 \cdot x$ ist eine Bijektion.

Es bleibt die interessante *Frage*, die wir erst im Kapitel über die reellen Zahlen werden klären können:

- Gibt es überhaupt unendlich große Mengen von unterschiedlicher Mächtigkeit?

Zuletzt will ich noch den Begriff der Potenzmenge erläutern:

2.6 Die Potenzmenge

> Definition:
> Sei A eine Menge. Dann ist die *Potenzmenge* P(A) die Menge aller Teilmengen von A. Also :
> $B \in P(A) \leftrightarrow B \subseteq A$

Beispiele:

- Sei A = { 1,5,7 }, dann ist
  P(A) = { {}, {1}, {5}, {7}, {1,5}, {1,7}, {5,7}, {1,5,7} }.

Mit dem Übergang von einer Menge mit endlich vielen Elementen zu ihrer Potenzmenge erhält man offensichtlich stets eine Menge mit größerer Mächtigkeit. Das ist klar bei endlichen Mengen, stimmt aber auch bei unendlich großen Mengen. Hier ist es bloß nicht so offensichtlich. Betrachten Sie zum Schluss noch einmal die Definition der Menge – Sie scheint harmlos, aber sie führt zu Antinomien, auf Deutsch: zu Widersprüchen. Betrachten Sie das folgende Beispiel:

- Sei M_R die Menge aller in diesem Buch vorkommenden Beispiele für mathematisch definierte Begriffe.
  M_R hat eine merkwürdige Eigenschaft: M_R enthält sich selber als Element, nicht etwa nur als Teilmenge. Es gilt: $M_R \in M_R$.
  Das war bei allen anderen Mengen, die wir bisher betrachtet haben, nicht der Fall. Für sie galt: Sie enthalten sich nicht selber als Element.
- Sei nun S die Menge aller der Mengen, die sich nicht selber als Element enthalten, also $S = \{ M \mid M \text{ ist Menge und } M \notin M \}$.
  Wie verhält es sich nun mit S selber? Ist S etwa auch ein Element von sich selber? Gilt also: $S \in S$? Lassen Sie uns die Konsequenzen überdenken:
  $S \in S \rightarrow$ S ist eine Menge, die sich nicht selber als Element enthält $\rightarrow S \notin S$.
  Andererseits gilt:
  $S \notin S \rightarrow$ S ist eine Menge, die sich nicht selber enthält $\rightarrow$ S muss also zu der Menge aller der Mengen gehören, die sich nicht selber enthalten $\rightarrow S \in S$.
  Wir haben also gerade bewiesen:
  $S \in S \leftrightarrow S \notin S$.

Das ist eine der Antinomien, die von Bertrand Russell, einem großartigen englischen Mathematiker, Philosophen, Sozialwissenschaftler und Politiker, 1901 entdeckt wurden. Sie haben die scheinbare Sicherheit, in der man sich beim Gebrauch der mengentheoretischen Begriffe wähnte, vollständig zerstört und sie haben die Mathematiker gezwungen, die axiomatische Grundlegung der Mengenlehre, insbesondere den Gebrauch von Mengen, deren Elemente wieder Mengen sind, auf eine genauere Weise zu formulieren und zu reglementieren.

Übungsaufgaben

1. Aufgabe

a. Macht die folgende Beschreibung einer Menge Sinn? $M = \{ 1, 2, 2, 3, 2 \}$
b. Sind die beiden folgenden Mengen gleich? $A = \{ 1, 3, 2, 7 \}$, $B = \{ 7, 2, 1, 3 \}$

2. Aufgabe

Welche Elemente enthalten die folgenden Mengen? **N** ist die Menge der natürlichen Zahlen 0, 1, 2, 3, ... Falls die Menge endlich ist, geben Sie sämtliche Elemente an, Falls sie unendlich viele Elemente hat, geben Sie mindestens 5 Elemente an.

a. $\{ x \in N \mid x \text{ ist gerade} \land x \text{ ist Primzahl} \}$
b. $\{ x \in N \mid x \text{ ist gerade} \lor x \text{ ist Primzahl} \}$
c. $\{ x \in N \mid 3 \cdot x - 12 = 123 \}$

d. $\{ x \in N \mid 3 \cdot x - 12 = 124 \}$
e. $\{ x \in N \mid x \text{ ist ungerade} \wedge 2 \cdot x = 32 \}$
f. $\{ x \in N \mid x \text{ ist Primzahl} \wedge x - 2 \text{ ist Primzahl} \}$[1]

3. Aufgabe

Prüfen Sie, ob die Menge B in der Menge A enthalten ist. **Q** ist die Menge aller Brüche (positive und negative).

a. $A = \mathbf{Q},\ B = \{ 1 \}$
b. $A = \{ x \in \mathbf{N} \mid \exists_{n \in N}\ x = 4 \cdot n \},\ B = \{ x \in \mathbf{N} \mid x \text{ ist eine gerade Zahl} \}$
c. $A = \{ x \in \mathbf{N} \mid x \text{ ist eine gerade Zahl} \},\ B = \{ x \in \mathbf{N} \mid \exists_{n \in N}\ x = 4 \cdot n \}$
d. $A = \mathbf{Z},\ B = \{\}$
e. $A = \{ 1, 2, 3 \},\ B = \{ x \in N \mid x < -1 \}$

4. Aufgabe

Geben Sie jeweils den Durchschnitt der Mengen A und B an:
a. $A = \{ x \in \mathbf{Q} \mid x \leq 5 \},\ B = \{ x \in \mathbf{Q} \mid x \geq 5 \}$
b. $A = \{ x \in \mathbf{Q} \mid x > -1 \},\ B = \{ x \in \mathbf{Q} \mid x < 1 \}$
c. $A = \mathbf{Q},\ B = \mathbf{N}$
d. $A = \{ x \in \mathbf{Q} \mid x < 1 \},\ B = \{ x \in \mathbf{Q} \mid x > 5 \}$

5. Aufgabe

Geben Sie die Vereinigungsmenge der Mengen A und B an.
$A = \{ x \in \mathbf{Q} \mid x < 1 \},\ B = \{ x \in \mathbf{Q} \mid x \geq 1 \}$

6. Aufgabe

Sei $M = \{0, 1\}$. Geben Sie alle Elemente von $M^3 = M \times M \times M$ an.

7. Aufgabe

a. Es sei $M = \{ 0, 1, 2 \}$. Weiter sei $R = \{ (a, b) \in M \times M \mid a < b \}$.
Geben Sie alle Elemente von R an.
b. Es sei R = { (Matthias, Carsten), (Matthias, Karim), (Martin, Matthias) } eine Relation auf M x M mit M = { Carsten, Karim, Martin, Matthias }. Die Relation sei definiert durch $R = \{ (a, b) \in M \times M \mid a \text{ unterrichtet } b \}$. Wie viele Schüler hat Matthias? Welche Beziehung besteht zwischen Martin und Matthias?

---

[1] Es ist unbekannt, ob diese Menge unendlich ist oder nicht. Geben Sie 5 Elemente an.

8. Aufgabe

a. Es sei $R = \{ (a, b) \in \mathbf{Q} \times \mathbf{Q} \mid a < b \}$. Ist es möglich, eine Funktion $f: \mathbf{Q} \rightarrow \mathbf{Q}$ zu definieren, sodass gilt: $R = \{ (a, f(a)) \mid a \in \mathbf{Q} \}$.
b. Es sei $R = \{ (a, b) \in \mathbf{Q} \times \mathbf{Q} \mid b = a^2 \}$. Ist es möglich, eine Funktion $f: \mathbf{Q} \rightarrow \mathbf{Q}$ zu definieren, sodass gilt: $R = \{ (a, f(a)) \mid a \in \mathbf{Q} \}$.
c. Es sei $R = \{ (a, b) \in \mathbf{Q} \times \mathbf{Q} \mid b^2 = a \}$. Ist es möglich, eine Funktion $f: \mathbf{Q} \rightarrow \mathbf{Q}$ zu definieren, sodass gilt: $R = \{ (a, f(a)) \mid a \in \mathbf{Q} \}$.
d. Es sei $R = \{ (a, b) \in \mathbf{Q} \times \mathbf{Q} \mid 7 \cdot b + 5 = a \}$.
Ist es möglich, eine Funktion $f: \mathbf{Q} \rightarrow \mathbf{Q}$ zu definieren, sodass gilt:
$R = \{ (a, f(a)) \mid a \in \mathbf{Q} \}$.

9. Aufgabe

a. Ist $f: \mathbf{Q} \rightarrow \mathbf{Q}$ mit $f(x) = x^2$ injektiv? Begründen Sie Ihre Antwort.
b. Zeigen Sie: $f: \mathbf{N} \rightarrow \mathbf{N}$ mit $f(x) = x^2$ ist injektiv.
c. Ist $f: \mathbf{Q} \rightarrow \mathbf{Q}$ mit $f(x) = x^3$ injektiv? Begründen Sie Ihre Antwort.
d. Ist $f: \mathbf{Q} \rightarrow \mathbf{Q}$ mit $f(x) = 7 \cdot x + 5$ bijektiv? Begründen Sie Ihre Antwort.
e. Geben Sie ein $a \in \mathbf{Q}$ an, für das die Abbildung $f: \mathbf{Q} \rightarrow \mathbf{Q}$ mit $f(x) = a \cdot x + b$ bei beliebigem b weder injektiv noch surjektiv ist.

10. Aufgabe

Sei **N** die Menge der natürlichen Zahlen und $M := \{ n^{10} \mid n \in \mathbf{N} \}$ die Menge aller zehnfachen Potenzen von natürlichen Zahlen: $\{0, 1, 1\,024, 59\,049, 1\,048\,576, \ldots \}$. Zeigen Sie: **N** und M sind gleich groß, sie haben die gleiche Mächtigkeit.

11. Aufgabe

a. Seien A und B beliebige Mengen. Dann gilt:
$|A \cup B| = |A| + |B| - |A \cap B|$.
b. Seien A, B und C beliebige Mengen. Dann gilt:
$$|A \cup B \cup C| = |A| + |B| + |C| - |A \cap B| - |A \cap C| - |B \cap C| + |A \cap B \cap C|.$$

12. Aufgabe

Angenommen, 60 % Professorinnen und Professoren eines Informatik-Fachbereichs geben als Lieblingsprogrammiersprache C# an, 65 % Java und 20 % C++. 45 % programmieren in jeweils zwei der Sprachen. Wie viel Prozent programmieren in allen drei Sprachen?

Natürliche Zahlen

3

Sie kennen die natürlichen Zahlen, es war von ihnen im vergangenen Kapitel des Öfteren die Rede, es sind die Zahlen 0, 1, 2, 3, 4, 5, ... Wir schreiben hier und im Folgenden für die Menge der natürlichen Zahlen immer den Buchstaben **N**. Dass die 0 dazugehört, ist eine relativ neue Festlegung der Mathematiker. »Früher« ließ man die natürlichen Zahlen bei 1 beginnen. In diesem Buch ist in der Menge der natürlichen Zahlen immer die 0 als Element mit enthalten.

3.1 Die Peano-Axiome und die vollständige Induktion

Es gibt verschiedene Versuche, ein Axiomensystem zur eindeutigen Festlegung der natürlichen Zahlen zu konstruieren. Der bekannteste ist der des italienischen Mathematikers G. Peano (1858 – 1932). Sein System besteht aus 5 Axiomen, den so genannten *Peano-Axiomen:*

P1: 0 ist eine natürliche Zahl.
P2: Jede natürliche Zahl besitzt eine eindeutig bestimmte natürliche Zahl als Nachfolger.
P3: 0 ist nicht Nachfolger einer natürlichen Zahl.
P4: Verschiedene natürliche Zahlen haben verschiedene Nachfolger.
P5: Ist eine Aussage wahr für die Zahl 0 und ist sie stets, falls sie für eine natürliche Zahl n wahr ist, dann auch für den Nachfolger von n wahr, dann ist sie für alle natürlichen Zahlen wahr.

Wie Sie sich nach dem oben Gesagten denken können, hat Peano selber diese Axiome so formuliert, dass die natürlichen Zahlen bei 1 anfangen. Das betrifft die Axiome P1, P3 und P5. Dort stand bei ihm überall statt der 0 eine 1.
Bei dem Nachfolger einer natürlichen Zahl n denken Sie einfach an die Zahl n + 1. Das 5. Axiom ist das Axiom der vollständigen Induktion und liefert ein sehr wichtiges Beweisverfahren für Sätze über natürliche Zahlen.
Dieses Beweisverfahren heißt *Beweis durch vollständige Induktion.*

Der *Beweis einer Behauptung durch vollständige Induktion* besteht aus zwei Schritten:

1. Schritt: Der *Induktionsanfang:*
   Zunächst wird die Behauptung für die Zahl 0 gezeigt.
2. Schritt: *Der Induktionsschluss:*
   Unter der Induktionsvoraussetzung, dass die Behauptung für eine Zahl $m \in \mathbf{N}$ gilt, wird gezeigt: die Behauptung gilt auch für den Nachfolger von m, also für $m + 1$.

Aus 1.) und 2.) folgt dann wegen des 5. Peanoaxioms, dass die Behauptung für alle natürlichen Zahlen gilt.

Das ist aus den folgenden Gründen auch sehr plausibel:

- Wegen Schritt 1 gilt die Behauptung für $n = 0$.
- Wegen Schritt 2 gilt sie dann auch für $n = 0 + 1 = 1$ und
  Wegen Schritt 2 gilt sie dann auch für $n = 1 + 1 = 2$ und
  Wegen Schritt 2 gilt sie dann auch für $n = 2 + 1 = 3$ usw.

Betrachten Sie zwei Beispiele:
Es gilt beispielsweise:
$1 = 1^2$, $1 + 3 = 4 = 2^2$, $1 + 3 + 5 = 9 = 3^2$ usw.

Von daher vermutet man:

Satz 3.1
Für alle $n \in \mathbf{N} \setminus \{0\}$ gilt: Die Summe der ersten n ungeraden Zahlen ist n^2, also:

$$\sum_{i=1}^{n} (2\,i - 1) = 1 + 3 + 5 + \ldots + (2n - 1) = n^2$$

Beweis:

Der Induktionsanfang:

Wir fangen hier bei $n = 1$ und nicht bei $n = 0$ an, da uns hier nur die Zahlen $n > 0$ interessieren.

Behauptung: Der Satz ist wahr für $n = 1$, d.h. $\sum_{i=1}^{1} (2\,i - 1) = 2 \cdot 1 - 1 = 1^2$.

Beweis: Offensichtlich

Der Induktionsschluss:

Voraussetzung: Der Satz sei wahr für ein $m \in \mathbf{N}$, d.h. $\sum_{i=1}^{m} (2\,i - 1) = m^2$.

Behauptung: Dann gilt der Satz auch für $m + 1$, d.h. $\sum_{i=1}^{m+1} (2\,i - 1) = (m + 1)^2$.

Beweis:
$$\sum_{i=1}^{m+1} (2\,i - 1) = \left(\sum_{i=1}^{m} (2i - 1) \right) + 2 \cdot (m + 1) - 1 =$$

$$= \left(\sum_{i=1}^{m} (2i - 1) \right) + 2 \cdot m + 1 = (\text{nach Voraussetzung}) = m^2 + 2 \cdot m + 1$$

$$= (m + 1)^2$$

q.e.d

Ein weiteres Beispiel, mit dem der junge Gauß schon als kleiner Junge in Sekundenschnelle die Summe der ersten 100 Zahlen ausgerechnet hat, lautet folgendermaßen:

> Satz 3.2
> Für alle $n \in \mathbf{N} \setminus \{0\}$ gilt: $\sum_{i=1}^{n} i = 1 + 2 + 3 + ... + n = \frac{1}{2} n (n + 1)$.

Beweis:

Der Induktionsanfang:

Auch hier fangen wir bei $n = 1$ und nicht bei $n = 0$ an, da uns hier nur die Zahlen $n > 0$ interessieren.

Behauptung: Der Satz ist wahr für $n = 1$, d.h. $\sum_{i=1}^{1} i = 1 = \frac{1}{2} 1 (1 + 1)$.

Beweis: Offensichtlich

Der Induktionsschluss:

Voraussetzung: Der Satz sei wahr für ein $m \in \mathbf{N}$, d.h. $\sum_{i=1}^{m} i = \frac{1}{2} m (m + 1)$.

Behauptung: Dann gilt der Satz auch für $m + 1$, d.h. $\sum_{i=1}^{m+1} i = \frac{1}{2} (m + 1)(m + 2)$.

Beweis:

$$\sum_{i=1}^{m+1} i = \left(\sum_{i=1}^{m} i \right) + m + 1 = (\text{nach Voraussetzung}) \frac{1}{2} m (m + 1) + m + 1 =$$

$$= \frac{1}{2} (m + 1)(m + 2)$$

q.e.d.

Als nächstes möchte ich Ihnen eine Größe definieren, die man am besten mit Hilfe des Induktionsprinzips versteht.

3.2 Die Fakultät und der Binomialkoeffizient

Man kann den Binomialkoeffizienten und die Fakultät auf mehrere Weisen definieren. Beide Begriffe spielen in ganz verschiedenen Gebieten der Mathematik eine wichtige Rolle – für Sie als Informatiker ist ihre Bedeutung für die Wahrscheinlichkeit von Ereignissen in der Statistik und Stochastik von größtem Interesse. Außerdem werden wir unsere ersten rekursiven Definitionen kennen lernen – auch das ist eine Konstruktion von großer Wichtigkeit für die Informatik. Wir werden sofort weitere Beispiele dazu untersuchen.

Ich möchte den Binomialkoeffizienten zunächst direkt definieren. Dazu brauchen wir die Fakultät. Man schreibt für $n \in \mathbf{N}$ das Symbol n! und nennt das »*n Fakultät*«. Auch diesen Begriff definiere ich zunächst direkt:

Definition:
0. $0! = 1$
1. Sei $n \in \mathbf{N}$, $n > 0$ beliebig. Dann ist $n! = \prod_{i=1}^{n} i = 1 \cdot 2 \cdot 3 \cdot \ldots \cdot n$.

Es ist
- $0! = 1$
- $1! = 1$
- $2! = 1 \cdot 2 = 1! \cdot 2 = 2$
- $3! = 1 \cdot 2 \cdot 3 = 2! \cdot 3 = 6$
- $4! = 1 \cdot 2 \cdot 3 \cdot 4 = 3! \cdot 4 = 24$
- $5! = 1 \cdot 2 \cdot 3 \cdot 4 \cdot 5 = 4! \cdot 5 = 120$ usw.

Diese Beispiele sollen Ihnen klarmachen, dass man die Fakultät auch anders, nämlich rekursiv definieren kann. Rekursiv bedeutet hier, dass man die Definition eines komplexeren Falles mit Hilfe eines einfacheren Falles durchführt. Man geht auf eine einfachere Stufe zurück. Genau dieser »Zurücklauf«, das »Zurückgehen« ist mit dem lateinischen Wort *recursus*, von dem unser Fremdwort *rekursiv* abstammt, gemeint.

Definition:
0. $0! = 1$
1. Sei $n \in \mathbf{N}$, $n > 0$ beliebig. Dann ist $n! = (n - 1)! \cdot n$.

Mit diesen beiden Festlegungen ist die Fakultät für alle $n \in \mathbf{N}$ definiert. Genauso können Sie auch die Berechnung der Fakultät programmieren. Ich wähle die Programmiersprache C++, aber die Logik ist leicht in jede andere Sprache übertragbar.

```
int fakultaet(int n)
{
        if (n < 0)  return 0;
        if (n == 0) return 1;
        return n*fakultaet(n - 1);
}
```

Mit Hilfe dieser Fakultät können wir nun den Binomialkoeffizienten direkt definieren:

Definition:
Seien $n \in \mathbf{N}$, $k \in \mathbf{N}$, $k \le n$ beliebig. Dann ist der Binomialkoeffizient $\binom{n}{k}$ definiert durch: $\binom{n}{k} = \frac{n!}{k! \cdot (n-k)!}$.

Was für eine seltsame Definition. Wozu soll das gut sein? Diese obige Definition hat den Vorteil, dass man mit ihrer Hilfe den Binomialkoeffizienten gut ausrechnen kann, aber andererseits muss man ihr vorwerfen, dass sie wichtige Eigenschaften des Binomialkoeffizienten geradezu verbirgt. Wir wollen das ein bisschen genauer untersuchen und am Ende auch eine Erklärung für den Namen geben.

Zunächst ein paar *Beispiele:*

- $\binom{0}{0} = \frac{0!}{0! \cdot (0-0)!} = 1$
- $\binom{1}{0} = \frac{1!}{0! \cdot (1-0)!} = 1$, $\binom{1}{1} = \frac{1!}{1! \cdot (1-1)!} = 1$
- $\binom{2}{0} = \frac{2!}{0! \cdot (2-0)!} = 1$, $\binom{2}{1} = \frac{2!}{1! \cdot (2-1)!} = 2$,

  $\binom{2}{2} = \frac{2!}{2! \cdot (2-2)!} = 1$
- $\binom{3}{0} = \frac{3!}{0! \cdot (3-0)!} = 1$, $\binom{3}{1} = \frac{3!}{1! \cdot (3-1)!} = \frac{6}{2} = 3$,

  $\binom{3}{2} = \frac{3!}{2! \cdot (3-2)!} = \frac{6}{2} = 3$, $\binom{3}{3} = \frac{3!}{3! \cdot (3-3)!} = 1$
- $\binom{4}{0} = \frac{4!}{0! \cdot (4-0)!} = 1$, $\binom{4}{1} = \frac{4!}{1! \cdot (4-1)!} = \frac{24}{6} = 4$,

  $\binom{4}{2} = \frac{4!}{2! \cdot (4-2)!} = \frac{24}{2 \cdot 2} = 6$, $\binom{4}{3} = \frac{4!}{3! \cdot (4-3)!} = \frac{24}{6} = 4$

  $\binom{4}{4} = \frac{4!}{4! \cdot (4-4)!} = 1$
- $\binom{5}{0} = \frac{5!}{0! \cdot (5-0)!} = 1$, $\binom{5}{1} = \frac{5!}{1! \cdot (5-1)!} = \frac{120}{24} = 5$,

  $\binom{5}{2} = \frac{5!}{2! \cdot (5-2)!} = \frac{120}{2 \cdot 6} = 10$, $\binom{5}{3} = \frac{5!}{3! \cdot (5-3)!} = \frac{120}{6 \cdot 2} = 10$,

  $\binom{5}{4} = \frac{5!}{4! \cdot (5-4)!} = \frac{120}{24} = 5$,. $\binom{5}{5} = \frac{5!}{5! \cdot (5-5)!} = 1$

Lassen Sie uns nun diese errechneten Werte der Binomialkoeffizienten in einer speziellen Weise anordnen.

$\binom{n}{k}$	$\frac{n!}{k!\cdot(n-k)!}$
$\binom{0}{0}$	1
$\binom{1}{0}\ \binom{1}{1}$	1 1
$\binom{2}{0}\ \binom{2}{1}\ \binom{2}{2}$	1 2 1
$\binom{3}{0}\ \binom{3}{1}\ \binom{3}{2}\ \binom{3}{3}$	1 3 3 1
$\binom{4}{0}\ \binom{4}{1}\ \binom{4}{2}\ \binom{4}{3}\ \binom{4}{4}$	1 4 6 4 1
$\binom{5}{0}\ \binom{5}{1}\ \binom{5}{2}\ \binom{5}{3}\ \binom{5}{4}\ \binom{5}{5}$	1 5 10 10 5 1
....	....

Bild 3-1: Das Pascalsche Dreieck

Diese Anordnung wurde unter anderem von dem großen französischen Mathematiker, Physiker und Philosophen Blaise Pascal im siebzehnten Jahrhundert untersucht und sie heißt ihm zu Ehren *Pascalsches Dreieck.*

Wenn man die Binomialkoeffizienten auf diese Weise hinschreibt, gelangt man zu mehreren Vermutungen:

Satz 3.3

(i) Für alle $n \in \mathbf{N}$ gilt: $\binom{n}{0} = 1$. Das folgt sofort aus $\binom{n}{0} = \frac{n!}{0!\cdot n!} = 1$.

(ii) Für alle $n \in \mathbf{N}$, $n > 0$ gilt:

$\binom{n}{1} = n$. Das folgt sofort aus $\binom{n}{1} = \frac{n!}{1!\cdot(n-1)!} = n$.

Die nächste Vermutung hängt damit zusammen, dass das Pascalsche Dreieck symmetrisch zur Mittelsenkrechten ist, dass also beispielsweise

$\binom{4}{0} = \binom{4}{4}$ und $\binom{4}{1} = \binom{4}{3}$ ist.

Diese Vermutung ist mir so wichtig, dass ich daraus einen eigenen Satz mache:

Satz 3.4
Sei $n \in \mathbf{N}$ beliebig, $k \in \mathbf{N}$ mit $k \leq n$. Dann gilt: $\binom{n}{k} = \binom{n}{n-k}$.

Beweis:

$$\binom{n}{n-k} = \frac{n!}{(n-k)! \cdot (n-(n-k))!} = \frac{n!}{(n-k)! \cdot k!} = \binom{n}{k}$$

q. e. d.

Bitte bemerken Sie, wie völlig unerwartet die Tatsache sein muss, dass bisher jeder Binomialkoeffizient, den wir ausgerechnet haben, eine natürliche Zahl war. Die Formel ist ein komplizierter Bruch. Wieso ergibt dieser Bruch in unseren Berechnungen stets eine natürliche Zahl. Ist das etwa immer so?

Dazu schauen wir uns noch einmal genauer das Pascalsche Dreieck an. Und da sehen wir, dass eine Zahl in unserem Dreieck stets die Summe der beiden darüber stehenden Zahlen ist. Zum Beispiel gilt:

- $10 = \binom{5}{2} = \binom{4}{1} + \binom{4}{2} = 4 + 6$ oder
- $4 = \binom{4}{3} = \binom{3}{2} + \binom{3}{3} = 3 + 1$ usw.

Von daher vermuten wir:

Satz 3.5
Sei $n \in \mathbf{N}$ beliebig, $n > 1$. Sei $k \in \mathbf{N}$, $0 < k < n$ beliebig. Dann gilt:

$$\binom{n}{k} = \binom{n-1}{k-1} + \binom{n-1}{k}.$$

Beweis:

$$\binom{n-1}{k-1} + \binom{n-1}{k} = \frac{(n-1)!}{(k-1)! \cdot (n-1-(k-1))!} + \frac{(n-1)!}{k! \cdot (n-1-k)!} =$$

$$= \frac{(n-1)!}{(k-1)! \cdot (n-k)!} + \frac{(n-1)!}{k! \cdot (n-k-1)!} = \text{(der Hauptnenner wird } k! \cdot (n-k)!\text{)}$$

$$= \frac{(n-1)! \cdot k}{k! \cdot (n-k)!} + \frac{(n-1)! \cdot (n-k)}{k! \cdot (n-k)!} = \frac{(n-1)! \cdot (k+n-k)}{k! \cdot (n-k)!} = \frac{(n-1)! \cdot n}{k! \cdot (n-k)!}$$

$$= \frac{n!}{k! \cdot (n-k)!} = \binom{n}{k}$$

q. e. d.

Aus diesen Eigenschaften folgt, dass wir den Binomialkoeffizienten auch folgendermaßen hätten rekursiv definieren können:

Definition:

1. Sei $n \in \mathbf{N}$ beliebig. Dann setzt man die *Binomialkoeffizienten*
$$\binom{n}{0} = \binom{n}{n} = 1 \,.$$
2. Sei $n \in \mathbf{N}$ beliebig, aber $n > 1$ und $k \in \mathbf{N}$ beliebig mit $0 < k < n$.
Dann ist $\binom{n}{k} = \binom{n-1}{k-1} + \binom{n-1}{k}$.

Machen Sie sich bitte klar, dass auch mit dieser Definition der Binomialkoeffizient für sämtliche in Frage kommenden Werte von n und k definiert ist. Und das in völliger Übereinstimmung mit unserer vorherigen Definition.
Dieser Definition sieht man nun sofort an, was uns eben noch so schleierhaft war:

Satz 3.6
Sei $n \in \mathbf{N}$ beliebig. Dann gilt für alle $k \in \mathbf{N}$ mit $0 \le k \le n$: $\binom{n}{k} \in \mathbf{N}$.

Der Beweis durch vollständige Induktion über n ist eine schöne Übung für Sie.
Andererseits erkennt man aus der rekursiven Definition zunächst überhaupt nicht unsere Formel mit n! für den Binomialkoeffizienten.
Wir wollen jetzt der Bezeichnung »Binomialkoeffizient« auf die Spur kommen und dazu kehren wir noch einmal zurück zum Pascalschen Dreieck. Diesmal vergleichen wir die Zahlen für die Koeffizienten mit anderen Ausdrücken:

$\binom{n}{k} = \frac{n!}{k!\cdot(n-k)!}$	$(x+y)^n$	$\sum_{k=0}^{n} \binom{n}{k} x^{n-k} y^k$
1	$(x+y)^0$	$\mathbf{1}\cdot x^0\cdot y^0$
1 1	$(x+y)^1$	$\mathbf{1}\cdot x^1 + \mathbf{1}\cdot y^1$
1 2 1	$(x+y)^2$	$\mathbf{1}\cdot x^2 + \mathbf{2}\cdot xy + \mathbf{1}\cdot y^2$
1 3 3 1	$(x+y)^3$	$\mathbf{1}\cdot x^3 + \mathbf{3}\cdot x^2y + \mathbf{3}\cdot xy^2 + \mathbf{1}\cdot y^3$
1 4 6 4 1	$(x+y)^4$	$\mathbf{1}\cdot x^4 + \mathbf{4}\cdot x^3y + \mathbf{6}\cdot x^2y^2 + \mathbf{4}\cdot xy^3 + \mathbf{1}\cdot y^4$
1 5 10 10 5 1	$(x+y)^5$	$\mathbf{1}\cdot x^5 + \mathbf{5}\cdot x^4y + \mathbf{10}\cdot x^3y^2 + \mathbf{10}\cdot x^2y^3 + \mathbf{5}\cdot xy^4 + \mathbf{1}\cdot y^5$
....		....

Bild 3-2: Das Pascalsche Dreieck im Vergleich mit Binomialausdrücken

Sie sehen: $(x + y)^n$ lässt sich zumindest für $n \leq 5$ sehr gut mit Hilfe der Binomialkoeffizienten ausdrücken. Das lateinische Wort »bis« heißt »zweimal«, Binome sind Ausdrücke in zwei Variablen und $(x + y)^n$ ist ein typischer binomialer Ausdruck. Und die Koeffizienten, die beim Ausmultiplizieren dieser Ausdrücke entstehen, sind eben die Binomialkoeffizienten.
Nun wollen wir die Beziehung, die wir schon für einige natürliche Zahlen überprüft haben, als allgemeinen Satz formulieren und beweisen:

Satz 3.7
Sei $n \in \mathbf{N}$ beliebig. Dann gilt für beliebige Zahlen x und y:

$$(x+y)^n = \sum_{k=0}^{n} \binom{n}{k} x^{n-k} y^k .$$

Beweis durch vollständige Induktion:

Der Induktionsanfang:
Behauptung: Der Satz ist wahr für n = 0, d.h. $(x+y)^0 = \sum_{k=0}^{0} \binom{0}{k} x^{0-k} y^k .$
Beweis: Offensichtlich

Der Induktionsschluss:
Voraussetzung: Der Satz sei wahr für ein $m \in \mathbf{N}$, d.h

$$(x+y)^m = \sum_{k=0}^{m} \binom{m}{k} x^{m-k} y^k .$$

Behauptung: Dann gilt der Satz auch für m + 1, d.h.

$$(x+y)^{m+1} = \sum_{k=0}^{m+1} \binom{m+1}{k} x^{m+1-k} y^k .$$

Beweis: $(x+y)^{m+1} = (x+y)\cdot(x+y)^m =$ (nach Induktionsvoraussetzung)

$$= (x+y) \cdot \sum_{k=0}^{m} \binom{m}{k} x^{m-k} y^k =$$

$$= \left[\sum_{k=0}^{m} \binom{m}{k} x^{m+1-k} y^k\right] + \left[\sum_{k=0}^{m} \binom{m}{k} x^{m-k} y^{k+1}\right] =$$

die zweite Summe läuft jetzt nicht mehr von k = 0 bis m sondern von k = 1 bis m + 1. Dementsprechend muss der Ausdruck für k in der zweiten Summe jetzt überall durch k – 1 ersetzt werden:

$$= \left[\sum_{k=0}^{m} \binom{m}{k} x^{m+1-k} y^k\right] + \left[\sum_{k=1}^{m+1} \binom{m}{k-1} x^{m-(k-1)} y^k\right] =$$

$$= x^{m+1} + \left[\sum_{k=1}^{m} \binom{m}{k} x^{m+1-k} y^k\right] + \left[\sum_{k=1}^{m} \binom{m}{k-1} x^{m+1-k} y^k\right] + y^{m+1} =$$

$$= x^{m+1} + \left\{ \sum_{k=1}^{m} \left[\binom{m}{k} + \binom{m}{k-1} \right] x^{m+1-k} \, y^k \right\} + y^{m+1} =$$

nach Satz 3.5 bzw. unserer alternativen rekursiven Definition

$$= x^{m+1} + \left[\sum_{k=1}^{m} \binom{m+1}{k} x^{m+1-k} \, y^k \right] + y^{m+1} =$$

$$= \sum_{k=0}^{m+1} \binom{m+1}{k} x^{m+1-k} \, y^k$$

q. e. d.

Betrachten Sie nun mit mir ein drittes Mal das Pascalsche Dreieck.

$\binom{n}{k} = \frac{n!}{k! \cdot (n-k)!}$	2^n	$\sum_{k=0}^{n} \binom{n}{k}$
1	$2^0 = 1 =$	**1**
1 1	$2^1 = 2 =$	**1 + 1**
1 2 1	$2^2 = 4 =$	**1 + 2 + 1**
1 3 3 1	$2^3 = 8 =$	**1 + 3 + 3 + 1**
1 4 6 4 1	$2^4 = 16 =$	**1 + 4 + 6 + 4 + 1**
1 5 10 10 5 1	$2^5 = 32 =$	**1 + 5 + 10 + 10 + 5 + 1**
....		....

Bild 3-3: Das Pascalsche Dreieck mit den jeweiligen Summen über die Koeffizienten einer Zeile

Was wir hier sehen, können wir jetzt sehr leicht beweisen:

Satz 3.8
Sei $n \in \mathbf{N}$ beliebig. Dann gilt: $2^n = \sum_{k=0}^{n} \binom{n}{k}$.

Beweis:
Aus Satz 3.7 folgt: $2^n = (1+1)^n = \sum_{k=0}^{n} \binom{n}{k} 1^{n-k} \, 1^k = \sum_{k=0}^{n} \binom{n}{k}$.

q. e. d.

Aber die Binomialkoeffizienten geben noch viel mehr her. Betrachten wir ein vorläufig letztes Beispiel, das uns auch auf spätere Untersuchungen im Kapitel über Wahrscheinlichkeitstheorie und Statistik vorbereiten soll.
Im Gegensatz zu den eben angestellten Untersuchungen werden wir jetzt entscheidend mit den nicht rekursiven Eigenschaften des Binomialkoeffizienten arbeiten. Sie sehen: Man braucht grundsätzlich beide Sichten, wenn man erfolgreich mit solch einem Begriff arbeiten will.
Die Frage, für die ich mich interessiere, lautet: Wie viele Teilmengen mit k Elementen hat eine n-elementige Menge? Beim Lotto zum Beispiel sind Ihre Gewinnchancen vollständig bestimmt durch die Frage: Wie viele Teilmengen mit 6 Elementen hat eine Menge mit 49 Elementen. Alles das werden wir im nächsten Abschnitt besprechen.

3.3 Permutationen und Gewinnchancen im Lotto

Bei wahrscheinlichkeitstheoretischen Fragestellungen ist es oft so, dass man bei der Größe der Zahlen zunächst keine gute anschauliche Vorstellung von dem hat, was man mathematisch beschreiben möchte. Das macht alles viel schwerer. Darum ist es oft sehr nützlich, sich die in Frage kommenden Begriffe erst einmal für kleine Werte klar zu machen.
Stellen Sie sich also vor, beim Lotto gäbe es nur 5 Kugeln, 1, 2, 3, 4, 5 und es würden 3 Kugeln gezogen. Dann wissen wir sofort, wie viele mögliche Tripel (x_1, x_2, x_3) es gibt mit $x_i \in \{ 1, 2, 3, 4, 5 \}$, in denen keine Zahl doppelt vorkommt:

5 Möglichkeiten für die erste Komponente ·
(noch) 4 Möglichkeiten für die erste Komponente ·
(noch) 3 Möglichkeiten für die erste Komponente =
$5 \cdot 4 \cdot 3 = 60.$

Also gibt es 60 verschiedene Tipps? Das ist falsch, denn beispielsweise repräsentieren die sechs voneinander verschiedenen Tripel

$$(2, 4, 5), (2, 5, 4), (4, 2, 5), (4, 5, 2), (5, 2, 4), (5, 4, 2)$$

alle dieselbe Ziehung. Sie sind Umordnungen voneinander. Wir müssen daher zunächst herausbekommen, wie viele Umordnungen es von einem k-Tupel gibt. Von unserem 3-Tupel gibt es offensichtlich 6 Umordnungen. Uns fällt auf, dass 6 = 3! ist. Ob das auch allgemein so ist? Zunächst können Sie sich aber überlegen, dass es bei einer Lotterie »3 aus 5« gerade

$$\frac{5 \cdot 4 \cdot 3}{3 \cdot 2 \cdot 1} = \frac{5!}{3! \cdot (5-3)!} = \binom{5}{3} = 10$$

verschiedene Tipps gibt:

$$(1, 2, 3), (1, 2, 4), (1, 2, 5), (1, 3, 4), (1, 3, 5), (1, 4, 5), (2, 3, 4), (2, 3, 5), (2, 4, 5), (3, 4, 5).$$

Das lateinische Wort für Umordnung heißt Permutation. Ich definiere:

Definition:
Sei $n \in \mathbf{N}$ beliebig, $n > 0$. Sei $M_n = \{ k \in \mathbf{N} \mid 1 \leq k \leq n \}$.
Es sei σ eine bijektive Abbildung $\sigma\colon M_n \to M_n$.
Dann heißt das n-Tupel $(\sigma(1), \sigma(2), \dots, \sigma(n))$ eine *Permutation* des n-Tupels $(1, 2, \dots, n)$.
Man schreibt für das n-Tupel $(1, 2, \dots, n)$ auch $(k)_{1 \leq k \leq n}$
und dementsprechend gibt es für $(\sigma(1), \sigma(2), \dots, \sigma(n))$
die Schreibweise $(\sigma(k))_{1 \leq k \leq n}$.
Seien nun $A_1, \dots, A_n$ Mengen und $(a_1, \dots, a_n) \in A_1 \times \dots \times A_n$
sei ein n-Tupel aus dem Kreuzprodukt dieser Mengen.
Sei σ wie oben eine bijektive Abbildung auf M_n.
Dann ist $(a_{\sigma(1)}, \dots, a_{\sigma(n)})$ eine *Permutation* des n-Tupels $(a_1, \dots, a_n)$.

Beispiele:

- Sei $n = 3$. Dann gibt es die folgenden Permutationen von $(1, 2, 3)$:
  $(1, 2, 3)$, $(1, 3, 2)$, $(2, 1, 3)$, $(3, 1, 2)$, $(2, 3, 1)$, $(3, 2, 1)$.

Dementsprechend gilt:

- Sei (a, b, c) ein beliebiges Dreitupel. Dann gibt es die folgenden Permutationen von (a, b, c):
  (a, b, c), (a, c, b), (b, a, c), (c, a, b), (b, c, a), (c, b, a).

Allgemein gilt:

Satz 3.9
Sei $n \in \mathbf{N}$ beliebig, $n > 0$. Seien außerdem $A_1, \dots, A_n$ Mengen und sei $(a_1, \dots, a_n) \in A_1 \times \dots \times A_n$ ein beliebiges n-Tupel aus dem Kreuzprodukt dieser Mengen.
Dann gibt es genau n! Permutationen dieses n-Tupels.

Beweis durch vollständige Induktion über n:

Der Induktionsanfang:

Behauptung: Der Satz ist wahr für $n = 1$, d.h. vom Tupel (a_1) gibt es genau eine Permutation.

Beweis: Offensichtlich, diese Permutation ist die Identität, also das Tupel (a_1).

Der Induktionsschluss:

Voraussetzung: Der Satz sei wahr für ein $m \in \mathbf{N}$, d.h. für jedes Tupel $(a_1, \dots, a_m)$ gibt es genau m! Permutationen

Behauptung: Dann gilt der Satz auch für m + 1, d.h. für jedes Tupel $(a_1, \dots, a_m, a_{m+1})$ gibt es genau (m + 1)! Permutationen.

Beweis:
Sei $(a_1, \dots, a_m, a_{m+1})$ ein beliebiges (m + 1) – Tupel.

Dann gibt es genau m + 1 Möglichkeiten für das Element a_{m+1} bei einer Umordnung platziert zu werden. Für jede dieser m + 1 voneinander verschiedenen Möglichkeiten gibt es aber nach Induktionsvoraussetzung m! Möglichkeiten, gemäß derer die Elemente $a_1, \dots, a_m$ angeordnet werden können. Das ergibt insgesamt $(m + 1)\,(m!) = (m + 1)!$ Möglichkeiten wie behauptet.

q. e. d.

Satz 3.10
Sei $n \in \mathbf{N}$ beliebig, n > 0 und sei $k \in \mathbf{N}$ beliebig mit $0 \le k \le n$. Sei M eine Menge mit n Elementen.
Dann gilt: M hat genau $\binom{n}{k}$ Teilmengen mit k Elementen.

Beweis:
Wenn k = 0 ist, ist die Behauptung richtig, denn M hat genau eine Teilmenge mit 0 Elementen, die leere Menge.
Wenn k > 0 ist, können wir gerade

$$n \cdot (n-1) \cdot (n-2) \cdot \ldots \cdot (n-k+1) = \prod_{i=0}^{k-1} (n-i) = \frac{n!}{(n-k)!} \quad \text{(k Faktoren)}$$

voneinander verschiedene k – Tupel mit Elementen aus M bilden: Wir haben n Möglichkeiten für das erste Element, (n – 1) Möglichkeiten für das zweite Element und so weiter bis zum Element mit dem Index k.
Aus dem Satz 3.9 wissen wir aber, dass jeweils (k!) k – Tupel dieselbe Teilmenge repräsentieren, denn sie sind nur Umordnungen voneinander. Es folgt:

$$\text{M hat genau} \quad \frac{\prod_{i=0}^{k-1} (n-i)}{k!} = \frac{n!}{k!\,(n-k)!} = \binom{n}{k} \quad \text{Teilmengen mit k Elementen.}$$

q. e. d.

Damit wissen wir beispielsweise, dass es

$$\binom{49}{6} = 13\,983\,816$$

unterschiedliche Möglichkeiten gibt, einen Lottotipp mit sechs Zahlen abzugeben.

Außerdem können wir jetzt die Mächtigkeit von Potenzmengen bestimmen:

> Satz 3.11
> Sei $n \in \mathbf{N}$ beliebig und sei M eine Menge mit n Elementen. Dann gilt: M hat genau 2^n Teilmengen bzw. $|P(M)| = 2^n$. (Die Mächtigkeit der Potenzmenge ist 2^n).

Beweis:
Alle Arbeit ist getan:

$$|P(M)| = \sum_{k=0}^{n} \text{Anzahl der Teilmengen mit k Elementen}$$

$$= \sum_{k=0}^{n} \binom{n}{k} = 2^n \qquad \text{(nach Satz 3.8)}$$

q. e. d.

3.4 Teiler, ggT und kgV und der Euklidische Algorithmus

In diesem Abschnitt lernen Sie Ihren ersten Algorithmus kennen. Algorithmen sind ein ungeheuer wichtiger Begriff in der Informatik, die Qualität eines Algorithmus kann über Wohl und Wehe von ganzen Firmen entscheiden. Mehr noch: Von der Qualität der Verschlüsselungsalgorithmen hängt das gesamte weltweite Sicherheitskonzept im Internet ab. Unser erster Algorithmus hängt übrigens schon mit diesen Fragen zusammen. Ich beginne mit einer Definition:

> Definition:
> Ein *Algorithmus* ist ein eindeutiges, endlich beschreibbares und mechanisch durchführbares Verfahren zur Lösung eines bestimmten Problems oder einer Gruppe von Problemen. Zu jedem Zeitpunkt des Verfahrens muss der Folgeschritt eindeutig durch den vorangegangenen Schritt festgelegt sein.

In der Praxis wird ein Algorithmus oft in einer Programmiersprache oder in einem so genannten Pseudocode, der einer abstrakten Programmiersprache entspricht, angegeben. Der Begriff ist von zentraler Bedeutung für die Informatik, denn Algorithmen kann man programmieren. Sie konstruieren eine Problemlösung. Mathematiker hingegen interessieren sich auch für Sätze der Art: »Für dieses Problem gibt es eine Lösung«, ohne dass sie diese Lösung beschreiben können.

Trotz dieser durch die Computer inspirierten Aktualität des Algorithmenbegriffs ist er schon sehr viel älter. Seine Bezeichnung geht zurück auf den berühmten arabischen Mathematiker und Astronom al-Khwarizmi aus dem 9. Jahrhundert nach Christus. Ihm verdanken wir übrigens auch das Wort »Algebra« (im arabischen »al-jabr«), das er im Titel eines seiner Werke über das Berechnen und Zusammenfassen von Ausdrücken benutzt hat.

Für den Euklidischen Algorithmus brauchen wir nun einige Voraussetzungen. Unter anderem werden wir im Folgenden auch schon die ganzen Zahlen **Z** mit benutzen. Ich beginne mit einer Definition:

Definition:
Es seien a, b $\in$ **Z** beliebig, b $\neq$ 0. a heißt *teilbar* durch b genau dann, wenn es eine ganze Zahl q $\in$ **Z** gibt, so dass $a = q \cdot b$.
Man sagt auch: b ist ein *Teiler* von a und schreibt: $b | a$.

Es gilt nun der folgende Satz:

Satz 3.12
Es seien a $\in$ **Z**, b $\in$ **N** beliebig, b $\neq$ 0. Dann gibt es eindeutig bestimmte Zahlen q $\in$ **Z** und r $\in$ **N** mit $0 \leq r < b$ so, dass gilt: $a = q \cdot b + r$. Es ist dann $a \equiv r \pmod b$.

Beweis:
Man wähle $q = \max \{p \in \mathbf{Z} \mid p \cdot b \leq a\}$ und $r = a - p \cdot b$. Wie man sofort sieht, sind keine anderen Werte für q und r möglich, die die Gleichung des Satzes erfüllen.

q. e. d.

Beispiele:
- a = 34, b = 12. Dann ist q = 2. Es ist $34 = 2 \cdot 12 + 10$, also $34 \equiv 10 \pmod{12}$.
- a = 36, b = 6. Dann ist q = 6. Es ist $36 = 6 \cdot 6 + 0$, also $36 \equiv 0 \pmod 6$.
- a = 0, b = 12. Dann ist q = 0. Es ist $0 = 0 \cdot 12 + 0$, also $0 \equiv 0 \pmod{12}$.
- a = −41, b = 12. Dann ist q = −4. Es ist $-41 = (-4) \cdot 12 + 7$, also $-41 \equiv 7 \pmod{12}$.
- a = −39, b = 13. Dann ist q = −3. Es ist $-39 = (-3) \cdot 13 + 0$, also $-39 \equiv 0 \pmod{13}$.

Mit diesem Satz werden wir den Euklidischen Algorithmus beschreiben, der den größten gemeinsamen Teiler zweier Zahlen findet. Zuerst müssen wir definieren, was das ist. Wir definieren dabei das kleinste gemeinsame Vielfache gleich mit:

Definition:
Seien a, b $\in$ **N** beliebig, a $\neq$ b, a $\neq$ 0, b $\neq$ 0. Dann ist der *größte gemeinsame Teiler* von a und b – man schreibt dafür ggT(a, b) – die natürliche Zahl

$$\max \{ d \in \mathbf{N} \mid d \text{ ist Teiler von a und d ist Teiler von b} \}.$$

Und das *kleinste gemeinsame Vielfache* von a und b – man schreibt dafür kgV(a, b) ist die natürliche Zahl

$$\min \{ m \in \mathbf{N} \mid a \text{ ist Teiler von m und b ist Teiler von m} \}.$$

Der euklidische Algorithmus zum Auffinden dieses größten gemeinsamen Teilers lautet nun folgendermaßen:

Euklidischer Algorithmus:
Seien $a, b \in \mathbf{N}$ beliebig, $a \neq b$, $a \neq 0$, $b \neq 0$.
Setze $x = a$, $y = b$ und $q_{x,y}$ und $r_{x,y}$ so, dass $x = q_{x,y} \cdot y + r_{x,y}$ mit $0 \leq r_{x,y} < y$
Solange ($r_{x,y} \neq 0$ ist) tue das folgende:
{
Setze $x = y$, $y = r_{x,y}$ und bestimme $q_{x,y}$ und $r_{x,y}$ so,
dass $x = q_{x,y} \cdot y + r_{x,y}$ mit $0 \leq r_{x,y} < y$
}
Dann ist y der ggT(a, b).

Als Programm in C++ könnte man beispielsweise schreiben:

```
int EuklidggT(int a, int b)
{
      if (a == 0)return 0;
      if (b == 0)return 0;
      if (a == b)return 0;

      int x, y, Qxy, Rxy;
      x = a; y = b; Qxy = x/y; Rxy = x%y;

      while (Rxy != 0)
      {
         x = y; y = Rxy;
         Qxy = x/y; Rxy = x%y;
      }
      return y;
}
```

Lassen Sie uns diesen Algorithmus an einem Beispiel betrachten. Beachten Sie dabei, dass ich hier mit dem »/«-Zeichen die integer-Division meine, die stets nur das ganzzahlige Ergebnis einer Division von ganzen Zahlen ohne Rest und Nachkommastellen liefert.
Es sei $a = 147$, $b = 56$ und gesucht sei der ggT(a, b).

Schleifendurchläufe	**x**	**y**	**Qxy = x/y**	**Rxy = x – Qxy · y**	**x = Qxy · y + Rxy**
Initialisierung	147	56	2	35	$147 = 2 \cdot 56 + 35$
1. Schleifendurchlauf	56	35	1	21	$56 = 1 \cdot 35 + 21$
2. Schleifendurchlauf	35	21	1	14	$35 = 1 \cdot 21 + 14$
3. Schleifendurchlauf	21	14	1	7	$21 = 1 \cdot 14 + 7$
4. Schleifendurchlauf	14	7	2	0	$14 = 2 \cdot 7 + 0$

Jetzt bricht die Schleifenverarbeitung ab, y hat jetzt den Wert 7 und wir behaupten: ggT(147, 56) = 7.

Zumindest eines können wir sofort überprüfen:
7 ist ein gemeinsamer Teiler von 147 und 56, denn $147 = 21 \cdot 7$ und $56 = 8 \cdot 7$.

Aber woher wissen wir, dass 7 der größte gemeinsame Teiler ist? Dazu bitte ich Sie, sich noch mal unsere Schleifendurchläufe anzusehen. Und zwar gehe ich jetzt rückwärts:

Schleifendurchlauf	**x = Qxy · y + Rxy**	**Daraus folgt**
3	$21 = 1 \cdot 14 + 7$	$7 = 21 - 14$
2	$35 = 1 \cdot 21 + 14$	$7 = 21 - 14$ $= 21 - (35 - 21)$ $= (-35) + 2 \cdot 21$
1	$56 = 1 \cdot 35 + 21$	$7 = (-35) + 2 \cdot 21$ $= (-35) + 2 \cdot (56 - 35)$ $= 2 \cdot 56 - 3 \cdot 35$
0	$147 = 2 \cdot 56 + 35$	$7 = 2 \cdot 56 - 3 \cdot 35$ $= 2 \cdot 56 - 3 \cdot (147 - 2 \cdot 56)$ $= (-3) \cdot 147 + 8 \cdot 56$

Es gilt also: $7 = (-3) \cdot 147 + 8 \cdot 56$
Das bedeutet: Sei d ein gemeinsamer Teiler von 147 und 56. Dann gilt:

- $d \mid 147 \Rightarrow d \mid (-3) \cdot 147$
- $d \mid 56 \Rightarrow d \mid 8 \cdot 56$
- $d \mid (-3) \cdot 147$ und $d \mid 8 \cdot 56 \Rightarrow d \mid ((-3) \cdot 147 + 8 \cdot 56) \Rightarrow d \mid 7$

Also teilt jeder gemeinsame Teiler von 147 und 56 die Zahl 7, also ist 7 der größte gemeinsame Teiler.
Diese Argumentation möchten wir natürlich so verallgemeinern, dass das eben beobachtete generell gültig ist. Wir formulieren einen Satz, zu dessen Beweisführung es nützlich ist, die folgenden Notationen festzulegen:

Definition
Seien a, b $\in$ **N** beliebig, $a \neq b$, $a \neq 0$, $b \neq 0$.

Seien x, y, $q_{x,y}$ und $r_{x,y}$ so, wie in der Definition des Euklidischen Algorithmus festgelegt. Es ist stets $x = q_{x,y} \cdot y + r_{x,y}$ mit $0 \leq r_{x,y} < y$.

Der Euklidische Algorithmus benötige für a und b m Schleifendurchläufe bis er abbricht.
Dann setze man:

- x[0] = x-Wert bei der Initialisierung
- y[0] = y-Wert bei der Initialisierung
- q[0] = $q_{x,y}$-Wert bei der Initialisierung
- r[0] = $r_{x,y}$-Wert bei der Initialisierung

Für $1 \leq k \leq m$ setze man:

- x[k] = x-Wert nach dem Schleifendurchlauf mit der Nummer k
- y[k] = y-Wert nach dem Schleifendurchlauf mit der Nummer k
- q[k] = $q_{x,y}$-Wert nach dem Schleifendurchlauf mit der Nummer k
- r[k] = $r_{x,y}$-Wert nach dem Schleifendurchlauf mit der Nummer k

Satz 3.13
(i) Der euklidische Algorithmus bricht immer nach endlich vielen Schritten ab.
(ii) Seien a, b $\in$ **N** beliebig, $a \neq b$, $a \neq 0$, $b \neq 0$. Der euklidische Algorithmus liefere die Zahl g. Dann gilt: $g \mid a$ und $g \mid b$.
(iii) Außerdem gilt für diese Zahl g: Es gibt s, t $\in$ $\mathbf{Z} \setminus \{0\}$ so, dass gilt: $g = s \cdot a + t \cdot b$

Beweis:
zu (i): Sei nach der Initialisierung des euklidischen Algorithmus r[0] > 0.
Dann gilt für alle i $\in$ **N**, für die r[i] definiert ist:
r[i + 1] < r[i] , denn das y des r[i + 1] ist ja gerade r[i]
Außerdem gilt stets r[i] $\geq$ 0. Dieser fortlaufende echte Abstieg der Restwerte muss aber nach endlich vielen Schritten (spätestens nach r[0] Schritten) beendet sein.

zu (ii): Wir zeigen durch vollständige Induktion:
Der Euklidische Algorithmus breche nach m Schleifendurchläufen ab. Dabei sei $m > 0$. Dann gilt für alle $i \in \mathbf{N}$ mit $m - 1 \geq i \geq 0$:
$g = y[m] \mid y[i]$ und $g = y[m] \mid x[i]$.
Im Fall $i = 0$ bedeutet das: $g \mid b$ und $g \mid a$ – die eigentliche Behauptung.
Hier ist unser Induktionsanfang bei $i = m - 1$ und unser Schluss geht dann von i auf $i - 1$.
Also: Die Behauptung gilt für
$i = m - 1$, d.h. $y[m] \mid y[m - 1]$ und $y[m] \mid x[m - 1]$.

Beweis:

Schleifendurchlauf	
m - 1	$x[m-1] = q[m-1] \cdot y[m-1] + r[m-1]$
m	$x[m] = q[m] \cdot y[m]$

Da aber $x[m] = y[m - 1]$ ist und $y[m] = r[m - 1]$, kann man diese Tabelle auch folgendermaßen schreiben:

Schleifendurchlauf	
m - 1	$x[m-1] = q[m-1] \cdot y[m-1] + y[m]$
m	$y[m-1] = q[m] \cdot y[m]$

Also folgt aus $y[m - 1] = q[m] \cdot y[m]$: $y[m] \mid y[m - 1]$.
Und aus $x[m - 1] = q[m - 1] \cdot y[m - 1] + y[m] =$
$= q[m - 1] \cdot q[m] \cdot y[m] + y[m] =$
$= (q[m - 1] \cdot q[m] + 1) \cdot y[m]$ folgt: $y[m] \mid x[m - 1]$.

Das war der Induktionsanfang. Nun folgt der Schritt von i auf $i - 1$:

Voraussetzung: Der Satz sei wahr für ein $j \in \mathbf{N}$ mit $m - 1 \geq j > 0$, d. h.
$y[m] \mid y[j]$ und $y[m] \mid x[j]$.

Behauptung: Dann gilt der Satz auch für $j - 1$, d. h.
$y[m] \mid y[j - 1]$ und $y[m] \mid x[j - 1]$.

Beweis:

Schleifendurchlauf	
j - 1	$x[j-1] = q[j-1] \cdot y[j-1] + r[j-1]$
j	$x[j] = q[j] \cdot y[j] + r[j]$

Da aber $r[j - 1] = y[j]$ ist, folgt aus $y[m] \mid y[j]$, dass $y[m] \mid r[j - 1]$.
Da weiterhin $y[j - 1] = x[j]$ ist, folgt aus $y[m] \mid x[j]$, dass $y[m] \mid y[j - 1]$.
Schließlich folgt aus $y[m] \mid y[j - 1]$, dass $y[m] \mid q[j - 1] \cdot y[j - 1]$ und aus
$y[m] \mid r[j - 1]$ und $y[m] \mid q[j - 1] \cdot y[j - 1]$ folgt: $y[m] \mid x[j - 1]$.

q. e. d.

Bleibt der Fall zu betrachten, dass der Euklidische Algorithmus sofort nach der Initialisierung abbricht, dass also kein einziger Schleifendurchlauf gebraucht wird.
Dann gilt $a = q[0] \cdot b$ und $y[0] = b$ teilt sowohl b als auch a.

zu (iii): Wir zeigen wieder durch vollständige Induktion:
Der Euklidische Algorithmus breche nach m Schleifendurchläufen ab. Dabei sei $m > 0$. Dann gilt für alle $i \in \mathbf{N}$ mit $m - 1 \geq i \geq 0$:
Es gibt $s, t \in \mathbf{Z} \setminus \{0\}$ so, dass gilt: $y[m] = s \cdot x[i] + t \cdot y[i]$.
Im Fall $i = 0$ bedeutet das: $g = s \cdot a + t \cdot b$ – die eigentliche Behauptung.
Induktionsanfang: Die Behauptung gilt für $i = m - 1$, d. h.
es gibt $s, t \in \mathbf{Z} \setminus \{0\}$ so, dass gilt: $y[m] = s \cdot x[m-1] + t \cdot y[m-1]$.

Beweis:

Schleifendurchlauf	
m - 1	$x[m-1] = q[m-1] \cdot y[m-1] + r[m-1]$
m	$x[m] = q[m] \cdot y[m]$

Da aber $y[m] = r[m-1]$ ist, kann man die Beziehung des $(m - 1)$. Schleifendurchlaufs auch folgendermaßen schreiben:
$y[m] = x[m-1] - q[m-1] \cdot y[m-1]$.
Das ist aber gerade die Behauptung des Induktionsanfangs.
Nun folgt der Schritt von i auf $i - 1$:

Voraussetzung: Der Satz sei wahr für ein $j \in \mathbf{N}$ mit $m - 1 \geq j > 0$, d. h.
es gibt $s, t \in \mathbf{Z} \setminus \{0\}$ so, dass gilt: $y[m] = s \cdot x[j] + t \cdot y[j]$.

Behauptung: Dann gilt der Satz auch für $j - 1$, d. h.
es gibt $s, t \in \mathbf{Z} \setminus \{0\}$ so, dass gilt:
$y[m] = s \cdot x[j-1] + t \cdot y[j-1]$.

Beweis:

Schleifendurchlauf	
j − 1	$x[j-1] = q[j-1] \cdot y[j-1] + r[j-1]$
j	$x[j] = q[j] \cdot y[j] + r[j]$

In $y[m] = s \cdot x[j] + t \cdot y[j]$ kann ich $x[j]$ durch $y[j-1]$und $y[j]$ durch $r[j-1]$ ersetzen.

Es folgt:

$$\begin{aligned} y[m] &= s \cdot x[j] + t \cdot y[j] = s \cdot y[j-1] + t \cdot r[j-1] = \\ &= s \cdot y[j-1] + t \cdot (x[j-1] - q[j-1] \cdot y[j-1]) = \\ &= t \cdot x[j-1] + (s - t \cdot q[j-1]) \cdot y[j-1]) \end{aligned}$$

q. e. d.

Bleibt wieder der Fall zu betrachten, dass der Euklidische Algorithmus sofort nach der Initialisierung abbricht, dass also kein einziger Schleifendurchlauf gebraucht wird.

Dann gilt mit $a = q[0] \cdot b$: Wegen $a \neq b$ ist $q[0] \neq 1$ und $b = q[0] \cdot b + (q[0] - 1) \cdot b = a + (q[0] - 1) \cdot b$ und damit ist auch dieser Fall erledigt. Damit ist der Satz 3.13 insgesamt bewiesen.

Mit diesem Satz haben wir zwei Dinge über den größten gemeinsamen Teiler herausgefunden, die wir beide vorher noch nicht wussten:

Satz 3.14
Seien $a, b \in \mathbf{N}$ beliebig, $a \neq 0$, $b \neq 0$. Dann gilt:
(i) Der euklidische Algorithmus liefert in endlich vielen Schritten den größten gemeinsamen Teiler ggT(a, b).
(ii) Der größte gemeinsame Teiler wird von jedem anderen gemeinsamen Teiler geteilt, also

$$d = \text{ggT}(a, b) \Leftrightarrow ((t \mid a \wedge t \mid b) \rightarrow t \mid d).$$

Beweis:
- Wegen Satz 3.13 (i) wissen wir, dass der euklidische Algorithmus immer nach endlich vielen Schritten abbricht und eine Zahl g liefert.
- Wegen Satz 3.13 (ii) wissen wir, dass diese Zahl g ein gemeinsamer Teiler der Zahlen a und b ist.
- Und wegen Satz 3.13 (iii) wissen wir, dass diese Zahl g von jedem anderen gemeinsamen Teiler von a und b geteilt wird und darum größer oder gleich jedem anderen Teiler sein muss. Darum ist diese Zahl g = ggT(a , b) und wir haben die zusätzliche Eigenschaft 3.14 (ii) gleich noch mit bewiesen.

Beim nächsten Beispiel, dass ich mit Ihnen untersuchen will, lernen wir einen anderen Begriff kennen, den ich vorher definieren will:

Definition
Zwei natürliche Zahlen a und b heißen *teilerfremd* genau dann, wenn gilt:
$\text{ggT}(a, b) = 1$.

Beispiel:
Betrachten Sie die Zahlen a = 147 und b = 50. Dann sieht der Ablauf des euklidischen Algorithmus folgendermaßen aus:

Schleifendurchläufe	**x**	**y**	**y[m] = q[m] · y + r[m]**
Initialisierung	147	50	$147 = 2 \cdot 50 + 47$
1. Schleifendurchlauf	50	47	$50 = 1 \cdot 47 + 3$
2. Schleifendurchlauf	47	3	$47 = 15 \cdot 3 + 2$
3. Schleifendurchlauf	3	2	$3 = 1 \cdot 2 + 1$
4. Schleifendurchlauf	2	1	$2 = 2 \cdot 1 + 0$

Diese beiden Zahlen sind also teilerfremd. 1 ist der ggT(147,50).

Wir erhalten:

- Aus dem 3. Schleifendurchlauf: $1 = 3 - 2$.
- Das wird mit Hilfe des 2. Schleifendurchlaufs zu:
  $1 = 3 - 2 = 3 - (47 - 15 \cdot 3) = -47 + 16 \cdot 3$.
- Der 1. Schleifendurchlauf liefert:
  $1 = -47 + 16 \cdot 3 = -47 + 16 \cdot (50 - 47) = 16 \cdot 50 - 17 \cdot 47$.
- Und mit der Initialisierung folgern wir:
  $1 = -47 + 16 \cdot 3 = -47 + 16 \cdot (50 - 47) = 16 \cdot 50 - 17 \cdot 47$
  $= 16 \cdot 50 - 17 \cdot (147 - 2 \cdot 50) = (-17) \cdot 147 + 50 \cdot 50$
  also: $1 = (-17) \cdot 147 + 50 \cdot 50$.

Solche Darstellungen der 1 werden für uns beim Rechnen mit Restklassen und bei der Untersuchung von Verschlüsselungsverfahren noch sehr wichtig werden.
Darum möchte ich Ihnen schon hier einen Vorschlag zur Programmierung dieses erweiterten euklidischen Algorithmus machen:

```
/*
Es wird der ggT von a und b berechnet. Zusätzlich werden Ko-
effizienten s und t berechnet, für die gilt: ggT = s*a + t*b.
Falls die Berechnung des ggT nicht möglich ist, wird false
zurückgemeldet. Andernfalls true
*/
bool ErwEuklidAlg(int & a, int & b,
int & ggT, int & s, int & t)
{
        if (a == 0)return false;
        if (b == 0)return false;
        if (a == b)return false;
if (a < b)
        {
                int nTemp = b;
                b = a;
                a = nTemp;
        }

 // nMax ist die maximale Anzahl möglicher
 // Schleifendurchläufe
        int nMax = b;

        int x, y, r;
        int * q = new int[nMax];
```

```
    // Initialisierung
    int m = 0;
    x = a; y = b; q[m] = x/y; r = x%y;

    while (r != 0)
    {
        m++;
        x = y; y = r;
        q[m] = x/y; r = x%y;
    }

    ggT = y;

    //Spezialfall: b ist bereits Teiler von a
    if (m == 0)
    {
        s = 1; t = -a/b + 1;
        return true;
    }


    s = 1; t = -q[m-1];

    for (int i = m - 2; i >= 0; i--)
    {
        int nSalt = s;
        s = t;
        t = nSalt - t*q[i];
    }

    return true;
}
```

3.5 Primzahlen

Primzahlen spielen in der Mathematik und – was für Informatiker sehr wichtig ist – in der Verschlüsselungstheorie eine extrem wichtige Rolle. Wir wollen sie hier ein wenig untersuchen.

Definition
Sei $p \in \mathbf{N}$, $p \neq 0$ und $p \neq 1$. p heißt *Primzahl* genau dann, wenn p keine Teiler besitzt außer 1 und sich selber.
Man sagt auch: p besitzt keine *echten Teiler*.

Beispiele:

- Die Primzahlen zwischen 1 und 100 lauten: 2, 3, 5, 7, 11, 13, 17, 19, 23, 29, 31, 37, 41, 43, 47, 53, 59, 61, 67, 71, 73, 79, 83, 89, 97 .

Satz 3.15
Sei $n \in \mathbf{N}$, $n \neq 0$ und $n \neq 1$. Dann besitzt n mindestens einen Teiler, der eine Primzahl ist, einen so genannten Primteiler.

Beweis:
Setze $p = \min \{d \in N, d \neq 0 \text{ und } d \neq 1 \mid d \text{ ist Teiler von } n\}$. Dann kann d keine kleineren Teiler $\neq 1$ haben und ist daher eine Primzahl.

q. e. d.

Die erste Frage, die vielleicht viele von Ihnen haben, ist:
Wieso schließt man aus, dass die Zahl 1, die ja auch keine echten Teiler hat, eine Primzahl genannt wird?
Die Antwort lautet: Weil dann der Fundamentalsatz der Zahlentheorie (jede Zahl hat eine eindeutige Darstellung als Produkt ihrer Primfaktoren) nicht mehr gelten würde. Wir werden diesen Satz gleich formulieren und beweisen. Dann werden wir auch diese Antwort noch einmal genauer erläutern.

Die nächste Frage, die auftaucht, lautet:
Gibt es eigentlich unendlich viele Primzahlen oder sind ab einer bestimmten Größe alle Zahlen zusammengesetzt?
Die Antwort darauf liefert uns der folgende Satz, der indirekt bewiesen wird. Der Beweis stammt von Euklid – d. h. diese Tatsache ist bereits seit über 2 000 Jahren bekannt.

Satz 3.16
Es gibt unendlich viele Primzahlen.

Beweis: (indirekt, d.h. durch Widerspruch)
Angenommen, es gebe nur endlich viele Primzahlen $p_1, \ldots, p_n$. Dann betrachte man die Zahl

$$m = 1 + \prod_{i=1}^{n} p_i \,.$$

Aus dem obigen Satz wissen wir: m hat mindestens einen Primteiler. Andererseits ist klar: Keines unserer $p_1, \dots, p_n$ teilt p. Es bleibt immer der Rest 1. Also muss es noch weitere Primzahlen geben im Widerspruch zu unserer Annahme.

q. e. d.

Primzahlen verhalten sich auf den ersten Blick sehr »unordentlich«. (Das stimmt übrigens bei genauerem Hinsehen überhaupt nicht mehr). Es ist aber trotzdem sehr schwer, insbesondere bei großen Zahlen, zu entscheiden, wie ihre Zerlegung in ein Produkt von Primzahlen aussieht. Dass das so ist, ist das Erfolgsrezept für die so genannten »public-key«- Verfahren der RSA-Verschlüsselung. Eines der schnellsten Mittel, Primzahlen zu finden, ist das so genannte Sieb des Eratosthenes. Es funktioniert folgendermaßen:

Das Sieb des Eratosthenes:
Angenommen, Sie wollen alle Primzahlen bis zu einer Grenze g finden.
Dann schreiben Sie alle Zahlen von 2 bis g in eine Liste.
Man setze die Variable Primteiler = 2 .
Nun starten Sie die folgende Schleifenverarbeitung:

```
Solange (Primteiler ≤ √g) ist, führe man folgende Verarbeitung durch:
{
      Setze q = 2.
      Solange (q · Primteiler ≤ g) ist, führe man folgende Verarbeitung durch:
      {
            Streiche q · Primteiler aus der Liste.
            (Einige Zahlen werden mehrmals aus der Liste gestrichen)

            Setze q = q + 1;
      }
      Man führe folgende Verarbeitung durch:
      {
            Setze Primteiler = Primteiler + 1
      }
      solange (Primteiler = Wert einer bereits aus der Liste gestrichenen Zahl).
}
```

Dann sind die verbleibenden Zahlen in der Liste genau die Primzahlen von 1 bis g.

Ich zeige Ihnen am Beispiel g = 200, wie dieser Algorithmus funktioniert:
Wir schreiben die Zahlen von 2 bis 200 in eine Liste:
2, 3, 4, 5, 6, 7, 8, 9, 10, 11, 12, 13, 14, 15, 16, 17, 18, 19, 20, 21, 22, 23, 24, 25, 26, 27, 28, 29, 30, 31, 32, 33, 34, 35, 36, 37, 38, 39, 40, 41, 42, 43, 44, 45, 46, 47, 48, 49, 50, 51, 52, 53, 54, 55, 56, 57, 58, 59, 60, 61, 62, 63, 64, 65, 66, 67, 68, 69, 70, 71, 72, 73, 74, 75, 76, 77, 78, 79, 80, 81, 82, 83, 84, 85, 86, 87, 88, 89, 90, 91, 92, 93, 94, 95, 96, 97, 98, 99, 100, 101, 102, 103, 104, 105, 106, 107, 108, 109, 110, 111, 112, 113, 114, 115, 116, 117,

118, 119, 120, 121, 122, 123, 124, 125, 126, 127, 128, 129, 130, 131, 132, 133, 134, 135, 136, 137, 138, 139, 140, 141, 142, 143, 144, 145, 146, 147, 148, 149, 150, 151, 152, 153, 154, 155, 156, 157, 158, 159, 160, 161, 162, 163, 164, 165, 166, 167, 168, 169, 170, 171, 172, 173, 174, 175, 176, 177, 178, 179, 180, 181, 182, 183, 184, 185, 186, 187, 188, 189, 190, 191, 192, 193, 194, 195, 196, 197, 198, 199, 200 .

Wir setzen Primteiler = 2 und streichen, da $2 \cdot 2 = 4 \leq 200$ ist, alle Vielfachen von 2 aus der Liste:
2, 3, 5, 7, 9, 11, 13, 15, 17, 19, 21, 23, 25, 27, 29, 31, 33, 35, 37, 39, 41, 43, 45, 47, 49, 51, 53, 55, 57, 59, 61, 63, 65, 67, 69, 71, 73, 75, 77, 79, 81, 83, 85, 87, 89, 91, 93, 95, 97, 99, 101, 103, 105, 107, 109, 111, 113, 115, 117, 119, 121, 123, 125, 127, 129, 131, 133, 135, 137, 139, 141, 143, 145, 147, 149, 151, 153, 155, 157, 159, 161, 163, 165, 167, 169, 171, 173, 175, 177, 179, 181, 183, 185, 187, 189, 191, 193, 195, 197, 199 .

Wir setzen Primteiler = 3 und streichen, da $3 \cdot 3 = 9 \leq 200$ ist, alle noch verbliebenen Vielfachen von 3 aus der Liste:
2, 3, 5, 7, 11, 13, 17, 19, 23, 25, 29, 31, 35, 37, 41, 43, 47, 49, 53, 55, 59, 61, 65, 67, 71, 73, 77, 79, 83, 85, 89, 91, 95, 97, 101, 103, 107, 109, 113, 115, 119, 121, 125, 127, 131, 133, 137, 139, 143, 145, 149, 151, 155, 157, 161, 163, 167, 169, 173, 175, 179, 181, 185, 187, 191, 193, 197, 199 .

Wir setzen Primteiler = 5 und streichen, da $5 \cdot 5 = 25 \leq 200$ ist, alle noch verbliebenen Vielfachen von 5 aus der Liste:
2, 3, 7, 11, 13, 17, 19, 23, 29, 31, 37, 41, 43, 47, 49, 53, 59, 61, 67, 71, 73, 77, 79, 83, 89, 91, 97, 101, 103, 107, 109, 113, 119, 121, 127, 131, 133, 137, 139, 143, 149, 151, 157, 161, 163, 167, 169, 173, 179, 181, 187, 191, 193, 197, 199 .

Wir setzen Primteiler = 7 und streichen, da $7 \cdot 7 = 49 \leq 200$ ist, alle noch verbliebenen Vielfachen von 7 aus der Liste:
2, 3, 7, 11, 13, 17, 19, 23, 29, 31, 37, 41, 43, 47, 53, 59, 61, 67, 71, 73, 79, 83, 89, 97, 101, 103, 107, 109, 113, 121, 127, 131, 137, 139, 143, 149, 151, 157, 163, 167, 169, 173, 179, 181, 187, 191, 193, 197, 199 .

Wir setzen Primteiler = 11 und streichen, da $11 \cdot 11 = 121 \leq 200$ ist, alle noch verbliebenen Vielfachen von 11 aus der Liste:
2, 3, 7, 11, 13, 17, 19, 23, 29, 31, 37, 41, 43, 47, 53, 59, 61, 67, 71, 73, 79, 83, 89, 97, 101, 103, 107, 109, 113, 127, 131, 137, 139, 149, 151, 157, 163, 167, 169, 173, 179, 181, 191, 193, 197, 199 .

Wir setzen Primteiler = 13 und streichen, da $13 \cdot 13 = 169 \leq 200$ ist, alle noch verbliebenen Vielfachen von 13 aus der Liste:
2, 3, 7, 11, 13, 17, 19, 23, 29, 31, 37, 41, 43, 47, 53, 59, 61, 67, 71, 73, 79, 83, 89, 97, 101, 103, 107, 109, 113, 127, 131, 137, 139, 149, 151, 157, 163, 167, 173, 179, 181, 191, 193, 197, 199 .

Wir setzen Primteiler = 17 und brechen, da 17 · 17 = 289 > 200 ist, den Algorithmus ab.

Es gilt:
Die Primzahlen von 2 bis 200 lauten:
2, 3, 7, 11, 13, 17, 19, 23, 29, 31, 37, 41, 43, 47, 53, 59, 61, 67, 71, 73, 79, 83, 89, 97, 101, 103, 107, 109, 113, 127, 131, 137, 139, 149, 151, 157, 163, 167, 173, 179, 181, 191, 193, 197, 199 .

Das sind 46 Primzahlen. Man kann sie nicht schneller finden.

Im Folgenden zeige ich Ihnen eine Möglichkeit, wie man das Sieb des Eratosthenes programmieren kann:

```
bool eratosthenes(bool *nListe, int nGrenze)
{
if (nGrenze < 2) return false;
for (int i = 2; i <= nGrenze; i++)
{
            nListe[i] = true;
}

int nPrimteiler = 2, q;
while (nPrimteiler*nPrimteiler <= nGrenze)
{
            q = 2;
            while (q*nPrimteiler <= nGrenze)
            {
                  nListe[q*nPrimteiler] = false;
                  q++;
            }

            do
            {
                  nPrimteiler++;
            }
            while (nListe[nPrimteiler] == false);
}
return true;
}
```

Aber nun wieder zurück zu unseren Untersuchungen über Teiler und Primzahlen.

> Satz 3.17
> Es seien $a, b \in \mathbf{N}$ und p sei eine Primzahl, die das Produkt $a \cdot b$ teilt.
> Es gelte also $p \mid a \cdot b$.
> Dann gilt: $p \mid a \;\vee\; p \mid b$.

Beweis:
Wir nehmen an, dass p nicht a teilt. (Andernfalls wären wir mit dem Beweis fertig).
Da p Primzahl ist, folgt: ggT (a, p) = 1. Also gibt es $s, t \in \mathbf{Z}$ so, dass

$$1 = s \cdot a + t \cdot p .$$

Multiplikation beider Seiten mit b liefert:

$$b = s \cdot a \cdot b + t \cdot p \cdot b .$$

Es gilt aber $p \mid t \cdot p \cdot b$ (offensichtlich) und $p \mid a \cdot b$ nach Voraussetzung,
also gilt auch

$$p \mid s \cdot a \cdot b .$$

Damit teilt p auch die Zahl b und der Satz ist bewiesen.

> Satz 3.18:
> Es seien p und die Zahlen $q_1, \ldots, q_n$ alles Primzahlen und es gelte:
> $$p \,\Big|\, \Big(\prod_{i=1}^{n} q_i \Big) .$$
> Dann gibt es $j \in \mathbf{N},\; 1 \leq j \leq n$ so, dass gilt:
> $$p = q_j .$$

Beweis durch vollständige Induktion über n:
Für n = 1 ist der Satz offensichtlich.
Nun sei n > 1 und für p gelte:

$$p \,\Big|\, q_1 \cdot \Big(\prod_{i=2}^{n} q_i \Big) .$$

Nach dem vorherigen Satz muss p dann aber ein Teiler von q_1 oder von $\prod_{i=2}^{n} q_i$ sein.

In beiden Fällen habe ich Primzahlprodukte mit weniger als n Faktoren. Ich kann daher die Induktionsvoraussetzung anwenden und erhalte mein gewünschtes Resultat.
Wir sind jetzt bereit für den Fundamentalsatz der Zahlentheorie, der beschreibt, wie man jede beliebige natürliche Zahl eindeutig mit Hilfe der Primzahlen darstellen kann:

Satz 3.19 (Fundamentalsatz der Zahlentheorie)
Jede natürliche Zahl $a \in \mathbf{N}$, $a \neq 0$ und $a \neq 1$, lässt sich als Produkt von Primzahlen darstellen. D.h., es gibt eine Zahl $n \in N$ und Primzahlen $p_1, \ldots, p_n$ so, dass

$$a = \prod_{i=1}^{n} p_i \ .$$

Diese Darstellung ist bis auf die Reihenfolge der Primfaktoren p_i eindeutig.

Fasst man in dieser Darstellung möglicherweise vorkommende gleiche Primfaktoren zu Potenzen zusammen und ordnet man die Primfaktoren der Größe nach, so erhält man die eindeutige Darstellung:

$$a = \prod_{i=1}^{n} p_i^{m_i} \ .$$

Betrachten wir vor dem Beweis ein *Beispiel*:

- $2981160 = 2 \cdot 1490580 = 2^2 \cdot 745290 = 2^3 \cdot 372645 = 2^3 \cdot 3 \cdot 124215 =$
  $= 2^3 \cdot 3^2 \cdot 41405 = 2^3 \cdot 3^2 \cdot 5 \cdot 8281 =$
  $= 2^3 \cdot 3^2 \cdot 5^1 \cdot 7 \cdot 1183 = 2^3 \cdot 3^2 \cdot 5^1 \cdot 7^2 \cdot 169 =$
  $= 2^3 \cdot 3^2 \cdot 5^1 \cdot 7^2 \cdot 13^2$

Der Beweis dieses Satzes ist nach unseren Vorarbeiten überhaupt nicht mehr schwer.

Beweis durch vollständige Induktion über a:
Der Fall $a = 2$ ist wieder völlig offensichtlich.
Falls $a > 2$ ist, wähle den kleinsten Primfaktor von a. Ich nenne ihn q. Dann gilt für ein geeignetes $b \in N$: $a = q \cdot b$
und da $b < a$ ist, kann ich auf b die Induktionsvoraussetzung anwenden, die mir garantiert, dass es für b eine eindeutige Primfaktorzerlegung gibt.
Damit ist der Satz insgesamt bewiesen.

Sie sehen sofort, dass dieser Satz nicht mehr gültig wäre, wenn 1 auch eine Primzahl ist. Dann könnte ich z. B. schreiben:

- $2981160 = 2^3 \cdot 3^2 \cdot 5^1 \cdot 7^2 \cdot 13^2$
  $= 1 \cdot 2^3 \cdot 3^2 \cdot 5^1 \cdot 7^2 \cdot 13^2$
  $= 1^2 \cdot 2^3 \cdot 3^2 \cdot 5^1 \cdot 7^2 \cdot 13^2$
  $= 1^3 \cdot 2^3 \cdot 3^2 \cdot 5^1 \cdot 7^2 \cdot 13^2$

  usw.

Das Verfahren der »public key«-Verschlüsselung funktioniert gerade deshalb, weil es sehr zeitaufwendig ist, für große Zahlen (mit etwa 50 bis 100 Stellen) die Primfaktorzerlegung zu finden. Sehr zeitaufwendig bedeutet hier: Mit den besten Rechnern und den besten bekannten Algorithmen würde es länger dauern, als man dem Universum an Lebensdauer prognostiziert. Aber Vorsicht: Es besteht immer die Möglichkeit, dass bessere Algorithmen gefunden werden.

Übungsaufgaben

1. Aufgabe

Zeigen Sie mit vollständiger Induktion:

a. $0 + 1 + 4 + 9 + \ldots + n^2 = \sum_{k=0}^{n} k^2 = \frac{n(n+1)(2 \cdot n + 1)}{6}$

b. $0 + 1 + 8 + 27 + \ldots + n^3 = (0 + 1 + 2 + 3 + \ldots + n)^2$

c. $0 + 1 + 8 + 27 + \ldots + n^3 = \sum_{k=0}^{n} k^3 = \frac{n^2(n+1)^2}{4}$

2. Aufgabe

a. Zeigen Sie mit vollständiger Induktion:

$$(x - 1) \cdot \left(1 + x + x^2 + \ldots + x^{n-1}\right) = (x - 1) \cdot \left(\sum_{i=0}^{n-1} x^i\right) = x^n - 1$$

b. Im Dualsystem (vgl. Kapitel 4) stellt man Zahlen mit den Ziffern 0 und 1 dar. Die obige Beziehung sagt Ihnen sofort, welche Zahl der Darstellung $1111\ 1111_2$ entspricht. Gegebenenfalls versuchen Sie diese Aufgabe noch einmal nach der Lektüre von Kapitel 4.

3. Aufgabe

Es ist:

- $a^2 - b^2 = (a - b)(a + b)$
- $a^3 - b^3 = (a - b)(a^2 + ab + b^2)$
- $a^4 - b^4 = (a - b)(a^3 + a^2b + ab^2 + b^3)$

Zeigen Sie allgemein mit vollständiger Induktion:

$$a^n - b^n = (a - b) \cdot \left(\sum_{k=1}^{n} a^{n-k} \cdot b^{k-1}\right)$$

Hinweis: Schreiben Sie $a^{n+1} - b^{n+1}$ als $a(a^n - b^n) + b^n(a - b)$.

4. Aufgabe

Ein befreundeter Mathematiker sagt Ihnen: Der Beweis von Euklid über die unendliche Anzahl von Primzahlen ist falsch, denn für das Produkt der ersten 6 Primzahlen gilt:
$2 \cdot 3 \cdot 5 \cdot 7 \cdot 11 \cdot 13 + 1 = 30031 = 59 \cdot 509$
Das bedeutet: dieser Ausdruck ist keine Primzahl.
Wer irrt sich hier?

5. Aufgabe

a. An einer Universität studieren 600 Studentinnen und Studenten. Der Rektor behauptet, dass es mindestens zwei Studierende geben muss, deren Vornamen und deren Nachnamen mit jeweils demselben Buchstaben anfangen. Hat er recht?
b. Gegeben eine Gruppe von 12 Personen. Wie viele Möglichkeiten gibt es, ein Team aus 5 Personen zu bilden?
c. Wie viele Passwörter gibt es, die aus höchstens 8 und mindestens vier Kleinbuchstaben bestehen?

6. Aufgabe

Es sei M eine endliche Menge. Zeigen Sie:
Die Anzahl der Teilmengen mit gerader Mächtigkeit ist gleich der Anzahl der Teilmengen mit ungerader Mächtigkeit.
Hinweis: Sie brauchen keine Induktion, es reicht, Satz 3.5 einmal anzuwenden.

7. Aufgabe

Eine Münze wird 7-mal geworfen. Man erhält eine Ergebnisfolge X X X X X X X, wobei X = K (für Kopf) oder = Z (für Zahl) möglich ist.
a. Wie viele verschiedene Ergebnisfolgen gibt es?
b. Wie viele Ergebnisfolgen haben genau 4-mal das Ergebnis Kopf?
c. Wie viele Ergebnisfolgen haben mindestens 3-mal das Ergebnis Kopf?
d. Wie viele Ergebnisfolgen haben höchstens 5-mal das Ergebnis Kopf?

8. Aufgabe

Es sei p eine Primzahl. Zeigen Sie, dass für beliebige ganze Zahlen x und y gilt:
$(x + y)^p \equiv x^p + y^p \bmod(p)$.

9. Aufgabe

Welche der beiden folgenden Aussagen ist richtig? (Keine, genau eine oder beide?)
a. Alle natürlichen Zahlen, die kleiner als 1 000 000 sind, enthalten in ihrer Primfaktorzerlegung eine Primzahl, die kleiner als 1 000 ist.
b. Alle zusammengesetzten natürlichen Zahlen, die kleiner als 10 000 sind, enthalten in ihrer Primfaktorzerlegung eine Primzahl, die kleiner als 100 ist.

10. Aufgabe

a. Zerlegen Sie 297 und 63 in ihre Primfaktoren. Bestimmen Sie daraus den ggT und das kgV dieser beiden Zahlen.
b. Bestimmen Sie ggT(297,63) und kgV(297,63) mit Hilfe des Euklidischen Algorithmus. Finden Sie a, b ∈ Z so, dass $ggT(297, 63) = a \cdot 297 + b \cdot 63$.
c. Zerlegen Sie 143 und 93 in ihre Primfaktoren. Bestimmen Sie daraus den ggT und das kgV dieser beiden Zahlen.
d. Bestimmen Sie ggT(143,93) und kgV(143,93) mit Hilfe des Euklidischen Algorithmus. Finden Sie a, b ∈ Z so, dass $ggT(143, 93) = a \cdot 143 + b \cdot 93$.

11. Aufgabe

Wir untersuchen jetzt *diophantische* Gleichungen, das sind Gleichungen bei denen man nur ganzzahlige Lösungen betrachtet. Zwei Beispiele:

$17x + 20y = 3$

hat ganzzahlige Lösungen, da der ggT(17,20) = 1 ist und Ihnen der euklidische Algorithmus Zahlen x und y liefert, sodass $17x + 20y = 1$ ist. Tatsächlich ist:
$(-7)\cdot 17 + 6\cdot 20 = 1$ und daher:
$(-21)\cdot 17 + 18\cdot 20 = 3$.

Andererseits hat:

$15x + 20y = 7$

sicher keine ganzzahligen Lösungen, da das bedeuten würde, dass der ggT(15,20) – nämlich 5 – die Zahl 7 teilt.

Entscheiden Sie nun, ob die folgenden Gleichungen ganzzahlige Lösungen haben und geben Sie sie gegebenenfalls auch an:
a. $32x + 16y = 4$
b. $32x + 16y = 40$
c. $32x + 16y = 9$
d. $97x + 101y = 17$

Andere Schreibweisen für die natürlichen Zahlen

4

Informatiker sehen Zahlen oft nicht in der uns gewohnten Darstellung, sondern als Dualzahlen oder auch Hexadezimalzahlen. Ich möchte Ihnen kurz erklären, was es damit auf sich hat.
Wir alle rechnen normalerweise im Zehnersystem, d.h. wir haben zum Beschreiben aller Zahlen zehn Ziffern zur Verfügung, nämlich 0, 1 , 2 , 3 , 4 , 5 , 6 , 7 , 8 und 9. Die Position der Ziffer innerhalb der gesamten Zahl gibt an, mit welcher Potenz der Basis, also in diesem Falle 10, die Ziffer multipliziert werden muss.

4.1 Zunächst ein Beispiel

Beispiel:

- Wenn man so eine Ziffernfolge hinschreibt, z.B. 3 091, dann meint man damit:
  $1 \cdot 10^0 + 9 \cdot 10^1 + 0 \cdot 10^2 + 3 \cdot 10^3 =$

$$
\begin{aligned}
= \quad & 1 \\
+ \quad & 90 \\
+ \quad & 3\,000
\end{aligned}
$$

- Wenn man diese Zahl z.B. im Siebener-System darstellen will, dann muss man diese Zahl mit Siebener-Potenzen beschreiben. Man hat 7 Ziffern zur Verfügung: 0, 1, 2, 3, 4, 5, und 6. Ich schreibe in diesem Kapitel die Basis, bezüglich der ich eine Zahl darstelle, jetzt immer unten rechts an die Zahl heran.

  Wir suchen: $3\,091_{10} = ?????_7$
  Man rechnet:

  Umformung von der Darstellung zur Basis 10 zur Darstellung zur Basis 7

Basis 10	Basis 7
3 091 : 7 = 441 Rest 4	$?? + 4 \cdot 7^0$
441 : 7 = 63 Rest 0	$?? + 0 \cdot 7^1 + 4 \cdot 7^0$
63 : 7 = 9 Rest 0	$?? + 0 \cdot 7^2 + 0 \cdot 7^1 + 4 \cdot 7^0$
9 : 7 = 1 Rest 2	$?? + 2 \cdot 7^3 + 0 \cdot 7^2 + 0 \cdot 7^1 + 4 \cdot 7^0$
1 : 7 = 0 Rest 1	$1 \cdot 7^4 + 2 \cdot 7^3 + 0 \cdot 7^2 + 0 \cdot 7^1 + 4 \cdot 7^0$
Darstellung zur Basis 10	Darstellung zur Basis 7
$3\,091_{10}$	$12\,004_7$

Zum Umrechnen in das Zehnersystem verfahre ich anders.

Umzurechnen sei die Zahl $12\,004_7$. Ich könnte natürlich auch im 7'er System, da $10_{10} = 13_7$ ist, den obigen Algorithmus auf $12\,004_7 : 13_7$ anwenden. Ich zeige Ihnen das, ohne die einzelnen Schritte genauer zu erläutern.

Umformung von der Darstellung zur Basis 7 zur Darstellung zur Basis 10

Basis 7	**Basis 10**
$12\,004_7 : 13_7 = 621_7$ Rest 1_7	$?? + 1 \cdot 10^0$
$621_7 : 13_7 = 42_7$ Rest 12_7	$?? + 9 \cdot 10^1 + 1 \cdot 10^0$
$42_7 : 13_7 = 3_7$ Rest 0_7	$?? + 0 \cdot 10^2 + 9 \cdot 10^1 + 1 \cdot 7^0$
$3_7 : 13_7 = 0_7$ Rest 3_7	$3 \cdot 10^3 + 0 \cdot 10^2 + 9 \cdot 10^1 + 1 \cdot 7^0$
Darstellung zur Basis 7	Darstellung zur Basis 10
12004_7	3091_{10}

Schneller geht aber das folgende Verfahren zur Umrechnung:

$$12\,004_7 \text{ ist } = 4 \cdot 7^0 + 0 \cdot 7^1 + 0 \cdot 7^2 + 2 \cdot 7^3 + 1 \cdot 7^4 =$$
$$= 4 + 2 \cdot 343 + 2401 = 3\,091$$

4.2 Die allgemeine Theorie

Wir machen aus unseren Beispielen einen allgemeinen Satz:

Satz 4.1
Sei $b \in \mathbf{N}$, $b > 1$. Sei $n \in \mathbf{N}$ beliebig, $n \neq 0$. Dann gilt:
Es gibt ein eindeutig bestimmtes $m \in \mathbf{N}$ und Zahlen $z_0, \ldots, z_m \in \mathbf{N}$ so, dass gilt:

- $\forall_{0 \leq i \leq m} \quad 0 \leq z_i < b$
- $z_m \neq 0$
- $n = \sum_{i=0}^{m} z_i \cdot b^i$

Beweis:
Zunächst zeige ich:
Es gibt genau ein $m \in \mathbf{N}$ und einen Koeffizient z_m mit $0 \leq z_m < b$ so, dass

$$n = z_m \cdot b^m + r \text{ mit } 0 \leq r < b^m .$$

Wähle dazu $m = \max\{k \in \mathbf{N} \mid b^k \leq n\}$ und wende Satz 3.11 an. Die Wahl einer kleineren Zahl m würde bei Anwendung des Satzes 3.11 sofort zur Folge haben:

$$z_m \geq b$$

Nun kann man einen Induktionsbeweis führen:

Induktionsanfang: Der Satz ist wahr für $n = 1$.

Beweis: Das folgt aus der eindeutigen Darstellung $1 = 1 \cdot b^0$.

Induktionsvoraussetzung: Es gebe ein $k \in \mathbf{N}$, sodass der Satz für alle $n < k$ wahr ist.

Induktionsbehauptung: Der Satz ist wahr für die Zahl k.

Beweis: Nach dem, was wir uns eben überlegt haben, gibt es genau ein $m \in \mathbf{N}$ und einen Koeffizient z_m mit $0 \leq z_m < b$ so, dass $k = z_m \cdot b^m + r$ mit $0 \leq r < b^m$.

Da aber $r < k$ ist, können wir die Induktionsvoraussetzung auf r anwenden und erhalten die Behauptung.

q.e.d.

Damit können wir folgende Definition für die Schreibweisen natürlicher Zahlen bezüglich einer beliebigen Basis $b > 1$, $b \in \mathbf{N}$ formulieren:

Definition:
Sei $b \in \mathbf{N}$ beliebig, $b > 1$. Es seien für $0 \leq i < b$ Symbole d[i] für die Zahlen von 0 bis $b - 1$ definiert. Dann nennen wir die d[i] die *Ziffern* der Zahldarstellung bezüglich der Basis b.
Sei weiterhin $n \in \mathbf{N}$, $n > 0$ beliebig mit der eindeutigen Darstellung

$$n = \sum_{i=0}^{m} z_i \cdot b^i \quad \text{aus Satz 4.1.}$$

Dann wird n in der Zahldarstellung bezüglich der Basis b geschrieben als

$$n = d[z_m]\, d[z_{m-1}] \;\ldots\ldots\; d[z_1]\, d[z_0]_b .$$

Solange man eine Basis kleiner oder gleich 10 hat, nimmt man natürlich unsere wohlbekannten Ziffern 0, 1, 2 usw.
Es hat sich in der Informatik, wo man auch gerne mit der Basis 16 rechnet – man sagt dann, man rechnet im *Hexadezimalsystem* – die Übereinkunft gebildet, für die Ziffern für die Zahlen 10, 11, 12, 13, 14 und 15 die Symbole A, B, C, D, E und F zu nehmen.

Beispiele:

$n \in N$	Summendarstellung für Basis 2	Dualzahl	Summendarstellung für Basis 16	Hexadezimalzahl
1	$1 \cdot 2^0$	1_2	$1 \cdot 16^0$	1_{16}
2	$1 \cdot 2^1 + 0 \cdot 2^0$	10_2	$2 \cdot 16^0$	2_{16}
3	$1 \cdot 2^1 + 1 \cdot 2^0$	11_2	$3 \cdot 16^0$	3_{16}
4	$1 \cdot 2^2 + 0 \cdot 2^1 + 0 \cdot 2^0$	100_2	$4 \cdot 16^0$	4_{16}
5	$1 \cdot 2^2 + 0 \cdot 2^1 + 1 \cdot 2^0$	101_2	$5 \cdot 16^0$	5_{16}
6	$1 \cdot 2^2 + 1 \cdot 2^1 + 0 \cdot 2^0$	110_2	$6 \cdot 16^0$	6_{16}
7	$1 \cdot 2^2 + 1 \cdot 2^1 + 1 \cdot 2^0$	111_2	$7 \cdot 16^0$	7_{16}
8	$1 \cdot 2^3 + 0 \cdot 2^2 + 0 \cdot 2^1 + 0 \cdot 2^0$	1000_2	$8 \cdot 16^0$	8_{16}
9	$1 \cdot 2^3 + 0 \cdot 2^2 + 0 \cdot 2^1 + 1 \cdot 2^0$	1001_2	$9 \cdot 16^0$	9_{16}
10	$1 \cdot 2^3 + 0 \cdot 2^2 + 1 \cdot 2^1 + 0 \cdot 2^0$	1010_2	$10 \cdot 16^0$	A_{16}
11	$1 \cdot 2^3 + 0 \cdot 2^2 + 1 \cdot 2^1 + 1 \cdot 2^0$	1011_2	$11 \cdot 16^0$	B_{16}
12	$1 \cdot 2^3 + 1 \cdot 2^2 + 0 \cdot 2^1 + 0 \cdot 2^0$	1100_2	$12 \cdot 16^0$	C_{16}
13	$1 \cdot 2^3 + 1 \cdot 2^2 + 0 \cdot 2^1 + 1 \cdot 2^0$	1101_2	$13 \cdot 16^0$	D_{16}
14	$1 \cdot 2^3 + 1 \cdot 2^2 + 1 \cdot 2^1 + 0 \cdot 2^0$	1110_2	$14 \cdot 16^0$	E_{16}
15	$1 \cdot 2^3 + 1 \cdot 2^2 + 1 \cdot 2^1 + 1 \cdot 2^0$	1111_2	$15 \cdot 16^0$	F_{16}
16	$1 \cdot 2^4 + 0 \cdot 2^3 + 0 \cdot 2^2 + 0 \cdot 2^1 + 0 \cdot 2^0$	10000_2	$1 \cdot 16^1 + 0 \cdot 16^0$	10_{16}
17	$1 \cdot 2^4 + 0 \cdot 2^3 + 0 \cdot 2^2 + 0 \cdot 2^1 + 1 \cdot 2^0$	10001_2	$1 \cdot 16^1 + 1 \cdot 16^0$	11_{16}
18	$1 \cdot 2^4 + 0 \cdot 2^3 + 0 \cdot 2^2 + 1 \cdot 2^1 + 0 \cdot 2^0$	10010_2	$1 \cdot 16^1 + 2 \cdot 16^0$	12_{16}
...	....	.....	....	...
30	$1 \cdot 2^4 + 1 \cdot 2^3 + 1 \cdot 2^2 + 1 \cdot 2^1 + 0 \cdot 2^0$	11110_2	$1 \cdot 16^1 + 14 \cdot 16^0$	$1E_{16}$
31	$1 \cdot 2^4 + 1 \cdot 2^3 + 1 \cdot 2^2 + 1 \cdot 2^1 + 1 \cdot 2^0$	11111_2	$1 \cdot 16^1 + 15 \cdot 16^0$	$1F_{16}$
32	$1 \cdot 2^5 + 0 \cdot 2^4 + 0 \cdot 2^3 + 0 \cdot 2^2 + 0 \cdot 2^1 + 0 \cdot 2^0$	100000_2	$2 \cdot 16^1 + 0 \cdot 16^0$	20_{16}
33	$1 \cdot 2^5 + 0 \cdot 2^4 + 0 \cdot 2^3 + 0 \cdot 2^2 + 0 \cdot 2^1 + 1 \cdot 2^0$	100001_2	$2 \cdot 16^1 + 1 \cdot 16^0$	21_{16}
34	$1 \cdot 2^5 + 0 \cdot 2^4 + 0 \cdot 2^3 + 0 \cdot 2^2 + 1 \cdot 2^1 + 0 \cdot 2^0$	100010_2	$2 \cdot 16^1 + 2 \cdot 16^0$	22_{16}
...	....	.....	....	...

4.3 Ein Algorithmus zur Berechnung der Zahlendarstellungen

Analog unserer Diskussion des einleitenden Beispiels zu diesem Kapitel gebe ich Ihnen verschiedene Verfahren:

1. *Umwandlung der Darstellung einer Zahl im Zehnersystem in die Darstellung bezüglich einer Basis b*

> Sei $b \in \mathbf{N}$, $b > 1$. Sei $n \in \mathbf{N}$ beliebig, $n \neq 0$.
> Es seien für $0 \leq i < b$ die Symbole d[i] die *Ziffern* der Zahldarstellung bezüglich der Basis b.

Solange ($n \neq 0$ ist) tue das Folgende:
{
    Sei $n = q \cdot b + r$ mit $0 \leq r < b$
    Dann setze als (neue) erste, d.h. vorderste Ziffer das Symbol d[r]
    Setze $n = q$
}

Beispiel:
Ich setze $b = 2$, meine Symbole sind 0 und 1. Meine Zahl n sei 9.

1. Schleifendurchlauf:
   $9 = 4 \cdot 2 + 1$, Meine Dualzahl lautet bisher: 1_2
   $n = 4$
2. Schleifendurchlauf:
   $4 = 2 \cdot 2 + 0$, Meine Dualzahl lautet bisher: 01_2
   $n = 2$
3. Schleifendurchlauf:
   $2 = 1 \cdot 2 + 0$, Meine Dualzahl lautet bisher: 001_2
   $n = 1$
4. Schleifendurchlauf:
   $1 = 0 \cdot 2 + 1$, Meine Dualzahl lautet bisher: 1001_2
   $n = 0$

Ende

Als Programm in C++ könnte man beispielsweise schreiben:

```
/*
Achtung: der Zeiger pOutputDigits muss deleted werden kön-
nen, also vor dem Aufruf bitte mit NULL initialisieren
*/

bool ChangeDezimalToOutput(
char* & pOutputDigits, int nOutputBase,
int nDecimalNumber)
{
if (nOutputBase < 1)  return false;
if (nOutputBase > 16) return false;
if (nDecimalNumber < 1) return false;

char digit[16]; int i;
for (i =  0; i < 10; i++)
    digit[i] = '0' + i;
```

```
for (i = 10; i < 16; i++)
    digit[i] = 'A' + i - 10;
/*
Zunächst ermittle ich, wie viel Stellen für die Darstellung
gebraucht werden
*/

int nAnzahlStellen = 0, n = nDecimalNumber; int r;

while (n != 0)
{
               n = n/nOutputBase;
               nAnzahlStellen++;
}

delete pOutputDigits;
pOutputDigits = new char[nAnzahlStellen+1];
i = nAnzahlStellen;
pOutputDigits[i] = '\0';
i--;

while (nDecimalNumber != 0)
{
               r      = nDecimalNumber%nOutputBase;
               nDecimalNumber  =
nDecimalNumber/nOutputBase;
               pOutputDigits[i] = digit[r];
               i--;
}
return true;
}
```

2. *Umwandlung der Darstellung einer Zahl bezüglich einer Basis b in die Darstellung im Zehnersystem*

Sei $b \in \mathbf{N}$, $b > 1$. Es seien für $0 \leq i < b$ die Symbole d[i] die *Ziffern* der Zahldarstellung bezüglich der Basis b.
Sei $n \in \mathbf{N}$ beliebig, $n \neq 0$ und die Darstellung $d[i_m]\, d[i_{m-1}] \ldots .\, d[i_1]\, d[i_0]$ sei die Darstellung der Zahl n bezüglich der Basis b.

Dann liefert der Ausdruck $\sum_{k=0}^{m} i_k \cdot b^k$ die Darstellung der Zahl n im Dezimalsystem.

Beispiel:
Es sei b = 16, meine Zahl n laute FF01, dann ist
$n = 1 \cdot 16^0 + 0 \cdot 16^1 + 15 \cdot 16^2 + 15 \cdot 16^3 = 1 + 3\,840 + 61\,440 = 65\,281$

Als Programm in C++ könnte man beispielsweise schreiben (beachten Sie, dass ich noch die gesamte Eingabeüberprüfung mit programmiert habe):

```
bool ChangeInputToDezimal(char* pInputDigits,
int nInputBase, int & nDecimalNumber)
{
if (nInputBase < 1)    return false;
if (nInputBase > 16)   return false;
char digit[16]; int i;

for (i =  0; i < 10; i++)
     digit[i] = '0' + i;
for (i = 10; i < 16; i++)
     digit[i] = 'A' + i - 10;

if (pInputDigits == NULL) return false;
int nLength = (int) strlen(pInputDigits);
if (nLength == 0) return false;

bool bZifferkorrekt; i = 0;
do
{
              bZifferkorrekt = false;
              for (int j = 0; (j < nInputBase) &&
(bZifferkorrekt == false); j++)
              {
       if (pInputDigits[i] == digit[j])
            bZifferkorrekt = true;
              }
              i++;
}
while ((i < nLength) && (bZifferkorrekt));
```

```
if (bZifferkorrekt == false) return false;

nDecimalNumber = 0;
int nKoeffizient, nBasisfaktor = 1;

for (i = nLength - 1; i >= 0; i--)
{
            if (('0' <= pInputDigits[i]) &&
(pInputDigits[i] <= '9'))
            {
                  nKoeffizient =
pInputDigits[i] - '0';
            }
            else
            {
                  nKoeffizient =
pInputDigits[i] - 'A' + 10;
            }
            nDecimalNumber = nDecimalNumber +
nKoeffizient*nBasisfaktor;
            nBasisfaktor =
nBasisfaktor*nInputBase;
      }

      return true;
}
```

3. *Umwandlung der Darstellung einer InputZahl bezüglich einer Basis InputBasis in die Darstellung OutputZahl bezüglich einer Basis OutputBasis*

Das funktioniert am besten, indem man die beiden obigen Verfahren hintereinander ausführt.

- Zunächst wird die Zahlendarstellung InputZahl bezüglich der Inputbasis in eine Dezimalzahl verwandelt. (Mit unserem zweiten Algorithmus)
- Und dann wird diese Dezimalzahl in eine Zahlendarstellung OutputZahl bezüglich der Outputbasis gebracht. (Mit unserem ersten Algorithmus)

Beispiel:
Es sei Inputbasis = 7, meine InputZahl laute: $1\,063_7$
dann lautet die entsprechende Dezimalzahl:
$3 \cdot 7^0 + 6 \cdot 7^1 + 0 \cdot 7^2 + 1 \cdot 7^3 = 3 + 42 + 343 = 388$.

Die Outputbasis sei 13. Dann gilt:

388	$= 29 \cdot 13 + 11$	OutputZahl = $??B_{13}$
29	$= 2 \cdot 13 + 3$	OutputZahl = $?3B_{13}$
2	$= 0 \cdot 13 + 2$	OutputZahl = $23B_{13}$

Ein entsprechendes Programm könnte lauten:

```
bool ChangeInputToOutput(char * pInputDigits,
int nInputBase, char* & pOutputDigits, int nOutputBase)
{
    bool bBack;
    int nDecimalNumber;
    bBack = ChangeInputToDezimal(pInputDigits,
                                 nInputBase, nDecimalNumber);
    if (bBack == false) return bBack;
    bBack = ChangeDezimalToOutput(pOutputDigits,
                                 nOutputBase, nDecimalNumber);
    return bBack;
}
```

Zum Abschluss dieses Kapitels möchte ich Sie noch einmal darauf aufmerksam machen, wie sehr diese Art der Zahlendarstellung – völlig gleichgültig, zu welcher Basis – davon abhängt, dass wir die Null als Ziffer zur Verfügung haben. Nur mit Hilfe der Null können wir die verschiedenen anderen Ziffern an der Stelle positionieren, die der gewünschten Basispotenz entspricht.
Die heute bei uns gebräuchliche Dezimaldarstellung der Zahlen mit der Basis 10 stammt aus Indien und ist dort über einen langen Zeitraum (mein Lexikon der Mathematik [Lex] sagt: von 300 vor Christus bis 600 nach Christus) hinweg entstanden.

Übungsaufgaben

1. Aufgabe

Stellen Sie folgenden Zahlen als Dualzahlen, zur Basis 3, zur Basis 5, zur Basis 12 und als Hexadezimalzahlen dar:

1, 13, 27, 80, 125, 255, 256, 1 023, 1 024

2. Aufgabe

Stellen Sie folgenden Zahlen als Dezimalzahlen dar:

$1011\ 1100_2$, BC_{16}, 10211_3, 8451_9, $1A8E_{16}$, $1\ 1100\ 0100\ 1110_2$

3. Aufgabe

Im Zehnersystem addieren Sie folgendermaßen:

		1	0	2	4
+			7	8	3
+		6	5	1	7
+		3	1	9	2
=	1	1	5	1	6

Übertragen Sie diesen Algorithmus auf das Rechnen in anderen Zahlsystemen *ohne* in einem Zwischenschritt erst ins Zehnersystem umzurechen. Berechnen Sie:

Im Dualsystem:

	1	1	0	1	1
+			1	1	1
+		1	1	0	0
+		1	1	0	1
=					

Zur Basis 7:

		6	5	2
+			4	3
+	3	0	2	6
+		6	0	4
=				

Im Hexadezimalsystem

	3	9	A
+		C	1
+	1	0	8
+	B	A	C
=			

4. Aufgabe

Im Zehnersystem subtrahieren Sie folgendermaßen:

	1	0	2	4
–		7	8	5
=		2	3	9

Übertragen Sie diesen Algorithmus auf das Rechnen in anderen Zahlsystemen *ohne* in einem Zwischenschritt erst ins Zehnersystem umzurechen. Berechnen Sie:

	Im Dualsystem:		Zur Basis 5:		Im Hexadezimalsystem
	1 1 0 1 1		3 4 0 1		3 9 A
–	1 1 0 1	–	4 2 3	–	C 1
=		=		=	

5. Aufgabe

Im Zehnersystem multiplizieren Sie folgendermaßen:

	1 0 2 4 · 7 2 3
	7 1 6 8
+	2 0 4 8
+	3 0 7 2
=	7 4 0 3 5 2

Übertragen Sie diesen Algorithmus auf das Rechnen in anderen Zahlsystemen *ohne* in einem Zwischenschritt erst ins Zehnersystem umzurechen. Berechnen Sie:

	Im Dualsystem:		Im Hexadezimalsystem
	1 0 1 1 · 1 1 0		B 6 0 E · A D E
+		+	
+		+	
=		=	

6. Aufgabe

Im Zehnersystem gilt:

$$0{,}25 = \frac{2}{10} + \frac{5}{10^2}, \quad 0{,}\overline{67} = \frac{67}{10^2 - 1},$$

$$24{,}28\overline{123} = 2 \cdot 10^1 + 4 \cdot 10^0 + \frac{2}{10^1} + \frac{8}{10^2} + \frac{123}{(10^3 - 1) \cdot 10^2}$$

Übertragen Sie diesen Algorithmus auf das Rechnen in anderen Zahlsystemen.

Beispiel:

$$0{,}1011_2 = \frac{1}{2} + \frac{1}{8} + \frac{1}{16} = 0{,}5 + 0{,}125 + 0{,}0625 = 0{,}6875$$

Geben Sie als Dezimal-Komma-Zahlen an:

$0{,}01_2$, $0{,}\overline{01}_2$, $0{,}1_3$, $0{,}\overline{1}_3$, $1{,}\overline{1}_2$

(Eventuell sind Sie beim letzten Ergebnis überrascht – ich habe in jeder Vorlesung größte Schwierigkeiten, meine Studentinnen und Studenten davon zu überzeugen, dass $0{,}\overline{9}$ und 1 zwei verschiedene Symbole für ein- und dieselbe Zahl sind. Hier handelt es sich um eine analoge Tatsache im Dualsystem).

Ganze Zahlen und Rationale Zahlen – Gruppen, Ringe und Körper

5

Nachdem wir uns im letzten Kapitel mehr mit den Darstellungen von Zahlen als mit den diesen Zahlen innewohnenden Gesetzmäßigkeiten beschäftigt haben, kehren wir nun zu unserem alten Geschäft der Erforschung der Zahlen zurück und schreiben diese wieder brav und getreulich im Dezimalsystem.

Die natürlichen Zahlen sind eine der wichtigsten Grundlagen der Mathematik, aber sie allein taugen mehr zum Zählen als zum Rechnen. Die Überschrift dieses Kapitels soll Sie auf mehrere Dinge vorbereiten:

- Wir werden die natürlichen Zahlen erweitern, um Gleichungen mit einer Unbekannten lösen zu können.
- Wir werden uns fragen, welche Eigenschaften haben unsere Erweiterungen der natürlichen Zahlen, die die natürlichen Zahlen nicht haben und die dafür verantwortlich sind, dass wir hier bestimmte Gleichungen immer eindeutig lösen können.
- Und schließlich werden wir unsere Betrachtungen so verallgemeinern, dass wir gar nicht mehr von konkreten Zahlen reden, sondern zeigen werden: In allen Mengen, die diese analysierten Eigenschaften haben, sind unsere Gleichungen stets eindeutig lösbar.
- Die Mathematiker geben solchen Mengen feste Namen, sie nennen sie Gruppen oder Ringe oder Körper – je nachdem, um welche Eigenschaften es sich handelt.
- Wenn wir so verfahren, üben wir eine Strategie ein, die für Sie auch beim Programmentwurf in der Informatik enorm wichtig ist: Man muss ein Problem auf einer möglichst hohen Abstraktionsebene *einmal* lösen, sodass man diese Lösung auf alle möglichen konkreten Fälle anwenden kann, ohne dieselbe Arbeit immer wieder leisten zu müssen. Wenn Sie z. B. das Problem der Sortierung von beliebig vielen Zahlen der Größe nach gelöst haben, dann wollen Sie denselben Algorithmus auch anwenden können, um beliebig viele Namen alphabetisch anzuordnen oder auch ganz etwas anderes zu sortieren.
- Diese Untersuchung von durch Regeln oder besser formuliert: durch Axiome definierten Strukturen nennt man Algebra. Auch die Motivation für unsere Untersuchung, nämlich die Bestimmung von Bedingungen für die Lösbarkeit von Gleichungen, ist der klassische Ausgangspunkt für die Entstehung dieses Teils der Mathematik.
- In den nächsten Kapiteln werden Sie andere Beispiele für die in diesem Kapitel definierten algebraischen Strukturen kennen lernen, die ihrerseits wieder für die Mathematik der Verschlüsselungen von großer Bedeutung sind.

5.1 Die ganzen Zahlen und die algebraische Struktur einer Gruppe

Beginnen wir mit zwei kurzen Vorbetrachtungen, die in einem Bereich spielen, für den die Welt der negativen Zahlen von enormer Bedeutung ist: Das ist der Bereich des Geldes.

1. Herr Schubert möchte ein paar CDs kaufen und hat 100 € in seinem Portemonnaie. Seine Kreditkarte ist mal wieder eingezogen worden. Außerdem erinnert er sich, dass er seinem Freund Matthias Butzlaff versprochen hat, ihm heute Mittag schon mal 30 € von den 200 € zurück zu zahlen, die dieser ihm neulich geliehen hat. Wie viel Geld hat Herr Schubert also aktuell beim CD-Kauf zur Verfügung?
   Dieses erste Beispiel ist leicht besprochen. Sei x der gesuchte Betrag. Dann muss x der Gleichung

   $$x + 30 = 100$$

   genügen. Subtraktion von 30 auf beiden Seiten ergibt:

   $$\begin{array}{llcll} & x + 30 & = & 100 & \mid \text{Ziehe auf beiden Seiten 30 ab} \\ \Leftrightarrow & x + 30 - 30 & = & 100 - 30 & \\ \Leftrightarrow & x + 0 & = & 70 & \\ \Leftrightarrow & x & = & 70 & \end{array}$$

2. Herr Schubert möchte (wieder) ein paar CDs kaufen und hat 100 € in seinem Portemonnaie. Seine Kreditkarte hat er (sagt er) verloren. Außerdem erinnert er sich, dass er seinem Freund Matthias Butzlaff versprochen hat, ihm heute Mittag schon mal 130 € von den 2 000 € zurück zu zahlen, die dieser ihm neulich geliehen hat. Wie viel Geld hat Herr Schubert also aktuell beim CD-Kauf zur Verfügung, bzw. wie viel Geld muss sich Herr Schubert bei seinem Freund Uli Wanka borgen, den er gerade im CD-Laden trifft, um überhaupt gut über den Mittag zu kommen?
   Jetzt wird es schwieriger. Sei wieder x der gesuchte Betrag. Dann muss x der Gleichung

   $$x + 130 = 100$$

   genügen. Wenn wir jetzt aber auf beiden Seiten die Zahl 130 subtrahieren, verlassen wir den Bereich der natürlichen Zahlen. Wir erhalten eine *negative ganze Zahl*. Wir erhalten den Wert:

   $$x = -30.$$

In **N** sind also Gleichungen der Art

$$x + m = n$$

für beliebige m, n $\in$ **N** im Allgemeinen nicht lösbar. Ganz anders verhält es sich in der Menge der ganzen Zahlen **Z**. Warum ist das so? Was sind die dafür entscheidenden Eigenschaften von **Z**? Betrachten Sie dazu die folgende Übersicht, die genau diese Eigenschaften formuliert.

Abgeschlossenheit der Addition	$\forall_{x,y \in \mathbf{Z}} \; x + y \in \mathbf{Z}$
Assoziativgesetz	$\forall_{x,y,z \in \mathbf{Z}} \; x + (y + z) = (x + y) + z$
Neutrales Element	$\exists_{e \in \mathbf{Z}} \forall_{z \in \mathbf{Z}} \; z + e = e + z = z$, e heißt das neutrale Element der Addition und ist im Falle von **Z** die Zahl 0.
Inverses Element	$\forall_{z \in \mathbf{Z}} \exists_{-z \in \mathbf{Z}} \; z + (-z) = (-z) + z = e$, $-z$ heißt das zu z bezüglich der Addition inverse Element

Beachten Sie, dass die garantierte Existenz eines inversen Elements bei den natürlichen Zahlen **N** dramatisch nicht erfüllt ist. Dort hat lediglich die 0 ein Inverses. Wenn ich Recht habe und die Lösbarkeit von Gleichungen alleine von der Erfüllung dieser Eigenschaften abhängt, dann ist es klar, dass man sich ganz allgemein, d.h. nicht nur für Zahlen, sondern auch für alle möglichen anderen Objekte wie z.B. Matrizen oder Abbildungen, die miteinander verknüpft werden können und deren Verknüpfungen solche Eigenschaften haben, interessiert.

Man definiert allgemein:

Definition:
Das Tupel (**G**, ♦), bestehend aus einer Menge G mit einer Verknüpfung ♦ : **G** x **G** → **G** heißt *Gruppe*, wenn gilt:

Assoziativgesetz	$\forall_{x,y,z \in \mathbf{G}} \; x \blacklozenge (y \blacklozenge z) = (x \blacklozenge y) \blacklozenge z$
Neutrales Element	$\exists_{e \in \mathbf{G}} \forall_{z \in \mathbf{G}} \; z \blacklozenge e = e \blacklozenge z = z$, e heißt das neutrale Element der ♦ − Verknüpfung.
Inverses Element	$\forall_{x \in \mathbf{G}} \exists_{y \in \mathbf{G}} \; x \blacklozenge y = y \blacklozenge x = e$, y heißt das zu x bezüglich der Verknüpfung ♦ inverse Element.

Und es gilt nach dem, was wir oben besprochen haben:

> Satz 5.1
> ($\mathbf{Z}$, +) ist eine Gruppe.

Bitte beachten Sie: Wir haben etwas Ähnliches gemacht, was ein Softwaredesigner tut, wenn er zu verschiedenen konkreten Basisklassen eine abstrakte Oberklasse definiert. Alles das, was dann für diese Oberklasse gilt, gilt automatisch auch für die abgeleiteten Klassen. Wir können jetzt beweisen:

> Satz 5.2
> ($\mathbf{G}$, $\blacklozenge$) sei eine Gruppe. a und b seien aus G. beliebig, α sei das zu a inverse Element. Dann hat die Gleichung $a \blacklozenge x = b$ genau eine Lösung in G, nämlich $x = \alpha \blacklozenge b$.

Beweis:

Es gelte:	$a \blacklozenge x = b$
Nun verknüpfe ich beide Seiten der Gleichung von links mit α, dem Inversen von a und erhalte:	$\alpha \blacklozenge a \blacklozenge x = \alpha \blacklozenge b$
bzw.	$e \blacklozenge x = \alpha \blacklozenge b$
bzw.	$x = \alpha \blacklozenge b$
Also gilt:	$a \blacklozenge x = b \Rightarrow x = \alpha \blacklozenge b$
Andererseits gilt:	$x = \alpha \blacklozenge b \Rightarrow a \blacklozenge x = a \blacklozenge \alpha \blacklozenge b = e \blacklozenge b = b$
Und wir erhalten insgesamt:	$a \blacklozenge x = b \Leftrightarrow x = \alpha \blacklozenge b$

q. e. d.

Diese eindeutige Lösbarkeit von Gleichungen haben wir jetzt für alle Gruppen bewiesen, damit auch für ($\mathbf{Z}$, +). Ehe wir jetzt über ($\mathbf{Z}$, $\cdot$) reden, möchte ich noch eine kleine Erweiterung des Gruppenbegriffs mit Ihnen diskutieren:

Definition:
Das Tupel (**G**, ♦), bestehend aus einer Menge G mit einer Verknüpfung
♦ : **G** x **G** → **G** heißt *kommutative Gruppe* oder (nach dem großen norwegischen Mathematiker Niels Henrik Abel) *abelsche Gruppe*, wenn gilt :

1. (**G**, ♦) ist Gruppe.

Kommutativgesetz 2. $\forall_{x,y \in \mathbf{G}} \quad x \blacklozenge y = y \blacklozenge x$

Assoziativgesetz und Kommutativgesetz sind nicht so selbstverständlich für Verknüpfungen, wie Sie vielleicht glauben. Beispielsweise ist die Subtraktion von Zahlen weder assoziativ:

$(5-4)-3 = -2 \neq 4 = 5-(4-3)$

noch kommutativ:

$5-7 = -2 \neq 2 = 7-5$

Natürlich gilt:

Satz 5.3
(**Z**, +) ist eine kommutative Gruppe.

5.2 Die ganzen Zahlen und die algebraische Struktur eines Rings

Ganze Zahlen kann man nicht nur addieren, man kann sie auch multiplizieren. Ganz offensichtlich ist (**Z**, ·) keine Gruppe, denn weder ist die Gleichung

$0 \cdot x = 0$

in **Z** eindeutig lösbar (es gibt unendlich viele Lösungen), noch sind die Gleichungen

$0 \cdot x = 5$ oder $4 \cdot x = 7$

in **Z** überhaupt lösbar. (Sie sollten merken, dass die 0 bei der Multiplikation ein besonderes Ärgernis ist, dass es aber in unserem Fall überhaupt nichts nützt, die 0 auszuschließen, weil wir auch so jede Menge nicht lösbarer Gleichungen behalten).
Trotzdem hat das Tripel (**Z**, +, ·) Eigenschaften, die so interessant sind, dass die Mathematiker es für wert befunden haben, auch hier eine allgemeine Struktur zu definieren, die *nur* durch diese Eigenschaften gekennzeichnet ist. Man nennt sie Ring. Ich gebe Ihnen

sofort die generelle Definition und gebe den beiden Verknüpfungen auch – wie Sie es gewohnt sind – die Namen »+« und »·«. Unter Umständen kann das aber etwas ganz anderes sein als die Addition und Multiplikation, wie wir sie von den bisher besprochenen Zahlen kennen.

Definition:
Eine Menge R mit den Verknüpfungen + und · heißt ein *Ring*, wenn gilt:

(R, +)	1.	$(R, +)$ ist eine kommutative Gruppe.
Assoziativgesetz	2.	Es gilt das Assoziativgesetz bezüglich der Multiplikation: $\forall_{x,y,z \in R} \; x \cdot (y \cdot z) = (x \cdot y) \cdot z$
Distributivgesetz	3.	Es gelten die so genannten Distributivgesetze: $\forall_{x,y,z \in R} \; x \cdot (y + z) = x \cdot y + x \cdot z$ und $\forall_{x,y,z \in R} \; (y + z) \cdot x = y \cdot x + z \cdot x$.
kommutativer Ring	4.	Falls auch das Kommutativgesetz bezüglich der Multiplikation erfüllt ist, heißt $(R, +, \cdot)$ ein *kommutativer Ring*.

Satz 5.4
$(\mathbf{Z}, +, \cdot)$ ist ein kommutativer Ring.

Wir werden Ringe später bei zahlentheoretischen Untersuchungen zur Kryptographie wieder treffen, sie spielen auch eine wichtige Rolle bei der Untersuchung von Polynomen und ihren Nullstellen.

5.3 Die rationalen Zahlen und die algebraische Struktur eines Körpers

Um unser Hauptärgernis, die Nichtlösbarkeit der Gleichungen vom Typ $a \cdot x = b$, zu beseitigen, müssen wir zu den rationalen Zahlen übergehen. Wir erhalten dabei auch noch andere Strukturen, bei denen sich eine abstrakte Definition als lohnend erweist. Wir werden diese Strukturen in ganz anderen Bereichen wieder finden und einmal gewonnene Ergebnisse dorthin übertragen können.

Ich erinnere Sie: (Das folgende ist keine Definition der rationalen Zahlen – wie man so etwas machen kann, werden wir im nächsten Kapitel über Äquivalenzrelationen, Äquivalenzklassen und Restklassen besprechen).

Die Menge **Q** der rationalen Zahlen ist $\mathbf{Q} = \left\{ \frac{a}{b} \mid a, b \in Z, b \neq 0 \right\}$.

Wir nennen diese Menge auch die Menge aller (positiven und negativen) Brüche.
Für Sie, die Sie alle viel mit Rechnern der unterschiedlichsten Art arbeiten, die aber alle die Zahlen nur als Dezimalbrüche darstellen können, ist der folgende Satz wichtig, den wir nicht beweisen können:

Satz 5.5
Die Menge **Q** der rationalen Zahlen ist die Menge aller Dezimalzahlen, die entweder
- nur endlich viele Stellen hinter dem Komma haben oder
- nach einer endlichen Anzahl von Stellen hinter dem Komma eine periodische Dezimalbruchentwicklung haben.

Es sollte klar sein, wie man aus einem Bruch eine Dezimalzahl machen kann. Man dividiert einfach. Beispielsweise ist

$\frac{1}{2} = 0{,}5$, $\frac{11}{6} = 1{,}8\overline{3}$ und für $\frac{100}{63} = ??$ führe ich Ihnen die Rechnung vor:

1	0	0	:	6	3	=	1, 5 8 7 3 0 1
6	3						
3	7	0					
3	1	5					
5	5	0					
5	0	4					
	4	6	0				
	4	4	1				
		1	9	0			
		1	8	9			
				1	0		
					0		
				1	0	0	
					6	3	
					3	7	0

d.h. Sie erhalten: $\frac{100}{63} = 1{,}\overline{587301}$.

Bereits jetzt können wir eine deprimierende Entdeckung machen:
Alle unsere Rechner sind weit davon entfernt, die Welt der rationalen Zahlen exakt darstellen zu können. Schließlich haben wir für unsere Zahlen immer nur eine von vorn herein feste Anzahl von Nachkommastellen zur Verfügung. Diese Anzahl ist im Zweifelsfalle immer zu klein. Noch schlimmer wird es für die irrationalen bzw. transzendenten Zahlen (vgl. das Kapitel über die reellen Zahlen). Daher ist für alle mathematischen, physikalischen oder technischen Simulationen eine genaue Kenntnis von Methoden der Fehlerabschätzung und von anderen numerischen Methoden dringend erforderlich. Ansonsten ist die Gefahr sehr groß, dass sich anfänglich kleine Ungenauigkeiten in Rechnungen zu immer größeren Fehlerabweichungen entwickeln, so dass das vom Computer prognostizierte Ergebnis von der Realität weit abweicht.
Die nächste Frage ist: Wie werden Dezimalzahlen in Brüche umgewandelt?
Das sagt Ihnen die folgende Regel:

Regel 5.1

(i) $0{,}a_1\,a_2\,a_3\ldots a_n = \dfrac{a_1\,a_2\,a_3\ldots a_n}{10^n}$

(ii) $0{,}\overline{a_1\,a_2\,a_3\ldots a_n} = \dfrac{a_1\,a_2\,a_3\ldots a_n}{10^n - 1}$

(iii) $0{,}a_1\,a_2\,a_3\ldots a_n\,\overline{b_1\,b_2\,b_3\ldots b_m} = 0{,}a_1\,a_2\,a_3\ldots a_n + \dfrac{1}{10^n}\cdot 0{,}\overline{b_1\,b_2\,b_3\ldots b_m}$

Jetzt haben Sie den Ausdruck (iii) in die Summe zweier Zahlen zerlegt, die Sie auf Grund von (i) und (ii) schon umwandeln können – das liefert das Verfahren für (iii).

Beispiele:

- $0{,}723 = \dfrac{723}{1000}$
- $0{,}\overline{84} = \dfrac{84}{100-1} = \dfrac{84}{99} = \dfrac{28}{33}$
- $0{,}23\,\overline{471} = 0{,}23 + \dfrac{1}{100}\cdot 0{,}\overline{471} = \dfrac{23}{100} + \dfrac{1}{100}\cdot\dfrac{471}{999} = \dfrac{23}{100} + \dfrac{471}{99900} =$

  $= \dfrac{23\cdot 999 + 471}{99900} = \dfrac{22977 + 471}{99900} = \dfrac{23448}{99900} = \dfrac{1954}{8325}$

Machen Sie mit Ihrem Taschenrechner für alle drei Fälle die Probe, indem Sie die umgekehrte Richtung berechnen.

Ist nun (**Q**, ·) eine Gruppe? Beinahe. Sie wissen schon:
Das neutrale Element der Multiplikation ist die 1 (offensichtlich ist für alle rationalen Zahlen r · 1 = 1 · r = r), aber es gibt ein Element in **Q**, zu dem es kein multiplikatives

Inverses gibt. Das ist die Null. Denn für alle $r \in \mathbf{Q}$ ist $0 \cdot r = r \cdot 0 = 0 \neq 1$ und das entspricht auch der Beobachtung, die wir weiter oben gemacht haben, nach der Gleichungen der Art $0 \cdot x = b$ in **Q** nie eindeutig lösbar sind.

Es gilt aber:

> Satz 5.6
> $(\mathbf{Q} \setminus \{0\}, \cdot)$ ist eine (sogar kommutative) Gruppe.

Beweis:
Die Abgeschlossenheit der Multiplikation, das Assoziativgesetz und das Kommutativgesetz sind klar.
Das neutrale Element der Multiplikation ist die 1.

Und für $r \in \mathbf{Q},\ r \neq 0$ ist $r^{-1} = \frac{1}{r}$ das inverse Element. Anders gesprochen:
Für $\frac{m}{n} \in \mathbf{Q},\ m \neq 0, n \neq 0$ ist $\left(\frac{m}{n}\right)^{-1} = \frac{n}{m}$ das inverse Element. Denn:

$\frac{m}{n} \cdot \frac{n}{m} = 1$.

Die bisher besprochenen Eigenschaften von **Q** definieren einen Körper:

Definition:
Eine Menge K mit den Verknüpfungen + und · heißt ein *Körper*, wenn gilt:

(K, +) — 1. $(K, +)$ ist eine kommutative Gruppe.

(K \ {0}, ·) — 2. $(K \setminus \{0\}, \cdot)$ ist eine Gruppe.

Distributivgesetz — 3. Es gelten die so genannten Distributivgesetze:

$$\forall_{x,y,z \in K} \quad x \cdot (y + z) = x \cdot y + x \cdot z$$

und

$$\forall_{x,y,z \in K} \quad (y + z) \cdot x = y \cdot x + z \cdot x$$

kommutativer Körper — 4. Falls $(K \setminus \{0\}, \cdot)$ eine kommutative Gruppe ist, heißt $(K, +, \cdot)$ ein *kommutativer Körper*.

Es ist klar:

> Satz 5.7
> $(\mathbf{Q}, +, \cdot)$ ist ein (kommutativer) Körper.

Und wir wissen jetzt außerdem für **Q** wie für jeden anderen Körper *K* (ohne noch irgendetwas beweisen zu müssen, alle Arbeit wurde in Satz 5.2 getan):

> Satz 5.8
> Sei *K* ein beliebiger Körper. Seien a und b $\in K$ beliebig, $a \neq 0$ mit multiplikativem Inversen a^{-1}, b mit additivem Inversen $(-b)$. Dann ist die Gleichung $a \cdot x + b = 0$ in K eindeutig lösbar. Die Lösung lautet: $x = a-1 \cdot (-b)$.

Die Null, das neutrale Element der Addition, spielt in allen Körpern eine besondere Rolle.

Das zeigt Ihnen der folgende Satz:

> Satz 5.9
> Sei $(K, +, \cdot)$ ein beliebiger Körper. Dann gilt:
>
> (i) $\forall_{k \in K} \quad k \cdot 0 = 0 \cdot k = 0$
>
> (ii) $\forall_{a, b \in K} \quad (-a) \cdot b = a \cdot (-b) = -(a \cdot b)$
>
> (iii) $\forall_{a, b \in K} \quad (-a) \cdot (-b) = a \cdot b$

($(-r)$ ist jeweils das Inverse zu r bezüglich der Addition).

Beweis:

Zu (i): Sei $k \in K$ beliebig. Dann gilt:

$k \cdot 0 = k \cdot (0 + 0)$ (0 ist neutrales Element der Addition)

$k \cdot 0 = k \cdot 0 + k \cdot 0$ (Distributivgesetz)

$0 = k \cdot 0$ (Subtrahiere auf beiden Seiten $k \cdot 0$)

($0 = 0 \cdot k$ zeigt man ganz entsprechend)

Zu (ii): Seien $a, b \in K$ beliebig. Dann gilt:

$a \cdot b + (-a) \cdot b = (a + (-a)) \cdot b = 0 \cdot b = 0$ (wegen (i)),

also: $(-a) \cdot b = -(a \cdot b)$

$a \cdot (-b) = -(a \cdot b)$ zeigt man entsprechend.

Zu (iii) Seien $a, b \in K$ beliebig. Dann gilt:

$$
\begin{aligned}
0 &= (a + (-a)) \cdot (b + (-b)) && \text{(wegen (i))}\\
&= a \cdot b - a \cdot b - a \cdot b + (-a) \cdot (-b) && \text{(wegen (ii))}\\
&= (-a) \cdot (-b) - a \cdot b
\end{aligned}
$$

Es folgt durch Addition von $a \cdot b$ auf beiden Seiten:

$(-a) \cdot (-b) = a \cdot b$, die Behauptung.

q. e. d.

In diesem Zusammenhang eine Frage an Sie:
Was ist falsch an folgendem »Beweis«?

Es sei $x = y$. Dann ist

$$
\begin{aligned}
x \cdot x &= x \cdot y\\
x \cdot x - y \cdot y &= x \cdot y - y \cdot y\\
(x + y) \cdot (x - y) &= y \cdot (x - y)\\
x + y &= y\\
2 \cdot y &= y\\
2 &= 1.
\end{aligned}
$$

????????????????????

(Hinweis: der Fehler ist *nicht* beim Übergang von der 4. zur 5. Zeile)
Man sagt: *Ein Körper ist nullteilerfrei* und meint damit den äußerst wichtigen Satz:

> Satz 5.10
> Sei $(K, +, \cdot)$ ein beliebiger Körper. Dann gilt:
>
> $$\forall_{a, b \in K} \quad a \cdot b = 0 \leftrightarrow a = 0 \vee b = 0$$
>
> (d. h. die Null hat keine Teiler, außer natürlich sich selber).

Beweis:

die Richtung $\rightarrow$

Es sei $a \cdot b = 0$ und $a \neq 0$. (Wenn $a = 0$ wäre, wäre nichts mehr zu beweisen)
Multiplikation beider Seiten von links mit $1/a$ liefert:
$b = (1/a) \cdot 0 = 0$ nach Satz 5.9 und die Richtung $\rightarrow$ ist gezeigt.

die Richtung $\leftarrow$ folgt sofort aus Satz 5.9.

Mit Hilfe dieses Satzes werden wir z. B. die Nullstellen von Polynomen ermitteln. Wir werden ihm aber auch bei der Untersuchung von endlichen Körpern, die wir im Rahmen unserer kryptographischen Betrachtungen vornehmen werden, wieder begegnen.

5.4 Wie »groß« sind die Mengen Z und Q?

Im 2. Kapitel hatten wir schon herausgefunden: die Menge der natürlichen Zahlen und die Menge der geraden Zahlen sind gleich mächtig.
Damit sind wir schon auf einiges gefasst. Als nächstes können wir zeigen:

> Satz 5.11
> Die Menge **N** und die Menge **Z** sind gleich mächtig.

Beweis:
Betrachte die Abbildung $\varphi: \mathbf{N} \to \mathbf{Z}$ mit $\varphi(n) = \begin{cases} \frac{n}{2} & \text{, n ist gerade} \\ -\frac{n+1}{2} & \text{, n ist ungerade} \end{cases}$

Diese Abbildung verhält sich folgendermaßen:

n	**0**	**1**	**2**	**3**	**4**	…
$\varphi(n)$	0	– 1	1	– 2	2	…

Und sie liefert ganz offensichtlich eine Bijektion von **N** nach **Z**.

q. e. d.

Betrachtungen dieser Art geben den Anlass zu folgender Definition:

> Definition:
> 1. Sei A eine Menge. A heißt *abzählbar*, wenn A und die Menge **N** der natürlichen Zahlen von gleicher Mächtigkeit sind.
> 2. Eine abzählbare Menge A heißt *aufzählbar*, wenn man eine Bijektion von **N** nach A explizit angeben kann.

Es gilt noch mehr:

> Satz 5.12
> Die Menge **Q** der rationalen Zahlen ist abzählbar.

Beweisskizze:

Behauptung:

Jede positive rationale Zahl r hat eine eindeutige Darstellung $r = \frac{p}{q}$ mit $p > 0$ und $q > 0$ und mit $ggT(p, q) = 1$,

d.h. die Darstellung ist soweit wie möglich gekürzt.

Beweis:

Falls es zwei maximal gekürzte Darstellungen $\frac{p_1}{q_1} = \frac{p_2}{q_2}$ gibt, folgt: $p_1 \cdot q_2 = p_2 \cdot q_1$.

Falls nun d ein Primteiler von p_1 mit Vielfachheit ν ist, ist d auch Primteiler von $p_2 \cdot q_1$ mit dieser Vielfachheit. Da aber p_1 und q_1 teilerfremd waren, muss d ein Primteiler mit der Vielfachheit ν von p_2 sein. Es folgt: p_1 und p_2 haben dieselben Primteiler mit denselben Vielfachheiten und daher ist $p_1 = p_2$. Daraus folgt sofort: $q_1 = q_2$.

Diese eindeutige und vollständige Darstellung aller positiven rationalen Zahlen kann ich nun so anordnen, dass ich diese Zahlen nacheinander abzählen kann und so eine Bijektion zur Menge der natürlichen Zahlen erhalte.

1. Schritt: Wähle alle maximal gekürzten Darstellungen $\frac{p}{q}$ mit $p + q = 2$.

   Das ist nur $\frac{1}{1}$.

2. Schritt: Wähle alle maximal gekürzten Darstellungen $\frac{p}{q}$ mit $p + q = 3$.

   Das sind $\frac{1}{2}$ und $\frac{2}{1}$.

3. Schritt: Wähle alle maximal gekürzten Darstellungen $\frac{p}{q}$ mit $p + q = 4$.

   Das sind $\frac{1}{3}$ und $\frac{3}{1}$.

4. Schritt: Wähle alle maximal gekürzten Darstellungen $\frac{p}{q}$ mit $p + q = 5$.

   Das sind $\frac{1}{4}$, $\frac{2}{3}$, $\frac{3}{2}$ und $\frac{4}{1}$.

Sie sehen, wir erhalten so nach und nach sämtliche positiven rationalen Zahlen und damit eine Abbildung, die alle positiven ganzen Zahlen bijektiv auf alle positiven rationalen Zahlen abbildet. Beispielsweise folgendermaßen:

n	1	2	3	4	5	6	7	8	9	...
$\varphi(n)$	$\frac{1}{1}$	$\frac{1}{2}$	$\frac{2}{1}$	$\frac{1}{3}$	$\frac{3}{1}$	$\frac{1}{4}$	$\frac{2}{3}$	$\frac{3}{2}$	$\frac{4}{1}$	...

Wenn wir jetzt noch die $0 \in \mathbf{Z}$ auf die $0 \in \mathbf{Q}$ abbilden und für $n > 0$ die Zahl $-n \in \mathbf{Z}$ auf die negative rationale Zahl $-\varphi(n)$ abbilden, dann haben wir eine Bijektion von **Z** auf **Q**.
Zusammen mit der Tatsache, dass **Z** und **N** gleich mächtig sind (Satz 5.11) erhalten wir so die Behauptung.

q. e. d.

Alles das sollte Sie gespannt auf die reellen Zahlen machen. Werden Sie endlich eine echte Vergrößerung unserer Zahlenmengen bringen? Und was wird das für uns Informatiker bedeuten, die wir immer nur mit Zahlen mit einer festen maximalen Anzahl von Nachkommastellen rechnen können? Aber zunächst werden wir uns mit algebraischen Fragestellungen beschäftigen. Ich möchte, dass wir das in diesem Kapitel besprochene noch besser verstehen.

Übungsaufgaben

1. Aufgabe

Gegeben zwei Gruppen $(G_1, \blacklozenge_1)$ und $(G_2, \blacklozenge_2)$. Auf dem Kreuzprodukt $G_1 \times G_2$ sei die folgende Verknüpfung $\blacklozenge$ definiert: $(g_1, g_2) \blacklozenge (h_1, h_2) := (g_1 \blacklozenge_1 h_1 , g_2 \blacklozenge_2 h_2)$.
Zeigen Sie: $(G_1 \times G_2 , \blacklozenge)$ ist eine Gruppe.

2. Aufgabe

Es sei $G = \{ 2 \cdot n \mid n \in \mathbf{Z} \}$. Zeigen Sie: $(G, +)$ ist eine Gruppe.

3. Aufgabe

Es sei $G = \{ 2^n \mid n \in \mathbf{Z} \}$. Zeigen Sie: $(G, \cdot)$ ist eine Gruppe. Ist $(G, +)$ eine Gruppe? Warum ist das eine gdF (ganz dumme Frage)?

4. Aufgabe

Es sei **Q**[x] die Menge der Polynome mit Koeffizienten in **Q**. Genauer:

$$\mathbf{Q}[x] = \{ p(x) \mid \exists_{n \in \mathbf{N}} \; p(x) = a_0 + a_1 \cdot x + a_2 \cdot x^2 + \ldots + a_n \cdot x^n$$
$$\text{mit } a_i \in \mathbf{Q} \text{ und } a_n \neq 0 \}.$$

Zeigen Sie: $(\mathbf{Q}[x] , + , \cdot)$ ist ein kommutativer Ring, der übrigens auch ein neutrales Element bezüglich der Multiplikation enthält.

5. Aufgabe

Sie werden (wenn Sie es nicht schon wissen) im nächsten Kapitel lernen, dass $\sqrt{5}$ eine irrationale Zahl ist, d.h. nicht durch einen Bruch p/q dargestellt werden kann. Ich betrachte nun $\mathbf{Q}(\sqrt{5}) := \{ a + b\cdot \sqrt{5} \mid a \in \mathbf{Q} \text{ und } b \in \mathbf{Q} \}$. Es sei ganz »normal«:

- $(a + b\cdot\sqrt{5}) + (c + d\cdot\sqrt{5}) = (a + c) + (b + d)\cdot\sqrt{5}$
- $(a + b\cdot\sqrt{5}) \cdot (c + d\cdot\sqrt{5}) = (a\cdot c + 5\cdot b\cdot d) + (a\cdot d + b\cdot c)\cdot\sqrt{5}$

Zeigen Sie: $(\mathbf{Q}(\sqrt{5}), +, \cdot)$ ist ein Körper.

Bemerkung: Es ist übrigens der kleinste Körper, der alle rationalen Zahlen und $\sqrt{5}$ enthält.

Hinweis: Bezüglich der Addition ist alles schnell gezeigt. Das schwierigste wird sein, das Inverse zu $(a + b\cdot\sqrt{5})$ bezüglich der Multiplikation zu berechnen. Das können Sie durch das Lösen zweier Gleichungen mit zwei Unbekannten erreichen.

6. Aufgabe

Obwohl wir darüber schon im dritten Kapitel hätten sprechen können, ist es im Anschluss an Aufgabe 5 interessant, das folgende zu zeigen:

Es sind 1, 1, 2, 3, 5, 8, 13, ... die so genannten Fibonacci-Zahlen F(n). Sie sind folgendermaßen rekursiv definiert:

- $F(1) = 1,\ F(2) = 1$
- Für alle $n > 2$ gilt: $F(n) = F(n-2) + F(n-1)$

Zeigen Sie durch vollständige Induktion: Für alle $n > 0$ gilt:

$$F(n) = \frac{\left(\frac{1+\sqrt{5}}{2}\right)^n - \left(\frac{1-\sqrt{5}}{2}\right)^n}{\sqrt{5}}$$

Die interessanteste Frage ist hier natürlich: Wie kommt man auf solch eine Formel? Lesen Sie dazu den Abschnitt »Lineare Differenzengleichungen« in [Brill].

7. Aufgabe

Wandeln Sie die folgenden Dezimalzahlen in Brüche mit nur einem Bruchstrich um:

a. $0{,}\overline{8}$ b. $17{,}\overline{8}$ c. $3{,}\overline{41}$ d. $1{,}4\overline{142}$ e. $4{,}0082\overline{376}$ f. $0{,}8\overline{9}$ g. $0{,}\overline{9}$

8. Aufgabe

Zur Problematik der Abzählbarkeit ist die Geschichte von Hilberts Hotel sehr eindrucksvoll: Ein Hotel hat abzählbar unendlich viele Betten, die alle belegt sind. Da kommt ein neuer Gast. Wie kann man den unterbringen?
Ganz einfach: der Gast aus Zimmer 1 geht in Zimmer 2, der aus Zimmer 2 geht in Zimmer 3, der aus Zimmer 3 wechselt nach Zimmer 4 usw.
Nun kommen aber abzählbar unendlich viele neue Gäste. Können Sie einen ähnlichen Belegungswechsel (auch wieder ein einziger »Schleifendurchlauf«) konstruieren, durch den man alle diese neuen Gäste unterbringen kann?

Äquivalenzrelationen und Äquivalenzklassen

6

Das, was wir in diesem Kapitel besprechen, spielt in den verschiedensten Situationen eine wichtige Rolle:

- Bei der Zusammenfassung von vielen einzelnen, individuell gestalteten Dingen oder Lebewesen zu Gruppierungen. Beispielsweise beim Übergang von einzelnen Menschen zu den Städten, in denen diese Menschen wohnen, von da aus zu den Ländern, zu denen diese Städte gehören usw.
- Diese Fähigkeit, die Dinge auf der richtigen »Granularitätsebene« zu betrachten und dort mit Attributen zu versehen, ist in der Informatik beim Datendesign für eine Datenbank oder auch bei jedem Entwurf einer Klassenarchitektur für ein Programm von großer Bedeutung.
- Und schließlich handelt es sich hier um ein sehr mächtiges mathematisches Konzept. Ich werde Ihnen neben den Informatikanwendungen in diesem Kapitel ein wenig zeigen können, wie man aus den natürlichen Zahlen N alle anderen mathematischen Konzepte konstruieren kann. Das betrifft hier vor allem die ganzen Zahlen Z und die rationalen Zahlen Q.
- Zu Anfang werden wir aber noch einmal unser Beispiel für eine Relation aus dem zweiten Kapitel betrachten, die wir mit Hilfe der Modulo-Funktion definiert haben. Diese Betrachtung ist eine wichtige Grundlage für unsere späteren Kryptographiekapitel.
- Den Abschluss dieses Kapitels bildet eine Diskussion des Relationenbegriffs im Bereich der Datenbanken.

6.1 Äquivalenzrelationen

Ich gebe Ihnen zur Erinnerung unsere Definition einer Relation und erweitere sie noch um einen Spezialfall, der für uns im Folgenden der einzig interessante ist:

Definition:

1. Sei $n \in \mathbf{N}$, $n \neq 0$. Eine *Relation* R vom Grad n auf den Mengen $M_1, \ldots,$ M_n ist eine Teilmenge des kartesischen Produktes $M_1 \times \ldots \times M_n$, also $R \subseteq M_1 \times \ldots \times M_n$.
2. Sei M eine Menge und es sei R eine Relation auf dem Kreuzprodukt M x M, also $R \subseteq M \times M$. Dann schreiben wir für $(x, y) \in R$ auch:
   $x \approx_R y$.
   Diese Schreibweise symbolisiert auch noch etwas suggestiver, dass x mit y in einer Beziehung steht.

Nun können wir definieren, was eine Äquivalenzrelation ist:

Definition:
Sei M eine Menge und es sei R bzw. $\approx_R$ eine Relation auf dem Kreuzprodukt M x M. Dann heißt R eine *Äquivalenzrelation*, wenn die folgenden drei Eigenschaften erfüllt sind:

Reflexivität 1. $\forall_{x \in M}\ x \approx_R x$

Symmetrie 2. $\forall_{x,\, y \in M}\ x \approx_R y \rightarrow y \approx_R x$

Transitivität 3. $\forall_{x,\, y,\, z \in M}\ [(x \approx_R y) \wedge (y \approx_R z)] \rightarrow x \approx_R z$

Mit diesem Werkzeug können wir einzelne Individuen bzw. einzelne Elemente zu größeren Zusammenhängen zusammenfassen:

Definition:
Sei M eine Menge und es sei R bzw. $\approx_R$ eine Relation auf dem Kreuzprodukt M xM. Es sei weiterhin $x \in M$. Dann ist die *Relationsklasse* $\mathbf{[x]_R}$ definiert durch:
$[x]_R = \{\, y \in M \mid y \approx_R x \,\}$
d. i. die Menge aller zu x in Relation stehenden Elemente.
Falls R eine Äquivalenzrelation ist, nennen wir $[x]_R$ eine *Äquivalenzklasse* und alle Elemente aus $[x]_R$ heißen zu x *äquivalent*:

Nun gelten für Äquivalenzklassen ein paar interessante Dinge:

Satz 6.1
Sei M eine Menge und es sei R bzw. $\approx_R$ eine Äquivalenzrelation auf dem Kreuzprodukt M x M. Es sei $x \in M$ beliebig. Dann gilt: die Menge $\mathbf{[x]_R}$ *ist nicht leer.*

Beweis:
Wegen der Reflexivität von R gilt auf jeden Fall $x \in [x]_R$ und daraus folgt die Behauptung.

Gegenbeispiel:

- Sei $M = \mathbf{N}$, die Menge der natürlichen Zahlen. Es sei $R \subseteq \mathbf{N} \times \mathbf{N}$ definiert durch $R = \{ (m, n) \in \mathbf{N} \times \mathbf{N} \mid m < n \}$, d.h. $\approx_R$ ist gleich $<$. Dann ist:
  $[2]_R = \{ 0, 1 \}$, $[1]_R = \{ 0 \}$ aber $[0]_R$ ist die leere Menge, also $[0]_R = \{\}$

Geben Sie bitte zwei Gründe an, warum $<$ keine Äquivalenzrelation ist.

> Satz 6.2
> Sei M eine Menge und es sei R bzw. $\approx_R$ eine Äquivalenzrelation auf dem Kreuzprodukt $M \times M$. Es sei $x \in M$ beliebig und $y \in [x]_R$. Dann gilt: $[x]_R = [y]_R$.
> Man sagt:
> *Die Äquivalenzklasse ist unabhängig von der Auswahl des Repräsentanten* x bzw. y.

Beweis:
Wir zeigen
$a \in [x]_R \leftrightarrow a \in [y]_R$.

Sei $a \in [x]_R$. d.h. $a \approx_R x$. Da auch $y \in [x]_R$ war, gilt $y \approx_R x$. Wegen der Symmetrie von R gilt aber auch $x \approx_R y$. Die Transitivität der Äquivalenzrelation R garantiert aber, dass aus $a \approx_R x$ und $x \approx_R y$ die Beziehung
$a \approx_R y$, also $a \in [y]_R$
folgt.

Die umgekehrte Richtung zeigt man völlig entsprechend, hier braucht man nicht einmal die Symmetrie der Äquivalenzrelation.

Fortsetzung der Diskussion unseres Gegenbeispiels:

- Wir hatten für $R \subseteq \mathbf{N} \times \mathbf{N}$, das durch $R = \{ (m, n) \in \mathbf{N} \times \mathbf{N} \mid m < n \}$ definiert war, analysiert: $[2]_R = \{ 0, 1 \}$, $[1]_R = \{ 0 \}$. Also gilt hier:
  $1 \in [2]_R$ aber $[1]_R \neq [2]_R$.

Die wichtigste Eigenschaft von Äquivalenzklassen ergibt sich aus dem folgenden Satz:

> Satz 6.3
> Sei M eine Menge und es sei R bzw. $\approx_R$ eine Äquivalenzrelation auf dem Kreuzprodukt $M \times M$. Es seien $x \in M$ und $y \in M$ beliebig. Dann ist entweder $[x]_R = [y]_R$ oder $[x]_R$ und $[y]_R$ haben kein Element gemeinsam, d.h. $[x]_R \cap [y]_R = \{\}$.
> Man sagt:
> *Voneinander verschiedene Äquivalenzklassen sind elementefremd.*

Beweis:
Ich zeige: Wenn es ein $z \in [x]_R \cap [y]_R$ gibt, dann folgt: $[x]_R = [y]_R$. Das ist nach dem vorher Besprochenen sehr leicht:

$z \in [x]_R \cap [y]_R \quad \rightarrow z \approx_R x \wedge z \approx_R y \rightarrow$ (wegen der Symmetrie) $x \approx_R z \wedge z \approx_R y$
$\rightarrow$ (wegen der Transitivität) $x \approx_R y$
$\rightarrow [x]_R = [y]_R$

q. e. d.

Abschließende Diskussion unseres Gegenbeispiels:

- Noch einmal: Wir hatten für $R \subseteq \mathbf{N} \times \mathbf{N}$, das durch $R = \{ (m, n) \in \mathbf{N} \times \mathbf{N} \mid m < n \}$ definiert war, analysiert: $[2]_R = \{ 0 , 1 \}$, $[1]_R = \{ 0 \}$. Also gilt hier: $[1]_R \neq [2]_R$ aber $[x]_R \cap [y]_R = \{0\} \neq \{\}$.

Wir können das bisher gezeigte in dem folgenden wichtigen Satz zusammenfassen:

> Satz 6.4
> Sei M eine Menge und es sei R bzw. $\approx_R$ eine Äquivalenzrelation auf dem Kreuzprodukt M x M. *Dann bilden die durch R definierten Äquivalenzklassen eine vollständige Aufteilung von M in elementefremde (d. h. disjunkte), nicht leere Teilmengen.*

Betrachten Sie bitte dazu Bild 6.1.

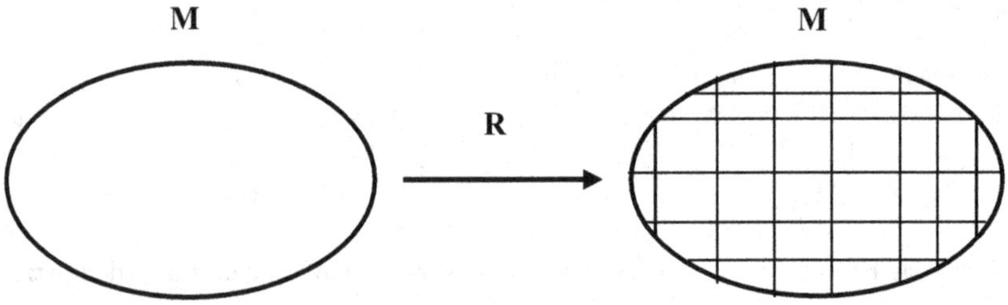

Bild 6-1: Gruppierungen, die in einer Menge mit Hilfe einer Äquivalenzrelation vorgenommen werden können.

Schließlich wollen wir, wenn wir in einer Menge M rechnen können oder Operationen vornehmen können, dasselbe auch mit der Menge der Äquivalenzklassen tun können. Für einen wichtigen Spezialfall, der im Folgenden immer wieder vorkommt, gebe ich Ihnen hier schon die entsprechende Definition:

Definition:
Sei M eine Menge mit einer Verknüpfung $\blacklozenge : M \times M \to M$. R bzw. $\approx_R$ eine Äquivalenzrelation auf dem Kreuzprodukt M x M.
Man sagt von der Verknüpfung $\blacklozenge$, dass sie *die Relation* **R** *respektiert bzw. deren Äquivalenzklassenbildung respektiert*, falls gilt:
die äquivalenten Elemente werden durch $\blacklozenge$ wieder auf äquivalente Elemente abgebildet. Genauer muss gelten:

$$\forall_{x,\, y \in M} \quad [(x' \approx_R x) \wedge (y' \approx_R y)] \to x' \blacklozenge y' \approx_R x \blacklozenge y$$

Wir geben jetzt der Menge der Äquivalenzklassen, die in M durch R gebildet werden, die Bezeichnung $\mathbf{M_R}$.

Nun können wir nach dem Vorangegangenen leicht einsehen:

Satz 6.5
Sei M eine Menge mit einer Verknüpfung $\blacklozenge : M \times M \to M$. R bzw. $\approx_R$ eine Äquivalenzrelation auf dem Kreuzprodukt M x M. Die Verknüpfung $\blacklozenge$ respektiere die Relation R. Dann gilt: Durch die Definition

$$[x]_R \blacklozenge [y]_R = [x \blacklozenge y]_R$$

wird die Verknüpfung $\blacklozenge$ zu einer wohl definierten Verknüpfung auf der Menge M_R der Äquivalenzklassen, die in M durch R gebildet werden.

Ein Beispiel, das völlig nutzlos ist

- Sei M eine beliebige Menge und R bzw. $\approx_R$ sei die Äquivalenzrelation auf dem Kreuzprodukt M x M, für die gilt: $\approx_R$ ist das Gleichheitszeichen =.
  d.h. $R = \{ (x, y) \in M \times M \mid x = y \}$, d.h. für beliebiges $x \in M$ gilt:
  $[x]_R = \{x\}$, d.h. jede Äquivalenzklasse besteht aus genau einem Element und natürlich respektiert jede Verknüpfung bzw. Operation auf M diese »Klasseneinteilung«

Ein weitaus interessanteres Beispiel haben wir schon im 2. Kapitel zu diskutieren begonnen. Wir können es jetzt mit dem erarbeiteten Instrumentarium der Äquivalenzrelation genauer untersuchen:

6.2 Restklassen

Satz 6.6
Sei $q \in \mathbf{N} \setminus \{0\}$ beliebig. Es sei $R \subseteq \mathbf{N} \times \mathbf{N}$ folgendermaßen definiert:
$R = (a, b) \in \mathbf{N} \times \mathbf{N} \mid a \equiv b \pmod q \}$, d.h. $a \approx_R b$ genau dann, wenn $a \equiv b \pmod q$.
Dann gilt: R ist eine Äquivalenzrelation.

Beweis:

Zur Erinnerung: Es galt: $a \equiv b \pmod q \leftrightarrow \exists_{d \in Z}\ a - b = d \cdot q$.

Damit können wir alle drei Kriterien für eine Äquivalenzrelation leicht beweisen.

1. Reflexivität
   Da für alle $a \in N$ gilt: $a - a = 0 \cdot q$, folgt für alle $a \in N$: $a \equiv a \pmod q$.
2. Symmetrie
   Seien $a, b \in N$ beliebig und es gelte: $a \equiv b \pmod q \rightarrow \exists_{d \in Z}\ a - b = d \cdot q$
   $\rightarrow b - a = (-d) \cdot q \rightarrow b \equiv a \pmod q$.
3. Transitivität
   Seien $a, b, c \in N$ beliebig und es gelte: $a \equiv b \pmod q$ und $b \equiv c \pmod q$.
   $\rightarrow \exists_{d \in Z}\ a - b = d \cdot q$ und $\exists_{f \in Z}\ b - c = f \cdot q$
   $\rightarrow a - c = a - b + b - c = d \cdot q + f \cdot q = (d + f) \cdot q$
   $\rightarrow a \equiv c \pmod q$

q.e.d.

Definition:
Sei $q \in \mathbf{N} \setminus \{0\}$ beliebig. Für die Äquivalenzklassen $[x]_R$ der Relation $R = \{(a, b) \in \mathbf{N} \times \mathbf{N} \mid a \equiv b \pmod q\}$ schreiben wir auch: $[x]_q$
Wir nennen diese Äquivalenzklassen *Restklassen* und schreiben für die Menge der Restklassen mod q auch $\mathbf{Z}_q$.

Satz 6.7
Sei $q \in \mathbf{N} \setminus \{0\}$ beliebig. Dann gilt: Die Verknüpfungen + und $\cdot$ in der Menge **N** respektieren die Äquivalenzklasseneinteilung bezüglich der modulo-Relation mod q. Sie sind daher auch als Verknüpfungen in der Menge der Restklassen definiert.

Beweis:

Es seien $a, b \in \mathbf{N}$ beliebig und es gelte für a': $a' \equiv a \pmod q$ und für b': $b' \equiv b \pmod q$.
Dann gibt es $d \in \mathbf{Z}$ und $f \in \mathbf{Z}$ so, dass $a' - a = d \cdot q$ und $b' - b = f \cdot q$ gilt.

Und es folgt:

1. $(a' + b') - (a + b) = (a' - a) + (b' - b) = d \cdot q + f \cdot q = (d + f) \cdot q$, d.h.
   $(a' + b') \equiv (a + b) \pmod q$
2. $(a' \cdot b') - (a \cdot b) = (a' \cdot b') - (a' \cdot b) + (a' \cdot b) - (a \cdot b) =$
   $= a' \cdot (b' - b) + (a' - a) \cdot b = a' \cdot f \cdot q + d \cdot b \cdot q =$
   $= (a' \cdot f + d \cdot b) \cdot q$, d.h.
   $(a' \cdot b') \equiv (a \cdot b) \pmod q$

q.e.d

Beispiel:

- Betrachten Sie die Verknüpfungstafeln für die Addition und Multiplikation in $\mathbf{Z}_5$. Beachten Sie dabei weiterhin, dass ich als Repräsentanten für eine Äquivalenzklasse immer die kleinstmögliche Zahl aus **N** wähle. Also: statt $[12]_5$ schreibe ich grundsätzlich $[2]_5$ und so weiter.

+	$[0]_5$	$[1]_5$	$[2]_5$	$[3]_5$	$[4]_5$
$[0]_5$	$[0]_5$	$[1]_5$	$[2]_5$	$[3]_5$	$[4]_5$
$[1]_5$	$[1]_5$	$[2]_5$	$[3]_5$	$[4]_5$	$[0]_5$
$[2]_5$	$[2]_5$	$[3]_5$	$[4]_5$	$[0]_5$	$[1]_5$
$[3]_5$	$[3]_5$	$[4]_5$	$[0]_5$	$[1]_5$	$[2]_5$
$[4]_5$	$[4]_5$	$[0]_5$	$[1]_5$	$[2]_5$	$[3]_5$

Meistens lässt man, wenn klar ist, in welcher Restklassenmenge man sich bewegt, die Symbole $[..]_q$ einfach weg und unsere Additionstafel würde dann so aussehen:

Addition in $\mathbf{Z}_5$

+	0	1	2	3	4
0	0	1	2	3	4
1	1	2	3	4	0
2	2	3	4	0	1
3	3	4	0	1	2
4	4	0	1	2	3

Dementsprechend sieht die Multiplikationstafel für $\mathbf{Z}_5$ folgendermaßen aus:

Multiplikation in $\mathbf{Z}_5$

·	0	1	2	3	4
0	0	0	0	0	0
1	0	1	2	3	4
2	0	2	4	1	3
3	0	3	1	4	2
4	0	4	3	2	1

Diese interessanten Strukturen werden wir im nächsten Kapitel noch genauer untersuchen.

6.3 Die Konstruktion der ganzen Zahlen aus den natürlichen Zahlen

Wir werden eine Menge M_Z mit einer Addition + und einer Multiplikation • konstruieren, die die folgenden Eigenschaften hat:

1. $(M_Z, +, \bullet)$ ist ein kommutativer Ring.

2. Es gibt eine injektive Abbildung φ: $\mathbf{N} \rightarrow M_Z$ mit den Eigenschaften:

2.1 $\forall_{x,y \in \mathbf{N}} \; \varphi(x + y) = \varphi(x) + \varphi(y)$

2.2 Das neutrale Element der Addition in **N** wird auf das neutrale Element der Addition in M_Z abgebildet, d. h.
für alle $x \in M_Z$ gilt: $\varphi(0) + x = x + \varphi(0) = x$.

2.3 $\forall_{x,y \in \mathbf{N}} \; \varphi(x \cdot y) = \varphi(x) \bullet \varphi(y)$

2.4 Das neutrale Element der Multiplikation in **N** wird auf das neutrale Element der Multiplikation in M_Z abgebildet, d. h.
für alle $x \in M_Z$ gilt: $\varphi(1) \bullet x = x \bullet \varphi(1) = x$.

2.5 M_Z ist die Vereinigungsmenge von $\varphi(\mathbf{N})$ und den additiv inversen Elementen zu den Elementen aus $\varphi(\mathbf{N})$. Der Durchschnitt dieser beiden Mengen enthält nur das Nullelement $\varphi(0)$.

Eigenschaft 2 besagt: Ich kann die Menge **N** der natürlichen Zahlen so in M_Z einbetten, dass M_Z nur aus diesen eingebetteten Elementen und den dazu (additiv) inversen, also den dazu negativen Werten besteht. Genau das stellt man sich ja unter der Menge **Z** der ganzen Zahlen vor.

Man wird diese Menge M_Z bestehend aus Äquivalenzklassen von Elementen aus der Menge **N** x **N** bezüglich einer geeigneten Relation RZ erhalten. Dabei möchte ich, dass ein Tupel $(m, n) \in \mathbf{N} \times \mathbf{N}$ die ganze Zahl $m - n$ repräsentiert. Das heißt: Es müsste gelten:

$$(m_1, n_1) \approx_{RZ} (m_2, n_2) \leftrightarrow \text{(zur Motivation: } m_1 - n_1 = m_2 - n_2) \leftrightarrow m_1 + n_2 = m_2 + n_1$$

Bitte beachten Sie, dass Sie das linke und das rechte Ende dieser »Definitionskette« formulieren können, ohne irgendetwas von ganzen Zahlen wissen zu müssen. Nach diesen Vorüberlegungen können wir mit den exakten Definitionen beginnen und hoffen, dass alles gut geht.

Definition:
Es sei die Relation $RZ \subseteq (\mathbf{N} \times \mathbf{N}) \times (\mathbf{N} \times \mathbf{N})$ folgendermaßen definiert:
$RZ = \{ ((m_1, n_1), (m_2, n_2)) \in (\mathbf{N} \times \mathbf{N}) \times (\mathbf{N} \times \mathbf{N}) \mid m_1 + n_2 = m_2 + n_1 \}$,
d. h. $(m_1, n_1) \approx_{RZ} (m_2, n_2)$ genau dann, wenn $m_1 + n_2 = m_2 + n_1$

Satz 6.8
Diese Relation RZ ist eine Äquivalenzrelation.

Beweis:

1. Die Relation ist reflexiv:
   Sei $(m, n) \in \mathbf{N} \times \mathbf{N}$. Dann gilt: $(m, n) \approx_{RZ} (m, n)$, denn $m + n = m + n$.

2. Die Relation ist symmetrisch:
   Seien $m_1, n_1, m_2, n_2 \in \mathbf{N}$ so, dass $(m_1, n_1) \approx_{RZ} (m_2, n_2)$. Dann gilt:
   $$m_1 + n_2 = m_2 + n_1 .$$

   Das ist aber gleichbedeutend mit:
   $$m_2 + n_1 = m_1 + n_2$$
   also $(m_2, n_2) \approx_{RZ} (m_1, n_1)$.

3. Die Relation ist transitiv:
   Seien $m_1, n_1, m_2, n_2, m_3, n_3 \in \mathbf{N}$ so, dass
   $(m_1, n_1) \approx_{RZ} (m_2, n_2)$ und $(m_2, n_2) \approx_{RZ} (m_3, n_3)$. Dann gilt:
   $$m_1 + n_2 = m_2 + n_1 \text{ und } m_2 + n_3 = m_3 + n_2 .$$

Addition der beiden Gleichungen liefert:
$$m_1 + n_2 + m_2 + n_3 = m_2 + n_1 + m_3 + n_2 .$$

Subtraktion auf beiden Seiten von $n_2 + m_2$ liefert:
$$m_1 + n_3 = n_1 + m_3$$
also $(m_1, n_1) \approx_{RZ} (m_3, n_3)$.

q. e. d.

Beispiele:

- $[(5, 3)]_{RZ} = \{ (2, 0), (8, 6), (131, 129), \ldots \} = \{(m, n) \in \mathbf{N} \times \mathbf{N} \mid m = n + 2 \}$
- $[(4, 7)]_{RZ} = \{ (0, 3), (2, 5), (217, 220), \ldots \} = \{(m, n) \in \mathbf{N} \times \mathbf{N} \mid m + 3 = n \}$
- $[(3, 3)]_{RZ} = \{ (0, 0), (6, 6), (255, 255), \ldots \} = \{(m, n) \in \mathbf{N} \times \mathbf{N} \mid m = n \}$

Nun wollen wir mit diesen Tupeln bzw. mit den Äquivalenzklassen dieser Tupel rechnen. Dazu definieren wir:

Definition:
Es sei (m_1, n_1) und $(m_2, n_2) \in \mathbf{N} \times \mathbf{N}$ beliebig. Dann definiert man:
1. $(m_1, n_1) + (m_2, n_2) = (m_1 + m_2, n_1 + n_2)$
2. $(m_1, n_1) \bullet (m_2, n_2) = (m_1 \cdot m_2 + n_1 \cdot n_2,\ m_1 \cdot n_2 + m_2 \cdot n_1)$

Bemerkung: Diese Definitionen fallen nicht vom Himmel, sie motivieren sich daher, dass

$$(m_1 - n_1) + (m_2 - n_2) = (m_1 + m_2) - (n_1 + n_2) \text{ und}$$
$$(m_1 - n_1) \cdot (m_2 - n_2) = (m_1 \cdot m_2 + n_1 \cdot n_2) - (m_1 \cdot n_2 + m_2 \cdot n_1)$$

gilt.

Satz 6.9
Diese Verknüpfungen respektieren die Relation RZ bzw. die Äquivalenzklassenbildung.

Beweis:

Seien (a_1, b_1), (a_2, b_2), (c_1, d_1) und (c_2, d_2) alle $\in \mathbf{N} \times \mathbf{N}$ beliebig mit

$(a_1, b_1) \approx_{RZ} (a_2, b_2)$, d.h. $a_1 + b_2 = a_2 + b_1$ (*) und

$(c_1, d_1) \approx_{RZ} (c_2, d_2)$, d.h. $c_1 + d_2 = c_2 + d_1$. (**)

1. Die Verknüpfung +
Zu zeigen ist: $(a_1, b_1) + (c_1, d_1) \approx_{RZ} (a_2, b_2) + (c_2, d_2)$, also

$(a_1 + c_1, b_1 + d_1) \approx_{RZ} (a_2 + c_2, b_2 + d_2)$, also

$a_1 + c_1 + b_2 + d_2 = a_2 + c_2 + b_1 + d_1$.

Das folgt aber sofort aus der Addition der Gleichungen (*) und (**) .

2. Die Verknüpfung •
Zu zeigen ist: $(a_1, b_1) \bullet (c_1, d_1) \approx_{RZ} (a_2, b_2) \bullet (c_2, d_2)$, also

$(a_1 \cdot c_1 + b_1 \cdot d_1, a_1 \cdot d_1 + b_1 \cdot c_1) \approx_{RZ} (a_2 \cdot c_2 + b_2 \cdot d_2, a_2 \cdot d_2 + b_2 \cdot c_2)$,

also

$a_1 \cdot c_1 + b_1 \cdot d_1 + a_2 \cdot d_2 + b_2 \cdot c_2 = a_2 \cdot c_2 + b_2 \cdot d_2 + a_1 \cdot d_1 + b_1 \cdot c_1$.

Es gilt aber:

$a_1 \cdot c_1 + b_1 \cdot d_1 + a_2 \cdot d_2 + b_2 \cdot c_2 = a_2 \cdot c_2 + b_2 \cdot d_2 + a_1 \cdot d_1 + b_1 \cdot c_1 \quad \leftrightarrow$

$a_1 \cdot c_1 + b_2 \cdot c_1 + b_1 \cdot d_1 + a_2 \cdot d_2 + b_2 \cdot c_2 =$
$= a_2 \cdot c_2 + b_2 \cdot c_1 + b_2 \cdot d_2 + a_1 \cdot d_1 + b_1 \cdot c_1 \quad \leftrightarrow$

$(a_1 + b_2) \cdot c_1 + b_1 \cdot d_1 + a_2 \cdot d_2 + b_2 \cdot c_2 =$
$= a_2 \cdot c_2 + b_2 \cdot (c_1 + d_2) + a_1 \cdot d_1 + b_1 \cdot c_1 \quad \leftrightarrow$

$(a_1 + b_2) \cdot c_1 + b_1 \cdot d_1 + a_2 \cdot c_1 + a_2 \cdot d_2 + b_2 \cdot c_2 =$
$= a_2 \cdot c_2 + b_2 \cdot (c_1 + d_2) + a_1 \cdot d_1 + a_2 \cdot c_1 + b_1 \cdot c_1 \quad \leftrightarrow$

$(a_1 + b_2) \cdot c_1 + b_1 \cdot d_1 + a_2 \cdot (c_1 + d_2) + b_2 \cdot c_2 =$

$= a_2 \cdot c_2 + b_2 \cdot (c_1 + d_2) + a_1 \cdot d_1 + (a_2 + b_1) \cdot c_1 \quad \leftrightarrow$

wegen (*)

$b_1 \cdot d_1 + a_2 \cdot (c_1 + d_2) + b_2 \cdot c_2 = a_2 \cdot c_2 + b_2 \cdot (c_1 + d_2) + a_1 \cdot d_1 \quad \leftrightarrow$

$a_2 \cdot d_1 + b_1 \cdot d_1 + a_2 \cdot (c_1 + d_2) + b_2 \cdot c_2 =$
$= a_2 \cdot c_2 + a_2 \cdot d_1 + b_2 \cdot (c_1 + d_2) + a_1 \cdot d_1 \quad \leftrightarrow$

$(a_2 + b_1) \cdot d_1 + a_2 \cdot (c_1 + d_2) + b_2 \cdot c_2$
$= a_2 \cdot (c_2 + d_1) + b_2 \cdot (c_1 + d_2) + a_1 \cdot d_1 \quad \leftrightarrow$

wegen (**)

$(a_2 + b_1) \cdot d_1 + b_2 \cdot c_2 = b_2 \cdot (c_1 + d_2) + a_1 \cdot d_1 \quad \leftrightarrow$

$(a_2 + b_1) \cdot d_1 + b_2 \cdot c_2 + b_2 \cdot d_1 = b_2 \cdot (c_1 + d_2) + a_1 \cdot d_1 + b_2 \cdot d_1 \quad \leftrightarrow$

$(a_2 + b_1) \cdot d_1 + b_2 \cdot (c_2 + d_1) = b_2 \cdot (c_1 + d_2) + (a_1 + b_2) \cdot d_1 \quad \leftrightarrow$

wegen (*) und (**)

$0 = 0$

q.e.d.

Beispiele:
(mit der entsprechenden Interpretation in der Menge **Z** der ganzen Zahlen, die wir natürlich erst noch exakt konstruieren wollen).

Beispiel	Interpretation
$[(12, 5)]_{RZ} + [(14, 1)]_{RZ} = [(26, 6)]_{RZ}$ Dasselbe Beispiel hätte man auch in der Form: $[(7, 0)]_{RZ} + [(13, 0)]_{RZ} = [(20, 0)]_{RZ}$ schreiben können. Hier werden dieselben Äquivalenzklassen behandelt.	$7 + 13 = 20$
$[(56, 45)]_{RZ} = [(19, 14)]_{RZ} + [(37, 31)]_{RZ} = [(5, 0)]_{RZ} + [(6, 0)]_{RZ} =$ $= [(11, 0)]_{RZ}$	$5 + 6 = 11$

Beispiel	Interpretation
$[(117, 117)]_{RZ} = [(19, 2)]_{RZ} + [(98, 115)]_{RZ} = [(17, 0)]_{RZ} + [(0, 17)]_{RZ} = [(17, 17)]_{RZ} = [(0, 0)]_{RZ}$	$17 - 17 = 0$
$[(117, 110)]_{RZ} = [(19, 8)]_{RZ} + [(98, 102)]_{RZ} = [(11, 0)]_{RZ} + [(0, 4)]_{RZ} = [(11, 4)]_{RZ} = [(7, 0)]_{RZ}$	$11 - 4 = 7$
$[(59, 67)]_{RZ} = [(17, 20)]_{RZ} + [(42, 47)]_{RZ} = [(0, 3)]_{RZ} + [(0, 5)]_{RZ} = [(0, 8)]_{RZ}$	$-3 - 5 = -8$
$[(m, n)]_{RZ} + [(0, 0)]_{RZ} = [(m, n)]_{RZ}$	$[(0, 0)]_{RZ}$, also 0 ist das neutrale Element der Addition
$[(1137, 1107)]_{RZ} = [(19, 14)]_{RZ} \bullet [(37, 31)]_{RZ} = [(5, 0)]_{RZ} \bullet [(6, 0)]_{RZ} = [(30, 0)]_{RZ}$	$5 \cdot 6 = 30$
$[(1039, 1069)]_{RZ} = [(18, 13)]_{RZ} \bullet [(31, 37)]_{RZ} = [(5, 0)]_{RZ} \bullet [(0, 6)]_{RZ} = [(0, 30)]_{RZ}$	$5 \cdot (-6) = -30$
$[(887, 922)]_{RZ} = [(11, 16)]_{RZ} \bullet [(37, 30)]_{RZ} = [(0, 5)]_{RZ} \bullet [(7, 0)]_{RZ} = [(0, 35)]_{RZ}$	$(-5) \cdot 7 = -35$
$[(1077, 1053)]_{RZ} = [(11, 19)]_{RZ} \bullet [(34, 37)]_{RZ} = [(0, 8)]_{RZ} \bullet [(0, 3)]_{RZ} = [(24, 0)]_{RZ}$	$(-8) \cdot (-3) = 24$
$[(m, n)]_{RZ} \bullet [(1, 0)]_{RZ} = [(m, n)]_{RZ}$	$[(1, 0)]_{RZ}$, also 1 ist das neutrale Element der Multiplikation
$[(m, n)]_{RZ} \bullet [(0, 0)]_{RZ} = [(0, 0)]_{RZ}$	

Um die Verwandtschaft zwischen **Z** und unseren Äquivalenzklassen $[(m, n)]_{RZ}$ mathematisch exakt definieren zu können, untersuchen wir diese Äquivalenz $\approx_{RZ}$ noch ein bisschen genauer:

Satz 6.10
Sei $(m, n) \in \mathbf{N} \times \mathbf{N}$ beliebig und RZ unsere Äquivalenzrelation auf $\mathbf{N} \times \mathbf{N}$.
Dann sind zwei Fälle möglich:

1. $m \geq n$: Dann gilt:

$$\forall_{(a,b) \in \mathbf{N} \times \mathbf{N}} \; (a, b) \in [(m, n)]_{RZ} \leftrightarrow (a \geq b) \wedge (a - b = m - n).$$

2. $m < n$: Dann gilt:

$$\forall_{(a,b) \in \mathbf{N} \times \mathbf{N}} \; (a, b) \in [(m, n)]_{RZ} \leftrightarrow (a < b) \wedge (b - a = n - m).$$

Beweis:
Sei $m \geq n$. Dann gilt:
$(a, b) \in [(m, n)]_{RZ} \leftrightarrow a + n = b + m \leftrightarrow a - b = m - n$.

Der zweite Fall folgt analog. Beachten Sie, dass diese Beweisführung nur auf dem Rechnen mit natürlichen Zahlen beruht.

Insbesondere gilt:

Satz 6.11
Sei $(m, n) \in \mathbf{N} \times \mathbf{N}$ beliebig und RZ unsere Äquivalenzrelation auf $\mathbf{N} \times \mathbf{N}$.
Dann sind zwei Fälle möglich:
1. $m \geq n$: Dann gilt: $[(m, n)]_{RZ} = [(m - n, 0)]_{RZ}$
2. $m < n$: Dann gilt: $[(m, n)]_{RZ} = [(0, n - m)]_{RZ}$

Diese Darstellungen einer Klasse mit einem Repräsentanten, der links oder rechts eine 0 hat, werden unsere bevorzugten Darstellungen werden, mit denen sich alle weiteren Sätze leicht beweisen lassen. Betrachten Sie bitte die folgende »Rechentafel« zur Multiplikation, die Ihnen zeigt, wie sich die zunächst komplizierte Multiplikationsvorschrift bei geeigneter Repräsentantenwahl vereinfacht.

$\cdot$	$[(y, 0)]_{RZ}$	$[(0, y)]_{RZ}$
$[(x, 0)]_{RZ}$	$[(x \cdot y, 0)]_{RZ}$	$[(0, x \cdot y)]_{RZ}$
$[(0, x)]_{RZ}$	$[(0, x \cdot y)]_{RZ}$	$[(x \cdot y, 0)]_{RZ}$

Insbesondere können wir nun unser eingangs dieses Paragraphen formuliertes Vorhaben zu Ende führen:

Definition:
Es sei $(\mathbf{N} \times \mathbf{N})_{RZ}$ definiert als die Menge der Äquivalenzklassen $[(m, n)]_{RZ}$ bezüglich der Äquivalenzrelation RZ.

Satz 6.12
Die Menge $(\mathbf{N} \times \mathbf{N})_{RZ}$ mit den Verknüpfungen + und • ist ein kommutativer Ring.

Beweis:

1. Zu zeigen ist $((\mathbf{N} \times \mathbf{N})_{RZ}, +)$ ist eine kommutative Gruppe.
   Das Kommutativgesetz und das Assoziativgesetz seien Ihnen als Übung gelassen.

   Das neutrale Element ist $[(0, 0)]_{RZ}$, denn für beliebige $[(a, b)]_{RZ} \in (\mathbf{N} \times \mathbf{N})_{RZ}$ gilt:
   $[(a, b)]_{RZ} + [(0, 0)]_{RZ} = [(0, 0)]_{RZ} + [(a, b)]_{RZ} = [(a, b)]_{RZ}$.

   Sei weiterhin $[(a, b)]_{RZ} \in (\mathbf{N} \times \mathbf{N})_{RZ}$ beliebig. Dann ist $[(b, a)]_{RZ}$ das dazu inverse Element bezüglich der Addition, denn
   $[(a, b)]_{RZ} + [(b, a)]_{RZ} = [(a + b, b + a)]_{RZ} = [(a + b, a + b)]_{RZ} = [(0, 0)]_{RZ}$.

2. Auch das Kommutativgesetz und das Assoziativgesetz für die Multiplikation seien Ihnen als Übung überlassen.

3. Zu zeigen bleibt das Distributivgesetz. Es ist ebenfalls leicht zu sehen. Seien $[(a_1, b_1)]_{RZ}$, $[(a_2, b_2)]_{RZ}$ und $[(a_3, b_3)]_{RZ} \in (\mathbf{N} \times \mathbf{N})_{RZ}$ beliebig. Dann ist

$$([(a_1, b_1)]_{RZ} + [(a_2, b_2)]_{RZ}) \bullet [(a_3, b_3)]_{RZ} =$$

$$= [(a_1 + a_2, b_1 + b_2)]_{RZ} \bullet [(a_3, b_3)]_{RZ} =$$

$$= [(a_1 + a_2) \cdot a_3 + (b_1 + b_2) \cdot b_3, (a_1 + a_2) \cdot b_3 + (b_1 + b_2) \cdot a_3]_{RZ} =$$

$$= [a_1 \cdot a_3 + a_2 \cdot a_3 + b_1 \cdot b_3 + b_2 \cdot b_3, a_1 \cdot b_3 + a_2 \cdot b_3 + b_1 \cdot a_3 + b_2 \cdot a_3]_{RZ} =$$

$$= [a_1 \cdot a_3 + b_1 \cdot b_3, a_1 \cdot b_3 + b_1 \cdot a_3]_{RZ} + [a_2 \cdot a_3 + b_2 \cdot b_3, a_2 \cdot b_3 + b_2 \cdot a_3]_{RZ} =$$

$$[(a_1, b_1)]_{RZ} \bullet [(a_3, b_3)]_{RZ} + [(a_2, b_2)]_{RZ} \bullet [(a_3, b_3)]_{RZ}.$$

q. e. d.

Satz 6.13

Sei $\varphi: \mathbf{N} \to (\mathbf{N} \times \mathbf{N})_{RZ}$ definiert durch $\varphi(n) = [(n, 0)]_{RZ}$. Dann gilt:

(i) φ ist injektiv.

(ii) $\forall_{x, y \in \mathbf{N}} \; \varphi(x + y) = \varphi(x) + \varphi(y)$

(iii) Das neutrale Element der Addition in **N** wird auf das neutrale Element der Addition in $(\mathbf{N} \times \mathbf{N})_{RZ}$ abgebildet, es ist $\varphi(0) = [(0, 0)]_{RZ}$.

(iv) $\forall_{x, y \in \mathbf{N}} \; \varphi(x \cdot y) = \varphi(x) \bullet \varphi(y)$

(v) Das neutrale Element der Multiplikation in **N** wird auf das neutrale Element der Multiplikation in $(\mathbf{N} \times \mathbf{N})_{RZ}$ abgebildet, es ist $\varphi(1) = [(1, 0)]_{RZ}$.

(vi) $(\mathbf{N} \times \mathbf{N})_{RZ}$ ist die Vereinigungsmenge von $\varphi(\mathbf{N})$ und den additiv inversen Elementen zu den Elementen aus $\varphi(\mathbf{N})$. Der Durchschnitt dieser beiden Mengen enthält nur das Nullelement $[(0, 0)]_{RZ}$.

Beweis:

Zu (i) Die Injektivität von φ folgt sofort aus Satz 6.10, Teil 1.

Zu (ii) Seien x und $y \in \mathbf{N}$ beliebig. Dann gilt:

$$\varphi(x + y) = [(x + y, 0)]_{RZ} = [(x, 0)]_{RZ} + [(y, 0)]_{RZ} = \varphi(x) + \varphi(y)$$

Zu (iii) klar

Zu (iv) Seien x und $y \in \mathbf{N}$ beliebig. Dann gilt:

$$\varphi(x \cdot y) = [(x \cdot y, 0)]_{RZ} = [(x \cdot y + 0 \cdot 0, x \cdot 0 + y \cdot 0)]_{RZ} =$$
$$= [(x, 0)]_{RZ} \bullet [(y, 0)]_{RZ} = \varphi(x) \bullet \varphi(y)$$

Zu (v) klar

Zu (vi) Aus Satz 6.11 folgt sofort, dass $(\mathbf{N} \times \mathbf{N})_{RZ}$ die disjunkte Vereinigung der Mengen :

$M_1 = \{ x \in (\mathbf{N} \times \mathbf{N})_{RZ} \mid$ Es gibt ein $n \in \mathbf{N}$ mit $n > 0$ so, dass $x = [(n, 0)]_{RZ} \}$
und
$M_2 = \{ [(0, 0)]_{RZ} \}$
und
$M_3 = \{ x \in (\mathbf{N} \times \mathbf{N})_{RZ} \mid$ Es gibt ein $n \in \mathbf{N}$ mit $n > 0$ so, dass $x = [(0, n)]_{RZ} \}$

ist. Es ist aber $\varphi(\mathbf{N}) = M_1 \cup M_2$ und M_3 enthält alle additiv inversen Elemente zu den Elementen aus M_1.

q. e. d.

Nun können wir unsere Schreibweise vereinfachen:

- Für $[(0, 0)]_{RZ}$ schreiben wir 0, das Symbol für das neutrale Element der Addition
- Für $[(0, n)]_{RZ}$ schreiben wir $-[(n, 0)]_{RZ}$, das Symbol für das additiv inverse Element
- Für $[(n, 0)]_{RZ} = \varphi(n)$ schreiben wir einfach n und für $-[(n, 0)]_{RZ}$ entsprechend $-$ n. Das ergibt keine Widersprüche mit den bisher gefundenen Beziehungen in **N**, da die Einbettung φ auch die Verknüpfungen + und · respektiert.

Auf diese Weise haben wir die ganzen Zahlen in der uns vertrauten Gestalt konstruiert.

6.4 Die Konstruktion der rationalen Zahlen aus den ganzen Zahlen

Wir werden eine Menge M_Q mit einer Addition + und einer Multiplikation • konstruieren, die die folgenden Eigenschaften hat:

1. $(M_Q, +, \bullet)$ ist ein kommutativer Körper.
2. Es gibt eine injektive Abbildung φ: $\mathbf{Z} \to M_Q$ mit den Eigenschaften:

2.1 $\forall_{x, y \in Z} \quad \varphi(x + y) \quad = \varphi(x) + \varphi(y)$

2.2 Das neutrale Element der Addition in **Z** wird auf das neutrale Element der Addition in M_Q abgebildet, d.h.
Für alle $x \in M_Q$ gilt: $\varphi(0) + x = x + \varphi(0) = x$.

2.3 $\forall_{x, y \in Z} \quad \varphi(x \cdot y) \quad = \varphi(x) \bullet \varphi(y)$

2.4 Das neutrale Element der Multiplikation in **Z** wird auf das neutrale Element der Multiplikation in M_Q abgebildet, d.h.
Für alle $x \in M_Q$ gilt: $\varphi(1) \bullet x = x \bullet \varphi(1) = x$.

2.5 Es ist M_Q $= \{ a \bullet b \mid a \in \varphi(\mathbf{Z})$ und b das multiplikative Inverse eines geeigneten $b' \in \varphi(\mathbf{Z}) \}$ =

$= \Big\{ x \;\Big|\; \exists_{a, b}\ a \in \varphi(\mathbf{Z})$ und b das multiplikative Inverse eines geeigneten $b' \in \varphi(\mathbf{Z})$ und $x = a \bullet b \Big\}$.

Wenn wir für das multiplikativ Inverse eines Elements b das Symbol b^{-1} schreiben, erhalten wir:

$$M_Q = \Big\{ x \mid \exists_{a, b \in \varphi(\mathbf{Z})} \quad x = a \bullet b^{-1} \Big\}$$

Das entspricht schon ziemlich unserer herkömmlichen Vorstellung von der Menge **Q** der rationalen Zahlen.

Sei **Z** die Menge der ganzen Zahlen und $\mathbf{Z}^* = \{ z \in \mathbf{Z} \mid z \neq 0 \}$. Dann wird man diese Menge M_Q bestehend aus Äquivalenzklassen von Elementen aus der Menge $\mathbf{Z} \times \mathbf{Z}^*$ bezüglich einer geeigneten Relation RQ erhalten. Dabei möchte ich, dass ein Tupel $(m, n) \in \mathbf{Z} \times \mathbf{Z}^*$ die rationale Zahl repräsentiert. Das heißt: Es müsste gelten:

$$(m_1, n_1) \approx_{RQ} (m_2, n_2) \leftrightarrow (\text{zur Motivation: } \frac{m_1}{n_1} = \frac{m_2}{n_2}) \leftrightarrow m_1 \cdot n_2 = m_2 \cdot n_1$$

Bitte beachten Sie, dass Sie wieder das linke und das rechte Ende dieser »Definitionskette« formulieren können, ohne irgendetwas von rationalen Zahlen wissen zu müssen. Werden wir exakt:

Definition:
Es sei die Relation $RQ \subseteq (\mathbf{Z} \times \mathbf{Z}^*) \times (\mathbf{Z} \times \mathbf{Z}^*)$ folgendermaßen definiert:

$$RQ = \{ ((m_1, n_1), (m_2, n_2)) \in (\mathbf{Z} \times \mathbf{Z}^*) \times (\mathbf{Z} \times \mathbf{Z}^*) \mid m_1 \cdot n_2 = m_2 \cdot n_1 \},$$

d. h. $(m_1, n_1) \approx_{RQ} (m_2, n_2)$ genau dann, wenn $m_1 \cdot n_2 = m_2 \cdot n_1$.

Satz 6.14
Diese Relation RQ ist eine Äquivalenzrelation.

Beweis:

1. Die Relation ist reflexiv.
   Sei $(m, n) \in \mathbf{Z} \times \mathbf{Z}^*$. Dann gilt: $(m, n) \approx_{RQ} (m, n)$, denn $m \cdot n = m \cdot n$.

2. Die Relation ist symmetrisch.
   Seien (m_1, n_1) und $(m_2, n_2) \in \mathbf{Z} \times \mathbf{Z}^*$ so, dass $(m_1, n_1) \approx_{RQ} (m_2, n_2)$. Dann gilt:
   $m_1 \cdot n_2 = m_2 \cdot n_1$.

   Das ist aber gleichbedeutend mit:
   $m_2 \cdot n_1 = m_1 \cdot n_2$
   also $(m_2, n_2) \approx_{RQ} (m_1, n_1)$.

3. Die Relation ist transitiv:
   Seien $(m_1, n_1), (m_2, n_2), (m_3, n_3) \in \mathbf{Z} \times \mathbf{Z}^*$ so, dass
   $(m_1, n_1) \approx_{RQ} (m_2, n_2)$ und $(m_2, n_2) \approx_{RQ} (m_3, n_3)$.

   Dann gilt:
   $m_1 \cdot n_2 = m_2 \cdot n_1$ und $m_2 \cdot n_3 = m_3 \cdot n_2$
   Falls $m_2 = 0$ ist, müssen auch $m_1 = 0$ und $m_3 = 0$ sein und es ist nichts mehr zu zeigen.

Sei also im folgenden $m_2 \neq 0$. Multiplikation einerseits der linken Seiten und andererseits der rechten Seiten der beiden Gleichungen liefert:
$m_1 \cdot n_2 \cdot m_2 \cdot n_3 = m_2 \cdot n_1 \cdot m_3 \cdot n_2$
Da m_2 und n_2 beide $\neq 0$ sind, folgt:
$m_1 \cdot n_3 = n_1 \cdot m_3$
also $(m_1, n_1) \approx_{RQ} (m_3, n_3)$

q. e. d.

Beispiele:

- $[(10, 2)]_{RQ} = \{ (5, 1), (30, 6), (15, 3), \dots \} = \{(m, n) \in \mathbf{Z} \times \mathbf{Z}^* \mid m = 5 \cdot n \}$

  Das sollte Sie an $\frac{10}{2} = 5 = \frac{5}{1} = \frac{30}{6} = \frac{15}{3}$ erinnern.

- $[(2, 10)]_{RQ} = \{ (1, 5), (6, 30), (3, 15), \dots \} = \{(m, n) \in \mathbf{Z} \times \mathbf{Z}^* \mid 5 \cdot m = n \}$

  Denken Sie dabei an $\frac{2}{10} = \frac{1}{5} = \frac{6}{30} = \frac{3}{15}$.

- $[(14, 6)]_{RQ} = \{ (7, 3), (21, 9), (252, 108), \dots \} = \{(m, n) \in \mathbf{Z} \times \mathbf{Z}^* \mid 3 \cdot m = 7 \cdot n \}$

  Das sollte Sie an $\frac{14}{6} = \frac{7}{3} = \frac{21}{9} = \frac{252}{108}$ erinnern.

- $[(6, 14)]_{RQ} = \{ (3, 7), (9, 21), (108, 252), \dots \} = \{(m, n) \in \mathbf{Z} \times \mathbf{Z}^* \mid 7 \cdot m = 3 \cdot n \}$

  Dem entspricht $\frac{6}{14} = \frac{3}{7} = \frac{9}{21} = \frac{108}{252}$.

Unter anderem sollten diese Beispiele Ihnen klar machen, dass wir beim Rechnen mit Brüchen »schon immer« mit Äquivalenzklassen gearbeitet haben: Ein Bruch kann auf ganz verschiedene Weise dargestellt werden.
Nun wollen wir mit diesen Tupeln bzw. mit den Äquivalenzklassen dieser Tupel rechnen.

Dazu definieren wir:

Definition:
Es sei (m_1, n_1) und $(m_2, n_2) \in \mathbf{Z} \times \mathbf{Z}^*$ beliebig. Dann definiert man:

1. $(m_1, n_1) + (m_2, n_2) = (m_1 \cdot n_2 + m_2 \cdot n_1, n_1 \cdot n_2)$

2. $(m_1, n_1) \bullet (m_2, n_2) = (m_1 \cdot m_2, n_1 \cdot n_2)$

Bemerkung: Auch diese Definitionen fallen nicht vom Himmel, sie motivieren sich daher, dass

$$\frac{m_1}{n_1} + \frac{m_2}{n_2} = \frac{m_1 \cdot n_2 + m_2 \cdot n_1}{n_1 \cdot n_2} \quad \text{und}$$

$$\frac{m_1}{n_1} \cdot \frac{m_2}{n_2} = \frac{m_1 \cdot m_2}{n_1 \cdot n_2} \quad \text{gilt.}$$

Satz 6.15
Diese Verknüpfungen respektieren die Relation RQ bzw. die Äquivalenzklassenbildung.

Beweis:

Seien (a_1, b_1), (a_2, b_2), (c_1, d_1) und (c_2, d_2) alle $\in \mathbf{Z} \times \mathbf{Z}^*$ beliebig mit

$(a_1, b_1) \approx_{RQ} (a_2, b_2)$, d.h. $a_1 \cdot b_2 = a_2 \cdot b_1$ (*) und

$(c_1, d_1) \approx_{RQ} (c_2, d_2)$, d.h. $c_1 \cdot d_2 = c_2 \cdot d_1$. (**)

1. Die Verknüpfung +

   Zu zeigen ist: $(a_1, b_1) + (c_1, d_1) \approx_{RQ} (a_2, b_2) + (c_2, d_2)$, also

   $(a_1 \cdot d_1 + c_1 \cdot b_1, b_1 \cdot d_1) \approx_{RQ} (a_2 \cdot d_2 + c_2 \cdot b_2, b_2 \cdot d_2)$, also

   $(a_1 \cdot d_1 + c_1 \cdot b_1) \cdot b_2 \cdot d_2 = (a_2 \cdot d_2 + c_2 \cdot b_2) \cdot b_1 \cdot d_1$.

   Es ist aber: $(a_1 \cdot d_1 + c_1 \cdot b_1) \cdot b_2 \cdot d_2 = a_1 \cdot d_1 \cdot b_2 \cdot d_2 + c_1 \cdot b_1 \cdot b_2 \cdot d_2 =$

   $=$ (wegen (*) und (**)) $a_2 \cdot d_1 \cdot b_1 \cdot d_2 + c_2 \cdot b_1 \cdot b_2 \cdot d_1 =$

   $=$ $(a_2 \cdot d_2 + c_2 \cdot b_2) \cdot b_1 \cdot d_1$

   Das war zu zeigen.

2. Die Verknüpfung •

   Zu zeigen ist: $(a_1, b_1) \bullet (c_1, d_1) \approx_{RQ} (a_2, b_2) \bullet (c_2, d_2)$, also

   $(a_1 \cdot c_1, b_1 \cdot d_1) \approx_{RQ} (a_2 \cdot c_2, b_2 \cdot d_2)$, also

   $a_1 \cdot c_1 \cdot b_2 \cdot d_2 = a_2 \cdot c_2 \cdot b_1 \cdot d_1$

   Das folgt aber sofort durch Multiplikation einerseits der linken Seiten und andererseits der rechten Seiten der beiden Gleichungen (*) und (**).

q. e. d.

Beispiele:

(mit der entsprechenden Interpretation in der Menge Q der rationalen Zahlen, die wir natürlich erst noch exakt konstruieren wollen).

Beispiel	Interpretation
$[(7, 7)]_{RQ} + [(15, 5)]_{RQ} = [(7 \cdot 5 + 15 \cdot 7, 7 \cdot 5)]_{RQ} = [(140, 35)]_{RQ}$ Dasselbe Beispiel hätte man auch in der Form: $[(1, 1)]_{RQ} + [(3, 1)]_{RQ} = [(1 \cdot 1 + 3 \cdot 1, 1 \cdot 1)]_{RQ} = [(4, 1)]_{RQ}$ schreiben können. Hier werden dieselben Äquivalenzklassen behandelt. Die zweite Version ist die »maximal gekürzte« Version	$1 + 3 = 4$
$[(1368, 864)]_{RQ} = [(12, 36)]_{RQ} + [(30, 24)]_{RQ} =$ $= [(1, 3)]_{RQ} + [(5, 4)]_{RQ} = [(19, 12)]_{RQ}$	$\frac{1}{3} + \frac{5}{4} = \frac{19}{12}$
$[(252, 21)]_{RQ} = [(14, 7)]_{RQ} \bullet [(18, 3)]_{RQ} =$ $= [(2, 1)]_{RQ} \bullet [(6, 1)]_{RQ} = [(12, 1)]_{RQ}$	$2 \cdot 6 = 12$
$[(1632, 4284)]_{RQ} = [(34, 51)]_{RQ} \bullet [(48, 84)]_{RQ} =$ $= [(2, 3)]_{RQ} \bullet [(4, 7)]_{RQ} = [(8, 21)]_{RQ}$	$\frac{2}{3} \cdot \frac{4}{7} = \frac{8}{21}$

Wie im Falle der Äquivalenzklassenbildung zur Konstruktion von **Z** suchen wir auch jetzt wieder möglichst einfache Repräsentanten unserer Äquivalenzklassen bezüglich RQ. Das wird die maximal gekürzte Darstellung eines Bruches sein. Es gilt:

Satz 6.16
Sei $(m, n) \in \mathbf{Z} \times \mathbf{Z}^*$ beliebig und RZ unsere Äquivalenzrelation auf $\mathbf{Z} \times \mathbf{Z}^*$. Es sei d ein gemeinsamer Teiler von m und n, d.h. es gibt $m_1 \in \mathbf{Z}$ und $n_1 \in \mathbf{Z}^*$ so, dass

- $m = d \cdot m_1$ und $n = d \cdot n_1$.

Dann gilt: $[(m, n)]_{RQ} = [(m_1, n_1)]_{RQ}$.

Beweis:
Es ist $m \cdot n_1 = d \cdot m_1 \cdot n_1 = m_1 \cdot d \cdot n_1 = m_1 \cdot n = n \cdot m_1$. Das war zu zeigen.

Definition:
Es sei $(m, n) \in \mathbf{Z} \times \mathbf{Z}^*$ beliebig. Es sei $d \in \mathbf{N}$ der größte gemeinsame Teiler von m und n, also $d = ggT(m, n)$. Weiter seien $m_1 \in \mathbf{Z}$ und $n_1 \in \mathbf{Z}^*$ so, dass

- $m = d \cdot m_1$ und $n = d \cdot n_1$

Dann gilt $[(m, n)]_{RQ} = [(m_1, n_1)]_{RQ}$ und (m_1, n_1) heißt der *maximal gekürzte Repräsentant* von $[(m, n)]_{RQ}$ und $[(m_1, n_1)]_{RQ}$ heißt die *maximal gekürzte Darstellung* von $[(m, n)]_{RQ}$.

Zum Abschluss unserer Konstruktion definieren wir noch:

Definition:
Es sei $(\mathbf{Z} \times \mathbf{Z}^*)_{RQ}$ definiert als die Menge der Äquivalenzklassen $[(m, n)]_{RQ}$ bezüglich der Äquivalenzrelation RQ.

Dann gilt:

Satz 6.17
Die Menge $(\mathbf{Z} \times \mathbf{Z}^*)_{RQ}$ mit den Verknüpfungen + und • ist ein kommutativer Körper.
Genauer:

(i) Seien $y, y_1, y_2 \in \mathbf{Z}^*$ beliebig. Dann ist $[(0, y)]_{RQ} = [(0, y_1)]_{RQ} = [(0, y_2)]_{RQ}$.
Dieses Element $[(0, y)]_{RQ}$ ist das neutrale Element 0_{RQ} der Addition.

(ii) Für beliebiges $[(x, y)]_{RQ} \in (\mathbf{Z} \times \mathbf{Z}^*)_{RQ}$ ist $[(-x, y)]_{RQ}$ das inverse Element der Addition, d.h. genau für $a = [(-x, y)]_{RQ}$ gilt:
$a + [(x, y)]_{RQ} = [(x, y)]_{RQ} + a = 0_{RQ}$
Wir schreiben daher: $-[(x, y)]_{RQ} = [(-x, y)]_{RQ.}$

(iii) $[(1, 1)]_{RQ}$ ist das neutrale Element 1_{RQ} der Multiplikation.

(iv) Für beliebiges $[(x, y)]_{RQ} \in (\mathbf{Z}^* \times \mathbf{Z}^*)_{RQ}$ ist $[(y, x)]_{RQ}$ das inverse Element der Multiplikation, d.h. genau für $a = [(y, x)]_{RQ}$ gilt:
$a \bullet [(x, y)]_{RQ} = [(x, y)]_{RQ} \bullet a = 1_{RQ}$
Wir schreiben daher: $([(x, y)]_{RQ})^{-1} = [(y, x)]_{RQ}$.

Beweis:

1. Zu zeigen ist $((\mathbf{Z} \times \mathbf{Z}^*)_{RQ}, +)$ ist eine kommutative Gruppe.
   Das Kommutativgesetz und das Assoziativgesetz seien Ihnen als Übung gelassen.

   Seien $y, y_1, y_2 \in \mathbf{Z}^*$ beliebig. Dann ist $[(0, y_1)]_{RQ} = [(0, y_2)]_{RQ}$, denn
   $0 \cdot y_2 = y_1 \cdot 0$.

   Und es gilt für beliebiges $[(c, d)]_{RQ} \in (\mathbf{Z} \times \mathbf{Z}^*)_{RQ}$:

   Es ist für ein $[(e, f)]_{RQ} \in (\mathbf{Z} \times \mathbf{Z}^*)_{RQ}$: $[(c, d)]_{RQ} + [(e, f)]_{RQ} = [(c, d)]_{RQ}$. $\leftrightarrow$

$\leftrightarrow \quad [(c \cdot f + d \cdot e, d \cdot f)]_{RQ} = [(c, d)]_{RQ} \quad \leftrightarrow$

$\leftrightarrow \quad (c \cdot f + d \cdot e) \cdot d = c \cdot d \cdot f \quad \leftrightarrow$

$\leftrightarrow \quad d^2 \cdot e = 0 \quad \leftrightarrow$

$\leftrightarrow \quad e = 0$ (denn $d \in \mathbf{Z}^*$ war nach Voraussetzung $\neq 0$) $\leftrightarrow$

$\leftrightarrow \quad [(e, f)]_{RQ} = 0_{RQ}$

Damit ist (i) gezeigt.

Weiter gilt für beliebiges $[(c, d)]_{RQ} \in (\mathbf{Z} \times \mathbf{Z}^*)_{RQ}$:

Es ist für ein $[(e, f)]_{RQ} \in (\mathbf{Z} \times \mathbf{Z}^*)_{RQ}$: $[(c, d)]_{RQ} + [(e, f)]_{RQ} = 0_{RQ} \quad \leftrightarrow$

$\leftrightarrow \quad c \cdot f + d \cdot e = 0$

$\leftrightarrow \quad [(e, f)]_{RQ} =$ (d war $\neq 0$) $= [(d \cdot e, d \cdot f)]_{RQ} =$
$= [(-c \cdot f, d \cdot f)]_{RQ} =$ (f war $\neq 0$) $= [(-c, d)]_{RQ}$
$= -[(c, d)]_{RQ}$

Damit ist (ii) gezeigt.

2. Weiter ist zu zeigen: $((\mathbf{Z} \times \mathbf{Z}^*)_{RQ} \setminus \{ 0_{RQ} \}, \bullet) = ((\mathbf{Z}^* \times \mathbf{Z}^*)_{RQ}, \bullet)$ ist eine kommutative Gruppe.

Wieder seien Ihnen das Kommutativgesetz und das Assoziativgesetz als Übung gelassen.

Es gilt für beliebiges $[(c, d)]_{RQ} \in (\mathbf{Z}^* \times \mathbf{Z}^*)_{RQ}$:

Es ist für ein $[(e, f)]_{RQ} \in (\mathbf{Z} \times \mathbf{Z}^*)_{RQ}$: $[(c, d)]_{RQ} \bullet [(e, f)]_{RQ} = [(c, d)]_{RQ} \quad \leftrightarrow$

$\leftrightarrow \quad [(c \cdot e, d \cdot f)]_{RQ} = [(c, d)]_{RQ} \quad \leftrightarrow$

$\leftrightarrow \quad c \cdot e \cdot d = c \cdot d \cdot f \quad \leftrightarrow$

$\leftrightarrow \quad e = f \quad \leftrightarrow$

$\leftrightarrow \quad [(e, f)]_{RQ} = [(e, e)]_{RQ} = [(1, 1)]_{RQ} = 1_{RQ}$

Damit ist (iii) gezeigt.

Weiter gilt für beliebiges $[(c, d)]_{RQ} \in (\mathbf{Z}^* \times \mathbf{Z}^*)_{RQ}$:

Es ist für ein $[(e, f)]_{RQ} \in (\mathbf{Z} \times \mathbf{Z}^*)_{RQ} : [(c, d)]_{RQ} \bullet [(e, f)]_{RQ} = 1_{RQ}$ $\leftrightarrow$

$$\leftrightarrow \quad [(c \cdot e, d \cdot f)]_{RQ} = 1_{RQ} \quad \leftrightarrow$$

$$\leftrightarrow \quad c \cdot e = d \cdot f \quad \leftrightarrow$$

$$\leftrightarrow \quad [(e, f)]_{RQ} = [(d, c)]_{RQ} \quad \leftrightarrow$$

$$\leftrightarrow \quad [(e, f)]_{RQ} = (\, [(c, d)]_{RQ} \,)^{-1}$$

Damit ist (iv) gezeigt.

Es bleibt zu zeigen:
3. Es gilt das Distributivgesetz. Auch das sei Ihnen als Übung überlassen.

q.e.d.

Die Einbettung von **Z** in **Q** ergibt sich schließlich aus folgendem Satz:

Satz 6.18
Sei $\varphi: \mathbf{Z} \to (\mathbf{Z} \times \mathbf{Z}^*)_{RQ}$ definiert durch $\varphi(z) = [(z, 1)]_{RQ}$. Dann gilt:
(i) φ ist injektiv.

(ii) $\forall_{x, y \in \mathbf{Z}} \ \varphi(x + y) = \varphi(x) + \varphi(y)$

(iii) Das neutrale Element der Addition in **Z** wird auf das neutrale Element der Addition in $(\mathbf{Z} \times \mathbf{Z}^*)_{RQ}$ abgebildet, es ist $\varphi(0) = 0_{RQ}$.

(iv) $\forall_{x, y \in \mathbf{Z}} \ \varphi(x \cdot y) = \varphi(x) \bullet \varphi(y)$

(v) Das neutrale Element der Multiplikation in **Z** wird auf das neutrale Element der Multiplikation in $(\mathbf{Z} \times \mathbf{Z}^*)_{RQ}$ abgebildet, es ist $\varphi(1) = [(1, 1)]_{RQ}$.

(vi) $(\mathbf{Z} \times \mathbf{Z}^*)_{RQ} = \left\{ x \;\middle|\; \exists_{a, b \in \varphi(\mathbf{Z})} \ x = a \bullet b^{-1} \right\}$

Beweis:
Zu (i) Die Injektivität von φ:
Seien z_1 und $z_2 \in \mathbf{Z}$ beliebig. Dann gilt:
$\varphi(z_1) = \varphi(z_2) \to [(z_1, 1)]_{RQ} = [(z_2, 1)]_{RQ} \to z_1 \cdot 1 = z_2 \cdot 1 \to z_1 = z_2$

(ii), (iii), (iv) und (v) sind völlig offensichtlich.

Zu (vi) Sei $[(x, y)]_{RQ} \in (\mathbf{Z} \times \mathbf{Z}^*)_{RQ}$ beliebig. Dann gilt:
$[(x, y)]_{RQ} = [(x, 1)]_{RQ} \bullet [(1, y)]_{RQ} = [(x, 1)]_{RQ} \bullet (\, [(y, 1)]_{RQ} \,)^{-1} = \varphi(x) \bullet (\varphi(y))^{-1}$

Damit ist alles gezeigt.

Nun können wir unsere Schreibweise den herkömmlichen Notationen anpassen bzw. vereinfachen:

- Für $[(x, y)]_{RQ}$ schreiben wir $\frac{x}{y}$.
- Und für $[(x, 1)]_{RQ} = \frac{x}{1} = \varphi(x)$ schreiben wir einfach x.

Auf diese Weise haben wir die rationalen Zahlen in der uns vertrauten Gestalt konstruiert.

6.5 Relationale Datenbanken oder: Relationen von Relationen

Wie Sie sich denken können, spielen Relationen in der Welt der relationalen Datenbanken eine wichtige Rolle. Betrachten Sie eine gewöhnliche Tabelle, die die Daten von Personen verwaltet und die Teil einer relationalen Datenbank ist. Ich nenne sie PERSON:

Id	Name	Vorname	Strasse	Nr	Plz	Ort	Land
1	Schneider	Helge	Tonikastrasse	32	70178	Regensburg	Deutschland
2	Engels	Karl	Rotlindstrasse	12	01848	Wuppertal	Deutschland
3	Mozart	Wolfgang	Tonikastrasse	32	70178	Regensburg	Deutschland
4	Picasso	Pablo	Highway	61	unbekannt	New York	USA
5	Einstein	Albert	Raumstrasse	2	30871	Berlin	Deutschland
6	Chaplin	Charlie	Luisenstrasse	5	53024	Bonn	Deutschland
7	Lennon	John	Penny Lane	33	unbekannt	New York	USA
8	Sellers	Peter	Luisenstrasse	5	53024	Bonn	Deutschland
9	Cluseau	Inspektor	Luisenstrasse	5	53024	Bonn	Deutschland
10	Gauss	Carl Friedrich	Primallee	17	65223	Göttingen	Deutschland

Solch eine Tabelle wird als Relation beschrieben. Das geht auf mehrere Weisen – je nachdem, welche Mengen man als Wertebereiche für die Attributwerte zu Grunde legt.

Zum Beispiel:
Sei W_1P = *Natürliche Zahlen x Personennamen x Personenvornamen x Straßennamen x Hausnummern x Postleitzahlen x Städte x Länder*

Dann kann man die Relation PERSON definieren als:

PERSON =
{
$(x_1, x_2, x_3, x_4, x_5, x_6, x_7, x_8) \in W_1P$ |

Kein anderes Element aus Person hat diesen x_1 Wert als erste Komponente und Es gibt eine Person mit dem Namen x_2, mit dem Vornamen x_3 und der Adresse mit der Straße x_4, der Hausnummer x_5, der Postleitzahl x_6, der Stadt x_7 und dem Land x_8

}

Bemerkung:
Für diejenigen unter Ihnen, die bereits mit Datentypen bei Programmiersprachen Erfahrungen haben, sei gesagt, dass man die einzelnen Komponenten des zu Grunde liegenden Kreuzproduktes auch mit Hilfe solcher Datentypen definieren kann. Sei etwa *integer* der Datentyp für die ganzen Zahlen – in unserer Sprache die Menge aller ganzen Zahlen (bis zu einer festen Obergrenze) – und sei für $n \in \mathbf{N}$ der Datentyp *varchar(n)* die Menge aller Zeichenketten, die aus höchstens n Zeichen bestehen, dann können wir auch definieren:

Sei W_2P = *integer x varchar(30) x varchar(30) x varchar(30) x varchar(10) x varchar(10) x varchar(30) x varchar(30)*
Und PERSON wird jetzt:

PERSON =
{
$(x_1, x_2, x_3, x_4, x_5, x_6, x_7, x_8) \in W_2P$ |

Kein anderes Element aus Person hat diesen x_1 Wert als erste Komponente und Es gibt eine Person mit dem Namen x_2, mit dem Vornamen x_3 und der Adresse mit der Straße x_4, der Hausnummer x_5, der Postleitzahl x_6, der Stadt x_7 und dem Land x_8
}

Der Unterschied ist für den Informatiker interessanter als für uns, näheres dazu finden Sie in einem guten Buch über Datenbanken, ich empfehle dazu [Date] oder (natürlich) [Schub].
Solche Relationen sind natürlich Äquivalenzrelationen, zwei Objekte gehören zusammen, »stehen in Relation«, wenn sie in derselben Tabelle, in derselben Relation sind – aber das ist hier nicht das Interessante. Interessant ist vielmehr die folgende Tatsache: Wenn Sie z.B. Ihre Datenbank fragen: Zeige mir alle Namen der Personen, die in Frankfurt am Main wohnen, dann ist Ihnen, dann ist es der Logik der Verarbeitung völlig gleichgültig, ob die Namen in dem zu Grunde liegenden Kreuzprodukt W_1P (oder W_2P) an 1., 2., 3. oder 8. Stelle stehen. Das gleiche gilt für die Ortsnamen. Sie wollen mit Ihrer gesamten Verarbeitung unabhängig von dieser Frage sein. Genau, wie Sie beim Rechnen mit rationalen Zahlen davon unabhängig sein wollen, ob Sie

$1 + \frac{1}{2}$ oder $1 + \frac{6}{12}$ berechnen.

Darum definiert man:

> Zwei Relationen, die sich nur in der Reihenfolge ihrer Komponenten unterscheiden, sind in einem relationalen Datenbanksystem äquivalent.

In diesem Sinne ist die folgende Relation zu unserem obigen Beispiel äquivalent:

Strasse	Ort	Vorname	Land	Id	Name	Nr	Plz
Tonikastrasse	Regensburg	Helge	Deutschland	1	Schneider	32	70178
Rotlindstrasse	Wuppertal	Karl	Deutschland	2	Engels	12	01848
Tonikastrasse	Regensburg	Wolfgang	Deutschland	3	Mozart	32	70178
Highway	New York	Pablo	USA	4	Picasso	61	unbekannt
Raumstrasse	Berlin	Albert	Deutschland	5	Einstein	2	30871
Luisenstrasse	Bonn	Charlie	Deutschland	6	Chaplin	5	53024
Penny Lane	New York	John	USA	7	Lennon	33	unbekannt
Luisenstrasse	Bonn	Peter	Deutschland	8	Sellers	5	53024
Luisenstrasse	Bonn	Inspektor	Deutschland	9	Cluseau	5	53024
Primallee	Göttingen	Carl Friedrich	Deutschland	10	Gauss	17	65223

Wir müssen uns mit der genauen Definition etwas mehr Mühe geben, weil wir hier von Relationen von Relationen, d.h. von Mengen von Mengen reden werden. Damit nähern wir uns dem verminten Gebiet der Russelschen Mengenantinomien (vgl. Kapitel 2).

Definitionen:

(i) Eine Menge W heißt *Wertebereich für eine Datenbanktabelle,* wenn sie eine Teilmenge der rationalen Zahlen oder eine Teilmenge der Menge der Zeichenketten ist.

(ii) Sei $n \in \mathbf{N}$, $n \neq 0$. Eine Relation $R \subseteq W_1 \times \ldots W_n$, die Teilmenge eines Kreuzprodukts von Wertebereichen für eine Datenbanktabelle ist, heißt *Datenbankrelation vom Grade n.*

(iii) Die Menge aller *Datenbankrelationen vom Grade n* nennen wir $\mathbf{MR}_n$.

Unsere Relation PERSON ist beispielsweise eine Datenbankrelation vom Grad 8, sie gehört zu MR_8.

Definition:

Sei $n \in \mathbf{N}$, $n \neq 0$. Dann sei auf MR_n die folgende Relation $RR \subseteq MR_n \times MR_n$ definiert:

$RR = \{ (R_x, R_y) \in MR_n \times MR_n \mid R_y$ kann durch Umordnung aus R_x erhalten werden $\}$.

Und es gilt ganz offensichtlich:

Satz 6.19

Die Relation RR ist eine Äquivalenzrelation.

Und tatsächlich betrachtet man in der Welt der relationalen Datenbanken nicht mehr Relationen sondern Äquivalenzklassen von Relationen bezüglich dieser Äquivalenzrelation RR und achtet streng darauf, nur solche Operationen auf Datenbankrelationen zu definieren, die diese Äquivalenzrelation RR respektieren.
Zu unserer Relation PERSON gibt es übrigens 8! = 40 320 äquivalente Relationen. Denn es gibt 8 Möglichkeiten, das Attribut ***Id*** zu platzieren, dazu gibt es jeweils 7 Möglichkeiten für das Attribut ***Name*** usw. Daran merken Sie, wie wichtig es ist, eine Theorie für die Relationsbearbeitung zu finden, die unabhängig von der Reihenfolge der Attribute ist. Ansonsten hätte man einen erheblich größeren Aufwand zu leisten.

Übungsaufgaben

1. Aufgabe

Sei M = { a, b, c }.

a. Es sei R = { (a, a) , (a, c), (c, c) } Ist R reflexiv? Ist R symmetrisch? Ist R transitiv?
b. Sie erweitern jetzt R zu R+ = { (a, a) , (a, c), (c, a) , (c, c) }? Ist R+ eine Äquivalenzrelation?
c. Sei R++ = { (a, a) , (a, c), (c, a) , (c, c) , (b, b) }? Zeigen Sie: R++ ist eine Äquivalenzrelation. Geben Sie außerdem die Klassen an, in die R++ die Menge M aufteilt.

2. Aufgabe

a. M sei eine Menge mit 3 Elementen. Es sei M^2 die Menge der 2-Tupel mit Elementen aus M. Es sei R die Relation auf $M^2 \times M^2$, die folgendermaßen definiert ist:
   $(a_1, a_2)\ R\ (b_1, b_2) \leftrightarrow (a_1, a_2) = (b_1, b_2) \vee (a_1, a_2) = (b_2, b_1)$
   Zeigen Sie: R ist eine Äquivalenzrelation.
   In wie viel Klassen teilt R die Menge M^2 ein? (Hinweis: Die Antwort steht explizit in Kapitel 3) .
b. M sei eine Menge mit 10 Elementen. Es sei M^4 die Menge der 4-Tupel mit Elementen aus M. Es sei R die Relation auf $M^4 \times M^4$, die folgendermaßen definiert ist:
   $(a_1, \ldots, a_4)\ R\ (b_1, \ldots, b_4) \leftrightarrow$
   $\leftrightarrow (b_1, \ldots, b_4)$ ist eine Permutation von $(a_1, \ldots, a_4)$
   Zeigen Sie: R ist eine Äquivalenzrelation.
   In wie viel Klassen teilt R die Menge M^4 ein? (Hinweis: Die Antwort steht explizit in Kapitel 3).
c. M sei eine Menge mit n Elementen. Es sei M^k die Menge der k-Tupel mit Elementen aus M. Es sei R die Relation auf $M^k \times M^k$, die folgendermaßen definiert ist:
   $(a_1, \ldots, a_k)\ R\ (b_1, \ldots, b_k) \leftrightarrow$
   $\leftrightarrow (b_1, \ldots, b_k)$ ist eine Permutation von $(a_1, \ldots, a_k)$
   Zeigen Sie: R ist eine Äquivalenzrelation.
   In wie viele Klassen teilt R die Menge M^k ein? (Hinweis: Die Antwort steht explizit in Kapitel 3).

3. Aufgabe

Sei M die Potenzmenge P(**N**) der natürlichen Zahlen. Man untersuche die beiden Relationen $\subseteq$ und $\not\subset$, die beide auf P(**N**) x P(**N**) definiert sind, auf Reflexivität, Symmetrie und Transitivität.

4. Aufgabe

Es sei M die Menge { Anton, Bastian, Cesar }. Anton spricht die Sprachen Deutsch und Französisch, Bastian spricht nur Deutsch, Cesar spricht nur Französisch. Die Relation R auf M x M sei definiert durch:
x R y $\leftrightarrow$ x und y sprechen eine gemeinsame Sprache.
Untersuchen Sie R auf Reflexivität, Symmetrie und Transitivität. Ist R eine Äquivalenzrelation?

5. Aufgabe

Es sei $\mathbf{R}^2$ die Menge von reellen Zahlenpaaren. (Eine genaue Klärung des Begriffs der reellen Zahlen finden Sie in Kapitel 9 – wird hier aber nicht gebraucht). Auf dieser Menge sei die folgende Relation R definiert:
(x_1, y_1) R (x_2, y_2) $\leftrightarrow$ $x_1^2 + y_1^2 = x_2^2 + y_2^2$
Zeigen Sie: R ist eine Äquivalenzrelation.

Ich behaupte: Die Äquivalenzklassen entsprechen genau den verschiedenen Kreisen, die man um den Koordinatenursprung im $\mathbf{R}^2$ zeichnen kann. Dabei denke ich an unseren weisen Vorfahren Pythagoras. Was meine ich hier genau?

7 Endliche Gruppen und Endliche Körper

Wir werden in diesem Kapitel die Restklassen – Mengen $\mathbf{Z}_q$ genauer untersuchen. Bitte denken Sie daran, dass wir Körperstrukturen brauchen, um Gleichungen lösen zu können, in denen addiert und multipliziert wird. Mit anderen Worten: Wir untersuchen hier, wann wir in $\mathbf{Z}_q$ rechnen können. Was wir hier an Theorie und Verfahren erarbeiten, spielt in mehreren Anwendungen in der Informatik eine wichtige Rolle. Beispiele dafür sind:

- Das Hashingverfahren, das man benutzt, um die Zeiten bei Zugriffen auf Festspeichermedien mit großen Datenmengen zu optimieren.
- Die Konstruktion von Prüfziffern bei der ISBN-Codierung oder bei der EAN-Codierung
- Verschlüsselungsverfahren in der Kryptographie

Wir werden alle diese Anwendungsgebiete durchsprechen, zunächst aber müssen wir die Mathematik bereitstellen. Wir beginnen mit Beispielen:

7.1 (Z_q, +) ist eine endliche, kommutative Gruppe

Sei q = 4, dann lautet die Additionstafel von Z_4:

Addition in $\mathbf{Z}_4$

+	0	1	2	3
0	0	1	2	3
1	1	2	3	0
2	2	3	0	1
3	3	0	1	2

Hauptdiagonale

Und Sie sehen:

- Es gibt nur 4 Elemente.
- 0 ist das neutrale Element der Addition.
- Jedes Element hat ein inverses: $-0 = 0, -1 = 3, -2 = 2, -3 = 1$.
- Die Additionstafel ist symmetrisch zur Hauptdiagonalen (das ist die Diagonale, die von links oben nach rechts unten geht). Daher ist die Addition kommutativ.

Und Sie hoffen:

- Die Addition ist assoziativ. (Das sieht man sehr leicht für beliebige Z_q, wir werden das gleich untersuchen).

Es folgt: $(\mathbf{Z}_4, +)$ ist eine endliche, kommutative Gruppe. Allgemein gilt:

> Satz 7.1
> $q \in \mathbf{N} \setminus \{0\}$ beliebig. Dann gilt: $(\mathbf{Z}_q, +)$ ist eine endliche, kommutative Gruppe.

Beweis:
Ich schreibe jetzt die Elemente von $\mathbf{Z}_q$ noch einmal als Äquivalenzklassen, um die Argumentation klar zu machen.

1. Das Assoziativgesetz

   Seien $[z_1]_q$, $[z_2]_q$, $[z_3]_q \in \mathbf{Z}_q$ beliebig. Dann gilt:

   $([z_1]_q + [z_2]_q) + [z_3]_q = [z_1 + z_2]_q + [z_3]_q = [(z_1 + z_2) + z_3]_q =$

   (da das Assoziativgesetz bezüglich der Addition in $\mathbf{Z}$ gilt)

   $= [z_1 + (z_2 + z_3)]_q = [z_1]_q + [z_2 + z_3]_q = [z_1]_q + ([z_2]_q + [z_3]_q)$.

2. Das Kommutativgesetz führt man ebenso auf das Kommutativgesetz in der Menge $\mathbf{N}$ der natürlichen Zahlen zurück.

3. Offensichtlich ist $[0]_q$ das neutrale Element.

4. Sei $[z]_q \in \mathbf{Z}_q$ beliebig. Der Repräsentant z sei so gewählt, dass $0 \leq z < q$. Dann gilt: $-[z]_q = [q - z]_q$ (d.h. $[q - z]_q$ ist das inverse Element der Addition zu $[z]_q$).
   Denn: $[z]_q + [q - z]_q = [q]_q = [0]_q$

q. e. d.

Damit können wir in $\mathbf{Z}_q$ beliebige Gleichungen der Art $a + x = b$ lösen.

Beispiel:

- $[17]_{20} + x = [4]_{20} \leftrightarrow$
  $[17]_{20} + [3]_{20} + x = [4]_{20} + [3]_{20} = [7]_{20} \leftrightarrow$
  $x = [7]_{20}$

  Probe: $[17]_{20} + [7]_{20} = [24]_{20} = [4]_{20}$

7.2 $(Z_q, +, \cdot)$ ist nur manchmal ein endlicher kommutativer Körper

Beispiele:

- $(\mathbf{Z}_4 \setminus \{0\}, \cdot)$
  Betrachten Sie die Multiplikationstafel für $\mathbf{Z}_4 \setminus \{0\}$

  Multiplikation in $\mathbf{Z}_4 \setminus \{0\}$

·	1	2	3
1	1	2	3
2	2	0	2
3	3	2	1

  Diese kleine Tafel zeigt Ihnen mindestens drei Gründe, wegen denen $(\mathbf{Z}_4, +, \cdot)$ kein endlicher Körper ist:
  (i) Die Multiplikation in $\mathbf{Z}_4 \setminus \{0\}$ ist nicht abgeschlossen, denn $2 \cdot 2 \notin \mathbf{Z}_4 \setminus \{0\}$.
  (ii) 1 ist das neutrale Element, aber nicht jedes Element hat ein Inverses Element der Multiplikation. Genauer: 2 hat kein inverses Element.
  (iii) Wir hatten gezeigt: Jeder Körper ist nullteilerfrei. Aber es gilt: $2 \cdot 2 = 0$, also ist $\mathbf{Z}_4$ nicht nullteilerfrei.

- $(\mathbf{Z}_5 \setminus \{0\}, \cdot)$
  Betrachten Sie dagegen die Multiplikationstafel für $\mathbf{Z}_5 \setminus \{0\}$:

  Multiplikation in $\mathbf{Z}_5 \setminus \{0\}$

·	1	2	3	4
1	1	2	3	4
2	2	4	1	3
3	3	1	4	2
4	4	3	2	1

  All das, was wir bei $\mathbf{Z}_4 \setminus \{0\}$ kritisiert haben, ist hier in Ordnung:
  (i) Die Multiplikation in $\mathbf{Z}_5 \setminus \{0\}$ ist abgeschlossen.
  (ii) 1 ist das neutrale Element und jedes Element hat ein inverses Element der Multiplikation. Genauer: $1^{-1} = 1, 2^{-1} = 3, 3^{-1} = 2, 4^{-1} = 4$.
  (iii) Offensichtlich ist $\mathbf{Z}_5 \setminus \{0\}$ nullteilerfrei.

Den Grund für diesen Unterschied liefert Ihnen der folgende Satz:

Satz 7.2
Es sei $q \in \mathbf{N}$, $q > 1$ beliebig. Dann gibt es *genau dann* $m, n \in \mathbf{N}$ mit den Eigenschaften:
(i) $m \not\equiv 1 \bmod q$, $n \not\equiv 1 \bmod q$
(ii) $m \not\equiv 0 \bmod q$, $n \not\equiv 0 \bmod q$
(iii) $m \cdot n \equiv 0 \bmod q$

wenn q keine Primzahl ist.

Beweis:
Wenn q keine Primzahl ist, gibt es $m, n \in \mathbf{N}$, beide ungleich 1 und beide ungleich q und beide kleiner als q, mit der Eigenschaft: $m \cdot n = q$. Damit ist eine Richtung unserer behaupteten Äquivalenz gezeigt.

Sei nun andererseits $m = d_m \cdot q + \mu$ mit $1 < \mu < q$ und $n = d_n \cdot q + \nu$ mit $1 < \nu < q$.

Dann gilt:
$$m \cdot n \equiv 0 \bmod q \rightarrow \exists_{d \in \mathbf{N}}\ m \cdot n = d \cdot q \rightarrow d \cdot q = (d_m \cdot q + \mu) \cdot (d_n \cdot q + \nu) =$$
$$= \quad d_m \cdot d_n \cdot q^2 + (d_m \cdot \nu + \mu \cdot d_n) \cdot q + \mu \cdot \nu = d \cdot q$$

Daraus folgt $\mu \cdot \nu$ muss durch q teilbar sein, also gibt es ein δ so, dass
$$\mu \cdot \nu = \delta \cdot q.$$

Und aus $1 < \mu, \nu < q$ folgt: $1 < \delta \cdot q < q^2$, also $0 < \delta < q$.

Zusammengefasst: $\exists_{\delta, \mu, \nu \in \mathbf{N}}\ (1 < \mu, \nu, \delta < q) \wedge (\mu \cdot \nu = \delta \cdot q)$

Nun erinnern Sie sich bitte noch einmal an Satz 3.16: Wenn eine Primzahl p ein Produkt $\mu \cdot \nu$ teilt, dann folgt: $p \mid \mu \ \vee\ p \mid \nu$. Also kann q keine Primzahl sein, sonst müsste q die Zahlen μ oder ν teilen, die aber beide kleiner als q und $\neq 0$ sind.

Wir wissen jetzt also: Die Multiplikation in $\mathbf{Z}_q \setminus \{0\}$ ist genau dann abgeschlossen, d.h. sie hat als Ergebnis stets nur Elemente, die auch wieder aus $\mathbf{Z}_q \setminus \{0\}$ sind, wenn q eine Primzahl ist. Unter dieser »elementaren« Voraussetzung können wir jetzt leicht zeigen, dass für jede Primzahl q gilt: $(\mathbf{Z}_q \setminus \{0\}, \cdot)$ ist eine Gruppe.

Satz 7.3
Sei $q \in \mathbf{N}$ eine beliebige Primzahl. Dann gilt: $(\mathbf{Z}_q \setminus \{0\}, \cdot)$ ist eine endliche, kommutative Gruppe.

Beweis:
Kommutativgesetz und Assoziativgesetz zeigt man genauso, wie wir das Assoziativgesetz für $(\mathbf{Z}_q, +)$ in Satz 7.1 gezeigt haben.

Das neutrale Element der Multiplikation ist offensichtlich die $[1]_q$.

Wie aber steht es mit dem inversen Element? Sei $m \in \mathbf{N}$ mit der Bedingung $[m]_q \neq [0]_q$, d.h. m ist $\neq 0$ und m ist kein Vielfaches von q. Es folgt: ggT(m, q) = 1. (q war prim).

Und wegen Satz 3.12 gilt:
Es gibt $s, t \in \mathbf{Z} \setminus \{0\}$ so, dass gilt: $1 = s \cdot m + t \cdot q$. Es folgt: $[s]_q \cdot [m]_q = [1]_q$,
d.h. $[m]_q$ hat ein Inverses Element der Multiplikation, es ist $([m]_q)^{-1} = [s]_q$

q.e.d.

Das schöne an diesem Beweis ist: wir beweisen nicht nur, *dass* es ein Inverses Element gibt, sondern wir geben gleich noch die Mittel an die Hand, *wie* man dieses Inverse Element mit Hilfe des euklidischen Algorithmus konstruieren kann.

Ehe wir einige Beispiele durchrechnen und uns dazu ein Programm überlegen möchte ich Ihnen noch den abschließenden Satz für diesen Paragraphen präsentieren:

Satz 7.4
$(\mathbf{Z}_q, +, \cdot)$ ist ein endlicher kommutativer Körper genau dann, wenn q eine Primzahl ist.

Beweis:
Es ist bereits alles gezeigt. Lediglich das Distributivgesetz bleibt zu beweisen, das analog dem Verfahren in Satz 7.1 auf das Distributivgesetz in **Z** zurückgeführt wird.

7.3 Beispiele, ein Programm und Gleichungen

Falls Sie den euklidischen Algorithmus und unsere Überlegungen dazu nicht mehr genau im Kopf haben, schauen Sie sich bitte im dritten Kapitel den Abschnitt 3.4 *»Teiler, ggT und kgV und der Euklidische Algorithmus«* noch einmal an.

- Gesucht 3^{-1} in $\mathbf{Z}_7$

Euklidischer Algorithmus

x	y	$x = q \cdot y + r$	$ggT = s \cdot x + t \cdot y$
7	3	$7 = 2 \cdot 3 + 1$	$1 = 7 - 2 \cdot 3$
3	1	$3 = 3 \cdot 1 + 0$	

Also: $[3]_7^{-1} = [-2]_7 = [5]_7$
Probe: $[3]_7 \cdot [5]_7 = [15]_7 = [1]_7$

- Gesucht 25^{-1} in $\mathbf{Z}_{59}$

Euklidischer Algorithmus

x	y	x = q · y + r	ggT = s · x + t · y
59	25	$59 = 2 \cdot 25 + 9$	$1 = 4 \cdot 25 - 11 \cdot (59 - 2 \cdot 25)$ $= (-11) \cdot 59 + 26 \cdot 25$
25	9	$25 = 2 \cdot 9 + 7$	$1 = (-3) \cdot 9 + 4 \cdot (25 - 2 \cdot 9)$ $= 4 \cdot 25 - 11 \cdot 9$
9	7	$9 = 1 \cdot 7 + 2$	$1 = 7 - 3 \cdot (9 - 1 \cdot 7)$ $= (-3) \cdot 9 + 4 \cdot 7$
7	2	$7 = 3 \cdot 2 + 1$	$1 = 7 - 3 \cdot 2$
2	1	$2 = 2 \cdot 1$	

Also: $[25]_{59}^{-1} = [26]_{59}$

Probe: $[25]_{59} \cdot [26]_{59} = [650]_{59} = [11 \cdot 59 + 1]_{59} = [1]_{59}$

- Gesucht 101^{-1} in $\mathbf{Z}_{191}$

Euklidischer Algorithmus

x	y	x = q · y + r	ggT = s · x + t · y
191	101	$191 = 1 \cdot 101 + 90$	$1 = 41 \cdot 101 - 46 \cdot (191 - 1 \cdot 101)$ $= (-46) \cdot 191 + 87 \cdot 101$
101	90	$101 = 1 \cdot 90 + 11$	$1 = (-5) \cdot 90 + 41 \cdot (101 - 1 \cdot 90)$ $= 41 \cdot 101 - 46 \cdot 90$
90	11	$90 = 8 \cdot 11 + 2$	$1 = 11 - 5 \cdot (90 - 8 \cdot 11)$ $= (-5) \cdot 90 + 41 \cdot 11$
11	2	$11 = 5 \cdot 2 + 1$	$1 = 11 - 5 \cdot 2$
2	1	$2 = 2 \cdot 1$	

Also: $[101]_{191}^{-1} = [87]_{191}$

Probe: $[101]_{191} \cdot [87]_{191} = [8787]_{191} = [46 \cdot 191 + 1]_{191} = [1]_{191}$

Mit unserem Programm *ErwEuklidAlg* (vgl. Kapitel 3) wird die Programmierung der Konstruktion des multiplikativen Inversen Elements sehr leicht:

```
/*
    Es wird zu q und m die Zahl mInvers
    berechnet, für die gilt:
    0 <= mInvers < q
    m * mInvers = 1 mod q
*/
bool bildeInverses(int q, int m, int & mInvers)
{
        int ggT, s, t;
        bool bBack = ErwEuklidAlg(q, m, ggT, s, t);
        if (!bBack) return bBack;

        if (ggT != 1) return false;
        //      Jetzt ist 1 = s*q + t*m
        if (t > q) while (t > q) t = t - q;
        if (t < 0) while (t < 0) t = t + q;
        mInvers = t;
        return true;
}
```

Ich möchte dieses Rechenverfahren jetzt benutzen, um das Rechnen im modulo-Verfahren noch genauer zu kennzeichnen:

Satz 7.5
Seien $q \in \mathbf{N}$, $q \neq 0$ und $m \in \mathbf{N}$, $m \neq 0$ beliebig. Dann gilt:
Es gibt eine Zahl $n \in \mathbf{N}$ so, dass $m \cdot n \equiv 1 \bmod q \leftrightarrow ggT(q, m) = 1$.

Beweis:
Die Richtung: $ggT(q, m) = 1 \rightarrow$ Es gibt eine Zahl $n \in \mathbf{N}$ so, dass $m \cdot n \equiv 1 \bmod q$ haben wir eben ausführlich behandelt.

Sei andererseits $n \in \mathbf{N}$ so, dass $m \cdot n \equiv 1 \bmod q$. Dann gibt es $d \in \mathbf{Z}$ so, dass $m \cdot n + d \cdot q = 1$.

Das bedeutet aber, dass jeder gemeinsame Teiler von m und q auch ein Teiler von 1 ist und das kann nur die 1 selber sein. Es folgt: $ggT(q, m) = 1$.

q. e. d.

Nun zum Lösen von Gleichungen. Ich nehme zwei unserer Beispiele:

- Gegeben die Gleichung:
  $[25]_{59} \cdot x = [3]_{59}$ Das ist äquivalent zu:
  $[25]_{59} \cdot [26]_{59} \cdot x = [3]_{59} \cdot [26]_{59} = [78]_{59} = [19]_{59}$, also
  $x = [19]_{59}$.

  Probe:
  $25 \cdot 19 = 475 = 8 \cdot 59 + 3$, also
  $[25]_{59} \cdot [19]_{59} = [3]_{59}$.

- Gegeben die Gleichung:

$$
\begin{array}{llr}
[101]_{191} \cdot x + [12]_{191} & = [136]_{191} & \text{Das ist äquivalent zu:} \\
[101]_{191} \cdot x + [12]_{191} + [179]_{191} & = [136]_{191} + [179]_{191} & \leftrightarrow \\
[101]_{191} \cdot x & = [315]_{191} = [124]_{191} & \leftrightarrow \\
[101]_{191} \cdot [87]_{191} \cdot x & = [124]_{191} \cdot [87]_{19} = [10788]_{191} & \leftrightarrow \\
x & = [10788]_{191} = [92]_{191} & \leftrightarrow
\end{array}
$$

  Probe:
  $101 \cdot 92 + 12 = 9304 = 48 \cdot 191 + 136$, also
  $[101]_{191} \cdot [92]_{191} + [12]_{191} = [136]_{191}$.

Allgemein formuliert bedeutet das:

> Satz 7.6
> Sei q eine beliebige Primzahl. Dann ist für beliebige a, b, c $\in \mathbf{Z}_q$ mit $a \neq 0$
> die Gleichung $a \cdot x + b = c$
> stets eindeutig lösbar. Die eindeutige Lösung lautet $x = a^{-1} \cdot (c - b)$.

Beweis:
Ein weiteres Mal sehen Sie, wie nützlich algebraische Abstraktionen sind. Dieser Satz wurde bereits für beliebige Körper im fünften Kapitel bewiesen (Satz 5.8).

7.4 Hashing

Die Fragestellung, um die es beim Hashing geht, ist die folgende:

- Wie organisiere ich die physikalische Speicherung der Daten einer (großen) Datenbank auf dem Festspeichermedium so, dass ich bei den Zugriffen auf meine Datenbank eine möglichst performante Verarbeitung mit kurzen Antwortzeiten erhalte.

Betrachten Sie als Beispiel dazu eine Personendatei, die folgendermaßen aufgebaut sein könnte:

Id	Name	Vorname	Strasse	Nr	Plz	Ort	Land
2	Engels	Karl	Rotlindstrasse	12	01848	Wuppertal	Deutschland
3	Mozart	Wolfgang	Tonikastrasse	32	70178	Regensburg	Deutschland
4	Picasso	Pablo	Highway	61	unbekannt	New York	USA
5	Einstein	Albert	Raumstrasse	2	30871	Berlin	Deutschland
6	Chaplin	Charlie	Luisenstrasse	5	53024	Bonn	Deutschland

Id ist hier der so genannte *Primärschlüssel* zur eindeutigen Identifikation eines Satzes.

Eines (von mehreren) Verfahren zur Verbesserung der Performanz von Zugriffszeiten heißt Hashing. Der Begriff kommt aus dem Englischen. Dort meint das Verb »to hash« zerhacken, verstreuen. Ich habe mir sagen lassen, dass dieses Wort in der Metzgereibranche eine große Rolle spielt. Im Deutschen wird meist auch das Wort *Hashing* benutzt, die Übersetzung im Informatikbereich heißt: gestreute Speicherung. Es handelt sich hier um eine Technik, die einen schnellen direkten Zugriff auf einen bestimmten Datensatz ermöglichen soll. Dazu wird ein bestimmtes Feld ausgesucht – im Allgemeinen der Primärschlüssel, der einen Datensatz mit einem numerischen Wert eindeutig identifiziert – mit dessen Hilfe der Speicherplatz des Satzes bestimmt wird. Genauer:

- Jeder Datensatz wird an einer Adresse gespeichert, die man als Funktionswert eines bestimmten Feldes, des *Hash-Feldes* erhält. Die Funktion nennt man *Hash-Funktion*, die berechnete Adresse heißt *Hash-Adresse.*
- Alle Speicherungs- und Suchfunktionen laufen dann immer über diese Berechnung des Speicherplatzes.

Die Hash-Funktion legt die tatsächliche physikalische Speicherung fest.
Man sollte die Hash-Funktion immer so wählen, dass die Menge der möglichen Funktionswerte um einen geeignet gewählten, nicht zu kleinen aber auch nicht zu großen Prozentsatz (der richtet sich nach den Wachstumsprognosen für die jeweilige Datei) größer ist als die Menge der tatsächlichen Sätze.
Es im Allgemeinen nicht sinnvoll, als Hash-Funktion (beispielsweise vom Primärschlüssel) die Identität zu nehmen. Denn in der Praxis ist es oft so, dass beispielsweise in unserer Tabelle PERSON 100 Sätze sind, die tatsächlichen Werte der Primärschlüssel aber zwischen 1 und – sagen wir – 1 000 000 schwanken können. Die Definition

$$\text{Hash}(Id) := Id$$

ergäbe eine riesige Spannweite von möglichen Speicheradresswerten für die 100 Sätze aus der Tabelle, was zu großen Lücken zwischen den einzelnen gespeicherten Sätzen führen würde.
Ein Beispiel für eine Hash-Funktion für unsere Personendatei mit dem angenommenen Bestand von 100 Sätzen, *Id*-Werten zwischen 1 und 1 000 000 und einer gedämpften Wachstumsprognose könnte Hash-Adresse des Satzes mit dem Primärschlüssel

$$Id := \text{Hash}(Id) := Id \bmod 149$$

sein. 149 ist eine Primzahl, man nimmt in diesem Zusammenhang gerne Primzahlen – und Sie wissen jetzt auch warum: weil man mit den Funktionswerten von solchen Hash-Funktionen weiter rechnen kann.
Bei diesem Vorgehen ist eine Problematik offensichtlich: Die »physikalische« Speicherreihenfolge entspricht weder der Sortierung des Hash-Feldes (in unserem Beispiel immer der Primärschlüssel) noch irgendeinem anderen irgendwie sinnvollem Kriterium. Man kann und sollte sich aber natürlich für sequentielle Suchvorgänge zusätzliche Hilfsfunktionen anlegen.

Der zweite Nachteil besteht darin, dass es stets die Möglichkeit der Kollisionen gibt: Es kann immer wieder passieren, dass zwei oder mehr Datensätze auf dieselbe Adresse hin »gerechnet« werden.
Es gibt mehrere Möglichkeiten, wie darauf reagiert werden kann. Beispielsweise könnte man die errechnete Hash-Adresse nicht als die genaue Speicheradresse des betreffenden Datensatzes auffassen, sondern als Startpunkt für ein sequentielles Suchen, das z. B. beim Einfügen genau dann abbricht, wenn der erste freie Platz gefunden wurde. Je mehr Datensätze auf eine Seite passen desto besser ist diese Lösung.
Eine andere, in der Praxis öfter anzutreffende Lösung besteht darin, dass man die Hash-Adresse als den Anfangspunkt einer so genannten verketteten Liste definiert, die alle Datensätze enthält, für die diese Hash-Adresse ausgerechnet wurde. Näheres, auch zum erweiterten Hashing, das man einsetzt, wenn die ursprüngliche Datenmenge zu groß geworden ist, finden Sie in der entsprechenden Literatur. Vgl. [Schu], [Date]

7.5 Prüfziffern

Wenn Sie eine Überweisung vornehmen, wie oft kontrollieren Sie, ehe Sie diese Überweisung abschicken, noch einmal, ob Sie die Kontonummer richtig geschrieben haben? Ist es Ihnen schon passiert, dass Ihnen das System »gesagt« hat, dass Ihre Eingabe fehlerhaft war? Wie wird so etwas kontrolliert?
Sie werden sehen, dass man mit dem hier besprochenen Prüfzifferverfahren nicht jede beliebige falsche Eingabe herausfiltern kann, aber die zwei wichtigsten Fehlerquellen werden wir eliminieren können:

- Eine falsche Eingabe genau einer Ziffer.
- Die Vertauschung zweier Ziffern.

Lassen Sie mich mit der zehnstelligen *I*nternationalen *S*tandard *B*uch*n*ummer (engl. *I*nternational *S*tandard *B*ook*n*umber) ISBN beginnen, die zur Länder – und Sprachen-übergreifenden eindeutigen Identifikation von Buchtiteln diente und die schon in den sechziger Jahren des vorigen Jahrhunderts entwickelt wurde. Systeme, die sich so lange auf dem »freien« Markt halten konnten, müssen einfach gut sein[1]. Betrachten Sie ein Beispiel. Das (sehr zu empfehlende) Buch:
Gödel, Escher, Bach von Douglas R. Hofstadter, erschienen im Verlag Klett-Cotta hatte die zehnstellige ISBN-Nummer 3-608-94442-7.

Die einzelnen Teile dieser Nummer haben alle eine Bedeutung: Der erste Teil kennzeichnet den Sprachraum, dem das Buch zugeordnet ist. Die 3 bedeutet: deutschsprachiger Raum. Der zweite Teil ist eine Kennzahl für den Verlag, die Verlagsnummer. Sie wissen jetzt also, dass 608 die Kennzeichnung des Klett-Cotta-Verlags ist. Der dritte Teil schließlich, ist die vom Verlag vergebene Titelnummer, deren Festlegung in der Verantwortung des Verlags liegt. Und die letzte Ziffer ist die so genannte Prüfziffer p, die nach folgender Regel vergeben wird:

[1] Seit einiger Zeit ist die zehnstellige ISBN zu einer dreizehnstelligen ISBN erweitert worden. Ich bespreche trotzdem zunächst die alte zehnstellige Nummer, da sie ein anderes Sicherheitskonzept hatte.

Regel zur Vergabe der Prüfziffer bei zehnstelligen ISBN-Nummern:

Seien $d_{10}\ d_9\ d_8\ d_7\ d_6\ d_5\ d_4\ d_3\ d_2\ d_1$ die zehn Ziffern einer zehnstelligen ISBN-Nummer. Dann nennt man die letzte Ziffer d_1 die *Prüfziffer*, für die gilt:

(i) $0 \leq d_1 \leq 10$

(ii) Falls $d_1 = 10$ ist, wählt man für d_1 den Buchstaben X.

(iii) $[11 - d_1]_{11} = [\sum_{i=2}^{10} i \cdot d_i\ ]_{11} = [10 \cdot d_{10} + 9 \cdot d_9 + \ldots.. + 2 \cdot d_2]_{11}$

Statt (iii) kann man auch sagen:

(K10) $[0]_{11} = [\sum_{i=1}^{10} i \cdot d_i\ ]_{11} = [10 \cdot d_{10} + 9 \cdot d_9 + \ldots.. + 2 \cdot d_2 + 1 \cdot d_1]_{11}$

bzw.

(iv) $[d_1]_{11} = [\sum_{i=2}^{10} (11 - i) \cdot d_i\ ]_{11} = [d_{10} + 2 \cdot d_9 + \ldots.. + 9 \cdot d_2]_{11}$.

Wir nennen (K10) das *Konstruktionsprinzip* der zehnstelligen ISBN-Nummern.

Betrachten Sie unser Beispiel:
Wir hatten die zehnstellige ISBN-Nummer 3-608-94442-7. 7 ist die Prüfziffer.
Und es gilt:

$$[11 - 7]_{11} = [4]_{11} = [10 \cdot 3 + 9 \cdot 6 + 8 \cdot 0 + 7 \cdot 8 + 6 \cdot 9 + 5 \cdot 4 + 4 \cdot 4 + 3 \cdot 4 + 2 \cdot 2]_{11}$$
$$= [246]_{11} = [22 \cdot 11 + 4]_{11} = [4]_{11}$$

bzw.

$$[7]_{11} = [3 + 2 \cdot 6 + 3 \cdot 0 + 4 \cdot 8 + 5 \cdot 9 + 6 \cdot 4 + 7 \cdot 4 + 8 \cdot 4 + 9 \cdot 2]_{11}$$
$$= [194]_{11} = [17 \cdot 11 + 7]_{11} = [7]_{11}.$$

Ein zweites Beispiel:
Das (ebenfalls sehr zu empfehlende) Buch:
Geheime Botschaften von Simon Singh, erschienen im Verlag Hanser, hatte die zehnstellige ISBN-Nummer 3-446-19873-p. Was ist p?

Die Antwort lautet:

$$[p]_{11} = [3 + 2 \cdot 4 + 3 \cdot 4 + 4 \cdot 6 + 5 \cdot 1 + 6 \cdot 9 + 7 \cdot 8 + 8 \cdot 7 + 9 \cdot 3]_{11}$$
$$= [245]_{11} = [22 \cdot 11 + 3]_{11} = [3]_{11}$$

d.h. p = 3. (Genauso ist es auch).

Man sieht sofort den folgenden Satz:

> Satz 7.7
> Falls in einer zehnstelligen ISBN-Nummer genau eine Ziffer unkorrekt ist, stimmt die Prüfziffer nicht mehr.

Beweis:

Sei $1 \le n \le 10$ beliebig. Dann folgt aus: $[0]_{11} = [\sum_{i=1}^{10} i \cdot d_i\,]_{11} = \sum_{i=1}^{10} [i]_{11} \cdot [d_i]_{11}$

$$[d_n]_{11} = [\,n\,]_{11}^{-1} \cdot \left(\sum_{i=1}^{n-1} [11 - i]_{11} \cdot [d_i]_{11} + \sum_{i=n+1}^{10} [11 - i]_{11} \cdot [d_i]_{11} \right)$$

Das multiplikative Inverse $[\,n\,]_{11}^{-1}$ existiert stets und ist eindeutig bestimmt, da 11 eine Primzahl ist. Somit ist die Ziffer d_n, die zwischen 0 und 10 liegt, eindeutig bestimmt und jeder Fehler bei d_n wird eindeutig erkannt.

q. e. d.

Damit haben wir bereits die erste wichtige Fehlerquelle bei der Eingabe von ISBN-Nummern unter Kontrolle.

Beispiel:

- Betrachten Sie noch einmal die ISBN-Nummer 3-446-19873-3 des Buches von Simon Singh. Es sei n = 8, d.h. wir setzen für die Ziffer d_8 die Variable x und behaupten, ihr Wert sei eindeutig bestimmt:
  3-4x6-19873-3
  Es gilt:
  $$[0]_{11} = [10]_{11} \cdot [3]_{11} + [9]_{11} \cdot [4]_{11} + [8]_{11} \cdot [x]_{11} + [7]_{11} \cdot [6]_{11} + [6]_{11} \cdot [1]_{11} + \\ + [5]_{11} \cdot [9]_{11} + [4]_{11} \cdot [8]_{11} + [3]_{11} \cdot [7]_{11} + [2]_{11} \cdot [3]_{11} + [1]_{11} \cdot [3]_{11}$$
  also:
  $$[8]_{11} \cdot [x]_{11} = [1]_{11} \cdot [3]_{11} + [2]_{11} \cdot [4]_{11} + [4]_{11} \cdot [6]_{11} + [5]_{11} \cdot [1]_{11} + \\ + [6]_{11} \cdot [9]_{11} + [7]_{11} \cdot [8]_{11} + [8]_{11} \cdot [7]_{11} + [9]_{11} \cdot [3]_{11} + [10]_{11} \cdot [3]_{11}$$
  also:
  $$[x]_{11} = ([8]_{11})^{-1} \cdot ([1]_{11} \cdot [3]_{11} + [2]_{11} \cdot [4]_{11} + [4]_{11} \cdot [6]_{11} + [5]_{11} \cdot [1]_{11} + \\ + [6]_{11} \cdot [9]_{11} + [7]_{11} \cdot [8]_{11} + [8]_{11} \cdot [7]_{11} + [9]_{11} \cdot [3]_{11} + [10]_{11} \cdot [3]_{11})$$
  Und aus
  $$\begin{aligned} 11 &= 1 \cdot 8 + 3 \,\|\, 1 = (-1) \cdot 8 + 3 \cdot (11 - 1 \cdot 8) = 3 \cdot 11 - 4 \cdot 8 \\ 8 &= 2 \cdot 3 + 2 \,\|\, 1 = 3 - 1 \cdot (8 - 2 \cdot 3) = (-1) \cdot 8 + 3 \cdot 3 \\ 3 &= 1 \cdot 2 + 1 \,\|\, 1 = 3 - 1 \cdot 2 \\ 2 &= 2 \cdot 1 \end{aligned}$$
  folgt: $([8]_{11})^{-1} = [-4]_{11} = [7]_{11}$,

also:

$$[x]_{11} = [7]_{11} \cdot ([1]_{11} \cdot [3]_{11} + [2]_{11} \cdot [4]_{11} + [4]_{11} \cdot [6]_{11} + [5]_{11} \cdot [1]_{11} + $$
$$+ [6]_{11} \cdot [9]_{11} + [7]_{11} \cdot [8]_{11} + [8]_{11} \cdot [7]_{11} + [9]_{11} \cdot [3]_{11} + [10]_{11} \cdot [3]_{11})$$

$$= [7]_{11} \cdot [263]_{11} = [7]_{11} \cdot [23 \cdot 11 + 10]_{11} = [7]_{11} \cdot [10]_{11} = [70]_{11}$$

$$= [6 \cdot 11 + 4]_{11} = [4]_{11} \text{ also } d_8 = x = 4.$$

Auch die zweite wichtige Fehlerquelle, die Vertauschung zweier Ziffern, wird mit dem Prüfzifferverfahren entdeckt:

> Satz 7.8
> Seien ($d_{10}\, d_9\, d_8\, d_7\, d_6\, d_5\, d_4\, d_3\, d_2\, d_1$) und ($e_{10}\, e_9\, e_8\, e_7\, e_6\, e_5\, e_4\, e_3\, e_2\, e_1$) zwei zehnstellige ISBN-Nummern. Weiter sei $1 \leq m < n \leq 10$ beliebig. Es gelte:
>
> (i) $\forall_{1 \leq i \leq 10}\ (i \neq m) \wedge (i \neq n) \rightarrow d_i = e_i$
> d. h. außer an den Stellen m und n stimmen die beiden ISBN-Nummern überein.
>
> (ii) $d_m = e_n \wedge d_n = e_m$ d. h. die Stellen m und n sind vertauscht
> Dann folgt: $d_m = d_n = e_m = e_n$, d. h. die beiden ISBN-Nummern sind identisch.

Beweis:
Aus dem Konstruktionsprinzip (K10) der zehnstelligen ISBN-Nummern und aus Voraussetzung (i) unseres Satzes folgt:

$$[m]_{11} \cdot [d_m]_{11} + [n]_{11} \cdot [d_n]_{11} = [m]_{11} \cdot [e_m]_{11} + [n]_{11} \cdot [e_n]_{11}.$$

Mit Hilfe von Voraussetzung (ii) wird daraus:

$$[m]_{11} \cdot [d_m]_{11} + [n]_{11} \cdot [d_n]_{11} = [m]_{11} \cdot [d_n]_{11} + [n]_{11} \cdot [d_m]_{11}$$

bzw. $[d_n]_{11} \cdot ([n]_{11} - [m]_{11}) = [d_m]_{11} \cdot ([n]_{11} - [m]_{11})$

bzw. $[d_n]_{11} \cdot ([n - m]_{11}) = [d_m]_{11} \cdot ([n - m]_{11})$.

Da $n \neq m$ vorausgesetzt war und n und m beide zwischen 0 und 10 liegen, ist $n - m$ kein Vielfaches von 11 (auch nicht $= 0 \cdot 11$).

Es gibt also ein multiplikatives Inverses $([n - m]_{11})^{-1}$ und nach Multiplikation unserer letzten Gleichung mit $([n - m]_{11})^{-1}$ erhält man $[d_n]_{11} = [d_m]_{11}$ und damit den gesamten Satz.

q.e.d.

Im Warenbereich hat sich die dreizehnstellige EAN-Nummer durchgesetzt. EAN steht für *E*uropäische *A*rtikel*n*ummer bzw. *E*uropean *A*rticle*n*umber. Sie hat sich soweit durchgesetzt, dass auch die ISBN-Nummern jetzt in diesem dreizehnstelligen Format vergeben werden – und zwar nach der Regel:

Regel zur Umwandlung der zehnstelligen in dreizehnstellige ISBN-Nummern:
Neue (dreizehnstellige) ISBN-Nummer =
Drei Ziffern, die die Ware »Buch« kennzeichnen (d.i. 978 oder 979) +
+ die ersten neun Stellen der alten (zehnstelligen) ISBN-Nummer +
+ eine neue Prüfziffer

Und die Regel zur Vergabe der Prüfziffer bei den dreizehnstelligen EAN- bzw. ISBN-Nummern lautet:

Regel zur Vergabe der Prüfziffer bei dreizehnstelligen EAN-Nummern:
Seien $d_{13}\ d_{12}\ d_{11}\ d_{10}\ d_9\ d_8\ d_7\ d_6\ d_5\ d_4\ d_3\ d_2\ d_1$ die dreizehn Ziffern einer dreizehnstelligen EAN-Nummer. Dann nennt man die letzte Ziffer d_1 die *Prüfziffer*, für die gilt:

(i) $0 \leq d_1 < 10$

(ii) $[10 - d_1]_{10} = [d_{13} + 3\cdot d_{12} + d_{11} + 3\cdot d_{10} + d_9 + 3\cdot d_8 + d_7 + 3\cdot d_6 + d_5 + 3\cdot d_4 + d_3 + 3\cdot d_2]_{10}$

Statt (ii) kann man auch sagen:

(K13) $[0]_{10} = [d_{13} + 3\cdot d_{12} + d_{11} + 3\cdot d_{10} + d_9 + 3\cdot d_8 + d_7 + 3\cdot d_6 + d_5 + 3\cdot d_4 + d_3 + 3\cdot d_2 + d_1]_{10}$

bzw.

(iii) $[d_1]_{10} = [9\cdot d_{13} + 7\cdot d_{12} + 9\cdot d_{11} + 7\cdot d_{10} + 9\cdot d_9 + 7\cdot d_8 + 9\cdot d_7 + 7\cdot d_6 + 9\cdot d_5 + 7\cdot d_4 + 9\cdot d_3 + 7\cdot d_2]_{10}$.

Wir nennen (K13) das *Konstruktionsprinzip* der dreizehnstelligen EAN-Nummern.

Zunächst wieder unsere Beispiele:

- *Gödel, Escher, Bach* von Douglas R. Hofstadter, erschienen im Verlag Klett-Cotta hatte die zehnstellige ISBN-Nummer 3-608-94442-7.

  Die neue dreizehnstellige ISBN-Nummer wird jetzt:
  978-3-608-94442-p mit Prüfziffer p.

  Dabei ist $[p]_{10}$ =
  = $[9\cdot 9 + 7\cdot 7 + 9\cdot 8 + 7\cdot 3 + 9\cdot 6 + 7\cdot 0 + 9\cdot 8 + 7\cdot 9 + 9\cdot 4 + 7\cdot 4 + 9\cdot 4 + 7\cdot 2]_{10}$ =
  = $[526]_{10} = [6]_{10}$
  Und die neue dreizehnstellige ISBN-Nummer heißt jetzt: 978-3-608-94442-6.

- *Geheime Botschaften* von Simon Singh, erschienen im Verlag Hanser, hatte die zehnstellige ISBN-Nummer 3-446-19873-3.
  Die neue dreizehnstellige ISBN-Nummer wird jetzt:
  978-3-446-19873-p mit Prüfziffer p.

  Dabei ist $[p]_{10}$ =
  $= \quad [9{\cdot}9 + 7{\cdot}7 + 9{\cdot}8 + 7{\cdot}3 + 9{\cdot}4 + 7{\cdot}4 + 9{\cdot}6 + 7{\cdot}1 + 9{\cdot}9 + 7{\cdot}8 + 9{\cdot}7 + 7{\cdot}3]_{10} =$
  $= \quad [569]_{10} = [9]_{10}$
  Und die neue dreizehnstellige ISBN-Nummer heißt jetzt: 978-3-446-19873-9.

Beide Ergebnisse können Sie im Internet kontrollieren.
Da $\mathbf{Z}_{10}$ *kein* Körper ist, ist dieses Prüfzifferverfahren nicht mehr so sicher wie unser altes zehnstelliges Verfahren im Körper $\mathbf{Z}_{11}$. Aber für unsere Gewichtungskoeffizienten 1 und 3 gilt: Es ist ggT(10,1) = 1 und ggT(10,3) = 1. Darum haben $[1]_{10}$ und $-[1]_{10} = [-1]_{10} = [9]_{10}$ und auch $[3]_{10}$ und $-[3]_{10} = [-3]_{10} = [7]_{10}$ jeweils ein multiplikatives Inverses in $\mathbf{Z}_{10}$:
Es ist
$[1]_{10} \cdot [1]_{10} = [1]_{10}$, d.h. $([1]_{10})^{-1} = [1]_{10}$
$[9]_{10} \cdot [9]_{10} = [1]_{10}$, d.h. $([9]_{10})^{-1} = [9]_{10}$
$[3]_{10} \cdot [7]_{10} = [1]_{10}$, d.h. $([3]_{10})^{-1} = [7]_{10}$
$[7]_{10} \cdot [3]_{10} = [1]_{10}$, d.h. $([7]_{10})^{-1} = [3]_{10}$.

Deshalb gilt wenigstens:

> Satz 7.9
> Falls in einer dreizehnstelligen EAN-Nummer genau eine Ziffer unkorrekt ist, stimmt die Prüfziffer nicht mehr.

Beweis:
Es gilt für die dreizehn Ziffern der EAN-Nummer:

$$[0]_{10} = [d_{13} + 3{\cdot}d_{12} + d_{11} + 3{\cdot}d_{10} + d_9 + 3{\cdot}d_8 + d_7 + 3{\cdot}d_6 + d_5 + 3{\cdot}d_4 + d_3 + 3{\cdot}d_2 + d_1]_{10} =$$

$$= [d_{13}]_{10} + [3]_{10}\cdot[d_{12}]_{10} + [d_{11}]_{10} + [3]_{10}\cdot[d_{10}]_{10} + [d_9]_{10} + [3]_{10}\cdot[d_8]_{10} + [d_7]_{10} + [3]_{10}\cdot[d_6]_{10} + [d_5]_{10} + [3]_{10}\cdot[d_4]_{10} + [d_3]_{10} + [3]_{10}\cdot[d_2]_{10} + [d_1]_{10}$$

Wie im Beweis von Satz 7.7 ist diese Gleichung für jedes i mit $1 \leq i \leq 13$ eindeutig nach $[d_i]_{10}$ auflösbar, denn alle benötigten inversen Elemente existieren.
Somit ist die Ziffer d_i, die zwischen 0 und 9 liegt, eindeutig bestimmt und jeder Fehler bei d_i wird eindeutig erkannt.

q. e. d

Da ggT(2,10) = ggT(4,10) = ggT(8,10) = 2 ist und ggT(5,10) = 5 ist, haben alle diese Elemente keine multiplikativen Inversen.

Betrachten Sie die Verknüpfungstafel für $\mathbf{Z}_{10}$ bezüglich der Multiplikation $\cdot$:

Multiplikation in $\mathbf{Z}_{10} \setminus \{0\}$

·	**1**	**2**	**3**	**4**	**5**	**6**	**7**	**8**	**9**
1	1	2	3	4	5	6	7	8	9
2	2	4	6	8	0	2	4	6	8
3	3	6	9	2	5	8	1	4	7
4	4	8	2	6	0	4	8	2	6
5	5	0	5	0	5	0	5	0	5
6	6	2	8	4	0	6	2	8	4
7	7	4	1	8	5	2	9	6	3
8	8	6	4	2	0	8	6	4	2
9	9	8	7	6	5	4	3	2	1

Diese »katastrophale« Situation und unsere etwas phantasielose Gewichtung der einzelnen Ziffern lässt uns viele Vertauschungen nicht erkennen. Mit phantasieloser Gewichtung meine ich:

- Die 1., 3., 5., 7., 9., 11. und 13. Ziffer werden alle unverändert gelassen.
- Die 2., 4., 6., 8., 10. und 12. Ziffer werden alle mit derselben Zahl 3 multipliziert.

Daraus folgt:

Satz 7.10

(i) Falls in einer dreizehnstelligen EAN-Nummer zwei Ziffern, die beide an ungerader Stelle stehen, vertauscht werden, ist die letzte Ziffer d_1 nach wie vor eine korrekte Prüfziffer.

(ii) Falls in einer dreizehnstelligen EAN-Nummer zwei Ziffern, die beide an gerader Stelle stehen, vertauscht werden, ist die letzte Ziffer d_1 nach wie vor eine korrekte Prüfziffer.

(iii) Sei m ungerade, $1 \leq m \leq 13$ und n gerade, $2 \leq m \leq 12$. Dann können die Ziffer d_m an m-ter Stelle und d_n an n-ter Stelle vertauscht werden, falls gilt: $d_m + 3 \cdot d_n \equiv 3 \cdot d_m + d_n \mod 10$. Falls $d_m \neq d_n$ ist, ist das genau dann der Fall, wenn $[d_m - d_n]_{10} = [5]_{10}$ ist. Beachten Sie, dass in einem solchen Falle auch die Vertauschung zweier nebeneinander stehenden Ziffern nicht entdeckt wird.

Beweis:
Die Punkte (i) und (ii) sind unmittelbar klar. Vergleichen Sie dazu noch einmal das Konstruktionsprinzip (K13).
Zu (iii)

Es ist

$$
\begin{array}{llll}
d_m + 3 \cdot d_n & \equiv 3 \cdot d_m + d_n & \mod 10 & \leftrightarrow \\
8 \cdot d_m & \equiv 8 \cdot d_n & \mod 10 & \leftrightarrow \\
8 \cdot (d_m - d_n) & \equiv 0 & \mod 10 & \leftrightarrow \\
d_m - d_n & \equiv 5 & \mod 10 & \text{für } d_m \neq d_n
\end{array}
$$

q. e. d.

Ein Beispiel:

- Die dreizehnstellige ISBN-Nummer von *Gödel, Escher, Bach* lautet: 97*8*-*3*-608-94442-6. Wenn ich hier die Ziffern $d_{11} = 8$ und $d_{10} = 3$ vertausche, besteht wegen
  $8 + 3 \cdot 3 = 17 \equiv 7 \bmod 10$
  und
  $3 + 3 \cdot 8 = 27 \equiv 7 \bmod 10$
  auch die Eingabe 97*3*-*8*-608-94442-6 den Prüfziffertest.

Das Rechnen im modulo-Verfahren bzw. das Rechnen in $\mathbf{Z}_q$ spielt auch bei Verschlüsselungsverfahren in der Krytographie eine wichtige Rolle. Man braucht dort aber auch noch einige andere zahlentheoretische Resultate. Darum machen wir aus diesem Anwendungsgebiet ein eigenes Kapitel, es wird unser achtes sein.

Übungsaufgaben

1. Aufgabe

Zeigen Sie:

a. $\mathbf{Z}_2$ ist Körper.
b. Es gibt einen Körper mit 7 Elementen.
c. $\mathbf{Z}_6$ ist kein Körper.

Stellen Sie außerdem in jedem der drei Fälle die Additions- und die Multiplikationstafel auf.

2. Aufgabe

Sei $m \in \mathbf{N}$, $m > 0$. Zeigen Sie: Jedes Element aus $\mathbf{Z}_m$ besitzt ein additives Inverses.

3. Aufgabe

Sei $m \in \mathbf{N}$, $m > 0$.Geben Sie mit Hilfe von Repräsentanten aus der Menge $\{1, \ldots m\}$ jeweils die additiven Inversen aus $\mathbf{Z}_m$ an:

a. zu 1 in $\mathbf{Z}_{20}$
b. zu 4 in $\mathbf{Z}_{12}$
c. zu 199 in $\mathbf{Z}_{200}$

4. Aufgabe

Zeigen Sie: Es gilt nicht, dass für alle $m \in \mathbf{N}$, $m > 0$ jedes Element aus $\mathbf{Z}_m$ ein multiplikatives Inverses besitzt.

5. Aufgabe

457 ist eine Primzahl. Finden Sie multiplikative Inverse zu den folgenden Elementen von $\mathbf{Z}_{457}$:

a. 12
b. 200
c. 400

6. Aufgabe

a. Gibt es in $\mathbf{Z}_{14}$ Zahlen, die kein multiplikatives Inverses haben? Wenn ja, welche sind das?
b. Gibt es in $\mathbf{Z}_{91}$ Zahlen, die kein multiplikatives Inverses haben? Wenn ja, welche sind das?
c. Gibt es in $\mathbf{Z}_{11}$ Zahlen, die kein multiplikatives Inverses haben? Wenn ja, welche sind das?
d. Gibt es in $\mathbf{Z}_{97}$ Zahlen, die kein multiplikatives Inverses haben? Wenn ja, welche sind das?

7. Aufgabe

a. Eine Mathematikerin argumentiert:
   $3\,x = 12 \bmod 97 \quad \to \quad x = 4 \bmod 97$
   Hat sie recht? Falls ja, beweisen Sie ihre Aussage, falls nein, beweisen Sie dies ebenfalls.
b. Eine Kollegin argumentiert:
   $3\,x = 12 \bmod 87 \quad \to \quad x = 4 \bmod 87$
   Hat sie ebenfalls recht? Falls ja, beweisen Sie ihre Aussage, falls nein, beweisen Sie dies ebenfalls.

8. Aufgabe

Zeigen Sie: Sowohl beim 10-stelligen als auch beim 13-stelligen ISBN-Codierungsverfahren werden Einzelfehler – das sind Fehler, bei denen nur eine einzige Ziffer verändert wurde – stets erkannt.

9. Aufgabe

Von den folgenden 5 zehnstelligen ISBN-Nummern sind einige gültig und einige ungültig. Entscheiden Sie jeweils:

a. 3596159717
b. 342372444X

c. 3100540204
d. 3518460536
e. 3423342984

10. Aufgabe

Bei den folgenden 5 zehnstelligen ISBN-Nummern fehlt die Prüfziffer. Ermitteln Sie sie:
a. 363062073..
b. 342333052..
c. 342311824..
d. 360894442..
e. 351810068..

11. Aufgabe

a. Bei der Erfassung der zehnstelligen ISBN-Nummer 3608944443 wird bei der Erfassung die 5. und 6. Ziffer versehentlich vertauscht (statt 94 also 49). Wird das durch die formale Überprüfung des Nummernaufbaus erkannt?
b. Bei der Erfassung der entsprechenden dreizehnstelligen ISBN-Nummer 978-3608944440 wird bei der Erfassung die 8. und 9. Ziffer versehentlich vertauscht. (Wieder statt 94 die Reihenfolge 49). Wird das durch die formale Überprüfung des Nummernaufbaus erkannt?

12. Aufgabe

Von den folgenden 5 dreizehnstelligen ISBN-Nummern sind einige gültig und einige ungültig. Entscheiden Sie jeweils:
a. 978-3462531607
b. 978-3835101630
c. 978-3518456880
d. 978-3602944440
e. 978-3518100684

13. Aufgabe

Bei den folgenden 5 dreizehnstelligen ISBN-Nummern fehlt die Prüfziffer. Ermitteln Sie sie:
a. 978-360894442..
b. 978-342311824..
c. 978-342333052..
d. 978-363062073..
e. 978-342334299..

Zahlentheorie und Kryptographie 8

Allen, die sich für das spannende Gebiet der Verschlüsselungen und Geheimcodes interessieren, sei das Buch »Geheime Botschaften« von Simon Singh eindringlich empfohlen [Singh2]. Ich möchte mich in diesem Kapitel auf die mathematischen Hintergründe eines der wichtigsten Verschlüsselungsverfahren konzentrieren. Wir besprechen die so genannte *Public Key Verschlüsselung*. Sie hat bei allen sicherheitskritischen Kommunikationsprozessen, die im Internet oder auch über andere Übertragungswege stattfinden, eine enorme Bedeutung. Sie ist also wichtig für die Informatik, aber die Informatik ist auch wichtig für diese Form der Verschlüsselung, denn ihre Durchführung ist ohne Computer gar nicht denkbar.

Die Idee zu dieser Verschlüsselungsform stammt von drei amerikanischen Wissenschaftlern vom Massachusetts Institute of Technology, die dieses Verfahren 1977 in einem Zeitschriftenartikel vorstellten. Das *M*assachusetts *I*nstitute of *T*echnology (MIT), das sich in Cambridge (Massachusetts) nahe bei Boston an der amerikanischen Ostküste befindet, gilt als eine der weltweit führenden Universitäten im Bereich von technologischer Forschung und Lehre. Die Namen der drei Wissenschaftler waren:

- Ron *R*ivest, Computer Scientist, d.h. Informatiker
- Adi *S*hamir, Computer Scientist, d.h. Informatiker
- Leonard *A*dleman, Mathematiker

Ihr Verfahren, nach den Anfangsbuchstaben ihrer Nachnamen auch RSA-Verfahren genannt, wurde die einflussreichste Verschlüsselungsform der modernen Kryptographie. Zum Verständnis dieser Verschlüsselung benötigen wir ein wenig Zahlentheorie, mit der wir unser Kapitel beginnen.

8.1 Der »kleine Fermat«

Wir beginnen damit, dass in Körpern $\mathbf{Z}_q$ die binomischen Formeln viel leichter zu formulieren sind. Dazu müssen wir die Binomialkoeffizienten untersuchen. Betrachten Sie zunächst ein *Beispiel*:

- Es sei q = 7. Dann gilt:

$$\binom{7}{0} = \frac{7!}{0!\cdot(7-0)!} = 1 = \frac{7!}{7!\cdot(7-7)!} = \binom{7}{7}$$

$$\binom{7}{1} = \frac{7!}{1!\cdot(7-1)!} = 7 = \frac{7!}{6!\cdot(7-6)!} = \binom{7}{6}$$

$$\binom{7}{2} = \frac{7!}{2!\cdot(7-2)!} = 21 = \frac{7!}{5!\cdot(7-5)!} = \binom{7}{5}$$

$$\binom{7}{3} = \frac{7!}{3!\cdot(7-3)!} = 35 = \frac{7!}{4!\cdot(7-4)!} = \binom{7}{4}$$

Wie Sie sehen, ist 7 ein Teiler von allen Werten $\binom{7}{k}$ mit $0 < k < 7$.
Das gilt allgemein für jede Primzahl:

> Satz 8.1
> Sei $p \in \mathbf{N}$ eine Primzahl. Dann gilt für alle $0 < k < p$: p ist ein Teiler von $\binom{p}{k}$.

Beweis:
In dem Ausdruck

$$\binom{p}{k} = \frac{p!}{k! \cdot (p-k)!}$$

wird die Primzahl p in dem Produktausdruck p! über dem Bruchstrich nicht herausgekürzt, wenn $k > 0$ (dann ist $p - k < p$) und $k < p$ ist.

Also teilt p in diesen Fällen die natürliche Zahl $\binom{p}{k} = \frac{p!}{k! \cdot (p-k)!}$.

q. e. d.

Warnung:
Die Argumentation dieses Satzes funktioniert nur, weil p eine Primzahl ist. Wo wird das entscheidend benutzt?

Betrachten Sie dagegen $\binom{4}{2} = \frac{4!}{2! \cdot (4-2)!} = 6$.

Hier gilt offensichtlich *nicht*, dass 4 die natürliche Zahl $\binom{4}{2}$ teilt. Die Konsequenzen von Satz 8.1. sehen Sie im folgenden Satz:

> Satz 8.2
> Sei $p \in \mathbf{N}$ eine Primzahl, $a, b \in \mathbf{Z}_p$ beliebig. Dann gilt in $\mathbf{Z}_p$:
> $(a + b)^p = a^p + b^p$.

Beweis:
Der Beweis folgt unmittelbar aus Satz 8.1 und Satz 3.6, in dem wir die Formel

$$(x + y)^n = \sum_{k=0}^{n} \binom{n}{k} x^{n-k} y^k$$

bewiesen haben.

q. e. d.

Satz 8.2. kann man auch noch anders formulieren:

Satz 8.2 (alternativ)
Sei $p \in \mathbf{N}$ eine Primzahl, $a, b \in \mathbf{Z}$ beliebig. Dann gilt:

$$(a + b)^p \equiv a^p + b^p \mod p$$

Beispiele:

- $3^7 \equiv 3^2 \cdot 3^5 \mod 7 \equiv 9 \cdot 3^5 \mod 7 \equiv 2 \cdot 3^5 \mod 7 \equiv 2 \cdot 2 \cdot 3^3 \mod 7 \equiv$
  $\equiv 4 \cdot 2 \cdot 3^1 \mod 7 \equiv 8 \cdot 3 \mod 7 \equiv 1 \cdot 3 \mod 7 \equiv 3 \mod 7$

  Die Rechentechnik, mit der man hier und in den anderen Beispielen vorgeht, sieht folgendermaßen aus:
  Zu berechnen ist: $x^n \mod p$. Dann bestimme man zunächst die kleinste Zahl $m \in \mathbf{N}$, für die gilt:
  $x^m > p$

  und setzt $y := x^m - p$. Falls $m \leq n$ ist, schreibt man
  $x^n \equiv y \cdot x^{n-m} \mod p$.

  Weiter »verkleinert« man in dem gesamten Produkt die ersten Faktoren bzw. Teilprodukte so schnell wie möglich und lässt keine großen Zahlen entstehen.

- $2^7 \equiv 2 \cdot 2 \cdot 2 \cdot 2^4 \mod 7 \equiv 8 \cdot 2^4 \mod 7 \equiv 1 \cdot 2^4 \mod 7 \equiv$
  $\equiv 1 \cdot 1 \cdot 2^1 \mod 7 \equiv 1 \cdot 2 \mod 7 \equiv 2 \mod 7$

- $5^7 \equiv 5^2 \cdot 5^5 \mod 7 \equiv 25 \cdot 5^5 \mod 7 \equiv 4 \cdot 5^5 \mod 7 \equiv 4 \cdot 4 \cdot 5^3 \mod 7$
  $\equiv 16 \cdot 5^3 \mod 7 \equiv 2 \cdot 5^3 \mod 7 \equiv 2 \cdot 4 \cdot 5^1 \mod 7 \equiv 8 \cdot 5^1 \mod 7$
  $\equiv 1 \cdot 5^1 \mod 7 \equiv 5 \mod 7$

  Daher gilt:
  $(3 + 2)^7 \equiv 5^7 \mod 7 \equiv 5 \mod 7$
  $3^7 + 2^7 \equiv 3 + 2 \mod 7 \equiv 5 \mod 7$, also
  $5 \equiv (3 + 2)^7 \mod 7 \equiv 3^7 + 2^7 \mod 7 \equiv 3 + 2 \mod 7 \equiv 5 \mod 7$

Bemerkung: Diese Berechnungen sind natürlich ein Beispiel für $a^7 + b^7 \equiv c^7 \mod 7$. Aber zumindest in unseren Beispielen gilt noch mehr: Es ist hier stets:

$$a^7 \equiv a \mod 7$$

Diese Beziehung gilt nicht nur für die Zahl 7 sondern für beliebige Primzahlen. Wie alle wichtigen Beziehungen hat sie einen Namen, nämlich *kleiner Satz von Fermat* und wir werden sie noch in diesem Abschnitt beweisen.

Wir brauchen zunächst eine kleine Verallgemeinerung des Satzes 8.2:

Folgerung 8.3
Sei $p \in \mathbf{N}$ eine Primzahl, $a_1, \dots a_n \in \mathbf{Z}_p$ beliebig. Dann gilt in $\mathbf{Z}_p$:

$$(a_1 + \dots + a_n)^p = \Big(\sum_{i=1}^{n} a_i\Big)^p = \sum_{i=1}^{n} a_i^p = a_1^p + \dots + a_n^p.$$

Beweis:
Der Beweis folgt mit einem einfachen Induktionsargument der Art

$$(a + b + c)^p = ((a + b) + c)^p = (a + b)^p + c^p = a^p + b^p + c^p$$

sofort aus Satz 8.2.

q. e. d.

Wieder ist es günstig, auch über die äquivalente Formulierung dieses Sachverhalts mit Hilfe der mod-Funktion zu verfügen:

Folgerung 8.3 (alternativ)
Sei $p \in \mathbf{N}$ eine Primzahl, $a_1, \dots a_n \in \mathbf{Z}$ beliebig. Dann gilt:

$$\mathbf{(a_1 + \dots + a_n)^p} \equiv \Big(\sum_{i=1}^{n} a_i\Big)^p \equiv \sum_{i=1}^{n} a_i^p \bmod p \equiv a_1^p + \dots + a_n^p \bmod p\,.$$

Der folgende Satz wird der *»Kleine Fermat«* oder auch der *»Kleine Satz von Fermat«* genannt. *Pierre Fermat* war ein französischer Mathematiker und Jurist am obersten Gerichtshof in Toulouse. Er lebte von 1601 bis 1665, das war zur Zeit des dreißigjährigen Krieges. Die Mathematik verdankt ihm sehr viele und sehr tief gehende Anregungen, Resultate und Vermutungen. Die bekannteste ist der so genannte *»Große Fermat«*, der auch über 300 Jahre die *»Fermatsche Vermutung« genannt wurde:*

Für $\mathbf{n} \in \mathbf{N}$, $n > 2$ besitzt die Gleichung $a^n + b^n = c^n$ keine Lösung mit $a, b, c \in \mathbf{Z} \setminus \{\mathbf{0}\}$.

Diese Vermutung konnte erst Mitte der neunziger Jahre des letzten Jahrhunderts durch Andrew Wiles, einen britischen Mathematiker bewiesen werden. Die Entdeckung dieses Beweises und seine Geschichte sind ein hoch interessantes Abenteuer, zu dem mehrere Bücher veröffentlicht worden sind, die keineswegs nur von Fachleuten gelesen werden können. Ich verweise auf [Ribe], [Singh1], [Poort]. Da die Fermatsche Vermutung jetzt bewiesen ist, nennt man sie auch *Fermats letzten Satz.*

Aber auch der kleine Fermat hat es in sich. Er ist zwar leichter zu beweisen, aber er ist extrem wichtig und nützlich für viele Teilgebiete der Zahlentheorie. Sie werden noch in diesem Kapitel eine bedeutende Anwendung kennen lernen.

Satz 8.4 (Der kleine Satz von Fermat)
Sei $p \in \mathbf{N}$ eine Primzahl und $x \in \mathbf{Z}$ mit $ggT(x, p) = 1$. Dann gilt: $x^{p-1} \equiv 1 \mod p$

Beweis:
Sei zunächst $x \in N$. Es gilt wegen Folgerung 8.3:

$$x^p \equiv \left(\sum_{i=1}^{x} 1\right)^p \mod p \equiv \sum_{i=1}^{x} \left(1^p\right) \mod p \equiv \sum_{i=1}^{x} 1 \mod p \equiv x \mod p, \text{ also}$$

$x^p \equiv x \mod p$ (*).

Da aber $\mathbf{Z}_p$ ein Körper war, gibt es zu $[x]_p \in \mathbf{Z}_p$ mit $[x]_p \neq [0]_p$ ein multiplikatives Inverses (genau das bedeutet die Bedingung $ggT(x, p) = 1$), d.h. es gibt ein Element α so, dass

$$[x]_p \cdot [\alpha]_p = [1]_p \text{ bzw. } x \cdot \alpha \equiv 1 \mod p.$$

Multiplikation der Gleichung (*) von beiden Seiten mit α liefert:

$$x^{p-1} \equiv 1 \mod p$$

die Behauptung.

Falls $x < 0$ ist, wähle man ein $y > 0$ mit $p \mid (x - y)$. Dann gilt:

$$y^{p-1} \equiv x^{p-1} \mod p \equiv 1 \mod p.$$

q.e.d.

Bemerkung: »Normalerweise« wird der Satz von Fermat in der Literatur anders bewiesen. Bitte vergleichen Sie z.B. in [Brill]. Ich finde den hier dargestellten Beweis deshalb interessant, weil er sehr viel von dem benutzt, was wir bisher entwickelt haben und weil er noch einmal klar macht, wie nützlich algebraische Begriffe wie Körper, inverses Element usw. sein können. Ich verdanke die Idee zu diesem Beweis dem sehr ansprechenden Buch »Zahlentheorie für Einsteiger« von Bartholomé, Rung und Kern. [BRK]. Den anderen Beweis des Satzes von Fermat präsentiere ich Ihnen bei der Diskussion seiner Verallgemeinerung, beim Beweis des Satzes von Euler.

Beispiele:

- Wir rechnen mod 5 und berechnen die Potenzen von x mod 5:

x	x^2 mod 5	x^3 mod 5	x^4 mod 5
1	1	1	1
2	4	3	1
3	4	2	1
4	1	4	1

- Wir rechnen mod 7 und berechnen die Potenzen von x mod 7:

x	x^2 mod 7	x^3 mod 7	x^4 mod 7	x^5 mod 7	x^6 mod 7
1	1	1	1	1	1
2	4	1	2	4	1
3	2	6	4	5	1
4	2	1	4	2	1
5	4	6	2	3	1
6	1	6	1	6	1

Der Satz gilt *nicht* für das Rechnen modulo zusammengesetzter Zahlen, wie Ihnen die folgende Tabelle beweist:

- Wir rechnen mod 4 und berechnen die Potenzen von x mod 4:

x	x^2 mod 4	x^3 mod 4
1	1	1
2	0	0
3	1	3

Sie sehen: Außer für x = 1 stimmt hier der Fermatsche Satz niemals.
Trotzdem ist es Euler gelungen, den Fermatschen Satz für beliebige Zahlen q, bezüglich denen man modulo-Werte berechnet, zu verallgemeinern.

8.2 Die Eulersche Phi-Funktion

Zu dieser Verallgemeinerung braucht man eine neue Funktion, die so genannte Eulersche φ-Funktion:

Definition:
Sei $n \in \mathbb{N} \setminus \{0\}$. Sei $Z_n^* = \{ x \in Z_n \mid x \text{ hat ein multiplikatives Inverses} \}$
Dann ist der Wert der Eulerschen φ-Funktion für n definiert durch:

$\varphi(n)$=Anzahl der Zahlen m mit den Eigenschaften $1 \le m \le n$ und $ggT(m, n) = 1$
= Anzahl der Elemente mit multiplikativem Inversen in $Z_n = |Z_n^*|$

Bitte erinnern Sie sich (2. Kapitel), dass man für die Anzahl der Elemente einer endlichen Menge M das Symbol | M | schreibt. Die beiden Beschreibungen der Eulerschen φ-Funktion sind wegen Satz 7.5 äquivalent.

Damit können wir bequem ein paar Beispiele beschreiben:

Beispiele:

1. $\varphi(1)$	$= \mid \{1\} \mid$	$= 1$
2. $\varphi(2)$	$= \mid \{1\} \mid$	$= 1$
3. $\varphi(3)$	$= \mid \{1, 2\} \mid$	$= 2$
4. $\varphi(4)$	$= \mid \{1, 3\} \mid$	$= 2$
5. $\varphi(5)$	$= \mid \{1, 2, 3, 4\} \mid$	$= 4$
6. $\varphi(6)$	$= \mid \{1, 5\} \mid$	$= 2$
7. $\varphi(7)$	$= \mid \{1, 2, 3, 4, 5, 6\} \mid$	$= 6$
8. $\varphi(8)$	$= \mid \{1, 3, 5, 7\} \mid$	$= 4$
9. $\varphi(9)$	$= \mid \{1, 2, 4, 5, 7, 8\} \mid$	$= 6$
10. $\varphi(10)$	$= \mid \{1, 3, 7, 9\} \mid$	$= 4$
11. $\varphi(11)$	$= \mid \{1, 2, 3, 4, 5, 6, 7, 8, 9, 10\} \mid$	$= 10$
12. $\varphi(12)$	$= \mid \{1, 5, 7, 11\} \mid$	$= 4$

Diese Eulersche φ-Funktion wird sich als sehr nützlich erweisen und sie hat interessante Eigenschaften:

> Satz 8.5
> Sei $p \in N$ eine Primzahl. Dann ist $\varphi(p) = p - 1$.

Beweis:
Offensichtlich.

Wie ist es nun mit zusammengesetzten Zahlen? Das müssen wir uns Schritt für Schritt erarbeiten. Zunächst gilt:

> Satz 8.6
> Sei $p \in N$ eine Primzahl und $n \in \mathbf{N} \setminus \{0\}$. Dann ist $\varphi(p^n) = p^{n-1} \cdot (p - 1)$.

Beweis:
Es ist $\{ m \in N \mid 1 \leq m \leq p^n \text{ und } ggT(m, p^n) > 1 \} = \{ x \cdot p \mid 1 \leq x \leq p^{n-1} \}$ und daher:

$$|\{ m \in \mathbf{N} \mid 1 \leq m \leq p^n \text{ und } ggT(m, p^n) > 1 \}| = |\{ x \cdot p \mid 1 \leq x \leq p^{n-1} \}| = p^{n-1}.$$

Es folgt: $\varphi(p^n) = p^n - p^{n-1} = p^{n-1} \cdot (p - 1)$.

q. e. d.

Beispielsweise war $\varphi(3^2) = \varphi(9) = 6 = 3 \cdot (3 - 1)$.

Damit wir nun diese Formeln aus den Sätzen 8.5 und 8.6 für die Berechnung der Eulerschen φ-Funktion für beliebige Zahlen, d.h. für beliebige Ausdrücke der Art

$$p_1^{m1} \cdot \ldots \cdot p_n^{mn}$$

benutzen können, brauchen wir noch eine Formel für das Produkt von teilerfremden Zahlen. Es wird gelten:

Seien m, n $\in \mathbf{N}\setminus\{0\}$ und ggT(m, n) = 1. Dann gilt: $\varphi(m \cdot n) = \varphi(m) \cdot \varphi(n)$

Beispielsweise ist $4 = \varphi(10) = \varphi(2) \cdot \varphi(5) = 1 \cdot 4$.

Dass die Teilerfremdheit eine wichtige Zusatzbedingung ist, sehen Sie z.B. an:

$$4 = \varphi(8) \neq \varphi(2) \cdot \varphi(4) = 1 \cdot 2 .$$

Doch ehe wir unsere Formel über das Produkt von teilerfremden Zahlen beweisen können, müssen wir erst etwas über das Lösen von mehreren Gleichungen in verschiedenen $\mathbf{Z}_q$ herausfinden. Ich bespreche dazu mit Ihnen die einfachste Version eines Satzes, der *chinesischer Restsatz* heißt:

Satz 8.7

Seien m, n $\in N \setminus \{0\}$ mit ggT(m, n) = 1. Seien a, b $\in \mathbf{Z}$ beliebig. Dann hat das Gleichungssystem

$$x \equiv a \mod m$$
$$x \equiv b \mod n$$

genau eine Lösung modulo $m \cdot n$.

Beweis:

Wegen Satz 3.12 wissen wir, dass es Zahlen r, s gibt, sodass

$$r \cdot m + s \cdot n = 1.$$

Sei nun x aus der Äquivalenzklasse $[a \cdot s \cdot n + b \cdot r \cdot m]_{m \cdot n}$
wobei $[a \cdot s \cdot n + b \cdot r \cdot m]_{m \cdot n} \in \mathbf{Z}_{m \cdot n}$.

Es ist $a \cdot s \cdot n + b \cdot r \cdot m = a \cdot (1 - r \cdot m) + b \cdot r \cdot m \equiv a \mod m$.
Und $a \cdot s \cdot n + b \cdot r \cdot m = a \cdot s \cdot n + b \cdot (1 - s \cdot n) \equiv b \mod n$.

Also ist x eine Lösung des Gleichungssystems. Wir müssen jetzt nur noch zeigen, dass es mod $m \cdot n$ keine andere Lösung dieses Gleichungssystems gibt.

Sei x' so, dass

$x' \equiv a \mod m$, also $x - x' \equiv 0 \mod m$.
$x' \equiv b \mod n$, also $x - x' \equiv 0 \mod n$.

Es folgt: $m \mid (x - x')$ und $n \mid (x - x')$. Da m und n teilerfremd waren, muss auch gelten:
$m \cdot n \mid (x - x')$
(das folgt beispielsweise aus der Zerlegung von m und n in ihre Primfaktoren)
also $x \equiv x' \mod m \cdot n$.

Das war zu zeigen.

Eher wir weiter Zahlentheorie betreiben, ein kleines Spiel:
Denken Sie sich eine Zahl zwischen 1 und 20. Teilen Sie diese Zahl durch 3 und sagen Sie mir, was für ein Rest herauskommt (sagen wir: r_3). Teilen Sie sie nun durch 7 und sagen Sie mir wieder den Rest (r_7).

Da $1 \cdot 7 - 2 \cdot 3 = 1$ ist, haben Sie sich das Element aus $[r_3 \cdot 1 \cdot 7 + r_7 \cdot (-2) \cdot 3]_{7 \cdot 3} = [7 \cdot r_3 - 6 \cdot r_7]_{21}$, das zwischen 1 und 20 liegt, als Zahl gedacht.
Probieren Sie es aus! Und machen Sie sich klar, wie ich die allgemeine Formel aus dem obigen Beweis hier eingesetzt habe.
Um nun zu unserer gewünschten Beziehung $\varphi(m \cdot n) = \varphi(m) \cdot \varphi(n)$ für $ggT(m, n) = 1$ zu kommen, reicht es, zu zeigen, dass für teilerfremde m und n die Mengen $\mathbf{Z}_m^* \times \mathbf{Z}_n^*$ und $\mathbf{Z}_{m \cdot n}^*$ die gleiche Mächtigkeit haben. Dazu müssen wir eine Bijektion zwischen diesen beiden Mengen konstruieren.
Wir benutzen dazu unsere Formel aus dem Chinesischen Restsatz. Lassen Sie mich die Beweiskonstruktion zunächst an einem Beispiel vorführen:

Sei $m = 5$, $n = 12$. Dann ist $(-7) \cdot 5 + 3 \cdot 12 = 1$.

Die Abbildung $f: \mathbf{Z}_5^* \times \mathbf{Z}_{12}^* \rightarrow \mathbf{Z}_{5 \cdot 12}^* = \mathbf{Z}_{60}^*$ sei folgendermaßen definiert:

$$f([a]_5, [b]_{12}) = [a \cdot 3 \cdot 12 + b \cdot (-7) \cdot 5]_{60} = [36 \cdot a - 35 \cdot b]_{60}.$$

Wir erhalten folgende Tabelle, die – wie Sie sich leicht überlegen können – jeweils alle Elemente von $\mathbf{Z}_5^* \times \mathbf{Z}_{12}^*$ und $\mathbf{Z}_{60}^*$ enthält und an der man daher sofort ablesen kann:

$$16 = \varphi(60) = \varphi(5 \cdot 12) = \varphi(5) \cdot \varphi(12) = 4 \cdot 4 .$$

$[a]_5$	$[b]_{12}$	$[36 \cdot a - 35 \cdot b]_{60}$	=	$[x]_{60}$
$[1]_5$	$[1]_{12}$	$[1]_{60}$	=	$[1]_{60}$
$[1]_5$	$[5]_{12}$	$[-139]_{60}$	=	$[41]_{60}$
$[1]_5$	$[7]_{12}$	$[-209]_{60}$	=	$[31]_{60}$
$[1]_5$	$[11]_{12}$	$[-349]_{60}$	=	$[11]_{60}$
$[2]_5$	$[1]_{12}$	$[37]_{60}$	=	$[37]_{60}$
$[2]_5$	$[5]_{12}$	$[-103]_{60}$	=	$[17]_{60}$
$[2]_5$	$[7]_{12}$	$[-173]_{60}$	=	$[7]_{60}$
$[2]_5$	$[11]_{12}$	$[-313]_{60}$	=	$[47]_{60}$
$[3]_5$	$[1]_{12}$	$[73]_{60}$	=	$[13]_{60}$
$[3]_5$	$[5]_{12}$	$[-67]_{60}$	=	$[53]_{60}$
$[3]_5$	$[7]_{12}$	$[-137]_{60}$	=	$[43]_{60}$
$[3]_5$	$[11]_{12}$	$[-277]_{60}$	=	$[23]_{60}$
$[4]_5$	$[1]_{12}$	$[109]_{60}$	=	$[49]_{60}$
$[4]_5$	$[5]_{12}$	$[-31]_{60}$	=	$[29]_{60}$
$[4]_5$	$[7]_{12}$	$[-101]_{60}$	=	$[19]_{60}$
$[4]_5$	$[11]_{12}$	$[-241]_{60}$	=	$[59]_{60}$

Nun aber zum allgemeinen Beweis:

> Satz 8.8
> Seien m, n $\in \mathbf{N} \setminus \{0\}$ mit ggT(m, n) = 1. Dann gilt: $\varphi(m \cdot n) = \varphi(m) \cdot \varphi(n)$.

Beweis:
Seien **r, s** $\in \mathbf{Z}$ so, dass $r \cdot m + s \cdot n = 1$.
Sei die Abbildung f: $\mathbf{Z}_m^* \times \mathbf{Z}_n^* \rightarrow \mathbf{Z}_{m \cdot n}^*$ folgendermaßen definiert:

$f([a]_m, [b]_n) = [a \cdot s \cdot n + b \cdot r \cdot m]_{m \cdot n}$. Dann gilt:

(i) f ist unabhängig von der Auswahl der Repräsentanten a und b.

Beweis:
Wenn ich andere Repräsentanten wähle, d.h. $a + d_1 \cdot m$ statt a und $b + d_2 \cdot n$ statt b, dann ist:

$$\begin{aligned}(a + d_1 \cdot m) \cdot s \cdot n + (b + d_2 \cdot n) \cdot r \cdot m &= \\ &= a \cdot s \cdot n + b \cdot r \cdot m + (d_1 \cdot s + d_2 \cdot r) \cdot m \cdot n \equiv \\ &\equiv a \cdot s \cdot n + b \cdot r \cdot m \mod m \cdot n .\end{aligned}$$

(ii) f ist wirklich eine Abbildung nach $\mathbf{Z}_{m \cdot n}^*$,
d.h. $(\text{ggT}(a, m) = \mathbf{1} \wedge \text{ggT}(b, n) = 1) \rightarrow \text{ggT}(a \cdot s \cdot n + b \cdot r \cdot m, m \cdot n) = 1$.

Beweis:
Es ist $[a \cdot s \cdot n + b \cdot r \cdot m]_m = [a]_m$,
d. h. $\text{ggT}(a \cdot s \cdot n + b \cdot r \cdot m, m) = \text{ggT}(a, m) = 1$
und $[a \cdot s \cdot n + b \cdot r \cdot m]_n = [b]_n$,
d.h. $\text{ggT}(a \cdot s \cdot n + b \cdot r \cdot m, n) = \text{ggT}(b, n) = 1$.

Jede Primzahl, die $m \cdot n$ teilt, muss ein Teiler von m oder n sein (vgl. Satz 3.16). Das bedeutet, dass keine dieser Primzahlen unseren Ausdruck
$a \cdot s \cdot n + b \cdot r \cdot m$
teilen kann. Also folgt: $\text{ggT}(a \cdot s \cdot n + b \cdot r \cdot m, m \cdot n) = 1$.

(iii) f ist injektiv .

Beweis:
Sei $[a' \cdot s \cdot n + b' \cdot r \cdot m]_{m \cdot n} \neq [a \cdot s \cdot n + b \cdot r \cdot m]_{m \cdot n}$
Dann gibt es ein $\delta \neq 0$ mit $-m \cdot n < \delta < m \cdot n$ so, dass
$a' \cdot s \cdot n + b' \cdot r \cdot m = a \cdot s \cdot n + b \cdot r \cdot m + \delta$.

Ist δ kein Vielfaches von m, gilt:
$[a']_m = [a' \cdot s \cdot n + b' \cdot r \cdot m]_m = [a \cdot s \cdot n + b \cdot r \cdot m + \delta]_m \neq$
$\neq [a \cdot s \cdot n + b \cdot r \cdot m]_m = [a]_m$
also $([a]_m, [b]_n) \neq ([a']_m, [b']_n)$.

Ist aber δ ein Vielfaches von m, kann δ wegen $-m \cdot n < \delta < m \cdot n$ kein Vielfaches von n sein und wir folgern analog:
$[b']_n = [a' \cdot s \cdot n + b' \cdot r \cdot m]_n = [a \cdot s \cdot n + b \cdot r \cdot m + \delta]_n \neq$
$\neq [a \cdot s \cdot n + b \cdot r \cdot m]_n = [b]_m$
also wieder $([a]_m, [b]_n) \neq ([a']_m, [b']_n)$.

(iv) f ist surjektiv

Beweis:
Sei $[y]_{m \cdot n} \in \mathbf{Z}_{m \cdot n}^*$. Dann ist auch offensichtlich
$[y]_m \in \mathbf{Z}_m^*$ und $[y]_n \in \mathbf{Z}_n^*$. Und es ist nach Definition:
$f([y]_m, [y]_n) = [y \cdot s \cdot n + y \cdot r \cdot m]_{m \cdot n} = [y(s \cdot n + r \cdot m)]_{m \cdot n} = [y]_{m \cdot n}$.

Damit ist der ganze Satz bewiesen.

Wir wissen jetzt als Konsequenz der Sätze 8.5, 8.6 und 8.8:

Satz 8.9
Sei $n \in \mathbf{N} \backslash \{0\}$ eine natürliche Zahl mit der Primfaktorzerlegung

$$n = \prod_{i=1}^{x} p_i^{m_i} .$$

Dann gilt:

$$\varphi(n) = \prod_{i=1}^{x} p_i^{m_i - 1}(p_i - 1) .$$

Warum um alles in der Welt macht man das? Warum machen wir uns eine solche Mühe für diese Produktformel? Man will – und im nächsten und übernächsten Abschnitt finden Sie wichtige Gründe dafür – man will die Eulersche φ-Funktion berechnen. Aber stellen Sie sich vor, wie zeitaufwendig diese Berechnung mit Hilfe der Berechnung des ggT wird.
Betrachten Sie das folgende Programm. Es heißt SimplePhi und berechnet die phi-Funktion mit Hilfe der ggT-Berechnung ***EuklidggT*** aus Kapitel 3:

```
/*
    Es wird durch Berechnung des ggT mit
    der Funktion EuklidggT die Eulersche Phi-
    Funktion für n berechnet.
*/
long SimplePhi(long n)
{
        long Back = 1;
        for (long i = 2; i < n; i++)
        {
        if (EuklidggT(n, i) == 1) Back++;
        }
        return Back;
}
```

Dieses einfache Programm braucht auf meinem Rechner für die Berechnung von $\varphi(739.943.203)$ geschlagene sieben Minuten. Überlegen Sie bitte, was für eine horrende Anzahl von Berechnungen hier durchgeführt werden muss.
Wenn wir dagegen wissen, dass $739.943.203 = 24.763 \cdot 29.881$ ist und dass diese beiden Faktoren Primzahlen sind, wird alles sehr schnell und einfach:
Dann ist $\varphi(739.943.203) = \varphi(24.763) \cdot \varphi(29.881) = 24.762 \cdot 29.880 = 739.888.560$

Für den gesamten Rest dieses Kapitels wird es entscheidend sein, dass wir Berechnungen besprechen werden, die für Zahlen, von denen man die Primfaktorzerlegung weiß, sehr leicht und schnell gehen, dagegen aber insbesondere für große Zahlen, deren Primfaktoren man nicht kennt, unter Umständen Rechenzeiten verlangen, die über die geschätzte verbleibende Lebensdauer unseres Planeten Erde hinausgehen. Die Berechnung der φ–Funktion ist ein wichtiges Beispiel dafür. Die Unkenntnis von Primfaktorzerlegungen ist für Verschlüsselungen einer der besten Geheimhaltungsmechanismen.

Man arbeitet dabei mit Zahlen in der Größenordnung von dreihundert bis vierhundert Stellen. Wir werden gleich weitere Beispiele besprechen.

8.3 Eulers Verallgemeinerung des Fermatschen Satzes

Sie kennen jetzt die Eulersche φ-Funktion gut, wir können jetzt gleich die Verallgemeinerung formulieren:

Satz 8.10 (Der Satz von Euler)
Sei $n \in \mathbf{N}\backslash\{0\}$ beliebig und $z \in \mathbf{Z}$ mit $ggT(z, n) = 1$. Dann gilt: $z^{\varphi(n)} \equiv 1 \bmod n$.

Der Beweis ist nicht schwer (Ehrenwort), aber sehr pfiffig. Ich habe Sorge, ihn nicht gut erklären zu können und führe ihn erst einmal an einem Beispiel vor: Sei n = 10.

Es ist $\mathbf{Z}_{10}^*$ = $\{[1]_{10}, [3]_{10}, [7]_{10}, [9]_{10}\}$, das sind $\varphi(10) = 4$ Elemente. Betrachten Sie die Multiplikationstafel von $\mathbf{Z}_{10}^*$.

Multiplikation in Z_{10}^*

·	1	3	7	9
1	1	3	7	9
3	3	9	1	7
7	7	1	9	3
9	9	7	3	1

Zu allen diesen Zahlen gibt es multiplikative Inverse (Satz 7.5). Wir betrachten jetzt das Element $[3]_{10}$.

Es gilt: Die Abbildung f: $\mathbf{Z}_{10}^* \to \mathbf{Z}_{10}^*$ mit $f(x) = [3]_{10} \cdot x$ ist eine Bijektion.

(i) Sie ist injektiv, denn $f(x) = f(x') \to [3]_{10} \cdot x = [3]_{10} \cdot x' \to$
$\to ([3]_{10})^{-1} \cdot [3]_{10} \cdot x = [7]_{10} \cdot [3]_{10} \cdot x = [7]_{10} \cdot [3]_{10} \cdot x' \to$
$\to x = x'$.

(ii) Sie ist surjektiv, denn für $y \in \mathbf{Z}_{10}^*$ beliebig, ist
$\mathbf{x} = (\mathbf{[3]_{10}})^{-1} \cdot y = [7]_{10} \cdot y$ das Element, für das gilt: $f(x) = y$.

Sei nun P das Produkt aller Elemente von $\mathbf{Z}_{10}^*$. Dann gilt:

$$\begin{aligned} P &= [1]_{10} \cdot [3]_{10} \cdot [7]_{10} \cdot [9]_{10} = f([1]_{10}) \cdot f([3]_{10}) \cdot f([7]_{10}) \cdot f([9]_{10}) = \\ &= [3]_{10} \cdot [1]_{10} \cdot [3]_{10} \cdot [3]_{10} \cdot [3]_{10} \cdot [7]_{10} \cdot [3]_{10} \cdot [9]_{10} = \\ &= ([3]_{10})^4 \cdot [1]_{10} \cdot [3]_{10} \cdot [7]_{10} \cdot [9]_{10} = \\ &= ([3]_{10})^{\varphi(10)} \cdot [1]_{10} \cdot [3]_{10} \cdot [7]_{10} \cdot [9]_{10} = ([3]_{10})^{\varphi(10)} \cdot P. \end{aligned}$$

Und es folgt:
$([3]_{10})^{\varphi(10)} = [1]_{10}$ bzw. $3^{\varphi(10)} \equiv 1 \bmod 10$.

Genauso führt man den allgemeinen Beweis:

Beweis von Satz 8.10, d.h. Beweis des Satzes von Euler
Ich möchte zeigen, dass für beliebige $n \in N\backslash\{0\}$ und $z \in Z$ mit $ggT(z, n) = 1$ gilt:
$\mathbf{z}^{\varphi(n)} \equiv 1 \bmod n$.

Ich nehme wieder die Menge $\mathbf{Z}_n^*$ mit ihren $\varphi(n)$ Elementen zu Hilfe. Ich definiere eine Abbildung f: $\mathbf{Z}_n^* \to \mathbf{Z}_n^*$ mit $f(x) = [z]_n \cdot x$, diese Abbildung ist eine Bijektion. Die Begründung dafür ist exakt dieselbe wie im eben betrachteten Beispiel.

Sei nun P das Produkt aller Elemente von $\mathbf{Z}_n^*$. Dann gilt:

$$P = \prod_{x \in Z_n^*} x = \prod_{x \in Z_n^*} f(x) = \prod_{x \in Z_n^*} [z]_n \cdot x = ([z]_n)^{\varphi(n)} \prod_{x \in Z_n^*} x =$$
$$= ([z]_n)^{\varphi(n)} \cdot P$$

Es folgt: $([z]_n)^{\varphi(n)} = [1]_n$ bzw. $z^{\varphi(n)} \equiv 1 \bmod n$

q. e. d.

Ein Beispiel:

- $\mathbf{Z}_{15}^* = \{[1]_{15}, [2]_{15}, [4]_{15}, [7]_{15}, [8]_{15}, [11]_{15}, [13]_{15}, [14]_{15}\}$, das sind $\varphi(15) = \varphi(3) \cdot \varphi(5) = 2 \cdot 4 = 8$ Elemente.
  Es ist:

$$([1]_{15})^8 = [1]_{15}$$

$$([2]_{15})^8 = [4]_{15} \cdot ([2]_{15})^6 = [4]_{15} \cdot [4]_{15} \cdot [4]_{15} \cdot [4]_{15} = $$
$$= [16]_{15} \cdot [16]_{15} = [1]_{15} \cdot [1]_{15} = [1]_{15}$$

$$([4]_{15})^8 = [16]_{15} \cdot [16]_{15} \cdot [16]_{15} \cdot [16]_{15} = [1]_{15} \cdot [1]_{15} \cdot [1]_{15} \cdot [1]_{15} = [1]_{15}$$

$$([7]_{15})^8 = [49]_{15} \cdot ([7]_{15})^6 = [4]_{15} \cdot ([7]_{15})^6 = [4]_{15} \cdot [4]_{15} \cdot [4]_{15} \cdot [4]_{15} =$$
$$= [16]_{15} \cdot [16]_{15} = [1]_{15} \cdot [1]_{15} = [1]_{15}$$

$$([8]_{15})^8 = [64]_{15} \cdot ([8]_{15})^6 = [4]_{15} \cdot ([8]_{15})^6 = [4]_{15} \cdot [4]_{15} \cdot [4]_{15} \cdot [4]_{15} =$$
$$= [16]_{15} \cdot [16]_{15} = [1]_{15} \cdot [1]_{15} = [1]_{15}$$

$$([11]_{15})^8 = [121]_{15} \cdot ([11]_{15})^6 = [1]_{15} \cdot ([11]_{15})^6 = [1]_{15} \cdot [1]_{15} \cdot [1]_{15} \cdot [1]_{15} =$$
$$= [1]_{15}$$

$$([13]_{15})^8 = [169]_{15} \cdot ([13]_{15})^6 = [4]_{15} \cdot ([13]_{15})^6 = [4]_{15} \cdot [4]_{15} \cdot [4]_{15} \cdot [4]_{15} =$$
$$= [16]_{15} \cdot [16]_{15} = [1]_{15} \cdot [1]_{15} = [1]_{15}$$

$$([14]_{15})^8 = [196]_{15} \cdot ([14]_{15})^6 = [1]_{15} \cdot ([14]_{15})^6 = [1]_{15} \cdot [1]_{15} \cdot [1]_{15} \cdot [1]_{15} =$$
$$= [1]_{15}$$

Nun können wir das Verfahren der public-key-Verschlüsselung diskutieren.

8.4 Ein Beispiel für eine Verschlüsselung mit einem öffentlichen Schlüssel

Lassen Sie mich für dieses Beispiel der »Empfänger« einer Nachricht sein, die Sie senden. Sie sind also der »Sender«. Alle anderen außer uns sind die »Öffentlichkeit«. Wir gehen grundsätzlich davon aus, dass Sie mir Zahlen senden wollen, die Sie vorher verschlüsseln. Dazu verwenden Sie zwei Zahlen n und e, die ich für die gesamte Welt öffentlich bekannt gegeben habe. Die Verschlüsselungsregel lautet:

Regel zur Verschlüsselung:
Gegeben ein *public-key-Tupel* (n, e).
Dann wird x mit dem Wert v(x) verschlüsselt, wobei
(i) $v(x) \equiv x^e \bmod n$.
(ii) $0 < v(x) < n$.

Ein Beispiel:

- Sie wollen den Text »allekreterluegen« verschlüsseln. Sie wollen dabei statistische Analysen Ihres Textes erschweren, die anhand von Häufigkeiten von Codevorkommen auf Buchstabenverschlüsselungen zu schließen versuchen. Solche Analysen arbeiten nach dem Motto »Der am häufigsten vorkommende Code könnte dem ›e‹ entsprechen«. Deshalb verschlüsseln wir Buchstabengruppen, hier wählen wir eine der einfachsten Varianten: Wir verschlüsseln Paare. Wir sagen:
  (i) Aufgrund der alphabetischen Reihenfolge wird jedem Buchstaben x eine Zahl d_x zwischen 1 und 26 zugeordnet.
  (ii) Jedem Buchstabenpaar (x, y) wird dann die Zahl $(d_x - 1) \cdot 26 + d_y$ zugeordnet.

  Offensichtlich brauchen wir zur Verschlüsselung eine Zahl $n > 26^2 = 676$. Ich wähle n = 5893. e sei 17. Also (n, e) = (5893, 17).

  Dann erhalten wir:
  allekreterluegen = al, le, kr, et, er, lu, eg, en = 12, 298, 278, 124, 122, 307, 111, 118
  Zum Verschlüsseln gemäß unserer Verschlüsselungsregel machen wir ein Programm. Es sieht folgendermaßen aus:

```
/*
   Es wird der kleinste positive Wert x, der die
   Gleichung x = Value^Power mod Modul
   erfüllt, ermittelt und als Back zurückgeliefert
*/

long CodeForAModul(long Modul, int Power, long Value)
{
   long Back = 1;
   for (int TempPower = 0; TempPower < Power; TempPower++)
   {
       Back = Back * Value;
       Back = Back - (Back / Modul) * Modul;
   }

   return Back;
}
```

Mit diesem Programm erhalten wir die folgenden Verschlüsselungswerte:
12, 298, 278, 124, 122, 307, 111, 118

wird zu
4492, 4277, 1618, 5323, 2579, 1943, 5542, 738.

Nun gibt es eine weitere Zahl d, mit der ich diese Botschaft wieder entschlüsseln kann. Die Regel dafür lautet:

> Regel zur Entschlüsselung:
> Gegeben ein *public-key-Tupel* (n, e).
> Zu diesem Tupel gibt es eine Zahl d so, dass gilt:
>
> Falls der Wert x gemäß der Regel
> (i) $v(x) \equiv x^e \mod n$
> (ii) $0 < v(x) < n$
>
> verschlüsselt wurde, gewinnt man ihn mit der Regel
> (i) $x \equiv v(x)^d \mod n$
> (ii) $0 < v(x) < n$
> wieder zurück.

Betrachten Sie wieder unser Beispiel:
In unserem Beispiel hat diese Zahl d den Wert 1013. Ich erzähle Ihnen gleich, wie man darauf kommt. Zunächst berechne ich – wieder mit unserem Programm ***CodeForAModul*** – für die verschlüsselten Werte v_1 bis v_8, was bei $v_i^{1013} \mod 5893$ herauskommt.

(i)	Es ist 4492^{1013}	$\equiv 12$	mod 5893, also wird 4492 wieder zu 12.
(ii)	Es ist 4277^{1013}	$\equiv 298$	mod 5893, also wird 4277 wieder zu 298.
(iii)	Es ist 1618^{1013}	$\equiv 278$	mod 5893, also wird 1618 wieder zu 278.
(iv)	Es ist 5323^{1013}	$\equiv 124$	mod 5893, also wird 5323 wieder zu 124.
(v)	Es ist 2579^{1013}	$\equiv 122$	mod 5893, also wird 2579 wieder zu 122.
(vi)	Es ist 1943^{1013}	$\equiv 307$	mod 5893, also wird 1943 wieder zu 307.
(vii)	Es ist 5542^{1013}	$\equiv 111$	mod 5893, also wird 5542 wieder zu 111.
(viii)	Es ist 738^{1013}	$\equiv 118$	mod 5893, also wird 738 wieder zu 118.

Alle diese Berechnungen macht der Rechner (trotz der »hohen« Potenzen) im Millisekundenbereich.

Folgendes sollte klar geworden sein:

> Die einzige Information, die nicht öffentlich ist und die zum Entschlüsseln gebraucht wird, ist die Zahl d.

Zwei Fragen stellen sich:

1. Wie bestimmt sich die Zahl d?
2. Warum ist diese Bestimmung für die Öffentlichkeit so schwer bzw. in der Praxis unmöglich?

Regel zur Bestimmung von d:
Gegeben ein *public-key-Tupel* (n, e).
Zu diesem Tupel gibt es eine Zahl d so, dass gilt:

Falls der Wert x gemäß der Regel

(i) $v(x) \equiv x^e \mod n$

(ii) $0 < v(x) < n$

verschlüsselt wurde, gewinnt man ihn mit der Regel

(i) $x \equiv v(x)^d \mod n$

(ii) $0 < v(x) < n$

wieder zurück.

Dabei ist $0 < d < \varphi(n)$ so zu wählen, dass $[e]_{\varphi(n)} \cdot [d]_{\varphi(n)} = [1]_{\varphi(n)}$, d. h. es gilt:
$e \cdot d \equiv 1 \mod \varphi(n)$. Also:

$$d = e^{-1} \text{ in } Z_{\varphi(n)}$$

Satz 8.11
Mit diesem d aus der vorgehenden Regel wird die public-key-Verschlüsselung korrekt rückgängig gemacht.

Beweis:
Es sei $e \cdot d = q \cdot \varphi(n) + 1$. Dann ist
$v(x)^d \equiv (x^e)^d \equiv x^{e \cdot d} \equiv x^{q \cdot \varphi(n) + 1} \mod n$. Nach dem Satz 8.10 von Euler
$(z^{\varphi(n)} \equiv 1 \mod n)$
folgt: $v(x)^d \equiv x \mod n$. Damit folgt der gesamte Satz.

q. e. d.

Damit wissen wir, wie sich die Zahl d bestimmt. Die kann – theoretisch – jeder zu einer gegebenen Zahl ausrechnen. Selbst unser »dummes« Programm ***SimplePhi*** würde unser obiges Beispiel, bei dem die Zahl n vergleichsweise klein ist, sofort knacken:

Es braucht nicht zu wissen, dass $5893 = 71 \cdot 83$ ist, dass 71 und 83 beides Primzahlen sind und dass daher $\varphi(5893) = \varphi(71) \cdot \varphi(83) = 70 \cdot 82 = 5740$ ist. Es liefert diese Antwort trotzdem sofort. Sobald wir $\varphi(5893)$ wissen, ist alles sehr einfach. Das multiplikative Inverse zu $e = 17$ finden wir sogar ohne Rechner sofort mit dem euklidischen Algorithmus:

Euklidischer Algorithmus

x	y	$x = q \cdot y + r$	$ggT = s \cdot x + t \cdot y$
5740	17	$5740 = 337 \cdot 17 + 11$	$1 = 2 \cdot 17 - 3 \cdot (5740 - 337 \cdot 17)$ $= (-3) \cdot 5740 + 1013 \cdot 17$
17	11	$17 = 1 \cdot 11 + 6$	$1 = (-1) \cdot 11 + 2 \cdot (17 - 1 \cdot 11)$ $= 2 \cdot 17 - 3 \cdot 11$
11	6	$11 = 1 \cdot 6 + 5$	$1 = 6 - 1 \cdot (11 - 1 \cdot 6)$ $= (-1) \cdot 11 + 2 \cdot 6$
6	5	$6 = 1 \cdot 5 + 1$	$1 = 6 - 1 \cdot 5$
5	1	$5 = 5 \cdot 1$	

Und hier sehen Sie die Zahl 1013, die vorhin vom Himmel gefallen war.
Auch bei sehr großen Zahlen n werden Sie keine Probleme haben, das multiplikative Inverse zu einem Element $[e]_{\varphi(n)}$ zu finden. *Das Problem ist die Berechnung von φ(n) von einer großen Zahl n, von der man die Primfaktorzerlegung nicht kennt.*

Darum wird bei der Bereitstellung eines Tupels (n, e) oft folgendermaßen verfahren:
Konstruiere zwei sehr große Primzahlen p und q, z.B. im 300-stelligen Bereich. Dafür gibt es schnelle Verfahren.

Setze dann $n = p \cdot q$. Dann wissen Sie (aber nur Sie), dass $\varphi(n) = (p-1) \cdot (q-1)$ ist. Der Rest der Welt muss erst diese Primzahlzerlegung finden.
Probieren Sie es doch einmal selber bei der Zahl

$$n = 933\,991\,139\,069$$

aus. Was ist hier $\varphi(n)$?

Danach wählt man ein geeignetes e mit $[e]_{\varphi(n)} \in \mathbf{Z}_{\varphi(n)}^{*}$. Wenn das problematisch ist, nehme man für e eine bekannte Primzahl, die nicht Teiler von $\varphi(n)$ ist, aus dem Bereich, der einen interessiert. Dann hat $[e]_{\varphi(n)}$ offensichtlich ein multiplikatives Inverses. Das Inverse $[d]_{\varphi(n)}$ berechnet man mit dem Euklidischen Algorithmus.
Bei all dem sollte klar geworden sein: Die Sicherheit dieses Verfahrens steht und fällt mit der Schwierigkeit, für gegebene große Zahlen die Primfaktorzerlegung zu finden. Es werden aber immer wieder bessere und leistungsfähigere Algorithmen für solche Probleme entdeckt und niemand kann sicher sein, dass Faktorisierungen, die heute noch unmöglich scheinen, bald gefunden werden können.
Zunächst aber wünsche ich Ihnen viel Spaß beim Ver- und Entschlüsseln!

Übungsaufgaben

1. Aufgabe

Berechnen Sie hohe Potenzen mod p. Verwenden Sie dabei den »kleinen Fermat«.
Genauer: Geben Sie x mit $0 \leq x < p$ an, sodass

a. $x \equiv 5^{25416} \mod 7$
b. $x \equiv 3^{132463} \mod 7$
c. $x \equiv 3^{12003627} \mod 13$
d. $x \equiv 7^{120036270} \mod 11$
e. $x \equiv 7^{987654321} \mod 11$

2. Aufgabe

Berechnen Sie $\varphi(x)$ auf eine der zwei folgenden Arten (diejenige, welche Ihnen einfacher vorkommt):
Erstens: durch Zählen der teilerfremden Zahlen,
Zweitens: durch Berechnung der Primzahlzerlegung.

a. $\varphi(6)$
b. $\varphi(49)$
c. $\varphi(98)$
d. $\varphi(196)$
e. $\varphi(392)$
f. $\varphi(1176)$

3. Aufgabe

Machen Sie diese Aufgabe erst, wenn Sie Aufgabe 2 gerechnet haben

a. Stellen Sie fest, ob $3^{180126} - 1$ durch 7 teilbar ist.
b. Stellen Sie fest, ob $37^{8442126} - 1$ durch 49 teilbar ist.
c. Folgern Sie: $37^{8442126} - 1$ ist auch durch 98 teilbar.
d. Stellen Sie fest, ob $25^{84168252} - 1$ durch 196 teilbar ist.

4. Aufgabe

Machen Sie auch diese Aufgabe erst, wenn Sie Aufgabe 2 gerechnet haben. Berechnen Sie hohe Potenzen mod q. Verwenden Sie dabei den Satz von Euler. Genauer: Geben Sie x mit $0 \leq x < q$ an, sodass

a. $x \equiv 5^{84} \mod 49$
b. $x \equiv 5^{127} \mod 98$
c. $x \equiv 5^{254} \mod 196$
d. $x \equiv 5^{169} \mod 392$
e. $x \equiv 5^{336} \mod 1176$

5. Aufgabe

a. Zeigen Sie: Das Gleichungssystem
   - $x \equiv 12 \mod 15$
   - $x \equiv 7 \mod 16$

   hat genau eine Lösung mod 15·16, also mod 240. Geben Sie die Lösung an.
b. Zeigen Sie: Das Gleichungssystem
   - $x \equiv 8 \mod 15$
   - $x \equiv 11 \mod 12$

   hat 3 Lösungen mod 15·12, also mod 180. Geben Sie die Lösungen an.
c. Zeigen Sie: Das Gleichungssystem
   - $x \equiv 8 \mod 15$
   - $x \equiv 10 \mod 12$

   hat keine Lösungen mod 15·12, also mod 180.
d. Wie vereinbaren sich die Ergebnisse von Teil b) und Teil c) mit dem Chinesischen Restsatz?

6. Aufgabe

Gegeben der Text »Eintreffe Freitag zehn Uhr«. Verschlüsseln Sie diesen Text, indem Sie
- zunächst jedem Buchstaben gemäß seiner Reihenfolge im Alphabet eine Zahl zuordnen
- und anschließend jede dieser Zahlen gemäß dem public-key-Tupel (n, e) verschlüsseln.

Machen Sie das für die public-key-Tupel
a. (n, e) = (65, 7)
b. (n, e) = (239117, 4973) (Hinweis: 239117 = 487 · 491)
c. (n, e) = (60491, 3851)

7. Aufgabe

Finden Sie zu jedem der public-key-Tupel (n, e) aus Aufgabe 6 den zugehörigen Wert d, mit dem die Texte wieder entschlüsselt werden können. Führen Sie jeweils die Entschlüsselung durch.

8. Aufgabe

Entschlüsseln Sie die folgenden Texte:
a. 1, 31, 46, 4, 60, 47, 52, 1, 31, 60, 47 (verschlüsselt mit (65, 7))
b. 1, 9104, 47778, 115539, 173088, 183020, 205002, 1, 9104, 173088, 183020 (verschlüsselt mit (239117, 4973))
c. 15205, 13640, 1526, 34496, 1526, 46238, 38157, 7750, 36635, 38157, 13640, 46238, 38157, 32719, 1, 46238, 34496, 38157 (verschlüsselt mit (60491, 3851))

Die reellen Zahlen

9

Die Anlässe für unsere jeweilige Unzufriedenheit mit den natürlichen Zahlen und mit den ganzen Zahlen waren stets die Unlösbarkeit von einfachen Gleichungen. In **N** war bereits

$$x + a = b \text{ für } a > b, \text{ also z.B. } x + 4 = 2$$

nicht lösbar gewesen. In **Z** war

$$a \cdot x = b \text{ für } a \nmid b, \text{ also z.B. } 4 \cdot x = 5$$

nicht lösbar gewesen. Alle diese Probleme waren in **Q** beseitigt. Jetzt allerdings beginnen wir uns mit der Lösbarkeit von polynomialen Gleichungen der Art

$$x^n + a_{n-1} \cdot x^{n-1} + \ldots\ldots + a_2 \cdot x^2 + a_1 \cdot x + a_0 = 0$$

zu beschäftigen. Und Sie werden sehen: die Beschäftigung mit diesem Problem stößt automatisch die Tür zu völlig neuen mathematischen Gebieten und Fragestellungen auf. Beginnen wir mit dem sehr einfachen, nahe liegenden Problem:
Gegeben ein Quadrat mit Kantenlänge 1. Wie lang ist die Diagonale?

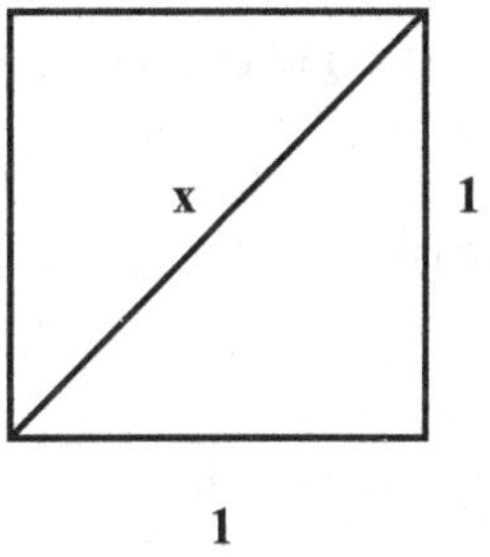

Der Satz des Pythagoras sagt Ihnen: $x^2 = 1^2 + 1^2 = 2$. Wir interessieren uns also für die Lösung der Gleichung:

$$x^2 - 2 = 0$$

in **Q**. Wahrscheinlich erinnern Sie sich aus der Schule, dass in **Q** keine Lösung für diese Gleichung existiert. Das ist nur ein sehr kleiner Teil der »Lückenhaftigkeit« von **Q**, die wir jetzt genauer unter die Lupe nehmen wollen. Für Sie als Informatiker ist die Kenntnis dieser Lücken sehr wichtig, denn bei allen Programmen, die Berechnungen der unterschiedlichsten Art durchführen, müssen Sie die Ungenauigkeiten in der Zahlendarstellung, zu denen Sie auf Grund der Datentypen mit nur endlich vielen (sehr wenigen!) Nachkommastellen gezwungen sind, kennen und kontrollieren können.

9.1 Irrationale Wurzeln

Interessanterweise liefern die Primzahlen das entscheidende Argument dafür, dass es Wurzeln gibt, die nicht rational sind, d.h. nicht in **Q** liegen. Erinnern Sie sich bitte an Satz 3.18, den Fundamentalsatz der Zahlentheorie, in dem wir die Eindeutigkeit der Primfaktorzerlegung bewiesen haben. Daraus folgt:

> Satz 9.1
> Sei $a, b \in \mathbf{N} \setminus \{0, 1\}$ mit den Primfaktorzerlegungen
>
> $$a = \prod_{i=1}^{n} p_i^{r_i} \quad \text{und} \quad b = \prod_{i=1}^{m} q_i^{s_i}.$$
>
> Sei $P(a) := \{ p_1, \ldots, p_n \}$ die Menge der Primzahlen, die zu a gehören und sei $P(b) := \{ q_1, \ldots, q_m \}$ die Menge der Primzahlen, die zu b gehören.
>
> Falls $\frac{a}{b}$ eine ganze Zahl ist, ist $P(b) \subseteq P(a)$.

Beweis:
Folgt sofort aus Satz 3.17 .

> Satz 9.2
> Das Quadrat (jede Potenz) von nicht ganzen Zahlen aus **Q** ist eine nicht ganze Zahl, genauer:
>
> Sei $\frac{a}{b} \in \mathbf{Q} \setminus \mathbf{Z}$, mit $a \in \mathbf{Z} \setminus \{0\}$, $b \in \mathbf{Z} \setminus \{0, 1\}$ und $n \in \mathbf{Z} \setminus \{0\}$.
> Dann gilt: $\left(\frac{a}{b}\right)^n \in \mathbf{Q} \setminus \mathbf{N}$.

Beweis:
Ich führe den Beweis nur für $a > 0$, $b > 0$. Wir können annehmen, dass soweit wie möglich gekürzt ist. Zu diesen Zahlen a und b definiere ich wieder:

- $P(a) := \{ p_1, \ldots, p_n \}$ die Menge der Primzahlen, die zu a gehören.
- $P(b) := \{ q_1, \ldots, q_m \}$ die Menge der Primzahlen, die zu b gehören.

Dass $\frac{a}{b}$ soweit wie möglich gekürzt ist, bedeutet: $P(a) \cap P(b) = \{\}$.

Weiterhin gilt offensichtlich:

- a^n hat dieselben Primzahlen als Teiler wie a, d.h. $P(a^n) = P(a)$ und
- b^n hat dieselben Primzahlen als Teiler wie b, d.h. $P(b^n) = P(b)$

Es galt: $\frac{a}{b} \notin \mathbf{N}$. Es folgt: $b \neq 1$, also $P(b) \neq \{\}$, also $P(b^n) \neq \{\}$.

Damit folgt aus: $P(a^n) \cap P(b^n) = \{\}$ sofort: $P(b^n) \not\subseteq P(a^n)$. Und mit Satz 9.1 erhalten wir:

$\left(\frac{a}{b}\right)^n$ ist keine ganze Zahl.

q. e. d

Wir haben gezeigt: Wann immer Sie einen Bruch, der sich nicht zu einer ganzen Zahl kürzen lässt, mit sich selber multiplizieren – das können Sie machen, so oft Sie wollen – das Ergebnis wird immer wieder ein Bruch sein, der sich nicht zu einer ganzen Zahl kürzen lässt.

Oder anders herum formuliert:

> Satz 9.3
> Als rationale Wurzel von ganzen Zahlen kommen nur ganze Zahlen in Frage, genauer:
>
> Seien $a \in \mathbf{Z}$, $n \in \mathbf{N}$, beide $\neq 0$. Dann gilt:
>
> $$\sqrt[n]{a} \in \mathbf{Q} \rightarrow \sqrt[n]{a} \in \mathbf{Z}.$$

> Folgerung 9.4
>
> Sei $n \in \mathbf{N}$, $n > 1$. Dann gilt:
>
> $$\sqrt[n]{2} \notin \mathbf{Q}.$$

Beweis:

$1^n = 1 \neq 2$ und für alle anderen natürlichen Zahlen w gilt: $w^n > 2$.

q. e. d.

9.2 Was sind irrationale Zahlen? Ein erster Versuch einer Antwort

Wir nennen Zahlen irrational, die nicht rational sind, die also nicht in **Q** liegen. Ich möchte zunächst untersuchen, wie man sie beschreiben, kann. Dazu erinnere ich an unseren Satz 5.5 aus Kapitel 5:

Satz 5.5
Die Menge **Q** der rationalen Zahlen ist die Menge aller Dezimalzahlen, die entweder
- nur endlich viele Stellen hinter dem Komma haben
  oder
- nach einer endlichen Anzahl von Stellen hinter dem Komma eine periodische Dezimalbruchentwicklung haben.

Damit haben wir einen Anhaltspunkt für eine sinnvolle »Definition« einer Erweiterung der Menge der rationalen Zahlen. Wir nennen diese Erweiterung die Menge der reellen Zahlen und geben ihr das Symbol **R**. Wir »definieren«:

»Definition«:
Die *Menge R der reellen Zahlen* ist die Menge aller Dezimalzahlen mit endlich vielen oder unendlich vielen Stellen hinter dem Komma.
Die Dezimalzahlen mit endlich vielen Stellen hinter dem Komma oder mit einer periodischen Dezimalbruchentwicklung, die nach einer endlichen Anzahl von Stellen hinter dem Komma auftritt, sind genau die rationalen Zahlen **Q.**
Die Dezimalzahlen mit einer unendlichen Anzahl von Stellen hinter dem Komma, bei denen keine periodische Dezimalbruchentwicklung auftritt, heißen *irrationale Zahlen.*

Ich habe hier den Begriff »Definition« in Anführungszeichen gesetzt, weil ich mit meiner Definition der reellen Zahlen überhaupt nicht zufrieden bin.

1. Was soll das sein, eine Zahl mit unendlich vielen Stellen hinter dem Komma? Das macht doch nur als Grenzwert einer Folge Sinn, etwa in der Art:

$$0, z_1 z_2 z_3 z_4 \ldots\ldots\ldots = \lim_{n\to\infty} \sum_{i=1}^{n} \frac{z_i}{10^i}$$

$$\text{Also: } 0{,}2134524 \ldots\ldots = \lim_{n\to\infty} \quad \frac{2}{10}, \frac{2}{10}+\frac{1}{100}, \frac{2}{10}+\frac{1}{100}+\frac{3}{1000}, \ldots$$

$$= \lim_{n\to\infty} \quad 0{,}2\,,\,0{,}21\,,\,0{,}213\,,\,0{,}2134\,\ldots\ldots\ldots$$

   Aber wir haben noch kein Wort über den Grenzwertbegriff verloren. Er ist hinreichend kompliziert und mit seiner Diskussion wären wir schon tief im Gebiet der Analysis. Und: Wo liegt dieser Grenzwert, wenn er nicht rational ist?

2. Hinzu kommt, dass ich hier einen universellen Begriff wie die reellen Zahlen mit der Darstellung in einem bestimmten Ziffernsystem, eben im Zehnersystem, bestimmen will. Sieht die Definition genauso aus, wenn ich mit Dualzahlen arbeite oder mit Hexadezimalzahlen? Solche Definitionen tendieren dazu, nicht das Wesentliche des zu definierenden Begriffs deutlich zu machen. Wir sollten daher anders vorgehen.

Ich werde Ihnen am Ende dieses Kapitels zeigen, wie man sich die reellen Zahlen exakt aus den rationalen Zahlen konstruieren kann, zunächst bitte ich Sie, mit der Hilfsvorstellung der Dezimalzahlen, die unter Umständen unendlich viele nichtperiodische Stellen hinter dem Komma haben, vorlieb zu nehmen.

9.3 Warum reelle Zahlen? Eine erste Antwort

In diesem Abschnitt werden Sie sehen, dass wir reelle Zahlen brauchen, um sicher zu sein, dass Polynome, die sowohl negative als auch positive Funktionswerte haben, auch Nullstellen haben. Dies werden wir durch eine Forderung erreichen, die man *Vollständigkeitsaxiom* nennt. Wir beginnen ganz harmlos:
Man will, dass man der Länge der Diagonale x des Quadrats mit der Seitenlänge 1 eine Zahl zuordnen kann.

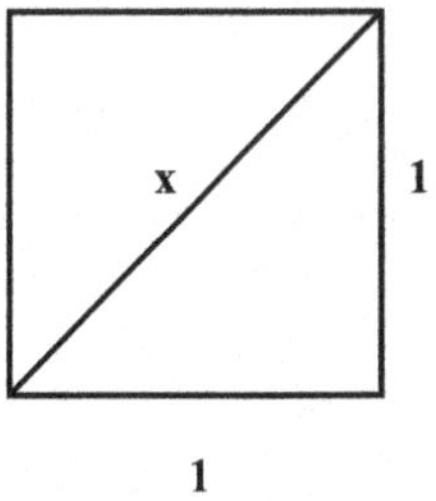

Für die Verallgemeinerung dieser Anforderung brauchen wir den Begriff des Polynoms:

Definition:
Sei $(K, +, \cdot)$ ein Ring oder sogar ein Körper. Dann versteht man unter $K[x]$ die Menge aller Funktionen $p: K \to K$, die sich als *Polynome* der Art

$$p(x) = a_n \cdot x^n + a_{n-1} \cdot x^{n-1} + \ldots\ldots + a_2 \cdot x^2 + a_1 \cdot x + a_0$$

mit $a_i \in K$ darstellen lassen. Dabei sei $a_n \neq 0$. $n \in \mathbf{N}$ heißt dann der *Grad des Polynoms.*

Man möchte nun, dass die reellen Zahlen **R** so »dicht« sind, dass das Folgende gilt:

Satz 9.5
Es seien $a, b \in \mathbf{R}$, $a < b$. Es sei $p \in \mathbf{Q}[x]$ ein Polynom mit rationalen Koeffizienten und es gelte:

$$p(a) < 0 \quad \text{und} \quad 0 < p(b)$$

Dann gibt es ein $x \in \mathbf{R}$ mit $a < x < b$ so, dass $p(x) = 0$.

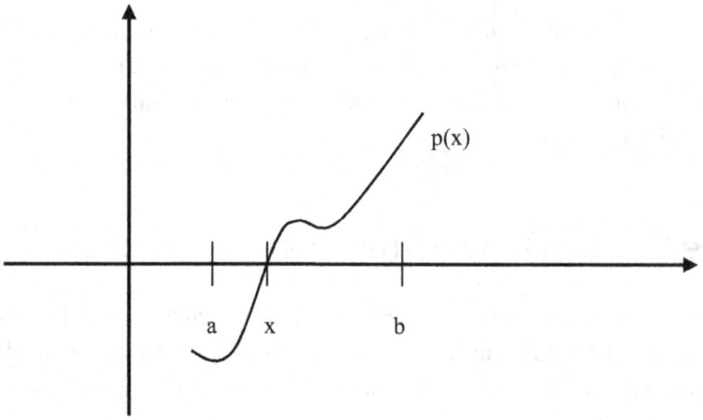

Beachten Sie, dass wir eben gezeigt haben, dass dieser Satz in **Q** falsch ist:

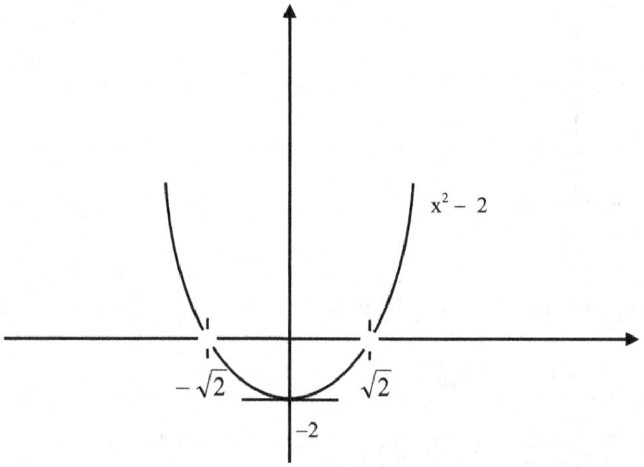

Für die Funktion $p(x) = x^2 - 2$ gilt:

- $p(0) = -2 < 0$
- $p(2) = 2 > 0$

  aber:
- Es gibt kein $x \in \mathbf{Q}$ mit $0 < x < 2$ so, dass $p(x) = 0$.

Der Graph von p »huscht« also von den Quadranten mit negativen y-Werten hinüber in die Quadranten mit positiven y-Werten, ohne die x-Achse zu schneiden oder sonst wie zu berühren.

So etwas sollte in der Menge R der reellen Zahlen unmöglich sein.

Dazu müssen wir für die reellen Zahlen eine Anforderung, ein Axiom formulieren, das in der Menge der rationalen Zahlen **Q** nicht gilt und das die Erfüllung unserer Anforderungen garantiert. Wir brauchen dazu den Begriff der kleinsten oberen Schranke und definieren:

Definition:
Sei $M \subseteq \mathbf{Q}$ eine Teilmenge aus $\mathbf{Q}$.
1. Eine Zahl $s \in \mathbf{Q}$ heißt *obere Schranke für M* genau dann, wenn gilt:

$$\forall_{x \in M} \; x \leq s$$

Falls es für M obere Schranken gibt, heißt M *nach oben beschränkt.*

2. Falls es eine Zahl $g \in \mathbf{Q}$ gibt, für die gilt:
(i) g ist obere Schranke für M und

(ii) $\forall_{s \in \mathbf{Q}}$ s obere Schranke für M $\rightarrow g \leq s$

so heißt g *kleinste obere Schranke* von M oder auch *obere Grenze*.
Man schreibt: $g = \sup(M)$.

Zunächst gilt: Falls es für eine Menge M eine kleinste obere Schranke gibt, ist sie eindeutig bestimmt:

Satz 9.6
$M \subseteq \mathbf{Q}$ sei nach oben beschränkt und es gebe zwei obere Grenzen g_1 und g_2.
Dann gilt:

$$g_1 = g_2 .$$

Beweis:
Da g_1 und g_2 beide auch obere Schranken sind, gilt:
$g_1 \leq g_2$ und $g_2 \leq g_1$, also $g_1 = g_2$.

q. e. d.

Nun gilt in $\mathbf{Q}$ etwas Merkwürdiges:

Satz 9.7
Es gibt in Q nach oben beschränkte Mengen, die keine kleinste obere Schranke in Q haben.

Beweis:
Sei $M = \{x \in \mathbf{Q} \mid x^2 < 2\}$. M ist z. B. durch 1,5 nach oben beschränkt, denn

$$x \geq 1{,}5 \rightarrow x^2 \geq 2{,}25 \rightarrow (x \in M \rightarrow x < 1{,}5) .$$

Weiter gilt: Sei $s_1 \in \mathbf{Q}$ eine obere Schranke von M. Dann wissen wir wegen Satz 9.4, dass $s_1^2 > 2$ (*) sein muss.

Nun setze: $s_2 = \frac{3s_1 + 4}{2s_1 + 3}$. Es ist $s_2 > 0$ und wegen (*) gilt:

$$s_2^2 = \frac{(3s_1 + 4)^2}{(2s_1 + 3)^2} = \frac{9s_1^2 + 24s_1 + 16}{4s_1^2 + 12s_1 + 9} =$$

$$= \frac{2\cdot(4s_1^2 + 12s_1 + 9)}{4s_1^2 + 12s_1 + 9} + \frac{s_1^2 - 2}{(2s_1 + 3)^2} = 2 + \frac{s_1^2 - 2}{(2s_1 + 3)^2} > 2$$

Also ist auch $s_2 \in \mathbf{Q}$ eine obere Schranke von M. Andererseits folgt wieder wegen (*)

$$s_2 = \frac{3s_1 + 4}{2s_1 + 3} = \frac{3s_1 + 2\cdot 2}{2s_1 + 3} < \frac{2\cdot s_1^2 + 3s_1}{2s_1 + 3} = s_1$$

d.h. s_2 ist kleiner als s_1. s_1 kann also nicht kleinste obere Schranke sein. Genauer:

Zu jeder rationalen oberen Schranke findet man eine kleinere rationale obere Schranke. Es gibt keine obere Grenze.

q. e. d.

Bemerkung: »Ganz nebenbei« haben wir in diesem Satz ein Verfahren kennen gelernt, wie man auf dem Rechner beliebig nahe an $\sqrt{2}$ herankommt. Das folgende Programm zeigt Ihnen eine Funktion und den zugehörigen Aufruf dieser Funktion, mit dem Sie dieses Verfahren testen können:

```
/*
        Diese Methode approximiert sqrt(2) ausgehend
  vom Anfangswert initialValue durch
  Wiederholung der Zuweisung
            value = (3*value + 4)/(2*value + 3)
*/

double ApproachOfSqrt(double initialValue,
                                    int numberOfIterations)
{
        double value = initialValue;
        for (int i = 0; i < numberOfIterations; i++)
        {

        value = (3*value + 4)/(2*value + 3);
        printf(„\nsqrt(2) hat nach %d Iterationen
                                  den Wert %f „,i+1,value);
                                                        }
        return value;
}
```

So einfach zunächst die Forderung der Existenz einer kleinsten oberen Schranke für jede nach oben beschränkte Menge aussieht – das wird genau die Eigenschaft sein, mit der man die reellen Zahlen gegenüber den rationalen Zahlen kennzeichnet. Mit Hilfe dieser Eigenschaft kann man erfolgreich Analysis machen:

Axiom zur Kennzeichnung der reellen Zahlen **R***: (Vollständigkeitsaxiom)*
Sei $M \subseteq \mathbf{R}$ eine Teilmenge aus **R**. Falls M nach oben beschränkt ist, gibt es in **R** die kleinste obere Schranke von M.

Mit diesem Axiom kann man den Satz 9.5 beweisen:

Satz 9.5
Es seien $a, b \in \mathbf{R}$, $a < b$. Es sei $p \in \mathbf{Q}[x]$ ein Polynom mit rationalen Koeffizienten und es gelte:

$$p(a) < 0 \quad \text{und} \quad 0 < p(b) .$$

Dann gibt es ein $x \in \mathbf{R}$ mit $a < x < b$ so, dass $p(x) = 0$.
Und zwar definiert man eine Menge M mit

$$M = \{ x \in \mathbf{R} \mid a \leq t \leq x \rightarrow p(t) < 0 \} \text{ und zeigt: } p(\sup M) = 0.$$

Dabei ist der Fall der Polynome nur ein sehr kleiner Teil der Funktionen, für die man eine entsprechende Eigenschaft zeigen kann. In Wirklichkeit gilt dieser Satz für die große Klasse der Funktionen, die man *stetige Funktionen* nennt. Dann heißt dieser Satz aus offensichtlichen Gründen *Zwischenwertsatz*. Nähere Informationen dazu finden Sie in dem Anhang »Was Sie schon immer über Analysis wissen wollten«.

Um unser eingangs formuliertes Problem zu einem befriedigendem Abschluss zu bringen, zeigt man:

Satz 9.8
Sei $M \subseteq \mathbf{Q}$ definiert durch $M = \{ x \in \mathbf{Q} \mid x^2 < 2 \}$. Es sei $g \in \mathbf{R}$ definiert durch $g = \sup(M)$. Dann gilt:

$$g^2 = 2, \text{ also } g = \sqrt{2} .$$

Aufbauend auf den stetigen Funktionen entwickelt man die Analysis. Das ist die Theorie der *differenzierbaren* und *integrierbaren* Funktionen. Mit den integrierbaren Funktionen kann man Flächeninhalte berechnen, die vom Graphen einer Funktion und der x-Achse innerhalb eines Intervalls begrenzt sind.

9.4 Warum reelle Zahlen? Eine zweite Antwort

Genau mit dieser Technik löst man ein weiteres Problem, für das man auch die reellen Zahlen braucht. Dieses weitere Problem konfrontiert uns mit einer weiteren, neuen Zahlenwelt, den transzendenten Zahlen.

Man will, dass man der Fläche eines Kreises mit dem Radius 1 eine Zahl zuordnen kann.

Die Mathematiker nennen diese Zahl π, aber sie wissen erst seit ca. 1761 dank des bedeutenden Wissenschaftlers Johann Heinrich Lambert, dass diese Zahl irrational ist. Der Beweis verlangt eine Menge an Analysis-Kenntnissen.

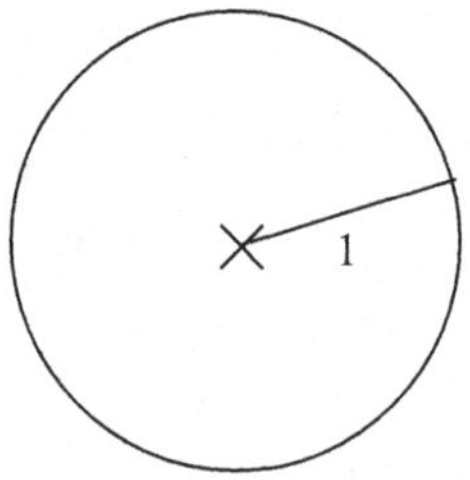

Man kann sich dieser Zahl π auf folgende Weise nähern:

1. $\pi < 4$, d.i. der Flächeninhalt des Quadrats, in das der Kreis mit Radius 1 gerade hinein passt.
2. Der Graph von $f(x) = \sqrt{1-x^2}$ repräsentiert im Bereich oberhalb der x-Achse den Rand des Kreises mit Radius 1, dessen Mittelpunkt im Koordinatenursprung liegt. Denn: $x^2 + f(x)^2 = x^2 + 1 - x^2 = 1$.

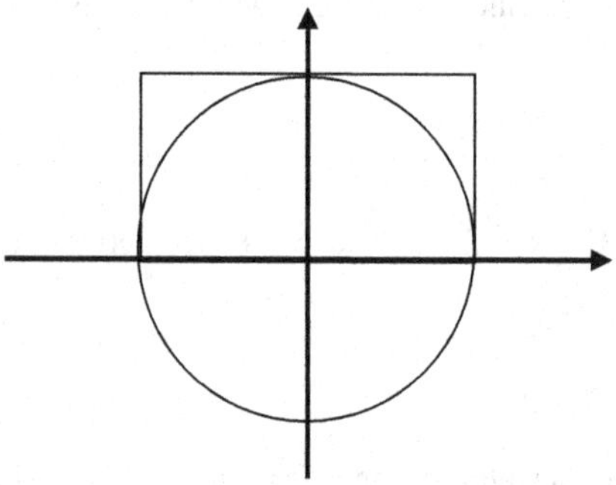

3. Nun berechnet man immer genauere sogenannte Untersummen von f:

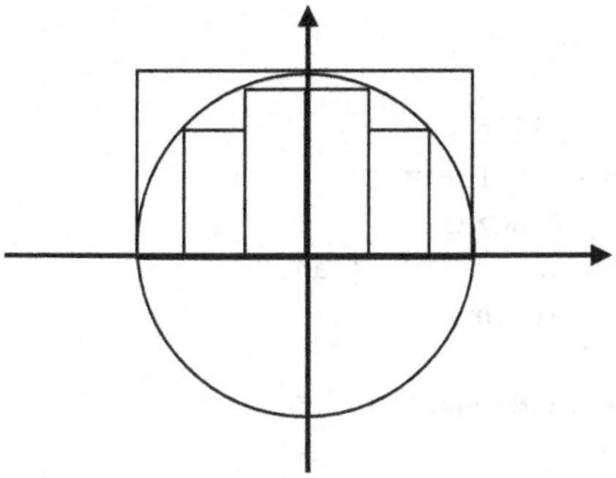

$$\pi \approx 4 \cdot \text{Untersumme}(3) = 4 \cdot \left(\sum_{k=1}^{3} \frac{1}{3}\sqrt{1-(\tfrac{k}{3})^2}\right)$$

Zur Interpretation dieser Formel beachten Sie bitte:

- Ich approximiere nur den Flächeninhalt des rechten oberen Kreisviertels.
- Untersumme(3) bedeutet: Ich unterteile die Strecke von 0 bis 1 auf der x-Achse in 3 gleiche Teile und summiere die Flächeninhalte der drei Rechtecke, die diese Teile als Grundlinie haben und innerhalb des Kreises bis zum Kreisrand gehen.
- Das folgende Bild zeigt Ihnen die Berechnung von Untersumme(5). Die entsprechende Formel heißt:

$$\pi \approx 4 \cdot \text{Untersumme}(5) = 4 \cdot \left(\sum_{k=1}^{5} \frac{1}{5}\sqrt{1-(\tfrac{k}{5})^2}\right)$$

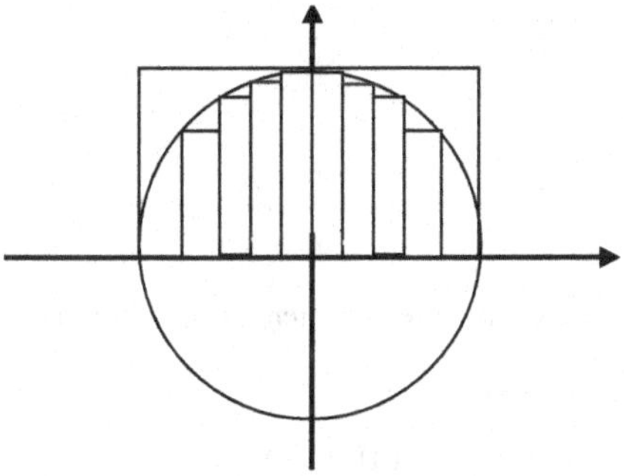

Das Programm auf der folgenden Seite führt diese Berechnung durch. Um in der Menge der reellen Zahlen Abschnitte auf der Zahlengeraden bearbeiten zu können, so wie wir hier den Abschnitt von -1 bis 1 behandeln, über dem wir den Kreisbogen spannen, definiert man den Begriff des Intervalls:

Definition:
Seien a, b $\in$ **R** beliebig. Dann ist:
(i) $]a, b[:= \{ x \in \mathbf{R} \mid a < x < b \}$. Man nennt]a, b[ein *offenes Intervall.*
(ii) $[a, b[:= \{ x \in \mathbf{R} \mid a \leq x < b \}$. Man nennt [a, b[ein *halb offenes Intervall.*
(iii) $]a, b] := \{ x \in \mathbf{R} \mid a < x \leq b \}$. Man nennt auch]a, b] ein *halb offenes Intervall.*
(iv) $[a, b] := \{ x \in \mathbf{R} \mid a \leq x \leq b \}$. Man nennt [a, b] ein *geschlossenes Intervall.*

```
/*
    Diese Methode berechnet mit Hilfe von
    Untersummen einen Näherungswert für π.
    divisionNumber gibt dabei die Anzahl
    der Unterteilungen des Intervalls [0, 1] an.
    sqrt() erfordert #include <math.h>
*/
double ApproachOfPi(long divisionNumber)
{
        long double value = 0, x = 0,
                                    delta = 1.0/divisionNumber;
for (long i = 0; i < divisionNumber; i++)
        {
        x = x + delta;
        if (x > 1) x = 1;
        value = value + delta*sqrt(1 - x*x);
        }
        value = 4*value;
        return value;
}
```

Nun gilt:

Satz 9.9

Sei M die Menge des Vierfachen aller möglichen Untersummen unter dem Kreisbogen über dem Intervall [0, 1], genauer:

$$\text{Sei } M = \{\, x \in \mathbf{R} \mid \exists_{n \in \mathbf{N}\setminus\{0\}} \; x = 4 \cdot \text{Untersumme}(n)\,\} =$$

$$= \{\, x \in \mathbf{R} \mid \exists_{n \in \mathbf{N}\setminus\{0\}} \; x = 4 \cdot \Big(\sum_{k=1}^{n} \frac{1}{k} \sqrt{1 - (\tfrac{1}{k})^2}\,\Big)\,\}$$

Dann ist M nach oben beschränkt und es gilt: $\pi = \sup(M)$

Der Inhalt des Satzes 9.9 wird in der Analysis (nachdem man viel Arbeit geleistet hat) auch folgendermaßen beschrieben[1]:

$$\pi = 4 \int_0^1 \sqrt{1 - x^2}\, dx$$

[1] vergleichen Sie dazu wieder unseren Anhang zur Analysis

Für solche Zahlen kennen Sie nur Näherungswerte. Auch Ihr Rechner kennt nur Näherungswerte. Je mehr und umfangreicher Sie mit solchen Zahlen rechnen, desto größer werden Ihre Fehler. Darum brauchen Sie ein Instrumentarium, mit dem man diese Fehler beherrschen und kontrollieren kann. Dieses Instrumentarium liefert gerade die Analysis. Im Folgenden muss ich mit Ihnen darüber sprechen, dass π eine völlig »andere« irrationale Zahl ist als $\sqrt{2}$. Aber: Beide Zahlen kann ich mit Hilfe des Vollständigkeitsaxioms exakt definieren.

9.5 Zwei Arten von reellen Zahlen

Unsere beiden geometrischen Probleme beschreiben genau die beiden Arten von reellen Zahlen, die man unterscheidet:

- $\sqrt{2}$ ist eine reelle Zahl, die Nullstelle eines Polynoms, nämlich des Polynoms $p(x) = x^2 - 2$. Man nennt eine solche Zahl algebraisch.
- Seit 1882 weiß man von der Zahl π, dass sie transzendent ist. Das bedeutet, dass es kein Polynom mit rationalen Koeffizienten gibt, das π als Nullstelle hat. Diese interessante Tatsache, die auch wichtige Konsequenzen für die Approximation von π hat, wurde von dem deutschen Mathematiker Ferdinand von Lindemann bewiesen.

Ehe ich diese Begriffe genau definiere, möchte ich mit Ihnen eine Tatsache besprechen, die mir dabei hilft, meine Definitionen etwas unkomplizierter zu gestalten.

> Satz 9.10
> Sei $p(x) \in \mathbf{Q}[x]$ ein Polynom mit rationalen Koeffizienten. Es sei weiter $x_0 \in \mathbf{R}$ eine Nullstelle von p, d.h. $p(x_0) = 0$. Dann gibt es ein Polynom $z(x) \in \mathbf{Z}[x]$ mit ganzzahligen Koeffizienten, das ebenfalls x_0 als Nullstelle hat.

Beweis:
Es sei $p(x) = a_n \cdot x^n + a_{n-1} \cdot x^{n-1} + ... + a_2 \cdot x^2 + a_1 \cdot x + a_0$ mit $a_i \in \mathbf{Q}$,

d.h. es gibt $r_i \in \mathbf{Z}$, $s_i \in \mathbf{N} \setminus \{0\}$ so, dass $a_i = \frac{r_i}{s_i}$ für alle $0 \le i \le n$.

Nun setze man $\Pi := \prod_{i=0}^{n} s_i$. Dann ist offensichtlich $\Pi \neq 0$ und es gilt

für alle $0 \le i \le n$: $a_i \cdot \Pi \in \mathbf{Z}$.

Es folgt: $p(x_0) = 0 \leftrightarrow \Pi \cdot p(x_0) = 0$ und mit $z(x) := \Pi \cdot p(x) \in \mathbf{Z}[x]$ folgt die Behauptung.

q.e.d.

Jetzt können wir definieren:

> Definition:
> Eine reelle Zahl $x_0 \in \mathbf{R}$ heißt *algebraisch*, falls es ein Polynom $p(x) \in \mathbf{Z}[x]$ gibt mit der Eigenschaft grad $p > 0$ und $p(x_0) = 0$.
> Falls solch ein Polynom nicht existiert, heißt x_0 *transzendent*.

Offensichtlich ist jede rationale Zahl $\frac{a}{b}$ algebraisch, denn sie ist Nullstelle des Polynoms $p(x) = b \cdot x - a$.

Genauso offensichtlich sind alle Wurzeln $\sqrt[n]{\frac{a}{b}}$ algebraisch, denn sie sind Nullstellen des Polynoms $p(x) = b \cdot x^n - a$.

Hier sind, wie sie bereits wissen, auch viele irrationale Zahlen dabei. Trotzdem sind die algebraischen Zahlen leichter zu kontrollieren. Um das zu verstehen, müssen wir uns ein bisschen genauer mit Polynomen beschäftigen. Wir beginnen mit einer Verallgemeinerung der dritten binomischen Formel. Ehe ich sie allgemein formuliere, gebe ich Ihnen ein paar Spezialfälle, die Sie leicht nachrechnen können:

- $a^2 - b^2 = (a - b)(a + b)$
- $a^3 - b^3 = (a - b)(a^2 + a \cdot b + b^2)$
- $a^4 - b^4 = (a - b)(a^3 + a^2 \cdot b + a \cdot b^2 + b^3)$
- $a^5 - b^5 = (a - b)(a^4 + a^3 \cdot b + a^2 \cdot b^2 + a \cdot b^3 + b^4)$

Allgemein lautet diese Formel folgendermaßen:

> Satz 9.11
> Für alle $n > 2$ und beliebige a und b gilt:
>
> $$a^n - b^n =$$
>
> $$=(a - b)(a^{n-1} + a^{n-2} \cdot b + a^{n-3} \cdot b^2 + \ldots + a^2 \cdot b^{n-2} + a \cdot b^{n-2} + b^{n-1}) =$$
>
> $$=(a - b)\left(\sum_{i=0}^{n-1} a^{n-1-i} \cdot b^i\right)$$

Beweis:
Ich führe Ihnen die Argumentation erst an unserem letzten Beispiel vor. Es ist:
$(a - b)(a^4 + a^3 \cdot b + a^2 \cdot b^2 + a \cdot b^3 + b^4) =$

$$\begin{aligned} &= a^5 + a^4 \cdot b + a^3 \cdot b^2 + a^2 \cdot b^3 + a \cdot b^4 - \\ &\quad - a^4 \cdot b - a^3 \cdot b^2 - a^2 \cdot b^3 - a \cdot b^4 - b^5 = \\ &= a^5 - b^5 \end{aligned}$$

Allgemein gilt:

$$(a - b)\left(\sum_{i=0}^{n-1} a^{n-1-i}\cdot b^i\right) =$$

$$= \sum_{i=0}^{n-1} a^{n-i}\cdot b^i - \sum_{i=0}^{n-1} a^{n-1-i}\cdot b^{i+1} =$$

$$= a^n + \sum_{i=1}^{n-1} a^{n-i}\cdot b^i - \sum_{i=0}^{n-2} a^{n-1-i}\cdot b^{i+1} - b^n =$$

$$= a^n + \sum_{i=1}^{n-1} a^{n-i}\cdot b^i - \sum_{i=1}^{n-1} a^{n-i}\cdot b^i - b^n = a^n - b^n$$

q.e.d.

Diese Formel hilft uns dabei, eine sehr wichtige Eigenschaft der Polynome festzustellen.

Satz 9.12
Sei $(K, +, \cdot)$ ein Ring oder Körper. Es sei $p(x) \in K[x]$ ein Polynom vom Grad $n > 0$. $x_0 \in K$ sei Nullstelle des Polynoms, es gelte also: $p(x_0) = 0$. Dann gibt es ein Polynom $q(x) \in K[x]$ von kleinerem Grad mit der Eigenschaft:

$$p(x) = q(x)\cdot(x - x_0)$$

Beweis:
Es sei $p(x) = a_n\cdot x^n + a_{n-1}\cdot x^{n-1} + \ldots + a_2\cdot x^2 + a_1\cdot x + a_0$ Dann ist

$$p(x) = \sum_{i=0}^{n} a_i\cdot x^i =$$

$$= \left(\sum_{i=0}^{n} a_i\cdot x^i\right) - p(x_0) \quad \text{(Hier habe ich nur die Zahl 0 abgezogen).} =$$

$$= \left(\sum_{i=0}^{n} a_i\cdot x^i\right) - \left(\sum_{i=0}^{n} a_i\cdot x_0^i\right) =$$

$$= \left(\sum_{i=1}^{n} a_i\cdot x^i\right) + a_0 - \left(\sum_{i=1}^{n} a_i\cdot x_0^i\right) - a_0 =$$

$$= \left(\sum_{i=1}^{n} a_i\cdot x^i\right) - \left(\sum_{i=1}^{n} a_i\cdot x_0^i\right) =$$

$$= \sum_{i=1}^{n} a_i\cdot(x^i - x_0^i) = \sum_{i=1}^{n} a_i\cdot(x - x_0)\cdot q_{i-1}(x)$$

Dabei sind gemäß der Formel aus Satz 9.11 die $q_j(x)$ Polynome in x vom Grade j.

Es folgt: $p(x) = (x - x_0) \cdot \left(\sum_{i=1}^{n} a_i \cdot q_{i-1}(x) \right)$, die Behauptung.

q. e. d.

In konkreten Berechnungen findet man diese Faktorisierung von Polynomen schnell durch die so genannte Polynomdivision. Ich gebe ein *Beispiel:*
Es sei $p(x) = 3x^5 + 9x^4 - 126x^3 - 30x^2 + 204x + 480$.

Es ist $p(2) = 96 + 144 - 1008 - 120 + 408 + 480 = 1128 - 1128 = 0$. Und es ist:

$$
\begin{array}{l}
3x^5 + 9x^4 - 126x^3 - 30x^2 + 204x + 480 : x - 2 = 3x^4 + 15x^3 - 96x^2 - 222x - 240 \\
3x^5 - 6x^4 \\
\text{========} \\
\quad 15x^4 - 126x^3 \\
\quad 15x^4 - 30x^3 \\
\quad \text{==========} \\
\qquad -96x^3 - 30x^2 \\
\qquad -96x^3 + 192x^2 \\
\qquad \text{===========} \\
\qquad\quad -222x^2 + 204x \\
\qquad\quad -222x^2 + 444x \\
\qquad\quad \text{===========} \\
\qquad\qquad -240x + 480 \\
\qquad\qquad -240x + 480 \\
\qquad\qquad \text{===========} \\
\qquad\qquad\quad 0
\end{array}
$$

d. h. $p(x) = 3x^5 + 9x^4 - 126x^3 - 30x^2 + 204x + 480 =$
$= (x - 2)(3x^4 + 15x^3 - 96x^2 - 222x - 240)$

Satz 9.12 hat eine sehr wichtige Konsequenz:

> Satz 9.13
> Sei $(K, +, \cdot)$ ein Ring oder Körper. Es sei $p(x) \in K[x]$ ein Polynom vom Grad $n > 0$. Dann hat p höchstens n Nullstellen.

Denn ich kann aus p(x) nicht mehr als n Linearfaktoren $x - x_i$ heraus dividieren.

Nun können wir beweisen.

> Satz 9.14
> Die Menge der algebraischen Zahlen ist abzählbar.

Beweisskizze:

1. Schritt: Sei $n \in \mathbf{N}$ beliebig, $n > 0$. Dann gilt: Die Polynome aus $\mathbf{Z}[x]$ vom Grad n sind abzählbar.

a. Die Polynome aus $\mathbf{Z}[x]$ vom Grad n, bei denen alle Koeffizienten ≥ 0 sind, sind abzählbar.
Beweis:
Man nehme zunächst die endlich vielen Polynome aus $\mathbf{N}[x]$ vom Grade n, bei denen die Summe der Koeffizienten gleich 1 ist. (Tatsächlich gibt es nur ein einziges. Welches ist das?)
Dann nehme man die endlich vielen Polynome aus $\mathbf{N}[x]$ vom Grade n, bei denen die Summe der Koeffizienten gleich 2 ist.
Es folgen die endlich vielen Polynome aus $\mathbf{N}[x]$ vom Grade n, bei denen die Summe der Koeffizienten gleich 3 ist usw.

b. Die Polynome aus $\mathbf{Z}[x]$ vom Grad n sind abzählbar .
Beweis:
In der Aufzählung aus Punkt a setze man anstatt eines Element p(x) aus $\mathbf{N}[x]$ alle möglichen Polynome aus der endlichen Menge

$$\text{Pol}_{p(x)} = \{\, q(x) \in \mathbf{Z}[x] \mid \text{alle Koeffizienten des Polynoms } q \text{ stimmen bis auf das Vorzeichen mit den entsprechenden Koeffizienten des Polynoms } p \text{ überein} \,\}\ .$$

2. Schritt: Die Polynome aus $\mathbf{Z}[x]$, die einen Grad > 0 haben, sind abzählbar.
Beweis:
Stellen Sie sich die Polynome aus $\mathbf{Z}[x]$ mit Grad > 1 in einer Matrix geschrieben vor, die unendlich viele Zeilen und Spalten hat:
1. Zeile: alle Polynome hintereinander vom Grad 1,
2. Zeile: alle Polynome hintereinander vom Grad 2
usw.
Dann kann ich auf die folgende Weise durch diese Matrix gehen,

und ich werde alle Polynome aus $\mathbf{Z}[x]$ »erwischen«.

3. Schritt: Die algebraischen Zahlen sind abzählbar.
   Beweis:
   Da zu jedem Polynom aus der Aufzählung aus Schritt 2 nur endlich viele Nullstellen gehören, kann ich in dieser Aufzählung pro Polynom die endlich vielen Nullstellen dieses Polynoms nennen und ich erhalte dadurch eine Aufzählung (mit vielen Doppelnennungen) aller algebraischen Zahlen.

q. e. d.

Das ist ja furchtbar: Wir scheinen einfach keine »größere« Menge als die natürlichen Zahlen finden zu können. Unsere letzte (schwache) Hoffnung liegt bei den transzendenten Zahlen. Schwach ist diese Hoffnung, weil wir einfach so wenig transzendente Zahlen kennen. Bisher nur eine einzige: π. Später werden wir viel mit der Eulerschen Zahl e arbeiten – auch das ist eine transzendente Zahl. Aber damit hat es sich auch schon. Selbst gestandene Mathematiker kennen nicht viel mehr transzendente Zahlen. Und davon soll es überabzählbar viele geben? Das ist schwer vorstellbar. Und doch ist es so:

Satz 9.15
Die Menge der reellen Zahlen ist überabzählbar.

Beweis:
Der Beweis gehört zu den berühmtesten Beweisen in der Mathematik, er geht auf Georg Cantor zurück, der ihn 1877 fand. Es war sein zweiter Beweis der Überabzählbarkeit der reellen Zahlen. Bereits 1874 war ihm ein erster Beweis gelungen, der ohne die Darstellung der reellen Zahlen in einem Zahlsystem auskommt. Vergleichen Sie dazu noch einmal die »Definition« der reellen Zahlen und meine anschließenden Bemerkungen im Abschnitt 9.2.
Auch dieser Beweis arbeitet – wie unsere Argumentation vorher – mit einem Diagonalargument. Nebenbei bemerkt: auch das vorherige Diagonalargument und der Beweis der Abzählbarkeit der rationalen Zahlen wurden von Georg Cantor entdeckt.
In diesem Falle argumentiert man mit Hilfe eines Widerspruchs:
Angenommen, es gebe eine Bijektion f von der Menge **N** der natürlichen Zahlen in die Menge **R** der reellen Zahlen. Dann gibt es auch eine Bijektion

$$f_{[0,1]} : \mathbf{N} \rightarrow [0, 1]$$

die man beispielsweise so definieren kann:

$f_{[0,1]}(0) = f(x_0)$, wobei $x_0 = \min \{n \in \mathbf{N} \mid f(n) \in [0,1]\}$ ist, d. h. x_0 ist die kleinste natürliche Zahl n, für die f(n) in [0, 1] liegt.

$f_{[0,1]}(1) = f(x_1)$, wobei $x_1 = \min \{n \in \mathbf{N} \mid f(n) \in [0,1] \wedge n > x_0\}$ ist, d. h. x_1 ist nach x_0 die nächst größere natürliche Zahl n, für die f(n) in [0, 1] liegt.

$f_{[0,1]}(2) = f(x_2)$, wobei $x_2 = \min \{n \in \mathbf{N} \mid f(n) \in [0,1] \wedge n > x_1\}$ ist, d. h. x_2 ist nach x_1 die nächst größere natürliche Zahl n, für die f(n) in [0, 1] liegt.

usw.

Unter der Voraussetzung, dass f eine Bijektion von **N** nach **R** war, ist $f_{[0,1]}$ offensichtlich eine Bijektion von **N** nach [0, 1].
Jetzt schreibe ich die Zahlen $f_{[0,1]}(n)$ für n = 0, 1, 2, 3 ... untereinander als Kommazahlen im Dezimalsystem. Ich schreibe alle Kommazahlen mit unendlich vielen Nachkommastellen, gegebenenfalls fülle ich bei endlicher Entwicklung mit Nullen auf. Ich erhalte:

$Liste_{[0,1]}$

- $f_{[0,1]}(0) = 0, n_{00}\, n_{01}\, n_{02}\, n_{03}\, n_{04}\, n_{05}\, n_{06}\, n_{07} \ldots\ldots\ldots\ldots$
- $f_{[0,1]}(1) = 0, n_{10}\, n_{11}\, n_{12}\, n_{13}\, n_{14}\, n_{15}\, n_{16}\, n_{17} \ldots\ldots\ldots\ldots$
- $f_{[0,1]}(2) = 0, n_{20}\, n_{21}\, n_{22}\, n_{23}\, n_{24}\, n_{25}\, n_{26}\, n_{27} \ldots\ldots\ldots\ldots$
- $f_{[0,1]}(3) = 0, n_{30}\, n_{31}\, n_{32}\, n_{33}\, n_{34}\, n_{35}\, n_{36}\, n_{37} \ldots\ldots\ldots\ldots$
- $f_{[0,1]}(4) = 0, n_{40}\, n_{41}\, n_{42}\, n_{43}\, n_{44}\, n_{45}\, n_{46}\, n_{47} \ldots\ldots\ldots\ldots$
- ....
- ....

Dabei sind die n_{ij} Dezimalziffern, die die Werte von 0 bis 9 annehmen können. Noch einmal: Falls f eine Bijektion von **N** nach **R** ist, falls also **R** abzählbar ist, dann muss $Liste_{[0,1]}$ alle Zahlen aus dem Intervall [0, 1] enthalten. (Keine Sorge wegen der 1, die ist durch $0,\overline{9}$ auch in unserer Liste darstellbar).
Nun sei die Zahl z folgendermaßen definiert:

- $z = 0, z_0\, z_1\, z_2\, z_3\, z_4\, z_5\, z_6\, z_7 \ldots\ldots$ mit $z_i = n_{ii} + 1$ für $n_{ii} \neq 9$ und
  $z_i = 0$ für $n_{ii} = 9$.

Sei nun $k \in$ **N** beliebig. Dann gilt: $f_{[0,1]}(k) \neq z$, da sich beide Zahlen an der (k + 1). Stelle hinter dem Komma unterscheiden.

Es folgt: $\forall_{k \in \mathbf{N}}\ z \neq f_{[0,1]}(k)$, d. h. $z \notin Liste_{[0,1]}$, d. h. **R** ist nicht abzählbar.

q. e. d.

Es folgt sofort aus der Abzählbarkeit der algebraischen Zahlen:

> Satz 9.16
> Die Menge der transzendenten Zahlen ist überabzählbar.

9.6 Auch die reellen Zahlen sind aus den natürlichen Zahlen konstruierbar

Ich skizziere Ihnen hier nur kurz, wie man die reellen Zahlen aus den rationalen Zahlen, die ja ihrerseits mit Hilfe der natürlichen Zahlen konstruiert wurden, gewinnen kann. Es handelt sich um eine hoch interessante Frage, denn bei diesem Unternehmen geht es um nichts weniger als darum, allen Punkten auf der Achse eines Koordinatensystems eine Zahl zuordnen zu können. Sie wissen schon: Die rationalen Zahlen reichen dafür nicht aus.

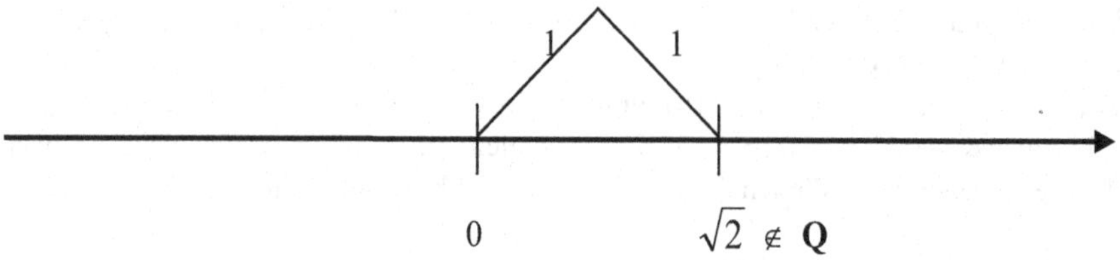

Es gibt für diese Konstruktion mehrere Möglichkeiten. Wenn Sie nicht zu dem Club der Leserinnen und Leser gehören, die wissen, was Cauchyfolgen und konvergente Folgen sind, gehen Sie bitte sofort zum nächsten Absatz weiter, der nach der »Sprungmarke« ***Ende der Nachrichten für Club-Mitglieder*** folgt. Das hat für das Verständnis der übrigen Teile des Buchs keinerlei Folgen.
Die erste Möglichkeit der Konstruktion der reellen Zahlen aus den rationalen Zahlen besteht darin, dass man in der Menge der Cauchyfolgen, deren Folgenglieder rationale Zahlen sind, eine Äquivalenzrelation definiert. Man sagt, zwei Cauchyfolgen $\{a_n\}_{n \in N}$ und $\{b_n\}_{n \in N}$ sind äquivalent dann und nur dann, wenn die Differenz der beiden Cauchyfolgen $\{a_n - b_n\}_{n \in N}$ eine Nullfolge ist, d. h. die Zahl 0 als Grenzwert hat.

Dann repräsentieren die Äquivalenzklassen dieser Cauchyfolgen gerade die reellen Zahlen. Eine rationale Zahl $\frac{p}{q}$ ist in dieser Interpretation gerade die Äquivalenzklasse aller Cauchyfolgen $\{a_n\}_{n \in N}$, für die gilt: $\lim\limits_{n \to \infty} a_n = \frac{p}{q}$, wobei alle $a_n \in \mathbf{Q}$ sein müssen.
In solch einer »rationalen« Äquivalenzklasse ist natürlich die konstante Folge $\{a_n\}_{n \in N}$ mit $a_n = \frac{p}{q}$ für alle $n \in \mathbf{N}$ ein besonders nahe liegender Vertreter.

Versuchen Sie, unter Berücksichtigung unserer Überlegungen im Abschnitt 9.3 ein Element aus der Äquivalenzklasse von Cauchyfolgen mit rationalen Folgengliedern zu konstruieren, das der reellen Zahl $\sqrt{2}$ entspricht. Mit dem, was wir bisher in diesem Buch besprochen haben, können Sie keine entsprechende Folge für π finden. Warum nicht?

Ende der Nachrichten für Club-Mitglieder

Auch der Rest dieses Abschnitts wird die meisten Resultate nur erwähnen ohne sie zu beweisen. Bitte glauben Sie mir, dass mir diese Form der »erzählerischen« Darstellung sehr schwer gefallen ist. Aber eine genaue Behandlung dieses Themas würde so umfangreich werden, dass sie diesem Buch einen falschen Schwerpunkt geben würde. Wem das, was ich schreibe, zu unkonkret bleibt, den bitte ich, diesen Abschnitt durch die angegebene Literatur [Spiv1] zu vertiefen.
Es gibt also noch eine andere Möglichkeit, sich die reellen Zahlen aus den rationalen Zahlen zu konstruieren, die weder Folgen, geschweige denn Cauchyfolgen und konvergente Folgen, noch Äquivalenklasseneinteilungen benötigt. Ich verdanke die Idee zu dieser Konstruktion dem großartigen Buch »Calculus« von Michael Spivak [Spiv1], in dem Sie auch die genauen Einzelheiten dieser Konstruktion nachlesen können. Die Grundidee ist die folgende:

- Jede Zahl a wird repräsentiert durch eine Teilmenge M_a der rationalen Zahlen **Q**. Dabei ist $M_a = \{ x \in \mathbf{Q} \mid x < a \}$.

Diese »Definition« ist klar, wenn a selber eine rationale Zahl ist. Für die irrationalen Zahlen, die wir ja überhaupt noch nicht »kennen«, die wir erst konstruieren wollen, macht sie natürlich überhaupt keinen Sinn. Man kann solche Mengen aber auch noch anders charakterisieren:

Definition:
Eine reelle Zahl a ist eine Teilmenge der Menge der rationalen Zahlen **Q** mit den folgenden 4 Eigenschaften:

(i) $(x \in a \wedge y \in \mathbf{Q} \text{ mit } y < x) \rightarrow y \in a$

(ii) $a \neq \{\}$

(iii) $a \neq \mathbf{Q}$

(iv) $\forall_{x \in a} \exists_{y \in a}\ y > x$ (d. h. es gibt kein größtes Element in a)

Wir schreiben für die Menge dieser Teilmengen von **Q** das Symbol $\mathcal{R}$.

Wenn wir weiter unten besprochen haben, dass wir hier die reellen Zahlen so definiert haben, dass man sie als eine Obermenge der rationalen Zahlen auffassen kann, dass wir sie also so definiert haben, wie Sie es auch intuitiv erwarten, dann werden wir statt der beiden Symbole **R** und $\mathcal{R}$ wieder nur noch mit dem Symbol **R** arbeiten.

Beispiel:
- Die Menge $a = \{ x \in \mathbf{Q} \mid x^2 < 2 \vee x < 0 \}$ ist eine solche reelle Zahl, wir werden sie durch das Symbol $\sqrt{2}$ darstellen. Mit einer ähnlichen Überlegung wie im Beweis von Satz 9.7 können Sie zeigen, dass diese Menge a alle vier Eigenschaften der Definition einer reellen Zahl erfüllt.

Es gilt (»trotz« der Bedingung (iv) für eine Teilmenge von **Q**, die eine reelle Zahl darstellt):

Satz 9.17
Sei $a \subset \mathbf{Q}$ eine reelle Zahl. Dann ist die Menge a nach oben beschränkt.

Beweis (durch Widerspruch):
Angenommen, a sei nach oben nicht beschränkt. Sei $y \in \mathbf{Q}$ beliebig. Dann gibt es ein $x \in a$ mit $y < x$. Aus Bedingung (i) für die reelle Zahl a folgt: $y \in \mathbf{Q}$

Damit haben wir für beliebige $y \in \mathbf{Q}$ gezeigt: $x \in a$ und es folgt $a = \mathbf{Q}$ im Widerspruch zu Bedingung (iii) für reelle Zahlen.

q. e. d.

Jetzt definiert man für diese Mengen eine Addition und eine Multiplikation.

Definition:
Seien a und b zwei reelle Zahlen (d. h. zwei Teilmengen der Menge der rationalen Zahlen $\mathbf{Q}$). Dann ist:
(i) $a + b := \{ x + y \mid x \in a \text{ und } y \in b \}$
(ii) In den Fällen, in denen a und b beide positive rationale Zahlen enthalten, ist:
$a \cdot b := \{ x \cdot y \mid x \in a, x > 0 \text{ und } y \in b, y > 0 \} \cup \{ z \in Q \mid z \leq 0 \}$

Die vollständige Definition der Multiplikation ist komplizierter. Vergleichen Sie dazu die Übungsaufgaben. Bedenken Sie: Sie müssen, ehe Sie die Körpergesetze nachweisen, erst einmal klären, dass diese Verknüpfungen wohl definiert sind, d. h. dass die Ergebnismenge auch wieder unseren Bedingungen (i) bis (iv) genügt.

Es lässt sich zeigen:

Satz 9.18
Mit diesen Verknüpfungen ist die Menge der reellen Zahlen R ein kommutativer Körper.
Zusätzlich lässt sich auf unkomplizierte Weise eine < – Relation definieren:

Definition:
Seien a und b zwei reelle Zahlen (d. h. zwei Teilmengen der Menge der rationalen Zahlen $\mathbf{Q}$).
Dann ist $a < b \leftrightarrow (a \subseteq b, \text{ aber } a \neq b)$.

Dieser Definition liegt zu Grunde, dass beispielsweise gilt:

$3 < 5$ und dass genauso gilt: $\{ x \in \mathbf{Q} \mid x < 3 \} \subseteq \{ x \in \mathbf{Q} \mid x < 5 \}$, aber
$\{ x \in \mathbf{Q} \mid x < 3 \} \neq \{ x \in \mathbf{Q} \mid x < 5 \}$

Man definiert:

Definition:
Der Körper (K,+,•) heißt ein angeordneter Körper, falls auf dem Körper eine $<$ – Relation mit den folgenden Eigenschaften definiert ist:

1. Für jedes $k \in K$ gilt genau eine der 3 folgenden Eigenschaften :
   (i) $k = 0$ oder (ii) $k > 0$ oder (iii) $-k > 0$.
   Falls $k > 0$ ist, heißt k positiv, falls $-k > 0$ ist, heißt k negativ.
2. $\forall\, a, b \in K \quad (a > 0 \wedge b > 0) \rightarrow (a + b > 0)$
3. $\forall\, a, b \in K \quad (a > 0 \wedge b > 0) \rightarrow (a \cdot b > 0)$

Offensichtlich gilt:

Satz 9.19
(**Q**, +, ·) mit der herkömmlichen $<$ – Relation ist ein kommutativer, angeordneter Körper.

Man definiert nun:

Definition:
Sei (K, +, ·) mit einer $<$ – Relation ein angeordneter Körper. K heißt *vollständig*, wenn jede Teilmenge $M \subseteq K$, die nach oben beschränkt ist, in K eine kleinste obere Schranke hat.

Und wir haben gezeigt:

Satz 9.20
(**Q**, +, ·) mit der herkömmlichen $<$ – Relation ist nicht vollständig.

Dagegen gilt aber (und das war ja unser erstes Ziel):

Satz 9.21
($\mathcal{R}$, +, ·) mit der oben definierten $<$ – Relation ist ein vollständiger, angeordneter, kommutativer Körper.

Und unser zweites Ziel, die Wiederentdeckung von **Q** in unserem $\mathcal{R}$ erreichen wir mit Hilfe der folgenden Definition:

Definition:
$\mathcal{R}$ sei die oben beschriebene Menge der reellen Zahlen, wobei eine reelle Zahl eine Teilmenge aus **Q** ist, die den oben beschriebenen Bedingungen (i) – (iv) genügt. Es sei:
$\mathcal{Q} = \{ a \in \mathcal{R} \mid \exists_{g \in \mathbf{Q}} \; a = \{ x \in \mathbf{Q} \mid x < g \} \}$.

Das bedeutet: $\mathcal{Q}$ besteht aus den Teilmengen von **Q**, deren kleinste obere Grenze auch in **Q** ist. Wir hätten auch (völlig äquivalent) definieren können:

$\mathcal{Q} = \{ a \in \mathcal{R} \mid \sup a \in \mathbf{Q} \}$.

Mit dieser Definition kann man zeigen:

Satz 9.22
$\mathcal{Q}$ und **Q** sind bijektiv aufeinander abbildbar, mit Hilfe einer derartigen Bijektion kann man $\mathcal{Q}$ und **Q** miteinander identifizieren und dem entsprechend kann man $\mathcal{R}$ als eine Obermenge von **Q** auffassen.

Beweis:
Beispielsweise ist die Abbildung $\varphi : \mathcal{Q} \rightarrow \mathbf{Q}$ mit $\varphi(a) = \sup a$ eine solche Bijektion.

q. e. d.

Nach diesen Überlegungen werden wir das Symbol $\mathcal{R}$ für die reellen Zahlen wieder »vergessen«, für den Rest des Buches bleiben wir bei der Schreibweise **R**.

Übungsaufgaben

1. Aufgabe

Welche der folgenden Gleichungen haben eine Lösung in **Q**?

a. $x^3 - 64 = 0$ b. $x^2 - 4{,}9729 = 0$

c. $x^2 - 5 = 0$ d. $x^3 - x^2 - 2x + 2 = 0$

2. Aufgabe

Für die folgenden Funktionen f: $\mathbf{Q} \to \mathbf{Q}$ gilt alle: $f(-10) < 0$, $f(10) > 0$. Prüfen Sie, ob diese Funktionen eine Nullstelle in **Q** zwischen –10 und 10 haben.

a. $f(x) = x^3 - 125$
b. $f(x) = x^3 - 124$
c. $f(x) = x^5 - 32$
d. $f(x) = x^5 - 33$

3. Aufgabe

Die folgenden Polynome haben nur rationale Nullstellen. Finden Sie sie alle. Konsultieren Sie gegebenenfalls den Beginn des nächsten Kapitels zur Lösung von quadratischen Gleichungen.

a. $f(x) = x^2 - 9$
b. $f(x) = x^2 - 3x + 2$
c. $f(x) = x^3 + 27$
d. $f(x) = x^3 + 4x^2 - 9x - 36$
e. $f(x) = x^3 + 6x^2 + 11x + 6$

4. Aufgabe

Finden Sie Polynome in der Form $p(x) = x^n + a_{n-1}x^{n-1} + \ldots + a_1 x + a_0$, die jeweils genau die folgenden Nullstellen haben:

a. 0
b. 7
c. 0 und 1
d. –2 und 2
e. –5 und 3
f. 0, 1 und 2
g. 0, –2 und 2
h. –5, 1 und 7

5. Aufgabe

Man kann folgendermaßen vorgehen, um die Multiplikation reeller Zahlen vollständig zu definieren:

(i) Man definiert: $0 = \{ x \in \mathbf{Q} \mid x < 0 \}$
(ii) Man definiert dann:
Sei $\alpha \in \mathcal{R}$. Dann ist $-\alpha := \{ x \in \mathbf{Q} \mid -x \notin \alpha, -x \neq \min \mathbf{Q} \setminus \alpha \}$

Das will ich ein wenig erläutern:
Sei $\alpha = \{x \in \mathbf{Q} \mid x < 4 \}$ die Zahl 4. Dann wäre:
$\{ x \in \mathbf{Q} \mid -x \notin \alpha \} = \{ x \in \mathbf{Q} \mid -x \geq 4 \} = \{ x \in \mathbf{Q} \mid x \leq -4 \}$ zwar unserer Vorstellung von – 4 ziemlich ähnlich, aber *keine* reelle Zahl, denn diese Teilmenge von $\mathcal{R}$ enthielte ein größtes Element, nämlich –4.

Es ist aber $\mathbf{Q} \setminus \alpha = \{ x \in \mathbf{Q} \mid x \geq 4 \}$, also $\min \mathbf{Q} \setminus \alpha = 4$, also wird $\{ x \in \mathbf{Q} \mid -x \notin \alpha, -x \neq \min \mathbf{Q} \setminus \alpha \} = \{ x \in \mathbf{Q} \mid -x \notin \alpha, -x \neq 4\} = \{ x \in \mathbf{Q} \mid -x \geq 4 \wedge -x \neq 4 \} = \{ x \in \mathbf{Q} \mid x \leq -4 \wedge x \neq -4 \} = \{ x \in \mathbf{Q} \mid x < -4 \}$ genau das, was wir wollen.

(iii) Jetzt können wir den Absolutbetrag für reelle Zahlen definieren:

$$\text{Sei } \alpha \in \mathcal{R}. \text{ Dann ist } |\alpha| = \begin{cases} \alpha, & \alpha \geq 0 \\ -\alpha, & \alpha \geq 0 \end{cases}$$

(iv) Und wir sind bereit für die vollständige Definition der Multiplikation in $\mathcal{R}$:
Wir hatten definiert:
Seien $\alpha, \beta \in \mathcal{R}$, $\alpha > 0$, $\beta > 0$ beliebig. Dann ist:
$\alpha \bullet \beta := \{ x \bullet y \mid x \in \alpha, x > 0 \text{ und } y \in \beta, y > 0 \} \cup \{ z \in \mathbf{Q} \mid z \leq 0\}$

Und wir können hinzufügen:

$$\alpha \bullet \beta = \begin{cases} 0, & \text{falls } \alpha = 0 \vee \beta = 0 \\ |\alpha| \bullet |\beta|, & \text{falls } \alpha < 0 \wedge \beta < 0 \\ -(|\alpha| \bullet |\beta|), & \text{falls } (\alpha > 0 \wedge \beta < 0) \vee (\alpha < 0 \wedge \beta > 0) \end{cases}$$

Zeigen Sie: Die Addition und Multiplikation in $\mathcal{R}$ sind wohl definiert, d.h. ihr Ergebnis ist wieder ein Element aus $\mathcal{R}$.

6. Aufgabe

Finden Sie bezüglich der Addition und Multiplikation in $\mathcal{R}$:

a. Das additive neutrale Element.
b. Das additive Inverse zu einem beliebigem x aus $\mathcal{R}$.
c. Das multiplikative neutrale Element.
d. Das multiplikative Inverse zu einem beliebigem x aus $\mathcal{R}$, wobei aber x nicht das additive neutrale Element ist.

Beschreiben Sie jeweils genau, wie diese Elemente als Teilmengen von $\mathbf{Q}$ aussehen.

Die komplexen Zahlen

10

Seit vielen Kapiteln reden wir über die Lösbarkeit von Gleichungen. Mittlerweile können wir nicht nur lineare Gleichungen der Art

$$a \cdot x + b = 0$$

lösen, sondern wir können auch einige quadratische Gleichungen der Art

$$a \cdot x^2 + b \cdot x + c = 0$$

lösen. Tatsächlich können wir, wie wir später sehen werden, bereits jetzt noch viel mehr. In Bezug auf die quadratischen Gleichungen gilt, dass in der Menge der reellen Zahlen nicht alle quadratischen Gleichungen lösbar sind. Das wird unsere erste Motivation sein, uns mit komplexen Zahlen zu beschäftigen.

Die Belohnung dafür ist ungeheuer großzügig:

- Wir können mit einem Schlag die allgemeine Lösbarkeit von beliebigen polynomialen Gleichungen der Art

  $$x^n + a_{n-1} \cdot x^{n-1} + \ldots.. + a_2 \cdot x^2 + a_1 \cdot x + a_0 = 0$$

  als vollständig bearbeitet zu den Akten legen. Bedenken Sie, wie viel Arbeit wir nur für den Fall $n = 1$ und für die unvollständige Lösung des Falles $n = 2$ leisten mussten.
- Wir erhalten eine Zahlenmenge, die man für viele, sehr wichtige physikalische Untersuchungen und Modellierungen braucht. Das beginnt (hat historisch begonnen) mit der Elektrizitätslehre und reicht bis zu den hoch aktuellen Forschungen zur Vereinheitlichung von Quantentheorie und allgemeiner Relativitätstheorie. Vgl. [Green].
- Genauso ist das meist diskutierte mathematische Problem der letzten 150 Jahre, die so genannte *Riemannsche Vermutung*, ein Problem aus der Theorie der Funktionen, die auf der Menge der komplexen Zahlen definiert sind. Mit seiner Lösung hätte man mit einem Schlag eine sehr viel genauere Kenntnis über die Verteilung der Primzahlen. Lassen Sie sich das auf der Zunge zergehen: Man erhält – sogar sehr tiefgehende – neue Erkenntnisse über Primzahlen, also sehr spezielle natürliche Zahlen, durch Untersuchungen in der Menge der komplexen Zahlen. Wen das genauer interessiert, dem empfehle ich das hochinteressante Buch: »Die Musik der Primzahlen« von Marcus du Sautoy [Saut1]. Auf jeden Fall wird klar: Die komplexen Zahlen sind wichtig für die Theorie der Verschlüsselungen, die auf den Primzahlen beruht.
- Eine Anwendung aus dem Bereich der komplexen Zahlen hat uns Informatiker in den achtziger Jahren des letzten Jahrhunderts sehr fasziniert. Jeder, den ich aus dieser Zeit kenne, hat sie damals programmiert. Ich meine die Konstruktion des Apfelmännchens, oder wie man diese Struktur wissenschaftlicher nach dem Mathematiker Benoit Mandelbrot benannte: der Mandelbrot-Menge. Diese Menge illustriert sehr anschaulich die Konzepte der Selbstähnlichkeit und der Fraktale und macht eindringlich klar, dass kleine Ursachen große Wirkungen haben können. Damals kam der Begriff des Schmetterlingseffektes auf, mit dem andeuten will, dass unter Umständen der Flügelschlag eines Schmetterlings die Entstehung eines Orkans in einem anderen Teil der Welt bewirken kann.

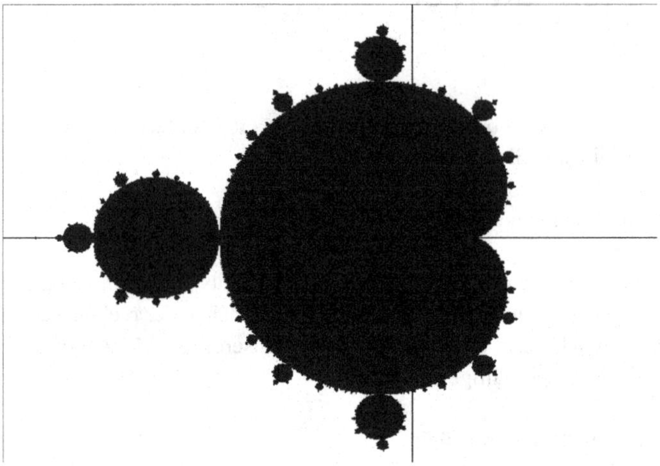

Wir beginnen mit den quadratischen Gleichungen:

10.1 Quadratische Gleichungen in der Menge der reellen Zahlen

In der Menge der reellen Zahlen gibt es drei verschiedene Lösungsmöglichkeiten für Gleichungen der Art:

$$a \cdot x^2 + b \cdot x + c = 0, \; a \neq 0.$$

Ohne Beschränkung der Allgemeinheit nehmen wir an, dass $a > 0$ ist. Ansonsten multiplizieren wir einfach die Gleichung mit (-1).

1. Fall

   Die Gleichung hat zwei Lösungen. Dem entspricht der Fall, dass die Funktion $f : \mathbf{R} \to \mathbf{R}$ mit $f(x) = a \cdot x^2 + b \cdot x + c$ zwei Nullstellen hat. Das bedeutet, dass die zugehörige Parabel, die dem Graph dieser Funktion entspricht, an zwei Stellen die x-Achse schneidet:

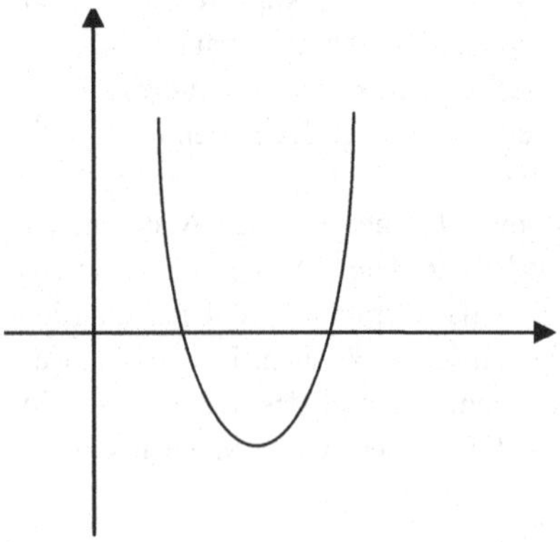

2. Fall
   Die Gleichung hat genau eine Lösung. Dem entspricht der Fall, dass die Funktion $f: \mathbf{R} \to \mathbf{R}$ mit $f(x) = a \cdot x^2 + b \cdot x + c$ genau eine Nullstelle hat. Das bedeutet, dass die zugehörige Parabel, die dem Graph dieser Funktion entspricht, die x-Achse in genau einem Punkt berührt:

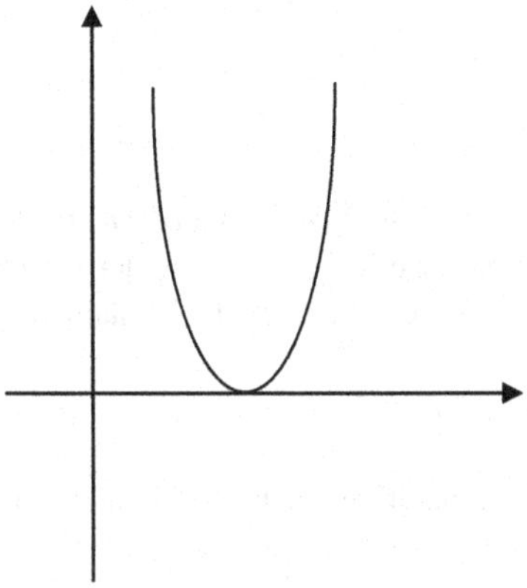

3. Fall
   Die Gleichung hat keine reelle Lösung. Dem entspricht der Fall, dass die Funktion $f: \mathbf{R} \to \mathbf{R}$ mit $f(x) = a \cdot x^2 + b \cdot x + c$ keine Nullstelle hat. Das bedeutet, dass die zugehörige Parabel, die dem Graph dieser Funktion entspricht, die x-Achse nirgendwo schneidet:

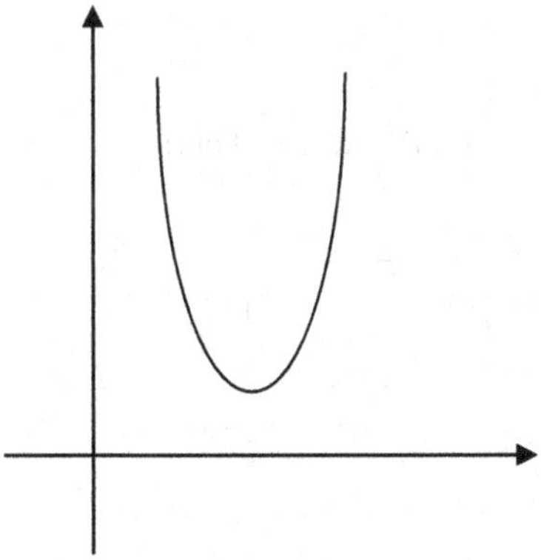

Wie erkennt man nun diese Fälle an der Gleichung selber? Ich erinnere Sie dazu an die drei binomischen Formeln:

(i) $(a + b)^2 = a^2 + 2ab + b^2$ 1. Binomische Formel
(ii) $(a - b)^2 = a^2 - 2ab + b^2$ 2. Binomische Formel
(iii) $(a + b)(a - b) = a^2 - b^2$ 3. Binomische Formel

Mit diesen Formeln formt man folgendermaßen um:

$$a \cdot x^2 + b \cdot x + c = a(x^2 + \tfrac{b}{a}x + \tfrac{c}{a}) = 0 \quad \leftrightarrow \quad x^2 + \tfrac{b}{a}x + \tfrac{c}{a} = 0$$

Das heißt, es reicht für unsere Fälle völlig, den Fall

$$x^2 + p \cdot x + q = 0$$

zu betrachten.

Man formt des Weiteren um:

$$x^2 + p \cdot x + q = x^2 + p \cdot x + \tfrac{1}{4}p^2 + q - \tfrac{1}{4}p^2$$

Zur Erklärung dieses Schrittes: Ich habe zu $x^2 + p \cdot x$ die so genannte *quadratische* Ergänzung hinzu addiert, das ist ein Ausdruck, der es mir erlaubt, mit Hilfe der Ersten Binomischen Formel einen einzigen quadratischen Ausdruck zu bilden. Es ist nämlich:

$$x^2 + p \cdot x + \tfrac{1}{4}p^2 = (x + \frac{p}{2})^2$$

Diesen Ausdruck, den ich hinzugefügt habe, muss ich natürlich auch wieder abziehen, damit alles stimmt. Insgesamt erhalten wir:

$$\begin{aligned} x^2 + p \cdot x + q &= x^2 + p \cdot x + \tfrac{1}{4}p^2 + q - \tfrac{1}{4}p^2 = \\ &= (x + \frac{p}{2})^2 - \frac{p^2 - 4q}{4} \end{aligned}$$

Nun gibt es wieder drei Fälle, das sind genau die oben diskutierten Fälle:

1. Fall

   $p^2 - 4q > 0$. Dann hat unsere quadratische Gleichung zwei reelle Lösungen. Es gilt nämlich:

$$x^2 + p \cdot x + q = (x + \frac{p}{2})^2 - \frac{p^2 - 4q}{4} =$$

$$= (x + \frac{p}{2})^2 - \left(\frac{\sqrt{p^2 - 4q}}{2}\right)^2 = \text{(3. Binomische Formel)}$$

$$= (x + \frac{p}{2} + \frac{\sqrt{p^2 - 4q}}{2})(x + \frac{p}{2} - \frac{\sqrt{p^2 - 4q}}{2}) = 0$$

$$\leftrightarrow x = -\frac{p}{2} - \frac{\sqrt{p^2 - 4q}}{2} \quad \vee \quad x = -\frac{p}{2} + \frac{\sqrt{p^2 - 4q}}{2}$$

2. Fall

   $p^2 - 4q = 0$. Dann hat unsere quadratische Gleichung genau eine reelle Lösung. Es gilt:

$$x^2 + p \cdot x + q = (x + \frac{p}{2})^2 - \frac{p^2 - 4q}{4} = (x + \frac{p}{2})^2 = 0$$

$$\leftrightarrow \quad x = -\frac{p}{2}$$

3. Fall
   $p^2 - 4q < 0$. Dann hat unsere quadratische Gleichung keine reellen Lösungen. Es gilt nämlich:
   $x^2 + p \cdot x + q = (x + \frac{p}{2})^2 - \frac{p^2 - 4q}{4} =$
   $=$ Quadratzahl + eine echt positive Zahl $=$ stets > 0.

Der Ausdruck $p^2 - 4q$, dessen Vorzeichen entscheidet, ob eine quadratische Gleichung zwei voneinander verschiedene, genau eine oder keine reelle Nullstelle(n) hat, ist so wichtig, dass man ihm einen eigenen Namen gegeben hat: Er heißt *Diskriminante* einer quadratischen Gleichung.

Im allgemeinen Falle $a \cdot x^2 + b \cdot x + c = 0$ nennt man den Ausdruck $b^2 - 4ac$ die *Diskriminante* und Sie können sich leicht überlegen, dass er da dieselbe Bedeutung hat.

Betrachten wir *Beispiele*:

- $x^2 - 4 \cdot x + 3 = 0$

  Dieses eine Mal werde ich die Lösung auf zwei verschiedene Weisen berechnen, einmal direkt und einmal mit Hilfe unserer Formel. Es ist:

  $$x^2 - 4 \cdot x + 3 = x^2 - 4 \cdot x + 4 - 1 = (x - 2)^2 - 1^2 =$$
  $$= (x - 2 + 1)(x - 2 - 1) = (x - 1)(x - 3) = 0 \leftrightarrow$$
  $$\leftrightarrow x = 1 \vee x = 3$$

  Wenn mir mit Hilfe der Formel arbeiten, berechnen wir:
  Diskriminante $d = p^2 - 4q = (-4)^2 - 4 \cdot 3 = 16 - 12 = 4$. Also ist die Diskriminante > 0, wir haben zwei Lösungen, es ist:

  $$x^2 - 4 \cdot x + 3 = 0 \leftrightarrow x = \frac{p}{2} - \frac{\sqrt{p^2 - 4q}}{2} - \vee x = -\frac{p}{2} + \frac{\sqrt{p^2 - 4q}}{2}$$
  $$\leftrightarrow x = \frac{4}{2} - \frac{\sqrt{16 - 12}}{2} = 2 - 1 = 1 \vee$$
  $$x = \frac{4}{2} + \frac{\sqrt{16 - 12}}{2} = 2 + 1 = 3$$

  Das sind natürlich dieselben Lösungen, die wir eben schon berechnet haben. Das Bild, das zu dieser Gleichung gehört, sieht folgendermaßen aus:

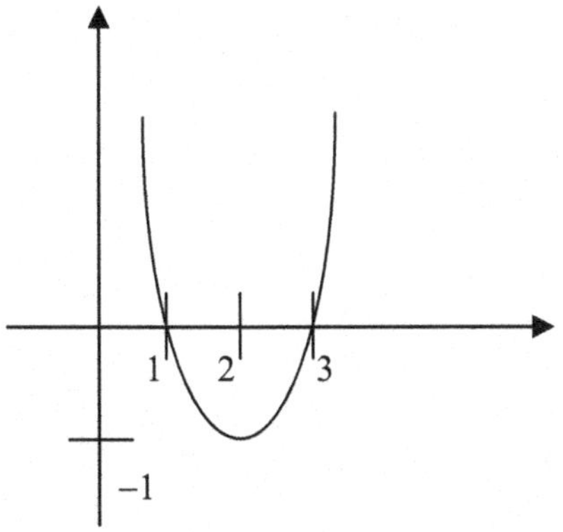

Die nächsten Gleichungen werden wir alle ohne Einsetzen in die Formel lösen.

- $x^2 + 6 \cdot x + 9 = 0$
  Es ist:
  $x^2 + 6 \cdot x + 9 = (x + 3)^2 = 0 \leftrightarrow x = -3$.
  Diese Gleichung hat also genau eine Lösung, nämlich -3. Das Bild, das zu dieser Gleichung gehört, ist das folgende:

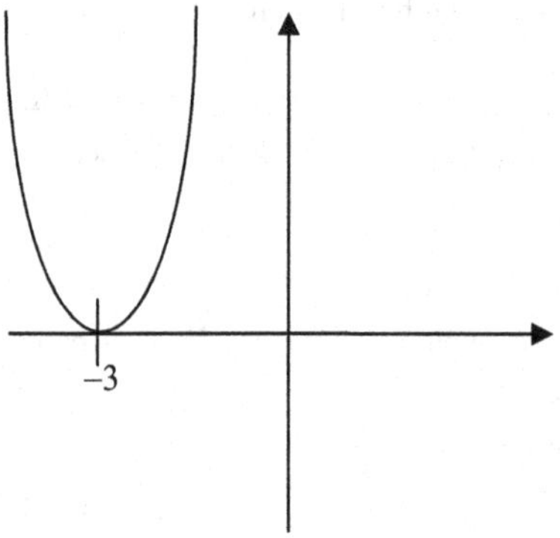

- $x^2 - 10 \cdot x + 29 = 0$
  Es ist:
  $x^2 - 10 \cdot x + 29 = (x - 5)^2 + 4 =$ Quadratzahl $+ 4$. Das ist immer größer Null. Diese Funktion wird offensichtlich bei $x = 5$ am kleinsten. Dort hat sie den Wert 4. Das Bild, das zu dieser Gleichung gehört, sieht folgendermaßen aus:

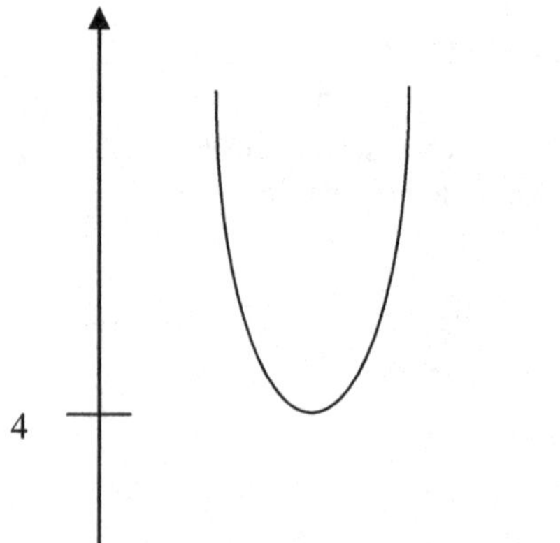

10.2 Die Einführung von i garantiert die generelle Lösbarkeit von Quadratischen Gleichungen

Wir gehen sehr pragmatisch vor: Wir definieren eine neue »Zahl«, wir geben ihr den Namen i und wir legen fest:

$$i^2 = -1$$

i heißt *imaginäre Einheit* und i ist eine *komplexe Zahl.*

Bemerkung: Es war wahrscheinlich der großartige italienische Arzt, Philosoph und Mathematiker Gerolamo Cardano (1501 – 1576), der als erster mit komplexen Zahlen rechnete und auf den diese Namensgebung »imaginär« zurückzuführen ist. Er führte diese Zahlen ein, um Lösungsformeln für Gleichungen dritten Grades zu finden und er nannte i – vermutlich, weil ihm eine $\sqrt{-1}$ im doppelten Sinne des Wortes so irreal vorkam – imaginär, also nur in der Einbildung bestehend.
Die weitere Entwicklung der Mathematik hat gezeigt, dass das eine falsche Vorstellung ist. Die komplexen Zahlen sind sehr real (wenn auch nicht reell) – damit meine ich, dass sie hervorragend zur Modellierung von realen Vorgängen geeignet sind wie das beispielsweise in der Elektrotechnik der Fall ist.

Um Ihnen zu zeigen, wie wenig »Hexenwerk« diese komplexen Zahlen sind, gebe ich Ihnen zunächst eine etwas andere, »harmlosere« Definition als man sie gemeinhin sieht. Der Vorteil dieser Definition ist außerdem: Sie sehen sofort eine geometrische Veranschaulichung der komplexen Zahlen, die auf Gauß zurückgeht und die man *Gaußsche Zahlenebene* nennt.

Definition:
Die *Menge C der komplexen Zahlen* ist die Menge aller geordneten Tupel $(a, b) \in \mathbf{R} \times \mathbf{R} = \mathbf{R}^2$, für die die folgenden Verknüpfungen definiert sind:
(i) $(a, b) + (c, d) = (a + c, b + d)$
(ii) $(a, b) \cdot (c, d) = (a \cdot c - b \cdot d, a \cdot d + b \cdot c)$

Hier scheint alles klar – mit Ausnahme der Verknüpfungsvorschrift für die Multiplikation. Wie kommt man auf so etwas?
Betrachten wir zunächst die Dinge, die klar sind. Für eine komplexe Zahl können wir die folgende geometrische Veranschaulichung wählen:

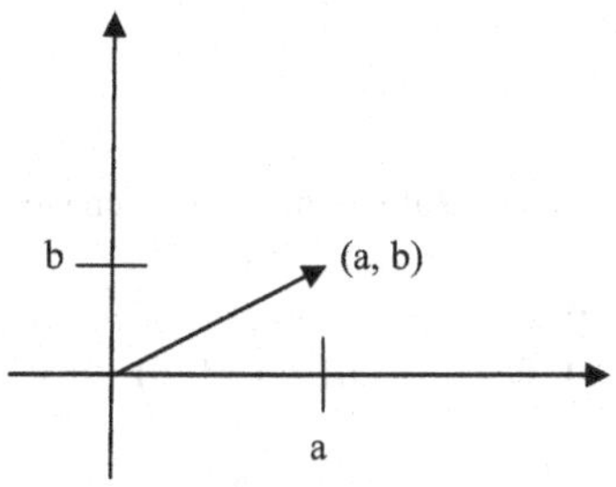

Und dementsprechend für die Addition:

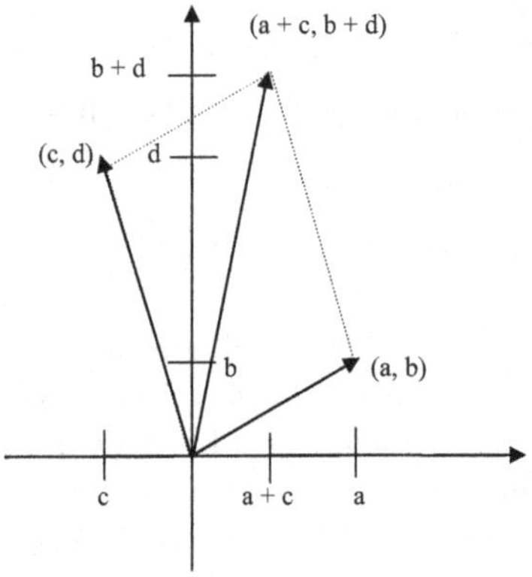

Wie aber kommt die Formel für die Multiplikation zustande? Sie folgt aus den folgenden, zunächst völlig abstrakt-formalen Überlegungen:

Anforderung:
Man möchte mit der komplexen Zahl (a, b) genauso rechnen können, als würde man in der Welt der reellen Zahlen einen Ausdruck $a + b \cdot i$ nach den herkömmlichen Rechenregeln bearbeiten. Dabei wird für i^2 stets der Wert -1 geschrieben. Andererseits versteht man unter einem Ausdruck $x + y \cdot i$ mit $x \in \mathbf{R}$ und $y \in \mathbf{R}$ stets die komplexe Zahl (x, y).
Insbesondere wird hier $\mathbf{R} = \{ a \mid a \in \mathbf{R} \} = \{ a + 0 \cdot i \mid a \in \mathbf{R} \} \cong$
$\cong \{ (a, 0) \mid a \in \mathbf{R} \}$.
Und mit $i = 0 + 1 \cdot i$ ist dann die komplexe Zahl (0, 1) gemeint.

Wenn wir nun die zwei komplexen Zahlen (a, b) und (c, d) in der Form $a + b \cdot i$ und $c + d \cdot i$ schreiben und stur – ohne von dem Symbol i beeindruckt zu sein – nach den altbekannten Regeln vor uns hin multiplizieren, erhalten wir unter Berücksichtigung der obigen Anforderungen:

$$(a, b) \cdot (c, d) \cong (a + b \cdot i)(c + d \cdot i) = (a \cdot c + a \cdot d \cdot i + b \cdot c \cdot i + b \cdot d \cdot i \cdot i) =$$
$$= a \cdot c - b \cdot d + (a \cdot d + b \cdot c) \cdot i \cong (a \cdot c - b \cdot d,\ a \cdot d + b \cdot c)$$

Das aber war genau unsere Definition der Multiplikation.

Es gilt mit dieser Regel:

- Reelle Zahlen als Elemente der Menge der komplexen Zahlen multiplizieren sich wie vorher, d.h.
  $$a \cdot b \cong (a, 0) \cdot (b, 0) = (a \cdot b - 0 \cdot 0,\ a \cdot 0 + b \cdot 0) = (a \cdot b, 0) \cong a \cdot b\,.$$
- $i^2 \cong (0, 1)^2 = (0, 1) \cdot (0, 1) = (0 \cdot 0 - 1 \cdot 1,\ 0 \cdot 1 + 1 \cdot 0) = (-1, 0) \cong -1$

Alles andere wäre auch eine Katastrophe gewesen. Man definiert:

Definition:
Sei $z = (a, b) \cong a + b \cdot i$ eine komplexe Zahl.
(i) a heißt der *Realteil* von z und b heißt der *Imaginärteil*. Man schreibt: $a = \text{Re}(z)$ und $b = \text{Im}(z)$.
(ii) Die Zahl $(a, -b) \cong a - b \cdot i$ heißt die zu z konjugiert komplexe Zahl. Man schreibt dafür das Symbol $\overline{z}$.
(iii) Man definiert als *Betrag von z* die Länge der Strecke vom Nullpunkt (0, 0) bis zum Punkt (a, b). Man schreibt dafür $|z|$.

Bemerkung: Es ist also (Pythagoras): $|z| = \sqrt{a^2 + b^2}$. Das ist stets eine reelle Zahl.

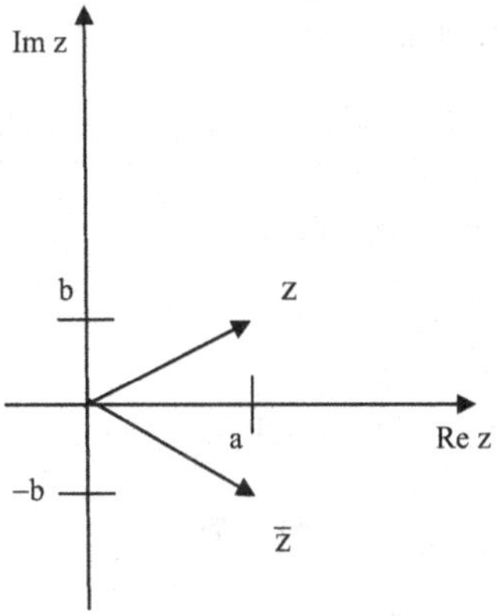

Satz 10.1
(i) Sei $a \in \mathbf{R}$ beliebig. Dann gilt: $|a| = \sqrt{a^2}$ bzw. $|a|^2 = a^2$.
(ii) Sei $z \in \mathbf{C}$ beliebig, $z = (a, b) \cong a + b \cdot i$. Dann gilt: $|z|^2 = a^2 + b^2 = z \cdot \overline{z}$.

Beweis:
(i) ist klar, ich beweise nur (ii):
Es ist $z \cdot \overline{z} \cong (a + b \cdot i)(a - b \cdot i) = a^2 - b^2 \cdot i^2 = a^2 + b^2 = |z|^2$.

q. e. d.

Ich möchte nun endlich unser Ausgangsproblem, die generelle Lösbarkeit von quadratischen Gleichungen, abschließend bearbeiten. Ich arbeite dazu mit der Darstellung $a + b \cdot i$ für eine komplexe Zahl.

Definition:
Sei $a \in \mathbf{R}$ beliebig.
(i) Falls a *positiv*, d. h. falls $a > 0$ ist, ist $\sqrt{a}$ die eindeutig bestimmte positive reelle Zahl x, für die gilt: $x^2 = a$.
(ii) Falls $a = 0$ ist, ist $\sqrt{a} = 0$
(iii) Falls a *negativ*, d. h. falls $a < 0$ ist, ist

$$\sqrt{a} = \sqrt{(-a)\cdot(-1)} = \sqrt{(-a)\cdot i^2} = \sqrt{(-a)}\cdot i$$

die eindeutig bestimmte komplexe Zahl x mit positivem Imaginärteil, für die gilt: $x^2 = a$.

Erinnerung 10.2
Sei $a \in \mathbf{R}$ beliebig. Dann gilt: $(\sqrt{a})^2 = (-\sqrt{a})^2 = a$. Es gibt also für $a \neq 0$ stets zwei voneinander verschiedene Lösungen für die Gleichung: $x^2 = a$.

Satz 10.3
Seien $p, q \in \mathbf{R}$ beliebig. Die Gleichung $x^2 + p\cdot x + q = 0$ hat die Lösungen

$$x_1 = -\frac{p}{2} - \frac{\sqrt{p^2 - 4q}}{2} \quad \vee \quad x_2 = -\frac{p}{2} + \frac{\sqrt{p^2 - 4q}}{2}$$

- Falls die Diskriminante $d = p^2 - 4q > 0$, also positiv ist, sind x_1 und x_2 zwei voneinander verschiedene reelle Zahlen.
- Falls die Diskriminante $d = p^2 - 4q = 0$ ist, gilt: $x_1 = x_2$, wobei diese gemeinsame Lösung ebenfalls reell ist.
- Falls die Diskriminante $d = p^2 - 4q < 0$, also negativ ist, sind x_1 und x_2 zwei voneinander verschiedene komplexe Zahlen mit Imaginärteil $\neq 0$.
  (Der Mathematiker sagt: mit nicht verschwindendem Imaginärteil).

Alles, was zum Beweis dieses Satzes gehört, wurde bereits gesagt. Wir untersuchen nun unser ungelöstes Beispiel vom Beginn dieses Kapitels:

- $x^2 - 10\cdot x + 29 = 0$

  Es ist:

  $$\begin{aligned} x^2 - 10\cdot x + 29 &= (x-5)^2 + 4 = (x-5)^2 - (2\cdot i)^2 = \\ &= (x - 5 - 2\cdot i)(x - 5 + 2\cdot i) = 0 \leftrightarrow \\ &\leftrightarrow x = 5 + 2\cdot i \vee x = 5 - 2\cdot i \end{aligned}$$

  Um noch einmal das Rechnen mit komplexen Zahlen zu üben, machen wir mit der zweiten Lösung die Probe:

  $(5 - 2\cdot i)^2 - 10\cdot(5 - 2\cdot i) + 29 =$
  $= 25 - 20\cdot i + 4\cdot i^2 - 50 + 20\cdot i + 29 =$
  $= 25 - 20\cdot i - 4 - 50 + 20\cdot i + 29 = 54 - 54 = 0$

Betrachten Sie zum Abschluss dieses Abschnitts ein kleines Programm, dass Ihnen für eine beliebige quadratische Gleichung mit reellen Koeffizienten p und q die Lösung bzw. die Lösungen liefert. Ich habe bei diesem Programm noch nicht das Rechnen mit komplexen Zahlen implementiert, denn bis hierhin haben unsere Betrachtungen noch einen kleinen Schönheitsfehler:

> Schönheitsfehler:
> Wenn ich bei Polynomen komplexe Lösungen zulasse, sollte ich auch komplexe Koeffizienten zulassen. Das haben wir bisher nicht gemacht.

Wir werden diesen Schönheitsfehler natürlich sofort ausbessern, zunächst zeige ich Ihnen aber erst einmal ein Programm für die »reelle« Version einer quadratischen Gleichung:

```
#include „stdafx.h"
#include <math.h>  // nötig für sqrt()
using namespace std;

/*
  Erste vorläufige Version der Suche nach
  Nullstellen von quadratischen Gleichungen. Es
  sind nur reelle Koeffizienten zugelassen
*/
void main()
{
        double p, q;
        cout    << „Es werden die Loesungen von „
                << „x^2 + p*x + q = 0 ermittelt";

        cout    << „\np = „; cin >> p; cin.get();
        cout    << „\nq = „; cin >> q; cin.get();

        double d = p*p - 4*q; //die Diskrimante

        if (d > 0)
        {
        cout    << „\nDie Gleichung hat 2 reelle „
                << „Loesungen. Sie lauten:\n";
        cout    << (-p - sqrt(d))/2. << „ und „
                << (-p + sqrt(d))/2.;
        }
```

```
        if (d == 0)
        {
                cout << „\nDie Gleichung hat genau „
            << „1 Loesung. Sie ist reell und „
            << „lautet: „ << -p/2. <<"\n";
        }

        if (d < 0)
        {
                cout << „\nDie Gleichung hat 2 komplexe"
            << „ Loesungen. Sie lauten:\n";
                if (p) cout << -p/2.;
                cout << „ - „ << sqrt(-d)/2. << „*i und „;
                if (p) cout << -p/2. << „ + „;
                cout << sqrt(-d)/2. << „*i";
        }

        cin.get();
}
```

10.3 Der algebraisch abgeschlossene Körper der komplexen Zahlen

Unsere Überschrift macht es klar: Wir behaupten (**C**, +, ·) ist ein Körper. Ich möchte dazu ein paar Vorüberlegungen machen.

Vorüberlegung 10.4
Sei $z \in \mathbf{C}$ beliebig. Dann gilt: $z + 0 = z + (0 + 0 \cdot i) = z$. Das bedeutet: 0 ist das neutrale Element der Addition.

Vorüberlegung 10.5
Sei $z \in \mathbf{C}$ beliebig, $z = a + b \cdot i$ mit $a \in \mathbf{R}$ und $b \in \mathbf{R}$. Es sei $-z = -a - b \cdot i$. Dann gilt: $z + (-z) = 0$. Das bedeutet: Zu jeder komplexen Zahl z gibt es ein inverses Element der Addition.

Definition:
Seien z_1 und z_2 zwei beliebige komplexe Zahlen. Wir schreiben für $z_1 + (-z_2)$ auch: $z_1 - z_2$.

Vorüberlegung 10.6
Sei $z \in \mathbf{C}$ beliebig, $z = a + b \cdot i$ mit $a \in \mathbf{R}$ und $b \in \mathbf{R}$. Dann gilt:
$z \cdot 1 = (a + b \cdot i) \cdot 1 = z$. Das bedeutet: 1 ist das neutrale Element der Multiplikation.

Vorüberlegung 10.7
Sei $z \in \mathbf{C}$ beliebig, aber $\neq 0$.
Es sei also $z = a + b \cdot i$ mit $a \in \mathbf{R}$ und $b \in \mathbf{R}$. und $a \neq 0 \vee b \neq 0$. Dann gilt:
Es gibt genau eine komplexe Zahl w, für die gilt:

$$z \cdot w = 1$$

Dabei ist $w = \frac{1}{a^2 + b^2} \cdot (a - b \cdot i)$.

Das bedeutet: Zu jeder komplexen Zahl $z \neq 0$ gibt es ein inverses Element der Multiplikation.

Beweis:
Wir beweisen diese Formel für w so, dass Sie sehen, wie man auf dieses Ergebnis kommen kann. Es sei $w = x + y \cdot i$ mit $x \in \mathbf{R}$ und $y \in \mathbf{R}$.

Dann gilt:
$1 = z \cdot w = (a + b \cdot i)(x + y \cdot i) = a \cdot x - b \cdot y + (a \cdot y + b \cdot x) \cdot i \quad \leftrightarrow$
(i) $a \cdot x - b \cdot y = 1$
(ii) $b \cdot x + a \cdot y = 0$

Wenn ich nun die erste Gleichung (i) mit a und die zweite Gleichung (ii) mit b multipliziere und die beiden Gleichungen addiere, wenn ich also $a \cdot (i) + b \cdot (ii)$ bilde, erhalte ich:

$$a^2 \cdot x + b^2 \cdot x = a$$

also $x = \frac{a}{a^2 + b^2}$.

Wenn ich dagegen die erste Gleichung (i) mit b und die zweite Gleichung (ii) mit a multipliziere und die beiden Gleichungen subtrahiere, wenn ich also $b \cdot (i) - a \cdot (ii)$ bilde, erhalte ich:

$$-b^2 \cdot y - a^2 \cdot y = b$$

also $y = \frac{-b}{a^2 + b^2}$

q. e. d.

Definition:
Sei $z \in \mathbf{C}$ beliebig, aber $\neq 0$. Es sei $z = a + b \cdot i$ mit $a \in \mathbf{R}$ und $b \in \mathbf{R}$.
Dann definieren wir $\frac{1}{z}$ durch:

$$\frac{1}{z} = z^{-1} = \frac{a - b \cdot i}{a^2 + b^2} = \frac{\overline{z}}{z \cdot \overline{z}}.$$

Beispiele:

- $\frac{1}{5} = 5^{-1} = \frac{5}{5^2} = \frac{1}{5}$ (Diese Definition ist also mit unserer alten »reellen« Definition kompatibel).
- $\frac{1}{i} = i^{-1} = \frac{-i}{0^2 + 1^2} = -i$

  Und tatsächlich ist $i \cdot (-i) = -i^2 = -(-1) = 1$.
- $\frac{1}{2 + 3 \cdot i} = (2 + 3 \cdot i)^{-1} = \frac{2 - 3 \cdot i}{2^2 + 3^2} = \frac{2 - 3 \cdot i}{13}$

  Und tatsächlich ist $\frac{(2 + 3 \cdot i) \cdot (2 - 3 \cdot i)}{13} = \frac{13}{13} = 1$.

Aus unseren Vorüberlegungen 10.4 bis 10.7 folgt nun:

Satz 10.8
$(\mathbf{C}, +, \cdot)$ ist ein kommutativer Körper.

Beweis:
Es bleiben lediglich noch die Assoziativgesetze, das Kommutativgesetz der Addition und das Distributivgesetz zu zeigen, die aber alle leicht aus den entsprechenden Gesetzen für die reellen Zahlen folgen.
Wir können in $\mathbf{C}$ also rechnen wie in der Menge der reellen Zahlen. Wie aber steht es mit dem Wurzelziehen? Das müssen wir uns fragen, wenn wir bei unseren quadratischen Gleichungen auch komplexe Koeffizienten zulassen wollen.

Dazu mache ich eine kleine Rechnung:
Sei $z \in \mathbf{C}$ beliebig, $z = a + b \cdot i$ mit $a \in \mathbf{R}$ und $b \in \mathbf{R}$. Wir setzen voraus, dass $b \neq 0$ ist, denn den Fall $b = 0$, der bedeutet, dass z eine reelle Zahl ist, betrachten wir ja als gelöst.
Gesucht ist eine komplexe Zahl w, $w = x + y \cdot i$ mit $x \in \mathbf{R}$ und $y \in \mathbf{R}$. so, dass $w^2 = z$.
Es ist aber:
$w^2 = z \leftrightarrow (x + y \cdot i)^2 = a + b \cdot i \leftrightarrow x^2 - y^2 + 2xy \cdot i = a + b \cdot i \leftrightarrow$
(i) $x^2 - y^2 = a$
(ii) $2x \cdot y = b$

Aus (ii) · (ii) folgt: $4x^2 \cdot y^2 = b^2$ und wenn ich für y^2 unter Ausnutzung der Gleichung (i) den Ausdruck $x^2 - a$ schreibe, erhalte ich schließlich die Gleichung:

$$4x^2 \cdot (x^2 - a) = b^2 \text{ bzw. } 4x^4 - 4a \cdot x^2 - b^2 = 0 \text{ bzw. } x^4 - a \cdot x^2 - (\tfrac{b}{2})^2 = 0 .$$

Es folgt aber nach unseren Formeln über die Lösung quadratischer Gleichungen mit reellen Koeffizienten:

$$x^2 = \tfrac{1}{2}(a - \sqrt{a^2 + b^2}) \vee x^2 = \tfrac{1}{2}(a + \sqrt{a^2 + b^2})$$

Da aber x nach Voraussetzung eine reelle Zahl war und da $\tfrac{1}{2}(a - \sqrt{a^2 + b^2})$ bei $b \neq 0$ negativ wird und damit nicht eine reelle Quadratzahl sein kann, haben wir jetzt die folgende Situation:

$$x^2 = \tfrac{1}{2}(a + \sqrt{a^2 + b^2})$$

das bedeutet: $x = +\sqrt{\tfrac{1}{2}(a + \sqrt{a^2 + b^2})}$ oder $x = -\sqrt{\tfrac{1}{2}(a + \sqrt{a^2 + b^2})}$

Aus $y^2 = x^2 - a$ folgt:

$$y^2 = \tfrac{1}{2}(-a + \sqrt{a^2 + b^2})$$

das bedeutet: $y = +\sqrt{\tfrac{1}{2}(-a + \sqrt{a^2 + b^2})}$ oder $y = -\sqrt{\tfrac{1}{2}(-a + \sqrt{a^2 + b^2})}$

Setze nun $x_1 = +\sqrt{\tfrac{1}{2}(a + \sqrt{a^2 + b^2})}$, $x_2 = -\sqrt{\tfrac{1}{2}(a + \sqrt{a^2 + b^2})}$.

Und $y_1 = +\sqrt{\tfrac{1}{2}(-a + \sqrt{a^2 + b^2})}$, $y_2 = -\sqrt{\tfrac{1}{2}(-a + \sqrt{a^2 + b^2})}$.

Welche Real- und Imaginärteile gehören hier zusammen? Dazu betrachten wir noch einmal die Gleichung (ii): $2x \cdot y = b$

Es gilt aber:

1. Falls $b > 0$ ist, ist
$$2x_1 \cdot y_1 = 2\sqrt{\tfrac{1}{4}(a + \sqrt{a^2 + b^2})(-a + \sqrt{a^2 + b^2})} = \sqrt{-a^2 + a^2 + b^2} = b$$
$$2x_1 \cdot y_2 = -b = 2x_2 \cdot y_1 \text{ und}$$
$$2x_2 \cdot y_2 = b$$
2. Falls $b < 0$ ist, ist
$$2x_1 \cdot y_1 = 2\sqrt{\tfrac{1}{4}(a + \sqrt{a^2 + b^2})(-a + \sqrt{a^2 + b^2})} = \sqrt{-a^2 + a^2 + b^2} = -b$$
$$2x_1 \cdot y_2 = b = 2x_2 \cdot y_1 \text{ und}$$
$$2x_2 \cdot y_2 = -b$$

Wir brauchen eine Definition, um die endgültige Formel für $\sqrt{z}$ möglichst übersichtlich notieren zu können:

Definition:
Sei $x \in \mathbf{R}$ beliebig.
Dann ist das *Signum* von x, *sign*(x), folgendermaßen definiert:
sign(x) = 1, falls $x > 0$
sign(x) = 0, falls $x = 0$
sign(x) = −1, falls $x < 0$

Damit gilt:
Als Lösungen der Gleichung $(x + y \cdot i)^2 = a + b \cdot i$ mit $a, b, x, y \in \mathbf{R}$ und $b \neq 0$ kommen nur die beiden komplexen Zahlen

$$w_1 = +\sqrt{\tfrac{1}{2}(a + \sqrt{a^2 + b^2})} + \text{sign}(b) \cdot \sqrt{\tfrac{1}{2}(-a + \sqrt{a^2 + b^2})} \cdot i \text{ und}$$

$$w_2 = -\sqrt{\tfrac{1}{2}(a + \sqrt{a^2 + b^2})} - \text{sign}(b) \cdot \sqrt{\tfrac{1}{2}(-a + \sqrt{a^2 + b^2})} \cdot i = -w_1$$

in Frage.

Auch die allgemeine Probe für den Fall $b \neq 0$ verläuft günstig. Sie berechnen leicht, dass wirklich $w_1^2 = a + b \cdot i = z = (-w_1)^2 = w_2^2$ gilt.

Wir können definieren:

Definition:
Sei $z \in \mathbf{C}$ beliebig, $z = a + b \cdot i$ mit $a \in \mathbf{R}$ und $b \in \mathbf{R}, b \neq 0 \vee (a \geq 0 \wedge b = 0)$.
Dann definieren wir die *Wurzel aus z* durch:

$$\sqrt{z} = +\sqrt{\tfrac{1}{2}(a + \sqrt{a^2 + b^2})} + \text{sign}(b) \cdot \sqrt{\tfrac{1}{2}(-a + \sqrt{a^2 + b^2})} \cdot i$$

Falls $(a < 0 \wedge b = 0)$ ist, definieren wir die *Wurzel aus z* durch:

$$\sqrt{z} = +\sqrt{\tfrac{1}{2}(a + \sqrt{a^2 + b^2})} + \sqrt{\tfrac{1}{2}(-a + \sqrt{a^2 + b^2})} \cdot i$$

$$= \sqrt{\tfrac{1}{2}(-2 \cdot a)} \cdot i = \sqrt{-a} \cdot i$$

Beispiele:

- $\sqrt{25} = +\sqrt{\tfrac{1}{2}(25 + \sqrt{625})} + \text{sign}(0) \cdot \sqrt{\tfrac{1}{2}(-25 + \sqrt{625})} \cdot i =$

  $= +\sqrt{25} + 0 \cdot \sqrt{0} \cdot i = \sqrt{25} = 5$

- $\sqrt{-25} = +\sqrt{-(-25)} \cdot i = 5 \cdot i$

- $\sqrt{3 + 4 \cdot i} = +\sqrt{\tfrac{1}{2}(3 + \sqrt{9 + 16})} + \text{sign}(4) \cdot \sqrt{\tfrac{1}{2}(-3 + \sqrt{9 + 16})} \cdot i =$

  $= \sqrt{4} + \sqrt{1} \cdot i = 2 + i$

  Probe: $(2 + i)^2 = 4 - 1 + 4 \cdot i = 3 + 4 \cdot i$

- $\sqrt{3 - 4 \cdot i} = +\sqrt{\tfrac{1}{2}(3 + \sqrt{9 + 16})} + \text{sign}(-4) \cdot \sqrt{\tfrac{1}{2}(-3 + \sqrt{9 + 16})} \cdot i =$
  $= 2 - i$

  Probe: $(2 - i)^2 = 4 - 1 - 4 \cdot i = 3 - 4 \cdot i$

- $\sqrt{-3 + 4 \cdot i} = +\sqrt{\tfrac{1}{2}(-3 + \sqrt{9+16})} + \text{sign}(4) \cdot \sqrt{\tfrac{1}{2}(3 + \sqrt{9+16})} \cdot i =$
  $= 1 + 2 \cdot i$
  Probe: $(1 + 2 \cdot i)^2 = 1 - 4 + 4 \cdot i = -3 + 4 \cdot i$

- $\sqrt{-3 - 4 \cdot i} = +\sqrt{\tfrac{1}{2}(-3 + \sqrt{9+16})} + \text{sign}(-4) \cdot +\sqrt{\tfrac{1}{2}(-3 + \sqrt{9+16})}\ i =$
  $= 1 - 2 \cdot i$
  Probe: $(1 - 2 \cdot i)^2 = 1 - 4 - 4 \cdot i = -3 - 4 \cdot i$

Jetzt können wir unser quadratisches Polynom mit komplexen Koeffizienten untersuchen:

> Satz 10.9
> Seien $p, q \in \mathbf{C}$ beliebig. Die Gleichung $x^2 + p{\cdot}x + q = 0$ hat die Lösungen
>
> $$x_1 = -\frac{p}{2} - \frac{\sqrt{p^2 - 4q}}{2} \quad \vee \quad x_2 = -\frac{p}{2} + \frac{\sqrt{p^2 - 4q}}{2}$$
>
> Falls die Diskriminante $d = p^2 - 4q \neq 0$ ist, sind x_1 und x_2 zwei voneinander verschiedene komplexe Zahlen, ansonsten ist $x_1 = x_2$.
> Es gilt stets: $x^2 + p{\cdot}x + q = (x - x_1) \cdot (x - x_2)$. Man sagt: Das Polynom zerfällt vollständig in Linearfaktoren.

Beweis:
Es ist nichts mehr zu zeigen, alle nötigen Umformungen, die wir im reellen Fall vorgenommen haben, können auch im komplexen Fall durchgeführt werden.

Beispiele:

- $x^2 - (6 + 2 \cdot i) \cdot x + (23 - 2 \cdot i) = 0$

$$\begin{aligned} 0 &= x^2 - (6 + 2 \cdot i) \cdot x + (23 - 2 \cdot i) = \\ &= (x - (3 + i))^2 - 8 - 6 \cdot i + 23 - 2 \cdot i = \\ &= (x - (3 + i))^2 - (-15 + 8 \cdot i) = \\ &= (x - (3 + i))^2 - (\sqrt{-15 + 8 \cdot i})^2 \end{aligned}$$

Es ist aber

$$\begin{aligned} \sqrt{-15 + 8 \cdot i} &= \sqrt{\tfrac{1}{2}(-15 + \sqrt{225 + 64})} + \sqrt{\tfrac{1}{2}(15 + \sqrt{225 + 64})} \cdot i = \\ &= \sqrt{\tfrac{1}{2}(-15 + \sqrt{289})} + \sqrt{\tfrac{1}{2}(15 + \sqrt{289})} \cdot i = \\ &= \sqrt{\tfrac{1}{2}(-15 + 17)} + \sqrt{\tfrac{1}{2}(15 + 17)} \cdot i = \\ &= \sqrt{1} + \sqrt{16} \cdot i = 1 + 4 \cdot i \end{aligned}$$

Und es folgt:

$$0 = x^2 - (6 + 2 \cdot i) \cdot x + (23 - 2 \cdot i) =$$
$$= (x - (3 + i))^2 - (1 + 4 \cdot i)^2 =$$
$$= (x - (3 + i) - (1 + 4 \cdot i))(x - (3 + i) + (1 + 4 \cdot i)) =$$
$$= (x - 4 - 5 \cdot i)(x - 2 + 3 \cdot i) \leftrightarrow$$
$$\leftrightarrow x = 4 + 5 \cdot i \lor x = 2 - 3 \cdot i$$

Misstrauisch, wie ich bin, mache ich die Probe:

$$(4 + 5 \cdot i)^2 - (6 + 2 \cdot i) \cdot (4 + 5 \cdot i) + (23 - 2 \cdot i) =$$
$$= 16 - 25 + 40 \cdot i - 24 + 10 - 30 \cdot i - 8 \cdot i + 23 - 2 \cdot i =$$
$$= 0$$

Und

$$(2 - 3 \cdot i)^2 - (6 + 2 \cdot i) \cdot (2 - 3 \cdot i) + (23 - 2 \cdot i) =$$
$$= 4 - 9 - 12 \cdot i - 12 - 6 + 18 \cdot i - 4 \cdot i + 23 - 2 \cdot i =$$
$$= 0$$

Alles ist also in Ordnung.

- $x^2 - (6 - 4 \cdot i) \cdot x + (5 - 12 \cdot i) = 0$

$$0 = x^2 - (6 - 4 \cdot i) \cdot x + (5 - 12 \cdot i) =$$
$$= (x - (3 - 2 \cdot i))^2 - (5 - 12 \cdot i) + (5 - 12 \cdot i) =$$
$$= (x - (3 - 2 \cdot i))^2 \leftrightarrow$$
$$\leftrightarrow x = 3 - 2 \cdot i$$

Ich zeige Ihnen nun einige Zeilen Programmcode, mit dem ich das Finden der Lösungen von beliebigen quadratischen Gleichungen programmiert habe. Ich habe hier das Rechnen mit komplexen Zahlen noch einmal selber programmiert ohne mich auf von der Programmiersprache bereitgestellte komplexe Variablentypen einzulassen. So können Sie auch noch einmal genauer das Funktionieren unserer Formeln beobachten.

Ich beginne mit der Klassendeklaration einer Klasse CKomplex, deren Objekte gerade meine komplexen Zahlen sind. Dabei ist die Liste der Operatorüberladungen bei Weitem nicht »vollständig«, ich habe nur diejenigen deklariert, die für meine Zwecke wirklich nötig waren.

```
/*
  Die Klasse für komplexe Zahlen
*/
class CKomplex
{
private:
        // Realteil
        double a;
        // Imaginaerteil
        double b;
```

```
public:
        CKomplex(void);
        CKomplex(double Real, double Imaginaer);
        ~CKomplex(void);
double getReal(void);
        double getImaginaer(void);
        void setReal(double real);
        void setImaginaer(double imaginaer);
        CKomplex operator+(CKomplex z);
        CKomplex operator-(CKomplex z);
        CKomplex operator*(CKomplex z);
        CKomplex operator*(double x);
        CKomplex operator/(CKomplex z);
        bool operator==(CKomplex const & z);
        CKomplex konjugiert(CKomplex z);
        CKomplex komplexSqrt();
};
```

Als nächstes sehen Sie die Implementation der Methoden der Klasse CKomplex. Ich habe sie in einer Datei Komplex.cpp gespeichert, die nach dem Kompilieren mit dem Hauptprogramm zu einem gemeinsamen ausführbaren Programm gebunden werden muss.

```
/* Die Implementation der Methoden für die
   Klasse CKomplex */

#include „stdafx.h"
//Deklaration der Klasse CKomplex
#include „Komplex.h"
// wird für die reelle Wurzelberechnung mit sqrt()gebraucht
#include <math.h>
CKomplex::CKomplex(void):a(0),b(0)
{
}
CKomplex::CKomplex(double Real, double Imaginaer)
{
        a = Real; b = Imaginaer;
}
CKomplex::~CKomplex(void)
{ }
double CKomplex::getReal(void)
{
        return a;
}
```

```
void CKomplex::setReal(double real)
{
        a = real;
}

double CKomplex::getImaginaer(void)
{
        return b;
}

void CKomplex::setImaginaer(double imaginaer)
{
        b = imaginaer;
}

CKomplex CKomplex::operator+(CKomplex z)
{
        CKomplex Summe;
        Summe.a = a + z.a;
        Summe.b = b + z.b;
        return Summe;
}
CKomplex CKomplex::operator-(CKomplex z)
{
        CKomplex Differenz;
        Differenz.a = a - z.a;
        Differenz.b = b - z.b;
        return Differenz;
}
CKomplex CKomplex::operator*(double x)
{
        CKomplex Produkt;
        Produkt.a = x*a;
        Produkt.b = x*b;
        return Produkt;
}
CKomplex CKomplex::operator*(CKomplex z)
{
        CKomplex Produkt;
        Produkt.a = a*z.a - b*z.b;
        Produkt.b = a*z.b + b*z.a;
        return Produkt;
}
```

```
CKomplex CKomplex::operator/(CKomplex z)
{
        CKomplex Quotient;
        CKomplex zk = konjugiert(z);
        Quotient = (*this)*zk;
        double nenner = (z*zk).a;
        Quotient.a = Quotient.a/nenner;
        Quotient.b = Quotient.b/nenner;
        return Quotient;
}

bool CKomplex::operator==(CKomplex const & z)
{
        if ((a == z.a) && (b == z.b)) return true;
        return false;
}
CKomplex CKomplex::konjugiert(CKomplex z)
{
        z.b = -z.b;
        return z;
}
CKomplex CKomplex::komplexSqrt()
{
        CKomplex wurzel;
        if ((a < 0) && (b == 0))
        {
                wurzel.a = 0;
                wurzel.b = sqrt(-a);
                return wurzel;
        }

        int sign_b = 1;
        if (b == 0) sign_b = 0;
        if (b < 0)  sign_b = -1;

        double betrag = sqrt(a*a + b*b);
        wurzel.a = sqrt(0.5*(a + betrag));
        wurzel.b = sign_b*sqrt(0.5*(-a + betrag));

        return wurzel;
}
```

Das folgende Hauptprogramm sucht nun die Lösungen für beliebige quadratische Gleichungen:

```
/* Loesungen quadratischer Gleichungen */
#include „stdafx.h"
using namespace std;
//Deklaration der Klasse CKomplex
#include „komplex.h"

CKomplex komplexEinlesen();
void     komplexAusgabe(CKomplex output);

void main()
{
        CKomplex p, q;
        cout << „Es werden die Loesungen von „
        << „x^2 + p*x + q = 0 ermittelt";

        cout << „\np = „;
        p = komplexEinlesen();
        cout << „\nq = „;
        q = komplexEinlesen();

        CKomplex d  = p*p - q*4.;//die Diskrimante
        CKomplex wd = d.komplexSqrt(); //die Wurzel
 //der Diskrimante
  CKomplex x1, x2, zero(0,0);

        if (!(d == zero))
        {
                cout << „\nDie Gleichung hat 2 Loesungen. „
           << „Sie lauten:\n";
                x1 = ((zero - p) - wd)*0.5;
                x2 = ((zero - p) + wd)*0.5;
                komplexAusgabe(x1); cout << „ und „;
                komplexAusgabe(x2);
        }       if (d == zero)
        {
                cout << „\nDie Gleichung hat genau 1 „
          <<  „Loesung. Sie lautet: „;
                komplexAusgabe((zero-p)*0.5);
        }xx     cin.get();
}
```

```
CKomplex komplexEinlesen()
{
double a, b;
cout << „\nRealteil = „;
cin >> a; cin.get();
cout << „\nImaginaerteil = „;
cin >> b; cin.get();
CKomplex eingabe(a, b);
return eingabe;
}

void komplexAusgabe(CKomplex output)
{
        double a = output.getReal();
        double b = output.getImaginaer();
        if (a*a + b*b == 0)
        {
                cout << 0;
                return;
        }

        if ((a == 0) && (b != 0))
        {
                cout << b << „*i";
                return;
        }

        cout << a;
        if (b > 0)
        {
                cout << „ + „ << b << „*i";
                return;
        }
        if (b < 0)
        {
                cout << „ - „ <<-b << „*i";
                return;
        }
}
```

Wir haben zehn Kapitel und vier Erweiterungen unserer ursprünglichen natürlichen Zahlen benötigt, um wenigstens die quadratischen Gleichungen zufriedenstellend bearbeiten zu können. Wie viel weitere Arbeit werden wir leisten müssen, um Gleichungen dritten Grades, also Gleichungen der Art

$$x^3 + a_2 \cdot x^2 + a_1 \cdot x + a_0 = 0$$

ebenso befriedigend lösen zu können. Und Gleichungen vierten Grades? ....
Da gibt es eine gute und eine schlechte Nachricht.
Die gute zuerst: Die gute Nachricht ist der *Fundamentalsatz der Algebra*, der uns über die Existenz der Lösungen von Gleichungen n-ten Grades im Körper C vollständig beruhigt:

Satz 10.10 (Fundamentalsatz der Algebra)
Sei $n \in \mathbf{N}$ beliebig, $n > 0$. Es seien für $1 \leq k \leq n$ die Koeffizienten $a_k \in \mathbf{C}$ beliebig, nur $a_n = 1$ sei vorgegeben.
Es sei p(x)

$$= x^n + a_{n-1} \cdot x^{n-1} + \ldots + a_1 \cdot x + a_0 = \sum_{k=0}^{n} a_k \cdot x^k .$$

Dann gilt: Es gibt n (bis auf die Reihenfolge) eindeutig bestimmte komplexe Zahlen $w_1, \ldots, w_n$, die nicht notwendig alle voneinander verschieden sein müssen, so dass die Gleichung:

$$p(x) = (x - w_1) \cdot \ldots \cdot (x - w_n) = \prod_{k=1}^{n} (x - w_k) \text{ erfüllt ist.}$$

Man sagt: p zerfällt vollständig in Linearfaktoren bzw. p hat eine Faktorisierung in Linearfaktoren.
Das bedeutet: Die Gleichung $p(x) = 0$ hat genau die n Lösungen $w_1, \ldots, w_n$, wobei hier einzelne Werte mehrfach vorkommen können.

Ich gebe Ihnen einige *Beispiele*:

- Es sei $p(x) = x^3 - (4 + i) \cdot x^2 + (42 + 18 \cdot i) \cdot x + (44 - 122 \cdot i)$. Dann ist:
  $$p(x) = x^3 - (4 + i) \cdot x^2 + (42 + 18 \cdot i) \cdot x + (44 - 122 \cdot i)$$
  $$= (x - (-1 + 3 \cdot i)) \cdot (x - (2 + 5 \cdot i)) \cdot (x - (3 - 7 \cdot i)) \quad .$$
  Das bedeutet: die Gleichung
  $$x^3 - (4 + i) \cdot x^2 + (42 + 18 \cdot i) \cdot x + (44 - 122 \cdot i) = 0$$
  hat genau die drei Lösungen
  $$w_1 = -1 + 3 \cdot i, w_2 = 2 + 5 \cdot i \text{ und } w_3 = 3 - 7 \cdot i .$$

- Es sei $p(x) = x^3 + (1 - 8 \cdot i) \cdot x^2 - 25 \cdot x + (7 + 24 \cdot i)$. Dann ist:
  $$p(x) = x^3 + (1 - 8 \cdot i) \cdot x^2 - 25 \cdot x + (7 + 24 \cdot i)$$
  $$= (x - (1 + 2 \cdot i))^2 \cdot (x - (-3 + 4 \cdot i)) \quad .$$
  Das bedeutet: die Gleichung
  $$x^3 + (1 - 8 \cdot i) \cdot x^2 - 25 \cdot x + (7 + 24 \cdot i) = 0$$
  hat genau die drei Lösungen
  $$w_1 = 1 + 2 \cdot i, w_2 = 1 + 2 \cdot i \text{ und } w_3 = -3 + 4 \cdot i .$$

Man sagt dazu auch: Diese Gleichung hat genau zwei Lösungen: $w_1 = 1 + 2 \cdot i$ (mit Vielfachheit 2) und $w_3 = -3 + 4 \cdot i$ (mit Vielfachheit 1).

- Es sei $p(x) = x^3 - (6 + 9 \cdot i) \cdot x^2 - (15 - 36 \cdot i) \cdot x + (46 - 9 \cdot i)$.
  Dann ist:
  $$p(x) = x^3 - (6 + 9 \cdot i) \cdot x^2 - (15 - 36 \cdot i) \cdot x + (46 - 9 \cdot i)$$
  $$= (x - (2 + 3 \cdot i))^3 \quad .$$
  Das bedeutet: die Gleichung
  $$x^3 - (6 + 9 \cdot i) \cdot x^2 - (15 - 36 \cdot i) \cdot x + (46 - 9 \cdot i) = 0$$
  hat genau die drei Lösungen
  $$w_1 = 2 + 3 \cdot i\,, w_2 = 2 + 3 \cdot i \text{ und } w_3 = 2 + 3 \cdot i\,.$$
  Man sagt dazu auch: Diese Gleichung hat genau eine Lösungen: $w_1 = 2 + 3 \cdot i$ (mit Vielfachheit 3).

Der Fundamentalsatz wurde zuerst vom gerade mal 22-jährigen Carl-Friedrich Gauß im Jahre 1799 in seiner Dissertation bewiesen. Dieses Theorem ist ein Knotenpunkt, in dem sich ganz verschiedene Teilbereiche der Mathematik vereinigen. Unter anderem benötigt man zum Beweis wichtige Tatsachen aus der Analysis. Das ist der Grund, warum ich hier nicht einmal den Versuch unternehme, Ihnen etwas über eine mögliche Beweisidee zu erzählen.
Von Gauß sind – soweit ich weiß – vier verschiedene Beweise dieses Satzes bekannt, die sich jeweils auf Argumentationen aus anderen mathematischen Teilgebieten stützen und die klar machen, wie vielfältig die Wurzeln dieses Satzes sind.
Es ist klar: Dieser Satz würde nicht gelten, wenn wir statt komplexer Lösungen nur reelle Lösungen zulassen würden, er liefert ein wichtiges Charakteristikum der komplexen Zahlen, für das wir jetzt einen Namen definieren:

Definition:
Ein Körper K heißt *algebraisch abgeschlossen*, wenn jedes nicht konstante Polynom mit Koeffizienten in K eine Nullstelle hat.

Satz 10.11
In einem algebraisch abgeschlossenen Körper zerfällt jedes nicht konstante Polynom in Linearfaktoren.

Beweis:
Man erhält die vollständige Faktorisierung eines Polynoms p(x) dadurch, dass man die eine durch die Definition garantierte Nullstelle w_1 aus dem Polynom herausdividiert, so dass man ein neues Polynom $p_2(x)$ erhält: (vgl. Satz 9.12)
$$p(x) = p_2(x) \cdot (x - w_1)\,.$$
Weitere Anwendung auf p_2 usw. liefert schließlich die behauptete Faktorisierung.

q. e. d.

Wir halten noch einmal zusammenfassend fest:

> Satz 10.12
> Der Körper ($\mathbf{C}$, +, ·) der komplexen Zahlen ist algebraisch abgeschlossen.

Nun ist Ihnen sicher schon ein wichtiger Unterschied zwischen unseren beiden »Fundamentalsätzen«, dem Satz 10.9 für quadratische Polynome und der allgemeinen Version, dem Satz 10.10 aufgefallen:

> Für quadratische Polynome können wir die Nullstellen explizit angeben

Eine ähnliche Information verschweigen wir im allgemeinen Fall sehr höflich. Wie Sie sich denken können, nähere ich mich der versprochenen schlechten Nachricht:

> *Die schlechte Nachricht:*
> Es gibt zwar noch explizite Lösungsformeln für die Gleichungen dritten und vierten Grades. Aber beide Formeln sind enorm umfangreich und sind in der Praxis nicht zum Bestimmen der Lösungen geeignet, da die Menge der Rechenoperationen die zwangsläufig auftretenden Genauigkeitsfehler zu groß werden lässt. Die Formeln für die Gleichungen dritten Grades fand im 16. Jahrhundert ein gewisser Niccolo Tartaglia, ein Lehrer des oben erwähnten Gerolamo Cardano. Tartaglia wollte diese Formeln geheim halten, aber Gerolamo Cardano veröffentlichte sie – deshalb sind sie heute unter dem Namen *Cardanosche Formel* bekannt. Die Formel für die Gleichungen vierten Grades stammen von Ludovico Ferrari.
> Wenn schon die Formeln für die Gleichungen dritten und vierten Grades mehr von theoretischem als von praktischem Wert sind, ist die Situation für die Gleichungen höheren Grades noch deprimierender: *Für sie gibt es keine allgemeinen Formeln!* Das wurde zum ersten Mal im Jahre 1824 von Nils Henrik Abel bewiesen.

Man kann natürlich trotzdem – mit verschieden Näherungsverfahren aus der Analysis – Nullstellen von Polynomen bestimmen, denken Sie nur an das Gauß-Newton-Verfahren, bei dem man die Nullstelle einer Funktion mit Hilfe der Nullstellen ihrer Tangenten näherungsweise bestimmt.
Eine letzte Bemerkung soll diesen Abschnitt abschließen:
Wie Sie sicherlich ärgerlich festgestellt haben, habe ich mich nach einem kurzen Eingangsbild zu diesem Abschnitt, in dem ich komplexe Zahlen als Vektoren dargestellt habe, mit geometrischen Veranschaulichungen sehr zurück gehalten. Meine letzte Graphik war das Bild zur Addition. Wie steht es mit der Multiplikation?

Auch die Multiplikation zweier komplexen Zahlen hat eine wunderschöne geometrische Interpretation. Zunächst gilt:

> Satz 10.13
> Bei der Multiplikation zweier beliebiger komplexen Zahlen $z_1 = a_1 + b_1 \cdot i$ und $z_2 = a_2 + b_2 \cdot i$ multiplizieren sich die Beträge. Es gilt also:
> $$|z_1 \cdot z_2| = |z_1| \cdot |z_2|.$$

Beweis:

Es ist
$$\begin{aligned}
|z_1 \cdot z_2|^2 &= |(a_1 + b_1 \cdot i) \cdot (a_2 + b_2 \cdot i)|^2 &&= \\
&= |a_1 \cdot a_2 - b_1 \cdot b_2 + (a_1 \cdot b_2 + a_2 \cdot b_1) \cdot i|^2 &&= \\
&= (a_1 \cdot a_2 - b_1 \cdot b_2)^2 + (a_1 \cdot b_2 + a_2 \cdot b_1)^2 &&= \\
&= a_1^2 \cdot a_2^2 - 2 \cdot a_1 \cdot a_2 \cdot b_1 \cdot b_2 + b_1^2 \cdot b_2^2 + \\
&+ a_1^2 \cdot b_2^2 + 2 \cdot a_1 \cdot a_2 \cdot b_1 \cdot b_2 + a_2^2 \cdot b_1^2 &&= \\
&= a_1^2 \cdot (a_2^2 + b_2^2) + b_1^2 \cdot (a_2^2 + b_2^2) &&= \\
&= (a_1^2 + b_1^2) \cdot (a_2^2 + b_2^2) &&= |z_1|^2 \cdot |z_2|^2
\end{aligned}$$

q. e. d.

Um verstehen und genießen zu können, wie auch alles andere, was bei der Multiplikation passiert, eine geometrische Bedeutung hat, muss man sich mit der e-Funktion und den trigonometrischen Funktionen sinus und cosinus besser auskennen. Wer sich dafür interessiert, möge in einem Buch über Analysis, beispielsweise bei Spivak [Spiv1], weiteres darüber lesen. Habe ich schon gesagt, dass das mein Lieblingsbuch zum Thema Analysis ist?

10.4 Die Mandelbrot-Menge

Bei der Chaosforschung handelt es sich um ein Gebiet aus der Mathematik (und Physik und Wirtschaftswissenschaft und und und ...), in dem Systeme untersucht werden, deren Entwicklung und deren Verhalten so empfindlich von den jeweiligen Anfangsbedingungen abhängig ist, dass ihr Verhalten nicht langfristig vorhersagbar ist. Da diese Dynamik einerseits strengen Entwicklungsgesetzen unterliegt, andererseits aber irregulär erscheint, bezeichnet man diese Dynamik auch als ein deterministisches Chaos.

Die Mandelbrot-Menge, die man auf Grund ihrer Gestalt auch oft »Apfelmännchen« nennt, spielt in der Chaostheorie eine bedeutende Rolle. Sie wurde 1980 von Benoît Mandelbrot erstmals untersucht und mit Mitteln der Computergraphik dargestellt. Diese Menge ist eine Teilmenge der komplexen Zahlen. Unter anderem war die Darstellung dieser Menge für uns Informatiker so interessant, weil ihre Zeichnung und Untersuchung ohne einen Computer grundsätzlich unmöglich ist. Sie ist voll von so genannten »Selbstähnlichkeiten«, d. h. sie besteht aus Strukturen, die selber wieder aus ähnlichen Strukturen bestehen, die wiederum ihrerseits wieder aus ähnlichen Strukturen bestehen usw. Dieser Prozess kann sich bis ins Unendliche fortsetzen. Mandelbrot nannte solche Mengen »Fraktale«.

Die mathematischen Grundlagen für diese Untersuchungen wurden allerdings bereits 1905 von dem französischen Mathematiker Pierre Fatou erarbeitet.

Die Mandelbrot-Menge **M** ist folgendermaßen definiert:

Definition:
Sei $c \in \mathbf{C}$ beliebig. Es sei $\{z_n\}_{n \in N}$ die eindeutig bestimmte unendliche Folge S_c komplexer Zahlen, für die gilt:

- $z_0 = 0$
- $z_{n+1} = z_n^2 + c$

$$\mathbf{M} = \{ c \in \mathbf{C} \mid \text{Die Menge der Folgenglieder von } S_c \text{ ist beschränkt} \}$$

$$= \{ c \in \mathbf{C} \mid \exists_{B \in N} \forall_{n \in N} |z_n| < B \}$$

Wie kann man die Zeichnung dieser Menge programmieren? Diese Definition sieht nicht so aus, als wären die Elemente der Mandelbrotmenge leicht durch einen Algorithmus zu bestimmen. Wie soll man durch einen Algorithmus, von dem in einem Programm notgedrungen immer nur endlich viele Schritte durchgeführt werden können, erkennen, wie sich eine unendlich lange Folge verhält? Wie viele Schritte soll man wirklich durchführen? Und ab welcher Entfernung vom Nullpunkt ist man überzeugt, dass die Entwicklung der Folge ins Unendliche geht?

Natürlich habe ich, ehe ich es wage, mit Ihnen über dieses Thema zu sprechen, die graphische Darstellung des Apfelmännchens selber programmiert. Ich unterteile dazu meine Zeichenfläche in 1 Millionen = 1000 x 1000 Punkte. Ich nenne sie in meinem Programm Pixel. Auf dieser Zeichenfläche bilde ich das komplexe Rechteck

$$\{ z \in \mathbf{C} \mid z = a + b \cdot i \text{ und } -2 \leq a \leq 1 \text{ und } -1 \leq b \leq 1 \}$$

ab. Mit x-Achse und y-Achse zusammen sieht das ungefähr so aus:

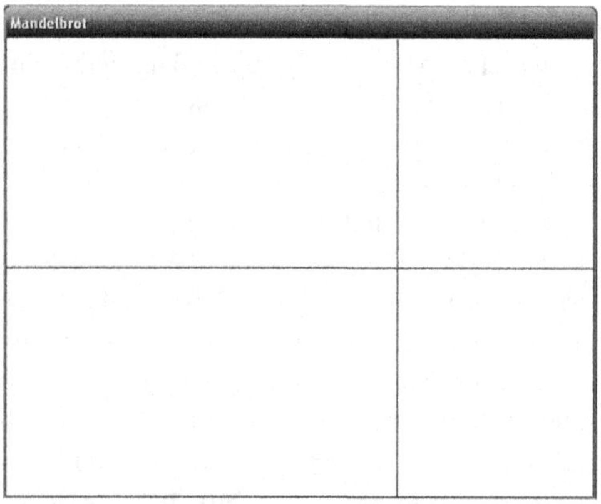

Die Variablen, mit denen ich linke, rechte, obere und untere Grenzen im Bereich der komplexen Zahlen kennzeichne, sind:

```
/*
  Die Variable, mit denen linke, rechte, obere
  und untere Grenzen im Bereich der komplexen
  Zahlen gekennzeichnet werden
/*

      double m_dMaxImaginaer;
      double m_dMinImaginaer;
      double m_dMaxReal;
      double m_dMinReal;
```

Die Variablen, mit denen ich dasselbe für die einzelnen Bildpunkte meiner Zeichenfläche mache, sind:

```
/*
  Die Variable zur Kennzeichnung des Randes
  Meiner Zeichenfläche
*/

      int m_nPixLinks;
      int m_nPixRechts;
      int m_nPixOben;
      int m_nPixUnten;
```

Beim Start meines Programms werden diese Variablen folgendermaßen initialisiert:

```
/*
  Initialisierung der „Rahmenvariablen“
*/

      m_dMaxImaginaer = 1.0;
      m_dMinImaginaer = -1.0;
      m_dMaxReal      = 1.0;
      m_dMinReal      = -2.0;
```

```
/* Es werden die Daten des aktuellen Fensters
     - meiner Zeichenfläche - ermittelt  */
     GetClientRect(&m_DialogRect);

     m_nPixLinks           = m_DialogRect.left;
     m_nPixRechts          = m_DialogRect.right;

     m_nPixOben            = m_DialogRect.top;
     m_nPixUnten           = m_DialogRect.bottom;
```

Die Umrechnung von den Komplexen Zahlen in die Bildpunktkoordinaten erfolgt mit den Funktionen

- xKoordinateToPixel() für die waagerechte x-Achse und
- yKoordinateToPixel() für die senkrechte y-Achse.

Sie sind folgendermaßen deklariert:

```
/*
  Deklaration der Koordinaten-Umrechnungs-
  Funktionen
*/

int xKoordinateToPixel(double a);
int yKoordinateToPixel(double b);
```

Und ihre Programmierung sieht folgendermaßen aus:

```
/*
  Implementation der Koordinaten-Umrechnungs-
  Funktionen
*/

int xKoordinateToPixel(double a)
{
  int nPixbreite        = m_nPixRechts - m_nPixLinks;
  double dKoordbreite   = m_dMaxReal - m_dMinReal;
  double PixZuKoordBreite = nPixbreite/dKoordbreite;
```

```
    int nPix_a  =
          (int) ((a - m_dMinReal)*PixZuKoordBreite
                                    + m_nPixLinks);
    return nPix_a;
}

int yKoordinateToPixel(double b)
{

int nPixtiefe            = m_nPixUnten - m_nPixOben;
double dKoordhoehe       = m_dMaxImaginaer
                                    - m_dMinImaginaer;
double PixZuKoordHoehe= nPixtiefe/dKoordhoehe;

int nPix_b =
      (int) ((b - m_dMinImaginaer)*PixZuKoordHoehe
                                    + m_nPixOben);
nPix_b           = m_nPixUnten - nPix_b;

return nPix_b;
}
```

Nun kommen wir zum Kern des Programms: Ich muss überprüfen, ob eine Zahl

$$z = a + b \cdot i$$

zur Mandelbrotmenge gehört oder nicht. Dazu brauche ich zunächst eine Zahl, die mir angibt, wie viele Folgenglieder z_i ich untersuchen will. Da ich diese Zahl auch als die Anzahl der Iterationen beschreiben kann, mit der die programmierte Vorschrift

```
. . . . . . . . . . . . . . . . . . . . . . . .
z  =  z*z  + c;
. . . . . . . . . . . . . . . . . . . . . . . .
```

durchlaufen wird, nenne ich sie m_nAnzahlIterationen. Ihre Deklaration sieht folgendermaßen aus:

```
/*
  Die Variable zur Kennzeichnung der Anzahl der
  betrachteten Folgendglieder
*/

        int m_nAnzahlIterationen;
```

Und ich initialisiere sie zu Beginn meines Programms mit dem Wert 500. Das ist ein Wert, mit dem Sie experimentieren können beim immerwährenden Kampf zwischen dem Wunsch nach einer möglichst schönen graphischen Darstellung der Mandelbrotmenge einerseits und der Anforderung, dass diese Verarbeitung nicht zu viel Zeit in Anspruch nimmt, andererseits. Testen Sie selber, was beim Wert m_nAnzahlIterationen = 5 und was beim Wert m_nAnzahlIterationen = 5 000 passiert. Sie werden überrascht sein.
Nun muss ich noch entscheiden, wann ich der Meinung bin, dass sich die Folge uneinholbar weg vom Nullpunkt bewegt. Ich definiere eine Variable m_dLimit:

```
/*
  Die Variable zur Kennzeichnung der
  Unendlichkeit
*/

        double m_dLimit;
```

Ich initialisiere sie mit 4. Mit diesem Wert zu spielen, macht nicht viel Sinn. Aber auch das sollten Sie mir nicht unbedingt glauben, sondern selber ausprobieren. Nun sieht meine Methode, mit der ich prüfe, ob eine komplexe Zahl zur Mandelbrotmenge gehört (in Wirklichkeit muss ich sagen: gehören könnte) folgendermaßen aus:

1. Die Deklaration

```
/*
  Die Funktion zur Kennzeichnung der Mandelbrot-
  Tupel
*/

bool IsValid(double a, double b);
```

2. Die Programmierung

```
/*
   Die Funktion zur Kennzeichnung der Mandelbrot-
   Tupel
*/

bool CMandelbrotDlg::IsValid(double a, double b)
{

          CKomplex z(0,0), c(a, b);
          for (int i = 0;
                              (i < m_nAnzahlIterationen) &&
                                      (z.betrag() <= m_dLimit); i++)
          {
                    z = z*z + c;
          }
          if (z.betrag() > m_dLimit) return false;
          return true;
}
```

Nun gehe ich in der von mir gewählten Rasterfeinheit (sie erinnern sich: 1 000 x 1 000 – auch mit diesen Größen können Sie experimentieren) Zeile für Zeile durch mein Zeichenfenster. Die Schrittweite (auch wieder ein Parameter, mit dem Sie spielen können) kennzeichne ich durch Variablen m_nxAnzSchritte für die Anzahl Schritte in x-Richtung und m_nyAnzSchritte für die Anzahl Schritte in y-Richtung. Ihre Deklaration:

```
/*
   Variable zur Kennzeichnung meiner Schrittweite
*/

          int m_nxAnzSchritte;
          int m_nyAnzSchritte;
```

Ich initialisiere sie wie folgt:

```
/* Initialisierung der Variablen zur
   Kennzeichnung meiner Schrittweite */

        m_nxAnzSchritte        = 1000;
        m_nyAnzSchritte        = 1000;
```

Damit lautet die eigentliche Schleife zur Erzeugung der Graphik folgendermaßen:

```
/* Zeichnung der Mandelbrotmenge */

void OnBnClickedZeichne()
{
        // Mein graphisches Werkzeug
        CClientDC dlgDC(this);

        // Mache alles sauber
        CBrush SolidBrushWhite(RGB(255, 255, 255));
        dlgDC.FillRect(&m_DialogRect,
                                &SolidBrushWhite);

        // Zeichne die Menge

        double a1, a2, xSchrittweite =
                (m_dMaxReal - m_dMinReal)/m_nxAnzSchritte;
        double b,      ySchrittweite    =
                (m_dMaxImaginaer - m_dMinImaginaer)
                                        /m_nyAnzSchritte;
        int x1Pix, x2Pix, yPix;
        bool bLeftPointIsValid, bRightPointIsValid;

        for (b = m_dMaxImaginaer;
                b >= m_dMinImaginaer;
                        b = b - ySchrittweite)
```

```
{
        yPix = yKoordinateToPixel(b);
        bLeftPointIsValid = IsValid(m_dMinReal, b);
        for (a1 = m_dMinReal,
                        a2 = a1 + xSchrittweite;
                a2 <= m_dMaxReal;
                        a1 = a1 + xSchrittweite,
                        a2 = a2 +  xSchrittweite)

        {
                bRightPointIsValid = IsValid(a2, b);
                if (bLeftPointIsValid &&
                                bRightPointIsValid)
                {
                        x1Pix = xKoordinateToPixel(a1);
                        x2Pix = xKoordinateToPixel(a2);
                        dlgDC.MoveTo(x1Pix,yPix);
                        dlgDC.LineTo(x2Pix,yPix);
                }
                bLeftPointIsValid = bRightPointIsValid;
        }
}

   // Zeichne die x-Achse

   int yPix_0 = yKoordinateToPixel(0);
   dlgDC.MoveTo(m_nPixLinks,yPix_0);
   dlgDC.LineTo(m_nPixRechts,yPix_0);

   // Zeichne die y-Achse

   int xPix_0 = xKoordinateToPixel(0);
   dlgDC.MoveTo(xPix_0,m_nPixUnten);
   dlgDC.LineTo(xPix_0,m_nPixOben);

}
```

Mit diesen Werten wird auf meinem kleinen Laptop in circa zwei Minuten das folgende Bild produziert:

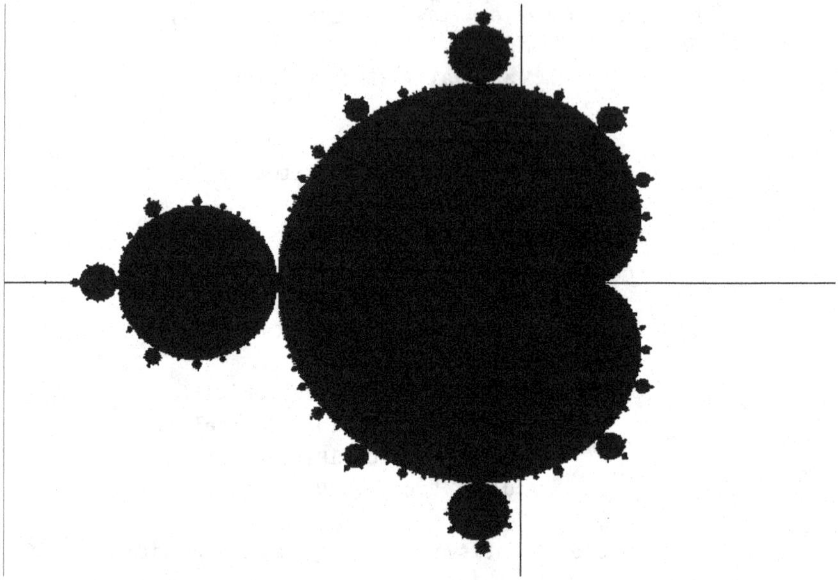

Diese Menge fasziniert durch ihre wirklich unendlich komplexen Randstrukturen. Sie finden im Internet (beispielsweise *http://de.wikipedia.org/wiki/Mandelbrot-Menge*) oder in der Literatur ([Mand], [Peit1], [Peit2]) genauere Untersuchungen, die unter anderem immer tiefer in einzelne Bereiche des Randes dieser Menge hineinzoomen. Es gibt dafür fertige Software, Sie können aber solche Anwendungen auch mit dem, was wir hier besprochen haben, ohne Weiteres selber programmieren.
Ich habe in meinem Beispiel mit der Entwicklungsumgebung von Microsoft .NET gearbeitet und ich stelle natürlich den vollständigen Programmcode für dieses Projekt auf der Homepage zu diesem Buch zur Verfügung. Aber wer mit einer anderen Umgebung arbeiten will, sollte keine Schwierigkeiten haben, das hier entwickelte dorthin zu übertragen.

Übungsaufgaben

1. Aufgabe

Finden Sie stets alle Lösungen (reell und komplex) der folgenden Quadratischen Gleichungen mit reellen Koeffizienten. Machen Sie stets die Probe!

a. $x^2 - 14x + 49 = 0$
b. $x^2 - 24x + 153 = 0$
c. $x^2 - 3x - 4 = 0$
d. $x^2 + 22x + 121 = 0$
e. $x^2 - 7x + 10 = 0$
f. $x^2 - 10x + 41 = 0$

2. Aufgabe

Berechnen Sie die Beträge der folgenden komplexen Zahlen

a. $z = 3,$
b. $z = -5$
c. $z = 4 \cdot i$
d. $z = -12 \cdot i$
e. $z = 4 + 3 \cdot i$
f. $z = 1 - 2 \cdot i$
g. $z = -5 + i$
h. $z = -7 - 24 \cdot i = -(7 + 24 \cdot i)$

3. Aufgabe

Berechnen Sie jeweils das Produkt der folgenden komplexen Zahlen z_1 und z_2:

a. $z_1 = -2 + 5 \cdot i,\quad z_2 = 6 - 7 \cdot i$
b. $z_1 = 5 + 12 \cdot i,\quad z_2 = 5 - 12 \cdot i$
c. $z_1 = 0{,}6 + 0{,}8 \cdot i,\quad z_2 = 0{,}6 - 0{,}8 \cdot i$

4. Aufgabe

Berechnen Sie jeweils den Quotienten $\frac{z_1}{z_2}$ der folgenden komplexen Zahlen z_1 und z_2:

a. $z_1 = 1,\quad z_2 = 0{,}6 + 0{,}8 \cdot i$
b. $z_1 = -2 + 5 \cdot i,\quad z_2 = 3 + i$
c. $z_1 = 4 + 7 \cdot i,\quad z_2 = 7 - 24 \cdot i$

5. Aufgabe

Zeigen Sie: Die Menge der komplexen Zahlen vom Betrag 1 $\{ z \in \mathbf{C} \mid |z| = 1 \}$ ist eine Gruppe bezüglich der Multiplikation.

6. Aufgabe

Ziehen Sie die Wurzel aus den folgenden komplexen Zahlen z. Machen Sie stets die Probe!

a. $z = -9$
b. $z = 8 \cdot i$
c. $z = -45 - 28 \cdot i = -(45 + 28 \cdot i)$
d. $z = 32 + 24 \cdot i$

7. Aufgabe

Finden Sie stets alle Lösungen (reell und komplex) der folgenden Quadratischen Gleichungen mit komplexen Koeffizienten. Machen Sie stets die Probe!

a. $x^2 - (2 - i)x - 2 \cdot i = 0$
b. $x^2 + (6 - 3 \cdot i)x + 8 - 12 \cdot i = 0$
c. $x^2 - (2 + 3 \cdot i)x + 4 + 8 \cdot i = 0$
d. $x^2 + 16 = 0$
e. $x^2 - (8 - 6 \cdot i)x + 7 - 24 \cdot i = 0$
f. $x^2 - (3 - 2 \cdot i)x + 17 - 7 \cdot i = 0$

11 Lineare Algebra, ein bisschen Geometrie und normierte Räume

Vektorräume gehören zu den wichtigsten mathematischen Strukturen, die bei der Modellierung von Mengen und den Beziehungen der Elemente untereinander auftreten können. Für die Informatik möchte ich die folgenden Beispiele nennen:

- Die Programmierung jeglicher geometrischer Zusammenhänge, Abstände, (Ziel-) Richtungen usw. in der Spiele-Programmierung.
- Die Programmierung von Robotern und ihren Bewegungen.
- Die Programmierung von interessanten geographischen Fragestellungen, die z.B. bei dem Problem der optimalen Aufstellung von Windrädern auftreten.
- Die Metrisierung und Strukturierung des »Vektorraums« der semantischen (inhaltlichen) Bedeutungen bei der Konzeption und Programmierung von Suchmaschinen wie Google.

Zu allen diesen Problemen – mit Ausnahme des letzten – habe ich mehrere hoch interessante Abschlussarbeiten betreut und stets war es für die Studentinnen und Studenten von großem Nutzen, wenn sie über entsprechende Kenntnisse aus dem Bereich der linearen Algebra und der analytischen Geometrie verfügten.

11.1 Vektorräume – Definitionen und Beispiele

Wir beginnen mit einem sehr einfachen, aber auf bestimmte Weise auch sehr typischen Beispiel eines Vektorraums, dem $\mathbf{R}^n$, $n \in \mathbf{N}$, $n \neq 0$.

Was haben diese Mengen von Zahlentupeln mit Algebra, mit Geometrie zu tun? Um das zu verstehen, müssen wir uns an eine Idee von Descartes erinnern, der in den eindimensionalen Raum (eine Linie), den zweidimensionalen Raum (die Ebene) bzw. den dreidimensionalen Raum jeweils Koordinatensysteme gelegt hat, die jeden Punkt mit einem Zahlentupel identifiziert:

Die eindimensionale Situation $\mathbf{R}^1$:

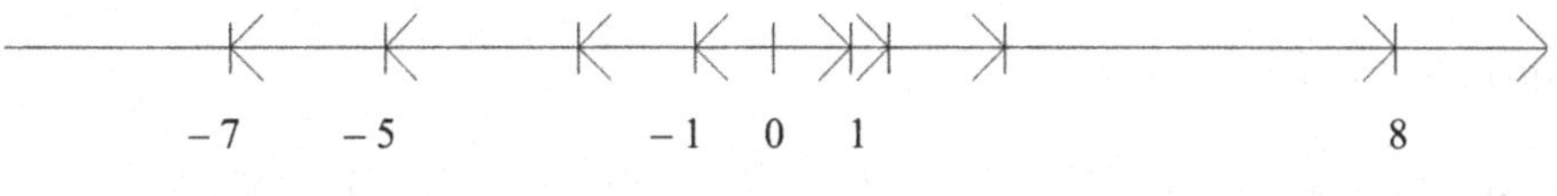

Bild 11-1: Der Vektorraum $\mathbf{R}^1$

Hier werden die Vektoren (– 7), (– 5), (– 2,5), (– 1), (1), (1,5), (3) und (8) dargestellt.

Die zweidimensionale Situation $\mathbf{R}^2$:

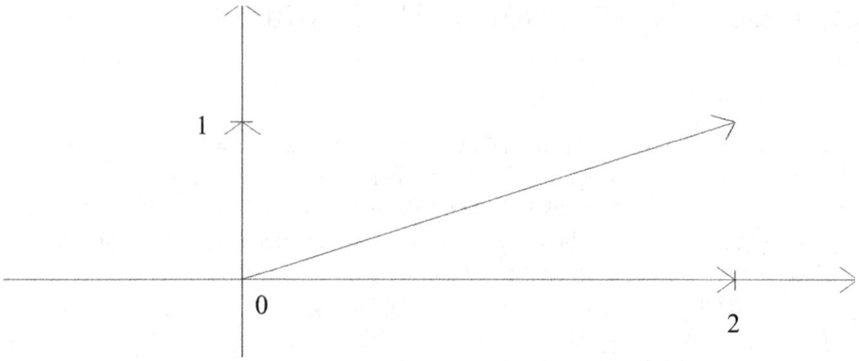

Bild 11-2: Der Vektorraum $\mathbf{R}^2$

Hier werden die Vektoren (2, 0), (0, 1) und (2, 1) dargestellt.

Die dreidimensionale Situation $\mathbf{R}^3$:

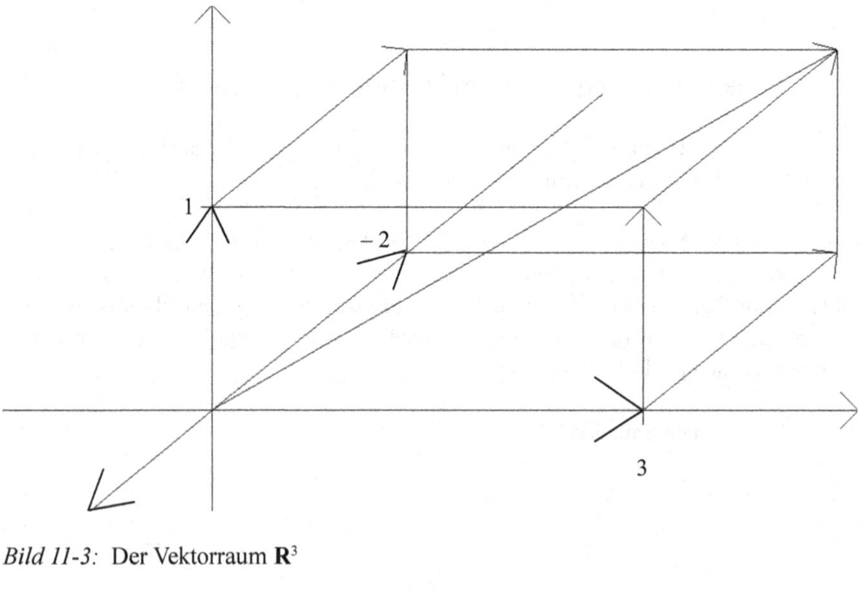

Bild 11-3: Der Vektorraum $\mathbf{R}^3$

Hier werden die Vektoren (3, 0, 0), (0, 1, 0), (0, 0, – 2) und (3, 1, – 2) dargestellt.

Ein Element aus $\mathbf{R}^2$ nennt man Vektor. Das sind beileibe nicht die einzigen Vektoren, die es gibt, aber es ist unser Startbeispiel.

Man schreibt für Vektoren einen Buchstaben mit einem Pfeil darüber: $\vec{v} = (x_1, x_2)$. Solch ein Vektor hat eine Länge und eine Richtung. Für die Länge des Vektors schreibt man wieder (wie beim Absolutbetrag) $|\vec{v}|$. Es gilt:

Definition:

1. die Länge des Vektors $\vec{v}$, $\vec{v} = (x_1, x_2)$. ist definiert durch
   $$|\vec{v}| = |(x_1, x_2)| = \sqrt{x_1^2 + x_2^2}.$$
   (Der Satz des Pythagoras sagt Ihnen, dass das eine vernünftige Definition ist).
2. Seien $\vec{v} := (x_1, x_2)$ und $\vec{w} := (y_1, y_2)$ zwei Vektoren.
   Dann ist die Summe der beiden Vektoren $\vec{v}$ und $\vec{w}$ definiert durch
   $\vec{v} + \vec{w} = (x_1, x_2) + (y_1, y_2) = (x_1 + x_2, y_1 + y_2)$.

Dazu gehört folgendes Bild:

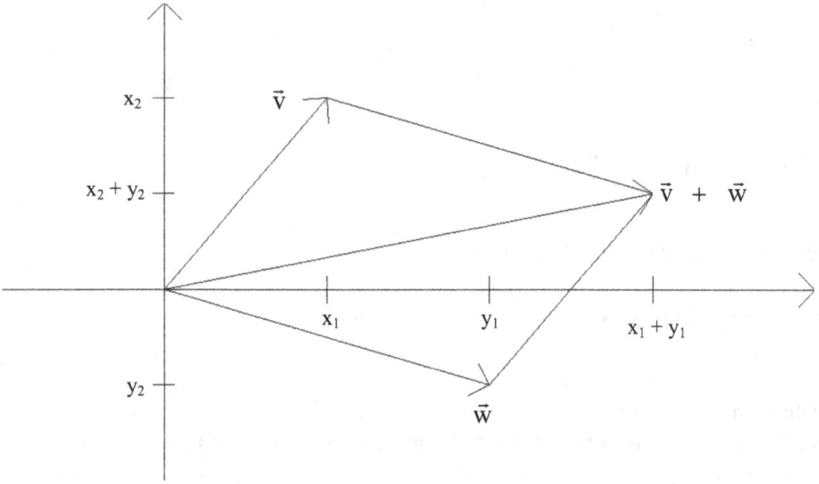

Bild 11-4: Die Summe zweier Vektoren

Es gelten – übrigens weil die reellen Zahlen ein Körper sind – die folgenden Axiome:

1. Für alle Vektoren $\vec{v}$ und $\vec{w}$ gilt: $\vec{v} + \vec{w}$ ist wieder ein Vektor.

2. Für alle Vektoren $\vec{u}$, $\vec{v}$ und $\vec{w}$ gilt: $(\vec{u} + \vec{v}) + \vec{w} = \vec{u} + (\vec{v} + \vec{w})$.

3. Sei $\vec{0} := (0, 0)$ der Nullvektor. Dann gilt für alle $\vec{v} \in \mathbf{R}^2$: $\vec{v} + \vec{0} = \vec{0} + \vec{v} = \vec{v}$.

4. Für alle $\vec{v} = (x_1, x_2)$ gilt: Setze $-\vec{v} := (-x_1, -x_2)$. Dann ist $\vec{v} - \vec{v} := \vec{v} + (-\vec{v}) = \vec{0}$.

5. Für alle $\vec{v}, \vec{w} \in \mathbf{R}^2$ gilt: $\vec{v} + \vec{w} = \vec{w} + \vec{v}$.

Also: Die Vektoren bilden eine kommutative Gruppe.

Bild zur Differenz zweier Vektoren:

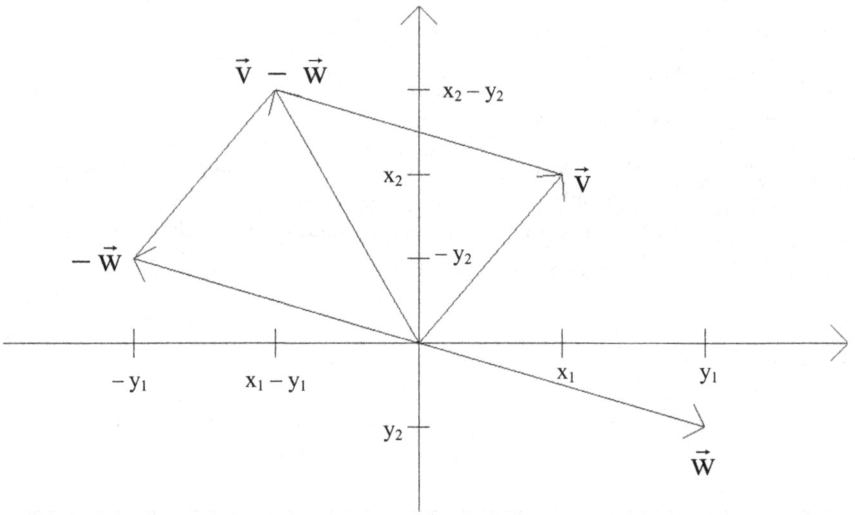

Bild 11-5: Die Differenz zweier Vektoren

Die nächste Frage, die man sich stellt, ist:

Was ist das Produkt einer reellen Zahl r mit einem Vektor $\vec{v}$?

Definition:
Sei $\vec{v} \in \mathbf{R}^2 = (x_1, x_2)$ ein Vektor, $r \in \mathbf{R}$. Dann ist: $r \bullet \vec{v} := r \bullet (x_1, x_2) := (r \cdot x_1, r \cdot x_2)$.

Satz 11.1
Sei $\vec{v} \in \mathbf{R}^2 = (x_1, x_2)$ ein Vektor, $r \in \mathbf{R}$. Dann ist: $|r \bullet \vec{v}\,| = |r| \cdot |\,\vec{v}\,|$ und wenn $r < 0$ ist, dreht sich die Richtung von $\vec{v}$ um.

Beweis: eine leichte Übung.

Es gelten die (weiteren) folgenden Axiome:

6. Für alle $r \in \mathbf{R}$ und $\vec{v} \in \mathbf{R}^2$ gilt: $r \bullet \vec{v} \in \mathbf{R}^2$

7. Für alle $r, s \in \mathbf{R}$, $\vec{v} \in \mathbf{R}^2$ gilt: $r(s \bullet \vec{v}\,) = (r \cdot s) \bullet \vec{v}$

8. Für alle $r, s \in \mathbf{R}$, $\vec{v} \in \mathbf{R}^2$ gilt: $(r + s) \bullet \vec{v} = r \bullet \vec{v} + s \bullet \vec{v}$.

9. Für alle $r \in \mathbf{R}$, $\vec{v}$, $\vec{w} \in \mathbf{R}^2$ gilt: $r \bullet (\vec{v} + \vec{w}) = r \bullet \vec{v} + r \bullet \vec{w}$.

10. Für alle $\vec{v} \in \mathbf{R}^2$ gilt: $1 \bullet \vec{v} = \vec{v}$.

Wegen der Eigenschaften 1.) – 10.) nennt man $\mathbf{R}^2$ einen *Vektorraum* über **R**.

Allgemein definiert man

Definition:
Sei V eine Menge mit einer Verknüpfung +. Sei K ein Körper und • eine Multiplikation zwischen Elementen aus K und V. Falls die folgenden Eigenschaften 1.) – 10.) erfüllt sind, sagt man: V ist ein *Vektorraum* über K.

1. Für alle Vektoren $\vec{v}$ und $\vec{w}$ gilt: $\vec{v} + \vec{w}$ ist wieder ein Vektor.
2. Für alle Vektoren $\vec{u}$, $\vec{v}$ und $\vec{w}$ gilt: $(\vec{u} + \vec{v}) + \vec{w} = \vec{u} + (\vec{v} + \vec{w})$.
3. Es gibt einen Vektor $\vec{0} \in V$ so, dass für alle $\vec{v} \in V$ gilt: $\vec{v} + \vec{0} = \vec{0} + \vec{v} = \vec{v}$.
4. Für alle $\vec{v} \in V$ gibt es einen Vektor $-\vec{v} \in V$ so, dass $\vec{v} - \vec{v} := \vec{v} + (-\vec{v}) = \vec{0}$.
5. Für alle $\vec{v}$, $\vec{w} \in V$ gilt: $\vec{v} + \vec{w} = \vec{w} + \vec{v}$.
6. Für alle $r \in K$ und $\vec{v} \in V$ gilt: $r \bullet \vec{v} \in V$.
7. Für alle $r, s \in K$, $\vec{v} \in V$ gilt: $r(s \bullet \vec{v}) = (r \cdot s) \bullet \vec{v}$.
8. Für alle $r, s \in K$, $\vec{v} \in V$ gilt: $(r + s) \bullet \vec{v} = r \bullet \vec{v} + s \bullet \vec{v}$.
9. Für alle $r \in K$, $\vec{v}$, $\vec{w} \in V$ gilt: $r \bullet (\vec{v} + \vec{w}) = r \bullet \vec{v} + r \bullet \vec{w}$.
10. Für alle $\vec{v} \in V$ gilt: $1 \bullet \vec{v} = \vec{v}$.

Ganz allgemein definiert man für $n \in \mathbf{N}$:

Definition:
Seien $\vec{v}$ und $\vec{w} \in \mathbf{R}^n$, $r \in \mathbf{R}$. Sei $\vec{v} = (v_1, \dots, v_n)$, $\vec{w} = (w_1, \dots, w_n)$. Dann ist:
1. $\vec{v} + \vec{w} := (v_1 + w_1, \dots, v_n + w_n)$ und
2. $r \bullet \vec{v} := (r \cdot v_1, \dots, r \cdot v_n)$.

Mit diesen Definitionen gilt:

Satz 11.2
Sei $n \in \mathbf{N}$ beliebig, $n > 0$. Dann ist $\mathbf{R}^n$ ein Vektorraum über **R**.

11.2 Basis und Dimension

Es gibt zwei sehr wichtige Eigenschaften eines Vektorraums, die Basis und die Dimension. Um diese beiden Begriffe zu erläutern, brauchen wir einige Definitionen und Tatsachen.

Definition:
Sei V ein Vektorraum über dem Körper K. m Vektoren $\vec{v}_1, \dots, \vec{v}_m$ heißen **linear abhängig**, falls es $r_1, \dots, r_m \in K$ gibt, die nicht alle gleich 0 sind so, dass

$$r_1 \bullet \vec{v}_1 + \dots + r_m \bullet \vec{v}_m = \vec{0}$$

ist. Falls die Gleichung

$$r_1 \bullet \vec{v}_1 + \dots + r_m \bullet \vec{v}_m = \vec{0}$$

nur für $r_1 = \dots r_m = 0$ zutrifft, heißen die Vektoren $\vec{v}_1, \dots, \vec{v}_m$ **linear unabhängig**.

Beispiele:

- Im $\mathbf{R}^2$ ist der Vektor $\vec{v} = (1, 3)$ linear unabhängig, denn

  $$r \cdot (1, 3) = (0, 0)$$

  gilt natürlich nur, wenn $r = 0$ ist.

- Im $\mathbf{R}^2$ sind die Vektoren $\vec{v}_1 = (2, 3)$ und $\vec{v}_2 = (1, 4)$ linear unabhängig, denn aus

  $r_1 \bullet (2, 3) + r_2 \bullet (1, 4) = (0, 0)$ folgt:

  $$\begin{aligned} 2 \cdot r_1 + 1 \cdot r_2 &= 0 \\ 3 \cdot r_1 + 4 \cdot r_2 &= 0 \end{aligned} \qquad \text{Daraus folgt:}$$

  $$\begin{aligned} 2 \cdot r_1 + 1 \cdot r_2 &= 0 \\ \frac{5}{2} \cdot r_2 &= 0 \end{aligned} \qquad \text{Daraus folgt:}$$

  $$r_2 = 0 \rightarrow r_1 = 0$$

- Im $\mathbf{R}^2$ sind die Vektoren $\vec{v}_1 = (2, 3)$ und $\vec{v}_2 = (-6, -9)$ linear abhängig, denn es ist z.B.

  $3 \bullet (2, 3) + 1 \bullet (-6, -9) = (0, 0)$ oder

$$6 \cdot (2, 3) + 2 \cdot (-6, -9) = (0, 0) \qquad \text{oder}$$
$$1 \cdot (2, 3) + \frac{1}{3} \cdot (-6, -9) = (0, 0)$$

Im $\mathbf{R}^2$ sind mehr als zwei Vektoren stets linear abhängig. Wenn wir z.B. zu den beiden obigen linear unabhängigen Vektoren $\vec{v}_1 = (2, 3)$ und $\vec{v}_2 = (1, 4)$ noch einen beliebigen Vektor $\vec{v}_3 = (v_{31}, v_{32})$ hinzufügen, dann habe ich ein Gleichungssystem

$$r_1 \cdot (2, 3) + r_2 \cdot (1, 4) + r_3 \cdot (v_{31}, v_{32}) = (0, 0)$$

mit zwei Gleichungen, aber 3 Unbekannten. Wie wir später noch genauer sehen werden, ist das immer ein sogenanntes unterbestimmtes System, das viele Lösungen zulässt.

Ich setze z.B. $(v_{31}, v_{32}) = (12, 20)$ und führe Ihnen vor, was ich meine:

Aus $r_1 \cdot (2, 3) + r_2 \cdot (1, 4) + r_3 \cdot (12, 20) = (0, 0)$ folgt:

$$\begin{aligned} 2 \cdot r_1 + 1 \cdot r_2 + 12 \cdot r_3 &= 0 \\ 3 \cdot r_1 + 4 \cdot r_2 + 20 \cdot r_3 &= 0 \end{aligned} \qquad \text{bzw.}$$

$$\begin{aligned} 2 \cdot r_1 + 1 \cdot r_2 + 12 \cdot r_3 &= 0 \\ \frac{5}{2} \cdot r_2 + 2 \cdot r_3 &= 0 \end{aligned}$$

Die untere Gleichung ist für beliebig viele Werte von r_2 und r_3 lösbar, z.B. für

$$r_2 = 4 \text{ und } r_3 = -5 \text{ oder für } r_2 = 8 \text{ und } r_3 = -10 \text{ usw.}$$

die erste Gleichung liefert uns $r_1 = -\frac{1}{2}(1 \cdot r_2 + 12 \cdot r_3)$, so dass es Lösungen der Art gibt:

$$r_1 = 28 \text{ und } r_2 = 4 \text{ und } r_3 = -5 \text{ oder } r_1 = 56 \text{ und } r_2 = 8 \text{ und } r_3 = -10 \text{ usw.}$$

Allgemein gilt im $\mathbf{R}^2$:

- Ein einzelner Vektor $\vec{v}$ ist immer linear unabhängig, es sei denn $\vec{v} = (0, 0)$.
- Zwei Vektoren können sowohl linear abhängig als auch linear unabhängig sein.
- Drei und mehr Vektoren sind immer linear abhängig.

Analog gilt im $\mathbf{R}^3$:

- Ein einzelner Vektor $\vec{v}$ ist immer linear unabhängig, es sei denn $\vec{v} = (0, 0, 0)$.
- Zwei Vektoren $\vec{v}$ und $\vec{w}$ können sowohl linear abhängig als auch linear unabhängig sein.
- Drei Vektoren können sowohl linear abhängig als auch linear unabhängig sein.
- Vier und mehr Vektoren sind immer linear abhängig.

Analog gilt im $\mathbf{R}^n$:

- Es sei $0 < m \leq n$. Eine Menge von m Vektoren $\vec{v}_1, \ldots, \vec{v}_m$ kann sowohl linear abhängig als auch linear unabhängig sein.
- (n + 1) und mehr Vektoren sind immer linear abhängig.

Jetzt sind wir bereit für den folgenden Satz:

Satz 11.3
Sei V ein Vektorraum über dem Körper K. Dann gibt es immer eine Menge E von Vektoren mit der Eigenschaft, dass jedes Element $\vec{v} \in V$ als endliche Linearkombination von Elementen aus E dargestellt werden kann. Das bedeutet, für jedes Element $\vec{v} \in V$ gibt es ein $m \in \mathbf{N}$ und $\vec{v}_1, \ldots, \vec{v}_m \in E$ und $r_1, \ldots, r_m \in K$ so, dass

$$\vec{v} = r_1 \bullet \vec{v}_1 + \ldots + r_m \bullet \vec{v}_m$$

Man nennt E ein *Erzeugendensystem* für V.

Definition:
Sei V ein Vektorraum über dem Körper K und E ein Erzeugendensystem für V. Ein Erzeugendensystem heißt *minimal*, falls kein Vektor aus E entfernt werden kann, ohne dass die Eigenschaft, Erzeugendensystem für V zu sein, verloren geht. Ein solches minimales Erzeugendensystem heißt *Basis* für V.

Beispiele:
Für den $\mathbf{R}^2$ ist sowohl { (1, 0), (0, 1) } als auch { (2, 3), (1, 4) } eine Basis.

Es gilt der Satz:

Satz 11.4
Sei V ein Vektorraum über dem Körper K und sei B eine Basis für V.
Falls B nur endlich viele Elemente hat, hat jede andere Basis von V genau so viele Elemente wie B. Grundsätzlich gilt:

- die Elemente einer Basis sind linear unabhängig.
- sobald man eine Menge von Vektoren hat, die mehr Elemente als eine Basis des Vektorraums enthält, sind diese Vektoren linear abhängig.

Und diese stets gleiche Anzahl der Basiselemente eines Vektorraums ist so wichtig, dass sie einen eigenen Namen erhält:

Definition:
Sei V ein Vektorraum über dem Körper K und sei B eine Basis für V.
Die Mächtigkeit von B (d.i. im endlichen Fall die Anzahl der Elemente) heißt die *Dimension* von V. Falls B endlich viele Elemente enthält, heißt V endlich-dimensional.

Unsere Beispiele sind einfach:

R ist eindimensional, $\mathbf{R}^2$ ist zweidimensional, $\mathbf{R}^3$ ist dreidimensional, $\mathbf{R}^n$ ist n-dimensional. Natürlich gibt es auch unendlich-dimensionale Vektorräume und wir werden sie später kennen lernen.

Sie werden bereits im nächsten Abschnitt merken, wie wichtig und nützlich diese Begriffe sind. Sowohl beim Nachweis allgemeiner Eigenschaften von Vektoren in Vektorräumen als auch bei konkreten Berechnungen erweisen sich Basen als enorm hilfreich und nützlich. In der linearen Algebra reicht es nämlich grundsätzlich aus, Sätze für Basisvektoren zu beweisen und Berechnungen für Basisvektoren durchführen zu können, um sofort auch die entsprechenden allgemeinsten Fälle mit gelöst zu haben. Freuen Sie sich in diesem Sinne auf den folgenden Abschnitt.

11.3 Das Skalarprodukt

Das Skalarprodukt zwischen 2 Vektoren liefert immer ein Element aus dem Körper, über dem der Vektorraum erklärt ist, in unseren Beispielen also immer eine reelle Zahl.

Definition:
Sei $\vec{v} \in \mathbf{R}^n$, $\vec{v} = (v_1, \dots, v_n)$. Dann definiert man als den *Betrag* von $\vec{v}$ die Zahl

$$|\vec{v}| = \sqrt{v_1^2 + \dots + v_n^2}$$

Seien weiter $\vec{v}$ und $\vec{w} \in \mathbf{R}^n$. Dann definiert man als das *Skalarprodukt* von $\vec{v}$ und $\vec{w}$ die reelle Zahl $|\vec{v}|\cdot|\vec{w}|\cos\alpha$, wobei α der Winkel zwischen den Vektoren $\vec{v}$ und $\vec{w}$ ist. Man schreibt

$$<\vec{v}, \vec{w}> = |\vec{v}|\cdot|\vec{w}|\cos\alpha$$

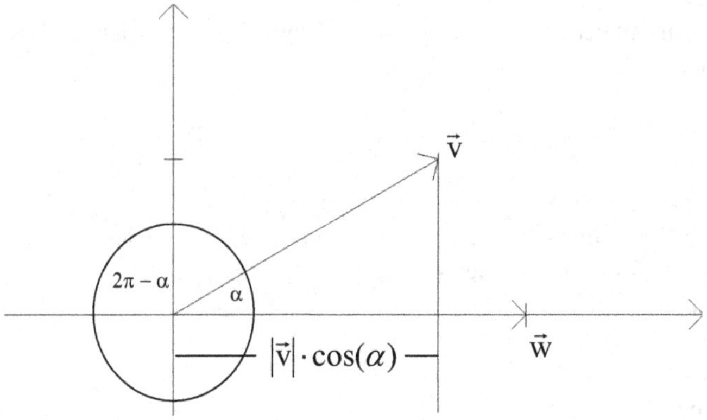

Bild 11-6: Das Skalarprodukt zweier Vektoren

Zunächst gilt, da stets $\cos(\alpha) = \cos(2\pi - \alpha)$ ist, dass es für die Berechnung des Skalarproduktes gleichgültig ist, ob man den kleineren oder den größeren der beiden Winkel zwischen den Vektoren $\vec{v}$ und $\vec{w}$ nimmt.

Das Skalarprodukt »projiziert« also den einen Vektor auf die Gerade des anderen Vektors und misst dann die Länge dieser Projektion. Je nachdem, ob die beiden Vektoren gleiche oder unterschiedliche Richtung haben, hat das Ergebnis ein positives oder negatives Vorzeichen.

Dem entspricht, dass der cos bei 90° bzw. bei $\frac{\pi}{2}$ sein Vorzeichen ändert.

Wir wollen jetzt die Berechnung des Skalarprodukts zweier Vektoren mit Hilfe der Berechnung der Skalarprodukte von geeigneten Basisvektoren durchführen. Dazu betrachten wir zum $\mathbf{R}^n$ die Basis $\{ \vec{e}_1, \ldots, \vec{e}_n \}$ mit:

- $\vec{e}_1 = (1, 0, \ldots, 0)$
- $\vec{e}_2 = (0, 1, \ldots, 0)$
- ....
- $\vec{e}_n = (0, 0, \ldots, 1)$

Im $\mathbf{R}^2$:

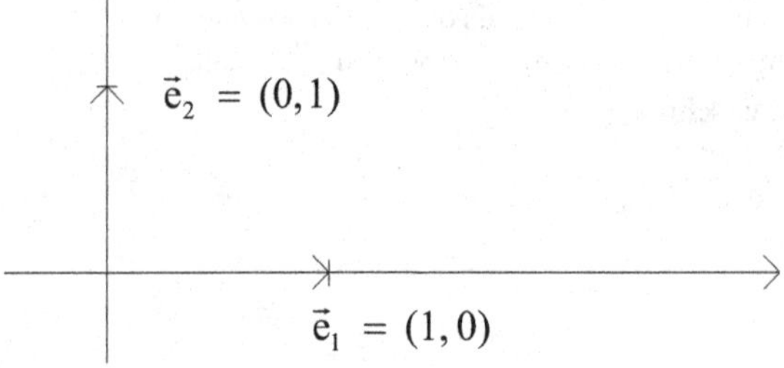

Bild 11-7: Basisvektoren im $\mathbf{R}^2$

Um diese Zurückführung durchführen zu können, brauchen wir dringend den folgenden Satz über die Linearität (Eigenschaften 3 und 4) des Skalarprodukts:

Satz 11.5
Seien $\vec{u}$, $\vec{v}$, $\vec{w} \in \mathbf{R}^n$, $r \in \mathbf{R}$. Dann ist:

1. $< \vec{u}, \vec{u} > = |\vec{u}|^2$
2. $< \vec{u}, \vec{v} > = < \vec{v}, \vec{u} >$
3. $< r \bullet \vec{u}, \vec{v} > = r \cdot < \vec{u}, \vec{v} >$
4. $< \vec{u}, \vec{v} + \vec{w} > = < \vec{u}, \vec{v} > + < \vec{u}, \vec{w} >$
5. Falls $\vec{u} \neq \vec{0}$ und $\vec{v} \neq \vec{0}$ ist, gilt: $< \vec{u}, \vec{v} > = 0 \leftrightarrow \vec{u} \perp \vec{v}$
   ($\vec{u}$ steht senkrecht auf $\vec{v}$)

Beweis:
1.) folgt aus der Tatsache, dass $\cos(0) = 1$ ist.
2.) und 3.) folgt sofort aus der Definition des Skalarproduktes.
Für den Beweis von Punkt 4 betrachten Sie bitte das folgende Bild:

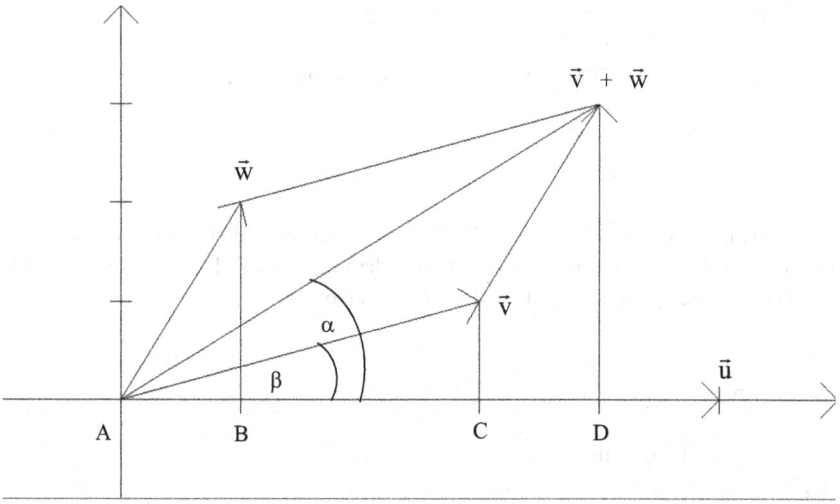

Bild 11-8: Linearität des Skalarprodukts

Es gilt: $\dfrac{\overline{AD}}{|\vec{v} + \vec{w}|} = \cos(\alpha) = \dfrac{< \vec{u}, \vec{v} + \vec{w} >}{|\vec{u}| \cdot |\vec{v} + \vec{w}|}$ und es folgt:

- $< \vec{u}, \vec{v} + \vec{w} > = |\vec{u}| \cdot \overline{AD}$

Ebenso folgt aus: $\frac{\overline{AC}}{|\vec{v}|} = \cos(\beta) = \frac{<\vec{u},\vec{v}>}{|\vec{u}|\cdot|\vec{v}|}$

$\blacksquare \quad <\vec{u},\vec{v}> = |\vec{u}|\cdot\overline{AC}$

Und schließlich erhält man genauso: $<\vec{u},\vec{w}> = |\vec{u}|\cdot\overline{AB}$.

Da aber aus unserer Parallelogrammkonstruktion folgt: $\overline{AB} = \overline{CD}$, erhalten wir die folgende Ableitung:

$$\overline{AD} = \overline{AC} + \overline{CD} \quad \rightarrow \overline{AD} = \overline{AC} + \overline{AB} \quad \rightarrow$$

$$\rightarrow |\vec{u}|\cdot\overline{AD} = |\vec{u}|\cdot\overline{AC} + |\vec{u}|\cdot\overline{AB} \quad \rightarrow$$

$$\rightarrow <\vec{u},\vec{v}+\vec{w}> = <\vec{u},\vec{v}> + <\vec{u},\vec{w}>$$

5.) folgt aus der Tatsache, dass $\cos(\alpha) = 0$ ist genau dann, wenn α ein ungradzahliges Vielfaches von $\frac{\pi}{2}$ ist, also

$$\ldots \quad -\frac{7}{2}\pi,\ -\frac{5}{2}\pi,\ -\frac{3}{2}\pi,\ -\frac{1}{2}\pi,\ \frac{1}{2}\pi,\ \frac{3}{2}\pi,\ \frac{5}{2}\pi,\ \frac{7}{2}\pi,\ldots \qquad \text{bzw.}$$

$$\ldots \quad -630^\circ,\ -450^\circ,\ -270^\circ,\ -90^\circ,\ 90^\circ,\ 270^\circ,\ 450^\circ,\ 630^\circ,$$

q.e.d.

Die folgende Definition des *Kronecker-Delta* hilft uns, die anschließenden Sätze elegant zu formulieren. Dieses Symbol ist benannt nach dem deutschen Mathematiker Leopold Kronecker, der 1823 geboren wurde und bis 1891 gelebt hat.

Definition:

Es ist $\delta_{ij} = \begin{cases} 1, & \text{falls } i = j \\ 0, & \text{falls } i \neq j \end{cases}$

δ_{ij} heißt das *Kronecker-Delta.*

Satz 11.6
Es sei $\{ \vec{e}_1, \dots, \vec{e}_n \}$ die oben definierte Basis des Vektorraums $\mathbf{R}^n$.
Dann gilt für alle $1 \leq i, j \leq n$: $< \vec{e}_i , \vec{e}_j > = \delta_{ij}$.

Beweis:

$< \vec{e}_i , \vec{e}_i > = 1$ folgt aus Satz 11.5, Punkt 1.

$< \vec{e}_i , \vec{e}_j > = 0$ für $i \neq j$ folgt aus Satz 11.5, Punkt 5.

q.e.d.

Damit erhalten wir:

Satz 11.7
Seien $\vec{v} = (v_1, \dots, v_n)$ und $\vec{w} = (w_1, \dots, w_n) \in \mathbf{R}^n$ beliebige Vektoren.
Dann gilt:

$$< \vec{v} , \vec{w} > = \sum_{i=1}^{n} v_i \cdot w_i$$

Falls insbesondere $\vec{v}$ und $\vec{w}$ beide $\neq \vec{0}$ sind, gilt für den Winkel α zwischen diesen beiden Vektoren:

$$\cos(\alpha) = \frac{< \vec{v}, \vec{w} >}{|\vec{v}| \cdot |\vec{w}|} = \frac{\sum_{i=1}^{n} v_i \cdot w_i}{\left(\sqrt{\sum_{i=1}^{n} v_i^2}\right) \cdot \left(\sqrt{\sum_{i=1}^{n} w_i^2}\right)}$$

Beweis:
Zur Vereinfachung und zur Veranschaulichung mache ich den Beweis für den Fall $n = 2$:

Hier ist $\vec{v} = (v_1, v_2) = v_1 \bullet \vec{e}_1 + v_2 \bullet \vec{e}_2$ und

$\vec{w} = (w_1, w_2) = w_1 \bullet \vec{e}_1 + w_2 \bullet \vec{e}_2$

Mit Satz 11.5 und 11.6 folgt:

$$< \vec{v}, \vec{w} > = \left\langle v_1 \cdot \vec{e}_1 + v_2 \cdot \vec{e}_2 , w_1 \cdot \vec{e}_1 + w_2 \cdot \vec{e}_2 \right\rangle =$$

$$= \sum_{i,j=1}^{2} v_i \cdot w_j \cdot \delta_{ij} = \sum_{i=1}^{2} v_i \cdot w_i$$, die Behauptung.

Die Formel für $\cos(\alpha)$ folgt dann aus der Definition des Skalarproduktes.

q.e.d.

11.4 Einige geometrische Probleme

Mit dem hier entwickelten Werkzeug können wir schon einige geometrische Probleme bearbeiten:

1. Finde die Gerade durch zwei gegebene Punkte (leicht).
   Seien $\vec{p}$ und $\vec{q}$ zwei Punkte.
   Dann ist $g(t) = \vec{p} + t \bullet (\vec{q} - \vec{p})$ eine Gerade durch $\vec{p}$ und $\vec{q}$.
   Es ist $g(0) = \vec{p}$ und $g(1) = \vec{p}$ und $\vec{q}$.
   $\vec{q} - \vec{p}$ heißt der *Richtungsvektor* der Geraden g.
   Setze $\vec{v} := \vec{q} - \vec{p}$. Dann ist $g(t) := \vec{p} + t \bullet \vec{v}$ wieder unsere oben beschriebene Gerade.

   Beispiele:
   Im $\mathbf{R}^2$:

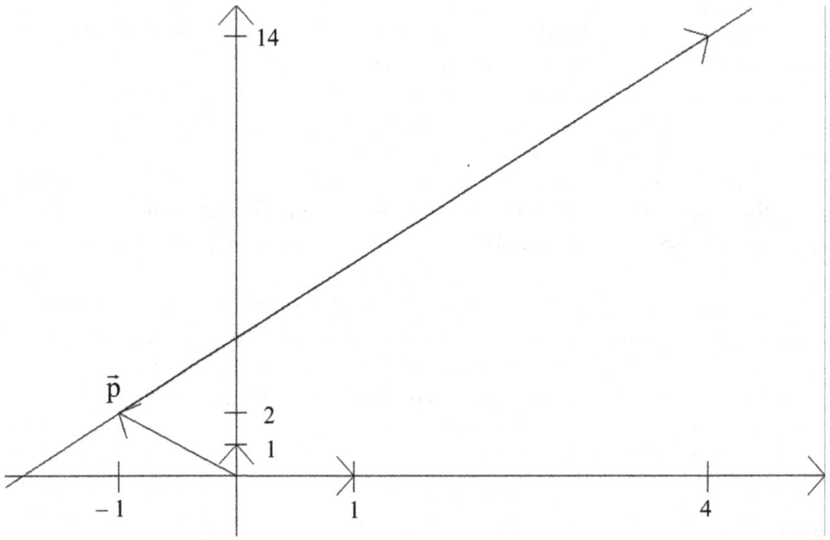

Bild 11-9: Punkt-Richtungs-Darstellung einer Geraden im $\mathbf{R}^2$

$\vec{p} = (-1, 2)$, $\vec{q} = (4, 14)$, $\vec{v} = \vec{q} - \vec{p} = (5, 12)$
$g(t) = (-1, 2) + t \bullet (5, 12)$

Im $\mathbf{R}^3$

$\vec{p} = (-1, 2, 1)$, $\vec{q} = (1, 4, -4)$, $\vec{v} = \vec{q} - \vec{p} = (2, 2, -5)$,
$g(t) = (-1, 2, 1) + t \bullet (2, 2, -5)$

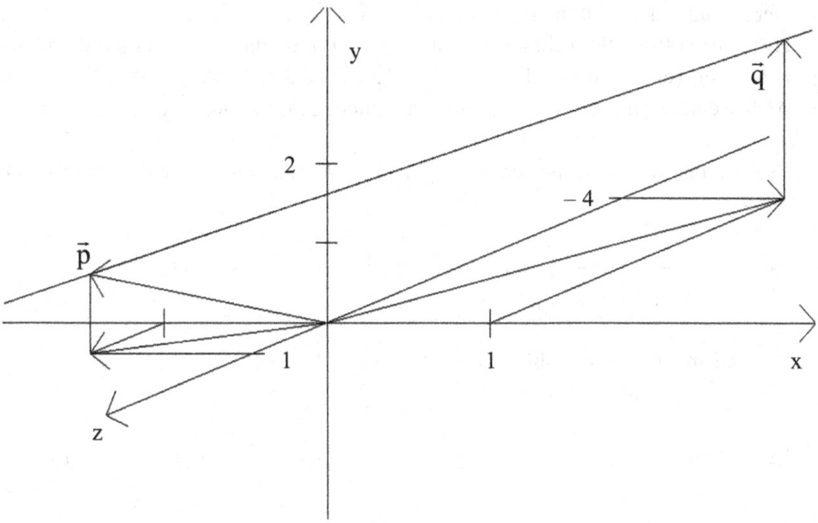

Bild 11-10: Punkt-Richtungs-Darstellung einer Geraden im $\mathbf{R}^3$

2. Berechne den Abstand d eines Punktes von einer Geraden.

   Sei $g(t) = \vec{p} + t \cdot \vec{v}$ Gerade und $\vec{q}$ ein Punkt. Ohne Beschränkung der Allgemeinheit nehmen wir an, dass $\vec{v}$ die Länge 1 hat, ansonsten betrachten wir einfach

$$\tilde{g}(t) = \vec{p} + t \cdot \frac{\vec{v}}{|\vec{v}|}$$

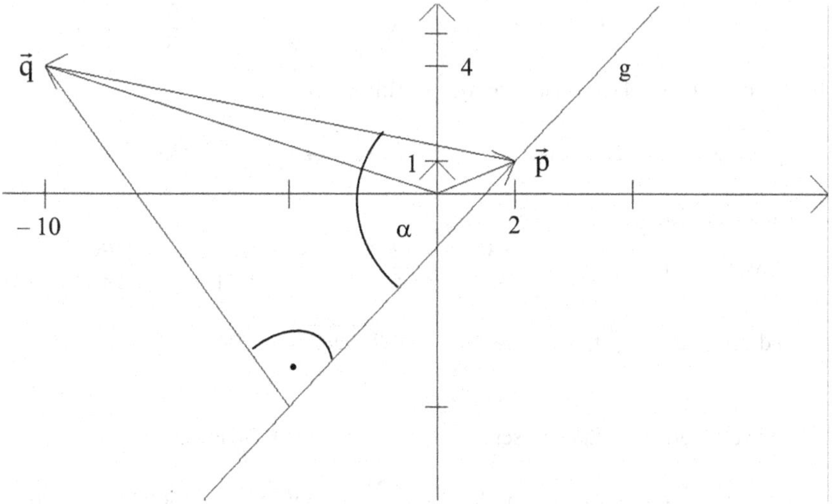

Bild 11-11: Abstandsberechnung eines Punktes von einer Geraden

Der Abstand des Punktes $\vec{q}$ zur Geraden g ist die Länge des Lots von $\vec{q}$ auf g. Mit Hilfe der Differentialrechnung könnten wir den Fußpunkt des Lots auf der Geraden berechnen (eine einfache Extremwertaufgabe) und dann den Abstand ausrechnen. Aber wenn wir nur den Abstand wissen wollen, geht es leichter und schneller:

Es sei α der Winkel zwischen $\vec{q} - \vec{p}$ und der Geraden g, d.h. dem Vektor $\vec{v}$. Dann gilt stets:

$$\sin^2(\alpha) = \frac{d^2}{|\vec{q} - \vec{p}|^2}, \text{ also } d^2 = |\vec{q} - \vec{p}|^2 \cdot \sin^2(\alpha)$$

(Erinnern Sie sich: Für alle x gilt: $\sin^2(x) + \cos^2(x) = 1$)

$$\text{Es folgt: } d^2 = |\vec{q} - \vec{p}|^2 \cdot \sin^2(\alpha) = |\vec{q} - \vec{p}|^2 \cdot (1 - \cos^2(\alpha)) =$$

$$= |\vec{q} - \vec{p}|^2 \cdot \left(1 - \frac{<\vec{v}, \vec{q} - \vec{p}>^2}{|\vec{q} - \vec{p}|^2}\right)$$

(Denken Sie daran: $\vec{v}$ hatte die Länge 1)

$$= |\vec{q} - \vec{p}|^2 - <v, \vec{q} - \vec{p}>^2$$

$$\text{Es folgt weiter: } d = \sqrt{|\vec{q} - \vec{p}|^2 - <v, \vec{q} - \vec{p}>^2}$$

Beispiele:

Sei g(t) = (2, 1) + t • (3/5, 4/5). Es ist: $|\vec{v}| = \sqrt{\frac{9}{25} + \frac{16}{25}} = 1$

Sei $\vec{q} = (-10, 4)$ (das ist unser obiges Bild). Dann ist

$\vec{q} - \vec{p} = (-12, 3)$ und $|\vec{q} - \vec{p}|^2 = 144 + 9 = 153$

Außerdem ist:

$$<\vec{v}, \vec{q} - \vec{p}>^2 = \left(\frac{-36}{5} + \frac{12}{5}\right)^2 = \left(\frac{-24}{5}\right)^2 = \frac{576}{25} = 23{,}04$$

und daher $d = \sqrt{153 - 23{,}04} = \sqrt{129{,}96} = 11{,}4$

Sei weiter g(t) unverändert, sei aber $\vec{q} = (257, 341)$. Dann ist

$\vec{q} - \vec{p} = (255, 340)$ und $|\vec{q} - \vec{p}|^2 = 65025 + 115600 = 180625$

Außerdem ist: ebenfalls

$$< \vec{v}, \vec{q} - \vec{p} >^2 = \left(\frac{765}{5} + \frac{1360}{5} \right)^2 = (153 + 272)^2 =$$

$$= 425^2 = 180625$$

und daher d = 0, der Punkt liegt auf der Geraden.

Sei nun g(t) = (2, 1, –1) + t • (1/3) · (–2, 1, 2),

Es ist: $|\vec{v}| = \frac{1}{3} \cdot \sqrt{4 + 1 + 4} = 1$

Sei $\vec{q}$ = (–1, 1, 5). Dann ist

$\vec{q} - \vec{p} = (-3, 0, 6)$ und $|\vec{q} - \vec{p}|^2 = 9 + 36 = 45$

Außerdem ist:

$$< \vec{v}, \vec{q} - \vec{p} >^2 = \left(\frac{6}{3} + \frac{12}{3} \right)^2 = 36$$

und daher $d = \sqrt{45 - 36} = \sqrt{9} = 3$

Sei wieder g(t) unverändert, sei aber jetzt $\vec{q}$ = (0, 0, 0). Dann ist

$\vec{q} - \vec{p} = (-2, -1, 1)$ und $|\vec{q} - \vec{p}|^2 = 6$

Außerdem ist:

$$< \vec{v}, \vec{q} - \vec{p} >^2 = \left(\frac{4}{3} - \frac{1}{3} + \frac{2}{3} \right)^2 = \frac{25}{9}$$

und daher $d = \sqrt{6 - \frac{25}{9}} = \frac{\sqrt{54 - 25}}{3} = \frac{\sqrt{29}}{3}$

3. Berechne den Schnittpunkt zweier Geraden

   Sei $g(t) := \vec{p} + t \bullet \vec{v}$, $h(t) := \vec{q} + t \bullet \vec{w}$

   Dann sind $t_1, t_2 \in \mathbf{R}$ gesucht so, dass $g(t_1) = h(t_2)$.
   Das sind im $\mathbf{R}^2$ zwei Gleichungen mit zwei Unbekannten, im $\mathbf{R}^3$ erhalten wir ein überbestimmtes Gleichungssystem: 3 Gleichungen mit 2 Unbekannten.

Beispiele:

Sei $g(t) = (-2, -2) + t \bullet (3, 4)$, $h(t) = (4, -7) + t \bullet (1, -3)$

Dann gilt $g(t_1) = h(t_2)$ $\leftrightarrow$

$$\begin{array}{lrcl} \text{(i)} & -2 + 3 \cdot t_1 & = & 4 + t_2 \\ \text{(ii)} & -2 + 4 \cdot t_1 & = & -7 - 3 \cdot t_2 \end{array} \quad \leftrightarrow$$

$$\begin{array}{lrcl} \text{(i)} & 3 \cdot t_1 - t_2 & = & 6 \\ \text{(ii)} & 4 \cdot t_1 + 3 \cdot t_2 & = & -5 \end{array} \quad \leftrightarrow$$

$$\begin{array}{lrcl} \text{(i)} & 3 \cdot t_1 - t_2 & = & 6 \\ \text{(ii)} & 13 \cdot t_2 & = & -39 \end{array}$$

also $t_2 = -3$ und $t_1 = (1/3)(6 - 3) = 1$
und es gilt: der Schnittpunkt ist $g(1) = h(-3) = (1, 2)$.

Sei $g(t)=(-2, -2) + t \bullet (3, 4)$, $h(t)=(4, -7) + t \bullet (9, 12)$

Dann gilt $g(t_1) = h(t_2)$ $\leftrightarrow$

$$\begin{array}{lrcl} \text{(i)} & -2 + 3 \cdot t_1 & = & 4 + 9 \cdot t_2 \\ \text{(ii)} & -2 + 4 \cdot t_1 & = & -7 + 12 \cdot t_2 \end{array} \quad \leftrightarrow$$

$$\begin{array}{lrcl} \text{(i)} & 3 \cdot t_1 - 9 \cdot t_2 & = & 6 \\ \text{(ii)} & 4 \cdot t_1 - 12 \cdot t_2 & = & -5 \end{array} \quad \leftrightarrow$$

$$\begin{array}{lrcl} \text{(i)} & 3 \cdot t_1 - 9 \cdot t_2 & = & 6 \\ \text{(ii)} & 0 & = & -39 \end{array}$$

Hier gilt: es existiert keine Lösung, die Geraden sind parallel.

Betrachten sie dazu folgendes Bild:

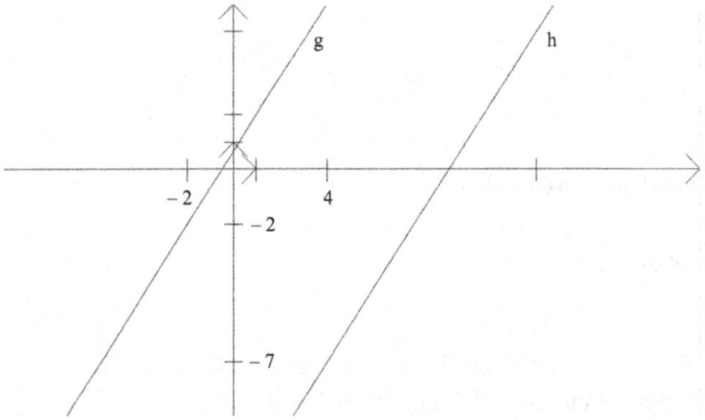

Bild 11-12: Zwei parallele Geraden

Sei $g(t) = (1, 2, 10) + t \bullet (1, 1, 4)$, $h(t) = (2, -3, 8) + t \bullet (1, -1, 2)$

Dann gilt $g(t_1) = h(t_2)$ $\leftrightarrow$

$$\begin{array}{llcl} \text{(i)} & 1 + t_1 & = & 2 + t_2 \\ \text{(ii)} & 2 + t_1 & = & -3 - t_2 \\ \text{(iii)} & 10 + 4 \cdot t_1 & = & 8 + 2 \cdot t_2 \end{array} \quad \leftrightarrow$$

$$\begin{array}{llcl} \text{(i)} & t_1 - t_2 & = & 1 \\ \text{(ii)} & t_1 + t_2 & = & -5 \\ \text{(iii)} & 4 \cdot t_1 - 2 \cdot t_2 & = & -2 \end{array} \quad \leftrightarrow$$

$$\begin{array}{llcl} \text{(i)} & t_1 - t_2 & = & 1 \\ \text{(ii)} & 2 \cdot t_2 & = & -6 \\ \text{(iii)} & 2 \cdot t_2 & = & -6 \end{array} \quad \leftrightarrow$$

$$\begin{array}{llcl} \text{(i)} & t_1 - t_2 & = & 1 \\ \text{(ii)} & 2 \cdot t_2 & = & -6 \\ \text{(iii)} & 0 & = & 0 \end{array}$$

Also ist $t_2 = -3$ und $t_1 = 1 + t_2 = -2$ und der Schnittpunkt ist:
$g(-2) = (-1, 0, 2) = h(-3)$.

Sei schließlich $g(t) = (1, 2, 10) + t \bullet (2, 2, -2)$, $h(t) = (2, -3, 8) + t \bullet (-4, 0, 2)$

Dann gilt $g(t_1) = h(t_2)$ $\leftrightarrow$

$$\begin{array}{llcl} \text{(i)} & 1 + 2 \cdot t_1 & = & 2 - 4 \cdot t_2 \\ \text{(ii)} & 2 + 2 \cdot t_1 & = & -3 \\ \text{(iii)} & 10 - 2 \cdot t_1 & = & 8 + 2 \cdot t_2 \end{array} \quad \leftrightarrow$$

$$\begin{array}{llcl} \text{(i)} & 2 \cdot t_1 + 4 \cdot t_2 & = & 1 \\ \text{(ii)} & 2 \cdot t_1 & = & -5 \\ \text{(iii)} & -2 \cdot t_1 - 2 \cdot t_2 & = & -2 \end{array} \quad \leftrightarrow$$

$$\begin{array}{llcl} \text{(i)} & 2 \cdot t_1 + 4 \cdot t_2 & = & 1 \\ \text{(ii)} & - 4 \cdot t_2 & = & -6 \\ \text{(iii)} & 2 \cdot t_2 & = & -1 \end{array} \quad \leftrightarrow$$

$$\begin{array}{llcl} \text{(i)} & 2 \cdot t_1 + 4 \cdot t_2 & = & 1 \\ \text{(ii)} & 2 \cdot t_2 & = & 3 \\ \text{(iii)} & 2 \cdot t_2 & = & -1 \end{array}$$

Dieses Gleichungssystem hat offensichtlich keine Lösung, die Geraden schneiden sich also nicht. Jedoch sind die Geraden auch nicht parallel, denn der Winkel α zwischen den beiden Richtungsvektoren der Geraden ist verschieden von 0 und π (das sind die Stellen, an der der Kosinus die Werte 1 oder -1 annimmt):

Es gilt nämlich:

$$\cos(\alpha) = \frac{<(2,2,-2)\,,\,(-4,0,2)>}{|(2,2,-2)|\cdot|(-4,0,2)|} = \frac{-8\ -4}{\sqrt{4+4+4}\cdot\sqrt{16+4}} =$$

$$-\frac{12}{\sqrt{240}} = -\frac{3}{\sqrt{15}} \approx -0{,}775$$

Definition:
Zwei Geraden im $\mathbf{R}^3$, die sich nicht schneiden und die nicht parallel sind, heißen *windschief*.

Vergleichen Sie dazu das folgende Bild:

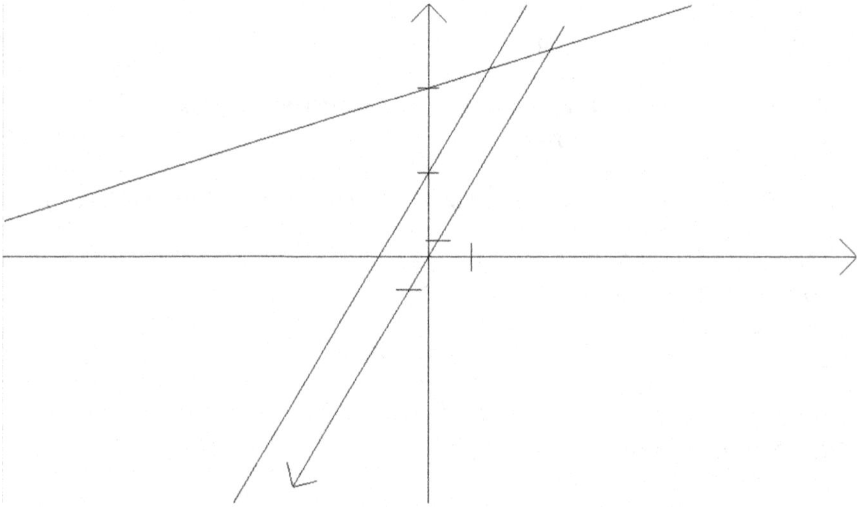

Bild 11-13 Zwei windschiefe Geraden

4. Finde die Ebene durch 3 Punkte.

   Seien $\vec{o}$, $\vec{p}$ und $\vec{q}$ drei Punkte.

   Dann ist: $E(s,t) = \vec{o} + s \bullet (\vec{p} - \vec{o}) + t \bullet (\vec{q} - \vec{o})$ Ebene durch $\vec{o}$, $\vec{p}$ und $\vec{q}$.

   Es ist $E(0,0) = \vec{o}$, $E(1,0) = \vec{p}$ und $E(0,1) = \vec{q}$.

   Beispiel:
   Sei $\vec{o} = (-1, 1, 2)$, $\vec{p} = (2, 3, -1)$ und $\vec{q} = (3, -2, 1)$.

Dann ist $E(s, t) = (-1, 1, 2) + s \bullet (3, 2, -3) + t \bullet (4, -3, -1)$ Ebene durch diese drei Punkte.
Man nennt dies die 3-Punkte-Gleichung für eine Ebene.

5. Beschreibe die Gerade im $\mathbf{R}^2$ durch einen Punkt und einen Normalenvektor (Hessesche Normalform).
   Mit Normalenvektor bezeichnet man immer einen Vektor, der senkrecht auf etwas anderem steht, d.h. aber: Sein Skalarprodukt mit den anderen Vektoren, auf denen er senkrecht steht, muss 0 sein.

   Sei $\vec{p} = (p_1, p_2) \in \mathbf{R}^2$ und $\vec{n} = (n_1, n_2) \in \mathbf{R}^2$. Dann betrachte die Menge aller $(x, y) \in \mathbf{R}^2$, für die gilt: $(x, y) - \vec{p} \perp \vec{n}$. Es ist:

   $$\{(x, y) \in \mathbf{R}^2 \mid (x, y) - \vec{p} \perp \vec{n}\} =$$
   $$= \{(x, y) \in \mathbf{R}^2 \mid n_1 \cdot (x - p_1) + n_2 \cdot (y - p_2) = 0\} =$$
   $$= \{(x, y) \in \mathbf{R}^2 \mid n_2 \cdot y + n_1 \cdot x - n_2 \cdot p_2 - n_1 \cdot p_1 = 0\}.$$

   Das ist die Hessesche Normalform.

   Falls $n_2 \neq 0$ ist, lässt sich diese Gerade auch folgendermaßen beschreiben:

   $$\{(x, y) \in \mathbf{R}^2 \mid y = -(n_1 / n_2) \cdot x + (n_1 / n_2) \cdot p_1 + p_2\}.$$

   Sei beispielsweise $\vec{p} = (1, 2)$, $\vec{n} = (-3, 2)$. Die Gleichung der Geraden, die durch $(1, 2)$ geht und senkrecht auf $(-3, 2)$ steht, hat die Form:

   $$2(y - 2) - 3(x - 1) = 0 \text{ bzw. } (-3)x + 2y - 1 = 0$$

   Die völlig analoge Beschreibung einer Ebene ist im $\mathbf{R}^3$ möglich.

6. Beschreibe die Ebene im $\mathbf{R}^3$ durch einen Punkt und einen Normalenvektor (Hessesche Normalform).

   Sei $\vec{p} = (p_1, p_2, p_3) \in \mathbf{R}^3$ und $\vec{n} = (n_1, n_2, n_3) \in \mathbf{R}^3$.

   Dann betrachte die Menge aller $(x, y, z) \in \mathbf{R}^3$, für die gilt: $(x, y, z) - \vec{p} \perp \vec{n}$.
   Es ist

   $$\{(x, y, z) \in \mathbf{R}^3 \mid (x, y, z) - \vec{p} \perp \vec{n}\} =$$
   $$= \{(x, y, z) \in \mathbf{R}^3 \mid n_1 \cdot (x - p_1) + n_2 \cdot (y - p_2) + n_3 \cdot (z - p_3) = 0\} =$$
   $$= \{(x, y, z) \in \mathbf{R}^3 \mid n_1 \cdot x + n_2 \cdot y + n_3 \cdot z - n_1 \cdot p_1 - n_2 \cdot p_2 - n_3 \cdot p_3 = 0\}.$$

   Das ist die Hessesche Normalform der Ebene.

   Beispiel:
   Sei $\vec{p} = (1, 2, -1)$, $\vec{n} = (2, 3, 4)$

Die Gleichung der Ebene, die durch (1, 2, –1) geht und senkrecht auf (2, 3, 4) steht, hat die Form:

$$2(x-1) + 3(y-2) + 4(z+1) = 0 \text{ bzw. } 2x + 3y + 4z - 4 = 0$$
$$\text{bzw. } 2x + 3y + 4z = 4$$

Die Thematik dieses Kapitels, nämlich das Rechnen in Vektorräumen mit dem Ziel, geometrische Beziehungen zu untersuchen und sich mit Winkeln, Abständen, Senkrechten und vielen anderen Begriffen aus diesem Bereich zu beschäftigen, ist ein eigenes, hochinteressantes Teilgebiet der Mathematik. Eine grundlegende Definition, die Sie jetzt schon gut verstehen können, gebe ich Ihnen hier zum späteren Gebrauch.

11.5 Normierte Vektorräume

Definition:

Es sei V ein Vektorraum über dem Körper **R** der reellen Zahlen. Weiter sei auf V eine Funktion $\| \; \| : V \rightarrow \mathbf{R}$ gegeben, die die folgenden Eigenschaften erfüllt:

(i) Für alle $\vec{v} \in V$ gelte: $\|\vec{v}\| \geq 0$
(ii) Weiter ist $\|\vec{v}\| = 0 \leftrightarrow \vec{v} = \vec{0}$
(iii) Für alle $r \in \mathbf{R}$ und alle $\vec{v} \in V$ gelte: $\|r \cdot \vec{v}\| = |r| \cdot \|\vec{v}\|$
(iv) Für alle $\vec{v}$ und $\vec{w} \in V$ gilt die Dreiecksungleichung:

$$\|\vec{v} + \vec{w}\| \leq \|\vec{v}\| + \|\vec{w}\|$$

Dann heißt $\| \; \|$ eine *Norm* oder *Abstandsfunktion* auf V, V heißt ein *normierter Vektorraum.*

Satz 11.8
$\mathbf{R}^n$ ist mit der Abbildung:

$$\|(v_1, \ldots, v_n)\| = \sqrt{\sum_{i=1}^{n} v_i^2}$$

ein normierter Vektorraum.

Beweis:
Die Eigenschaften (i) bis (iii) folgen unmittelbar aus der Definition. Für die Eigenschaft (iv) müssen wir uns ein wenig mehr anstrengen. Man beweist diese Eigenschaft mit Hilfe der sogenannten Cauchy-Schwarzschen Ungleichung, die aber erst ich im Kapitel 19 für beliebige Skalarprodukte beweisen werde.

Übungsaufgaben

1. Aufgabe

a. Zeigen Sie: Die Menge der Polynome vom Grad $\leq$ 3 mit Koeffizienten aus **Q** ist ein Vektorraum über **Q.**
b. Zeigen Sie: Die Menge der Polynome vom Grad $\leq$ 3 mit Koeffizienten aus **R** ist ein Vektorraum über **R.**
c. Sei K ein Körper. Zeigen Sie: Die Menge der Polynome vom Grad $\leq$ 3 mit Koeffizienten aus K ist ein Vektorraum über K.

2. Aufgabe

a. Sei K ein Körper und sei $n \in \mathbf{N}$. Zeigen Sie: Die Menge der Polynome vom Grad $\leq n$ mit Koeffizienten aus K ist ein Vektorraum über K.
b. Sei K ein Körper. Zeigen Sie: Die Menge der Polynome mit Koeffizienten aus K ist ein Vektorraum über K.

3. Aufgabe

Sei $\vec{v} = (1, 2)$.
a. Zeigen Sie: $\vec{v}$ ist linear unabhängig in $\mathbf{R}^2$.
b. Zeigen Sie: $\{ \alpha \bullet \vec{v} \mid \alpha \in \mathbf{R} \}$ ist ein Vektorraum.
c. Geben Sie eine Basis für diesen Vektorraum an.
d. Zeigen Sie: die Dimension dieses Vektorraums ist 1.

4. Aufgabe

Sei $\vec{v} = (1, 2)$ und $\vec{w} = (2, -3)$.
a. Zeigen Sie $\vec{v}$ und $\vec{w}$ sind linear unabhängig in $\mathbf{R}^2$.
b. Zeigen Sie: $\{ \alpha \bullet \vec{v} + \beta \bullet \vec{w} \mid \alpha, \beta \in \mathbf{R} \} = \mathbf{R}^2$.
c. Ist $\{ \vec{v}, \vec{w} \}$ eine Basis für $\mathbf{R}^2$?

5. Aufgabe

Sei $\vec{v} = (1, 3)$ und $\vec{w} = (-7, -21)$.
a. Zeigen Sie: $\vec{v}$ und $\vec{w}$ sind linear abhängig in $\mathbf{R}^2$.
b. Zeigen Sie: $\{ \alpha \bullet \vec{v} + \beta \bullet \vec{w} \mid \alpha, \beta \in \mathbf{R} \}$ ist trotzdem ein Vektorraum in $\mathbf{R}^2$.
c. Geben Sie eine Basis für diesen Vektorraum an.
d. Was ist die Dimension dieses Vektorraums?

6. Aufgabe

Sei $\vec{u} = (-3, 2)$, $\vec{v} = (1, 1)$ und $\vec{w} = (0, -3)$.

a. Zeigen Sie: $\vec{u}$, $\vec{v}$ und $\vec{w}$ sind linear abhängig in $\mathbf{R}^2$.
b. Zeigen Sie: $\{ \alpha \cdot \vec{u} + \beta \cdot \vec{v} + \gamma \cdot \vec{w} \mid \alpha, \beta, \gamma \in \mathbf{R} \}$ ist trotzdem ein Vektorraum in $\mathbf{R}^2$.
c. Geben Sie eine Basis für diesen Vektorraum an.
d. Was ist die Dimension dieses Vektorraums?

7. Aufgabe

Sei $\vec{v} = (1, 2, 3)$.

a. Zeigen Sie: $\vec{v}$ ist linear unabhängig in $\mathbf{R}^3$.
b. Zeigen Sie: $\{ \alpha \cdot \vec{v} \mid \alpha \in \mathbf{R} \}$ ist ein Vektorraum.
c. Geben Sie eine Basis für diesen Vektorraum an.
d. Zeigen Sie: die Dimension dieses Vektorraums ist 1.

8. Aufgabe

Sei $\vec{v} = (1, 2, 3)$ und $\vec{w} = (-3, 2, -3)$.

a. Zeigen Sie $\vec{v}$ und $\vec{w}$ sind linear unabhängig in $\mathbf{R}^3$.
b. Zeigen Sie: $\{ \alpha \cdot \vec{v} + \beta \cdot \vec{w} \mid \alpha, \beta \in \mathbf{R} \}$ ist ein Vektorraum.
c. Geben Sie eine Basis für diesen Vektorraum an.
d. Zeigen Sie: die Dimension dieses Vektorraums ist 2.

9. Aufgabe

Sei $\vec{u} = (2, 1, -3)$, $\vec{v} = (1, 2, 3)$ und $\vec{w} = (-3, 2, -3)$.

a. Zeigen Sie $\vec{u}$, $\vec{v}$ und $\vec{w}$ sind linear unabhängig in $\mathbf{R}^3$.
b. Zeigen Sie: $\{ \alpha \cdot \vec{u} + \beta \cdot \vec{v} + \gamma \cdot \vec{w} \mid \alpha, \beta, \gamma \in \mathbf{R} \} = \mathbf{R}^3$.
c. Ist $\{ \vec{u}, \vec{v}, \vec{w} \}$ eine Basis für $\mathbf{R}^3$?

10. Aufgabe

Sei $\vec{u} = (1, 2, 3)$, $\vec{v} = (-3, -6, -9)$ und $\vec{w} = (7, 14, 21)$.

a. Zeigen Sie $\vec{u}$, $\vec{v}$ und $\vec{w}$ sind linear abhängig in $\mathbf{R}^3$.
b. Zeigen Sie: $\{ \alpha \cdot \vec{u} + \beta \cdot \vec{v} + \gamma \cdot \vec{w} \mid \alpha, \beta, \gamma \in \mathbf{R} \}$ ist trotzdem ein Vektorraum in $\mathbf{R}^3$.
c. Geben Sie eine Basis für diesen Vektorraum an.
d. Was ist die Dimension dieses Vektorraums?

11. Aufgabe

Sei $\vec{u} = (2, 1, -3)$, $\vec{v} = (1, 2, 3)$ und $\vec{w} = (4, 5, 3)$.

a. Zeigen Sie $\vec{u}$, $\vec{v}$ und $\vec{w}$ sind linear abhängig in $\mathbf{R}^3$.
b. Zeigen Sie: $\{ \alpha \bullet \vec{u} + \beta \bullet \vec{v} + \gamma \bullet \vec{w} \mid \alpha, \beta, \gamma \in \mathbf{R} \}$ ist trotzdem ein Vektorraum in $\mathbf{R}^3$.
c. Geben Sie eine Basis für diesen Vektorraum an.
d. Was ist die Dimension dieses Vektorraums?

12. Aufgabe

Sei $\vec{u} = (2, 1, -3)$, $\vec{v} = (1, 2, 3)$, $\vec{w} = (-3, 2, -3)$ und $\vec{x} = (3, 2, 1)$.

a. Zeigen Sie: $\vec{u}$, $\vec{v}$, $\vec{w}$ und $\vec{x}$ sind linear abhängig in $\mathbf{R}^3$.
b. Zeigen Sie: $\{ \alpha \bullet \vec{u} + \beta \bullet \vec{v} + \gamma \bullet \vec{w} + \delta \bullet \vec{x} \mid \alpha, \beta, \gamma, \delta \in \mathbf{R} \}$ ist trotzdem ein Vektorraum in $\mathbf{R}^3$.
c. Geben Sie eine Basis für diesen Vektorraum an.
d. Was ist die Dimension dieses Vektorraums?

13. Aufgabe

Man will die Breite eines Flusses messen. Dazu wird ein Punkt C auf der einen Seite des Flusses von 2 verschiedenen Punkten A und B auf der anderen Seite des Flusses angepeilt. Es ergeben sich die folgenden Winkel (im Bogenmaß):

$$\alpha = \frac{\pi}{3}, \ \beta = \frac{\pi}{4}$$

Die Strecke c, die von A nach B geht, hat die Länge 100 m. Wie groß ist die Entfernung zum Punkt C, also wie groß ist die Höhe h des Dreiecks ABC?

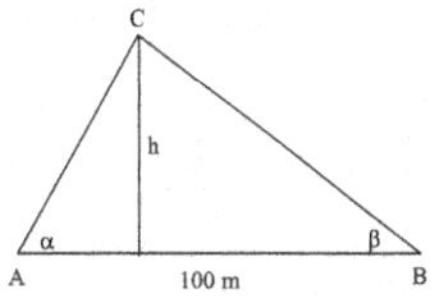

14. Aufgabe

Finden Sie eine Parametrisierung $g(t) = \vec{p} + t \bullet \vec{v}$ für die folgenden Geraden:

a. die Gerade im $\mathbf{R}^2$, die durch die Punkte $\vec{q} = (1, 4)$ und $\vec{r} = (-3, -8)$ geht.
b. die Gerade im $\mathbf{R}^3$, die durch die Punkte $\vec{q} = (1, 4, 2)$ und $\vec{r} = (7, 4, 1)$ geht.

15. Aufgabe

Sei $f : \mathbf{R} \to \mathbf{R}$ definiert durch $f(x) = 2 \cdot x + 7$. Der Graph dieser Funktion ist eine Gerade. Parametrisieren Sie diese Gerade jeweils so durch eine Kurve $c : \mathbf{R} \to \mathbf{R}^2$ mit $c(t) = \vec{p} + t \bullet \vec{v}$, dass

a. man zum Zeitpunkt $t = 0$ auf dieser Gerade im Punkte (1, 9) startet und sich auf dieser Geraden mit gleichförmiger Geschwindigkeit in die Richtung der positiven x-Werte bewegt.
b. man zum Zeitpunkt $t = 0$ auf dieser Gerade im Punkte (0, 7) startet und sich auf dieser Geraden mit gleichförmiger Geschwindigkeit in die Richtung der positiven x-Werte bewegt. Zum Zeitpunkt $t = 300$ soll man im Punkte (4, 15) sein.
c. man zum Zeitpunkt $t = 0$ auf dieser Gerade im Punkte (– 1, 5) startet und zum Zeitpunkt $t = 10$ im Punkte (4,15) ist. Jetzt soll aber der Abstand vom Punkte (– 1, 5) quadratisch wachsen.
d. man zum Zeitpunkt $t = 0$ auf dieser Gerade im Punkte (1, 9) startet und immer zwischen den Punkten (– 1, 5) und (3, 13) hin- und hergeht.

16. Aufgabe

Sei $c : \mathbf{R} \to \mathbf{R}^2$ definiert durch $c(t) = (\sin(t), \cos(t))$
a. Zeichnen Sie ein Bild der Kurve, die durch c parametrisiert wird.
b. Warum gibt es keine Möglichkeit, so eine Kurve als Graphen einer Funktion darzustellen?

17. Aufgabe

Berechnen Sie den Kosinus des Winkels zwischen den folgenden Vektoren $\vec{v}$ und $\vec{w}$
a. $\vec{v} = (1, 0),\ \vec{w} = (0, 1)$
b. $\vec{v} = (2, 1),\ \vec{w} = (-1, 4)$
c. $\vec{v} = (1, 1, 2),\ \vec{w} = (-2, 3, -1)$

18. Aufgabe

a. Sei $g(t) = (2, 1) + t \cdot (4, 3)$. Berechnen Sie den Abstand des Punktes $\vec{q} = (5, 2)$ von g. Machen Sie eine Zeichnung.
b. Sei $g(t) = (2, 1, -1) + t \cdot (-2, 1, 2)$. Berechnen Sie den Abstand des Punktes $\vec{q} = (-3, 2, 7)$ von g.

19. Aufgabe

Untersuchen Sie die folgenden Geradenpaare. Entscheiden Sie jeweils, ob die beiden Geraden g und h windschief oder parallel sind oder sich schneiden. Falls die Geraden parallel sind, berechnen Sie den Abstand, falls sich die Geraden schneiden, berechnen Sie den Schnittpunkt.
a. $g(t) = (7,3,-1) + t \cdot (3,-1,-2)$, $h(t) = (-1,0,2) + t \cdot (-12,4,8)$
b. $g(t) = (-1,0,1) + t \cdot (1,3,-2)$, $h(t) = (11,-4,-13) + t \cdot (2,1,1)$
c. $g(t) = (10,-3,-7) + t \cdot (3,-1,-2)$, $h(t) = (-9,-5,-6) + t \cdot (2,1,1)$

Lineare Gleichungen, Matrizen und Determinanten, Lineare Abbildungen

12

Matrizen sind die »hauseigenen«, die linearen Abbildungen in Vektorräumen bzw. zwischen Vektorräumen. Sie stehen in unmittelbarer Beziehung zu linearen Gleichungen, die einerseits Matrizen in abgewandelter Form darstellen und andererseits der Schlüssel sind zur Bestimmung des Charakters dieser Abbildungen. Mit ihnen und den daraus hervorgehenden Determinanten wird insbesondere ermittelt, ob Matrizen bijektive Abbildungen darstellen. Durch Gleichungen und Matrizen lassen sich auch Geraden und Ebenen, allgemein: Teilräume von Vektorräumen charakterisieren. Das ist ein Aspekt, den wir schon im vergangenen Kapitel kurz behandelt haben und dessen Verständnis wir hier weiter vorbereiten.

Wir beginnen mit linearen Gleichungen.

12.1 Der 1-dimensionale Fall: Eine Gleichung mit einer Unbekannten

Seien a und b $\in \mathbf{R}$ bekannt, gesucht sei $x \in \mathbf{R}$ so, dass gilt: $a \cdot x = b$.
Bei der Beantwortung dieser Frage müssen wir 2 Fälle unterscheiden:
(i) $a \neq 0$: Dann ist die Gleichung eindeutig lösbar. Die Lösung heißt: $x = \frac{b}{a}$
(ii) $a = 0$: Dann gilt:

1. Wenn $b \neq 0$ ist, hat die Gleichung überhaupt keine Lösung
2. Wenn $b = 0$ ist, hat die Gleichung unendlich viele Lösungen.

Beispiele:

1. $3 \cdot x = 5$ hat genau eine Lösung: $x = \frac{5}{3}$
2. $0 \cdot x = 6$ hat überhaupt keine Lösung
3. $0 \cdot x = 0$ hat unendlich viele Lösungen: Die Gleichung ist wahr für jedes $x \in \mathbf{R}$

Das sind genau die 3 Fälle, auf die wir auch im Falle von größeren Gleichungssystemen immer wieder stoßen werden:

1. eine eindeutig bestimmte Lösung
2. überhaupt keine Lösung
3. unendlich viele Lösungen

Ehe wir im Folgenden die Fälle von 2 Gleichungen mit 2 Unbekannten, von 3 Gleichungen mit 3 Unbekannten und dann von n Gleichungen mit n Unbekannten besprechen, möchte ich etwas zu der Methode sagen, mit der wir diese Gleichungen lösen werden:

12.2 Das Gaußsche Eliminationsverfahren

Es sei

$$\begin{array}{l} a_{11} \cdot x_1 + a_{12} \cdot x_2 + \ldots + a_{1n} \cdot x_n = b_1 \\ a_{21} \cdot x_1 + a_{22} \cdot x_2 + \ldots + a_{2n} \cdot x_n = b_2 \\ \quad \vdots \qquad \vdots \qquad\quad \vdots \quad \vdots \\ a_{n1} \cdot x_1 + a_{n2} \cdot x_2 + \ldots + a_{nn} \cdot x_n = b_n \end{array}$$

ein quadratisches System von n Gleichungen mit n Unbekannten. Durch Addition geeigneter Vielfacher einer Gleichung zu den übrigen Gleichungen und eventueller Umordnung der Gleichungen versucht man nun dieses System in ein System der Gestalt:

$$\begin{array}{rcl} c_{11} \cdot x_1 + c_{12} \cdot x_2 + \ldots + c_{1n} \cdot x_n & = & d_1 \\ c_{22} \cdot x_2 + \ldots + c_{2n} \cdot x_n & = & d_2 \\ \vdots \quad \vdots & & \\ c_{nn} \cdot x_n & = & d_n \end{array}$$

zu überführen.

Vorausgesetzt, für alle $i \in \{1,\ldots., n\}$ gilt: $c_{ii} \neq 0$. Dann können – ausgehend von der letzten Gleichung – nacheinander alle x_i eindeutig bestimmt werden: zuerst x_n, dann x_{n-1}, dann x_{n-2} usw. bis x_1.

Falls für ein $i \in \{1,\ldots., n\}$ gilt: $c_{ii} = 0$, ist das Gleichungssystem nicht mehr eindeutig lösbar. Man erhält in solchen Fällen bei einer maximal durchgeführten Diagonalisierung mindestens 1 Zeile in dem Gleichungssystem, bei dem der Ausdruck links vom Gleichheitszeichen $= 0$ wird. Falls dann auch stets $d_i = 0$ ist, gibt es unendlich viele Lösungen für das Gleichungssystem. Man hat dann bei der Lösungsmenge des Systems gerade so viele Freiheitsgrade, wie die Zeile $0 = 0$ auftritt.

Falls aber in so einem Falle einmal $d_i \neq 0$ ist, gibt es überhaupt keine Lösungen für das Gleichungssystem.

Dieses Verfahren heißt Diagonalisierung oder das Gaußsche Eliminationsverfahren.

12.3 Der 2-dimensionale Fall: 2 Gleichungen mit 2 Unbekannten

Betrachten Sie zunächst einige *Beispiele:*

1. (i) $4 \cdot x_1 + 2 \cdot x_2 = 18$
   (ii) $-3 \cdot x_1 + 1 \cdot x_2 = -1$

   verwandeln wir in

   (i) $4 \cdot x_1 + 2 \cdot x_2 = 18$
   $3 \cdot$ (i) $+ 4 \cdot$ (ii) $10 \cdot x_2 = 50$

   und erhalten: $x_2 = 5 , x_1 = \dfrac{18 - 10}{4} = 2$

2. (i) $3 \cdot x_1 + 9 \cdot x_2 = b_1$
   (ii) $8 \cdot x_1 + 24 \cdot x_2 = b_2$

   verwandeln wir in

   (i) $3 \cdot x_1 + 9 \cdot x_2 = b_1$
   $8 \cdot$ (i) $- 3 \cdot$ (ii) $0 = 8b_1 - 3b_2$

   Also ist dieses Gleichungssystem genau dann lösbar, wenn $8b_1 - 3b_2 = 0$ ist. Dann gilt:
   Alle Tupel $(x_1, x_2) \in \{ (-3 \cdot x + b_1/3 , x) \mid x \in \mathbf{R} \}$ sind Lösungen.
   Also hat z.B.

   (i) $3 \cdot x_1 + 9 \cdot x_2 = -5$
   (ii) $8 \cdot x_1 + 24 \cdot x_2 = -16$

   überhaupt keine Lösung, da $0 = 8$ für keine Einsetzung für x_1 und x_2 richtig wird, dagegen wird

   (i) $3 \cdot x_1 + 9 \cdot x_2 = -6$
   (ii) $8 \cdot x_1 + 24 \cdot x_2 = -16$

   von allen Paaren aus $\{ (-3 \cdot x - 2 , x) \mid x \in \mathbf{R} \}$ gelöst.
   Probieren Sie's aus für $x = 0$ (entspricht $(x_1, x_2) = (-2 , 0)$)
   $x = 1$ (entspricht $(x_1, x_2) = (-5 , 1)$)
   $x = 2$ (entspricht $(x_1, x_2) = (-8 , 2)$) usw.

Die Frage, die ich jetzt mit Ihnen untersuchen möchte, ist:
Wie kann ich dem ursprünglichen Gleichungssystem ansehen, ob es eindeutig lösbar ist? Gibt es eine Formel, bestehend aus den Koeffizienten dieses Gleichungssystems, die mir das angibt?

Sei dazu gegeben:

(i) $a_{11} \cdot x_1 + a_{12} \cdot x_2 = b_1$
(ii) $a_{21} \cdot x_1 + a_{22} \cdot x_2 = b_2$

Ich forme um:

(i)	$a_{11} \cdot x_1 + a_{12} \cdot x_2 = b_1$
$(i) \cdot (-a_{21}) + (ii) \cdot a_{11}$	$(a_{11} \cdot a_{22} - a_{12} \cdot a_{21}) \cdot x_2 = a_{11} \cdot b_2 - a_{21} \cdot b_1$

und wir erhalten als Resultat:

> Satz 12.1
> Hinreichend und notwendig für die eindeutige Lösbarkeit des Gleichungssystems
>
> (i) $a_{11} \cdot x_1 + a_{12} \cdot x_2 = b_1$
> (ii) $a_{21} \cdot x_1 + a_{22} \cdot x_2 = b_2$
>
> ist die Bedingung $a_{11} \cdot a_{22} - a_{12} \cdot a_{21} \neq 0$.

Beachten Sie dabei, dass aus der Bedingung, dass $a_{11} \cdot a_{22} - a_{12} \cdot a_{21} \neq 0$ ist, folgt, dass a_{11} und a_{12} nicht beide gleichzeitig Null sein können.
Weil diese Größen so wichtig sind, gibt man ihr eigene Namen:

Definition:

1. Eine Ansammlung von Zahlen in n Zeilen und m Spalten heißt eine (n x m)-*Matrix*.
   Es ist also z.B.
   $$\begin{pmatrix} a_{11} & a_{12} \\ a_{21} & a_{22} \end{pmatrix}$$
   eine (2 x 2)-Matrix
2. Sei A eine (2 x 2)-Matrix.
   $$A = \begin{pmatrix} a_{11} & a_{12} \\ a_{21} & a_{22} \end{pmatrix}$$
   Dann heißt die Zahl $a_{11} \cdot a_{22} - a_{12} \cdot a_{21}$ die *Determinante* von A.
   Man schreibt :
   $\det A = a_{11} \cdot a_{22} - a_{12} \cdot a_{21}$

Und wir haben gezeigt:

> Satz 12.2
>
> Sei $A = \begin{pmatrix} a_{11} & a_{12} \\ a_{21} & a_{22} \end{pmatrix}$
>
> Hinreichend und notwendig für die eindeutige Lösbarkeit des Gleichungssystems
>
> (i) $a_{11} \cdot x_1 + a_{12} \cdot x_2 = b_1$
> (ii) $a_{21} \cdot x_1 + a_{22} \cdot x_2 = b_2$
>
> ist die Bedingung $\det A \neq 0$

Man kann sogar mit Hilfe der Determinante eine allgemeine Formel für die Lösung solch eines Gleichungssystems angeben:

Aus

(i) $a_{11} \cdot x_1 + a_{12} \cdot x_2 = b_1$
(ii) $a_{21} \cdot x_1 + a_{22} \cdot x_2 = b_2$

bzw.

(i) $a_{11} \cdot x_1 + a_{12} \cdot x_2 = b_1$
(i) $\cdot (-a_{21})$ + (ii) $\cdot a_{11}$ $(a_{11} \cdot a_{22} - a_{12} \cdot a_{21}) \cdot x_2 = a_{11} \cdot b_2 - a_{21} \cdot b_1$

bzw.

(i) $a_{11} \cdot x_1 + a_{12} \cdot x_2 = b_1$
(ii) $\det(A) \cdot x_2 = a_{11} \cdot b_2 - a_{21} \cdot b_1$

folgt doch:

$$x_2 = \frac{a_{11} \cdot b_2 - a_{21} \cdot b_1}{\det(A)} \quad \text{und}$$

$$x_1 = \frac{b_1}{a_{11}} - \frac{a_{12}(a_{11} \cdot b_2 - a_{21} \cdot b_1)}{a_{11} \cdot \det(A)} =$$

$$= \frac{a_{11} \cdot a_{22} \cdot b_1 - a_{12} \cdot a_{21} \cdot b_1 - a_{12} \cdot a_{11} \cdot b_2 + a_{12} \cdot a_{21} \cdot b_1}{a_{11} \cdot \det(A)} =$$

$$= \frac{a_{11} \cdot a_{22} \cdot b_1 - a_{12} \cdot a_{11} \cdot b_2}{a_{11} \cdot \det(A)} = \frac{a_{22} \cdot b_1 - a_{12} b_2}{\det(A)}$$

(Wir haben bei dieser Rechnung stillschweigend vorausgesetzt, dass $a_{11} \neq 0$ ist, aber das Ergebnis ist auch korrekt, wenn $a_{11} = 0$ ist)

Diese Ergebnisse kann man eleganter mit den Determinanten geeigneter Matrizen formulieren. Man erhält die Kramersche Regel:

Satz 12.3 (Kramersche Regel)

Gegeben seien zwei Gleichungen mit zwei Unbekannten:

(i) $a_{11} \cdot x_1 + a_{12} \cdot x_2 = b_1$

(ii) $a_{21} \cdot x_1 + a_{22} \cdot x_2 = b_2$

Sei A die (2 x 2)-Matrix der Koeffizienten auf der linken Seite, sei A_1 die (2 x 2)-Matrix, die man aus A erhält, wenn man die 1. Spalte durch $\begin{pmatrix} b_1 \\ b_2 \end{pmatrix}$ ersetzt, sei A_2 die (2 x 2)-Matrix, die man aus A erhält, wenn man die 2. Spalte durch $\begin{pmatrix} b_1 \\ b_2 \end{pmatrix}$ ersetzt:

$$A = \begin{pmatrix} a_{11} & a_{12} \\ a_{21} & a_{22} \end{pmatrix}, \; A_1 = \begin{pmatrix} b_1 & a_{12} \\ b_2 & a_{22} \end{pmatrix} \; A_2 = \begin{pmatrix} a_{11} & b_1 \\ a_{21} & b_2 \end{pmatrix}$$

Dann gilt: Falls $\det(A) \neq 0$ ist, so sind diese Gleichungen eindeutig lösbar. Dann ist:

$$x_1 = \det A_1 / \det A, \; x_2 = \det A_2 / \det A.$$

Warnung: Wir werden diese Regel auch in höheren Dimensionen, d.h. für n Gleichungen mit n Unbekannten formulieren. Sie ist von großem theoretischen Interesse, hilft Ihnen aber nicht wirklich bei der praktischen Berechnung von Lösungen linearer Gleichungssysteme, da sich die Berechnung von Determinanten im Allgemeinen als sehr aufwendig erweist. Mit Diagonalisierungsmethoden kommen Sie immer schneller zum gewünschten Ergebnis.

Eine weitere Interpretation dieser Dinge hilft uns, sie besser zu verstehen:

12.4 Lineare Abbildungen

Definition:
Eine Abbildung f: $\mathbf{R}^n \to \mathbf{R}^m$ (allgemeiner: zwischen zwei Vektorräumen über demselben Körper) heißt *lineare Abbildung*, wenn die folgenden 2 Bedingungen erfüllt sind :

1. Für alle $\vec{x}$ und $\vec{y} \in \mathbf{R}^n$ gilt : $f(\vec{x}+\vec{y}) = f(\vec{x}) + f(\vec{y})$
2. Für alle $r \in \mathbf{R}$ und alle $\vec{x} \in \mathbf{R}^n$ gilt : $f(r \cdot \vec{x}) = r \cdot f(\vec{x})$

Beispiele für lineare Abbildungen:

1. $f: \mathbf{R} \to \mathbf{R}$ mit $f(x) = 3 \cdot x$
2. Allgemeiner: sei $a \in \mathbf{R}$, dann ist $f: \mathbf{R} \to \mathbf{R}$ mit $f(x) = a \cdot x$ eine lineare Abbildung.

Es gilt sogar: Alle linearen Abbildungen von $\mathbf{R} \to \mathbf{R}$ haben diese Gestalt. Denn:
Wenn $f: R \to R$ linear ist, gilt für alle $x \in R$: $f(x) = f(1 \cdot x) = f(1) \cdot x$

3. $f: \mathbf{R}^2 \to \mathbf{R}^2$ mit $f(x_1,x2) = (3 \cdot x_1 - 2 \cdot x_2, x_1 + 4 \cdot x_2)$.

Das kann man auch noch in einer anderen Anordnung schreiben. Dann sollte es Sie an etwas Altbekanntes erinnern:

$$f\begin{pmatrix} x_1 \\ x_2 \end{pmatrix} = \begin{pmatrix} 3\cdot x_1 - 2\cdot x_2 \\ x_1 + 4\cdot x_2 \end{pmatrix} =: \begin{pmatrix} 3 & -2 \\ 1 & 4 \end{pmatrix} \cdot \begin{pmatrix} x_1 \\ x_2 \end{pmatrix}$$

Allgemein definiert man:

Definition:
Sei m und $n \in \mathbf{N}$, beide > 0. A sei eine (m x n)-Matrix mit

$$A = \begin{pmatrix} a_{11} & \cdots & a_{1n} \\ \cdot & \cdot & \cdot \\ \cdot & \cdot & \cdot \\ a_{m1} & \cdots & a_{mn} \end{pmatrix} \text{ wobei alle } a_{ij} \in \mathbf{R} \text{ sind.}$$

Dann definiert A die folgende lineare Abbildung $f_A: \mathbf{R}^n \to \mathbf{R}^m$

$$f_A(\vec{x}) = f_A((x_1, \ldots, x_n)) = f\begin{pmatrix} x_1 \\ \cdot \\ \cdot \\ x_n \end{pmatrix} =$$

$$= A \cdot \vec{x} = \begin{pmatrix} a_{11} & \cdots & a_{1n} \\ \cdot & \cdot & \cdot \\ \cdot & \cdot & \cdot \\ a_{m1} & \cdots & a_{mn} \end{pmatrix} \cdot \begin{pmatrix} x_1 \\ \cdot \\ \cdot \\ x_n \end{pmatrix} = \begin{pmatrix} a_{11}\cdot x_1 + \ldots + a_{1n}\cdot x_n \\ \cdot \\ \cdot \\ a_{m1}\cdot x_1 + \ldots + a_{mn}\cdot x_n \end{pmatrix}$$

Ich habe in der Definition stillschweigend vorausgesetzt, dass es klar ist, dass eine derartige Zuordnungsvorschrift eine lineare Abbildung definiert, aber in Wirklichkeit muss man das natürlich noch überprüfen. Aber das ist eine leichte Rechnung.

Ein weiteres Beispiel :

4. $f : \mathbf{R}^3 \to \mathbf{R}^2$ mit $f(x_1, x_2, x_3) = (2 \cdot x_1 - x_2 + 3 \cdot x_3, -5 \cdot x_1 + 4 \cdot x_2 + 2 \cdot x_3)$.

oder – anders geschrieben – :

$$f\begin{pmatrix} x_1 \\ x_2 \\ x_3 \end{pmatrix} = \begin{pmatrix} 2 \cdot x_1 & - & x_2 & + & 3 \cdot x_3 \\ -5 \cdot x_1 & + & 4 \cdot x_2 & + & 2 \cdot x_3 \end{pmatrix} = \begin{pmatrix} 2 & -1 & 3 \\ -5 & 4 & 2 \end{pmatrix} \cdot \begin{pmatrix} x_1 \\ x_2 \\ x_3 \end{pmatrix}$$

Sie können solche Matrixausdrücke immer so berechnen, dass Sie den Spaltenvektor, der abgebildet werden soll, »kippen« und nacheinander erst auf die 1. Zeile der Matrix, dann auf die 2. Zeile der Matrix usw. legen und die Zahlen die übereinanderliegen, miteinander multiplizieren und die Produkte addieren. Vektor auf erste Zeile der Matrix ergibt die erste Bildkomponente, Vektor auf zweite Zeile der Matrix ergibt die zweite Bildkomponente, Vektor auf dritte Zeile der Matrix ergibt die dritte Bildkomponente usw.

Wir können jetzt Satz 12.1, den wir in Satz 12.2 umformuliert haben, noch ein drittes Mal aufschreiben:

Satz 12.4

Sei $A = \begin{pmatrix} a_{11} & a_{12} \\ a_{21} & a_{22} \end{pmatrix}$. Dann ist das Gleichungssystem

$$\begin{array}{ll} \text{(i)} & a_{11} \cdot x_1 + a_{12} \cdot x_2 = b_1 \\ \text{(ii)} & a_{21} \cdot x_1 + a_{22} \cdot x_2 = b_2 \end{array}$$

genau dann für jedes $\vec{b} = (b_1, b_2) \in \mathbf{R}^2$ eindeutig lösbar, wenn gilt:
Für alle $\vec{b} \in \mathbf{R}^2$ gibt es genau ein $\vec{x} \in \mathbf{R}^2$ so, dass $A \cdot \vec{x} = \vec{b}$.

Das ist gleichbedeutend mit der Bedingung:
$A : \mathbf{R}^2 \to \mathbf{R}^2$ ist injektiv und surjektiv, also bijektiv

Und das wiederum ist gleichbedeutend mit der Bedingung: $\det A \neq 0$

12.5 Rechnen mit Matrizen

Wir haben gesehen, wie man mit Hilfe von Matrizen lineare Abbildungen erhält. Man kann sich natürlich auch umgekehrt fragen: Gegeben eine lineare Abbildung. Wie finde ich die zugehörige Matrix? Wir werden den entsprechenden Satz nur für den $\mathbf{R}^n$ formulieren, aber er ist ganz leicht auf beliebige (endlich dimensionale) Vektorräume, bei denen man sich vorher auf eine Basis festgelegt hat, verallgemeinerbar.

Es gilt:

> Satz 12.5
> Sei $\alpha : \mathbf{R}^n \longrightarrow \mathbf{R}^m$ eine lineare Abbildung. Dann ist
>
> $$A = \left(\alpha(\vec{e}_1) \quad \ldots \quad \alpha(\vec{e}_n)\right)$$
>
> (Bitte stellen Sie sich die Bildvektoren spaltenweise in die Matrix hineingeschrieben vor)
>
> die zugehörige Matrix.

Wir werden jetzt Matrizen addieren, subtrahieren und multiplizieren, genau wie reelle Zahlen. Dazu definieren wir:

Definition:
Sei m und n $\in \mathbf{N}$, beide > 0. A und B seien eine (m x n)-Matrizen mit

$$A = \begin{pmatrix} a_{11} & \ldots & a_{1n} \\ \cdot & \cdot & \cdot \\ \cdot & \cdot & \cdot \\ a_{m1} & \ldots & a_{mn} \end{pmatrix} = \left(a_{ij}\right)_{\substack{1 \le i \le m \\ 1 \le j \le n}} \quad \text{und}$$

$$B = \begin{pmatrix} b_{11} & \ldots & b_{1n} \\ \cdot & \cdot & \cdot \\ \cdot & \cdot & \cdot \\ b_{m1} & \ldots & b_{mn} \end{pmatrix} = \left(b_{ij}\right)_{\substack{1 \le i \le m \\ 1 \le j \le n}}$$

Dann definiert man:

$$A + B = \begin{pmatrix} a_{11} + b_{11} & \ldots & a_{1n} + b_{1n} \\ \cdot & \cdot & \cdot \\ \cdot & \cdot & \cdot \\ a_{m1} + b_{m1} & \ldots & a_{mn} + b_{mn} \end{pmatrix} = \left(a_{ij} + b_{ij}\right)_{\substack{1 \le i \le m \\ 1 \le j \le n}}$$

$$-A = \begin{pmatrix} -a_{11} & \ldots & -a_{1n} \\ \cdot & \cdot & \cdot \\ \cdot & \cdot & \cdot \\ -a_{m1} & \ldots & -a_{mn} \end{pmatrix} = \left(-a_{ij}\right)_{\substack{1 \le i \le m \\ 1 \le j \le n}}$$

(Bitte beachten Sie die abkürzenden Schreibweisen für eine Matrix, die uns gleich noch sehr nützlich sein werden).

Satz 12.6
Seien $\alpha : \mathbf{R}^n \dashrightarrow \mathbf{R}^m$ und $\beta : \mathbf{R}^n \dashrightarrow \mathbf{R}^m$ lineare Abbildungen mit den Matrizen A und B. Dann ist auch $\alpha + \beta : \mathbf{R}^n \dashrightarrow \mathbf{R}^m$ mit $(\alpha + \beta)(\vec{v}) := \alpha(\vec{v}) + \beta(\vec{v})$ eine lineare Abbildung.
Ihr entspricht die Matrix A + B.

Beweis:

Es ist

$$\begin{aligned}(\alpha + \beta)(\vec{v} + \vec{w}) &= \alpha(\vec{v} + \vec{w}) + \beta(\vec{v} + \vec{w}) \\ &= \alpha(\vec{v}) + \alpha(\vec{w}) + \beta(\vec{v}) + \beta(\vec{w}) = \\ &= \alpha(\vec{v}) + \beta(\vec{v}) + \alpha(\vec{w}) + \beta(\vec{w}) \\ &= (\alpha + \beta)(\vec{v}) + (\alpha + \beta)(\vec{w})\end{aligned}$$

und

$$\begin{aligned}(\alpha + \beta)(r \bullet \vec{v}) &= \alpha(r \bullet \vec{v}) + \beta(r \bullet \vec{v}) = r \bullet \alpha(\vec{v}) + r \bullet \beta(\vec{v}) = \\ &= r \bullet (\alpha(\vec{v}) + \beta(\vec{v})) = r \bullet (\alpha + \beta)(\vec{v})\end{aligned}$$

Der Rest des Satzes folgt sofort.

Etwas Analoges gilt für die Multiplikation von Matrizen und die Hintereinanderschaltung von linearen Abbildungen.

Definition:
Sei m, n und k $\in \mathbf{N}$, alle > 0. A sei eine (m x n)-Matrix und B seien eine (n x k)-Matrix. Es gelte:

$$A = \begin{pmatrix} a_{11} & \dots & a_{1n} \\ . & . & . \\ . & . & . \\ a_{m1} & \dots & a_{mn} \end{pmatrix} = \left(a_{ij}\right)_{\substack{1 \le i \le m \\ 1 \le j \le n}} \quad \text{und}$$

$$B = \begin{pmatrix} b_{11} & \dots & b_{1k} \\ . & . & . \\ . & . & . \\ b_{n1} & \dots & b_{nk} \end{pmatrix} = \left(b_{ij}\right)_{\substack{1 \le i \le n \\ 1 \le j \le k}}$$

Dann definiert man:

$$A \bullet B := \left(a_{i1} \cdot b_{1j} + a_{i2} \cdot b_{2j} + \dots + a_{in} \cdot b_{nj}\right)_{\substack{1 \le i \le m \\ 1 \le j \le k}} =$$

$$= \left(\sum_{\lambda=1}^{n} a_{i\cdot\lambda} \cdot b_{\lambda\cdot j}\right)_{\substack{1 \le i \le m \\ 1 \le j \le k}}$$

Diese Multiplikation zweier Matrizen entspricht der Hintereinanderausführung der entsprechenden Abbildungen. Es gilt:

> Satz 12.7
> Seien $\alpha : \mathbf{R}^n \to \mathbf{R}^m$ und $\beta : \mathbf{R}^k \to \mathbf{R}^n$ lineare Abbildungen mit den Matrizen A und B. Dann ist auch $\alpha \circ \beta : \mathbf{R}^k \to \mathbf{R}^m$ mit $(\alpha \circ \beta)(\vec{v}) := \alpha(\beta(\vec{v}))$ eine lineare Abbildung. Ihr entspricht die Matrix $A \bullet B$.

Beweis:

Es ist $(\alpha \circ \beta)(\vec{v} + \vec{w}) = \alpha(\beta(\vec{v} + \vec{w})) = \alpha(\beta(\vec{v}) + \beta(\vec{w})) =$

$$= \alpha(\beta(\vec{v})) + \alpha(\beta(\vec{w})) = (\alpha \circ \beta)(\vec{v}) + (\alpha \circ \beta)(\vec{w})$$

und $(\alpha \circ \beta)(r \bullet \vec{v}) = \alpha(\beta(r \bullet \vec{v})) = \alpha(r \bullet \beta(\vec{v})) = r \bullet (\alpha(\beta(\vec{v}))) = r \bullet (\alpha \circ \beta)(\vec{v})$

Der Rest des Satzes ist eine mühselige Rechnung, auf die ich hier verzichte. Stattdessen sehen wir uns noch einmal den zweidimensionalen Fall an:

Es sei $A = \begin{pmatrix} a_{11} & a_{12} \\ a_{21} & a_{22} \end{pmatrix}$ und $B = \begin{pmatrix} b_{11} & b_{12} \\ b_{21} & b_{22} \end{pmatrix}$

Sei weiterhin $\vec{v} = (v_1, v_2) \in \mathbf{R}^2$ beliebig. Dann ist:

$$B \bullet \vec{v} = \begin{pmatrix} b_{11} & b_{12} \\ b_{21} & b_{22} \end{pmatrix} . \begin{pmatrix} v_1 \\ v_2 \end{pmatrix} = \begin{pmatrix} b_{11} \cdot v_1 + b_{12} \cdot v_2 \\ b_{21} \cdot v_1 + b_{22} \cdot v_2 \end{pmatrix} \quad \text{und}$$

$$A \bullet (B \bullet)\, \vec{v} = \begin{pmatrix} a_{11} & a_{12} \\ a_{21} & a_{22} \end{pmatrix} . \begin{pmatrix} b_{11} \cdot v_1 + b_{12} \cdot v_2 \\ b_{21} \cdot v_1 + b_{22} \cdot v_2 \end{pmatrix} =$$

$$= \begin{pmatrix} a_{11} \cdot (b_{11} \cdot v_1 + b_{12} \cdot v_2) + a_{12} \cdot (b_{21} \cdot v_1 + b_{22} \cdot v_2) \\ a_{21} \cdot (b_{11} \cdot v_1 + b_{12} \cdot v_2) + a_{22} \cdot (b_{21} \cdot v_1 + b_{22} \cdot v_2) \end{pmatrix} =$$

$$= \begin{pmatrix} (a_{11} \cdot b_{11} + a_{12} \cdot b_{21}) \cdot v_1 + (a_{11} \cdot b_{12} + a_{12} \cdot b_{22}) \cdot v_2 \\ (a_{21} \cdot b_{11} + a_{22} \cdot b_{21}) \cdot v_1 + (a_{21} \cdot b_{12} + a_{22} \cdot b_{22}) \cdot v_2 \end{pmatrix} =$$

$$= \begin{pmatrix} a_{11} \cdot b_{11} + a_{12} \cdot b_{21} & a_{11} \cdot b_{12} + a_{12} \cdot b_{22} \\ a_{21} \cdot b_{11} + a_{22} \cdot b_{21} & a_{21} \cdot b_{12} + a_{22} \cdot b_{22} \end{pmatrix} . \begin{pmatrix} v_1 \\ v_2 \end{pmatrix} =$$

$$= (A \bullet B) \bullet \vec{v}$$

Bitte rechnen Sie auch nach, dass für jede beliebige (2 x 2)-Matrix A gilt:

$$\begin{pmatrix} a_{11} & a_{12} \\ a_{21} & a_{22} \end{pmatrix} \bullet \begin{pmatrix} 1 & 0 \\ 0 & 1 \end{pmatrix} = \begin{pmatrix} 1 & 0 \\ 0 & 1 \end{pmatrix} \bullet \begin{pmatrix} a_{11} & a_{12} \\ a_{21} & a_{22} \end{pmatrix} = \begin{pmatrix} a_{11} & a_{12} \\ a_{21} & a_{22} \end{pmatrix}$$

Das heißt: Die Multiplikation der (2 x 2)-Matrizen hat ein neutrales Element. Genauso hat die Multiplikation der (n x n)-Matrizen das neutrale Element

$$\begin{pmatrix} 1 & \dots & 0 \\ . & . & . \\ . & . & . \\ 0 & \dots & 1 \end{pmatrix} = \left(\delta_{ij}\right)_{\substack{1 \leq i \leq n \\ 1 \leq j \leq n}}$$

Beachten sie bitte, dass die Matrizen-Multiplikation im Allgemeinen nicht kommutativ ist.

So ist:

$$\begin{pmatrix} 1 & 3 \\ 2 & 4 \end{pmatrix} \bullet \begin{pmatrix} 5 & 2 \\ 7 & 3 \end{pmatrix} = \begin{pmatrix} 1 \cdot 5 + 3 \cdot 7 & 1 \cdot 2 + 3 \cdot 3 \\ 2 \cdot 5 + 4 \cdot 7 & 2 \cdot 2 + 4 \cdot 3 \end{pmatrix} = \begin{pmatrix} 26 & 11 \\ 38 & 16 \end{pmatrix}$$

Aber:

$$\begin{pmatrix} 5 & 2 \\ 7 & 3 \end{pmatrix} \bullet \begin{pmatrix} 1 & 3 \\ 2 & 4 \end{pmatrix} = \begin{pmatrix} 1 \cdot 5 + 2 \cdot 2 & 3 \cdot 5 + 2 \cdot 4 \\ 7 \cdot 1 + 2 \cdot 3 & 3 \cdot 7 + 4 \cdot 3 \end{pmatrix} = \begin{pmatrix} 9 & 23 \\ 13 & 33 \end{pmatrix}$$

12.6 Der 3-dimensionale Fall: 3 Gleichungen mit 3 Unbekannten

Betrachten Sie wieder zunächst einige *Beispiele*:

1. (i) $-1 \cdot x_1 + 3 \cdot x_2 + 2 \cdot x_3 = -5$
   (ii) $5 \cdot x_1 - 2 \cdot x_2 + 1 \cdot x_3 = 5$
   (iii) $2 \cdot x_1 - 4 \cdot x_2 + 6 \cdot x_3 = -18$

   verwandeln wir in

(i)	$-1 \cdot x_1 + 3 \cdot x_2 + 2 \cdot x_3$	$= -5$	(i)
$5 \cdot$ (i) + (ii)	$13 \cdot x_2 + 11 \cdot x_3$	$= -20$	(ii)
$2 \cdot$ (i) + (iii)	$2 \cdot x_2 + 10 \cdot x_3$	$= -28$	(iii)

   und anschließend in

$$\begin{array}{lrcl}
\text{(i)} & -1\cdot x_1 + 3\cdot x_2 + 2\cdot x_3 & = & -5 \\
\text{(ii)} & 13\cdot x_2 + 11\cdot x_3 & = & -20 \\
13\cdot\text{(iii)} - 2\cdot\text{(ii)} & 108\cdot x_3 & = & -324
\end{array}$$

und erhalten:

$$x_3 = -3,\ x_2 = \frac{-20 + 33}{13} = 1,\ x_1 = 5 + 3 - 6 = 2$$

2.
$$\begin{array}{lrcl}
\text{(i)} & 3\cdot x_1 + 1\cdot x_2 + 2\cdot x_3 & = & b_1 \\
\text{(ii)} & 4\cdot x_1 - 27\cdot x_2 + 16\cdot x_3 & = & b_2 \\
\text{(iii)} & 2\cdot x_1 - 5\cdot x_2 + 4\cdot x_3 & = & b_3
\end{array}$$

verwandeln wir in

$$\begin{array}{lrcll}
\text{(i)} & 3\cdot x_1 + 1\cdot x_2 + 2\cdot x_3 & = & b_1 & \text{(i)} \\
4\cdot\text{(i)} - 3\cdot\text{(ii)} & 85\cdot x_2 - 40\cdot x_3 & = & 4\cdot b_1 - 3\cdot b_2 & \text{(ii)} \\
2\cdot\text{(i)} - 3\cdot\text{(iii)} & 17\cdot x_2 - 8\cdot x_3 & = & 2\cdot b_1 - 3\cdot b_3 & \text{(iii)}
\end{array}$$

und schließlich in

$$\begin{array}{lrcl}
\text{(i)} & 3\cdot x_1 + 1\cdot x_2 + 2\cdot x_3 & = & b_1 \\
\text{(ii)} & 85\cdot x_2 - 40\cdot x_3 & = & 4\cdot b_1 - 3\cdot b_2 \\
-\text{(ii)} + 5\cdot\text{(iii)} & 0 & = & 6\cdot b_1 + 3\cdot b_2 - 15\cdot b_3
\end{array}$$

Also ist dieses Gleichungssystem genau dann lösbar, wenn $6\cdot b_1 + 3\cdot b_2 - 15\cdot b_3 = 0$ ist. In diesem Falle tritt die Zeile 0 = 0 genau einmal auf, ich habe also die Möglichkeit, bei meinen Lösungen eine Variable frei zu wählen.

Wenn ich das z.B. mit x_3 mache, erhalte ich:

$$\begin{array}{lrcl}
\text{(i)} & 3\cdot x_1 + 1\cdot x_2 & = & b_1 - 2\cdot x_3 \\
\text{(ii)} & 85\cdot x_2 & = & 4\cdot b_1 - 3\cdot b_2 + 40\cdot x_3
\end{array}$$

bzw.

$$\text{(i)}\quad x_1 = \frac{b_1 - 2\cdot x_3 - \dfrac{4\cdot b_1 - 3\cdot b_2 + 40\cdot x_3}{85}}{3} =$$

$$= \frac{81\cdot b_1 + 3\cdot b_2 - 210\cdot x_3}{255}$$

$$= \frac{27\cdot b_1 + b_2 - 70\cdot x_3}{85}$$

$$\text{(ii)}\quad x_2 = \frac{4\cdot b_1 - 3\cdot b_2 + 40\cdot x_3}{85}$$

Und es gilt: Falls $6 \cdot b_1 + 3 \cdot b_2 - 15 \cdot b_3 = 0$ ist, sind alle Tupel aus

$$\{ ((27 \cdot b_1 + b_2 - 70 \cdot x)/85 , (4 \cdot b_1 - 3 \cdot b_2 + 40 \cdot x)/85, x) \mid x \in \mathbf{R} \}$$

Lösungen des Gleichungssystems.

Falls andererseits $6 \cdot b_1 + 3 \cdot b_2 - 15 \cdot b_3 \neq 0$ ist, gibt es keine Lösungen.

Also hat z.B.

$$\begin{array}{ll} \text{(i)} & 3 \cdot x_1 + 1 \cdot x_2 + 2 \cdot x_3 = 2 \\ \text{(ii)} & 4 \cdot x_1 - 27 \cdot x_2 + 16 \cdot x_3 = 2 \\ \text{(iii)} & 2 \cdot x_1 - 5 \cdot x_2 + 4 \cdot x_3 = 1 \end{array}$$

überhaupt keine Lösungen, denn dieses System ist gleichbedeutend mit

$$\begin{array}{lr} \text{(i)} & 3 \cdot x_1 + 1 \cdot x_2 + 2 \cdot x_3 = 2 \\ \text{(ii)} & 85 \cdot x_2 - 40 \cdot x_3 = 2 \\ \text{(iii)} & 0 = 3 \end{array}$$

aber

$$\begin{array}{ll} \text{(i)} & 3 \cdot x_1 + 1 \cdot x_2 + 2 \cdot x_3 = 2 \\ \text{(ii)} & 4 \cdot x_1 - 27 \cdot x_2 + 16 \cdot x_3 = 1 \\ \text{(iii)} & 2 \cdot x_1 - 5 \cdot x_2 + 4 \cdot x_3 = 1 \end{array}$$

wird von allen 3-Tupeln

$$\{ ((55 - 70 \cdot x)/85 , (5 + 40 \cdot x)/85, x) \mid x \in \mathbf{R} \} =$$
$$= \{ ((11 - 14 \cdot x)/17 , (1 + 8 \cdot x)/17, x) \mid x \in \mathbf{R} \}$$

gelöst. Beispielsweise

x_1	x_2	x_3
11/17	1/17	0
–3/17	9/17	1
–1	1	2
–31/17	25/17	3
...	...	...

3. $$\begin{array}{ll} \text{(i)} & 3 \cdot x_1 - 1 \cdot x_2 + 2 \cdot x_3 = b_1 \\ \text{(ii)} & -6 \cdot x_1 + 2 \cdot x_2 - 4 \cdot x_3 = b_2 \\ \text{(iii)} & 9 \cdot x_1 - 3 \cdot x_2 + 6 \cdot x_3 = b_3 \end{array}$$

verwandeln wir in

$$\begin{array}{ll}
\text{(i)} & 3 \cdot x_1 - 1 \cdot x_2 + 2 \cdot x_3 = b_1 \\
2 \cdot \text{(i)} + \text{(ii)} & 0 = 2 \cdot b_1 + b_2 \\
3 \cdot \text{(i)} - \text{(iii)} & 0 = 3 \cdot b_1 - b_3
\end{array}$$

Dieses Gleichungssystem ist genau dann lösbar, wenn $2 \cdot b_1 + b_2 = 0$ und $3 \cdot b_1 - b_3 = 0$ ist. In diesem Falle tritt die Zeile 0 = 0 genau zweimal auf, ich habe also die Möglichkeit, bei meinen Lösungen zwei Variable frei zu wählen.

Wenn ich das z.B. mit x_2 und x_3 mache, erhalte ich:

$x_1 = (1/3) \cdot (b_1 + x_2 - 2 \cdot x_3)$

Es gilt also: Falls $2 \cdot b_1 + b_2 = 0$ und $3 \cdot b_1 - b_3 = 0$ ist, sind alle Tupel aus

$$\{ ((1/3) \cdot (b_1 + x_2 - 2 \cdot x_3), x_2, x_3) \mid x_2 \in R , x_3 \in R\}$$

Lösungen.

Falls $2 \cdot b_1 + b_2 \neq 0$ oder $3 \cdot b_1 - b_3 \neq 0$ ist, gibt es keine Lösungen.

Also hat z.B.

$$\begin{array}{ll}
\text{(i)} & 3 \cdot x_1 - 1 \cdot x_2 + 2 \cdot x_3 = 1 \\
\text{(ii)} & -6 \cdot x_1 + 2 \cdot x_2 - 4 \cdot x_3 = -2 \\
\text{(iii)} & 9 \cdot x_1 - 3 \cdot x_2 + 6 \cdot x_3 = -3
\end{array}$$

überhaupt keine Lösungen, denn dieses System ist gleichbedeutend mit

$$\begin{array}{ll}
\text{(i)} & 3 \cdot x_1 - 1 \cdot x_2 + 2 \cdot x_3 = b_1 \\
\text{(ii)} & 0 = 0 \\
\text{(iii)} & 0 = 6
\end{array}$$

aber

$$\begin{array}{ll}
\text{(i)} & 3 \cdot x_1 - 1 \cdot x_2 + 2 \cdot x_3 = 1 \\
\text{(ii)} & -6 \cdot x_1 + 2 \cdot x_2 - 4 \cdot x_3 = -2 \\
\text{(iii)} & 9 \cdot x_1 - 3 \cdot x_2 + 6 \cdot x_3 = 3
\end{array}$$

wird von allen 3-Tupeln

$$\{ ((1 + x_2 - 2 \cdot x_3)/3, x_2, x_3) \mid x_2 \in R , x_3 \in R\}$$

gelöst.

Sie erhalten für verschiedene x_2 - und x_3 - Werte die folgenden Lösungen:

x_1	x_2	x_3
1/3	0	0
2/3	1	0
1	2	0
–1/3	0	1
0	1	1
1/3	2	1
–1	0	2
–2/3	1	2
–1/3	2	2
...	...	...

Jetzt möchte ich wieder die Frage mit Ihnen untersuchen:
Wie kann ich dem ursprünglichen Gleichungssystem ansehen, ob es eindeutig lösbar ist? Gibt es eine Formel, bestehend aus den Koeffizienten dieses Gleichungssystems, die mir das angibt?

Sei

$$
\begin{array}{ll}
\text{(i)} & a_{11} \cdot x_1 + a_{12} \cdot x_2 + a_{13} \cdot x_3 = b_1 \\
\text{(ii)} & a_{21} \cdot x_1 + a_{22} \cdot x_2 + a_{23} \cdot x_3 = b_2 \\
\text{(iii)} & a_{31} \cdot x_1 + a_{32} \cdot x_2 + a_{33} \cdot x_3 = b_3
\end{array}
$$

mein Gleichungssystem. Es sei $a_{11} \neq 0$. (Falls $a_{11} = 0$ ist, muss $a_{21} \neq 0$ oder $a_{31} \neq 0$ sein, sonst ist das Gleichungssystem sicher nicht mehr eindeutig lösbar und ich erhalte meine ursprüngliche Anforderung $a_{11} \neq 0$ durch Vertauschen der beiden Gleichungen).

Ich verwandle es in

$$
\begin{array}{llr}
\text{(i)} & a_{11} \cdot x_1 + a_{12} \cdot x_2 + a_{13} \cdot x_3 = b_1 & \text{(i)} \\
-a_{21} \cdot \text{(i)} + a_{11} \cdot \text{(ii)} & (a_{11} \cdot a_{22} - a_{21} \cdot a_{12}) \cdot x_2 + (a_{11} \cdot a_{23} - a_{21} \cdot a_{13}) \cdot x_3 = a_{11} \cdot b_2 - a_{21} \cdot b_1 & \text{(ii)} \\
-a_{31} \cdot \text{(i)} + a_{11} \cdot \text{(iii)} & (a_{11} \cdot a_{32} - a_{31} \cdot a_{12}) \cdot x_2 + (a_{11} \cdot a_{33} - a_{31} \cdot a_{13}) \cdot x_3 = a_{11} \cdot b_3 - a_{31} \cdot b_1 & \text{(iii)}
\end{array}
$$

Nachdem, was wir uns aber im Falle zweier Gleichungen mit 2 Unbekannten überlegt haben, sind die Gleichungen (ii) und (iii) eindeutig lösbar, genau dann wenn deren Determinante $\neq 0$ ist.

Das ist aber:

$$(a_{11} \cdot a_{22} - a_{12} \cdot a_{21}) \cdot (a_{11} \cdot a_{33} - a_{31} \cdot a_{13}) - (a_{11} \cdot a_{23} - a_{21} \cdot a_{13}) \cdot (a_{11} \cdot a_{32} - a_{12} \cdot a_{31}) =$$

$$a_{11} \cdot a_{11} \cdot a_{22} \cdot a_{33} - a_{11} \cdot a_{22} \cdot a_{31} \cdot a_{13} - a_{12} \cdot a_{21} \cdot a_{11} \cdot a_{33} + a_{12} \cdot a_{21} \cdot a_{31} \cdot a_{13} -$$

$$- a_{11} \cdot a_{23} \cdot a_{11} \cdot a_{32} + a_{11} \cdot a_{23} \cdot a_{12} \cdot a_{31} + a_{21} \cdot a_{13} \cdot a_{11} \cdot a_{32} - a_{21} \cdot a_{13} \cdot a_{12} \cdot a_{31} =$$

$$= a_{11} \cdot (a_{11} \cdot a_{22} \cdot a_{33} + a_{12} \cdot a_{23} \cdot a_{31} + a_{13} \cdot a_{21} \cdot a_{32} - a_{12} \cdot a_{21} \cdot a_{33} - a_{11} \cdot a_{23} \cdot a_{32} - a_{13} \cdot a_{22} \cdot a_{31})$$

Aus der Bedingung, dass

$(a_{11}\cdot a_{22}\cdot a_{33} + a_{12}\cdot a_{23}\cdot a_{31} + a_{13}\cdot a_{21}\cdot a_{32} - a_{12}\cdot a_{21}\cdot a_{33} - a_{11}\cdot a_{23}\cdot a_{32} - a_{13}\cdot a_{22}\cdot a_{31}) \neq 0$ ist,

folgt wieder, dass a_{11}, a_{21} und a_{31} nicht gleichzeitig Null sein können. Wir definieren daher:

Definition:

Sei A eine (3 x 3)-Matrix, $A = \begin{pmatrix} a_{11} & a_{12} & a_{13} \\ a_{21} & a_{22} & a_{23} \\ a_{31} & a_{32} & a_{33} \end{pmatrix}$

Dann heißt die Zahl

$$a_{11}\cdot a_{22}\cdot a_{33} + a_{12}\cdot a_{23}\cdot a_{31} + a_{13}\cdot a_{21}\cdot a_{32} - a_{12}\cdot a_{21}\cdot a_{33} - a_{11}\cdot a_{23}\cdot a_{32} - a_{13}\cdot a_{22}\cdot a_{31}$$

die *Determinante* von A. Man schreibt dafür det(A).

Für die Berechnung dieses Ausdrucks gibt es die folgende Merkregel:

+		+		+				−		−		−
	\		\		\		/		/		/	
		a_{11}		a_{12}		a_{13}		a_{11}		a_{12}		
			\		X		X		/			
		a_{21}		a_{22}		a_{23}		a_{21}		a_{22}		
			/		X		X		\			
		a_{31}		a_{32}		a_{33}		a_{31}		a_{32}		

Wir erhalten wieder insgesamt als Resultat:

Satz 12.8

Sei A eine (3 x 3)-Matrix, $A = \begin{pmatrix} a_{11} & a_{12} & a_{13} \\ a_{21} & a_{22} & a_{23} \\ a_{31} & a_{32} & a_{33} \end{pmatrix}$. Dann ist das Gleichungssystem

(i) $a_{11}\cdot x_1 + a_{12}\cdot x_2 + a_{13}\cdot x_3 = b_1$
(ii) $a_{21}\cdot x_1 + a_{22}\cdot x_2 + a_{23}\cdot x_3 = b_2$
(iii) $a_{31}\cdot x_1 + a_{32}\cdot x_2 + a_{33}\cdot x_3 = b_3$

genau dann für jedes $\vec{b} = (b_1, b_2, b_3) \in \mathbf{R}^3$ eindeutig lösbar, wenn gilt:
Für alle $\vec{b} \in \mathbf{R}^3$ gibt es genau ein $\vec{x} \in \mathbf{R}^3$ so, dass $A\bullet \vec{x} = \vec{b}$ gilt.

Das ist gleichbedeutend mit der Bedingung:
$A : \mathbf{R}^3 \to \mathbf{R}^3$ ist injektiv und surjektiv, also bijektiv
Und das wiederum ist gleichbedeutend mit der Bedingung: det $A \neq 0$

Genau wie im Falle von 2 Unbekannten gilt auch wieder die Kramersche Regel:

Satz 12.9

Gegeben seien drei Gleichungen mit drei Unbekannten:

(i) $a_{11} \cdot x_1 + a_{12} \cdot x_2 + a_{13} \cdot x_3 = b_1$

(ii) $a_{21} \cdot x_1 + a_{22} \cdot x_2 + a_{23} \cdot x_3 = b_2$

(iii) $a_{31} \cdot x_1 + a_{32} \cdot x_2 + a_{33} \cdot x_3 = b_3$

Sei A die (3 x 3)-Matrix der Koeffizienten auf der linken Seite, sei A_1 die (3 x 3)-Matrix, die man aus A erhält, wenn man die 1. Spalte durch

$$\begin{pmatrix} b_1 \\ b_2 \\ b_3 \end{pmatrix}$$

ersetzt, sei A_2 die (3 x 3)- Matrix, die man aus A erhält, wenn man die 2. Spalte durch

$$\begin{pmatrix} b_1 \\ b_2 \\ b_3 \end{pmatrix}$$

ersetzt und sei A_3 schließlich die (3 x 3)- Matrix, die man aus A erhält, wenn man die 3. Spalte durch

$$\begin{pmatrix} b_1 \\ b_2 \\ b_3 \end{pmatrix} \text{ ersetzt:}$$

$$A = \begin{pmatrix} a_{11} & a_{12} & a_{13} \\ a_{21} & a_{22} & a_{23} \\ a_{31} & a_{32} & a_{33} \end{pmatrix}$$

$$A_1 = \begin{pmatrix} b_1 & a_{12} & a_{13} \\ b_2 & a_{22} & a_{23} \\ b_3 & a_{32} & a_{33} \end{pmatrix} \quad A_2 = \begin{pmatrix} a_{11} & b_1 & a_{13} \\ a_{21} & b_2 & a_{23} \\ a_{31} & b_3 & a_{33} \end{pmatrix} \quad A_3 = \begin{pmatrix} a_{11} & a_{12} & b_1 \\ a_{21} & a_{22} & b_2 \\ a_{31} & a_{32} & b_3 \end{pmatrix}$$

Dann gilt : Falls $\det(A) \neq 0$ ist, so sind diese Gleichungen eindeutig lösbar. Es ist dann:

$$x_1 = \det A_1 / \det A, \quad x_2 = \det A_2 / \det A, \quad x_3 = \det A_3 / \det A.$$

Falls das Gleichungssystem nicht eindeutig lösbar ist, haben wir gesehen:

Satz 12.10

Für die Matrix $A = \begin{pmatrix} a_{11} & a_{12} & a_{13} \\ a_{21} & a_{22} & a_{23} \\ a_{31} & a_{32} & a_{33} \end{pmatrix}$ des Gleichungssystems

$$\begin{array}{ll} \text{(i)} & a_{11} \cdot x_1 + a_{12} \cdot x_2 + a_{13} \cdot x_3 = b_1 \\ \text{(ii)} & a_{21} \cdot x_1 + a_{22} \cdot x_2 + a_{23} \cdot x_3 = b_2 \\ \text{(iii)} & a_{31} \cdot x_1 + a_{32} \cdot x_2 + a_{33} \cdot x_3 = b_3 \end{array}$$

gelte: $\det A = 0$.

Dann fallen bei der Diagonalisierung des Gleichungssystems in mindestens einer Zeile alle variablen Ausdrücke weg. Das Gleichungssystem ist in diesem Falle nicht mehr eindeutig lösbar.

Es ist genau dann lösbar, falls bei der maximalen Diagonalisierung in den Zeilen, in denen alle Variablen wegfallen, auch auf der rechten Seite die Zahl 0 steht. Man hat dann bei der Lösungsmenge des Gleichungssystems gerade so viele Freiheitsgrade, wie die Zeile $0 = 0$ auftritt. Falls einmal die Zeile

$$0 = d_i \text{ mit } d_i \neq 0$$

auftritt, ist der ursprüngliche Vektor $\vec{b}$ nicht im Bildraum der linearen Abbildung A, das Gleichungssystem ist nicht lösbar.

12.7 Der allgemeine Fall: n Gleichungen mit n Unbekannten

Es sei eine (n x n)-Matrix A und ein Vektor $\vec{b} \in \mathbf{R}^n$ gegeben mit

$$A = \begin{pmatrix} a_{11} & a_{12} & \cdots & a_{1n} \\ a_{21} & a_{22} & \cdots & a_{2n} \\ \cdots & \cdots & \cdots & \cdots \\ \cdots & \cdots & \cdots & \cdots \\ a_{n1} & a_{n2} & \cdots & a_{nn} \end{pmatrix} \text{ und } \vec{b} = \begin{pmatrix} b_1 \\ b_2 \\ .. \\ .. \\ b_n \end{pmatrix}$$

Gesucht sei ein Vektor $\vec{x} \in \mathbf{R}^n$ mit $\vec{x} = \begin{pmatrix} x_1 \\ x_2 \\ .. \\ .. \\ x_n \end{pmatrix}$ so, dass $A \bullet \vec{x} = \vec{b}$

Dem entspricht das lineare Gleichungssystem

$$\begin{array}{ccccccccc} a_{11} \cdot x_1 & + & a_{12} \cdot x_2 & + & \ldots & + & a_{1n} \cdot x_n & = & b_1 \\ a_{21} \cdot x_1 & + & a_{22} \cdot x_2 & + & \ldots & + & a_{2n} \cdot x_n & = & b_2 \\ \cdot & & \cdot & & & & \cdot & & \cdot \\ \cdot & & \cdot & & & & \cdot & & \cdot \\ \cdot & & \cdot & & & & \cdot & & \cdot \\ a_{n1} \cdot x_1 & + & a_{n2} \cdot x_2 & + & \ldots & + & a_{nn} \cdot x_n & = & b_n \end{array}$$

Man hofft natürlich, dass es auch im allgemeinen Falle möglich ist, die Determinante einer Matrix zu definieren und einen analogen Satz für die Lösung eines derartigen Gleichungssystems zu erhalten, wie es für den Fall $\mathbf{R}^2$ und $\mathbf{R}^3$ möglich war.

Und das ist auch tatsächlich so. Um dem auf die Spur zu kommen, machen wir etwas (scheinbar) Merkwürdiges: Wir definieren die Determinante einer (1 x 1)-Matrix:

Definition:
Sei A eine (1 x 1)-Matrix, $A = (a_{11})$
Dann heißt die Zahl a_{11} die *Determinante* von A. Man schreibt dafür det(A).

Ausgehend von diesem »Anfangswert« wollen wir nun die Determinanten beliebiger Matrizen definieren. Dazu brauchen wir ein Werkzeug:

Definition:
Sei $n \geq 2$ und A eine (n x n)-Matrix

$$A = \begin{pmatrix} a_{11} & a_{12} & \ldots & a_{1n} \\ a_{21} & a_{22} & \ldots & a_{2n} \\ \ldots & \ldots & \ldots & \ldots \\ \ldots & \ldots & \ldots & \ldots \\ a_{n1} & a_{n2} & \ldots & a_{nn} \end{pmatrix}$$

Dann ist für $1 \leq i, j \leq n$ die Matrix A_{ij} die (n–1) x (n–1)-Matrix, die aus A entsteht, wenn man die i-te Zeile und die j-te Spalte entfernt.

Sei also beispielsweise

$$A = \begin{pmatrix} -1 & 3 & 2 \\ 5 & -2 & 1 \\ 2 & -4 & 6 \end{pmatrix}, \text{ dann wäre } A_{23} = \begin{pmatrix} -1 & 3 \\ 2 & -4 \end{pmatrix}$$

Jetzt haben wir bereits definiert (1.) und berechnet (2. + 3.)

1. $\det\begin{pmatrix} a_{11} \end{pmatrix} = a_{11}$

2. $\det\begin{pmatrix} a_{11} & a_{12} \\ a_{21} & a_{22} \end{pmatrix} = a_{11} \cdot a_{22} - a_{12} \cdot a_{21} = a_{11} \cdot \det(A_{11}) - a_{21} \cdot \det(A_{21})$

3. $\det\begin{pmatrix} a_{11} & a_{12} & a_{13} \\ a_{21} & a_{22} & a_{23} \\ a_{31} & a_{32} & a_{33} \end{pmatrix} =$

$$= a_{11} \cdot a_{22} \cdot a_{33} + a_{12} \cdot a_{23} \cdot a_{31} + a_{13} \cdot a_{21} \cdot a_{32} - a_{12} \cdot a_{21} \cdot a_{33} - a_{11} \cdot a_{23} \cdot a_{32} - a_{13} \cdot a_{22} \cdot a_{31} =$$

$$= a_{11}(a_{22} \cdot a_{33} - a_{23} \cdot a_{32}) - a_{21}(a_{12} \cdot a_{33} - a_{13} \cdot a_{32}) + a_{31}(a_{12} \cdot a_{23} - a_{13} \cdot a_{22}) =$$

$$= a_{11} \cdot \det(A_{11}) - a_{21} \cdot \det(A_{21}) + a_{31} \cdot \det(A_{31})$$

Genau mit dieser Formel kann man die Determinante für (n x n)-Matrizen definieren[1]:

Definition der Determinante für (n x n)-Matrizen:

1. Sei n = 1, sei also A eine (1 x 1)-Matrix, $A = \begin{pmatrix} a_{11} \end{pmatrix}$. Dann heißt die Zahl a_{11} die *Determinante* von A. Man schreibt dafür det(A).

2. Sei n > 1 und A eine (n x n)-Matrix.

$$A = \begin{pmatrix} a_{11} & a_{12} & \dots & a_{1n} \\ a_{21} & a_{22} & \dots & a_{2n} \\ \dots & \dots & \dots & \dots \\ \dots & \dots & \dots & \dots \\ a_{n1} & a_{n2} & \dots & a_{nn} \end{pmatrix}$$

Dann gilt: $\det A = \sum_{i=1}^{n} (-1)^{1+i} \cdot a_{i1} \cdot \det(A_{i1}) =$

$a_{11} \cdot \det(A_{11}) - a_{21} \cdot \det(A_{21}) + \dots + (-1)^{n+1} \cdot a_{n1} \cdot \det(A_{n1})$

Das ist eine rekursive Definition, die den n.ten Fall mit Hilfe des n–1.ten Falles bearbeitet. Genauso kann man auch die Berechnung einer Determinante programmieren. Das ist sicher eine der einfachsten Methoden, die Berechnung einer Determinante zu programmieren. Sie hat aber auch Nachteile, die sich aus Gründen der Laufzeit eines solchen Programms für größere Matrizen ergeben. Näheres dazu erfahren Sie in der Informatik-Vorlesung.

[1] Der Verlag hat mir nicht gestattet, auch noch den Fall der (4 x 4)-Matrizen vorzuführen.

Auf jeden Fall gilt mit dieser Definition auch im n-dimensionalen Falle derselbe Satz wie im $\mathbf{R}^3$:

Satz 12.11

Sei A eine (n x n)-Matrix, $A = \begin{pmatrix} a_{11} & a_{12} & \dots & a_{1n} \\ a_{21} & a_{22} & \dots & a_{2n} \\ \dots & \dots & \dots & \dots \\ \dots & \dots & \dots & \dots \\ a_{n1} & a_{n2} & \dots & a_{nn} \end{pmatrix}$. Dann ist das Gleichungssystem

$$\begin{array}{l} a_{11} \cdot x_1 + a_{12} \cdot x_2 + \dots + a_{1n} \cdot x_n = b_1 \\ a_{21} \cdot x_1 + a_{22} \cdot x_2 + \dots + a_{2n} \cdot x_n = b_2 \\ \quad . \qquad\quad . \qquad\qquad . \quad\; . \\ \quad . \qquad\quad . \qquad\qquad . \quad\; . \\ \quad . \qquad\quad . \qquad\qquad . \quad\; . \\ a_{n1} \cdot x_1 + a_{n2} \cdot x_2 + \dots + a_{nn} \cdot x_n = b_n \end{array}$$

genau dann für jedes $\vec{b} = \begin{pmatrix} b_1 \\ b_2 \\ .. \\ .. \\ b_n \end{pmatrix} \in \mathbf{R}^n$ eindeutig lösbar, wenn gilt:

Für alle $\vec{b} \in \mathbf{R}^n$ gibt es genau ein $\vec{x} \in \mathbf{R}^n$ so, dass $A \bullet \vec{x} = \vec{b}$ gilt.
Das ist gleichbedeutend mit der Bedingung:
$A : \mathbf{R}^n \rightarrow \mathbf{R}^n$ ist injektiv und surjektiv, also bijektiv.
Und das wiederum ist gleichbedeutend mit der Bedingung: $\det A \neq 0$.

Es gilt auch wieder die Kramersche Regel:

Satz 12.12
Gegeben seien n Gleichungen mit n Unbekannten:

$$\begin{array}{l} a_{11} \cdot x_1 + a_{12} \cdot x_2 + \dots + a_{1n} \cdot x_n = b_1 \\ a_{21} \cdot x_1 + a_{22} \cdot x_2 + \dots + a_{2n} \cdot x_n = b_2 \\ \quad . \qquad\quad . \qquad\qquad . \quad\; . \\ \quad . \qquad\quad . \qquad\qquad . \quad\; . \\ \quad . \qquad\quad . \qquad\qquad . \quad\; . \\ a_{n1} \cdot x_1 + a_{n2} \cdot x_2 + \dots + a_{nn} \cdot x_n = b_n \end{array}$$

Satz 12.12 (Fortsetzung)
Sei A die (n x n)-Matrix der Koeffizienten auf der linken Seite und sei für $1 \leq i \leq n$ die Matrix A_i die (n x n)-Matrix, die man aus A erhält, wenn man die i. Spalte durch

$$\begin{pmatrix} b_1 \\ .. \\ .. \\ b_n \end{pmatrix}$$

ersetzt.
Dann gilt: Falls $\det(A) \neq 0$ ist, so sind diese Gleichungen eindeutig lösbar.
Es ist dann:

$$x_i = \det A_i / \det A \text{ für alle } 1 \leq i \leq n.$$

Falls das Gleichungssystem nicht eindeutig lösbar ist, gilt analog zu Satz 12.10:

Satz 12.13

Für die Matrix $A = \begin{pmatrix} a_{11} & a_{12} & \ldots & a_{1n} \\ a_{21} & a_{22} & \ldots & a_{2n} \\ \ldots & \ldots & \ldots & \ldots \\ \ldots & \ldots & \ldots & \ldots \\ a_{n1} & a_{n2} & \ldots & a_{nn} \end{pmatrix}$ des Gleichungssystems

$$\begin{array}{l} a_{11} \cdot x_1 + a_{12} \cdot x_2 + \ldots + a_{1n} \cdot x_n = b_1 \\ a_{21} \cdot x_1 + a_{22} \cdot x_2 + \ldots + a_{2n} \cdot x_n = b_2 \\ \vdots \\ a_{n1} \cdot x_1 + a_{n2} \cdot x_2 + \ldots + a_{nn} \cdot x_n = b_n \end{array}$$

gelte: $\det A = 0$.

Dann fallen bei der Diagonalisierung des Gleichungssystems in mindestens einer Zeile alle variablen Ausdrücke weg. Das Gleichungssystem ist in diesem Falle nicht mehr eindeutig lösbar.

Satz 12.13 (Fortsetzung)
Es ist genau dann lösbar, falls bei der maximalen Diagonalisierung in den Zeilen, in denen alle Variablen wegfallen, auch auf der rechten Seite die Zahl 0 steht. Man hat dann bei der Lösungsmenge des Gleichungssystems gerade so viele Freiheitsgrade, wie die Zeile 0 = 0 auftritt. Falls einmal die Zeile

$$0 = d_i \text{ mit } d_i \neq 0$$

auftritt, ist der ursprüngliche Vektor $\vec{b}$ nicht im Bildraum der linearen Abbildung A, das Gleichungssystem ist nicht lösbar.

Übungsaufgaben

1. Aufgabe

Berechnen Sie die Determinanten der folgenden Matrizen. Falls für eine Matrix die Determinante = 0 ist, bestimmen Sie geeignete Zahlen r_1, r_2 und (im Falle der 3 x 3-Matrizen) $r_3 \in \mathbf{R}$ mit denen Sie die Zeilenvektoren der Matrizen als linear abhängig nachweisen können.

a. $A_1 = \begin{pmatrix} 1 & 5 \\ 2 & 3 \end{pmatrix}, \quad A_2 = \begin{pmatrix} 3 & -2 \\ 4 & 1 \end{pmatrix}, \quad A_3 = \begin{pmatrix} -1 & 2 \\ 5 & 2 \end{pmatrix},$

b. $A_1 = \begin{pmatrix} 1 & 3 & 5 \\ 2 & -2 & 1 \\ -1 & 1 & 4 \end{pmatrix}, \quad A_2 = \begin{pmatrix} -2 & 1 & 2 \\ 1 & 8 & 1 \\ 7 & 22 & -1 \end{pmatrix}$

2. Aufgabe

Geben Sie für die folgenden Gleichungssysteme immer die vollständige Lösungsmenge an:

a. $\begin{aligned} x_1 &+ 5 \cdot x_2 = 14 \\ 2 \cdot x_1 &+ 3 \cdot x_2 = 7 \end{aligned}$

b. $\begin{aligned} 2 \cdot x_1 &+ 6 \cdot x_2 = 14 \\ 3 \cdot x_1 &+ 9 \cdot x_2 = 7 \end{aligned}$

c. $\begin{aligned} 7 \cdot x_1 &+ 21 \cdot x_2 = 56 \\ 3 \cdot x_1 &+ 9 \cdot x_2 = 24 \end{aligned}$

d.
$$\begin{array}{lllll} x_1 & + 3\cdot x_2 & + 5\cdot x_3 & = & 9 \\ 2\cdot x_1 & - 2\cdot x_2 & + x_3 & = & -8 \\ -x_1 + x_2 & & + 4\cdot x_3 & = & 13 \end{array}$$

e.
$$\begin{array}{lllll} -2\cdot x_1 & + x_2 & + 2\cdot x_3 & = & 3 \\ x_1 & + 8\cdot x_2 & + x_3 & = & 2 \\ 7\cdot x_1 & + 22\cdot x_2 & - x_3 & = & 1 \end{array}$$

f.
$$\begin{array}{lllll} -2\cdot x_1 & + x_2 & + 2\cdot x_3 & = & -2 \\ x_1 & + 8\cdot x_2 & + x_3 & = & 20 \\ 7\cdot x_1 & + 22\cdot x_2 & - x_3 & = & 64 \end{array}$$

3. Aufgabe

Sei $n \in \mathbf{N}$, und sei D eine (n x n)-Diagonalmatrix, $D = \begin{pmatrix} d_{11} & d_{12} & \dots & d_{1n} \\ 0 & d_{22} & \dots & d_{2n} \\ \dots & \dots & \dots & \dots \\ \dots & \dots & \dots & \dots \\ 0 & 0 & \dots & d_{nn} \end{pmatrix}$

$= (d_{ij})_{\substack{1 \le i \le m \\ 1 \le j \le n}}$ mit $d_{ij} = 0$ für $i > j$.

Zeigen Sie: $\det(D) = \prod_{i=1}^{n} d_{ii} = d_{11} \cdot d_{22} \cdot \ \dots \ \cdot d_{nn}$.

4. Aufgabe

Sei $n = 2$ und A eine (2 x 2)-Matrix, $A = \begin{pmatrix} a_{11} & a_{12} \\ a_{21} & a_{22} \end{pmatrix}$. Weiter sei $E = \begin{pmatrix} 1 & 0 \\ 0 & 1 \end{pmatrix}$ die Einheitsmatrix, das neutrale Element der Multiplikation.

Zeigen Sie: Es gibt eine Matrix A^{-1}, für die gilt: $A \bullet A^{-1} = A^{-1} \bullet A = E$ genau dann, wenn $\det A \neq 0$. Dann gilt: $A^{-1} = \frac{1}{\det(A)} \cdot \begin{pmatrix} a_{22} & -a_{12} \\ -a_{21} & a_{11} \end{pmatrix}$.

5. Aufgabe

Sei A eine (2 x 2)-Matrix in der Gestalt :

$$A = \begin{pmatrix} r\cdot\cos(\phi) & r\cdot\sin(\phi) \\ -r\cdot\sin(\phi) & r\cdot\cos(\phi) \end{pmatrix}, \ r \in \mathbf{R},\ r > 0,\ \varphi \in \mathbf{R} \text{ beliebig.}$$

Sei weiter $\vec{v} = \begin{pmatrix} v_1 \\ v_2 \end{pmatrix}$ ein beliebiger Vektor $\neq \vec{0} \in \mathbf{R}^2$. Sei schließlich

$$\vec{w} = A\bullet \vec{w} = \begin{pmatrix} r\cdot\cos(\phi) & r\cdot\sin(\phi) \\ -r\cdot\sin(\phi) & r\cdot\cos(\phi) \end{pmatrix} \bullet \begin{pmatrix} v_1 \\ v_2 \end{pmatrix}$$

Zeigen Sie:

a. $|\vec{w}| = r \cdot |\vec{v}|$
b. cos (Winkel zwischen $\vec{v}$ und $\vec{w}$) $= \varphi$

Wegen dieser beiden Eigenschaften heißt A eine *Drehstreckung*.

6. Aufgabe

Sei A eine (2 x 2)-Matrix in der Gestalt :

$$A = \begin{pmatrix} r \cdot \cos(\phi) & r \cdot \sin(\phi) \\ -r \cdot \sin(\phi) & r \cdot \cos(\phi) \end{pmatrix}, r \in \mathbf{R},\ \mathbf{r > 0},\ \varphi \in \mathbf{R} \text{ beliebig.}$$

Zeigen Sie: det A = r

7. Aufgabe

Seien A_1 und A_2 zwei (2 x 2)-Matrizen in der Gestalt :

$$A_1 = \begin{pmatrix} r_1 \cdot \cos(\phi_1) & r_1 \cdot \sin(\phi_1) \\ -r_1 \cdot \sin(\phi_1) & r_1 \cdot \cos(\phi_1) \end{pmatrix},\ A_2 = \begin{pmatrix} r_2 \cdot \cos(\phi_2) & r_2 \cdot \sin(\phi_2) \\ -r_2 \cdot \sin(\phi_2) & r_2 \cdot \cos(\phi_2) \end{pmatrix}$$

Zeigen Sie: $A1 \bullet A2 = \begin{pmatrix} (r_1 \cdot r_2) \cdot \cos(\phi_1 + \phi_2) & (r_1 \cdot r_2) \cdot \sin(\phi_1 + \phi_2) \\ -(r_1 \cdot r_2) \cdot \sin(\phi_1 + \phi_2) & (r_1 \cdot r_2) \cdot \cos(\phi_1 + \phi_2) \end{pmatrix}$

Hinweis: Benutzen Sie die Additionstheoreme für sin und cos:
$\sin(\alpha + \beta) = \sin(\alpha) \cdot \cos(\beta) + \cos(\alpha) \cdot \sin(\beta)$
$\cos(\alpha + \beta) = \cos(\alpha) \cdot \cos(\beta) - \sin(\alpha) \cdot \sin(\beta)$

8. Aufgabe

Sei $M = \left\{ \begin{pmatrix} r \cdot \cos(\phi) & r \cdot \sin(\phi) \\ -r \cdot \sin(\phi) & r \cdot \cos(\phi) \end{pmatrix} \middle|\ r \in R,\ r > 0\ \ \phi \in R \text{ beliebig} \right\}.$

Zeigen Sie:

M ist mit der Matrizenmultiplikation eine kommutative Gruppe.

Boolesche Algebra

13

Unsere Betrachtungen zur Booleschen Algebra werden sich diesmal – anders als unsere anderen algebraischen Untersuchungen – nicht mit der Lösbarkeit von Gleichungen beschäftigen sondern mit der mathematischen Beschreibung von logischen Formeln und ihren Wahrheitswerten false und true bzw. 0 und 1. Der Name Boolesche Algebra ist eine Erinnerung an George Boole, einen englischen Mathematiker, der von 1815 – 1864 lebte und der auf diesem Gebiet sehr viele Grundlagen erarbeitet hat.
Ein weiterer wichtiger Name in diesem Zusammenhang ist der von Claude Shannon, einem amerikanischen Mathematiker und Ingenieur, der 1938 die faszinierende Tatsache entdeckte, dass es eine so große Ähnlichkeit zwischen der Art, wie Logiker argumentieren und der Art, wie elektronische Maschinen rechnen, gibt, dass die Boolesche Algebra dort sehr wirkungsvoll eingesetzt werden kann. Seitdem ist dieses Teilgebiet aus der »reinen«, völlig theoretischen Mathematik ein wichtiges Werkzeug in allen Disziplinen der modernen digitalen Elektronik geworden, das dort nicht mehr wegzudenken ist. Eines der wichtigsten Ziele unserer Betrachtungen wird es sein, zu einer beliebigen elektronischen Schaltung d.h. aber zu einer beliebigen Wahrheitstafel eine möglichst einfache Boolesche Formel zu finden, die gerade diese Wahrheitstafel repräsentiert.

13.1 Boolesche Funktionen und digitale logische Gatter

Wir beginnen mit dem Konzept einer Booleschen Funktion:

Definition:
Seien m und n $\in \mathbf{N}$ beliebig, aber beide $\neq 0$. Eine Funktion

$$f: \{0,1\}^m \rightarrow \{0,1\}^n \text{ mit}$$
$$y = (y_1, y_2, \dots, y_n) = f(x_1, x_2, \dots, x_m) =$$
$$= (f_1(x_1, x_2, \dots, x_m), f_2(x_1, x_2, \dots, x_m), \dots, f_n(x_1, x_2, \dots, x_m))$$

heißt *n-dimensionale Boolesche Funktion in m Variablen.*

Die Variablen $x_1, x_2, \dots, x_m$ aus dem Definitionsbereich heißen auch *Input-Variable*, die Variable y des Outputbereichs heißt *Output-Variable* mit den Komponenten $y_1, y_2, \dots, y_n$. Wir nennen diese Komponenten $y_1, y_2, \dots, y_n$ ebenfalls Output-Variable. Wir nennen eine Tabelle, in die wir für jedes Element aus dem Definitionsbereich den Wert der Booleschen Funktion f eintragen, die *Wahrheitswerte-Tabelle dieser Funktion.* (1 repräsentiert den Wahrheitswert wahr, 0 den Wahrheitswert falsch).
Man nennt die Input- und Output-Variablen auch *Boolesche Variable.*

Eine einzelne Komponente (x_i bzw. y_i) einer Booleschen Variablen heißt ein *bit*. Dieses Wort bedeutet einerseits im Englischen »ein bisschen« und ist andererseits aus den beiden Worten *Bi*nary Digi*t* zusammengesetzt.

Beispiel:

- Ein Addierer :

  Sei f: $\{0,1\}^2 \rightarrow \{0,1\}^2$ definiert durch

  $y \quad = (y_1, y_2) = f(x_1, x_2) = (f_1(x_1, x_2), f_2(x_1, x_2))$

  $\quad = x_1 + x_2$ als zweistellige Zahl dargestellt.

  Wir erhalten folgende Wahrheitswertetabelle:

x_1	x_2	$y_1 = f_1 (x_1 , x_2)$	$y_2 = f_1 (x_1 , x_2)$
0	0	0	0
0	1	0	1
1	0	0	1
1	1	1	0

Viele Funktionen, die in einem modernen Computer ablaufen, entsprechen natürlich weit komplizierteren Booleschen Funktionen mit vielen Variablen. Jedoch in den meisten Fällen sind solche Funktionen aus einfacheren Funktionen zusammengesetzt. In Wirklichkeit gibt es ein paar sehr einfache Boolesche Funktionen in ein oder zwei Variablen, mit denen man komplexere Funktionen aufbaut. Im Folgenden habe ich Ihnen eine Tabelle mit den 7 wichtigsten Funktionen dieser Art aufgestellt. Man nennt diese Funktionen manchmal auch logische Gatter. Diese sieben Gatter sind allesamt leicht herzustellende elektronische Bauteile, bei denen die Zahlen 1 und 0 durch unterschiedliche Spannungen realisiert werden.

In der folgenden Tabelle werden die Funktionen auf 5 verschiedene Weisen dargestellt:

- durch den für sie gebräuchlichen Namen,
- durch das Symbol, was gewöhnlich benutzt wird, um diese Funktionen in elektronischen Schaltkreisdiagrammen zu beschreiben,
- durch eine Erklärung, die den Namen verständlich machen soll,
- durch die Wahrheitswerte-Tabelle, die die Funktion exakt definiert,
- durch eine Boolesche Formel, die wir im Folgenden noch genauer untersuchen werden. Ich habe dort einige Schreibweisen übernommen, die im Bereich der Darstellung von solchen Formeln sehr üblich sind und die uns das Leben ein wenig erleichtern werden:
  - das oder-Zeichen $\vee$ symbolisiere ich hier durch ein + - Zeichen
  - das und-Zeichen $\wedge$ symbolisiere ich hier durch ein $\cdot$ - Zeichen
  - die Verneinung einer Aussage x, bisher dargestellt durch $\neg x$, stelle ich jetzt als $\overline{x}$ dar.

Weiterhin wird Ihnen schon beim Betrachten der Tabelle klar, dass es sich bei diesen 7 logischen Gattern nicht um ein Minimum von logischen Bausteinen handelt, mit dem man Boolesche Ausdrücke jeder Art herstellen kann. Sie werden sehen, man kommt mit viel weniger aus. Aber es sind sehr gebräuchliche Grundstrukturen, die in der Praxis immer wieder verwendet werden.

7 wichtige Boolesche Funktionen (digitale logische Gatter)

Name	**Symbol**	**Bedingung für Output z = 1**	**Wahrheitswerte-tabelle**			**Boolesche Formel**
			x	y	z	
			0	0	0	
AND	x, y → [&] → z	$x = 1 \wedge y = 1$	0	1	0	$z = x \cdot y$
			1	0	0	
			1	1	1	
			x	y	z	
			0	0	0	
OR	x, y → [≥ 1] → z	$x = 1 \vee y = 1$	0	1	1	$z = x + y$
			1	0	1	
			1	1	1	
NOT (Inverter)	x → [1]o → z	$\neg(x = 1)$	x	z		$z = \overline{x}$
			0	1		
			1	0		
			x	y	z	
			0	0	1	
NAND	x, y → [&]o → z	$\neg(x = 1 \wedge y = 1)$	0	1	1	$z = \overline{x \cdot y}$
			1	0	1	
			1	1	0	
			x	y	z	
			0	0	1	
NOR	x, y → [≥ 1]o → z	$\neg(x = 1 \vee y = 1)$	0	1	0	$z = \overline{x + y}$
			1	0	0	
			1	1	0	
		$(x = 1 \wedge y = 0)$	x	y	z	
XOR (ausschließendes Oder)	x, y → [= 1] → z	$\vee$	0	0	0	$z = x \oplus y =$
		$(x = 0 \wedge y = 1)$	0	1	1	$= x \cdot \overline{y} + \overline{x} \cdot y$
			1	0	1	
			1	1	0	
		$(x = 0 \wedge y = 0)$	x	y	z	
XNOR	x, y → [= 1]o → z	$\vee$	0	0	1	$z = \overline{x \oplus y} =$
		$(x = 1 \wedge y = 1)$	0	1	0	$= x \cdot y + \overline{x} \cdot \overline{y}$
			1	0	0	
			1	1	1	

Ich gebe Ihnen ein Beispiel zum Umgang mit diesen Symbolen, das Sie außerdem an das »Boolesche Rechnen« gewöhnen soll:

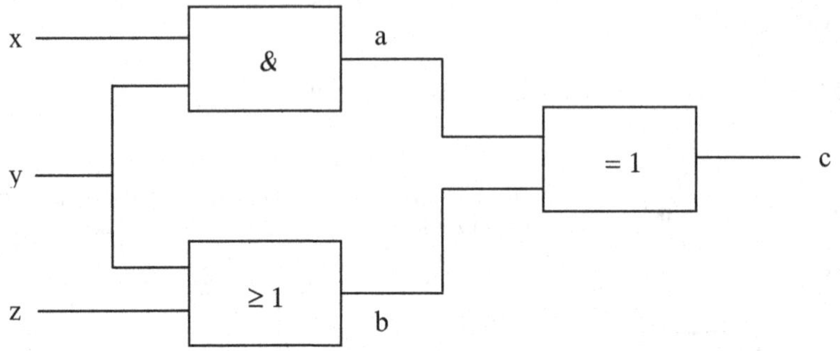

Nach unseren Festlegungen gilt:

$a = x \cdot y, \ b = y + z, \ c = x \cdot y \cdot (\overline{y + z}) + \overline{x \cdot y} \cdot (y + z)$

Mit unseren neuen Schreibweisen lauten die Gesetze von DeMorgan (Satz 1.6):

$\overline{y + z} = \overline{y} \cdot \overline{z}$ und $\overline{y \cdot z} = \overline{y} + \overline{z}$

Wir erhalten:

$c = x \cdot y \cdot (\overline{y + z}) + \overline{x \cdot y} \cdot (y + z) = x \cdot y \cdot \overline{y} \cdot \overline{z} + (\overline{x} + \overline{y})(y + z)$

Da aber $y \cdot \overline{y}$ stets falsch ist und für eine beliebige Aussage A der Ausdruck (A · falsch) ebenfalls stets falsch ist und da für unsere Verknüpfungen die Distributivgesetze gelten (Satz 1.12), ist:

$c = x \cdot y \cdot \overline{y} \cdot \overline{z} + (\overline{x} + \overline{y})(y + z) = \text{falsch} + \overline{x} \cdot y + \overline{x} \cdot z + \overline{y} \cdot y + \overline{y} \cdot z$

Nun gilt für jede Aussage A: A + falsch = A, denn:

A		A + falsch
0	0	0
1	0	1

Das kommt Ihnen bekannter vor, wenn ich schreibe A + 0 = A.

Wir erhalten insgesamt:

$$\begin{aligned} c &= \text{falsch} + \overline{x} \cdot y + \overline{x} \cdot z + \overline{y} \cdot y + \overline{y} \cdot z = \\ &= \overline{x} \cdot y + \overline{x} \cdot z + \text{falsch} + \overline{y} \cdot z = \overline{x} \cdot y + \overline{x} \cdot z + \overline{y} \cdot z \end{aligned}$$

Das entspricht der folgenden Wahrheitswertetabelle:

x	y	z	$\overline{x}$	$\overline{y}$	$\overline{x}\cdot y$	$\overline{x}\cdot z$	$\overline{y}\cdot z$	$\overline{x}\cdot y + \overline{x}\cdot z + \overline{y}\cdot z$
0	0	0	1	1	0	0	0	0
0	0	1	1	1	0	1	1	1
0	1	0	1	0	1	0	0	1
0	1	1	1	0	1	1	0	1
1	0	0	0	1	0	0	0	0
1	0	1	0	1	0	0	1	1
1	1	0	0	0	0	0	0	0
1	1	1	0	0	0	0	0	0

Ein weiteres Beispiel:

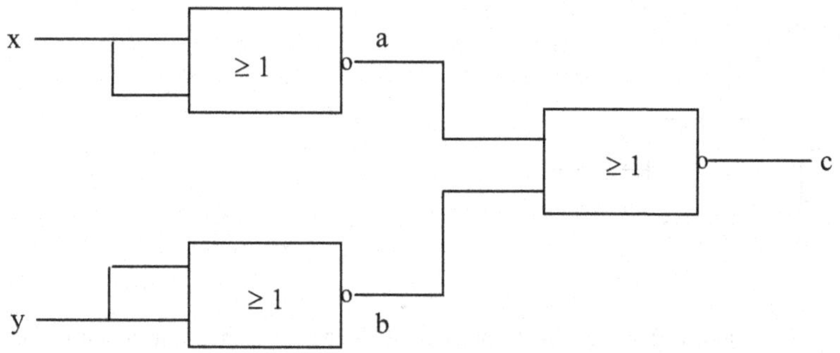

Hier ist:
$a = \overline{(x + x)} = \overline{x} \cdot \overline{x}$, $b = \overline{(y + y)} = \overline{y} \cdot \overline{y}$

Es gilt aber, wie die folgende Tabelle zeigt, für jede Aussage: $A \cdot A = A$

A	A · A
0	0
1	1

Und wir erhalten: $a = \overline{x}$ und $b = \overline{y}$

Weiter ist $c = \overline{(a + b)} = \overline{a} \cdot \overline{b} = \overline{\overline{x}} \cdot \overline{\overline{y}} = x \cdot y$ nichts als eine einfache Und-Verknüpfung.

Es gilt also:

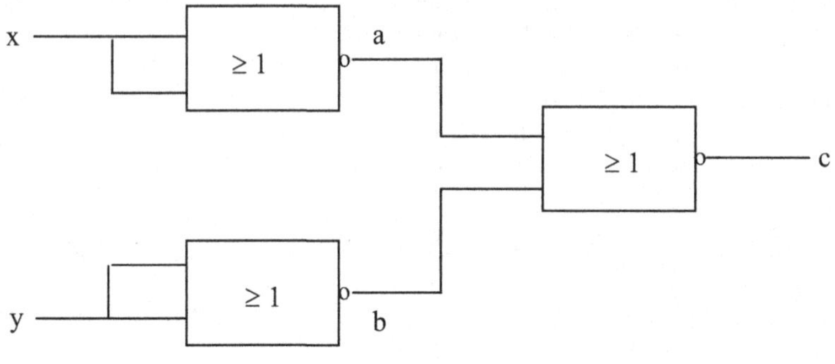

ist identisch mit

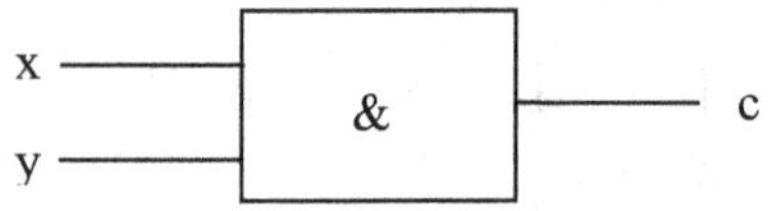

Dieses zweite Diagramm ist sowohl als Repräsentant einer Booleschen Formel einfacher als auch als Darstellung einer elektronischen Schaltung.
Das bedeutet, sowohl die Boolesche Formel als auch die zugehörige elektronische Schaltung wird einfacher, wenn man die entsprechende Mathematik beherrscht.

13.2 Die Minterm- und Maxterm-Darstellungen beliebiger Boolescher Funktionen

In diesem Abschnitt ist es unser Ziel, zu zeigen, dass jede Boolesche Funktion aus nur drei Gattern aus der Tabelle des vorigen Abschnitts aufgebaut werden kann. Dazu möchte ich zunächst die neuen Notationsweisen, die ich im vorhergehenden Abschnitt so nebenher schon eingeführt habe, mathematisch exakt definieren.
In einer Algebra – und das gilt natürlich auch für die Boolesche Algebra – kann man multiplizieren und addieren und wir haben die Operationen AND und OR auf diese Weise interpretiert. Sie werden sehen, dass dann Rechenregeln und Axiome gelten, die Sie genauso auch von der Multiplikation und Addition der Zahlen kennen. Wir werden auch ein Beispiel für einen alten Bekannten aus Kapitel 7 wieder treffen, nämlich den Körper $\mathbf{Z}_2$. Sie erinnern sich: $\mathbf{Z}_q$ ist Körper genau dann, wenn q eine Primzahl ist. Und bekanntlich ist 2 eine Primzahl.

Definition:
Seien x und y $\in \{ 0 , 1 \}$ beliebige Wahrheitswerte. Dann definiert man
(i) $x + y = x \vee y$ (die so genannte *Boolesche Addition*)
(ii) $x \cdot y = xy = x \wedge y$ (die so genannte *Boolesche Multiplikation*)
(iii) $\overline{x} := \neg x$ (das so genannte *Boolesche Komplement*)
(iv) $x \oplus y := x \text{ XOR } y := (x \wedge \overline{y}) \vee (\overline{x} \wedge y)$
(die so genannte *Boolesche XOR-Addition*)

Mit diesen Definitionen erhalte ich die folgenden Additions- und Multiplikationstafeln:

+	**0**	**1**
0	0	1
1	1	1

·	**0**	**1**
0	0	0
1	0	1

⊕	**0**	**1**
0	0	1
1	1	0

Wenn Sie sich diese Tafeln ansehen, bemerken Sie zweierlei:
(i) Bei der »normalen« Booleschen Addition, die der Oder-Verknüpfung entspricht, hat der Wahrheitswert 1 kein inverses Element, $(\{0, 1\}, +)$ ist keine Gruppe und demzufolge ist $(\{0, 1\}, +, \cdot)$ auch kein Körper.
(ii) Das wird anders, wenn wir stattdessen die XOR-Addition betrachten. Dann erhalten wir eine kommutative Gruppe mit neutralem Element 0 und 1 ist zu sich selbst invers. Mit anderen Worten: Es gilt:

Satz 13.1
$(\{ 0, 1 \}, \oplus, \cdot)$ ist ein (kommutativer) Körper, er ist identisch mit $(\mathbf{Z}_2, +, \cdot)$ mit den in Restklassen definierten Verknüpfungen.

Diagramme und Formeln sind äquivalente Darstellungen derselben Booleschen Ausdrücke. Wenn man ein Diagramm gegeben hat, kann man die entsprechende Boolesche Formel produzieren und umgekehrt. Betrachten Sie dazu die folgenden Beispiele:

- Gegeben das folgende Diagramm:

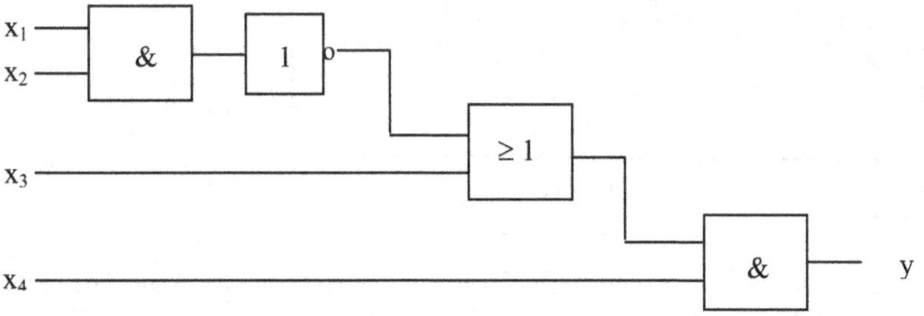

Hier ist: $y = (\overline{x_1 \cdot x_2} + x_3) \cdot x_4 = (\overline{x_1} + \overline{x_2} + x_3) \cdot x_4$

- Gegeben das folgende Diagramm:

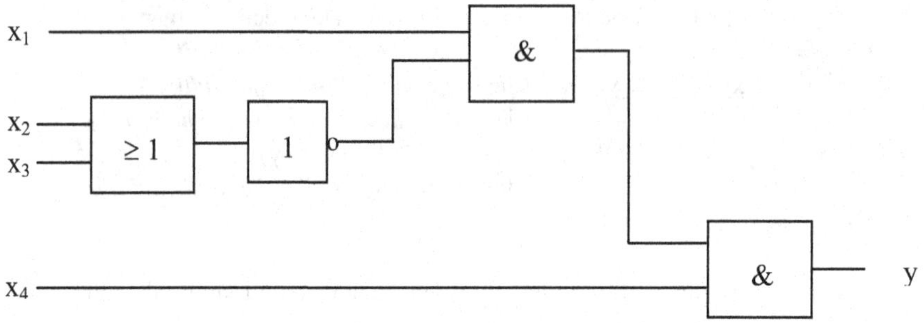

Hier ist: $y = x_1 \cdot (\overline{x_2 + x_3}) \cdot x_4 = x_1 \cdot \overline{x_2} \cdot \overline{x_3} \cdot x_4$

Nun 2 Beispiele für die umgekehrte Richtung.

- Man zeichne das logische Diagramm für Boolesche Formel:
  $y = (x_1 \cdot x_2) \cdot x_3$

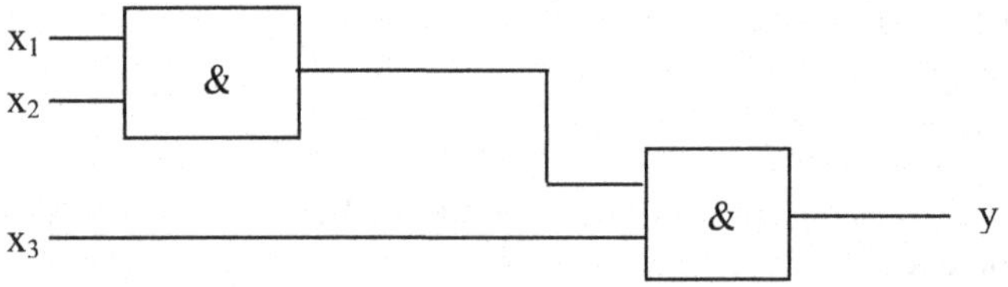

- Man zeichne das logische Diagramm für Boolesche Formel:

  $y = \overline{(\overline{x_1} \cdot x_2)} + x_1 \cdot x_2$

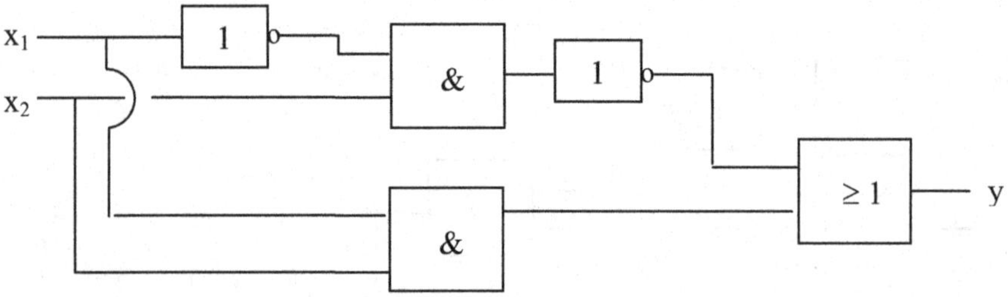

Das zweite Beispiel ist noch aus einem anderen Grund interessant: Man kann die Formel dieses Beispiels stark vereinfachen.

Es gilt nämlich:

> Vereinfachung 13.2
> Seien x_1 und x_2 beliebige Boolesche Werte. Dann gilt:
>
> $$\overline{(\overline{x_1} \cdot x_2)} + x_1 \cdot x_2 = x_1 + \overline{x_2}$$

Beweis:
Ein paar Formeln, die wir zum Beweis brauchen, kennen wir schon: Das sind die Gesetze von De Morgan (Satz 1.6). Andere Formeln, die wir ebenfalls brauchen, kennen wir noch nicht – diese Lücke schließe ich hier mit dem Vorschlaghammer »Wahrheitswertetabelle«. Diese Lücke soll Sie aber dafür motivieren, gespannt auf die noch fehlenden Gesetze der Booleschen Algebra zu sein, mit denen man solche Vereinfachungen vornehmen kann, ohne dass einem ein Buch oder Lehrer sagt, wie das Ergebnis aussehen soll. Diese Gesetze und ihre Anwendung werden wir im folgenden Kapitel durchsprechen.

Nun sind der Worte genug gewechselt, lasst uns Formeln sehen. Es ist nach De Morgan:

$$\overline{(\overline{x_1} \cdot x_2)} + x_1 \cdot x_2 = \overline{\overline{x_1}} + \overline{x_2} + x_1 \cdot x_2 = x_1 + \overline{x_2} + x_1 \cdot x_2$$

Und uns bleibt zu zeigen:

$$x_1 + \overline{x_2} + x_1 \cdot x_2 = x_1 + \overline{x_2}$$

Die entsprechende Wahrheitswertetabelle liefert dann das Ergebnis, dass wir auf diese Weise aber nur dadurch erhalten können, dass wir es schon vorher zumindest vermuten:

x_1	x_2	$x_1 \cdot x_2$	$x_1 + \overline{x_2}$	$x_1 + \overline{x_2} + x_1 \cdot x_2$
0	0	0	1	1
0	1	0	0	0
1	0	0	1	1
1	1	1	1	1

q. e. d.

Was bedeutet das für unsere Schaltdiagramme?

Es bedeutet:

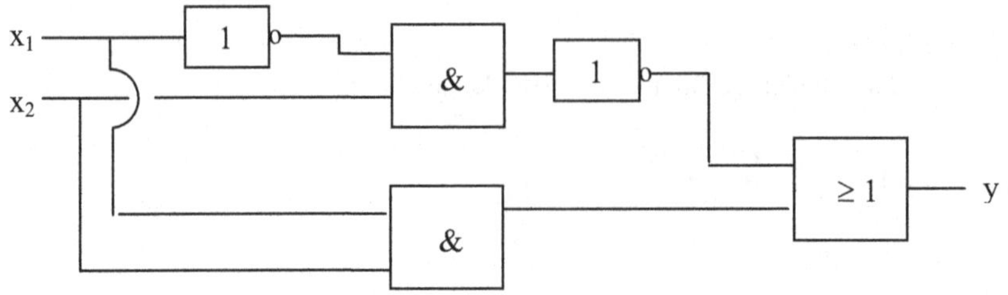

ist dieselbe Schaltung, d.h. ist identisch mit

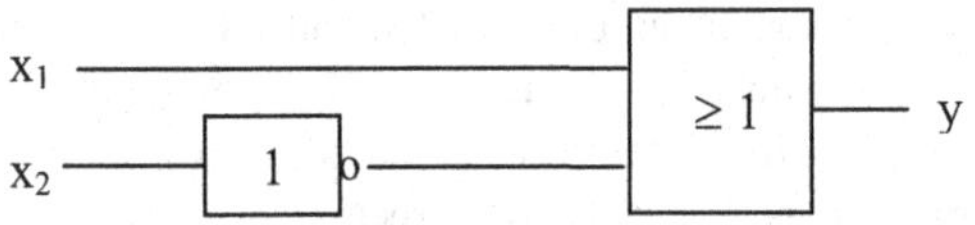

Zweifellos ist die zweite Schaltung einfacher, billiger, schneller und weniger fehleranfällig als die erste und doch produziert sie genau dasselbe Ergebnis. Gute Kenntnis Boolescher Algebra ist eine Möglichkeit, solche Vereinfachungen zu finden.
Ich habe schon bei der Darstellung der Tabelle im vorigen Abschnitt angedeutet, dass ich alle 7 Funktionen, d.h. alle 7 digitalen logischen Gatter dieser Tabelle mit Hilfe der 3 Booleschen Rechenoperationen +, · und $\overline{x}$ darstellen kann. Ich schreibe es noch einmal als Satz auf:

Satz 13.3
Seien x, y und z beliebige Boolesche Wahrheitswerte. Dann gilt:

(i) $z = \text{NAND}(x, y) \leftrightarrow z = \overline{x \cdot y} = \overline{x} + \overline{y}$
(ii) $z = \text{NOR}(x, y) \leftrightarrow z = \overline{x + y} = \overline{x} \cdot \overline{y}$
(iii) $z = \text{XOR}(x, y) \leftrightarrow z = x \cdot \overline{y} + \overline{x} \cdot y$
(iv) $z = \text{XNOR}(x, y) \leftrightarrow z = x \cdot y + \overline{x} \cdot \overline{y}$

Beweis:
Zu (i) Hier ist nichts mehr zu zeigen: NAND soll gerade die Negation der AND-Verknüpfung sein und die entsprechende Umformung erfolgt mit Hilfe von De Morgan.
Zu (ii) Auch hier ist nichts mehr zu zeigen: NOR ist die Negation der OR-Verknüpfung und die entsprechende Umformung erfolgt wieder mit Hilfe von De Morgan.

Zu (iii) Hier gibt die Boolesche Formel die unmittelbare Definition von XOR, dem ausschließenden Oder, wieder: Ein solcher zusammengesetzter Ausdruck ist wahr genau dann, wenn genau ein Teilausdruck wahr ist.

Zu (iv) XNOR soll die Verneinung von XOR sein. Wie kommen wir da auf die oben angegebene Formel? Zunächst zeigt uns ein Blick in die Wahrheitswertetabelle, dass diese Formel richtig ist. Aber man kann auch wieder mit algebraischen Umformungen argumentieren:

$$z = \mathrm{XNOR}(x, y) \leftrightarrow z = \overline{x \cdot \overline{y} + \overline{x} \cdot y} = \overline{x \cdot \overline{y}} \cdot \overline{\overline{x} \cdot y} =$$

$$= (\overline{x} + y) \cdot (x + \overline{y}) = \overline{x} \cdot x + \overline{x} \cdot \overline{y} + x \cdot y + y \cdot \overline{y} = (*)$$

Da aber $\overline{x} \cdot x$ bzw. $\overline{y} \cdot y$ stets falsch, d.h. = 0 ist und da (siehe voriger Abschnitt) für jede beliebige Aussage A stets gilt: $A + 0 = A$, folgt für (*):
$(*) = 0 + \overline{x} \cdot \overline{y} + x \cdot y + 0 = \overline{x} \cdot \overline{y} + x \cdot y$.

q. e. d.

Aber wir wollen viel mehr: Wir wollen zeigen, dass jede beliebige Boolesche Funktion mit den drei Bausteinen AND, OR und NOT aufgebaut werden kann. Wir werden darüber hinaus auch darstellen, wie man das konkret macht. Oft sagen Mathematiker nur, *dass* etwas geht ohne dass sie verraten können, *wie* es geht. Hier ist es anders: Wir geben Bauanleitungen. Das bedeutet auch: Wir werden für jede beliebige elektronische Input-Output-Konfiguration eine entsprechende Schaltung angeben können, die diese Konfiguration realisiert. Leider sind aber diese Formeln, diese Schaltungen oft noch viel zu kompliziert und wir werden uns in den folgenden Kapiteln Techniken zur Vereinfachung unserer Formeln überlegen müssen.
Zunächst (das macht das Folgende einfacher) erinnere ich Sie an zwei Tatsachen aus dem ersten Kapitel:

> Erinnerung 13.4
> - Die Boolesche Addition ist kommutativ (Satz 1.1) und ebenso die Boolesche Multiplikation (Satz 1.4).
> - Die Boolesche Addition ist assoziativ (Satz 1.2) und ebenso die Boolesche Multiplikation (Satz 1.5).

Nun definieren wir für beliebige $n \in \mathbf{N}$, $n \neq 0$ verallgemeinerte OR- und AND-Funktion in n Variablen:

Definition:
Sei $n \in \mathbf{N}$ beliebig, $n \neq 0$. Dann ist:

(i) $OR(x_1, \dots, x_n) = x_1 \vee \dots \vee x_n = x_1 + \dots + x_n = \sum_{k=1}^{n} x_k$ für beliebige Wahrheitswerte $x_1, \dots, x_n \in \{0, 1\}$.

(ii) $AND(x_1, \dots, x_n) = x_1 \wedge \dots \wedge x_n = x_1 \cdot \dots \cdot x_n = \prod_{k=1}^{n} x_k$ für beliebige Wahrheitswerte $x_1, \dots, x_n \in \{0, 1\}$.

Diese Funktionen werden bei unserem Vorhaben wichtige Bausteine werden. Es gilt der Satz:

Satz 13.5
Sei $n \in \mathbf{N}$ beliebig, $n \neq 0$. Dann ist:

$$OR(x_1, \dots, x_n) = \begin{cases} 0, & \text{falls } x_1 = x_2 = \dots = x_n = 0 \\ 1 & \text{sonst} \end{cases}$$

$$AND(x_1, \dots, x_n) = \begin{cases} 1, & \text{falls } x_1 = x_2 = \dots = x_n = 1 \\ 0 & \text{sonst} \end{cases}$$

Beweis:
Den Beweis sollten Sie als Übung selbst durchführen können: Die Behauptungen sind klar für $n = 2$. Überlegen Sie dann, wieso man daraus folgern kann, dass der Satz auch für $n = 3$ gilt. Machen Sie schließlich aus dieser Argumentation ein Induktionsargument.
Wir führen die folgenden Symbole für verallgemeinerte AND und OR-Gatter mit n Input-Variablen ein:

$OR(x_1, \dots, x_n)$	$AND(x_1, \dots, x_n)$
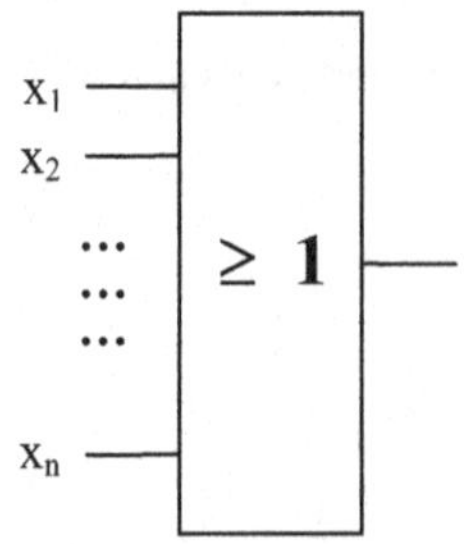	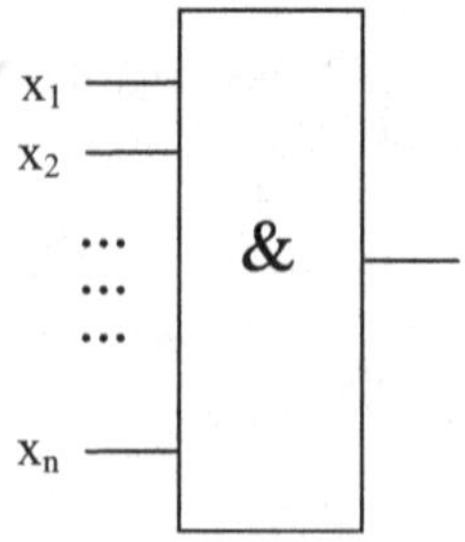

Wir werden nun zunächst so genannte Akzeptoren für beliebige Bitmuster $B = (b_1, \dots b_n)$ konstruieren, die genau dieses Bitmuster »durch« lassen bzw. akzeptieren – (damit meine ich, dass sie nur für dieses Bitmuster B den Wert 1 ergeben und ansonsten immer gleich 0 sind) – und alle anderen abweisen.
Beispielsweise ist AND $(x_1, \dots, x_n)$ ein Akzeptor für das Bitmuster $(1, \dots, 1)$, bei dem alle Komponenten den Wert 1 haben.

Definition:
Es sei $n \in \mathbf{N}$ beliebig, $n \neq 0$. Es sei $B = (b_1, \dots, b_n) \in \{0, 1\} \times \dots \times \{0, 1\} = \{0, 1\}^n$ ein beliebiges Bitmuster.
Dann definiert man die Abbildung $\mathbf{AKZEPTOR}_B : \{0, 1\}^n \to \{0, 1\}$ durch:

$\mathbf{AKZEPTOR}_B (x_1, \dots, x_n) = \text{AND}(y_1, \dots, y_n)$, wobei für alle $1 \leq i \leq n$ gilt:

$$y_i = \begin{cases} x_i, & \text{falls } b_i = 1 \\ \overline{x_i}, & \text{falls } b_i = 0 \end{cases}$$

Wir betrachten ein paar Beispiele:

Beispiele:

- Es sei $n = 2$ und $B = (1, 0) = (b_1, b_2)$, also
  $\text{AKZEPTOR}_B (x_1, x_2) = x_1 \cdot \overline{x_2}$. Diese Funktion beschreiben wir mit folgendem Bild:

Und es ist:

B	x_1	x_2	$\overline{x_2}$	$x_1 \cdot \overline{x_2}$
	0	0	**1**	0
	0	1	**0**	0
Hier →	**1**	0	**1**	**1**
	1	1	**0**	0

- Es sei $n = 3$ und $B = (0, 0, 1) = (b_1, b_2, b_3)$, also
  $\text{AKZEPTOR}_B (x_1, x_2, x_3) = \overline{x_1} \cdot \overline{x_2} \cdot x_3$. Diese Funktion beschreiben wir mit folgendem Bild:

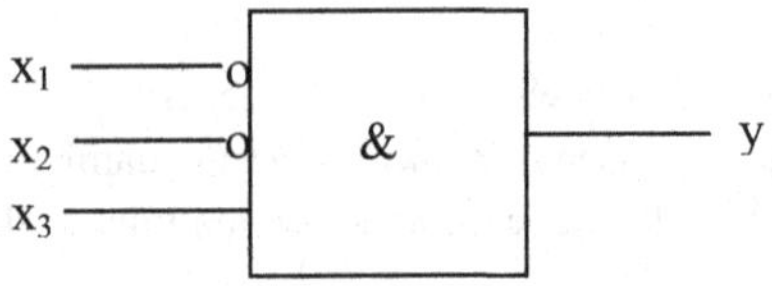

Und es ist:

B	x_1	$\overline{x_1}$	x_2	$\overline{x_2}$	x_3	$\overline{x_1} \cdot \overline{x_2} \cdot x_3$
	0	1	0	1	0	0
Hier →	0	1	0	1	1	1
	0	1	1	0	0	0
	0	1	1	0	1	0
	1	0	0	1	0	0
	1	0	0	1	1	0
	1	0	1	0	0	0
	1	0	1	0	1	0

- Es sei n = 4 und B = (1, 0, 0, 1) = (b_1, b_2, b_3, b_4), also AKZEPTOR $_B(x_1, x_2, x_3, x_4) = x_1 \cdot \overline{x_2} \cdot \overline{x_3} \cdot x_4$. Diese Funktion beschreiben wir mit folgendem Bild:

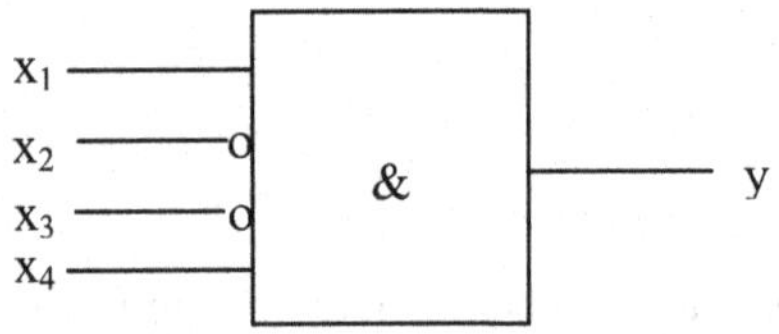

Und es ist:

B	x_1	x_2	$\overline{x_2}$	x_3	$\overline{x_3}$	x_4	$x_1 \cdot \overline{x_2} \cdot \overline{x_3} \cdot x_4$
	0	0	1	0	1	0	0
	0	0	1	0	1	1	0
	0	0	1	1	0	0	0
	0	0	1	1	0	1	0
	0	1	0	0	1	0	0
	0	1	0	0	1	1	0
	0	1	0	1	0	0	0
	0	1	0	1	0	1	0
	1	0	1	0	1	0	0
Hier →	1	0	1	0	1	1	1
	1	0	1	1	0	0	0
	1	0	1	1	0	1	0
	1	1	0	0	1	0	0
	1	1	0	0	1	1	0
	1	1	0	1	0	0	0
	1	1	0	1	0	1	0

Nach diesen Beispielen können wir allgemein beweisen, dass unsere Abbildung zu Recht den Namen Akzeptor trägt:

> Satz 13.6
> Es sei $n \in \mathbf{N}$ beliebig, $n \neq 0$. Es sei $B = (b_1, \dots, b_n) \in \{0, 1\} \times \dots \times \{0, 1\} = \{0, 1\}^n$ ein beliebiges Bitmuster. Dann gilt:
>
> $$\text{AKZEPTOR}_B(x_1, \dots, x_n) = \begin{cases} 1, \text{ falls } \forall_{1 \le k \le n}\; x_k = b_k \\ 0, \text{ sonst} \end{cases}$$

Beweis:
Nur im Falle, dass für alle $1 \le k \le n$ die Variable x_k den Wert von b_k erhält, steht in jedem Faktor der Und-Aussage eine 1. Mit Satz 13.5 folgt die Behauptung.

q. e. d.

Nun können wir eine beliebige Boolesche Funktion $f: \{0, 1\}^n \to \{0, 1\}$ mit

$$y = f(x_1, x_2, \dots, x_m)$$

von der wir nur die Wahrheitswertzuordnungen, d. h. nur die Wahrheitswertetabelle kennen, mit Hilfe unserer Formeln darstellen und damit auch als elektronische Schaltung realisieren.

> Satz 13.7
> Es sei $n \in \mathbf{N}$ beliebig, $n \neq 0$. $f: \{0, 1\}^n \to \{0, 1\}$ sei eine beliebige Boolesche Funktion. Weiter sei $m \in \mathbf{N}$, $0 \le m \le 2^n$ so gewählt, dass es genau m Bitmuster $B_1, \dots, B_m \in \{0, 1\}^n$ gibt, für die gilt: $f(B_k) = 1$. $(1 \le k \le m)$.
>
> Falls $m = 0$ ist, ist $f(x_1, x_2, \dots, x_n) \equiv 0$ (konstant = 0), andernfalls gilt:
> $f(x_1, x_2, \dots, x_n) =$
>
> $$= \text{OR}(\text{AKZEPTOR}_{B1}(x_1, \dots, x_n), \dots, \text{AKZEPTOR}_{Bm}(x_1, \dots, x_n)) =$$
>
> $$= \sum_{k=1}^{m} \text{AKZEPTOR}_{Bk}(x_1, \dots, x_n)$$

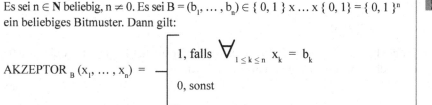

Beweis:
Es gilt nach Definition des OR-Operators:

$$f(x_1, x_2, \dots, x_n) = 1 \quad \leftrightarrow$$

$$\exists_{k \in \{1, \dots, m\}} \text{ AKZEPTOR}_{B k}(x_1, \dots, x_n) = 1 \quad \leftrightarrow$$

$$\exists_{k \in \{1, \dots, m\}} (x_1, \dots, x_n) = B_k$$

Da die B_k gerade genau die Bitmuster waren, für die $f(B_k) = 1$ galt, ist die Funktion f durch die obige Formel vollständig beschrieben.

q. e. d.

Diese Darstellung heißt die Minterm-Darstellung von f.
Ich gebe noch einmal die Definition, damit die Aktenlage korrekt ist:

Definition:
Es sei $n \in \mathbf{N}$ beliebig, $n \neq 0$. $f : \{ 0 , 1 \}^n \rightarrow \{ 0 , 1 \}$ sei eine beliebige Boolesche Funktion. Weiter sei $m \in \mathbf{N}$, $0 \leq m \leq 2^n$ so gewählt, dass es genau m Bitmuster $B_1, \dots, B_m \in \{ 0, 1 \}^n$ gibt, für die gilt: $f(B_k) = 1. (1 \leq k \leq m)$. Falls $m > 0$ ist, heißt
$f(x_1, x_2, \dots, x_n) =$

$$= \text{OR}(\text{ AKZEPTOR}_{B1}(x_1, \dots, x_n), \dots, \text{ AKZEPTOR}_{Bm}(x_1, \dots, x_n)) =$$

$$= \sum_{k=1}^{m} \text{AKZEPTOR}_{Bk}(x_1, \dots, x_n)$$

die *Minterm-Darstellung* von f.

Betrachten Sie ein Beispiel:

- Sei $f : \{ 0 , 1 \}^3 \rightarrow \{ 0 , 1 \}$ eine Boolesche Funktion mit folgender Wahrheitstafel:

x_1	x_2	x_3	y
0	0	0	0
0	0	1	1
0	1	0	0
0	1	1	0
1	0	0	1
1	0	1	1
1	1	0	0
1	1	1	0

Es gibt drei Bitmuster B, für die gilt: $f(B) = 1$, nämlich: (0, 0, 1) , (1, 0, 0) und (1, 0, 1). Die zugehörigen Akzeptoren lauten:

$$\text{AKZEPTOR}_{(0,0,1)}(x_1, x_2, x_3) = \overline{x_1} \cdot \overline{x_2} \cdot x_3$$
$$\text{AKZEPTOR}_{(1,0,0)}(x_1, x_2, x_3) = x_1 \cdot \overline{x_2} \cdot \overline{x_3}$$
$$\text{AKZEPTOR}_{(1,0,1)}(x_1, x_2, x_3) = x_1 \cdot \overline{x_2} \cdot x_3$$

Und wir erhalten:

$$\text{Minterm(f)}(x_1, x_2, x_3) = \overline{x_1} \cdot \overline{x_2} \cdot x_3 + x_1 \cdot \overline{x_2} \cdot \overline{x_3} + x_1 \cdot \overline{x_2} \cdot x_3 .$$

Wir machen die Probe:

x_1	x_2	x_3	$A_1 = \overline{x_1} \cdot \overline{x_2} \cdot x_3$	$A_2 = x_1 \cdot \overline{x_2} \cdot \overline{x_3}$	$A_3 = x_1 \cdot \overline{x_2} \cdot x_3$	$A_1 + A_2 + A_3$	y vorgegeben
0	0	0	0	0	0	0	0
0	0	1	1	0	0	1	1
0	1	0	0	0	0	0	0
0	1	1	0	0	0	0	0
1	0	0	0	1	0	1	1
1	0	1	0	0	1	1	1
1	1	0	0	0	0	0	0
1	1	1	0	0	0	0	0

Alles ist, wie es sein sollte.

Nun gibt es neben der Minterm-Darstellung einer Funktion, die mit Akzeptoren arbeitet, auch noch eine Maxterm-Darstellung, die mit Zurückweisern arbeitet. Wir werden dazu so genannte Zurückweiser für beliebige Bitmuster $B = (b_1, \dots b_n)$ konstruieren, die genau dieses Bitmuster zurückweisen – (damit meine ich, dass sie nur für dieses Bitmuster B den Wert 0 ergeben und ansonsten immer gleich 1 sind) – und alle anderen akzeptieren.

Beispielsweise ist $\text{OR}(x_1, \dots, x_n)$ ein Zurückweiser für das Bitmuster $(0, \dots, 0)$, bei dem alle Komponenten den Wert 0 haben. Allgemein definieren wir:

Definition:
Es sei $n \in \mathbf{N}$ beliebig, $n \neq 0$. Es sei $B = (b_1, \dots, b_n) \in \{0, 1\} \times \dots \times \{0, 1\} = \{0, 1\}^n$ ein beliebiges Bitmuster.
Dann definiert man die Abbildung $\textbf{ZURÜCKWEISER}_B : \{0, 1\}^n \to \{0, 1\}$ durch:
$\textbf{ZURÜCKWEISER}_B(x_1, \dots, x_n) = \text{OR}(y_1, \dots, y_n)$, wobei für alle $1 \leq i \leq n$ gilt:

$$y_i = \begin{cases} x_i, & \text{falls } b_i = 0 \\ \overline{x_i}, & \text{falls } b_i = 1 \end{cases}$$

Wir betrachten wieder ein paar Beispiele. Diesmal konstruieren wir für dieselben Bitmuster wie eben die Zurückweiser:

Beispiele:

- Es sei n = 2 und B = (1, 0) = (b_1, b_2), also
  ZURÜCKWEISER $_B(x_1, x_2) = \overline{x_1} + x_2$.
  Diese Funktion beschreiben wir mit folgendem Bild:

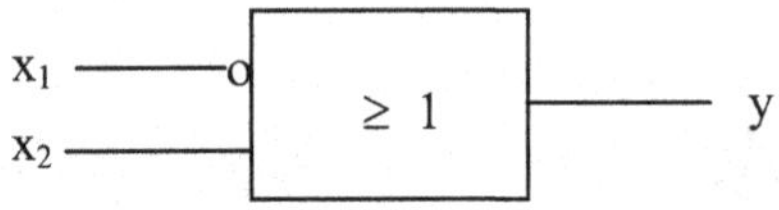

Und es ist:

B	x_1	$\overline{x_1}$	x_2	$\overline{x_1} + x_1$
	0	1	0	1
	0	1	1	1
Hier →	1	0	0	0
	1	0	1	1

- Es sei n = 3 und B = (0, 0, 1) = (b_1, b_2, b_3), also
  ZURÜCKWEISER $_B(x_1, x_2, x_3) = x_1 + x_2 + \overline{x_3}$.
  Diese Funktion beschreiben wir mit folgendem Bild:

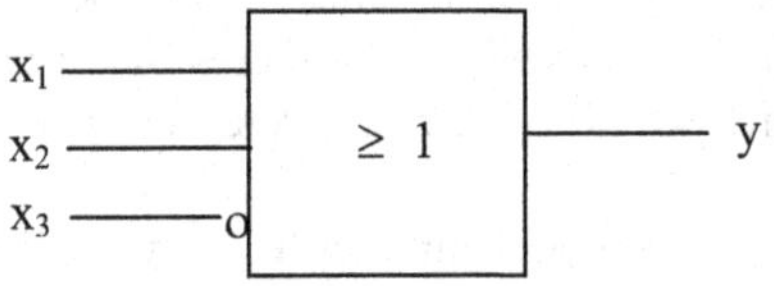

Und es ist:

B	x_1	x_2	x_3	$\overline{x_3}$	$x_1 + x_2 + \overline{x_3}$
	0	0	0	1	1
Hier →	0	0	1	0	0
	0	1	0	1	1
	0	1	1	0	1
	1	0	0	1	1
	1	0	1	0	1
	1	1	0	1	1
	1	1	1	0	1

- Es sei n = 4 und B = (1, 0, 0, 1) = (b_1, b_2, b_3, b_4), also
  AKZEPTOR $_B(x_1, x_2, x_3, x_4) = \overline{x_1} + x_2 + x_3 + \overline{x_4}$.

Diese Funktion beschreiben wir mit folgendem Bild:

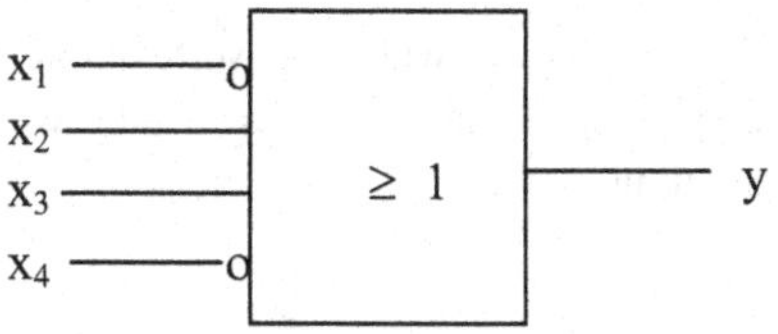

Und es ist:

B	x_1	$\overline{x_1}$	x_2	x_3	x_4	$\overline{x_4}$	$\overline{x_1} + x_1 + x_1 + \overline{x_4}$
	0	**1**	**0**	**0**	0	**1**	1
	0	**1**	**0**	**0**	1	**0**	1
	0	**1**	**0**	**1**	0	**1**	1
	0	**1**	**0**	**1**	1	**0**	1
	0	**1**	**1**	**0**	0	**1**	1
	0	**1**	**1**	**0**	1	**0**	1
	0	**1**	**1**	**1**	0	**1**	1
	0	**1**	**1**	**1**	1	**0**	1
	1	**0**	**0**	**0**	0	**1**	1
Hier →	1	**0**	**0**	**0**	1	**0**	**0**
	1	**0**	**0**	**1**	0	**1**	1
	1	**0**	**0**	**1**	1	**0**	1
	1	**0**	**1**	**0**	0	**1**	1
	1	**0**	**1**	**0**	1	**0**	1
	1	**0**	**1**	**1**	0	**1**	1
	1	**0**	**1**	**1**	1	**0**	1

Nach diesen Beispielen möchte ich allgemein beweisen, dass unsere Abbildung zu Recht den Namen Zurückweiser trägt:

Satz 13.8
Es sei $n \in \mathbf{N}$ beliebig, $n \neq 0$. Es sei $B = (b_1, \ldots, b_n) \in \{0, 1\} \times \ldots \times \{0, 1\} = \{0, 1\}^n$ ein beliebiges Bitmuster. Dann gilt:

$$\text{ZURÜCKWEISER}_B(x_1, \ldots, x_n) = \begin{cases} 0, \text{ falls } \forall_{1 \leq k \leq n}\ x_k = b_k \\ 1, \text{ sonst} \end{cases}$$

Beweis:
Nur im Falle, dass für alle $1 \leq k \leq n$ die Variable x_k den Wert von b_k erhält, steht in jedem Summanden der Oder-Aussage eine 0. Mit Satz 13.5 folgt die Behauptung.

q. e. d.

Jetzt haben wir für eine beliebige Boolesche Funktion $f: \{0, 1\}^n \to \{0, 1\}$ mit

$$y = f(x_1, x_2, \dots, x_m)$$

von der wir nur die Wahrheitswertzuordnungen, d.h. nur die Wahrheitswertetabelle kennen, eine weitere Darstellung mit Hilfe unserer Formeln und damit auch eine weitere Realisierung in Form einer elektronischen Schaltung.

Satz 13.9

Es sei $n \in \mathbf{N}$ beliebig, $n \neq 0$. $f: \{0, 1\}^n \to \{0, 1\}$ sei eine beliebige Boolesche Funktion. Weiter sei $m \in \mathbf{N}$, $0 \leq m \leq 2^n$ so gewählt, dass es genau m Bitmuster

$B_1, \dots, B_m \in \{0, 1\}^n$ gibt, für die gilt: $f(B_k) = 0$. $(1 \leq k \leq m)$.

Falls $m = 0$ ist, ist $f(x_1, x_2, \dots, x_n) \equiv 1$ (konstant = 1), andernfalls gilt:

$$f(x_1, x_2, \dots, x_n) =$$
$$= \text{AND}(\text{ZURÜCKWEISER}_{B1}(x_1, \dots, x_n), \dots, \text{ZURÜCKWEISER}_{Bm}(x_1, \dots, x_n)) =$$
$$= \prod_{k=1}^{m} \text{ZURÜCKWEISER}_{Bk}(x_1, \dots, x_n)$$

Beweis:

Es gilt nach Definition des AND-Operators:

$$f(x_1, x_2, \dots, x_n) = 0 \quad \leftrightarrow$$
$$\exists_{k \in \{1, \dots, m\}} \text{ZURÜCKWEISER}_{Bk}(x_1, \dots, x_n) = 0 \quad \leftrightarrow$$
$$\exists_{k \in \{1, \dots, m\}} (x_1, \dots, x_n) = B_k$$

Da die B_k gerade genau die Bitmuster waren, für die $f(B_k) = 0$ galt, ist die Funktion f durch die obige Formel vollständig beschrieben.

q.e.d.

Diese Darstellung heißt die Maxterm-Darstellung von f.

Ich gebe wieder unsere Definition für die korrekte Aktenlage:

Definition:

Es sei $n \in \mathbf{N}$ beliebig, $n \neq 0$. $f: \{0, 1\}^n \to \{0, 1\}$ sei eine beliebige Boolesche Funktion. Weiter sei $m \in \mathbf{N}$, $0 \leq m \leq 2^n$ so gewählt, dass es genau m Bitmuster $B_1, \dots, B_m \in \{0, 1\}^n$ gibt, für die gilt: $f(B_k) = 0$. $(1 \leq k \leq m)$.

Falls $m > 0$ ist, heißt

$$f(x_1, x_2, \dots, x_n) =$$
$$= \text{AND}(\text{ZURÜCKWEISER}_{B1}(x_1, \dots, x_n), \dots, \text{ZURÜCKWEISER}_{Bm}(x_1, \dots, x_n)) =$$
$$= \prod_{k=1}^{m} \text{ZURÜCKWEISER}_{Bk}(x_1, \dots, x_n)$$

die *Maxterm-Darstellung* von f.

Betrachten Sie wieder unser Beispiel:

- Sei $f : \{ 0 , 1 \}^3 \rightarrow \{ 0 , 1 \}$ unsere obige Boolesche Funktion mit folgender Wahrheitstafel:

x_1	x_2	x_3	y
0	0	0	0
0	0	1	1
0	1	0	0
0	1	1	0
1	0	0	1
1	0	1	1
1	1	0	0
1	1	1	0

Es gibt fünf Bitmuster B, für die gilt: f(B) = 0, nämlich: (0, 0, 0) , (0, 1, 0), (0, 1, 1), (1, 1, 0) und (1, 1, 1). Die zugehörigen Zurückweiser lauten:

$$\text{ZURÜCKWEISER}_{(0,0,0)}(x_1, x_2, x_3) = x_1 + x_2 + x_3$$
$$\text{ZURÜCKWEISER}_{(0,1,0)}(x_1, x_2, x_3) = x_1 + \overline{x_2} + x_3$$
$$\text{ZURÜCKWEISER}_{(0,1,1)}(x_1, x_2, x_3) = x_1 + \overline{x_2} + \overline{x_3}$$
$$\text{ZURÜCKWEISER}_{(1,1,0)}(x_1, x_2, x_3) = \overline{x_1} + \overline{x_2} + x_3$$
$$\text{ZURÜCKWEISER}_{(1,1,1)}(x_1, x_2, x_3) = \overline{x_1} + \overline{x_2} + \overline{x_3}$$

Und wir erhalten: $\text{Maxterm}(f)(x_1, x_2, x_3) =$

$$= (x_1 + x_2 + x_3) \cdot (x_1 + \overline{x_2} + x_3) \cdot (x_1 + \overline{x_2} + \overline{x_3}) \cdot (\overline{x_1} + \overline{x_2} + x_3) \cdot (\overline{x_1} + \overline{x_2} + \overline{x_3})$$

Wir machen die Probe:

x_1	x_2	x_3	$Z_1 = x_1+x_2+x_3$	$Z_2 = x_1+\overline{x_2}+x_3$	$Z_3 = x_1+\overline{x_2}+\overline{x_3}$	$Z_4 = \overline{x_1}+\overline{x_2}+x_3$	$Z_5 = \overline{x_1}+\overline{x_2}+\overline{x_3}$	$Z_1 \cdot Z_2 \cdot Z_3 \cdot Z_4 \cdot Z_5$	y vorgegeben
0	0	0	0	1	1	1	1	0	0
0	0	1	1	1	1	1	1	1	1
0	1	0	1	0	1	1	1	0	0
0	1	1	1	1	0	1	1	0	0
1	0	0	1	1	1	1	1	1	1
1	0	1	1	1	1	1	1	1	1
1	1	0	1	1	1	0	1	0	0
1	1	1	1	1	1	1	0	0	0

Wieder ist alles, wie es sein sollte. Wir sind nun soweit, dass wir eine beliebige Boolesche Funktion aufbauen können, indem wir nur AND, OR und NOT-Funktionen benutzen. Jede Boolesche Funktion hat eine Minterm- und eine Maxterm-Darstellung. In unserem Falle benötigten wir für die Maxterm-Darstellung mehr Bausteine als für die Minterm-Darstellung. Hier ist also die Minterm-Darstellung effizienter (und billiger) als die Maxterm-Darstellung unserer Funktion. Das kann aber genauso gut auch anders herum sein. In Wirklichkeit ist keine der beiden Darstellungen besonders effizient. Zum Beispiel kann ich unsere Funktion f auch folgendermaßen schreiben:

Vereinfachung 13.10

Es ist $f(x_1, x_2, x_3) =$

$$= (x_1 + x_2 + x_3) \cdot (x_1 + \overline{x_2} + x_3) \cdot (x_1 + \overline{x_2} + \overline{x_3}) \cdot (\overline{x_1} + \overline{x_2} + x_3) \cdot (\overline{x_1} + \overline{x_2} + \overline{x_3}) \qquad \textit{(Maxterm)}$$

$$= \overline{x_1} \cdot \overline{x_2} \cdot x_3 + x_1 \cdot \overline{x_2} \cdot \overline{x_3} + x_1 \cdot \overline{x_2} \cdot x_3 \qquad \textit{(Minterm)}$$

$$= (x_1 + x_3) \cdot \overline{x_2} \qquad \textit{(Cleverness)}$$

Beweis:

x_1	x_2	x_3	$x_1 + x_3$	$\overline{x_2}$	$(x_1 + x_3) \cdot \overline{x_2}$	$f(x_1, x_2, x_3)$
0	0	**0**	**0**	1	0	0
0	0	**1**	**1**	1	1	1
0	1	**0**	**0**	0	0	0
0	1	**1**	**1**	0	0	0
1	0	**0**	**1**	1	1	1
1	0	**1**	**1**	1	1	1
1	1	**0**	**1**	0	0	0
1	1	**1**	**1**	0	0	0

q. e. d.

Der Mensch ist ja undankbar. Eben waren wir noch froh, zu beliebigen Wertetafeln Boolesche Formeln angeben zu können, die diese Wertetafeln repräsentieren, jetzt reicht uns diese prinzipielle Darstellbarkeit schon wieder nicht, sondern wir möchten Regeln, besser noch: Rezepte haben, mit denen wir möglichst einfache Formeln finden können.

Das folgende Kapitel wird uns dabei ein ganzes Stück weiterbringen.

Übungsaufgaben

1. Aufgabe

a. Stellen Sie die Funktion z = x AND y nur mit Hilfe von OR und NOT dar.
b. Stellen Sie die Funktion z = x OR y nur mit Hilfe von AND und NOT dar.

2. Aufgabe

a. Wie viele Boolesche Funktionen f : $\{0, 1\}^2 \rightarrow \{0, 1\}^n$ gibt es ?
b. Wie viele Boolesche Funktionen f : $\{0, 1\}^3 \rightarrow \{0, 1\}^n$ gibt es ?
c. Wie viele Boolesche Funktionen f : $\{0, 1\}^m \rightarrow \{0, 1\}^n$ gibt es ?

3. Aufgabe

Die Boolesche Funktion f : { 0 , 1 }2 → { 0 , 1 } habe die folgende Wahrheitstafel:

x	y	f(x,y)
0	0	0
0	1	1
1	0	1
1	1	0

Beschreiben Sie diese Funktion, indem Sie nur das AND und das NOT-Gatter benutzen.

4. Aufgabe

Beweisen Sie das Distributivgesetz für das ausschließende Oder:
$(x \oplus y) \cdot z = x \cdot z \oplus y \cdot z$

5. Aufgabe

Wie Sie sicher noch aus Kapitel 1 wissen, ist $x \rightarrow y$ äquivalent zu $(\neg x) \vee y$ bzw. in unserer Algebra-Notation äquivalent zu $\overline{x} + y$.
Außerdem ist $x \leftrightarrow y$ äquivalent zu $(x \rightarrow y) \wedge (y \rightarrow x)$ bzw. in unserer Algebra-Notation äquivalent zu $(x \rightarrow y) \cdot (y \rightarrow x)$
Frage: Sind die beiden folgenden Ausdrücke logisch äquivalent? Beweisen Sie Ihre Antwort!
(i) x (ii) $(y \leftrightarrow (x \rightarrow y))$

6. Aufgabe

Geben Sie zu der folgenden Funktion f mit der untenstehenden Wahrheitstafel die Minterm- und Maxterm-Darstellungen an:

x_1	0	0	0	0	0	0	0	0	1	1	1	1	1	1	1	1
x_2	0	0	0	0	1	1	1	1	0	0	0	0	1	1	1	1
x_3	0	0	1	1	0	0	1	1	0	0	1	1	0	0	1	1
x_4	0	1	0	1	0	1	0	1	0	1	0	1	0	1	0	1
$f(x_1, x_2, x_3, x_4)$	0	0	1	0	1	0	0	0	1	1	0	0	1	1	0	0

7. Aufgabe

Finden Sie die Minterm- und Maxterm-Ausdrücke für die NAND- , NOR- , XOR- und XNOR-Operationen. Vergleichen Sie Ihre Lösungen mit den Formeln, die Sie für diese Ausdrücke bereits kennen gelernt haben.

8. Aufgabe

Ein Kollege sagt Ihnen: »Ich habe heute eine Boolesche Funktion f in 3 Variablen konstruiert, für die gilt:

$$f(\overline{x_1}, x_2, x_3) = f(x_1, \overline{x_2}, x_3) = f(x_1, x_2, \overline{x_3}) = \overline{f(x_1, x_2, x_3)} \text{ «}$$

Sie können den Kollegen nicht besonders leiden und sagen schnell: »Eine solche Funktion gibt es gar nicht.« Waren Sie zu voreilig?

9. Aufgabe

Geben Sie eine Formel an

- für die Anzahl der UND- und ODER-Bausteine bei einem Minterm-Ausdruck
- für die Anzahl der UND- und ODER-Bausteine bei einem Maxterm-Ausdruck

In welcher Situation sollte man also welchen Ausdruck wählen ?

10. Aufgabe

Welcher Ausdruck ist hier kürzer, die Minterm- oder die Maxterm-Darstellung? Geben Sie den kürzeren Ausdruck explizit an.

x_1	0	0	0	0	0	0	0	0	1	1	1	1	1	1	1	1
x_2	0	0	0	0	1	1	1	1	0	0	0	0	1	1	1	1
x_3	0	0	1	1	0	0	1	1	0	0	1	1	0	0	1	1
x_4	0	1	0	1	0	1	0	1	0	1	0	1	0	1	0	1
$f(x_1, x_2, x_3, x_4)$	0	0	0	0	0	0	0	1	0	0	0	1	0	1	1	1

11. Aufgabe

Geben Sie auch hier – wie in Aufgabe 10 – den kürzeren Ausdruck explizit an.

x_1	0	0	0	0	0	0	0	0	1	1	1	1	1	1	1	1
x_2	0	0	0	0	1	1	1	1	0	0	0	0	1	1	1	1
x_3	0	0	1	1	0	0	1	1	0	0	1	1	0	0	1	1
x_4	0	1	0	1	0	1	0	1	0	1	0	1	0	1	0	1
$f(x_1, x_2, x_3, x_4)$	1	1	1	1	1	1	1	0	1	1	1	1	1	1	1	1

12. Aufgabe

Vervollständigen Sie die folgende Tabelle. Beweisen Sie Ihre Einträge!

Operation	assoziativ ?	kommutativ ?
AND	ja	ja
OR	ja	ja
NAND	??	??
NOR	??	??
XOR	??	??
XNOR	??	??

13. Aufgabe

Betrachten Sie die folgenden Ausdrücke für Boolesche Funktionen f und g:
P_1: $f \cdot g = 0$, P_2: $f = \overline{g}$

a. Folgt P_2 aus P_1? Falls ja, beweisen Sie das bitte, andernfalls geben Sie ein explizites Gegenbeispiel.
b. Folgt P_1 aus P_2? Falls ja, beweisen Sie das bitte, andernfalls geben Sie ein explizites Gegenbeispiel.

14. Aufgabe

Betrachten Sie die folgenden 4 Sätze (wenn Sie ihren Inhalt verwirrend finden, kümmern Sie sich nicht drum, es geht um etwas anderes).
a: Tischbein ist die Bezeichnung eines Möbelteils.
b: Tischbein ist der Nachname eines Jungen namens Emil.
c: Hütchen ist eine Verkleinerungsform von Hut.
d: Die Cousine von Emil Tischbein heißt Pony Hütchen.

Die Boolesche Formel für die Aussage »Alle 4 Sätze sind wahr« lautet: $a \cdot b \cdot c \cdot d$.

Finden Sie auf ähnliche Weise die Formeln für:
a. Mindestens einer der 4 Sätze ist wahr.
b. Genau einer dieser 4 Sätze ist wahr.
c. Höchstens einer dieser 4 Sätze ist wahr.
d. Welche der vier folgenden Ausdrücke formalisieren die Aussage:
   a ist wahr, die anderen drei Aussagen sind falsch?

(i) $a \cdot \overline{b} \cdot \overline{c} \cdot \overline{d}$

(ii) $a \cdot \overline{b \cdot c \cdot d}$

(iii) $a \cdot (\overline{b} + \overline{c} + \overline{d})$

(iv) $a \cdot (\overline{b + c + d})$

Ihre Antwort kann nur aus 0 oder aus 2 Ausdrücken bestehen. Warum?

15. Aufgabe

Es gibt bezüglich der Booleschen Addition ein neutrales Element, es ist der Wahrheitswert »falsch«, also die 0. Genauso gibt es ein neutrales Element der Und-Verknüpfung, der Multiplikation: Es ist der Wahrheitswert »wahr«, also die 1. Beweisen Sie diese beiden Tatsachen.

Boolesche Gesetze, Dualitäten und Diagramme

14

Wir haben im letzten Kapitel ein paar Boolesche Gesetze wiederholt bzw. uns neu überlegt. Ich möchte sie noch einmal in einer Form aufschreiben, in der Sie erkennen können, dass es jedes Gesetz in zwei Formen gibt. Zusätzlich erinnere ich Sie noch an die Distributivgesetze aus Kapitel 1 (Satz 1.12).

14.1 Das Boolesche Dualitätsprinzip und 23 wichtige Gesetze

Gesetz	1. Form	2. Form
Assoziativgesetz	$\forall_{x,y,z \in \{0,1\}} (x+y)+z = x+(y+z)$	$\forall_{x,y,z \in \{0,1\}} (x \cdot y) \cdot z = x \cdot (y \cdot z)$
Kommutativgesetz	$\forall_{x,y \in \{0,1\}} x+y = y+x$	$\forall_{x,y \in \{0,1\}} x \cdot y = y \cdot x$
Neutrales Element	$\forall_{x \in \{0,1\}} x+0 = x$	$\forall_{x \in \{0,1\}} x \cdot 1 = x$
De Morgan	$\forall_{x,y \in \{0,1\}} \overline{x+y} = \overline{x} \cdot \overline{y}$	$\forall_{x,y \in \{0,1\}} \overline{x \cdot y} = \overline{x} + \overline{y}$
Distributivgesetz	$\forall_{x,y,z \in \{0,1\}} (x+y) \cdot z = x \cdot z + y \cdot z$	$\forall_{x,y,z \in \{0,1\}} (x \cdot y) + z = (x+z) \cdot (y+z)$

Diese Tafel zeigt Ihnen ein wichtiges Prinzip. Es heißt Dualitätsprinzip und lautet:

> Boolesches Dualitätsprinzip: Falls man in einer gültigen Booleschen Formel
> - alle AND durch OR bzw. alle $\cdot$ durch $+$
> - alle OR durch AND bzw. alle $+$ durch $\cdot$
> - alle 0 durch 1 und
> - alle 1 durch 0
>
> ersetzt, erhält man wieder eine gültige Boolesche Identität.

Mit diesem Dualitätsprinzip erhalten wir die folgenden *23 grundlegenden Gesetze der Booleschen Algebra:*

Satz 14.1
Es gelten die folgenden Booleschen Gesetze:

Gesetz	1. Form (Primärform)	2. Form (Dualform)
Assoziativgesetz	$\forall_{x,y,z \in \{0,1\}} (x+y)+z = x+(y+z)$	$\forall_{x,y,z \in \{0,1\}} (x \cdot y) \cdot z = x \cdot (y \cdot z)$
Kommutativgesetz	$\forall_{x,y \in \{0,1\}} x+y = y+x$	$\forall_{x,y \in \{0,1\}} x \cdot y = y \cdot x$
Distributivgesetz	$\forall_{x,y,z \in \{0,1\}} (x + y) \cdot z = x \cdot z + y \cdot z$	$\forall_{x,y,z \in \{0,1\}} (x \cdot y) + z = (x + z) \cdot (y + z)$
De Morgan	$\forall_{x,y \in \{0,1\}} \overline{x + y} = \overline{x} \cdot \overline{y}$	$\forall_{x,y \in \{0,1\}} \overline{x \cdot y} = \overline{x} + \overline{y}$
schwache Absorption	$\forall_{x \in \{0,1\}} x+1 = 1$	$\forall_{x \in \{0,1\}} x \cdot 0 = 0$
starke Absorption	$\forall_{x,y \in \{0,1\}} x \cdot y+y = y$	$\forall_{x,y \in \{0,1\}} (x+y) \cdot y = y$
Involution	$\forall_{x \in \{0,1\}} \overline{\overline{x}} = x$	$\forall_{x \in \{0,1\}} \overline{\overline{x}} = x$
Idempotenzgesetz	$\forall_{x \in \{0,1\}} x+x = x$	$\forall_{x \in \{0,1\}} x \cdot x = x$
Gesetz vom Komplement	$\forall_{x \in \{0,1\}} x + \overline{x} = 1$	$\forall_{x \in \{0,1\}} x \cdot \overline{x} = 0$
Gesetz der Redundanz	$\forall_{x,y \in \{0,1\}} x + \overline{x} \cdot y = x + y$	$\forall_{x,y \in \{0,1\}} x \cdot (\overline{x} + y) = x \cdot y$
Konsensgesetz	$\forall_{x,y,z \in \{0,1\}} x \cdot y + \overline{x} \cdot z + y \cdot z = x \cdot y + \overline{x} \cdot z$	$\forall_{x,y,z \in \{0,1\}} (x + y) \cdot (\overline{x} + z) \cdot (y + z) = (x + y) \cdot (\overline{x} + z)$
Neutrales Element	$\forall_{x \in \{0,1\}} x+0 = x$	$\forall_{x \in \{0,1\}} x \cdot 1 = x$

(Beachten Sie: die Involution ist in ihrer Primärform identisch mit der Dualform, darum zeigt diese Tabelle mit 12 Zeilen und 2 Spalten »nur« 23 Gesetze).

Einige Bemerkungen zur Erklärung der neuen Namen, die alle aus dem Lateinischen kommen:

- *Absorption* kommt vom lateinischen »absorbere«, das heißt: »einverleiben, aufsaugen«: Die Formel $x + 1$ saugt den x-Ausdruck auf, übrig bleibt die 1. Ganz entsprechend bei der starken Absorption.
- *Involution* kommt vom lateinischen »involvere«, das heißt: »einwickeln«. In der Mathematik werden damit alle Operationen bezeichnet, die zu sich selbst invers sind, die also bei zweimaliger Durchführung stets wieder beim Ausgangsobjekt enden. Zwei halbe Drehungen, mit denen man etwas einwickelt, sind ein Beispiel für so einen Vorgang.
- In *Idempotenz* stecken zwei lateinische Worte: »idem« – das heißt »(eben) derselbe« oder auch »dasselbe« – und »potentia« – das heißt: »die Kraft, die Macht«. In der Mathematik bezeichnet man damit alle Operationen, die – egal wie oft ausgeführt – immer nur dasselbe Ergebnis liefern. Solche Operationen haben (nur) die Potenz, einen Gegenstand unverändert zu lassen.
- *Komplement* kommt lateinischen »complementum«, der »Ergänzung, Vervollständigung« und Sie kennen dieses Wort schon aus der Mengenlehre. Hier ist die Verneinung von x gerade sein Komplement.
- *Redundanz* kommt vom lateinischen »redundare«, das heißt »im Überfluss vorhanden sein«. Eine der Hauptaktivitäten in der Informatik besteht darin, Redundanz zu erkennen und zu minimieren bzw. vollständig zu vermeiden. Auch das Redundanzgesetz in unserem Satz beschäftigt sich mit der Entfernung von überflüssiger Information.
- *Konsens* bedeutet Übereinstimmung. Sie können in der Übungsaufgabe 3 erkennen, warum die Übereinstimmungsfälle, die Konsensfälle $x = 0, y = 0, z = 0$ und $x = 1, y = 1, z = 1$ entscheidende Situationen für das Konsensgesetz sind.

Beweis:
Assoziativgesetze, Kommutativgesetze, Distributivgesetze, die Formeln von De Morgan und die neutralen Elemente der Addition und Multiplikation sind klar und wurden alle gezeigt.
Die schwache Absorption, die Involution, die Idempotenzgesetze und die Gesetze vom Komplement möchte ich Ihnen als Übung überlassen, die Sie mit Hilfe von Wahrheitstafeln leicht durchführen können.
Zu zeigen bleiben: Die starke Absorption, die Gesetze der Redundanz und die Konsensgesetze.

Die starke Absorption in der Primärform:
Seien $x, y \in \{ 0, 1 \}$ beliebig. Dann gilt:

$$x \cdot y + y = y \cdot (x + 1) = \text{(schwache Absorption)} = y \cdot 1 = \text{(neutrales Element)} = y$$

Die starke Absorption in der Dualform:

Seien x, y ∈ { 0, 1 } beliebig. Dann gilt:

$$(x + y)\cdot y = \text{(Involution)}\ \overline{\overline{(x + y)\cdot y}} = \text{(De Morgan)} = \overline{\overline{x + y} + \overline{y}} =$$

$$= \text{(De Morgan)} = \overline{\overline{x}\cdot\overline{y} + \overline{y}} = \text{(starke Absorption in der Primärform)}$$

$$= \overline{\overline{y}} = \text{(Involution)} = y$$

Bemerkung: Um Ihnen das Dualitätsprinzip zu verdeutlichen habe ich hier die Dualform nicht direkt (und eventuell auch kürzer) bewiesen sondern durch Zurückführung auf die Primärform. Ich werde auch in den anderen Fällen so verfahren.

Das Gesetz der Redundanz in der Primärform:

Seien x, y ∈ { 0, 1 } beliebig. Dann gilt:

x	y	$\overline{x}$	$\overline{x}\cdot y$	$x + \overline{x}\cdot y$	$x + y$
0	0	1	0	0	0
0	1	1	1	1	1
1	0	0	0	1	1
1	1	0	0	1	1

Damit ist die Primärform bewiesen.

Das Gesetz der Redundanz in der Dualform:

Seien x, y ∈ { 0, 1 } beliebig. Dann gilt:

$$x\cdot(\overline{x} + y) = \text{(Involution)} = \overline{\overline{x\cdot(\overline{x} + y)}} = \text{(De Morgan)} =$$

$$= \overline{\overline{x} + \overline{(\overline{x} + y)}} = \text{(De Morgan)} = \overline{\overline{x} + (\overline{\overline{x}}\cdot\overline{y})} =$$

$$= \text{(Gesetz der Redundanz in der Primärform)} = \overline{\overline{x} + \overline{y}} =$$

$$= \text{(De Morgan)} = \overline{\overline{x}}\cdot\overline{\overline{y}} = \text{(Involution)} = x\cdot y$$

Das Konsensgesetz in der Primärform:

Seien x, y, z ∈ { 0, 1 } beliebig. Dann gilt:

x	y	z	$x\cdot y$	$\overline{x}\cdot z$	$y\cdot z$	$x\cdot y+\overline{x}\cdot z+y\cdot z$	$x\cdot y+\overline{x}\cdot z$
0	0	0	0	0	0	0	0
0	0	1	0	1	0	1	1
0	1	0	0	0	0	0	0
0	1	1	0	1	1	1	1
1	0	0	0	0	0	0	0
1	0	1	0	0	0	0	0
1	1	0	1	0	0	1	1
1	1	1	1	0	1	1	1

Damit ist die Primärform bewiesen.

Das Konsensgesetz in der Dualform:

Seien x, y, z ∈ { 0, 1 } beliebig. Dann gilt:

$(x + y)\cdot(\overline{x} + z)\cdot(y + z)$

$= \text{(Involution)} = \overline{\overline{(x + y)\cdot(\overline{x} + z)\cdot(y + z)}} = \text{(De Morgan)} =$

$= \overline{\overline{x + y} + \overline{\overline{x} + z} + \overline{y + z}} = \text{De Morgan)} = \overline{\overline{x}\cdot\overline{y} + \overline{\overline{x}}\cdot\overline{z} + \overline{y}\cdot\overline{z}} =$

$= \text{(Konsensgesetz in der Primärform)} = \overline{\overline{x}\cdot\overline{y} + \overline{\overline{x}}\cdot\overline{z}} = \text{(De Morgan und Involution)}$

$= \overline{\overline{x}\cdot\overline{y}}\cdot\overline{x\cdot\overline{z}} = \text{(De Morgan)} = (\overline{\overline{x}} + \overline{\overline{y}})\cdot(\overline{x} + \overline{\overline{z}}) =$

$= \text{(Involution)} = (x + y)\cdot(\overline{x} + z)$

Damit ist der gesamte Satz bewiesen.

Lassen Sie mich Ihnen zum Abschluss dieses Abschnitts noch zeigen, wie wir mit Hilfe der Gesetze, die wir jetzt gelernt haben, die Vereinfachungen erzielen können, die ich Ihnen im letzten Kapitel angekündigt hatte. Wir hatten mit Hilfe von Wahrheitstafeln gezeigt:

> Vereinfachung 13.12
> Es ist $f(x_1, x_2, x_3) =$
>
> $= (x_1 + x_2 + x_3)\cdot(x_1 + \overline{x_2} + x_3)\cdot(x_1 + \overline{x_2} + \overline{x_3})\cdot$
> $(\overline{x_1} + \overline{x_2} + x_3)\cdot(\overline{x_1} + \overline{x_2} + \overline{x_3})$ *(Maxterm)*
>
> $= \overline{x_1}\cdot\overline{x_2}\cdot x_3 + x_1\cdot\overline{x_2}\cdot\overline{x_3} + x_1\cdot\overline{x_2}\cdot x_3$ *(Minterm)*
>
> $= (x_1 + x_3)\cdot\overline{x_2}$ *(Cleverness)*

Ich nehme jetzt den Mimterm-Ausdruck, *vergesse die clevere Version* und fange an zu rechnen:

$\overline{x_1}\cdot\overline{x_2}\cdot x_3 + x_1\cdot\overline{x_2}\cdot\overline{x_3} + x_1\cdot\overline{x_2}\cdot x_3 = \text{(hier kann ich } \overline{x_2} \text{ ausklammern)} =$

$= (\overline{x_1}\cdot x_3 + x_1\cdot\overline{x_3} + x_1\cdot x_3)\cdot\overline{x_2} = (\overline{x_1}\cdot x_3 + x_1\cdot x_3 + x_1\cdot\overline{x_3})\cdot\overline{x_2}$

$= \text{(jetzt klammere ich } x_3 \text{ bei den ersten beiden Summanden aus)} =$

$= ((\overline{x_1} + x_1)\cdot x_3 + x_1\cdot\overline{x_3})\cdot\overline{x_2} = \text{(Komplement)} = (1\cdot x_3 + x_1\cdot\overline{x_3})\cdot\overline{x_2}$

$= \text{(neutrales Element)} = (x_3 + x_1\cdot\overline{x_3})\cdot\overline{x_2} = \text{(Gesetz der Redundanz)} =$

$= (x_3 + x_1)\cdot\overline{x_2}$, unsere clevere Version.

Ich habe diese clevere Version erreicht mit der einfachen Strategie, auszuklammern, was auszuklammern geht und den Rest auf Redundanz-, Absorptions- und Konsensstrukturen, die vereinfacht werden können, abzuprüfen. Weil das funktioniert hat, wage ich mich auch noch an den Maxterm-Ausdruck:

$(x_1 + x_2 + x_3) \cdot (x_1 + \overline{x_2} + x_3) \cdot (x_1 + \overline{x_2} + \overline{x_3}) \cdot$
$(\overline{x_1} + \overline{x_2} + x_3) \cdot (\overline{x_1} + \overline{x_2} + \overline{x_3}) =$

= (bei den 4 letzten Ausdrücken kann $\overline{x_2}$ gemäß der Dualform des Distributivgesetzes ausgeklammert werden) =

$=(x_1 + x_2 + x_3) \cdot (\overline{x_2} + (x_1 + x_3) \cdot (x_1 + \overline{x_3}) \cdot (\overline{x_1} + x_3) \cdot (\overline{x_1} + \overline{x_3}))$

= (ich klammere x_1 bzw. $\overline{x_1}$ gemäß der Dualform des Distributivgesetzes aus) =

$= (x_1 + x_2 + x_3) \cdot (\overline{x_2} + (x_1 + x_3 \cdot \overline{x_3}) \cdot (\overline{x_1} + x_3 \cdot \overline{x_3})) =$ (Komplement)

$= (x_1 + x_2 + x_3) \cdot (\overline{x_2} + (x_1 + 0) \cdot (\overline{x_1} + 0)) =$ (Neutrales Element)

$= (x_1 + x_2 + x_3) \cdot (\overline{x_2} + x_1 \cdot \overline{x_1}) =$ (Komplement) =

$= (x_1 + x_2 + x_3) \cdot (\overline{x_2} + 0) =$ (Neutrales Element) =

$= (x_1 + x_2 + x_3) \cdot \overline{x_2} =$ (Ausmultiplizieren) $= (x_1 + x_3) \cdot \overline{x_2} + x_2 \cdot \overline{x_2} =$

= (Komplement) $= (x_1 + x_3) \cdot \overline{x_2} + 0 =$ (Neutrales Element) =

$= (x_1 + x_3) \cdot \overline{x_2}$, unsere clevere Version.

Sie sehen: die Vereinfachung von Ausdrücken kann – insbesondere bei etwas Ungeschicklichkeit – ein ziemlicher mühsames Geschäft werden. Im nächsten Abschnitt lernen Sie eine Technik, die einem diese Arbeit sehr erleichtern kann.

14.2 Karnaugh-Veitch Diagramme

Ich will Ihnen in diesem Abschnitt eine Technik vermitteln, die 1952 von Edward W. Veitch, einem amerikanischen Mathematiker entworfen wurde und im folgenden Jahr von dem amerikanischen Physiker Maurice Karnaugh zu ihrer heutigen Form weiter entwickelt wurde. Sie können mit dieser Technik oft gute Vereinfachungen Ihres jeweiligen Booleschen Ausdruckes erhalten. Man nennt die Diagramme, die dabei benutzt werden, nach den Entwicklern dieser Methode KV-Diagramme und man wendet diese Technik normalerweise auf Boolesche Funktionen in 2, 3 oder 4 Variablen an. Sie kann auch auf Funktionen in 5 oder mehr Variablen angewendet werden, aber dann können kompliziertere Situationen auftreten.

Ich beginne mit KV-Diagrammen für Funktionen in 2 Variablen:

1. $f(x_1, x_2) = \overline{x_1} \cdot \overline{x_2} + \overline{x_1} \cdot x_2 + x_1 \cdot x_2$

Diese Funktion hat die folgende Wahrheitstafel:

x_1	x_2	$f(x_1, x_2)$
0	0	1
0	1	1
1	0	0
1	1	1

Als KV-Diagramm benutzt man die folgende Schablone für Funktionen in zwei Variablen:

	x_1	$\overline{x_1}$
x_2		
$\overline{x_2}$		

Mit der Zeile/Spalte x_i sind alle Fälle gemeint, in denen $x_i = 1$ ist und mit der Zeile/Spalte $\overline{x_i}$ sind alle Fälle gemeint, in denen $\overline{x_i} = 1$, also $x_i = 0$ ist. Wir tragen in unseren KV-Diagrammen nur die 1-Werte ein und erhalten in unserem Fall das Diagramm:

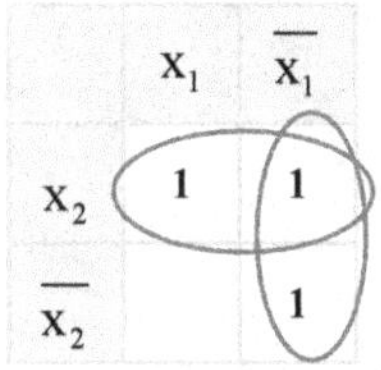

Aus dieser Tabelle erkennen wir: f ist wahr, wenn x_2 wahr ist (unabhängig von dem Wert von x_1 – das sind die Werte in der waagerechten Ellipse) oder wenn x_1 falsch ist (unabhängig von dem Wert von x_2 – das sind die Werte in der senkrechten Ellipse)

Also gilt: $f(x_1, x_2) = \overline{x_1} + x_2$

Unser nächstes Beispiel ist eine Funktion in drei Variablen:

2. $f(x_1, x_2, x_3) = \overline{x_1} \cdot \overline{x_2} \cdot \overline{x_3} + x_1 \cdot \overline{x_2} \cdot \overline{x_3} + x_1 \cdot x_2 \cdot x_3 + x_1 \cdot x_2 \cdot \overline{x_3}$

Diese Funktion hat die folgende Wahrheitstafel:

x_1	0	0	0	0	1	1	1	1
x_2	0	0	1	1	0	0	1	1
x_3	0	1	0	1	0	1	0	1
$f(x_1, x_2, x_3)$	1	0	0	0	1	0	1	1

Als KV-Diagramm benutzt man die folgende Schablone für Funktionen in drei Variablen:

	x_1	x_1	$\overline{x_1}$	$\overline{x_1}$
x_2				
$\overline{x_2}$				
	x_3	$\overline{x_3}$	$\overline{x_3}$	x_3

Beachten Sie, dass die Fälle für wahr und falsch bei x_3 anders angeordnet sind als bei x_1. Das muss so sein und wir werden diese Tatsache gleich genauer untersuchen. Wir tragen unsere 1-Werte ein und erhalten:

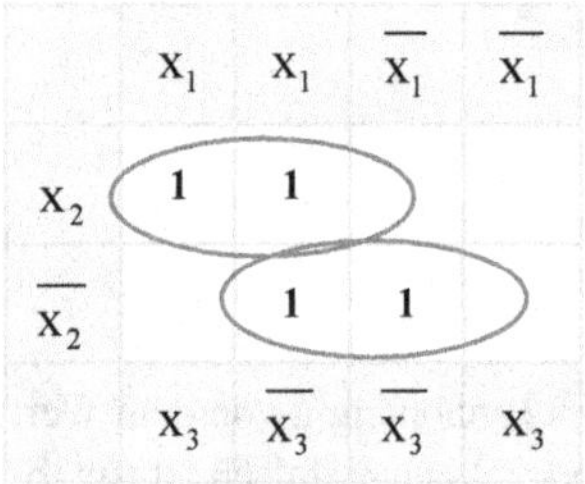

Aus dieser Tabelle erkennen wir: f ist wahr, wenn x_1 und x_2 wahr sind (unabhängig von dem Wert von x_3 – das sind die Werte in der oberen Ellipse) oder wenn x_2 und x_3 falsch sind (unabhängig von dem Wert von x_1 – das sind die Werte in der unteren Ellipse) Sie sehen auch: Wir mussten die Wahrheitswerte von x_3 so anordnen, dass sich diese Anordnung von der Anordnung der Werte von x_1 unterscheidet, sonst wäre diese Unabhängigkeitsanalyse nicht möglich gewesen.

Es wird: $f(x_1, x_2, x_3) \;=\; x_1 \cdot x_2 \;+\; \overline{x_2} \cdot \overline{x_3}$

Und schließlich eine Funktion in vier Variablen:

3. $f(x_1, x_2, x_3, x_4) \;=\; \overline{x_1} \cdot x_2 \cdot \overline{x_3} \cdot x_4 + \overline{x_1} \cdot x_2 \cdot x_3 \cdot x_4 + x_1 \cdot x_2 \cdot \overline{x_3} \cdot x_4$
$\qquad + x_1 \cdot x_2 \cdot x_3 \cdot x_4 + x_1 \cdot \overline{x_2} \cdot \overline{x_3} \cdot x_4 + x_1 \cdot \overline{x_2} \cdot x_3 \cdot x_4$

Diese Funktion hat die folgende Wahrheitstafel:

x_1	0	0	0	0	0	0	0	0	1	1	1	1	1	1	1	1
x_2	0	0	0	0	1	1	1	1	0	0	0	0	1	1	1	1
x_3	0	0	1	1	0	0	1	1	0	0	1	1	0	0	1	1
x_4	0	1	0	1	0	1	0	1	0	1	0	1	0	1	0	1
$f(x_1, x_2, x_3, x_4)$	0	0	0	0	0	1	0	1	0	1	0	1	0	1	0	1

Als KV-Diagramm benutzt man die folgende Schablone für Funktionen in vier Variablen:

	x_1	x_1	$\overline{x_1}$	$\overline{x_1}$	
x_2					$\overline{x_4}$
x_2					x_4
$\overline{x_2}$					x_4
$\overline{x_2}$					$\overline{x_4}$
	x_3	$\overline{x_3}$	$\overline{x_3}$	x_3	

Jetzt sind auch noch die Wahrheitswerte für x_2 anders angeordnet als bei x_4. Der Grund ist auch hier eine maximale Aussagekraft der Tabelle. Wir tragen unsere 1-Werte ein und erhalten:

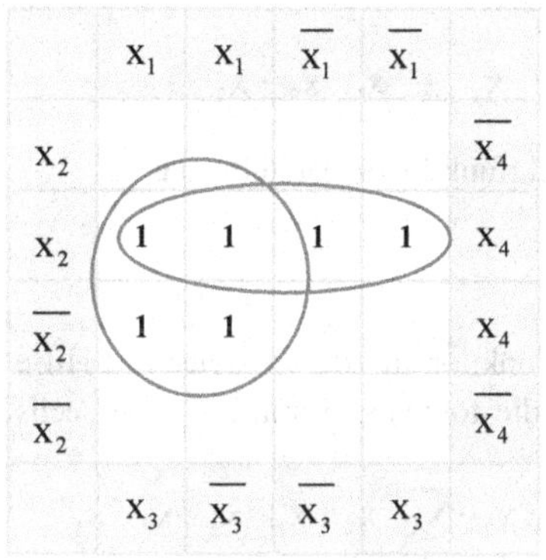

Aus dieser Tabelle erkennen wir: f ist wahr, wenn x_2 und x_4 wahr sind (unabhängig von den Werten von x_1 und x_3 – das sind die Werte in der Ellipse um die zweite Zeile) oder wenn x_1 und x_4 wahr sind (unabhängig von den Werten von x_2 und x_3 – das sind die Werte in der anderen Ellipse).
Es wird: $f(x_1, x_2, x_3, x_4) = x_2 \cdot x_4 + x_1 \cdot x_4 = (x_1 + x_2) \cdot x_4$

Ehe wir diese Technik etwas systematischer untersuchen sollten Sie schon jetzt von der Einfachheit der Ausdrücke fasziniert sein, die wir unseren Wahrheitswertetabellen ohne große Anstrengungen zuordnen können.

Nun zu unserer genaueren Betrachtung:
Mit unseren Ellipsen haben wir in den obigen Beispielen immer so genannte Produktfunktionen »eingekreist«, d. h. markiert. Was das ist, sagt Ihnen die folgende Definition:

Definition:
Eine Boolesche Funktion heißt *Produktfunktion* wenn sie nur aus UND-Operatoren und VERNEINUNGEN besteht.

Beispiele:

- Bei der Booleschen Funktion in zwei Variablen hatten wir mit Hilfe der KV-Diagramme herausgefunden, dass sich die folgende Summe S_2 von drei Produktfunktionen

  $$S_2 = \overline{x_1} \cdot \overline{x_2} + \overline{x_1} \cdot x_2 + x_1 \cdot x_2$$

  auch als Summe von nur zwei Produktfunktionen, die dazu noch einfacher sind, (in diesem Falle sogar ohne irgendein AND) darstellen lässt:

  $$S_2 = \overline{x_1} + x_2$$

- Bei der Booleschen Funktion in drei Variablen hatten wir mit Hilfe der KV-Diagramme herausgefunden, dass sich die folgende Summe S_3 von vier Produktfunktionen

  $$S_3 = \overline{x_1} \cdot \overline{x_2} \cdot \overline{x_3} + x_1 \cdot \overline{x_2} \cdot \overline{x_3} + x_1 \cdot x_2 \cdot x_3 + x_1 \cdot x_2 \cdot \overline{x_3}$$

  auch als Summe von nur zwei einfacheren Produktfunktionen darstellen lässt:

  $$S_3 = x_1 \cdot x_2 + \overline{x_2} \cdot \overline{x_3}$$

- Und schließlich hatten wir bei der Booleschen Funktion in vier Variablen mit Hilfe der KV-Diagramme herausgefunden, dass sich die folgende Summe S_4 von sechs Produktfunktionen

  $$S_4 = \overline{x_1} \cdot x_2 \cdot \overline{x_3} \cdot x_4 + \overline{x_1} \cdot x_2 \cdot x_3 \cdot x_4 + x_1 \cdot x_2 \cdot \overline{x_3} \cdot x_4 + x_1 \cdot x_2 \cdot x_3 \cdot x_4 + x_1 \cdot \overline{x_2} \cdot \overline{x_3} \cdot x_4 + x_1 \cdot \overline{x_2} \cdot x_3 \cdot x_4$$

  auch als Summe von nur zwei weit einfacheren Produktfunktionen darstellen lässt:

  $$S_4 = x_2 \cdot x_4 + x_1 \cdot x_4$$

Sie können jetzt schon sehen, worum es eigentlich geht: Gegeben die Wahrheitstafel einer Booleschen Funktion bzw. die Minterm-Darstellung. (In allen unseren bisherigen Beispielen sind wir von der Minterm-Darstellung ausgegangen).
Diese Minterm-Darstellung ist immer die Summe von Produktfunktionen.

Das Ziel der KV-Darstellung ist es nun, eine Summe mit möglichst wenig und möglichst einfachen Produktfunktionen zu finden, mit der man diese Wahrheitstafel repräsentieren kann.

Die Frage ist also:
Wie erkenne ich in einem KV-Diagramm möglichst einfache Produktfunktionen?

Dazu teile ich Ihnen ohne Beweis mit:

> Satz 14.2
> (i) Jede Produktfunktion hat eine KV-Darstellung, die aus einem Rechteck aus Werten der Zahl 1 mit den Seitenlängen 1, 2 oder 4 besteht.
> (ii) Jedem Rechteck aus Werten der Zahl 1 mit den Seitenlängen 1, 2 oder 4 in einem KV-Diagramm korrespondiert eine Produktfunktion.

Sie müssen nun in der Lage sein, zu einem KV-Diagramm, das einer Produktfunktion entspricht, auch diese Produktfunktion finden. Übung macht den Meister:
Wir betrachten zunächst Beispiele für Funktionen in drei Variablen:

1. Gegeben sei das folgende KV-Diagramm:

	x_1	x_1	$\overline{x_1}$	$\overline{x_1}$
x_2	1			
$\overline{x_2}$	1			
	x_3	$\overline{x_3}$	$\overline{x_3}$	x_3

Hier tritt der Wahrheitswert 1 genau dann auf, wenn x_1 und x_3 wahr sind – völlig unabhängig von dem Wahrheitswert von x_2, d. h. dieses KV-Diagramm entspricht der Funktion $f(x_1, x_2, x_3) = x_1\,x_3$

2. Gegeben sei das folgende KV-Diagramm:

	x_1	x_1	$\overline{x_1}$	$\overline{x_1}$
x_2			1	1
$\overline{x_2}$			1	1
	x_3	$\overline{x_3}$	$\overline{x_3}$	x_3

Hier tritt der Wahrheitswert 1 genau dann auf, wenn x_1 falsch ist – völlig unabhängig von dem Wahrheitswert von x_2 und x_3, d. h. dieses KV-Diagramm entspricht der Funktion $f(x_1, x_2, x_3) = \overline{x_1}$

3. Gegeben sei das folgende KV-Diagramm:

	x_1	x_1	$\overline{x_1}$	$\overline{x_1}$
x_2				
$\overline{x_2}$		1	1	
	x_3	$\overline{x_3}$	$\overline{x_3}$	x_3

Hier tritt der Wahrheitswert 1 genau dann auf, wenn x_2 *und* x_3 falsch sind – völlig unabhängig von dem Wahrheitswert von x_1, d. h. dieses KV-Diagramm entspricht der Funktion $f(x_1, x_2, x_3) = \overline{x_2} \cdot \overline{x_3}$.

4. Gegeben sei das folgende KV-Diagramm:

	x_1	x_1	$\overline{x_1}$	$\overline{x_1}$
x_2				1
$\overline{x_2}$				1
	x_3	$\overline{x_3}$	$\overline{x_3}$	x_3

Hier tritt der Wahrheitswert 1 genau dann auf, wenn x_1 falsch ist *und* x_3 wahr ist – völlig unabhängig von dem Wahrheitswert von x_2, d. h. dieses KV-Diagramm entspricht der Funktion $f(x_1, x_2, x_3) = \overline{x_1} \cdot x_3$.

5. Gegeben sei das folgende KV-Diagramm:

	x_1	x_1	$\overline{x_1}$	$\overline{x_1}$
x_2	1			1
$\overline{x_2}$				
	x_3	$\overline{x_3}$	$\overline{x_3}$	x_3

Auch diese Abbildung entspricht bezüglich der Einsen einem Rechteck – stellen Sie sich dazu einfach die erste Spalte noch einmal hinter die letzte Spalte platziert vor. Hier tritt der Wahrheitswert 1 genau dann auf, wenn x_2 *und* x_3 wahr sind – völlig unabhängig von dem Wahrheitswert von x_1, d. h. dieses KV-Diagramm entspricht der Funktion $f(x_1, x_2, x_3) = x_2 \cdot x_3$.

6. Gegeben sei das folgende KV-Diagramm:

	x_1	x_1	$\overline{x_1}$	$\overline{x_1}$
x_2		1	1	
$\overline{x_2}$		1	1	
	x_3	$\overline{x_3}$	$\overline{x_3}$	x_3

Hier tritt der Wahrheitswert 1 genau dann auf, wenn x_3 falsch ist – völlig unabhängig von den Wahrheitswerten von x_1 und x_2, d.h. dieses KV-Diagramm entspricht der Funktion $f(x_1, x_2, x_3) = \overline{x_3}$.

7. Gegeben sei das folgende KV-Diagramm:

	x_1	x_1	$\overline{x_1}$	$\overline{x_1}$
x_2	1			1
$\overline{x_2}$	1			1
	x_3	$\overline{x_3}$	$\overline{x_3}$	x_3

Wieder gilt, dass auch diese Abbildung bezüglich der Einsen einem Rechteck entspricht – Sie sehen das wieder, wenn Sie die erste Spalte noch einmal hinter die letzte Spalte platzieren. Hier tritt der Wahrheitswert 1 genau dann auf, wenn x_3 wahr ist – völlig unabhängig von den Wahrheitswerten von x_1 und x_2, d.h. dieses KV-Diagramm entspricht der Funktion $f(x_1, x_2, x_3) = x_3$.

8. Gegeben sei das folgende KV-Diagramm:

	x_1	x_1	$\overline{x_1}$	$\overline{x_1}$
x_2	1	1	1	1
$\overline{x_2}$				
	x_3	$\overline{x_3}$	$\overline{x_3}$	x_3

Hier tritt der Wahrheitswert 1 genau dann auf, wenn x_2 wahr ist – völlig unabhängig von den Wahrheitswerten von x_1 und x_3, d.h. dieses KV-Diagramm entspricht der Funktion $f(x_1, x_2, x_3) = x_2$.

9. Gegeben sei das folgende KV-Diagramm:

	x_1	x_1	$\overline{x_1}$	$\overline{x_1}$
x_2		1		
$\overline{x_2}$				
	x_3	$\overline{x_3}$	$\overline{x_3}$	x_3

Hier tritt der Wahrheitswert 1 genau dann auf, wenn x_1 wahr ist *und* x_2 wahr ist *und* x_3 falsch ist, d.h. dieses KV-Diagramm entspricht der Funktion $f(x_1, x_2, x_3) = x_1 \cdot x_2 \cdot \overline{x_3}$.

Völlig analog ist die Situation für Funktionen in 2 oder 4 Variablen:

1. Gegeben sei das folgende KV-Diagramm:

	x_1	$\overline{x_1}$
x_2		
$\overline{x_2}$	1	1

Hier tritt der Wahrheitswert 1 genau dann auf, wenn x_2 falsch ist – völlig unabhängig von dem Wahrheitswert von x_1, d.h. dieses KV-Diagramm entspricht der Funktion $f(x_1, x_2) = \overline{x_2}$.

2. Gegeben sei das folgende KV-Diagramm:

	x_1	$\overline{x_1}$
x_2	1	
$\overline{x_2}$	1	

Hier tritt der Wahrheitswert 1 genau dann auf, wenn x_1 wahr ist – völlig unabhängig von dem Wahrheitswert von x_2, d.h. dieses KV-Diagramm entspricht der Funktion $f(x_1, x_2) = x_1$.

3. Gegeben sei das folgende KV-Diagramm:

	x_1	x_1	$\overline{x_1}$	$\overline{x_1}$	
x_2	1	1			$\overline{x_4}$
x_2	1	1			x_4
$\overline{x_2}$					x_4
$\overline{x_2}$					$\overline{x_4}$
	x_3	$\overline{x_3}$	$\overline{x_3}$	x_3	

Hier tritt der Wahrheitswert 1 genau dann auf, wenn x_1 wahr ist *und* wenn x_2 wahr ist – völlig unabhängig von den Wahrheitswerten von x_3 und x_4, d. h. dieses KV-Diagramm entspricht der Funktion $f(x_1, x_2, x_3, x_4) = x_1 \cdot x_2$.

4. Gegeben sei das folgende KV-Diagramm:

	x_1	x_1	$\overline{x_1}$	$\overline{x_1}$	
x_2		1			$\overline{x_4}$
x_2					x_4
$\overline{x_2}$					x_4
$\overline{x_2}$		1			$\overline{x_4}$
	x_3	$\overline{x_3}$	$\overline{x_3}$	x_3	

Hier tritt der Wahrheitswert 1 genau dann auf, wenn x_1 wahr ist *und* wenn x_3 falsch ist *und* wenn x_4 falsch ist – völlig unabhängig von dem Wahrheitswert von x_2, d. h. dieses KV-Diagramm entspricht der Funktion $f(x_1, x_2, x_3, x_4) = x_1 \cdot \overline{x_3} \cdot \overline{x_4}$.

5. Gegeben sei das folgende KV-Diagramm:

	x_1	x_1	$\overline{x_1}$	$\overline{x_1}$	
x_2	1	1	1	1	$\overline{x_4}$
x_2					x_4
$\overline{x_2}$					x_4
$\overline{x_2}$	1	1	1	1	$\overline{x_4}$
	x_3	$\overline{x_3}$	$\overline{x_3}$	x_3	

Hier tritt der Wahrheitswert 1 genau dann auf, wenn x_4 falsch ist – völlig unabhängig von dem Wahrheitswerten von x_1, x_2 und x_3, d. h. dieses KV-Diagramm entspricht der Funktion $f(x_1, x_2, x_3, x_4) = \overline{x_4}$.

6. Gegeben sei das folgende KV-Diagramm:

	x_1	x_1	$\overline{x_1}$	$\overline{x_1}$	
x_2		1	1		$\overline{x_4}$
x_2					x_4
$\overline{x_2}$					x_4
$\overline{x_2}$		1	1		$\overline{x_4}$
	x_3	$\overline{x_3}$	$\overline{x_3}$	x_3	

Hier tritt der Wahrheitswert 1 genau dann auf, wenn x_3 *und* x_4 falsch sind – völlig unabhängig von den Wahrheitswerten von x_1 und x_2, d. h. dieses KV-Diagramm entspricht der Funktion $f(x_1, x_2, x_3, x_4) = \overline{x_3} \cdot \overline{x_4}$.

7. Gegeben sei das folgende KV-Diagramm:

	x_1	x_1	$\overline{x_1}$	$\overline{x_1}$	
x_2	1			1	$\overline{x_4}$
x_2					x_4
$\overline{x_2}$					x_4
$\overline{x_2}$	1			1	$\overline{x_4}$
	x_3	$\overline{x_3}$	$\overline{x_3}$	x_3	

Hier tritt der Wahrheitswert 1 genau dann auf, wenn x_3 wahr ist *und* wenn x_4 falsch ist – völlig unabhängig von den Wahrheitswerten von x_1 und x_2, d.h. dieses KV-Diagramm entspricht der Funktion $f(x_1, x_2, x_3, x_4) = x_3 \cdot \overline{x_4}$.

Bitte vergegenwärtigen Sie sich, dass alle eben besprochenen Beispiele, die wir mit Hilfe der KV-Diagramme analysiert haben, wesentlich kompliziertere Minterm-Formen haben. z.B. wäre der Minterm-Ausdruck für unser letztes Beispiel:

$$f(x_1, x_2, x_3, x_4) = \overline{x_1} \cdot \overline{x_2} \cdot x_3 \cdot \overline{x_4} + \overline{x_1} \cdot x_2 \cdot x_3 \cdot \overline{x_4} + x_1 \cdot \overline{x_2} \cdot x_3 \cdot \overline{x_4} + x_1 \cdot x_2 \cdot x_3 \cdot \overline{x_4}$$

Und nur, um Ihnen zu zeigen, dass wir im ersten Abschnitt dieses Kapitels auch etwas gelernt haben, wandle ich noch einmal um:

$$f(x_1, x_2, x_3, x_4) = \overline{x_1} \cdot \overline{x_2} \cdot x_3 \cdot \overline{x_4} + \overline{x_1} \cdot x_2 \cdot x_3 \cdot \overline{x_4} + x_1 \cdot \overline{x_2} \cdot x_3 \cdot \overline{x_4}$$

$$+ x_1 \cdot x_2 \cdot x_3 \cdot \overline{x_4} =$$

$$= \overline{x_1} (\overline{x_2} \cdot x_3 \cdot \overline{x_4} + x_2 \cdot x_3 \cdot \overline{x_4}) + x_1 (\overline{x_2} \cdot x_3 \cdot \overline{x_4} + x_2 \cdot x_3 \cdot \overline{x_4}) =$$

$$= (\overline{x_1} + x_1) \cdot (\overline{x_2} \cdot x_3 \cdot \overline{x_4} + x_2 \cdot x_3 \cdot \overline{x_4})$$

$$= \overline{x_2} \cdot x_3 \cdot \overline{x_4} + x_2 \cdot x_3 \cdot \overline{x_4} = (\overline{x_2} + x_2) \cdot x_3 \cdot \overline{x_4} = x_3 \cdot \overline{x_4}$$

Das ist ein Ergebnis, das wir mit KV-Diagrammen natürlich schneller kriegen. Aber wir wollen nicht nur Produktfunktionen vereinfachen.

Betrachten Sie folgendes Beispiel einer Boolesche Funktion $f(x_1, x_2, x_3)$ in drei Variablen mit dieser Wahrheitstafel:

x_1	0	0	0	0	1	1	1	1
x_2	0	0	1	1	0	0	1	1
x_3	0	1	0	1	0	1	0	1
$f(x_1, x_2, x_3)$	1	1	1	1	0	0	1	1

Dem entspricht beispielsweise die Minterm-Darstellung:

$$f(x_1, x_2, x_3) = \overline{x_1} \cdot \overline{x_2} \cdot \overline{x_3} + \overline{x_1} \cdot \overline{x_2} \cdot x_3 + \overline{x_1} \cdot x_2 \cdot \overline{x_3} + \overline{x_1} \cdot x_2 \cdot x_3$$
$$+ x_1 \cdot x_2 \cdot \overline{x_3} + x_1 \cdot x_2 \cdot x_3$$

Zu dieser Funktion gehört das folgende KV-Diagramm:

	x_1	x_1	$\overline{x_1}$	$\overline{x_1}$
x_2	1	1	1	1
$\overline{x_2}$			1	1
	x_3	$\overline{x_3}$	$\overline{x_3}$	x_3

Wir hatten aber analysiert:

1.

	x_1	x_1	$\overline{x_1}$	$\overline{x_1}$
x_2	1	1	1	1
$\overline{x_2}$				
	x_3	$\overline{x_3}$	$\overline{x_3}$	x_3

entspricht: $f(x_1, x_2, x_3) = x_2$

2.

	x_1	x_1	$\overline{x_1}$	$\overline{x_1}$
x_2			1	1
$\overline{x_2}$			1	1
	x_3	$\overline{x_3}$	$\overline{x_3}$	x_3

entspricht: $f(x_1, x_2, x_3) = \overline{x_1}$

Also folgt:

	x_1	x_1	$\overline{x_1}$	$\overline{x_1}$
x_2	1	1	1	1
$\overline{x_2}$			1	1
	x_3	$\overline{x_3}$	$\overline{x_3}$	x_3

entspricht: $f(x_1, x_2, x_3) = \overline{x_1} + x_2$

Wenn Sie dieses Ergebnis mit Hilfe der Booleschen Gesetze nachweisen wollen, müssen Sie mehr Arbeit leisten:

$$\overline{x_1} \cdot \overline{x_2} \cdot \overline{x_3} + \overline{x_1} \cdot \overline{x_2} \cdot x_3 + \overline{x_1} \cdot x_2 \cdot \overline{x_3} + \overline{x_1} \cdot x_2 \cdot x_3 + x_1 \cdot x_2 \cdot \overline{x_3} + x_1 \cdot x_2 \cdot x_3 =$$

$$= (\overline{x_1} \cdot \overline{x_2} + \overline{x_1} \cdot x_2 + x_1 \cdot x_2) \cdot (\overline{x_3} + x_3) =$$

$$= \overline{x_1} \cdot \overline{x_2} + \overline{x_1} \cdot x_2 + x_1 \cdot x_2 = \overline{x_1}(\overline{x_2} + x_2) + x_1 \cdot x_2 =$$

$$= \overline{x_1} + x_1 \cdot x_2 = (\text{Gesetz der Redundanz}) = \overline{x_1} + x_2$$

Diese Technik der Zusammensetzung eines KV-Diagramms aus einzelnen Produktausdrücken kann auf jede Boolesche Funktion angewendet werden. Die Idee dabei ist, das KV-Diagramm jeweiligen Funktion in so wenig »Produktblöcke« wie möglich zu zerlegen, um dann die Ausgangsfunktion als Summe dieser Produktfunktionen zu erhalten. Um diese Methode optimal anwenden zu können, brauchen Sie ein wenig Übung und Erfahrung zur Erkennung derjenigen Muster in den KV-Diagrammen, die die einfachsten Funktionsausdrücke liefern. Eine Regel sollte für Sie bereits aus dem obigem Beispiel deutlich geworden sein:

Regel:
Machen Sie die einzelnen Produktblock-Bausteine so groß wie möglich.

Lassen Sie mich zur Erläuterung dieser Regel die eben behandelte Karnaugh-Veitch-Abbildung anders zusammensetzen:

	x_1	x_1	$\overline{x_1}$	$\overline{x_1}$
x_2	1	1	1	1
$\overline{x_2}$			1	1
	x_3	$\overline{x_3}$	$\overline{x_3}$	x_3

=

	x_1	x_1	$\overline{x_1}$	$\overline{x_1}$
x_2	1	1		
$\overline{x_2}$				
	x_3	$\overline{x_3}$	$\overline{x_3}$	x_3

+

	x_1	x_1	$\overline{x_1}$	$\overline{x_1}$
x_2			1	
$\overline{x_2}$			1	
	x_3	$\overline{x_3}$	$\overline{x_3}$	x_3

+

	x_1	x_1	$\overline{x_1}$	$\overline{x_1}$
x_2				1
$\overline{x_2}$				1
	x_3	$\overline{x_3}$	$\overline{x_3}$	x_3

Dem entspricht die Darstellung von f als: $f(x_1, x_2, x_3) =$

$$x_1 \cdot x_2 \;+\; \overline{x_1} \cdot \overline{x_3} \;+\; \overline{x_1} \cdot x_3 \;,$$

eine ebenfalls korrekte, aber deutlich kompliziertere Darstellung als das vorher erzielte Ergebnis.

Wir brauchen, damit wir unser weiteres Vorgehen besser und exakter beschreiben können, zwei Definitionen:

Definition:
Sei f eine Boolesche Funktion. Eine Produktfunktion heißt *Implikant* von f genau dann, wenn die Minterm-Ausdrücke dieser Produktfunktion auch zu den Minterm-Ausdrücken von f gehören.
Falls p ein Implikant von f ist und falls für alle anderen Implikanten q von f gilt: p ist kein Implikant von q, dann heißt p ein *Primimplikant* von f.

Mit anderen Worten: Primimplikanten sind Implikanten mit einer maximalen Menge von Minterm-Ausdrücken von f, das sind unsere möglichst großen Produktblöcke.

Unsere Methode, mit Karnaugh-Abbildungen zu arbeiten, kann daher folgendermaßen beschrieben werden:

> Methode:
> Überdecke die Minterm-Ausdrücke einer Funktion mit so wenig Primimplikanten wie möglich

Beispiele:

1.

	x_1	$\overline{x_1}$
x_2	1	1
$\overline{x_2}$		1

=

	x_1	$\overline{x_1}$
x_2	1	1
$\overline{x_2}$		

+

	x_1	$\overline{x_1}$
x_2		1
$\overline{x_2}$		1

d.h. $x_1 \cdot x_2 + \overline{x_1} \cdot x_2 + \overline{x_1} \cdot \overline{x_2} = x_2 + \overline{x_1}$

2.

	x_1	x_1	$\overline{x_1}$	$\overline{x_1}$
x_2	1			
$\overline{x_2}$	1		1	1
	x_3	$\overline{x_3}$	$\overline{x_3}$	x_3

=

	x_1	x_1	$\overline{x_1}$	$\overline{x_1}$
x_2	1			
$\overline{x_2}$	1			
	x_3	$\overline{x_3}$	$\overline{x_3}$	x_3

+

	x_1	x_1	$\overline{x_1}$	$\overline{x_1}$
x_2				
$\overline{x_2}$			1	1
	x_3	$\overline{x_3}$	$\overline{x_3}$	x_3

d.h. $x_1 \cdot x_2 \cdot x_3 + x_1 \cdot \overline{x_2} \cdot x_3 + \overline{x_1} \cdot \overline{x_2} \cdot \overline{x_3} + \overline{x_1} \cdot \overline{x_2} \cdot x_3 =$

$= x_1 \cdot x_3 + \overline{x_1} \cdot \overline{x_2}$

3.

	x_1	x_1	$\overline{x_1}$	$\overline{x_1}$
x_2	1			1
$\overline{x_2}$				1
	x_3	$\overline{x_3}$	$\overline{x_3}$	x_3

=

	x_1	x_1	$\overline{x_1}$	$\overline{x_1}$
x_2	1			1
$\overline{x_2}$				
	x_3	$\overline{x_3}$	$\overline{x_3}$	x_3

+

	x_1	x_1	$\overline{x_1}$	$\overline{x_1}$
x_2				1
$\overline{x_2}$				1
	x_3	$\overline{x_3}$	$\overline{x_3}$	x_3

d.h. $x_1 \cdot x_2 \cdot x_3 + \overline{x_1} \cdot x_2 \cdot x_3 + \overline{x_1} \cdot \overline{x_2} \cdot x_3 = x_2 \cdot x_3 + \overline{x_1} \cdot x_3$

4.

	x_1	x_1	$\overline{x_1}$	$\overline{x_1}$	
x_2					$\overline{x_4}$
x_2		1	1		x_4
$\overline{x_2}$		1	1		x_4
$\overline{x_2}$		1	1		$\overline{x_4}$
	x_3	$\overline{x_3}$	$\overline{x_3}$	x_3	

= (Beachten Sie, dass ein Produktblock die Seitenlänge 1, 2 oder 4 haben muss) =

	x_1	x_1	$\overline{x_1}$	$\overline{x_1}$	
x_2					$\overline{x_4}$
x_2		1	1		x_4
$\overline{x_2}$		1	1		x_4
$\overline{x_2}$					$\overline{x_4}$
	x_3	$\overline{x_3}$	$\overline{x_3}$	x_3	

+

	x_1	x_1	$\overline{x_1}$	$\overline{x_1}$	
x_2					$\overline{x_4}$
x_2					x_4
$\overline{x_2}$		1	1		x_4
$\overline{x_2}$		1	1		$\overline{x_4}$
	x_3	$\overline{x_3}$	$\overline{x_3}$	x_3	

d.h. $x_1 \cdot x_2 \cdot \overline{x_3} \cdot x_4 + \overline{x_1} \cdot x_2 \cdot \overline{x_3} \cdot x_4 + x_1 \cdot \overline{x_2} \cdot \overline{x_3} \cdot x_4 + \overline{x_1} \cdot \overline{x_2} \cdot \overline{x_3} \cdot x_4$
$+ x_1 \cdot \overline{x_2} \cdot \overline{x_3} \cdot \overline{x_4} + \overline{x_1} \cdot \overline{x_2} \cdot \overline{x_3} \cdot \overline{x_4} =$

$$= \overline{x_3} \cdot x_4 + \overline{x_2} \cdot \overline{x_3} = \overline{x_3}\,(\overline{x_2} + x_4)$$

5.

	x_1	x_1	$\overline{x_1}$	$\overline{x_1}$
x_2		1		1
$\overline{x_2}$	1		1	
	x_3	$\overline{x_3}$	$\overline{x_3}$	x_3

= ????

Hier sind die Primimplikanten identisch mit den einzelnen Minterm-Summanden, d.h. die Funktion:

$$x_1 \cdot \overline{x_2} \cdot x_3 + x_1 \cdot x_2 \cdot \overline{x_3} + \overline{x_1} \cdot \overline{x_2} \cdot \overline{x_3} + \overline{x_1} \cdot x_2 \cdot x_3$$

lässt sich durch unsere Technik der KV-Diagramme nicht vereinfachen.

6.

	x_1	x_1	$\overline{x_1}$	$\overline{x_1}$	
x_2	1				$\overline{x_4}$
x_2	1	1	1	1	x_4
$\overline{x_2}$				1	x_4
$\overline{x_2}$	1	1	1		$\overline{x_4}$
	x_3	$\overline{x_3}$	$\overline{x_3}$	x_3	

=

	x_1	x_1	$\overline{x_1}$	$\overline{x_1}$	
x_2					$\overline{x_4}$
x_2	1	1	1	1	x_4
$\overline{x_2}$					x_4
$\overline{x_2}$					$\overline{x_4}$
	x_3	$\overline{x_3}$	$\overline{x_3}$	x_3	

+

	x_1	x_1	$\overline{x_1}$	$\overline{x_1}$	
x_2	1				$\overline{x_4}$
x_2					x_4
$\overline{x_2}$					x_4
$\overline{x_2}$	1				$\overline{x_4}$
	x_3	$\overline{x_3}$	$\overline{x_3}$	x_3	

+

	x_1	x_1	$\overline{x_1}$	$\overline{x_1}$	
x_2					$\overline{x_4}$
x_2					x_4
$\overline{x_2}$					x_4
$\overline{x_2}$		1	1		$\overline{x_4}$
	x_3	$\overline{x_3}$	$\overline{x_3}$	x_3	

+

	x_1	x_1	$\overline{x_1}$	$\overline{x_1}$	
x_2					$\overline{x_4}$
x_2				1	x_4
$\overline{x_2}$				1	x_4
$\overline{x_2}$					$\overline{x_4}$
	x_3	$\overline{x_3}$	$\overline{x_3}$	x_3	

d.h. $x_1 \cdot x_2 \cdot x_3 \cdot \overline{x_4} + x_1 \cdot x_2 \cdot x_3 \cdot x_4 + x_1 \cdot x_2 \cdot \overline{x_3} \cdot x_4 +$

$+ \overline{x_1} \cdot x_2 \cdot \overline{x_3} \cdot x_4 + \overline{x_1} \cdot x_2 \cdot x_3 \cdot x_4 + \overline{x_1} \cdot \overline{x_2} \cdot x_3 \cdot x_4 +$

$+ x_1 \cdot \overline{x_2} \cdot x_3 \cdot \overline{x_4} + x_1 \cdot \overline{x_2} \cdot \overline{x_3} \cdot \overline{x_4} + \overline{x_1} \cdot \overline{x_2} \cdot \overline{x_3} \cdot \overline{x_4} =$

$+ x_2 \cdot x_4 + x_1 \cdot x_3 \cdot \overline{x_4} + \overline{x_2} \cdot \overline{x_3} \cdot \overline{x_4} + \overline{x_1} \cdot x_3 \cdot x_4$

Dieses letzte Beispiel ist ein wenig komplizierter, ich will es benutzen, um eine allgemeine Taktik zu erläutern, mit der man in solchen Situationen vorgeht. Wir brauchen eine (letzte) Definition:

> Definition:
> Ein Primimplikant einer Funktion f, der Minterm-Ausdrücke enthält, die in keinem anderen Primimplikanten der Funktion f vorkommen, heißt *wesentlicher Primimplikant* von f.

Die wesentlichen Primimplikanten sind also auf jeden Fall nötig, um einen Funktionsausdruck mit Hilfe des KV-Diagramms aufzubauen. Wenn wir unser letztes Beispiel analysieren, finden wir 3 wesentliche Primimplikanten:

a.

	x_1	x_1	$\overline{x_1}$	$\overline{x_1}$	
x_2					$\overline{x_4}$
x_2	1	1	1	1	x_4
$\overline{x_2}$					x_4
$\overline{x_2}$					$\overline{x_4}$
	x_3	$\overline{x_3}$	$\overline{x_3}$	x_3	

b.

	x_1	x_1	$\overline{x_1}$	$\overline{x_1}$	
x_2					$\overline{x_4}$
x_2				1	x_4
$\overline{x_2}$				1	x_4
$\overline{x_2}$					$\overline{x_4}$
	x_3	$\overline{x_3}$	$\overline{x_3}$	x_3	

c.

	x_1	x_1	$\overline{x_1}$	$\overline{x_1}$	
x_2					$\overline{x_4}$
x_2					x_4
$\overline{x_2}$					x_4
$\overline{x_2}$		1	1		$\overline{x_4}$
	x_3	$\overline{x_3}$	$\overline{x_3}$	x_3	

Wenn wir die aus unserem ursprünglichen KV-Diagramm entfernen, um zu sehen, was dann noch zum Überdecken übrig bleibt, erhalten wir das folgende Bild:

	x_1	x_1	$\overline{x_1}$	$\overline{x_1}$	
x_2	1				$\overline{x_4}$
x_2					x_4
$\overline{x_2}$					x_4
$\overline{x_2}$	1				$\overline{x_4}$
	x_3	$\overline{x_3}$	$\overline{x_3}$	x_3	

Das ist aber nur ein einziger weiterer Primimplikant und wir erhalten so unsere Zerlegung in vier Primimplikanten.
In unserem nächsten Beispiel werden Sie sehen, dass es manchmal mehrere Möglichkeiten gibt, eine Funktion in eine minimale Anzahl von Primimplikanten zu zerlegen. Man betrachte:

	x_1	x_1	$\overline{x_1}$	$\overline{x_1}$	
x_2	1		1	1	$\overline{x_4}$
x_2			1	1	x_4
$\overline{x_2}$	1	1	1	1	x_4
$\overline{x_2}$	1	1			$\overline{x_4}$
	x_3	$\overline{x_3}$	$\overline{x_3}$	x_3	

Es gibt die folgenden Primimplikanten:

a.

	x_1	x_1	$\overline{x_1}$	$\overline{x_1}$	
x_2	1				$\overline{x_4}$
x_2					x_4
$\overline{x_2}$					x_4
$\overline{x_2}$	1				$\overline{x_4}$
	x_3	$\overline{x_3}$	$\overline{x_3}$	x_3	

b.

	x_1	x_1	$\overline{x_1}$	$\overline{x_1}$	
x_2	1			1	$\overline{x_4}$
x_2					x_4
$\overline{x_2}$					x_4
$\overline{x_2}$					$\overline{x_4}$
	x_3	$\overline{x_3}$	$\overline{x_3}$	x_3	

c.

	x_1	x_1	$\overline{x_1}$	$\overline{x_1}$	
x_2			1	1	$\overline{x_4}$
x_2			1	1	x_4
$\overline{x_2}$					x_4
$\overline{x_2}$					$\overline{x_4}$
	x_3	$\overline{x_3}$	$\overline{x_3}$	x_3	

d.

	x_1	x_1	$\overline{x_1}$	$\overline{x_1}$	
x_2					$\overline{x_4}$
x_2			1	1	x_4
$\overline{x_2}$			1	1	x_4
$\overline{x_2}$					$\overline{x_4}$
	x_3	$\overline{x_3}$	$\overline{x_3}$	x_3	

e.

	x_1	x_1	$\overline{x_1}$	$\overline{x_1}$	
x_2					$\overline{x_4}$
x_2					x_4
$\overline{x_2}$	1	1	1	1	x_4
$\overline{x_2}$					$\overline{x_4}$
	x_3	$\overline{x_3}$	$\overline{x_3}$	x_3	

f.

	x_1	x_1	$\overline{x_1}$	$\overline{x_1}$	
x_2					$\overline{x_4}$
x_2					x_4
$\overline{x_2}$	1	1			x_4
$\overline{x_2}$	1	1			$\overline{x_4}$
	x_3	$\overline{x_3}$	$\overline{x_3}$	x_3	

Von diesen Primimplikanten sind genau (c) und (f) wesentliche Primimplikanten, der Rest besteht nur aus Minterm-Ausdrücken, die auch noch zu anderen Primimplikanten gehören.

Wir wissen also: Bei jeder Zerlegung brauchen wir die Primimplikanten (c) und (f). Wenn wir die wieder aus unserem ursprünglichen KV-Diagramm entfernen, bleiben die folgenden Minterm-Ausdrücke übrig:

	x_1	x_1	$\overline{x_1}$	$\overline{x_1}$	
x_2	1				$\overline{x_4}$
x_2					x_4
$\overline{x_2}$			1	1	x_4
$\overline{x_2}$					$\overline{x_4}$
	x_3	$\overline{x_3}$	$\overline{x_3}$	x_3	

Für den Ausdruck $x_1 \cdot x_2 \cdot x_3 \cdot \overline{x_4}$ haben wir Primimplikant (a) oder (b) zur Verfügung und für $\overline{x_1} \cdot \overline{x_2} \cdot \overline{x_3} \cdot x_4 + \overline{x_1} \cdot \overline{x_2} \cdot x_3 \cdot x_4 = \overline{x_1} \cdot \overline{x_2} \cdot x_4$ können wir die Primimplikanten (d) oder (e) benutzen.

Damit erhalten wir insgesamt vier Zerlegungsmöglichkeiten in Primimplikanten, die sich in ihrer Formelkomplexität nicht unterscheiden. Die vier Zerlegungsmöglichkeiten lauten:

(i) (c) + (f) + (a) + (d) = $\overline{x_1} \cdot x_2 + x_1 \cdot \overline{x_2} + x_1 \cdot x_3 \cdot \overline{x_4} + \overline{x_1} \cdot x_4$

(ii) (c) + (f) + (a) + (e) = $\overline{x_1} \cdot x_2 + x_1 \cdot \overline{x_2} + x_1 \cdot x_3 \cdot \overline{x_4} + \overline{x_2} \cdot x_4$

(iii) (c) + (f) + (b) + (d) = $\overline{x_1} \cdot x_2 + x_1 \cdot \overline{x_2} + x_2 \cdot x_3 \cdot \overline{x_4} + \overline{x_1} \cdot x_4$

(iv) (c) + (f) + (b) + (d) = $\overline{x_1} \cdot x_2 + x_1 \cdot \overline{x_2} + x_2 \cdot x_3 \cdot \overline{x_4} + \overline{x_2} \cdot x_4$

Seien Sie durchaus überrascht, dass diese vier Ausdrücke dieselbe Boolesche Funktion ausdrücken. Das sieht man keinesfalls sofort. Der einfachste Weg ist wirklich unsere Herleitung dieser Formeln über die KV-Diagramme. Wer diesem Weg nicht traut, kann natürlich alles noch einmal mit Wahrheitstafeln überprüfen. (Ich habe es gemacht – und es stimmt wirklich alles).

Einen letzten Beleg für die Leistungsfähigkeit der KV-Diagramme möge die Behandlung der Vereinfachung 13.12 bilden, über die wir schon mehrfach gesprochen haben. Wir hatten u. a. auf mehrere Weisen gezeigt:

$$f(x_1, x_2, x_3) = \overline{x_1} \cdot \overline{x_2} \cdot x_3 + x_1 \cdot \overline{x_2} \cdot \overline{x_3} + x_1 \cdot \overline{x_2} \cdot x_3 =$$
$$= (x_1 + x_3) \cdot \overline{x_2}$$

Das hatte uns stets Mühe gekostet. Wenn wir dagegen das KV-Diagramm für f mit seiner (hier eindeutigen) Zerlegung in Primimplikanten betrachten, erhalten wir unser Ergebnis spielend leicht:

$$f(x_1, x_2, x_3) = \overline{x_1} \cdot \overline{x_2} \cdot x_3 + x_1 \cdot \overline{x_2} \cdot \overline{x_3} + x_1 \cdot \overline{x_2} \cdot x_3 =$$

	x_1	x_1	$\overline{x_1}$	$\overline{x_1}$
x_2				
$\overline{x_2}$	1	1		1
	x_3	$\overline{x_3}$	$\overline{x_3}$	x_3

=

	x_1	x_1	$\overline{x_1}$	$\overline{x_1}$
x_2				
$\overline{x_2}$	1			1
	x_3	$\overline{x_3}$	$\overline{x_3}$	x_3

+

	x_1	x_1	$\overline{x_1}$	$\overline{x_1}$
x_2				
$\overline{x_2}$	1	1		
	x_3	$\overline{x_3}$	$\overline{x_3}$	x_3

$$= \overline{x_2} \cdot x_3 + x_1 \cdot \overline{x_2} = (x_1 + x_3) \cdot \overline{x_2}$$

Übungsaufgaben

1. Aufgabe

Überprüfen Sie die folgenden Gleichungen. Wenn sie korrekt sind, beweisen Sie sie (ohne Wahrheitstafel). Wenn sie nicht korrekt sind, finden sie eine Wahrheitswertebelegung für die Variablen, bei denen das Gleichheitszeichen falsch ist.

a. Für alle $a \in \{0,1\}$ gilt: $a \cdot 0 = 1$
b. Für alle $a \in \{0,1\}$ gilt: $a + \overline{a} = 1$
c. Für alle $a \in \{0,1\}$ gilt: $a \cdot \overline{a} = 0$
d. Für alle $a, b \in \{0,1\}$ gilt: $\overline{\overline{a} \cdot b} = a \cdot \overline{b}$
e. Für alle $a, b \in \{0,1\}$ gilt: $\overline{\overline{a} \cdot b} = a + \overline{b}$

2. Aufgabe

Vereinfachen Sie die folgenden Ausdrücke:

a. $a + (a + \overline{a})$
b. $a \cdot \overline{a} \cdot a$
c. $a \cdot (b + \overline{a})$
d. $a \cdot \overline{b} + b$
e. $a \cdot \overline{b} + a \cdot b$
f. $(a + b) \cdot (b + \overline{a})$
g. $a + \overline{a \cdot b} + b \cdot c$
h. $\overline{a + b} + a \cdot \overline{b}$

3. Aufgabe

Das Konsensgesetz lautet in der Primärform:
Für alle x, y, z gilt: $x \cdot y + \overline{x} \cdot z + y \cdot z = x \cdot y + \overline{x} \cdot z$

a. Warum kann man daraus nicht folgern:
Für alle x, y, z gilt: $\overline{x} \cdot z + y \cdot z = \overline{x} \cdot z$
Ich möchte, dass Sie »gruppentheoretisch« bzw. algebraisch erklären können, warum man hier nicht einfach auf beiden Seiten $x \cdot y$ abziehen kann.
b. Überprüfen Sie, ob der Satz
Für alle x, y, z gilt: $\overline{x} \cdot z + y \cdot z = \overline{x} \cdot z$
trotzdem gilt. Falls das nicht der Fall sein sollte, finden Sie heraus, für welche Wahrheitswerte von x, y, und z dieser Satz nicht gilt.[1]
c. Machen Sie das entsprechende für die Dualform. Erklären Sie auch hier zunächst, warum man in der Beziehung:
Für alle x, y, z gilt: $(x + y) \cdot (\overline{x} + z) \cdot (y + z) = (x + y) \cdot (\overline{x} + z)$
nicht einfach auf beiden Seiten $(x + y)$ »kürzen« kann.
d. Überprüfen Sie, ob der Satz
Für alle x, y, z gilt: $(\overline{x} + z) \cdot (y + z) = (\overline{x} + z)$
trotzdem gilt. Falls das nicht der Fall sein sollte, finden Sie heraus, für welche Wahrheitswerte von x, y, und z dieser Satz nicht gilt. Wenn Sie Aufgabenteil c richtig gemacht haben, ist Ihnen hier die Antwort sehr schnell klar.[2]

---

[1] In diesem Falle muss für x, y und z ein »Konsens« vorliegen, der wahrscheinlich diesem Gesetz seinen Namen gegeben hat.

[2] Es gilt dieselbe Bemerkung wie bei Aufgabenteil b.

4. Aufgabe

f, g und h seien Boolesche Funktionen $\{0,1\}^n \to \{0,1\}$. Beweisen Sie die folgenden Aussagen ohne die Benutzung von Wahrheitstafeln:

a. $g(f + \overline{f} \cdot h) + \overline{f} \cdot h = f \cdot g + \overline{f} \cdot h$

b. $(f + \overline{g})(f + \overline{h})(g + h) = f(g + h)$

c. $(f + g + h)(f + g + \overline{h})(f + \overline{g} + h) = f + g \cdot h$

d. $h(\overline{f + g}) + \overline{f} \cdot g \cdot h = \overline{f} \cdot h$

e. $f \cdot g + \overline{f \cdot \overline{g} + h} + \overline{f} \cdot h = \overline{f} + g$

f. $(f + g + h) \cdot \overline{(f \cdot g \cdot h)} = f \cdot \overline{g} + g \cdot \overline{h} + h \cdot \overline{f}$

5. Aufgabe

Benutzen Sie die Methode der Karnaugh-Veitch-Diagramme, um die folgenden Funktionen zu vereinfachen:

a.

	x_1	$\overline{x_1}$
x_2	1	
$\overline{x_2}$	1	1

b.

	x_1	x_1	$\overline{x_1}$	$\overline{x_1}$	
x_2		1	1		$\overline{x_4}$
x_2	1	1			x_4
$\overline{x_2}$	1	1			x_4
$\overline{x_2}$					$\overline{x_4}$
	x_3	$\overline{x_3}$	$\overline{x_3}$	x_3	

c.

	x_1	x_1	$\overline{x_1}$	$\overline{x_1}$	
x_2	1	1		1	$\overline{x_4}$
x_2	1	1	1		x_4
$\overline{x_2}$	1				x_4
$\overline{x_2}$		1			$\overline{x_4}$
	x_3	$\overline{x_3}$	$\overline{x_3}$	x_3	

(Hinweis: Bei Aufgabe c reichen 4 Primimplikanten!)

d.

	x_1	x_1	$\overline{x_1}$	$\overline{x_1}$	
x_2	1				$\overline{x_4}$
x_2	1	1	1		x_4
$\overline{x_2}$	1	1			x_4
$\overline{x_2}$					$\overline{x_4}$
	x_3	$\overline{x_3}$	$\overline{x_3}$	x_3	

e.

	x_1	x_1	$\overline{x_1}$	$\overline{x_1}$	
x_2		1		1	$\overline{x_4}$
x_2		1	1	1	x_4
$\overline{x_2}$					x_4
$\overline{x_2}$					$\overline{x_4}$
	x_3	$\overline{x_3}$	$\overline{x_3}$	x_3	

f.

	x_1	x_1	$\overline{x_1}$	$\overline{x_1}$	
x_2					$\overline{x_4}$
x_2			1	1	x_4
$\overline{x_2}$	1		1	1	x_4
$\overline{x_2}$			1		$\overline{x_4}$
	x_3	$\overline{x_3}$	$\overline{x_3}$	x_3	

g.

	x_1	x_1	$\overline{x_1}$	$\overline{x_1}$	
x_2			1	1	$\overline{x_4}$
x_2	1	1	1		x_4
$\overline{x_2}$	1	1	1		x_4
$\overline{x_2}$			1		$\overline{x_4}$
	x_3	$\overline{x_3}$	$\overline{x_3}$	x_3	

h.

	x_1	x_1	$\overline{x_1}$	$\overline{x_1}$	
x_2	1	1		1	$\overline{x_4}$
x_2	1	1	1	1	x_4
$\overline{x_2}$	1	1	1	1	x_4
$\overline{x_2}$		1	1		$\overline{x_4}$
	x_3	$\overline{x_3}$	$\overline{x_3}$	x_3	

i.

	x_1	x_1	$\overline{x_1}$	$\overline{x_1}$
x_2			1	
$\overline{x_2}$	1	1		1
	x_3	$\overline{x_3}$	$\overline{x_3}$	x_3

j.

	x_1	x_1	$\overline{x_1}$	$\overline{x_1}$
x_2	1	1	1	
$\overline{x_2}$			1	1
	x_3	$\overline{x_3}$	$\overline{x_3}$	x_3

Leonhard Euler und die 7 Brücken von Königsberg

Die russische Stadt Kaliningrad hieß bis 1945 Königsberg und der Fluss Pregolja, an dem Kaliningrad liegt, hieß zu Königsberger Zeiten die Pregel. Mit der Stadt Königsberg und diesem Fluss verbindet sich ein altes mathematisches Rätsel, das den Anlass zur Entstehung völlig neuer mathematischer Teilgebiete, der Graphentheorie und der Topologie, gab. Alles begann damit, dass der große Mathematiker Leonard Euler im Jahre 1736 dieses Rätsel zur Veranschaulichung eines von ihm gelösten mathematischen Problems benutzte. Man nennt dieses Rätsel bzw. die ihm korrespondierende mathematische Verallgemeinerung das *Sieben-Brücken-Problem von Königsberg.*

15.1 Das Sieben-Brücken-Problem von Königsberg

Das alte Rätsel ging folgendermaßen:
In der alten preußischen Stadt Königsberg wurde die Pregel in der folgenden Weise von sieben Brücken überspannt:

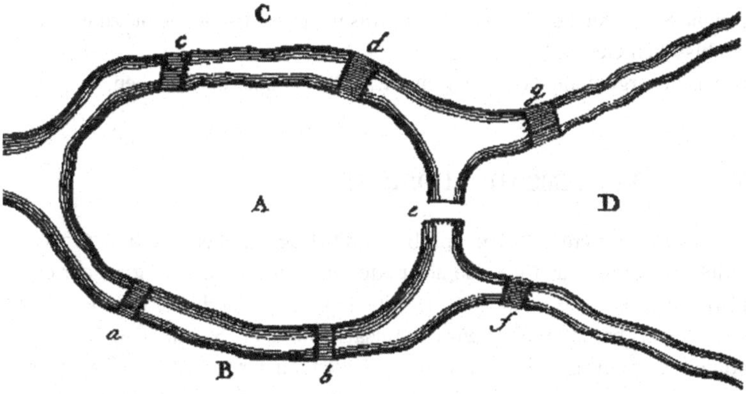

Bild 15-1: Skizze der 7 Brücken von Königsberg

Diese Skizze stammt von Euler selber, Sie finden sie – und viele Erläuterungen dazu – auf der sehr interessanten Seite: www.matheprisma.uni-wuppertal.de/Module/Koenigsb

Die Frage war: Ist es möglich, durch die Stadt zu gehen, dabei jede Brücke genau einmal zu überqueren und zum Ausgangspunkt zurück zu kommen? Es gelang niemanden in Königsberg, solch einen Weg zu finden, aber es wurde immer wieder probiert. Bis es Leonhard Euler 1736 gelang, zu beweisen, dass solch ein Weg nicht existiert. Er argumentierte folgendermaßen:

Angenommen solch ein Weg wäre möglich und ein Fußgänger würde ihn gehen. Wie oft wäre dieser Fußgänger auf der Insel A? Einmal? Nein, denn dann hätte er nur zwei der 5 Brücken benutzt, die zur Insel A führen. Zweimal ? Wieder nein, dann wären erst 4 Brücken »verbraucht«. Dreimal? Immer noch nein, denn dafür wären 6 Brücken nötig, die ja alle nur einmal begangen werden dürfen. Also ist kein Weg der geforderten Art möglich. So leicht löste Euler dieses alte Problem.

Natürlich hat das Königsberger Brückenproblem keine besondere wissenschaftliche Bedeutung, aber die Ideen, die Euler zur Lösung dieses Problems entwickelte, gaben den Anstoß zur Entstehung einer ganz neuen mathematischen Disziplin, der Graphentheorie. Die Graphentheorie spielt in der Informatik eine äußerst wichtige Rolle. Man benötigt sie unter anderem

- bei der Modellierung von Netzwerken,
- bei der Darstellung von Abhängigkeiten in Produktions- und Logistikprozessen,
- bei der Organisation und Strukturierung von komplexen und großen Datenbeständen,
- bei Navigationsproblemen in Datenbanken,
- bei der Strukturierung und Analyse von Ausdrücken, die nach bestimmten Grammatikregeln gebildet sind (z.B. Überlegen Sie beispielsweise, wie Sie ein Programm schreiben würden, dass Ausdrücke der Art » $-3 - 4 + 5 \cdot (4 + 2 \cdot 7)$ « »versteht« und die richtige Antwort 83 berechnet),
- bei der theoretischen Fundierung und praktischen Durchführung des so genannten Data-Mining, bei dem es um die Analyse von Datenbeständen geht,
- bei der Planung von kürzesten Routen von Handlungsreisenden, die zunächst nur wissen, welche Städte sie besuchen wollen. (Was hat das mit Informatik zu tun? Haben Sie ein bisschen Geduld).

Wir wollen daher die Argumente von Euler ein bisschen genauer untersuchen.

15.2 Eulers allgemeine Lösung

Euler sah, dass das Königsberger Brückenproblem mit Brücken überhaupt nichts zu tun hat, sondern vielmehr durch das folgende abstrakte Diagramm vollständig beschrieben wird. Dieses Bild zeigt das, was wichtig ist: Es gibt 4 Orte, die durch 7 Brücken verbunden sind. Eulers Beweis beruht einfach auf der Tatsache, dass ein Spaziergang durch die Stadt notwendigerweise eine gerade Anzahl von Brücken hin zur Insel A benötigt, aber A hat eine ungerade Anzahl von Brücken, die auf ihr münden.

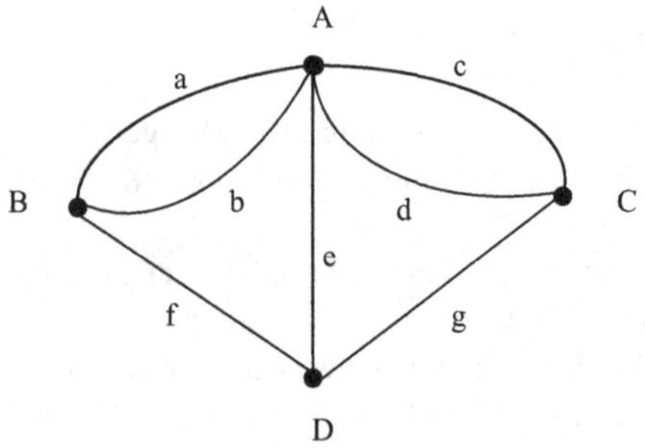

Bild 15-2: Graph für die 7 Brücken von Königsberg

Solche Bilder haben sich als extrem nützlich erwiesen, sie heißen Graphen. Natürlich ist der hier abgebildete Graph genauso eine Beschreibung für das Königsberger Brückenproblem wie der folgende Graph:

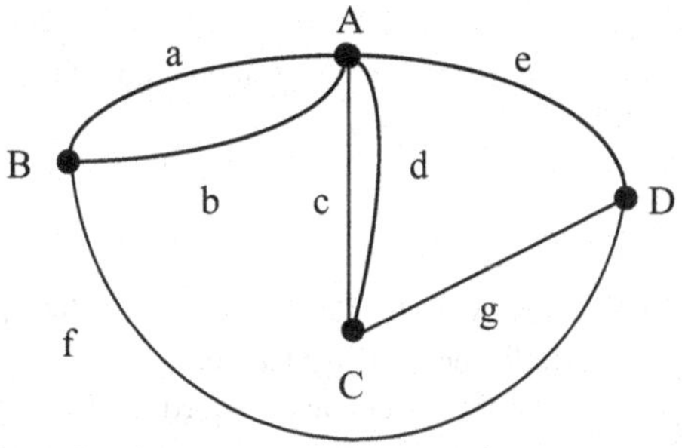

Bild 15-3: Graph für die 7 Brücken von Königsberg

Das heißt, uns interessiert nur die Struktur dieses Gebildes, die definiert ist durch Punkte und die Existenz von Verbindungen zwischen diesen Punkten – ganz egal, wo diese Punkte genau liegen und wie lang und wie geformt diese Verbindungen in der Zeichnung sind. Der Mathematiker sagt: Diese beiden Bilder sind stetig ineinander abbildbar. Das mathematische Teilgebiet, das sich nur für solche Strukturen unabhängig von ihren konkreten Verformungen interessiert, hieß im 18. und in der ersten Hälfte des 19. Jahrhundert noch Analysis situs (etwa: Analysis der Lage). Euler selber schreibt zu seiner Lösung des Königsberger Brückenproblems, dass sie zur Geometria situs gehört. Erst im letzten Jahrhundert hat sich für derlei Untersuchungen der Begriff Topologie durchgesetzt und in dieser Zeit ist dieses Gebiet auch zu einer zentralen mathematischen Disziplin geworden.
Die Lösung des Sieben-Brücken-Problems von Königsberg durch Leonard Euler im Jahre 1736 gilt als die erste topologische und zugleich als die erste graphentheoretische Arbeit in der Geschichte der Mathematik.

Wir werden nun exakt definieren, was ein Graph ist. Diese Definition muss so sein, das diese besprochene Gestaltunabhängigkeit in ihr gegeben ist. Wir beginnen mit der Definition eines ungerichteten Graphen, bei dem man (wie auf den Königsberger Brücken über die Pregel) die Kanten in beiden Richtungen durchlaufen kann.

Definition:
Ein *ungerichteter Graph* G ist ein Paar zweier endlicher Mengen V und E. Dabei bezeichnet V die Menge der im Graph enthaltenen *Knoten*, die man auch als Eckpunkte, Ecken oder Punkte bezeichnet und E die Menge der *Kanten* des Graphen. Es müssen die folgenden Bedingungen erfüllt sein:

$$V \neq \{\} \text{ und } V \cap E = \{\}$$

Ferner gehört zu einem Graphen eine Abbildung $\Psi : E \rightarrow P(V)$ mit der Eigenschaft:

$$\forall_{e \in E} \; 1 \leq |\Psi(e)| \leq 2$$

Das bedeutet: Die Menge $\Psi(e)$ enthält mindestens ein Element (einen Knoten) und höchstens zwei Elemente (zwei Knoten).

Zur Erklärung:

(i) Die Abkürzungen kommen aus dem Englischen, V steht für vertex, das englische Wort für Eckpunkt und E steht für edge, das englische Wort für Kante.

(ii) Ψ ist die Abbildung, die jeder Kante die Menge ihrer Eckpunkte zuordnet. Das ist entweder eine Menge mit einem Element, falls ich eine Kante habe, die in demselben Punkt beginnt und endet. Oder das ist eine Menge mit zwei Elementen, falls Anfangs- und Endpunkt der Kante voneinander verschieden sind.

Beispiel:

Der Graph unseres Brückenproblems sieht folgendermaßen aus:

$$V = \{A, B, C, D\}, \; E = \{a, b, c, d, e, f, g\}$$

und zur Funktion Ψ gehört die folgende Wertetabelle:

x	a	b	c	d	e	f	g
	{A, B}	{A, B}	{A, C}	{A, C}	{A, D}	{B, D}	{C, D}

Wie Sie sich sicherlich schon gedacht haben, ist das etwas völlig anderes als der Graph einer Funktion. Verwechslungen sind nur durch die unterschiedlichen Anwendungsgebiete des jeweiligen Begriffes Graph auszuschließen. In Bild 15-4 sehen Sie 6 weitere Beispiele für Graphen. Ich behalte die Angewohnheit bei, die Knoten mit Großbuchstaben und die Kanten mit Kleinbuchstaben zu bezeichnen.

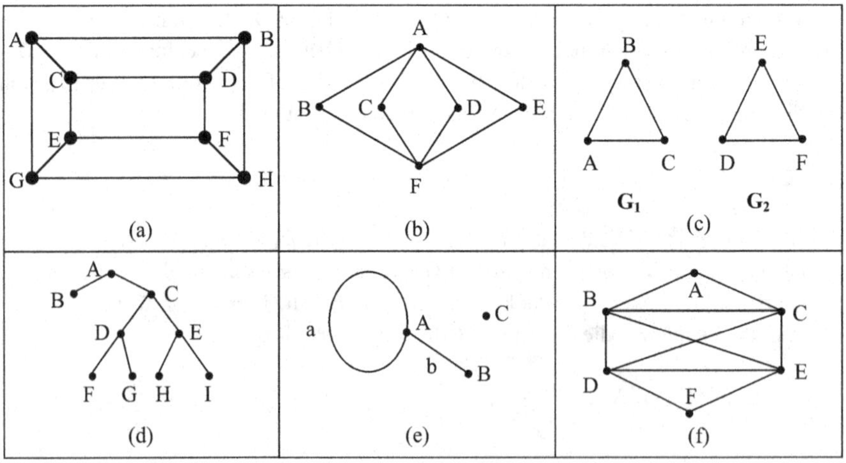

Bild 15-4: Sechs Graphen

Der Graph, der zu dem Bild (e) gehört, wäre beispielsweise folgendermaßen definiert:
$V = \{ A, B, C \}, \; E = \{ a, b \}$
und zur Funktion Ψ gehört die folgende Wertetabelle:

x	a	b
$\Psi(x)$	$\{A\}$	$\{A, B\}$

Die Kante eines Graphen heißt gerichtet, wenn sie nur in einer Richtung durchlaufen werden darf. Ein Graph, dessen Kanten alle gerichtet sind, heißt gerichteter Graph. Die exakte Definition erhält man, wenn man in der obigen Definition des ungerichteten Graphen den Kanten nicht mehr die Menge zuordnet, die aus ihren beiden Endpunkten besteht. Stattdessen ordnet man einer Kante ein geordnetes Tupel $(A, B) \in V \times V = V^2$ zu, wobei die Reihenfolge der Eckpunkte angibt, wie die Kante durchlaufen werden muss.

A a B

Hier gilt: $\Psi(a) = (A, B)$. Bei einer ungerichteten Kante stünde hier: $\Psi(a) = \{A, B\}$.

Dementsprechend lautet die Definition:

Definition:
Ein *gerichteter Graph* G ist ein Paar zweier endlicher Mengen V und E. Dabei bezeichnet V die Menge der im Graph enthaltenen *Knoten*, die man auch als Eckpunkte, Ecken oder Punkte bezeichnet und E die Menge der *Kanten* des Graphen. Es müssen die folgenden Bedingungen erfüllt sein:

$$V \neq \{\} \text{ und } V \cap E = \{\}.$$

Ferner gehört zu einem gerichteten Graphen eine Abbildung $\Psi: E \to V^2$, die jeder Kante das geordnete Knotenpaar ihrer Endpunkte zuordnet. Die Kante kann nur in der Richtung dieser Anordnung durchlaufen werden.

Beispiel:

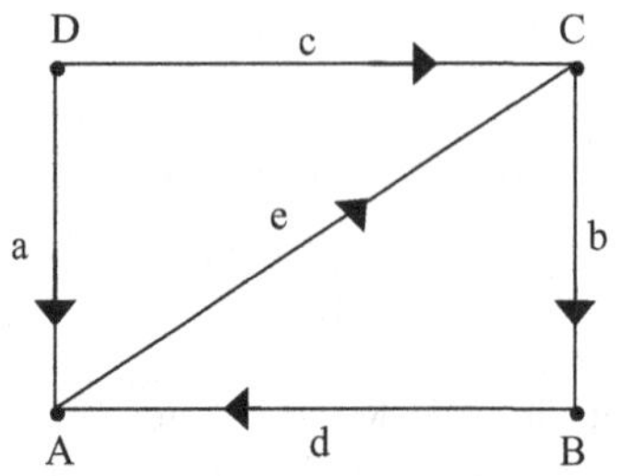

Bild 15-5: Ein gerichteter Graph

Hier gilt:

$$V = \{ A, B, C, D \}, \quad E = \{a, b, c, d, e\}$$

und zur Funktion Ψ gehört die folgende Wertetabelle:

x	a	b	c	d	e
Ψ(x)	(D, A)	(C, B)	(D, C)	(B, A)	(A, C)

Falls die Königsberger Brücken nur aus Einbahnstraßen bestanden hätten, wäre ein gerichteter Graph die korrekte Beschreibung gewesen. Wie Sie wahrscheinlich schon befürchtet haben, kann es noch schlimmer kommen: Ein Graph kann sowohl gerichtete als auch ungerichtete Kanten haben. Darum lautet die allgemeine Definition eines Graphen folgendermaßen:

Definition:
Ein *Graph* G ist ein Paar zweier endlicher Mengen V und E. Dabei bezeichnet V die Menge der im Graph enthaltenen *Knoten*, die man auch als Eckpunkte, Ecken oder Punkte bezeichnet und E die Menge der *Kanten* des Graphen. Es müssen die folgenden Bedingungen erfüllt sein:

$$V \neq \{\} \text{ und } V \cap E = \{\} .$$

Ferner gehört zu einem Graphen eine Abbildung $\Psi: E \rightarrow V \times V \cup P(V)$ mit den Eigenschaften:

(i) Falls $\Psi(e) = (A, B) \in V \times V$ ist, heißt e eine *gerichtete Kante* mit den Endpunkten A und B und e kann nur in der Richtung von A nach B durchlaufen werden.

(ii) Falls $\Psi(e) \in P(V)$ eine Teilmenge von V ist, ist e eine *ungerichtete Kante.* Ψ(e) hat entweder ein oder zwei Elemente. Falls $\Psi(e) = \{A\} \in P(V)$ ist, ist e eine *geschlossene Kante* mit nur einem Endpunkt. Andernfalls gibt es $A,B \in V$ so, dass $\Psi(e) = \{A,B\} \in P(V)$ ist. Dann heißen A und B die beiden Endpunkte von e. e kann sowohl von A nach B als auch von B nach A durchlaufen werden.

Beispiel:

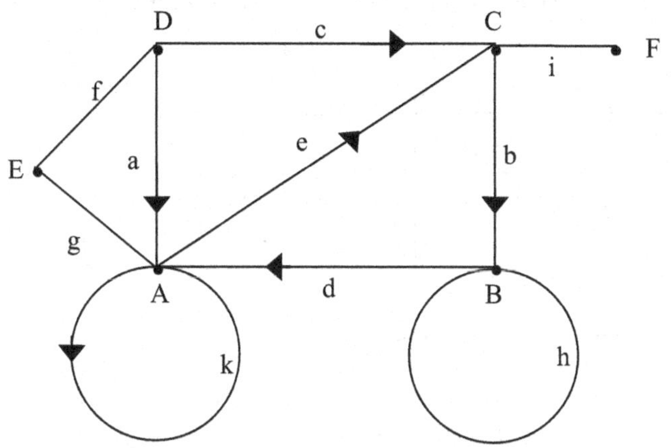

Bild 15-6: Ein Graph mit gerichteten und ungerichteten Kanten.

Diesen Graph kann man folgendermaßen definieren:

V = { A, B, C, D, E }, E = {a, b, c, d, e, f, g, h, i, k} und zur Funktion Ψ gehört die folgende Wertetabelle:

x	a	b	c	d	e
Ψ(x)	(D , A)	(C , B)	(D , C)	(B , A)	(A , C)

x	f	g	h	i	k
Ψ(x)	{ E , D }	{ E , A }	{ B }	{ C , F }	(A , A)

Wir werden später zu einem beliebigen Graphen G den Graphen H betrachten müssen, der dieselben Kanten hat, wie der Graph G, bei dem aber alle Kanten *ungerichtet* sind. Diesen Graphen nennen wir den zu G *zugeordneten ungerichteten Graphen*. Seine Definition lautet folgendermaßen:

Definition:
Sei $G = G(V_G, E_G, \Psi_G)$ ein Graph mit der Knotenmenge V_G, der Kantenmenge E_G und der zugehörigen Abbildung $\Psi_G: E_G \rightarrow V_G \times V_G \cup P(V_G)$. Dann heißt der Graph $H = H(V_H, E_H, \Psi_H)$ *der zu G zugeordnete ungerichtete Graph*, falls die folgenden drei Bedingungen erfüllt sind:

(i) $V_G = V_H$

(ii) $E_G = E_H$

Es sei jetzt $V = V_G = V_H$ und $E = E_G = E_H$. Dann muss weiter gelten:

(iii) $\forall_{e \in E} \left[\exists_{A, B \in V,\, A \neq B} \; \Psi_G(e) = (A, B) \right] \rightarrow \Psi_H(e) = \{A, B\}$.

Beispiel:

- Der zugeordnete ungerichtete Graph zu unserem Graph aus Bild 15-6 sieht einfach folgendermaßen aus:

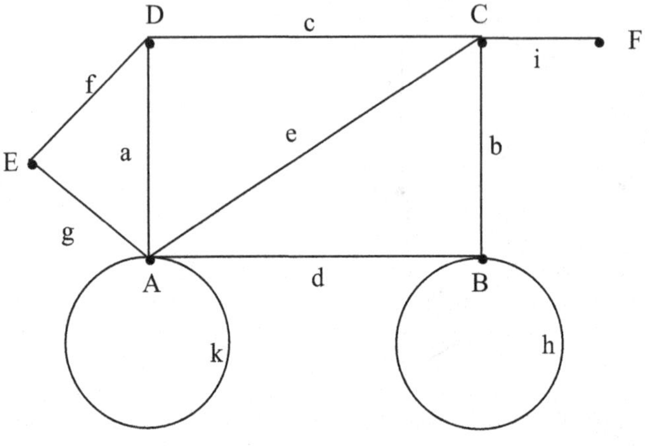

Bild 15-7: Der zugeordnete ungerichtete Graph zu dem Graph aus Bild 15-6

Diesen Graph kann man folgendermaßen definieren:

$$V = \{ A, B, C, D, E \},\ E = \{a, b, c, d, e, f, g, h, i, k\}$$

und zu seiner Funktion Ψ gehört die folgende Wertetabelle:

x	**a**	**b**	**c**	**d**	**e**
Ψ(x)	{A,D}	{B,C}	{C,D}	{A,B}	{A,C}

x	**f**	**g**	**h**	**i**	**k**
Ψ(x)	{E,D}	{E,A}	{B}	{C,F}	{A}

Wir brauchen nun weitere Definitionen:

Definition:
Sei G(V, E, Ψ) ein Graph. Dann versteht man unter einem *Weg* in G eine Folge von Knoten $(A_1, \dots, A_n)$ mit den folgenden Eigenschaften:

(i) $\forall_{i \in \{1,\dots,n\}} \quad A_i \in V$

(ii) $\forall_{i \in \{1,\dots,n-1\}} \quad \mathbf{(A_i \neq A_{i+1} \wedge \{A_i, A_{i+1}\} \in \Psi^{-1}(E))}$
$\vee \quad (A_i = A_{i+1} \wedge \{A_i\} \in \Psi^{-1}(E))$
$\vee \quad (A_i, A_{i+1}) \in \Psi^{-1}(E)$

Das heißt: jedes Knotenpaar in dieser Folge besteht aus den Eckpunkten einer Kante des Graphen. Falls diese Kante gerichtet ist, müssen die Knoten in der richtigen Reihenfolge notiert sein.
Falls es zwischen zwei Knoten mehrere Kanten gibt, mus die Kantenauswahl durch eine Indizierung der Knoten kenntlich gemacht werden:
$(\ldots\ldots\ldots\ldots , A_{i-1}, A_i^{(1)}, A_{i+1}^{(1)}, A_{i+2}, \ldots\ldots\ldots\ldots)$

(iii) Jedes Element aus E, d.h. jede Kante darf höchstens einmal in dieser Folge vorkommen.

Definition:
Seien A, B ∈ V zwei Punkte des Graphen, dann heißt ein Weg (A , … , B) eine *Verbindung dieser beiden Punkte.*

Nun können wir definieren, was ein zusammenhängender Graph ist:

Definition:
Ein Graph heißt *zusammenhängend*, falls jedes Paar von Punkten des Graphen durch einen Weg verbunden ist.

Die Graphen in Bild 15-4 (a) , (b) , (d) und (f) sind zusammenhängend, die in Bild 15-4 (c) und (e) dagegen nicht. Der Graph in Bild 15-4 (c) ist nicht zusammenhängend, weil es (zum Beispiel) keinen Weg von Punkt A zu Punkt D gibt. Man sagt, der Graph (c) besteht aus den zwei Zusammenhangskomponenten G_1 und G_2. Wir werden den Begriff der Zusammmenhangskomponente in den folgenden Kapiteln noch entscheidend brauchen, darum gebe ich Ihnen hier eine exakte Definition. Diese Definition verwendet eine unserer alten Bekannten aus Kapitel 6, die Äquivalenzrelation.

Definition:
Sei G(V, E. Ψ) ein Graph. Auf der Menge V x V der Knoten von G sei die folgende Relation ***Connected*** definiert:

Connected = { (X, Y) ∈ V x V | (X = Y) oder
(Es gibt in G einen Weg von X nach Y und
es gibt in G einen Weg von Y nach X) }

d. h. X $\approx_{Connected}$ Y genau dann, wenn X = Y ist oder wenn es sowohl einen Weg von X nach Y als auch einen Weg zurück von Y nach X gibt.

Satz 15.1
Connected ist eine Äquivalenzrelation und unterteilt die Knotenmenge V des Graphen G in nicht leere elementefremde Teilmengen, die Äquivalenzklassen ein.

Beweis:
Connected ist reflexiv (jeder Punkt ist per Definition mit sich selber in Relation),
Connected ist symmetrisch, da für ein Punktepaar X und Y die Existenz von Wegen in beiden Richtungen verlangt wird. Das ist bei ungerichteten Graphen natürlich ein und derselbe Weg.
Connected ist transitiv: Sei $X \approx_{Connected} Y$ und $Y \approx_{Connected} Z$ mit Wegen

$$(X, X_1, \dots, X_n, Y) \text{ von } X \text{ nach } Y \text{ und}$$
$$(Y, Y_1, \dots, Y_n, Z) \text{ von } Y \text{ nach } Z$$

Dann ist $(X, X_1, \dots, X_n, Y, Y_1, \dots, Y_n, Z)$ ein Weg von Y nach Z. Genauso erhält man einen Weg von Z nach Y und wir erhalten als Konsequenz: $X \approx_{Connected} Z$

q. e. d.

Alle diese Dinge sind relativ unkompliziert für ungerichtete Graphen. Sobald wir in einem Graphen auch gerichtete Kanten haben, müssen wir ein bisschen genauer hinsehen. Es gilt:

Satz 15.2
Sei G(V, E. Ψ) ein Graph, $A \in V$ beliebiger Knoten. Sei $[A]_{Connected}$ die zugehörige Äquivalenzklasse und es sei $B \in [A]_{Connected}$. Dann gilt: Jeder Weg von A nach B im Graphen G enthält nur Punkte, die in $[A]_{Connected}$ liegen.

Beweis:
Sei C ein Punkt, der auf einem Weg von A nach B liegt. Das Teilstück dieses Weges von A nach C definiert die geforderte Verbindung von A nach C. Da es in G aber auch nach Definition der Äquivalenzrelation einen Weg von B nach A gibt, gibt es auch (über B) einen Weg von C nach A, C gehört also ebenfalls zu $[A]_{Connected}$

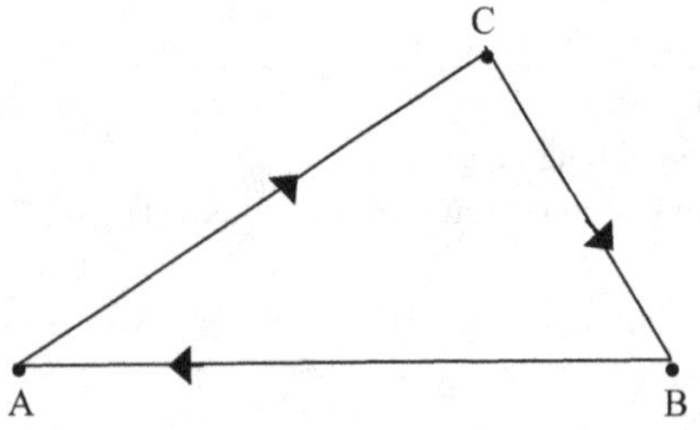

q. e. d.

Mit diesem Wissen macht es Sinn, zu definieren:

Definition:
Sei $G(V, E. \Psi)$ ein Graph, $A \in V$ beliebiger Knoten. Sei weiter:
- $V_{[A]}$ die Äquivalenzklasse $[A]_{Connected}$ aller Knoten, die mit A in G in beiden Richtungen durch einen Weg verbunden sind.
- $E_{[A]}$ die Menge aller Kanten in Wegen zwischen zwei beliebigen Punkten aus $[A]_{Connected}$
- $\Psi_{E[A]}$ sei identisch mit der Abbildung Ψ auf der Menge $E_{[A]}$

Dann ist heißt $G_{[A]} = G_{[A]}(V_{[A]}, E_{[A]}, \Psi_{E[A]})$ die *Zusammenhangskomponente* von G, die den Punkt A enthält.

Ich erinnere Sie an unser Beispiel aus 15-4 (c)

Der Graph G

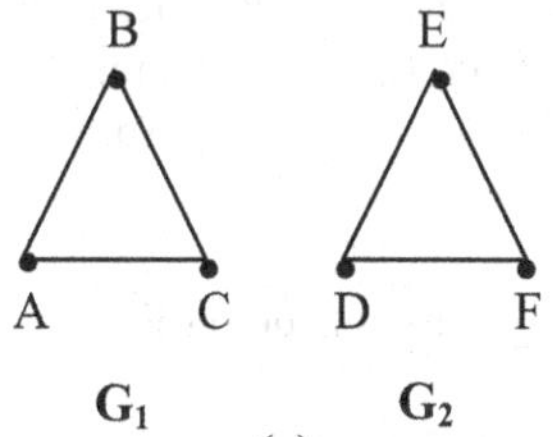

(c)

Hier ist $G_{[A]} = G_{[B]} = G_{[C]} = G_1$ und $G_{[D]} = G_{[E]} = G_{[F]} = G_2$.

Es gilt: Zusammenhangskomponenten sind maximal. Was wir damit meinen, sehen Sie im folgenden Satz, für den ich noch eine kleine Definition brauche:

Definition:
Seien $G(V, E. \Psi)$ und $G_1 = G_1(V_1, E_1, \Psi_1)$ zwei Graphen. G_1 heißt ein *Teilgraph von G*, falls die folgenden Bedingungen erfüllt sind:
(i) $V_1 \subseteq V$
(ii) $E_1 \subseteq E$
(iii) Für alle $e \in E_1$ gilt: $\Psi_1(e) = \Psi(e)$.

In unserem Beispiel 15-4 (c) sind beispielsweise die Graphen G_1 und G_2 beide Teilgraphen von G.

Nun gilt:

Satz 15.3

Sei $G(V, E. \Psi)$ ein Graph, $A \in V$ beliebiger Knoten. Sei $G_1 = G_1(V_1, E_1, \Psi_1)$ ein beliebiger zusammenhängender Teilgraph von G, der A enthält. Dann ist G_1 ein Teilgraph von $G_{[A]}$.

Beweis:

Sei $B \in V_1$ ein beliebiger Knoten, $B \neq A$. Da G_1 zusammenhängend war, gibt es in G_1 einen Weg von A nach B und einen Weg von B nach A, die beide auch Wege in G sind. Denn G_1 war Teilgraph von G. Damit liegt B auch in $V_{[A]}$ und wir haben gezeigt:

$$V_1 \subseteq V_{[A]}$$

Aus $V_1 \subseteq V_{[A]}$ folgt aber auch $E_1 \subseteq E_{[A]}$, denn E_1 enthält nur Kanten aus E und $E_{[A]}$ enthält alle Kanten aus E, die es zwischen Punkten aus $V_{[A]}$ gibt.

Schließlich folgt die Übereinstimmung von Ψ_1 und $\Psi_{[A]}$ auf E_1 aus der Tatsache, dass beide Abbildungen eindeutig durch die Werte der Abbildung Ψ auf E_1 definiert sind.

q. e. d.

Die Zusammenhangskomponente $G_{[A]} = G_{[A]}(V_{[A]}, E_{[A]}, \Psi_{E[A]})$ ist also der größte zusammenhängende Teilgraph von G, der den Punkt A enthält.

Die Bedingung in der Definition des Zusammenhangs, dass es Wege hin und zurück geben muss, ist natürlich nur für gerichtete Graphen wichtig. Für ungerichtete Graphen ist sie automatisch erfüllt. Viele Autoren nennen diese Form des Zusammenhangs für gerichtete Graphen auch *starken Zusammenhang*.

Definition:

Sei G ein Graph. Ein *Zyklus* in G ist ein Weg, der im selben Punkt beginnt und endet. Man nennt einen Zyklus auch einen *geschlossenen Weg*.

Im Graph 15-4 (b) ist der Weg (A, B, F, E, A) ein Zyklus mit 4 Kanten.

Definition:

Ein zusammenhängender, ungerichteter Graph, der keine Zyklen enthält, heißt ein *Baum*.

Der Graph in Bild 15-4 (d) ist ein Baum, die anderen sind keine Bäume. Bäume sind besonders wichtig in der Graphentheorie und wir werden sie uns noch genauer ansehen. Wir werden später (in Kapitel 17) auch gerichtete Bäume kennen lernen.

Definition:

(i) Es sei G(V, E, Ψ) ein Graph. Eine Kante $e \in E$ heißt *Schlinge*, wenn Anfangs- und Endpunkt von e übereinstimmen. Genauer:

$$\text{e ist Schlinge} \leftrightarrow \exists_{A \in V}\ \Psi(e) = \{A\} \vee \Psi(e) = (A, A)$$

(ii) Es sei G(V, E, Ψ) ein ungerichteter Graph. Sei $A \in V$ ein beliebiger Punkt. Dann heißt die Anzahl der Kanten, die A als einen Eckpunkt haben, der *Grad* dieses Punktes. Insbesondere gilt, dass Schlinge bei A den Grad von A um $+2$ erhöht. Es ist also:

$$\text{Grad}(A) = |\{e \in E \mid A \in \Psi(e) \wedge \{A\} \neq \Psi(e)\}| + \\ + 2 \cdot |\{e \in E \mid \{A\} = \Psi(e)\}|$$

(Im ersten Summanden werden alle Kanten gezählt, die von A zu einem anderen Punkt gehen. Im zweiten Summanden werden alle Schlingen bei A gezählt. Diese Anzahl wird mit 2 multipliziert.)

Zum Beispiel hat der Punkt A im Königsberger-Brücken-Graph 15-2 den Grad 5, im Graphen 15-4 (a) haben alle Punkte den Grad 3. Und der Punkt A im Graphen 15-4 (e) hat den Grad 3.

Definition:
Ein Knoten vom Grad 0 heißt *isolierter Knoten.*

Ein Beispiel ist der Punkt C im Graphen 15-4 (e).

Und die vorläufig letzte Definition, die wir brauchen, lautet:

Definition:
Es sei G(V, E, Ψ) ein ungerichteter Graph ohne isolierte Punkte.
Ein *Euler-Zyklus* in G ist ein Zyklus, der jede Kante des Graphen genau einmal durchläuft.

Mit dieser Definition kann man das Königsberger-Brücken-Problem folgendermaßen umformulieren:
Besitzt der Graph aus Bild 15-2 einen Euler-Zyklus?

Wir wissen schon, dass die Antwort »nein« lautet. Euler fand in seiner Auseinandersetzung mit dem Königsberger Brücken-Problem ein einfaches Kriterium dafür, ob ein gegebener Graph einen Euler-Zyklus hat oder nicht. Hier ist sein berühmter Satz, der die Graphen-Theorie initiierte:

Satz 15.4 *Eulers Satz für Euler-Zyklen in ungerichteten Graphen*
Es sei $G(V, E, \Psi)$ ein ungerichteter Graph ohne isolierte Punkte. G besitzt einen Euler-Zyklus genau dann, wenn die folgenden zwei Bedingungen erfüllt sind:
(i) G ist zusammenhängend.
(ii) Der Grad jedes Punktes von G ist eine gerade Zahl.

Beweis:
Zunächst zeigen wir: Aus der Existenz eines Euler-Zyklus in G folgt, dass G zusammenhängend ist und dass der Grad jedes Punktes eine gerade Zahl ist.

Angenommen G besitzt einen Euler-Zyklus. Falls X und Y zwei beliebige, voneinander verschiedene Punkte sind, dann sind sie Eckpunkte von Kanten aus E, da G keine isolierten Punkte besitzt. Da der Euler-Zyklus durch alle Kanten von G geht, verbindet er X und Y (sogar auf zwei verschiedene Weisen). Also ist G zusammenhängend.
Sei X irgendein Punkt von G. Da X kein isolierter Punkt ist, gibt es eine Kante $e \in E$ mit $X \in \Psi(e)$. Wir starten jetzt unseren Euler-Zyklus mit der Kante e beim Punkt X. Am Ende dieses Euler-Zyklus hat man den Punkt X genauso oft verlassen wie man auch bei ihm angekommen ist. Die Zahl der »Ankunftskanten« ist also gleich der Zahl der »Aufbruchskanten«. Also ist die Gesamtzahl der Kanten, zu denen der Punkt x gehört, gerade.

Nun müssen wir die umgekehrte Richtung zeigen: Wenn ein ungerichteter Graph G ohne isolierte Punkte zusammenhängend ist und der Grad jedes Punktes eine gerade Zahl ist, dann existiert in G ein Euler-Zyklus. Wir geben in diesem Teil des Beweises einen Algorithmus an, mit dem unter den gegebenen Bedingungen stets ein Euler-Zyklus konstruiert wird. Bitte betrachten Sie dazu die Beschreibung dieses Algorithmus auf der folgenden Seite. Ich habe in dieser Beschreibung drei Behauptungen formuliert, die wir beweisen müssen, um zu sehen, dass dieser Algorithmus in zusammenhängenden ungerichteten Graphen, in denen jeder Punkt einen Grad hat, der eine gerade Zahl ist, stets einen Euler-Zyklus erzeugt.
Zur Erläuterung: Der Algorithmus beginnt die Konstruktion eines Euler-Zyklus ζ damit, einen beliebigen Knoten A als »Startpunkt« zu nehmen und nach und nach zufällig ausgewählte Kanten zu einem Weg anzufügen. Bereits benutzte Kanten dürfen nicht noch einmal verwendet werden. Dieses Verfahren komme an einem Punkt B zum Ende, weil es dort keine freie Kante mehr gibt. Dann lautet unsere Behauptung 1:
Behauptung 1: $A = B$.

Beweis:

Angenommen, $A \neq B$. Dann wäre die Anzahl Kanten, die B als Eckpunkt haben und die wir schon »verbraucht« haben, ungerade. Denn wir wären einmal mehr in B »angekommen« als »gestartet«. Da aber der Grad jedes Punktes eine gerade Zahl ist, müsste es noch eine weitere, bisher noch nicht benutzte Kante geben, die B als Eckpunkt hat. Das steht im Widerspruch zu der Voraussetzung.

Wir haben also einen Zyklus ζ konstruiert. Falls dieser Zyklus kein Euler-Zyklus ist, gibt es noch Kanten in E, die nicht zu ζ gehören.

Algorithmus zur Konstruktion eines Euler-Zyklus in ungerichteten Graphen:

Es sei G(V, E, Ψ) ein ungerichteter Graph. Sei A ∈ V ein beliebiger Punkt.
Setze B = A.
Setze ζ = ( ) (ein »leerer« Weg).
Wiederhole die folgende Verarbeitung:
{
Solange es noch unbenutzte Kanten bei B gibt, d. h. solange gilt:
Es gibt e ∈ E so, dass B ∈ Y(e), aber B ∉ ζ
Tue das folgende:
{
Füge eine beliebige bisher unbenutzte Kante e beim Punkte B zum Weg ζ hinzu.
Falls Ψ(e) eine Menge { B, C } mit zwei Elementen ist, falls also e keine Schlinge ist, setze B = C.
}

Jetzt ist wieder B = A, d. h. ζ ist ein Zyklus. *(Behauptung 1)*
Falls es noch unbenutzte Kanten e in E gibt, muss es auch einen Punkt C im Zyklus ζ geben, von dem noch unbenutzte Kanten ausgehen. *(Behauptung 2)*

Ich nenne diesen Eckpunkt C und verfahre in diesem Falle wie folgt:
{
Setze A = C und B = C *(Breakout)*
}
}
solange es noch unbenutzte Kanten in E gibt.

ζ ist jetzt ein Euler-Zyklus. *(Behauptung 3)*

Dann lautet unsere Behauptung 2:

Behauptung 2: Falls es noch unbenutzte Kanten e in E gibt, muss es auch einen Punkt C im Zyklus ζ geben, von dem noch unbenutzte Kanten ausgehen.

Beweis:
Sei e eine unbenutzte Kante in E. Ihre Eckpunkte, also die Elemente von Ψ(e), nenne ich E_1 und E_2, wobei es hier unerheblich ist, ob E_1 und E_2 voneinander verschieden sind oder nicht. Ich nehme aber an, dass sowohl E_1 als auch E_2 nicht zu unserem bisher konstruierten Zyklus z gehören, denn sonst wäre nichts mehr zu zeigen.

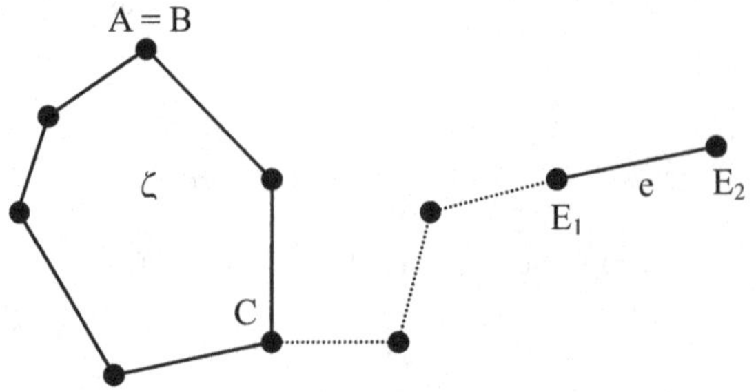

Bild 15-8: Ein Weg von A nach E_1

Da der Graph G zusammenhängend war, muss es einen Weg von A nach E_1 geben. Da es beim Punkt A keine unbenutzten Kanten mehr gibt, muss dieser Weg zunächst aus Kanten des Zyklus ζ bestehen. Es muss aber einen Punkt C in z geben, wo dieser Weg den Zyklus ζ mit einer Kante verlässt, da ja weder die Kante e noch ihre Eckpunkte E_1 und E_2 zu ζ gehören. Das war zu zeigen.

Man setzt jetzt das oben besprochene Verfahren des Anfügens von noch nicht benutzten Kanten beim Punkte C fort. Diesen Wechsel vom alten Knoten A zum neuen Knoten C nennt man einen *Ausbruch* (man bricht aus dem bisher konstruierten Zyklus aus) bzw. englisch *Breakout*.
Wenn es schließlich an keinem Punkt des Zyklus ζ noch unbenutzte Kanten gibt, dann gibt es wegen Behauptung 2 auch keine unbenutzten Kanten im Graphen G und unser ζ ist ein Euler-Zyklus. Damit haben wir auch Behauptung 3 und folglich den gesamten Satz 15.4 bewiesen.
Beachten Sie, dass wir hier einen Existenzbeweis geführt haben, der das behauptete Objekt explizit konstruiert. Den beschriebenen Algorithmus kann man, wie ich Ihnen gleich zeigen werde, leicht programmieren.

Beispiele:

- Der Graph des Königsberger Brückenproblems 15-2 besitzt keinen Euler-Zyklus – er hat Punkte mit ungeradem Grad.
- Der Graph aus Bild 15-4 (a) besitzt keinen Euler-Zyklus – er hat Punkte mit ungeradem Grad.
- Der Graph aus Bild 15-4 (b) besitzt einen Euler-Zyklus – er hat keine isolierten Punkte, er ist zusammenhängend und alle Punkte haben einen geraden Grad.
- Der Graph aus Bild 15-4 (c) besitzt keinen Euler-Zyklus – er ist nicht zusammenhängend.
- Der Graph aus Bild 15-4 (d) besitzt keinen Euler-Zyklus – er hat Punkte mit ungeradem Grad.
- Der Graph aus Bild 15-4 (e) besitzt keinen Euler-Zyklus – er hat isolierte Punkte.

- Der Graph aus Bild 15-4 (f) besitzt einen Euler-Zyklus – er hat keine isolierten Punkte, er ist zusammenhängend und alle Punkte haben einen geraden Grad. Wahrscheinlich können Sie einen Euler-Zyklus finden, indem Sie nur lange genug auf den Graphen schauen, aber ich möchte Ihnen mit Hilfe des Algorithmus aus dem Beweis des Satzes einen Weg zum Auffinden eines Euler-Zyklus zeigen, den Sie auch programmieren können. Ich starte mit ein paar allgemeinen Bemerkungen:

15.3 Wie man einen »blinden« Computer sehend macht

Offensichtlich kann Ihr Computer den Graphen nicht »sehen«, wir müssen ihn auf irgendeine Weise so formalisieren, dass es für den Computer möglich ist, ihn zu bearbeiten und unseren Algorithmus anzuwenden. Eine Möglichkeit dafür ist die so genannte Verbindungsmatrix, die auch Adjazenzmatrix genannt wird. Wir definieren:

Definition:
Es sei $G(V, E, \Psi)$ ein ungerichteter Graph mit n Knoten. Es sei weiterhin

$$\varphi : V \rightarrow \{ 1, \dots, n \}$$

eine bijektive Abbildung mit Umkehrung

$$\phi : \{ 1, \dots, n \} \rightarrow V$$

φ ordnet jedem Knoten aus V eine eindeutig bestimmte natürliche Zahl zu. (Man gibt den Knoten über diese Abbildung »Namen« aus der Menge der natürlichen Zahlen). In einer so genannten *Adjazenzmatrix* M des Graphen G wird nun in der i-ten Zeile und der j-ten Spalte die Anzahl der Kanten eingetragen, die zwischen dem i-ten und dem j-ten Knoten existieren. Wenn wir dieses Element mit M[i, j] bezeichnen, gilt also:

$$M[i, j] = | \{ e \in E \mid \Psi(e) = \{ \phi(i), \phi(j) \} \} | .$$

Offensichtlich ist bei einem ungerichteten Graphen die Adjazenzmatrix stets symmetrisch. Zum Graphen 15-4 (f) gehört dann die folgende Adjazenzmatrix: (Wir verzichten auf die Nummerierung der Knoten).

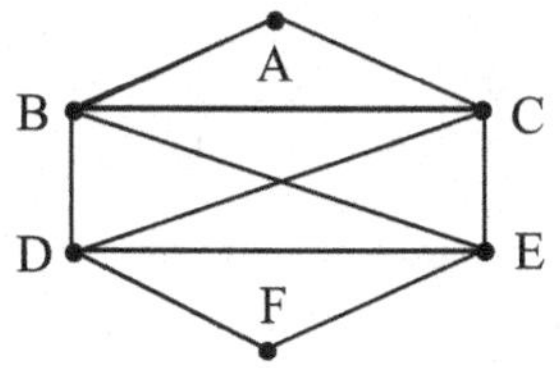

	A	B	C	D	E	F
A	0	1	1	0	0	0
B	1	0	1	1	1	0
C	1	1	0	1	1	0
D	0	1	1	0	1	1
E	0	1	1	1	0	1
F	0	0	0	1	1	0

Um nun einen Euler-Zyklus zu finden, beginnen wir bei einem beliebigen Punkt, sagen wir beim Punkt A und wählen eine Kante von A, z. B. (A, B). Nachdem wir diese Kante gewählt haben, steht sie für eine weitere Verwendung nicht mehr zur Verfügung. Wir ändern deshalb die entsprechenden Einträge in der Adjazenzmatrix auf 0.

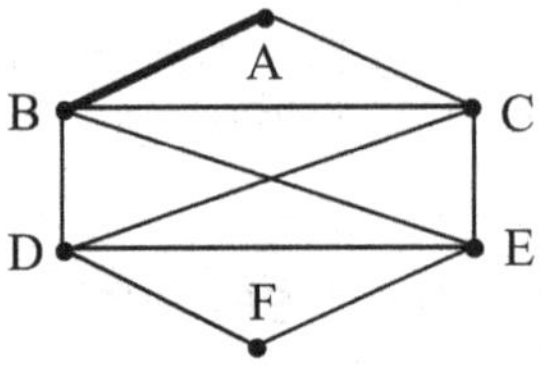

	A	B	C	D	E	F
A	0	0	1	0	0	0
B	0	0	1	1	1	0
C	1	1	0	1	1	0
D	0	1	1	0	1	1
E	0	1	1	1	0	1
F	0	0	0	1	1	0

Bisher ausgewählter Weg: (A, B)

Vom Punkte B wählen wir die erste verfügbare Kante. Die geht zum Punkt C und wir erhalten:

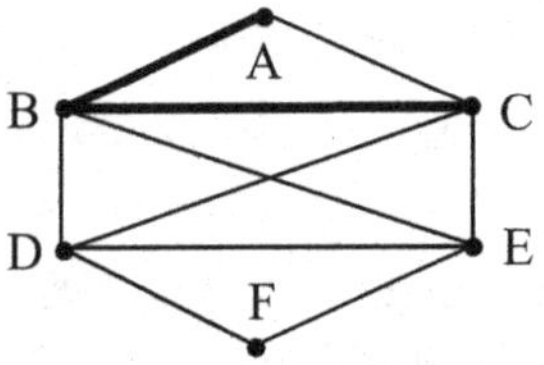

	A	B	C	D	E	F
A	0	0	1	0	0	0
B	0	0	0	1	1	0
C	1	0	0	1	1	0
D	0	1	1	0	1	1
E	0	1	1	1	0	1
F	0	0	0	1	1	0

Bisher ausgewählter Weg: (A, B, C)

Dann wählen wir vom Punkt C die Kante zum Punkt A und erhalten:

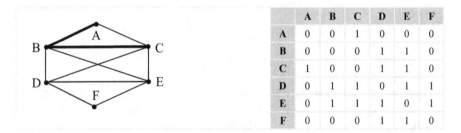

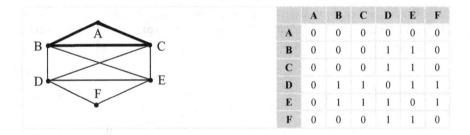

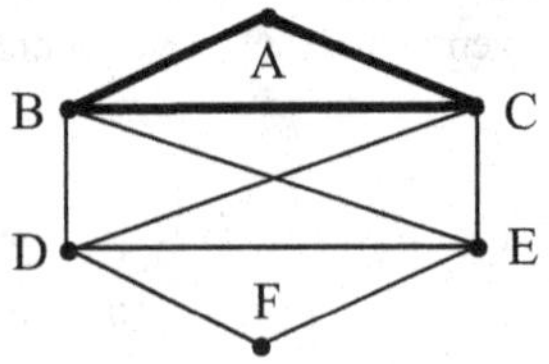

	A	B	C	D	E	F
A	0	0	0	0	0	0
B	0	0	0	1	1	0
C	0	0	0	1	1	0
D	0	1	1	0	1	1
E	0	1	1	1	0	1
F	0	0	0	1	1	0

Bisher ausgewählter Weg: (A, B, C, A)

Wir sind nun wieder beim Punkt A und können nicht weiter. Aber schon vom Punkte B aus können wir ausbrechen. Also ändern wir unseren Zyklus (A, B, C, A) in den Zyklus (B, C, A, B). Wir wählen jetzt vom Punkt B die Kante zum Punkt D und erhalten:

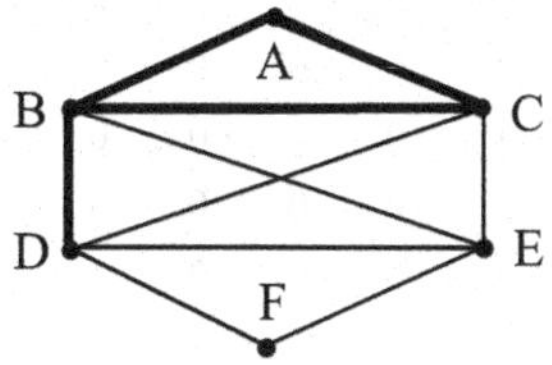

	A	B	C	D	E	F
A	0	0	0	0	0	0
B	0	0	0	0	1	0
C	0	0	0	1	1	0
D	0	0	1	0	1	1
E	0	1	1	1	0	1
F	0	0	0	1	1	0

Bisher ausgewählter Weg: (B, C, A, B, D)

Anschließend wählen wir von D die Kante zum Punkt C und erhalten:

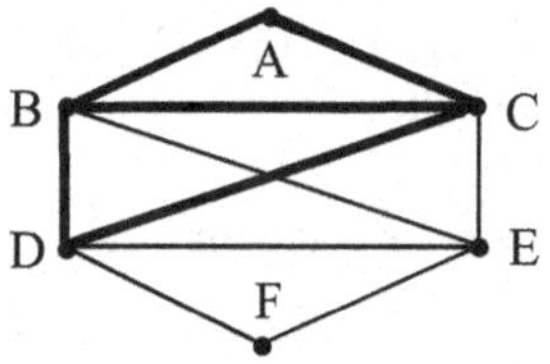

	A	B	C	D	E	F
A	0	0	0	0	0	0
B	0	0	0	0	1	0
C	0	0	0	0	1	0
D	0	0	0	0	1	1
E	0	1	1	1	0	1
F	0	0	0	1	1	0

Bisher ausgewählter Weg: (B, C, A, B, D, C)

Von C gibt es noch eine unbenutzte Kante. Die geht zum Punkt E:

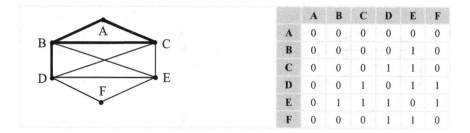

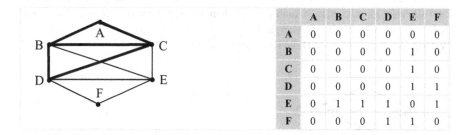

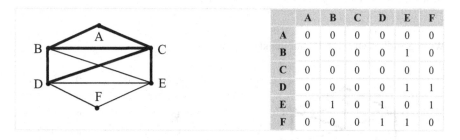

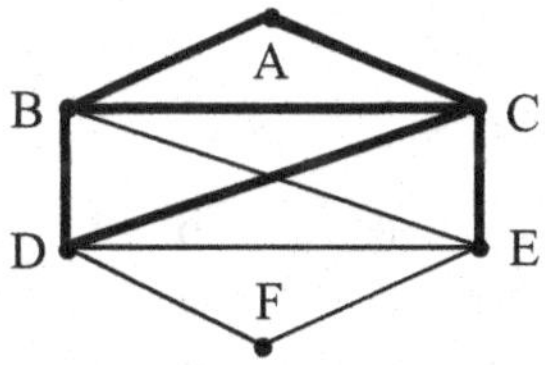

	A	B	C	D	E	F
A	0	0	0	0	0	0
B	0	0	0	0	1	0
C	0	0	0	0	0	0
D	0	0	0	0	1	1
E	0	1	0	1	0	1
F	0	0	0	1	1	0

Bisher ausgewählter Weg: (B, C, A, B, D, C, E)

Von E wählen wir die Kante zum Punkt B (bedenken Sie: das ist wahrscheinlich die erste Kante, die der »blinde« Computer findet) und erhalten:

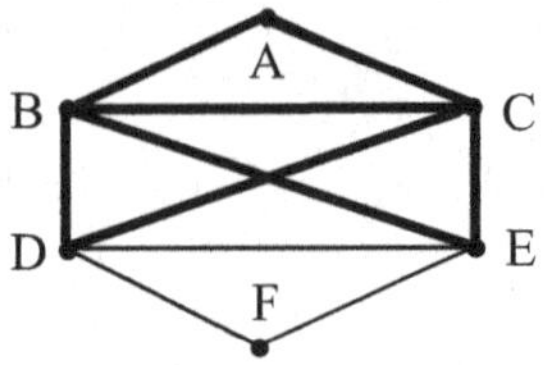

	A	B	C	D	E	F
A	0	0	0	0	0	0
B	0	0	0	0	0	0
C	0	0	0	0	0	0
D	0	0	0	0	1	1
E	0	0	0	1	0	1
F	0	0	0	1	1	0

Bisher ausgewählter Weg: (B, C, A, B, D, C, E, B)

Wieder haben wir einen Zyklus gebildet, von dessen Ausgangspunkt bzw. Endpunkt wir nicht weiter machen können, weil keine Kante mehr frei ist. Wir müssen also wieder einen Breakout machen. Wenn wir den Weg von B aus gehen, ist D der erste Knoten, den man als Anfangspunkt wählen kann und von dem aus noch freie Kanten fortführen. Wir ändern also unseren Zyklus (B, C, A, B, D, C, E, B) in den Zyklus (D, C, E, B, C, A, B, D). Wir wählen jetzt vom Punkt D die Kante zum Punkt E und erhalten:

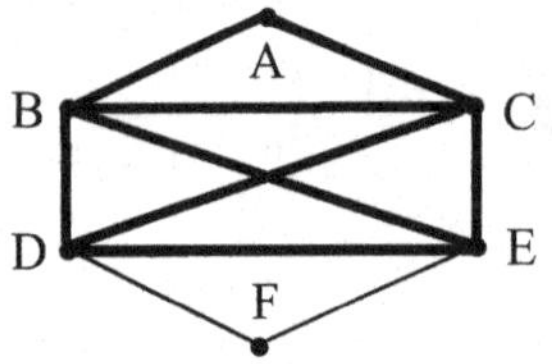

	A	B	C	D	E	F
A	0	0	0	0	0	0
B	0	0	0	0	0	0
C	0	0	0	0	0	0
D	0	0	0	0	0	1
E	0	0	0	0	0	1
F	0	0	0	1	1	0

Bisher ausgewählter Weg: (D, C, E, B, C, A, B, D, E)

Wir fügen die Kante von E zum Punkt F hinzu:

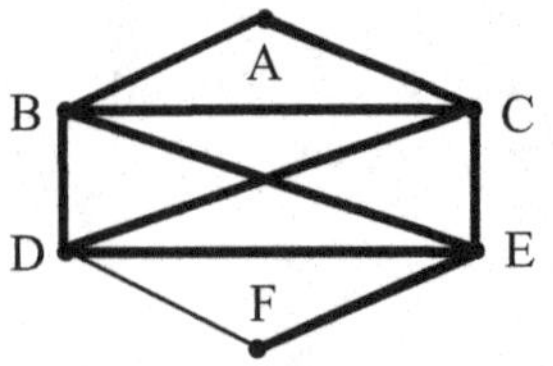

	A	B	C	D	E	F
A	0	0	0	0	0	0
B	0	0	0	0	0	0
C	0	0	0	0	0	0
D	0	0	0	0	0	1
E	0	0	0	0	0	0
F	0	0	0	1	0	0

Bisher ausgewählter Weg: (D, C, E, B, C, A, B, D, E, F)

und schließlich die Kante von F zu Punkt D:

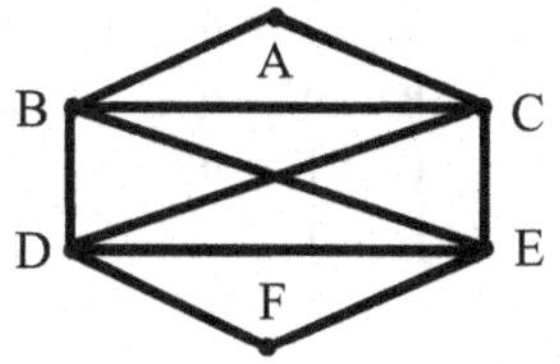

	A	B	C	D	E	F
A	0	0	0	0	0	0
B	0	0	0	0	0	0
C	0	0	0	0	0	0
D	0	0	0	0	0	0
E	0	0	0	0	0	0
F	0	0	0	0	0	0

Bisher ausgewählter Weg: (D, C, E, B, C, A, B, D, E, F, D)

Nun sind keine Kanten mehr übrig, der letzte Zyklus ist der gewünschte Euler-Zyklus.

Auch der Fall, dass es zwischen zwei Punkten mehrfache Kanten gibt, ist mit dieser Methode zu bearbeiten. Eulers Theorem funktioniert auch in diesem Falle. Man muss dann nur in der Verbindungsmatrix statt einer 1 die Anzahl der (noch) freien Verbindungskanten eintragen.

Beispiel:
Man finde einen Euler-Zyklus im folgenden Graphen:

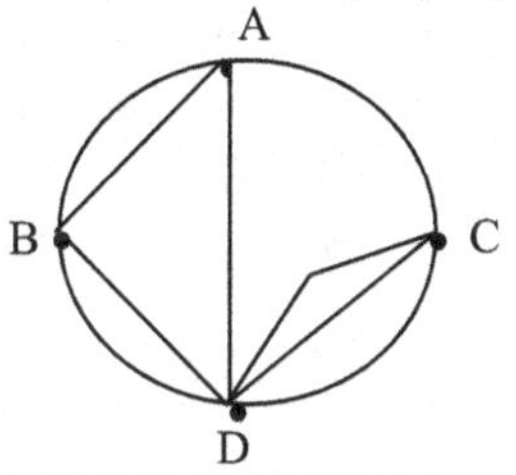

	A	B	C	D
A	0	2	1	1
B	2	0	0	2
C	1	0	0	3
D	1	2	3	0

Wir beginnen nun, wie im vorigen Beispiel, mit Punkt A und in jedem Falle wählen wir den Punkt mit kleinstmöglichem Index (d. h. denjenigen, der in der alphabetischen Reihenfolge zuerst möglich ist), um den Weg zu erweitern oder einen Breakout zu machen. Bei diesem Vorgehen durchlaufen wir die folgenden Stadien:

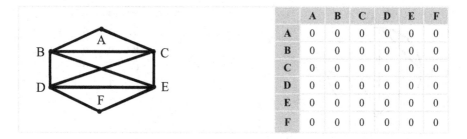

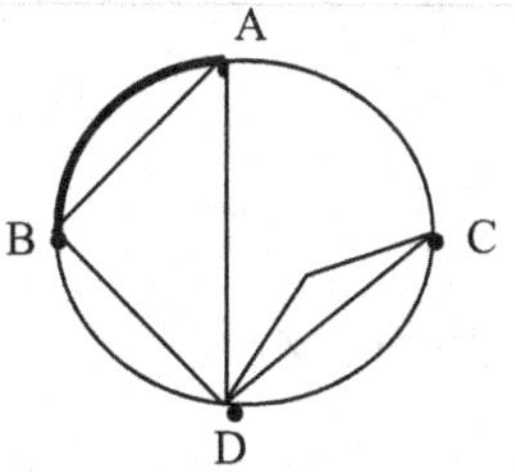

	A	B	C	D
A	0	1	1	1
B	1	0	0	2
C	1	0	0	3
D	1	2	3	0

Bisher ausgewählter Weg: (A, B)

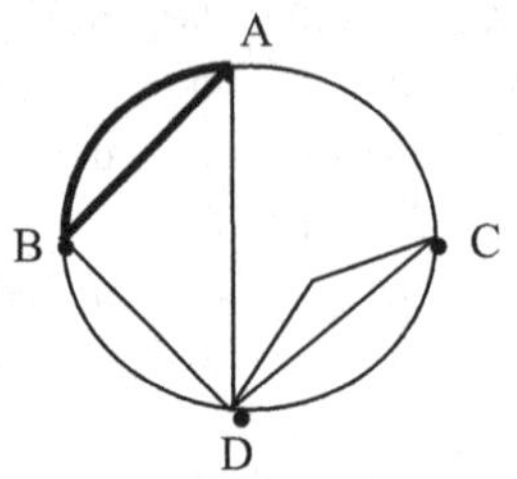

	A	B	C	D
A	0	0	1	1
B	0	0	0	2
C	1	0	0	3
D	1	2	3	0

Bisher ausgewählter Weg: (A, B, A)

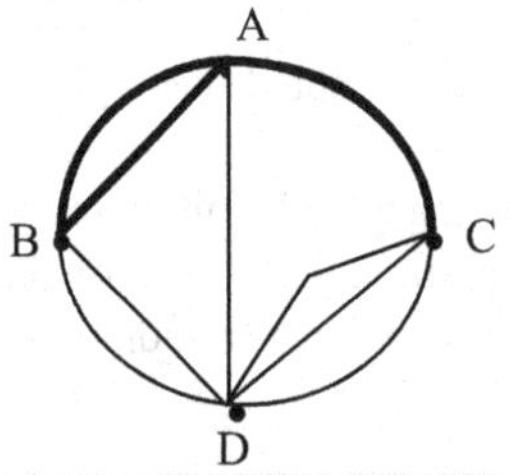

	A	B	C	D
A	0	0	0	1
B	0	0	0	2
C	0	0	0	3
D	1	2	3	0

Bisher ausgewählter Weg: (A, B, A, C)

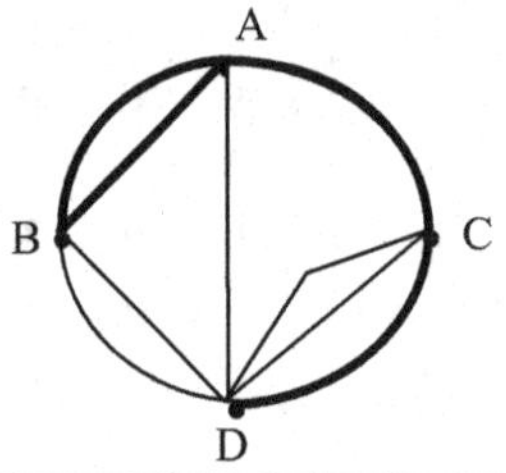

	A	B	C	D
A	0	0	0	1
B	0	0	0	2
C	0	0	0	2
D	1	2	2	0

Bisher ausgewählter Weg: (A, B, A, C, D)

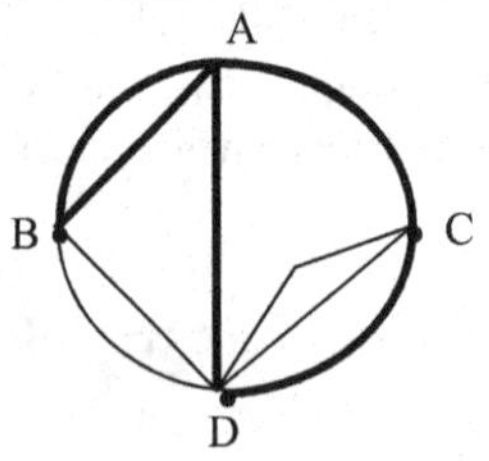

	A	B	C	D
A	0	0	0	0
B	0	0	0	2
C	0	0	0	2
D	0	2	2	0

Bisher ausgewählter Weg: (A, B, A, C, D, A)

Wir machen nun einen Breakout zum Punkt B, d. h. wir betrachten den Zyklus
(B, A, C, D, A, B)
als den bisher ausgewählten Weg und fahren fort:

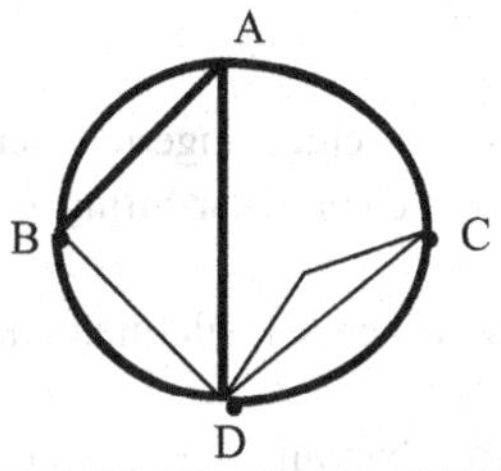

	A	B	C	D
A	0	0	0	0
B	0	0	0	1
C	0	0	0	2
D	0	1	2	0

Bisher ausgewählter Weg: (B, A, C, D, A, B, D)

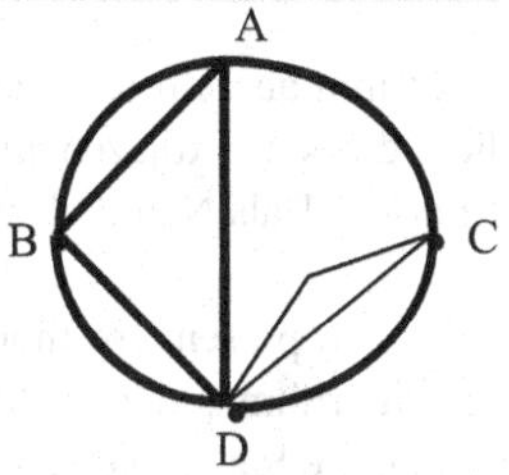

	A	B	C	D
A	0	0	0	0
B	0	0	0	0
C	0	0	0	2
D	0	0	2	0

Bisher ausgewählter Weg: (B, A, C, D, A, B, D, B)

Wir machen jetzt einen Breakout zum Punkt C, d.h. wir betrachten den Zyklus
(C, D, A, B, D, B, A, C)
als den bisher ausgewählten Weg und fahren fort:

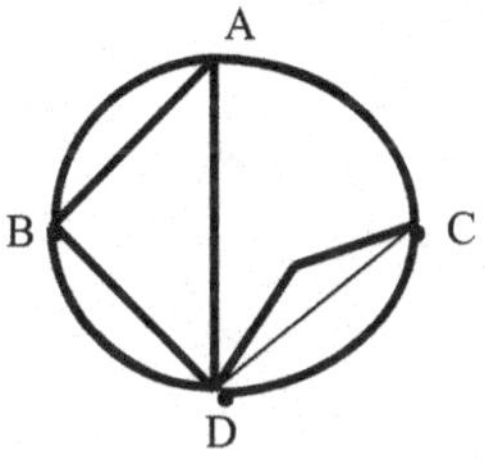

	A	B	C	D
A	0	0	0	0
B	0	0	0	0
C	0	0	0	1
D	0	0	1	0

Bisher ausgewählter Weg: (C, D, A, B, D, B, A, C, D)

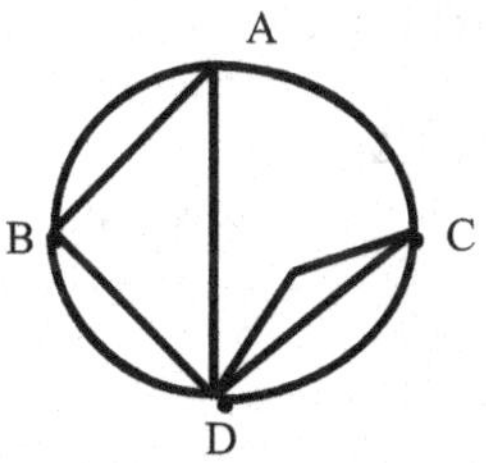

	A	B	C	D
A	0	0	0	0
B	0	0	0	0
C	0	0	0	0
D	0	0	0	0

Bisher ausgewählter Weg: (C, D, A, B, D, B, A, C, D, C)

Dieser Zyklus benutzt alle Kanten und ist ein Euler-Zyklus. Wie programmiert man so etwas?

15.4 Die eigentliche Programmierung

Sie sehen im Folgenden ein Programm, dem eine Adjazenzmatrix eines ungerichteten Graphen übergeben wird und das die folgenden Informationen in einem char-String zurückgibt:

- Falls der Graph nicht zusammenhängend ist, wird eine entsprechende Fehlermeldung herausgegeben (nError = 1).
- Falls der Graph Punkte mit ungeradem Grad enthält, wird ebenfalls eine entsprechende Fehlermeldung herausgegeben (nError = 2).
- In allen anderen Fällen wird ein Euler-Zyklus zurückgegeben (nError = 0).

Welcher dieser drei Fälle vorliegt, erkennt das aufrufende Programm an dem Kennzeichen nError. Die Knoten meines Graphen haben hier immer die Indizes der Adjazenzmatrix als Namen, genauer gesagt: sie haben immer den Wert nIndex + 1 als Name, damit ich definitionsgemäß bei 1 und nicht bei 0 beginne.
Der Worte sind genug gewechselt, lasst uns endlich Code sehen. Ich präsentiere Ihnen hier nur den Teil des Programms, der den oben beschriebenen Algorithmus durchführt. Den vollständigen Code der gesamten Klasse *CGraphUngerichtet*, die Sie auf verschiedenste Weisen in Programme zum Einlesen von Graphen und zur Ausgabe von Euler-Zyklen einbinden können, finden Sie im Netz unter der Adresse [SchuNet].

Ich beginne mit der Klassendeklaration der Klasse CGraphUngerichtet:

```
class CGraphUngerichtet
{
private:
        int * * m_ppAdjazenz;
        int m_nAnzahlKnoten;
        void deleteGraphUngerichtet();
        void initializeAdjazenz();
public:
        CGraphUngerichtet(void);
        CGraphUngerichtet(const CGraphUngerichtet &
                                               other);
        void operator=(const CGraphUngerichtet &
                                               other);
        ~CGraphUngerichtet(void);
  // Ueberprüfung, ob ungerichteter Graph
        bool SymmetrieCheck();
  // Ueberprüefung, ob der Grad aller Knoten
  // gerade ist
        bool GradCheck();
```

```
int Eulerzyklus(char * & szAnswer);
        int getAnzahlKnoten();
        int getAnzahlKanten();
        int ** getAdjazenz();
  bool setGraph(int nAnzahlKnoten,
                                        int * * ppAdjazenz);
};
```

Die Methode Eulerzyklus() ist dann folgendermaßen programmiert:

```
o       /*
   Diese Methode berechnet einen Euler-Zyklus. Das
   Resultat dieser Berechnung wird auf szAnswer
   ausgegeben. An der zurückgegebenen Zahl erkennt man, ob
   und gegebenenfalls warum die Berechnung gescheitert ist
*/

int CGraphUngerichtet::Eulerzyklus
                                        (char * & szAnswer)
{
   if (m_nAnzahlKnoten == 0)
   {
     szAnswer = _strdup(„Der Graph ist leer");
     return 3;
       }

   if (!GradCheck())
   {
     szAnswer = _strdup(„Da es Knoten mit ungeradem Grad
     gibt, existiert kein Euler-Zyklus");
     return 2;
       }

   int nAktuellerKnoten;
   int nAnzahlKantenDesZyklus = 0;
```

```
int nAnzahlKanten = getAnzahlKanten();


  /*
  Alle Berechnungen werden nicht an der Original
  Adjazenzmatrix des Graphen durchgeführt, son-dern an der
  Adjazenzmatrix einer Objektkopie, die ich Temp nenne
  */

  CGraphUngerichtet Temp(*this);

  // In der Tabelle KnotenTable werden die Knoten // des
  Graphen in der Reihenfolge ihres
  // Auftretens im Euler-Zyklus notiert

  int * KnotenTable =
                          new int[2 * nAnzahlKanten];
  KnotenTable[0] = 0;
  bool bSuccess;


  do
  {
   bSuccess = false;
   nAktuellerKnoten =
                    KnotenTable[nAnzahlKantenDesZyklus];
   for (int i = 0;
             (i < m_nAnzahlKnoten) && (!bSuccess); i++)
   {
    if (Temp.m_ppAdjazenz[nAktuellerKnoten][i]>0)
    {
     nAnzahlKantenDesZyklus++;
     KnotenTable[nAnzahlKantenDesZyklus] = i;
     Temp.m_ppAdjazenz[nAktuellerKnoten][i]--;
     Temp.m_ppAdjazenz[i][nAktuellerKnoten]--;
     bSuccess = true;
    }
   }

   if (!bSuccess)
   {
```

```
// breakout //
    for (int i = 1;
          (i < nAnzahlKantenDesZyklus)&&
                                     (!bSuccess); i++)
    {
     for (int j = 0;
              (j < m_nAnzahlKnoten) &&
                                     (!bSuccess); j++)
     {
      if (Temp.m_ppAdjazenz[KnotenTable[i]][j]>0)
      {
       int * KnotenTableTemp =
                 new int[nAnzahlKantenDesZyklus + 1];
       for (int k = i;
                  k <= nAnzahlKantenDesZyklus; k++)
       {
        KnotenTableTemp[k - i] = KnotenTable[k];
       }
       for (int k = 1; k <= i; k++)
       {
        KnotenTableTemp
             [nAnzahlKantenDesZyklus - i + k]
                                    = KnotenTable[k];
       }
       for (int k = 0;
                  k <= nAnzahlKantenDesZyklus; k++)
       {
        KnotenTable[k] = KnotenTableTemp[k];
       }

       bSuccess = true;
      }
     }
    }
   }
  }
  while (bSuccess);

  if (nAnzahlKantenDesZyklus < nAnzahlKanten)
  {
   szAnswer =
```

```
        _strdup(„Der Graph ist nicht zusammenhängend");
    return 1;
   }

   char szWeg[400], szText[5];
   strcpy_s(szWeg, „(„);

   /*
   MakeAString ist eine kleine selbstgeschriebene
   Funktion, die aus der Zahl n einen String macht,
   der aus den Zeichen für die Zahl n+1 besteht.
   Also: Aus 0 wird „1", aus 5 wird „6" usw.
   */

   MakeAString(KnotenTable[0], szText);
   strcat_s(szWeg, szText);
   strcat_s(szWeg, „, „);

   for (int i = 1; i < nAnzahlKantenDesZyklus; i++)
   {
    MakeAString(KnotenTable[i], szText);
    strcat_s(szWeg, szText);
    strcat_s(szWeg, „, „);
   }

        MakeAString(KnotenTable[nAnzahlKantenDesZyklus],
                                                 szText);
   strcat_s(szWeg, szText);
   strcat_s(szWeg, „)");
   szAnswer = _strdup(szWeg);

   return 0;
}
        _strdup(„Der Graph ist nicht zusammenhängend");
    return 1;
   }

   char szWeg[400], szText[5];
   strcpy_s(szWeg, „(„);

   /*
```

```
MakeAString ist eine kleine selbstgeschriebene
Funktion, die aus der Zahl n einen String macht,
der aus den Zeichen für die Zahl n+1 besteht.
Also: Aus 0 wird „1", aus 5 wird „6" usw.
*/

MakeAString(KnotenTable[0], szText);
strcat_s(szWeg, szText);
strcat_s(szWeg, „, „);

for (int i = 1; i < nAnzahlKantenDesZyklus; i++)
{
  MakeAString(KnotenTable[i], szText);
  strcat_s(szWeg, szText);
  strcat_s(szWeg, „, „);
}

      MakeAString(KnotenTable[nAnzahlKantenDesZyklus],
                                                szText);
strcat_s(szWeg, szText);
strcat_s(szWeg, „)");
szAnswer = _strdup(szWeg);

return 0;
}
```

Sie können mit diesem Programm alle bisher besprochenen Beispiele dieses Kapitels testen und Sie werden stets die richtigen Antworten bekommen. Testen Sie auch nicht zusammenhängende Graphen wie 15-4 (c).

15.5 Euler-Wege

Wenn man nicht verlangt, dass ein Weg, der alle Kanten eines Graphen benutzt, ein Zyklus ist, dass er also am selben Punkt endet, an dem er begonnen hat, spricht man von einem Euler-Weg.

Definition:
Es sei G(V, E, Ψ) ein ungerichteter Graph ohne isolierte Punkte. Ein *Euler-Weg* in G ist ein Weg, der jede Kante des Graphen genau einmal durchläuft.

Beispiel:

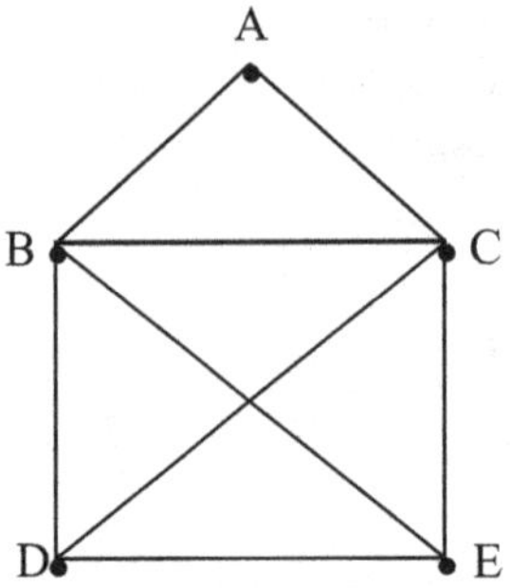

Bild 15-9: Der »Nikolaus-Haus«-Graph

In diesem Graph im Bild 15-9 existieren Euler-Wege, der Weg (D, B, A, C, E, D, C, B, E) ist ein Beispiel. Es gibt aber keinen Euler-Zyklus, denn die Punkte D und E haben ungeraden Grad.

Wir können unseren Satz über Euler-Zyklen folgendermaßen verallgemeinern:

> Satz 15.5 *Eulers Satz für Euler-Wege in ungerichteten Graphen*
> Es sei G(V, E, Ψ) ein ungerichteter Graph ohne isolierte Punkte. G besitzt einen Euler-Weg genau dann, wenn die folgenden 2 Bedingungen erfüllt sind:
> (i) G ist zusammenhängend
> (ii) Der Grad jedes Punktes von G ist eine gerade Zahl oder genau zwei Punkte von G haben ungeraden Grad

Beweis:
Zunächst zeigen wir: Aus der Existenz eines Euler-Weges in G folgen die Bedingungen (i) und (ii).

Angenommen G besitzt einen Euler-Weg. Falls X und Y zwei beliebige, voneinander verschiedene Punkte sind, dann sind sie Eckpunkte von Kanten aus E, da G keine isolierten Punkte besitzt. Da der Euler-Zyklus durch alle Kanten von G geht, verbindet er X und Y. Also ist G zusammenhängend.

Wir wissen schon: Aus der Existenz eines Euler-Zyklus folgt: Alle Punkte von G haben geraden Grad. Falls es aber einen Euler-Weg gibt, dessen Startpunkt A ungleich seinem Endpunkt E ist, dann haben genau diese beiden Punkte ungeraden Grad, denn nur A wird auf diesem Weg einmal mehr verlassen als erreicht und nur E wird auf diesem Weg einmal mehr erreicht als verlassen.

Auch für die Argumentation in umgekehrter Richtung stützen wir uns sehr stark auf den Satz 15.4 für Euler-Zyklen. Wenn alle Punkte eines zusammenhängenden, ungerichteten Graphen geraden Grad haben, existiert ein Euler-Weg, der sogar ein Euler-Zyklus ist. Wenn genau zwei Punkte einen ungeraden Grad haben, fügt man eine Hilfskante hinzu, die diese beiden Punkte verbindet. Jetzt hat man einen neuen Graphen, in dem alle

Punkte geraden Grad haben. Man kann jetzt einen Euler-Zyklus konstruieren, der mit dieser Hilfskante endet. Nach Entfernung dieser Hilfskante aus dem Euler-Zyklus erhält man den gesuchten Euler-Weg.

q. e. d.

Betrachten Sie dazu ein Beispiel:

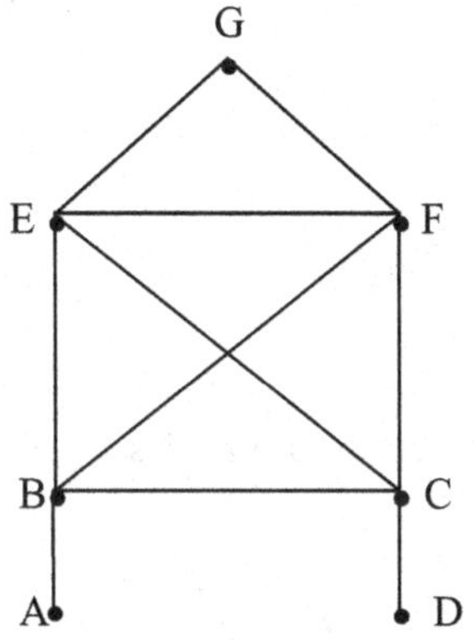

	A	B	C	D	E	F	G
A	0	1	0	0	0	0	0
B	1	0	1	0	1	1	0
C	0	1	0	1	1	1	0
D	0	0	1	0	0	0	0
E	0	1	1	0	0	1	1
F	0	1	1	0	1	0	1
G	0	0	0	0	1	1	0

Die beiden Punkte mit ungeradem Grad sind A und D, alle anderen haben einen geraden Grad. Der Graph ist zusammenhängend, es existieren also Euler-Wege. Wir fügen noch eine Hilfskante zwischen diesen beiden Punkten A und D hinzu. Ich werde sie in der Adjazenzmatrix und als Bestandteil des entstehenden Euler-Wegs fett kennzeichnen:

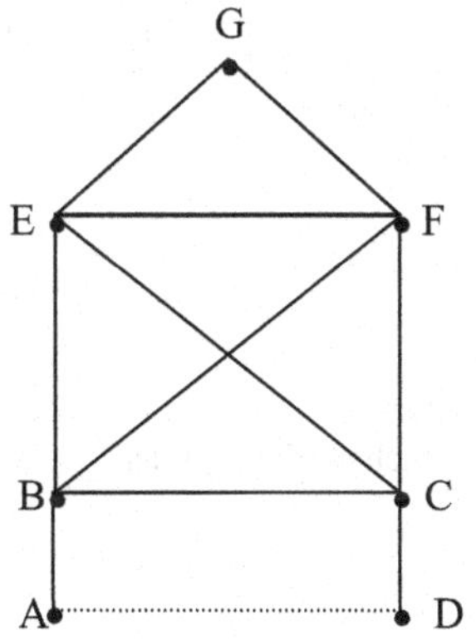

	A	B	C	D	E	F	G
A	0	1	0	1	0	0	0
B	1	0	1	0	1	1	0
C	0	1	0	1	1	1	0
D	1	0	1	0	0	0	0
E	0	1	1	0	0	1	1
F	0	1	1	0	1	0	1
G	0	0	0	0	1	1	0

Wenn wir nun beim Knoten A starten und nach bekannter Weise vorgehen, erhalten wir bis zum ersten Breakout den folgenden Weg:

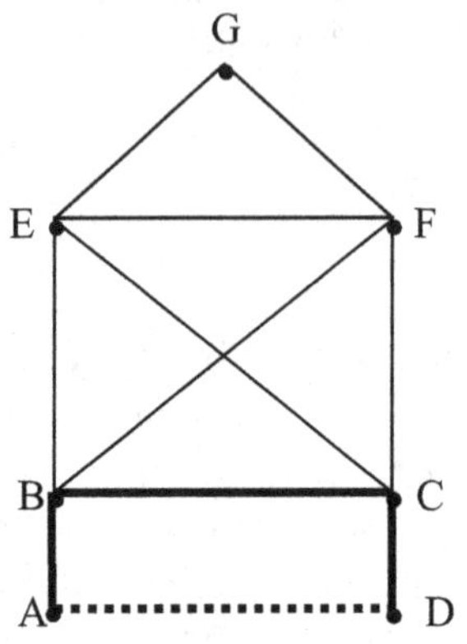

	A	B	C	D	E	F	G
A	0	0	0	0	0	0	0
B	0	0	0	0	1	1	0
C	0	0	0	0	1	1	0
D	0	0	0	0	0	0	0
E	0	1	1	0	0	1	1
F	0	1	1	0	1	0	1
G	0	0	0	0	1	1	0

Bisher ausgewählter Weg: (A, B, C, **D, A**)
Wir machen nun einen Breakout zum Punkt B, d. h. wir betrachten den Zyklus
(B, C, **D, A**, B)
als den bisher ausgewählten Weg und fahren fort:

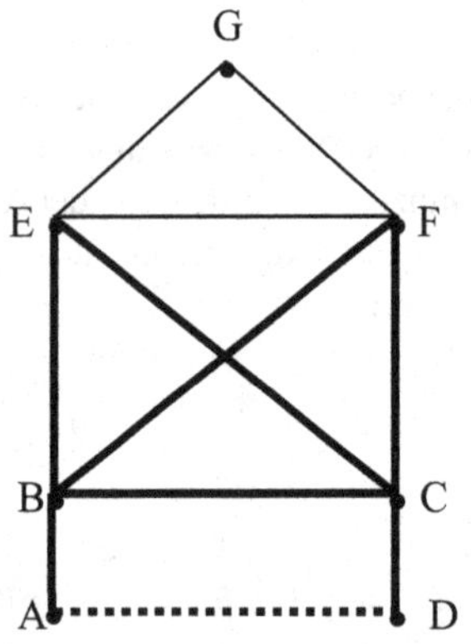

	A	B	C	D	E	F	G
A	0	0	0	0	0	0	0
B	0	0	0	0	0	0	0
C	0	0	0	0	0	0	0
D	0	0	0	0	0	0	0
E	0	0	0	0	0	1	1
F	0	0	0	0	1	0	1
G	0	0	0	0	1	1	0

Bisher ausgewählter Weg: (B, C, **D, A**, B, E, C, F, B)
Wir machen nun einen Breakout zum Punkt E, d. h. wir betrachten den Zyklus
(E, C, F, B, C, **D, A**, B, E)
als den bisher ausgewählten Weg und fahren fort:

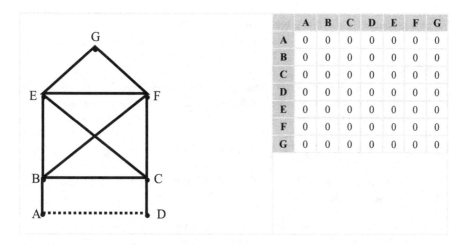

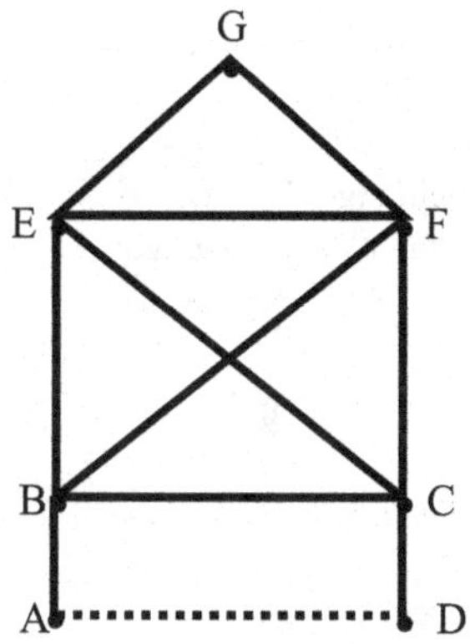

	A	B	C	D	E	F	G
A	0	0	0	0	0	0	0
B	0	0	0	0	0	0	0
C	0	0	0	0	0	0	0
D	0	0	0	0	0	0	0
E	0	0	0	0	0	0	0
F	0	0	0	0	0	0	0
G	0	0	0	0	0	0	0

Bisher ausgewählter Weg: (E, C, F, B, C, **D, A**, B, E, F, G, E)
Dieser Zyklus ist bereits der gesuchte Euler-Zyklus des erweiterten Graphen. Er lautet:
(E, C, F, B, C, **D, A**, B, E, F, G, E)

Wir machen nun einen Breakout zum zweiten Knoten der Hilfskante (das ist der Punkt A) und erhalten:
(A, B, E, F, G, E, C, F, B, C, **D, A**)

Wir entfernen die Hilfskante am Ende des Zyklus und erhalten einen Euler-Weg:
(A, B, E, F, G, E, C, F, B, C, D)

Jeder, der sich in einer Stadt wie meiner Heimatstadt Frankfurt am Main fortbewegen muss, weiß, dass es zumindest zur Modellierung solcher Probleme unrealistisch ist, nur ungerichtete Graphen zu betrachten. Es gibt jede Menge Knotenpunkte, von denen Einbahnstraßen wegführen, in die Einbahnstraßen münden und an die auch Straßen stoßen, die in beiden Richtungen befahren werden dürfen. Wir möchten unsere Theorie also auch auf Graphen erweitern, die nicht ungerichtet sind. Wir besprechen einen ersten Schritt auf diesem Wege:

15.6 Euler-Wege in gerichteten Graphen

Um Eulers Satz für die Existenz von Zyklen für gerichtete Graphen zu beweisen, muss die Bedingung für den Grad der Eckpunkte modifiziert werden. Sie lautet dann:

- Für jeden Punkt des Graphen gilt: Die Zahl der Kanten, die zu dem Punkt hin gehen ist identisch mit der Zahl der Kanten, die von diesem Punkt weggehen.

Für eine genauere Beschreibung brauchen wir eine Definition:

Definition:
Es sei $G(V, E, \Psi)$ ein gerichteter Graph. Sei $A \in V$ ein beliebiger Punkt.

(i) Die Anzahl der Kanten, die von A wegführen, heißt der *Außengrad* von A. Man schreibt dafür $g+(A)$. Es ist also:

$$g^{+}(A) = |\{ e \in E \mid \exists_{X \in V}\ \Psi(e) = (A, X) \}|$$

(ii) Die Anzahl der Kanten, die zu A hinführen, heißt der *Innengrad* von A. Man schreibt dafür $g-(A)$. Es ist also:

$$g^{-}(A) = |\{ e \in E \mid \exists_{X \in V}\ \Psi(e) = (X, A) \}|$$

(iii) Die Summe von Außengrad und Innengrad ist der *Grad* von A. Man schreibt dafür *Grad(A)*. Es ist also:
$\mathrm{Grad}(A) = g^{+}(A) + g^{-}(A)$

Satz 15.6 *Eulers Satz für Euler-Wege in gerichteten Graphen*
Es sei $G(V, E, \Psi)$ ein gerichteter Graph ohne isolierte Punkte. G besitzt einen Euler-Weg genau dann, wenn die folgenden 2 Bedingungen erfüllt sind:

(i) G ist zusammenhängend

(ii) Entweder gilt für alle Punkte A von G: $g^{+}(A) = g^{-}(A)$ oder es gibt genau einen Punkt A von G mit $g^{+}(A) = g^{-}(A) + 1$ und genau einen Punkt E von G mit $g^{+}(E) = g^{-}(E) - 1$.

Falls für alle Punkte $g^{+}(A) = g^{-}(A)$ gilt, gibt es sogar einen Euler-Zyklus, andernfalls gibt es einen Euler-Weg mit Anfangspunkt A und Endpunkt B.

Beweis:
Den Beweis können Sie beinahe wörtlich von den Beweisen der Sätze 15.4 und 15.5 abschreiben. Es gibt nur einen Unterschied: Die Adjazenzmatrix, die wir bisher übrigens auch nur für ungerichtete Graphen definiert haben. Jetzt definieren wir folgendermaßen:

Definition:
Es sei $G(V, E, \Psi)$ ein gerichteter Graph mit n Knoten. Es sei weiterhin

$$\varphi : V \to \{ 1, \dots , n \}$$

eine bijektive Abbildung mit Umkehrung $\phi : \{ 1, \dots , n \} \to V$.
φ ordnet jedem Knoten aus V eine eindeutig bestimmte natürliche Zahl zu.
(Man gibt den Knoten über diese Abbildung »Namen« aus der Menge der natürlichen Zahlen).

In einer so genannten *Adjazenzmatrix* M des Graphen G wird nun in der i-ten Zeile und der j-ten Spalte die Anzahl der Kanten eingetragen, die vom i-ten Knoten zum j-ten Knoten hinführen. Wenn wir dieses Element mit M[i, j] bezeichnen, dann gilt also:

$$M[i, j] = |\ \{ e \in E \mid \Psi(e) = (\phi(i), \phi(j)) \}\ |$$

Offensichtlich ist bei einem gerichteten Graphen die Adjazenzmatrix im Allgemeinen nicht symmetrisch. Und der Update in der Adjazenzmatrix, mit dem man bei der Konstruktion eines Euler-Weges das verbrauchte Element kennzeichnet, findet nur noch bei einem Matrixelement statt. Ansonsten läuft der Beweis völlig identisch mit dem ungerichteten Fall.

q. e. d.

Betrachten wir noch mal zur Verdeutlichung ein Beispiel:

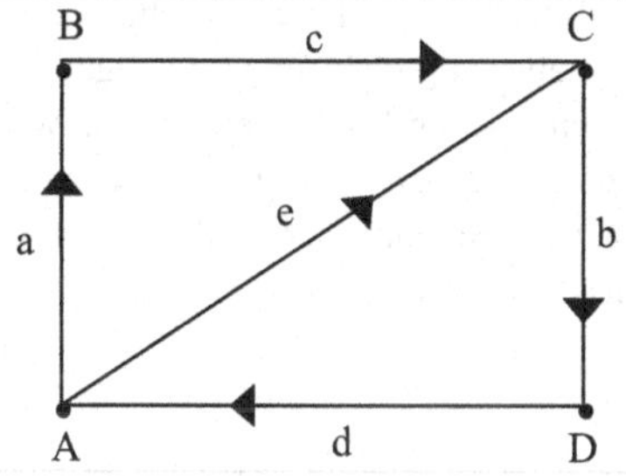

	A	**B**	**C**	**D**
A	0	1	1	0
B	0	0	1	0
C	0	0	0	1
D	1	0	0	0

In diesem gerichteten Graph gilt:

- $g^+(A) = 2 = 1 + 1 = g^-(A) + 1$, $g^+(B) = 1 = g^-(B)$
- $g^+(C) = 1 = 2 - 1 = g^-(C) - 1$, $g^+(D) = 1 = g^-(D)$

Damit ich zunächst einen Euler-Zyklus konstruieren kann, füge ich noch eine gerichtete Hilfskante von C nach A hinzu. Ich werde sie wieder in der Adjazenzmatrix und als Bestandteil des entstehenden Euler-Wegs fett kennzeichnen. Wenn wir nun beim Knoten A starten und in bekannter Weise zunächst die Kante (A, B) auswählen, erhalten wir:

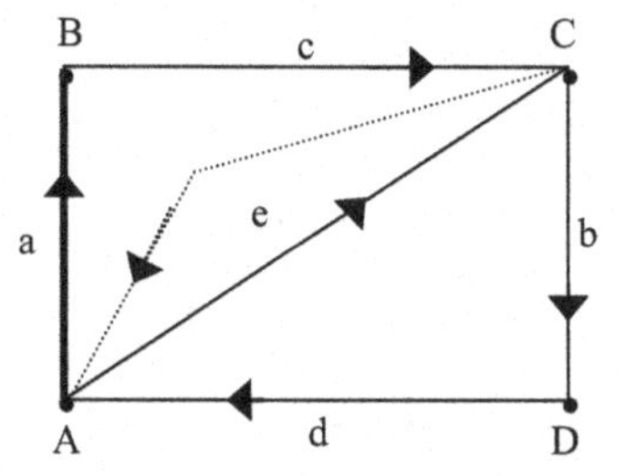

	A	**B**	**C**	**D**
A	0	0	1	0
B	0	0	1	0
C	**1**	0	0	1
D	1	0	0	0

Bisher ausgewählter Weg: (A, B)
Wenn wir die Konstruktion des Euler-Zyklus so fortsetzen, enden wir schließlich bei dem Weg:

(A, B, **C, A**, C, D, A)

Wir machen einen breakout zum zweiten Punkt der Hilfskante:
(A, C, D, A, B, **C, A**)

Wir entfernen die letzte Kante, die ja gerade unsere Hilfskante war, und erhalten den gesuchten Euler-Weg:

(A, C, D, A, B, C)

Es gibt einige Fragen, die offen bleiben:

- Wie lautet Eulers Satz für Graphen, die weder gerichtet noch ungerichtet sind? Damit werden wir uns in den Übungen zu diesem Kapitel beschäftigen und
- Wie steht es eigentlich mit der Existenz und Konstruierbarkeit von Wegen, die jeden Punkt eines Graphen genau einmal durchlaufen sollen? Dieses Problem scheint dem Eulerschen Problem sehr verwandt zu sein, es ist aber ungleich schwerer allgemein zu lösen. Man nennt solche Wege zu Ehren des englischen Mathematikers Sir William Hamilton, der von 1805 bis 1865 gelebt hat, *Hamiltonsche Wege*. Die genauere Diskussion dieses Problems führt geradewegs zur Problematik der Laufzeit von Algorithmen, einer Problematik, der wir ein eigenes Kapitel widmen werden.

Übungsaufgaben

Sie haben drei Darstellungsmöglichkeiten eines Graphen kennen gelernt: Als Bild, gemäß der mathematischen Definition und als Matrix. Sie werden in den folgenden Aufgaben immer wieder aufgefordert, zwischen diesen Darstellungen hin und her zu wechseln

1. Aufgabe

Sie sehen jeweils einen ungerichteten Graphen in einer Darstellung. Geben Sie dazu die beiden äquivalenten Darstellungen an.

a. 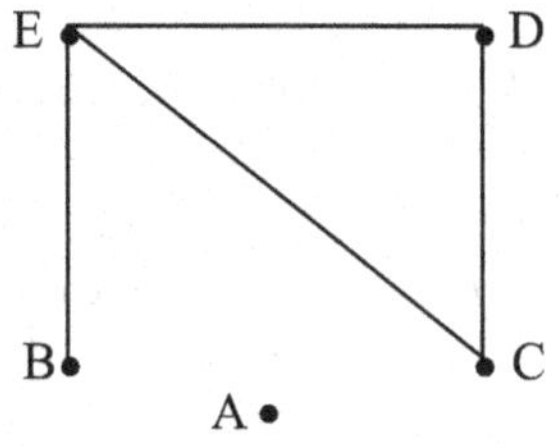

b. V = { A, B, C, D, E }, E = {a, b, c, d, e, f, g, h} und Ψ: E $\rightarrow$ P(V) mit folgender Wertetabelle:

x	a	b	c	d	e	f	g	h
Ψ(x)	{A,B}	{A,D}	{A,C}	{B,C}	{B,E}	{C,D}	{C,E}	{D,E}

c.

	A	B	C	D	E
A	0	1	1	1	0
B	1	0	0	0	1
C	1	0	0	0	1
D	1	0	0	0	1
E	0	1	1	1	0

2. Aufgabe

Sie sehen jeweils einen gerichteten Graphen in einer Darstellung. Geben Sie dazu die beiden äquivalenten Darstellungen an.

a.

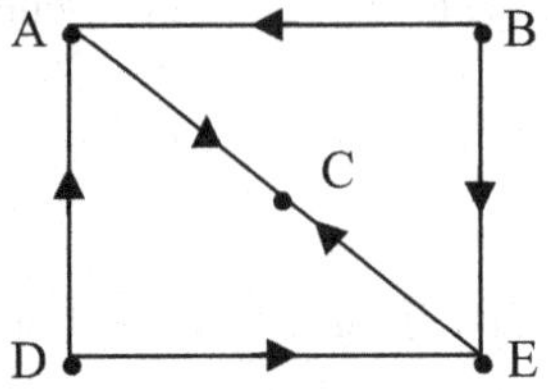

b. $V = \{A, B, C, D, E\}$, $E = \{a, b, c, d\}$ und $\Psi: E \rightarrow V^2$ mit folgender Wertetabelle:

x	a	b	c	d
Ψ(x)	(E,D)	(E,B)	(C,E)	(D,C)

c.

	A	B	C	D	E
A	0	1	1	0	0
B	0	0	1	0	1
C	0	0	0	0	0
D	1	0	1	0	0
E	0	0	1	1	0

3. Aufgabe

Geben Sie zu den Graphen aus den Aufgaben 2 jeweils die zugeordneten ungerichteten Graphen auf alle drei Weisen an

4. Aufgabe

Zeichnen Sie einen Graphen mit 4 Knoten v_1, v_2, v_3 und v_4 und den zusätzlichen Eigenschaften:

$$\text{Grad}(v_1) = 3, \ \text{Grad}(v_2) = \text{Grad}(v_3) = 2, \ \text{Grad}(v_4) = 1$$

Geben Sie anschließend noch für Ihren Graphen die mathematische Beschreibung und die Charakterisierung mittels einer Matrix.

5. Aufgabe

Geben Sie zu den folgenden ungerichteten Graphen die Zusammenhangskomponenten zu den verlangten Punkten an. Machen Sie das immer in Form einer Grafik. Welche dieser Graphen sind zusammenhängend?

a. Zeichnen Sie die Zusammenhangskomponente zum Punkt F, die Zusammenhangskomponente zum Punkt A und die Zusammenhangskomponente zum Punkt I für den folgenden Graph

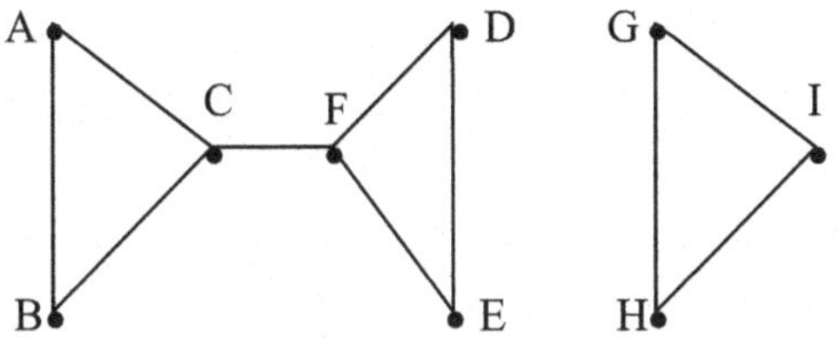

b. Zeichnen Sie die Zusammenhangskomponente zum Punkt A und die Zusammenhangskomponente zum Punkt F für den folgenden Graph G:

Es sei V = { A, B, C, D, E, F }, E = {a, b, c, d, e, f, g} und Ψ: E → P(V) mit folgender Wertetabelle gegeben:

x	a	b	c	d	e	f	g
Ψ(x)	{A,E}	{A,B}	{E,B}	{B,C}	{C,D}	{D,F}	{C,F}

c. Zeichnen Sie die Zusammenhangskomponente zum Punkt A und die Zusammenhangskomponente zum Punkt F für den Graphen mit der folgenden Adjazenzmatrix:

	A	B	C	D	E	F
A	0	0	1	0	1	0
B	0	0	0	1	0	1
C	1	0	0	0	1	0
D	0	1	0	0	0	1
E	1	0	1	0	0	0
F	0	1	0	1	0	0

6. Aufgabe

Entscheiden Sie jeweils, ob der folgende Graph ein Baum ist oder nicht.

a.

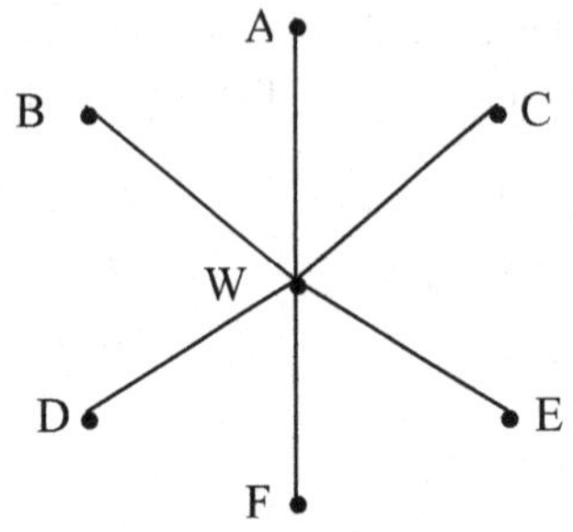

b.

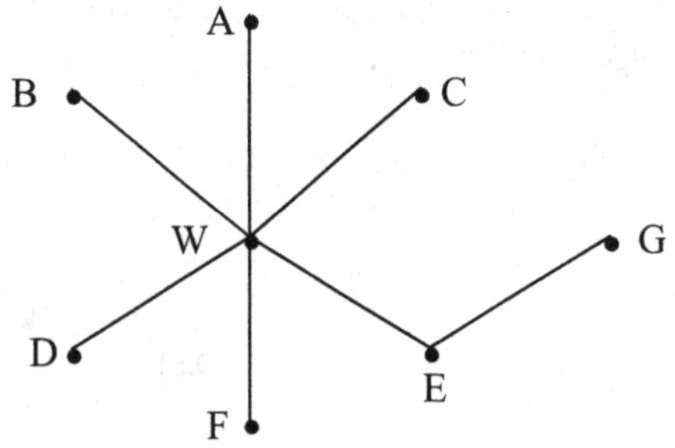

c.

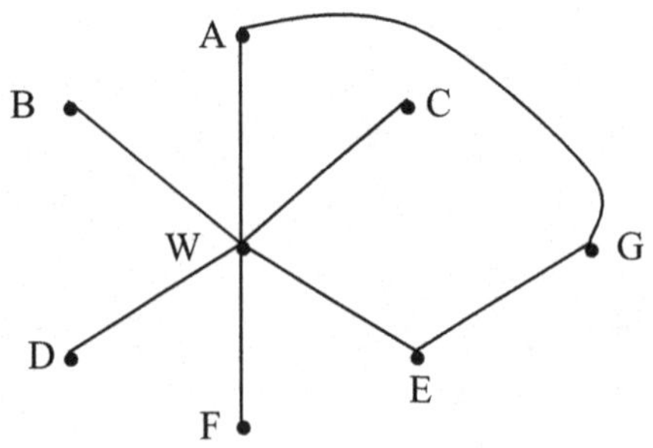

7. Aufgabe

Erkennen Sie bei den folgenden ungerichteten Graphen, ob es Euler-Zyklen gibt oder ob es andere Euler-Wege gibt und konstruieren Sie gegebenenfalls einen dieser Wege.

a.

	A	B	C	D	E	F	G	H	I	J
A	0	0	0	1	0	0	0	0	1	0
B	0	0	1	0	0	1	1	0	0	0
C	0	1	0	1	1	1	1	0	1	0
D	1	0	1	0	0	0	0	0	0	0
E	0	0	1	0	0	0	1	0	1	1
F	0	1	1	0	0	0	1	1	0	0
G	0	1	1	0	1	1	0	0	0	1
H	0	0	0	0	0	1	0	0	0	1
I	1	0	1	0	1	0	0	0	0	1
J	0	0	0	0	1	0	1	1	1	0

b.

	A	B	C	D	E	F	G	H	I	J
A	0	0	0	1	0	0	0	0	0	0
B	0	0	1	0	0	1	1	0	0	0
C	0	1	0	1	1	1	1	0	1	0
D	1	0	1	0	0	0	0	0	0	0
E	0	0	1	0	0	0	1	0	1	1
F	0	1	1	0	0	0	1	1	0	0
G	0	1	1	0	1	1	0	0	0	1
H	0	0	0	0	0	1	0	0	0	1
I	0	0	1	0	1	0	0	0	0	1
J	0	0	0	0	1	0	1	1	1	0

c.

	A	B	C	D	E	F	G	H	I	J
A	0	0	0	1	0	0	0	0	1	0
B	0	0	1	0	0	1	0	0	0	0
C	0	1	0	1	1	1	1	0	1	0
D	1	0	1	0	0	0	0	0	0	0
E	0	0	1	0	0	0	1	0	1	1
F	0	1	1	0	0	0	1	1	0	0
G	0	0	1	0	1	1	0	0	0	1
H	0	0	0	0	0	1	0	0	0	1
I	1	0	1	0	1	0	0	0	0	1
J	0	0	0	0	1	0	1	1	1	0

8. Aufgabe

Erkennen Sie bei den folgenden gerichteten Graphen, ob es Euler-Zyklen gibt oder ob es andere Euler-Wege gibt und konstruieren Sie gegebenenfalls einen dieser Wege.

a.

	A	B	C	D	E	F	G
A	0	0	1	1	0	0	0
B	1	0	0	0	0	0	0
C	0	0	0	0	0	0	1
D	0	0	0	0	0	1	0
E	0	1	0	0	0	0	0
F	1	0	0	0	1	0	0
G	0	0	0	0	0	1	0

b.

	A	B	C	D	E	F	G
A	0	0	1	1	0	0	0
B	1	0	0	0	0	0	0
C	0	0	0	0	0	0	1
D	0	0	0	0	0	1	0
E	0	1	0	0	0	0	0
F	1	0	0	0	1	0	0
G	0	0	0	1	0	1	0

c.

	A	B	C	D	E	F	G
A	0	0	1	1	0	0	0
B	1	0	0	0	0	0	0
C	0	0	0	0	0	0	1
D	0	0	0	0	1	1	0
E	0	1	0	0	0	0	0
F	1	0	0	0	1	0	0
G	0	0	0	1	0	1	0

9. Aufgabe

In einem ungerichteten Graphen mit n Knoten sei jeder Knoten mit jedem anderen, davon verschiedenen Knoten durch genau eine Kante verbunden. Darüber hinaus gebe es keine weiteren Kanten in diesem Graphen.

a. Unter welchen Voraussetzungen gibt es in solch einem Graphen einen Euler-Zyklus?
b. Unter welchen Voraussetzungen gibt es in solch einem Graphen einen Euler-Weg?

Bäume

16

Im vorigen Kapitel haben Sie einen einfachen Algorithmus kennen gelernt, mit dem man in einem gegebenen Graphen Euler-Wege und Zyklen finden kann. Es zeigt sich, dass die moderne Graphentheorie voller Probleme steckt, die man am besten algorithmisch löst. Wir werden dazu einige Beispiele diskutieren, die alle wichtige praktische Anwendungen haben. Wir werden in jedem Falle einen effizienten Algorithmus zur Lösung des jeweiligen Problems angeben, den wir auch programmieren werden, und wir werden mehrere Beispiele für die Anwendung dieser Algorithmen diskutieren.
Sie erinnern sich: Ein zusammenhängender, zyklenfreier Graph heißt ein Baum. Zusammenhängend und zyklenfrei bedeutet: Zwischen zwei Knoten gibt es genau einen Weg (das werden wir gleich beweisen) und das ist der Grund, warum Bäume so hervorragend zur Navigation in komplexen Strukturen geeignet sind, insbesondere auch in Datenstrukturen.

- Darum spielen sie beispielsweise bei Datenbanken, Data Warehouses und Data Mining eine wichtige Rolle. Vergleichen Sie dazu [Berry], [Han], [Bauer], [Schub], [Inmon].
- Genauso braucht man sie bei Strukturierungen in der Objektorientierten Programmierung. So ist zum Beispiel das Entwurfsmuster ***Compositum*** in der Struktur eines Baumes aufgebaut. Näheres finden Sie bei [Gamma].
- Programme, die längere Texte oder auch mathematische Ausdrücke lesen und verstehen sollen, strukturieren die Bestandteile dieser Texte in Bäumen, die dann mit verschiedenen Algorithmen durchsucht und interpretiert werden.

16.1 Aufspannende Bäume

Aufspannende Bäume kann man für alle zusammenhängenden Graphen konstruieren. Sie sind so etwas wie das »Rückrat« eines Graphen, das man zur optimalen Navigation in diesem Graphen konstruieren kann. Optimal kann heißen: besonders kostengünstig oder besonders schnell oder auch etwas ganz anderes – je nachdem, wie man den Graph »bewertet« und diese Bewertung interpretiert. Betrachten Sie zunächst die folgenden acht Graphen in Bild 16-1 und 16-2. In Bild 16-1 sehen Sie vier Bäume, in Bild 16-2 sehen Sie vier Graphen, die keine Bäume sind.

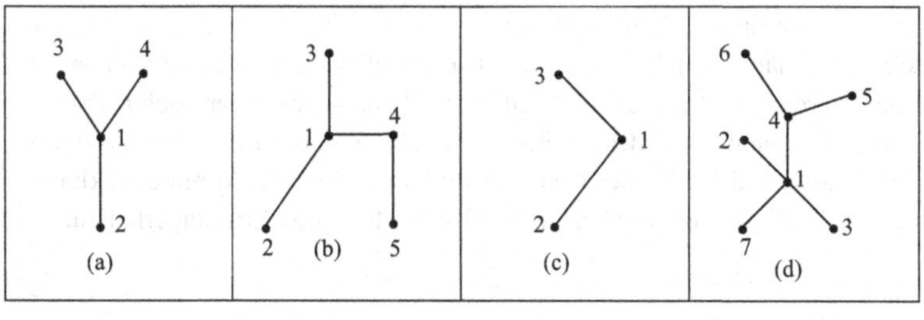

Bild 16-1: Vier Bäume

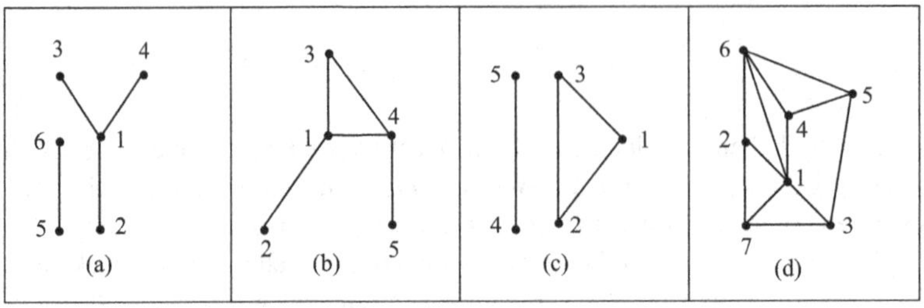

Bild 16-2: Vier Graphen, die keine Bäume sind

Die Graphen in Bild 16-2 sind keine Bäume, weil:

- (a) ist nicht zusammenhängend
- (b) enthält einen Zyklus
- (c) ist nicht zusammenhängend und enthält einen Zyklus
- (d) enthält viele Zyklen

Beachten Sie, dass der Graph 16-2 (d) zwar kein Baum ist, aber den Baum von Bild 16-1 (d) als Skelett enthält. So ein Gerüst heißt aufspannender Baum des Graphen. Die formale Definition lautet:

Definition:
Es sei $G(V_G, E_G, \Psi_G)$ ein Graph. Ein Graph $T(V_T, E_T, \Psi_T)$ heißt *aufspannender Baum* von G, falls T ein Baum ist, der dieselben Punkte wie G enthält und dessen Kanten auch Kanten des Graphen sind. Genauer: Es müssen die folgenden Bedingungen erfüllt sein:
(i) T ist ein Baum
(ii) $V_G = V_T$
(iii) $E_T \subset E_G$
(iv) Für alle $e \in E_T$ gilt: $\Psi_T(e) = \Psi_G(e)$

Beispielaufgabe:
Man finde einen weiteren aufspannenden Baum für den Graph 16-2 (d).
Eine Lösung dieser Aufgabe könnte beispielsweise folgendermaßen verlaufen:
16-1 (d) benutzt nicht die Kante (2, 6), wir wollen also versuchen, einen Baum zu konstruieren, indem wir mit dieser Kante beginnen.
Unsere Strategie wird darin bestehen, zum bereits erreichten Baum weitere Kanten hinzuzufügen. Dazu werden wir bei jedem Schritt einen Punkt suchen, der noch nicht zum Baum gehört aber mit einem Punkt des Baumes durch eine Kante verbunden ist. Dann erweitern wir den Baum um diese Kante. Wenn wir nun immer den Punkt mit dem kleinstmöglichen Index wählen, können wir beispielsweise das folgende Resultat erhalten:

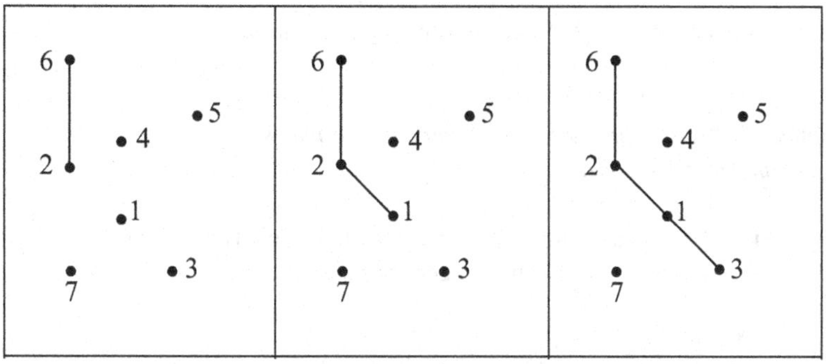

1. Schritt 2. Schritt 3. Schritt

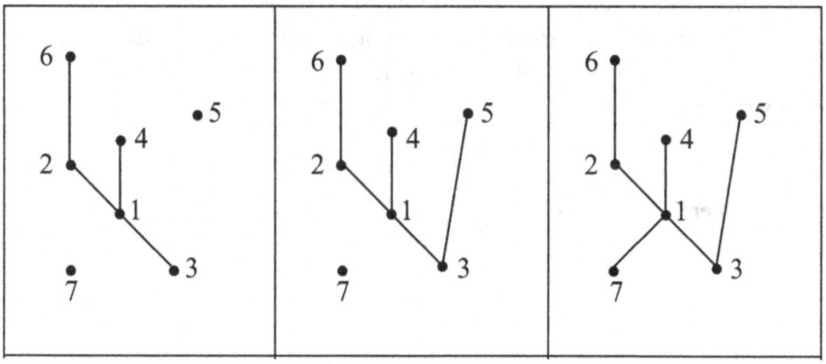

4. Schritt 5. Schritt 6. Schritt

Der Algorithmus, den wir benutzt haben, kann umgangssprachlich folgendermaßen beschrieben werden:

Algorithmus zur Konstruktion eines aufspannenden Baumes in zusammenhängenden Graphen (umgangssprachliche Formulierung):

Es sei G ein zusammenhängender Graph. Es soll ein aufspannender Baum T konstruiert werden.
Wähle einen beliebigen Punkt von G und beginne dort mit dem Baum.
Solange es in G noch Punkte gibt, die nicht zu T gehören, tue man das Folgende
{
    Suche einen Punkt in G, der nicht zu T gehört, der aber über eine Kante e in G mit dem bisher konstruierten T verbunden ist. Füge diese Kante e mit dem Punkt G zu dem Baum hinzu.
}

Jetzt ist T ein aufspannender Baum von G

Die strengere mathematische Formulierung dieses Algorithmus lautet:

Algorithmus zur Konstruktion eines aufspannenden Baumes in zusammenhängenden Graphen:

Es sei $G(V_G, E_G, \Psi_G)$ ein zusammenhängender Graph. Es soll $T(V_T, E_T, \Psi_T)$ konstruiert werden. Sei $A \in V_G$ ein beliebiger Punkt.

Setze $V_T = \{ A \}, E_T = \{\}$
Solange $V_T \neq V_G$ ist, wiederhole die folgende Verarbeitung:
{
  Suche einen Punkt B aus $V_G \setminus V_T$ mit folgenden Eigenschaften:
    Es gibt einen Punkt $X \in V_T$ und eine Kante $e \in E_G$ so, dass
    $\Psi(e) = \{ X, B\} \vee \Psi(e) = (X, B)$
  Setze $V_T = V_T \cup \{ B \}$, $E_T = E_T \cup \{ e \}$, $\Psi_T(e) = \Psi_G(e)$
}

T ist ein aufspannender Baum von G.

Satz 16.1
Es sei $G(V_G, E_G, \Psi_G)$ ein zusammenhängender Graph. Dann ist es stets möglich, mit Hilfe des oben beschriebenen Algorithmus einen aufspannenden Baum zu konstruieren.

Beweis:
Zunächst ist zu zeigen, dass es unter der Bedingung $V_T \neq V_G$ stets möglich ist, einen Punkt B aus $V_G \setminus V_T$ zu finden, der mit einer Kante mit T verbunden werden kann. Sei dazu A ein Punkt aus T, F sei nicht aus T. Unter Umständen gibt es in dem Graphen keine Kante, die A und F verbindet, aber da der Graph zusammenhängend ist, gibt es mindestens einen Weg von A nach F. Da der Weg in T beginnt und außerhalb von T endet, muss mindestens eine der Kanten dieses Weges einen Punkt X innerhalb von T und einen Punkt B außerhalb von T verbinden. Ich nenne diese Kante e. Wenn man B zu V_T und e zu E_T hinzufügt, hat man einen weiteren Schleifendurchlauf dieses Algorithmus erfolgreich durchgeführt.
Außerdem ist zu zeigen, dass das Ergebnis dieser Konstruktion, dass also T ein Baum ist. Diese Behauptung beweist man durch ein Induktionsargument über die Anzahl der Schleifendurchläufe. Dabei sei T_k der Graph, den man nach k Schleifendurchläufen erhalten hat. Es gilt nun:
(i) T_1 ist ein Baum.

Beweis:
T_1 besteht aus genau einer Kante mit zwei voneinander verschiedenen Endpunkten, ist also zusammenhängend und zyklenfrei und daher ein Baum.

(ii) Falls T_k ein Baum ist und es noch Punkte des Graphen gibt, die nicht zu T_k gehören, ist auch T_{k+1} ein Baum.

Beweis:
Der neue Punkt sei B und die neue Kante e, die hinzugekommen ist, verbinde den Punkte X aus T_k mit B, wobei B nicht in T_k liegt.

T_{k+1} ist zusammenhängend, denn ich kann zwei beliebige Punkte aus T_k durch einen Weg verbinden. Einen beliebigen Punkt Y aus T_k kann ich mit dem oben erwähnten Punkt X verbinden und in T_{k+1} liefert mir die neu hinzugekommene Kante die Verbindung zu B. Damit ist auch T_{k+1} zusammenhängend.

T_{k+1} enthält keine Zyklen. Diese Behauptung beweise ich durch Widerspruch:

Falls ζ ein Zyklus in T_{k+1} ist, kann er nicht in T_k liegen, denn nach Voraussetzung war T_k ein Baum. Also muss ζ die neue Kante e enthalten. Aber wenn ζ ein Zyklus ist, muss es eine weitere Kante von B zu T_k geben – im Widerspruch zum Konstruktionsprinzip des Algorithmus. Also enthält auch T_{k+1} keine Zyklen.

q.e.d.

Beispiel:
Benutzen Sie den oben beschriebenen Algorithmus, um einen aufspannenden Baum für den Graphen 15-4 (f) aus dem letzten Kapitel zu finden.
Die Bearbeitung soll so ablaufen, dass Sie wieder sehen können, wie man so etwas programmieren könnte, d.h. ich werde wieder die Adjazenzmatrizen zur Darstellung der Graphen benutzen:

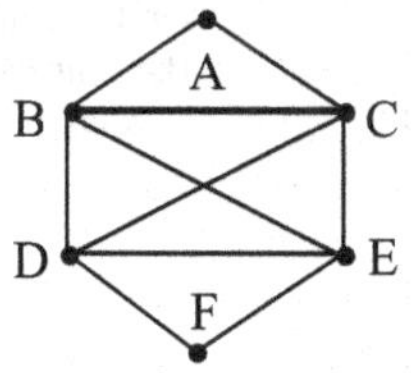

	A	B	C	D	E	F
A	0	1	1	0	0	0
B	1	0	1	1	1	0
C	1	1	0	1	1	0
D	0	1	1	0	1	1
E	0	1	1	1	0	1
F	0	0	0	1	1	0

Graph G

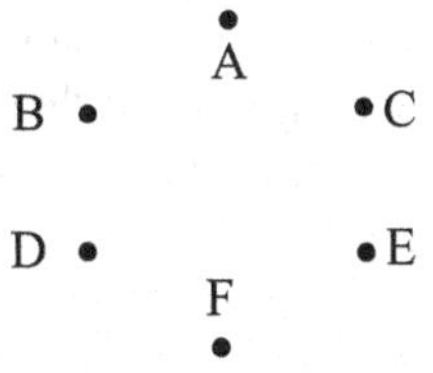

	A					
A	0					

Baum T_1

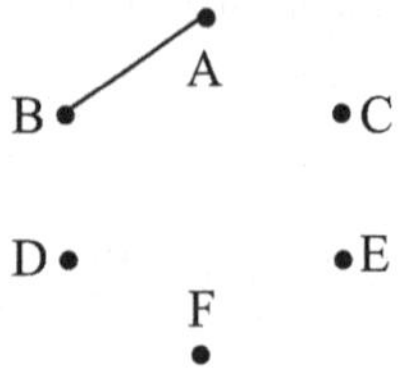

	A	B
A	0	1
B	1	0

Baum T_1
B wurde zu dem Baum T_0 über die Kante (A, B) hinzugefügt.

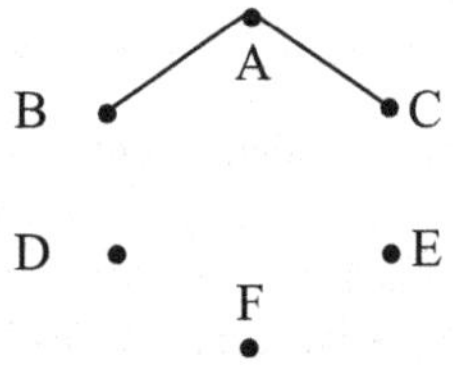

	A	B	C
A	0	1	1
B	1	0	1
C	1	1	0

Baum T_2
C wurde zu dem Baum T_1 über die Kante (A, C) hinzugefügt.

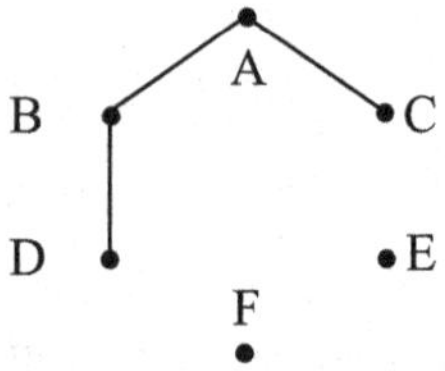

	A	B	C	D
A	0	1	1	0
B	1	0	0	1
C	1	0	0	0
D	0	1	0	0

Baum T_3
D wurde zu dem Baum T_2 über die Kante (B, D) hinzugefügt.

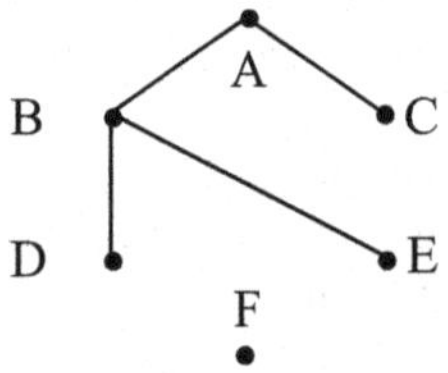

	A	B	C	D	E
A	0	1	1	0	0
B	1	0	0	1	1
C	1	0	0	0	0
D	0	1	0	0	0
E	0	1	0	0	0

Baum T_4
E wurde zu dem Baum T_3 über die Kante (B, E) hinzugefügt

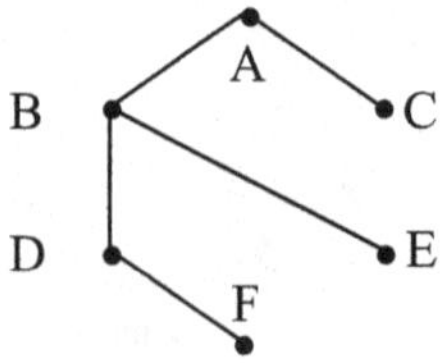

	A	B	C	D	E	F
A	0	1	1	0	0	0
B	1	0	0	1	1	0
C	1	0	0	0	0	0
D	0	1	0	0	0	1
E	0	1	0	0	0	0
F	0	0	0	1	0	0

Baum T_5
F wurde zu dem Baum T_4 über die Kante (D, F) hinzugefügt.

Dieses Beispiel zeigt, wie man diesen Algorithmus programmieren könnte. Bitte beachten Sie, dass uns dieser Algorithmus gleichzeitig einen schönen Test dafür liefert, ob ein Graph zusammenhängend ist.

Wieder präsentiere ich Ihnen hier nur den Teil des Programms, der den oben beschriebenen Algorithmus durchführt. Den vollständigen Code der gesamten Klasse *CGraph*, die Sie auf verschiedenste Weisen in Programme zur Bearbeitung von Graphen einbinden können, finden Sie im Netz unter der Adresse [SchuNet].

Ich beginne mit der Klassendeklaration der Klasse CGraph:

```
class CGraph
{
protected:
    int * * m_ppAdjazenz;
    int m_nAnzahlKnoten;
    void deleteGraph();
    void initializeAdjazenz();
public:
    CGraph(void);
    CGraph(const CGraph & other);
    void operator=(const CGraph & other);
    virtual ~CGraph(void);
    virtual bool GradCheck();
    virtual int Eulerzyklus(char * & szAnswer);
    int getAnzahlKnoten();
    int getAnzahlKanten();
    int * * getAdjazenz();
    bool setGraph(int nAnzahlKnoten,
                  int * * ppAdjazenz);
    bool aufspannenderBaum(int * * & ppTree);
};
```

Bemerkung: Die objektorientierten Profis unter Ihnen erkennen natürlich, dass ich diese Klasse CGraph als Basisklasse unserer zuvor besprochenen Klasse CGraphUngerichtet auffassen möchte. Allerdings ist dies immer noch ein Mathematikbuch und kein Buch über objektorientierte Programmierung, darum habe ich in der Darstellung dieser Beispiele auf eine komplexe Struktur verzichtet. Ich möchte, dass Sie vielmehr einen Eindruck von der eigentlichen Algorithmenprogrammierung bekommen.

Die Methode aufspannenderBaum () ist dann folgendermaßen programmiert:

```
bool CGraph::aufspannenderBaum(int * * & ppTree)
{
/*
Diese Methode berechnet zu der Adjazenzmatrix m_ppAdjazenz
des Graphen die Adjazenzmatrix  ppTree eines aufspannenden
Baums. Falls das nicht gelingt, wird eine Fehlermeldung zu-
rückgegeben, an der das aufrufende Programm erkennt, dass
der Graph, der zu m_ppAdjazenz gehört, nicht zusammenhängend
ist.
*/

// Die Adjazenzmatrix ppTree des zu
// erstellenden Baums wird initialisiert
ppTree = new int * [m_nAnzahlKnoten];
for (int i = 0; i < m_nAnzahlKnoten; i++)
{
            ppTree[i] = new int[m_nAnzahlKnoten];
            for (int j = 0; j < m_nAnzahlKnoten; j++)
            {
                  ppTree[i][j] = 0;
            }
}

// Der Array pPunkteImBaum speichert, welche
// Punkte bereits zum konstruierten wachsenden
// Baum gehören.
bool * pPunkteImBaum =
            new bool [m_nAnzahlKnoten];

for (int i = 0; i < m_nAnzahlKnoten; i++)
{
            pPunkteImBaum[i] = false;
}

pPunkteImBaum[0] = true;
bool bAlleKnotenErreicht = true;
for (int i = 0;
(i < m_nAnzahlKnoten) && (bAlleKnotenErreicht); i++)
{
            if (!(pPunkteImBaum[i]))
                        bAlleKnotenErreicht = false;
}
```

```
bool bFound = true;
while ((!bAlleKnotenErreicht) && bFound)
{
            bFound = false;
            for (int i = 0;
              (i < m_nAnzahlKnoten) && (!bFound); i++)
            {
              if (pPunkteImBaum[i])
              {
                for (int j = 0;
                    (j < m_nAnzahlKnoten) && (!bFound);
                                                    j++)
                {
                  if (!pPunkteImBaum[j])
                  {
                    if (m_ppAdjazenz[i][j] > 0)
                    {
                    bFound = true;
                    pPunkteImBaum[j] = true;
                    ppTree [i][j] = 1;
// Achtung: der nächste Befehl ist nur in
// ungerichteten Graphen sinnvoll
                    ppTree [j][i] = 1;
                    }
                  }
                }
              }
}
bAlleKnotenErreicht = true;
for (int i = 0;
(i < m_nAnzahlKnoten) && (bAlleKnotenErreicht); i++)
            {
              if (!(pPunkteImBaum[i]))
                     bAlleKnotenErreicht = false;
            }
}
if (!bAlleKnotenErreicht) return false;
      return true;
}
```

Sie können mit diesem Programm alle bisher besprochenen Beispiele dieses Kapitels testen und Sie werden stets die richtigen Antworten bekommen. Testen Sie auch nicht zusammenhängende Graphen wie 16-2 (c).

16.2 Charakteristika von Bäumen

In diesem Abschnitt lernen Sie neben der Definition eines Baums mehrere Charakteristika für Bäume kennen, die alle mit der Definitionsbeschreibung gleichwertig sind. Wir brauchen eine kleine Vorbereitung:

Satz 16.2
G sei ein ungerichteter, zusammenhängender Graph mit n Punkten. In G existiere ein Zyklus ζ. Wenn man aus diesem Zyklus eine Kante entfernt, ist G immer noch zusammenhängend.

Beweis:
Der Zyklus ζ bestehe aus n Kanten, $e_1,\ldots,e_n$, wobei wir die Nummerierung der Kanten so wählen, dass die Kante e_n entfernt wurde. Die Kante e_n habe die Eckpunkte A_n und A_1.

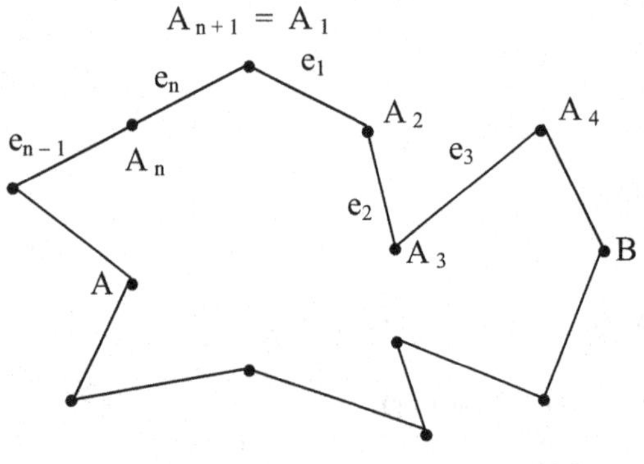

Der Zyklus ζ

Seien nun X und Y zwei beliebige Punkte von G und ω ein Verbindungsweg von X nach Y, der die Kante e_n enthält. Falls ω sonst keine Kanten aus ζ enthält, ersetze man in ω die Kante e_n durch den Weg, der aus den Kanten $e_{n-1}, e_{n-2}, \ldots, e_2, e_1$ besteht.

Falls ω noch andere Kanten aus ζ enthält, sei e_{first} die erste Kante aus ζ, die in ω auf dem Weg von X nach Y durchlaufen wird und e_{last} sei die letzte Kante aus ζ, die in ω auf dem Weg von X nach Y durchlaufen wird.
Der Kantenaufbau von ω sieht mit diesen Festlegungen also ungefähr so aus:

Start	Kanten, die alle nicht aus ζ sind	e_{first}, Zwischenbereich, e_{last}	Kanten, die alle nicht aus ζ sind	Ende
X		In dem Zwischenbereich können sowohl Kanten aus ζ als auch Kanten, die nicht zu ζ gehören, vorkommen. Auf jeden Fall gehört e_n zu dem Gesamtbereich (e_{first}, Zwischenbereich, e_{last})		Y

Für die Wegrichtung von X nach Y in ω sei A der erste Eckpunkt von e_{first} und B der hintere Eckpunkt von e_{last}. Dann ersetze man in ω den Abschnitt

(e_{first}, Zwischenbereich, e_{last})

durch den Teil des Zyklus ζ, der die Punkte A und B miteinander verbindet und dabei *nicht* die Kante e_n benutzt. Wir erhalten den gesuchten Weg von X nach Y.

q. e. d.

Wie angekündigt wollen wir jetzt neben der Definition eines Baums fünf weitere äquivalente Charakteristika dafür untersuchen, dass ein Graph ein Baum ist. Die Methode, mit der wir die Äquivalenz dieser insgesamt 6 Punkte beweisen, ist sehr clever. Zur Veranschaulichung symbolisiere ich diese Charakteristika mit den Bezeichnungen (a), (b), (c), (d), (e), (f). Dann könnte man schnell auf den Gedanken kommen, dass man zum Nachweis, dass all diese Charakteristika miteinander äquivalent sind, 30 (in Worten: dreißig) Beweise führen muss, nämlich die Beweise für:

(a) → (b)	(a) → (c)	(a) → (d)	(a) → (e)	(a) → (f)
(b) → (a)	(b) → (c)	(b) → (d)	(b) → (e)	(b) → (f)
(c) → (a)	(c) → (b)	(c) → (d)	(c) → (e)	(c) → (f)
(d) → (a)	(d) → (b)	(d) → (c)	(d) → (e)	(d) → (f)
(e) → (a)	(e) → (b)	(e) → (c)	(e) → (d)	(e) → (f)
(f) → (a)	(f) → (b)	(f) → (c)	(f) → (d)	(f) → (e)

Dasselbe Ergebnis erhält man aber auch, wenn man lediglich die folgenden Nachweise führt:

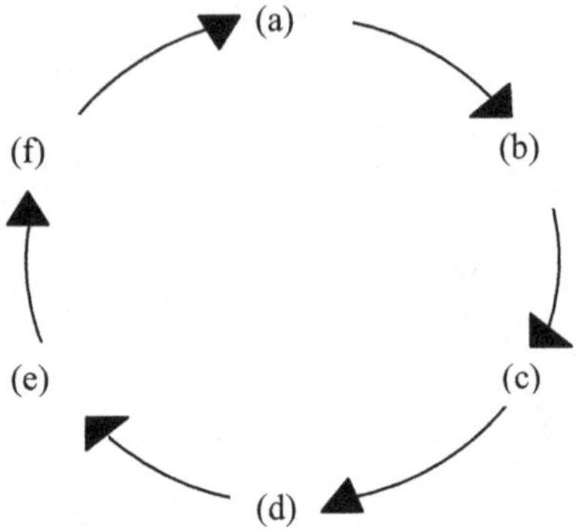

Probieren Sie es: In diesem Kreis kommen Sie (natürlich im Allgemeinen über einige Zwischenstationen) von jedem Punkt zu jedem anderen Punkt.

Genauso werden wir vorgehen. Ich beginne mit der graphischen Darstellung eines »allgemeinen« Baumes (in Wirklichkeit ein alter Bekannter), an dem wir unsere Behauptungen immer wieder anschaulich machen können.

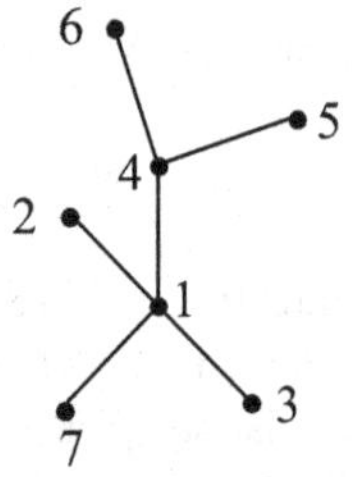

Ein Graph mit sieben Knoten und sechs Kanten

Bild 16-3: Graph eines Baums

Es gilt der folgende Satz:

Satz 16.3
T sei ein ungerichteter Graph mit n Punkten. Dann sind die folgenden 6 Eigenschaften äquivalent:

(a) T ist ein Baum.
(b) T hat keine Zyklen und hat $n - 1$ Kanten.
(c) T ist zusammenhängend und hat $n - 1$ Kanten.
(d) T ist zusammenhängend, aber wenn man eine beliebige Kante entfernt, ist T nicht mehr zusammenhängend.
(e) Zwischen zwei beliebigen Punkten gibt es genau einen Weg.
(f) T hat keine Zyklen, aber sobald man zwei beliebige Punkte durch eine zusätzliche Kante verbindet, gibt es einen Zyklus.

Beweis:

1. (a) → (b)
   Falls T ein Baum ist, hat T definitionsgemäß keine Zyklen. Wenn Sie nun den Algorithmus für aufspannende Bäume auf T anwenden, sehen Sie, dass Sie für n Punkte gerade n – 1 mal die Schleifenverarbeitung durchführen müssen und dabei genau n – 1 Kanten erhalten.

2. (b) → (c)
   Wir müssen zeigen, dass ein Graph T ohne Zyklen mit n - 1 Kanten zusammenhängend ist. T bestehe aus einer oder mehreren Zusammenhangskomponenten. Jede Zusammenhangskomponente hat keine Zyklen, da T keine Zyklen hat, ist also ein Baum. Also (wir haben (a) → (b) schon gezeigt) hat jede Zusammenhangskomponente einen Punkt mehr als Kanten. Insgesamt gilt also für T:

   Anzahl der Punkte – Anzahl der Zusammenhangskomponenten
   =
   Anzahl der Kanten

   Da aber die Anzahl der Punkte = n war und die Anzahl der Kanten nach Voraussetzung = n – 1 war, folgt: T besteht aus genau einer Zusammenhangskomponente, ist also zusammenhängend.

3. (c) → (d)
   T ist zusammenhängend. Lassen Sie uns nun eine Kante aus T entfernen, den resultierenden Graph nennen wir $T_{(-)}$. Falls $T_{(-)}$ zusammenhängend wäre, könnten wir den Algorithmus für aufspannende Bäume darauf anwenden. Wir erhielten einen aufspannenden Baum für $T_{(-)}$ mit n Punkten und n – 1 Kanten. Das ist unmöglich, da $T_{(-)}$ nur n – 2 Kanten enthält. Also ist $T_{(-)}$ nicht zusammenhängend.

4. (d) → (e)
   Seien X und Y zwei Punkte in T. Da T laut (d) zusammenhängend ist, muss es mindestens einen Weg von X nach Y geben. Wir nennen ihn Weg 1.

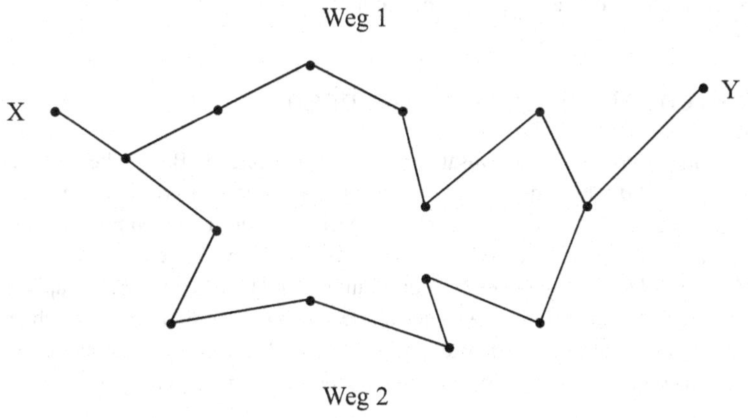

Angenommen, es gäbe noch einen Weg 2 von X nach Y. Dann kann ich wegen Satz 16.2 irgendeine Kante dieses Weges, die nicht zu Weg 1 gehört, wegnehmen und T bliebe immer noch zusammenhängend.

5. (e) → (f)
   Wenn (e) gilt, hat T klarerweise keinen Zyklus, denn andernfalls hätten wir zwischen 2 Punkten dieses Zyklus auch 2 Wege. Wenn ich nun zwei voneinander verschiedene Punkte X und Y in T habe, so gibt es nach (e) (genau) einen Weg von X nach Y. Wenn ich jetzt eine Kante von X nach Y hinzufüge, erhalte einen neuen Weg von Y nach X, der mit dem vorhandenen Weg von X nach Y zusammen einen Zyklus bildet.

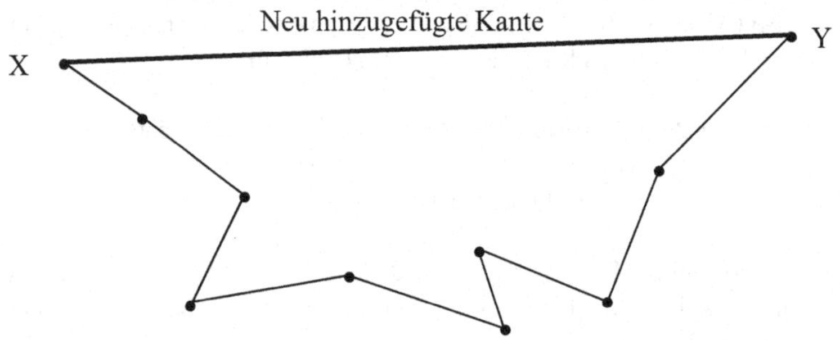

6. (f) → (a)
   Wir müssen zeigen: Aus (f) folgt, dass T zusammenhängend ist. Das beweisen wir durch Widerspruch: Es seien U und V Punkte von T, die nicht durch einen Weg verbunden sind. Aus (f) folgt aber, dass die Hinzufügung einer Kante zwischen U und V einen Zyklus in T erzeugt. Also muss es vorher schon einen Weg in T zwischen V und U gegeben haben. Das steht im Widerspruch zu unserer Annahme und es folgt: T ist zusammenhängend.

Damit ist der gesamte Satz bewiesen.
Wir wenden uns nun wieder den aufspannenden Bäumen zu und betrachten sie für besonders interessante Fälle, nämlich für gewichtete Graphen.

16.3 Gewichtete einfache Graphen

In diesem Abschnitt werden Sie ein Einsatzgebiet für aufspannende Bäume kennen lernen, für das es sowohl direkt in der Informatik als auch in anderen Bereichen viele Anwendungsbeispiele gibt. Dazu werden wir jetzt die Struktur eines Graphen mit weiteren Informationen ausstatten, wir werden den Kanten eines Graphen Werte zuweisen. Man sagt dazu: Man *gewichtet* oder man *bewertet* die Kanten. Und man nennt einen Graphen, bei dem alle Kanten gewichtet sind, einen *gewichteten Graphen.* Unter diesen Gewichten kann man sich Entfernungen, Zeiten, Kosten, Algorithmenschritte und anderes mehr vorstellen, das jeweils nötig ist, um von einem Knoten zum nächsten zu gelangen.

Wir definieren:

Definition:
Sei G = G(V, E, Ψ) ein Graph. Falls es zusätzlich noch eine Funktion Γ gibt, die jeder Kante eine Bewertung aus der Menge der reellen Zahlen zuordnet, falls also gilt:

Es gibt eine Abbildung $\Gamma: E \rightarrow \mathbf{R}$,

dann heißt G ein *gewichteter Graph* oder auch *bewerteter Graph*.
Γ nennt man die *Gewichtung* oder auch die *Bewertung* der Kanten.

Betrachten Sie Bild 16-4 es handelt sich dort um einen zusammenhängenden Graphen mit 7 Punkten und 11 Kanten:

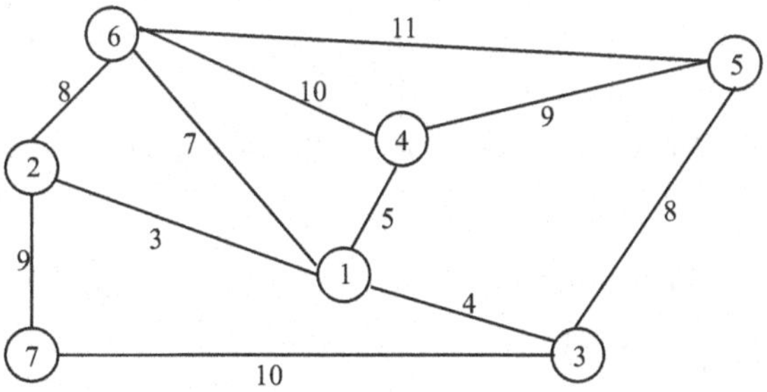

Bild 16-4: Ein gewichteter Graph

Dieser Graph ist identisch mit dem Graphen aus Bild 16-2 (d) – mit einem Unterschied: Jeder Kante ist eine Zahl zugeordnet.
Dieser Graph hat eine weitere Eigenschaft, die im Zusammenhang mit unserer Fragestellung nach optimalen Verbindungen sehr sinnvoll ist: Zwischen zwei Knoten gibt es höchstens eine Kante. Solche Graphen heißen einfach, die genaue Definition dieser simplen Eigenschaft ist für den allgemeinen Fall eines Graphen etwas kompliziert, wir werden uns dieser komplizierten Form Schritt für Schritt nähern. Ich beginne mit dem ungerichteten Fall:

Definition:
Sei G = G(V, E, Ψ) ein ungerichteter Graph. G heißt *einfach*, falls die folgenden Bedingungen erfüllt sind:

(i) $\forall_{e \in E} \forall_{A \in V} \; \Psi(e) \neq \{A\}$ (d.h. es gibt keine Schlingen)
(ii) Ψ ist eine injektive Abbildung (d.h. zwischen zwei Knoten gibt es höchstens eine Kante)

Der gerichtete Fall muss folgendermaßen definiert werden:

Definition:
Sei $G = G(V, E, \Psi)$ ein gerichteter Graph. G heißt *einfach*, falls die folgenden Bedingungen erfüllt sind:

(i) $\forall_{e \in E} \forall_{A \in V} \; \Psi(e) \neq (A, A)$ (d. h. es gibt keine Schlingen)
(ii) Ψ ist eine injektive Abbildung (d. h. zwischen zwei Knoten gibt es höchstens eine Kante)

Schwieriger wird der Fall des allgemeinen Graphen. Hier können sowohl gerichtete als auch ungerichtete Kanten vorkommen und ich muss durch eine dritte Bedingung ausschließen, dass zwischen zwei Punkten sowohl eine ungerichtete als auch eine gerichtete Kante existieren. Das wäre nämlich möglich ohne dass die Injektivität von Ψ verletzt ist.

Definition:
Sei $G = G(V, E, \Psi)$ ein Graph. Der Graph G heißt *einfach*, falls die folgenden Bedingungen erfüllt sind:

(i) $\forall_{e \in E} \forall_{A \in V} \; \Psi(e) \neq \{A\} \wedge \Psi(e) \neq (A, A)$

(ii) Ψ ist eine injektive Abbildung

(iii) $\forall_{A \in V} \Big(\big[\exists_{B \in V} \exists_{e \in E} \, (\Psi(e) = (A, B)) \vee (\Psi(e) = (B, A)) \big]$
$\rightarrow \big[\forall_{f \in E} \; \Psi(f) \subseteq E \rightarrow A \notin \Psi(f) \big] \Big)$

Diese dritte Bedingung müssen Sie folgendermaßen lesen:
Für jeden Knoten A gilt: Falls es eine gerichtete Kante gibt, die bei A startet oder bei A endet, dann gibt es keine ungerichtete Kante, die diesen Knoten A als Eckpunkt hat.
Für einfache, bewertete Graphen kann man die Bewertungen wieder in einer Matrix darstellen, indem man in die i-te Zeile und j-te Spalte gerade die Gewichtung der Kante schreibt, die zwischen dem i-ten und dem j-ten Knoten existiert. Für ungerichtete einfache Graphen ist diese Matrix wieder symmetrisch zur 1. Hauptdiagonalen. Falls zwischen zwei Knoten keine Kante existiert, sagen wir: die Bewertung ist unendlich groß und tragen dafür das Symbol ∞ ein. Diese Matrix heißt *Bewertungsmatrix* und ist nicht zu verwechseln mit der Adjazenzmatrix.
Die Bewertungsmatrix für unser Beispiel 16-4 würde beispielsweise folgendermaßen aussehen:

Bewertungsmatrix

Γ	1	2	3	4	5	6	7
1	0	3	4	5	∞	7	∞
2	3	0	∞	∞	∞	8	9
3	4	∞	0	∞	8	∞	10
4	5	∞	∞	0	9	10	∞
5	∞	∞	8	9	0	11	∞
6	7	8	∞	10	11	0	∞
7	∞	9	10	∞	∞	∞	0

Stellen Sie sich nun zum Beispiel vor, die 7 Punkte repräsentierten 7 Städte und die Zahlen an den Kanten würden die Kosten beschreiben, die nötig wären, direkte Kommunikationsverbindungen zwischen den Endpunkten aufzubauen. Dann ist es ein interessantes, praktisches Problem herauszufinden, wie man so billig wie möglich ein Kommunikationsnetzwerk aufbaut, das all diese Städte miteinander verbindet.

Die Lösung dieses Problems muss ein aufspannender Baum sein. Warum?

- Die Lösung muss zusammenhängend sein, es muss einen Weg von jedem beliebigen Punkt zu jedem anderen geben.
- Die Lösung darf keine Zyklen enthalten, wenn sie möglichst billig sein soll, darf es nicht 2 Wege geben, die dasselbe Punktepaar verbinden.
- Jeder Punkt des Graphen muss zu der Lösung gehören.

Soweit ist alles klar. Leider hat im allgemeinen ein Graph viele Bäume, die ihn aufspannen. Betrachten Sie beispielsweise die 3 folgenden Bäume, die alle den Graphen aus 16-4 aufspannen:

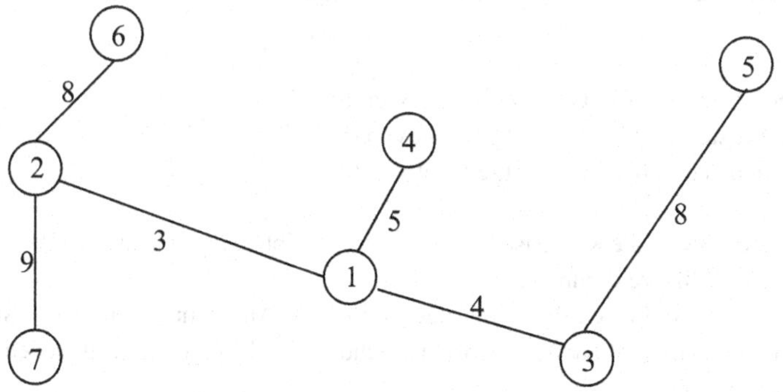

(a)

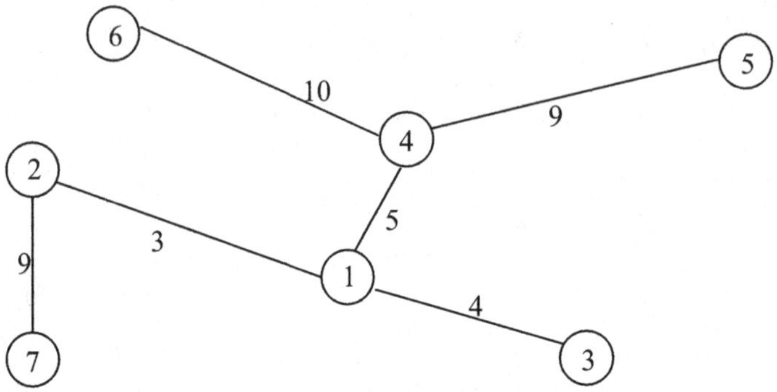

(b)

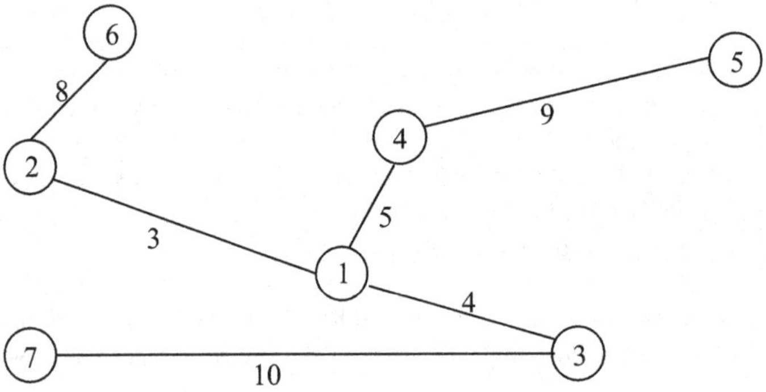

(c)

Bild 16-5: Einige Bäume, die den Graphen in 16-4 aufspannen.

Es ist:

- die Summe der Kosten in (a) = Gesamtgewicht von (a) = 37
- die Summe der Kosten in (b) = Gesamtgewicht von (b) = 40
- die Summe der Kosten in (c) = Gesamtgewicht von (c) = 39

Hier hat der »billigste« Baum die Kostensumme 37. Aber es gibt noch viele andere Bäume – sind da vielleicht billigere darunter?

Diese Frage ist ein Spezialfall des Problems des *M*inimalen Auf*s*pannenden *B*aumes (MSB). Man kürzt diesen Begriff auch mit (MST) ab und denkt dabei an die englischen Worte *M*inimal *S*panning *T*ree.

16.4 Minimale aufspannende Bäume und der Algorithmus von Prim

Definition:
Sei G = G(V, E, Ψ) ein bewerteter, einfacher, ungerichteter, zusammenhängender Graph mit Bewertungsfunktion $\Gamma : E \rightarrow \mathbf{R}$.
Es sei $\mathcal{AB} = \{ T(V_T, E_T, \Psi_T) \mid T$ ist ein aufspannender Baum von G $\}$ die Menge der aufspannenden Bäume von G. Für jedes $T \in \mathcal{AB}$ sei außerdem eine Bewertungsfunktion Γ_T durch

$$\Gamma_T(e) = \Gamma(e)$$

definiert. Schließlich definieren wir noch die *Bewertungssummenfunktion* **SUM** : $\mathcal{AB} \rightarrow \mathbf{R}$ durch:

$$\text{SUM}(T) = \sum_{\text{alle Kanten von T}} \Gamma_T(e)$$

Dann heißt ein Baum $T \in \mathcal{AB}$ *Minimaler Aufspannender Baum (MSB)* von G genau dann, wenn gilt:

$$\text{SUM}(T) = \min \{ \text{SUM}(U) \mid U \in \mathcal{AB} \}$$

Wir nennen SUM(T) auch das *Gesamtgewicht* von T.

Die gute Nachricht für uns alle ist, dass der Algorithmus, den man benötigt, um so einen MSB zu finden, sehr einfach ist: Alles, was wir tun müssen, ist eine kleine Modifikation des Algorithmus für aufspannende Bäume: In diesem Algorithmus konnte jeder Punkt, der nicht zu dem wachsenden Baum gehörte, aber mit ihm durch eine Kante verbunden war, hinzugefügt werden. Jetzt müssen wir ein bisschen wählerischer sein: Wir müssen unter allen möglichen Punkten den aussuchen, bei dem die Kosten für die entsprechende neue Kante so klein wie möglich sind. Dieser Algorithmus heißt Prims Algorithmus nach seinem Entdecker Robert C. Prim, einem amerikanischen Mathematiker, der diesen Algorithmus 1957 entdeckt hat. Es ist überhaupt nicht klar, dass dieser Algorithmus wirklich immer einen MSB liefert und wir werden das sorgfältig beweisen müssen. Aber zuvor beschreibe ich Ihnen erst einmal den Algorithmus und wir betrachten an einem Beispiel, wie dieser Algorithmus funktioniert.

Algorithmus zur Konstruktion eines minimalen, aufspannenden Baumes in bewerteten, einfachen, ungerichteten, zusammenhängenden Graphen:

Es sei $G(V_G, E_G, \Psi_G)$ ein bewerteter, einfacher, ungerichteter, zusammenhängender Graph mit Bewertungsfunktion $\Gamma : E_G \rightarrow \mathbf{R}$. Es soll ein MSB $T(V_T, E_T, \Psi_T)$ von G konstruiert werden. Sei $A \in V_G$ ein beliebiger Punkt.

Setze $V_T = \{ A \}, E_T = \{\}$.
Solange $V_T \neq V_G$ ist, wiederhole die folgende Verarbeitung:
{
Definiere die Menge $Kandidat_T \subseteq V_T \times (V_G \setminus V_T)$ durch:
$Kandidat_T = \{ (X, Y) \in V_T \times (V_G \setminus V_T) \mid$
Es gibt eine Kante $e \in E_G$ so, dass $\Psi(e) = \{ X, Y\} \}$.
Sei nun $(X,Y) \in Kandidat_T$ mit eindeutig bestimmter Verbindungskante e.
Dann definiere $\Gamma_T((X,Y)) = \Gamma(e)$.

Nun wähle ein Element $(X_{Min}, Y_{Min}) \in Kandidat_T$ mit der Eigenschaft:
$\Gamma_T((X_{Min}, Y_{Min})) = \text{Min} \{ \Gamma_T((X, Y)) \mid (X, Y) \in Kandidat_T \}$
e sei die Kante, die X_{Min} und Y_{Min} miteinander verbindet.

Setze $V_T = V_T \cup \{ Y_{Min} \}, E_T = E_T \cup \{ e \}, \Psi_T(e) = \Psi_G(e)$.
}

T ist jetzt ein minimaler aufspannender Baum von G.

Bitte genießen Sie, was ich für Schwierigkeiten habe, die kurze umgangssprachliche Beschreibung »man suche die billigste Kante« in die exakte Beschreibung meines Algorithmus zu integrieren. Die Programmierung dieser Suche wird dagegen wieder unkomplizierter werden.
Wir konstruieren nun mit diesem Algorithmus von Prim einen MSB für den Graph aus Bild 16-4. *Die Matrix, die ich jetzt auswerten muss, ist nicht mehr die Adjazenzmatrix meines Graphen sondern die Bewertungsmatrix.* Die Kanten des Graphen, die *nicht* zu dem wachsenden Baum T gehören, werden gepunktet dargestellt.

Wachsender Baum T	V_T, E_T, **Kandidat**$_T$, Γ_T, (X_{Min}, Y_{Min})
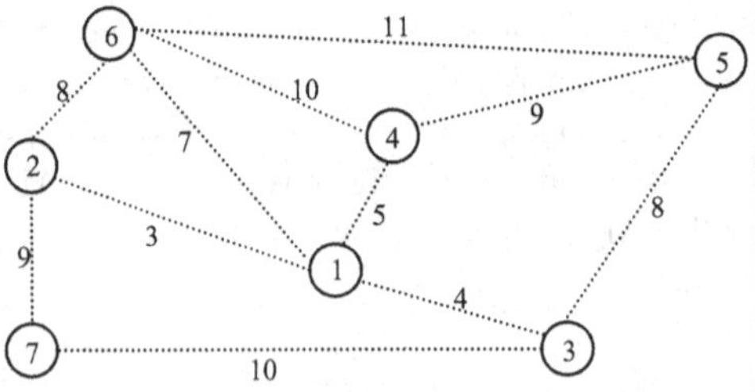	$V_T = \{ 1 \}$ $E_T = \{ \}$ $Kandidat_T = \{ (1, 2), (1, 3), (1, 4), (1, 6) \}$ $\Gamma_T((1, 2)) = 3 \Leftarrow$ Minimum $\Gamma_T((1, 3)) = 4$ $\Gamma_T((1, 4)) = 5$ $\Gamma_T((1, 6)) = 7$ $(X_{Min}, Y_{Min}) = (1, 2)$

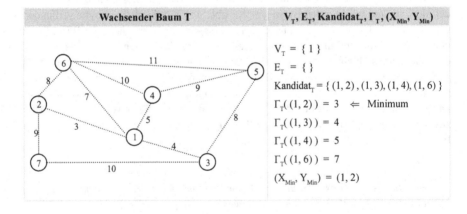

Wachsender Baum T	V_T, E_T, Kandidat_T, Γ_T, (X_{Min}, Y_{Min})
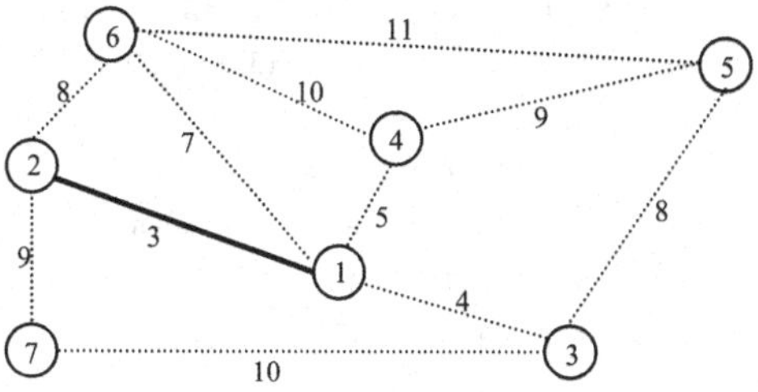	V_T = { 1, 2 } E_T = { (1, 2) } Kandidat_T = { (1, 3), (1, 4), (1, 6), (2, 6), (2, 7) } Γ_T((1, 3)) = 4 ⇐ Minimum Γ_T((1, 4)) = 5 Γ_T((1, 6)) = 7 Γ_T((2, 6)) = 8 Γ_T((2, 7)) = 9 (X_{Min}, Y_{Min}) = (1, 3)
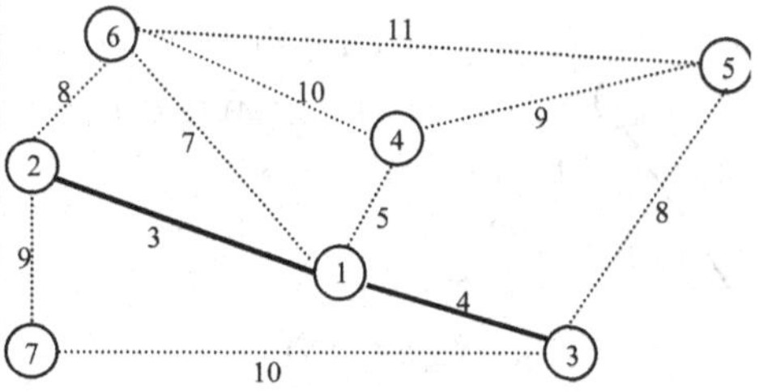	V_T = { 1, 2, 3 } E_T = { (1, 2), (1, 3) } Kandidat_T = { (1, 4), (1, 6), (2, 6), (2, 7), (3, 5), (3, 7) } Γ_T((1, 4)) = 5 ⇐ Minimum Γ_T((1, 6)) = 7 Γ_T((2, 6)) = 8 Γ_T((2, 7)) = 9 Γ_T((3, 5)) = 8 Γ_T((3, 7)) = 10 (X_{Min}, Y_{Min}) = (1, 4)
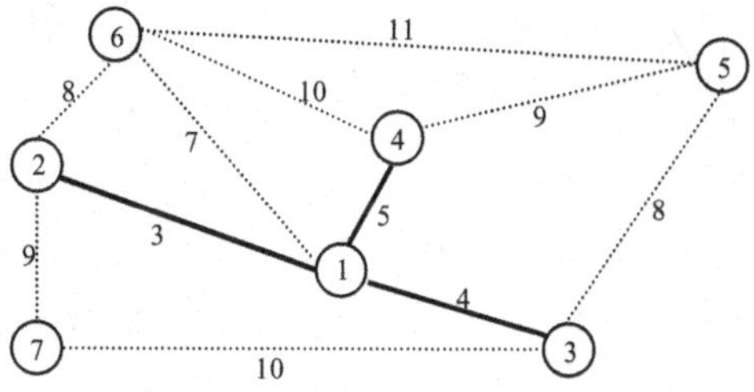	V_T = { 1, 2, 3, 4 } E_T = { (1, 2), (1, 3), (1, 4) } Kandidat_T = { (1, 6), (2, 6), (2, 7), (3, 5), (3, 7), (4, 5), (4, 6) } Γ_T((1, 6)) = 7 ⇐ Minimum Γ_T((2, 6)) = 8 Γ_T((2, 7)) = 9 Γ_T((3, 5)) = 8 Γ_T((3, 7)) = 10 Γ_T((4, 5)) = 9 Γ_T((4, 6)) = 10 (X_{Min}, Y_{Min}) = (1, 6)

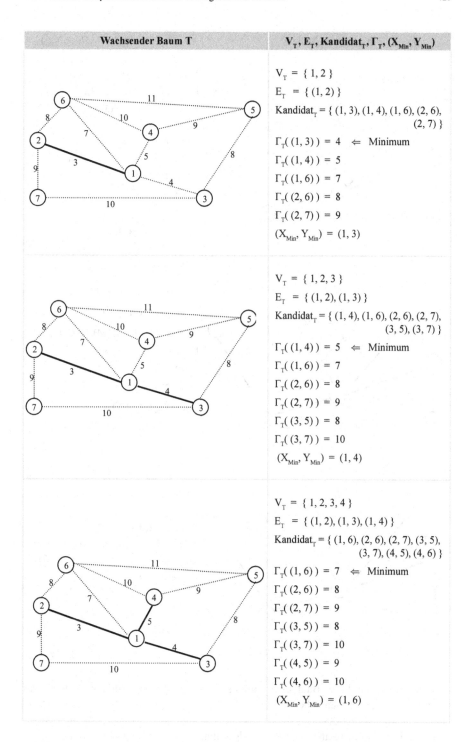

Wachsender Baum T	V_T, E_T, $Kandidat_T$, Γ_T, (X_{Min}, Y_{Min})
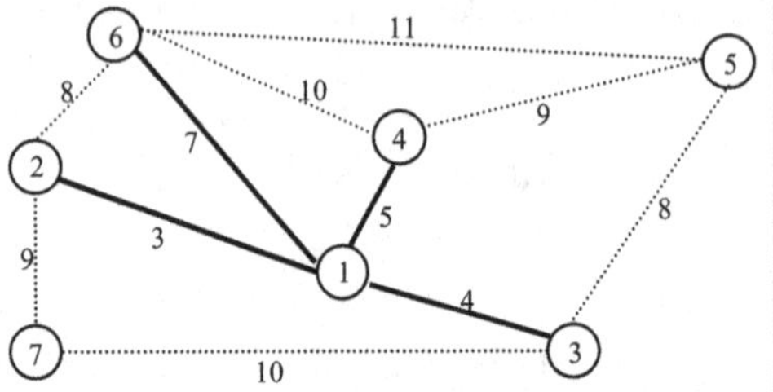	V_T = { 1, 2, 3, 4, 6 } E_T = { (1, 2), (1, 3), (1, 4), (1, 6) } $Kandidat_T$ = { (2, 7), (3, 5), (3, 7), (4, 5), (6, 5) } Γ_T((2, 7)) = 9 Γ_T((3, 5)) = 8 ⇐ Minimum Γ_T((3, 7)) = 10 Γ_T((4, 5)) = 9 Γ_T((6, 5)) = 11 (X_{Min}, Y_{Min}) = (3, 5)
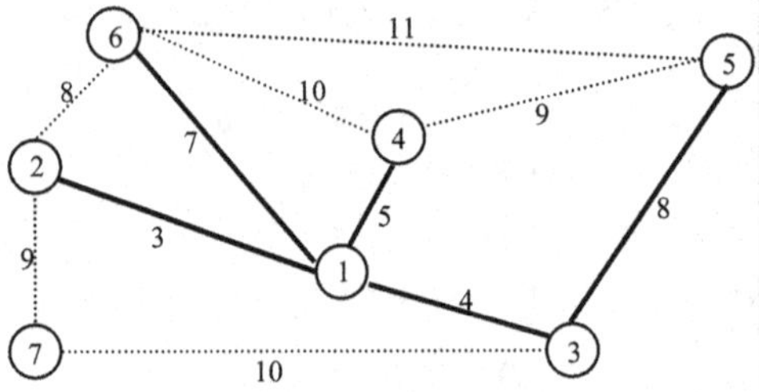	V_T = { 1, 2, 3, 4, 6, 5 } E_T = { (1, 2), (1, 3), (1, 4), (1, 6), (3, 5) } $Kandidat_T$ = { (2, 7), (3, 7) } Γ_T((2, 7)) = 9 ⇐ Minimum Γ_T((3, 7)) = 10 (X_{Min}, Y_{Min}) = (2, 7)
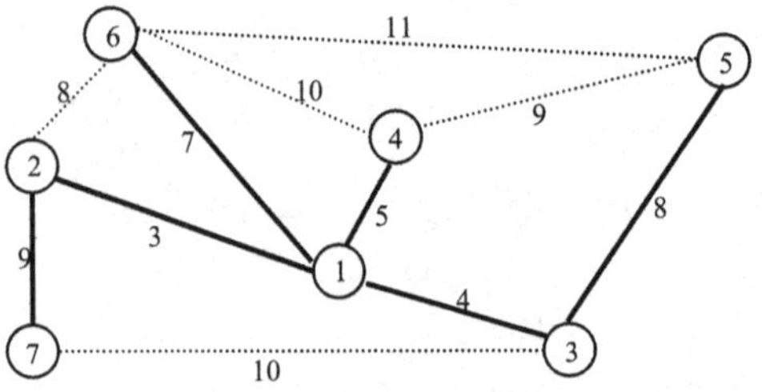	V_T = { 1, 2, 3, 4, 6, 5, 7 } E_T = { (1, 2), (1, 3), (1, 4), (1, 6), (3, 5), (2, 7) } $Kandidat_T$ = {}

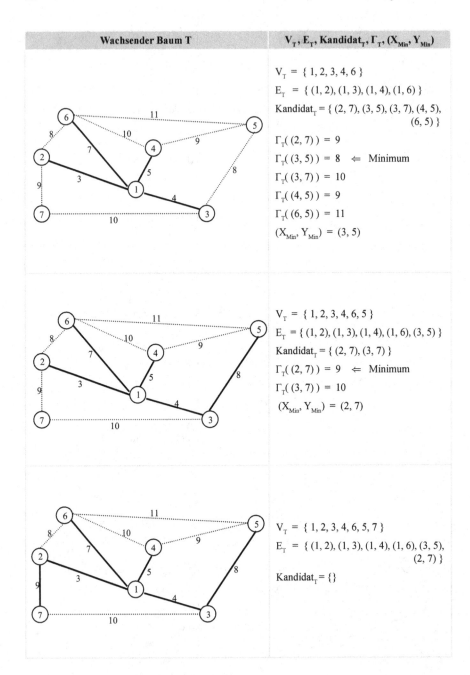

Die totalen Kosten dieses Baumes belaufen sich auf 36, das ist niedriger als alles, was wir bis jetzt dazu gesehen haben.

Wir beweisen die Korrektheit von Prims Algorithmus mit vollständiger Induktion:

> Satz 16.4
> Es sei $G(V_G, E_G, \Psi_G)$ ein bewerteter, einfacher, ungerichteter, zusammenhängender Graph mit n Knoten und mit Bewertungsfunktion $\Gamma : E_G \to \mathbf{R}$. Es soll ein MSB $T(V_T, E_T, \Psi_T)$ von G konstruiert werden. Sei $k \in \mathbf{N}$, $1 \leq k \leq n$ beliebig. T_k sei ein Baum, den man erhält, wenn man mit Hilfe von Prims Algorithmus k Punkte verbunden hat. Dann gilt: T_k ist ein Teilgraph eines MSB.

Beweis durch vollständige Induktion über k:
Induktionsanfang: Der Satz ist sicher wahr für k = 1. Hier besteht V_{T1} nur aus einem Punkt, E_{T1} ist die leere Menge.

Induktionsvoraussetzung: Der Satz sei wahr für ein $k \in \mathbf{N}$, $1 \leq k < n$ (d.h. T_k ist Teil eines MSB von G und T_k enthält noch nicht alle Punkte des Graphen).

Induktionsbehauptung: Der Satz ist wahr für k + 1 (d.h. auch T_{k+1} ist Teil eines MSB von G).

Induktionsbeweis:
T sei ein MSB, von dem T_k ein Teilgraph ist. So einen MSB gibt es nach Induktionsvoraussetzung. Der Baum T_k hat k Knoten und damit (nach Satz 16.3) k – 1 Kanten, ich nenne sie $e_1, \ldots, e_{k-1}$. Ein weiterer Schleifendurchlauf von Prims Algorithmus fügt nun eine Kante e_k hinzu. Die Kante e_k habe die Eckpunkte X_k und Y_k, wobei X_k ein Knoten des Baums T_k ist, Y_k dagegen nicht. Falls die Kante e_k eine Kante von T ist, ist nichts mehr zu zeigen. Wir nehmen also an: e_k gehöre nicht zu T. Die Eckpunkte X_k und Y_k von e_k dagegen gehören natürlich zum aufspannenden Baum T, in dem es auch einen Weg ω von Y_k nach X_k gibt. Denn Bäume sind zusammenhängend. Da Y_k nicht zum Graphen T_k gehört, gibt es mindestens eine Kante in ω, die nicht zu T_k gehört. Ich nenne diese Kante e_{out}.

Sei jetzt $T^{(+)}$ der zusammenhängende Graph, der entsteht, wenn ich zu T noch die Kante e_k hinzufüge. Dann ist der Weg (e_k, ω) ein Zyklus. Ich entferne jetzt die Zykluskante e_{out} aus $T^{(+)}$ und nenne den entstehenden Graphen T_{neu}.

T —— Füge e_k hinzu ——▶ $T^{(+)}$ —— Nimm e_{out} weg ——▶ T_{neu}

Für T_{neu} gilt jetzt:
- T_{neu} ist zusammenhängend (wegen Satz 16.2)
- T, $T^{(+)}$ und T_{neu} haben alle n Knoten
- T_{neu} hat n – 1 Kanten

Also ist T_{neu} nach Satz 16.3 (c) ein Baum mit n Knoten, also ein aufspannender Baum von G.
Es ist aber: $SUM(T_{neu}) = SUM(T) + \Gamma(e_k) - \Gamma(e_{out})$.

Da $e_{out} \notin \{ e_1, \ldots, e_k \}$ war, ist nach Definition des Algorithmus von Prim:
$\Gamma(e_k) \leq \Gamma(e_{neu})$, also $\Gamma(e_k) - \Gamma(e_{neu}) \leq 0$, also $SUM(T_{neu}) \leq SUM(T)$.

Das bedeutet: Wenn T ein MSB war, ist auch T_{neu} ein MSB, also ist auch Prims T_{k+1} der Teilgraph eines MSB.

q. e. d.

Bemerkung: Die Bewertungen von Kanten kann man natürlich auch als Kosten, Längen oder Zeiten oder andere relevante Größen interpretieren. Wir werden bald ein Beispiel für die Längeninterpretation kennen lernen. Dann wird es darum gehen, kürzeste Wege in einem Graphen zu finden.

Definition:
Sei $G = G(V, E, \Psi)$ ein bewerteter, einfacher Graph mit Bewertungsfunktion $\Gamma : E \rightarrow \mathbf{R}$. Sei weiterhin $w = (A_1, \dots, A_n)$ ein Weg in G. Dann definiert man die Länge des Weges z durch: $Länge_G(w) = \sum_{i=1}^{n-1} \Gamma(A_i, A_{i+1})$

Bitte bemerken Sie, dass uns ein MSB im allgemeinen keine kürzesten Wege liefert. In unserem obigen Beispiel

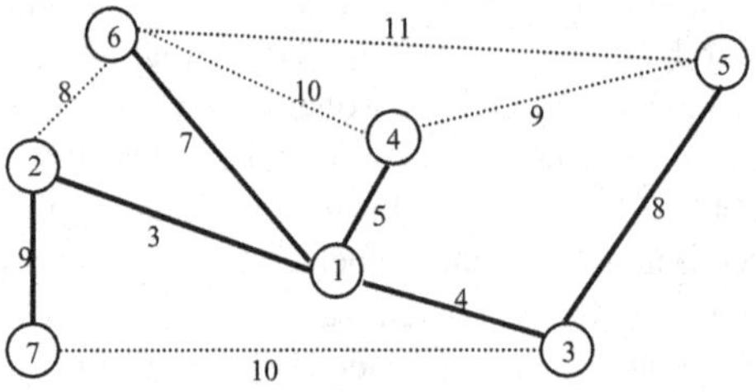

ist die Länge des kürzesten Weges von Knoten 7 zu Knoten 6 gerade 17, während der Weg in unserem MSB von 7 zu 6 die Länge 19 hat. Wir werden für kürzeste Wege einen anderen Algorithmus brauchen.

16.5 Die Programmierung des Algorithmus von Prim

Wir brauchen jetzt eine Klassendeklaration für einen bewerteten Graph. Ich nenne diese Klasse CGraphBewertet. Sehen Sie hier die Klassendeklaration. Die Klassenattribute sind hier nicht als `private` sondern als `protected` verzeichnet, weil wir im nächsten Kapitel von dieser Klasse eine weitere Klasse ableiten werden. Wir tragen in die Komponenten der Bewertungsmatrix die Werte der Struktur sBewertung ein. Diese Struktur hat zwei Komponenten:

- Einen Booleschen Wert bAdjazent, der angibt, ob es überhaupt eine Kante zwischen den beiden Punkten gibt.
- Einen Zahlenwert dBewertung, der die Bewertung dieser etwaigen Kante angibt.

Die Methode MSB ermittelt den Minimalen Aufspannenden Baum und gibt ihn im Erfolgsfall in der Matrix ppTree zurück.

```
struct sBewertung
{
        bool    bAdjazent;
        double  dBewertung;
};

class CGraphBewertet
{
protected:
        sBewertung * * m_ppBewertung;
        int m_nAnzahlKnoten;
        void deleteGraphBewertet();
        void initializeBewertung();
public:
        CGraphBewertet(void);
        CGraphBewertet(const CGraphBewertet & other);
        void operator=(const CGraphBewertet & other);
        virtual ~CGraphBewertet(void);
        int getAnzahlKnoten();
        int getAnzahlKanten();
        sBewertung * * getBewertung();
        bool setGraphBewertet(int nAnzahlKnoten,
                              sBewertung * * ppBewertung);
        bool MSB(sBewertung * * & ppTree);
};
```

Diese Methode MSB () ist dann folgendermaßen programmiert:

```
bool CGraphBewertet::MSB(sBewertung ** & ppTree)
{
 /*
 Diese Methode berechnet zu der Bewertungmatrix m_ppBe-
 wertung des Graphen die Bewertungmatrix ppTree eines
 Minimalen Aufspannenden Baums. Falls das nicht gelingt,
 wird eine Fehlermeldung zurückgegeben,an der das aufru-
 fende Programm erkennt, dass der Graph, der zu m_ppBewer-
 tung gehört, nicht zusammenhängend ist.
 */
```

```
ppTree = new sBewertung * [m_nAnzahlKnoten];
for (int i = 0; i < m_nAnzahlKnoten; i++)
{
  ppTree[i] = new sBewertung[m_nAnzahlKnoten];
  for (int j = 0; j < m_nAnzahlKnoten; j++)
  {
    ppTree[i][j].bAdjazent    = false;
    ppTree[i][j].dBewertung   = 0;
  }
}

bool * pPunkteImBaum =
                                    new bool [m_nAnzahlKnoten];

for (int i = 0; i < m_nAnzahlKnoten; i++)
{
  pPunkteImBaum[i] = false;
}

// Ich beginne mit dem Knoten 0
pPunkteImBaum[0] = true;

bool bAlleKnotenErreicht = true;
for (int i = 0;
      (i < m_nAnzahlKnoten) && (bAlleKnotenErreicht);
                                                    i++)
{
  if (!(pPunkteImBaum[i]))
                                bAlleKnotenErreicht = false;
}
// Jetzt weiss man, ob noch Knoten zum Baum
// hinzuzufuegen sind

bool bFound = true;
while ((!bAlleKnotenErreicht) && bFound)
{
  // Gesucht werden jetzt die Punkte Xmin aus
  // dem wachsenden Baum und Ymin ausserhalb des
  // wachsenden Baumes, die ueber eine minimal
  // bewertete Kante verbunden sind.
  int nXmin = -1, nYmin = -1;
  double nMinimaleBewertung;
```

```
    bFound = false;
    for (int i = 0; i < m_nAnzahlKnoten; i++)
    {
      if (pPunkteImBaum[i])
      {
        for (int j = i; j < m_nAnzahlKnoten; j++)
        {
          if ((!pPunkteImBaum[j]) &&
                        (m_ppBewertung[i][j].bAdjazent == true))
          {
            if (nXmin == -1)// die erste Belegung
                            // von nMinimaleBewertung
            {
              nXmin = i;
              nYmin = j;
              nMinimaleBewertung =
                                m_ppBewertung[i][j].dBewertung;
            }
            else
            {
              if (nMinimaleBewertung >
                                m_ppBewertung[i][j].dBewertung)
              {
                nXmin = i;
                nYmin = j;
                nMinimaleBewertung =
                                m_ppBewertung[i][j].dBewertung;
              }
            }
          }
        }
      }
    }

    //Falls nichts gefunden wurde, brich ab
    if (nXmin == -1) continue;
    else bFound = true;

    //Markiere nYmin als zum Baum gehoerig und
    //Mache den entsprechenden Eintrag in ppTree
```

```
      pPunkteImBaum[nYmin] = true;
      ppTree[nXmin][nYmin] =
                              m_ppBewertung[nXmin][nYmin];
      ppTree[nYmin][nXmin] =
                              m_ppBewertung[nYmin][nXmin];

      //Pruefe, ob es noch nicht erreichte Knoten
      //gibt
      bAlleKnotenErreicht = true;
      for (int i = 0;
           (i < m_nAnzahlKnoten)&&(bAlleKnotenErreicht);
                                                    i++)
      {
        if (!(pPunkteImBaum[i]))
                              bAlleKnotenErreicht = false;
      }
    }

    if (!bAlleKnotenErreicht) return false;
    return true;
  }
```

Testen Sie mit diesem Programm unser besprochenes Beispiel 16-4 und benutzen Sie dieses Programm auch zur Bearbeitung bzw. zur Kontrolle von Übungsaufgaben. Wie immer finden Sie die vollständige Implementierung dieser Klasse im Netz unter der Adresse [SchuNet].

Übungsaufgaben

1. Aufgabe

Im Anschluss an Satz 16.1 und an die Diskussion des zugehörigen Beispiels für den Algorithmus für einen aufspannenden Baum habe ich geschrieben: »Bitte beachten Sie, dass uns dieser Algorithmus gleichzeitig einen schönen Test dafür liefert, ob ein Graph zusammenhängend ist.«

a. Gegeben ein ungerichteter Graph G, A sei ein Knoten dieses Graphen. Beschreiben Sie genau den Algorithmus, mit dem Sie die Zusammenhangskomponente von A finden.
b. Gegeben ein ungerichteter Graph G. Beschreiben Sie genau den Algorithmus, mit dem Sie alle Zusammenhangskomponente von G finden.
c. Gegeben ein ungerichteter Graph G. Beschreiben Sie den Algorithmus, mit dem Sie erkennen, ob G zusammenhängend ist oder nicht.

2. Aufgabe

Gegeben sei der ungerichtete Graph G mit der folgenden Adjazenzmatrix:

	1	2	3	4	5	6	7	8	9	10	11	12	13	14	15	16
1	0	0	0	0	0	0	0	0	0	1	0	1	0	0	1	0
2	0	0	0	0	0	0	0	0	0	0	0	0	1	0	0	0
3	0	0	0	0	0	0	0	1	0	0	0	0	0	0	0	0
4	0	0	0	0	0	1	0	0	0	0	0	0	0	0	0	0
5	0	0	0	0	0	1	0	0	0	1	0	1	0	0	0	0
6	0	0	0	1	1	0	0	0	0	0	0	0	0	0	0	1
7	0	0	0	0	0	0	0	0	0	1	0	0	1	0	1	0
8	0	0	1	0	0	0	0	0	1	0	0	0	0	0	0	0
9	0	0	0	0	0	0	0	1	0	0	0	0	0	1	0	0
10	1	0	0	0	1	0	1	0	0	0	0	0	0	0	0	0
11	0	0	0	0	0	0	0	0	0	0	0	1	0	0	0	1
12	1	0	0	0	1	0	0	0	0	0	1	0	0	0	0	0
13	0	1	0	0	0	0	1	0	0	0	0	0	0	0	0	0
14	0	0	0	0	0	0	0	0	1	0	0	0	0	0	0	0
15	1	0	0	0	0	0	1	0	0	0	0	0	0	0	0	0
16	0	0	0	0	0	1	0	0	0	0	1	0	0	0	0	0

a. Finden Sie die Zusammenhangskomponente, die den Knoten 14 enthält.
b. Finden Sie die Zusammenhangskomponente, die den Knoten 15 enthält.

3. Aufgabe

Gegeben sei der ungerichtete Graph G mit der folgenden Adjazenzmatrix:

	1	2	3	4	5	6	7	8	9	10	11	12	13	14	15	16
1	0	1	0	0	0	0	0	0	0	0	0	0	0	0	0	0
2	1	0	0	0	0	0	0	0	0	0	0	0	0	0	0	0
3	0	0	0	0	0	0	0	0	0	0	0	0	1	0	0	0
4	0	0	0	0	0	1	0	1	0	0	0	0	0	0	0	0
5	0	0	0	0	0	0	1	0	0	0	0	0	0	1	0	0
6	0	0	0	1	0	0	0	0	1	0	0	0	0	0	0	0
7	0	0	0	0	1	0	0	1	0	0	1	0	0	0	0	0
8	0	0	0	1	0	0	1	0	1	0	0	0	0	0	0	0
9	0	0	0	0	0	1	0	1	0	0	0	0	0	0	0	0
10	0	0	0	0	0	0	0	0	0	0	0	0	0	0	1	1
11	0	0	0	0	0	0	1	0	0	0	0	0	0	1	0	0
12	0	0	0	0	0	0	0	0	0	0	0	0	0	0	1	1
13	0	0	1	0	0	0	0	0	0	0	0	0	0	0	0	0
14	0	0	0	0	1	0	0	0	0	0	1	0	0	0	0	0
15	0	0	0	0	0	0	0	0	0	1	0	1	0	0	0	0
16	0	0	0	0	0	0	0	0	0	1	0	1	0	0	0	0

Finden Sie alle Zusammenhangskomponenten von G

4. Aufgabe

Teste Sie die beiden ungerichteten Graphen mit den folgenden Adjazenzmatrizen daraufhin, ob sie zusammenhängend sind:

a.

	1	2	3	4	5	6	7	8	9	10	11	12	13	14	15	16
1	0	0	0	1	0	0	0	0	0	0	0	0	0	0	0	0
2	0	0	0	0	0	1	0	0	0	0	0	0	0	0	1	0
3	0	0	0	0	0	0	0	0	1	1	0	0	0	0	0	0
4	1	0	0	0	0	0	0	1	0	0	0	0	0	0	0	0
5	0	0	0	0	0	0	1	0	0	0	1	0	0	0	0	0
6	0	1	0	0	0	0	1	0	0	0	0	0	0	0	0	0
7	0	0	0	0	1	1	0	0	0	0	0	0	0	0	0	0
8	0	0	0	1	0	0	0	0	1	0	0	0	0	0	0	0
9	0	0	1	0	0	0	0	1	0	0	0	0	0	0	0	0
10	0	0	1	0	0	0	0	0	0	0	0	0	0	0	0	1
11	0	0	0	0	1	0	0	0	0	0	0	0	0	0	0	0
12	0	0	0	0	0	0	0	0	0	0	0	0	0	1	1	0
13	0	0	0	0	0	0	0	0	0	0	0	0	0	0	1	1
14	0	0	0	0	0	0	0	0	0	0	0	1	0	0	0	0
15	0	1	0	0	0	0	0	0	0	0	0	1	1	0	0	0
16	0	0	0	0	0	0	0	0	0	1	0	0	1	0	0	0

b.

	1	2	3	4	5	6	7	8	9	10	11	12	13	14	15	16
1	0	0	0	0	0	0	0	0	0	0	0	0	0	1	1	1
2	0	0	0	0	0	0	0	0	0	0	0	1	1	0	0	0
3	0	0	0	0	0	0	0	1	0	0	1	0	0	0	0	0
4	0	0	0	0	0	0	0	1	1	0	1	0	0	0	0	0
5	0	0	0	0	0	1	0	0	0	1	0	0	0	0	0	0
6	0	0	0	0	1	0	0	0	0	0	0	0	0	1	0	0
7	0	0	0	0	0	0	0	0	0	0	0	0	0	0	1	1
8	0	0	1	1	0	0	0	0	0	0	0	0	1	0	0	0
9	0	0	0	1	0	0	0	0	0	0	0	1	1	0	0	0
10	0	0	0	0	1	0	0	0	0	0	0	0	0	1	0	1
11	0	0	1	1	0	0	0	0	0	0	0	0	0	0	0	0
12	0	1	0	0	0	0	0	0	1	0	0	0	0	0	0	0
13	0	1	0	0	0	0	0	1	1	0	0	0	0	0	0	0
14	1	0	0	0	0	1	0	0	0	1	0	0	0	0	0	0
15	1	0	0	0	0	0	1	0	0	0	0	0	0	0	0	0
16	1	0	0	0	0	0	1	0	0	1	0	0	0	0	0	0

5. Aufgabe

Finden Sie drei verschiedene aufspannende Bäume für den folgenden Graphen:

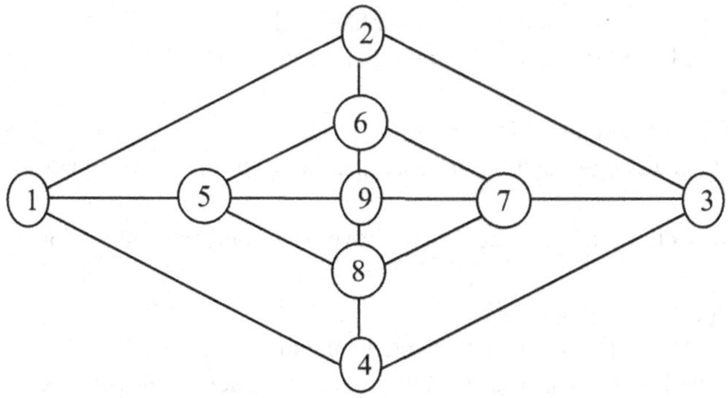

6. Aufgabe

Finden Sie drei verschiedene aufspannende Bäume für den folgenden Graphen:

	1	2	3	4	5	6	7	8	9
1	0	1	1	0	0	0	0	1	1
2	1	0	0	1	1	0	0	0	1
3	1	0	0	1	0	1	0	0	1
4	0	1	1	0	0	0	1	0	1
5	0	1	0	0	0	0	1	1	0
6	0	0	1	0	0	0	1	1	0
7	0	0	0	1	1	1	0	0	0
8	1	0	0	0	1	1	0	0	0
9	1	1	1	1	0	0	0	0	0

7. Aufgabe

In den folgenden Teilaufgaben wird Ihnen jeweils ein ungerichteter Graph G vorgestellt, der bestimmte Eigenschaften hat. Entscheiden Sie immer:

- Ist es unmöglich für G, ein Baum zu sein oder
- Kann G ein Baum sein, ohne dass das zwingend notwendig ist oder
- Ist G notwendigerweise ein Baum.

a. G hat 12 Knoten und 11 Kanten.
b. G ist zyklenfrei.
c. G ist zusammenhängend, aber wenn man die Kante zwischen dem zweiten und dem dritten Knoten entfernt ist G nicht mehr zusammenhängend.
d. G hat 24 Knoten und 23 Kanten und ist zusammenhängend.
e. G ist zusammenhängend.
f. G hat 9 Kanten und 10 Knoten und ist zyklenfrei.
g. Zwischen allen Punkten einer gemeinsamen Zusammenhangskomponente gibt es genau einen Weg.
h. G hat 80 Knoten und 79 Kanten und G besteht aus zwei Zusammenhangskomponenten.
i. G ist zusammenhängend und zyklenfrei.
j. G hat 23 Knoten und 24 Kanten und ist zusammenhängend.
k. G ist zusammenhängend, aber nach jeder Entfernung irgend einer Kante von G ist G nicht mehr zusammenhängend.
l. Zwischen zwei beliebigen Punkten gibt es genau einen Weg.

8. Aufgabe

Für den Graphen G seine sowohl T_1 als auch T_2 aufspannende Bäume. Welche der folgenden Aussagen sind immer wahr? Finden Sie Gegenbeispiele für die Aussagen, die nicht automatisch folgen.

a. Die Knoten von T_1 und T_2 sind identisch.
b. Die Kanten von T_1 und T_2 sind identisch.
c. Die Anzahl der Knoten von T_1 und die Anzahl der Knoten von T_2 ist identisch.
d. Die Anzahl der Kanten von T_1 und die Anzahl der Kanten von T_2 ist identisch.

9. Aufgabe

Zeigen Sie: Falls ein Graph G genau so viele Knoten wie Kanten hat, enthält er mindestens einen Zyklus.

Hinweis: Bearbeiten Sie zunächst den Fall, dass G zusammenhängend ist.

10. Aufgabe

Wenden Sie den Algorithmus von Prim auf den folgenden Graphen an und erzeugen Sie zwei voneinander verschiedene minimal aufspannende Bäume.

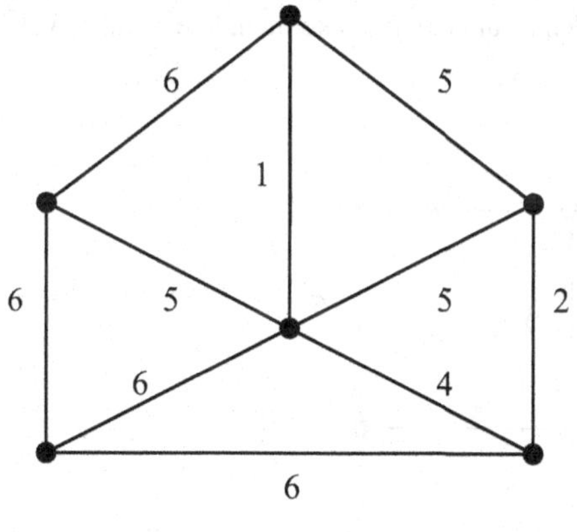

11. Aufgabe

Wenden Sie den Algorithmus von Prim auf den folgenden Graphen an. Sie werden nur genau einen minimal aufspannenden Bäum erzeugen können. Die übernächste Aufgabe sagt Ihnen, warum das so ist.

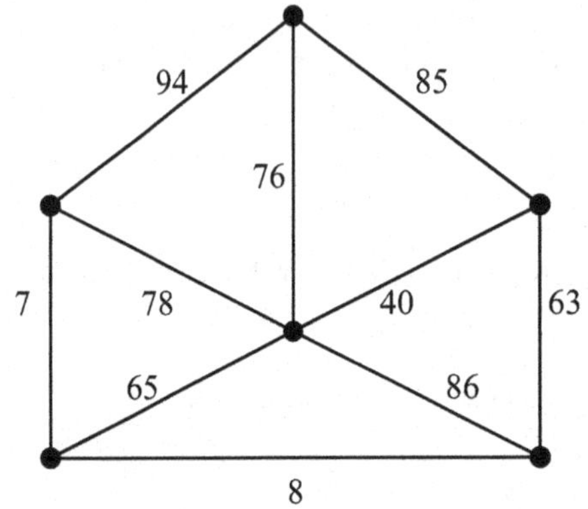

12. Aufgabe

Wenden Sie den Algorithmus von Prim auf den folgenden Graphen an. Auch hier werden Sie nur genau einen minimal aufspannenden Bäum erzeugen können. Die nächste Aufgabe sagt Ihnen, warum das so ist.

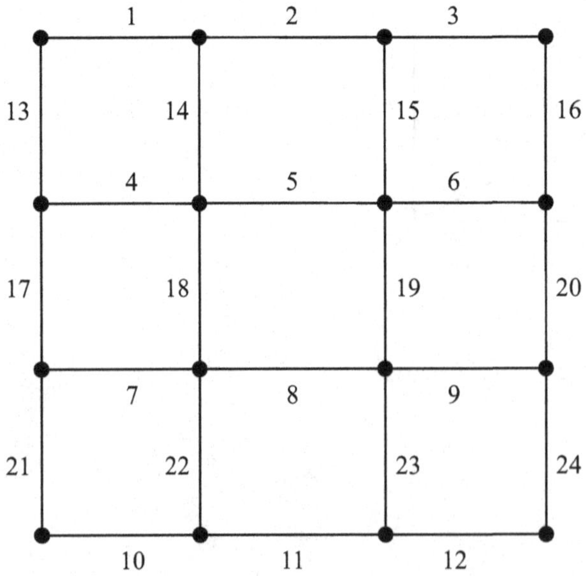

13. Aufgabe

Zeigen Sie: Sobald in einem zusammenhängenden Graphen jede Kante eine eindeutige Bewertung hat, die keine andere Kante hat, gibt es genau einen minimal (bzw. maximal) aufspannenden Baum.

14. Aufgabe

Finden Sie jetzt für den Graphen aus Aufgabe 12 einen aufspannenden Baum mit möglichst kleinen Kosten, der aber die Kante mit der Bewertung 23 auf jeden Fall enthält.

15. Aufgabe

Wenden Sie den Algorithmus von Prim auf den Graphen an, der durch die folgende Kostenmatrix beschrieben wird. Die Zahlen repräsentieren die Kosten der Kanten, der Eintrag ∞ bedeutet: Es gibt keine Kante.

	0	**1**	**2**	**3**	**4**	**5**	**6**	**7**	**8**	**9**
0	0	2	∞	∞	3	1	∞	∞	∞	∞
1	2	0	1	∞	∞	∞	2	∞	∞	∞
2	∞	1	0	4	∞	∞	∞	3	∞	∞
3	∞	∞	4	0	5	∞	∞	∞	4	∞
4	3	∞	∞	5	0	∞	∞	∞	∞	5
5	1	∞	∞	∞	∞	0	∞	2	3	∞
6	∞	2	∞	∞	∞	∞	0	∞	4	5
7	∞	∞	3	∞	∞	2	∞	0	∞	1
8	∞	∞	∞	4	∞	3	4	∞	0	∞
9	∞	∞	∞	∞	5	∞	5	1	∞	0

16. Aufgabe

Ein maximal aufspannender Baum für einen Graphen mit bewerteten Kanten ist ein aufspannender Baum, dessen Kostensumme so groß wie möglich ist. Geben Sie eine Modifikation von Prims Algorithmus, die diesen maximal aufspannenden Baum liefert.

17. Aufgabe

Finden Sie einen maximal aufspannenden Baum für den Graphen aus Aufgabe 12.

18. Aufgabe

Finden Sie für den Graphen aus Aufgabe 12 einen aufspannenden Baum mit möglichst maximalen Kosten, der aber die Kante mit der Bewertung 1 auf jeden Fall enthält.

Kürzeste Wege und der Algorithmus von Dijkstra

17

Wir werden in diesem Kapitel einen Algorithmus beschreiben, mit dem man kürzeste Wege in einem Graphen finden kann und der dem Algorithmus von Prim, mit dem wir den MSB-Graphen gefunden haben, sehr ähnlich ist. Er heißt nach seinem Entdecker Dijkstras Algorithmus. Edsger Dijkstra (geboren 1930) ist ein holländischer Mathematiker und Physiker. Er ist einer der »Gurus« der modernen theoretischen Informatik; er entwickelte die strukturierte Programmierung, die Sprache ALGOL und er hat auch noch viele andere fundamentale Beiträge geleistet. Man sagt, dass er »Dijkstras Algorithmus« einfach als ein Beispiel zur Illustration einer seiner Vorlesungen 1959 erfand. Dieser Algorithmus wird heute beispielsweise von Routing-Systemen zur Ermittlung kürzester Wege verwandt. Wir diskutieren in diesem Kapitel den Spezialfall einfacher, ungerichteter, zusammenhängender, nicht negativ bewerteter Graphen: Dijkstras Algorithmus liefert stets für solche Graphen einen aufspannenden Baum, der aus den kürzesten Wegen zu einem festen Punkt besteht.

17.1 Drei Algorithmen für aufspannende Bäume im Vergleich

Zur Erinnerung, zum besseren Verständnis und zum Vergleich gebe ich Ihnen zunächst die umgangssprachliche Beschreibung der beiden Algorithmen aus dem letzten Kapitel für einen aufspannenden Baum und für einen MSB und sofort daran anschließend eine Beschreibung für den Algorithmus von Dijkstra:

Algorithmus zur Konstruktion eines aufspannenden Baumes in einem zusammenhängenden Graphen G (umgangssprachliche Formulierung):

Wähle einen beliebigen Punkt von G und beginne dort mit dem Baum T.
Solange es in G noch Punkte gibt, die nicht zu T gehören, tue das Folgende:
{
    Suche einen Punkt in G, der nicht zu T gehört, der aber über eine Kante e in G mit dem bisher konstruierten T verbunden ist. Füge diese Kante e mit dem Punkt G zu dem Baum hinzu.
}
Jetzt ist T ein aufspannender Baum von G.

Prims Algorithmus zur Konstruktion eines MSB in einem einfachen, zusammenhängenden, ungerichteten und bewerteten Graphen G (umgangssprachliche Formulierung):

Wähle einen beliebigen Punkt von G und beginne dort mit dem MSB T.
Solange es in G noch Punkte gibt, die nicht zu T gehören, tue das Folgende:
{
    Wähle unter allen Kanten, die einen Knoten X in T mit einem Knoten Y außerhalb von T verbinden, eine mit minimaler Bewertung und füge diese Kante mit ihrem Knoten Y zu T hinzu.
}
Jetzt ist T ein MSB von G.

Dijkstras Algorithmus zur Konstruktion eines aufspannenden Baums in einem einfachen, zusammenhängenden, ungerichteten und bewerteten Graphen G, der zu einem festen Knoten A kürzeste Wege von A zu allen anderen Knoten des Graphen enthält (umgangssprachliche Formulierung):

Wähle den festen Knoten A und beginne dort mit dem Baum T.
Solange es in G noch Punkte gibt, die nicht zu T gehören, tue das Folgende:
{
    Wähle unter allen Kanten, die einen Knoten X in T mit einem Knoten Y außerhalb von T verbinden, diejenige, für die die Länge des Weges in T von A nach X zusammen mit der Länge der Kante minimal ist. Füge diese Kante mit ihrem Knoten Y zu T hinzu.
}
Jetzt ist T ein aufspannender Baum der gesuchten Art.

17.2 Ein Beispiel

Ich will Ihnen zunächst wieder an einem Beispiel zeigen, wie man dabei im Einzelnen vorgeht. Gegeben sei der folgende einfache, ungerichtete, zusammenhängende, bewertete Graph:

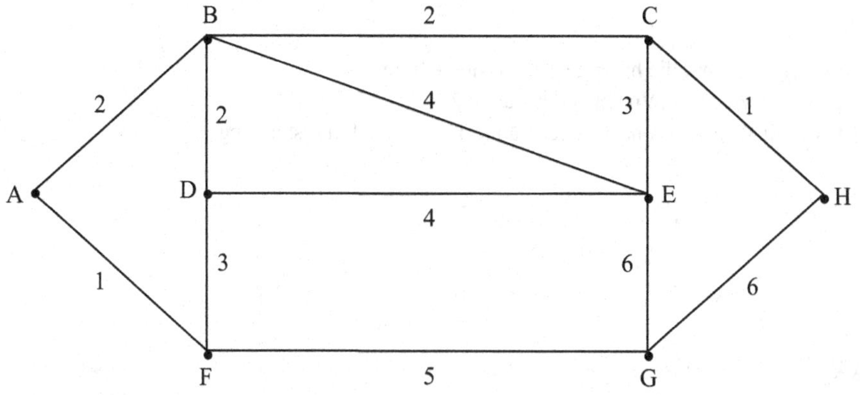

Bild 17-1: Ein bewerteter Graph

Gesucht sei der kürzeste Weg von A zu den anderen Punkten des Graphen. Ich beginne mit dem Punkt A. Die Kanten von G, die nicht zu dem Baum T gehören, werden gepunktet dargestellt, die Kanten von T dagegen verstärkt:

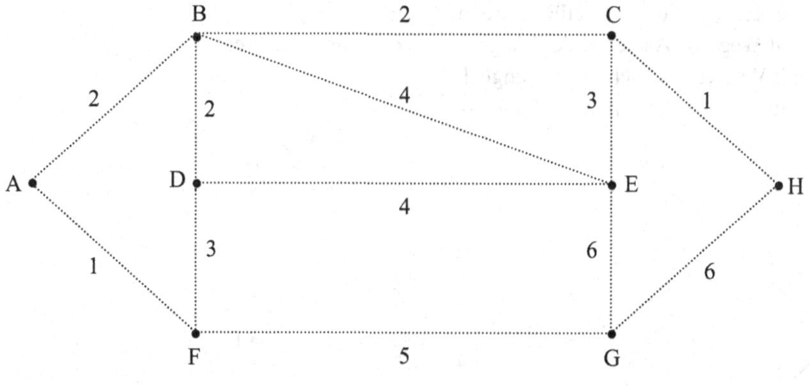

$V_T = \{ A \}, E_T = \{ \}$
Mögliche Kanten, die hinzugefügt werden können:
(A, B) mit Weg von A nach B der Länge 2
(A, F) mit Weg von A nach F der Länge 1 ⇐ kürzester Weg

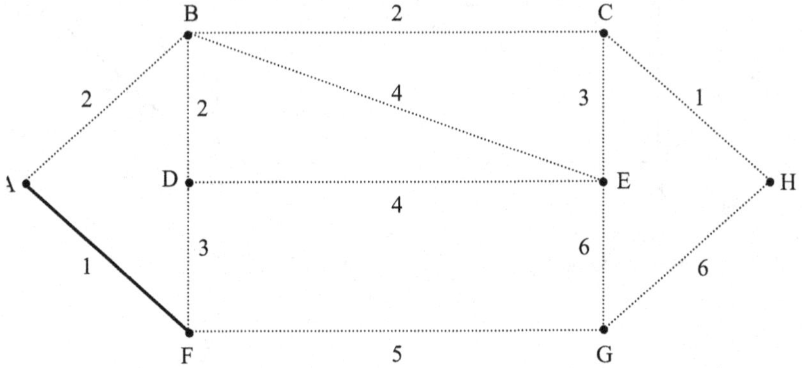

$V_T = \{ A, F \}, E_T = \{ (A, F) \}$
Mögliche Kanten, die hinzugefügt werden können:
(A, B) mit Weg von A nach B der Länge 2 ⇐ kürzester Weg
(F, D) mit Weg von A nach D der Länge 4
(F, G) mit Weg von A nach G der Länge 6

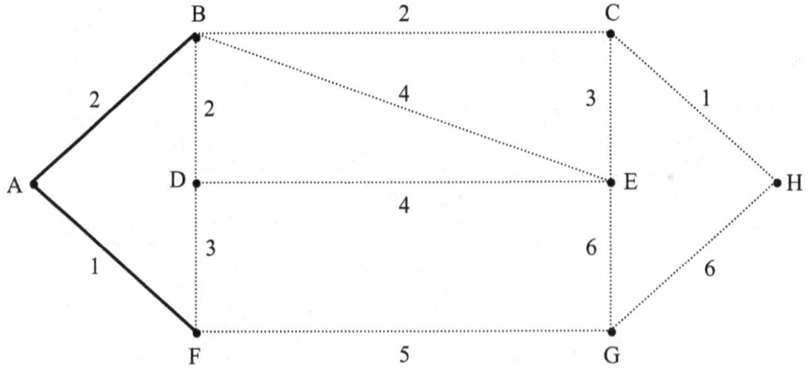

V_T = { A, B, F }, E_T = { (A, F), (A, B) }
Mögliche Kanten, die hinzugefügt werden können:
(B, C) mit Weg von A nach C der Länge 4 ⇐ kürzester Weg ⇐ gewählter Weg
(B, E) mit Weg von A nach E der Länge 6
(B, D) mit Weg von A nach D der Länge 4 ⇐ kürzester Weg
(F, D) mit Weg von A nach D der Länge 4 ⇐ kürzester Weg
(F, G) mit Weg von A nach G der Länge 6

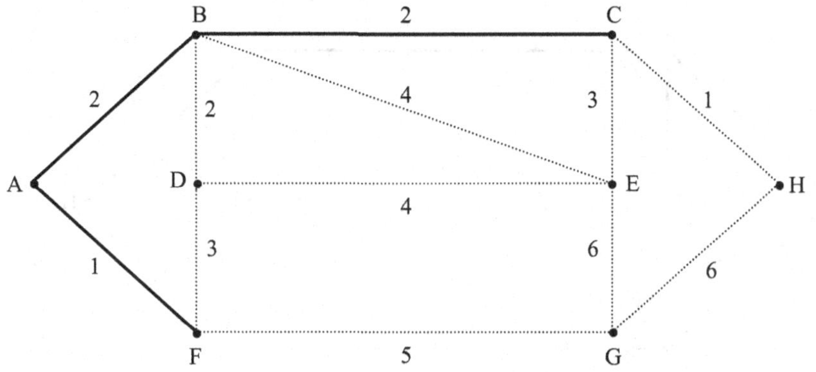

V_T = { A, B, C, F }, E_T = { (A, F), (A, B), (B, C) }
Mögliche Kanten, die hinzugefügt werden können:
(B, E) mit Weg von A nach E der Länge 6
(B, D) mit Weg von A nach D der Länge 4 ⇐ kürzester Weg ⇐ gewählter Weg
(C, E) mit Weg von A nach E der Länge 7
(C, H) mit Weg von A nach H der Länge 5
(F, D) mit Weg von A nach D der Länge 4 ⇐ kürzester Weg
(F, G) mit Weg von A nach G der Länge 6

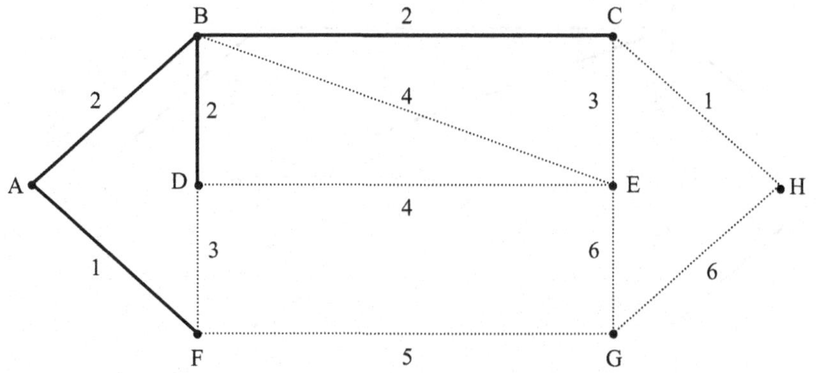

V_T = { A, B, C, D, F }, E_T = { (A, F), (A, B), (B, C), (B, D) }
Mögliche Kanten, die hinzugefügt werden können:
(B, E) mit Weg von A nach E der Länge 6
(C, E) mit Weg von A nach E der Länge 7
(C, H) mit Weg von A nach H der Länge 5 ⇐ kürzester Weg
(D, E) mit Weg von A nach E der Länge 8
(F, G) mit Weg von A nach G der Länge 6

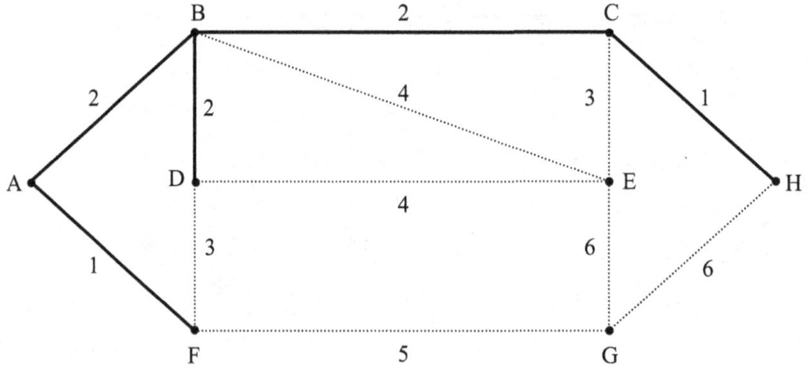

V_T = { A, B, C, D, F, H }, E_T = { (A, F), (A, B), (B, C), (B, D), (C, H) }
Mögliche Kanten, die hinzugefügt werden können:
(B, E) mit Weg von A nach E der Länge 6 ⇐ kürzester Weg ⇐ gewählter Weg
(C, E) mit Weg von A nach E der Länge 7
(D, E) mit Weg von A nach E der Länge 8
(F, G) mit Weg von A nach G der Länge 6 ⇐ kürzester Weg
(H, G) mit Weg von A nach G der Länge 11

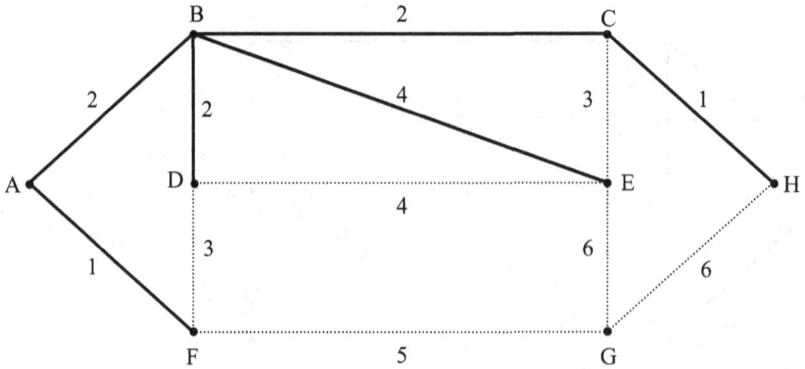

V_T = { A, B, C, D, E, F, H }, E_T = { (A, F), (A, B), (B, C), (B, D), (B, E), (C, H) }
Mögliche Kanten, die hinzugefügt werden können:
(E, G) mit Weg von A nach G der Länge 12
(F, G) mit Weg von A nach G der Länge 6 ⇐ kürzester Weg
(H, G) mit Weg von A nach G der Länge 11

Und unser endgültiger Ergebnisbaum, der für alle Punkte des Graphen kürzeste Verbindungen zum Punkt A enthält, sieht folgendermaßen aus:

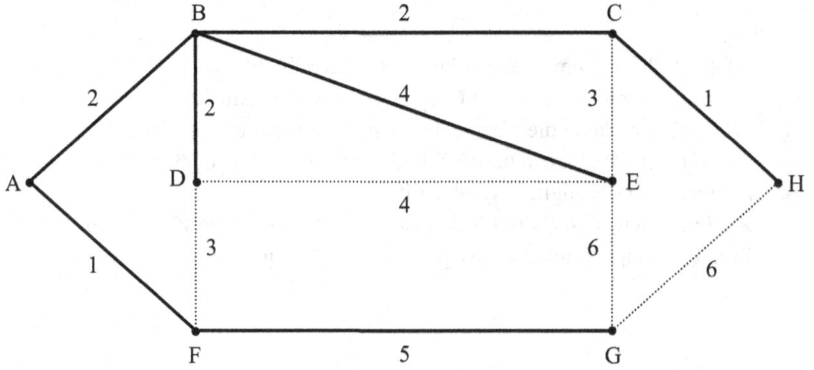

Bild 17-2: Dijkstra-Baum für den Graph aus Bild 17-1

Dieser Baum hat übrigens das Gesamtgewicht 17, das ist *nicht* minimal, wie Ihnen der folgende MSB des Graphen aus Bild 17-1 zeigt, den man mit Prims Algorithmus erhält:

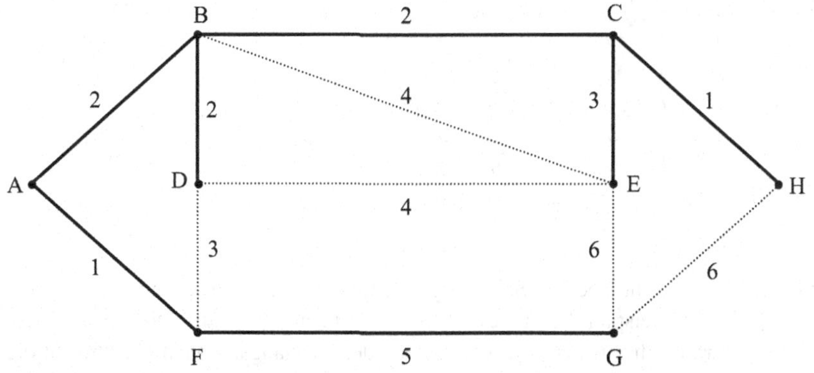

Bild 17-3: Ein MSB für den Graph aus Bild 17-1

Dieser Baum hat das Gesamtgewicht 16, hat also ein kleineres Gesamtgewicht, er repräsentiert aber nicht mehr den kürzesten Weg von A nach E, der eigentlich die Länge 6 hat und nicht – wie in diesem Baum – die Länge 7.
Leider hat dieser Algorithmus einen kleinen Haken: Er funktioniert »nur« für Graphen, in dem keine Kante eine negative Bewertung hat. Warum das so ist, wird uns im Beweis der Richtigkeit von Dijkstras Algorithmus (Satz 17.2) klar werden. Wie man andere Fälle bearbeiten kann, entnehmen Sie bitte der weiterführenden Literatur [Krumke].

Wir definieren aus diesem Grunde:

Definition:
Sei G = G(V, E, Ψ) ein bewerteter, einfacher, ungerichteter, zusammenhängender Graph mit nicht negativer Bewertungsfunktion $\Gamma : E \rightarrow \mathbf{R}_0^+$. ($\mathbf{R}_0^+$ sei dabei die Menge der nicht negativen reellen Zahlen).
Es sei A ein Knoten von G. Ein aufspannender Baum T von G heißt *Dijkstra-Baum* von G bezüglich A, falls gilt:

- Für alle Knoten X aus G mit X ≠ A ist der Weg von A nach X in T von minimaler Länge unter allen Wegen von A nach X in G.

17.3 Der Algorithmus kann mehr: Wurzelbäume machen es möglich

Was verlangen wir noch von diesem Algorithmus? Betrachten Sie dazu noch einmal unseren Dijkstra-Baum im Bild 17-2. Stellen Sie sich vor, Sie, oder besser noch Ihr Computer kennen diesen Baum nur auf Grund seiner Bewertungsmatrix oder Adjazenzmatrix. Beispielsweise so:

Γ	A	B	C	D	E	F	G	H
A	0	2	∞	∞	∞	1	∞	∞
B	2	0	2	2	4	∞	∞	∞
C	∞	2	0	∞	∞	∞	∞	1
D	∞	2	∞	0	∞	∞	∞	∞
E	∞	4	∞	∞	0	∞	∞	∞
F	1	∞	∞	∞	∞	0	5	∞
G	∞	∞	∞	∞	∞	5	0	∞
H	∞	∞	1	∞	∞	∞	∞	0

Dann haben Sie bzw. Ihr Rechner Schwierigkeiten, aus dieser Matrix schnell abzulesen, wie denn jetzt zum Beispiel der kürzeste Weg von A nach H verläuft. Diese Schwierigkeiten potenzieren sich mit der Zahl der Knoten des Ausgangsgraphen G., obwohl die Bestimmung des konstruierten kürzesten Weges natürlich möglich ist. Wir müssen den Dijkstra-Baum anders darstellen. Oder besser gesagt, wir konstruieren uns zu dem Dijkstra-Baum einen weiteren *gerichteten Baum*, der uns alle nötigen Informationen liefert.

Wir brauchen ein paar Definitionen, um unsere Konstruktionen korrekt vornehmen zu können:

Definition:
Es sei T = T(V, E, Ψ) ein gerichteter Graph. T heißt ein *gerichteter Baum* genau dann, wenn der zugeordnete ungerichtete Graph ein Baum ist.

Beispiele:

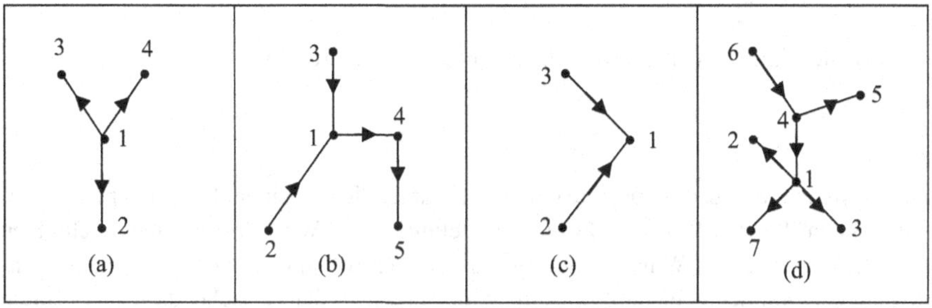

Bild 17-4: Vier gerichtete Bäume

Wenn Sie diese Graphen mit den Bäumen aus Bild 14-1 im vorigen Kapitel vergleichen (dort finden Sie die zugeordneten ungerichteten Graphen), sehen Sie sofort, dass es sich hier um gerichtete Bäume handelt.
Für gerichtete Graphen definieren wir nun, was eine *Wurzel* ist:

Definition:
Es sei G = G(V, E, Ψ) ein gerichteter Graph. Ein Punkt W ∈ V heißt *Wurzel* von G, falls es von W zu jedem anderen Punkt von G einen Weg gibt.

Beispiele:

- Im Graph 17-4 (a) ist der Punkt 1 eine Wurzel. Es gibt keine andere Wurzel.
- Der Graph 17-4 (b) hat keine Wurzel.
- Der Graph 17-4 (c) hat keine Wurzel.
- Im Graph 17-4 (d) ist der Punkt 6 eine Wurzel. Es gibt keine andere Wurzel.

Definition:
Es sei G = G(V, E, Ψ) ein gerichteter Baum mit Wurzel W. Dann heißt G ein *gerichteter Wurzelbaum*.

Solch ein gerichteter Wurzelbaum hat interessante Eigenschaften, die wir im folgenden Satz untersuchen werden. Ich erinnere Sie daran, dass in einem gerichteten Graphen für einen Punkt A der Innengrad $g^-(A)$ die Anzahl der Wege ist, die zu A hinführen (vgl. Kapitel 13).

Satz 17.1
Sei $T = T(V, E, \Psi)$ ein gerichteter Wurzelbaum mit einer Wurzel W. Dann gilt:

(i) $g^-(W) = 0$

(ii) $\forall_{A \in V, A \neq W}\ g^-(A) = 1$

(iii) Die Wurzel ist eindeutig, d. h. es gibt keine weitere Wurzel.

Beweis:
Zu (i): Angenommen, es gäbe eine gerichtete Kante, die von einem Knoten – nennen wir ihn A – zum Knoten W führt. Da es nach Definition des Wurzelbaums aber auch einen (gerichteten) Weg von W nach A geben muss, hätten wir in dem zu T zugeordneten ungerichteten Graphen G einen Zyklus im Widerspruch zu der Tatsache, dass G ein Baum ist.

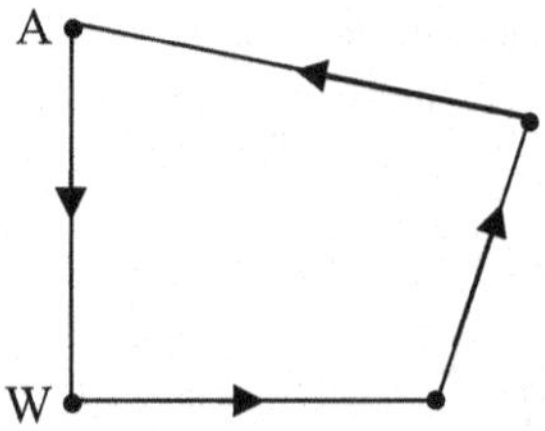

Gerichteter Graph T

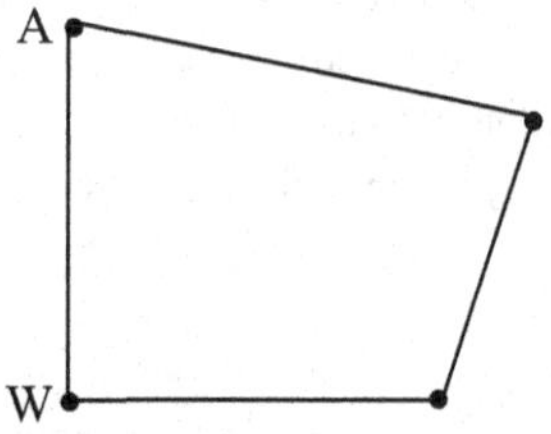

Zugeordneter ungerichteter Graph G

Zu (ii): Sei A ein beliebiger Knoten aus V, $A \neq W$. Dann folgt sofort aus der Definition des Wurzelbaums, dass $g^-(A) > 0$ ist. Wir nehmen jetzt an: $g^-(A) > 1$. Diese Situation kann auf zweierlei Art entstehen:

(i) Es gibt einen Punkt B, von dem aus zwei gerichtete Kanten zu A führen. Dann hätten wir sofort im zugeordneten ungerichteten Graphen einen Zyklus und damit einen Widerspruch.
(ii) Es gibt zwei voneinander verschiedene Punkte B_1 und B_2, von denen aus jeweils eine gerichtete Kante nach A führt. Da es nach Definition sowohl einen Weg von der Wurzel W nach B_1 als auch einen Weg von der Wurzel W nach B_2 gibt, hätten wir zwei voneinander verschiedene Wege von W nach A und damit einen Zyklus im zugeordneten ungerichteten Graphen. Wieder ergibt sich ein Widerspruch.

Es folgt: $g^-(A) = 1$.

Punkt (iii) folgt sofort aus (i) und (ii) und der ganze Satz ist damit bewiesen.
Wir können jetzt definieren:

Definition:
Es sei T = T(V, E, Ψ) ein gerichteter Wurzelbaum mit Wurzel W.
(i) Für jeden Knoten $B \in V$, $B \neq W$ heißt der eindeutig bestimmte Knoten A, für den es eine von A nach B gerichtete Kante gibt, der *Vorgänger* oder auch der *Elternknoten* von B.
(ii) Für jeden Knoten $A \in V$ heißen die Knoten B, für den es eine von A nach B gerichtete Kante gibt, *Nachfolger* oder auch *Kindknoten* von A.
(iii) Die Knoten von T, die keine Nachfolger haben, heißen (botanisch durchaus sinnvoll) die *Blätter* des Baums T.

Wen man Wurzelbäume zeichnet, zeichnet man im Allgemeinen die Wurzel zuoberst und pro darauf folgender Zeile die jeweils nächste Generation von Kindknoten. Ich nenne diese Darstellung *Wurzelgraph-Diagramm.* Betrachten Sie dazu unser obigen Beispiel 17-4 (d).

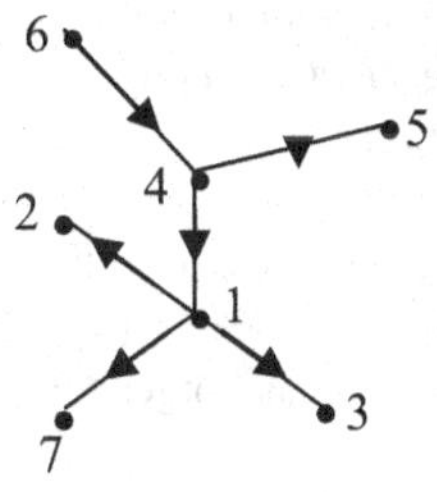

17-4 (d)

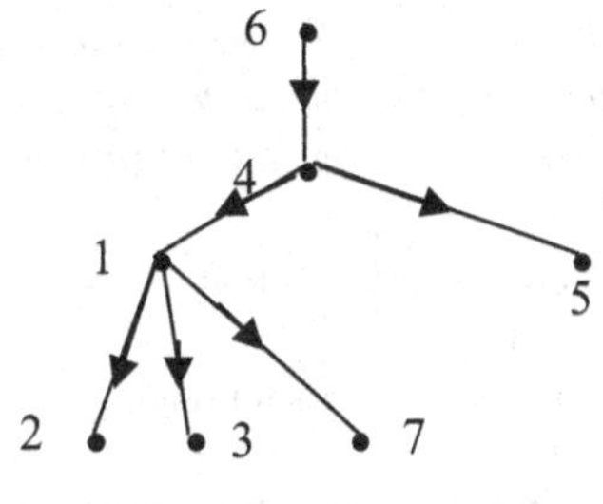

17-4 (d) im Wurzelgraph-Diagramm

Und nun versuchen Sie sich bitte vorzustellen, Sie wären ein Computer bzw. ein Computerprogramm und müssten den Weg von der Wurzel 6 zum Knoten 7 finden. Es gibt beim Knoten 6 keine Information, die Ihnen weiterhilft, denn die Nachfolgerinformation ist im Allgemeinen nicht eindeutig und zwingt Sie zum Probieren. Aber: *die Vorgängerinformation ist eindeutig*: Sie beginnen beim Knoten 7 und wissen: Wenn Sie nur oft genug zum Vorgänger gehen, müssen Sie zur Wurzel gelangen:

7 → Vorgänger(7) = 1 → Vorgänger(1) = 4 → Vorgänger(4) = 6, d. i. die Wurzel
Und der Weg dahin lautet: (7, 1, 4, 6)

Das bedeutet: In der Datenstruktur eines gerichteten Wurzelbaums sollte zur besseren Navigation auf jeden Fall für jeden Knoten der Vorgänger mit ablesbar sein. Die Informatiker sagen: der Vorgänger oder besser noch: die Adresse oder der Schlüssel des Vorgängers sollte mit gespeichert sein. Beim Wurzelknoten wäre die Information: »Es gibt keinen Vorgänger« der Hinweis: »Dies ist die Wurzel«. Wir definieren:

Definition:
Sei G = G(V, E, Ψ) ein bewerteter, einfacher, ungerichteter, zusammenhängender Graph mit nicht negativer Bewertungsfunktion $\Gamma : E \to \mathbf{R}_0^+$. Es sei A ein Knoten von G.

Ein gerichteter Wurzelbaum T mit Wurzel A heißt ein *Dijkstra-Wurzelbaum mit der Wurzel A*, falls der zugeordnete ungerichtete Baum ein *Dijkstra-Baum* von G bezüglich A ist.

Wir erhalten jetzt folgende Formulierung für unsere Erweiterung von Dijkstras Algorithmus, die es uns ermöglichen soll, die entsprechenden kürzesten Wege konkret anzugeben. Ich habe die Erweiterungen hervorgehoben.

Dijkstras Algorithmus zur Konstruktion eines Dijkstra-Wurzelbaums mit der Wurzel A in einem einfachen, zusammenhängenden, ungerichteten und bewerteten Graphen G (umgangssprachliche Formulierung):

Wähle den festen Knoten A, *setze Vorgänger(A)* = {} und beginne dort mit dem Baum T.
Solange es in G noch Punkte gibt, die nicht zu T gehören, tue das Folgende:
{
    Wähle unter allen Kanten, die einen Knoten X in T mit einem Knoten Y außerhalb von T verbinden, diejenige, für die die Länge des Weges in T von A nach X zusammen mit der Länge der Kante minimal ist. Füge diese Kante mit ihrem Knoten Y zu T hinzu. *Setze Vorgänger(Y) = X.*
}
Jetzt ist T ein *Dijkstra-Wurzelbaum* der gesuchten Art.

Folgendes Beispiel soll Ihnen diesen Algorithmus erläutern:

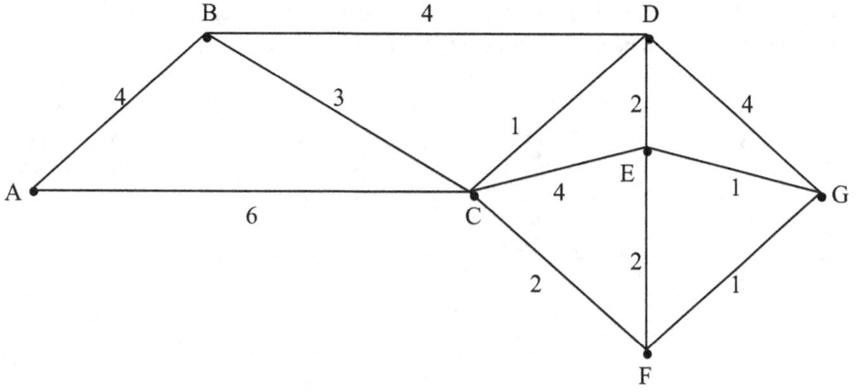

Bild 17-5: Ein bewerteter Graph

Gesucht seien kürzeste Weg von A zu den anderen Punkten des Graphen. Ich beginne mit dem Punkt A. Die Kanten von G, die nicht zu der symmetrischen Version des Dijkstra-Wurzelbaums T gehören, werden gepunktet dargestellt, die anderen Kanten dagegen verstärkt. Gleichzeitig zeichne ich auch den Dijkstra-Wurzelbaum und führe – meine spätere programmierte Lösung vorwegnehmend – eine so genannte Vorgängertabelle.

Bewerteter Graph G	**Dijkstra-Wurzelbaum**	**Vorgänger-Tabelle**	
		Pkt	**Vorg.**
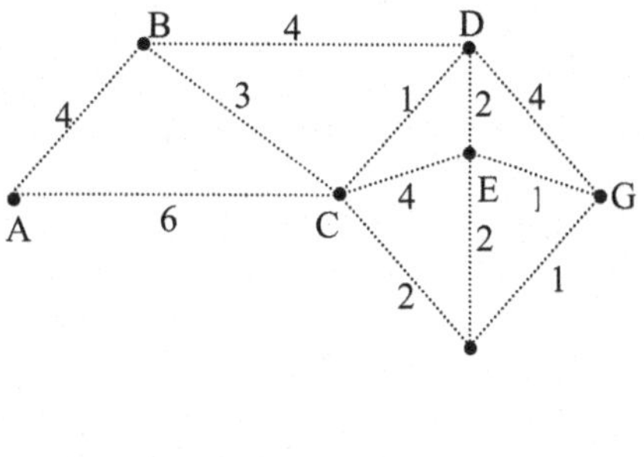	A	A	{}

1. Schritt:

$V_T = \{ A \}, E_T = \{ \}$
Mögliche Kanten, die hinzugefügt werden können:
(A, B) mit Weg von A nach B der Länge 4 $\Leftarrow$ kürzester Weg
(A, C) mit Weg von A nach C der Länge 6

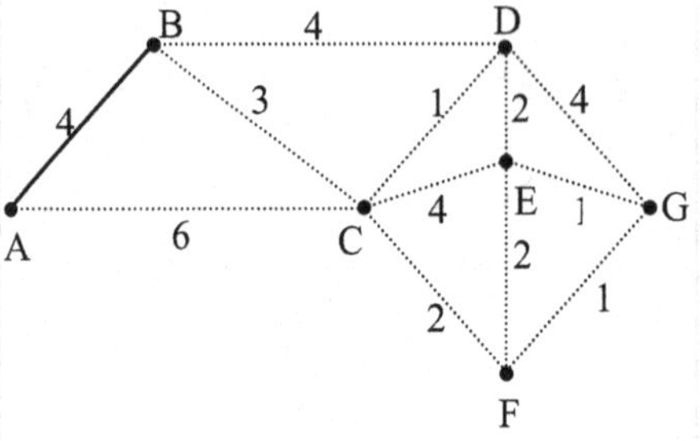

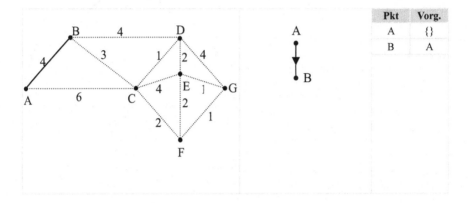

Pkt	Vorg.
A	{}
B	A

2. Schritt:

$V_T = \{ A, B \}, E_T = \{ (A, B) \}$
Mögliche Kanten, die hinzugefügt werden können:
(A, C) mit Weg von A nach C der Länge 6 $\Leftarrow$ kürzester Weg
(B, C) mit Weg von A nach C der Länge 7
(B, D) mit Weg von A nach D der Länge 8

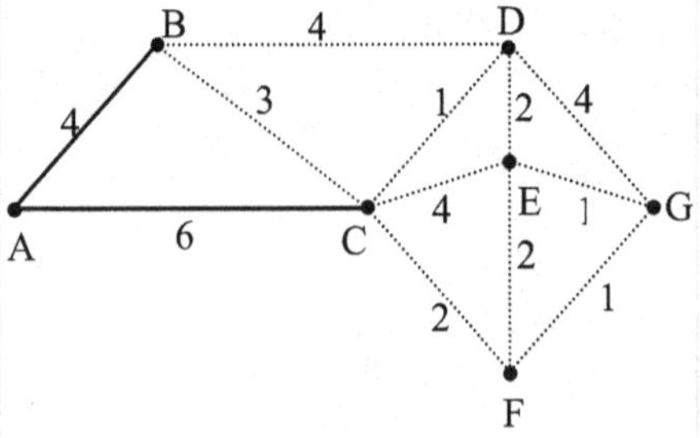

Pkt	Vorg.
A	{}
B	A
C	A

3. Schritt:

V_T = { A, B, C }, E_T = { (A, B), (A, C) }
Mögliche Kanten, die hinzugefügt werden können:
(B, D) mit Weg von A nach D der Länge 8
(C, D) mit Weg von A nach D der Länge 7 ⇐ kürzester Weg
(C, E) mit Weg von A nach E der Länge 10
(C, F) mit Weg von A nach F der Länge 8

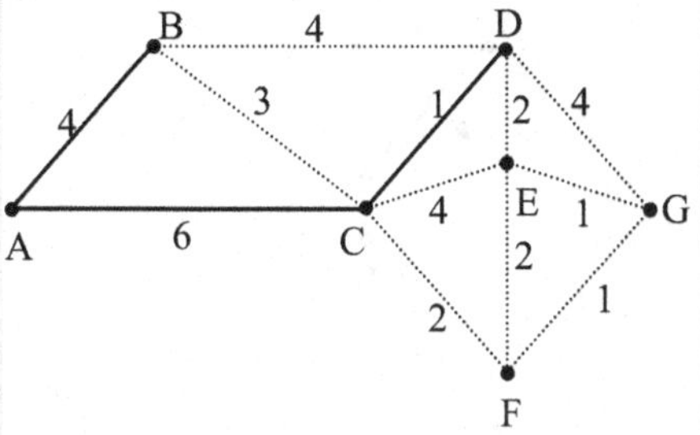

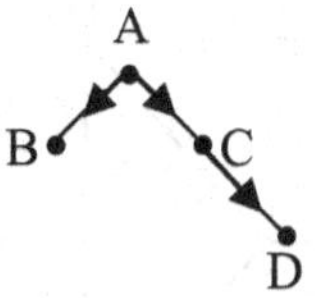

Pkt	Vorg.
A	{}
B	A
C	A
D	C

4. Schritt:

V_T = { A, B, C, D }, E_T = { (A, B), (A, C), (C, D) }
Mögliche Kanten, die hinzugefügt werden können:
(C, E) mit Weg von A nach E der Länge 10
(C, F) mit Weg von A nach F der Länge 8 ⇐ kürzester Weg
(D, E) mit Weg von A nach E der Länge 9
(D, G) mit Weg von A nach G der Länge 11

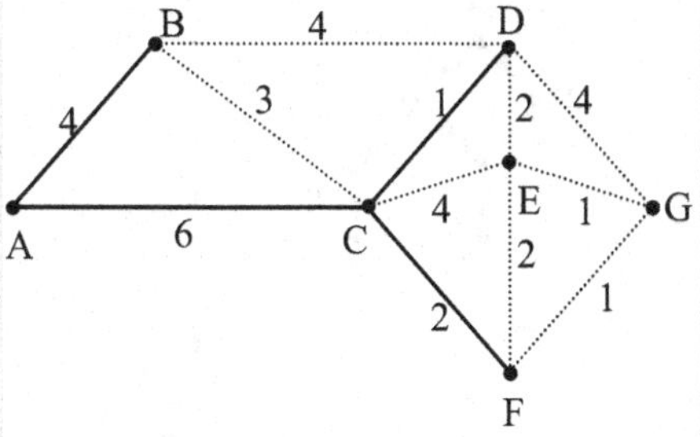

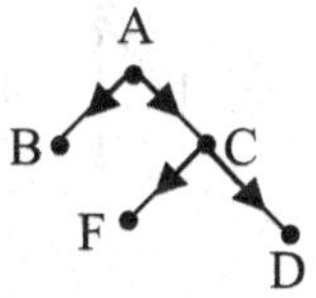

Pkt	Vorg.
A	{}
B	A
C	A
D	C
F	C

5. Schritt:

V_T = { A, B, C, D, F }, E_T = { (A, B), (A, C), (C, D), (C, F) }
Mögliche Kanten, die hinzugefügt werden können:
(C, E) mit Weg von A nach E der Länge 10
(D, E) mit Weg von A nach E der Länge 9 ⇐ kürzester Weg ⇐ gewählter Weg
(D, G) mit Weg von A nach G der Länge 11
(F, G) mit Weg von A nach G der Länge 9 ⇐ kürzester Weg

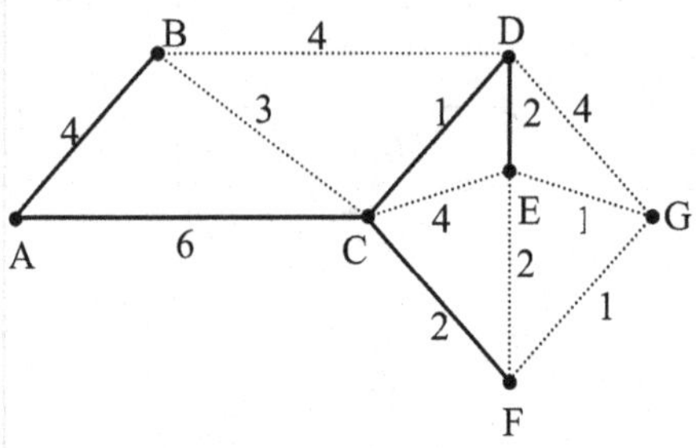

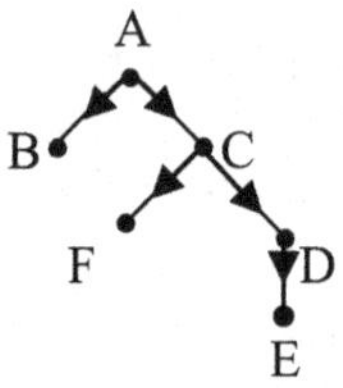

Pkt	Vorg.
A	{}
B	A
C	A
D	C
E	D
F	C

6. Schritt:

V_T = { A, B, C, D, E, F }, E_T = { (A, B), (A, C), (C, D), (C, F), (D, E) }
Mögliche Kanten, die hinzugefügt werden können:
(D, G) mit Weg von A nach G der Länge 11
(E, G) mit Weg von A nach G der Länge 10
(F, G) mit Weg von A nach G der Länge 9 ⇐ kürzester Weg

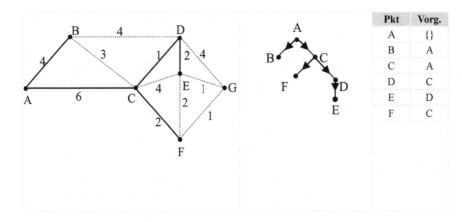

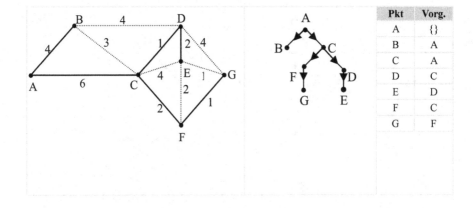

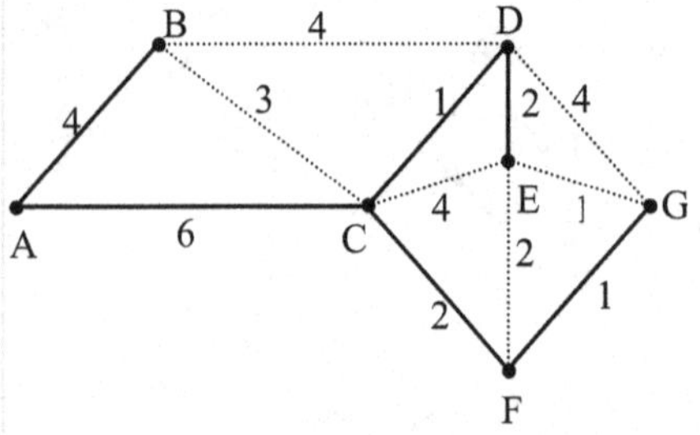

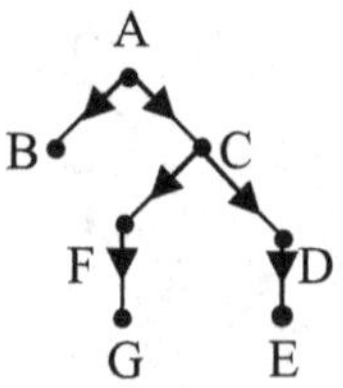

Pkt	Vorg.
A	{}
B	A
C	A
D	C
E	D
F	C
G	F

Sie sehen jetzt, dass mir bzw. meinem »blinden« Programm die Vorgängertabelle alle Informationen liefert, um den kürzesten Weg von einem beliebigen Punkt zum Punkt A, also zur Wurzel, auch wirklich anzugeben. Damit kann ich natürlich auch ebenso die umgekehrte Richtung von der Wurzel zu einem beliebigen Knoten angeben.

Beispiele:

- Den kürzesten Weg von A nach F findet man über
  F $\rightarrow$ Vorgänger(F) = C $\rightarrow$ Vorgänger(C) = A, also (A, C, F)
- Den kürzesten Weg von A nach E findet man über
  E $\rightarrow$ Vorgänger(E) = D $\rightarrow$ Vorgänger(D) = C $\rightarrow$ Vorgänger(C) = A, also (A, C, D, E)

Bitte vervollständigen Sie jetzt auch die Diskussion unseres einleitenden Beispiels in dem obigen Sinne (erstellen Sie vor allem die Vorgängertabelle), damit Sie immer die kürzesten Wege exakt angeben können.

17.4 Nur ein Beweis gibt uns Sicherheit

Bisher haben Sie mir glauben müssen, dass der Algorithmus, den ich Ihnen als Dijkstras Algorithmus präsentiert habe, auch wirklich kürzeste Wege liefert. Aber so viel Vertrauen taugt nicht als Basis für die Programmierung großer Systeme, bei denen Fehler auch noch zusätzlich viel Geld kosten können. Wir brauchen einen Beweis. Ich beginne mit einer Definition – gefolgt von der exakten Formulierung unseres Algorithmus:

Definition:
Sei G = G(V, E, Ψ) ein einfacher, bewerteter Graph mit nicht negativer Bewertungsfunktion $\Gamma : E \rightarrow \mathbf{R}_0^+$. Es seien A und B zwei Knoten von G. Dann definiert man die Entfernung $dist_G(A, B)$ von A nach B durch:

(i) $dist_G(A, B) = \min \{Länge(w) \mid w \text{ ist ein Weg von A nach B}\}$, falls es Wege von A nach B gibt.

(ii) $dist_G(A, B) = \infty$, falls es keinen Weg von A nach B gibt.

Dijkstras Algorithmus zur Konstruktion eines Dijkstra-Wurzelbaums mit der Wurzel A in einem einfachen, zusammenhängenden, ungerichteten und bewerteten Graphen G:

Es sei $G(V_G, E_G, \Psi_G)$ ein einfacher, zusammenhängender, ungerichteter und bewerteter Graph mit nicht negativer Bewertungsfunktion $\Gamma_G : E \rightarrow \mathbf{R}_0^+$.

Dijkstras Algorithmus zur Konstruktion eines Dijkstra-Wurzelbaums mit der Wurzel A in einem einfachen, zusammenhängenden, ungerichteten und bewerteten Graphen G:
((Fortsetzung))

Es sei $A \in V_G$ und es soll ein bewerteter Dijkstra-Wurzelbaum $T(V_T, E_T, \Psi_T)$ mit der Wurzel A und der Bewertungsfunktion Γ_T konstruiert werden.
Falls (X, Y) eine Kante aus T ist, soll weiterhin gelten: $\Gamma_T((X, Y)) = \Gamma_G(\{X, Y\})$.

Setze $V_T = \{ A \}$, $E_T = \{\}$. Es ist Vorgänger(A) = {}.

Solange $V_T \neq V_G$ ist, wiederhole die folgende Verarbeitungsschleife:
{
Definiere die Menge $Kandidat_T \subseteq V_T \times (V_G \setminus V_T)$ durch:
$Kandidat_T = \{ (X, Y) \in V_T \times (V_G \setminus V_T) \mid$
Es gibt eine Kante $e \in E_G$ so, dass $\Psi(e) = \{ X, Y\} \}$.

Nun wähle ein Element $(X_{Min}, Y_{Min}) \in Kandidat_T$ mit der Eigenschaft:
$dist_T(A, X_{Min}) + \Gamma_G((X_{Min}, Y_{Min})) =$
$= Min \{ dist_T(A, X) + \Gamma_G((X, Y)) \mid (X, Y) \in Kandidat_T \}$.

Setze nun $V_T = V_T \cup \{ Y_{Min} \}$, $E_T = E_T \cup \{ (X_{Min}, Y_{Min}) \}$,
$\Gamma_T((X_{Min}, Y_{Min})) = \Gamma_G(\{X_{Min}, Y_{Min}\})$.

Nun gilt: (Behauptung)

T ist ein Wurzelbaum mit Wurzel A und für jeden Punkt $X \in V_T$ ist die Länge des Wegs von A nach X in T = $dist_T(A, X) = dist_G(A, X)$.

Es ist Vorgänger(Y_{Min}) = X_{Min}.
}

Jetzt ist T ein *Dijkstra-Wurzelbaum* der gesuchten Art.

Die Schleifen des Algorithmus erlauben es uns wieder, unsere Behauptung Schritt für Schritt – besser noch: Induktionsschritt für Induktionsschritt – zu beweisen. Ich beziehe mich auf die Behauptung in der Definition des Algorithmus und formuliere als Satz:

Satz 17.2
Es sei $G(V_G, E_G, \Psi_G)$ ein einfacher, zusammenhängender, ungerichteter und bewerteter Graph mit nicht negativer Bewertungsfunktion $\Gamma_G : E \rightarrow \mathbf{R}_0^+$. Es sei $A \in V_G$.
Es sei $n \in \mathbf{N}$, $n > 1$ so, dass $| V_G | = n$ ist, d.h. G hat mindestens zwei Knoten.
Für $k \in \{1, \ldots, n-1\}$ sei $T(k)(V_{T(k)}, E_{T(k)}, \Psi_{T(k)})$ der bewertete Wurzelbaum, den man nach k Schleifendurchläufen von Dijkstras Algorithmus erhält.
Dann gilt für alle $1 \leq k \leq n-1$:
T(k) ist ein Wurzelbaum mit Wurzel A und für jeden Punkt $X \in V_{T(k)}$ ist die Länge des Wegs von A nach X in $T(k) = dist_{T(k)}(A, X) = dist_G(A, X)$.

Beweis durch vollständige Induktion über k:
Induktionsanfang:
Behauptung: Der Satz ist wahr für k = 1.
Beweis:

T(1) besitzt genau 2 Knoten. Es sei $V_{T(1)} = \{ A, X \}$.
Da von A keine Kante ausgeht, die eine kleinere Bewertung hat als die Kante zwischen A und X, gibt es in G auch keinen kürzeren Weg von A nach X als diese Kante und es gilt:

$dist_G(A, X)$ = die Länge der Kante von A nach X =
= die Länge des Wegs von A nach X in $T(1) = dist_{T(1)}(A, X)$

Induktionsvoraussetzung: Der Satz sei wahr für ein $k \in \mathbf{N}$, $1 \leq k < n-1$.
Induktionsbehauptung: Der Satz ist wahr für k + 1.
Induktionsbeweis:

Setze $Kandidat_{T(k+1)} = \{ (X, Y) \in V_{T(k)} \times (V_G \setminus V_{T(k)}) \mid$ Es gibt eine Kante $e \in E_G$ so, dass $\Psi(e) = \{ X, Y\} \}$.

Und man wähle ein Element $(X_{Min}, Y_{Min}) \in Kandidat_{T(k+1)}$ mit der Eigenschaft: $dist_{T(k)}(A, X_{Min}) + \Gamma_G((X_{Min}, Y_{Min})) =$
$= Min\{dist_{T(k)}(A, X) + \Gamma_G((X, Y)) | (X, Y) \in Kandidat_{T(k+1)}\}$.

Angenommen, es gäbe in G einen Weg ζ von A nach Y_{Min} mit der Eigenschaft:
$Länge(\zeta) < dist_{T(k)}(A, X_{Min}) + \Gamma_G((X_{Min}, Y_{Min}))$
Dann wäre $dist_{T(k+1)}(A, Y_{Min}) > dist_G(A, Y_{Min})$. Wir müssen also diese Annahme zum Widerspruch führen.
Falls man den Weg ζ von A nach Y_{Min} geht, muss ζ irgendwo T(k) verlassen. (Das kann schon beim Punkt A der Fall sein). Das heißt, es muss in ζ eine erste Kante $e_{leaving}$ mit den Eckpunkten X_{in} und Y_{out} geben, für die gilt: $X_{in} \in T(k)$ und $Y_{out} \notin T(k)$.

Es folgt:

$$dist_{T(k)}(A, X_{in}) + \Gamma_G(e_{leaving}) \leq Länge(\zeta) < dist_{T(k)}(A, X_{Min}) + \Gamma_G((X_{Min}, Y_{Min}))$$

im Widerspruch zum Konstruktionsprinzip von Dijkstras Algorithmus.

q. e. d.

Bitte beachten Sie, dass das ≤ – Zeichen in der letzten Zeile nur gilt, weil wir von unserer Bewertung verlangt haben, dass sie ausschließlich Werte in $\mathbf{R}_0^+$ annimmt. Nur dann ist sicher, dass ein Weg nicht kürzer werden kann, wenn man ihn weiter geht.

17.5 Die Programmierung von Dijkstras Algorithmus

Wir brauchen jetzt eine Klassendeklaration für einen bewerteten Graph, der als zusätzliches Attribut die Wurzel und die Vorgängertabelle (ich nenne sie `VorgaengerTable`) mitführt und der im Wesentlichen eine weitere Methode besitzt: die Methode zur Berechnung der kürzesten Wege. Ich nenne diese Klasse `CGraphDijkstra`. Sehen Sie hier die Klassendeklaration. Die Methode `DijkstraBaum()` berechnet zum Graphen der Bewertungsmatrix `ppBewertung [i] [j]` (vgl. das vorherige Kapitel) die kürzesten Wege und die Länge dieser Wege von der Wurzel zu allen Punkten des Graphen.

```
#include „graphbewertet.h"

class CGraphDijkstra : public CGraphBewertet
{
protected:
        int * m_pVorgaengerTable;
        int m_nWurzel;
/*
  Die folgende Methode berechnet zu einem Punkt
  nX im Dijkstra-Baum und einem Punkt nY außer-
  halb des Dijkstra-Baums, der mit nX über eine
  Kante e verbunden ist, die Summe aus der Länge
  des Weges von der Wurzel bis zu nX im
  Dijkstra-Baum und der Länge der Kante e.
*/
#include „graphbewertet.h"

class CGraphDijkstra : public CGraphBewertet
```

```
{
protected:
        int * m_pVorgaengerTable;
        int m_nWurzel;
/*
  Die folgende Methode berechnet zu einem Punkt
  nX im Dijkstra-Baum und einem Punkt nY außer-
  halb des Dijkstra-Baums, der mit nX über eine
  Kante e verbunden ist, die Summe aus der Länge
  des Weges von der Wurzel bis zu nX im
  Dijkstra-Baum und der Länge der Kante e.
*/
        double Laenge(int nX, int nY);
/*
  Die folgende Methode berechnet zu einem Punkt
  nX im Dijkstra-Baum die Länge des Weges von der
  Wurzel bis zu nX.
*/
        double Laenge(int nX);
public:
        CGraphDijkstra(void);
        CGraphDijkstra(const CGraphDijkstra & other);
        void operator=(const CGraphDijkstra & other);
        virtual ~CGraphDijkstra(void);
        int getWurzel();
        bool setWurzel(int nWurzel);
        bool setGraphDijkstra(int nAnzahlKnoten,
                    sBewertung * * ppBewertung, int nWurzel);
/*
  Die folgende Methode berechnet zu der
  Bewertungmatrix m_ppBewertung des Graphen und
  der Wurzel m_nWurzel für alle Punkte des
  Graphen einen kürzesten Weg von der Wurzel zu
  diesem Punkt und die Länge dieses Weges. Der
  n. Weg wird in der Matrix ppWege in der
  n. Zeile dargestellt, seine Länge findet sich
  in der Tabelle pLaenge ebenfalls in der
  n. Zeile.
*/
        bool DijkstraBaum(int * * & ppWege,
                                        double * & pLaenge);
};
```

Diese Methode DijkstraBaum() ist dann folgendermaßen programmiert:

```
        bool CGraphDijkstra::DijkstraBaum
(
            int * * & ppWege, double * & pLaenge
)
{
/*
  Diese Methode berechnet zu der Bewertungmatrix
  m_ppBewertung des Graphen und der Wurzel
  m_nWurzel für alle Punkte des Graphen einen
  kürzesten Weg von der Wurzel zu diesem Punkt
  und die Länge dieses Weges. Der n. Weg wird in
  der Matrix ppWege in der n. Zeile dargestellt,
   seine Länge findet sich in der Tabelle pLaenge
  ebenfalls in der n. Zeile.
*/
  //Zunächst gehört kein Punkt zum Baum.
  bool * pPunkteImBaum =
                              new bool [m_nAnzahlKnoten];
  for (int i = 0; i < m_nAnzahlKnoten; i++)
  {
        pPunkteImBaum[i] = false;
  }
  // Kein Punkt hat einen Vorgänger (das
  // symbolisiere ich durch -1)
  delete m_pVorgaengerTable;
  m_pVorgaengerTable = new int[m_nAnzahlKnoten];
  for (int i = 0; i < m_nAnzahlKnoten; i++)
  {
        m_pVorgaengerTable[i] = -1;
  }

  //Ich füge die Wurzel zum Dijkstra-Baum hinzu
  pPunkteImBaum[m_nWurzel] = true;
  //Ich prüfe, ob es Punkte im Graphen gibt,
  //die noch nicht zum Dijkstra-Baum gehören
  bool bAlleKnotenErreicht = true;
  for (int i = 0;
    (i < m_nAnzahlKnoten) && (bAlleKnotenErreicht); i++)
{
   if (!(pPunkteImBaum[i]))
                    bAlleKnotenErreicht = false;
   }
```

```
    //Initialisierung der Laenge-Tabelle
  bool bFound = true;
  pLaenge = new double[m_nAnzahlKnoten];
  pLaenge[m_nWurzel] = 0;

  while ((!bAlleKnotenErreicht) && bFound)
  {
    // Gesucht werden jetzt die Punkte Xmin aus
    // dem wachsenden Baum und Ymin ausserhalb
    // des wachsenden Baumes, für die die Länge
    // des Weges von der Wurzel zu Ymin minimal
    // ist
     int nXmin = -1, nYmin = -1;
     double nLaengeMinimal;

      bFound = false;
      bool bFirst = true;
      for (int i = 0; i < m_nAnzahlKnoten; i++)
      {
        if (pPunkteImBaum[i])
        {
          for (int j = 0; j < m_nAnzahlKnoten; j++)
          {
              if ((!pPunkteImBaum[j])
       && (m_ppBewertung[i][j].bAdjazent == true))
             {
              bFound = true;
             if (bFirst)
             {
                nXmin = i; nYmin = j;
                nLaengeMinimal = Laenge(i,j);
                bFirst = false;
             }
             else
             {
               if (nLaengeMinimal > Laenge(i,j))
               {
                nXmin = i; nYmin = j;
                nLaengeMinimal = Laenge(i,j);
               }
             }
          }
        }
      }
    }
```

```
        if (!bFound) continue;
        pPunkteImBaum[nYmin] = true;
        m_pVorgaengerTable[nYmin] = nXmin;
        pLaenge[nYmin] = Laenge(nYmin);

        //Wieder prüfe ich, ob es Punkte im Graphen
        //gibt, die noch nicht zum Dijkstra-Baum
        //gehören

        bAlleKnotenErreicht = true;
        for (int i = 0;
(i < m_nAnzahlKnoten) && (bAlleKnotenErreicht); i++)
        {
        if (!(pPunkteImBaum[i]))
           bAlleKnotenErreicht = false;
        }
}

if (!bAlleKnotenErreicht) return false;
//Nun muss die Wegetabelle aufgebaut werden
ppWege = new int * [m_nAnzahlKnoten];
for (int i = 0; i < m_nAnzahlKnoten; i++)
{
  int nAnzahlStationen = 1;
  int pt = i;
  while (m_pVorgaengerTable[pt] != -1)
  {
     pt = m_pVorgaengerTable[pt];
     nAnzahlStationen++;
  }
   ppWege[i] = new int[nAnzahlStationen];
   pt = i;
   for (int j = nAnzahlStationen - 1; j >= 0; j--)
  {
     ppWege[i] [j] = pt;
     pt = m_pVorgaengerTable[pt];
  }
 }
 return true;
}
```

Testen Sie mit diesem Programm unsere Beispiele 17-1 und 17-5. Benutzen Sie dieses Programm auch zur Bearbeitung bzw. zur Kontrolle von Übungsaufgaben. Wie immer finden Sie die vollständige Implementierung dieser Klasse im Netz unter der Adresse [SchuNet].

Übungsaufgaben

1. Aufgabe

Betrachten Sie folgenden bewerteten Graphen, bei dem zwischen den Knoten B und D die negative Bewertung – 4 eingetragen ist.

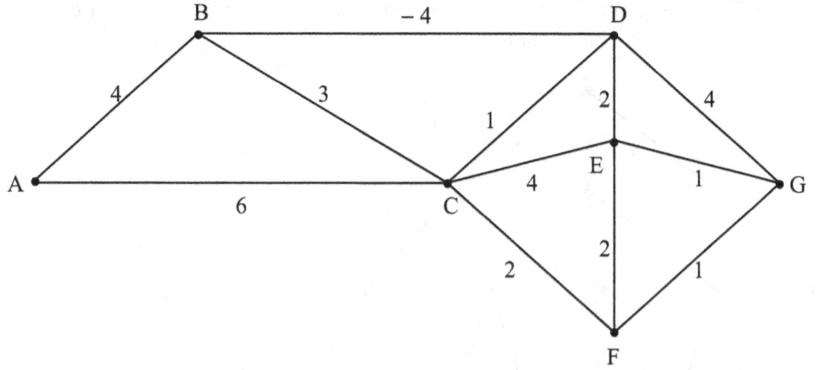

Berechnen Sie den Dijkstra-Wurzelbaum zum Punkt F. Liefert er überall die kürzesten bzw. billigsten Wege zum Punkte F?

2. Aufgabe

Sind die folgenden Behauptungen richtig oder falsch? Falls Sie der Meinung sind, dass sie richtig sind, beweisen Sie sie, andernfalls geben Sie bitte ein Gegenbeispiel:

a. Jeder gerichtete Baum ist ein Wurzelbaum
b. Ein Wurzelbaum muss nicht gerichtet sein
c. In einem Wurzelbaum kann man jeden Knoten zur Wurzel machen
d. In einem Wurzelbaum gibt es genau einen Wurzelknoten
e. Gegeben ein ungerichteter Baum T und ein beliebiger darin enthaltener Knoten A. Dann ist es stets möglich, die Kanten von T so auszurichten, dass T zu einem Wurzelbaum mit Wurzel A wird.

3. Aufgabe

Betrachten Sie die folgende tabellarische Darstellung eines Wurzelbaums:

Knoten	A	B	C	D	E	F	G	H	I	J	K	L
Vorgänger	E	F	G	L	L	{}	B	L	G	B	C	F

a. Welcher Knoten ist die Wurzel dieses Baums?
b. Welche Knoten dieses Baums sind Blätter?
c. Geben Sie den Weg von K zu F an.
d. Skizzieren Sie diesen Baum.

4. Aufgabe

Betrachten Sie die folgende Grafik eines Wurzelbaums. Grundsätzlich sind hier die Kanten von unten nach oben gerichtet.

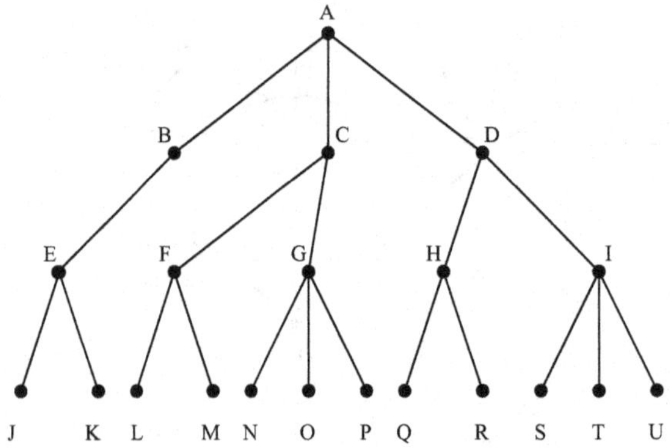

Stellen Sie diesen Wurzelbaum tabellarisch dar.

5. Aufgabe

Betrachten Sie unser Beispiel eines bewerteten Graphen aus Bild 17-5. Wir haben den Dijkstra-Wurzelbaum zum Punkt A berechnet. Berechnen Sie nun
a. den Dijkstra-Wurzelbaum zum Punkt B,
b. den Dijkstra-Wurzelbaum zum Punkt C,
c. den Dijkstra-Wurzelbaum zum Punkt D,
d. den Dijkstra-Wurzelbaum zum Punkt E,
e. den Dijkstra-Wurzelbaum zum Punkt F,
f. und den Dijkstra-Wurzelbaum zum Punkt G.

Wie viele verschiedene aufspannende Bäume von G erhalten Sie (einschließlich des Dijkstra-Wurzelbaums zum Punkt A)?

6. Aufgabe (Fortsetzung von Aufgabe 5)

Untersuchen Sie: Ist einer der aufspannenden Bäume, die Sie in Aufgabe 5 erhalten haben, minimal?[1]

---

[1] Wenn Sie Aufgabe 5 und 6 richtig beantwortet haben, kennen Sie jetzt schon mindestens 8 verschiedene aufspannende Bäume des Graphen aus Bild 17-5.

Binärbäume und rekursive Strukturen 18

Binär-Bäume spielen in der Informatik eine herausgehobene Rolle bei der Navigation in hierarchischen Strukturen, die man entsprechend modelliert. Ich hoffe, dieser Satz ist nicht zu rätselhaft, falls doch, bitte ich Sie, am Ende dieses Kapitels diesen Satz noch einmal zu lesen. Wir werden nämlich als hierarchische Struktur beliebige algebraische Ausdrücke der Art

» −4 + 14 · 5 – 10^2 · (7 – (–2) · 3) «

betrachten und uns überlegen, wie man diese Struktur, in der es offensichtlich Hierarchien gibt (beispielsweise »geht Punktrechnung vor Strichrechnung«), als Binärbaum modellieren muss, damit die Navigation (und anschließende Verarbeitung) in dieser Modellierung den Wert −1234 ergibt. *Mit 10^2 ist hier und im gesamten restlichen Kapitel immer* 10^2 *gemeint.* Dabei werden wir zum ersten Mal in der Graphentheorie fast ausschließlich mit rekursiven Strukturen, Definitionen und Algorithmen arbeiten. Auch diese Technik ist sehr wichtig, und die Binärbäume sind ein ausgezeichnetes Gebiet, um sich mit ihr vertraut zu machen.

18.1 Definitionen und Beispiele

Wie schon öfter in solchen Fällen (ich erinnere an die Definitionen der Fakultät und des Binomialkoeffizienten im dritten Kapitel) werden wir uns zwei Definitionen des Binärbaums ansehen, eine direkte und eine rekursive. Zunächst die direkte Version:

> Definition des Binärbaums (direkte Version):
>
> Ein *gerichteter Binärbaum* ist ein gerichteter Wurzelbaum, in dem jeder Knoten höchstens zwei Nachfolger hat. Zusätzlich erhält jeder Nachfolger noch das Attribut »links« oder »rechts«, um solch einen Binärbaum eindeutig graphisch darstellen zu können. Falls ein Knoten zwei Nachfolger hat, muss ein Nachfolger das Attribut »links«, der andere das Attribut »rechts« erhalten.
>
> Ein *ungerichteter Binärbaum* ist der zu einem gerichteten Binärbaum zugeordnete ungerichtete Graph.

Ehe ich Ihnen einige Beispiele gebe, möchte ich mit Ihnen für dieses Kapitel eine Verabredung treffen, die keinerlei Einschränkung bedeutet, mir aber die graphische Darstellung der verschiedenen Beispiele sehr erleichtert:

Verabredung

Für den Rest des Kapitels zeichne ich Binärbäume immer in der ungerichteten Version. Dabei ist eine Binärbaumgrafik stets von oben nach unten zu lesen:

(i) Zuoberst sieht man ausschließlich die Wurzel.

(ii) Alle weiteren Knoten sind jeweils in darunter liegenden Ebenen gezeichnet, wobei der Vorgänger eines Knotens stets genau eine Ebene höher liegt.

(iii) Der linke Nachfolger wird links, der rechte Nachfolger wird rechts von seinem Vorgänger positioniert. (Wir brauchen die Bezeichnungen »links« und »rechts« vor allem für diese Diagrammtechnik).

In Bild 18-1 sehen Sie nun 4 Beispiele für Binär-Bäume:

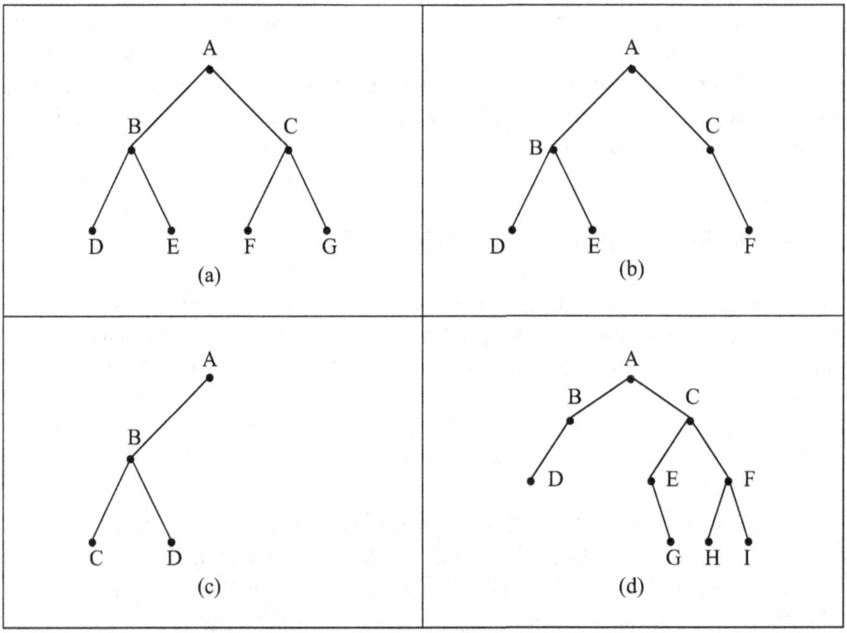

Bild 18-1: Vier Binärbäume

Ein Binärbaum kann in einer einfachen Tabelle dargestellt werden, in der für jeden Knoten seine Vorgänger und Nachfolger geführt werden. Wir können hier mit einer Tabelle arbeiten, da bei Binärbäumen die Zahl der Nachfolger bekannt und fest ist. Im allgemeinen Falle eines beliebigen gerichteten Wurzelbaumes, wie er beispielsweise zur Darstellung der Strukturen des Explorers bei Microsoft-Betriebssystemen benötigt wird und bei dem die Zahl der Nachfolger beliebig groß werden kann, muss man mit komplexeren Strukturen zur Modellierung und Navigation arbeiten.

Die Tabellen für die Beispiele 18-1 (a) , (b) , (c) und (d) sehen so aus:

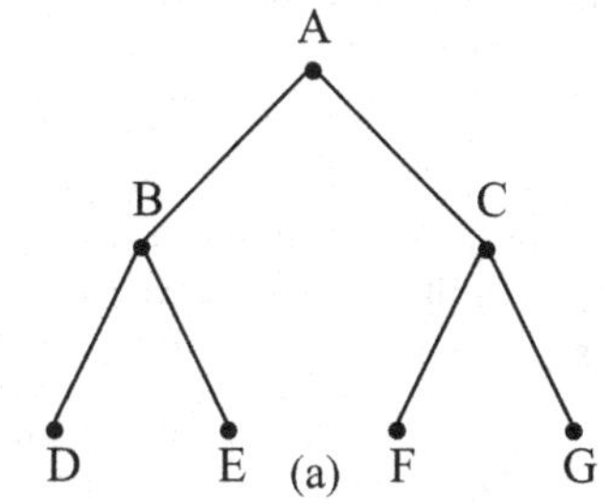

(a)

Knoten	Vorgänger	Linker Nachfolger	Rechter Nachfolger
A	{}	B	C
B	A	D	E
D	B	{}	{}
E	B	{}	{}
C	A	F	G
F	C	{}	{}
G	C	{}	{}

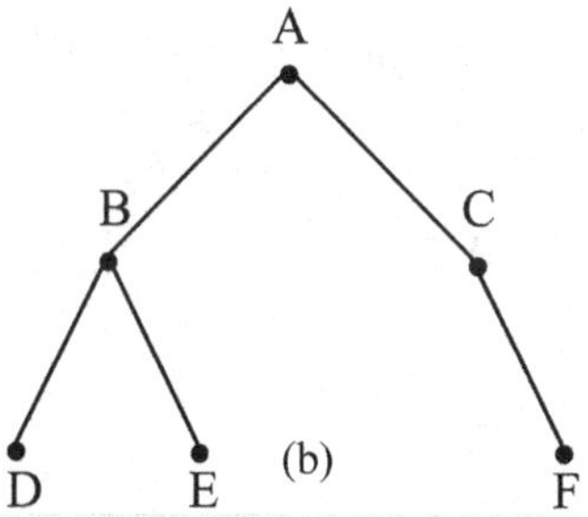

(b)

Knoten	Vorgänger	Linker Nachfolger	Rechter Nachfolger
A	{}	B	C
B	A	D	E
D	B	{}	{}
E	B	{}	{}
C	A	{}	F
F	C	{}	{}

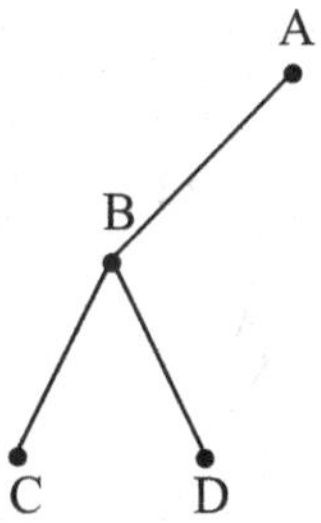

(c)

Knoten	Vorgänger	Linker Nachfolger	Rechter Nachfolger
A	{}	B	{}
B	A	C	D
C	B	{}	{}
D	B	{}	{}

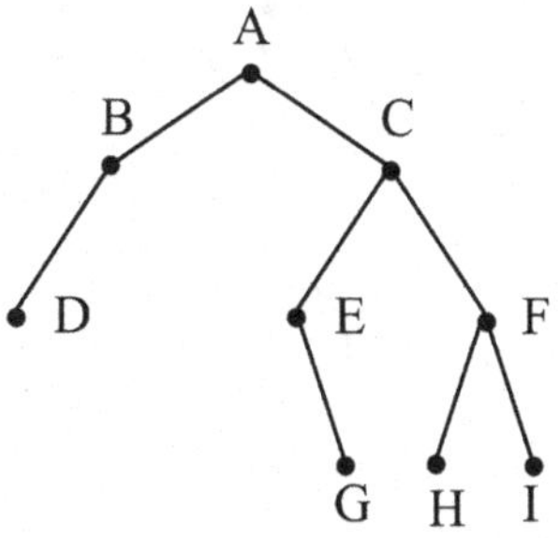

(d)

Knoten	Vorgänger	Linker Nachfolger	Rechter Nachfolger
A	{}	B	C
B	A	D	{}
D	B	{}	{}
C	A	E	F
E	C	{}	G
G	E	{}	{}
F	C	H	I
H	F	{}	{}
I	F	{}	{}

Für die versprochene rekursive Definition der Binärbäume brauche ich eine Verknüpfung zwischen einer einsamen Wurzel eines Binärbaums einerseits und einem kompletten Binärbaum andererseits. Wir definieren diese Verknüpfung etwas allgemeiner:

Definition:
Es seien $T1(V_{T1}, E_{T1}, \Psi_{T1})$ und $T2(V_{T2}, E_{T2}, \Psi_{T2})$ zwei gerichtete, disjunkte (d. h. $V_{T1} \cap V_{T2} = \{\}$) Binärbäume, A1 sei ein Knoten von T1 mit weniger als zwei Nachfolgern und W2 sei die Wurzel von T2. Dann sei der Graph

$$G(V, E, \Psi) = T1(V_{T1}, E_{T1}, \Psi_{T1})\ {}_{A1}\!\oplus_{W2}\ T2(V_{T2}, E_{T2}, \Psi_{T2})$$

durch die folgenden Eigenschaften definiert:

(i) $V = V_{T1} \cup V_{T2}$ (wobei Knotennamen gegebenenfalls indiziert werden müssen, um eindeutige Namen zu behalten.)

(ii) $\exists_{e \in E} \,(\Psi(e) = (A1, W2)) \wedge (E = E_{T1} \cup E_{T2} \cup \{e\})$

(iii) $\forall_{e \in E1} \,(\Psi(e) = \Psi1(e)$

(iv) $\forall_{e \in E2} \,(\Psi(e) = \Psi2(e)$

Beispiel:

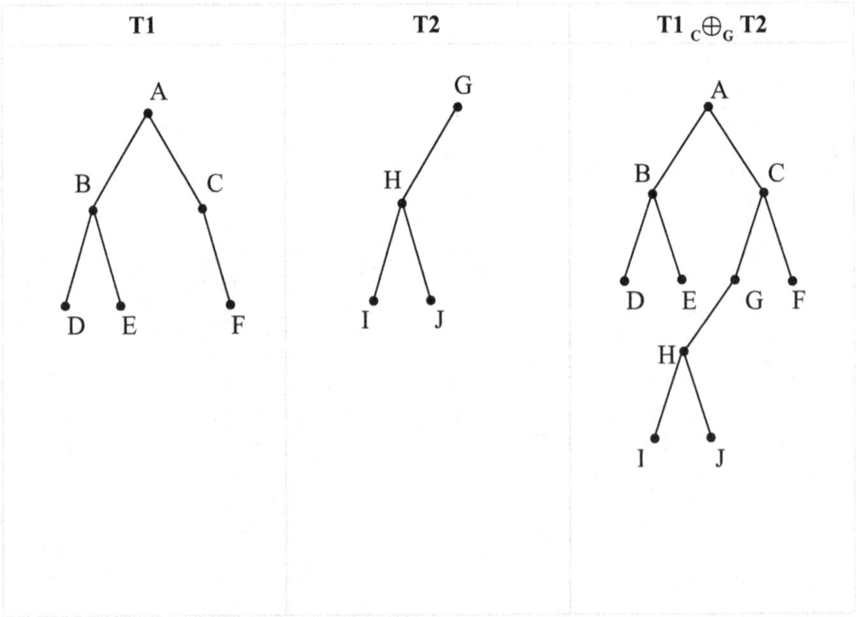

Satz 18.1
Es seien $T1(V_{T1}, E_{T1}, \Psi_{T1})$ und $T2(V_{T2}, E_{T2}, \Psi_{T2})$ zwei gerichtete Binärbäume, A1 sei ein Knoten von T1 mit weniger als zwei Nachfolgern und W2 sei die Wurzel von T2.

Dann ist der Graph

$$G(V, E, \Psi) = T1(V_{T1}, E_{T1}, \Psi_{T1})\ {}_{A1}\oplus_{W2}\ T2(V_{T2}, E_{T2}, \Psi_{T2})$$

wieder ein gerichteter Binärbaum.

Beweis:
Wegen der Disjunktheit der Knotenmengen kann es in dem zugeordneten ungerichteten Graphen keine Zyklen geben und die neu hinzugekommenen Knoten sind von der Wurzel W1 von T1 aus über die Kante von A1 nach W2 alle erreichbar. Auch die Nachfolgerzahl ist stets und überall ≤ 2. Mehr ist nicht zu zeigen.

Definition (Zusatz):
Es sei der Binärbaum

$$T(V, E, \Psi) = T1(V_{T1}, E_{T1}, \Psi_{T1})\ {}_{A1}\oplus_{W2}\ T2(V_{T2}, E_{T2}, \Psi_{T2})$$

zusammengesetzt aus den Binärbäumen T1 und T2. T2 heißt *linker binärer Teilbaum unter A1*, falls W2 ein linker Nachfolger von A1 ist.
Andernfalls heißt T2 *rechter binärer Teilbaum unter A1.*

Bemerkung: Diese Operationen sind sofort auf beliebige gerichtete Wurzelbäume verallgemeinerbar, aber wir werden sie nur für Binärbäume brauchen, darum beschränke ich mich hier auf diesen Fall.

Wir definieren einen letzten Spezialfall der Nachfolgeregelung und sind dann bereit für die rekursive Definition:

Definition:
1. Ein Graph $G(V, E, \Psi)$, für den gilt: $V = E = \{\}$ heißt *leer.*
2. Es sei $T(V_T, E_T, \Psi_T)$ ein gerichteter Binärbaum. $A \in V_T$ sei ein beliebiger Knoten von T.

   Falls A nur einen rechten Nachfolger hat, sagt man auch: *Der linke Teilbaum unter A ist leer.*
   Falls A nur einen linken Nachfolger hat, sagt man auch: *Der rechte Teilbaum unter A ist leer.*
   Falls A ein Blatt ist, sagt man auch: *Sowohl der rechte als auch der linke Teilbaum unter A ist leer.*

Erst jetzt können wir definieren:

Definition des Binärbaums (rekursive Version):
Ein *gerichteter Binärbaum mit endlich vielen Knoten* ist entweder leer oder er besteht aus einer Wurzel W und zwei disjunkten gerichteten Binärbäumen, dem linken Teilbaum unter der Wurzel W und dem rechten Teilbaum unter der Wurzel W.
Ein *ungerichteter Binärbaum* ist der einem gerichteten Binärbaum zugeordnete ungerichtete Graph.

Bei dieser Definition habe ich die Anforderung, dass wir uns nur mit Graphen mit endlich vielen Knoten und Kanten beschäftigen wollen, explizit mit hinein geschrieben, um in unseren rekursiven Algorithmen die gefürchteten Endlosschleifen zu vermeiden. Sie werden bald sehen: unsere Vorarbeit wird sich – insbesondere bei der Programmierung von Algorithmen – außerordentlich lohnen. Ich zeige Ihnen einmal, wie eine solche Definition bei einem konkreten Graph überprüft wird. Ich nehme dazu unser Beispiel 18-1(b).

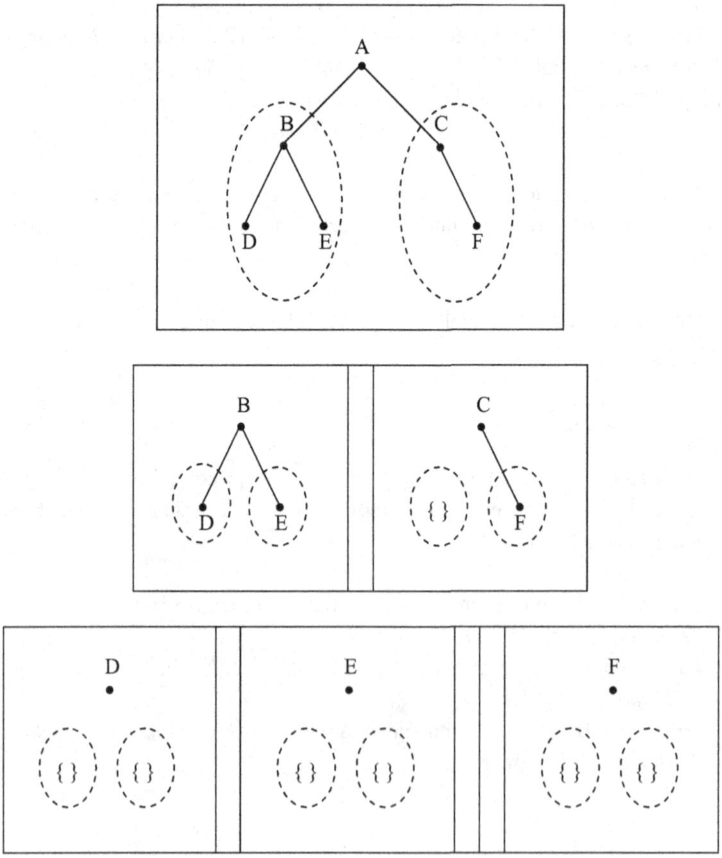

Sie sehen, ich muss alle »Linien der Nachkommenschaft« bis zu den leeren Mengen verfolgen. Falls ich auf dem Weg dorthin

- einmal keine vom Knoten zum Nachfolger gerichtete Kante antreffe oder
- ein Knoten mehr als zwei Nachfolger hat oder
- ein Knoten (mit Ausnahme der leeren Menge) mehr als einmal als Nachfolger auftritt (in solch einem Fall wäre der Graph nicht zyklenfrei),

genau dann weiß ich, der untersuchte Graph ist kein Binärbaum.

Ehe wir nun untersuchen, wie man solche Strukturen derart durchlaufen kann – wie man derart in ihnen navigieren kann – , dass auf möglichst effektive Weise jeder Knoten erreicht wird, möchte ich unsere rekursive Definition als Grundlage für einen Klassenentwurf in C++ nehmen, der es uns erlaubt, alle in diesem Kapitel besprochenen Algorithmen komfortabel zu implementieren.

18.2 Ein Klassenentwurf für einen Binärbaum

Unser erster Entwurf für eine Binärbaumklasse sieht als Knoteninhalt zunächst nichts weiter als einen Namen vor. Das wird sich später ändern.

Wir erhalten:

```
class CBinaerbaum
{
private:
        CBinaerbaum * m_pVorgaenger;
        char * m_szName;
        CBinaerbaum * m_pNachfolgerLinks;
        CBinaerbaum * m_pNachfolgerRechts;
        . . .
public:
        CBinaerbaum(void);
        ~CBinaerbaum(void);
        . . .
};
```

Ich finde es wirklich beeindruckend, wie man mit Hilfe einer derart einfachen rekursiven Struktur beliebig große und komplizierte Binärbaume abbilden und verarbeiten kann. Um die Mächtigkeit dieser rekursiven Strukturen noch ein wenig deutlicher zu machen, werde ich jetzt Methoden zum Erfassen und zur Ausgabe auf dem Bildschirm hinzufügen.

Das Erfassen des Binärbaums wird folgendermaßen vonstatten gehen:
1. Definiere die Kante von dem Knoten zum etwaigen Vorgänger.
2. Erfasse den Knoteninhalt (d.i. bei uns der Name).
3. Erfasse den linken Teilbaum mit diesem Vorgehen.
4. Erfasse den rechten Teilbaum mit diesem Vorgehen.

Zumindest von der Beschreibung her (und von der Programmierung her – das sehen Sie gleich) ist das mit Abstand der bisher einfachste Algorithmus in dem ganzen Buch.

In der Programmierung muss diese Methode die Adresse des Knotens übergeben bekommen, von dem aus sie aufgerufen wird, um die korrekte Vorgängeradresse einsetzen zu können. Falls diese Methode das erste Mal aufgerufen wird, ist die Vorgängeradresse = NULL – die »oberste« Wurzel hat keinen Vorgänger.

```
void CBinaerbaum::erfassen
(
        CBinaerbaum * pVorgaenger
)
{
        //Ich setze den Vorgaengerzeiger
        m_pVorgaenger = pVorgaenger;

        // Zunächst erfasse ich den Knotennamen
        readName();

        // Jetzt frage ich, ob ein linker Nachfolge-
        // baum zugefügt werden soll und fuege ihn
        // gegebenenfalls zu
        setNachfolgerLinks();

        // Jetzt frage ich, ob ein rechter Nachfolge-
        // baum zugefügt werden soll und fuege ihn
        // gegebenenfalls zu
        setNachfolgerRechts();
}
```

Dabei finden in `readName()` lediglich das Einlesen des Knotennamens und seine Speicherung auf m_szName statt.

Dagegen sind die Methoden `setNachfolgerLinks()` und `setNachfolgerLinks()` etwas interessanter. Ich zeige Ihnen `setNachfolgerLinks()`.

In dieser Methode wird erst gefragt, ob noch ein weiterer (linker) Baum eingefügt werden soll. Falls ja, wird an den Zeiger `m_pNachfolgerLinks` Platz für ein neues

Binärbaumobjekt allokiert und unsere »alte« Methode **erfassen()** wird für dieses neue Binärbaumobjekt aufgerufen. Dabei wird die aktuelle Adresse als Vorgängeradresse übergeben.

Das ist alles.

```
void CBinaerbaum::setNachfolgerLinks()
{
        char szAnswer[100];
        // Jetzt frage ich, ob ein linker Nachfolge-
        // baum zugefügt werden soll und fuege ihn
        // gegebenenfalls zu
        cout    << „\nSoll ein linker Nachfolger zu „
                << m_szName << „ zugefuegt werden? „;
        do
        {
        cout << „(J/N) „; cin >> szAnswer;
        cin.get();
        if (szAnswer[0] > 'N')
                szAnswer[0] = szAnswer[0] - ('n' - 'N');
        }
        while (strcmp(„J",szAnswer) &&
                                        strcmp(„N",szAnswer));

        if (strcmp(„J",szAnswer) == 0)
        {
        m_pNachfolgerLinks = new CBinaerbaum;
        m_pNachfolgerLinks->erfassen(this);
        }
}
```

Die Verarbeitung für den rechten Nachfolgebaum ist ganz entsprechend.

Wenn wir jetzt ein kurzes Hauptprogramm der Art

```
CBinaerbaum Binaerbaum;
        Binaerbaum.erfassen(NULL);
```

schreiben und damit unser Beispiel 18-1(b) erfassen wollen, dann werden wir folgenden »Dialog« mit der Konsole haben: (Ich hebe die Knotennamen fett hervor, um die Eingabeprozedur etwas klarer zu machen) .

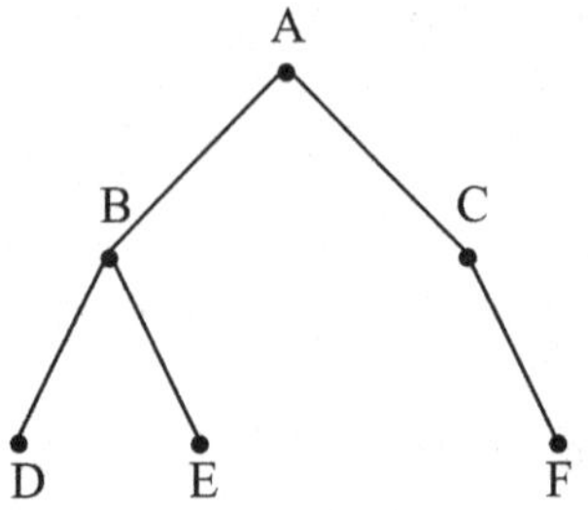

Bild 18-1 (b)

- Name der Wurzel? **A**
- Soll ein linker Nachfolger zu **A** zugefügt werden? (J/N) J
- Name des Knotens? **B**
- Soll ein linker Nachfolger zu **B** zugefügt werden? (J/N) J
- Name des Knotens? **D**
- Soll ein linker Nachfolger zu **D** zugefügt werden? (J/N) N
- Soll ein rechter Nachfolger zu **D** zugefügt werden? (J/N) N
- Soll ein rechter Nachfolger zu **B** zugefügt werden? (J/N) J
- Name des Knotens? **E**
- Soll ein linker Nachfolger zu **E** zugefügt werden? (J/N) N
- Soll ein rechter Nachfolger zu **E** zugefügt werden? (J/N) N
- Soll ein rechter Nachfolger zu **A** zugefügt werden? (J/N) J
- Name des Knotens? **C**
- Soll ein linker Nachfolger zu **C** zugefügt werden? (J/N) N
- Soll ein rechter Nachfolger zu **C** zugefügt werden? (J/N) J
- Name des Knotens? **F**
- Soll ein linker Nachfolger zu **F** zugefügt werden? (J/N) N
- Soll ein rechter Nachfolger zu **F** zugefügt werden? (J/N) N

Ich verarbeite die Knoten also in der Reihenfolge: A, B, D, E, C, F. Wir werden dieser Reihenfolge im nächsten Paragraphen einen Namen geben, jetzt möchte ich erstmal mit Ihnen eine Ausgabemethode für meinen Binärbaum erarbeiten, die die Knoten in derselben Reihenfolge durchläuft und ihre Namen ausgibt.

Diese Ausgabe des Binärbaums wird folgendermaßen vonstatten gehen:

1. Verarbeite den Knoteninhalt (das bedeutet bei uns: Gib den Namen aus).
2. Gib den linken Teilbaum mit diesem Vorgehen aus.
3. Gib den rechten Teilbaum mit diesem Vorgehen aus.

Dieser Algorithmus ist sogar noch leichter zu beschreiben und zu programmieren als der vorherige. Die Programmierung sieht folgendermaßen aus:

```
void CBinaerbaum::ausgabe()
{
        // Ich gebe den Knotennamen aus
        writeName();

        // Falls ein linker Nachfolgebaum exisitiert
        // wird dieser ausgegeben
        if (m_pNachfolgerLinks != NULL)
        {
                cout << „, „;
                m_pNachfolgerLinks->ausgabe();
        }

        // Falls ein rechter Nachfolgebaum exisitiert
        // wird dieser ausgegeben
        if (m_pNachfolgerRechts != NULL)
        {
                cout << „, „;
                m_pNachfolgerRechts->ausgabe();
        }
}
```

Und in `writeName()` steht lediglich: `cout << m_szName;`
Wenn wir nun unser Hauptprogramm erweitern zu:

```
        CBinaerbaum Binaerbaum;
        Binaerbaum.erfassen(NULL);
        cout <<"\nSie haben folgenden Binaerbaum „ <<
                                          „erfasst:\n";
        Binaerbaum.ausgabe();
        cin.get();
```

Dann erhalten wir die Knoten des Binärbaums in genau derselben Reihenfolge ausgegeben, in der wir sie auch eingelesen haben. Das bedeutet für das Beispiel 18-1(b), dass wir die Ausgabe

A, B, D, E, C, F

erhalten.

Testen Sie unser Programm mit allen Binärbaumbeispielen dieses Kapitels. Wir haben jetzt, ohne genauer darauf hin zu weisen, schon eine Art kennen gelernt, wie man Binärbäume durchsuchen kann. Es gibt noch mehrere andere und wir werden drei davon im nächsten Paragraphen besprechen.

18.3 Drei Algorithmen zum Navigieren in einem Binärbaum

Das erste Verfahren zum Navigieren in einem Binärbaum heißt *Preorder-Navigation* und ist folgendermaßen rekursiv definiert:

> Definition:
> Das *Preorder-Verfahren* zur Navigation in einem Binärbaum ist folgendermaßen definiert:
> 1. Suche die Wurzel auf.
> 2. Falls es einen linken Teilbaum gibt, verarbeite diesen mit dem Preorder-Verfahren.
> 3. Falls es einen rechten Teilbaum gibt, verarbeite diesen mit dem Preorder-Verfahren.

Dieses Verfahren ist offensichtlich eng an die rekursive Definition des Binärbaums angelehnt. Es heißt *Preorder*, weil hier die Wurzel an erster Stelle verarbeitet wird, d.h. die Wurzel kommt vorher dran. Und das englische Wort für »vorher dran« ist »preorder«. Unsere beiden Verfahren im letzten Abschnitt – das Einlesen und die Ausgabe – waren beide in dieser Preorder-Logik programmiert. Ich möchte die Ausgabe noch auf verschiedene andere Arten programmieren und nehme deshalb die folgende Umbenennung vor: aus `ausgabe()` mache ich `ausgabePreorder()`

Das zweite Verfahren zum Navigieren in einem Binärbaum heißt *Inorder-Navigation* und ist folgendermaßen rekursiv definiert:

> Definition:
> Das *Inorder-Verfahren* zur Navigation in einem Binärbaum ist folgendermaßen definiert:
> 1. Falls es einen linken Teilbaum gibt, verarbeite diesen mit dem Inorder-Verfahren.
> 2. Suche die Wurzel auf.
> 3. Falls es einen rechten Teilbaum gibt, verarbeite diesen mit dem Inorder-Verfahren.

Dieses Verfahren heißt *Inorder*, weil hier die Wurzel innerhalb der Verarbeitungskette steht. Ich deklariere und definiere jetzt die Klassenmethode `ausgabeInorder()`:

```
void CBinaerbaum::ausgabeInorder()
{
        // Falls ein linker Nachfolgebaum existiert
        // wird dieser ausgegeben
        if (m_pNachfolgerLinks != NULL)
        {
                m_pNachfolgerLinks->ausgabeInorder();
        }

        // Ich gebe den Knotennamen aus
        writeName();
        cout << „,  „;

        // Falls ein rechter Nachfolgebaum existiert
        // wird dieser ausgegeben
        if (m_pNachfolgerRechts != NULL)
        {
                m_pNachfolgerRechts->ausgabeInorder();
        }
}
```

Ich ändere jetzt unser kleines Hauptprogramm folgendermaßen um:

```
        CBinaerbaum Binaerbaum;
        Binaerbaum.erfassen(NULL);
        cout <<"\nSie haben folgenden Binaerbaum „
                                    << „erfasst:\n";
        cout <<"\nIn Preorder-Sortierung „;
        Binaerbaum.ausgabePreorder();
        cout <<"\nIn Inorder-Sortierung „;
        Binaerbaum.ausgabeInorder();
```

Dann erhalten wir für das Beispiel 18-1(b) die folgende Ausgabe:
In Preorder-Sortierung: A, B, D, E, C, F
In Inorder-Sortierung: D, B, E, A, C, F

Wenn Sie das mit dem Bild des Graphen vergleichen, werden Sie feststellen, dass bei der Inorder-Sortierung konsequent bei jedem (Teil)-Baum erst der (weitere) Teilbaum links der Wurzel, dann die Wurzel und dann der rechte Teilbaum verarbeitet wurde. Testen Sie auch dieses Programm mit allen Binärbäumen aus diesem Kapitel.

Das dritte Verfahren zum Navigieren in einem Binärbaum heißt *Postorder-Navigation* und ist folgendermaßen rekursiv definiert:

> Definition:
> Das *Postorder-Verfahren* zur Navigation in einem Binärbaum ist folgendermaßen definiert:
> 1. Falls es einen linken Teilbaum gibt, verarbeite diesen mit dem Postorder-Verfahren.
> 2. Falls es einen rechten Teilbaum gibt, verarbeite diesen mit dem Postorder-Verfahren.
> 3. Suche die Wurzel auf.

Dieses Verfahren heißt *Postorder*, weil hier die Wurzel nach allen anderen Bestandteilen des Baums verarbeitet wird. Und »post« bedeutet »hinter, nach«. Ich deklariere und definiere jetzt die Klassenmethode `ausgabePostorder()`, die folgendermaßen aussieht:

```
void CBinaerbaum::ausgabePostorder()
{

        // Falls ein linker Nachfolgebaum exisitiert
        // wird dieser ausgegeben
        if (m_pNachfolgerLinks != NULL)
        {
                m_pNachfolgerLinks->ausgabePostorder();
        }

        // Falls ein rechter Nachfolgebaum exisitiert
        // wird dieser ausgegeben
        if (m_pNachfolgerRechts != NULL)
        {
                m_pNachfolgerRechts->ausgabePostorder();
        }

        // Ich gebe den Knotennamen aus
        writeName();
        if (m_pVorgaenger != NULL) cout << „,  „;
}
```

Ich ändere jetzt unser kleines Hauptprogramm noch einmal um:

```
CBinaerbaum Binaerbaum;
Binaerbaum.erfassen(NULL);
cout <<"\nSie haben folgenden Binaerbaum „
                                    << „erfasst:\n";
cout <<"\nIn Preorder-Sortierung „;
Binaerbaum.ausgabePreorder();
cout <<"\nIn Inorder-Sortierung „;
Binaerbaum.ausgabeInorder();
cout <<"\nIn Postorder-Sortierung „;
Binaerbaum.ausgabePostorder();
```

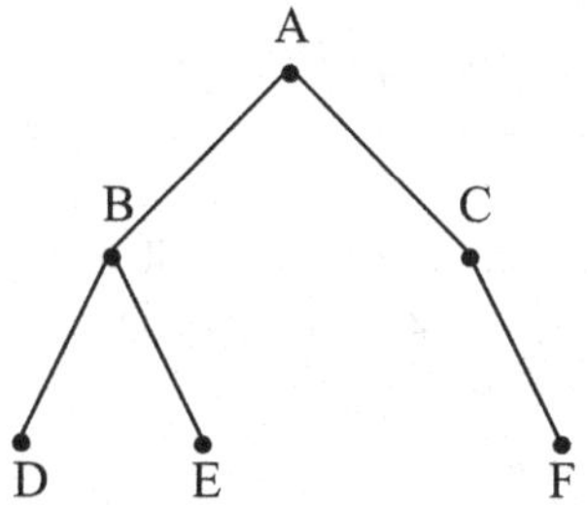

Bild 18-1 (b)

Dann erhalten wir für das Beispiel 18-1(b) die folgende Ausgabe:
In Preorder-Sortierung: A, B, D, E, C, F
In Inorder-Sortierung: D, B, E, A, C, F
In Postorder-Sortierung: D, E, B, F, C, A
Wenn Sie das mit dem Bild des Graphen vergleichen, können Sie noch einmal genau verfolgen, wie die einzelnen Verfahren die Knoten eines Binärbaums in unterschiedlicher Reihenfolge aufsuchen.
Testen Sie so viel wie möglich und überprüfen Sie, ob die vom Rechner gelieferten Ergebnisse mit den von Ihnen erwarteten Resultaten übereinstimmen.

18.4 Ein Parserbaum für mathematische Formeln

»to parse« bedeutet im Englischen »(grammatikalisch) zerlegen, analysieren, (zer)gliedern« und mit einem *Parser* bezeichnet man üblicherweise ein Programm, das in der Lage ist, eine beliebige Eingabe so zu zerlegen und umzuwandeln, dass sie für die gewünschten Zwecke weiter verarbeitet werden kann. Oft arbeitet solch ein Programm so, dass ein Text in eine neue Struktur übersetzt wird und für diese Strukturen werden oft Bäume gewählt, die die Hierarchien zwischen den einzelnen Textelementen darstellen. Solch einen Baum nennt man *Syntaxbaum* oder auch *Parserbaum*. Diese Techniken spielen in der theoretischen Informatik, beim Compilerbau, bei der Analyse von HTML-Code und bei vielen anderen Gelegenheiten eine wichtige Rolle. Unser Beispiel für diese Technik sieht folgendermaßen aus:

Wir wollen einen Algorithmus finden, der Ausdrücke der Art

» −4 + 14 · 5 − 10^2 · (7 − (−2) · 3) «

so analysieren und strukturieren kann, dass eine geeignete Auswertung dieser Struktur das richtige mathematische Endergebnis (in diesem Fall −1234) liefert. Und wir werden das natürlich auch programmieren. Dabei wird ein Binärbaum – unser *Parserbaum* – der mit Preorder-Logik aufgebaut, durchsucht und verarbeitet wird, eine entscheidende Rolle spielen. Zunächst will ich mit Ihnen solch einen Parserbaum konstruieren:

Ich beginne mit den erlaubten Zeichen, die in einem solchen Textsegment vorkommen dürfen:

1. Zahlen
   - Ziffern: '0', '1', '2', '3', '4', '5', '6', '7', '8', '9'
   - Komma: ','
2. Rechenzeichen
   - Symbole: '+', '−' (Achtung: Auch das negative Vorzeichen gilt hier als Rechenzeichen, es wird nicht als zur Zahl gehörig betrachtet), '·' (Achtung: Das wird '*' bei der Programmierung), '/', '^'
3. Klammern
   - Symbole: '(',')'
4. Leerzeichen
   - Symbole: ' '

Zuallererst entferne ich alle Leerzeichen aus meinem Text:

> *Algorithmus zur Konstruktion eines Parserbaums für einen mathematischen Formeltext: (Under Construction)*
>
> Es sei *Text* der mathematische Formeltext.
> 1. Entferne alle Leerzeichen aus *Text* .

Unser Beispiel sieht dann so aus:
» −4+14·5−10^2·(7−(−2)·3) «

Jetzt können wir daran gehen, unseren Parserbaum aufzubauen. Wir arbeiten mit der Preorder-Logik, d. h. wir besetzen zuerst die Wurzel. Grundsätzlich kann ein Knoten genau eine von zwei möglichen Informationen beinhalten:

(i) Ein Rechenzeichen
(ii) Eine Zahl

Solange es in dem untersuchten Text noch Rechenzeichen gibt, wird eins dieser Rechenzeichen im Knoten gespeichert. Aber welches? Dazu müssen wir uns das Folgende überlegen:

- Alle unsere Rechenzeichen haben eine Prioritätsstufe, der zufolge die Ausdrücke, die zu so einem Rechenzeichen dazugehören, ausgerechnet werden müssen. *Je niedriger die Prioritätsstufe eines Rechenzeichens ist, desto umfangreicher sind die Ausdrücke, die von dem Rechenzeichen verarbeitet werden.* In dem Ausdruck

  $$4 + 3 \cdot 7$$

  werden von dem Multiplikationszeichen, das nach der Regel »Punktrechnung geht vor Strichrechnung« eine höhere Priorität hat als das Pluszeichen, nur die Zahlen 3 und 7 verarbeitet. Von dem Pluszeichen hingegen wird die Zahl 4 einerseits und der Ausdruck $3 \cdot 7$ andererseits verarbeitet. Wenn wir also einen Baum

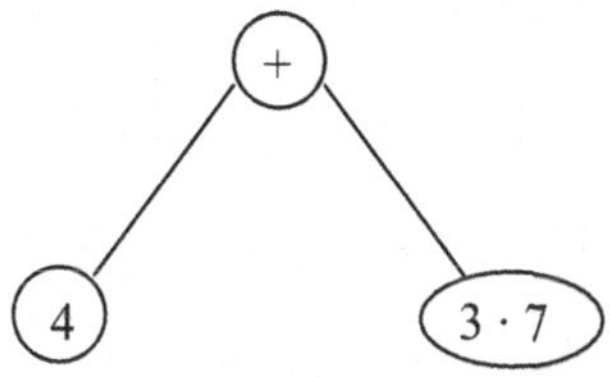

  aufbauen und sagen, dass die Wurzeloperation die Ergebnisse der beiden Teilbäume verknüpfen soll, erhalten wir das gewünschte Ergebnis 25. Der Baum

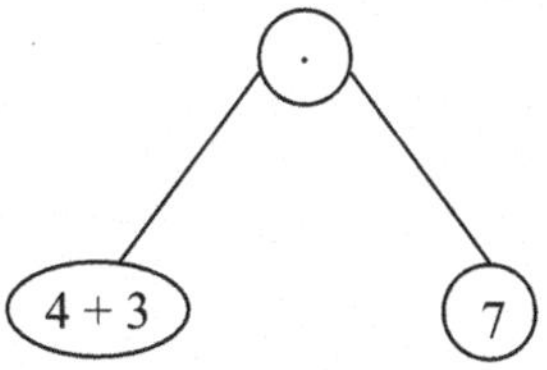

  dagegen liefert, wenn wir wieder die Wurzeloperation die Ergebnisse der beiden Teilbäume verknüpfen lassen, das offensichtlich falsche Ergebnis 49.

Das führt uns zu folgendem Regelvorschlag:
Solange noch Rechenzeichen im Text vorkommen, setze man die Rechenoperation mit der geringsten Prioritätsstufe in den Knoten und erstelle aus dem Text links von diesem Rechenzeichen den linken Teilbaum und dem Text rechts von diesem Rechenzeichen den rechten Teilbaum. Wir definieren:

- Prioritätsstufe('+') = 0
- Prioritätsstufe('–') = 1
- Prioritätsstufe('·') = 2
- Prioritätsstufe('/') = 3
- Prioritätsstufe('^') = 4

Dabei zeigt das Beispiel

$$3 - 2 - 1$$

dass man bei mehreren Rechenzeichen der gleichen Prioritätsstufe immer das letzte vorkommende Rechenzeichen zuerst wählen sollte, denn

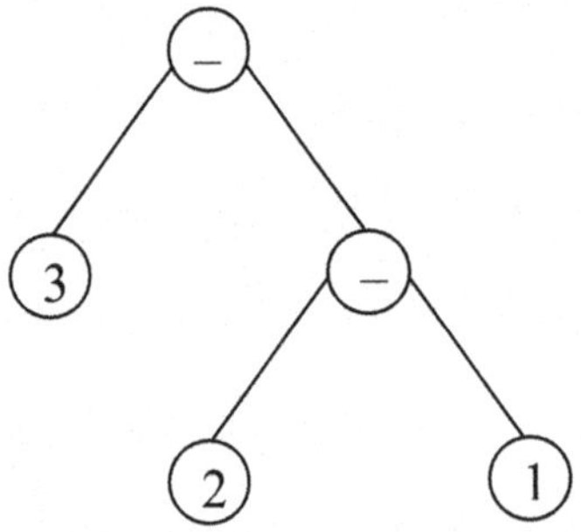

*(Hier wurde zunächst das **erste** Minuszeichen gewählt)*

liefert das falsche Ergebnis $3 - (2 - 1) = 2 \neq 0 = 3 - 2 - 1$, während

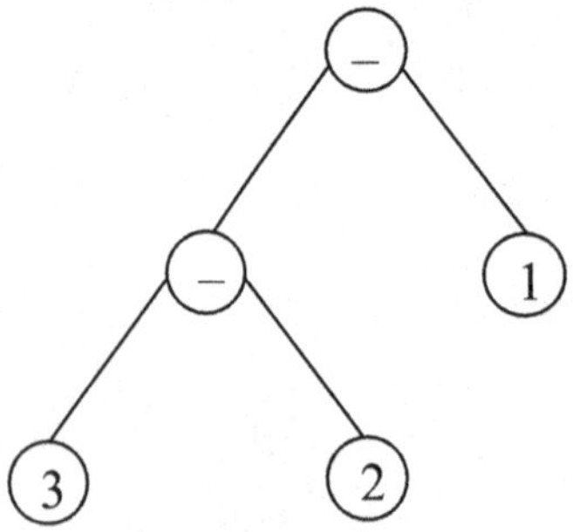

*(Hier wurde zunächst das **zweite** Minuszeichen gewählt)*

das richtige Ergebnis $(3 - 2) - 1 = 0$ liefert.

- Wenn es so einfach wäre! Wie Sie wissen, ändern Klammern die Prioritätsstufen von Rechenoperationen. Wir müssen uns also mit ihnen befassen. Zunächst müssen wir bei der Untersuchung jedes Textsegments überprüfen, dass genau so viele Klammern aufgemacht werden wie zugemacht werden. Als nächstes werden wir alle Klammerpaare, die das gesamte Textsegment einschließen, entfernen. Wir machen also aus:

  $$((3 \cdot (4 + 7)))$$

  den Ausdruck

  $$3 \cdot (4 + 7)$$

  Und wir können unseren obigen Regelvorschlag dahingehend präzisieren, dass wir sagen: als Kandidaten für die Wurzel kommen nur solche Rechenzeichen in Frage, die *nicht* innerhalb von Klammern stehen. Nur Geduld, wir werden gleich alles zusammenfassend formulieren.

- Es bleibt noch ein Drittes: Wir müssen Minuszeichen als Vorzeichen zulassen. (Bei Pluszeichen bin ich faul und verbiete sie einfach als Vorzeichen.) Wir können also bei Minuszeichen in der Situation sein, dass sie ganz am Anfang eines Textes stehen und wir zu diesem Operationszeichen zunächst einmal keinen linken Teilbaum haben. In solchen Situationen definiere ich als linken Teilbaum die Zahl 0. Das heißt, ich mache beispielsweise aus:

  $$-4 \cdot (-7)$$

  den Ausdruck

  $$0 - 4 \cdot (-7)$$

  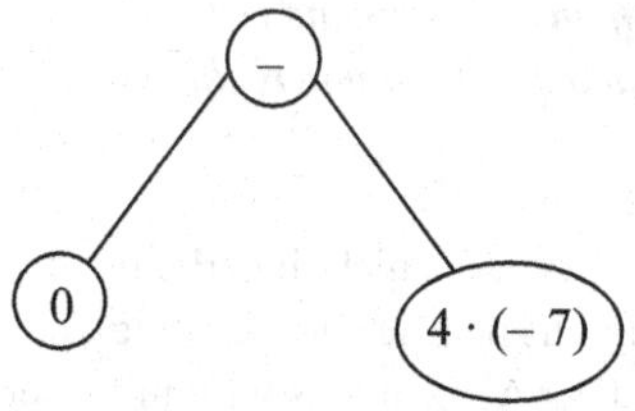

  Stets kommt hier 28 heraus.

Damit können wir unseren Algorithmus genauer beschreiben:

Algorithmus zur Konstruktion eines Parserbaums für einen mathematischen Formeltext:

Es sei ***Text*** der mathematische Formeltext.
1. Entferne alle Leerzeichen aus ***Text*** .
2. Zur Erstellung des Knotens verfahre man folgendermaßen:

Man überprüfe, ob in ***Text*** genau so viele Klammern geöffnet wie geschlossen werden.
Man entferne alle Klammerpaare, die das gesamte Textsegment einschließen.
Falls das erste Zeichen von ***Text*** ein Minuszeichen ist, wird davor noch das Zeichen für die Ziffer 0 gesetzt.

Solange noch Rechenzeichen im Text vorkommen, die nicht innerhalb eines Klammerpaars stehen, wähle man unter diesen das letzte mit der geringsten vorkommenden Prioritätsstufe und speichere es in dem Knoten. Es ist:
- Prioritätsstufe('+') = 0
- Prioritätsstufe('–') = 1
- Prioritätsstufe('·') = 2
- Prioritätsstufe('/') = 3
- Prioritätsstufe('^') = 4

Nun wird das Textsegment links von dem als Knoten gewählten Rechenzeichen wieder mit diesem Algorithmus – beginnend mit Punkt 2 – bearbeitet und der dabei entstehende Binärbaum als Teilbaum links unter diesem Knoten zugefügt.

Entsprechend wird das Textsegment rechts von dem als Knoten gewählten Rechenzeichen auch wieder mit diesem Algorithmus – beginnend mit Punkt 2 – bearbeitet und der dabei entstehende Binärbaum als Teilbaum rechts unter diesem Knoten zugefügt.

Falls keine Rechenzeichen mehr im Text vorkommen, die nicht innerhalb eines Klammerpaars stehen, besteht der Text nur aus den Zeichen für eine Zahl. (Andernfalls war ***Text*** fehlerhaft formatiert und der Algorithmus wird mit einer entsprechenden Meldung abgebrochen). Diese Zahl wird als Knoten gespeichert. Dieser Knoten ist ein Blatt, es gibt keine Nachfolger zu ihm.

Ich habe die Stelle an der klar wird, dass es sich um einen rekursiv definierten Algorithmus handelt, kursiv gedruckt. Ich möchte Ihnen an unserem Beispieltext zeigen, wie dieser Algorithmus funktioniert und ich werde mich bemühen, die Schritte exakt in der Reihenfolge durchzuführen, wie sie bei genauer Befolgung der einzelnen Punkte des Algorithmus auch erfolgen würden.

„–4 + 14 · 5 – 10^2 · (7 – (–2) · 3)"

„–4+14·5–10^2·(7–(–2)·3)"

„0–4+14·5–10^2·(7–(–2)·3)"

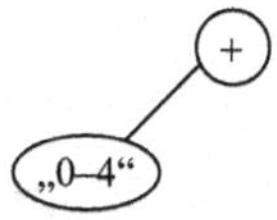

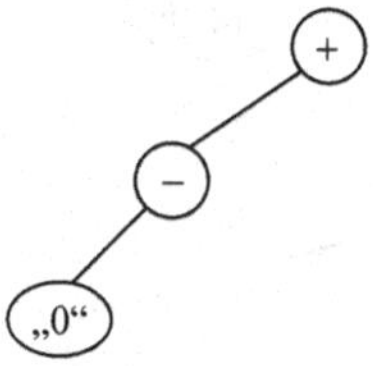

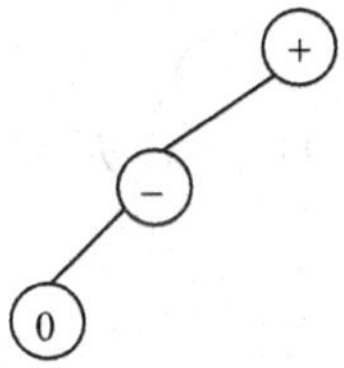

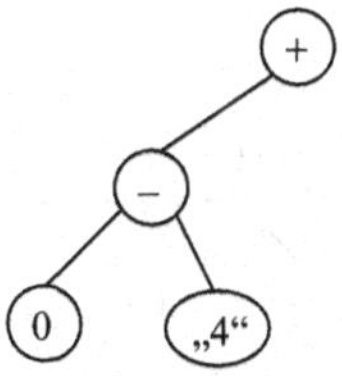

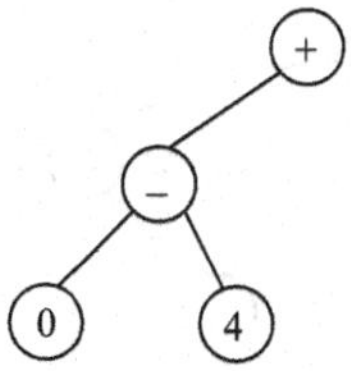

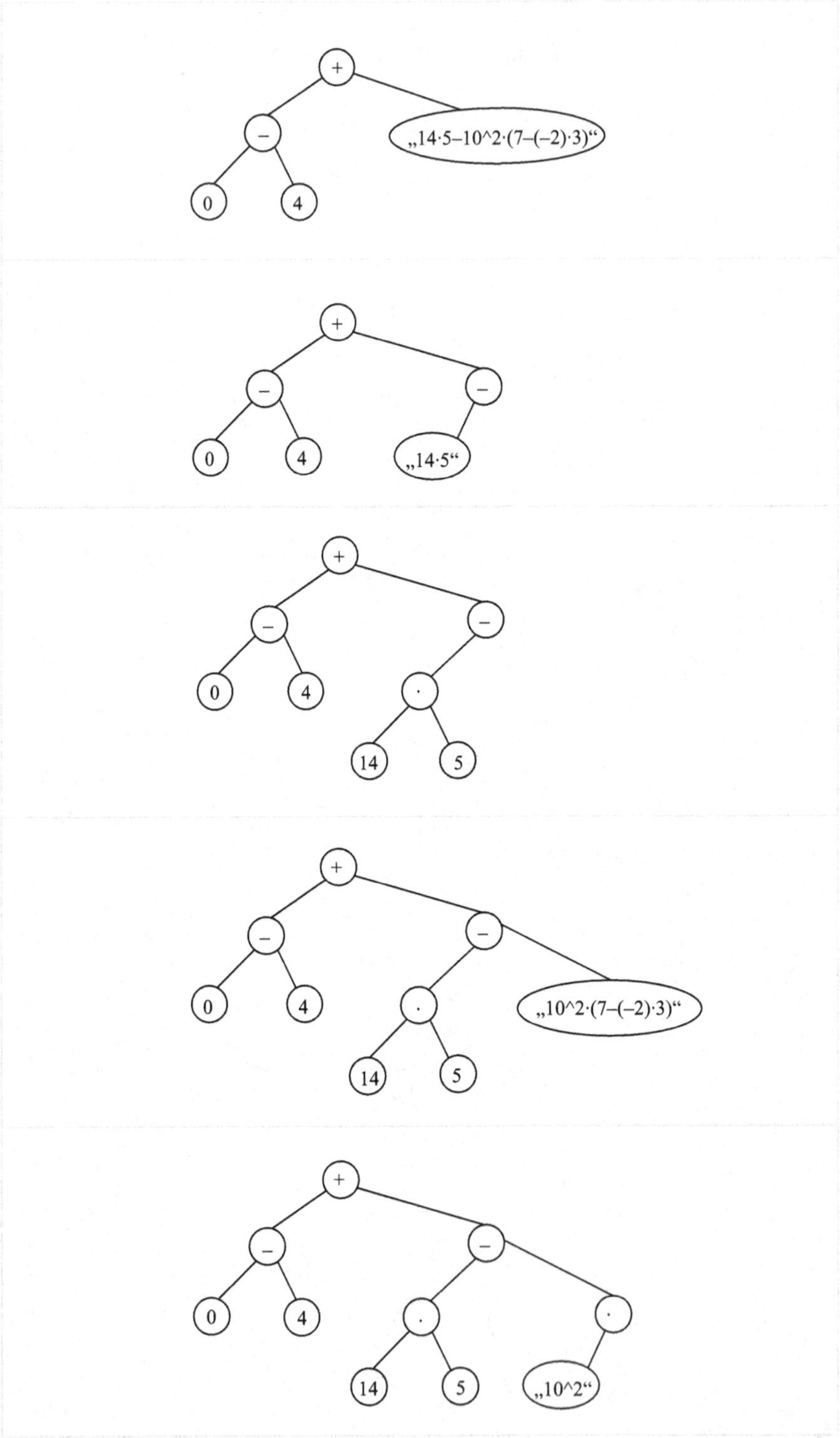
„14·5–10^2·(7–(–2)·3)“
„14·5“
„10^2·(7–(–2)·3)“
„10^2“

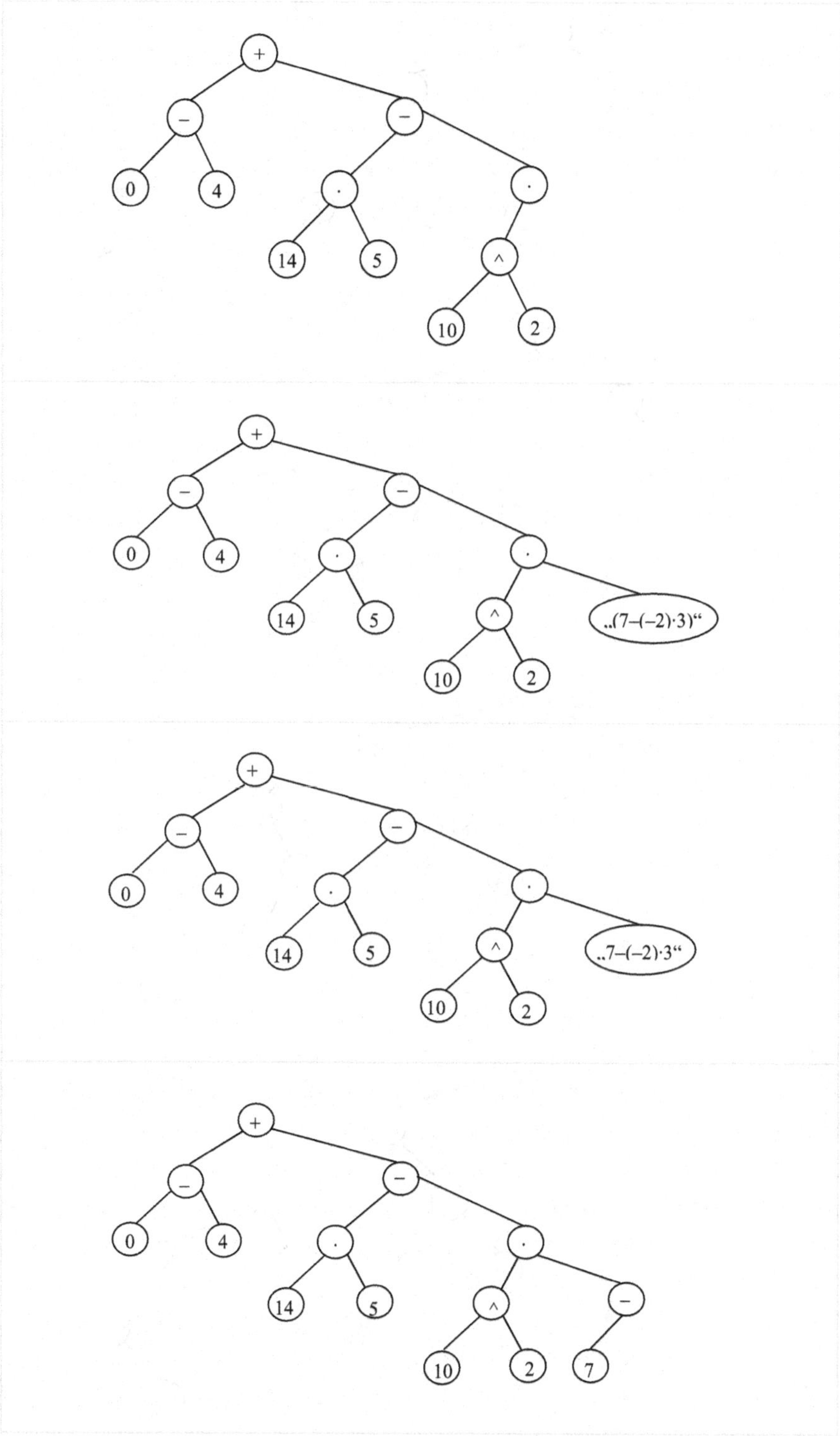
+
–
–
0
4
·
·
14
5
^
10
2
„(7–(–2)·3)“
„7–(–2)·3“
7

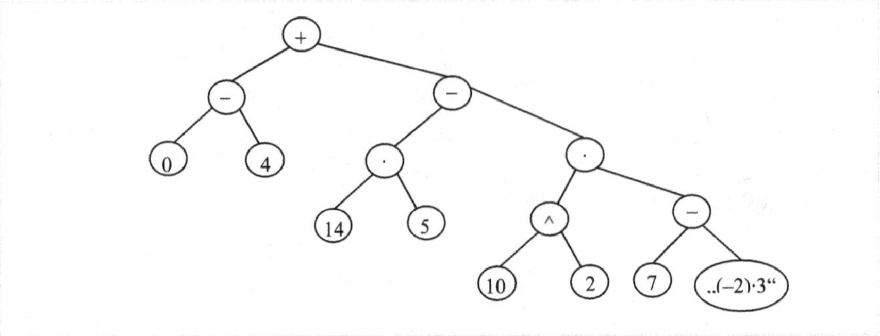
+
–
–
0
4
·
·
14
5
^
–
10
2
7
„(–2)·3"

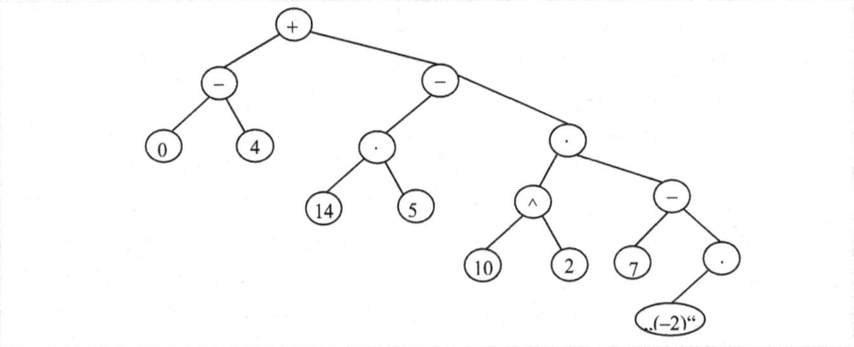
+
–
–
0
4
·
·
14
5
^
–
10
2
7
·
„(–2)"

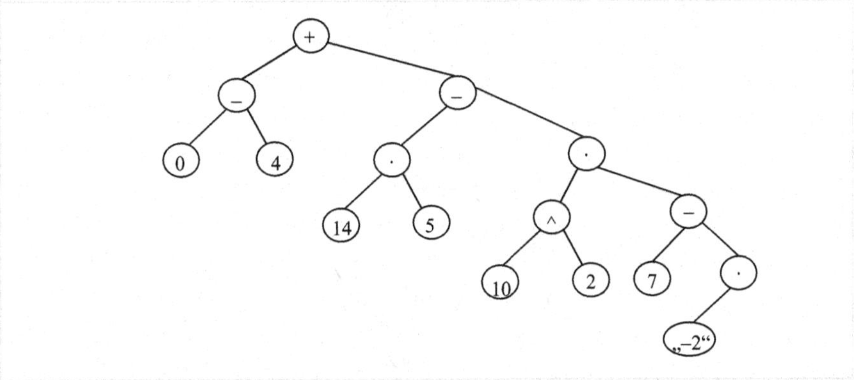
+
–
–
0
4
·
·
14
5
^
–
10
2
7
·
„–2"

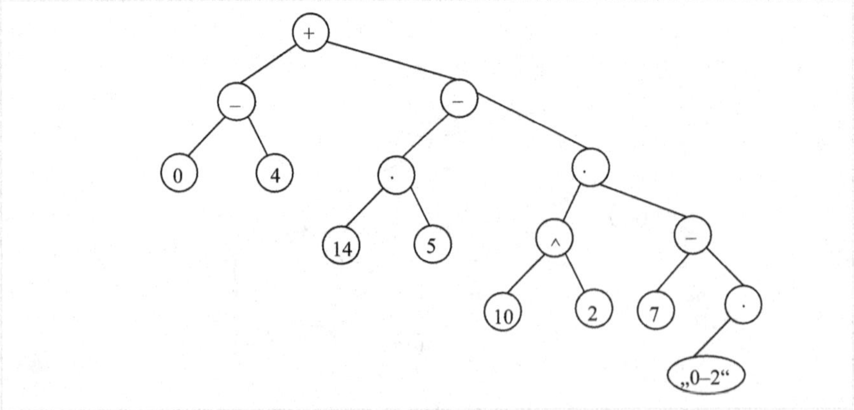
+
–
–
0
4
·
·
14
5
^
–
10
2
7
·
„0–2"

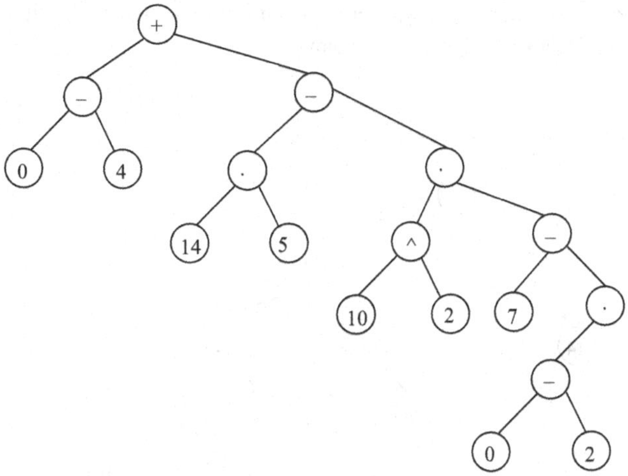

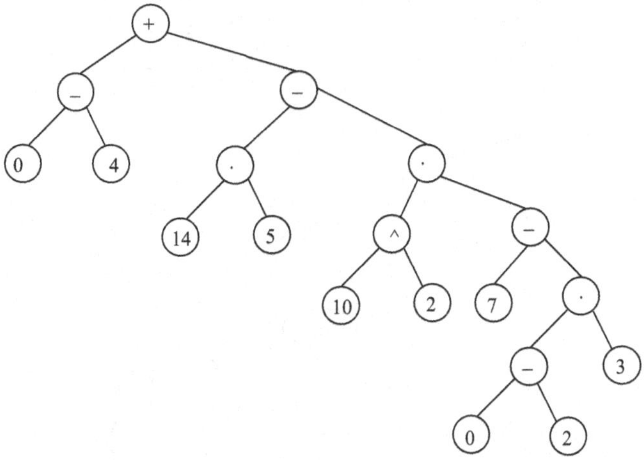

Nun brauchen wir einen zweiten Algorithmus; den Algorithmus zur Auswertung eines solchen Parserbaums. Auch er arbeitet mit der Preorder-Logik und auch er wird rekursiv definiert:

Algorithmus zur Auswertung eines Parserbaums für einen mathematischen Formeltext:

1. Gehe zur Wurzel. Falls die Wurzel eine Zahl ist, ist dies der Wert des Parserbaums.
2. Falls die Wurzel ein Rechenzeichen ist, werte den linken Teilbaum des Parserbaums mit diesem Algorithmus aus und erhalte den linken Operand.
3. Werte anschließend den rechten Teilbaum des Parserbaums mit diesem Algorithmus aus und erhalte den rechten Operand.
4. Verknüpfe mit dem Rechenzeichen der Wurzel den linken und den rechten Operand. Das Resultat ist der Wert des Parserbaums.

Ich werde unseren Parserbaum, den wir gerade eben mit dem ersten Algorithmus konstruiert haben, nun mit diesem Algorithmus auswerten:

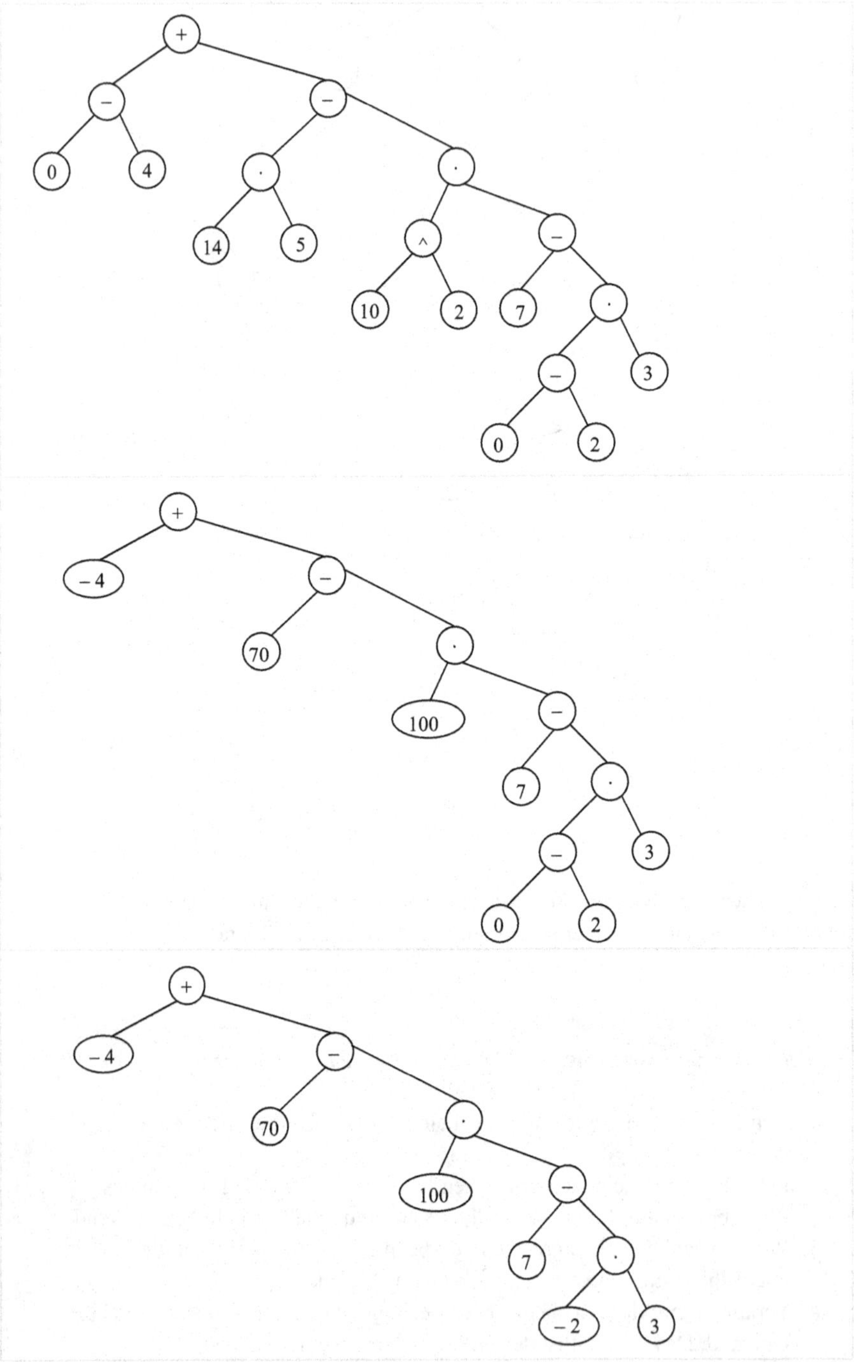

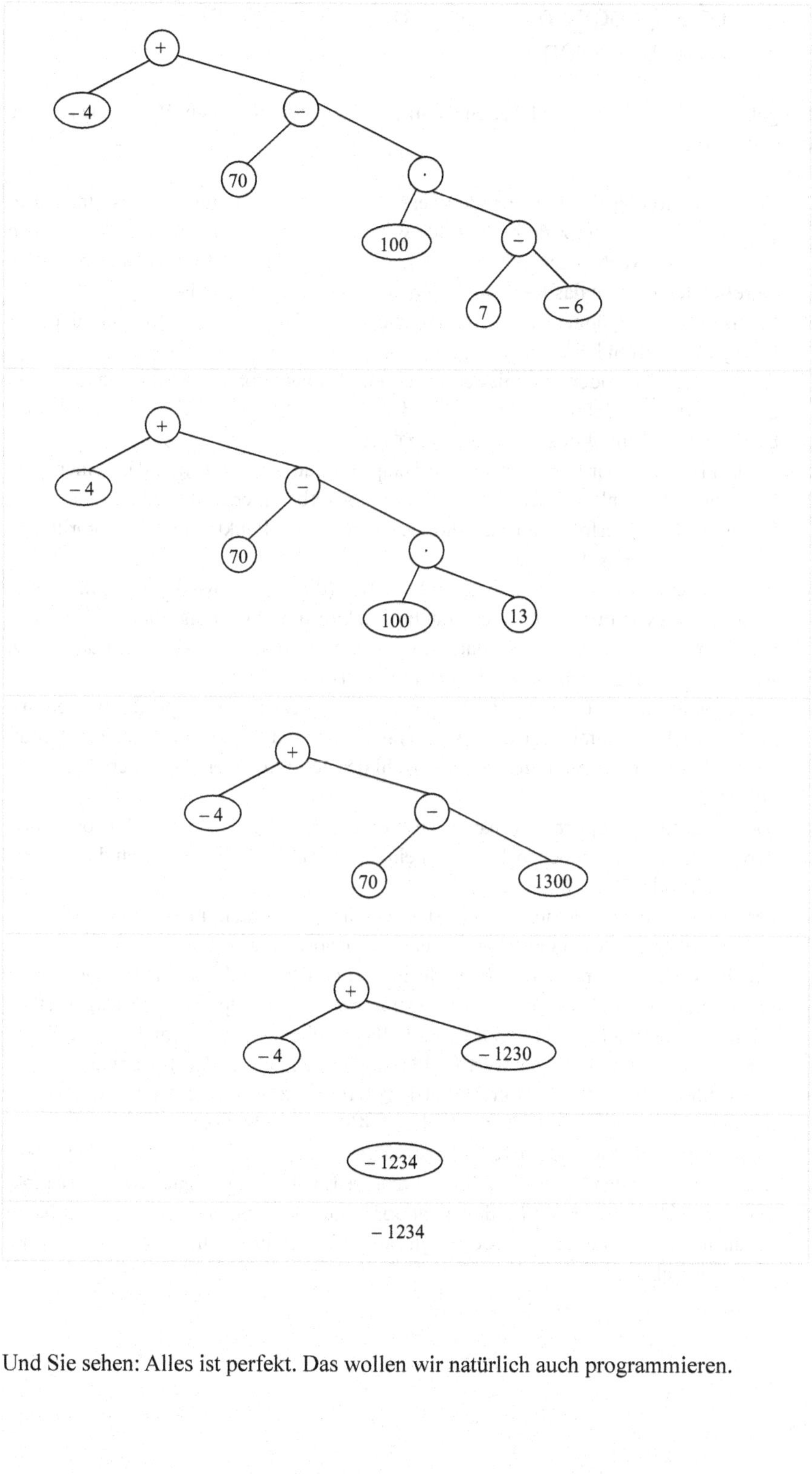

Und Sie sehen: Alles ist perfekt. Das wollen wir natürlich auch programmieren.

18.5 Die Programmierung unserer Parse-Algorithmen

Ich gebe Ihnen zuerst meinen Klassenentwurf für einen Parserbaum. Bitte beachten Sie dabei das Folgende:

1. Zur Modellierung des Knotens definiere ich mir eine Struktur, die aus einem Rechenzeichen und einer Zahl besteht. Ich werde in meinem Programm an der gültigen Belegung des Rechenzeichens (mit '+', '-' , '*', '/' oder '^') erkennen, ob in dem betreffenden Knoten das Rechenzeichen oder die Zahl gemeint ist.
2. Es gibt keine Vorgänger mehr! Ich brauche sie in diesem Zusammenhang nicht zur Navigation, darum habe ich sie weggelassen.
3. Es gibt zwei Methoden, die mit der Erstellung des Parserbaums zu tun haben:
   `bool erstellen(char * szText)` und
   `bool erstellenRekursiv(char * szText);`
   `erstellen()` wird vom jeweiligen Hauptprogramm aufgerufen, dass einen Text übergibt und veranlasst, dass der zugehörige Parserbaum erstellt wird.
   In `erstellen()` erfolgt zunächst die Verarbeitung aus Punkt 1 unseres Algorithmus zum Erstellen eines Parserbaums.
   Anschließend wird der rekursiv gestaltete Teil (das ist der wiederholte Aufruf zur Verarbeitung von Punkt 2 unseres Erstellungsalgorithmus) durchgeführt – dabei werden die reinen Zahlen zu den Blättern unseres Parserbaums. Das erfolgt durch den Aufruf von `erstellenRekursiv()` in `erstellen()`.
4. In der Methode `bool klammerCheck(char * szText)` wird geprüft, ob irgendwo im Text mehr Klammern geschlossen als geöffnet sind und ob am Ende die Anzahl der geöffneten Klammern gleich der Anzahl der geschlossenen Klammern ist.
5. Die Methode
   `bool SearchForAnOperator(char * szText,char & cOperator,int & nPosition)`
   durchsucht den übergebenen Text nach einem Operator, d. i. ein Zeichen der Art '+', '-' , '*', '/' oder '^',
   der innerhalb eines Segments des Textes vorkommt, das nicht in Klammern steht und der unter all diesen Operatoren niedrigste Priorität hat.
   Die Priorität wird nach den oben festgelegten Regeln durch die Methode `int Priority(char c)` vergeben. Der Operator wird auf cOperator zurückgemeldet, seine Position im Text auf `nPosition`. Falls es keinen Operator im Text mit diesen Eigenschaften gibt, wird der Wert `false` zurückgeliefert, andernfalls `true`.
6. Die Methode `bool MacheTextZuDouble(char * szText, double & dZahl)` macht aus dem Text »123,45« die Zahl `123.45` im `double`-Format.
7. Dann ist noch die Methode `void deleteParserbaum()` wichtig, die sämtlichen allkoierten Platz für einen Parserbaum in der Preorder-Logik nach und nach wieder freigibt.
8. Und schließlich wertet die Methode `double auswertung()` unseren Parserbaum genau in der rekursiven Preorder-Logik aus, die wir im vorherigen Abschnitt beschrieben haben.

```
struct SKnoten
{
        char cRechenzeichen;
        double dZahl;
};
class CParserbaum
{
private:
        SKnoten m_Knoten;
        CParserbaum * m_pNachfolgerLinks;
        CParserbaum * m_pNachfolgerRechts;
        bool erstellenRekursiv(char * szText);
        bool klammerCheck(char * szText);
        bool SearchForAnOperator(char * szText,
                char & cOperator,int & nPosition);
        int Priority(char c);
        bool MacheTextZuDouble(char * szText, double & dZahl);
public:
        bool erstellen(char * szText);
        void writeKnoten();
        void ausgabePreorder();
        void ausgabeInorder();
        void ausgabePostorder();
        CParserbaum(void);
        void deleteParserbaum();
        ~CParserbaum(void);
        double auswertung();
};
```

Diese Methode bool erstellen`(char * szText)` ist nun folgendermaßen programmiert:

```
bool CParserbaum::erstellen(char * szText)
{
        //Lösche den alten Parserbaum
        deleteParserbaum();

        int nLengthTextNeu = 0,
                nLengthText = (int) strlen(szText);
        if (nLengthText == 0) return true;
        //Entferne alle ' '-Zeichen
        for (int i = 0; i < nLengthText; i++)
        {
                if (szText[i] != ' ') nLengthTextNeu++;
        }
        if (nLengthTextNeu == 0) return true;

        char * szTextNeu =
                new char[nLengthTextNeu + 1];
        int j = 0;
        for (int i = 0; i < nLengthText; i++)
        {
                if (szText[i] != ' ')
                {
                        szTextNeu[j] = szText[i];
                        j++;
                }
        }
        szTextNeu[nLengthTextNeu] = '\0';

        //Aufruf der rekursiven Erstellung
        bool bError = erstellenRekursiv(szTextNeu);
        delete szTextNeu;
        return bError;
}
```

Und das rekursive Erstellen kann man folgendermaßen programmieren:

```
    bool CParserbaum::erstellenRekursiv(char * szText)
{
    // Überprüfen der korrekten Klammerung
    bool bError = klammerCheck(szText);
    if (bError) return bError;

    // Entferne äußere Klammerpaare
    int nLengthText = (int) strlen(szText);
    int nWeg = 0, i = 0;
    while ((szText[i] == '(') &&
            (szText[nLengthText - 1 - i] == ')'))
    {
            bool bBelongTogether = true;
            int nKlammerAuf = 0;
            for (int j = i + 1;
                    j < nLengthText - 1 - i; j++)
            {
            if (szText [j] == '(') nKLammerAuf++;
            if (szText [j] == ')') nKLammerAuf--;
            if (nKlammerAuf < 0)
                            bBelongTogether = false;
            }

            if (bBelongTogether)
            {
                    nWeg++;
                    i++;
            }
            else break;
    }
    int nLengthTextNeu = nLengthText - 2*nWeg;
    if (nLengthTextNeu <= 0) return true;
    char * szTextNeu = new char[nLengthTextNeu + 1];
    for (int i = nWeg; i < nLengthText - nWeg; i++)
    {
            szTextNeu[i - nWeg] = szText[i];
    }
    szTextNeu[nLengthTextNeu] = '\0';

    //Falls das erste Zeichen ein Minuszeichen ist,
    //wird davor noch eine 0 gesetzt
```

```
        if (szTextNeu[0] == '-')
        {
          nLengthTextNeu++;
          char * szTemp = new char[nLengthTextNeu + 1];
          szTemp[0] = '0';
          for (int i = 1; i < nLengthTextNeu + 1; i++)
          {
            szTemp[i] = szTextNeu[i-1];
          }
          delete szTextNeu; szTextNeu = _strdup(szTemp);
          delete szTemp;
        }
//Nun sucht man ein Rechenzeichen, das
//niedrigste Priorität hat, das nicht in einem
//Klammerausdruck steht, und man sucht seine
//Position im Text

        char cOperator; int nPosition;
        bool bFound =
SearchForAnOperator(szTextNeu,cOperator,nPosition);

        if (bFound)
        {
                if ((nPosition == 0) ||
                        (nPosition == nLengthTextNeu - 1))
                {
                        delete szTextNeu;
                        bError = true; return bError;
                }
                m_Knoten.cRechenzeichen = cOperator;

                // Rekursion nach Links
                char * szTextLinks = new char[nPosition + ;
                for (int i = 0; i < nPosition; i++)
                {
                        szTextLinks[i] = szTextNeu[i];
                }
                szTextLinks[nPosition] = '\0';
                m_pNachfolgerLinks = new CParserbaum;
                bError =
```

```
          m_pNachfolgerLinks->erstellenRekursiv(szTextLinks);
                delete szTextLinks;
                if (bError)
                {
                        delete szTextNeu;
                        return bError;
                }

                // Rekursion nach Rechts
                int nTemp = nLengthTextNeu - nPosition;
                char * szTextRechts =
                   new char[nLengthTextNeu - nPosition];
                for (int i = nPosition + 1;
                   i <= nLengthTextNeu; i++)
                {
                   szTextRechts[i - nPosition - 1] =

                                        szTextNeu[i];
                }
    m_pNachfolgerRechts = new CParserbaum;
                bError =
    m_pNachfolgerRechts->erstellenRekursiv
    (szTextRechts);
                delete szTextRechts;


                if (bError)
                {
                        delete szTextNeu;  return bError;
                }
        }
        else
        {
                // Es wurde kein Rechenzeichen gefunden
                double dZahl;
                bError= MacheTextZuDouble(szTextNeu,dZahl);
                delete szTextNeu;
                if (bError) return bError;
                m_Knoten.dZahl = dZahl;
        }
      return bError;
    }
```

Mit dem folgenden Hauptprogramm können Sie so viele Ausdrücke testen, wie Sie wollen. Ich habe Ihnen außerdem auch noch die Ausgabe in Preorder-Logik des jeweils erstellten Parserbaums mit hinzu geschrieben, damit Sie direkt kontrollieren können, ob der Baum auch korrekt erstellt wurde.

```
void main(void)
{
        char szText[100];
        CParserbaum Parserbaum;
        do
        {
                cout << „mathematische Formel ?";
                cin.get(szText, 100); cin.get();
                bool bError = Parserbaum.erstellen(szText);
                if (bError)
                        cout << „\nDer Text war fehlerhaft";
                else
                {
                cout<<"\nfolgender Baum wurde erzeugt: „;
                Parserbaum.ausgabePreorder();
                cout << „\nDas Ergebnis ist: „ <<
                        Parserbaum.auswertung();
                }
                cout << „\nWeitere Berechnungen (J/N) „;
                cin >> szText; cin.get();
        }
        while (szText[0] != 'N');
        Parserbaum.deleteParserbaum();
}
```

Sie finden die vollständige Implementierung dieser Klasse im Netz unter der Adresse [SchuNet].

Übungsaufgaben

1. Aufgabe

Entscheiden Sie, ob die folgenden Aussagen über Binärbäume wahr oder falsch sind. Bei Falschheit geben Sie ein Gegenbeispiel, bei Wahrheit geben Sie einen Beweis.

a. Ein Binärbaum ist zusammenhängend.
b. Jeder Knoten in einem Binärbaum gehört zu mindestens einer Kante.
c. Jeder Knoten in einem Binärbaum gehört zu genau einer Kante.
d. Jeder Knoten in einem Binärbaum gehört zu höchstens einer Kante.
e. Jeder Knoten in einem Binärbaum gehört zu mindestens zwei Kanten.
f. Jeder Knoten in einem Binärbaum gehört zu genau zwei Kanten.
g. Jeder Knoten in einem Binärbaum gehört zu höchstens zwei Kanten.
h. Jeder Knoten in einem Binärbaum gehört zu mindestens drei Kanten.
i. Jeder Knoten in einem Binärbaum gehört zu genau drei Kanten.
j. Jeder Knoten in einem Binärbaum gehört zu höchstens drei Kanten.

Wir kennen vier Darstellungsmöglichkeiten für gerichtete Binärbäume:

- Die Skizze,
- die mathematische Definition,
- die Adjazenzmatrix und
- die tabellarische Darstellung, bei der ich jetzt nur den Vorgänger und nicht die linken und rechten Nachfolger notiert haben möchte.

Ich gebe Ihnen in den folgenden vier Aufgaben immer zwei Graphen in einer dieser Darstellungen und bitte Sie, jeden dieser Graphen in die restlichen anderen Darstellungen zu übersetzen. Dabei ist jeweils einer der beiden Graphen ein korrekter Binärbaum, der andere nicht. Sie geben bitte an, welcher der beiden Graphen korrekt ist und welcher kein korrekter Binärbaum ist. Bei der Unkorrektheit bemühen Sie sich bitte um eine exakte Begründung. Bei der Skizze trage ich keine Gerichtetheit ein, sie ist immer von unten nach oben zur Wurzel hin zu lesen.

2. Aufgabe (skizzierte Graphen)

a.

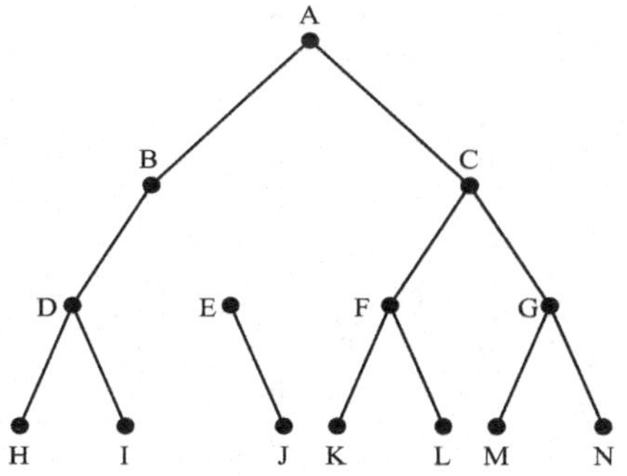

b.

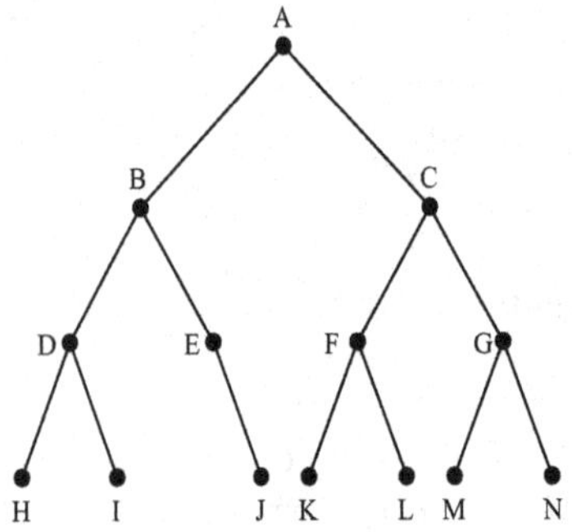

3. Aufgabe (mathematisch definierte Graphen)

a. Es sei V = { A, B, C, D, E, F, G, H}, E = {a, b, c, d, e, f, g} und Ψ: E → P(V) mit folgender Wertetabelle gegeben:

x	a	b	c	d	e	f	g
Ψ(x)	(B,A)	(C,A)	(D,B)	(E,B)	(F,C)	(G,C)	(E,F)

b. Es sei V = { A, B, C, D, E, F }, E = {a, b, c, d, e} und Ψ: E → P(V) mit folgender Wertetabelle gegeben:

x	a	b	c	d	e
Ψ(x)	(B,A)	(C,B)	(D,B)	(E,C)	(F,D)

4. Aufgabe (durch Adjazenzmatrix definierte Graphen)

a.

	A	B	C	D	E	F	G	H	I	J	K	L
A	0	0	0	0	0	0	0	0	0	0	0	0
B	1	0	0	0	0	0	0	0	0	0	0	0
C	1	0	0	0	0	0	0	0	0	0	0	0
D	0	1	0	0	0	0	0	0	0	0	0	0
E	0	1	0	0	0	0	0	0	0	0	0	0
F	0	0	1	0	0	0	0	0	0	0	0	0
G	0	0	1	0	0	0	0	0	0	0	0	0
H	0	0	0	1	0	0	0	0	0	0	0	0
I	0	0	0	0	1	0	0	0	0	0	0	0
J	0	0	0	0	0	1	0	0	0	0	0	0
K	0	0	0	0	0	1	1	0	0	0	0	0
L	0	0	0	0	0	0	1	0	0	0	0	0

b.

	A	B	C	D	E	F	G
A	0	0	0	0	0	0	0
B	1	0	0	0	0	0	0
C	1	0	0	0	0	0	0
D	0	1	0	0	0	0	0
E	0	1	0	0	0	0	0
F	0	0	1	0	0	0	0
G	0	0	1	0	0	0	0

5. Aufgabe (durch tabellarische Darstellung definierte Wurzelbäume)

a.

Knoten	Vorgänger
A	{}
B	A
C	A
D	B
E	B
F	C
G	C

b.

Knoten	Vorgänger
A	{}
B	A
C	A
D	B
E	C
F	D
G	D
H	E
I	D

6. Aufgabe

Durchsuchen Sie die folgenden Binärbäume alle sowohl mit Preorder als auch mit Postorder und mit Inorder und schreiben Sie die Knoten in der Reihenfolge auf, in der Sie sie jeweils durchlaufen:

a.

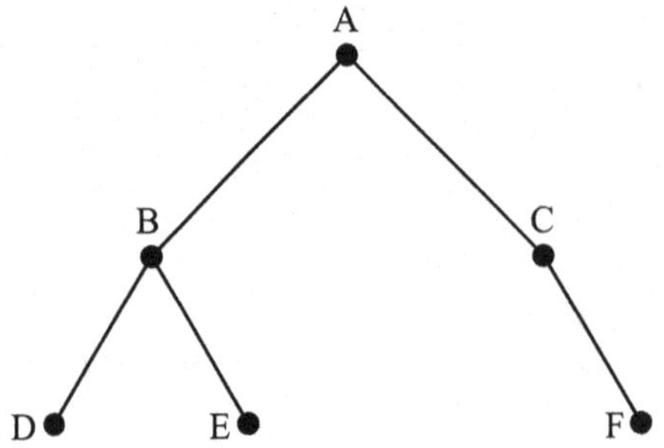

b.

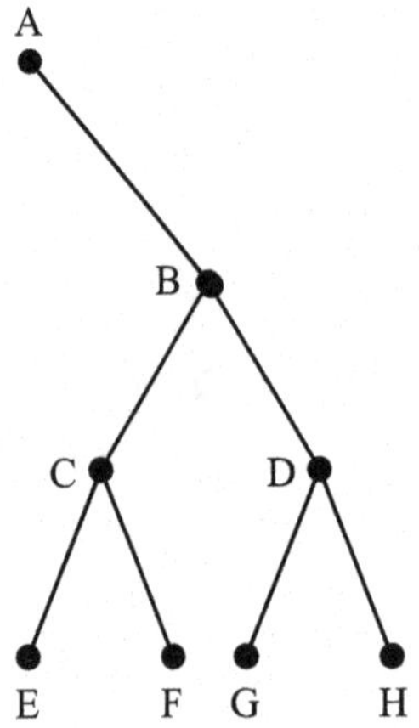

c.

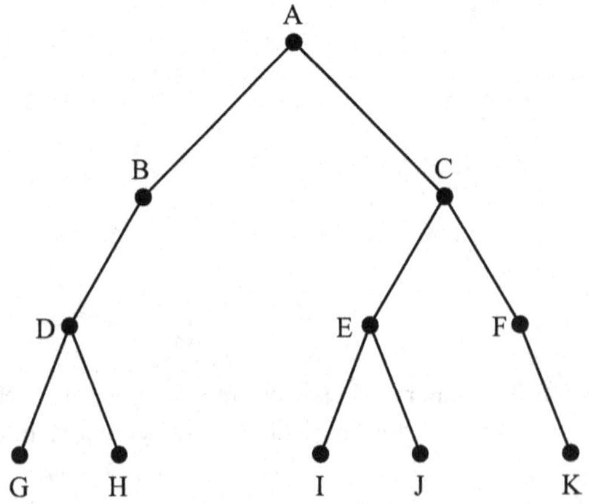

7. Aufgabe

Von den folgenden 4 Parserbäumen sind 2 korrekt und auswertbar, zwei sind unkorrekt. Finden Sie heraus, welche unkorrekt sind und begründen Sie Ihr Resultat. Die korrekten Parserbäume werten Sie bitte bis zum entsprechenden numerischen Endergebnis aus. Schreiben Sie außerdem die jeweilige mathematische Formel hin, die in dem Parserbaum dargestellt wird.

a.

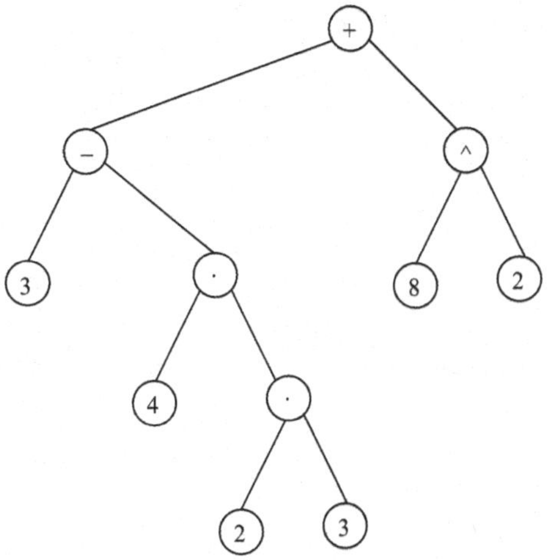

b.

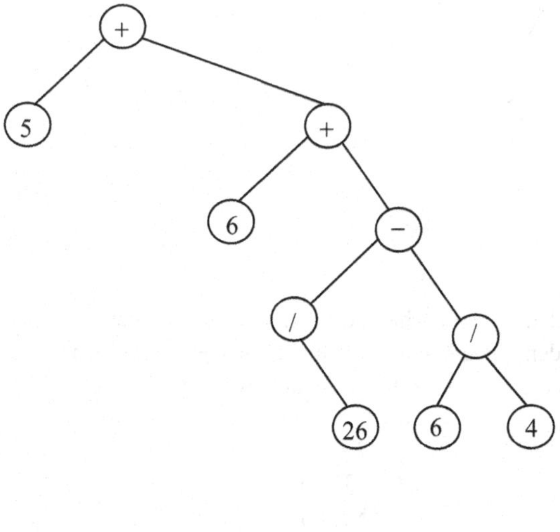

c.

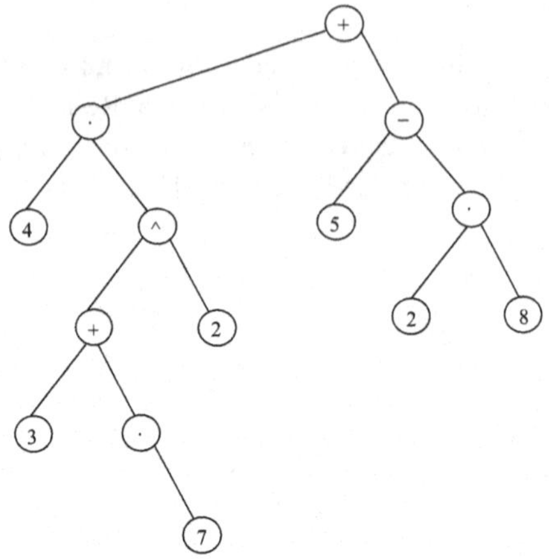

d.

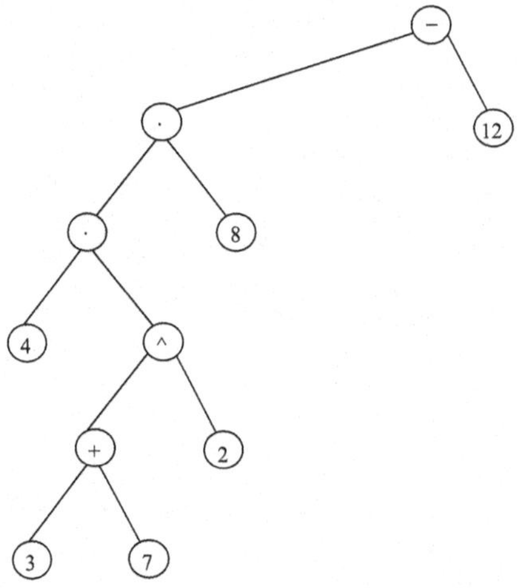

8. Aufgabe

Bauen Sie die folgenden algebraischen Ausdrücke in einem Parser-Baum auf, werten Sie den Parserbaum mit dem von uns beschriebenen Algorithmus aus und vergleichen Sie Ihr Ergebnis mit dem hier angegebenen Wert.

a. 3 + 4 (= 7)
b. 3 + 4 · 5 (= 23)
c. (3 + 4 · 5)^2 (= 529)
d. 12 · (3 + 4 · 5)^2 (= 6348)
e. 12 · (3 + 4 · 5)^2 / (1 + 3) (= 1587)
f. 12 · (3 + 4 · 5)^2 / (1 + 3) - 6 (= 1581)

19 Paarungsprobleme und ihre ungarischen Lösungen

Sie haben sicher schon bemerkt, dass sich viele Probleme innerhalb der Informatik mittels Graphen modellieren lassen. Dazu gehört auch das Problem der Bildung von Paaren von Objekten in einem Graphen, in dem die Objekte, die möglicherweise zu Paaren zusammengefasst werden können, durch Kanten miteinander verbunden sind. Diese Kanten repräsentieren meistens Präferenzen, die untereinander kollidieren können. Gerade bei diesem Problem gibt es mannigfache Anwendungen – nicht nur innerhalb sondern auch außerhalb der Informatik. Beispiele hierfür sind:

- Eine möglichst optimale Zuordnung von Arbeitssuchenden, die jeweils spezifische Qualifikationen haben, einerseits zu vorhandenen freien Stellen andererseits.
- Eine möglichst optimale Zuordnung von freien Speicherplätzen einerseits für die Speicherung mehrerer Datenmengen andererseits, die ihrerseits spezifische Größen oder andere Eigenschaften haben, die bestimmte Speicherplätze geeigneter erscheinen lassen als andere.
- Zuordnungen zwischen den Anschlüssen zweier Netzwerke zum Erhalt eines neuen möglichst effektiven Netzwerks.

Das populärste Beispiel aber, das Sie in (fast) allen Büchern finden und mit dem wir auch in unserem nächsten Abschnitt starten wollen, stammt aus der Welt der persönlichen Beziehungen. Je nach dem Geschmack des jeweiligen Autors wird hier getanzt oder geheiratet. Einer der wichtigsten Sätze in diesem Gebiet heißt deshalb auch *Heiratssatz*. Wir werden ihn auch so nennen, obwohl wir nur tanzen werden.

19.1 Definitionen und ein Beispiel

Auf einer Party sind 8 Mädchen und 8 Jungen. Gerade sind die Mädchen an der Reihe, sich einen Tanzpartner auszuwählen. Dabei gibt es natürlich gewisse Vorlieben. Betrachten Sie dazu die folgende Tabelle, in der wir für jedes Mädchen eingetragen haben, welche Jungen ihr sympathisch sind:

Mädchen	Jungen, die dem Mädchen sympathisch sind
Aida	Arthur, Emil, Franz, Gregor, Hugo
Barbara	Boris, Carsten, Hugo
Carmen	Carsten, Emil, Franz, Gregor
Dominique	Daniel, Hugo
Eva	Boris, Carsten, Daniel
Florence	Boris, Daniel
Gudrun	Arthur, Boris, Carsten, Daniel
Helena	Boris, Carsten, Daniel

Und unsere Frage ist:
Ist es möglich, dass jedes Mädchen mit einem Jungen tanzt, der ihr sympathisch ist?

Versuchen Sie doch einmal, diese Frage selbst zu beantworten, ehe Sie weiter lesen. Probleme dieser Art heißen Paarung- oder Matching-Probleme. Dieser Name leitet sich von dem englischen Wort »to match = passen, entsprechen« ab. Um sie mit Hilfe der Graphentheorie bearbeiten zu können, macht man aus den Objekten des Problems Punkte des Graphen, die sich in zwei disjunkte Mengen V_1 und V_2 aufteilen, deren Vereinigungsmenge die Menge aller Punkte des Graphen ergibt. Kanten in solch einem Graphen gehen grundsätzlich immer von einem Punkt der Menge V_1 zu einem Punkt der Menge V_2. Solche Graphen heißen *bipartit*, d. h. auf Deutsch: zweigeteilt. Man definiert:

Definition:
Ein Graph G(V, E, Ψ) heißt *bipartit* genau dann, wenn die folgenden Bedingungen erfüllt sind:

(i) V ist die disjunkte Vereinigung zweier nicht leerer Mengen V_1 und V_2, d.h. $V = V_1 \cup V_2, V_1 \neq \{\}, V_2 \neq \{\}, V_1 \cap V_2 = \{\}$.

(ii) Jede Kante von G, d.h. jedes Element aus E verbindet einen Knoten aus V_1 mit einem Knoten aus V_2, d.h.

$$\forall_{e \in E} \left[(\Psi(e) = \{A, B\} \vee \Psi(e) = (A, B)) \rightarrow ((A \in V_1 \wedge B \in V_2) \vee (B \in V_1 \wedge A \in V_2)) \right].$$

Die folgenden Graphen sind Beispiele für bipartite Graphen:

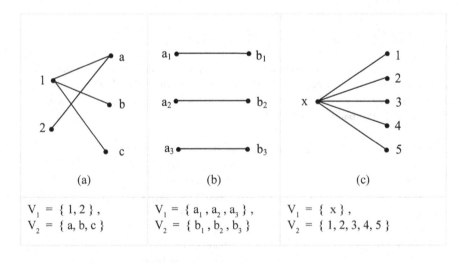

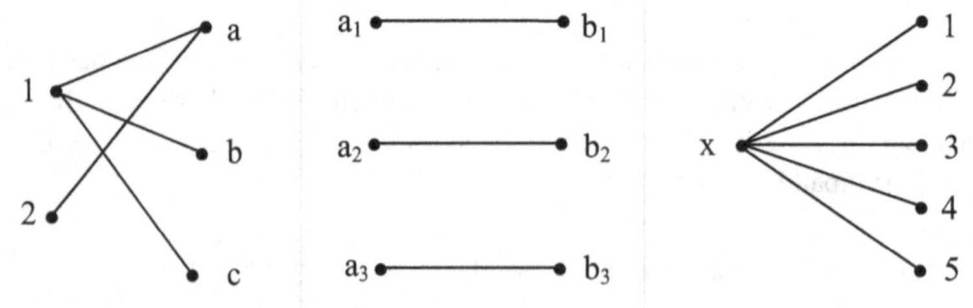

(a)	(b)	(c)
$V_1 = \{1, 2\}$, $V_2 = \{a, b, c\}$	$V_1 = \{a_1, a_2, a_3\}$, $V_2 = \{b_1, b_2, b_3\}$	$V_1 = \{x\}$, $V_2 = \{1, 2, 3, 4, 5\}$

Bild 19-1: Drei bipartite Graphen

Jetzt können wir definieren:

Definition:
Es sei G(V, E, Ψ) ein bipartiter, ungerichteter Graph. Ein Teilgraph M von G mit $M = M(V_M, E_M, \Psi_M)$ heißt *Matching* genau dann, wenn in M jeder Punkt höchstens den Grad 1 hat.

In so einem Falle gibt es für jeden Punkt A_1 in V_1 höchstens eine Kante aus dem Matching M mit A_1 als Endpunkt. Der andere Endpunkt dieser Kante, ich nenne ihn B_1, *muss* in V_2 liegen. Und mein Matching M hat mir jetzt die Zuordnung, die Paarung (A_1, B_1) definiert. Sehen Sie für jeden der drei Graphen aus 19-1 ein mögliches Matching:

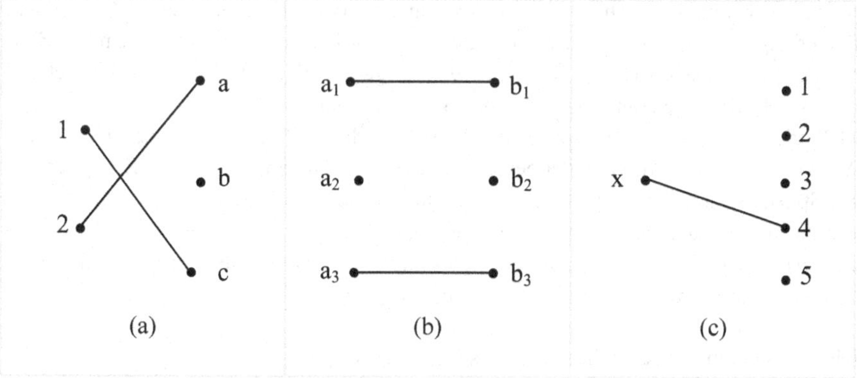

Bild 19-2: Drei Matchings

Irgendwas ärgert uns ja an dem Matching 19-2 (b). Was das ist, wird mit der nächsten Definition klar:

Definition:
Sei G = G(V, E, Ψ) ein bipartiter, ungerichteter Graph G mit disjunkten Knotenmengen V_1 und V_2. Ein Matching $M = M(V_M, E_M, \Psi_M)$ in G heißt *maximal*, wenn für jedes Matching $M' = M'(V_{M'}, E_{M'}, \Psi_{M'})$ gilt:

$$V_1 \cap V_M \subseteq V_1 \cap V_{M'} \rightarrow V_1 \cap V_M = V_1 \cap V_{M'}.$$

Ein Matching M ist also maximal, wenn es nicht möglich ist, einer echten Obermenge von V_1-Punkten aus M einen Partner zuzuordnen. Die Matching-Konstellationen in den Beispielen (a) und (c) sind offensichtlich maximal, während im Beispiel (b) noch zusätzlich die Kante zwischen den Knoten a_2 und b_2 hinzugefügt werden kann.

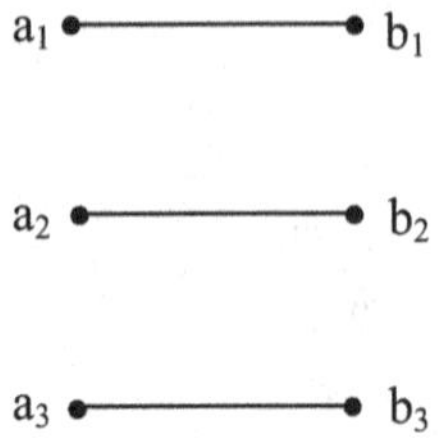

Bild 19-3: Ein maximales Matching für 19-1 (b)

In diesem Kapitel werden Sie einen Algorithmus kennen lernen, mit dessen Hilfe Sie stets eine maximale Matching-Konstellation in einem bipartiten Graphen finden können. Dieser Algorithmus hat verschiedene Namen, er wurde das erste Mal von dem amerikanischen Mathematiker Harold W. Kuhn 1955 vorgestellt [Kuhn]. Seine Veröffentlichung trug den Titel: »The Hungarian Method for the Assignment Problem«. (Die ungarische Methode für das Zuordnungsproblem). Er wählte diesen Titel, weil er sich bei diesem Algorithmus auf die Arbeiten der beiden ungarischen Mathematiker Dénes König (er war ein Spezialist auf dem Gebiet der Graphentheorie) und Eugene Egerváry (sein Gebiet war die kombinatorische Optimierung, die ebenfalls eng mit der Graphentheorie verbunden ist) stützte. Deshalb wird dieser Algorithmus sehr häufig die *Ungarische Methode* oder eben der *Ungarische Algorithmus* genannt.

Ich will Sie nun bei der Behandlung des Eingangsbeispiels mit der Vorgehensweise dieses ungarischen Algorithmus vertraut machen. Ich werde dazu die Mädchen (*G*irls) entsprechend dem Anfangsbuchstaben ihres Namens mit den Großbuchstaben

$A_G, B_G, C_G, D_G, E_G, F_G, G_G, H_G$

und die Jungen (*B*oys) mit den Großbuchstaben

$A_B, B_B, C_B, D_B, E_B, F_B, G_B, H_B$

symbolisieren.

Mädchen und Jungen werden die Punkte meines Graphen, die Sympathiebeziehungen werden die Kanten. Ich werde Ihnen von der dazugehörigen Adjazenzmatrix dabei nur den Ausschnitt anzeigen, in dem in einem bipartiten Graphen überhaupt Kanten vorkommen können. Wir erhalten folgenden bipartiten Graphen mit dem entsprechenden Adjazenzmatrix-Ausschnitt:

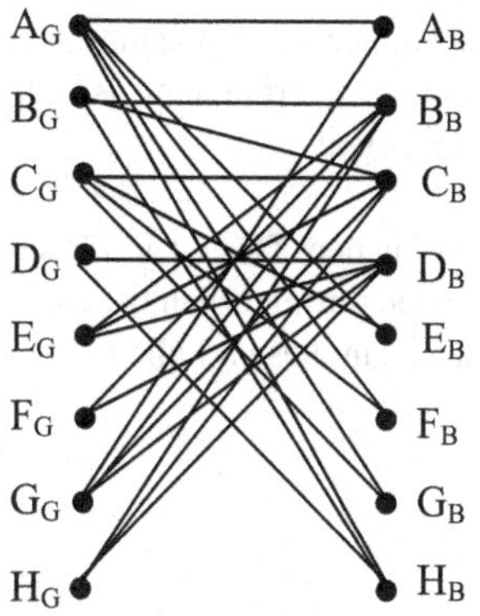

	A_B	B_B	C_B	D_B	E_B	F_B	G_B	H_B
A_G	1	0	0	0	1	1	1	1
B_G	0	1	1	0	0	0	0	1
C_G	0	0	1	0	1	1	1	0
D_G	0	0	0	1	0	0	0	1
E_G	0	1	1	1	0	0	0	0
F_G	0	1	0	1	0	0	0	0
G_G	1	1	1	1	0	0	0	0
H_G	0	1	1	1	0	0	0	0

Ein bipartiter Graph mit den Mengen
$V_1 = \{A_G, B_G, C_G, D_G, E_G, F_G, G_G, H_G\}$
und
$V_2 = \{A_B, B_B, C_B, D_B, E_B, F_B, G_B, H_B\}$.

Bild 19-4: Ein bipartiter Graph

Wir beginnen stur:
Zunächst suchen wir für jeden Punkt aus V_1 die erstbeste, für ein Matching mögliche Kante aus der Adjazenzmatrix. Wenn wir auf diese Weise vorgehen, kommen wir zu der folgenden Situation: (Wie schon öfter in den vorigen Kapiteln markiere ich die bereits verwendeten Kanten in dem Matrix-Ausschnitt fett).

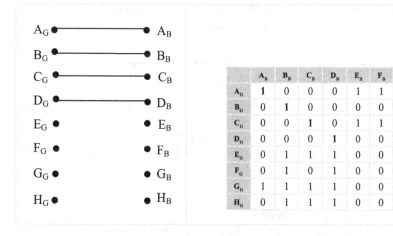

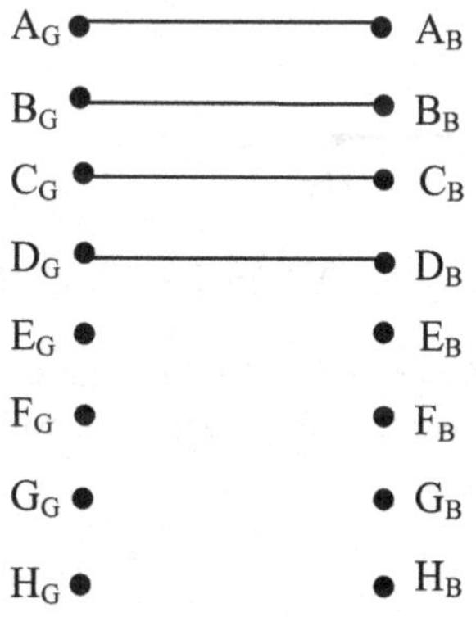

	A_B	B_B	C_B	D_B	E_B	F_B	G_B	H_B
A_G	**1**	0	0	0	1	1	1	1
B_G	0	**1**	0	0	0	0	0	1
C_G	0	0	**1**	0	1	1	1	0
D_G	0	0	0	**1**	0	0	0	1
E_G	0	1	1	1	0	0	0	0
F_G	0	1	0	1	0	0	0	0
G_G	1	1	1	1	0	0	0	0
H_G	0	1	1	1	0	0	0	0

Bild 19-5: Ein Matching für den bipartiten Graph aus Bild 19-4

A_G wird mit A_B verbunden, B_G mit B_B, C_G mit C_B und D_G mit D_B. Aber jetzt ist Schluss. Ich finde zu dem Punkt E_G (und auch den anderen restlichen Knoten aus V_1) keine Kante mehr, deren anderer Endpunkt nicht schon als Kanteneckpunkt »verbraucht« ist. Die Strategie, mit der man jetzt vorgeht, besteht aus mehreren Schritten:

1. Wir beginnen bei dem Punkt, für den wir einen Partner suchen. Das ist in diesem Falle E_G. Wir nehmen die erste vorhandene Kante und landen unweigerlich bei einem Punkt, für den schon ein Matching gefunden wurde – das ist in diesem Falle B_B .

2. Dann nehmen wir die bereits in dem bisher gefundenen Matching vorkommende Kante – sie ist eindeutig bestimmt und geht von B_B nach B_G. Jetzt haben wir einen Weg, dessen erste Kante nicht zu dem bisher gefundenen Matching gehört, während die zweite Kante dazu gehört. Für diese Sorten von Wegen, die wir hier konstruieren, wird das eine charakteristische Eigenschaft sein: Die Kanten eines solchen Weges sind immer abwechselnd Element des bisher gefundenen Matchings bzw. kein Element des bisher gefundenen Matchings. Zur besseren Veranschaulichung dieser Abwechslung zeichne ich die Kanten, die zum bisher gefundenen Matching gehören, immer »mit einem dünneren Stift« als die anderen Kanten.

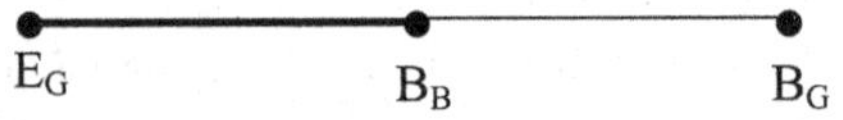

3. Gemäß dieser Vorgabe suchen wir nun von B_G ausgehend eine neue Kante, die noch nicht zu dem bisher konstruierten Matching gehört. In diesem Falle gibt es eine solche Kante, es ist die Verbindung von B_G nach H_B.

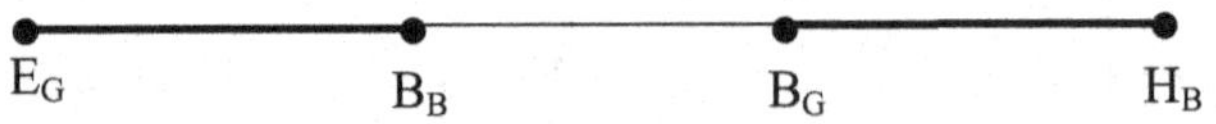

Bild 19-6: Ein erweiternder bzw. alternierender Weg für das Matching aus Bild 19-5

4. Mit diesem Weg können wir nun unser Matching erweitern. Wir nennen solch einen Weg deshalb einen erweiternden Weg (eine genaue Definition folgt) und die Erweiterungsregel für unser Matching lautet:

Erweiterungsregel für ein Matching:
Entferne alle Kanten aus dem alten Matching, die auch Teil des erweiternden Weges sind und füge alle anderen Kanten des erweiternden Weges zu dem Matching hinzu.

Die Kante unseres erweiternden Weges, die auch zu dem alten Matching gehört, ist die Verbindung von B_B nach B_G. Wenn wir die entfernen, hat der Knoten B_G keinen Partner mehr: Das ändert sich aber sofort, wenn wir die Verbindungskante von B_G nach H_B zu dem Matching hinzufügen. Und wenn wir schließlich noch die neue Kante E_G nach B_B mit dazunehmen, haben wir jetzt ein Matching gefunden, das für alle bisher gewählten Knoten und zusätzlich für den neuen Knoten E_G eine Zuordnung definiert.

Salopp gesprochen, haben wir zu B_G gesagt: Wir haben einen anderen Partner für dich gefunden, der auch zu deinen Favoriten gehört, sodass E_G nicht länger alleine bleiben muss.

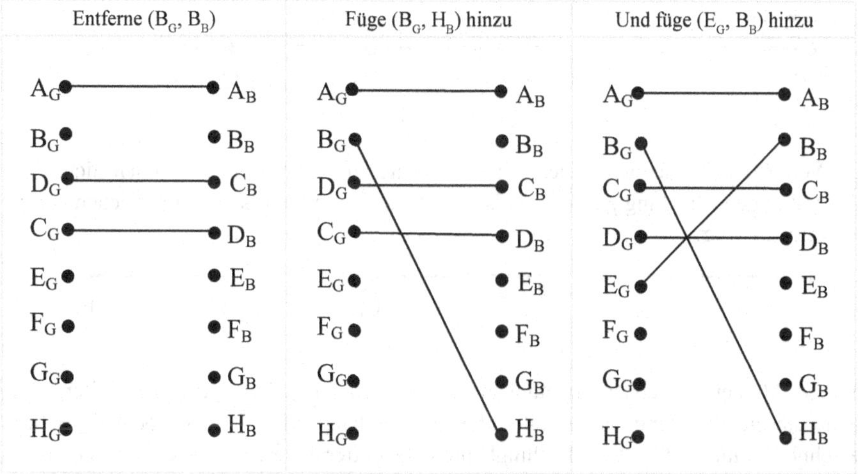

Nun zu unserer versprochenen Definition eines erweiternden bzw. alternierenden Weges:

Definition:
Sei G ein bipartiter, ungerichteter Graph und M ein Matching für G. Ein Weg ζ in G heißt *ein (für M) erweiternder Weg*, falls die folgenden Bedingungen erfüllt sind:

(i) Anfangs- und Endpunkt des Weges ζ gehören nicht zum Matching M.
(ii) die Kanten von ζ sind immer abwechselnd Element von M bzw. kein Element von M.

Grundsätzlich heißen Wege, die die Eigenschaft (ii) besitzen, *(M-)alternierende Wege.*

Wir werden jetzt versuchen, mit der Technik der alternierenden Wege unser Matching so weit wie möglich zu erweitern.

1. Wir suchen jetzt für F_G einen Partner. Es gibt keine Möglichkeit mehr, die noch »frei« ist. Wir nehmen also die erste vorhandene Kante, landen bei B_B und wir *müssen* sofort die bisherige Matchingkante von B_B nach E_G anschließen. (Wie gewonnen, so zerronnen).

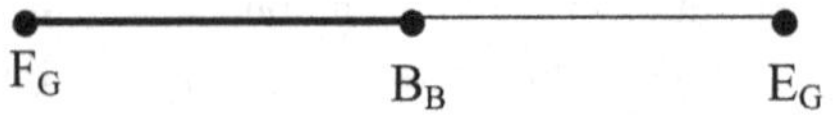

2. Auch von E_G aus gibt es keine Verbindungskante zu einem Punkt, der noch nicht zum Matching gehört. Es gibt aber Kanten, die von E_G ausgehen und die nicht zum Matching gehören – wir wählen die erstbeste. Der neue Endpunkt unseres Weges ist jetzt C_B, er gehört zum Matching-Graphen, wir müssen also die Kante, die zu C_G führt, anschließen.

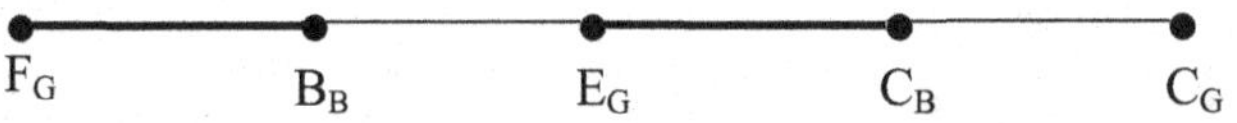

3. Vom Punkt C_G jedoch finden wir eine Kante zu einem Punkt, der noch nicht zum bisherigen Matching gehört – es ist der Punkt E_B und wir haben einen neuen erweiternden Weg:

Wieder können wir unser Matching nach der oben formulierten Regel erweitern. Ich gehe diesmal strikt meinen erweiternden Weg entlang. Wie Sie schon bemerkt haben, zeichne ich immer die alten Matchingkanten, die entfernt werden müssen, mit schmalem Stift und die neuen Kanten, die hinzugefügt werden, mit breitem Stift. Ich fasse unsere Änderungen zu drei Operationen zusammen:

Füge (F_G, B_B) hinzu und entferne (B_B, E_G).	Füge (E_G, C_B) hinzu und entferne (C_B, C_G).	Und füge (C_G, E_B) hinzu.
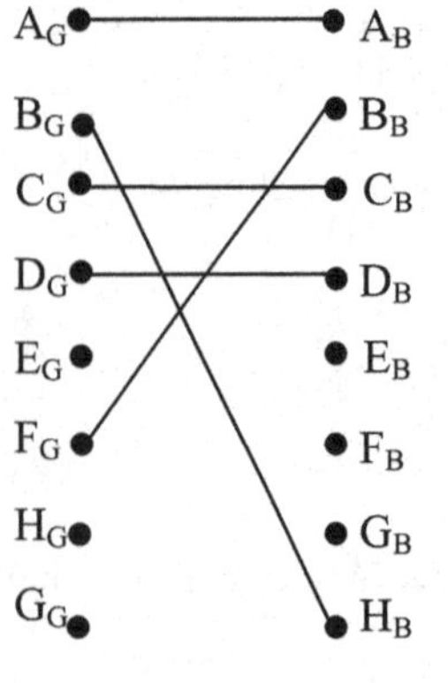	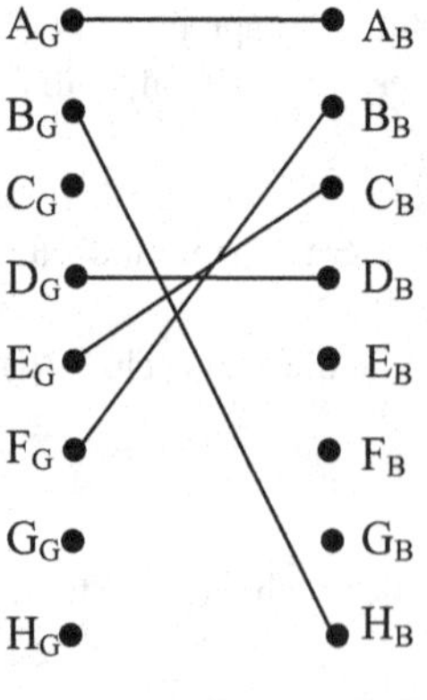	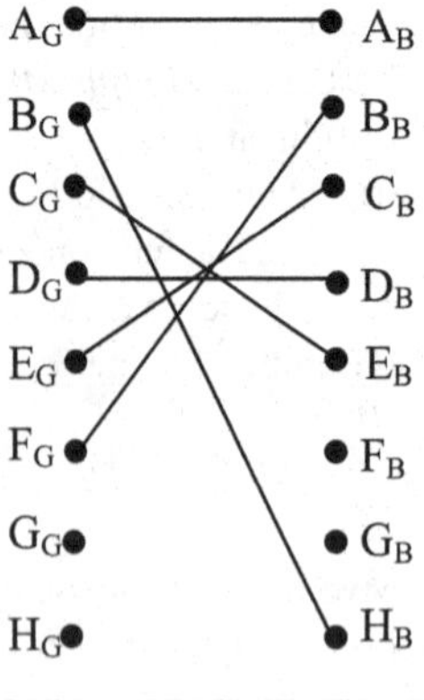

Unsere Matrix sieht mittlerweile folgendermaßen aus:

	A_B	B_B	C_B	D_B	E_B	F_B	G_B	H_B
A_G	**1**	0	0	0	1	1	1	1
B_G	0	1	1	0	0	0	0	**1**
C_G	0	0	1	0	**1**	1	1	0
D_G	0	0	0	**1**	0	0	0	1
E_G	0	1	**1**	1	0	0	0	0
F_G	0	**1**	0	1	0	0	0	0
G_G	**1**	1	1	1	0	0	0	0
H_G	0	1	1	1	0	0	0	0

Den Knoten G_G erledigen wir »im Vorübergehen«:

1. Die erste vorhandene Kante, die von G_G ausgeht, landet bei A_B und wir *müssen* sofort die bisherige Matchingkante von A_B nach A_G anschließen.

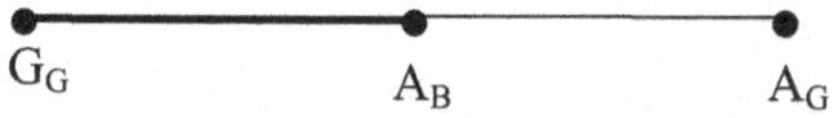

2. Und die Kante von A_G zum Knoten F_B, der noch nicht zum bisherigen Matching gehört, liefert uns einen erweiternden Weg.

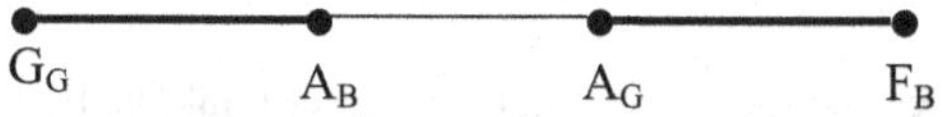

Matching und Matrix sehen jetzt folgendermaßen aus:

Füge (G_G, A_B) hinzu, entferne (A_B, A_G) und füge (A_G, F_B) hinzu.

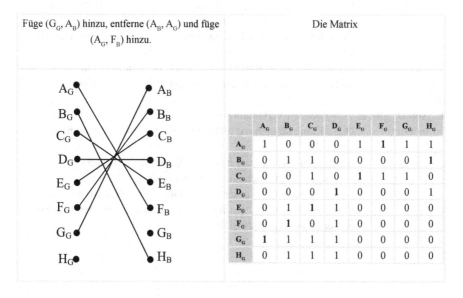

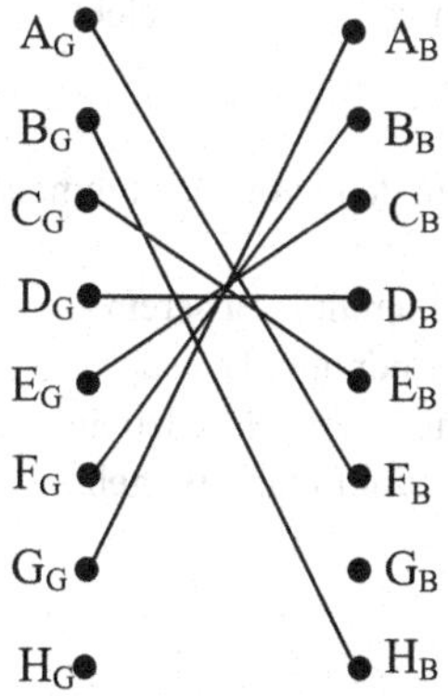

Die Matrix

	A_G	B_G	C_G	D_G	E_G	F_G	G_G	H_G
A_G	1	0	0	0	1	**1**	1	1
B_G	0	1	1	0	0	0	0	**1**
C_G	0	0	1	0	**1**	1	1	0
D_G	0	0	0	**1**	0	0	0	1
E_G	0	1	**1**	1	0	0	0	0
F_G	0	**1**	0	1	0	0	0	0
G_G	**1**	1	1	1	0	0	0	0
H_G	0	1	1	1	0	0	0	0

Jetzt ist die spannende Frage: Können wir auch den letzten Punkt mit einem Partner versorgen? Finden wir noch einen weiteren erweiternden Weg? Wir gehen ein klein wenig anders vor als bisher: Wir prüfen bei jedem Schritt jeweils alle vorhanden Möglichkeiten:

1. Vom Punkte H_G aus gibt es drei Kanten: einen zu B_B, einen zu C_B und einen zu D_B. Alle diese Punkte gehören bereits zu unserem bisher gefundenen Matching und ich füge die entsprechenden Matchingkanten gleich mit hinzu. Wir erhalten folgenden Baum:

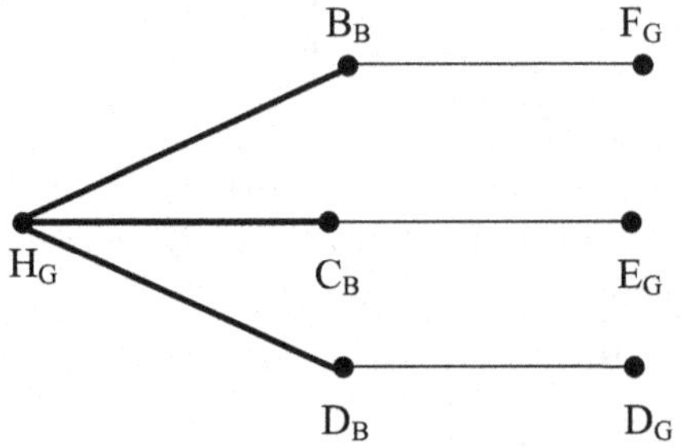

2. Von F_G gibt es die folgenden Verbindungskanten:
   zu B_B: Diese Kante können wir nicht nehmen, denn von B_B kommen wir gerade her.
   Zu D_B: Diese Kante können wir nicht nehmen, denn dieser Punkt ist bereits Teil des Baumes, wir haben ihn schon von H_G aus erreicht.

3. Von E_G gibt es die folgenden Verbindungskanten:
   zu B_B: Diese Kante können wir nicht nehmen, denn dieser Punkt ist bereits Teil des Baumes, wir haben ihn schon von H_G aus erreicht.
   zu C_B: Diese Kante können wir nicht nehmen, denn von C_B kommen wir gerade her.
   zu D_B: Diese Kante können wir nicht nehmen, denn dieser Punkt ist bereits Teil des Baumes, wir haben ihn schon von H_G aus erreicht.

4. Von D_G gibt es die folgenden Verbindungskanten:
   zu D_B: Diese Kante können wir nicht nehmen, denn von D_B kommen wir gerade her.
   zu H_B: Diese Kante können wir nehmen, sie kommt in unserem bisherigen Baum noch nicht vor. Der Endpunkt H_B ist allerdings schon Teil unseres Matchings. Wir schließen die Kante des Matchings, die von H_B aus zum Punkte B_G geht, gleich an und erhalten folgendes Bild:

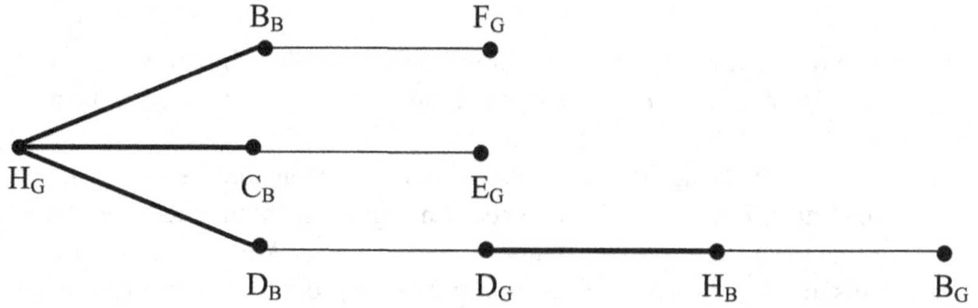

5. Es gibt nur noch einen Punkt, von dem aus eine Chance besteht, einen erweiternden Weg zu finden. Es ist der Punkt B_G. Von B_G gibt es die folgenden Verbindungskanten:

   zu B_B: Diese Kante können wir nicht nehmen, denn dieser Punkt ist bereits Teil des Baumes, wir haben ihn schon von H_G aus erreicht.

   zu C_B: Diese Kante können wir nicht nehmen, denn dieser Punkt ist bereits Teil des Baumes, wir haben ihn schon von H_G aus erreicht.

   zu H_B: Diese Kante können wir nicht nehmen, denn von HB kommen wir gerade her.

Das bedeutet: Von H_G aus gibt es keinen Weg, der unser Matching erweitert.

Genauer gesagt, haben wir zu H_G einen Baum konstruiert. Genau das bedeutet ja die Tatsache, dass wir Knoten, die bereits zu dem wachsenden Graphen gehörten, nicht mehr zugelassen haben – denn andernfalls hätten wir genau auf diese Weise Zyklen in diesem wachsenden Graphen erzeugt. Die Wege in diesem Baum waren alternierend. Wir werden diese Konstruktion gleich verallgemeinern.

Das Bild 19-4 sagt uns auch bei genauer Prüfung, warum es nicht möglich ist, ein Matching zu finden, das sämtliche Punkte des Graphen enthält:

Die *fünf* Mädchen *H*elena, *F*lorence, *E*va, *D*ominique und *B*arbara mögen nur vier Jungens, nämlich *B*oris, *C*arsten, *D*aniel und *H*ugo. Wenn getanzt wird und wirklich jedes Mädchen darauf besteht, nur mit einem Jungen zu tanzen, der ihr sympathisch ist, muss immer eine dieser fünf jungen Damen ohne Partner bleiben.

Jetzt haben Sie alle drei Situationen kennen gelernt, in die man bei der Arbeit mit diesem Algorithmus geraten kann: Zunächst kann man ohne Probleme Knoten einander zuordnen, dann muss man mit Hilfe erweiternder Wege bereits getroffene Zuordnungen revidieren, um das Matching erweitern zu können und schließlich sieht man mit Hilfe eines Baums, dass das Matching nicht mehr erweitert werden kann.

Alles das behaupte ich natürlich bisher nur, wir kümmern uns sofort um die Beweise. Um den Ungarischen Algorithmus exakt formulieren zu können, muss man das Vorgehen mit den Bäumen einbeziehen, wir brauchen dazu einige Definitionen:

Definition:
Es sei G ein bipartiter, ungerichteter Graph. M sei ein Matching für G.
(i) Ein *(M-) alternierender Baum* in G besteht nur aus (M-) alternierenden Wegen.
(ii) Sei X ein Punkt G, der nicht zu dem Matching M gehört. Es sei T ein gerichteter Baum mit Wurzel X, dessen zugeordneter ungerichteter Graph T_u ein (M-) alternierender Baum ist. Falls T keinen Weg enthält, dessen Entsprechung in Tu ein erweiternder Weg ist und falls T auch nicht dementsprechend erweitert werden kann, heißt T *Ungarischer Baum*, X nennt man einen *Ungarischen Punkt*.
(iii) Sei X ein Punkt G, der nicht zu dem Matching M gehört. Es sei T ein gerichteter Baum mit Wurzel X, dessen zugeordneter ungerichteter Graph T_u ein (M-) alternierender Baum ist. Falls T einen Weg enthält, dessen Entsprechung in T_u ein erweiternder Weg ist, heißt T *Erweiternder Baum.*

Nun also zur Definition des Ungarischen Algorithmus und seiner genaueren Prüfung.

19.2 Der Ungarische Algorithmus

Der Algorithmus scheint mir kompliziert genug, um seine Beschreibung schrittweise aufzubauen. Betrachten Sie dazu eine erste Version.

Der Ungarische Algorithmus zur Konstruktion eines maximalen Matchings in einem bipartiten, ungerichteten Graphen G mit den disjunkten Knotenmengen V_1 und V_2 (Erste Version):

Ausgangslage:
Es sei G(V, E, Ψ) ein bipartiter, ungerichteter Graph. Es sei $V = V_1 \cup V_2$, $V_1 \neq \{\}$, $V_2 \neq \{\}$, $V_1 \cap V_2 = \{\}$ und jede Kante aus E verbindet ein Element aus V_1 mit einem Element aus V_2.
Es sei Adjazenz(i, j) die Adjazenzmatrix von G.
Es sei VorgängerVonKnotenInV_1(i) die Tabelle der Vorgänger der Knoten aus V_1 in einem erweiternden Baum und VorgängerVonKnotenInV_2(i) die entsprechende Tabelle der Vorgänger der Knoten aus V_2.

Mache die folgende Verarbeitung Schleife_01 für jeden Punkt A_1 aus V_1
{
Falls für A1 ein erweiternder Weg gefunden werden kann, erweitere das Matching entsprechend diesem Weg für den Punkt A1, andernfalls kennzeichne ihn als ungarisch.
}
Das gefundene Matching ist maximal.

Nun ist zunächst die Frage zu klären:
Wie suche und konstruiere ich meinen erweiternden bzw. ungarischen Baum?
Dazu verteile ich die oben erwähnten Aufgaben auf zwei Funktionen:

Der Ungarische Algorithmus zur Konstruktion eines maximalen Matchings in einem bipartiten, ungerichteten Graphen G mit den disjunkten Knotenmengen V_1 und V_2 (Zweite Version, Änderungen sind hervorgehoben):

Ausgangslage:
Es sei G(V, E, Ψ) ein bipartiter, ungerichteter Graph. Es sei $V = V_1 \cup V_2$, $V_1 \neq \{\}$, $V_2 \neq \{\}$, $V_1 \cap V_2 = \{\}$ und jede Kante aus E verbindet ein Element aus V_1 mit einem Element aus V_2.
Es sei Adjazenz(i, j) die Adjazenzmatrix von G.
Es sei Matching(i,j) die zu konstruierende Matchingtabelle, in der nur noch die Kanten des konstruierten Matchings stehen.
Es sei VorgängerVonKnotenInV_1(i) die Tabelle der Vorgänger der Knoten aus V_1 in einem erweiternden Baum und VorgängerVonKnotenInV_2(i) die entsprechende Tabelle der Vorgänger der Knoten aus V_2.

Mache die folgende Verarbeitung Schleife_01 für jeden Punkt A_1 aus V_1
{
Falls die Verarbeitung
  FindeErweiterndenWeg(A_1, A_2)
einen Erfolg meldet, ist der gleichzeitig zurückgemeldete Punkt A_2 der Endpunkt des erweiternden Weges zum Startpunkt A_1. In diesem Falle erfolgt der Aufruf der Verarbeitung
  ErweitereMatching(A_2)
in der das Matching entsprechend den Angaben in den Vorgängertabellen, die den gefundenen erweiternden Weg repräsentieren, erweitert wird.
}

Das gefundene Matching ist maximal.

Nun muss ich mir die folgenden Dinge klar machen:

(i) Adjazenz(i, j) ist die vorgegebene Matrix, in der die Kanten von G stehen. Die Zeilen der Matrix repräsentieren die Knoten aus V_1, die Spalten der Matrix repräsentieren die Knoten aus V_2.

(ii) Matching(i,j) ist eine Matrix, die nach derselben Logik aufgebaut ist wie Adjazenz (i,j), sie wird am Ende des Algorithmus die Kanten eines maximalen Matchings enthalten.

(iii) Falls eine Erweiterung des Matchings möglich ist, benötigt man einen alternierenden Weg. Diesen Weg erhalten wir als gerichteten Graphen, der Anfangspunkt dieses Weges ist der Knoten A_1 in V_1, für den eine Erweiterung gesucht wird, der Endpunkt dieses Weges ist ein Knoten E_2 in V_2, der bisher noch nicht zum Matching gehört. Dieser erweiternde Weg wird durch zwei Informationen gespeichert und rekonstruiert:

a. Durch die Angabe des Endpunktes E_2 und
b. Durch die Angaben in den Vorgängertabellen VorgängerVonKnotenInV_1(i) und VorgängerVonKnotenInV_2(i)

Beispielsweise würde der alternierende Weg

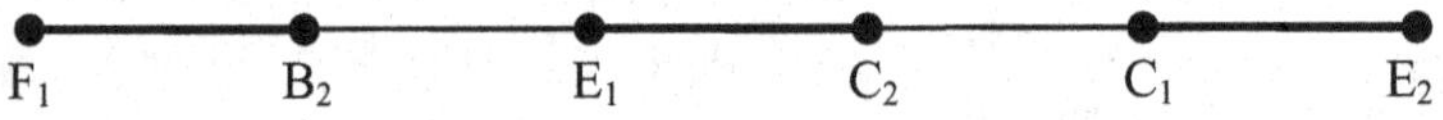

aus unserem obigen Beispiel folgendermaßen wiedergegeben:
Endpunkt: E_2
VorgängerVonKnotenInV_2(E_2) = C_1
VorgängerVonKnotenInV_1(C_1) = C_2
VorgängerVonKnotenInV_2(C_2) = E_1
VorgängerVonKnotenInV_1(E_1) = B_2
VorgängerVonKnotenInV_2(B_2) = F_1

(iv) Falls ein Knoten in diesen Vorgängertabellen einen Vorgänger hat oder falls er als Vorgänger in diesen Tabellen genannt wird, gehört er zum (wachsenden) Baum.

(v) Damit kann man die Routine *FindeErweiterndenWeg(A_1, A_2)* folgendermaßen beschreiben:
FindeErweiterndenWeg(A_1, A_2)
{
Ich suche zunächst einen Knoten X_2 in V_2, der noch nicht zum Matching gehört und der im Graphen G mit A_1 verbunden ist. Falls ich so einen Knoten X_2 finde, setze ich
- $A_2 = X_2$
- VorgängerVonKnotenInV_2(A_2) = A_1

und verlasse die Routine mit Rückmeldung *erweiternd.*
Andernfalls suche ich einen Knoten X_2 in V_2, der noch nicht zum Baum gehört und der im Graphen G mit A_1 verbunden ist. Falls ich so einen Knoten finde, setze ich
- $A_2 = X_2$
- VorgängerVonKnotenInV_2(A_2) = A_1
- A_1 = Matchingpartner von A_2 (findet man aus der Matrix Matching(i,j)
- VorgängerVonKnotenInV_1(A_1) = A_2

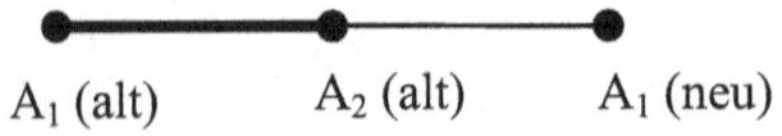

Anschließend wird rekursiv wieder die Routine FindeErweiterndenWeg(A_1, A_2) mit dem neuen Partnersucher A_1 aufgerufen. Mit der Rückmeldung dieses Aufrufs wird die Routine verlassen.
Falls es unter den Knoten, die im Graphen mit A_1 verbunden sind, keinen gibt, der noch nicht zum Matching gehört, oder falls er zum Matching gehört, aber wenigstens noch nicht zum wachsenden Baum gehört, wird die Routine mit der Meldung »ungarisch« d.h. kein Erfolg verlassen.

}

Wir erhalten:

Der Ungarische Algorithmus zur Konstruktion eines maximalen Matchings in einem bipartiten, ungerichteten Graphen G mit den disjunkten Knotenmengen V_1 und V_2 (Dritte Version, Änderungen sind hervorgehoben):

Ausgangslage:
Es sei G(V, E, Ψ) ein bipartiter, ungerichteter Graph. Es sei $V = V_1 \cup V_2$, $V_1 \neq \{\}$, $V_2 \neq \{\}$, $V_1 \cap V_2 = \{\}$ und jede Kante aus E verbindet ein Element aus V_1 mit einem Element aus V_2.
Es sei Adjazenz(i, j) die Adjazenzmatrix von G.
Es sei Matching(i,j) die zu konstruierende Matchingtabelle, in der nur noch die Kanten des konstruierten Matchings stehen.
Es sei VorgängerVonKnotenInV_1(i) die Tabelle der Vorgänger der Knoten aus V_1 in einem erweiternden Baum und VorgängerVonKnotenInV_2(i) die entsprechende Tabelle der Vorgänger der Knoten aus V_2.

Mache die folgende Verarbeitung Schleife_01 für jeden Punkt A_1 aus V_1
{
Falls die Verarbeitung
FindeErweiterndenWeg(A_1, A_2)
einen Erfolg meldet, ist der gleichzeitig zurückgemeldete Punkt A_2 der Endpunkt des erweiternden Weges zum Startpunkt A_1. In diesem Falle erfolgt der Aufruf der Verarbeitung
ErweitereMatching(A_2)
in der das Matching entsprechend den Angaben in den Vorgängertabellen, die den gefundenen erweiternden Weg repräsentieren, erweitert wird.
}

Das gefundene Matching ist maximal.

FindeErweiterndenWeg(A_1 , A_2)
{
Man sucht zunächst einen Knoten X_2 in V_2, der noch nicht zum Matching gehört und der im Graphen G mit A_1 verbunden ist. Falls man so einen Knoten X_2 findet, setzt man

- **$A_2 = X_2$**
- **VorgängerVonKnotenInV$_2$(A_2) = A_1**

und verlasse die Routine mit Rückmeldung *erweiternd*.

Andernfalls sucht man einen Knoten X_2 in V_2, der noch nicht zum Baum gehört und der im Graphen G mit A_1 verbunden ist. Falls man so einen Knoten findet, setzt man

- **$A_2 = X_2$**
- **VorgängerVonKnotenInV$_2$(A_2) = A_1**
- **A_1 = Matchingpartner von A_2 (findet man aus der Matrix Matching(i,j)**
- **VorgängerVonKnotenInV$_1$(A_1) = A_2**

Es erfolgt rekursiver Aufruf FindeErweiterndenWeg(A_1 , A_2). Mit der Rückmeldung dieses Aufrufs wird die Routine verlassen.
Falls man solch einen Knoten X_2 nicht findet, wird die Routine mit der Meldung »ungarisch« d.h. kein Erfolg verlassen.
}

Nun muss ich noch klären:
Wie erweitere ich auf der Basis der Wurzelbaumstruktur mein Matching?
Die Routine ErweitereMatching(A_2) kann folgendermaßen beschrieben werden:

ErweitereMatching(A_2)
{
Denken Sie daran: A_2 ist der Endpunkt meines erweiternden Weges. Ich kann eine fußgesteuerte Schleife programmieren:

Tue das folgende
{
  X_1 = VorgängerVonKnotenInV$_2$(A_2)
  Füge die Kante zwischen X_1 und A_2 zum Matching hinzu
  Falls X_1 noch einen Vorgänger Y_2 hat, setze $A_2 = Y_2$ und lösche die Kante zwischen X_1 und A_2 aus dem bisherigen Matching
}
Solange, bis X_1 keinen Vorgänger mehr hat

Ich illustriere diesen Algorithmus an unserem obigen Beispiel:

Gegeben:

Mit:
Endpunkt: E_2
VorgängerVonKnotenInV$_2$(E_2) = C_1
VorgängerVonKnotenInV$_1$(C_1) = C_2
VorgängerVonKnotenInV$_2$(C_2) = E_1
VorgängerVonKnotenInV$_1$(E_1) = B_2
VorgängerVonKnotenInV$_2$(B_2) = F_1

Dieser alternierende Weg würde folgendermaßen verarbeitet:

Setze $A_2 = E_2$
1. Schleifendurchlauf:
   Setze X_1 = VorgängerVonKnotenInV$_2$($A_2 = E_2$) = C_1
   Füge die Kante zwischen $X_1 = C_1$ und E_2 zum Matching *hinzu*
   Setze schließlich A_2 = VorgängerVonKnotenInV$_1$($X_1 = C_1$) = C_2 und *lösche* die Kante zwischen $X_1 = C_1$ und $A_2 = C_2$ aus dem bisherigen Matching
2. Schleifendurchlauf:
   Setze X_1 = VorgängerVonKnotenInV$_2$($A_2 = C_2$) = E_1
   Füge die Kante zwischen $X_1 = E_1$ und $A_2 = C_2$ zum Matching *hinzu*
   Setze schließlich A_2 = VorgängerVonKnotenInV$_1$($X_1 = E_1$) = B_2 und *lösche* die Kante zwischen $X_1 = E_1$ und $A_2 = B_2$ aus dem bisherigen Matching
3. Schleifendurchlauf:
   Setze X_1 = VorgängerVonKnotenInV$_2$($A_2 = B_2$) = F_1
   Füge die Kante zwischen $X_1 = F_1$ und $A_2 = B_2$ zum Matching *hinzu.*
   $X_1 = F_1$ hat keinen Vorgänger mehr, der Algorithmus bricht ab.

Wir erhalten abschließend:

Der Ungarische Algorithmus zur Konstruktion eines maximalen Matchings in einem bipartiten, ungerichteten Graphen G mit den disjunkten Knotenmengen V_1 und V_2:

Ausgangslage:
Es sei G(V, E, Ψ) ein bipartiter, ungerichteter Graph. Es sei $V = V_1 \cup V_2$, $V_1 \neq \{\}$, $V_2 \neq \{\}$, $V_1 \cap V_2 = \{\}$ und jede Kante aus E verbindet ein Element aus V_1 mit einem Element aus V_2.
Es sei Adjazenz(i, j) die Adjazenzmatrix von G.
Es sei Matching(i,j) die zu konstruierende Matchingtabelle, in der nur noch die Kanten des konstruierten Matchings stehen.
Es sei VorgängerVonKnotenInV$_1$(i) die Tabelle der Vorgänger der Knoten aus V_1 in einem erweiternden Baum und VorgängerVonKnotenInV$_2$(i) die entsprechende Tabelle der Vorgänger der Knoten aus V_2.

Mache die folgende Verarbeitung Schleife_01 für jeden Punkt A_1 aus V_1

{

Falls die Verarbeitung

FindeErweiterndenWeg(A_1, A_2)

einen Erfolg meldet, ist der gleichzeitig zurückgemeldete Punkt A_2 der Endpunkt des erweiternden Weges zum Startpunkt A_1. In diesem Falle erfolgt der Aufruf der Verarbeitung

ErweitereMatching(A_2)

in der das Matching entsprechend den Angaben in den Vorgängertabellen, die den gefundenen erweiternden Weg repräsentieren, erweitert wird.

}

Das gefundene Matching ist maximal.

FindeErweiterndenWeg(A_1, A_2)

{

Man sucht zunächst einen Knoten X_2 in V_2, der noch nicht zum Matching gehört und der im Graphen G mit A_1 verbunden ist. Falls man so einen Knoten X_2 findet, setzt man

- $A_2 = X_2$
- VorgängerVonKnotenInV_2(A_2) = A_1

und verlasse die Routine mit Rückmeldung *erweiternd*.

Andernfalls sucht man einen Knoten X_2 in V_2, der noch nicht zum Baum gehört und der im Graphen G mit A_1 verbunden ist. Falls man so einen Knoten findet, setzt man

- $A_2 = X_2$
- VorgängerVonKnotenInV_2(A_2) = A_1
- A_1 = Matchingpartner von A_2 (findet man aus der Matrix Matching(i,j)
- VorgängerVonKnotenInV_1(A_1) = A_2

Es erfolgt rekursiver Aufruf FindeErweiterndenWeg(A_1, A_2). Mit der Rückmeldung dieses Aufrufs wird die Routine verlassen.

Falls man solch einen Knoten X_2 nicht findet, wird die Routine wird mit der Meldung »ungarisch« d.h. kein Erfolg verlassen.

}

ErweitereMatching(A_2)

{

Tue das folgende

{

Setze X_1 = VorgängerVonKnotenInV_2(A_2)

Füge die Kante zwischen X_1 und A_2 zum Matching hinzu

Falls X_1 noch einen Vorgänger Y_2 hat, setze $A_2 = Y_2$ und lösche die Kante zwischen X_1 und A_2 aus dem bisherigen Matching

}

Solange, bis X_1 keinen Vorgänger mehr hat

}

19.3 Ein Beispiel – zwei Matchings

Ehe wir beweisen, dass dieser Algorithmus stets ein maximales Matching produziert, lassen Sie uns diesen Algorithmus noch mal an einem weiteren Beispiel durchsprechen. Betrachten Sie den folgenden bipartiten Graphen G mit den Mengen V_1 und V_2 :

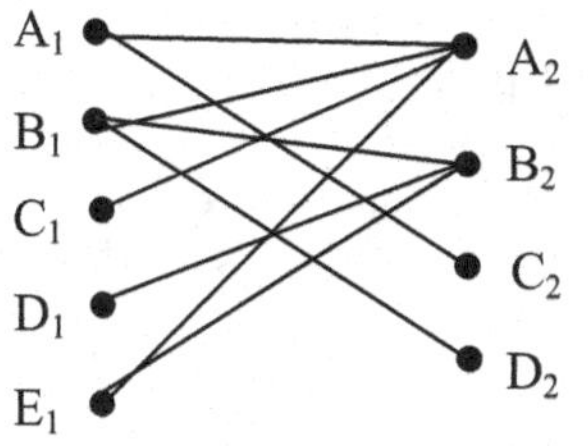

	A_2	B_2	C_2	D_2
A_1	1	0	1	0
B_1	1	1	0	1
C_1	1	0	0	0
D_1	0	1	0	0
E_1	1	1	0	0

Ein bipartiter Graph mit den Mengen
$V_1 = \{A_1, B_1, C_1, D_1, E_1\}$ und
$V_2 = \{A_2, B_2, C_2, D_2\}$.

Bild 19-7 : Ein bipartiter Graph

Ich werde jetzt unseren Algorithmus zwei Mal ablaufen lassen, einmal werde ich die Punkte aus V_1 in der Reihenfolge A_1, B_1, C_1, D_1, E_1 verarbeiten und einmal in der Reihenfolge E_1, D_1, C_1, B_1, A_1. Wir werden verschiedene Matchings (und auch verschiedene ungarische Punkte) erhalten. Ihre gemeinsame Eigenschaft ist: Sie sind beide maximal.

<table>
<tr><th>Knoten</th><th>Baum</th><th>Matching</th></tr>
<tr><td>A_1</td><td>
</td><td>
<table>
<tr><th></th><th>A_2</th><th>B_2</th><th>C_2</th><th>D_2</th></tr>
<tr><td>A_1</td><td>**1**</td><td>0</td><td>1</td><td>0</td></tr>
<tr><td>B_1</td><td>1</td><td>1</td><td>0</td><td>1</td></tr>
<tr><td>C_1</td><td>1</td><td>0</td><td>0</td><td>0</td></tr>
<tr><td>D_1</td><td>0</td><td>1</td><td>0</td><td>0</td></tr>
<tr><td>E_1</td><td>1</td><td>1</td><td>0</td><td>0</td></tr>
</table>
</td></tr>
</table>

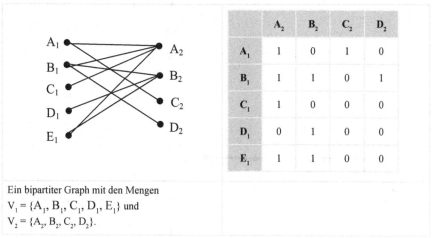

B_1

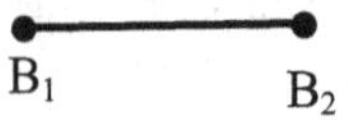

	A_2	B_2	C_2	D_2
A_1	**1**	0	1	0
B_1	1	**1**	0	1
C_1	1	0	0	0
D_1	0	1	0	0
E_1	1	1	0	0

C_1

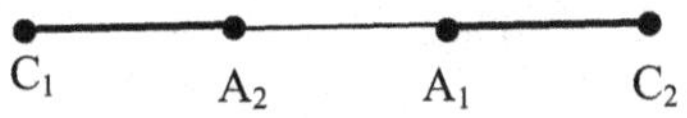

	A_2	B_2	C_2	D_2
A_1	1	0	**1**	0
B_1	1	**1**	0	1
C_1	**1**	0	0	0
D_1	0	1	0	0
E_1	1	1	0	0

D_1

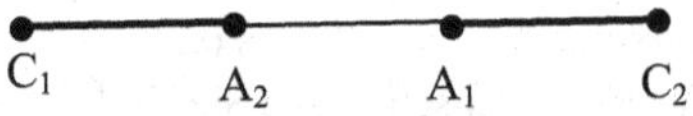

	A_2	B_2	C_2	D_2
A_1	1	0	**1**	0
B_1	1	1	0	**1**
C_1	**1**	0	0	0
D_1	0	**1**	0	0
E_1	1	1	0	0

E_1

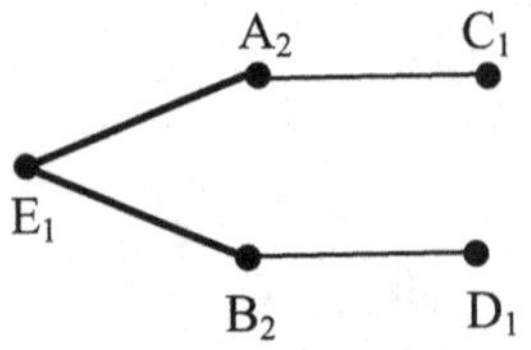

Das Matching bleibt unverändert.

Wir erhalten also das folgende Matching:

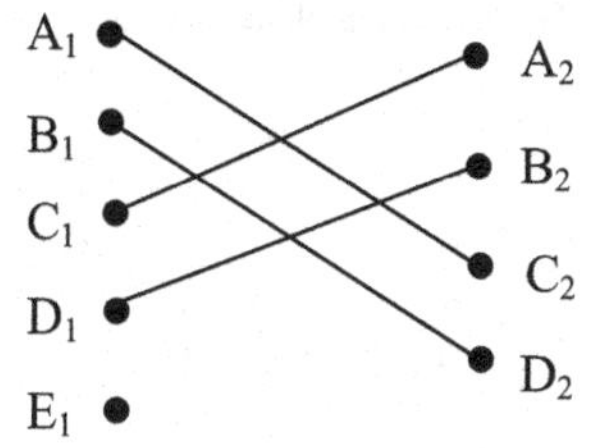

	A_2	B_2	C_2	D_2
A_1	1	0	**1**	0
B_1	1	1	0	**1**
C_1	**1**	0	0	0
D_1	0	**1**	0	0
E_1	1	1	0	0

Bild 19-8: Ein Matching für den Graph aus 19-7

Wenn wir dagegen in umgekehrter Reihenfolge vorgehen, sieht unser Resultat folgendermaßen aus:

Knoten	Baum	Matching

Knoten E_1

	A_2	B_2	C_2	D_2
A_1	1	0	1	0
B_1	1	1	0	1
C_1	1	0	0	0
D_1	0	1	0	0
E_1	**1**	1	0	0

Knoten D_1

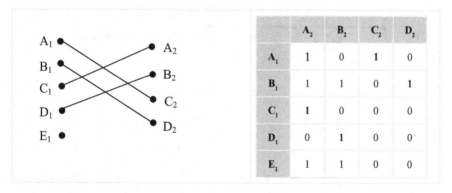

	A_2	B_2	C_2	D_2
A_1	1	0	1	0
B_1	1	1	0	1
C_1	1	0	0	0
D_1	0	**1**	0	0
E_1	**1**	1	0	0

C_1

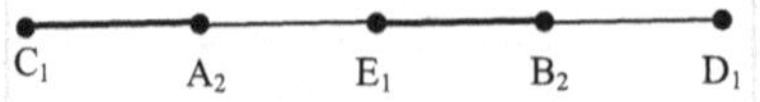

Das Matching bleibt unverändert.

B_1

	A_2	B_2	C_2	D_2
A_1	1	0	1	0
B_1	1	1	0	**1**
C_1	1	0	0	0
D_1	0	**1**	0	0
E_1	**1**	1	0	0

A_1

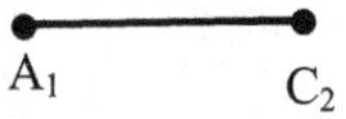

	A_2	B_2	C_2	D_2
A_1	1	0	**1**	0
B_1	1	1	0	**1**
C_1	1	0	0	0
D_1	0	**1**	0	0
E_1	**1**	1	0	0

Wir erhalten jetzt das folgende Matching:

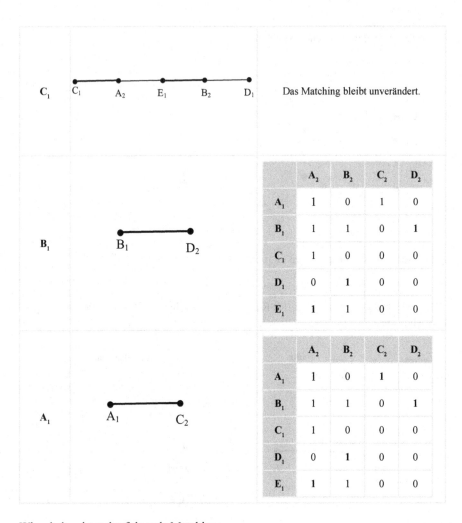

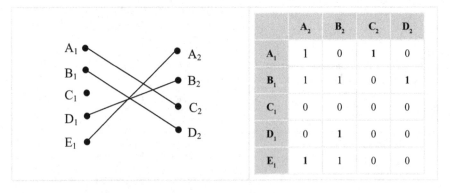

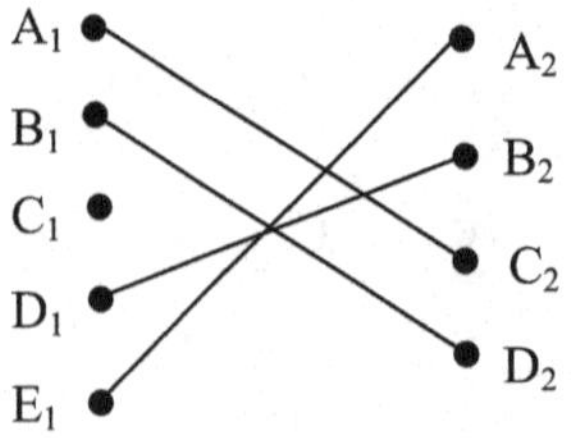

	A_2	B_2	C_2	D_2
A_1	1	0	**1**	0
B_1	1	1	0	**1**
C_1	0	0	0	0
D_1	0	**1**	0	0
E_1	**1**	1	0	0

Bild 19-9: Ein weiteres Matching für den Graph aus 19-7

Sie sehen also: Die Begriffe »ungarischer Punkt«, »ungarischer Baum«, »erweiternder Baum« sind nur im Zusammenhang mit einem gegebenen Matching sinnvoll. Ohne das ist ihre Definition ohne Bedeutung.

Wir wissen nun genug über den Algorithmus und werden jetzt beweisen, dass er stets ein maximales Matching erzeugt. Außerdem lernen wir den so genannten Heiratssatz von Hall kennen, der uns die Beurteilung von Matchingproblemen enorm erleichtert.

19.4 Nun wieder etwas Theorie

Ich beginne mit einigen wichtigen Tatsachen über alternierende Wege, die wir beim der Untersuchung des ungarischen Algorithmus brauchen werden.

> Satz 19.1
> $G = G(V, E, \Psi)$ sei ein bipartiter, ungerichteter Graph G mit disjunkten Knotenmengen V_1 und V_2 und $M = M(V_M, E_M, \Psi_M)$ ein Matching für G. Ein Weg ζ sei erweiternd.
> Dann gilt:
> ζ ist ein Baum, d. h. ζ ist zyklenfrei.

Beweis:
Der erweiternde Weg ζ führe von $X_1 \in V_1$ nach $X_2 \in V_2$. Wenn ich den Weg von X_1 nach X_2 Kante für Kante verfolge, stelle ich fest:

- In dieser Richtung verlasse ich Punkte aus V_1 immer mit einer Kante aus $E \setminus E_M$.
- In dieser Richtung komme ich bei Punkten aus V_1 immer mit einer Kante aus E_M an.
- In dieser Richtung komme ich bei Punkten aus V_2 immer mit einer Kante aus $E \setminus E_M$ an.
- In dieser Richtung verlasse ich Punkte aus V_2 immer mit einer Kante aus E_M.

Es folgt:

(i) In X_1 komme ich nie an, denn dafür bräuchte ich eine Kante aus E_M. So etwas gibt es nicht beim Startpunkt eines erweiternden Weges.

(ii) X_2 verlasse ich nie, denn auch dafür bräuchte ich eine Kante aus E_M. So etwas gibt es nicht beim Endpunkt eines erweiternden Weges.

(iii) Bei allen anderen Punkten des Weges müsste ich (mindestens) zweimal ankommen oder zweimal weggehen. Ich bräuchte also mindestens zwei Kanten aus E_M, die diesen Punkt als Eckpunkt haben würden. Das widerspricht der Definition des Matchings.

Damit ist dieser Satz bewiesen.

Folgende Verallgemeinerung dieses Satzes werden wir gleich auch noch brauchen:

Satz 19.2
$G = G(V, E, \Psi)$ sei ein bipartiter, ungerichteter Graph G mit disjunkten Knotenmengen V_1 und V_2 und $M = M(V_M, E_M, \Psi_M)$ ein Matching für G.
Dann gilt:
(i) Falls ζ ein M-alternierender Weg ist, der bei einem Punkt $X_1 \in V_1 \setminus V_M$ beginnt und bei einem Punkt $Y_1 \in V_1$ endet, ist ζ ein Baum, d.h. ζ ist zyklenfrei.
(ii) Falls ζ ein M-alternierender Weg ist, der bei einem Punkt $X_1 \in V_1 \cap V_M$ mit einer Kante aus E_M beginnt und bei einem Punkt $X_2 \in V_2$ endet, ist ζ ein Baum, d.h. ζ ist zyklenfrei.

Beweis:
Zu (i): Hier muss ich mich wegen Satz 19.1 nur noch um den Endpunkt dieses Weges kümmern. Da Y_1 in V_1 liegt, komme ich dort mit einer Kante aus E_M an. Sollte ich dort auf meinem Weg, der bei X_1 beginnt, schon einmal vorher gewesen sein, bräuchte ich bei Y_1 für die vormalige Ankunft eine weitere Kante aus E_M im Widerspruch zur Definition des Matchings. Zur Erinnerung: Beim Anfang X_1 kann ich wegen $X_1 \in V_1 \setminus V_M$ auf meinem M-alternierenden Weg nie mehr ankommen.

Zu (ii): Hier muss die Argumentation aus dem Beweis von Satz 19.1 »umkehren«:

Auf dem Weg von X_1 nach X_2 verlasse ich Punkte aus V_1 immer mit einer Kante aus E_M und erreiche ich Punkte aus V_1 immer mit einer Kante aus $E \setminus E_M$.

Auf dem Weg von X_1 nach X_2 erreiche ich Punkte aus V_2 immer mit einer Kante aus E_M und ich verlasse Punkte aus V_2 immer mit einer Kante aus $E \setminus E_M$.

Damit gilt: Wenn ich den Anfangspunkt $X_1 \in V_1$ nach dem Verlassen ein zweites Mal erreiche, muss ich ihn auch wieder verlassen, denn der Endpunkt X_2 ist ja in V_2. Das würde zwei verschiedene Matchingkanten bei X_1 erfordern im Widerspruch zur Definition des Matchings.

Da der Endpunkt X_2 in V_2 liegt, komme ich dort mit einer Kante aus E_M an. Sollte ich dort auf meinem Weg, der bei X_1 beginnt, schon einmal vorher gewesen sein, bräuchte ich bei X_2 für die vormalige Ankunft eine weitere Kante aus E_M im Widerspruch zur Definition des Matchings. Zur Erinnerung: Beim Anfang X_1 kann ich wegen $X_1 \in V_1$ auf meinem M-alternierenden Weg nie mehr ankommen.

Bei allen anderen Punkten des Weges müsste ich wieder mindestens zweimal ankommen und weggehen, bräuchte also mindestens zwei Matchingkanten an diesen Punkten, was der Definition des Matchings zuwider läuft.

Damit ist auch dieser Satz bewiesen.

Satz 19.3 *(Die Ungarische Methode produziert maximale Matchings)*
Sei $G = G(V, E, \Psi)$ ein bipartiter, ungerichteter Graph G mit disjunkten Knotenmengen V_1 und V_2. V sei endlich. Sei $M_U = M_U(V_U, E_U, \Psi_U)$ ein Matching, das mit dem ungarischen Algorithmus konstruiert wurde. Das bedeutet, dass jeder Punkt aus $V_1 \setminus V_U$ ein ungarischer Punkt ist. Dann gilt für alle Matchings $M = M(V_M, E_M, \Psi_M)$ von G:
$V_1 \cap V_U \subseteq V_1 \cap V_M \rightarrow V_1 \cap V_U = V_1 \cap V_M$
d.h. M_U ist maximal.

Beweis:
Wir führen einen Widerspruchsbeweis. Wir nehmen an, es gebe ein Matching $M = M(V_M, E_M, \Psi_M)$ und $V_1 \cap V_U \subseteq V_1 \cap V_M$, aber $V_1 \cap V_U \neq V_1 \cap V_M$.
$V_1 \cap V_M$ ist also größer als $V_1 \cap V_U$. Es sei $X_1 \in V_1 \cap V_U \setminus V_1 \cap V_M$.
Das gilt: X_1 ist für M_U ein ungarischer Punkt. Sonst hätte man ja M_U erweitern können.

Behauptung: Es gibt Wege mit beliebiger Anzahl von Kanten in G, genauer:

$\forall_{n \in N} \exists_{\text{Weg } \zeta \text{ in } G}$ [(ζ ist M_U-alternierend) $\wedge$ (ζ beginnt mit einer Kante $\notin M_U$) $\wedge$
$\wedge$ (ζ ist M-alternierend) $\wedge$ (ζ beginnt mit einer Kante $\in M$) $\wedge$
$\wedge$ (ζ verbindet X_1 mit einem Knoten $X(n)_2 \in V_2 \cap V_U$) $\wedge$
$\wedge$ (ζ besteht aus $2 \cdot n + 1$ Kanten)]

Beweis: (natürlich durch vollständige Induktion)
Der Satz ist wahr für n = 0:

- Es gibt eine Kante e aus dem Matching M, die X_1 mit $X(0)_2 \in V_2 \cap V_M$ verbindet.
- Es ist also $e \notin M_U$, aber $X(0)_2 \in V_2 \cap V_U$, andernfalls wäre die Kante e ein M_U-erweiternder Weg und X_1 wäre kein ungarischer Punkt.
- $\zeta = (e)$ besteht aus $2 \cdot 0 + 1 = 1$ Kante und ist von der geforderten Art.

Der Satz sei wahr für ein beliebiges $n \in N \setminus \{ 0 \}$:

Es sei also ζ ein Weg mit folgenden Eigenschaften:

- (ζ ist M_U-alternierend) $\wedge$ (ζ beginnt mit einer Kante $\notin M_U$)
- (ζ ist M-alternierend) $\wedge$ (ζ beginnt mit einer Kante $\in M$)
- ζ verbindet X_1 mit einem Knoten $X(n)_2 \in V_2 \cap V_U$
- ζ besteht aus $2 \cdot n + 1$ Kanten

Dann ist der Satz auch wahr für n + 1:

Da $X(n)_2 \in V_2 \cap V_U$ war, muss es eine Kante e mit $X(n)_2$ als Eckpunkt geben, die die folgenden Eigenschaften hat:

- $e \in M_U$
- $e \notin M$, denn nach Induktionsvoraussetzung ist die letzte Kante von ζ, mit der wir gerade bei $X(n)_2$ angekommen sind, aus M, aber nicht aus M_U gewesen. Es gibt aber bei $X(n)_2$ keine zweite Matchingkante aus M.

- Der andere Eckpunkt von e, ich nenne ihn $X(n+1)_1$, ist wieder in V_1 und kann wegen Satz 19.2 (i) – angewandt auf den M_U-alternierenden Weg (ζ , e) – nicht zu dem bisherigen Weg ζ gehören.

Da e und damit auch $X(n+1)_1$ zu M_U gehören, gehört $X(n+1)_1$ auch zu M und es gibt eine Kante f mit $X(n+1)_1$ als Eckpunkt, die die folgenden Eigenschaften hat:

- $f \in M$
- $f \notin M_U$, denn unser e, das aus M_U, aber nicht aus M war und damit verschieden von f, ist die einzige Matchingkante aus M_U mit $X(n+1)_1$ als Eckpunkt.
- Der andere Eckpunkt von f, ich nenne ihn $X(n+1)_2$, ist wieder in V_2 und kann wegen Satz 19.2 (ii) – angewandt auf den M-alternierenden Weg (ζ , e , f) – nicht zu dem bisherigen Weg (ζ , e) gehören.

Nun muss aber $X(n+1)_2$ aus M_U sein, denn sonst wäre (ζ , e , f) ein M_U-erweiternd für X_1 im Widerspruch zur Annahme. Damit erfüllt der Weg (ζ , e , f) alle Eigenschaften der Induktionsbehauptung.
Wir haben jetzt gezeigt: Unter der Annahme, dass in einem bipartiten, ungerichteten Graph G ein Matching, das mit dem ungarischen Algorithmus erstellt wurde, nicht maximal ist, hat G unendlich viele Kanten. Also sind in jedem endlichen, bipartiten, ungerichteten Graphen alle mit dem ungarischen Algorithmus erzeugten Machtings maximal.

q. e. d.

Definition:
Es sei $G = G(V, E, \Psi)$ ein bipartiter, ungerichteter Graph mit disjunkten Knotenmengen V_1 und V_2. Ein Matching $M = M(V_M, E_M, \Psi_M)$ heißt vollständig genau dann, wenn es für jeden Punkt aus V_1 einen Partner in V_2 gibt.

In dem Eingangsbeispiel mit den 8 Mädchen und Jungen konnten wir kein vollständiges Matching finden, denn fünf Mädchen { Barbara, Dominique, Eva, Florence, Helena } mochten nur vier Jungen { Boris, Carsten, Daniel, Hugo}. Diese notwendige Bedingung an die Existenz eines vollständigen Matchings können wir allgemein formulieren:

Satz 19.4
Es sei $G(V, E, \Psi)$ ein bipartiter, ungerichteter Graph mit disjunkten Knotenmengen V_1 und V_2. G besitzt nur dann ein vollständiges Matching, wenn gilt:
Jede Teilmenge $T \subseteq V_1$ ist mit mindestens $|T|$ Elementen aus V_2 verbunden.

Das Erstaunliche und Wichtige ist, dass diese Bedingung auch hinreichend für die Existenz eines vollständigen Matchings ist. Man bezeichnet diese Tatsache als den Satz von Hall und nennt ihn auch Heiratssatz:

Satz 19.5 *Heiratssatz von Hall*
Es sei $G(V, E, \Psi)$ ein endlicher, bipartiter, ungerichteter Graph mit disjunkten Knotenmengen V_1 und V_2. G besitzt genau dann ein vollständiges Matching, wenn gilt: Jede Teilmenge $T \subseteq V_1$ ist mit mindestens $|T|$ Elementen aus V_2 verbunden.

Zum Beweis, in dem ganz ähnlich wie im Beweis der Richtigkeit des Ungarischen Algorithmus argumentiert wird, verweise ich auf die weiterführende Literatur [Aigner].

Zum Abschluss dieses Kapitels zeige ich Ihnen wieder eine mögliche Programmierung des ungarischen Algorithmus, mit der ich auch alle meine Beispiele getestet habe:

19.5 Die Programmierung des Ungarischen Algorithmus

Wir beginnen wieder mit dem Klassenentwurf, diesmal für einen bipartiten Graphen. Die darunter stehenden Bemerkungen sollen Ihnen helfen, sich im Codedschungel zurecht zu finden:

```
enum back{ Erweiternd, Ungarisch };
enum V1V2 {V1,V2};

class CGraphBipartit
{
private:
        void Initialize();
        CGraphBipartit(void);
        void Copy(const CGraphBipartit & CopyThis);
        void Destroy();
        void LoadBeispiel(int nBeispiel);
        int m_nAnzahlKnotenInV1;
        int m_nAnzahlKnotenInV2;
        int * * m_ppAdjazenz;
        int * * m_ppMatching;
        int * m_pVorgaengerVonKnotenInV1;
        int * m_pVorgaengerVonKnotenInV2;
        back FindeErweiterndenWeg(int nStartInV1,
                                  int & nEndeInV2);
        void AdjustMatchingMatrix(int nEndeInV2);
```

```
        bool BereitsImMatching(int nIndexInV2);
        bool KnotenInV2BereitsImBaum(int nIndexV2);
        int matchingPartner(int nV1V2, int nIndexVi);
public:
        CGraphBipartit(int nVorlage);
        CGraphBipartit( const CGraphBipartit & CopyThis);
        void operator=(const CGraphBipartit & CopyThis);
        ~CGraphBipartit(void);
        void FindMatching(void);
        void DisplayMatching(void);
};
```

1. Der Datentyp `back` dient zur Typisierung der Rückmeldung der Methode `Baumerweiterung().`

2. Der Datentyp V1V2 wird nur in der Methode matchingPartner gebraucht. Der Parameter dieses Typs zeigt an, ob für einen Knoten aus V1 oder einen Knoten aus V2 der bereits ermittelte Matchingpartner gesucht wird.

3. `m_nAnzahlKnotenInV1` und `m_nAnzahlKnotenInV2` bedeuten genau das, was der Name der Variablen sagt: Sie geben die Mächtigkeiten von V1 und V2 an.

4. Sehr wichtig: Die Adjazenzmatrix wird nur für Einträge der Art
   `m_ppAdjazenz` [X1] [X2] mit X1 ∈ V1 und X2 ∈ V2
   geführt.

5. In der Matrix
   `m_ppMatching`[X1] [X2] mit X1 ∈ V1 und X2 ∈ V2
   werden dieKanten des ermittelten Matchings geführt.

6. Die Tabelle m_`pVorgaengerVonKnotenInV1` speichert bei der Suche nach erweiternden Wegen bzw. Bäumen für die Knoten aus V1 etwaige Vorgänger, analog speichert die Tabelle m_`pVorgaengerVonKnotenInV2` bei der Suche nach erweiternden Wegen bzw. Bäumen für die Knoten aus V2 etwaige Vorgänger.

7. Die öffentliche Methode `void FindMatching(void)` wird aufgerufen, um ein maximales Matching zu finden. In dieser Methode `FindMatching` wird jeder Knoten in V1 als potentieller Startpunkt `nStartInV1` eines erweiternden Weges gesetzt. Für jeden solchen Knoten wird dann die Methode
   `back FindeErweiterndenWeg(int nStartInV1,int & nEndeInV2)`
   aufgerufen, die für den Fall, dass „Erweiternd" zurückgemeldet wird, den Enpunkt des erweiternden Weges in dem variablen Parameter übergibt. Beachten Sie, dass – wie bereits oben diskutiert – es sich hier um eine rekursiv programmierte Funktion handelt.

8. In der Methode AdjustMatchingMatrix(int nEndeInV2) wird das bisher ermittelte Matching auf Grund des gefundenen erweiternden Weges angepasst und erweitert. Es wird dazu lediglich der Endpunkt des erweiternden Weges übergeben, die restlichen Informationen finden sich in den Vorgängertabellen m_pVorgaengerVonKnotenInV1 und m_pVorgaengerVonKnotenInV2

9. Die private Methode
   bool BereitsImMatching(int nIndexInV2)
   prüft, ob der Knoten nIndexInV2 aus V2 bereits zum Matching gehört.

10. Die private Methode
    bool KnotenInV2BereitsImBaum(int nIndexV2)
    prüft, ob der Knoten nIndexV2 aus V2 bereits zum bisher konstruierten erweiternden/ungarischen Baum gehört.

11. Die private Methode
    int matchingPartner(int nV1V2, int nIndexVi)
    liefert zu einem Knoten nIndexVi, der – je nach dem Wert von nV1V2 – aus V1 oder V2 ist, den (bereits ermittelten) Matchingpartner. Falls kein Partner existiert, wird – 1 zurückgegeben.

12. Die öffentliche Methode DisplayMatching() gibt das gefundene maximale Matching aus.

Betrachten Sie dazu einigen Quellcode. Zunächst die Methode FindMatching(void):

```
void CGraphBipartit::FindMatching(void)
{
        // Die Matchingtabelle wird intialisiert
        for (int nIndexV1 = 0;
                nIndexV1 < m_nAnzahlKnotenInV1; nIndexV1++)
        {
                for (int nIndexV2 = 0;
                nIndexV2 < m_nAnzahlKnotenInV2; nIndexV2++)
                {
                m_ppMatching[nIndexV1][nIndexV2] = 0;
                }
        }
                int nEndeInV2;

/* Jetzt wird jeder Knoten in V1 als
 Startpunkt eines erweiternden Weges betrachtet
 und es wird versucht einen erweiternden Weg zu
 konstruieren */
```

```
          for (int nStartInV1 = 0;
          nStartInV1 < m_nAnzahlKnotenInV1; nStartInV1++)
          {
  /*      Die Vorgaengertabelle für die Knoten aus V1
          wird initialisiert */
          for (int i= 0; i < m_nAnzahlKnotenInV1; i++)
                m_pVorgaengerVonKnotenInV1[i] = -1;

  /*      Die Vorgaengertabelle für die Knoten aus V2
          wird initialisiert */
          for (int i= 0; i < m_nAnzahlKnotenInV2; i++)
                m_pVorgaengerVonKnotenInV2[i] = -1;
          if
          (FindeErweiterndenWeg(nStartInV1,nEndeInV2)
                                          == Erweiternd)
                AdjustMatchingMatrix(nEndeInV2);
          }
  }
```

Und die rekursive Methode `FindeErweiterndenWeg(nStartInV1,nEndeInV2)` kann man folgendermaßen programmieren:

```
          back CGraphBipartit::FindeErweiterndenWeg(
                      int nStartInV1, int & nEndeInV2)
  {
          back Back = Ungarisch;
          /* Zunächst wird versucht, einen direkten
             Partner zu finden */
          for (int nIndexV2 = 0;
          (nIndexV2 < m_nAnzahlKnotenInV2) &&
                      (Back == Ungarisch); nIndexV2++)
          {
          if (!BereitsImMatching(nIndexV2) &&
                      m_ppAdjazenz[nStartInV1][nIndexV2])
                {
                nEndeInV2 = nIndexV2;
                m_pVorgaengerVonKnotenInV2[nIndexV2] =
                                          nStartInV1;
                Back = Erweiternd;
                }
          }
```

```
        if (Back == Erweiternd) return Back;

        /* Wenn kein direkter Partner gefunden wurde,
        wird versucht rekursiv einen erweiternden
        Weg, der aus mehr als einer Kante besteht,
        zu finden */

        for (int nIndexV2 = 0;
                (nIndexV2 < m_nAnzahlKnotenInV2) &&
                        (Back == Ungarisch); nIndexV2++)
        {
                if (!KnotenInV2BereitsImBaum(nIndexV2) &&
                        m_ppAdjazenz[nStartInV1][nIndexV2])
                {
                        nEndeInV2 = nIndexV2;
                        m_pVorgaengerVonKnotenInV2[nIndexV2]
                                        = nStartInV1;

                        nStartInV1 = matchingPartner
                                        (1,nIndexV2);
                        m_pVorgaengerVonKnotenInV1
                                [nStartInV1] = nIndexV2;

                        Back =
                FindeErweiterndenWeg(nStartInV1, nEndeInV2);
                }
        }
        return Back;
}
```

Die abschließende Erweiterung der Matchingmatrix gemäß dem gefundenen erweiternden Weg wird zu

```
void CGraphBipartit::AdjustMatchingMatrix(int nEndeInV2)
{
        int nPartnerInV1;
        do
        {
                nPartnerInV1 =
                m_pVorgaengerVonKnotenInV2[nEndeInV2];
                m_ppMatching[nPartnerInV1][nEndeInV2] = 1;
```

```
            if (m_pVorgaengerVonKnotenInV1[nPartnerInV1]
                                                    > -1)
            {
                  nEndeInV2 =
            m_pVorgaengerVonKnotenInV1[nPartnerInV1];
            m_ppMatching[nPartnerInV1][nEndeInV2] = 0;
            }
      }
      while(m_pVorgaengerVonKnotenInV1[nPartnerInV1]
                                              > -1);
}
```

Sie finden die vollständige Implementierung dieser Klasse zusammen mit einem Hauptprogramm, mit dem Sie den ungarischen Algorithmus testen können, im Netz unter der Adresse [SchuNet].

Übungsaufgaben

1. Aufgabe

Welche der folgenden Graphen sind bipartit, welche nicht? Begründen Sie Ihre Antwort mit der Definition eines bipartiten Graphen.

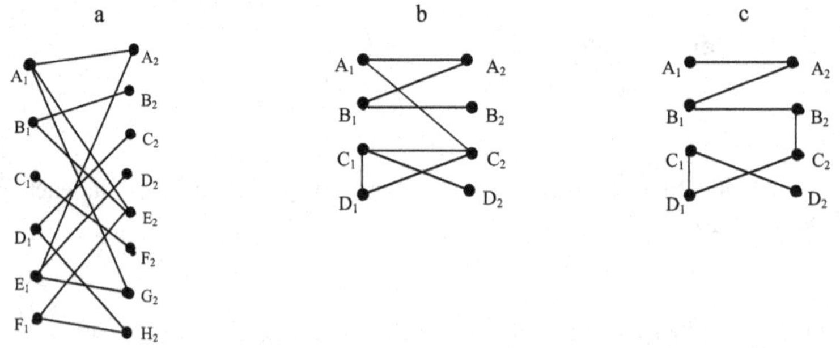

d Es sei V = { A, B, C, D}, E = {a, b, c, d} und Ψ: E → P(V) mit folgender Wertetabelle gegeben:

x	a	b	c	d
Ψ(x)	{A,B}	{B,C}	{C,D}	{A,D}

e Es sei V = { A, B, C, D, E }, E = {a, b, c, d, e} und Ψ: E → P(V) mit folgender Wertetabelle gegeben:

x	a	b	c	d	e
Ψ(x)	{A,B}	{B,E}	{D,E}	{C,D}	{A,C}

2. Aufgabe

Entscheiden Sie, ob die folgenden Aussagen über bipartite Graphen wahr oder falsch sind. Bei Falschheit geben Sie ein Gegenbeispiel, bei Wahrheit geben Sie einen Beweis.

a. Ein Graph, der einen Zyklus enthält, kann nicht bipartit sein.
b. Ein Graph, mit einem Zyklus, der aus 3 Kanten besteht, kann nicht bipartit sein.
c. Ein Graph, mit einem Zyklus, der aus 4 Kanten besteht, kann nicht bipartit sein.
d. Ein Graph, mit einem Zyklus, der aus 5 Kanten besteht, kann nicht bipartit sein.
e. Ein Graph, mit einem Zyklus, der aus einer ungeraden Anzahl von Kanten besteht, kann nicht bipartit sein.
f. Wenn es für ein Matching in einem bipartiten Graphen einen ungarischen Punkt gibt, dann gibt es kein Matching dieses Graphen ohne ungarische Punkte.
g. Wenn ein Punkt eines bipartiten Graphen für ein Matching M ein ungarischer Punkt ist, dann ist er für jedes andere Matching dieses Graphen ebenfalls ein ungarischer Punkt.

3. Aufgabe

Gegeben der folgende bipartite Graph G und ein Matching M.

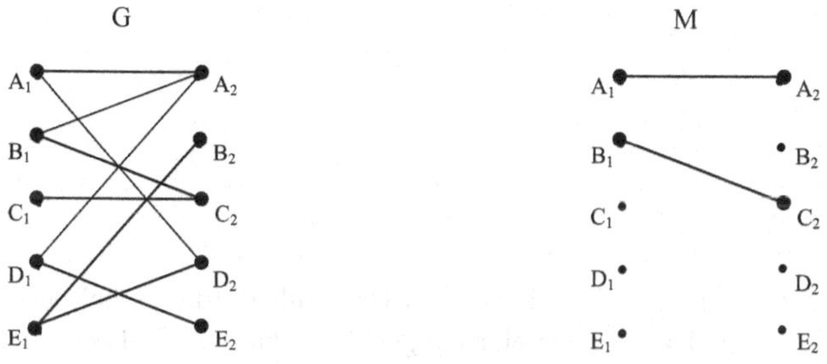

a. Finden Sie einen M erweiternden Weg, mit dem Sie den Punkt C_1 zu dem Matching M hinzufügen können.
b. Versuchen Sie, das Matching M zu vervollständigen.

4. Aufgabe

Betrachten Sie die folgenden 4 Matrizen von bipartiten Graphen und bearbeiten Sie sie mit dem ungarischen Algorithmus. Beginnen Sie die Suche nach einem maximalen Matching stets mit den bereits ausgewählten Kanten, die Sie an der fett gedruckten Darstellung erkennen können. Falls Ihr maximales Matching nicht vollständig ist, begründen Sie, warum es bei dieser Matrix nicht möglich ist, ein vollständiges Matching zu finden. Konstruieren Sie erweiternde Bäume, die Sie gegebenenfalls als ungarische Bäume nachweisen können.

a.

	a	b	c	d	e
A	**1**	1	0	0	0
B	0	1	0	**1**	0
C	0	0	**1**	0	1
D	1	1	1	0	0
E	1	0	0	0	0

c.

	a	b	c	d	e
A	**1**	0	1	0	0
B	1	**1**	0	1	1
C	1	0	0	0	0
D	0	1	0	0	0
E	1	0	1	0	0

b.

	a	b	c	d	e	f	g
A	0	0	**1**	1	1	0	0
B	0	**1**	0	1	0	1	0
C	0	0	1	0	**1**	0	0
D	0	1	0	0	1	**1**	0
E	0	0	0	**1**	0	0	0
F	0	0	1	1	0	1	0
G	1	0	0	0	0	0	1

d.

	a	b	c	d	e
A	1	0	1	0	0
B	1	**1**	0	1	1
C	1	0	0	0	0
D	0	1	0	0	0
E	**1**	0	1	0	0

5. Aufgabe

Begründen Sie mit Hilfe des Heiratssatzes von Hall, warum es bei den Graphen von Aufgabe 4 b, 4 c (und 4 d) keine vollständigen Matchings geben kann.

6. Aufgabe

Der vollständige bipartite Graph $K_{m,n}$ für zwei Punktemengen A mit | A | = m und B mit | B | = m ist als der bipartite Graph definiert, der jeden Punkt von A mit jedem Punkt von B durch eine Kante verbindet. Die folgende Grafik zeigt den Graphen $K_{2,3}$.

a. Wie viele Kanten hat $K_{m,n}$?
b. Wie viele Kanten hat ein maximales Matching?
c. Unter welchen Voraussetzungen gibt es ein vollständiges Matching?
d. Wie viele verschiedene maximale Matchings gibt es?

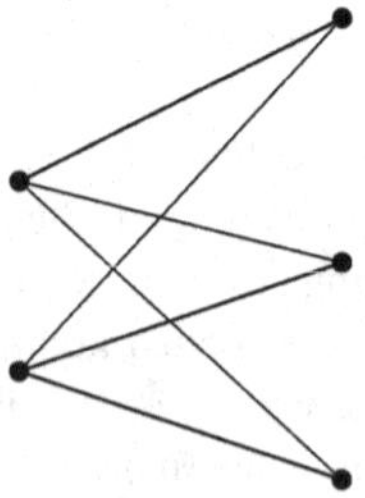

$K_{2,3}$

Laufzeiten und Komplexitäten, P und NP

20

In diesem Kapitel versuche ich, Sie ein wenig auf wichtige Diskussionen in der theoretischen Informatik vorzubereiten. Obwohl es ja in diesem Teil des Buches um Graphen, um Algorithmen, um diskrete Mathematik geht, brauchen wir auf einmal wieder dringend die Hilfe aus der Analysis und ich verweise Sie bei Unsicherheiten in Bezug auf die hier benutzten Begriffe auf das Kapitel mit dem Titel »Was Sie schon immer aus der Analysis wissen wollten, aber nie zu fragen wagten – eine kurze Nachricht von einem unserer wichtigsten Sponsoren« im Anhang dieses Buches.

20.1 Der Logarithmus, Polynome und die Exponentialfunktion

Kennen Sie in Ihren Vorlesungssälen noch Kreidetafeln? Oder arbeitet Ihre Dozentin oder Ihr Dozent mit Overhead-Folien oder mit einem Beamer? Ganz egal, wie Ihre Antwort lautet, es wird dafür eine Zeichen- oder Projektionsfläche benötigt, die ich in diesem Abschnitt grundsätzlich »Tafel« nenne.
Nun stellen Sie sich vor, auf dieser Tafel sollen Graphen von Funktionen gezeichnet werden. Verwirrenderweise meine ich jetzt nicht einen Graph im Sinne unserer letzten Kapitel sondern das Diagramm einer Funktion. Ich gebe Beispiele:

Betrachten Sie die Logarithmusfunktion:

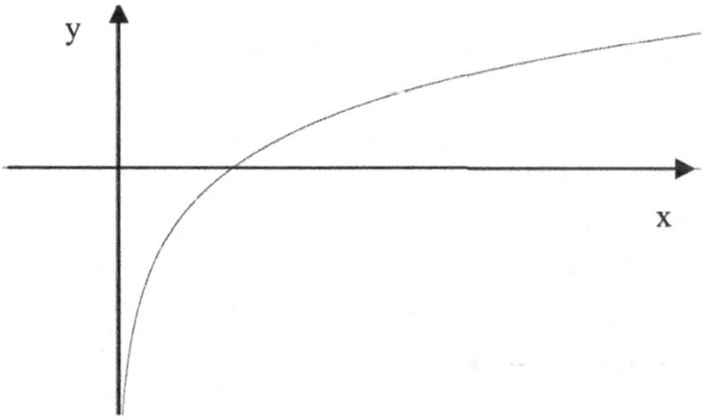

Bild 20-1: Der Graph der Logarithmusfunktion log(x)

Wenn Sie verlangen, dass sowohl die Differenz zwischen x = 1 und x = 2 als auch zwischen y = 1 und y = 2 auf der Tafel 1 cm betragen soll, dann muss – damit ich auf der y-Achse die Höhe 50 (also eine halben Meter) erhalte – diese Tafel ungefähr

$$5 \cdot 10^{16} \text{ km}$$

breit sein. Das ist ziemlich breit. Zum Vergleich: Die Entfernung von der Erde zum Mond schwankt zwischen 356410 km und 406740 km, liegt also im Bereich $3 \cdot 10^5$ km, unsere gesamte Milchstraße ist in der größeren breiten Ausdehnung etwa $9{,}5 \cdot 10^{17}$ km breit. Annähernd so viel Platz brauchen wir auch für die Breite unserer Tafel. Dabei wollen wir doch nur 50 Zentimeter in die Höhe kommen.

Betrachten Sie die Funktion $f(x) = \sqrt{x} = x^{1/2}$:

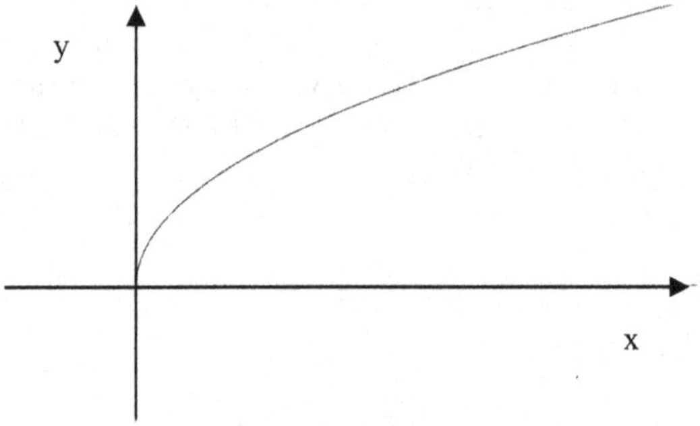

Bild 20-2: Der Graph der Quadratwurzelfunktion

Wenn Sie hier mit demselben Maßstab wie eben arbeiten, brauchen Sie für eine Höhe von 50 Zentimetern eine Tafelbreite von 25 Metern, das ist zumindest auf dem Campus der meisten Hochschulen darstellbar.

Betrachten Sie nun die Funktion $f(x) = x^2$:

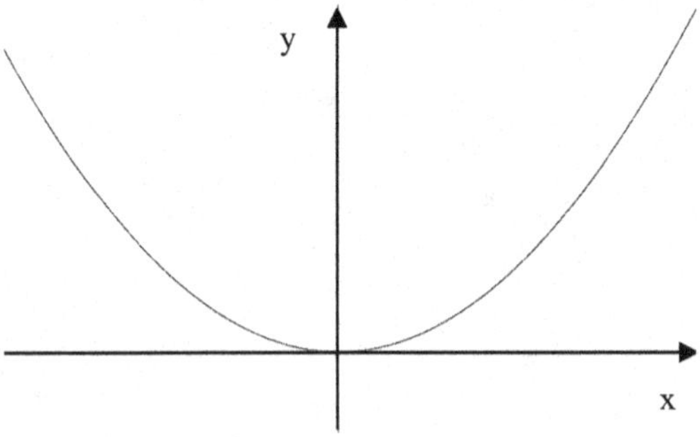

Bild 20-3: Der Graph der Funktion $f(x) = x^2$

Wenn Sie hier wieder mit demselben Maßstab wie eben arbeiten, brauchen Sie für die Werte einer Tafelbreite von den Werten von 0 bis 50 cm eine Höhe von 25 Metern. Das kann man auf den meisten Hochhäusern meiner Heimatstadt Frankfurt am Main bequem darstellen.

Betrachten Sie nun als letztes Beispiel die Funktion $f(x) = e^x$:

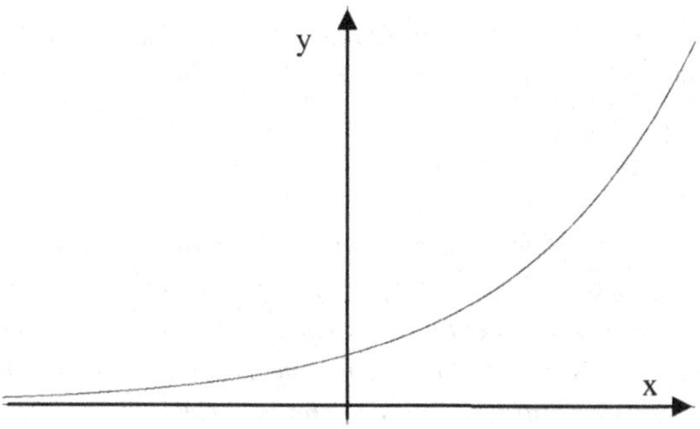

Bild 20-4: Der Graph der Funktion $f(x) = e^x$

Wenn Sie hier wieder mit demselben Maßstab wie eben arbeiten, brauchen Sie für die Werte einer Tafelbreite von Werten von 0 bis 50 cm in Richtung positiver x-Achse eine Höhe von etwa $5 \cdot 10^{16}$ km, die unsere Milchstraßengalaxie zerlegt.
Wenn wir die eben angestellten Betrachtungen etwas allgemeiner formulieren, dann können wir das beispielsweise folgendermaßen tun:

Satz 20.1
Sei $\varepsilon > 0$ fest und $f(x) = x^{\varepsilon}$. Dann gilt: f(x) wächst schneller als log(x), genauer:

$$\exists_{\zeta \in \mathbf{R}} \forall_{x \geq \zeta} \quad f(x) > \log(x)$$

Bedenken Sie, dass ε sehr klein sein kann, dann dauert es eine Weile, bis f(x) den Logarithmus überholt. Finden Sie selber eine Zahl ζ heraus, ab der $\log(x) < x^{0.1}$ ist.

Satz 20.2
Sei $n > 0$ fest und $f(x) = x^n$. Dann gilt: e^x wächst schneller als f(x), genauer:

$$\exists_{\zeta \in \mathbf{R}} \forall_{x \geq \zeta} \quad x^n < e^x$$

Ich hätte den Satz 20.2 natürlich auch mit dem Symbol ε aus Satz 20.1 formulieren können, aber ein ε symbolisiert in der Mathematik traditionsgemäß eine vergleichsweise sehr kleine Zahl und außerdem wollte ich, dass Ihnen so klar wie möglich wird: Ein Polynom kann einen beliebig großen Grad haben – es nützt ihm nichts, irgendwann wird es von e^x auf immer und ewig uneinholbar überholt.

20.2 Die Symbole von Paul Bachmann und Edmund Landau, gute und schlechte Algorithmen

»Wenn für T > 0 unter N(T) die Anzahl der Nullstellen (mehrfache mehrfach gezählt) verstanden wird, deren Ordinate zwischen 0 (exkl.) und T (inkl.) liegt, so ist

$$(1) \quad N(T) = \frac{1}{2\pi} T \log T - \frac{1 + \log(2\pi)}{2\pi} T + O(\log T)$$

Hierbei verstehe ich unter O(log T) eine Funktion von T, deren Quotient durch log T absolut genommen für alle T von einer gewissen Stelle an unterhalb einer festen Schranke liegt. Ich verstehe allgemein, wenn g(x) eine für alle reellen x von einem gewissen Werte an definierte und positive Funktion von x ist und f(x) eine von einem gewissen reellen x an definierte reelle oder komplexe Funktion von x, unter der Schreibweise

$$f(x) = O(g(x))$$

(sprich: O von g(x)), daß

$$\limsup_{x = \infty} \frac{|f(x)|}{g(x)}$$

endlich ist, d. h. daß es zwei Zahlen ξ und A gibt, für welche bei allen x ≥ ξ

$$|f(x)| < A\, g(x)$$

ist.«

Dies ist der Wortlaut der ersten Stelle in dem berühmten Buch »Handbuch der Lehre von der Verteilung der Primzahlen« von Edmund Landau, an der er das Symbol O(…) einführt. Dieses Buch stammt aus dem Jahre 1909, Landau wurde 1909 ordentlicher Professor der Mathematik an der Universität Göttingen und trug ganz entscheidend zu dem großartigen Ruf bei, den die mathematische Fakultät dieser Universität weltweit hatte. Es ist den Nationalsozialisten seinerzeit gelungen, diese Fakultät, bzw. ihre Stellung in der internationalen Wissenschaft zu zerstören, dazu gehörte auch die zwangsweise Emeritierung von Landau im Jahre 1933.
Bei der Textpassage, die ich eben zitiert habe, geht es um das heute wohl berühmteste ungelöste Problem der Mathematik, es geht um die so genannte Riemannsche Vermutung. Hier wird für eine bestimmte Funktion, die so genannte Riemannsche ζ-Funktion, eine Eigenschaft vermutet, mit deren Hilfe man die Verteilung von Primzahlen optimal abschätzen kann. Um solche »unregelmäßigen« Funktionen wie π(x) (d. i. die Anzahl der Primzahlen, die kleiner oder gleich x sind), irgendwie beschreiben zu können, greift man zum Hilfsmittel der Größenordnung. Das Symbol O(…), das sich dafür eingebürgert hat und das man auch zur Beschreibung des Laufzeitverhaltens von Algorithmen benutzt, nennt man *Landau-Symbol*, obwohl es offensichtlich – Landau selber weist darauf hin – bereits 1894 von dem deutschen Zahlentheoretiker Paul Bachmann in seinem Buch Analytische Zahlentheorie verwendet wurde. Es gibt noch andere Landau-Symbole zur Beschreibung des Wachstumsverhaltens einer Funktion, die uns aber hier nicht weiter interessieren.

Wir definieren in Übereinstimmung mit den Setzungen von Landau:

Definition:
Es sei $f : R \to R$ oder $f : R \to C$ eine reell- oder komplexwertige Funktion, weiter sei $g : R \to R$ reellwertig. Dann sagt man:

$f \in O(g)$ oder auch: $f(x) = O(g(x))$

genau dann, wenn gilt:

$$\exists_{\xi \in \mathbf{R}} \exists_{c > 0} \forall_{x \geq \xi} |f(x)| < c \cdot g(x) .$$

Das folgende Bild zeigt Ihnen eine Funktion $f \in O(x^2)$:

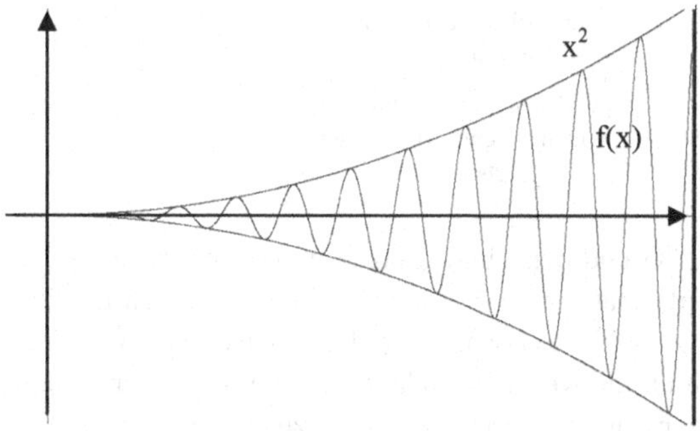

Bild 20-5: Der Graph einer Funktion $f(x) = O(x^2)$

Sie sollten die folgende anschauliche Vorstellung im Kopf haben:

$f \in O(g)$ bedeutet: f wächst höchstens so schnell wie g.

Betrachten Sie folgende kleine Übersicht von möglichen Wachstumsverhalten von Funktionen. Ich gebe Ihnen dazu auch gleich das korrespondierende Verhalten von einigen Algorithmen, die Sie sicher aus einer Informatikvorlesung kennen oder die Sie in einem der vielen Bücher über Datenstrukturen und Algorithmen [Sedge01], [Sedge02], [Saake], [Ott] nachschlagen können.

O(...)	Bedeutung	anschauliche Erklärung	Algorithmen mit entsprechendem Laufzeitverhalten
f(x) = O (log x)	f wächst höchstens so schnell wie der Logarithmus.	Es gibt eine Konstante C, sodass f(x) ungefähr um diese Konstante größer wird, wenn sich x verdoppelt (wegen log (2x) = log (2) + log (x)).	Binäre Suche in einer sortierten Liste mit x Elementen.
f(x) = O (x)	f hat höchstens ein lineares Wachstum.	f wächst ungefähr um das doppelte, wenn sich x verdoppelt.	Sequentielle Suche in einer unsortierten Liste mit x Elementen.
f(x) = O (x · log x)			Sortierung einer Liste mit x Elementen mit Quicksort.
$f(x) = O(x^2)$	f hat höchstens ein quadratisches Wachstum.	f wächst ungefähr um das vierfache, wenn sich x verdoppelt.	Sortierung einer Liste mit x Elementen mit Bubblesort.
$f(x) = O(2^x)$	f hat höchstens ein exponentielles Wachstum.	f wächst ungefähr um das doppelte, wenn x um 1 erhöht wird.	
f(x) = O(x!)	f hat höchstens ein faktorielles Wachstum.	f wächst ungefähr um das x-fache, wenn x-1 um 1 auf x erhöht wird.	

Wie Sie vielleicht schon selber auf Grund der Überlegungen im ersten Abschnitt vermutet haben, möchte man in der Informatik nur Algorithmen einsetzen, deren Laufzeit in Bezug zur Anzahl der betrachteten Objekte höchstens polynomial wächst, weil man sonst sehr schnell in Bereiche kommt, die weder im Rahmen unserer Lebenserwartung noch im Rahmen der Lebenserwartung unseres Planetensystems zu bearbeiten sind. Unter Laufzeit versteht man hier die Anzahl der Verarbeitungsschritte, die der entsprechende Algorithmus vorsieht.
Eines der bekanntesten Probleme, für die es bis heute nicht gelungen ist, einen Algorithmus zu finden, dessen Laufzeit in Bezug zur Anzahl der betrachteten Objekte höchstens polynomial wächst, ist das *Problem des Handlungsreisenden*, englisch *Travelling Salesman Problem* (TSP) genannt.

- Gegeben seien n Orte, jeder Ort i sei mit jedem anderen Ort j durch eine Strecke S[i] [j] verbunden. Gesucht ist eine Rundreise, auf der jeder Ort besucht wird und die minimale Länge hat.

Graphentheoretisch formuliert, heißt das:

- Gegeben ein ungerichteter, positiv bewerteter Graph mit n Knoten, in dem alle Knoten durch eine Kante miteinander verbunden sind. Gesucht ist ein Zyklus minimaler Länge, der jeden Knoten berührt.

Stellen Sie sich vor, Sie hätten einen Graphen mit 4 Knoten. Sie beginnen mit irgendeinem Knoten, sagen wir A. Dann haben Sie 3 verschiedene Möglichkeiten, zum nächsten Knoten zu gehen.

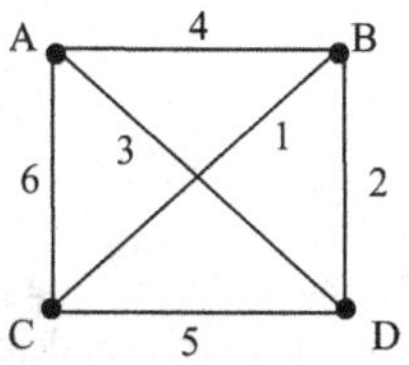

	1. Knoten	Länge
A	B	4
A	C	6
A	D	3

Es bleiben für Sie *jeweils* 2 verschiedene Möglichkeiten, zum nächsten Knoten zu gehen.

	1. Knoten	2. Knoten	Länge
A	B	C	5
A	B	D	6
A	C	B	7
A	C	D	11
A	D	B	5
A	D	C	8

Und nun bleibt jeweils genau eine Möglichkeit, die bisher gefundenen Wege zu einer Rundreise abzuschließen:

	1. Knoten	2. Knoten	3. Knoten	4. Knoten	Länge
A	B	C	D	A	13
A	B	D	C	A	17
A	C	B	D	A	12
A	C	D	B	A	17
A	D	B	C	A	12
A	D	C	B	A	13

Bei 4 Knoten erhalten wir also $(4 - 1)! = 6$ Möglichkeiten, bei 5 Knoten wären es $(5 - 1)! = 24$ Möglichkeiten, bei 10 Knoten hätten wir bereits 362 880 Möglichkeiten und bei 20 Knoten würden es $19! = 121\,645\,100\,408\,832\,000$ (sprich: 121 Billiarden 645 Billionen 100 Milliarden 408 Millionen 832 Tausend) verschiedene Rundwege geben. Wir sind hier sehr schnell bei einer Größenordnung angelangt, die die geschätzte Anzahl der Atome im bekannten Universum übersteigt. Dass bedeutet, dass auch eine künftige Generation nicht in der Lage sein wird, einen Supercomputer zu bauen, der alle diese verschiedenen Möglichkeiten erzeugen und überprüfen kann.

Man definiert wegen dieser Größenverhältnisse:

Definition:
Ein Problem, für das es keinen Algorithmus gibt, dessen Laufzeit in Bezug zur Anzahl der betrachteten Objekte höchstens polynomial wächst, sondern dessen Lösungsalgorithmen alle mindestens exponentielles Wachstum haben, heißt *algorithmisch unlösbar*.

Warnung: Niemand weiß bis heute, ob das Problem des Handlungsreisenden algorithmisch unlösbar ist, man hat aber bisher keinen Algorithmus mit polynomialer Laufzeit gefunden. Wir werden später in diesem Kapitel besprechen, dass eine definitive Antwort auf diese Frage in gewissem Sinne die zentrale Frage in der Theorie der Algorithmen ist und dass Ihnen für eine richtige Antwort 1 Million Dollar als Belohnung winken.

20.3 Ein kurzer Überblick über unsere bisherigen Algorithmen

Die gute Nachricht ist: Alle Algorithmen, die wir in den letzten Kapiteln besprochen haben, sind »gute« Algorithmen, die Anzahl der Verarbeitungsschritte in Abhängigkeit von der Anzahl der Knoten des Graphen ist polynomial abschätzbar. Im Einzelnen:

Satz 20.3
Es sei G ein Graph mit n Knoten. Dann ist die Laufzeit des Algorithmus von Euler zur Konstruktion eines Eulerzyklus aus der Klasse $O(n^3)$.

Beweis:
Wir nehmen die denkbar schlechteste Situation an: Bei jedem der $n-1$ Schleifendurchläufe müssen wir den gesamten bisher konstruierten Weg durchsuchen, um einen Punkt für den Breakout zu finden. Ein Knoten eignet sich dann für einen Breakout, wenn von ihm Kanten ausgehen, die noch nicht benutzt wurden. Das kann beim k-ten Punkt höchstens $k \cdot (n-1)$ Schritte erfordern. Mit Satz 3.2 erhalten wir insgesamt:

$$(n-1)\sum_{k=1}^{n} k = \frac{(n-1)\,n\,(n+1)}{2} < n^3$$

Überprüfungen und damit die Behauptung.

q. e. d.

Auch sämtliche Algorithmen zur Erzeugung der verschiedenen Arten von aufspannenden Bäumen verhalten sich sehr gut und übrigens völlig einheitlich, wie Sie aus dem folgenden Satz erkennen können:

Satz 20.4

(i) Es sei G ein Graph mit n Knoten. Dann ist die Laufzeit des Algorithmus zur Erzeugung eines aufspannenden Baumes aus der Klasse $O(n^2)$.

(ii) Es sei G ein bewerteter Graph mit n Knoten. Dann ist die Laufzeit von Prims Algorithmus zur Erzeugung eines aufspannenden Baumes mit minimalen Kosten (MSB) aus der Klasse $O(n^2)$.

(iii) Es sei G ein bewerteter Graph mit n Knoten. Dann ist die Laufzeit von Dijkstras Algorithmus zur Erzeugung eines aufspannenden Baumes mit minimalen Längen zu einem festen Punkt hin aus der Klasse $O(n^2)$.

Beweis:

Nehmen Sie an, unser wachsender Baum hätte bereits k Knoten. Dann müssen n – k Knoten überprüft werden, ob und mit welcher Kante sie zu dem wachsenden Baum hinzugefügt werden können. In dieser Überprüfungsschleife kann die zusätzliche Bedingung (kürzeste Kante oder kürzester Weg) gleich mit überprüft werden. Genau so haben wir es auch programmiert. Das ergibt

$$\sum_{k=1}^{n} n - k = \frac{(n-1)\,n}{2} < \frac{1}{2}\,n^2$$

Überprüfungen und damit die Behauptung.

q. e. d.

Ohne Beweis sehen Sie sofort:

Satz 20.5

Es sei T ein Binärbaum mit n Knoten

(i) Die Preordersuche ist ein Algorithmus mit linearer Laufzeit, d. h. dieser Algorithmus ist aus der Klasse $O(n)$.

(ii) Die Inordersuche ist ein Algorithmus mit linearer Laufzeit, d. h. dieser Algorithmus ist ebenfalls aus der Klasse $O(n)$.

(iii) Die Postordersuche ist ein Algorithmus mit linearer Laufzeit, d. h. dieser Algorithmus ist auch aus der Klasse $O(n)$.

Satz 20.6

Sei $G = G(V, E, \Psi)$ ein bipartiter, ungerichteter Graph G mit disjunkten Knotenmengen V_1 und V_2. Dann ist die Laufzeit des Ungarischen Algorithmus zur Konstruktion eines maximalen Matchings aus der Klasse $O(n^3)$.

Beweis:

Ich muss $| V_1 | <$ n mal einen Baum in einem Graphen mit n Punkten konstruieren, der gewissen Bedingungen genügt. Aus der Argumentation von Satz 20.4 folgt, dass ich also höchstens n mal einen Algorithmus aus der Klasse $O(n^2)$ durchführen muss. Wir erhalten insgesamt die Behauptung.

q.e.d.

20.4 P (easy to find) und NP (easy to check)

Die Komplexitätstheorie klassifiziert Probleme, deren Lösung man mit Hilfe eines Computers berechnet, nach der Anzahl der ungünstigstenfalls notwendigen Rechenschritte, die für diese Lösung nötig wären. Dabei setzt sie diese Anzahl in Abhängigkeit zur Länge der Eingabe. Beispielsweise haben wir bei unseren graphentheoretischen Betrachtungen die Anzahl der Rechenschritte in Abhängigkeit zur Anzahl der Knoten eines Graphen gesetzt. Genauso ist es oft üblich, die Anzahl der Rechenschritte in Abhängigkeit zur Anzahl der Kanten eines Graphen zu setzen.

Bei diesen mathematischen Betrachtungsweisen muss man natürlich auch »mathematisch« definieren, was ein Rechenschritt ist. Darum habe ich mich das ganze bisherige Kapitel lang gedrückt. Die meisten von Ihnen werden das gemerkt haben und es wird Sie auch gestört haben. Für diese Rechenschrittdefinition muss man mathematisch definieren, was ein Computer ist und was er kann. Dazu hat der britische Mathematiker Alan Turing 1936 sein Modell einer so genannten *Turingmaschine* vorgestellt, die mit nur drei Operationen die Probleme lösen kann, die auch mit einem herkömmlichen Computer gelöst werden können. Auf dieser Basis ist dann eine exakte Definition möglich. Ich verweise wieder, da das den Rahmen unserer Einführung sprengt, auf die entsprechende Literatur [Wiener]. Ein heutzutage häufig verwendetes Modell ist das *Modell einer deterministischen Turingmaschine*, die Sie als eine theoretische Abstraktion eines realen Computers ansehen können.

Ich schaffe es nicht, hier einfach weiter fort zu fahren, ohne Sie darauf aufmerksam zu machen, dass Alan Turing ein außerordentlich beeindruckender Wissenschaftler mit sehr vielfältigen Wirkungsbereichen gewesen ist und dass es sich lohnt, sich mit seiner Biographie ein bisschen genauer auseinander zu setzen [Hodges], [Teusch].

Die erste Klasse von Problemen, die ich definieren möchte, nennt man P und hinter diesem P steckt das Wort *Polynom*:

> Definition:
> Ein Problem gehört zur Problemklasse P genau dann, wenn es ein $k \in N$ gibt, so dass gilt:
> Die Funktion, die der Länge x der Eingabe für dieses Problem die maximal nötige Anzahl der Rechenschritte zuordnet, die zur Bearbeitung dieser Eingabe von einer deterministischen Turingmaschine durchgeführt werden muss, ist aus der Menge $O(x^k)$

Man sagt auch: *Probleme aus P sind deterministisch in Polynomialzeit lösbar.* Und man bezeichnet P als die Menge der praktisch lösbaren Probleme. Die Lösung ist »easy to find«. Wir haben gezeigt: Alle unsere Probleme aus den vorangegangenen Kapiteln waren aus dieser Problemklasse P – sie sind praktisch lösbar, ihre Lösungen sind »easy to find«. Um den Unterschied zwischen dem »easy to find« und »easy to check«, also dem »leicht zu finden« und »leicht zu überprüfen« zu verdeutlichen, formuliere ich das Problem des Handlungsreisenden noch etwas anders:

Problem des Handlungsreisenden
Es sei eine Entfernung C > 0 gegeben. Außerdem seien n Orte gegeben und jeder Ort i sei mit jedem anderen Ort j durch eine Strecke S[i] [j] verbunden. Gesucht ist eine Rundreise, auf der jeder Ort besucht wird und die eine Länge hat, die kürzer als C ist.

Graphentheoretische Formulierung:
Es sei eine Zahl C > 0 gegeben. Gegeben sei außerdem ein ungerichteter, positiv bewerteter Graph mit n Knoten, in dem alle Knoten durch eine Kante miteinander verbunden sind. Gesucht ist ein Zyklus, der jeden Knoten berührt und dessen Länge kleiner als C ist.

Dieses Problem zeichnet sich durch folgende Eigenschaften aus:
1. Bisher ist kein Algorithmus bekannt, der dieses Problem in die Klasse P einordnet, der also jede Eingabe in einer durch ein festes Polynom kontrollierten Laufzeit löst.
2. Aber: Jeder zufällig ausgewählte Zyklus ist in polynomialer Laufzeit daraufhin überprüft, ob er ein Zyklus ist, zu dem jeder Knoten des Graphen gehört und ob seine Länge, d. h. die Summe der Bewertungen seiner Kanten, kleiner als C ist.

Die zweite Eigenschaft definiert eine neue Klasse von Problemen, die wir NP nennen. Die Tatsache, dass etwas zufällig ausgewähltes, also etwas, was *N*icht determiniert ist, in *P*olynomialer Zeit überprüft werden kann, gibt Anlass zur Abkürzung NP. Man definiert:

Definition:
Ein Problem gehört zur Problemklasse NP genau dann, wenn es ein k ∈ N gibt, so dass gilt:
Die Funktion, die der Länge x der Eingabe für dieses Problem die maximal nötige Anzahl der Rechenschritte zuordnet, die zur Überprüfung eines zufällig ausgewählten Lösungskandidaten für dieses Problem von einer deterministischen Turingmaschine durchgeführt werden muss, ist aus der Menge $O(x^k)$.

Hier gilt die Charakteristik: »easy to check«. Denn die Lösungen sind leicht zu überprüfen. Weiter gilt: Wenn ein Problem zu P gehört, gehört es auch zu NP. Wenn ich Lösungen in polynomialer Zeit sogar explizit finden kann, dann kann ich sie auch in polynomialer Zeit überprüfen.

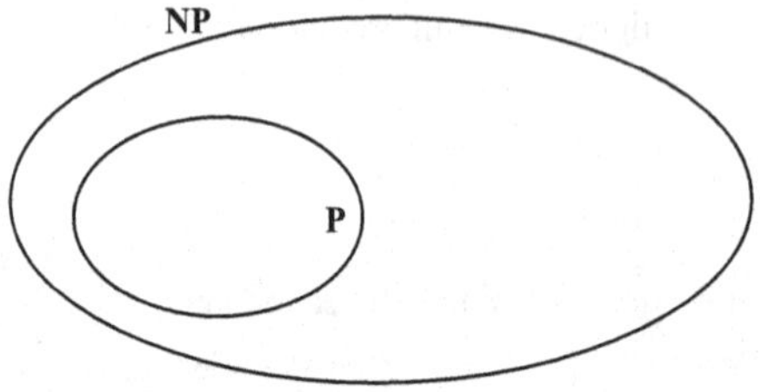

Bild 20-6: P und NP

Was man aber nicht weiß, ist:

- Gibt es Probleme, bei denen vorgeschlagene Lösungskandidaten leicht zu überprüfen sind, deren Lösung aber ***nicht*** leicht zu finden ist?

Diese Frage ist eine wirkliche »Eine-Million-Dollar-Frage«.

20.5 Eine Eine-Million-Dollar-Frage: P = NP?

Wie Sie vielleicht wissen, hat der amerikanische Multimillionär Landon T. Clay sieben mathematische Probleme für unser neues Jahrtausend ausgewählt, für deren Lösung man (außer ewigem Ruhm) jeweils 1 Million Dollar erhält. Die oben erwähnte Riemannsche Vermutung gehört dazu und es gehört die Frage, ob die Problemklasse P mit der Problemklasse NP identisch ist, dazu. Es gibt von dem Clay Mathematics Institute eine interessante Webseite (http://www.claymath.org/millennium), auf der Sie sich näher darüber informieren können.

Ein paar Sätze zur Erläuterung der Problematik:

- Unabhängig von der hier diskutierten Problematik gibt es natürlich Probleme, bei denen sowohl die Algorithmen zur Lösungsfindung als auch die Algorithmen zur Lösungserkennung bestenfalls exponentielles Wachstum – und nichts Kleineres – haben. Ein Beispiel dafür ist das alte Spiel mit den Türmen von Hanoi. Wen das mehr interessiert, dem empfehle ich den Wikipedia-Artikel zu genau diesem Thema.

- Es gibt Probleme, die man *NP-vollständig* nennt – das sind Probleme aus der Klasse NP, die eine großartige Eigenschaft haben: Wenn man nur von einem einzigen dieser Probleme zeigen kann, dass es aus der Klasse P ist, dann folgt sofort: Alle Probleme aus NP sind aus P, also P = NP.

> Definition:
> Ein Problem aus der Problemklasse *NP* heißt *NP-vollständig* genau dann, wenn gilt:
> Wenn dieses Problem aus der Problemklasse *P* ist, ist $P = NP$.

Im Jahr 1972 konnte Richard Karp, ein bedeutender amerikanischer Informatiker, von 21 (in Worten: einundzwanzig) verschiedenen kombinatorischen und graphentheoretischen Problemen zeigen, dass sie NP-vollständig sind. Es gibt also solche mächtigen Werkzeuge zur Bearbeitung der Frage »P = NP?«. Es handelte sich hier durchgehend um Probleme, bei denen es trotz vielfacher Versuche nicht gelungen war, einen Lösungsalgorithmus mit polynomialer Laufzeit zu finden. Das Problem des Handlungsreisenden gehörte dazu. Es ist der Spezialfall eines allgemeineren Problems, des so genannten Hamiltonkreisproblems, bei dem es – unabhängig von der Länge des Zyklus – darum geht, eine Zyklus zu finden, der alle Knoten eines Graphen verbindet. Wir haben am Ende des Kapitels über die Eulerschen Zyklen bereits darüber gesprochen. Auch das Hamiltonkreisproblem ist NP-vollständig. Mittlerweile kennt man hunderte solcher Probleme. Damit haben wir zwei Möglichkeiten, von denen die Wissenschaft bis heute noch nicht entscheiden kann, welche dieser beiden Möglichkeiten wahr ist:

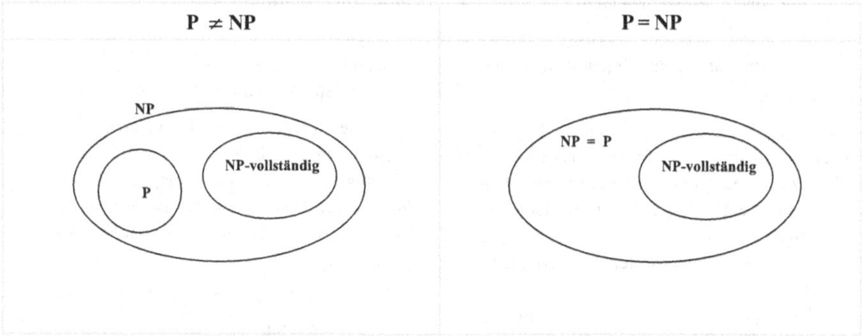

Es gibt dabei zwei mögliche Vorgehensweisen:

1. Falls Sie zeigen möchten, dass P ≠ NP ist, dann reicht es, ein Problem aus der Klasse NP zu finden, für das man zeigen kann, dass es keinen Algorithmus mit polynomialer Laufzeit gibt, der dieses Problem löst.
2. Falls Sie zeigen möchten, dass P = NP ist, dann reicht es, für irgendein NP-vollständiges Problem einen Lösungsalgorithmus mit polynomialer Laufzeit zu finden.

Da die zweite Möglichkeit des Vorgehens nun schon so viele Jahre nicht zum Erfolg geführt hat, neigen die meisten Experten zu der Ansicht, dass NP eine echt größere Menge von Problemen darstellt als die Problemklasse P. Falls aber wider Erwarten doch P = NP wäre, hätte das enorme Konsequenzen für die tatsächliche Lösbarkeit von vielen bisher algorithmisch unlösbaren Problemen.

20.6 Ein Märchen

In meinen Vorlesungen hat dieses Kapitel stets enorme Schwierigkeiten gemacht. Ich habe mich deshalb entschlossen, anhand eines Vergleichs noch einmal die hier behandelte Problematik zu verdeutlichen. Möge es nützen!

Die Wahrheit	Ein Märchen
Es sei M die Menge aller Probleme, die man durch algorithmische Konstruktion einer Lösung entscheiden will.	Es sei M die Menge aller Studenten eines Jahrgangs.
Es sei $NP \subseteq M$ die Teilmenge der Probleme aus M, bei denen ein zufällig, *N*icht vorher geplanter Lösungskandidat in *P*olynomialer Zeit darauf hin überprüft werden kann, ob er das Problem korrekt löst.	Es sei $NP \subseteq M$ die Teilmenge der Studenten eines Jahrgangs, die einen zufällig ausgewählten, *N*icht vorher festgelegten Dozenten darauf hin überprüfen können, ob er oder sie ein guter *P*rofessor ist.
Es sei $P \subseteq NP \subseteq M$ die Teilmenge der Probleme aus NP, die man durch algorithmische Konstruktion einer Lösung in *P*olynomialer Laufzeit entscheiden kann.	Es sei $P \subseteq NP \subseteq M$ die Teilmenge der Studenten aus NP, die selber ein guter *P*rofessor werden.
Jetzt ist die *Frage*: Ist jedes Problem, bei dem ein Lösungskandidat in polynomialer Laufzeit auf seine Korrektheit überprüft werden kann, auch ein Problem, bei der eine Lösung in polynomialer Laufzeit konstruiert werden kann? Ist also P = NP?	Jetzt ist die *Frage*: Wird jeder Student, der einen Dozenten daraufhin überprüfen kann, ob er ein guter Professor ist, auch selber ein guter Professor? Ist also P = NP?
Dazu müsste man eigentlich jedes Problem aus NP untersuchen.	Dazu müsste man eigentlich jeden Studenten und jede Studentin aus NP beobachten.
Aber Stephen A. Cook und Richard Karp konnten nachweisen, dass es Probleme in NP gibt, die die obige *Frage* beispielhaft repräsentieren. Wenn man von einem einzigen dieser Probleme aus NP zeigen kann, dass es auch zu P gehört, dann folgt sofort, dass alle Probleme aus NP auch zu P gehören. Solche Probleme entscheiden also die Frage P = NP *vollständig*, sie heißen daher *NP-vollständig.*	Aber Stefan Koch und Richard Karpfen konnten nachweisen, dass es Studenten in NP gibt, die die obige *Frage* durch ihr Beispiel entscheiden. Wenn einer dieser Studenten aus NP ein guter Professor wird, werden alle Studenten aus NP gute Professoren. Solche Studenten entscheiden also die Frage P = NP *vollständig*, sie heißen daher *NP-vollständig.*

Übungsaufgaben

1. Aufgabe

a. Sei $P(x) = 4\cdot x$. Zeigen Sie: $P(x) = O(x)$.
b. Sei $P(x) = a_1 \cdot x$. Zeigen Sie: $P(x) = O(x)$.
c. Sei $P(x) = 4\cdot x + 10000$. Zeigen Sie: $P(x) = O(x)$.
d. Sei $P(x) = a_1 \cdot x + a_0$. Zeigen Sie: $P(x) = O(x)$.

e. Sei $P(x) = 4 \cdot x^3 - 2 \cdot x^2 + 5 \cdot x + 17$. Zeigen Sie: $P(x) = O(x^3)$

f. Sei $P(x) = a_3 \cdot x^3 + a_2 \cdot x^2 + a_1 \cdot x + a_0$. Zeigen Sie: $P(x) = O(x^3)$

g. Sei $P(x)$ ein Polynom vom Grad n. Zeigen Sie: $P(x) = O(x^n)$

2. Aufgabe

a. Sei $P(x) \neq 0$ ein Polynom vom Grad 0. Zeigen Sie: $\frac{1}{P(x)} = O(1)$

b. Sei $P(x) = 4 \cdot x$. Zeigen Sie: $\frac{1}{P(x)} = O\left(\frac{1}{x}\right)$.

c. Sei $P(x) = a_1 \cdot x$. Zeigen Sie: $\frac{1}{P(x)} = O\left(\frac{1}{x}\right)$.

d. Sei $P(x) = 4 \cdot x + 10000$. Zeigen Sie: $\frac{1}{P(x)} = O\left(\frac{1}{x}\right)$.

e. Sei $P(x) = a_1 \cdot x + a0$. Zeigen Sie: $\frac{1}{P(x)} = O\left(\frac{1}{x}\right)$.

f. Sei $P(x) = 4 \cdot x^3 - 2 \cdot x^2 + 5 \cdot x + 17$. Zeigen Sie: $\frac{1}{P(x)} = O\left(\frac{1}{x^3}\right)$

g. Sei $P(x) = a_3 \cdot x^3 + a_2 \cdot x^2 + a_1 \cdot x + a_0$. Zeigen Sie: $\frac{1}{P(x)} = O\left(\frac{1}{x^3}\right)$

h. Sei $P(x)$ ein Polynom vom Grad $n > 0$. Zeigen Sie: $\frac{1}{P(x)} = O\left(\frac{1}{x^n}\right)$

3. Aufgabe

Sei
$$P(x) = 4 \cdot x^3 - 12 \cdot x^2 + 7 \cdot x - 1000,$$
$$Q(x) = 2 \cdot x^5 + 14 \cdot x^4 + 4 \cdot x^3 - 12 \cdot x^2 + 7 \cdot x - 1000.$$

a. Zeigen Sie: $\frac{P(x)}{Q(x)} = O\left(\frac{1}{x^2}\right)$.

b. Zeigen Sie: $\frac{Q(x)}{P(x)} = O(x^2)$.

4. Aufgabe

Sei
$$P(x) = a_3 \cdot x^3 + a_2 \cdot x^2 + a_1 \cdot x + a_0,$$
$$Q(x) = a_7 \cdot x^7 + a_6 \cdot x^6 + a_5 \cdot x^5 + a_4 \cdot x^4 + a_3 \cdot x^3 + a_2 \cdot x^2 + a_1 \cdot x + a_0.$$

a. Zeigen Sie: $\frac{P(x)}{Q(x)} = O\left(\frac{1}{x^4}\right)$.

b. Zeigen Sie: $\frac{Q(x)}{P(x)} = O(x^4)$.

5. Aufgabe

Sei P(x) ein Polynom vom Grad m und Q(x) ein Polynom vom Grad n.

Zeigen Sie: $$\frac{P(x)}{Q(x)} = O(x^{m-n}) .$$

6. Aufgabe

Im Anhang zur Analysis in diesem Buch können Sie nachlesen, dass für beliebige $a > 0$ gilt: $a^x = e^{x \cdot \log(a)}$

Entscheiden Sie mit Hilfe dieser Beziehung, ob die folgenden Aussagen korrekt sind – Gegebenenfalls geben Sie ein Gegenbeispiel bzw. argumentieren mit einem der Sätze dieses Kapitels.

a. Für alle $a \in \mathbf{R}$ gilt: $f(x) = a^x$ wächst schneller als jedes Polynom
b. Für alle $a \in \mathbf{R}$ mit $a \neq 0$ gilt: $f(x) = a^x$ wächst schneller als jedes Polynom
c. Für alle $a \in \mathbf{R}$ mit $a > 0$ gilt: $f(x) = a^x$ wächst schneller als jedes Polynom
d. Für alle $a \in \mathbf{R}$ mit $a > 0$, $a \neq 1$ gilt: $f(x) = a^x$ wächst schneller als jedes Polynom
e. Für alle $a \in \mathbf{R}$ mit $a > 1$ gilt: $f(x) = a^x$ wächst schneller als jedes Polynom
f. Für alle $a \in \mathbf{R}$ gilt: $f(x) = x^a$ wächst schneller als $\log(x)$
g. Für alle $a \in \mathbf{R}$ mit $a \neq 0$ gilt: $f(x) = x^a$ wächst schneller als $\log(x)$
h. Für alle $a \in \mathbf{R}$ mit $a > 0$ gilt: $f(x) = x^a$ wächst schneller als $\log(x)$

7. Aufgabe

Es gibt die verschiedensten Algorithmen zum Sortieren von Listen mit n Elementen. Sie werden Sie in der entsprechenden Vorlesung lernen bzw. haben sie schon gelernt.

a. Einer dieser Algorithmen, der so genannte Bubble Sort, ist von der Größenordnung $O(n^2)$. Dagegen ist der Quicksort – ein Algorithmus, den man gerne rekursiv beschreibt und auch rekursiv programmiert, von der Größenordnung $O(n \cdot \log(n))$.
   Machen Sie sich an Hand der Zahlenbeispiele $n = 100\,000$ (die Einwohnerliste einer Kleinstadt) und $n = 10\,000\,000$ (die Einwohnerliste einer Metropole) klar, was dieser Unterschied zahlenmäßig bedeutet. Veranschlagen Sie beispielsweise für einen Rechenschritt 1 Millisekunde und rechnen Sie diesen Unterschied in Zeit um.
b. Machen Sie dieselbe Untersuchung für einen Algorithmus, der exponentiell wächst. Genauer: Angenommen, Sie hätten einen Sortieralgorithmus für Listen mit n Elementen, der von der Größenordnung $O(e^n)$ wäre. Wie wäre dessen Laufzeitverhalten für die Zahlenbeispiele $n = 100\,000$ und $n = 10\,000\,000$ zu beschreiben?

8. Aufgabe

Die Richtigkeit der folgenden Aussagen können Sie alle auf der Basis der in diesem Kapitel gegebenen Aussagen beurteilen. Begründen Sie jeweils Ihre Antworten.

a. Das Problem der Sortierung einer Liste mit n Elementen ist aus der Klasse NP.
b. Prims Algorithmus ist nicht aus der Klasse NP.
c. Das Problem des Handlungsreisenden ist nicht aus der Klasse NP.
d. Ein Problem, das in der Klasse NP ist, kann nicht auch in der Klasse P sein.
e. Jedes Problem aus der Klasse P gehört auch zur Klasse NP.
f. Jedes Problem aus der Klasse NP gehört auch zur Klasse P.
g. Die Richtigkeit von Aussage f) kann durch die vollständige Analyse des Problems des Handlungsreisenden mathematisch exakt entschieden werden.
h. Die Richtigkeit von Aussage f) kann durch die vollständige Analyse jedes Problems aus der Klasse NP mathematisch exakt entschieden werden.
i. Die Richtigkeit von Aussage f) kann durch die vollständige Analyse jedes Problems aus der Klasse NP , von dem man bis heute nicht klären konnte, ob es auch aus der Klasse P ist, mathematisch exakt entschieden werden.
j. Es gibt mehrere Probleme aus der Klasse NP, für die gilt: die vollständige Analyse eines einzigen dieser Probleme entscheidet die Richtigkeit von Aussage f) mathematisch exakt.

9. Aufgabe

Die Aussage aus Aufgabe 8 j sei richtig. Wie nennt man dann die dort beschriebenen Probleme?

Beschreibende Statistik

Statistik ist die Analyse von Beobachtungen oder Versuchen, die mit oder ohne Einfluss des Zufalls entstanden sind. Inwiefern interessiert einen Informatiker die Auswertung von Versuchen? Spätestens im Bereich des Data Warehousing und des Data Mining, bei dem es beispielsweise darum geht, die Bestimmung von geeigneten Ansprechpartnern für Werbe- oder Mail-Kampagnen auf Grund von Verhaltensmustern zu automatisieren, ist man mit dieser Frage auf einem sehr hohen Niveau konfrontiert. Wir werden auf diese Beispiele zu sprechen kommen, ich starte mit einem Beispiel, das ich aus dem sehr motivierenden Buch »Statistics« von Freedman, Pisani und Purves [Freed] übernommen habe. Es ist aus dem medizinischen Bereich und macht – zumindest für mich – die Anforderung einer korrekten Versuchsauswertung in ihrer lebenswichtigen Bedeutung noch klarer als die meisten Beispiele aus der Welt der Informatik.

21.1 Der Feldversuch zum Salk-Impfstoff

Ein ist neues Medikament entwickelt worden. Wie sollte ein Versuch, ein Experiment aussehen, um seine Qualität zu testen? Die grundlegende Herangehensweise beruht auf dem *Vergleich*:

- Das Medikament wird einer *Behandlungsgruppe* gegeben, aber eine andere Gruppe von Personen, die nicht das Medikament, sondern ein Placebo bekommt, dient als *Kontrollgruppe*.
- Dabei sollte keine der beteiligten Personen wissen, zu welcher der beiden Gruppen sie gehört. (*Man nennt einen solchen Versuch doppelt blind*).

Wir diskutieren diese Ideen am Beispiel eines tatsächlich durchgeführten Feldversuchs. Seit 1916 hat es in den USA viele Hunderttausende Fälle von Kinderlähmung (Polio) gegeben und in den fünfziger Jahren des vergangenen Jahrhunderts waren verschiedene Impfstoffe gegen diese Krankheit entwickelt worden. Unter anderem hatte *Jonas Salk* einen Impfstoff entwickelt, der sich in Laborversuchen bewährt hatte und der die Produktion von Antikörpern veranlasste. Es galt nun, einen großen Test außerhalb des Laboratoriums durchzuführen. Dieser Test wurde von der Nationalen Gesellschaft für Kinderlähmung durchgeführt, englisch abgekürzt NFIP (von *N*ational *F*oundation for *I*nfantile *P*aralysis). Dabei war eine Menge zu bedenken, wollte man sicher sein, einigermaßen verlässliche Aussagen aus den Testergebnissen gewinnen zu können:

- Angenommen, man hätte einfach einer großen Anzahl von Kindern den Impfstoff gegeben, und wenn dann beispielsweise die Fälle von Kinderlähmung im Jahre 1954 gegenüber 1953 stark zurück gegangen waren, könnte man auf eine große Wirksamkeit des Impfstoffes schließen. Aber: Polio ist eine Krankheit, die in Form von Epidemien auftritt, bei denen die Anzahl der Krankheitsfälle von Jahr zu Jahr schwankt. Das geringe Auftreten von Poliofällen im Jahr 1954 könnte auch einfach bedeuten, dass dieses Jahr kein von dem epidemischen Verlauf betroffenes Jahr war – völlig unabhängig von der Qualität des Impfstoffes.

- Der einzige Weg, besser fundierte Informationen über die Wirksamkeit des Medikaments zu bekommen, war die Beobachtung und Kontrolle einer Vergleichsgruppe von Kindern, die nicht geimpft wurde.

Die NFIP führte daher einen kontrollierten Versuch mit 2 Millionen Kindern durch, die alle in einem für Polio anfälligen Alter waren. Dabei unterteilte man die entsprechende Altersspanne noch einmal in die Gruppen 1, 2 und 3. Der Feldversuch wurde in ausgewählten Schulbezirken mit hohem Poliorisiko durchgeführt. Von den 2 Millionen Kindern wurde eine halbe Million geimpft, eine Million wurde nicht geimpft und eine weitere halbe Million verweigerte eine Impfung.
Natürlich ist dieses Vorgehen nicht unproblematisch. Warum hat man nicht einfach die halbe Million Verweigerer als Kontrollgruppe genommen? Die Antwort lautet, dass das aus soziologischen Gründen den Test verzerrt hätte: Es war bekannt, dass Eltern mit höherem Einkommen eher dazu neigten, einer Impfung ihrer Kinder zuzustimmen, dass aber andererseits diese Kinder auch anfälliger für Polio waren. Denn – so paradox das zunächst klingt – bei Kindern, die in weniger hygienisch sauberen Umgebungen aufwuchsen, war die Wahrscheinlichkeit größer, dass der Organismus bereits früher auf Grund leichterer Attacken Antikörper entwickelt hatte.

Die statistische Regel, die es einzuhalten galt, lautet:
Bei einem Experiment mit einer Versuchs- und einer Kontrollgruppe müssen beide Gruppen so ähnlich wie möglich sein, sie sollten sich nur bezüglich der Tatsache, dass der Versuch durchgeführt wurde, unterscheiden.

Der Versuch des NFIP sah etwa folgendermaßen aus: Alle Kinder der Altersgruppe 2, deren Eltern damit einverstanden waren, sollten geimpft werden. Die Altersgruppen 1 und 3 wollte man als Kontrollgruppe benutzen. Das war aus mehreren Gründen problematisch. Zunächst betraf die Beschränkung auf Kinder, deren Eltern mit der Impfung einverstanden waren, nur die Versuchsgruppe und sorgte damit bei den Testergebnissen für eine Schieflage zu ungunsten des Impfstoffes. Außerdem war nicht klar, ob es in den unterschiedlichen Altersgruppen nicht auch unterschiedliche Formen der Kommunikation gab, die bei einer ansteckenden Krankheit wie Polio zu unterschiedlichen Gefährdungen führten und die deshalb zu einer weiteren Verzerrung der Testresultate führen würden.
Deshalb wurde von einigen Experten ein anderes Vorgehen befürwortet und auch durchgeführt.

- Zunächst sollten sowohl die Kinder der Versuchsgruppe als auch der Kontrollgruppe aus Familien kommen, deren Eltern einer Impfung zugestimmt hatten.
- Außerdem ließ man durch ein Zufallsexperiment entscheiden, ob man ein Kind in die Versuchsgruppe oder in die Kontrollgruppe einteilte.
- Eine weitere Vorsichtsmaßnahme bestand darin, die Kindern in der Kontrollgruppe mit einer Salzlösung als Placebo zu impfen, sodass sie nicht wussten, dass sie nicht geimpft waren. Auch die Ärzte, die die Kinder auf Polio hin untersuchten, wussten nicht, ob das jeweilige Kind geimpft war oder nicht.

Man nennt einen solchen Versuch *ein durch Zufallsauswahl kontrolliertes, doppelt blindes Experiment* – ein in solchen Fällen bestmögliches Vorgehen.
Die folgende Übersicht zeigt Ihnen die Ergebnisse dieser beiden Versuche. Die Ergebnisse sind gerundet. Die Rate der Poliofälle ist stets pro 100 000 Fällen zu verstehen:

durch Zufallsauswahl kontrolliertes, doppelt blindes Experiment			**Die Studie der NFIP**		
	Anzahl	**Rate**		**Anzahl**	**Rate**
Impfung	200 000	28	**Altersgruppe 2 (Impfung)**	225 000	25
Kontrollgruppe	200 000	71	**Altersgruppen 1 und 3 (Kontrolle)**	725 000	54
Kein Einverständnis mit der Impfung	350 000	46	**Altersgruppe 2 (Kein Einverständnis mit der Impfung)**	125 000	44

Quelle: Thomas Francis Jr.: »An evaluation of the 1954 poliomyelitis vaccine trials-summary report«, American Journal of Public Health vol. 45 (1955) pp. 1-63.

Wie wir es uns schon vorher überlegt haben, spricht die Rate der Kontrollgruppe bei der NFIP-Studie nicht so eindeutig für die Wirksamkeit des Impfstoffes, denn hier waren sowohl Kinder, deren Eltern mit der Impfung einverstanden waren, als auch Kinder, deren Eltern mit der Impfung nicht einverstanden waren und die wir als tendenziell weniger anfällig für eine Polioerkrankung analysiert hatten.
Am Anfang hatten wir geschrieben: Statistik ist die Analyse von Beobachtungen oder Versuchen, die mit oder ohne Einfluss des Zufalls entstanden sind. Bei dem eben besprochenen Beispiel handelt es sich offensichtlich um ein Zufallsexperiment. Dagegen hätte beispielsweise eine Untersuchung, die sich mit dem Einfluss des Rauchens auf die Gesundheit beschäftigt, keine Möglichkeit, die Testpersonen für die Behandlungsgruppe und die Kontrollgruppe aus derselben Gesamtmenge per Zufall auszuwählen. Hier müssten Beobachtungen analysiert werden, die man – zumindest, was die Definition von Versuchs- und Kontrollgruppe betrifft – ohne den Einfluss des Zufalls gemacht hat.

21.2 Häufigkeiten, Histogramme und Empirische Verteilungsfunktionen

Betrachten Sie in Bild 21-1 eine Aufstellung von Daten einer Umfrage unter Studenten, die ich dem Vorlesungsskript meines geschätzten Kollegen Falkenberg entnommen habe. Ich nenne diese Ansammlung von Daten »Rohdaten«, weil hier noch nichts »Statistisches« passiert ist: keinerlei Verdichtung, Aggregatauswertung, Mittelwertbestimmung oder Ähnliches. Es ist die Aufgabe der beschreibenden Statistik, solche unter Umständen sehr umfangreichen Rohdaten durch verschiedene Analysen, Diagrammtechniken und andere Verfahren auszuwerten, Tendenzen zu erkennen und in einzelnen wenigen Begriffen in ihrer Struktur zu erfassen. Die Statistiker haben dafür einen ganzen Zoo von Begriffen, mit denen sie auf so eine Datensammlung losgehen können. Ich nenne einige:

- *Die Beobachtungseinheit:* Das ist der einzelne Gegenstand eines Versuchs bzw. einer Messung. In unserem Beispiel wäre das der Student bzw. die Studentin.
- *Die Beobachtungsmenge:* Das ist die Gesamtheit aller Beobachtungseinheiten, bei uns alle befragten Studentinnen und Studenten.
- *Ein Beobachtungsmerkmal:* Das ist ein Merkmal, eine Eigenschaft, ein Attribut, das alle Beobachtungseinheiten der Beobachtungsmenge besitzen und dessen Ausprägungen, dessen Werte bei dem Versuch ermittelt werden. In unserem Beispiel sind das:
  Alter, Geschlecht, Familienstand, Größe, Gewicht, Semester, Beurteilung durch den Dozent, benutzte Verkehrsmittel zur Anfahrt zur Universität.
- *Die Merkmalsausprägung eines Beobachtungsmerkmals:* Das ist die Menge der möglichen Werte, den dieses Beobachtungsmerkmal annehmen kann. Unser Beobachtungsmerkmal *Geschlecht* kann die Werte der Menge { *männlich, weiblich* } annehmen, diese Menge ist seine Merkmalsausprägung.
- *Ein Merkmalswert:* Das ist ein Wert, den ein bestimmtes Beobachtungsmerkmal einer bestimmten Beobachtungseinheit annimmt. Beispielsweise hat das Beobachtungsmerkmal *Geschlecht* der Beobachtungseinheit mit der *laufenden Nummer* 04 den Merkmalswert *weiblich.*

Mit den Merkmalen müssen wir uns noch ein wenig befassen. Es gibt offensichtlich verschiedene Arten von Merkmalen, die auch auf verschiedenen Arten ausgewertet werden wollen. Man spricht von *Merkmalstypen.* Es gibt die folgenden Merkmalstypen:

- *Qualitative Merkmalstypen*: Dazu gehören alle die Merkmale, deren Ausprägungen sich als diskrete Mengen darstellen und bei denen es keinen Sinn macht, mit diesen Merkmalswerten weiter zu rechnen und beispielsweise den Durchschnitt zu bestimmen. In unserem Beispiel sind das Merkmale wie *Geschlecht, Familienstand* oder *Verkehrsmittel.*
- Ein Merkmal, dessen Werte in der Auswertung einer Rangreihenfolge entsprechen, wie das z. B. bei der Klausurnote der Fall ist, heißt *Rangmerkmal.*
- Sehr interessante Merkmale, mit denen man viele weitergehende Betrachtungen anstellen kann, sind natürlich die *quantitativen* oder *metrischen* Merkmale, deren Ausprägungen aus numerischen Werten bestehen, die sich auf eine gemeinsame Maßeinheit beziehen. In unserem Beispiel sind das *Alter, Größe, Semester, Note* und *Gewicht.* Falls im gewählten Darstellungsmodus ein quantitatives Merkmal jeden beliebigen reellen Zahlenwert annehmen kann, nennt man dieses Merkmal *stetig.* Bei uns wäre zum Beispiel *Gewicht* stetig – unter der Voraussetzung, dass jemand auch $20 \cdot \pi$ kg wiegen kann. Quantitative Merkmale, die nur Zahlenwerte annehmen können, zwischen denen stets Werte liegen, die nicht angenommen werden können, heißen *diskret.* Unsere Ausprägungen der Werte von *Alter* und *Semester* sind diskret.

	Alter	**Geschlecht**	**Familienstand**	**Größe**	**Gewicht**	**Semester**	**Beurteilung durch Dozent**	**Note Mathematik**	**Erstes Verkehrsmittel**	**Zweites Verkehrsmittel**	**Drittes Verkehrsmittel**
1	22	m	xx		79,5	3	x		x		
2	25	x	vh	166	57		schlecht	2	Auto	Bahn	Bus
3	21	w	ld	158	63,5	3	x	1	Bahn	Straba	
4	20	w	ld	163	60	2	mäßig	4	Mrad		
5	21	m	ld	182	83,5	3	gut	3	Rad		
6	27	w	gs	174	73	5	gut	3	Rad	Bahn	Bus
7	28	m	vh	185	102	4	schlecht	1	kein		
8	19	m	ld	169	73,5	1	gut	2	Straba		
9	20	w	ld	173	67	1	mäßig	4	Sbahn	Bus	
10	22	w	vh	161	58,5	3	mäßig	2	Ubahn	Bus	
11	25	m	vh	174	85,5	5	gut	1	Auto		
12	23	w	ld	176	74	3	gut	2	Mrad		
13	35	w	vh	170	77	4	schlecht	2	kein		
14	27	w	gs	181	78,5	3	gut	4	Bahn	Sbahn	Bus
15	19	m	ld	166	67,5	1	mäßig	2	Auto		
16	20	w	ld	156	51	3	gut	1	Rad		
17	25	m	vh	176	71	5	mäßig	4	Mrad		
18	24	w	ld	168	70,5	4	gut	3	Auto		
19	22	w	ld	174	69,5	3	mäßig	2	Ubahn	Bus	
20	21	w	ld	165	71,5	3	gut	3	Sbahn	Straba	
21	28	w	vh	177	66,5	5	gut	1	kein		
22	23	m	ld	191	85	3	mäßig	4	Auto		
23	21	w	ld	178	76	1	gut	4	Rad		
24	20	w	vh	162	59,5	1	mäßig	2	Rad	Sbahn	Bus
25	19	m	ld	179	82,5	1	gut	4	Mrad		
26	24	w	vh	168	63	5	schlecht	2	Sbahn	Ubahn	Straba
27	22	w	ld	172	67,5	3	gut	3	Auto		
28	20	w	ld	177	79,5	3	schlecht	3	kein		
29	25	w	gs	176	73,5	5	schlecht	2	Rad		
30	35	w	vh	166	169	4	mäßig	2	Bus		

Bild 21-1: Rohdaten einer Befragung von Studentinnen und Studenten. Quelle[Falk1]

Wie kann man nun Merkmalswerte auswerten? Die erste Möglichkeit ist, die Häufigkeit qualitativer Werte zu bestimmen. Es gibt dazu drei Möglichkeiten

1. *Die absoluten Häufigkeiten:* Das ist die Anzahl der Vorkommen der Werte.
2. *Die relativen Häufigkeiten:* Das ist die Anzahl der Vorkommen der Werte, dividiert durch die Anzahl aller Beobachtungseinheiten.
3. Die adjustierten relativen Häufigkeiten: Das ist die Anzahl der Vorkommen der Werte, dividiert durch die Anzahl aller der Beobachtungseinheiten, bei denen das betreffende Merkmal einen gültigen Wert hat.

Die relativenWerte werden oft – mit 100 multipliziert – als Prozentzahlen angegeben. Betrachten Sie als Beispiel die verschiedenen Häufigkeitswerte für den Merkmalstyp *Beurteilung durch Dozent* in unserer statistischen Untersuchung[1]:

	Absolute Häufigkeit	**Relative Häufigkeit**	**Relative Häufigkeit in %**	**Adjustierte relative Häufigkeit**	**Adjustierte relative Häufigkeit in %**
Gut	13	0,43	43,33	0,46	46,43
Mäßig	9	0,3	30,00	0,32	32,14
Schlecht	6	0,2	20,00	0,21	21,43
Keine Angaben	2	0,07	6,67	0,00	0
Gesamt	30	1	100	1	100

Es gibt verschiedene Formen der graphischen Darstellung solcher Häufigkeitsanalysen:

1. Das so genannte *Stab- oder Säulendiagramm*, bei dem die Höhe der Stäbe die jeweilige Häufigkeit angibt. Die Breite der Säulen hat keine Bedeutung, sie dient lediglich der besseren Darstellbarkeit.

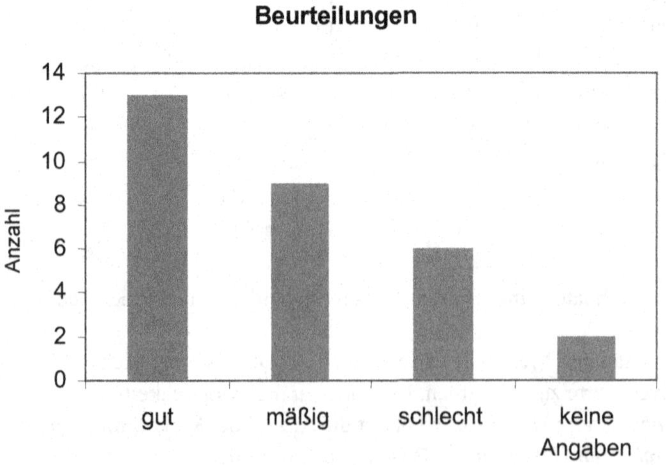

[1] Ich werde *grundsätzlich* in diesem Kapitel alle Zahlenangaben auf zwei Stellen hinter dem Komma runden.

2. Das so genannte Kreisdiagramm, bei dem die Flächeninhalte von Kreissektoren den zugeordneten Häufigkeiten entsprechen.

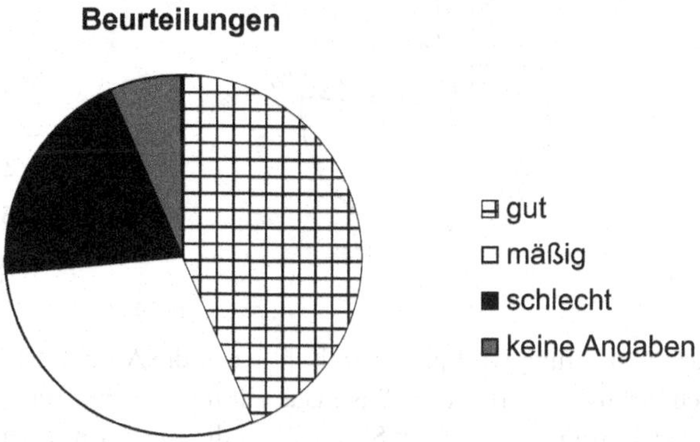

Quantitative diskrete Merkmale, deren Wertemenge nicht zu groß ist, werden ähnlich dargestellt wie die oben besprochenen qualitativen Merkmale. Betrachten wir das Beispiel der Semesterzahlen unserer 30 Studenten:

Anzahl Semester	Absolute Häufigkeit	Relative Häufigkeit in %	Adjustierte relative Häufigkeit in %
keine Angabe	1	3,33 %	
1	6	20,00 %	20,69 %
2	1	3,33 %	3,45 %
3	12	40,00 %	41,38 %
4	4	13,33 %	13,79 %
5	6	20,00 %	20,69 %
Gesamt	30	100,00 %	100,00 %

Und wir erhalten die folgenden Diagramme:

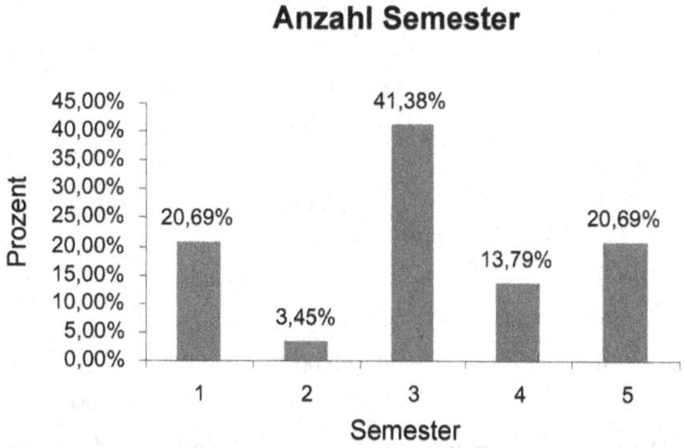

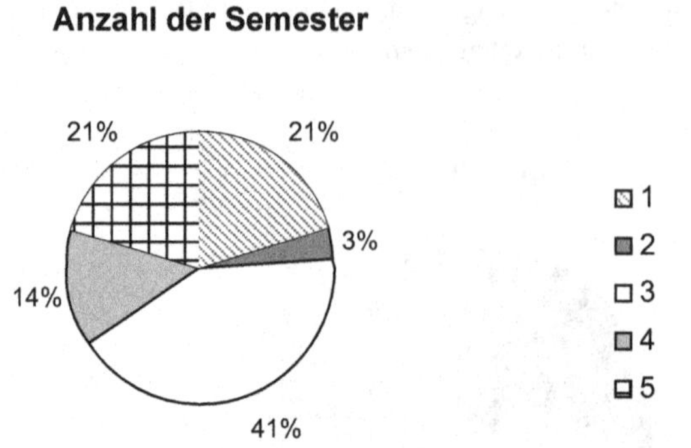

Diese Form der Auswertung wird problematisch, wenn die Anzahl der vorkommenden bzw. möglichen diskreten Werte zu groß ist. Das gilt umso mehr, wenn wir ein stetiges Merkmal auswerten wollen. Betrachten Sie zunächst die Auswertung der diskreten Werte (es sind nur natürliche Zahlen möglich) der Körpergröße in unserer Studentenbefragung:

Größe	Absolute Häufigkeit	Relative Häufigkeit in %	Adjustierte relative Häufigkeit in %
	1	3,33 %	
156	1	3,33 %	3,45 %
158	1	3,33 %	3,45 %
161	1	3,33 %	3,45 %
162	1	3,33 %	3,45 %
163	1	3,33 %	3,45 %
165	1	3,33 %	3,45 %
166	3	10,00 %	10,34 %
168	2	6,67 %	6,90 %
169	1	3,33 %	3,45 %
170	1	3,33 %	3,45 %
172	1	3,33 %	3,45 %
173	1	3,33 %	3,45 %
174	3	10,00 %	10,34 %
176	3	10,00 %	10,34 %
177	2	6,67 %	6,90 %
178	1	3,33 %	3,45 %
179	1	3,33 %	3,45 %
181	1	3,33 %	3,45 %
182	1	3,33 %	3,45 %
185	1	3,33 %	3,45 %
191	1	3,33 %	3,45 %
Gesamt	30	100,00 %	100,00 %

Die entsprechenden Bilder zu dieser undurchsichtigen Tabelle sind genauso wenig aufschlussreich:

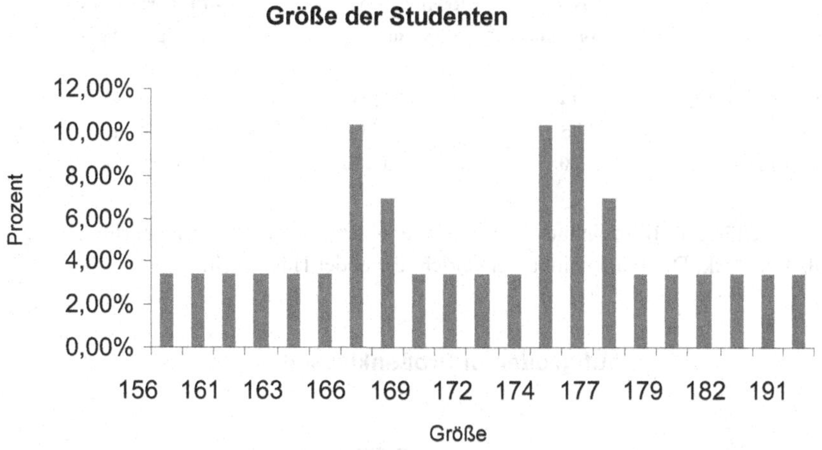

bzw.

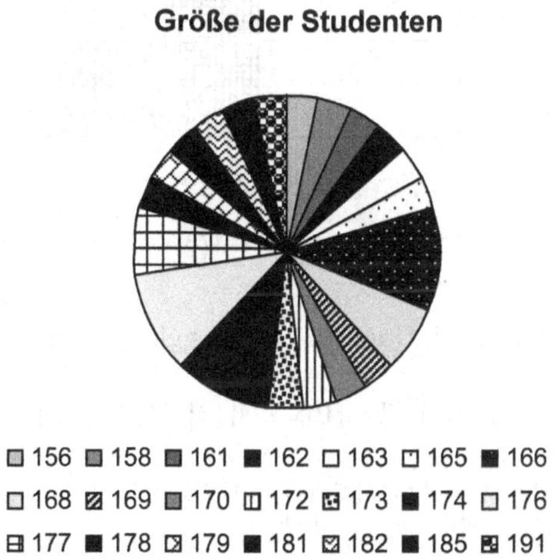

In solch einem Fall unterteilt man den Bereich, aus dem die Messwerte sind – das ist in unserem Fall das Intervall [156, 191] – in disjunkte, nicht leere Teilmengen, deren Vereinigung wieder der gesamte Bereich ist. Das ist natürlich, wie Sie sich vielleicht noch erinnern können (vgl. Kapitel 6), eine Klasseneinteilung. Man nimmt die Klasseneinteilung so vor, dass die einzelnen Klassen Intervalle der Art $[a, b[= \{ x \mid a \leq x < b \}$ sind. Wir betrachten zunächst den Fall, dass alle diese Teilintervalle die gleiche Größe haben.
Wenn ich das Intervall [156, 191] in zwei gleich große Klassen aufteile, falls ich also setze:

$$[156, 192[\; = \; [156, 173[\; \cup \; [173, 192[$$

(dafür schreibt man allgemein: $[a_0, a_2[\; = \; [a_0, a_1[\; \cup \; [a_1, a_2[$)
dann erhalte ich folgende Tabelle:

Körpergröße	Absolute Häufigkeit	Relative Häufigkeit in %	Adjustierte relative Häufigkeit in %
Keine Angabe	1	3,33 %	
156 <= x < 173	14	46,67 %	48,28 %
173 <= x < 192	15	50,00 %	51,72 %
Gesamt	30	100,00 %	100,00 %

In dem zugehörigen Bild zeichnet man stets über einem Intervall die zugehörige Häufigkeit als Rechteck. Der Flächeninhalt entspricht dabei der Häufigkeit.

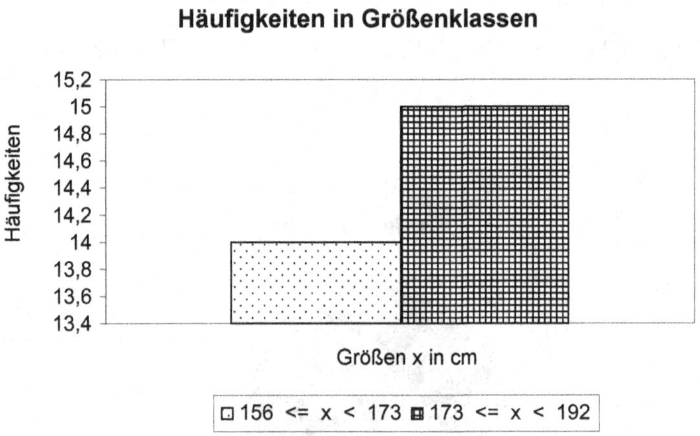

Wenn ich dagegen das Intervall [156, 192[in sechs gleich große Klassen aufteile, falls ich also setze:

[156, 192[= [156, 162[∪ [162, 168[∪ [168, 174[∪ [174, 180[∪ [180, 186[∪ [186, 192[

(dafür schreibt man allgemein: $[a_0, a_6[\; = \bigcup_{i=0}^{5} [a_i, a_{i+1}[$)
dann erhalte ich folgende Tabelle:

Körpergröße	Absolute Häufigkeit	Relative Häufigkeit in %	Adjustierte relative Häufigkeit in %
Keine Angabe	1	3,33 %	
[156, 162[	3	10,00 %	10,34 %
[162, 168[	6	20,00 %	20,69 %
[168, 174[	6	20,00 %	20,69 %
[174, 180[	10	33,33 %	34,48 %
[180, 186[	3	10,00 %	10,34 %
[186, 192[	1	3,33 %	3,45 %
Gesamt	30	100,00 %	100,00 %

mit dem folgenden Bild:

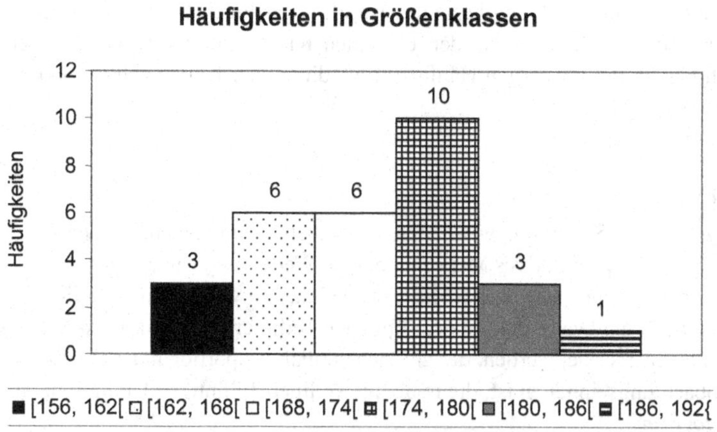

Sie sehen: Je nachdem, wie man die Klasseneinteilung vornimmt, kann man sehr unterschiedliche Diagramme erhalten. Um Ihnen zu zeigen, dass Klasseneinteilungen nicht immer aus Intervallen mit gleicher Breite bestehen müssen, analysiere ich die in unserer Befragung auftretenden Körpergrößen einmal mit besonderer Betonung der »Randbereiche«:

Körpergröße	Absolute Häufigkeit	Relative Häufigkeit in %	Adjustierte relative Häufigkeit in %
Keine Angabe	1	3,33 %	
[156, 162[	3	10,00 %	10,34 %
[162, 168[	6	20,00 %	20,69 %
[168, 180[	16	53,33 %	55,17 %
[180, 186[	3	10,00 %	10,34 %
[186, 192{	1	3,33 %	3,45 %
Gesamt	30	100,00 %	100,00 %

mit dem folgenden Bild:

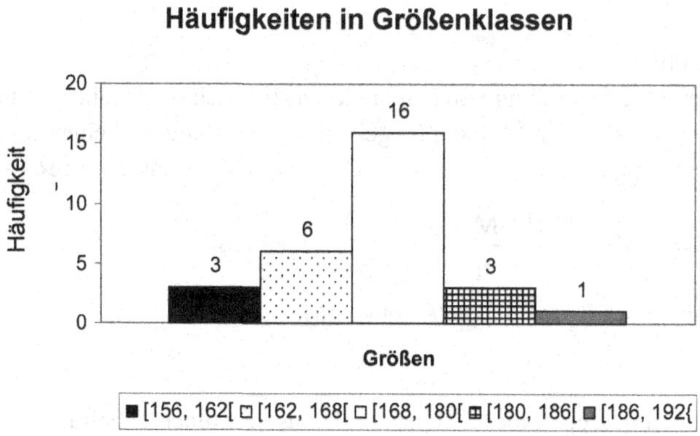

Das Prinzip dieser Abbildung besteht darin, dass der Flächeninhalt der Rechtecke über den x-Achsen-Abschnitten, die den einzelnen Klassenintervallen entsprechen, immer proportional zu der jeweiligen Häufigkeit ist, die zu der Klasse gehört. So etwas nennt man ein *Histogramm.*

Definition:
Gegeben eine Sammlung von Daten, die statistisch untersucht werden soll.
Es sei M ein quantitatives Merkmal, dessen Wertemenge man durch Teilintervalle $[a_i\,,\,a_{i+1}[$ in elementefremde Klassen vollständig aufteilt.
Dann heißt ein Diagramm, in dem über den Teilintervallen auf der x-Achse Rechtecke gebildet werden, deren Flächeninhalt proportional der Häufigkeit der Beobachtungseinheiten ist, die in dem jeweiligen Teilintervall auftreten, ein *Histogramm.*

Falkenberg gibt in seinem Skript [Falk1] als eine »Faustregel« für die Anzahl k der Klassen, die man bei einer Klassenbildung für ein quantitatives Material von n Beobachtungseinheiten konstruieren sollte:

$$k = \begin{cases} \sqrt{n} & , \; n \leq 1000 \\ 10 \log(n), & n > 1000 \end{cases}$$

Damit ist natürlich gemeint, dass k den gerundeten ganzzahligen Wert der jeweiligen reellwertigen Ausdrücke annehmen sollte. In unserer Studentenbefragung war n = 30. Es ist $5 < \sqrt{30} < 5{,}5$.
Damit befreit uns diese Faustregel auch davon, bei der Analyse der Häufigkeiten der auftretenden Notenwerte eine feinere Klassenunterteilung vorzunehmen.
Ein weiteres Hilfsmittel bei der Analyse von Häufigkeiten ist die so genannte *Empirische Verteilungsfunktion,* mit der man die Entwicklung der Häufigkeiten im Verlauf des Wachsens des quantitativen Merkmals verfolgt. Man definiert:

Definition:
Gegeben eine Sammlung von Daten, deren Beobachtungseinheiten die Beobachtungsmenge B bilden. Es gebe n Beobachtungseinheiten, d. h. $|B| = n$.
Es sei M ein quantitatives Merkmal. Dann heißt die Funktion $F\colon \mathbf{R} \to \mathbf{R}$ mit

$$F(x) = \frac{|\{ a \in B \mid M(a) \leq x \}|}{n}$$

die *Empirische Verteilungsfunktion* von M.

Ich gebe Ihnen mal ein anderes Beispiel als unsere Studentenbefragung, um diese Darstellungsweise von Häufigkeiten zu verdeutlichen:

Ein Würfel werde 100-mal geworfen. Die Augenzahlen von 1 bis 6 treten dabei mit den folgenden Häufigkeiten auf:

Augenzahl	Absolute Häufigkeit	Relative Häufigkeit in %
1	10	10 %
2	21	21 %
3	11	11 %
4	28	28 %
5	14	14 %
6	16	16 %
Gesamt:	100	100,00 %

Das ergibt die folgende Tabelle für die Funktion $F_{Augenzahl}$:

Augenzahl	Empirische Verteilung
0	0
1	0,1
2	0,31
3	0,42
4	0,7
5	0,84
6	1
7	1

Mit folgendem Bild:

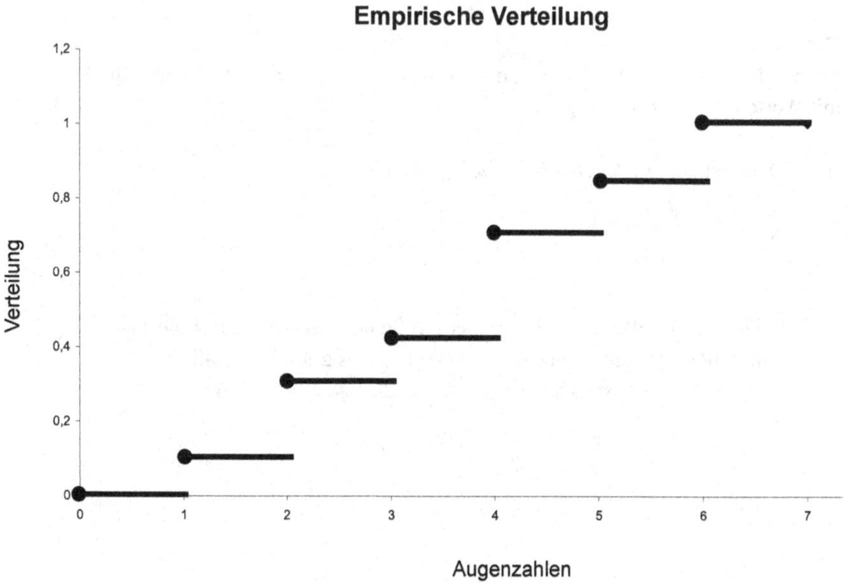

Dabei sehen Sie auch sofort die folgenden Eigenschaften der Empirischen Verteilungsfunktion, die stets gegeben sind:

Satz 21.1
Gegeben eine Sammlung von Daten, deren Beobachtungseinheiten die Beobachtungsmenge B bilden. M sei ein quantitatives Merkmal. Dann hat die Empirische Verteilungsfunktion $F_M(x)$ von M die folgenden Eigenschaften:

(i) Für alle x, die kleiner sind als der kleinste beobachtete Wert, gilt: $F(x) = 0$

(ii) Für alle x, die größer oder gleich dem größten beobachteten Wert sind, gilt die Gleichung $F(x) = 1$.

(iii) An den Sprungstellen von F ist der Zuwachs gleich der relativen Häufigkeit des Wertes an der Sprungstelle.

21.3 Kennzahlen: Lageparameter und geometrische Mittel

Kennzahlen bilden eine weitere Gruppe von Parametern zur Analyse von Messreihen. Wir unterscheiden zwei Arten von Kennzahlen:

1. Lageparameter, die sich bei einer Veränderung aller Messwerte um einen Wert a ebenfalls um diesen Wert a verändern,und
2. Streuungsparameter, die etwas über die »innere Struktur« einer Messreihe aussagen und die sich bei einer gleichförmigen Veränderung aller Messwerte nicht verändern.

Wir beginnen mit einigen Lageparametern:

Definition:
Sei $n \in \mathbf{N}$, $n > 0$ und $X : \{ 1, \dots , n \} \rightarrow \mathbf{R}$ eine Messreihe eines Merkmals X mit Werten $x_i := X(i)$.

(i) Dann ist das *arithmetische Mittel* $\overline{x}$ definiert durch:

$$\overline{x} = \frac{1}{n}\left(\sum_{i=1}^{n} x_i\right) .$$

(ii) Seien nun die Werte $x_1, \dots , x_n$ der Größe nach geordnet. Bei dieser Umsortierung nenne ich den i-ten Wert $x_{(i)}$. Es gilt also für alle $1 \leq i \leq n-1$ stets $x_{(i)} \leq x_{(i+1)}$.

Dann definiert man den *Empirischen Median* $\tilde{x}$ durch

$$\tilde{x} = \begin{cases} x_{\left(\frac{n+1}{2}\right)} & \text{, falls n ungerade} \\ x_{\left(\frac{n}{2}\right)} & \text{, falls n gerade} \end{cases}$$

Oft wird auch im Falle, dass n gerade ist, definiert:

$$\tilde{x} = \frac{1}{2}\left(x_{\left(\frac{n}{2}\right)} + x_{\left(\frac{n}{2}+1\right)}\right).$$

Satz 21.2
Arithmetisches Mittel und Empirischer Median sind Lageparameter.

Beweis:
Sei $n \in \mathbf{N}$, $n > 0$ und $X : \{ 1, \ldots , n \} \to \mathbf{R}$ eine Messreihe eines Merkmals X mit Werten x_i. Es sei außerdem $a \in \mathbf{R}$ und $Y : \{ 1, \ldots , n \} \to \mathbf{R}$ die Messreihe eines Merkmals Y mit Werten y_i, für die gilt:

$$y_i = x_i + a \text{ für alle } 1 \leq i \leq n.$$

Dann ist:

$$\bar{y} = \frac{1}{n}\left(\sum_{i=1}^{n} y_i\right) = \frac{1}{n}\left(\sum_{i=1}^{n} x_i + a\right) = \frac{1}{n}\left(n \cdot a + \sum_{i=1}^{n} x_i\right) = \bar{x} + a$$

Alle anderen Behauptungen des Satzes folgen unmittelbar.

q. e. d.

Betrachten Sie als Beispiel noch einmal unsere Studentenbefragung, genauer: Betrachten Sie als Beispiel die beiden Messreihen zu Größe und Gewicht unserer Studenten. Ich habe sie Ihnen zusammen mit den bisher definierten Kennzahlen auf der folgenden Seite dargestellt.

Größe		
i	x_i	$x_{(i)}$
1	166	156
2	158	158
3	163	161
4	182	162
5	174	163
6	185	165
7	169	166
8	173	166
9	161	166
10	174	168
11	176	168
12	170	169
13	181	170
14	166	172
15	156	173
16	176	174
17	168	174
18	174	174
19	165	176
20	177	176
21	191	176
22	178	177
23	162	177
24	179	178
25	168	179
26	172	181
27	177	182
28	176	185
29	166	191

Gewicht		
i	y_i	$y_{(i)}$
1	79,5	51
2	57	57
3	63,5	58,5
4	60	59,5
5	83,5	60
6	73	63
7	101,5	63,5
8	73,5	66,5
9	67	67
10	58,5	67,5
11	85,5	67,5
12	74	69,5
13	77	70,5
14	78,5	71
15	67,5	71,5
16	51	73
17	71	73,5
18	70,5	73,5
19	69,5	74
20	71,5	76
21	66,5	77
22	85	78,5
23	76	79,5
24	59,5	79,5
25	82,5	79,5
26	63	82,5
27	67,5	83,5
28	79,5	85
29	73,5	101,5
30	168,5	168,5

Es ist $\overline{x} = 171{,}83$ und $\overline{y} = 75{,}15$

Es ist $\tilde{x} = x_{(15)} = 173$ und $\tilde{y} = y_{(15)} = 71{,}5$

Bild 21-2: Die Messreihen zu Größe und Gewicht unserer Studenten

Wie Sie vielleicht schon gesehen haben, haben wir unter unseren Studenten ein »Schwergewicht«. Eine der gemessenen Personen wiegt mit 168,5 kg deutlich mehr als der Rest der Studenten. Dieser Wert beeinflusst das arithmetische Mittel $\overline{y}\,(= 75{,}5)$ wesentlich stärker als den Median $\tilde{y}\ (= 71{,}25)$, der grundsätzlich nur *von der Anzahl* großer Werte bestimmt wird, aber nicht von ihrer tatsächlichen Größe.

Man will nun den Begriff des Median verallgemeinern, man will nicht nur die Mitte einer Messreihe beschreiben können, sondern auch jede andere Position. Den Begriff, mit dem man das erarbeitet, heißt *Quantil*. Genauer:

Ziele, die man bei der Definition des Quantils verfolgt[1]

(i) Der Median einer Messreihe hat die Eigenschaft, dass die Anzahl der Messwerte, die kleiner als der Median sind, genauso groß ist wie die Anzahl der Messwerte, die größer sind. Bezüglich der Anzahl der Messwerte steht er »in der Mitte« – wir werden ihn auch das (½)-Quantil nennen.

(ii) Für irgendein reelles p mit $0 \leq p \leq 1$ soll das p-Quantil der Wert für eine Messreihe sein, für den gilt:
$100 \cdot p$ % der Werte der Messreihe sind kleiner als das p-Quantil
$100 \cdot (1 - p)$ % der Werte der Messreihe sind größer als das p-Quantil
(Überprüfen Sie diese Beschreibung für den Median.)

Unser Vorgehen dabei wird folgendermaßen sein:

Vorgehen bei der Definition des Quantils

(i) Wir formulieren eine Definition, der man *nicht* sofort ansieht, dass dabei unsere obigen Ziele erreicht werden. Sie ist dafür aber mathematisch korrekt.

(ii) Danach zeigen wir, dass diese Definition im Sinne der oben beschriebenen Ziele die richtige ist.

Wir brauchen zunächst ein Symbol für die Aufrundung einer beliebigen Zahl.

Definition:
Sei $x \in \mathbf{R}$ beliebig. Dann ist $\lceil x \rceil := \min \{ z \in Z \mid z \geq x \}$.

Beispiele für $\lceil \quad \rceil$:

- $\lceil -3{,}5 \rceil = -3$, $\lceil -1 \rceil = -1$, $\lceil 7{,}6 \rceil = 8$, $\lceil 11 \rceil = 11$

[1] Diese Beschreibung soll Ihnen eine Vorstellung von dem vermitteln, was wir beabsichtigen. Sie ist mathematisch nicht für alle Einzelfälle korrekt. Diese Korrektheit werden wir gleich wieder herstellen, aber sie erschwert den Blick auf das Wesentliche.

Nun definiert man:

> Definition:
> Sei $n \in N$, $n > 0$ und $X : \{ 1, \dots , n \} \rightarrow R$ eine Messreihe eines Merkmals X mit Werten $x_1 , \dots x_n$, die der Größe nach geordnet durch die Werte $x_{(1)} , \dots x_{(n)}$ beschrieben werden. Es sei weiterhin $p \in R$, $0 < 1 < p$ beliebig. Dann ist das so genannte p-Quantil $\tilde{x}_p$ definiert durch:
> $$\tilde{x}_p = x_{(\lceil n \cdot p \rceil)} .$$

Lassen Sie mich einige p-Quantile für unsere Messreihen für die Größe ($x_{(i)}$) und das Gewicht ($y_{(i)}$) berechnen.

- $\tilde{x}_{0,1} = x_{(\lceil 29 \cdot 0,1 \rceil)} = x_{(\lceil 2,9 \rceil)} = x_{(3)} = 161$
- $\tilde{x}_{0,25} = x_{(\lceil 29 \cdot 0,25 \rceil)} = x_{(\lceil 7,25 \rceil)} = x_{(8)} = 166$
- $\tilde{x}_{0,5} = x_{(\lceil 29 \cdot 0,5 \rceil)} = x_{(\lceil 14,5 \rceil)} = x_{(15)} = 173$, der Empirische Median
- $\tilde{x}_{0,75} = x_{(\lceil 29 \cdot 0,75 \rceil)} = x_{(\lceil 21,75 \rceil)} = x_{(22)} = 177$
- $\tilde{x}_{0,9} = x_{(\lceil 29 \cdot 0,9 \rceil)} = x_{(\lceil 26,1 \rceil)} = x_{(27)} = 182$ und
- $\tilde{y}_{0,1} = y_{(\lceil 30 \cdot 0,1 \rceil)} = y_{(\lceil 3 \rceil)} = y_{(3)} = 58,5$
- $\tilde{y}_{0,25} = y_{(\lceil 30 \cdot 0,25 \rceil)} = y_{(\lceil 7,5 \rceil)} = y_{(8)} = 66,5$
- $\tilde{y}_{0,5} = y_{(\lceil 30 \cdot 0,5 \rceil)} = y_{(\lceil 15 \rceil)} = y_{(15)} = 71,5$, der Empirische Median
- $\tilde{y}_{0,75} = y_{(\lceil 30 \cdot 0,75 \rceil)} = y_{(\lceil 22,5 \rceil)} = y_{(23)} = 79,5$
- $\tilde{y}_{0,9} = y_{(\lceil 30 \cdot 0,9 \rceil)} = y_{(\lceil 27 \rceil)} = y_{(27)} = 85,0$

Nun nähern wir uns der Analyse unserer eingangs beschriebenen Ziele. Dazu führe ich eine in der Statistik gebräuchliche Schreibweise ein, die uns die Formulierung der entsprechenden Zusammenhänge sehr erleichtert.

> Definition:
> Sei $n \in N$, $n > 0$ und $X : \{ 1, \dots , n \} \rightarrow R$ eine Messreihe eines Merkmals X mit Werten $x_1, \dots x_n$. Dann kann man die absoluten Häufigkeiten h und relativen Häufigkeiten r, die bei bestimmten Bedingungen an X auftreten, folgendermaßen beschreiben:
> (i) h(Bedingung B an X) $:= | \{ x_i \mid x_i$ erfüllt die Bedingung B $\} |$
>
> (ii) r(Bedingung B an X) $:= \dfrac{| \{ x_i \mid x_i \text{ erfüllt die Bedingung B } \} |}{n}$

Es galt nun: $\tilde{x}_{0,1} = x_{(\lceil 29 \cdot 0,1 \rceil)} = x_{(\lceil 2,9 \rceil)} = x_{(3)} = 161$

Dem korrespondiert, dass

$$\text{(i) } r(X < \tilde{x}_{0,1}) = r(X < 161) = \frac{2}{29} \leq 0,1$$

$$\text{(ii) } r(X > \tilde{x}_{0,1}) = r(X > 161) = \frac{26}{29} = 1 - \frac{3}{29} \leq 1 - 0,1$$

Beachten Sie, dass bereits für $\tilde{x}_{0,1} - 0,01$, also für 160,09 die Gleichung (ii) nicht mehr gilt, denn dann wäre

$$r(X > 160,09) = \frac{27}{29} = 1 - \frac{2}{29} > 1 - 0,1$$

Und dass für $\tilde{x}_{0,1} + 0,01$, also für 161,01 die Gleichung (i) nicht mehr gilt, denn dann wäre

$$r(X < 161,01) = \frac{3}{29} > 0,1$$

Es *scheint* also so, als wäre unser Quantil $\tilde{x}_{0,1}$ eindeutig durch die beiden Bedingungen

$$\text{(i) } r(X < \tilde{x}_{0,1}) \leq 0,1$$

$$\text{(ii) } r(X > \tilde{x}_{0,1}) \leq 1 - 0,1$$

festgelegt. Ehe ich versuche, das zu beweisen, untersuche ich einen weiteren Fall. Es war:

$$\tilde{y}_{0,1} = y_{(\lceil 30 \cdot 0,1 \rceil)} = y_{(\lceil 3 \rceil)} = y_{(3)} = 58,5$$

Wieder ist:

$$\text{(i) } r(Y < \tilde{y}_{0,1}) = r(Y < 58,5) = \frac{2}{30} \leq 0,1$$

$$\text{(ii) } r(Y > \tilde{y}_{0,1}) = r(Y > 58,5) = \frac{27}{30} = 1 - \frac{3}{30} \leq 1 - 0,1$$

erfüllt. Und für $\tilde{y}_{0,1} - 0,01 = 58,49$ ist die Gleichung (ii) nicht erfüllt, denn es ist:

$$r(Y > 58,49) = \frac{28}{30} = 1 - \frac{2}{30} > 1 - 0,1$$

Aber für $\tilde{y}_{0,1} + 0,5 = 59$ sind die Gleichungen (i) und (ii) immer noch wahr, denn

$$\text{(i) } r(Y < 59) = \frac{3}{30} \leq 0,1$$

$$\text{(ii) } r(Y > 59) = \frac{27}{30} = 1 - \frac{3}{30} \leq 1 - 0,1$$

Tatsächlich gilt für alle $y \in \mathbf{R}$, mit $58,5 \leq y \leq 59,5$:

$$\text{(i) } r(Y < y) = \frac{3}{30} \leq 0,1$$

$$\text{(ii) } r(Y > y) = \frac{27}{30} = 1 - \frac{3}{30} \leq 1 - 0,1$$

Das ist merkwürdig! Bei der Messreihe für das Merkmal X (das Gewicht) gab es anscheinend genau eine Zahl x – nämlich das Quantil $\tilde{x}_{0,1}$, für das die Gleichungen

(i) $r(X < x) \leq 0{,}1$

(ii) $r(X > x) \leq 1 - 0{,}1$

erfüllt waren. Was also ist der Unterschied zwischen $\tilde{x}_{0,1}$ und $\tilde{y}_{0,1}$? Die Antwort lautet: Die Messreihe für das Merkmal X bestand aus 29 Werten, die für das Merkmal Y aus 30 Werten. Es ist aber:

$$\lceil 29 \cdot 0{,}1 \rceil = \lceil 2{,}9 \rceil \neq 3$$

und

$$\lceil 30 \cdot 0{,}1 \rceil = \lceil 3 \rceil = 3 .$$

Das genau ist der Unterschied, den wir jetzt bei der Formulierung des entsprechenden Satzes berücksichtigen werden. Und dieser Satz ist auch die mathematisch korrekte Beschreibung unserer Situation, die ich in der obigen Fußnote angekündigt habe.

Satz 21.3

Sei $n \in N$, $n > 0$ und $X : \{ 1, \dots , n \} \to R$ eine Messreihe eines Merkmals X mit Werten $x_1, \dots x_n$, die wir der Einfachheit halber sofort als geordnet annehmen. Es sei $p \in R$, $0 < 1 < p$ beliebig.

a. Falls $\lceil n \cdot p \rceil \neq n \cdot p$ ist, falls also $n \cdot p$ keine ganze Zahl ist, gibt es genau eine Zahl $y \in R$, für die die folgenden beiden Bedingungen erfüllt sind:
   (i) $r(X < y) \leq p$
   (ii) $r(X > y) \leq 1 - p$
   Es ist dann $y = x_{\lceil n \cdot p \rceil} = \tilde{x}_p$ gerade das p-Quantil.

b. Falls $\lceil n \cdot p \rceil = n \cdot p$ ist, falls also $n \cdot p$ eine ganze Zahl ist, gelten genau für alle Zahlen $y \in R$ mit $\tilde{x}_p = x_{n \cdot p} \leq y \leq x_{n \cdot p + 1}$ die folgenden beiden Bedingungen:
   (i) $r(X < y) \leq p$
   (ii) $r(X > y) \leq 1 - p$

Bemerkung: Wegen dieses Satzes sagt man auch, dass das p-Quantil nur eindeutig im Falle $\lceil n \cdot p \rceil \neq n \cdot p$ bestimmt ist, in den (für reelle(!) $p \in]\,0\,,1[$ viel selteneren) Fällen) $\lceil n \cdot p \rceil = n \cdot p$ könnte man jede Zahl aus dem Intervall $[x_{n \cdot p}\,, x_{n \cdot p + 1}]$ nehmen.

Beweis:

Es wird behauptet:

$y = \tilde{x}_p$ bzw. $x_{n \cdot p} \leq y \leq x_{n \cdot p + 1} \leftrightarrow$ Eigenschaften (i) und (ii)

Ich zeige zunächst die leichtere Richtung:

$y = \tilde{x}_p$ bzw. $x_{n \cdot p} \leq y \leq x_{n \cdot p + 1} \to$ Eigenschaften (i) und (ii)

Falls $\lceil n \cdot p \rceil \neq n \cdot p$ ist,

ist $r(X < \tilde{x}_p) = r(X < x_{\lceil n \cdot p \rceil}) \leq \frac{n \cdot p}{n} \leq p$

und es ist $r(X > \tilde{x}_p) = r(X > x_{\lceil n \cdot p \rceil}) \leq \frac{n - n \cdot p}{n} = 1 - p$

Falls $\lceil n \cdot p \rceil = n \cdot p$ ist,

ist $r(X < x_{n \cdot p + 1}) \leq \frac{n \cdot p}{n} \leq p$

und es ist $r(X > x_{n \cdot p}) \leq \frac{n - n \cdot p}{n} = 1 - p$

Damit ist die Richtung » $\rightarrow$ « gezeigt.

Nun zeigen wir:
Aus den Eigenschaften (i) und (ii) folgt: $y = \tilde{x}_p$ bzw. $x_{n \cdot p} \leq y \leq x_{n \cdot p + 1}$

(i) $r(X < y) \leq p \leftrightarrow \frac{|\{x_i \mid x_i < y\}|}{n} \leq p \leftrightarrow |\{x_i \mid x_i < y\}| \leq n \cdot p$

Ich nenne die Menge $|\{x_i \mid x_i < y\}|$ jetzt einfach M. Ich weiß zwei Dinge über M:

- Wenn M nicht leer ist, gehören stets die Elemente $x_1, x_2, \ldots$ bis zu einem größtmöglichen x_u zu M.
- Da höchstens $n \cdot p$ Elemente zu M gehören können, ist $u \leq n \cdot p$. Mein y muss also garantieren, dass stets gilt: $u \leq n \cdot p$.
  Aus diesen beiden Punkten folgt:
  a) Wenn $n \cdot p$ nicht ganzzahlig ist, muss gelten: $y \leq x_{\lceil n \cdot p \rceil} = \tilde{x}_p$
  b) Wenn $n \cdot p$ ganzzahlig ist, muss gelten: $y \leq x_{n \cdot p + 1}$

(ii) $r(X > y) \leq 1 - p \leftrightarrow \frac{|\{x_i \mid x_i > y\}|}{n} \leq 1 - p \leftrightarrow$

$\leftrightarrow |\{x_i \mid x_i > y\}| \leq n - n \cdot p$

Wieder nenne ich die Menge $|\{x_i \mid x_i > y\}|$ jetzt einfach M. Und wieder weiß ich zwei Dinge über dieses neue M:

- Wenn M nicht leer ist, gehören stets die Elemente $x_n, x_{n-1}, \ldots$ bis zu einem kleinstmöglichen x_k zu M.
- Da höchstens $n - n \cdot p$ Elemente zu M gehören können, ist $k \geq n - (n - n \cdot p) + 1 = n \cdot p + 1$.
  Mein y muss also garantieren, dass stets gilt: $k \geq n \cdot p + 1$.

Aus diesen beiden Punkten folgt:
a) Wenn $n \cdot p$ nicht ganzzahlig ist, muss gelten: $y \geq x_{\lceil n \cdot p \rceil} = \tilde{x}_p$
b) Wenn $n \cdot p$ ganzzahlig ist, muss gelten: $y \geq x_{n \cdot p}$

(i) und (ii) ergeben für den Fall a: $\tilde{x}_p \leq y \leq \tilde{x}_p$, also $y = \tilde{x}_p$
Und (i) und (ii) ergeben für den Fall b:
$x_{n \cdot p} \leq y \leq x_{n \cdot p + 1}$

Genau das war zu beweisen.

Ich erinnere Sie noch einmal an unsere Empirische Verteilungsfunktion:

$$F(x) = \frac{|\{ x_i \mid x_i \leq x \}|}{n} = r(X < x) + \; = r(X < x) + r(X = x)$$

Die Bedingungen

(i) $r(X < y) \leq p$

(ii) $r(X > y) \leq 1 - p$

kann man mit ihrer Hilfe folgendermaßen formulieren;

(i) $F(y) - r(X = y) \leq p$

(ii) $1 - F(y) \leq 1 - p$, d. h. $p \leq F(y)$

Das kann man zusammenfassen zu:

$p \leq F(y) \leq p + r(X = y)$

Wenn wir Satz 21.3 mit Hilfe dieser Verteilungsfunktion formulieren, erhalten wir also:

Satz 21.3 (alternative Formulierung)
Sei $n \in N$, $n > 0$ und $X : \{ 1, \ldots, n \} \to R$ eine Messreihe eines Merkmals X mit Werten $x_1, \ldots x_n$, die wir der Einfachheit halber sofort als geordnet annehmen. Es sei $p \in R$, $0 < 1 < p$ beliebig.

a. Falls $\lceil n \cdot p \rceil \neq n \cdot p$ ist, falls also $n \cdot p$ keine ganze Zahl ist, gibt es genau eine Zahl $y \in R$, für die die folgenden beiden Bedingungen erfüllt sind:
$p \leq F(y) \leq p + r(X = y)$

   Es ist dann $y = x_{\lceil n \cdot p \rceil} = \tilde{x}_p$ gerade das p-Quantil.

b. Falls $\lceil n \cdot p \rceil = n \cdot p$ ist, falls also $n \cdot p$ eine ganze Zahl ist, gelten genau für alle Zahlen $y \in R$ mit $\tilde{x}_p = x_{n \cdot p} \leq y \leq x_{n \cdot p + 1}$ die folgenden beiden Bedingungen:
$p \leq F(y) \leq p + r(X = y)$

Wir haben schon gesehen, dass man das Quantil $\tilde{x}_{0,5}$ auch Median nennt. Wir wollen uns noch die folgenden Namen für spezielle Quantile merken:

Definition:
Sei $n \in \mathbf{N}$, $n > 0$ und $X : \{ 1, \ldots, n \} \to \mathbf{R}$ eine Messreihe eines Merkmals X mit Werten $x_1, \ldots x_n$. Dann nennt man das Quantil $\tilde{x}_{0,5}$ auch *Median* und jedes der Quantile $\tilde{x}_{0,25}$, $\tilde{x}_{0,5}$ und $\tilde{x}_{0,75}$ heißt *Quartil.* (von Quart = ¼). Man nennt sie auch das *erste, zweite* und *dritte Quartil* und meint dabei die oben angegebene Reihenfolge.

Bisher haben wir immer arithmetisch gemittelt, wir haben summiert und anschließend wieder durch die Gesamtzahl der Messwerte dividiert. Aber zuweilen muss man auch das geometrische Mittel von Messwerten berechnen. Ich beginne mit einer Definition:

Definition:

(i) Seien $a, b \in \{ x \in \mathbf{R} \mid x \geq 0 \}$. Dann definiert man das *geometrische Mittel von a und b* als $\sqrt{a} \cdot \sqrt{b} = \sqrt{a \cdot b}$

(ii) Sei $n > 2, n \in N$. Es seien $x_1, \dots, x_n \in \{ x \in R \mid x \geq 0 \}$.
Dann ist das geometrische Mittel von $x_1, \dots, x_n$ definiert durch:

$$\sqrt[n]{x_1 \cdot \dots \cdot x_n} = \sqrt[n]{\prod_{i=1}^{n} x_i}$$

Bemerkungen:

(i) Dieses Mittel hat wirklich eine wichtige geometrische Interpretation. Das geometrische Mittel der beiden Zahlen a und b entspricht die Seitenlänge eines Quadrats mit demselben Flächeninhalt, den das Rechteck mit den Seitenlängen a und b hat. vgl. Abb. 21-3

(ii) Für beliebige $n \geq 2$, $n \in \mathbf{N}$ gilt die entsprechende Bemerkung für n-dimensionale Rechtecke bzw. n-dimensionale Quader.

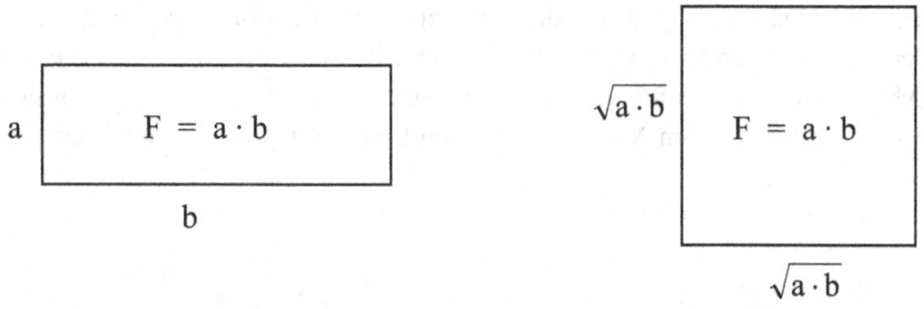

Bild 21-3: Das geometrische Mittel von a und b

Nun betrachten Sie den folgenden Fall. Sie sind ein sehr cleverer Börsenspekulant. Oder Sie arbeiten bei einem bekannten Autohersteller im Stuttgarter Raum.

1. Sie besitzen 100 Euro und legen sie im ersten Jahr zu einem Zinssatz von 21 % an. Dann haben Sie nach einem Jahr ein Guthaben von 121 Euro.

   Das bedeutet: Sie haben einen Wachstumsfaktor von $\frac{121}{100} = 1{,}21$.

2. Im zweiten Jahr erhöht sich ihr Zinssatz auf 69 %. Dann beträgt Ihr Guthaben am Ende des zweiten Jahres gerade $\left(1 + \frac{69}{100}\right) \cdot 121 = \frac{169 \cdot 121}{10000} = 204{,}49$ €.

   Das bedeutet: Sie haben jetzt einen Wachstumsfaktor von $\frac{169}{100} = 1{,}69$.

3. Wenn Sie sich jetzt nach dem durchschnittlichen jährlichen Zinssatz x fragen, bei dem Sie dieselbe Steigerung Ihres Vermögens erhalten hätten, müssen Sie den durchschnittlichen Wachstumsfaktor berechnen. Da sich diese Faktoren multiplizieren, müssen wir das *geometrische Mittel* der einzelnen Wachstumsfaktoren berechnen. Es gilt:

$$\sqrt{1{,}21} \cdot \sqrt{1{,}69} = 1{,}1 \cdot 1{,}3 = 1{,}43$$

Und

$$100 \cdot 1{,}43^2 = 204{,}49$$

Wie zuvor behauptet. Das bedeutet übrigens, dass der durchschnittliche Zinssatz x den Wert 43 % hat und nicht etwa dem arithmetischen Mittel oder geometrischen Mittel der einzelnen Zinssätze 21 % und 69 % entspricht.
Grundsätzlich gilt:

Regel:
Bei Wachstumsfaktoren ist das geometrische und nicht das arithmetische Mittel zu berechnen.

21.4 Kennzahlen: Streuungsparameter

Streuungsparameter sind Parameter, so hatten wir gesagt, die etwas über die »innere Struktur« einer Messreihe aussagen und die sich bei einer gleichförmigen Veränderung aller Messwerte nicht verändern. Man will vor allem herausfinden, wie weit die verschiedenen Messwerte einer Untersuchung »auseinander« liegen. Oder anders gesagt: wie weit sie vom arithmetischen Mittel entfernt sind. Dementsprechend definiert man die *Empirische Varianz*:

Definition:
Sei $n \in \mathbf{N}$, $n > 1$ und $X : \{1, \ldots, n\} \to \mathbf{R}$ eine Messreihe eines Merkmals X mit Werten $x_i := X(i)$.

Dann ist die *Empirische Varianz* $\mathbf{s^2}$ definiert durch:

$$s^2(X) = \frac{1}{n-1} \sum_{i=1}^{n} (x_i - \bar{x})^2.$$

Das schreit nach zwei Bemerkungen:

(i) Warum das Symbol s^2 für die Empirische Varianz? Antwort: Weil man mit s, der Wurzel aus der Empirischen Varianz, die Standardabweichung definieren wird (s. u.).
(ii) Beachten Sie: Es wird hier mit $n - 1$ und nicht mit n normiert. Das bedeutet: Unsere Messreihe muss immer aus mindestens zwei Werten bestehen. Warum macht man das so? Bedenken Sie bitte: *Wir sind im Kapitel über beschreibende Statistik.* Stellen Sie sich vor, Sie wollten die Körpergrößen aller Personen, besser noch die Varianz der Körpergrößen aller Personen ermitteln, die in Deutschland leben. Das seien ***AnzahlEinwohner*** Personen. Dann ist diese Varianz richtig durch:

$$\frac{1}{\text{AnzahlEinwohner}} \sum_{i=1}^{\text{AnzahlEinwohner}} (x_i - \overline{x})^2$$

beschrieben. Diese Rechnung wird aber so nicht durchgeführt. Bedenken Sie: In unserem Beispiel ist ***AnzahlEinwohner*** größer als 80 Millionen. In der beschreibenden Statistik werden Stichproben für $n = 1000$ oder 2000 oder ähnliche Zahlen durchgeführt. Dabei arbeitet man nicht mit dem (eigentlich korrekten) Mittelwert der Größen *aller* Einwohner sondern mit dem Empirischen Stichprobenmittelwert, der bei den 1000 oder 2000 Messergebnissen auftritt. Ich schreibe dafür jetzt $\overline{x}(n)$ um klarzumachen, dass ich den Empirischen Mittelwert einer Stichprobe meine. Der *wirkliche* Mittelwert ist hier:

$$\overline{x}(\text{AnzahlEinwohner}) = \frac{1}{\text{AnzahlEinwohner}} \sum_{i=1}^{\text{AnzahlEinwohner}} x_i \,.$$

Man kann nun zeigen:
Wenn n immer größer wird, approximiert zwar:

$$\frac{1}{n} \sum_{i=1}^{n} (x_i - \overline{x}(\text{AnzahlEinwohner}))^2$$

die vollständig berechnete Varianz, aber wenn ich den exakten Mittelwert nicht zur Verfügung habe, sondern nur mit dem Empirisch gemessenen Mittelwert arbeiten kann, ist

$$\frac{1}{n} \sum_{i=1}^{n} (x_i - \overline{x}(n))^2$$

zu *klein*, um die vollständig berechnete Varianz zu approximieren, ich muss stattdessen den Ausdruck

$$\frac{1}{n-1} \sum_{i=1}^{n} (x_i - \overline{x}(n))^2$$

wählen. Ich werde Ihnen das nicht beweisen, sondern verweise Sie dazu auf das sehr interessante Buch »Stochastik einmal anders« von Gerd Fischer [Fisch].

Die folgende Formel erleichtert uns ein wenig die Programmierung der Empirischen Varianz:

Satz 21.4
Sei $n \in \mathbf{N}$, $n > 1$ und $X : \{ 1, \dots, n \} \to \mathbf{R}$ eine Messreihe eines Merkmals X mit Werten $x_i := X(i)$. Dann gilt für die *Empirische Varianz* $\mathbf{s^2}$:

$$s^2(X) = \frac{1}{n-1}\left(\left(\sum_{i=1}^{n} x_i^2 \right) - n\,\overline{x}^2 \right)$$

Beweis:

$$s^2(X) = \frac{1}{n-1} \sum_{i=1}^{n} (x_i - \overline{x})^2 = \frac{1}{n-1} \sum_{i=1}^{n} (x_i^2 - 2 \cdot x_i\,\overline{x} + \overline{x}^2) =$$

$$= \frac{1}{n-1}\left(\left(\sum_{i=1}^{n} x_i^2 \right) - 2 \cdot n\,\overline{x}^2 + n\,\overline{x}^2 \right) = \frac{1}{n-1}\left(\left(\sum_{i=1}^{n} x_i^2 \right) - n\,\overline{x}^2 \right)$$

q.e.d.

Sehen Sie hier im Folgenden die Empirischen Varianzen einiger numerischer Messwerte unserer Studentenbefragung:

Empirische Varianz der Größe	66,51
Empirische Varianz des Gewichts	416,93
Empirische Varianz des Semesters	1,88
Empirische Varianz der Note	1,12

Auch die folgenden Größen werden zur empirischen Abschätzung der Streuungsbreite von Messreihen benutzt:

Definition:
Sei $n \in \mathbf{N}$, $n > 1$ und $X : \{ 1, \dots, n \} \to \mathbf{R}$ eine Messreihe eines Merkmals X mit Werten $x_i := X(i)$.

(i) Dann ist die *Empirische Standardabweichung* $\mathbf{s_x} = \mathbf{s(X)}$ definiert durch:

$$s_x = s(X) = \sqrt{\frac{1}{n-1} \sum_{i=1}^{n} (x_i - \overline{x})^2}\ .$$

(ii) Der *Empirische Quartilsabstand* $\mathbf{q_x} = \mathbf{q(X)}$ ergibt sich aus

$$q_x = q(X) = \tilde{x}_{0,75} - \tilde{x}_{0,25}\ .$$

(iii) Und die *Empirische Spannweite* $\mathbf{R_x} = \mathbf{R(X)}$ (für englisch Range) ist definiert als

$$R_x = R(X) = x_{max} - x_{min} = x_{(n)} - x_{(1)}\ .$$

Da die Spannweite R durch einen einzigen Ausreißerwert auch in einer möglicherweise äußerst umfangreichen Messreihe stark beeinflusst wird, bevorzugt man den Quartilsabstand als ein stabileres Streuungsmaß. Wir berechnen wieder einige Beispiele:

Empirische Standardabweichung der Größe	8,16
Empirische Standardabweichung des Gewichts	20,42
Empirische Standardabweichung des Semesters	1,37
Empirische Standardabweichung der Note	1,06

und

Empirischer Quartilsabstand der Größe	11
Empirischer Quartilsabstand des Gewichts	12,63
Empirischer Quartilsabstand des Semesters	1
Empirischer Quartilsabstand der Note	1

und

Empirische Spannweite der Größe	35
Empirische Spannweite des Gewichts	117,5
Empirische Spannweite des Semesters	4
Empirische Spannweite der Note	3

Es gilt:

Satz 21.5
s^2, s, q und R sind Streuungsparameter. Genauer:
Sei $n \in \mathbf{N}$, $n > 1$ und $X : \{ 1, \dots, n \} \to \mathbf{R}$ eine Messreihe eines Merkmals X mit Werten $x_i := X(i)$. Weiter sei $a \in \mathbf{R}$ eine feste Zahl und $Y : \{ 1, \dots, n \} \to \mathbf{R}$ eine Messreihe mit Werten $y_i := Y(i)$ sodass für alle i gilt: $y_i = x_i + a$. Dann gilt:
$s^2(Y) = s^2(X)$, $s(Y) = s(X)$, $q(Y) = q(X)$ und $R(Y) = R(X)$

Beweis:
Den Beweis können Sie selber führen, er basiert darauf, dass bei allen Differenzen, die zur Bildung der obigen Parameter gebildet werden, im Falle der Messreihe Y die Verschiebung um + a sofort wieder abgezogen wird.

q. e. d.

Wie aussagekräftig sind nun Angaben über die Standardabweichung oder über die Varianz bei einer Messung? Nehmen Sie einmal an, wir hätten unsere Studentenbefragung aus Bild 21-1 unter lauter Riesen vorgenommen und die Körpergröße dort wäre gerade das Hundertfache der Körpergröße »unserer« Studenten. Es wäre also $Y = 100 \cdot X$.

Dann gilt doch:
(i) Mittelwert $\bar{y} = 100 \cdot$ Mittelwert $\bar{x}$
(ii) Für die Standardabweichung s gilt entsprechend:

$$s(Y) = \sqrt{\frac{1}{n-1}\sum_{i=1}^{n}(y_i - \bar{y})^2} = \sqrt{\frac{1}{n-1}\sum_{i=1}^{n}(100 \cdot x_i - 100 \cdot \bar{x})^2}$$

$$= 100 \cdot \sqrt{\frac{1}{n-1}\sum_{i=1}^{n}(x_i - \bar{x})^2} = 100 \cdot s(X)$$

Das bedeutet, wir hätten in diesem Falle die hundertfache Standardabweichung 815,505525.
Um diese Verzerrung der Streuungsinformation durch die Größe der Werte einer Messreihe zu umgehen, normiert man die Standardabweichung s durch die Division durch den Mittelwert und nennt das Ganze *Variationskoeffizient*. Wir definieren:

Definition:
Sei $n \in \mathbf{N}$, $n > 1$ und X: $\{1, \ldots, n\} \to \mathbf{R}$ eine Messreihe eines Merkmals X mit Werten $x_i := X(i)$. Dann ist der *Variationskoeffizient* $\mathbf{v_x = v(X)}$ definiert durch:

$$v_x = v(X) = \frac{s(X)}{\bar{x}}$$

Und für unser eben beschriebenes Beispiel gilt: v(Y) = v(X) = 0,04746069.

21.5 Eine erste Darstellung der Verteilung einer Messreihe: die Boxplots

Boxplots sind ein beliebtes Mittel, einen ersten Eindruck über die Verteilung der Werte einer Messreihe zu bekommen. Sie visualisieren (explizit oder implizit) alle bisher diskutierten Parameter einer Verteilung und sind folgendermaßen aufgebaut:
Grundlage ist eine (je nach Geschmack) waagerechte oder senkrechte Zahlengerade, deren Wertebereich die Werte der Messreihe umfasst. Man wird dazu ein Rechteck (eine Box) zeichnen, deren Breite b senkrecht zu dieser Geraden gemessen wird. Die Größe von b wird so gewählt, dass das Diagramm nett aussieht. So sind die Statistiker. Parallel zu dieser Zahlengeraden zeichnet man:

(i) in der Höhe des mittleren Werts (Median) eine senkrechte Strecke der Länge b,
(ii) ein Rechteck mit der Breite b, das vom Quartil $\tilde{x}_{0,25}$ bis zum Quartil $\tilde{x}_{0,75}$ reicht und das die Mediankennzeichnung gerade einhüllt.
(iii) Links und rechts von der Box zeichnet man auf der Höhe der Seitenmitte zwei zur Zahlengeraden parallele Strecken, deren Länge gleich dem 1,5-fachen des Interquartilsabstands $\tilde{x}_{0,75} - \tilde{x}_{0,25}$ ist. Diese Strecken heißen Whiskers (englisch für Schnurrhaare).

(iv) Die Werte der Messreihe, die kleiner als $\tilde{x}_{0,25} - 1,5 \cdot (\tilde{x}_{0,75} - \tilde{x}_{0,25})$ und größer als $\tilde{x}_{0,75} + 1,5 \cdot (\tilde{x}_{0,75} - \tilde{x}_{0,25})$ sind, heißen *Ausreißer* und werden extra als Punkte dargestellt.

Betrachten Sie als Beispiel einen Boxplot für unsere Messreihe der Körpergröße von Studenten:

Lageparameter der Größe	
Median	173,5
25% Quantil	167,5
Minimum	156
Maximum	191
75% Quantil	176,75

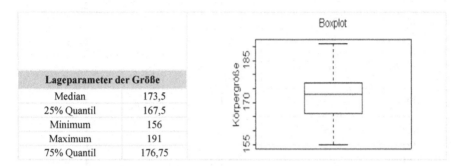

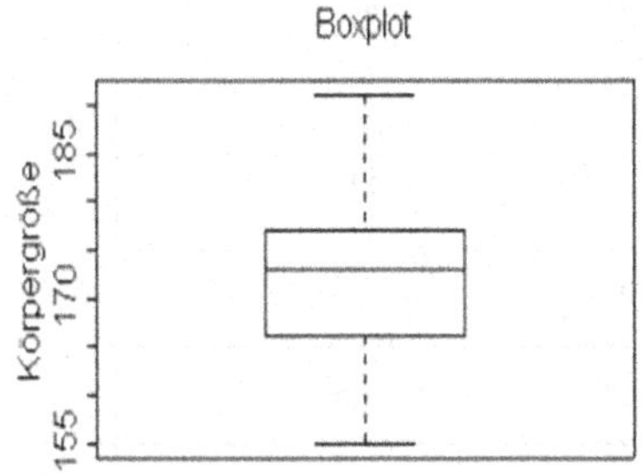

Bild 21-4 Boxplot (Quelle: [Falk1])

Falls der Median, wie hier in unserem Beispiel, nicht in der Mitte der Box liegt, spricht man auch von einer *Schiefe* der Messreihe.

21.6 Der Vergleich mehrerer numerischer Merkmale

Man möchte oft nicht nur jeweils ein Merkmal in einer Messreihe erfassen, sondern Beziehungen zwischen verschiedenen Merkmalen herausfinden und statistisch widerlegen oder untermauern. Um Ihnen zu zeigen, was ich meine, betrachten wir zwei Merkmalspaare aus unseren Studentenzahlen:

1. Wertepaar X = Körpergröße, Y = Gewicht	
Größe	**Gewicht**
166	57
158	63,5
163	60
182	83,5
174	73
185	101,5
169	73,5
173	67

2. Wertepaar X = Körpergröße, Y = Note in der Mathematikklausur	
Größe	**Note**
166	2
158	1
163	4
182	3
174	3
185	1
169	2
173	4

1. Wertepaar	
X = Körpergröße, Y = Gewicht	
Größe	**Gewicht**
161	58,5
174	85,5
176	74
170	77
181	78,5
166	67,5
156	51
176	71
168	70,5
174	69,5
165	71,5
177	66,5
191	85
178	76
162	59,5
179	82,5
168	63
172	67,5
177	79,5
176	73,5
166	168,5

2. Wertepaar	
X = Körpergröße, Y = Note in der Mathematikklausur	
Größe	**Note**
161	2
174	1
176	2
170	2
181	4
166	2
156	1
176	4
168	3
174	2
165	3
177	1
191	4
178	4
162	2
179	4
168	2
172	3
177	3
176	2
166	2

Das Erste, was man macht, ist, dass man die jeweiligen Punkte in ein Koordinatensystem einträgt. Man nennt diese Graphik von verstreuten Einzelschicksalen einen *Scatterplot:*

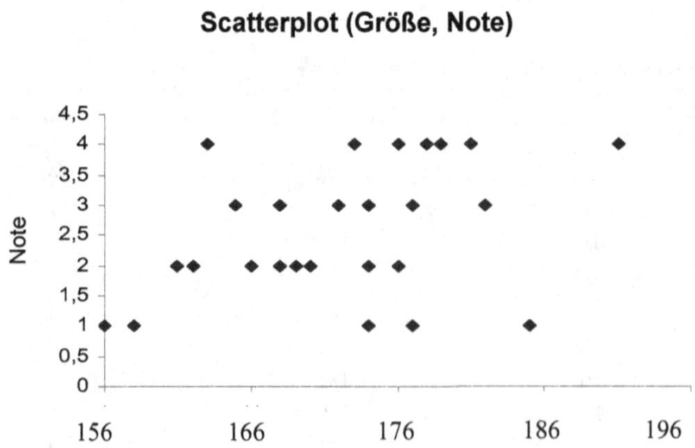

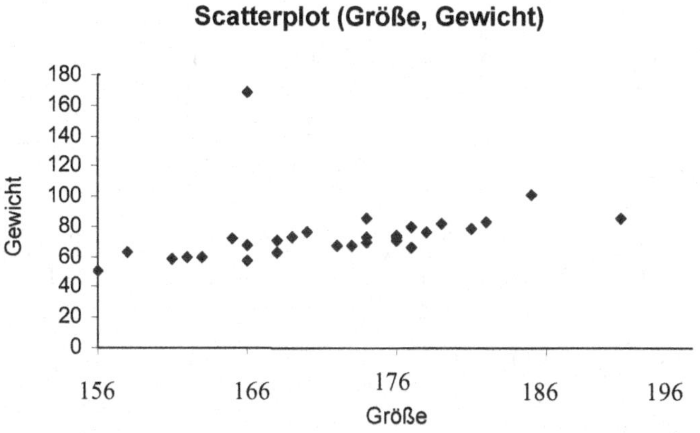

Das, was hier in diesem Spezialfall richtig ist, gilt auch im Allgemeinen bei unseren Betrachtungen in diesem Abschnitt:
Beide Messreihen X und Y müssen aus gleich vielen Punkten bestehen. Zunächst einmal definiert man zur Untersuchung von etwaigen Abhängigkeiten zwei Größen, die in gewisser Weise eine Verallgemeinerung unserer Streuungsparameter aus den letzten Paragraphen darstellen:

Definition:
Sei $n \in \mathbb{N}$, $n > 1$ und $X : \{1, \dots, n\} \to \mathbb{R}$ und $Y : \{1, \dots, n\} \to \mathbb{R}$ zwei Messreihen von Merkmalen X mit Werten $x_i := X(i)$ und Y mit Werten $y_i := Y(i)$

(i) Dann ist die Empirische Kovarianz $s_{xy} = s(X, Y)$ definiert durch:

$$s_{xy} = s(X,Y) = \frac{1}{n-1} \sum_{i=1}^{n} (x_i - \bar{x}) \cdot (y_i - \bar{y})$$

(ii) Und der Empirische Korrelationskoeffizient $r_{xy} = r(X, Y)$ ergibt sich aus

$$r_{xy} = r(X, Y) = \frac{s(X, Y)}{s(X) \cdot s(Y)} = \frac{s_{xy}}{s_x \cdot s_y}$$

Die folgende Formel hilft bei Berechnungen:

Satz 21.6
Sei $n \in \mathbb{N}$, $n > 1$ fest. Seien $X: \{1, \dots, n\} \to \mathbb{R}$ und $Y: \{1, \dots, n\} \to \mathbb{R}$ zwei beliebige Messreihen von Merkmalen X mit Werten $x_i := X(i)$ und Y mit Werten $y_i := Y(i)$. Dann gilt:

$$s_{xy} = s(X,Y) = \frac{1}{n-1} \left(\left(\sum_{i=1}^{n} x_i \cdot y_i \right) - n \cdot \bar{x} \cdot \bar{y} \right)$$

Beweis:

$$s_{xy} = s(X,Y) = \frac{1}{n-1} \sum_{i=1}^{n} (x_i - \bar{x}) \cdot (y_i - \bar{y}) =$$

$$= \frac{1}{n-1} \sum_{i=1}^{n} (x_i \cdot y_i - x_i \cdot \bar{y} - \bar{x} \cdot y_i + \bar{x} \cdot \bar{y}) =$$

$$= \frac{1}{n-1} (\sum_{i=1}^{n} x_i \cdot y_i) - \frac{n}{n-1} \cdot \bar{x} \cdot \bar{y} - \frac{n}{n-1} \cdot \bar{x} \cdot \bar{y} + \frac{n}{n-1} \bar{x} \cdot \bar{y}) =$$

$$= \frac{1}{n-1} ((\sum_{i=1}^{n} x_i \cdot y_i) - n \cdot \bar{x} \cdot \bar{y})$$

q.e.d.

Die Empirische Kovarianz hat darüber hinaus ein paar interessante Eigenschaften, von der ich einige erwähnen und beweisen möchte.

Satz 21.7

(i) Sei $n \in N$, $n > 1$ fest. Es sei $X : \{ 1, \dots , n \} \to R$ eine beliebige Messreihe mit Werten $x_i := X(i)$. Dann gilt:

$$s_{xx} = s(X,X) = \frac{1}{n-1} \sum_{i=1}^{n} (x_i - \bar{x})^2 \geq 0$$

(ii) Sei $n \in N$, $n > 1$ fest.. Seien $X: \{ 1, \dots , n \} \to R$ und $Y: \{ 1, \dots , n \} \to R$ zwei beliebige Messreihen von Merkmalen X mit Werten $x_i := X(i)$ und Y mit Werten $y_i := Y(i)$. Sei außerdem $c \in R$ beliebig. Dann gilt:
$s_{xy} = s(X, Y) = s(Y, X) = s_{yx}$

(iii) Sei $n \in N$, $n > 1$ fest.. Seien $X: \{ 1, \dots , n \} \to R$, $Y: \{ 1, \dots , n \} \to R$ und $Z: \{ 1, \dots , n \} \to R$ drei beliebige Messreihen von Merkmalen X mit Werten $x_i := X(i)$, Y mit Werten $y_i := Y(i)$ und Z mit Werten $z_i := Z(i)$. Sei außerdem $c \in R$ beliebig. Dann gilt:
a) $s(c \cdot X, Y) = s(X, c \cdot Y) = c \cdot s(X, Y)$
b) $s(X + Y, Z) = s(X, Z) + s(Y, Z)$

Beweis:

Die Eigenschaften (i) und (ii) folgen sofort aus der Definition der Empirischen Kovarianz. Betrachten wir zunächst die Behauptung (iii) a). Es gilt:

$$s(c \cdot X,Y) = \frac{1}{n-1} \sum_{i=1}^{n} (c \cdot x_i - c \cdot \bar{x}) \cdot (y_i - \bar{y}) =$$

$$= \frac{c}{n-1} \sum_{i=1}^{n} (x_i - \bar{x}) \cdot (y_i - \bar{y}) = c \cdot s(X,Y) = s(X, c \cdot Y)$$

Und Eigenschaft (iii) b) beweist sich ebenso direkt:

$$s(X + Y,Z) = \frac{1}{n-1} \sum_{i=1}^{n} (x_i + y_i - \bar{x} - \bar{y})\cdot(z_i - \bar{z}) =$$

$$= \frac{1}{n-1} \sum_{i=1}^{n} (x_i - \bar{x})\cdot(z_i - \bar{z}) + (y_i - \bar{y})\cdot(z_i - \bar{z}) =$$

$$= \frac{1}{n-1} \sum_{i=1}^{n} (x_i - \bar{x})\cdot(z_i - \bar{z}) + \frac{1}{n-1} \sum_{i=1}^{n} (y_i - \bar{y})\cdot(z_i - \bar{z}) =$$

$$= s(X, Z) + s(Y, Z)$$

q.e.d

s verhält sich also auf der Menge der Messreihen wie ein Produkt. Bei Vektorräumen nennt man solche Produkte auch *Skalarprodukte.* Solche Produkte erfüllen eine Ungleichung, die so genannte *Cauchy-Schwarzsche Ungleichung*:

> Satz 21.8 (Cauchy-Schwarzsche Ungleichung)
> Sei $n \in N$, $n > 1$. Seien $X: \{1, \dots, n\} \rightarrow R$ und $Y: \{1, \dots, n\} \rightarrow R$ zwei beliebige Messreihen von Merkmalen X mit Werten $x_i := X(i)$ und Y mit Werten $y_i := Y(i)$. Dann gilt:
> $s(X, Y)^2 \leq s(X, X) \cdot s(Y,Y)$
> Insbesondere ist der Empirische Korrelationskoeffizient immer eine Zahl zwischen –1 und 1.

Beweis:
Wir nehmen an, dass $s(Y, Y) > 0$ ist. Falls $s(Y, Y) = 0$ ist, ist auch $s(X, Y) = 0$ und der Satz gilt also. Sei also $s(Y, Y) > 0$. Aus Satz 21.7 (i) folgt, dass für alle $t \in R$ gilt:
$s(X + t \cdot Y, X + t \cdot Y) \geq 0$. Also (nach Satz 21.7 (ii) und (iii))
$s(X, X) + 2t \cdot s(X, Y) + t^2 \cdot s(Y, Y) \geq 0$.

Diese Beziehung gilt für *alle* $t \in \mathbf{R}$, also auch für $t = -\frac{s(X, Y)}{s(Y, Y)}$. Wenn wir das in die obige Gleichung einsetzen, erhalten wir:

$$s(X, X) - 2 \cdot \frac{s(X, Y)^2}{s(Y, Y)} + \frac{s(X, Y)^2}{s(Y, Y)} \geq 0$$

Multiplikation auf beiden Seiten mit s(Y, Y) liefert:
$s(X, X) \cdot s(Y,Y) - s(X, Y)^2 \geq 0$, die Behauptung.

Der Empirische Korrelationskoeffizient ist für zwei identische Messreihen offensichtlich genau 1, das ist die maximal mögliche Abhängigkeit zwischen zwei Messreihen. Je kleiner der Betrag des Korrelationskoeffizienten wird, je mehr er sich also der 0 nähert, also desto unabhängiger voneinander gelten die betrachteten Messreihen. Betrachten Sie dazu unsere beiden Beispiele:

1. Wertepaar		**2. Wertepaar**	
X = Körpergröße, Y = Gewicht		X = Körpergröße, Y = Note in der Mathematikklausur	
Empirische Kovarianz	Empirischer Korrelationskoeffizient	Empirische Kovarianz	Empirischer Korrelationskoeffizient
48,61	0,29	3,31	0,38

Vergleichen Sie insbesondere die Werte der Empirischen Korrelationskoeffizienten. Sie sehen: Hier suggerieren uns die Korrelationskoeffizienten, dass zwischen Körpergröße und Mathematiknote noch eine höhere Abhängigkeit besteht als zwischen Körpergröße und Gewicht. *Also Vorsicht bei der Interpretation solcher Werte!*

21.7 Die lineare Regression mit Hilfe der Methode der kleinsten Quadrate

Sei $n \in \mathbf{N}$, $n > 1$ und $X : \{ 1, \ldots, n \} \to \mathbf{R}$ und $Y : \{ 1, \ldots, n \} \to \mathbf{R}$ zwei Messreihen von Merkmalen X mit Werten $x_i := X(i)$ und Y mit Werten $y_i := Y(i)$. Wir zeichnen wieder unser Punktwolke, unseren Scatterplot, und fragen uns: Ist es möglich, eine Gerade zu finden, die diese Punktwolke gut beschreibt:

Was heißt aber, dass diese Gerade, die wir suchen, die Punkte am besten beschreibt? Betrachten wir eine beliebige Gerade mit der Funktionsgleichung $g(t) = a \cdot t + b$. Dann können wir für diese Grade g die Summe der Abstände

$|g(x_1) - y_1| + |g(x_2) - y_2| + \ldots. + |g(x_n) - y_n| =$

$$= \sum_{i=1}^{n} |g(x_i) - y_i| = \sum_{i=1}^{n} |a \cdot x_i + b - y_i| = \text{Abstand}(a,b)$$

betrachten und uns fragen, wann diese Abstandssumme minimal wird. Für jedes Paar (a, b), das mir genau eine Gerade charakterisiert, erhält man so eine Summe, und wir betrachten diesen Ausdruck als eine Funktion von a und b:

$$\text{Abstand}: R^2 \to R \text{ mit } \text{Abstand}(a,b) = \sum_{i=1}^{n} |a \cdot x_i + b - y_i|$$

Man möchte nun herausfinden, für welche a und b diese Funktion ein Minimum hat. Dazu muss man sie nach a und b differenzieren. Der Absolutbetrag ist aber bei 0 nicht differenzierbar. Ich betrachte daher eine Funktion, deren Minimum dieselbe geometrische Bedeutung hat und die differenzierbar ist. Ich nenne sie Q(a, b) (Q soll Sie an das Quadrat erinnern):

$$Q: R^2 \to R \text{ mit } Q(a,b) = \sum_{i=1}^{n} (a \cdot x_i + b - y_i)^2$$

Jetzt lautet unsere Aufgabe: Gesucht ist ein Minimum der Funktion Q. Dieses Minimum sei an der Stelle (a_0,b_0), dann ist die Gerade $g(t) = a_0 \cdot t + b_0$ eine gute Gerade zur Beschreibung der n Punkte $(x_1, y_1), \ldots, (x_n, y_n)$. Man nennt sie *Ausgleichsgerade* und unsere

Methode zum Finden dieser Gerade heißt die *Methode der kleinsten Quadrate.*
Wir werden jetzt eine Formel für a_0 und b_0 herleiten. Dazu werden wir Q erst einmal nach a ableiten, wir schreiben für diesen Ausdruck:

$$\frac{\partial Q}{\partial a}(a, b) .$$

Danach werden wir Q nach b ableiten und schreiben dafür entsprechend:

$$\frac{\partial Q}{\partial b}(a, b) .$$

Es ist: $\frac{\partial Q}{\partial a}(a, b) = \sum_{i=1}^{n} 2 \cdot x_i \cdot (a \cdot x_i + b - y_i) =$

$$= 2\left(n \cdot b \cdot \overline{x} + a\left(\sum_{i=1}^{n} x_i^2\right) - \left(\sum_{i=1}^{n} x_i \cdot y_i\right)\right)$$

Und

$$\frac{\partial Q}{\partial b}(a, b) = 2\left(\sum_{i=1}^{n}(a \cdot x_i + b - y_i)\right) = 2n(a \cdot \overline{x} + b - \overline{y})$$

Wenn wir die Nullstellen der 1. Ableitung von Q bestimmen wollen, erhalten wir daher folgende Gleichungen:

$$\text{(i)} \quad \left(\sum_{i=1}^{n} x_i^2\right) a + n \cdot \overline{x} \cdot b - \sum_{i=1}^{n} x_i \cdot y_i = 0$$

$$\text{(ii)} \quad \overline{x} \cdot a + b - \overline{y} = 0 \text{ bzw.}$$

$$\text{(i)} \quad \left(\sum_{i=1}^{n} x_i^2\right) a + n \cdot \overline{x} \cdot b = \sum_{i=1}^{n} x_i \cdot y_i$$

$$\text{(ii)} \quad \overline{x} \cdot a + b = \overline{y}$$

(*)

Ich multipliziere nun Gleichung (ii) mit $n \cdot \overline{x}$ und ziehe die obere Gleichung von der neuen unteren ab. Dann erhalte ich:

$$\text{(i)} \quad \left(\sum_{i=1}^{n} x_i^2\right) a + n \cdot \overline{x} \cdot b = \sum_{i=1}^{n} x_i \cdot y_i$$

$$\text{(ii)} \quad \left(n \cdot \overline{x}^2 - \left(\sum_{i=1}^{n} x_i^2\right)\right) \cdot a = n \cdot \overline{x} \cdot \overline{y} - \left(\sum_{i=1}^{n} x_i \cdot y_i\right)$$

$$\text{d.h.} \quad a = \frac{\left(\sum_{i=1}^{n} x_i \cdot y_i\right) - n \cdot \overline{x} \cdot \overline{y}}{\left(\sum_{i=1}^{n} x_i^2\right) - n \cdot \overline{x}^2} \quad \text{und } b = \overline{y} - \overline{x} \cdot a$$

Diese Gleichung für b ergibt sich aus (*).

Nun gilt dreierlei:

(i) Man kann sich geometrisch sehr leicht überlegen, dass Q ein Minimum haben muss, denn für sehr große oder sehr kleine a und b wächst Q immer ins Unendliche. Andererseits wird Q nie kleiner 0.

(ii) An diesem Minimum muss die 1. Ableitung von Q = (0,0) sein.

(iii) Es gibt überhaupt nur eine Nullstelle der 1. Ableitung. (Das haben wir eben gesehen).

Also liegt an dieser Nullstelle das Minimum von Q.

Regel für die Methode der kleinsten Quadrate

Sei $n \in N$, $n > 1$ und $X : \{ 1, \dots, n \} \to R$ und $Y : \{ 1, \dots, n \} \to R$ zwei Messreihen von Merkmalen X mit Werten $x_i := X(i)$ und Y mit Werten $y_i := Y(i)$. Dann ist die Gerade $g(t) = a \cdot t + b$ mit

$$a = \frac{\left(\sum_{i=1}^{n} x_i \cdot y_i\right) - n \cdot \overline{x} \cdot \overline{y}}{\left(\sum_{i=1}^{n} x_i^2\right) - n \cdot \overline{x}^2} \quad \text{und } b = \overline{y} - \overline{x} \cdot a$$

die nächste Gerade zu den Punkten $(x_1, y_1), \dots, (x_n, y_n)$. Man nennt diese Gerade auch die *Ausgleichsgerade.*

Betrachten wir dazu einige Beispiele:

- Zunächst ein Beispiel, mit dem wir unser Ergebnis testen können: Gesucht sei die Ausgleichsgerade zu den Punkten (1,3) und (2,7). Wenn der Begriff »Ausgleichsgerade« irgend etwas wert sein soll, dann müssen wir jetzt die Gerade g erhalten, die durch diese beiden Punkte geht, denn eine Gerade, die noch näher an diesen beiden Punkten liegt, gibt es sicher nicht. Es ist:

  $x_1 \cdot y_1 + x_2 \cdot y_2 = 1 \cdot 3 + 2 \cdot 7 = 17$, $\overline{x} = 0{,}5 \cdot (1 + 2) = 1{,}5$
  $\overline{y} = 0{,}5 \cdot (3 + 7) = 5$, $x_1^2 + x_2^2 = 1 + 4 = 5$, also

  $$a = \frac{17 - 2 \cdot 1{,}5 \cdot 5}{5 - 2 \cdot 2{,}25} = \frac{2}{0{,}5} = 4 \text{ und } b = 5 - 1{,}5 \cdot 4 = -1$$

  Also ist die Ausgleichsgerade für diese 2 Punkte $g(t) = 4t - 1$. Und tatsächlich ist $g(1) = 3$ und $g(2) = 7$. Es gilt also für alle $1 \leq i \leq 2$: $g(x_i) = y_i$. Die Punkte liegen also auf der Geraden.

- Als Nächstes möchte ich untersuchen, ob es eine sinnvolle Ausgleichsgerade für unsere Messreihen X = Körpergröße und Y = Gewicht gibt. Hier ist $a = 0{,}73$ und $b = -50{,}59$. Das bedeutet: Auf 40 cm wächst die Gerade um $40 \cdot 0{,}73 = 29{,}2$ kg. Und bei 156 cm hat die Gerade die Höhe $0{,}73 \cdot 156 - 50{,}59 = 63{,}29$.

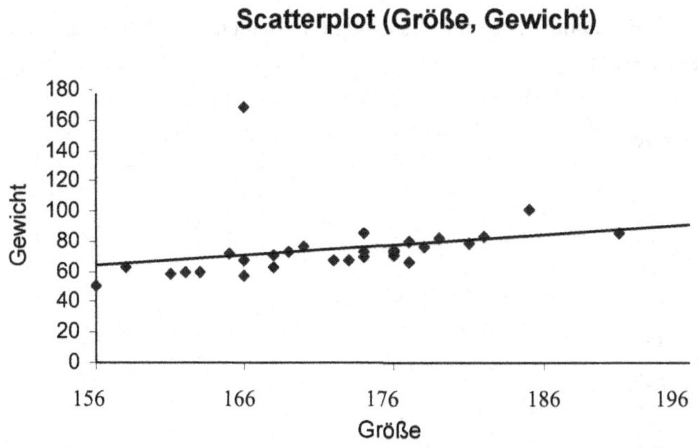

- Wie sieht wohl die Ausgleichsgerade für unsere Messreihen X = Körpergröße und Y = Mathematiknote aus? Hier ist a = 0,05 und b = –6,01. Das bedeutet: Auf 40 cm »wächst« die Note um 40 · 0,05 = 2 Einheiten in Zahlenwerten nach oben. Und bei 156 cm hat die Gerade die Höhe 0,05 · 156 – 6,01 = 1,79.

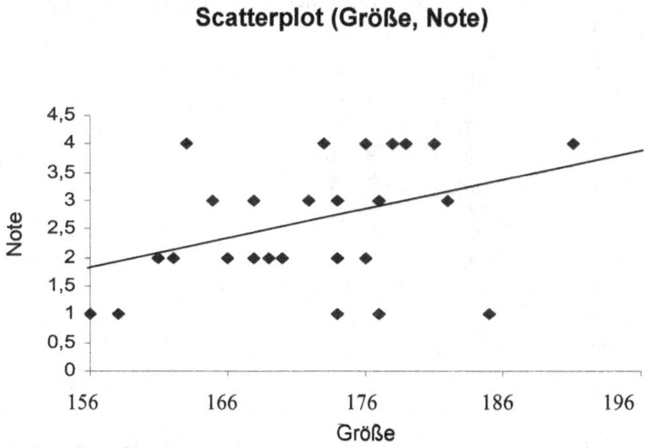

Es scheint klar zu sein: Je länger man ist, desto schlechter wird die Note. (Sorry, Carsten.)

- Ein weiteres Beispiel: Betrachten Sie bitte die folgenden beiden Messreihen X und Y mit jeweils 30 Messwerten:

X	Y neu
132	56
21	387
30	361
135	43
82	203
107	127
40	329
120	88
27	369
14	410
78	214
146	11
73	233
126	74
145	17
141	27
122	83
108	125
16	402
5	433
9	425
116	104
17	399
90	179
45	315
20	392
41	326
56	284
77	218
67	249

Zu dieser Tabelle gehören die folgenden Werte für die Kovarianz und den Korrelationskoeffizienten:

Empirische Kovarianz	Empirischer Korrelationskoeffizient
-6815,72	-1

Das ist sehr interessant! Wir haben einen Korrelationskoeffizienten, der betragsmäßig (sehr nahe bei) 1 liegt, was ein Zeichen für einen sehr starken »Zusammenhang« sein soll. Wie sieht wohl die Ausgleichsgerade für X und Y aus? Hier ist a = –3 und b = 450,27. Wir erhalten die folgende Ausgleichsgerade:

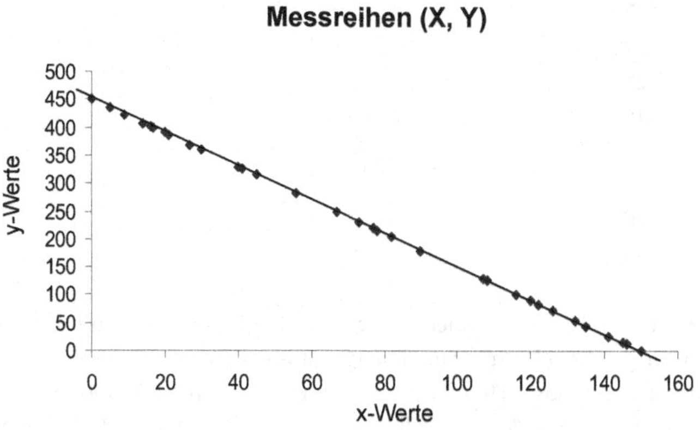

Ich habe Ihnen die Punkte gleich mit eingemalt, damit Sie sehen, wie gut hier die lineare Regression arbeitet. Die x-Werte und y-Werte hängen auch wirklich linear zusammen – wir haben einen Fall, bei dem unsere Theorie funktioniert. *Aber:*

- Um Ihnen schließlich die begrenzte Einsatzmöglichkeit der linearen Regression zu zeigen, betrachten Sie bitte die folgenden beiden Messreihen X und Y mit jeweils 30 Messwerten:

X	Y
6	4741
111	1293
77	3
48	731
112	1371
98	521
122	2197
140	4217
89	198
94	359
83	63
45	910
20	3031
12	3981
40	1221
17	3368
69	34
143	4636
124	2407
95	404
36	1525
32	1843
55	395

Zu dieser Tabelle gehören die folgenden Werte für die Kovarianz und den Korrelationskoeffizienten:

Empirische Kovarianz	Empirischer Korrelationskoeffizient
-1007,76	-0,02

X	Y
24	2595
58	296
62	161
63	146
41	1158
134	3472
22	2027

Auch das ist interessant! Wir haben einen Korrelationskoeffizienten (sehr nahe bei) 0, was ein Zeichen für großen »Unzusammenhang« sein soll. Wie sieht wohl die Ausgleichsgerade für X und Y aus? Hier ist a = –0,6 und b = 1684,62. Das bedeutet: Auf 200 Einheiten auf der x-Achse fällt die Gerade um 200 · 0,6 = 120 Einheiten auf der y Achse. Der Schnittpunkt mit der y-Achse ist bei 1684,62. Wir erhalten die folgende Ausgleichsgerade:

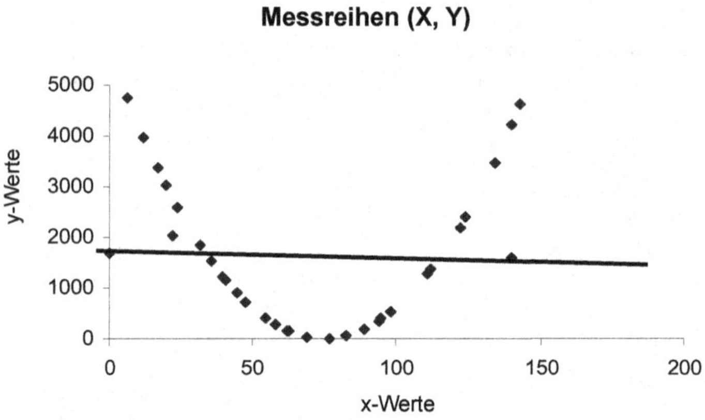

Wieder habe ich die Punkte gleich mit eingemalt, damit Sie sehen, wie wenig uns hier eine lineare Regression hilft. Es stimmt auch nicht, dass die x-Werte und y-Werte nicht zusammenhängen, obwohl der Korrelationskoeffizient so etwas suggeriert. Wir haben bloß keinen linearen, durch eine Gerade symbolisierbaren Trend, sondern einen parabelförmigen, wahrscheinlich also quadratischen Trend vorliegen. (Er ist wirklich quadratisch – ich habe mich an $y = (x - 75)^2$ orientiert).

Also: Lineare Regression bzw. die Größe des Korrelationskoeffizienten helfen uns im Allgemeinen nicht beim Erkennen von nicht linearen Zusammenhängen weiter.

Das bringt uns außerdem zu einem anderen Begriff aus der Statistik, der zeigt, dass es bei Anwendungen der Mathematik auf die Praxis nie reicht, einfach eine Formel auf Dinge aus der Wirklichkeit anzuwenden, sondern dass man eine zusätzliche Abwägung und ein genaues Verständnis der jeweiligen Zusammenhänge braucht. Mathematik *hilft* einem beim Verständnis der Welt, aber es braucht immer noch zusätzliche Einsichten.

»Definition«:
Falls sich für zwei Messreihen X und Y, zwischen denen aus logischer Sicht keinerlei Zusammenhang besteht, ein deutlich von Null verschiedener Empirische Korrelationskoeffizient $\mathbf{r_{xy}} = \mathbf{r(X, Y)}$ errechnet, nennt man diese Beziehung eine *Scheinkorrelation.*

Ich habe hier das Wort »Definition« in Anführungszeichen gesetzt, weil die Festlegung »Es besteht aus logischer Sicht keinerlei Zusammenhang« kein mathematisch exakter Begriff ist. Es ist eine die reale Welt interpretierende Beschreibung, über deren Richtigkeit man lange streiten kann, die man aber nicht mit mathematischer Strenge beweisen kann. Scheinkorrelationen können insbesondere dann auftreten, wenn noch nicht genügend umfangreiche Erhebungen durchgeführt worden sind.

21.8 Mehrere qualitative Merkmale bzw. mehrere Rangmerkmale: Kontingenztafeln

Bei Merkmalen, die nicht stetig, ja noch nicht einmal numerisch sind, muss man mit anderen Mitteln arbeiten, um Zusammenhänge zu entdecken. Man arbeitet mit so genannten *Kontingenztafeln.* Das Wort Kontingenz spielt in den verschiedensten wissenschaftlichen Bereichen eine wichtige Rolle. Es kommt aus dem Lateinischen, dort bedeutet das Wort contingere so etwas wie »sich berühren« bzw. »(zeitlich unvorhergesehen) zusammenfallen«. Dieses Wort steckt auch in dem Ihnen vielleicht vertrauteren Begriff Kontingent.
Ich beginne mit einem Beispiel, das ich dem Skript von Falkenberg [Falk1] entnehme, in dem die folgenden Merkmale gegenübergestellt werden:

- Das Merkmal A = ***Familienstand*** mit den Ausprägungen *ledig*, *verheiratet*, *geschieden* und *verwitwet.*
- Das Merkmal B = ***Geschlecht*** mit den Ausprägungen *weiblich* und *männlich.*

Man macht eine Umfrage bei 30 Personen und erhält die folgenden Daten, die wir in einer Matrix eintragen, die man *Kontingenztafel* nennt:

Geschlecht **Familienstand**	**männlich**	**weiblich**	**keine Angaben**	**gesamt**
ledig	5 ≅ 55,6 %	11 ≅ 55,0 %	0 ≅ 0,0 %	16 ≅ 53,3 %
verheiratet	3 ≅ 33,3 %	6 ≅ 30,0 %	1 ≅ 100,0 %	10 ≅ 33,3 %
geschieden	0 ≅ 0,0 %	3 ≅ 15,0 %	0 ≅ 0,0 %	3 ≅ 10,0 %
verwitwet	0 ≅ 0,0 %	0 ≅ 0,0 %	0 ≅ 0,0 %	0 ≅ 0,0 %
keine Angaben	1 ≅ 11,1 %	0 ≅ 0,0 %	0 ≅ 0,0 %	1 ≅ 3,3 %
gesamt	9 ≅ 100,0 %	20 ≅ 100,0 %	1 ≅ 100,0 %	30 ≅ 100,0 %

Bitte beachten Sie, dass sich die Prozentangaben in diesem Beispiel immer auf die Gesamtwerte in der Fußzeile der Tabelle beziehen. Ich habe also die Prozentualwerte für jeweils alle Angehörigen eines Geschlechts berechnet. Die einzelnen Bereiche einer Kontingenztabelle haben feste Namen, die ich jetzt im Einzelnen erklären möchte. Der zu erklärende Bereich ist jeweils grau markiert.

Geschlecht / Familienstand	männlich	weiblich	keine Angaben	gesamt
ledig	5 ≅ 55,6 %	11 ≅ 55,0 %	0 ≅ 0,0 %	16 ≅ 53,3 %
verheiratet	3 ≅ 33,3 %	6 ≅ 30,0 %	1 ≅ 100,0 %	10 ≅ 33,3 %
geschieden	0 ≅ 0,0 %	3 ≅ 15,0 %	0 ≅ 0,0 %	3 ≅ 10,0 %
verwitwet	0 ≅ 0,0 %	0 ≅ 0,0 %	0 ≅ 0,0 %	0 ≅ 0,0 %
keine Angaben	1 ≅ 11,1 %	0 ≅ 0,0 %	0 ≅ 0,0 %	1 ≅ 3,3 %
gesamt	9 ≅ 100,0 %	20 ≅ 100,0 %	1 ≅ 100,0 %	30 ≅ 100,0 %

Die Ausprägungen des Merkmals A heißen $A_1, \ldots, A_r$ – in diesem Falle A_1, A_2, A_3, A_4, A_5 .

Geschlecht / Familienstand	männlich	weiblich	keine Angaben	gesamt
ledig	5 ≅ 55,6 %	11 ≅ 55,0 %	0 ≅ 0,0 %	16 ≅ 53,3 %
verheiratet	3 ≅ 33,3 %	6 ≅ 30,0 %	1 ≅ 100,0 %	10 ≅ 33,3 %
geschieden	0 ≅ 0,0 %	3 ≅ 15,0 %	0 ≅ 0,0 %	3 ≅ 10,0 %
verwitwet	0 ≅ 0,0 %	0 ≅ 0,0 %	0 ≅ 0,0 %	0 ≅ 0,0 %
keine Angaben	1 ≅ 11,1 %	0 ≅ 0,0 %	0 ≅ 0,0 %	1 ≅ 3,3 %
gesamt	9 ≅ 100,0 %	20 ≅ 100,0 %	1 ≅ 100,0 %	30 ≅ 100,0 %

Die Ausprägungen des Merkmals B heißen dann $B_1, \ldots, B_s$ – in diesem Falle B_1, B_2, B_3

Geschlecht / Familienstand	männlich	weiblich	keine Angaben	gesamt
ledig	5 ≅ 55,6 %	11 ≅ 55,0 %	0 ≅ 0,0 %	16 ≅ 53,3 %
verheiratet	3 ≅ 33,3 %	6 ≅ 30,0 %	1 ≅ 100,0 %	10 ≅ 33,3 %
geschieden	0 ≅ 0,0 %	3 ≅ 15,0 %	0 ≅ 0,0 %	3 ≅ 10,0 %
verwitwet	0 ≅ 0,0 %	0 ≅ 0,0 %	0 ≅ 0,0 %	0 ≅ 0,0 %
keine Angaben	1 ≅ 11,1 %	0 ≅ 0,0 %	0 ≅ 0,0 %	1 ≅ 3,3 %
gesamt	9 ≅ 100,0 %	20 ≅ 100,0 %	1 ≅ 100,0 %	30 ≅ 100,0 %

Die Anzahl der Werte, die für die Merkmalskombination (A_i , B_j) aufgetreten ist, heißt f_{ij} .
Ich habe hier $f_{32} = 3$ markiert.

Geschlecht / Familienstand	männlich	weiblich	keine Angaben	gesamt
ledig	5 ≅ 55,6 %	11 ≅ 55,0 %	0 ≅ 0,0 %	16 ≅ 53,3 %
verheiratet	3 ≅ 33,3 %	6 ≅ 30,0 %	1 ≅ 100,0 %	10 ≅ 33,3 %
geschieden	0 ≅ 0,0 %	3 ≅ 15,0 %	0 ≅ 0,0 %	3 ≅ 10,0 %
verwitwet	0 ≅ 0,0 %	0 ≅ 0,0 %	0 ≅ 0,0 %	0 ≅ 0,0 %
keine Angaben	1 ≅ 11,1 %	0 ≅ 0,0 %	0 ≅ 0,0 %	1 ≅ 3,3 %
gesamt	9 ≅ 100,0 %	20 ≅ 100,0 %	1 ≅ 100,0 %	30 ≅ 100,0 %

Die Summe der Werte, die für das Merkmal A_i auftreten, heißt $f_{i\bullet}$.
Ich habe hier $f_{2\bullet} = 10$ markiert.

Geschlecht / Familienstand	männlich	weiblich	keine Angaben	gesamt
ledig	5 ≅ 55,6 %	11 ≅ 55,0 %	0 ≅ 0,0 %	16 ≅ 53,3 %
verheiratet	3 ≅ 33,3 %	6 ≅ 30,0 %	1 ≅ 100,0 %	10 ≅ 33,3 %
geschieden	0 ≅ 0,0 %	3 ≅ 15,0 %	0 ≅ 0,0 %	3 ≅ 10,0 %
verwitwet	0 ≅ 0,0 %	0 ≅ 0,0 %	0 ≅ 0,0 %	0 ≅ 0,0 %
keine Angaben	1 ≅ 11,1 %	0 ≅ 0,0 %	0 ≅ 0,0 %	1 ≅ 3,3 %
gesamt	9 ≅ 100,0 %	20 ≅ 100,0 %	1 ≅ 100,0 %	30 ≅ 100,0 %

Die Summe der Werte, die für das Merkmal B_i auftreten, heißt dementsprechend $f_{\bullet j}$. Ich habe hier $f_{\bullet 1} = 9$ markiert.

Geschlecht / Familienstand	männlich	weiblich	keine Angaben	gesamt
ledig	5 ≅ 55,6 %	11 ≅ 55,0 %	0 ≅ 0,0 %	16 ≅ 53,3 %
verheiratet	3 ≅ 33,3 %	6 ≅ 30,0 %	1 ≅ 100,0 %	10 ≅ 33,3 %
geschieden	0 ≅ 0,0 %	3 ≅ 15,0 %	0 ≅ 0,0 %	3 ≅ 10,0 %
verwitwet	0 ≅ 0,0 %	0 ≅ 0,0 %	0 ≅ 0,0 %	0 ≅ 0,0 %
keine Angaben	1 ≅ 11,1 %	0 ≅ 0,0 %	0 ≅ 0,0 %	1 ≅ 3,3 %
gesamt	9 ≅ 100,0 %	20 ≅ 100,0 %	1 ≅ 100,0 %	30 ≅ 100,0 %

Für die Gesamtzahl aller Beobachtungen schreibt man auch $f_{\bullet\bullet}$. In unserem Beispiel ist $f_{\bullet\bullet} = 30$. Ich fasse zusammen:

Definition:
Seien A und B zwei Messreihen auf derselben Beobachtungsmenge mit den Ausprägungen $A_1, \dots, A_r$ und $B_1, \dots, B_s$. Dann ist für $1 \le i \le r$ und $1 \le j \le s$

(i) f_{ij} = Anzahl der Messergebnisse, bei denen A den Wert A_i und B den Wert B_j hat.

(ii) $f_{i\bullet} = \sum_{j=1}^{s} f_{ij}$ ist die Anzahl aller Messergebnisse für die Ausprägung A_i bei der Messreihe A.

(iii) $f_{\bullet j} = \sum_{i=1}^{r} f_{ij}$ ist die Anzahl aller Messergebnisse für die Ausprägung B_j bei der Messreihe B.

(iv) $f_{\bullet\bullet} = \sum_{i=1}^{r} \sum_{j=1}^{s} f_{ij}$ ist die Anzahl aller Messergebnisse.

Eine *Kontingenztafel* für die Messreihen A und B ist eine Matrix, in der man in der i. Zeile und der j. Spalte das Element f_{ij} einträgt.
Zusätzlich trägt man in einer (s + 1)-ten Spalte die Werte $f_{1\bullet}, \dots, f_{r\bullet}$ ein.
Diese Werte bilden die *(absolute) Randverteilung oder Marginalverteilung* von A.
Des Weiteren trägt man in einer (r + 1)-ten Zeile die Werte $f_{\bullet 1}, \dots, f_{\bullet s}$ ein.
Diese Werte bilden die *(absolute) Randverteilung oder Marginalverteilung* von B.
In der (r + 1)-ten Zeile und (s + 1)-ten Spalte schließlich wird die Gesamtzahl n aller Beobachtungen eingetragen.

Geschlecht / Familienstand	männlich	weiblich	keine Angaben	gesamt
ledig	5 ≅ 55,6 %	11 ≅ 55,0 %	0 ≅ 0,0 %	16 ≅ 53,3 %
verheiratet	3 ≅ 33,3 %	6 ≅ 30,0 %	1 ≅ 100,0 %	10 ≅ 33,3 %
geschieden	0 ≅ 0,0 %	3 ≅ 15,0 %	0 ≅ 0,0 %	3 ≅ 10,0 %
verwitwet	0 ≅ 0,0 %	0 ≅ 0,0 %	0 ≅ 0,0 %	0 ≅ 0,0 %
keine Angaben	1 ≅ 11,1 %	0 ≅ 0,0 %	0 ≅ 0,0 %	1 ≅ 3,3 %
gesamt	9 ≅ 100,0 %	20 ≅ 100,0 %	1 ≅ 100,0 %	30 ≅ 100,0 %

Hier ist die Randverteilung von A, dem Familienstand, markiert.

Geschlecht / Familienstand	männlich	weiblich	keine Angaben	gesamt
ledig	5 ≅ 55,6 %	11 ≅ 55,0 %	0 ≅ 0,0 %	16 ≅ 53,3 %
verheiratet	3 ≅ 33,3 %	6 ≅ 30,0 %	1 ≅ 100,0 %	10 ≅ 33,3 %
geschieden	0 ≅ 0,0 %	3 ≅ 15,0 %	0 ≅ 0,0 %	3 ≅ 10,0 %
verwitwet	0 ≅ 0,0 %	0 ≅ 0,0 %	0 ≅ 0,0 %	0 ≅ 0,0 %
keine Angaben	1 ≅ 11,1 %	0 ≅ 0,0 %	0 ≅ 0,0 %	1 ≅ 3,3 %
gesamt	9 ≅ 100,0 %	20 ≅ 100,0 %	1 ≅ 100,0 %	30 ≅ 100,0 %

Es ist die Randverteilung von B, dem Geschlecht, markiert.

Geschlecht / Familienstand	männlich	weiblich	keine Angaben	gesamt
ledig	5 ≅ 55,6 %	11 ≅ 55,0 %	0 ≅ 0,0 %	16 ≅ 53,3 %
verheiratet	3 ≅ 33,3 %	6 ≅ 30,0 %	1 ≅ 100,0 %	10 ≅ 33,3 %
geschieden	0 ≅ 0,0 %	3 ≅ 15,0 %	0 ≅ 0,0 %	3 ≅ 10,0 %
verwitwet	0 ≅ 0,0 %	0 ≅ 0,0 %	0 ≅ 0,0 %	0 ≅ 0,0 %
keine Angaben	1 ≅ 11,1 %	0 ≅ 0,0 %	0 ≅ 0,0 %	1 ≅ 3,3 %
gesamt	9 ≅ 100,0 %	20 ≅ 100,0 %	1 ≅ 100,0 %	30 ≅ 100,0 %

Die Markierung betrifft die Gesamtzahl aller Beobachtungen.

Zusätzlich habe ich Ihnen schon angedeutet, wie man in solch einer Kontingenztafel auch die relativen Häufigkeiten anzeigen kann:

Geschlecht / Familienstand	männlich	weiblich	keine Angaben	gesamt
ledig	5 ≅ 55,6 %	11 ≅ 55,0 %	0 ≅ 0,0 %	16 ≅ 53,3 %
verheiratet	3 ≅ 33,3 %	6 ≅ 30,0 %	1 ≅ 100,0 %	10 ≅ 33,3 %
geschieden	0 ≅ 0,0 %	3 ≅ 15,0 %	0 ≅ 0,0 %	3 ≅ 10,0 %
verwitwet	0 ≅ 0,0 %	0 ≅ 0,0 %	0 ≅ 0,0 %	0 ≅ 0,0 %
keine Angaben	1 ≅ 11,1 %	0 ≅ 0,0 %	0 ≅ 0,0 %	1 ≅ 3,3 %
gesamt	9 ≅ 100,0 %	20 ≅ 100,0 %	1 ≅ 100,0 %	30 ≅ 100,0 %

Die 15 % in dem markierten Feld bedeuten, dass unter der Bedingung, dass die befragte Person weiblich ist, der Anteil der geschiedenen Personen gerade 15 % beträgt. Man schreibt für diese Größe $P_{A3} \mid B_2 = P_{\text{geschieden}} \mid \text{weiblich}$.

Geschlecht **Familienstand**	**männlich**	**weiblich**	**keine Angaben**	**gesamt**
ledig	5 ≅ 55,6 %	11 ≅ 55,0 %	0 ≅ 0,0 %	16 ≅ 53,3 %
verheiratet	3 ≅ 33,3 %	6 ≅ 30,0 %	1 ≅ 100,0 %	10 ≅ 33,3 %
geschieden	0 ≅ 0,0 %	3 ≅ 15,0 %	0 ≅ 0,0 %	3 ≅ 10,0 %
verwitwet	0 ≅ 0,0 %	0 ≅ 0,0 %	0 ≅ 0,0 %	0 ≅ 0,0 %
keine Angaben	1 ≅ 11,1 %	0 ≅ 0,0 %	0 ≅ 0,0 %	1 ≅ 3,3 %
gesamt	9 ≅ 100,0 %	20 ≅ 100,0 %	1 ≅ 100,0 %	30 ≅ 100,0 %

Relative Häufigkeiten kann man natürlich auch im Randbereich angeben. Hier bedeutet das markierte Feld, dass der Anteil der verheirateten Personen – unabhängig vom Geschlecht – gerade 33,3 % beträgt. Man schreibt für diese Größe $P_{A2} = P_{\text{verheiratet}}$.
Wir können die folgenden Definitionen aussprechen:

Definition:
Seien A und B zwei Messreihen auf derselben Beobachtungsmenge mit den Ausprägungen $A_1, \dots, A_r$ und $B_1, \dots, B_s$. Dann ist für $1 \leq i \leq r$ und $1 \leq j \leq s$

(i) $P_{Ai} \mid B_j = \frac{f_{ij}}{f_{\cdot j}} \cdot 100\,\%$ der prozentuale Anteil der Messergebnisse mit der Eigenschaft A_i unter allen Messergebnissen mit dem Wert B_j. Man nennt diese Verteilung eine *bedingte Verteilung*, denn sie wird unter der Bedingung, dass bei B der Wert B_j auftritt, berechnet.

(ii) $P_{Ai} = \frac{f_{i\cdot}}{f_{\cdot\cdot}} \cdot 100\,\%$ der prozentuale Anteil der Messergebnisse mit der Eigenschaft A_i unter allen Messergebnissen.

(iii) $P_{Bj} \mid A_i = \frac{f_{ij}}{f_{i\cdot}} \cdot 100\,\%$ der prozentuale Anteil der Messergebnisse mit der Eigenschaft B_j unter allen Messergebnissen mit dem Wert A_i. Man nennt diese Verteilung eine *bedingte Verteilung*, denn sie wird unter der Bedingung, dass bei A der Wert A_i auftritt, berechnet.

(iv) $P_{Bj} = \frac{f_{\cdot j}}{f_{\cdot\cdot}} \cdot 100\,\%$ der prozentuale Anteil der Messergebnisse mit der Eigenschaft B_j unter allen Messergebnissen.

Bisher hatte ich Ihnen in der Kontingenztafel die Werte $P_{Ai} \mid B_j$ und P_{Ai} eingetragen. Genauso gut könnten wir auch die Werte $P_{Bj} \mid A_i$ und P_{Bj} eintragen. Das sähe dann folgendermaßen aus:

Geschlecht Familienstand	männlich	weiblich	keine Angaben	gesamt
ledig	5 ≅ 31,25 %	11 ≅ 68,75 %	0 ≅ 0,00 %	16 ≅ 100,00 %
verheiratet	3 ≅ 30,00 %	6 ≅ 60,00 %	1 ≅ 10,00 %	10 ≅ 100,00 %
geschieden	0 ≅ 0,00 %	3 ≅ 100,00 %	0 ≅ 0,00 %	3 ≅ 100,00 %
verwitwet	0 ≅ 0,00 %	0 ≅ 0,00 %	0 ≅ 0,00 %	0 ≅ 00,0 %
keine Angaben	1 ≅ 100,00 %	0 ≅ 0,00 %	0 ≅ 0,00 %	1 ≅ 100,00 %
gesamt	9 ≅ 30,0 %	20 ≅ 66,67 %	1 ≅ 3,33 %	30 ≅ 100,0 %

21.9 Die Unabhängigkeit mehrerer qualitativer Merkmale bzw. mehrerer Rangmerkmale

Ich komme noch einmal auf unser Eingangsbeispiel zurück und vereinfache die Fragestellung. Man hat eine Beobachtungsmenge von 10 000 Personen und man will die Wirksamkeit eines Impfstoffes gegen eine bestimmte Krankheit testen. Man unterteilt dazu die Personen in zwei Gruppen: eine Gruppe, die geimpft wird, und eine Kontrollgruppe, die nicht geimpft wird. Bei alle Personen der Beobachtungsmenge wird außerdem verfolgt, ob sie von der betreffenden Krankheit befallen werden oder nicht.

Wir haben also zwei Messreihen A und B, deren Beobachtungseinheiten die 10 000 Personen sind und die die folgenden Ausprägungen haben:

Merkmal	Ausprägungen
A	geimpft, nicht geimpft
B	Krankheit tritt ein, Krankheit tritt nicht ein

Man stellt eine Kontingenztafel auf. Die den Versuch durchführenden Ärzte tragen erst einmal die summierten Randwerte ein und fragen sich, wie die einzelnen Einträge aussehen müssten, wenn der Impfstoff völlig nutzlos wäre, wenn also Krankheitsbefall und Impfung zwei völlig voneinander unabhängige Merkmale wären.

Krankheit Impfung	ist eingetreten n	ist nicht eingetreten	gesamt
erfolgt	f_{11}	f_{12}	4 000
nicht erfolgt	f_{21}	f_{22}	6 000
gesamt	1 000	9 000	10 000

Wenn das der Fall wäre, müsste gelten: Das Verhältnis zwischen der Anzahl von kranken und gesunden Personen ist unabhängig von der Tatsache, ob diese Personen geimpft oder nicht geimpft wurden, d. h. beispielsweise

$$\frac{f_{11}}{f_{12}} = \frac{f_{21}}{f_{22}} \quad \text{bzw.} \quad f_{11} \cdot f_{22} = f_{21} \cdot f_{12}$$

$$f_{11} \cdot (f_2. - f_{21}) = f_{21} \cdot (f_1. - f_{11}) \quad \text{bzw.} \quad f_{11} \cdot f_2. = f_{21} \cdot f_1.(*)$$

bzw. $\frac{f_{11}}{f_{21}} = \frac{f_{1\cdot}}{f_{2\cdot}}$

Das bedeutet, die Werte in den einzelnen Spalten müssen sich wie die summierten Randwerte verhalten.

Mit der zusätzlichen Bedingung $f_{11} + f_{21} = f_{\cdot 1}$ erhalten wir aus (*)
$f_{11} \cdot f_{2\cdot} = (f_{\cdot 1} - f_{11}) \cdot f_{1\cdot}$ bzw. $f_{11}(f_{1\cdot} + f_{2\cdot}) = f_{1\cdot} \cdot f_{\cdot 1}$

bzw. $f_{11} = \frac{f_{1\cdot} \cdot f_{\cdot 1}}{f_{\cdot\cdot}}$

Es folgt für die anderen Einträge in der Kontingenztafel:

$$f_{12} = f_{1\cdot} - f_{11} = f_{1\cdot} - \frac{f_{1\cdot} \cdot f_{\cdot 1}}{f_{\cdot\cdot}} = \frac{f_{1\cdot} \cdot (f_{\cdot 1} + f_{\cdot 2}) - f_{1\cdot} \cdot f_{\cdot 1}}{f_{\cdot\cdot}} = \frac{f_{1\cdot} \cdot f_{\cdot 2}}{f_{\cdot\cdot}}$$

$$f_{21} = f_{\cdot 1} - f_{11} = f_{\cdot 1} - \frac{f_{1\cdot} \cdot f_{\cdot 1}}{f_{\cdot\cdot}} = \frac{f_{\cdot 1} \cdot (f_{1\cdot} + f_{2\cdot}) - f_{1\cdot} \cdot f_{\cdot 1}}{f_{\cdot\cdot}} = \frac{f_{2\cdot} \cdot f_{\cdot 1}}{f_{\cdot\cdot}}$$

$$f_{21} = f_{\cdot 1} - f_{11} = f_{\cdot 1} - \frac{f_{1\cdot} \cdot f_{\cdot 1}}{f_{\cdot\cdot}} = \frac{f_{\cdot 1} \cdot (f_{1\cdot} + f_{2\cdot}) - f_{1\cdot} \cdot f_{\cdot 1}}{f_{\cdot\cdot}} = \frac{f_{2\cdot} \cdot f_{\cdot 1}}{f_{\cdot\cdot}}$$

$$f_{22} = f_{2\cdot} - f_{21} = f_{2\cdot} - \frac{f_{2\cdot} \cdot f_{\cdot 1}}{f_{\cdot\cdot}} = \frac{f_{2\cdot} \cdot (f_{\cdot 1} + f_{\cdot 2}) - f_{2\cdot} \cdot f_{\cdot 1}}{f_{\cdot\cdot}} = \frac{f_{2\cdot} \cdot f_{\cdot 2}}{f_{\cdot\cdot}}$$

Für unsere Tabelle bedeutet das: Wenn der Impfstoff völlig nutzlos wäre, wenn also Krankheitsbefall und Impfung zwei völlig voneinander unabhängige Merkmale wären, müssten die folgenden Einträge vorliegen:

Krankheit **Impfung**	**ist eingetreten**	**ist nicht eingetreten**	**gesamt**
erfolgt	400	3600	4000
nicht erfolgt	600	5400	6000
gesamt	1000	9000	10000

Das ist so wichtig, dass wir es in einer Definition festhalten:

Definition:
Seien A und B zwei Messreihen auf derselben Beobachtungsmenge mit den Ausprägungen $A_1, \ldots, A_r$ und $B_1, \ldots, B_s$. A und B heißen unabhängig voneinander, falls für alle $1 \leq i \leq r$ und $1 \leq j \leq s$ gilt:

$$f_{ij} = \frac{f_{i\cdot} \cdot f_{\cdot j}}{f_{\cdot\cdot}} \quad (*)$$

Im Allgemeinen werden die Gleichungen (*) auch bei voneinander unabhängigen Merkmalen nicht exakt erfüllt sein. Stellen Sie sich vor, man hätte bei dem Versuch mit dem Impfstoff das folgende Ergebnis erhalten:

Krankheit Impfung	ist eingetreten	ist nicht eingetreten	gesamt
erfolgt	388	3612	4000
nicht erfolgt	612	5388	6000
gesamt	1000	9000	10000

Bild 21-5: Eine nicht mehr völlig unabhängige Kombination

Auch dann scheinen die gemessenen Merkmale »ziemlich« unabhängig voneinander zu sein, aber unsere Definition ist nicht mehr erfüllt. Die Frage ist: Wie gewinnt man ein Maß für die Unabhängigkeit? Eine Antwort ist die Berechnung von so genannten Kontingenzkoeffizienten, deren Größe einem ein Maß für die Abhängigkeit von Wertepaarungen liefern wird. Der einfachste Koeffizient heißt χ^2. (Sprich: Chi-Quadrat). χ (gesprochen: Chi) ist ein griechischer Buchstabe, vergleichbar »unserem«, d.h. dem lateinischen c). C ist im Englischen und im Lateinischen der Anfangsbuchstabe des Wortes contingency bzw. contingere. Das erklärt die Bezeichnung dieses Koeffizienten. Seine Definition lautet:

Definition:
Seien A und B zwei Messreihen auf derselben Beobachtungsmenge mit den Ausprägungen $A_1, \dots, A_r$ und $B_1, \dots, B_s$. Dann definiert man:

$$\chi^2 = \sum_{i=1}^{r}\left(\sum_{j=1}^{s}\frac{\left(f_{ij} - \frac{f_{i\cdot}\cdot f_{\cdot j}}{f_{\cdot\cdot}}\right)^2}{\frac{f_{i\cdot}\cdot f_{\cdot j}}{f_{\cdot\cdot}}}\right)$$

Satz 21.9
Seien A und B zwei Messreihen auf derselben Beobachtungsmenge mit den Ausprägungen $A_1, \dots, A_r$ und $B_1, \dots, B_s$. A und B sind voneinander unabhängig genau dann, wenn $\chi^2 = 0$ ist. Außerdem gilt:

$$\chi^2 = f_{\cdot\cdot}\left(\left(\sum_{i=1}^{r}\sum_{j=1}^{s}\frac{f_{ij}^{\,2}}{f_{i\cdot}\cdot f_{\cdot j}}\right) - 1\right)$$

Beweis:

Es ist: $$\chi^2 = \sum_{i=1}^{r}\left(\sum_{j=1}^{s}\frac{\left(f_{ij} - \frac{f_{i\cdot}\cdot f_{\cdot j}}{f_{\cdot\cdot}}\right)^2}{\frac{f_{i\cdot}\cdot f_{\cdot j}}{f_{\cdot\cdot}}}\right) =$$

$$= \sum_{i=1}^{r} \left(\sum_{j=1}^{s} \left(\frac{f_{ij}^{\,2}}{\frac{f_{i\cdot} \cdot f_{\cdot j}}{f_{\cdot\cdot}}} - 2 f_{ij} + \frac{f_{i\cdot} \cdot f_{\cdot j}}{f_{\cdot\cdot}} \right) \right)$$

$$= f_{\cdot\cdot} \left(\sum_{i=1}^{r} \left(\sum_{j=1}^{s} \left(\frac{f_{ij}^{\,2}}{f_{i\cdot} \cdot f_{\cdot j}} - 2 \frac{f_{ij}}{f_{\cdot\cdot}} + \frac{f_{i\cdot} \cdot f_{\cdot j}}{f_{\cdot\cdot}^{\,2}} \right) \right) \right)$$

$$= f_{\cdot\cdot} \left(\sum_{i=1}^{r} \left(\sum_{j=1}^{s} \left(\frac{f_{ij}^{\,2}}{f_{i\cdot} \cdot f_{\cdot j}} \right) - 2 \frac{f_{i\cdot}}{f_{\cdot\cdot}} + \frac{f_{i\cdot}}{f_{\cdot\cdot}} \right) \right)$$

$$= f_{\cdot\cdot} \left(\left(\sum_{i=1}^{r} \sum_{j=1}^{s} \frac{f_{ij}^{\,2}}{f_{i\cdot} \cdot f_{\cdot j}} \right) - 1 \right)$$

Das war zu beweisen.
Ich berechne jetzt einmal χ^2 für unser Beispiel aus Bild 21-5:

Hier ist

$$\chi^2 = 10000 \left(\frac{388^2}{1000 \cdot 4000} + \frac{3612^2}{9000 \cdot 4000} + \frac{612^2}{1000 \cdot 6000} + \frac{5388^2}{9000 \cdot 6000} - 1 \right) =$$

$$= 10000\,(0{,}037636 + 0{,}362404 + 0{,}062424 + 0{,}537603 - 1) =$$

$$= 10000 \cdot 0{,}000067 = 0{,}67$$

Wir haben aber zunächst überhaupt kein Gefühl dafür, ob das ein kleiner oder großer Wert ist. Was bedeutet dieser Wert für die Abschätzung der Unabhängigkeit?
Zunächst werden wir bei diesen Berechnungen auf eine unangenehme Eigenschaft von χ^2 hingewiesen:

Satz 21.10
χ^2 verändert sich im Allgemeinen bei gleichen Verhältnissen zwischen den verschiedenen Messwerten, aber unterschiedlicher Größe der Beobachtungsmenge. Das bedeutet: χ^2 ist nicht normiert, sondern skalenabhängig.

Beweis:
Betrachten Sie die folgende Abwandlung unserer Untersuchung aus Bild 21-5:

Krankheit Impfung	ist eingetreten	ist nicht eingetreten	gesamt
erfolgt	776	7224	8000
nicht erfolgt	1224	10776	12000
gesamt	2000	18000	20000

Bild 21-6 Eine weitere Messreihe zur Wirksamkeit von Impfstoffen, bei der alle Zahlen aus Bild 21-5 genau verdoppelt wurden.

Ich habe einfach alle Zahlen mit 2 multipliziert. Dann ändern sich die Ausdrücke $\frac{f_{ij}^2}{f_{i\cdot} \cdot f_{\cdot j}}$ nicht, lediglich der Wert von f.. verdoppelt sich und wir erhalten eine Verdopplung von χ^2 von 0,67 auf 1,34.

q. e. d.

Diese Skalenabhängigkeit kann man herauskürzen. Zunächst gilt:

> Satz 21.11
> Unter der Voraussetzung, dass alle Häufigkeiten in einer Kontingenztafel mit r Zeilen und s Spalten größer oder gleich 0 sind und in den Randbereichen sogar > 0 sind, gilt:
> $\chi^2 \leq f_{\cdot\cdot} \cdot (\min\{r, s\} - 1)$

Beweis:

Es ist:

$$\chi^2 = f_{\cdot\cdot}\left(\left(\sum_{i=1}^{r}\sum_{j=1}^{s}\frac{f_{ij}^2}{f_{i\cdot} \cdot f_{\cdot j}}\right) - 1\right) = f_{\cdot\cdot}\left(\left(\sum_{i=1}^{r}\frac{1}{f_{i\cdot}}\left(\sum_{j=1}^{s}\frac{f_{ij}^2}{f_{\cdot j}}\right)\right) - 1\right)$$

Da alle $f_{ij} \geq 0$ waren, ist $f_{\cdot j} \geq f_{ij}$ bzw. $\frac{1}{f_{\cdot j}} \leq \frac{1}{f_{ij}}$ und daher:

$$\chi^2 \leq f_{\cdot\cdot}\left(\left(\sum_{i=1}^{r}\frac{1}{f_{i\cdot}}\left(\sum_{j=1}^{s} f_{ij}\right)\right) - 1\right) = f_{\cdot\cdot}\left(\left(\sum_{i=1}^{r}\frac{f_{i\cdot}}{f_{i\cdot}}\right) - 1\right) = f_{\cdot\cdot} \cdot (r - 1)$$

(*)

Da ich aber die Reihenfolge der Summation vertauschen kann, erhalte ich völlig analog:

$$\chi^2 = f_{\cdot\cdot}\left(\left(\sum_{j=1}^{s}\sum_{i=1}^{r}\frac{f_{ij}^2}{f_{i\cdot} \cdot f_{\cdot j}}\right) - 1\right) = f_{\cdot\cdot}\left(\left(\sum_{j=1}^{s}\frac{1}{f_{\cdot j}}\left(\sum_{i=1}^{r}\frac{f_{ij}^2}{f_{i\cdot}}\right)\right) - 1\right) \leq$$

$$\leq f_{\cdot\cdot}\left(\left(\sum_{j=1}^{s}\frac{1}{f_{\cdot j}}\left(\sum_{i=1}^{r} f_{ij}\right)\right) - 1\right) = f_{\cdot\cdot}\left(\left(\sum_{j=1}^{s}\frac{f_{\cdot j}}{f_{\cdot j}}\right) - 1\right) = f_{\cdot\cdot} \cdot (s - 1)$$

(**)

Aus (*) und (**) folgt die Behauptung.

q. e. d.

Mit diesem Wissen definiert man den *Phi-Kontingenzkoeffizienten:*

Definition:
Seien A und B zwei Messreihen auf derselben Beobachtungsmenge mit den Ausprägungen $A_1, \dots, A_r$ und $B_1, \dots, B_s$.

Dann definiert man den *Phi-Kontingenzkoeffizienten* durch:

$$\Phi = \sqrt{\frac{\chi^2}{f_{..}}}$$

Und aus Satz 21.11 folgt:

Satz 21.12
Seien A und B zwei Messreihen auf derselben Beobachtungsmenge mit den Ausprägungen $A_1, \dots, A_r$ und $B_1, \dots, B_s$. Dann ist:

$$0 \leq \Phi \leq \sqrt{\min(r, s) - 1}$$

Außerdem gilt: A und B sind unabhängig $\leftrightarrow \Phi = 0$.

Das ist schon ein Fortschritt. Wenigstens sind wir unabhängig von der Größe der Beobachtungsmenge. Beispielsweise ist der Wert von Φ für die Messreihen aus Bild 21-5 und aus Bild 21-6 identisch:

Bild 21-5: $\Phi = \sqrt{\frac{\chi^2}{f_{..}}} = \sqrt{\frac{0,67}{10000}} \approx 0{,}0082$

Bild 21-6: $\Phi = \sqrt{\frac{\chi^2}{f_{..}}} = \sqrt{\frac{1,34}{20000}} = \sqrt{0{,}00067} \approx 0{,}0082$

Übrigens, wo wir gerade dabei sind: Für beide Messreihen war $r = s = 2$,

also $\sqrt{\min(r, s) - 1} = \sqrt{2 - 1} = \sqrt{1} = 1$. Und unser Φ ist sicher ≤ 1. Aber eine gute Normierung sieht anders aus. Deshalb hat ein britischer Mathematiker namens Pearson einen Kontingenzkoeffizienten definiert, der nach ihm benannt ist.

Definition:
Seien A und B zwei Messreihen auf derselben Beobachtungsmenge mit den Ausprägungen $A_1, \dots, A_r$ und $B_1, \dots, B_s$.

Dann ist der *Pearsonsche Kontingenzkoeffizient C* definiert durch:

$$C = \sqrt{\frac{\chi^2}{f.. + \chi^2}}$$

Aus Satz 21.11 folgt:

Satz 21.13
Seien A und B zwei Messreihen auf derselben Beobachtungsmenge mit den Ausprägungen $A_1, \dots, A_r$ und $B_1, \dots, B_s$. Dann ist:

$$C = \sqrt{\frac{\chi^2}{f.. + \chi^2}}$$

Außerdem gilt: A und B sind unabhängig $\leftrightarrow$ $C = 0$.

Beweis:
In Satz 21.11 hatten wir gezeigt:

$$\chi^2 \leq f.. \cdot (\min\{r, s\} - 1) \qquad \text{bzw.} \qquad \frac{1}{\chi^2} \geq \frac{1}{f.. \cdot (\min(r, s) - 1)}$$

Es folgt:

$$C = \sqrt{\frac{\chi^2}{f.. + \chi^2}} = \sqrt{\frac{1}{\frac{f..}{\chi^2} + 1}} \leq \sqrt{\frac{1}{\frac{f..}{f.. \cdot (\min(r, s) - 1)} + 1}} =$$

$$= \sqrt{\frac{\min(r, s) - 1}{1 + \min(r, s) - 1}} = \sqrt{\frac{\min(r, s) - 1}{\min(r, s)}}$$

Das war zu zeigen.

q. e. d.

Wieder führen wir die Berechnung unserer Beispiele durch:

Bild 21-5: $C = \sqrt{\frac{\chi^2}{f.. + \chi^2}} = \sqrt{\frac{0,67}{10000 + 0,67}} \approx 0,0082$

Bild 21-6: $C = \sqrt{\dfrac{\chi^2}{f.. + \chi^2}} = \sqrt{\dfrac{1{,}34}{20000 + 1{,}34}} \approx 0{,}0082$

Mit unseren Werten von r und s (sie waren beide = 2) ist die obere Grenze für C gerade

$$\sqrt{\frac{\min(r, s) - 1}{\min(r, s)}} = \sqrt{\frac{1}{2}} \approx 0{,}707$$

Damit hat derselbe Wert 0,0082 hier eine andere Bedeutung als beim Φ-Kontingenzkoeffizienten, wo die obere Grenze = 1 war.
Man möchte eine Normierung haben, die unabhängig von r, s und f.. ist. Die abschließende Antwort (Hallelujah!) ist der *korrigierte Pearsonsche Kontingenzkoeffizient*:

Definition:
Seien A und B zwei Messreihen auf derselben Beobachtungsmenge mit den Ausprägungen $A_1, \dots, A_r$ und $B_1, \dots, B_s$.

Dann ist der *korrigierte Pearsonsche Kontingenzkoeffizient* $\mathbf{C_{korr}}$ definiert durch:

$$C_{korr} = \sqrt{\frac{\min(r,s)}{\min(r, s) - 1} \cdot \frac{\chi^2}{f.. + \chi^2}}$$

Aus Satz 21.13 folgt unmittelbar:

Satz 21.14
Seien A und B zwei Messreihen auf derselben Beobachtungsmenge mit den Ausprägungen $A_1, \dots, A_r$ und $B_1, \dots, B_s$. Dann ist:
$0 \leq C_{korr} \leq 1$
Außerdem gilt: A und B sind unabhängig $\leftrightarrow$ $C = 0$.

Für unsere Beispiele gilt:

Bild 21-5:
$$C_{korr} = \sqrt{\frac{\min(r,s)}{\min(r, s) - 1} \cdot \frac{\chi^2}{f.. + \chi^2}} = \sqrt{\frac{1{,}34}{10000 + 0{,}67}} \approx 0{,}012$$

Bild 21-6:
$$C_{korr} = \sqrt{\frac{\min(r,s)}{\min(r, s) - 1} \cdot \frac{\chi^2}{f.. + \chi^2}} = \sqrt{\frac{2{,}68}{20000 + 1{,}34}} \approx 0{,}012$$

Wir haben bis jetzt die Fälle völliger Unabhängigkeit untersucht. Lassen Sie uns nun annehmen, es wäre den Ärzten gelungen, einen äußerst wirksamen Impfstoff zu entwickeln, und die Krankheit würde vollständig davon abhängen, ob die betreffende Person geimpft sei oder nicht. Wir hätten folgende Tabelle:

Krankheit Impfung	ist eingetreten	ist nicht eingetreten	gesamt
Erfolgt	0	4000	4000
Nicht erfolgt	6000	0	6000
Gesamt	6000	4000	10000

Dann erhalten wir die folgenden Werte:

$$\chi^2 = 10000 \left(\frac{0^2}{6000 \cdot 4000} + \frac{4000^2}{4000 \cdot 4000} + \frac{6000^2}{6000 \cdot 6000} + \frac{0^2}{4000 \cdot 6000} - 1 \right) =$$

$$= 10000\,(1 + 1 - 1) = 10000 = f_{..} \cdot (\min\{r, s\} - 1)$$

$$\Phi = \sqrt{\frac{\chi^2}{f_{..}}} = \sqrt{\frac{10000}{10000}} = 1 = \sqrt{\min(r, s) - 1}$$

$$C = \sqrt{\frac{\chi^2}{f_{..} + \chi^2}} = \sqrt{\frac{10000}{10000 + 10000}} = \sqrt{\frac{1}{2}} \approx 0{,}707 = \sqrt{\frac{\min(r, s) - 1}{\min(r, s)}}$$

$$C_{korr} = \sqrt{\frac{\min(r,s)}{\min(r, s) - 1} \cdot \frac{\chi^2}{f_{..} + \chi^2}} = \sqrt{2 \cdot \frac{10000}{20000}} = 1$$

Bitte beachten Sie, dass wir in allen vier Fällen die in unseren theoretischen Abschätzungen gewonnenen oberen Schranken für die Koeffizienten auch wirklich erreicht haben. Diese Schranken können also nicht verbessert werden.
In der Praxis stellt sich immer wieder die Frage: Deutet ein hoher χ^2-Wert bzw. ein Kontingenzkoeffizient nahe bei 1 wirklich stets auf einen logischen bzw. gesetzmäßigen Zusammenhang zwischen zwei Untersuchungsreihen hin? Und die Antwort ist ein klares Nein! Die Diskussion zu Eingang dieses Kapitels sollte Ihnen gezeigt haben, wie viele Faktoren im Hintergrund es noch geben kann, die die Untersuchungsergebnisse verfälschen oder beeinflussen können und zu falschen Schlussfolgerungen Anlass geben können.

Übungsaufgaben

1. Aufgabe

Es soll untersucht werden, ob ein bestimmtes Medikament, ich nenne es *Zugabene*, unerwünschte Nebenwirkungen hat. Wie muss ein durch Zufallsauswahl kontrolliertes, doppelt blindes Experiment aussehen, mit dem diese Frage überprüft wird?
Für die folgenden Aufgaben ist die Datenerhebung ***Aufnahmen von Jazzstandards*** Grundlage, die einen kleinen, teilweise aggregierten Ausschnitt aus einer Datenbank wiedergibt, in der ich für jedes meiner Musikdokumente gespeichert habe, welche Songs von welchen Komponisten dort aufgenommen sind und welche Musiker mit welchen Instrumenten an der jeweiligen Aufnahme beteiligt waren. Sie finden diese Datenerhebung ***Aufnahmen von Jazzstandards*** auf der folgenden Seite, Sie können sie aber auch als Excel-Datei von meiner Homepage [SchuNet] herunterladen.

2. Aufgabe (siehe Tabelle nächste Seite)

a. Was ist in der Datenerhebung ***Aufnahmen von Jazzstandards*** die Beobachtungseinheit? Hinweis: Es ist *nicht* der Jazzstandard.
b. Zählen Sie alle Beobachtungsmerkmale dieser Datenerhebung auf.
c. Geben Sie die Merkmalsausprägung des Beobachtungsmerkmals ***AufnahmeArt*** an.
d. Welche der Beobachtungsmerkmale sind qualitative Merkmalstypen?
e. Gibt es in dieser Datenerhebung Rangmerkmale? Wenn ja, welche sind das und warum?
f. Welche der Beobachtungsmerkmale sind diskrete quantitative Merkmalstypen?
g. Welche der Beobachtungsmerkmale sind stetige quantitative Merkmalstypen?

3. Aufgabe

In dieser und den folgenden Aufgabe werden Sie zu einigen Berechnungen aufgefordert. *Alle* diese Berechnungen können Sie bei Verwendung meiner Excel-Datei von Excel durchführen lassen. *Ich empfehle Ihnen dringend, die vergleichsweise geringe Zeit, die man zum Lernen der Excel-Funktionen braucht, zu investieren. Diese Investition zahlt sich mit Sicherheit vielfach wieder aus.* Aus der zahllosen Literatur empfehle ich [Matt], [Radke], [Schel] als Unterstützung. Das gilt auch für das Zeichnen von Diagrammen, das mit Hilfe von Excel sehr schnell durchzuführen ist.

a. Erläutern Sie die Begriffe *absolute Häufigkeiten, relative Häufigkeiten und adjustierte relative Häufigkeiten.*
b. Berechnen Sie diese drei Häufigkeiten für ***SongTitel, AufnahmeArt und AufnahmeOrt.***
c. Machen Sie für die relative Häufigkeit von ***AufnahmeArt*** ein Stab- oder Säulendiagramm.
d. Machen Sie außerdem für die relative Häufigkeit von ***AufnahmeArt*** ein Kreisdiagramm.

MusikdokumentId	SongTitel	AnzahlKomponisten	AnzahlMusiker	AnzahlInstrumente	Aufnahmejahr	AufnahmeArt	AufnahmeOrt	AufnahmeLänge (sec)
22	Caravan	3	6	12	1990	Studio	Köln	332
54	Body And Soul	4	5	7		Studio	Hollywood	340
278	Impressions	1	5	8	1961	Live	New York	522
281	India	1	8	11	1961	Live	New York	906
288	Afro Blue	1	5	6	1963	Live	New York	640
460	Summertime	3	72	122	1991	Live	Montreux	174
523	Caravan	3	15	22	1964	Live	Stockholm	305
588	Mack The Knife	3	5	6	1960	Live	Berlin	279
588	How High The Moon	2	5	9	1960	Live	Berlin	418
652	Goodbye Pork-Pie Hat	2	22	29	1994	Studio	Los Angeles	320
711	April In Paris	2	1	2	1995	Studio	New York	187
754	Body And Soul	4	9	12	1940	Studio	New York	176
889	Autumn Leaves	2	3	6	1996	Live	Tokio	464
933	Birdland	2	16	32	1989	Studio	Los Angeles	
951	Besame Mucho	2	7	8	2001	Studio	Hollywood	400
973	Cocaine	1	4	8	2004	Studio	Sandhausen	234
1003	Bei Mir Bist Du Schön	4	3	4				239
1004	A Hard Day's Night	2	3	4				301
1029	Afro Blue	1	5	7	2001	Studio	Berlin	479
1084	Blackbird	2	3	5	1996	Studio	Los Angeles	300
1085	Dear Prudence	2	5	9	2001	Studio	Hollywood	320
1105	A Hard Day's Night	2	7	12	2003	Studio	New York	354
1111	Body And Soul	4	2	4	1951	Studio	Los Angeles	214
1296	Autumn Leaves	2	2	2	1974	Studio	London	
1521	All Blues	1	4	6	2006	Studio	Mühlheim/ Main	458
1571	I Love Paris	1	3	4	1994	Studio	New York	450
1585	Besame Mucho	2	1	2	1997	Live	Frankfurt/ Main	291
1596	Just A Gigolo	3	1	2	2006	Studio	New York	197
1649	Fly Me To The Moon	1	4	7	1966	Live	Las Vegas	
1800	Amsterdam	1	3	4	2004	Studio	Bern	544

4. Aufgabe

a. Berechnen Sie unsere drei Häufigkeiten für das ***AufnahmeJahr*** und machen Sie für die relative Häufigkeit sowohl ein Stab- oder Säulendiagramm als auch ein Kreisdiagramm.

b. Wenn Sie das Ergebnis von Aufgabe 4a ansehen, sollten Sie mich (innerlich) für diese Aufgabenstellung beschimpfen. Warum?
c. Wie groß sollte die Anzahl der Klassen sein, die man für ein Histogramm für das Aufnahmejahr bildet?
d. Erstellen Sie ein Histogramm für das Aufnahmejahr über 4 gleich große Klassen.
e. Erstellen Sie ein Histogramm für das Aufnahmejahr über 5 gleich große Klassen.

5. Aufgabe

Erstellen Sie einen Graphen für die Empirische Verteilungsfunktion des Merkmals ***AnzahlKomponisten***.

In den folgenden Aufgaben sollen Sie das Merkmal ***Aufnahmelänge*** auswerten. Bitte berücksichtigen Sie dabei immer nur die 27 Sätze, bei denen auch ein Wert vorliegt.

6. Aufgabe

a. Berechnen Sie das arithmetische Mittel der ***Aufnahmelängen***.
b. Berechnen Sie den Empirischen Median der ***Aufnahmelängen***. Welcher Datensatz ist (hauptsächlich) verantwortlich für den Unterschied zwischen arithmetischem Mittel und dem Empirischen Median?

7. Aufgabe

Man führe die folgenden Teilaufgaben für p = 0,4 ; p = 0,5 und p = 0,6 durch.
a. Berechnen Sie das p-Quantil $\tilde{x}_p = x_{(\lceil n \cdot p \rceil)}$ der ***Aufnahmelängen***.
b. Zeigen Sie:
   (i) $r(\text{ Laenge der Aufnahme } < x_{(\lceil n \cdot p \rceil)}) \leq p$
   (ii) $r(\text{ Laenge der Aufnahme } > x_{(\lceil n \cdot p \rceil)}) \leq 1 - p$

c. Zeigen Sie: Keine andere Zahl als $\tilde{x}_p = x_{(\lceil n \cdot p \rceil)}$ erfüllt die Gleichungen (i) und (ii) aus Teil b.

8. Aufgabe

Man führe die folgenden Teilaufgaben für $p = \frac{1}{3}$ und $p = \frac{1}{9}$ durch.

a. Berechnen Sie das p-Quantil $\tilde{x}_p = x_{(\lceil n \cdot p \rceil)}$ der ***Aufnahmelängen***.
b. Zeigen Sie:
   (i) $r(\text{ Laenge der Aufnahme } < x_{(\lceil n \cdot p \rceil)}) \leq p$
   (ii) $r(\text{ Laenge der Aufnahme } > x_{(\lceil n \cdot p \rceil)}) \leq 1 - p$

c. Zeigen Sie: Jede Zahl y aus dem Intervall $[x_{n \cdot p}, x_{n \cdot p+1}]$ erfüllt die Gleichungen (i) und (ii) aus Teil b, wenn ich sie für $x_{([n \cdot p])}$ einsetze.
d. Erklären Sie den Unterschied zwischen Aufgabe 7c) und 8c).

9. Aufgabe

Ein Quartil der ***Aufnahmelänge*** haben Sie in den vergangenen Aufgaben schon zweimal berechnet. Welches ist das? Berechnen Sie nun auch noch die beiden anderen Quartile dieses Merkmals.

10. Aufgabe

Donald Duck hat 100 Taler gespart und will sie zur Bank bringen und für drei Jahre anlegen. Bankhaus A bietet ihm eine Anlageform, bei der er im ersten Jahr 1 %, im zweiten Jahr 6 % und im dritten Jahr 11 % Zinsen erhält. Bankhaus B bietet ihm einen konstanten Zinssatz von 6 % und Bankhaus C bietet ihm eine Anlageform, bei der er im ersten Jahr 11 %, im zweiten Jahr 6 % und im dritten Jahr 1 % Zinsen erhält.
a. Welchem durchschnittlichem Zinssatz entspricht das Angebot von Bankhaus A? Arbeiten Sie mit den Formeln für das geometrische Mittel.
b. Welchem durchschnittlichem Zinssatz entspricht das Angebot von Bankhaus C? Arbeiten Sie auch hier mit den Formeln für das geometrische Mittel.
c. Wie viel Geld würde Donald Duck nach drei Jahren von den einzelnen Bankhäusern ausgezahlt? Für welches Angebot sollte er sich also entscheiden?

11. Aufgabe

Betrachten Sie in der Datenerhebung ***Aufnahmen von Jazzstandards*** die fünf Merkmale ***AnzahlKomponisten, AnzahlMusiker, AnzahlInstrumente, Aufnahmejahr*** und ***AufnahmeLänge.***
a. Versuchen Sie (ohne eine Berechnung durchzuführen) zu schätzen, welches der fünf Merkmale die geringste Empirische Varianz aufweist.
b. Versuchen Sie (ohne eine Berechnung durchzuführen) eine Reihenfolge zu schätzen, in der die Empirische Varianzen dieser fünf Merkmale der Größe nach angeordnet sind.
c. Berechnen Sie die Empirische Varianz dieser fünf Merkmale.
d. Wenn Sie sich in Aufgabenteil b. verschätzt haben, finden Sie den Grund dafür heraus. Vergleichen Sie dazu Aufgabenteil f.
e. Berechnen Sie die Empirische Standardabweichung dieser fünf Merkmale.
f. Berechnen Sie den Variationskoeffizienten dieser fünf Merkmale. Hätten Sie die Reihenfolge der Variationskoeffizienten besser einschätzen können?
g. Berechnen Sie den Empirischen Quartilsabstand dieser fünf Merkmale.
h. Berechnen Sie die Empirische Spannweite dieser fünf Merkmale.

12. Aufgabe

Betrachten Sie das Merkmal ***Aufnahmelänge.*** Ein Radiosender übernimmt die Angaben aus dieser Datenerhebung, fügt aber bei jeder zahlenmäßigen Angabe der Aufnahmelänge noch 20 Sekunden für die Anmoderation mit hinzu. Was bedeutet das für die Werte der Parameter

a. Empirische Varianz,
b. Empirische Standardabweichung,
c. Variationskoeffizient,
d. Empirischer Quartilsabstand und
e. Empirische Spannweite?

13. Aufgabe

Ein anderer Benutzer beschließt, das Merkmal ***Aufnahmelänge*** nicht in Sekunden sondern in Millisekunden zu speichern. Das bedeutet, dass sich jeder Wert um den Faktor 1 000 vergrößert. Was bedeutet das für die Werte der Parameter

a. Empirische Varianz,
b. Empirische Standardabweichung,
c. Variationskoeffizient,
d. Empirischer Quartilsabstand und
e. Empirische Spannweite?

14. Aufgabe

Zeichnen Sie Boxplots für die die fünf Merkmale ***AnzahlKomponisten, AnzahlMusiker, AnzahlInstrumente, Aufnahmejahr*** und ***AufnahmeLänge.***

15. Aufgabe

Sei β: $\mathbf{R}^3 \times \mathbf{R}^3 \rightarrow \mathbf{R}$ definiert durch:

$$\beta(\vec{x}, \vec{y}) := \beta((x_1, x_2, x_3), (y_1, y_2, y_3)) := x_1 \cdot y_1 + x_2 \cdot y_2 + x_3 \cdot y_3 =$$

$$= \sum_{i=1}^{3} x_i \cdot y_i$$

a. Zeigen Sie: β ist ein Skalarprodukt, d. h.

(i) Für alle $\vec{x} \in R^3$ gilt: $\beta(\vec{x}, \vec{x}) \geq 0$

$\beta(\vec{x}, \vec{x}) = 0 \leftrightarrow \vec{x} = (0,0,0) = \vec{0}$

(ii) Für alle $\vec{x}, \vec{y} \in R^3$ gilt: $\beta(\vec{x}, \vec{y}) = \beta(\vec{y}, \vec{x})$

(iii) Für alle $\vec{x}, \vec{y}, \vec{z} \in R^3$ und für alle $c \in R$ gilt:
$\beta(\vec{x} + c \cdot \vec{y}, \vec{z}) = \beta(\vec{x}, \vec{z}) + c \cdot \beta(\vec{y}, \vec{z})$

b. Folgern Sie unmittelbar: β erfüllt die Cauchy-Schwarzsche Ungleichung, d.h.
Für alle $\vec{x}, \vec{y} \in R^3$ gilt: $\beta(\vec{x}, \vec{y})^2 \leq \beta(\vec{x}, \vec{x}) \cdot \beta(\vec{y}, \vec{y})$

16. Aufgabe

Sei β: $\mathbf{R}^n \times \mathbf{R}^n \rightarrow \mathbf{R}$ definiert durch:

$$\beta(\vec{x}, \vec{y}) := \beta((x_1, \ldots, x_n), (y_1, \ldots, y_n)) := x_1 \cdot y_1 + \ldots + x_n \cdot y_n =$$

$$= \sum_{i=1}^{n} x_i \cdot y_i$$

a. Zeigen Sie: β ist ein Skalarprodukt, d.h.
   (i) Für alle $\vec{x} \in R^n$ gilt: $\beta(\vec{x}, \vec{x}) \geq 0$
   $\beta(\vec{x}, \vec{x}) = 0 \leftrightarrow \vec{x} = (0, \ldots, 0) = \vec{0}$
   (ii) Für alle $\vec{x}, \vec{y} \in R^n$ gilt: $\beta(\vec{x}, \vec{y}) = \beta(\vec{y}, \vec{x})$
   (iii) Für alle $\vec{x}, \vec{y}, \vec{z} \in R^n$ und für alle $c \in R$ gilt:
   $\beta(\vec{x} + c \cdot \vec{y}, \vec{z}) = \beta(\vec{x}, \vec{z}) + c \cdot \beta(\vec{y}, \vec{z})$
b. Folgern Sie unmittelbar: β erfüllt die Cauchy-Schwarzsche Ungleichung, d.h.
Für alle $\vec{x}, \vec{y} \in R^n$ gilt: $\beta(\vec{x}, \vec{y})^2 \leq \beta(\vec{x}, \vec{x}) \cdot \beta(\vec{y}, \vec{y})$

17. Aufgabe

Sei X die Messreihe ***AnzahlKomponisten,***
Y die Messreihe ***AnzahlMusiker*** und
Z die Messreihe ***AnzahlInstrumente.***

a. Versuchen Sie zunächst (ohne eine Berechnung durchzuführen) zu schätzen, welcher Empirische Korrelationskoeffizient größer ist: r(X, Y) oder r(Y, Z).
b. Berechnen Sie r(X, Y) und r(Y, Z)
c. Wenn Sie sich bei Punkt a. geirrt haben, lesen Sie bitte Abschnitt 21.6 noch einmal.

18. Aufgabe

Sei wieder X die Messreihe ***AnzahlKomponisten,***
Y die Messreihe ***AnzahlMusiker*** und
Z die Messreihe ***AnzahlInstrumente.***

a. Zeichnen Sie einen Scatterplot für die Beziehung zwischen X und Y.
b. Zeichnen Sie einen Scatterplot für die Beziehung zwischen Y und Z.

c. Führen Sie für die Beziehung zwischen Y und Z eine lineare Regression mit Hilfe der Methode der kleinsten Quadrate durch und berechnen Sie die Ausgleichsgerade.
d. Wie viele Instrumente sagt Ihnen diese Ausgleichsgerade bei einem Stück voraus, bei dessen Aufnahme 100 Musiker mitgemacht haben?

Für die folgenden Aufgaben habe ich für die Songs von fünf Komponisten zwei verschiedene Eigenschaften ausgewertet. Einmal der Stil, in dem der Song geschrieben ist. Da gibt es die Möglichkeiten: ***Swing, Bebop, Hardbop, Cool Jazz, Modal, Free*** und ***Funk.*** Und zum anderen hat mich interessiert: Ist ein Song von dem betreffenden Komponisten ***alleine*** geschrieben worden oder hat er diesen Song mit anderen Komponisten ***im Team*** geschrieben.

Zunächst die Übersicht über die Songstile:

Vorname	Name	Anzahl Songs Swing	Anzahl Songs Bebop	Anzahl Songs Hardbop	Anzahl Songs CoolJazz	Anzahl Songs Modal	Anzahl Songs Free	Anzahl Songs Funk
Chick	Corea	0	29	0	9	292	24	0
Duke	Ellington	82	16	8	0	0	0	0
Joe	Zawinul	0	0	15	0	4	0	76
Keith	Jarrett	0	12	0	5	226	23	0
Miles	Davis	0	10	15	36	31	0	38

Und entsprechend die Übersicht über die Kompositionsweisen:

Vorname	Name	Anzahl alleine komponierter Songs	Anzahl im Team komponierter Songs
Chick	Corea	205	149
Duke	Ellington	53	53
Joe	Zawinul	53	42
Keith	Jarrett	160	106
Miles	Davis	55	75

19. Aufgabe

Erstellen Sie für beide Merkmalspaarungen die Kontingenztafeln. (Sie müssen nur noch die äußeren Reihen und Spalten hinzufügen).

20. Aufgabe

Sei P_1 das Merkmalspaar (***Komponist, Stil)***
P_2 das Merkmalspaar (***Komponist, Teamleistung)***

Grundsätzlich erwartet man, dass der Stil, in dem ein Komponist komponiert, charakteristisch für ihn ist, dagegen ist die Frage, ob er ein Stück alleine oder mit einem anderen (eventuell »nur« einem Texter) zusammen geschrieben hat, relativ zufällig.

a. Versuchen Sie zunächst (ohne eine Berechnung durchzuführen) zu schätzen, für welches Merkmalspaar der Wert χ^2 größer ist: für P_1 oder für P_2.
b. Berechnen Sie χ^2 (P_1) und $\chi^2(P_2)$.
c. Wenn Sie sich bei Punkt a. geirrt haben, lesen Sie bitte Abschnitt 21.9 noch einmal.
d. Berechnen Sie den Phi-Kontingenzkoeffizienten für P_1 und für P_2.
e. Berechnen Sie den Pearsonschen Kontingenzkoeffizienten für P_1 und für P_2.
f. Berechnen Sie den korrigierten Pearsonschen Kontingenzkoeffizienten für P_1 und für P_2.

21. Aufgabe

Gegeben drei Messreihen. Die erste bestehe aus 20 Werten, ihr Mittelwert sei 14. Die zweite bestehe aus 30 Werten und habe 12 als Mittelwert. Die dritte Messreihe bestehe aus 50 Werten, ihr Mittelwert sei 16. Diese drei Messreihen werden zu einer gemeinsamen Messreihe zusammengefasst.

a. Wie groß ist der Mittelwert der gesamten Messreihe?
b. Konstruieren Sie ein Beispiel, in dem der empirische Median der gesamten Messreihe gleich 0 ist.

Hinweis: Wenn Ihnen diese Aufgabe zu schwer ist, beginnen Sie mit drei Messreihen vom Umfang 2, 3 und 5.

22 Grundlagen der Wahrscheinlichkeitsrechnung

Im vorherigen Kapitel ging es um möglichst aussagekräftige und umfassende Auswertungen von Versuchen und Umfragen, die in der Realität bereits stattgefunden haben. In den nächsten Kapiteln wird es darum gehen, möglichst richtige Vorhersagen über den Ausgang von bestimmten Experimenten machen zu können. Wir begeben uns also auf ein scheinbar völlig unmathematisches Terrain: das Gebiet des Blicks in die Zukunft. Beispiele für solche Fragestellungen könnten lauten:

- Was für eine Chance hat ein Lottospieler, bei einem Tipp sechs Richtige zu treffen?
- Was für eine Chance hat ein Lottospieler, bei einem Tipp (mindestens) fünf Richtige zu treffen?
- Wenn ein Würfel zweimal geworfen wird und die Augensumme der beiden Würfe vorherzusagen ist, was für einen Wert sollten Sie wählen?
- Wenn zwei nicht unterscheidbare Würfel geworfen werden, deren Augensumme vorherzusagen ist, was für einen Wert sollten Sie wählen?
- Das so genannte *Ziegenproblem* (großartig beschrieben von Gero von Randow in [Rand]): Denken Sie an eine der unerträglichen Spielshows, die so oft im Fernsehen laufen. Der Kandidat steht vor drei Türen, die alle drei verschlossen sind. Hinter einer dieser Türen befindet sich ein Gewinn (beispielsweise 2 Millionen Euro – davon kann ein Jazzmusiker 2 Jahre lang auftreten, dann ist das Geld verbraucht), hinter den beiden anderen Türen steht jeweils eine Ziege, sie symbolisiert die Niete in diesem Glücksspiel und gibt dem Problem seinen Namen[1].

Der Kandidat wählt nun eine Tür aus, in der Hoffnung, dahinter ist das Geld. Der Moderator, der weiß, wo das Geld liegt, öffnet daraufhin eine der beiden anderen Türen, hinter der eine Ziege steht. Er bietet außerdem dem Kandidaten an, eine neue Wahl zu treffen und statt der vorher ausgewählten Tür die Tür zu wählen, die bisher weder gewählt noch geöffnet wurde.

Wie soll der Kandidat entscheiden, um seine Gewinnchance zu maximieren?

Keine dieser Fragen sieht so aus, als hätte die Welt, geschweige denn die Welt der Informatik, mit Bangen auf ihre Lösung gewartet. Sie werden aber im 23. Kapitel und im 24. Kapitel, das unsere Untersuchungen zur Statistik abschließt, sehen, dass wir hier genau die Methoden entwickeln werden, die man braucht, um Aussagen über Erhebungen machen zu können, bei denen man nicht mehr alle beteiligten Personen befragen kann, sondern nur noch einen Ausschnitt. Wie z.B. bei Umfragen zum Wahlverhalten bei einer Bundestagswahl. Man braucht diese Methoden auch bei Verfahren des Data Mining, mit deren Hilfe man z.B. Erfolg versprechende Ansprechpartner für Mailing-Aktionen finden will. Wie Sie sich denken können, braucht man zur Untersuchung all dieser Fragen mit Hilfe einer mathematischen Theorie eine exakte Begrifflichkeit. Die müssen wir uns schaffen und damit geht es auch los.

[1] In der Literatur ist der Hauptgewinn meistens ein Auto – ein Hinweis auf den amerikanischen Ursprung dieses Problems.

22.1 Grundlegende Begriffe

Bei allen oben beschriebenen Beispielen handelt es sich um so genannte Zufallsexperimente. Ergebnisse der Wahrscheinlichkeitsrechnung können nur auf solche Experimente dieser Art angewendet werden. Sie sind folgendermaßen definiert:

Definition:
Ein Experiment heißt *Zufallsexperiment*, falls die folgenden Bedingungen alle erfüllt sind:

- Seine Durchführung ist vollständig festgelegt.
- Es ist im Prinzip möglich, dieses Experiment unter den gleichen Bedingungen unendlich oft zu wiederholen.
- Es gibt mindestens zwei verschiedene mögliche Ausgänge (Ergebnisse) dieses Experiments.
- Es ist nicht möglich, das Ergebnis vorher zu sagen.

Die möglichen Versuchsausgänge nennt man *Elementarereignisse*. Die Menge aller möglichen Versuchsausgänge eines Zufallsexperiments heißt in der Wahrscheinlichkeitsrechnung stets Ω. Ω (sprich: Omega) ist der letzte Buchstabe des griechischen Alphabets und wird in den verschiedensten Zusammenhängen als Symbol für höchste oder letzte Entwicklungsstufen verwendet.

Beispiele:

- Die Ziehung der Lottozahlen. Hier ist $\Omega = \{ \{ a_1, a_2, a_3, a_4, a_5, a_6 \} \mid \text{Für alle } 1 \leq i \leq 6 \text{ ist } a_i \in N \text{ und } 1 \leq a_i \leq 49 \}$.
- Das Würfeln zweier unterscheidbarer Würfel. Hier ist $\Omega = \{ (1, 1), (1, 2), (1, 3), (1, 4), (1, 5), (1, 6), (2, 1), (2, 2), (2, 3), (2, 4), (2, 5), (2, 6), (3, 1), (3, 2), (3, 3), (3, 4), (3, 5), (3, 6), (4, 1), (4, 2), (4, 3), (4, 4), (4, 5), (4, 6), (5, 1), (5, 2), (5, 3), (5, 4), (5, 5), (5, 6), (6, 1), (6, 2), (6, 3), (6, 4), (6, 5), (6, 6) \}$ $= \{ (a_1, a_2) \mid \text{Für alle } 1 \leq i \leq 2 \text{ ist } a_i \in \mathbf{N} \text{ und } 1 \leq a_i \leq 6 \}$.
- Das Würfeln zweier nicht unterscheidbarer Würfel mit anschließender Ermittlung der Augensumme. Hier ist $\Omega = \{ 2, 3, 4, 5, 6, 7, 8, 9, 10, 11,12 \}$.
- Das Ziegenproblem. Hier ist $\Omega =$ { Hinter der gewählten Türe ist eine Ziege, Hinter der gewählten Türe ist das Geld }.
- Das Werfen von zwei *unterscheidbaren* Münzen. Hier ist $\Omega =$ { (Kopf, Kopf), (Kopf, Zahl), (Zahl, Kopf), (Zahl, Zahl) }.
- Das Werfen von zwei *ununterscheidbaren* Münzen. Hier ist $\Omega =$ { { Kopf }, {Kopf, Zahl}, { Zahl } }.
- Das Werfen eines Würfels, bis die 6 kommt. (Das »Mensch-ärgere-Dich-nicht-Startproblem«.) Hier ist $\Omega =$ { Anzahl der nötigen Würfe } $= \mathbf{N}$.

Bitte beachten Sie, wann ich zur Kennzeichnung eines Elementarereignisses die Mengenklammern {} und wann ich Tupelklammern () benutze. Mengenklammern bedeuten:

- Alle Elemente in der Klammer sind voneinander verschieden.
- Die Sortierung spielt keine Rolle: egal, in welcher Reihenfolge ich die Elemente schreibe, man erhält immer dieselbe Menge.

Beide Punkte sind für Elemente in Tupelklammern im Allgemeinen nicht erfüllt. Der Unterschied wird Ihnen am besten klar, wenn Sie das Werfen zweier unterscheidbarer Münzen mit dem Werfen zweier ununterscheidbarer Münzen vergleichen.

Definition:
(i) Gegeben ein Zufallsexperiment mit der Ereignismenge Ω. Jede Teilmenge $A \subseteq \Omega$ heißt ein *Ereignis*.
(ii) Jede Teilmenge $A \subseteq \Omega$ mit genau einem Element heißt *Elementarereignis*.
(iii) Falls für einen Versuchsausgang ω gilt: $\omega \in A$, sagt man: *Das Ereignis A ist eingetreten.*

Sie wissen: Mit Mengen können wir rechnen. Mengen haben Durchschnitte, die wieder Mengen sind, und Mengen haben Vereinigungen, die wieder Mengen sind. Beispielsweise ist das Ereignis, das übrigens aus genau einem Elementarereignis besteht, beim Lotto sechs Richtige zu haben, eine Teilmenge des Ereignisses, mindestens fünf Richtige getippt zu haben. Wir fangen mit einsichtigen Sprachregelungen an:
(i) Man nennt das Ereignis Ω das *sichere Ereignis* (denn es tritt immer ein).
(ii) Die leere Menge $\{\}$ ist das *unmögliche Ereignis* (denn es tritt nie ein).
(iii) Falls für einen Versuchsausgang ω gilt: $\omega \in A \cup B$ sagt man: *A oder B ist eingetreten.*
(iv) Falls für einen Versuchsausgang ω gilt: $\omega \in A \cap B$ sagt man: *A und B ist eingetreten.*

Definition:
Gegeben ein Zufallsexperiment mit der Ereignismenge Ω. Zu jeder Teilmenge $A \subseteq \Omega$ definiert man die *Komplementmenge A^c* durch:

$$A^c = \{ \omega \in \Omega \mid \omega \notin A \}$$

(v) Falls für einen Versuchsausgang ω gilt: $\omega \in A^c$, sagt man: *A ist nicht eingetreten.*

Beispiele:
Es sei Ω die Menge aller Ergebnisse von Würflern, die beliebig lange würfeln. Mathematischer gesprochen:

$$\Omega = \{ (a_i)_{i \in N} \mid a_i \in \mathbf{N} \text{ und } 1 \leq i \leq 6 \}$$

Ein Element von Ω sieht beispielsweise so aus:

$$\omega = (6, 6, 1, 5, 2, 5, 1, 3, 1, 6, 6, 5, 6, 2, 1, 4, 1, 3, 1, 5, \ldots\ldots\ldots)$$

Es sei A_j die Menge aller Würfelserien, bei der eine 6 im j-ten Wurf erscheint.
Genauer: $A_j = \{ (a_i)_{i \in N} \in \Omega \mid a_j = 6 \}$

Beispielsweise gilt für unser obiges ω:

$$\omega \in A_1, \omega \in A_2, \omega \in A_{10}, \omega \in A_{11}, \omega \in A_{13}, \ldots\ldots$$

- Das Ereignis, dass man beim 7. Wurf zum ersten Mal *keine* 6 gewürfelt hat, wird genau durch die Menge:
  $$A_1 \cap A_2 \cap A_3 \cap A_4 \cap A_5 \cap A_6 \cap (A_7)^c$$
  beschrieben.
- Das Ereignis, dass man mindestens 4 Würfe braucht, um das erste Mal eine 6 zu würfeln, wird dagegen genau durch die Menge:
  $$(A_1)^c \cap (A_2)^c \cap (A_3)^c$$
  beschrieben.
- Das Ereignis, dass man erst beim 4. Wurf eine 6 würfelt, wird durch die Menge:
  $$(A_1)^c \cap (A_2)^c \cap (A_3)^c \cap A_4$$
  beschrieben.
- Das Ereignis, dass man erst beim 4. Wurf eine 6 würfelt, danach aber nie wieder, wird durch die Menge:
  $$A_4 \cap \bigcap_{\substack{i \in N \\ i \neq 4}} A_i^c$$
  beschrieben.
- Das Ereignis, dass man nur Sechsen würfelt, wird durch die Menge:
  $$\bigcap_{i \in N} A_i$$
  beschrieben.
- Das Ereignis, dass man nie eine 6 würfelt, wird durch die Menge:
  $$\bigcap_{i \in N} A_i^c$$
  beschrieben.

Wegen der Gesetze von De Morgan, die Sie im ersten Kapitel kennen gelernt haben, sieht man sehr schnell:

> Satz 22.1
> Seien $A_1 \subseteq \Omega$, $A_2 \subseteq \Omega$ zwei Teilmengen einer Ereignismenge Ω. Dann gilt:
> (i) $(A_1)^c \cup (A_2)^c = (A_1 \cap A_2)^c$
> (ii) $(A_1)^c \cap (A_2)^c = (A_1 \cup A_2)^c$

Beweis:
Der Beweis ist eine Erinnerung: Es ist:

$$\begin{aligned} \omega \in (A_1)^c \cup (A_2)^c \quad & \leftrightarrow \omega \in (A_1)^c \vee \omega \in (A_2)^c \leftrightarrow \omega \notin A_1 \vee \omega \notin A_2 \leftrightarrow \\ & \leftrightarrow \neg(\omega \in A_1 \wedge \omega \in A_2) \leftrightarrow \neg(\omega \in A_1 \cap A_2) \leftrightarrow \\ & \leftrightarrow \omega \notin A_1 \cap A_2 \leftrightarrow \omega \in (A_1 \cap A_2)^c \end{aligned}$$

Damit ist (i) gezeigt. (ii) folgt analog.

Damit gilt beispielsweise:

- Das Ereignis, dass man mindestens 4 Würfe braucht, um das erste Mal eine 6 zu würfeln, wird durch die Menge:
  $$(A_1)^c \cap (A_2)^c \cap (A_3)^c = (A_1 \cup A_2 \cup A_3)^c$$
  beschrieben.
- Das Ereignis, dass man nie eine 6 würfelt, wird durch die Menge:
  $$\bigcap_{i \in N} A_i^c = \left(\bigcup_{i \in N} A_i \right)^c$$
  beschrieben.

Um Wahrscheinlichkeitsrechnung betreiben zu können, wird man zunächst versuchen, den Ereignismengen Wahrscheinlichkeiten, d.h. Zahlenwerte, auf eine Weise zuzuordnen, die in Bezug auf die Bildung des Durchschnitts, der Vereinigung und der Differenz von solchen Mengen bestimmten Regeln gehorcht. Man will also mit diesen Mengen wie mit Zahlen rechnen. Man nennt das wieder eine *Algebra.* Da es eine Algebra ist, deren Elemente (Teil)Mengen sind, ist es eine Mengen-Algebra. Menge heißt auf Englisch »set«, also könnte man von einer set-Algebra sprechen. Das will man aber noch abkürzen: Man nimmt nur den ersten Buchstaben und nennt das Ganze eine s-Algebra. Damit das aber noch ein wenig wissenschaftlicher wirkt, nimmt man die griechische Version von s – den Buchstaben σ (sprich: sigma) – und definiert die so genannte ***σ**-Algebra* – eine Algebra von Mengen:

Definition:
Gegeben eine Menge Ω, die nicht leer ist. Ein System $\mathcal{A}$ von Teilmengen von Ω heißt **σ**-Algebra über Ω genau dann, wenn die folgenden Bedingungen erfüllt sind:

(i) $\Omega \in \mathcal{A}$

(ii) $A \in \mathcal{A} \rightarrow A^c \in \mathcal{A}$

(iii) Seien $(A_i)_{i \in N}$ endlich viele oder abzählbar viele Mengen aus $\mathcal{A}$. Dann gilt:
$$\bigcup_{i \in N} A_i \in \mathcal{A}$$

Satz 22.2
Gegeben eine Menge Ω, die nicht leer ist. $\mathcal{A}$ sei eine ***σ**-Algebra* über Ω. Es seien $(A_i)_{i \in N}$ endlich viele oder abzählbar viele Mengen aus $\mathcal{A}$. Dann gilt:
$$\bigcap_{i \in N} A_i \in \mathcal{A}$$

Beweis:
Ich führe den Beweis nur für den Durchschnitt zweier Mengen. Es ist
$$A_1 \cap A_2 = ((A_1 \cap A_2)^c)^c = ((A_1)^c \cup (A_2)^c)^c$$

Und daher:

$$(A_1 \in \mathcal{A} \wedge A_2 \in \mathcal{A}) \rightarrow ((A_1)^c \in \mathcal{A} \wedge (A_2)^c \in \mathcal{A})$$
$$\rightarrow (A_1)^c \cup (A_2)^c \in \mathcal{A} \rightarrow ((A_1)^c \cup (A_2)^c)^c \in \mathcal{A}$$
$$\rightarrow A_1 \cap A_2 \in \mathcal{A}$$

q.e.d.

Beispiele:

- Sei Ω eine endliche Menge. Dann ist die Potenzmenge $P(\Omega)$ eine σ-Algebra. Sei beispielsweise $\Omega = \{1, 2, 3, 4, 5, 6\}$. Dann die σ-Algebra $P(\Omega)$ eine Menge mit 64 Elementen. Wer es nicht glaubt, muss noch einmal Satz 3.10 im dritten Kapitel nachlesen.
- Bei überabzählbaren Mengen, insbesondere bei der Menge **R** der reellen Zahlen oder bei überabzählbaren Teilmengen von **R** verfährt man anders. Betrachten Sie als Beispiel die folgende Konstruktion:
  Sei $\Omega = \mathbf{R}$. Sei $\mathcal{A}^0 = \{\,]a, b] \mid a \in \mathbf{R}, b \in \mathbf{R} \,\}$ die Menge aller linksseitig halboffenen Intervalle aus R. Zur Erinnerung: $]a, b] = \{ x \in \mathbf{R} \mid a < x \leq b \}$.
  Dann ist $\mathcal{A}$ mit
  $\mathcal{A} = \{ A \mid A$ ist eine Vereinigung von höchstens abzählbar vielen Mengen aus $\mathcal{A}^0 \}$
  eine σ-Algebra.

Das werden die Beispiele sein, mit denen wir am meisten arbeiten werden. Es gibt aber noch viele andere Möglichkeiten für σ-Algebren. Beispielsweise:

- Bei Ω eine beliebige Menge. Dann ist $\mathcal{A}$ mit $\mathcal{A} := \{ \Omega, \{\} \}$ eine σ-Algebra.

Wir wollen nun Wahrscheinlichkeiten von Ereignismengen abschätzen und brauchen dazu ein so genanntes *Maß*, genauer: ein *Wahrscheinlichkeitsmaß*. Da Wahrscheinlichkeit auf Lateinisch »probabilitas«, auf Englisch »probability« und auf Französisch »probabilité« heißt, wird dieses Maß überall mit P abgekürzt. Man definiert:

> Definition:
> Gegeben eine Ereignismenge Ω, die nicht leer ist. $\mathcal{A}$ sei eine ***σ-Algebra*** über Ω.
> Eine Abbildung $P: \mathcal{A} \rightarrow [0, 1]$ heißt ein *Wahrscheinlichkeitsmaß*, falls die folgenden Bedingungen erfüllt sind:
> (i) $P(\Omega) = 1$
> (ii) Seien $(A_i)_{i \in N}$ endlich viele oder abzählbar viele Mengen aus $\mathcal{A}$, die paarweise disjunkt sind. Dann gilt:
> $$P\left(\bigcup_{i \in N} A_i\right) = \sum_{i \in N} P(A_i)$$
> Das Tripel $(\Omega, \mathcal{A}, P)$ heißt ein *Wahrscheinlichkeitsraum*.

Zum besseren Verständnis: Die $(A_i)_{i \in N}$ heißen *paarweise disjunkt*, wenn für zwei beliebige A_m und A_n aus dieser Kollektion gilt: $A_m \cap A_n = \{\}$
Unsere Bedingung (ii) heißt gerade: Bei disjunkten Ereignissen addieren sich die Wahrscheinlichkeiten zur Wahrscheinlichkeit der Vereinigungsmenge. Es gilt:

Satz 22.3
Gegeben ein Wahrscheinlichkeitsraum $(\Omega, \mathcal{A}, P)$. Es seien A und B $\in \mathcal{A}$. Dann gilt:
(i) $P(A^c) = 1 - P(A)$
(ii) $P(\{\}) = 0$
(iii) $P(A \cup B) = P(A) + P(B) - P(A \cap B)$
(iv) $A \subseteq B \rightarrow P(A) \leq P(B)$

Beweis:
Zu (i): Es ist $A \cap A^c = \{\}$ und $A \cup A^c = \Omega$. Also ist:
$1 = P(\Omega) = P(A \cup A^c) = P(A) + P(A^c)$, also $P(A^c) = 1 - P(A)$.
Zu (ii): Insbesondere ist $P(\{\}) = P(\Omega^c) = 1 - P(\Omega) = 0$.
Zu (iii):

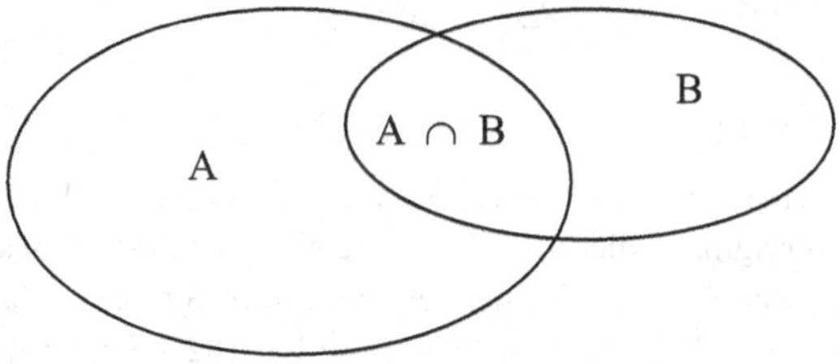

Sei $C = A \cup B$. Dann haben wir haben die folgenden *disjunkten* Vereinigungen:
$A = (A \setminus A \cap B) \cup (A \cap B)$, $B = (B \setminus A \cap B) \cup (A \cap B)$
$C = (A \setminus A \cap B) \cup (A \cap B) \cup (B \setminus A \cap B)$

Dann ist:
$P(A \cup B) = P(C) = P(A \setminus A \cap B) + P(A \cap B) + P(B \setminus A \cap B) =$
$= P(A \setminus A \cap B) + P(A \cap B) + P(B \setminus A \cap B) + P(A \cap B) - P(A \cap B) =$
$= P((A \setminus A \cap B) \cup (A \cap B)) + P((B \setminus A \cap B) \cup (A \cap B)) - P(A \cap B) =$
$= P(A) + P(B) - P(A \cap B)$

Zu (iv):

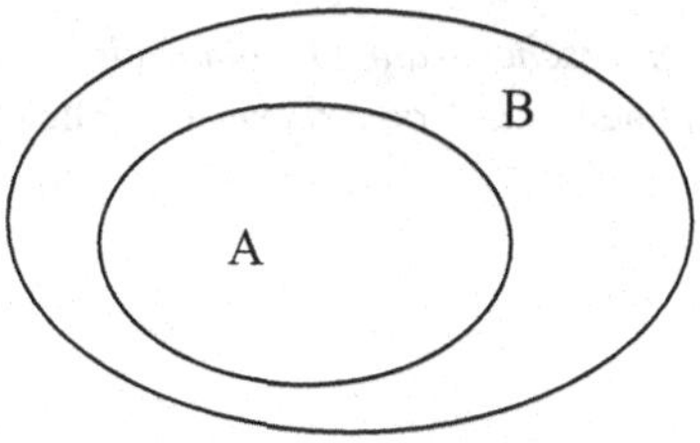

Wir haben die *disjunkte* Vereinigung: $B = (A) \cup (B \setminus A)$
Dann ist: $P(B) = P(A \cup (B \setminus A)) = P(A) + P(B \setminus A)$ und da die Werte von P immer größer oder gleich Null sind, folgt die Behauptung.

q. e. d.

22.2 Endliche Wahrscheinlichkeitsräume, Laplace-Modelle und richtiges Zählen

Eine der einfachsten Möglichkeiten, den Ereignismengen Wahrscheinlichkeiten zuzuordnen, besteht darin, die Größe dieser Mengen als Grundlage zu nehmen. Wir betrachten zunächst den Fall der endlichen Mengen Ω. Dort folgt sofort aus der Definition des Wahrscheinlichkeitsmaßes:

Satz 22.4
Sei Ω eine endliche, nicht leere Ereignismenge, d. h. für geeignetes $n \in \mathbf{N}, n > 0$ kann man Ω folgendermaßen beschreiben: $\Omega = \{ \omega_i \mid 1 \leq i \leq n \}$
Es sei P ein Wahrscheinlichkeitsmaß auf W und $p_i = P(\{\omega_i\})$. Dann gilt für alle Teilmengen A:

$$P(A) = \sum_{\omega_i \in A} P(\{\omega_i\}) = \sum_{\{i \mid \omega_i \in A\}} p_i$$

Diese Formeln werden noch eindrucksvoller, wenn in unserem Wahrscheinlichkeitsraum alle Elementarereignisse dieselbe Wahrscheinlichkeit haben. Man nennt solche Räume zu Ehren des französischen Mathematikers Pierre Simon Laplace *Laplacesche Wahrscheinlichkeitsräume*. Laplace lebte von 1749 bis 1827. Er hat in verschiedenen Bereichen der Mathematik Großes geleistet. Sein 1812 erschienenes Buch »Théorie analytique des probabilités« fasst das wahrscheinlichkeitstheoretische Wissen seiner Zeit zusammen. Man definiert:

Definition:
Es sei $(\Omega, \mathcal{A}, P)$ ein endlicher Wahrscheinlichkeitsraum, d. h. Ω sei eine endliche, nicht leere Ereignismenge mit $\Omega = \{ \omega_i \mid 1 \leq i \leq n \}$ für ein geeignetes $n \in N$, $n > 0$. Falls für alle $1 \leq i \leq n$ gilt:

$$p_i = P(\{\omega_i\}) = \frac{1}{n}$$

so heißt $(\Omega, \mathcal{A}, P)$ ein *Laplacescher Wahrscheinlichkeitsraum*, das zu Grunde liegende Zufallsexperiment heißt *Laplace-Experiment*. P heißt *Gleichverteilung*.

Beachten Sie, dass der Wert

$$\frac{1}{n}$$

für alle pi wegen der Tatsache, dass $P(\Omega) = 1$ sein muss, die einzige Möglichkeit ist, ein konstantes P, also eine Gleichverteilung zu erhalten. Man sieht sofort:

Satz 22.5
Es sei $(\Omega, \mathcal{A}, P)$ ein Laplacescher Wahrscheinlichkeitsraum. Dann gilt für beliebige Teilmengen A:

$$P(A) = \frac{|A|}{|\Omega|}$$

Ehe wir Beispiele berechnen, möchte ich mit Ihnen besprechen, wie man zählen muss. Der folgende Satz findet sich in der Literatur auch oft unter der Überschrift *Urnenmodelle*, und ich werde versuchen, Ihnen klar zu machen, warum das so ist.

Satz 22.6

Mathematische Version	In der Sprache des Urnenmodells
Es sei Ω_n eine endliche Menge mit n Elementen. Wir nehmen ohne Beschränkung der Allgemeinheit an, dass $\Omega_n = \{1, \dots, n\}$ ist. Sei $k \in \mathbf{N}$ beliebig. Dann gilt:	Gegeben eine Urne mit n unterscheidbaren Kugeln (beispielsweise nummeriert). Sei $k \in \mathbf{N}$ beliebig. Dann gilt:
(i) Sei $k > 0$. Dann gibt es genau n^k k-Tupel $(\omega_1, \dots, \omega_k) \in \Omega_n^k$, d. h. Ω_n^k hat n^k Elemente.	(i) Sei $k > 0$. Dann gibt es genau n^k verschiedene Möglichkeiten, k Kugeln aus der Urne zu ziehen, wenn man jede gezogene Kugel sofort wieder zurück legt und unterschiedliche Reihenfolgen derselben Kugelkombination als unterschiedliche Ergebnisse zählen. (Ziehen mit *Zurücklegen* und *mit Berücksichtigung der Reihenfolge*).
(ii) Sei $k > 0$. Sei weiter $\Omega_{n\ \text{sortiert}}^k := \{(\omega_1, \dots, \omega_k) \in \Omega_n^k \mid \omega_1 \le \dots \le \omega_k\}$ Dann gibt es genau $\binom{n+k-1}{k}$ k-Tupel $(\omega_1, \dots, \omega_k)$ in $\Omega_{n\ \text{sortiert}}^k$	(ii) Sei $k > 0$. Dann gibt es genau $\binom{n+k-1}{k}$ verschiedene Möglichkeiten, k Kugeln aus der Urne zu ziehen, wenn man jede gezogene Kugel sofort wieder zurück legt, aber unterschiedliche Reihenfolgen derselben Kugelkombination als ein einziges Ergebnis zählen. (Ziehen mit *Zurücklegen* und *ohne Berücksichtigung der Reihenfolge*).

Mathematische Version	In der Sprache des Urnenmodells
(iii) Sei $1 \leq k \leq n$. Dann gibt es $$\frac{n!}{(n-k)!}$$ Elemente $(\omega_1, \ldots, \omega_k)$ in Ω_n^k, für die gilt: $i \neq j \rightarrow \omega_i \neq \omega_j$	(iii) Sei $1 \leq k \leq n$. Dann gibt es $$\frac{n!}{(n-k)!}$$ verschiedene Möglichkeiten, k Kugeln aus der Urne zu ziehen, wenn man eine einmal gezogene Kugel nicht wieder zurück legt und unterschiedliche Reihenfolgen derselben Kugelkombination als unterschiedliche Ergebnisse zählen. (Ziehen *ohne Zurücklegen* und *mit Berücksichtigung der Reihenfolge*).
(iv) Sei $k \leq n$. Dann gibt es $$\binom{n}{k}$$ Teilmengen von Ω_n, die genau k Elemente haben.	(iv) Sei $k \leq n$. Dann gibt es $$\binom{n}{k}$$ verschiedene Möglichkeiten, k Kugeln aus der Urne zu ziehen, wenn man eine einmal gezogene Kugel nicht wieder zurück legt und unterschiedliche Reihenfolgen derselben Kugelkombination *nicht* als unterschiedliche Ergebnisse zählen. (Ziehen *ohne Zurücklegen* und *ohne Berücksichtigung der Reihenfolge*).

Beweis:
Zunächst fangen wir mit dem Anfang an und beweisen (i): Ich habe n Möglichkeiten für das erste Element ω_1, zu jeder dieser n Möglichkeiten habe ich wiederum n Möglichkeiten für das zweite Element ω_2. Das sind schon n^2 Paare. Durch ein Induktionsargument erhält man so die Behauptung.
Als Nächstes beweisen wir mit einem ganz ähnlichen Argument die Behauptung (iii): Ich habe n Möglichkeiten für das erste Element ω_1, zu jeder dieser n Möglichkeiten habe ich aber nur noch n – 1 Möglichkeiten für das zweite Element ω_2. Das sind dann n(n – 1) Paare. Durch ein Induktionsargument erhält man so die für die Anzahl der möglichen k-Tupel:

$$n \cdot (n-1) \cdot \ldots \cdot (n-k+1) = \frac{n!}{(n-k)!}$$

die Behauptung.

Die Behauptung (iv) haben wir bereits bewiesen. Schlagen Sie dazu noch einmal Satz 3.9 im dritten Kapitel nach.

Bleibt die Behauptung (ii): Die beweist man dadurch, dass man auch hier versucht, unseren Satz 3.9 in Anwendung zu bringen.

Sei dazu $\Omega_{n\ \text{sortiert}}^{k}$ die Menge der in aufsteigender Ordnung sortierten k-Tupel aus Ω_n^k. Sei außerdem $P_k(\Omega_{n+k-1})$ die Menge der Teilmengen von Ω_{n+k-1}, die genau k Elemente haben.

Behauptung:
Die Abbildung $\psi: \Omega_{n\ \text{sortiert}}^{k} \to P_k(\Omega_{n+k-1})$ mit
$$\psi((\omega_1, \dots, \omega_k)) = \{ \omega_j + j - 1 \mid 1 \le j \le k \}$$
ist eine Bijektion.

Zunächst ein *Beispiel*: Sei n = 4, k = 2. Dann ist:
$$\Omega_{4\ \text{sortiert}}^{2} = \{ (1, 1), (1, 2), (1, 3), (1, 4), (2, 2), (2, 3), (2, 4), (3, 3), (3, 4), (4, 4) \}$$

$\boldsymbol{\Omega_{4\ \text{sortiert}}^{2}}$	(1, 1)	(1, 2)	(1, 3)	(1, 4)	(2, 2)	(2, 3)	(2, 4)	(3, 3)	(3, 4)	(4, 4)
$\boldsymbol{\psi(\Omega_{4\ \text{sortiert}}^{2})}$	{1,2}	{1,3}	{1,4}	{1,5}	{2,3}	{2,4}	{2,5}	{3,4}	{3,5}	{4,5}

Sie sehen: Die erste Komponente bleibt unverändert, zur zweiten Komponente wird 1 addiert, bei größerem k würde zur dritten Komponente 2 addiert usw. Wir erhalten hier alle 2-elementigen Teilmengen von {1, 2, 3, 4, 5}. Das sind gerade $\binom{5}{2} = 10$.

Aus dem Tupel (1, 1, 1, 1) würde unter der Abbildung ψ die Menge {1, 2, 3, 4 }. Jetzt können wir den allgemeinen Beweis dieser Aussage verstehen:

Erste Behauptung:
Die Abbildung $\psi: \Omega_{n\ \text{sortiert}}^{k} \to P_k(\Omega_{n+k-1})$ mit
$$\psi((\omega_1, \dots, \omega_k)) = \{ \omega_j + j - 1 \mid 1 \le j \le k \}$$
ist wohl definiert.

Beweis:
Sei $(\omega_1, \dots, \omega_k) \in \Omega_{n\ \text{sortiert}}^{k}$ beliebig. Dann gilt:
$$1 \le \omega_1 \le \dots \le \omega_k \le n$$

Es ist also für alle $1 \le j < k$: $1 \le \omega_j \le \omega_{j+1} \le n$. Es folgt:
$$1 \le \omega_j + j - 1 < \omega_{j+1} + (j+1) - 1 = \omega_{j+1} + j \le n + k - 1$$

Das bedeutet: Die $\omega_j + j - 1$ sind *alle* voneinander verschieden und liegen zwischen 1 und $n + k - 1$. Also ist $\{ \omega_j + j - 1 \mid 1 \le j \le k \}$ eine k-elementige Teilmenge von Ω_{n+k-1}.

Zweite Behauptung:
Die Abbildung $\psi: \Omega_{n\ \text{sortiert}}^{k} \to P_k(\Omega_{n+k-1})$ mit
$$\psi((\omega_1, \dots, \omega_k)) = \{ \omega_j + j - 1 \mid 1 \le j \le k \}$$
ist injektiv.

Beweis:
Seien $(\alpha_1, \dots, \alpha_k)$ und $(\beta_1, \dots, \beta_k)$ aus $\Omega_{n\ \text{sortiert}}^{k}$, $(\alpha_1, \dots, \alpha_k) \ne (\beta_1, \dots, \beta_k)$. Das bedeutet: Es gibt (mindestens) ein j mit $1 \le j \le k$ so, dass
$$\alpha_j \ne \beta_j$$

Es sei $m := \min \{ j \mid \alpha_j \neq \beta_j \}$ das kleinste dieser j. Wir nehmen ohne Beschränkung der Allgemeinheit an: $\alpha_m < \beta_m$.

Dann gilt:
(i) Für alle $1 \leq i < m$: $\beta_i + i - 1 = \alpha_i + i - 1 < \alpha_m + m - 1$
(ii) $\beta_m > \alpha_m$, also $\beta_m + m - 1 > \alpha_m + m - 1$
(iii) Für alle $m < i \leq n$: $\beta_i + i - 1 > \beta_m + m - 1 > \alpha_m + m - 1$

Also ist $\alpha_m + m - 1 \notin \psi((\beta_1, \dots, \beta_k)) = \{ \beta_j + j - 1 \mid 1 \leq j \leq k \}$,
also ist $\psi((\alpha_1, \dots, \alpha_k)) \neq \psi((\beta_1, \dots, \beta_k))$. Das war unsere zweite Behauptung.

Dritte Behauptung:
Die Abbildung $\psi: \Omega^k_{n \text{ sortiert}} \to P_k(\Omega_{n+k-1})$ mit
$$\psi((\omega_1, \dots, \omega_k)) = \{ \omega_j + j - 1 \mid 1 \leq j \leq k \}$$
ist surjektiv.

Beweis:
Sei M eine k-elementige Teilmenge von Ω_{n+k-1},
also $M = \left\{ \beta_j \in \{1, \dots, n+k-1\} \,\middle|\, 1 \leq j \leq k \right\}$. Außerdem seien die β_j so nummeriert, dass gilt:
$$1 \leq \beta_1 < \dots < \beta_k \leq n$$

Es ist:	$\beta_1 \geq 1 = 1 + 1 - 1 \to$	$\beta_1 - (1-1) \geq 1$
$\beta_2 > \beta_1 \geq 1 \to$	$\beta_2 \geq 2 = 1 + 2 - 1 \to$	$\beta_2 - (2-1) \geq 1$
$\beta_3 > \beta_2 \geq 2 \to$	$\beta_3 \geq 3 = 1 + 3 - 1 \to$	$\beta_3 - (3-1) \geq 1$

Mit einem Induktionsargument folgt für alle $1 \leq j \leq k$: $\beta_j - (j-1) \geq 1$

Genauso ist:	$\beta_k \leq n + k - 1 \to$	$\beta_k - (k-1) \leq n$
$\beta_{k-1} < \beta_k \leq n + k - 1 \to$	$\beta_{k-1} \leq n + k - 2 \to$	$\beta_{k-1} - (k-2) \leq n$
$\beta_{k-2} < \beta_{k-1} \leq n + k - 2 \to$	$\beta_{k-2} \leq n + k - 3 \to$	$\beta_{k-2} - (k-3) \leq n$

Ich schreibe das noch einmal anders:	$\beta_k - (k-1) \leq n$
$\beta_{k-1} - (k-2) \leq n \to$	$\beta_{k-1} - ((k-1)-1) \leq n$
$\beta_{k-2} - (k-3) \leq n \to$	$\beta_{k-2} - ((k-2)-1) \leq n$

Mit einem Induktionsargument folgt für alle $1 \leq j \leq k$: $\beta_j - (j-1) \leq n$

Wenn ich also für alle $1 \leq j \leq k$ definiere: $\alpha_j = \beta_j - (j-1)$, dann gilt für alle j:
$$1 \leq \alpha_j \leq n.$$
Weiter gilt für alle $1 \leq j \leq k - 1$:
$$\alpha_j = \beta_j - (j-1) \leq \beta_{j+1} - ((j+1) - 1) = \alpha_{j+1}$$
Das bedeutet: $(\alpha_1, \dots, \alpha_k) \in \Omega^k_{n \text{ sortiert}}$. Außerdem ist:
$$\psi((\alpha_1, \dots, \alpha_k)) = \{ \beta_1, \dots, \beta_k \}.$$

Damit ist die Abbildung ψ als surjektiv nachgewiesen und unsere Dritte Behauptung ebenfalls demonstriert.

Jetzt wissen wir, dass $\Omega_{n\ \text{sortiert}}^{k}$ und $P_k(\Omega_{n+k-1})$ dieselbe Anzahl von Elementen haben.

Aus Satz 3.9 folgt aber: $\left|\Omega_{n\ \text{sortiert}}^{k}\right| = \left|P_k(\Omega_{n+k-1})\right| = \binom{n+k-1}{k}$

unsere Behauptung (ii).

Damit ist der gesamte Satz bewiesen und es ist höchste Zeit für Beispiele.

Beispiele:
Ich beginne mit dem Fall, dessen Beweis uns so viel Mühe gemacht hat, also mit dem Fall »Ziehen mit Zurücklegen ohne Berücksichtigung der Reihenfolge«:

- Natürlichzahlige Lösungen von Gleichungen: Gesucht sei die Anzahl der Lösungen von

  $$x_1 + x_2 + x_3 = 20 \text{ mit } x_i \in \mathbf{N}.$$

  Mein Modell zur Bearbeitung dieser Aufgabe ist eine Urne mit 3 unterscheidbaren Kugeln (entsprechend x_1, x_2 und x_3), aus der 20 mal mit Zurücklegen gezogen wird. Die Reihenfolge der Ziehungen spielt dabei keine Rolle. Jedes mögliche Endergebnis dieser Ziehungen – beispielsweise (1, 9, 10) – repräsentiert eine Lösung. Wir erhalten insgesamt

  $$\binom{3+20-1}{20} = \binom{22}{20} = \binom{22}{2} = 231$$

  Lösungen. Testen Sie unser Modell mit dem analogen Problem für

  $$x_1 + x_2 + x_3 = 3 \text{ mit } x_i \in \mathbf{N}$$

  bei dem Sie unsere Formel explizit überprüfen können.
- Wie viele Möglichkeiten gibt es, 20 identische Pakete auf 3 Körbe zu verteilen? Mein Modell zur Bearbeitung dieser Aufgabe ist wieder eine Urne mit 3 unterscheidbaren Kugeln (entsprechend den 3 Körben), aus der 20 mal mit Zurücklegen gezogen wird. Die Reihenfolge der Ziehungen spielt dabei keine Rolle. Jedes mögliche Endergebnis dieser Ziehungen – beispielsweise (1, 9, 10) – repräsentiert eine Möglichkeit der Verteilung. Wir erhalten wieder insgesamt

  $$\binom{3+20-1}{20} = \binom{22}{20} = \binom{22}{2} = 231$$

  Lösungen. Testen Sie unser Modell mit dem analogen Problem für die Verteilung von 4 identischen Pakete auf 3 Körbe, bei dem Sie unsere Formel wieder explizit überprüfen können.

- Was für eine Chance hat ein Lottospieler, bei einem Tipp sechs Richtige zu treffen? Jede Kugel wird mit der gleichen Wahrscheinlichkeit gezogen. Wir haben also ein Laplace-Experiment vor uns. Wir müssen zur Bestimmung von $|\,\Omega\,|$ die Anzahl der sechs-elementigen Teilmengen von $\{1, \dots 49\}$ bestimmen. Die ist

$$\binom{49}{6} = 13\,983\,816\,.$$

Damit hat ein richtiger Tipp die Wahrscheinlichkeit von ungefähr 0,0000000715.

- Was für eine Chance hat ein Lottospieler, bei einem Tipp (mindestens) fünf Richtige zu treffen?

Die Antwort versuchen wir wieder so allgemein wie möglich zu formulieren: Gegeben eine Menge E mit n Elementen. Es sei weiter eine Teilmenge ***Ziehung*** mit k Elementen gegeben. Frage: Wie viele Teilmengen $M \subseteq E$ mit k Elementen gibt es, die die Eigenschaft haben:

$$|\,M \cap \textit{\textbf{Ziehung}}\,| \;\geq\; k - 1$$

Antwort: Zunächst haben wir den Sonderfall M = ***Ziehung***. Bleiben die Fälle, in denen gilt: $|\,M \cap$ ***Ziehung*** $| \;=\; k - 1$. In diesen Mengen M ist immer ein Element enthalten, das nicht zu ***Ziehung*** gehört. Dafür gibt es $n - k$ Möglichkeiten. Jede dieser Möglichkeiten kann mit allen $(k - 1)$-elementigen Teilmengen von ***Ziehung*** kombiniert werden. Zusammenfassend erhalten wir:

$$1 + (n - k)\cdot\binom{k}{k-1} = 1 + (n - k)\cdot k$$

mögliche Tipps mit mindestens $(k - 1)$ richtigen Elementen.

In unserem Falle erhalten wir eine Wahrscheinlichkeit von

$$\frac{1 + 43\cdot 5}{13983816} = \frac{216}{13983816} \approx 0{,}0000154464\,.$$

Hinweis: Aufgabenstellungen in der Wahrscheinlichkeitsrechnung betreffen oft sehr große Anzahlen von Elementen bzw. Ereignissen, die man nicht mehr »zu Fuß« nachprüfen kann. Dass ich so gerne konkrete Probleme lieber allgemein (hier: für beliebige n und k mit $k < n$) löse, liegt auch daran, dass ich dann meine Lösung erst einmal für kleine Werte n und k überprüfen kann. Machen Sie das hier einmal für $n = 8$ und $k = 3$.

- Noch eine weiteres Beispiel zum Thema Lotto, das in vielen Büchern als Aufgabe steht: Wie wahrscheinlich sind sechs Gewinnzahlen, bei denen es (mindestens) ein Zahlenpaar gibt, das aus zwei nebeneinander liegenden Zahlen besteht? Ein Beispiel wäre die Ziehung (3, 6, 12, 34, 35, 49).

Sie wissen schon: Wir müssen heraus bekommen, wie *viele* solche sechs-elementigen Teilmengen von $\{1, \dots, 49\}$ es gibt. Es stellt sich hier heraus, dass es leichter ist, zu fragen: Wie groß ist die Komplementärmenge, d.h. wie viele sechs-elementige Teilmengen von $\{1, \dots, 49\}$ gibt es, die keine aufeinander folgenden Zahlenpaare enthalten? Merken Sie sich diese Technik. Sie werden immer wieder bei solchen Problemen gezwungen sein, sie anzuwenden.

Man nennt das: Man betrachtet das *Gegenereignis*.
Was jeweils sinnvoller ist, die Analyse des Ereignisses oder des Gegenereignisses, das zeigt sich im Allgemeinen nur durch das konkrete Ausprobieren.

Nun zurück zu unserer Aufgabe:
Sei $n > 0$ beliebig, $k < n$ so, dass $2 \cdot k \leq n + 1$ ist. Sei $E = \{ i \in N \mid 1 \leq i \leq n \}$.
Es sei

$$M = \{ A \subseteq E \mid |A| = k \text{ und für alle } i, j \in A \text{ mit } i < j \text{ gilt: } j - i > 1 \}$$

Wie groß ist $| M |$?

Dazu definiere ich einen Abbildung Ψ von M in die Menge L der k-elementigen Teilmengen der Menge $\{1, \dots, n - k + 1\}$, die folgendermaßen definiert ist:
Sei $A = \{ a_1, \dots, a_k \}$, wobei gelte: $a_i < a_{i+1}$ für alle $1 \leq i < k$. Dann setzt man:

$$\Psi(A) = \{ a_i - i + 1 \mid 1 \leq i \leq k \}$$

Beispielsweise würde die Ziehung: { 3 , 6 , 12, 34, 45, 49 } durch Ψ auf die Menge { 3, 5, 10, 31, 41, 45 } abgebildet.
Diese Abbildung $\Psi : M \rightarrow L$ ist bijektiv, das bedeutet:

$$| M | = | L | = \binom{n - k + 1}{k}$$

Und unsere ursprünglich gesuchte Menge M^c, deren Ereignisse stets mindestens ein Zahlenpaar enthalten, das aus zwei aufeinander folgenden Zahlen besteht, hat

$$\binom{n}{k} - \binom{n - k + 1}{k}$$

Elemente.

(Im Falle n = 5 und k = 3 erhalten wir 9, im Falle n = 6 und k = 3 erhalten wir 16 Ereignisse).

Beim Lotto erhalten wir für $| M^c |$ den Wert:

$$\binom{49}{6} - \binom{44}{6} = 13\,983\,816 - 7059052 = 6924764$$

Das ist fast die Hälfte aller möglichen Ziehungen. Konsequenterweise ergibt sich als Wahrscheinlichkeit für sechs Gewinnzahlen, bei denen es (mindestens) ein Zahlenpaar gibt, das aus zwei nebeneinander liegenden Zahlen besteht, ungefähr der Wert 0,495.

- Das Würfeln zweier unterscheidbarer Würfel. Hier ist

$$\Omega = \{ (a_1, a_2) \mid \text{Für alle } 1 \leq i \leq 2 \text{ ist } a_i \in \mathbf{N} \text{ und } 1 \leq a_i \leq 6 \}$$

Es ist $| \Omega | = 36$. Wenn man jetzt die Wahrscheinlichkeiten der möglichen Augensummen berechnet, erhält man, da alle obigen Zweitupel bei korrekten Würfeln gleich wahrscheinlich sind:

$$P(2) = \frac{|\{(1,1)\}|}{36} = \frac{1}{36}$$

$$P(3) = \frac{|\{(1,2),\ (2,1)\}|}{36} = \frac{2}{36} = \frac{1}{18}$$

$$P(4) = \frac{|\{(1,3),\ (2,2),\ (3,1)\}|}{36} = \frac{3}{36} = \frac{1}{12}$$

$$P(5) = \frac{|\{(1,4),\ (2,3),\ (3,2),\ (4,1)\}|}{36} = \frac{4}{36} = \frac{1}{9}$$

$$P(6) = \frac{|\{(1,5),\ (2,4),\ (3,3),\ (4,2),\ (5,1)\}|}{36} = \frac{5}{36}$$

$$P(7) = \frac{|\{(1,6),\ (2,5),\ (3,4),\ (4,3),\ (5,2),\ (6,1)\}|}{36} = \frac{6}{36} = \frac{1}{6}$$

$$P(8) = \frac{|\{(2,6),\ (3,5),\ (4,4),\ (5,3),\ (6,1)\}|}{36} = \frac{5}{36}$$

$$P(9) = \frac{|\{(3,6),\ (4,5),\ (5,4),\ (6,3)\}|}{36} = \frac{4}{36} = \frac{1}{9}$$

$$P(10) = \frac{|\{(4,6),\ (5,5),\ (6,4)\}|}{36} = \frac{3}{36} = \frac{1}{12}$$

$$P(11) = \frac{|\{(5,6),\ (6,5)\}|}{36} = \frac{2}{36} = \frac{1}{18}$$

$$P(12) = \frac{|\{(6,6)\}|}{36} = \frac{1}{36}$$

Das gibt folgendes Stabdiagramm:

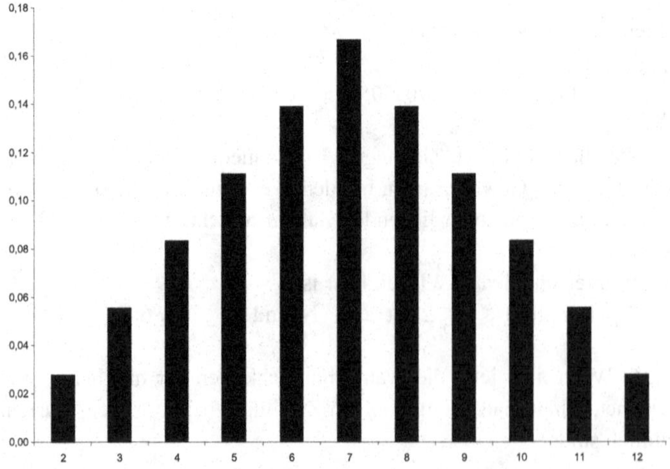

Bild 22-1: Die Verteilung der Augensumme bei zweifachem Würfeln

Diese Wahrscheinlichkeiten der Augensumme ändern sich *nicht*, wenn die Würfel ununterscheidbar sind. Denn die Anzahl der Ereignisse, die zu den jeweiligen Augensummen führen, bleibt gleich.

- *Das Ziegenproblem*:
  Gegeben 3 Türen:

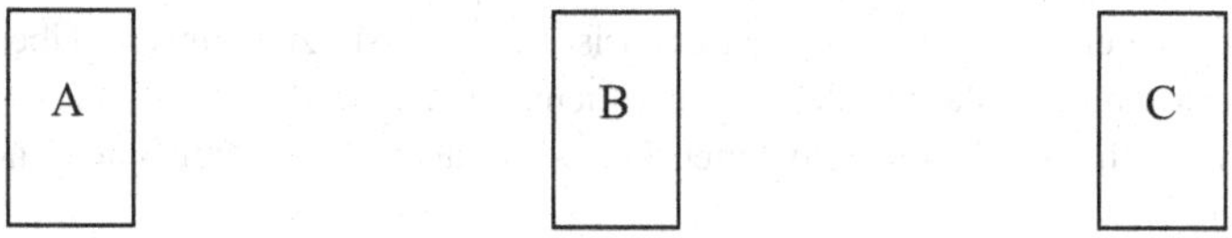

P({ A }) = 1/3 P({ B }) = 1/3 P({ C }) = 1/3

Hinter einer dieser Türen steht der Hauptgewinn. Das heißt: Für den Spieler ist jede Tür mit einer Wahrscheinlichkeit von $\frac{1}{3}$ die richtige. Nehmen wir an, der Spieler entscheidet sich für Tür A. Es gilt:

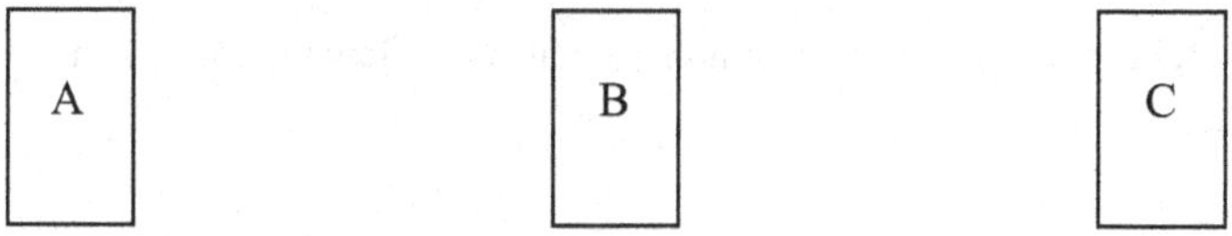

P({ A }) = 1/3 P({ B, C }) = 2/3

Bemerken Sie: Nichts hat sich in der Wahrscheinlichkeitsbewertung geändert, wir fassen nur anders zusammen.
Nun erhält der Spieler die Information, dass sich der Gewinn nicht hinter dieser Türe befindet, über genau ein Element aus der Menge der nicht gewählten Türen. Diese Menge ist { B, C }. Wir nehmen an, diese Niete, diese »Ziegentür« sei B. Jetzt haben wir die Situation:

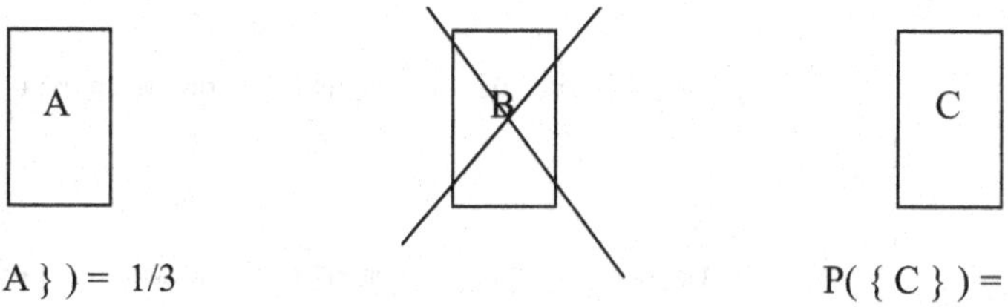

P({ A }) = 1/3 P({ C }) = 2/3

Das bedeutet: Da der Spieler jetzt noch einmal die Möglichkeit bekommt, seinen Tipp zu korrigieren, wechselt er besser zur Tür C, denn dort haben wir jetzt eine Wahrscheinlichkeit von $\frac{2}{3}$.

Diese Art der Berechnung haben viele Leute nicht einsehen wollen, es gab und gibt dazu erbitterte Diskussionen. Beispielsweise könnte man sagen: Wenn bereits zu Beginn des Experiments gezeigt worden wäre, dass Tür B eine »Ziegentür« ist, würden sich die Wahrscheinlichkeiten gerade

mit je $\frac{1}{2}$ auf die Türen A und C verteilen.

Diese Argumentation übersieht, dass unser Experiment nur funktioniert, wenn der Spieler erst eine Tür auswählt. Zur empirischen Unterstützung unserer Überlegungen habe ich eine Simulation dieses Experiments programmiert. Ich kann so etwas nur jedem empfehlen. Dann wird Ihnen klar, dass dieses Experiment folgendermaßen funktioniert:

- Wenn sein Tipp richtig war (Wahrscheinlichkeit = $\frac{1}{3}$) und er wechselt, gewinnt er nicht.
- Wenn sein Tipp falsch war (Wahrscheinlichkeit = $\frac{2}{3}$) und er wechselt, gewinnt er dank der zusätzlichen Information auf jeden Fall.

  Bei der Wechselstrategie erhöht sich also die Gewinnchance von $\frac{1}{3}$ auf $\frac{2}{3}$.

  Dementsprechend fallen auch die Ergebnisse der Simulation aus.
  Bei 1000 Versuchen erhalte ich beispielsweise:
  Strategie ohne Wechsel: 326 Gewinne
  Strategie mit Wechsel: 649 Gewinne

Der Befehl, bei dessen Codierung mir das Ziegenproblem völlig klargeworden ist, gibt die eben beschriebene Erklärung wieder und lautet:

```
if (bWechsel)
        {
                if (m_nGewinnTuer != m_nTipp) nGewonnen++;
        }
        else
        {
                if (m_nGewinnTuer == m_nTipp) nGewonnen++;
        }
```

- Wie viele k-stellige natürliche Zahlen haben lauter verschiedene Ziffern? Das ist ein Problem aus der Gruppe »Ziehen ohne Zurücklegen mit Berücksichtigung der Reihenfolge«. Wir haben 10 Ziffern. Darum scheint die Antwort zu lauten:

Es gibt $\frac{10!}{(10-k)!}$ solcher Zahlen.

Sie sehen hier, dass es überhaupt keine 11-stelligen Zahlen dieser Art gibt. Allgemein gesprochen: Es gibt keine k-stelligen Zahlen mit $k > 10$, die nur aus verschiedenen Ziffern bestehen. Wenn wir aber für die erste Ziffer nur Werte $\neq 0$ zulassen, erhalten wir den Wert $\frac{9 \cdot (9!)}{(10-k)!}$.

Konkret:

Für k = 1:	9	Zahlen
Für k = 2:	81	Zahlen
Für k = 3:	648	Zahlen
Für k = 4:	4536	Zahlen

- *Kollisionen*, erstes Beispiel: Was schätzen Sie, ab welcher Anzahl von Lottoziehungen ist die Wahrscheinlichkeit, dass (mindestens) eine Ziehung von 6 Zahlen mehr als einmal aufgetaucht ist, größer als ½? Kann das bei fast 14 Millionen Möglichkeiten überhaupt im Rahmen einer durchschnittlichen Lebenserwartung passieren? Die Antwort wird vielleicht manchen von Ihnen überraschen.

  Die Anzahl der Elementarereignisse ist jetzt unsere berühmte Zahl 13 983 816 (die möglichen Lottotipps). Wir nennen sie n. Offensichtlich habe ich spätestens nach $(n + 1)$ Ziehungen mindestens einen doppelten Sechsertipp. Unserer eigentlichen Frage: »Wie groß ist die Wahrscheinlichkeit, dass spätestens bei der k-ten Ziehung eine bereits vorher gezogene Kombination wieder gezogen wird?« – dieser Frage nähere ich mich wieder über das Gegenereignis:

  Das Ereignis, dass nach k Ziehungen noch kein einziger Sechsertipp doppelt aufgetreten ist, besteht aus

  $$n \cdot (n-1) \cdot \ldots \cdot (n-k+1) = \frac{n!}{(n-k)!}$$

  Elementen. Beim ersten Mal gibt es n Möglichkeiten, beim zweiten Mal nur $(n - 1)$ usw. Da in unserem Falle gilt: $|\Omega| = n^k$ (es gibt bei k Ziehungen n^k Kombinationen), erhalten wir:

  Die Wahrscheinlichkeit, dass nach k Ziehungen noch kein einziger Sechsertipp doppelt aufgetreten ist, beträgt:

  $$\frac{n \cdot (n-1) \cdot \ldots \cdot (n-k+1)}{n^k} = \frac{n}{n} \cdot \frac{n-1}{n} \cdot \ldots\ldots \cdot \frac{n-k+1}{n}$$

  $$= \left(1 - \frac{1}{n}\right) \cdot \ldots\ldots \cdot \left(1 - \frac{k-1}{n}\right) = \prod_{i=0}^{k-1}\left(1 - \frac{i}{n}\right)$$

  Damit hat das Ereignis, dass spätestens bei der k-ten Ziehung eine bereits vorher gezogene Kombination wieder gezogen wird, die Wahrscheinlichkeit:

  $$P_k = 1 - \prod_{i=0}^{k-1}\left(1 - \frac{i}{n}\right)$$

Wenn Sie das für n = 13 983 816 ausrechnen bzw. durch Ihren Computer ausrechnen lassen, sehen Sie, dass nach ungefähr 4400 Ziehungen die Wahrscheinlichkeit für eine doppelte Ziehung schon größer als ½ ist. Bei zwei Ziehungen in der Woche ist diese Situation in 43 Jahren erreicht.

- *Kollisionen*, zweites Beispiel: Was schätzen Sie, wie viele Personen in einem Raum versammelt sein müssen, damit mindestens 2 dieser Personen an dem gleichen Kalendertag Geburtstag haben? Die Jahreszahl bleibt dabei unberücksichtigt.
  Die Anzahl n der Elementarereignisse ist die Menge aller Kalendertage. Zur Vereinfachung setze ich n = 365. Genau wie eben ergibt sich, dass ab einer Menge von k Personen die Wahrscheinlichkeit für mindestens einen doppelten Geburtstag den Wert
  $$P_k = 1 - \prod_{i=0}^{k-1}\left(1 - \frac{i}{365}\right)$$
  hat. Wenn Sie Ihren Computer das ausrechnen lassen, sehen Sie, dass schon bei 23 Personen die Wahrscheinlichkeit für einen doppelten Geburtstag größer als ½ ist.
- Das *Rencontre-Problem*: Von diesem Problem gibt es viele Formulierungen. Eine sehr anschauliche lautet folgendermaßen[1]: Es werden an n Personen je ein Brief geschrieben und je ein Briefumschlag adressiert. Briefe und Umschläge werden völlig zufällig miteinander kombiniert. Wie groß ist die Wahrscheinlichkeit, dass mindestens ein Brief im richtigen Umschlag landet? »Rencontre« ist aus dem Französischen und heißt Begegnung, Zusammentreffen. Eine andere Formulierung dieses Problems lautet übrigens: n zerstreute Professoren gehen gemeinsam in einem Restaurant essen. Wie groß ist die Wahrscheinlichkeit, dass wenigstens einer von ihnen beim Verlassen des Restaurants seinen eigenen Mantel anhat? Es gibt n! Zuordnungen, also ist $|\Omega| = n!$.

Wir betrachten zunächst den Fall n = 2 mit den Briefen b_1, b_2 und den Umschlägen u_1, u_2. Grundsätzlich gehört b_i zu u_i. Es sei A_1 die Menge der Paarungen, bei denen b_1 im richtigen u_1 steckt, und A_2 die Menge der Paarungen, bei denen b_2 im richtigen u_2 steckt. Wir müssen $|A_1 \cup A_2|$ berechnen. Es ist $|A_1| = 1 = |A_2|$. (Es ist sogar $A_1 = A_2$). Und nach Satz 22.3 (iii) gilt:

$$|A_1 \cup A_2| = |A_1| + |A_2| - |A_1 \cap A_2| = 1 + 1 - 1 = 2 - 1$$

Das bedeutet: die Wahrscheinlichkeit, dass mindestens einer der beiden Briefe im richtigen Umschlag landet, ist (mit 2! = 2)

$$\frac{2}{2} - \frac{1}{2} = \frac{1}{1!} - \frac{1}{2!}$$

Ich schreibe hier die Zahl ½ so kompliziert, weil ich auf der Suche nach einem allgemeinen Ausdruck für beliebiges n bin. Jetzt betrachten wir den Fall n = 3:
Wieder sei für $1 \leq i \leq 3$ die Menge A_i die Menge der Paarungen, bei denen b_i im richtigen u_i steckt. Es gilt nach Satz 22.3 (iii) und den Distributivgesetzen der Mengenlehre (vgl. Kapitel 2):

[1] Sie stammt von dem schweizerisch-elsässischen Mathematiker Johann Heinrich Lambert (1728–1777).

$$
\begin{aligned}
|A_1 \cup A_2 \cup A_3| &= |A_1 \cup A_2| + |A_3| - |(A_1 \cup A_2) \cap A_3| = \\
&= |A_1| + |A_2| - |A_1 \cap A_2| + |A_3| - |(A_1 \cap A_3) \cup (A_2 \cap A_3)| = \\
&= |A_1| + |A_2| + |A_3| \\
&\quad - |A_1 \cap A_2| - |A_1 \cap A_3| - |A_2 \cap A_3| \\
&\quad + |A_1 \cap A_2 \cap A_3|
\end{aligned}
$$

Es ist:

$\lvert A_i \rvert$	$= (n-1)!$,	in unserem Falle also 2!
$\lvert A_i \cap A_j \rvert$	$= (n-2)!$,	in unserem Falle also 1
$\lvert A_i \cap A_j \cap A_k \rvert$	$= (n-3)!$,	in unserem Falle also 1

Wir erhalten für die Wahrscheinlichkeit, dass mindestens einer der drei Briefe im richtigen Umschlag landet:

$$\frac{|A_1 \cup A_2 \cup A_3|}{3!} = \frac{3 \cdot (2!)}{3!} - \frac{3}{3!} + \frac{1}{3!} = \frac{1}{1!} - \frac{1}{2!} + \frac{1}{3!}$$

Der Fall n = 4 macht nun vollends klar, wie unser Induktionsargument laufen muss: Für $1 \leq i \leq 4$ sei die Menge A_i die Menge der Paarungen, bei denen b_i im richtigen u_i steckt. Es gilt nach Satz 22.3 (iii) und den Distributivgesetzen der Mengenlehre:

$|A_1 \cup A_2 \cup A_3 \cup A_4| = |A_1 \cup A_2 \cup A_3| + |A_4| - |(A_1 \cup A_2 \cup A_2) \cap A_4| =$

(nach den vorherigen Untersuchungen)

$$
\begin{aligned}
&= |A_1| + |A_2| + |A_3| + |A_4| \\
&\quad - |A_1 \cap A_2| - |A_1 \cap A_3| - |A_1 \cap A_4| \\
&\quad - |A_2 \cap A_3| - |A_2 \cap A_3| - |A_2 \cap A_3| \\
&\quad + |A_1 \cap A_2 \cap A_3| + |A_1 \cap A_2 \cap A_4| \\
&\quad + |A_1 \cap A_3 \cap A_4| + |A_2 \cap A_3 \cap A_4| \\
&\quad - |A_1 \cap A_2 \cap A_3 \cap A_4|
\end{aligned}
$$

Es ist:

$\lvert A_i \rvert$	$= (n-1)!$,	in unserem Falle also 3!
$\lvert A_i \cap A_j \rvert$	$= (n-2)!$,	in unserem Falle also 2!
$\lvert A_i \cap A_j \cap A_k \rvert$	$= (n-3)!$,	in unserem Falle also 1
$\lvert A_i \cap A_j \cap A_k \cap A_m \rvert$	$= (n-4)!$,	in unserem Falle also 1

Wir erhalten für die Wahrscheinlichkeit, dass mindestens einer der vier Briefe im richtigen Umschlag landet:

$$\frac{|A_1 \cup A_2 \cup A_3 \cup A_4|}{4!} = \frac{4 \cdot (3!)}{4!} - \frac{6 \cdot (2!)}{4!} + \frac{4}{4!} - \frac{1}{4!} =$$

$$= \frac{1}{1!} - \frac{1}{2!} + \frac{1}{3!} - \frac{1}{4!}$$

In diesen Untersuchungen haben wir so viel gelernt, dass wir einige Sätze daraus machen können.

Satz 22.7 (Die Siebformel)
Gegeben ein Wahrscheinlichkeitsraum $(\Omega, \mathcal{A}, P)$. Sei $n \in N$, $n > 0$ beliebig. $A_1, \dots, A_n$ seien n beliebige Teilmengen von Ω. Dann gilt:

$$P(A_1 \cup \dots \cup A_n) = P\left(\bigcup_{i=1}^{n} A_i\right) = \sum_{i=1}^{n} (-1)^{i+1} \cdot \text{Summand}(i)$$

mit
$$\text{Summand}(i) = \sum_{\substack{\text{alle möglichen} \\ \text{Teilmengen } \{k1, \dots, ki\} \\ \text{mit i Elementen von} \\ \{1, \dots, n\}}} P(A_{k1} \cap \dots \cap A_{ki}).$$

Beweis:
Mit Satz 22.3 (iii), den Distributivgesetzen der Mengenlehre und Induktion.

Für das Rencontre-Problem folgt:

Satz 22.8 (Das Rencontre-Problem)
Es werden an n Personen je ein Brief geschrieben und je ein Briefumschlag adressiert. Briefe und Umschläge werden völlig zufällig miteinander kombiniert. Für die Wahrscheinlichkeit P_n, dass mindestens ein Brief im richtigen Umschlag landet, gilt:

$$P_n = \sum_{k=1}^{n} (-1)^{k+1} \cdot \frac{1}{k!} = 1 + \sum_{k=0}^{n} (-1)^{k+1} \cdot \frac{1}{k!} = 1 - \sum_{k=0}^{n} \frac{(-1)^k}{k!}$$

Es gilt: $P_1 = 1,\ P_2 = \frac{1}{2},\ P_3 = \frac{2}{3},\ P_4 = \frac{5}{8}$

und $\lim_{n \to \infty} P_n = 1 - \frac{1}{e} \approx 0{,}632$.

Interessanterweise ist die Wahrscheinlichkeit für ein Treffen bei ungeraden n stets größer als der größtmögliche Wert bei geraden n. Der Grenzwert 0,632 wird bei ungeraden n von oben, bei geraden n von unten approximiert.

Beweis:
Der Wert für P_n folgt aus der Siebformel und aus folgender Tatsache:

$$\text{Summand}(i) = \sum_{\substack{\text{alle möglichen} \\ \text{Teilmengen } \{k1, \dots, ki\} \\ \text{mit i Elementen von} \\ \{1, \dots, n\}}} |A_{k1} \cap \dots \cap A_{ki}| = \sum_{\substack{\text{alle möglichen} \\ \text{Teilmengen } \{k1, \dots, ki\} \\ \text{mit i Elementen von} \\ \{1, \dots, n\}}} (n-i)!$$

$$= \binom{n}{i} (n-i)! = \frac{n! \cdot (n-i)!}{i!\,(n-i)!} = \frac{n!}{i!}$$

Es folgt: $\frac{\text{Summand}(i)}{n!} = \frac{1}{i!}$ und damit die Behauptung für P_n.

Die andere Behauptung setzt voraus, dass Sie wissen:

Für alle $x \in \mathbf{R}$ gilt: $e^x = \lim_{n \to \infty} \sum_{i=0}^{n} \frac{x^i}{i!} = \sum_{i=0}^{\infty} \frac{x^i}{i!}$.

Das gilt sogar für alle $x \in \mathbf{C}$, und Näheres dazu finden diejenigen unter Ihnen, die so etwas noch nie gesehen haben, im Abschnitt 10 des Analysis-Anhangs in diesem Buch.

Es folgt: $\lim_{i \to \infty} P_i = 1 - \sum_{i=0}^{\infty} \frac{(-1)^i}{i!} = 1 - e^{-1} = 1 - \frac{1}{e}$.

Damit ist der Satz bewiesen.

22.3 Bedingte Wahrscheinlichkeiten, Unabhängigkeit und mehrstufige Experimente

Unter der Bedingung, dass jemand professioneller Jazzmusiker ist, wie groß ist die Wahrscheinlichkeit, dass er Zigaretten raucht? Sind diese beiden Merkmale unabhängig voneinander?
Und wie ist es beispielsweise mit guten oder schlechten Vorbedingungen für Musikalität, Sportlichkeit oder Intelligenz? Ist die Bedingung, Linkshänder oder Linkshänderin zu sein, eine gute Voraussetzung für einen hohen Intelligenzquotienten? Sind Rheinländer fröhlicher als der Rest der Nation?
Ich habe diese Beispiele formuliert, um Ihnen klar zu machen, wie schnell man mit solchen Fragestellungen in Bereiche kommt, wo die Mathematik alleine völlig damit überfordert ist, Fragen zu entscheiden, die einer viel umfangreicheren gesellschaftlichen Analyse bedürfen. Trotzdem wird die Mathematik hier immer wieder bemüht und zum Beweis für die jeweiligen Thesen herangezogen. Wir wollen die dabei benutzten Konzepte diskutieren, und Sie werden sehen, dass es auch wichtige Anwendungen im Bereich der Informatik gibt, in denen diese Konzepte zum Einsatz kommen.

Wirklich nur aus didaktischen Gründen werde ich wieder gesellschaftlich neutral und frage Sie:

- Gegeben ein fairer Würfel. Jemand würfelt und sie erhalten die Information, dass eine gerade Zahl geworfen wurde.
  - Wie groß ist die Wahrscheinlichkeit, dass eine 1 gewürfelt wurde?
  - Wie groß ist die Wahrscheinlichkeit, dass eine 6 gewürfelt wurde?

Ich hoffe, Sie haben jetzt schon den Eindruck, dass die Antworten

0 bzw. $\frac{1}{3}$

lauten werden, aber wir machen jetzt erst einmal unsere Definitionen, mit denen wir uns mit den obigen Fragen besser auseinander setzen können.

Definition:
Es sei $(\Omega, \mathcal{A}, P)$ ein Wahrscheinlichkeitsraum, $A, B \in \mathcal{A}$ mit $P(B) > 0$. Dann heißt

$$P(A|B) := \frac{P(A \cap B)}{P(B)}$$

die *bedingte Wahrscheinlichkeit von A unter der Bedingung B.*

Aus dieser Definition folgt sofort der so genannte *Multiplikationssatz*:

Satz 22.9
Es sei $(\Omega, \mathcal{A}, P)$ ein Wahrscheinlichkeitsraum, $A, B \in \mathcal{A}$ mit $P(A) > 0$ und $P(B) > 0$. Dann gilt:

$$P(A \cap B) = P(A) \cdot P(B|A) = P(B) \cdot P(A|B) \cdot$$

Es ist vernünftig, festzulegen, dass A und B voneinander unabhängig sind, wenn beispielsweise die Wahrscheinlichkeit für A nicht davon abhängt, ob B gilt, wenn also gilt:

$$P(A) = P(A \mid B) = \frac{P(A \cap B)}{P(B)} \text{ bzw. } P(A) \cdot P(B) = P(A \cap B)$$

Genauso definiert man die *stochastische Unabhängigkeit* zweier Ereignisse. Das Wort Stochastik leitet sich aus dem Griechischen aus der Antike ab. Dort hieß »stóchos« die Vermutung, und in der Mathematik ist Stochastik der Sammelbegriff für alle Untersuchungen aus dem Bereich der Statistik und der Wahrscheinlichkeitstheorie.

Definition:
Es sei $(\Omega, \mathcal{A}, P)$ ein Wahrscheinlichkeitsraum, $A, B \in \mathcal{A}$. A und B heißen stochastisch unabhängig genau dann, wenn gilt:
$P(A \cap B) = P(A) \cdot P(B)$

Beispiele:

- Gegeben ein fairer Würfel. Jemand würfelt und Sie erhalten die Information, dass eine gerade Zahl geworfen wurde. Wie groß ist die Wahrscheinlichkeit, dass eine 6 gewürfelt wurde?
  Hier gilt: B = { Es wurde eine gerade Zahl gewürfelt }. Also $P(B) = \frac{3}{6} = \frac{1}{2}$.

  Es ist A = { Es wurde eine 6 gewürfelt }. Da $A \subseteq B$ ist, ist $A \cap B = A$ und

  $P(A \cap B) = P(A) = \frac{1}{6}$. Es folgt:

  $$P(A|B) = \frac{P(A \cap B)}{P(B)} = \frac{2}{6} = \frac{1}{3}$$

Da $P(A \cap B) = \frac{1}{6} \neq P(A) \cdot P(B) = \frac{1}{6} \cdot \frac{1}{2} = \frac{1}{12}$

ist, sind diese beiden Ereignisse nicht unabhängig voneinander.

Alles andere wäre auch eine Katastrophe gewesen und hätte uns gezwungen, unsere Definition zu überdenken. Nach diesem einleitenden Beispiel nun etwas Interessanteres. Wir werden Experimente betrachten, die aus mehreren Teilen bestehen, so genannte *mehrstufige* Experimente. Wir werden solche Experimente mit Hilfe von Graphen darstellen. Die entstehenden Graphen sind zusammenhängend, können aber Zyklen enthalten. Trotzdem sprechen die Wahrscheinlichkeitstheoretiker hier gerne von *Wahrscheinlichkeitsbäumen.* So sind sie halt.
Zur Berechnung von Wahrscheinlichkeiten in mehrstufigen Experimenten ist der Satz von der totalen Wahrscheinlichkeit sehr nützlich. Er berechnet die Wahrscheinlichkeit eines Ereignisses als Summe der bedingten Wahrscheinlichkeiten dieses Ereignisses unter einer Menge von vollständigen Bedingungen.

Satz 22.10 Satz von der totalen Wahrscheinlichkeit
Gegeben ein Wahrscheinlichkeitsraum $(\Omega, \mathcal{A}, P)$. Es seien $B_1, \ldots, B_n$ paarweise disjunkte Ereignisse aus $\mathcal{A}$ mit der Eigenschaft $\bigcup_{i=1}^{n} B_i = \Omega$.

Außerdem gelte für alle B_i: $P(B_i) > 0$. Dann folgt für beliebige $A \in \mathcal{A}$:

$$P(A) = \sum_{i=1}^{n} P(B_i) \cdot P(A \mid B_i)$$

Beweis:
Der Beweis ist eine leichte formale Übung, bei der wir uns an verschiedene Dinge aus diesem Kapitel erinnern müssen. Es ist

$$P(A) = P\left(A \cap \left(\bigcup_{i=1}^{n} B_i\right)\right) = P\left(\bigcup_{i=1}^{n} (A \cap B_i)\right)$$

Da die $B_1, \ldots, B_n$ paarweise disjunkt waren, folgt:

$$P\left(\bigcup_{i=1}^{n} (A \cap B_i)\right) = \sum_{i=1}^{n} P(A \cap B_i) = \sum_{i=1}^{n} P(A|B_i) \cdot P(B_i)$$, die Behauptung.

q. e. d.

Beispiel:

- Gegeben drei Urnen U_1, U_2 und U_3. U_1 enthalte eine schwarze und eine weiße Kugel, U_2 enthalte zwei schwarze und eine weiße Kugel, U_3 enthalte drei schwarze und eine weiße Kugel.

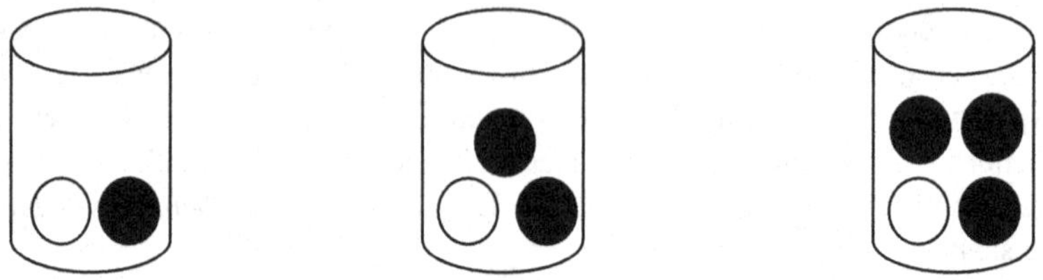

Das Experiment laufe nun folgendermaßen ab: Zunächst wird per Zufall eine Urne ausgewählt, aus dieser Urne wird dann blind eine Kugel gezogen. Ehe ich Ihnen irgendeine Frage zur Bestimmung einer Wahrscheinlichkeit stelle, wollen wir dieses zweistufige Experiment vollständig in einem Graphen darstellen. Dazu werden wir die möglichen Ergebnisse in zwei Ebenen (1. Stufe und 2. Stufe) als Knoten darstellen und mit den Kanten die möglichen Wege symbolisieren, mit denen man zu diesen Ergebnissen kommen kann. Zusätzlich werden wir bei den Kanten die Wahrscheinlichkeit für diesen jeweiligen Weg notieren. Im Einzelnen:

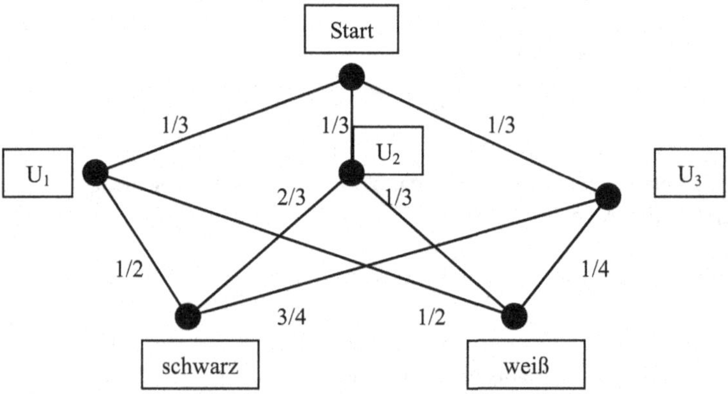

Beachten Sie: die Wahrscheinlichkeiten an den Kanten von der zweiten zur dritten Ebene sind bedingte Wahrscheinlichkeiten. So ist beispielsweise

$$P(\text{schwarz} \mid U_3) = \tfrac{3}{4}.$$

Jetzt kann ich die verschiedensten Wahrscheinlichkeiten berechnen. Die B_i aus dem Satz sind jetzt die Ereignisse, dass die Urne U_i ausgewählt wird.

(i) P(Es wird eine weiße Kugel gezogen) =

$$\sum_{i=1}^{3} P(U_i) \cdot P(\text{weiß} \mid U_i) = \frac{1}{3} \cdot \frac{1}{2} + \frac{1}{3} \cdot \frac{1}{3} + \frac{1}{3} \cdot \frac{1}{4} =$$

$$= \frac{6}{36} + \frac{4}{36} + \frac{3}{36} = \frac{13}{36}$$

(ii) Dementsprechend ist P (Es wird eine schwarze Kugel gezogen) $= \frac{23}{36}$

(iii) Stellen Sie sich nun vor, es wird eine Urne U ausgewählt. Jemand zieht eine Kugel und die Kugel ist weiß. Wie groß ist nun die Wahrscheinlichkeit, dass die gewählte Urne die Urne U_2 war?
Sie interessieren sich also für $P(U = U_2 \mid \text{Kugel ist weiß})$. Zunächst kennen Sie aber nur die Wahrscheinlichkeit der umgekehrten Bedingungsfolge:

$$P(\text{Kugel ist weiß} \mid U = U_2) = \frac{1}{3} = \frac{P(\text{Kugel ist weiß} \cap U = U_2)}{P(U = U_2)} =$$

$$= 3 \cdot P(\text{Kugel ist weiß} \cap U = U_2)$$ und es folgt:

$$P(\text{Kugel ist weiß} \cap U = U_2) = \frac{1}{9}$$

Zusammen mit: $P(\text{Kugel ist weiß}) = \frac{13}{36}$

folgt:

$$P(U = U_2 \mid \text{Kugel ist weiß}) = \frac{P(U = U_2 \cap \text{Kugel ist weiß})}{P(\text{Kugel ist weiß})} =$$

$$= \frac{1}{9} \cdot \frac{36}{13} = \frac{4}{13}$$

Diese Technik der Berechnung von $P(B_k \mid A)$ mit Hilfe von $P(A \mid B_k)$ ist ein Beispiel für die *Formel von Bayes*. Sie ist mit dem Satz von der totalen Wahrscheinlichkeit eng verwandt und lautet folgendermaßen:

Satz 22.11 Formel von Bayes
Gegeben ein Wahrscheinlichkeitsraum $(\Omega, \mathcal{A}, P)$. Es seien $B_1, \ldots, B_n$ paarweise disjunkte Ereignisse aus $\mathcal{A}$ mit der Eigenschaft $\bigcup_{i=1}^{n} B_i = \Omega$.

Außerdem gelte für alle B_i: $P(B_i) > 0$. Dann folgt für beliebige $A \in \mathcal{A}$ mit $P(A) > 0$ und beliebige $k \in \{1, \ldots, n\}$:

$$P(B_k \mid A) = \frac{P(B_k) \cdot P(A \mid B_k)}{\sum_{i=1}^{n} P(B_i) \cdot P(A \mid B_i)}$$

Beweis:
Für den Beweis gehen wir genau so vor wie in unserem Beispiel:

$$P(B_k \mid A) = \frac{P(B_k \cap A)}{P(A)} = \frac{P(B_k)}{P(A)} \cdot \frac{P(B_k \cap A)}{P(B_k)} = \frac{P(B_k)}{P(A)} \cdot P(A \mid B_k)$$

Und mit dem Satz 22.10 von der totalen Wahrscheinlichkeit, demzufolge gilt:
$P(A) = \sum_{i=1}^{n} P(B_i) \cdot P(A \mid B_i)$ folgt die Behauptung.

q. e. d.

Wir haben schon ein Beispiel für die Formel von Bayes gesehen. Ein weiteres Beispiel entnehme ich dem Buch »Stochastik für Einsteiger« von Norbert Henze [Henze]. Es beschäftigt sich mit der Frage, wie sehr man sich auf medizinische Testergebnisse verlassen kann.
Ich brauche dazu aber noch einen kleinen Hilfssatz, der etwas Selbstverständliches noch einmal formuliert und beweist:

> Satz 22.12
> Gegeben ein Wahrscheinlichkeitsraum $(\Omega, \mathcal{A}, P)$. Es seien $A, B \in \mathcal{A}$, $P(B) > 0$.
> Dann gilt:
> $$P(A \mid B) + P(A^c \mid B) = 1$$

Beweis:
Es ist

$$P(A \mid B) + P(A^c \mid B) = \frac{P(A \cap B) + P(A^c \cap B)}{P(B)}$$

Da die beiden Mengen $(A \cap B)$ und $(A^c \cap B)$ disjunkt sind, gilt:

$$P(A \mid B) + P(A^c \mid B) = \frac{P(A \cap B) + P(A^c \cap B)}{P(B)} =$$

$$= \frac{P((A \cap B) \cup (A^c \cap B))}{P(B)} = \frac{P(B)}{P(B)} = 1$$

q. e. d.

Nun zu unserem Beispiel:

- Gegeben ein medizinischer Test zur Erkennung einer Krankheit. (Ich weiß, nur ein Mathematiker kann ein Beispiel mit einem solchen Satz beginnen) Dieser Test wird bei einer Person TP (Testperson) angewandt. Nun gibt es vier mögliche Konstellationen:

	TP ist krank	**TP ist gesund**
Das Testergebnis ist positiv. Das bedeutet: Der Test sagt, die Person TP ist krank.	(+ , krank)	(+, gesund)
Das Testergebnis ist negativ. Das bedeutet: Der Test sagt, die Person TP ist gesund.	(–, krank)	(–, gesund)

Positiv bedeutet: Der Test ist positiv verlaufen, es hat ein Ergebnis gegeben, die Krankheit liegt vor. Auch wenn das für die betreffende Person extrem negative Konsequenzen haben kann.
Nun ordnet man einem Test nicht einfach eine einzige Irrtumswahrscheinlichkeit zu, sondern man fragt getrennt:
Gegeben einen kranke Person: Wie groß ist die Wahrscheinlichkeit, dass der Test diese Person als krank erkennt, wie groß ist die Wahrscheinlichkeit für (+ | TP ist krank)? Diese Wahrscheinlichkeit nennt man die *Sensitivität des Tests.* Man kürzt ab: p_{se}
Genauso fragt man: Gegeben einen gesunde Person: Wie groß ist die Wahrscheinlichkeit, dass der Test diese Person als gesund erkennt, wie groß ist die Wahrscheinlichkeit für (– | TP ist gesund)? Diese Wahrscheinlichkeit nennt man die *Spezifität des Tests.* Man kürzt ab: p_{sp} [1].
Der ELISA-Test zur Erkennung von Antikörpern gegen die Immunschwäche HIV besitzt beispielsweise eine geschätzte Sensitivität und Spezifität von jeweils 0,998.
Die Ereignisse B_1 und B_2 , aus denen sich unsere Ereignisalgebra $\mathcal{A}$ disjunkt zusammensetzt, sind jetzt B_1 = { TP ist krank } und B_2 = { TP ist gesund }. Unser Ereignis A sei:

A = { Der Test ist für TP positiv ausgefallen} = (abgekürzt) {+}

Wir wollen wissen: Wie groß ist unter dieser Bedingung die Wahrscheinlichkeit, dass TP tatsächlich krank ist, wie groß ist P(TP ist krank | +)?

- *Gesucht:* P(TP ist krank | +)
- *Bekannt:* P(+ | TP ist krank) = p_{se} , P(– | TP ist gesund) = p_{sp}

Wenn wir jetzt die Formel von Bayes anwenden wollen, brauchen wir noch die Größe von P(+ | TP ist gesund). Es ist aber nach Satz 22.12:

$$P(+ \mid \text{TP ist gesund}) = 1 - P(- \mid \text{TP ist gesund}) = 1 - p_{sp}$$

Ich kürze jetzt die Wahrscheinlichkeit P(TP ist krank) durch κ (wie krank) ab und erhalte nach der Formel von Bayes:

$$P(\text{TP ist krank} \mid +) = \frac{\kappa \cdot P(+ \mid \text{TP ist krank})}{\kappa \cdot P(+ \mid \text{TP ist krank}) + (1 - \kappa)\cdot P(+ \mid B_2)} =$$

$$= \frac{\kappa \cdot p_{se}}{\kappa \cdot p_{se} + (1 - \kappa)\cdot(1 - p_{sp})}$$

[1] Es ist eine starke Vereinfachung, anzunehmen, dass diese Wahrscheinlichkeit für jede kranke, bzw. für jede gesunde Person gleich ist. Im Allgemeinen muss man genauere, nach Risikogruppen unterschiedene Schätzwerte einsetzen.

Wenn wir das für den oben besprochenen ELISA-Test genauer untersuchen, erhalten wir in Abhängigkeit vom allgemein bestehenden Krankheitsrisiko P(TP ist krank) = κ den folgenden Ausdruck für die Wahrscheinlichkeit P(TP ist krank | +), bei positivem Test wirklich krank zu sein:

$$P(\text{TP ist krank} \mid +) = \frac{\kappa \cdot 0{,}998}{\kappa \cdot 0{,}998 + 0{,}002 \cdot (1 - \kappa)}$$

Ich gebe Ihnen eine kleine Wertetabelle dieser Funktion in Abhängigkeit von κ:

Krankheitsrisiko κ	Wahrscheinlichkeit, bei positivem Test wirklich krank zu sein
0	0
0,0005	0,2
0,001	0,33
0,005	0,71
0,01	0,83
0,05	0,96
0,1	0,98
0,5	0,99
1	1

Laut dem Robert Koch Institut leben Ende 2007 schätzungsweise 59 000 Menschen in Deutschland mit AIDS, das entspricht bei einer Bevölkerung von 82 400 000 einem Krankheitsrisiko von

$$\kappa = \frac{59\,000}{82\,400\,000} \approx 0{,}00072$$

Das bedeutet: Die Wahrscheinlichkeit, bei positivem Test auch wirklich krank zu sein, ist unter diesen Bedingungen kleiner als

$$\frac{1}{3}.$$

Wie kommt dieses relativ überraschende Ergebnis zustande? Lassen Sie mich der Einfachheit halber mit einem Krankheitsrisiko von 0,001 argumentieren. Wir nehmen an, 1 000 000 (1 Millionen) Personen würden getestet. Von denen sind bei $\kappa = 0{,}001$ ungefähr 1 000 Personen krank. Die findet der Test mit seiner Sensibilität von 0,998 auch nahezu alle heraus. Da aber galt:

$$P(+ \mid \text{TP ist gesund}) = 1 - p_{sp} = 0{,}002$$

werden auch 2 000 gesunde Personen positiv getestet. Und die Wahrscheinlichkeit einer positiv getesteten Person, zu diesen 2 000 zu gehören, ist eben mit

$$\frac{2}{3}$$

doppelt so hoch, als eine der positiv getesteten kranken Personen zu sein.

Übungsaufgaben

1. Aufgabe

a. Beschreiben Sie die Ereignismenge Ω_1 beim Würfeln von drei unterscheidbaren Würfeln. Wie groß ist $|\Omega_1|$?
b. Beschreiben Sie die Ereignismenge Ω_2 für die Augensumme, die beim Würfeln von drei unterscheidbaren Würfeln entsteht. Wie groß ist $|\Omega_2|$?
c. Sei $\Omega := \Omega_1$. Sei $A \subseteq \Omega$ definiert durch $A :=$ { alle Würfe, bei denen die Augensumme = 6 ist }. Sei $B \subseteq \Omega$ definiert durch $B :=$ { alle Würfe, die genau eine 5 enthalten }.
   (i) Berechnen Sie $|A|$ und $|B|$.
   (ii) Gibt es Ereignisse, die sowohl in A als auch in B enthalten sind?
   (iii) Es sei für beliebige $U \subseteq \Omega$ das Wahrscheinlichkeitsmaß P durch $P(U) = |U|/|\Omega|$ definiert. Zeigen Sie: P ist ein Wahrscheinlichkeitsmaß.
   (iv) Berechnen Sie P(A), P(B) und $P(A \cap B)$.
   (v) Sind A und B bezüglich dieses Maßes unabhängig voneinander?

2. Aufgabe

a. Unter welcher Voraussetzung ist $P(A \cup B) = P(A) + P(B)$?
b. Für zwei Ereignisse A und B gelte: $P(A) \geq 0{,}99$, $P(B) \geq 0{,}97$. Folgern Sie: $P(A \cap B) \geq 0{,}96$.
c. Für zwei Ereignisse A und B gelte: $P(A) \geq p_A$, $P(B) \geq p_B$. Finden Sie analog der Aufgabe 2b eine untere Schranke für $P(A \cap B)$. Hinweis: Diese untere Schranke ist nur in bestimmten Fällen > 0. Wann ist das so?

3. Aufgabe

Eine Fabrikation von Kasemafunkeln (setzen Sie dafür: Bolzen, Chips, CD-Rohlinge – ganz wie Sie wollen) ist fehleranfällig: Es gibt den Fehler A, der bei 10 % der gefertigten Kasemafunkeln auftritt, und den Fehler B, der bei 5 % der gefertigten Kasemafunkeln auftritt. Das Auftreten der beiden Fehler ist voneinander unabhängig.
a. Wie groß ist die Wahrscheinlichkeit, dass keiner der beiden Fehler auftritt?
b. Wie groß ist die Wahrscheinlichkeit, dass Fehler A auftritt ohne dass Fehler B auftritt?
c. Wie groß ist die Wahrscheinlichkeit, dass beide Fehler auftreten?
d. Wie groß ist die Wahrscheinlichkeit, dass höchstens einer der beiden Fehler auftritt?

4. Aufgabe

Die Fabrikation von Lesebrillen für Maulwürfe ist ebenfalls fehleranfällig: Es gibt den Fehler A, der eine Wahrscheinlichkeit von 0,06 hat und den Fehler B, der die doppelte

Wahrscheinlichkeit 0,12 besitzt. Beide Fehler zusammen treten mit der Wahrscheinlichkeit von 0,03 auf.

a. Mit welcher Wahrscheinlichkeit tritt mindestens einer der beiden Fehler auf?
b. Mit welcher Wahrscheinlichkeit ist eine Lesebrille für Maulwürfe fehlerfrei?

5. Aufgabe

In einem Wahrscheinlichkeitsraum seien für die Ereignisse A, B und C die folgenden Werte bekannt: $P(A)$, $P(B)$, $P(C)$, $P(A \cap B)$, $P(A \cap C)$, $P(B \cap C)$, $P(A \cap B \cap C)$

a. Berechnen Sie die Wahrscheinlichkeit, dass genau zwei dieser Ereignisse eintreten.
b. Berechnen Sie die Wahrscheinlichkeit, dass genau eins dieser Ereignisse eintritt.

6. Aufgabe

Warum ist es zuweilen unmöglich, in einem Wahrscheinlichkeitsraum Ω für die Ereignisse $A \subseteq \Omega$ das Wahrscheinlichkeitsmaß P durch

$$P(A) = (\text{Anzahl der Elemente von } A) / (\text{Anzahl der Elemente von } \Omega)$$

zu beschreiben?

7. Aufgabe

Ferdi Fuscher hat einen Würfel so manipuliert, dass er nach langen Tests die folgenden Wahrscheinlichkeiten ermitteln konnte: $P(1) = P(2) = 1/12$, $P(3) = P(4) = 1/6$, $P(5) = P(6) = 3/12$.

a. Wie groß ist P(Augenzahl > 3)?
b. Wie groß ist P(Augenzahl ist eine gerade Zahl)?

8. Aufgabe

Ich habe 9 rote, 4 gelbe und 12 schwarze Socken in meiner Schublade.

a. Wie viele Möglichkeiten gibt es für mich, bei zufälliger Auswahl zweier Socken 2 verschiedenfarbige Socken auszuwählen?
b. Wie groß ist die Wahrscheinlichkeit für die Auswahl zweier verschiedenfarbigen Socken?
c. Wie viele Möglichkeiten gibt es für mich, bei zufälliger Auswahl zweier Socken 2 gleichfarbige Socken auszuwählen?
d. Wie groß ist die Wahrscheinlichkeit für die Auswahl zweier gleichfarbigen Socken?

9. Aufgabe

In einer Abiturklasse sind 10 Schülerinnen und 8 Schüler. Auf wie viele Arten kann die Abiturklasse für ein Abschlussphoto angeordnet werden,

a. wenn es keine Einschränkungen gibt?
b. wenn sich Mädchen und Jungen nach Geschlecht getrennt aufstellen müssen?
c. wenn die Mädchen alle auf der linken Seite des Photos sein sollen?

10. Aufgabe

Sie haben eine Anwendung geschrieben, für die Sie eine Passwort-Logik entwerfen wollen. Sie legen fest: Ein Passwort muss aus 8 Zeichen bestehen. Als Zeichenvorrat lassen Sie 26 Großbuchstaben, 26 Kleinbuchstaben und 10 Ziffern zu. Wie viele Möglichkeiten für Passwörter gibt es,

a. wenn es sonst keine Einschränkungen gibt?
b. wenn jedes Zeichen nur einmal benutzt werden darf?
c. wenn jeder Buchstabe beliebig oft vorkommen darf, aber jedes Passwort aus 7 Buchstaben und genau einer Ziffer, deren Position beliebig ist, bestehen muss?

11. Aufgabe

Häuptling Listiger Fuchs hat herausgefunden, dass das Codewort, das er braucht, um die Aktiendepots der feindlichen Übernahmegegner einsehen zu können, eine Permutation des Wortes »Mississippi« ist. Wie viele Möglichkeiten gibt es für solch eine Permutation?

12. Aufgabe

a. Wie viele Möglichkeiten gibt es, 254 Studentinnen und Studenten auf drei Kurse zu verteilen? Lassen Sie dabei auch die Möglichkeit zu, dass ein oder zwei dieser Kurse leer bleiben.
b. Wie viele Möglichkeiten gibt es, 254 Studentinnen und Studenten so auf drei Kurse zu verteilen, dass höchstens einer dieser Kurse leer bleibt?
c. Wie viele Möglichkeiten gibt es, 254 Studentinnen und Studenten so auf drei Kurse zu verteilen, dass keiner dieser Kurse leer bleibt?

13. Aufgabe

Bestimmen Sie die Anzahl der Lösungen (x_1, x_2, x_3, x_4) der Gleichung

$$x_1 + x_2 + x_3 + x_4 = 12 \text{ mit } x_i \in N.$$

14. Aufgabe

Bestimmen Sie die Anzahl der Lösungen (x_1, x_2, x_3, x_4) der Gleichung

$$x_1 + x_2 + x_3 + x_4 \leq 3 \text{ mit } x_i \in N.$$

15. Aufgabe

In einem Hut liegen 100 Lose, von denen 40 Nieten sind. Sie ziehen 4 Lose. Schätzen Sie zunächst die Wahrscheinlichkeit, dass Sie mindestens 2 Gewinne gezogen haben und berechnen Sie sie dann.

16. Aufgabe

a. Wie viele Möglichkeiten gibt es, 12 identische Pakete auf 8 Körbe zu verteilen?
b. Wie viele Möglichkeiten gibt es, 12 identische Pakete auf 1 Korb zu verteilen? (Entschuldigen Sie die dumme Frage, aber unter anderem ist dieses Problem eine gute Gelegenheit, zu überprüfen, wie leistungsfähig Ihre allgemeine Formel für dieses Problem ist).

17. Aufgabe

Sie werfen 10 mal eine faire Münze. Wie groß ist die Wahrscheinlichkeit, dass Sie mehr als 6 mal das Ergebnis »Kopf« erhalten?

18. Aufgabe

Wir betrachten Lotto als das Spiel, bei dem 6 Kugeln aus 49 Kugeln gezogen werden. Berechnen Sie die Wahrscheinlichkeiten für
a. einen Dreier im Lotto
b. einen Vierer im Lotto
c. einen Fünfer im Lotto

19. Aufgabe

Vor der Ziehung der Lottozahlen wird die Anlage jedes Mal überprüft. Nehmen Sie an, dass dabei zwei Kugeln (mit Zurücklegen) gezogen werden.
a. Wie groß ist die Wahrscheinlichkeit, dass die erste Kugel die 1, die zweite Kugel die 2 repräsentiert?
b. Wie groß ist die Wahrscheinlichkeit, dass die zweite Kugel genau eine Zahl größer als die erste Kugel ist?

c. Wie groß ist die Wahrscheinlichkeit, dass die zweite Kugel eine größere Zahl als die erste Kugel trägt?

20. Aufgabe

Beantworten Sie noch einmal dieselben Fragen wie in Aufgabe 19 – aber nehmen Sie jetzt an, dass die beiden Kugeln ohne Zurücklegen gezogen werden.

21. Aufgabe

Nehmen Sie an, ein Jahr habe grundsätzlich 365 Tage. Wählen Sie nun 3 Personen zufällig aus.

a. Wie groß ist die Wahrscheinlichkeit, dass diese 3 Personen am 1. Januar Geburtstag haben?
b. Wie groß ist die Wahrscheinlichkeit, dass diese 3 Personen am selben Tag Geburtstag haben? Schätzen Sie zunächst, ob diese Wahrscheinlichkeit größer, gleich oder kleiner der Wahrscheinlichkeit aus Aufgabenteil a ist. Berechnen Sie sie dann.

22. Aufgabe

In einem Produktionszyklus von 100 Bauteilen sind 9 Bauteile fehlerhaft. Es werden (ohne Zurücklegen) 7 Bauteile als Stichprobe zur Qualitätsprüfung entnommen.

a. Wie groß ist die Wahrscheinlichkeit, dass keines der 7 Bauteile fehlerhaft ist?
b. Wie groß ist die Wahrscheinlichkeit, dass genau eines der 7 Bauteile fehlerhaft ist?
c. Wie groß ist die Wahrscheinlichkeit, dass höchstens zwei der 7 Bauteile fehlerhaft sind?
d. Wie groß ist die Wahrscheinlichkeit, dass mehr als zwei der 7 Bauteile fehlerhaft sind?

23. Aufgabe

In meiner letzten Vorlesung haben sich 56 Studentinnen und Studenten zur Klausur angemeldet. Berechnen Sie unter der Annahme, dass ein Jahr immer 365 Tage hat, die Wahrscheinlichkeit, dass mindestens 2 von diesen am gleichen Kalendertag (ohne Berücksichtigung des Jahres) Geburtstag haben.

24. Aufgabe

Es werden an n Personen je ein Brief geschrieben und je ein Briefumschlag adressiert. Briefe und Umschläge werden völlig zufällig miteinander kombiniert.

a. Es sei n = 5. Wie groß ist die Wahrscheinlichkeit, dass mindestens ein Brief im richtigen Umschlag landet?
b. Es sei n = 6. Wie groß ist die Wahrscheinlichkeit, dass mindestens ein Brief im richtigen Umschlag landet?
c. Geben Sie auf Grund der Ergebnisse aus den Aufgabenteilen a und b eine untere und eine obere Abschätzung für die Eulersche Zahl e an.

25. Aufgabe

Gegeben seien 2 Urnen. Die erste Urne enthält vier schwarze und zwei weiße Kugeln. Die zweite Urne enthält fünf schwarze und drei weiße Kugeln. Zunächst wird eine Urne zufällig ausgewählt, anschließend wird eine Kugel zufällig aus der ausgewählten Kugel gezogen.
a. Zeichnen Sie ein geeignetes Baumdiagramm und geben Sie im Baumdiagramm die entsprechenden Wahrscheinlichkeiten und bedingten Wahrscheinlichkeiten an.
b. Wie groß ist die totale Wahrscheinlichkeit, dass eine schwarze Kugel gezogen wird?
c. Wie groß wäre die Wahrscheinlichkeit, dass eine schwarze Kugel gezogen wird, wenn alle Kugeln in einer Urne gelegen hätten?

26. Aufgabe

In einem komplexen Produktionsprozess von Bauteilen gibt es einen empirisch ermittelte Anteil von 15 %, der fehlerhaft ist. Ein Prüfprozess erkennt 90 % der fehlerhaften Bauteile, beurteilt allerdings auch 0,1 % der fehlerfreien Bauteile als fehlerhaft.
a. Wie groß ist die Wahrscheinlichkeit, dass ein Bauteil, das der Prüfprozess als fehlerfrei beurteilt hat, auch wirklich in Ordnung ist?
b. Wie hoch ist der Anteil an defekten Bauteilen, den der Prüfprozess in den Verkauf gehen lässt?

27. Aufgabe

Eine bestimmte Krankheit tritt bei 0,6 % der Bevölkerung auf. Es ist nun ein Test entwickelt worden, der zwar 99 % der kranken Testpersonen als krank erkennt, der aber auch bei 3 % der gesunden Testpersonen diese Krankheit diagnostiziert. Wie groß ist die Wahrscheinlichkeit, dass eine von diesem Test als krank diagnostizierte Person auch wirklich krank ist?

Diskrete Zufallsvariable

Wir werden in den nächsten beiden Kapiteln Verteilungen von Wahrscheinlichkeiten untersuchen. Wir werden uns fragen: Welche Situationen sind sehr wahrscheinlich, welche weniger wahrscheinlich usw. Um Situationen zu beschreiben, brauchen wir Zufallsvariablen. In diesem Kapitel untersuchen wir im Wesentlichen diskrete Zufallsvariablen, das sind Zufallsvariablen, deren Werte alle nicht zu dicht beieinander liegen.

23.1 Zufallsvariablen

Zwei Beispiele, eines aus dem letzten und eines aus dem vorletzten Kapitel, mögen Ihnen das Konzept der Zufallsvariablen verdeutlichen:

Experiment	Elementarereignisse	Zufallsvariable
Ein Würfel wird zweimal gewürfelt.	{ (0, 1) , … , (6, 1), ………………… ………………… (6, 1) , … , (6, 6) }	Augensumme: $X(\omega) = X((p, q)) = p + q$
Studenten werden befragt.	Die Daten einer einzelnen Studentin oder eines einzelnen Studenten	Ihre bzw. seine Körpergröße

Sie sehen: Die Zufallsvariable in der Wahrscheinlichkeitstheorie entspricht dem Merkmal in der beschreibenden Statistik. Und:
Man möchte Wahrscheinlichkeiten ermitteln für Ereignismengen, deren Elemente durch Zufallsvariablenwerte bestimmt sind.
Man möchte fragen (und beantworten) können:

- Wie groß ist die Wahrscheinlichkeit für die Würfelsumme 12? Ist die Würfelsumme 11 wahrscheinlicher?
- Wie groß ist die Wahrscheinlichkeit, dass ein Student größer als 1,20 Meter ist?

Wir sind bereit für die Definition:

> Definition:
> Es sei $(\Omega, \mathcal{A}, P)$ ein Wahrscheinlichkeitsraum. Eine Abbildung $X\colon \Omega \to \mathbf{R}$ heißt *Zufallsvariable*, falls für alle $x \in \mathbf{R}$ gilt:
> $\{ \omega \in \Omega \mid X(\omega) \leq x \} \in \mathcal{A}$

Das bedeutet: Jede Ergebnismenge für die Bedingung, kleiner oder gleich x zu sein, muss ein Ereignis sein. Falls $\mathcal{A}$ die Potenzmenge von Ω ist, ist offensichtlich *jede* Abbildung $X: \Omega \to \mathbf{R}$ eine Zufallsvariable.
Ich erinnere Sie an entsprechende Definitionen für die Schreibweise von relativen Häufigkeiten im Abschnitt 19.3 des vorletzten Kapitels und definiere jetzt völlig analog für die Wahrscheinlichkeiten von Ergebnismengen von Zufallsvariablen:

Definition:
Es sei $(\Omega, \mathcal{A}, P)$ ein Wahrscheinlichkeitsraum und $X: \Omega \to \mathbf{R}$ eine Zufallsvariable.
Weiter seien a und $b \in \mathbf{R}$. Dann ist:

- $P(X = a) = P(\{ \omega \in \Omega \mid X(\omega) = a \})$
- $P(X < a) = P(\{ \omega \in \Omega \mid X(\omega) < a \})$, $P(X \leq a) = P(\{ \omega \in \Omega \mid X(\omega) \leq a \})$
- $P(X > a) = P(\{ \omega \in \Omega \mid X(\omega) > a \})$, $P(X \geq a) = P(\{ \omega \in \Omega \mid X(\omega) \geq a \})$
- $P(a < X < b) = P(\{ \omega \in \Omega \mid a < X(\omega) < b \})$

Dabei kann auch jedes der $<$-Zeichen in der letzten Zeile durch ein $\leq$-Zeichen ersetzt werden.

Wir bleiben bei der Verbindung zum vorletzten Kapitel. Dort haben wir im Abschnitt 19.2 für Merkmale Verteilungsfunktionen definiert. Genauso definieren wir jetzt für Zufallsvariablen solche Funktionen:

Definition:
Es sei $(\Omega, \mathcal{A}, P)$ ein Wahrscheinlichkeitsraum und $X: \Omega \to \mathbf{R}$ eine Zufallsvariable. $F: \mathbf{R} \to \mathbf{R}$ mit $F(x) = P(X \leq x)$ heißt *Verteilungsfunktion* der Zufallsvariablen X.

Im Kapitel über beschreibende Statistik habe ich Ihnen die empirisch ermittelten Werte einer Versuchsreihe in einer Verteilungsfunktion dargestellt, jetzt werden wir es (übrigens auch wieder mit den Daten desselben Würfelexperiments) für die theoretisch berechneten Wahrscheinlichkeiten eines Wahrscheinlichkeitsraumes tun. Der Vergleich solcher Daten – den empirischen Daten einer Stichprobenanalyse und den theoretisch vermuteten oder berechneten Wahrscheinlichkeiten – ist eines der Hauptgeschäfte der schließenden Statistik, über die wir im übernächsten Kapitel reden werden.
Ω sei die Menge der möglichen Ergebnisse, die beim Würfeln mit einem Würfel erhalten werden können, $\mathcal{A}$ sei die Potenzmenge von Ω. Wir nehmen einen fairen Würfel an, d.h. wir haben ein Laplace-Experiment und P ist die Gleichverteilung. Hier ist die Zufallsvariable X die Identität, d.h. X(Augenzahl) = Augenzahl. Wir erhalten die folgende Verteilungsfunktion:

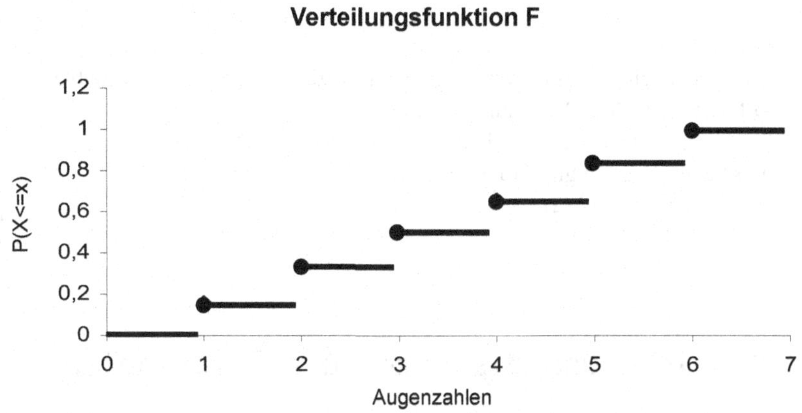

Bild 23-1: Verteilungsfunktion zum Würfeln mit einem Würfel

Ein weiteres Beispiel: Ω sei die Menge der möglichen Ergebnisse, die beim zweimaligen Würfeln mit einem Würfel erhalten werden können, $\mathcal{A}$ sei die Potenzmenge von Ω. Wir nehmen einen fairen Würfel an, d.h. wir haben ein Laplace-Experiment und P ist die Gleichverteilung. Hier ist die Zufallsvariable X die Summe der beiden Augenzahlen. Wir erhalten die folgende Verteilungsfunktion:

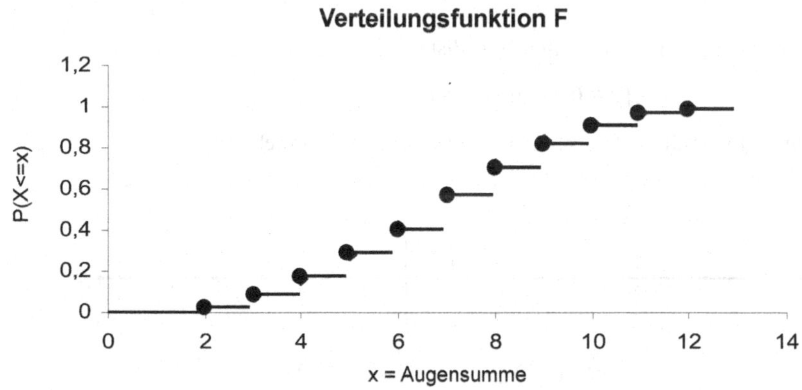

Bild 23-2: Verteilungsfunktion zur Augensumme bei zweimaligem Würfeln

Es gilt der folgende Satz, dessen Beweis ich Ihnen als eine Übung und eine gute Gelegenheit empfehle, noch einmal zu überprüfen, ob Sie alle Definitionen in diesem Abschnitt verstanden haben.

Satz 23.1
Es sei (Ω, 𝒜, P) ein Wahrscheinlichkeitsraum, X: $\Omega \to \mathbf{R}$ eine Zufallsvariable und F: $\mathbf{R} \to \mathbf{R}$ die zugehörige Verteilungsfunktion.

(i) F ist monoton wachsend, d. h. $x < y \to F(x) \leq F(y)$

(ii) Für beliebige $a < b$ gilt: $P(a < X \leq b) = F(b) - F(a)$.

(iii) $P(X > a) = 1 - F(a)$

23.2 Endliche und diskrete Zufallsvariablen

Zunächst untersuchen wir den Fall endlicher bzw. diskreter Zufallsvariablen. Das Wort »diskret« kennen Sie schon gut aus der diskreten Mathematik, ich definiere jetzt, was man darunter im Falle von Teilmengen der reellen Zahlen versteht:

Definition:
Es sei $A \subseteq \mathbf{R}$. A heißt *diskret* genau dann, wenn gilt:
Für jedes $x \in A$ gibt es ein offenes Intervall I_x mit den Eigenschaften:

(i) $x \in I_x$

(ii) $x \neq y \to I_x \cap I_y$

Beispiel:
Die Menge der natürlichen Zahlen **N** ist diskret, denn für jedes $n \in \mathbf{N}$ ist

$$I_n =]\, n - 0.25 \,,\, n + 0.25 \,[$$

ein offenes Intervall, in dem keine andere natürliche Zahl mehr liegt.

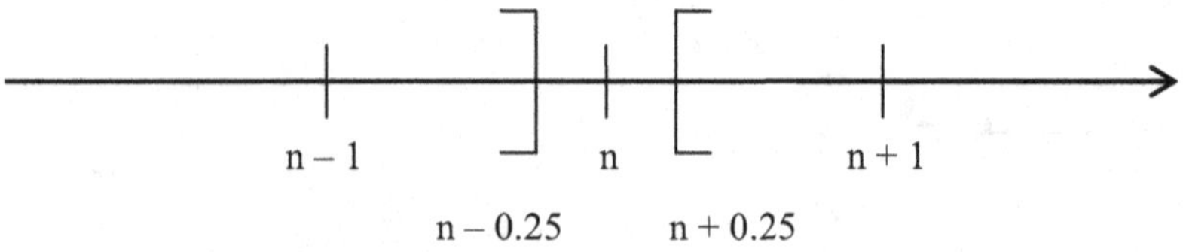

Bild 23-3: Illustration zum Beweis der Diskretheit von **N**

Definition:
Eine Zufallsvariable X für einen Wahrscheinlichkeitsraum (Ω, 𝒜, P) ist endlich, wenn X(Ω) endlich ist. Sie ist diskret, wenn X(Ω) diskret ist.

Satz 23.2
Endliche Zufallsvariablen sind diskret.

Beweis:
Sei $A \subseteq \mathbf{R}$. definiert durch $A = X(\Omega)$. Sei

$$d_{min} = \min \{ |x - y| \mid x \text{ und } y \in A,\ x \neq y \}.$$

Da A endlich ist, ist $d_{min} > 0$, und für beliebiges x gilt:

$$x \in\ ]x - d_{min}, x + d_{min}[, \text{ aber } y \in A, y \neq x \rightarrow y \notin\ ]x - d_{min}, x + d_{min}[.$$

q. e. d.

Nun definiert man für diskrete Zufallsvariablen die exakte Entsprechung zu den relativen Häufigkeiten der deskriptiven Statistik. Jetzt nennt man es *Dichtefunktion*:

Definition:
Es sei $(\Omega, \mathcal{A}, P)$ ein Wahrscheinlichkeitsraum mit Zufallsvariabler X.
Die Funktion $f{::}\ \mathbf{R} \rightarrow \mathbf{R}$. mit $f(x) = P(X = x)$ heißt *Dichtefunktion.*

Beachten Sie: Die Werte einer Dichtefunktion haben nur bei den Funktionswerten der Zufallsvariablen eine Chance, verschieden von 0 zu sein. Ansonsten ist $P(X = x) = P(\{\})$ $= 0$. Betrachten Sie dazu für unsere beiden obigen Beispiele die Funktionsgraphen der Dichtefunktionen:

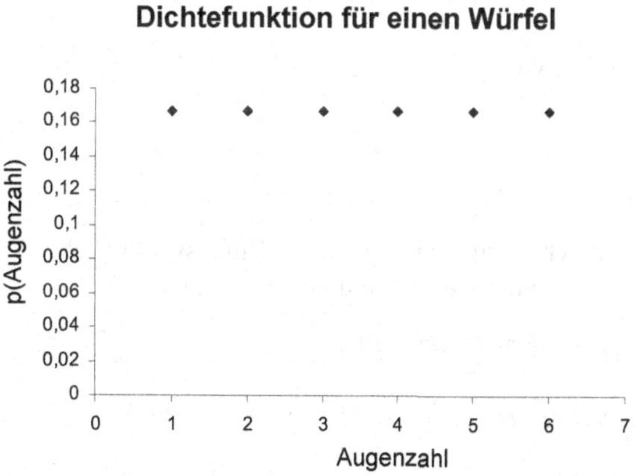

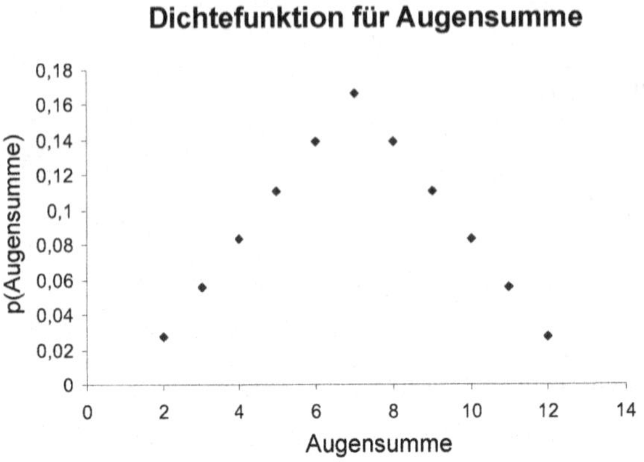

Satz 23.3

Sei $(\Omega, \mathcal{A}, P)$ ein Wahrscheinlichkeitsraum mit endlicher Zufallsvariablen X und Dichtefunktion f. Sei $x \in \mathbf{R}$ beliebig. Da X endlich ist, ist die Menge A_x mit

$$\mathbf{A_x = \{ y \in R \mid (y \le x) \wedge \left(\exists_{\omega \in R} X(\omega) = y \right) \}}$$

endlich, d. h. gibt es ein $n \in \mathbf{N}$ und Punkte $x_1, \dots, x_n \in \mathbf{R}$ so, dass $A_x = \{ x_1, \dots, x_n \}$. Dann gilt:

$$F(x) = P(X \le x) = \sum_{i=1}^{n} P(X = x_i) = \sum_{i=1}^{n} f(x_i)$$

Die Formulierung des Satzes ist bereits der Beweis. Man kann diesen Satz auch für unendliche diskrete Zufallsvariablen formulieren. Dazu müssen Sie aber das Konzept von Summen mit unendlich vielen Summanden beherrschen. Ich erläutere das ein wenig im Anhang über die Analysis. Hier werde ich Sie definitiv nicht damit quälen, wir haben auch so genug zu tun.

Wir machen weiter mit unserer Wiedervorlage von Begriffen aus der beschreibenden Statistik.

Definition:

Es sei $(\Omega, \mathcal{A}, P)$ ein Wahrscheinlichkeitsraum mit endlicher Zufallsvariabler X, $X(\Omega) = \{ x_1, \dots, x_n \} \subseteq \mathbf{R}$. Zu X gehöre die Dichtefunktion f. Dann ist:

(i) $E(X) := \sum_{i=1}^{n} x_i \cdot f(x_i)$ der *Erwartungswert* von **X**

(ii) $Var(X) := E((X - E(X))^2) = \sum_{i=1}^{n} (x_i - E(X))^2 \cdot f(x_i)$

die *Varianz* von X

(iii) die *Standardabweichung* $\boldsymbol{\sigma_x} = \boldsymbol{\sigma}(X)$ definiert durch: $\sigma(X) := \sqrt{Var(X)}$

Wenn Sie die Definition der Varianz ansehen, sollte Ihnen ein bisschen mulmig sein. Wie kann ich einfach behaupten, dass

$$E((X - E(X))^2) = \sum_{i=1}^{n} (x_i - E(X))^2 \cdot f(x_i)$$

gilt? Eigentlich ist doch nach Definition der Dichtefunktion:

$$E((X - E(X))^2) = \sum_{i=1}^{n} (x_i - E(X))^2 \cdot f((x_i - E(X))^2)$$

Aber es gilt:

> Satz 23.4
> Es sei $(\Omega, \mathcal{A}, P)$ ein Wahrscheinlichkeitsraum mit endlicher Zufallsvariabler X, $X(\Omega) = \{x_1, \ldots, x_n\} \subseteq \mathbf{R}$. Zu X gehöre die Dichtefunktion f. $g: \mathbf{R} \to \mathbf{R}$ sei eine beliebige Funktion. Dann ist:
>
> $$E(g(X)) = \sum_{i=1}^{n} g(x_i) \cdot P(X = x_i) = \sum_{i=1}^{n} g(x_i) \cdot f(x_i)$$

Wenn wir dann $g(t) = (t - E(X))^2$ setzen, sehen wir, dass die Definition der Varianz korrekt ist. Jetzt aber zum Beweis des Satzes:

Beweis:
Sei für $1 \leq j \leq n$ die Ereignismenge M_j definiert durch: $Mj = \{\omega \in \Omega \mid X(\omega) = x_j\}$
Dann gilt: Ω ist die disjunkte Vereinigung aller Mj. Es folgt:

$$E(g(X)) = \sum_{\omega \in \Omega} g(X(\omega)) \cdot P(\{\omega\}) = \sum_{i=1}^{n} \left(\sum_{\omega \in Mi} g(X(\omega)) \cdot P(\{\omega\}) \right) =$$

$$= \sum_{i=1}^{n} g(x_i) \left(\sum_{\omega \in Mi} P(\{\omega\}) \right) = \sum_{i=1}^{n} g(x_i) \cdot P(X = x_i) = \sum_{i=1}^{n} g(x_i) \cdot f(x_i)$$

Das war zu beweisen.

Nehmen Sie für einen Moment an, $(\Omega, \mathcal{A}, P)$ sei ein endliches Laplace-Experiment mit m Elementen $\omega_1, \ldots, \omega_m$, die gerade die Menge Ω bilden. Jedes dieser Elemente hat die Wahrscheinlichkeit $\frac{1}{m}$. Die Zufallsvariable X nehme die Werte $x_1, \ldots, x_n$ an – im vorletzten Kapitel haben wir gesagt: Die Messreihe des Merkmals X habe die Werte $x_1, \ldots, x_n$ – jeder dieser Werte tritt mit der Häufigkeit $m \cdot f(x_i)$ auf. Also ist:

$$m \cdot \bar{x} = \sum_{i=1}^{m} X(\omega_i) = \sum_{i=1}^{n} m \cdot x_i \cdot f(x_i) = m \cdot E(X)$$

also entspricht der Erwartungswert dem Mittelwert in der beschreibenden Statistik.

Ähnliches gilt für die Varianz. Da wir jetzt keine Stichproben, sondern einen vollständigen Wahrscheinlichkeitsraum betrachten, müssen wir durch die Anzahl m der Elemente des Wahrscheinlichkeitsraums dividieren:

$$s^2(X) = \frac{1}{m} \sum_{i=1}^{m} (x_i - \overline{x})^2$$

Unter denselben Voraussetzungen wie eben ist:

$$s^2(X) = \frac{1}{m} \sum_{i=1}^{m} (X(\omega_i) - \overline{x})^2 = \sum_{i=1}^{m} (X(\omega_i) - \overline{x})^2 \cdot \frac{1}{m} =$$

$$= \sum_{i=1}^{m} (X(\omega_i) - \overline{x})^2 \cdot P(\{w\}) = \sum_{i=1}^{n} (x_i - \overline{x})^2 \cdot P(X = x_i)$$

$$= \sum_{i=1}^{n} (x_i - \overline{x})^2 \cdot f(x_i) = E((X - E(X))^2)$$

also entspricht diese Varianz der Varianz in der beschreibenden Statistik.

Satz 23.5
Es sei $(\Omega, \mathcal{A}, P)$ ein Wahrscheinlichkeitsraum mit endlicher Zufallsvariabler X, $X(\Omega) = \{x_1, \ldots, x_n\} \subseteq \mathbf{R}$.. Seien weiter $a, b \in \mathbf{R}$ beliebig. Dann ist:

(i) $E(a \cdot X + b) = a \cdot E(X) + b$

(ii) $Var(a \cdot X + b) = a^2 \cdot Var(X)$

(iii) $Var(X) = E(X^2) - (E(X))^2$

Beweis:
(i) folgt sofort aus Satz 23.4 und der Tatsache, dass $\sum_{i=1}^{n} f(x_i) = 1$ ist.
Zu (ii):

$$Var(a \cdot X + b) = E((a \cdot X + b - E(a \cdot X + b))^2) = \text{(wegen (i))}$$
$$= E((a \cdot X + b - (a \cdot E(X) + b))^2) = E((a \cdot X - a \cdot E(X))^2) = \text{(wegen (i))}$$
$$= a^2 \cdot E((X - E(X))^2) = a^2 \cdot Var(X)$$

Zu (iii):

$$Var(X) = E((X - E(X))^2) = E(X^2 - 2 \cdot X \cdot E(X) + (E(X))^2)$$
$$= \text{(wegen Satz 20.16)} = E(X^2) - 2 \cdot E(X) \cdot E(X) + (E(X))^2 =$$
$$= E(X^2) - (E(X))^2$$

q. e. d.

Wir untersuchen zunächst unsere beiden oben diskutierten Beispiele:

- Ω sei die Menge der möglichen Ergebnisse, die beim Würfeln mit einem Würfel erhalten werden können, $\mathcal{A}$ sei die Potenzmenge von Ω. Wir nehmen einen fairen Würfel an, d.h. wir haben ein Laplace-Experiment und P ist die Gleichverteilung. Hier ist die Zufallsvariable X die Identität, d.h. X(Augenzahl) = Augenzahl. Wir erhalten den Erwartungswert:

$$E(X) = \frac{1+2+3+4+5+6}{6} = 3{,}5$$

Und die Varianz:

$$\begin{aligned} Var(X) &= E(X^2) - (E(X))^2 = \frac{1+4+9+16+25+36}{6} - \frac{49}{4} \\ &= \frac{91}{6} - \frac{49}{4} = \frac{182-147}{12} = \frac{35}{12} \approx 2{,}92 \end{aligned}$$

- Ω sei die Menge der möglichen Ergebnisse, die beim Würfeln mit einem Würfel erhalten werden können, $\mathcal{A}$ sei die Potenzmenge von Ω. Wir nehmen einen fairen Würfel an, d. h. wir haben ein Laplace-Experiment und P ist die Gleichverteilung. Hier ist die Zufallsvariable X die Identität, d.h. X(Augenzahl) = Augenzahl. Wir erhalten den Erwartungswert

$$E(X) = \frac{1+2+3+4+5+6}{6} = 3{,}5$$

Und die Varianz:

$$\begin{aligned} Var(X) &= E(X^2) - (E(X))^2 = \frac{1+4+9+16+25+36}{6} - \frac{49}{4} \\ &= \frac{91}{6} - \frac{49}{4} = \frac{182-147}{12} = \frac{35}{12} \approx 2{,}92 \end{aligned}$$

- Ω sei die Menge der möglichen Ergebnisse, die beim zweimaligen Würfeln mit einem Würfel erhalten werden können, $\mathcal{A}$ sei die Potenzmenge von Ω. Wir nehmen einen fairen Würfel an, d.h. wir haben ein Laplace-Experiment und P ist die Gleichverteilung. Hier ist die Zufallsvariable X die Summe der beiden Augenzahlen. Wir erhalten den Erwartungswert:

$$\begin{aligned} E(X) &= 2\cdot\frac{1}{36} + 3\cdot\frac{2}{36} + 4\cdot\frac{3}{36} + 5\cdot\frac{4}{36} + 6\cdot\frac{5}{36} + 7\cdot\frac{6}{36} + \\ &+ 8\cdot\frac{5}{36} + 9\cdot\frac{4}{36} + 10\cdot\frac{3}{36} + 11\cdot\frac{2}{36} + 12\cdot\frac{1}{36} = \frac{252}{36} = 7 \end{aligned}$$

Und die Varianz: $\text{Var}(X) = E(X^2) - (E(X))^2 =$

$$= 4 \cdot \frac{1}{36} + 9 \cdot \frac{2}{36} + 16 \cdot \frac{3}{36} + 25 \cdot \frac{4}{36} + 36 \cdot \frac{5}{36} + 49 \cdot \frac{6}{36} +$$

$$+ 64 \cdot \frac{5}{36} + 81 \cdot \frac{4}{36} + 100 \cdot \frac{3}{36} + 121 \cdot \frac{2}{36} + 144 \cdot \frac{1}{36} =$$

$$= \frac{1974}{36} - 49 = \frac{210}{36} = \frac{35}{6} \approx 5{,}83$$

Man kann Zufallsvariablen so »zurecht rücken« – der mathematische Ausdruck dafür ist: standardisieren –, dass sie alle denselben Erwartungswert und dieselbe Varianz haben. Es gilt:

Satz 23.6
Es sei $(\Omega, \mathcal{A}, P)$ ein Wahrscheinlichkeitsraum mit endlicher Zufallsvariabler X. Setze

$$X^* = \frac{X - E(X)}{\sigma(X)}$$

Dann ist der Erwartungswert $E(X^*) = 0$ und $\text{Var}(X^*) = 1$.

Beweis:
$E(X^*) = 0$ folgt sofort aus Satz 23.5 (i). Aus Satz 23.5 (ii) folgt:

$$\text{Var}(X^*) = \text{Var}\left(\frac{1}{\sigma(X)} \cdot X - \frac{E(X)}{\sigma(X)}\right) = \frac{\text{Var}(X)}{(\sigma(X))^2} = 1.$$

q.e.d

Definition:
Es sei $(\Omega, \mathcal{A}, P)$ ein Wahrscheinlichkeitsraum mit endlicher Zufallsvariabler X. Dann heißt die Zufallsvariable X^* mit

$$X^* = \frac{X - E(X)}{\sigma(X)}$$

standardisiert bzw. die *Standardisierung von X.*

Wir werden jetzt auch die p-Quantile mit Hilfe der Wahrscheinlichkeiten neu definieren. Ich erinnere Sie dazu an unseren Satz 19.3, der Ihnen zeigt, dass wir das vollkommene Analogon zum p-Quantil der beschreibenden Statistik definieren:

Definition:
Es sei $(\Omega, \mathcal{A}, P)$ ein Wahrscheinlichkeitsraum mit Zufallsvariable X.
Es sei $p \in \mathbf{R}$ mit $0 < p < 1$. Dann heißt eine Zahl x_p, für die gilt:
(i) $P(X < x_p) \leq p$
(ii) $P(X > x_p) \leq 1 - p$
ein *p-Quantil* von X.

Ehe wir gleich Beispiele untersuchen, möchte ich unsere obige Definition der Unabhängigkeit auf zwei Zufallsvariablen erweitern:

Definition:
Es sei $(\Omega, \mathcal{A}, P)$ ein Wahrscheinlichkeitsraum, X und Y: $\Omega \to \mathbf{R}$ seien Zufallsvariablen. I_X und I_Y seien Bedingungen für X und Y. Dann meint:

$$P(I_X , I_Y) := P(I_X \wedge I_Y) = P(\{\omega \in \Omega \mid I_X\} \cap \{\omega \in \Omega \mid I_Y\})$$

Falls für alle $x, y \in \mathbf{R}$ gilt:

$$P(X \leq x , Y \leq y) = P(X \leq x) \cdot P(Y \leq y)$$

heißen X und Y *stochastisch unabhängig.*

Wir wollen, um besser Beispiele berechnen zu können, jetzt auch noch die Sätze 23.4 und 23.5 auf zwei Zufallsvariablen erweitern.

Satz 23.7
Es sei $(\Omega, \mathcal{A}, P)$ ein Wahrscheinlichkeitsraum, X und Y: $\Omega \to \mathbf{R}$ seien endliche Zufallsvariablen mit Werten $x_1, \ldots, x_n$ und $y_1, \ldots, y_m$. Es seien $a, b \in \mathbf{R}$ beliebig. Es gilt:
(i) $E(a \cdot X + b \cdot Y) = a \cdot E(X) + b \cdot E(Y)$
(ii) Falls X und Y stochastisch unabhängig sind, gilt:
$E(X \cdot Y) = E(X) \cdot E(Y)$
(iii) Falls X und Y stochastisch unabhängig sind, gilt außerdem:
$\mathrm{Var}(a \cdot X + b \cdot Y) = a^2 \cdot \mathrm{Var}(X) + b^2 \cdot \mathrm{Var}(Y)$

Beweis:
Zu (i): Diese Formel folgt sofort aus der Gleichung:

$$E(a \cdot X + b \cdot Y) = \sum_{\omega \in \Omega} (a \cdot X(\omega) + b \cdot Y(\omega)) \cdot P(\{\omega\}) =$$

$$= a \cdot \sum_{\omega \in \Omega} X(\omega) \cdot P(\{\omega\}) + b \cdot \sum_{\omega \in \Omega} Y(\omega) \cdot P(\{\omega\})$$

Zu (ii) und (iii): Es ist unter Zuhilfenahme von Satz 23.5:

$$\mathrm{Var}(a\cdot X + b\cdot Y) = E(\ (a\cdot X + b\cdot Y)^2\ ) - (\ E(a\cdot X + b\cdot Y)\ )^2 =$$

$$= E(\ a^2\cdot X^2 + 2a\cdot b\cdot X\cdot Y + b^2\cdot Y^2\ ) - (\ a\cdot E(X) + b\cdot E(Y)\ )^2 =$$

$$= a^2\cdot E(X^2) + 2\cdot a\cdot b\cdot E(X\cdot Y) + b^2\cdot E(Y^2) - a^2\cdot(E(X))^2 - b^2\cdot(E(Y))^2 - 2\cdot a\cdot b\cdot E(X)\cdot E(Y) =$$

$$= a^2\cdot E(X^2) + 2\cdot a\cdot b\cdot E(X\cdot Y) + b^2\cdot E(Y^2) - a^2\cdot(E(X))^2 - b^2\cdot(E(Y))^2 - 2\cdot a\cdot b\cdot E(X)\cdot E(Y) =$$

$$= a^2\cdot \mathrm{Var}(X) + b^2\cdot \mathrm{Var}(Y) + 2\cdot a\cdot b\cdot(\ E(X\cdot Y) - E(X)\cdot E(Y)\ ).$$

Es bleibt also zu zeigen: Für stochastisch unabhängige Zufallsvariablen X und Y gilt:

$$E(X\cdot Y) - E(X)\cdot E(Y) = 0 \quad (*)$$

Es ist aber:

$$E(X\cdot Y) - E(X)\cdot E(Y) =$$

$$= \sum_{i=1}^{n}\sum_{j=1}^{m} x_i \cdot y_j \cdot P(X = x_i,\ Y = y_j) -$$

$$- \left(\sum_{i=1}^{n} x_i \cdot P(X = x_i)\right)\cdot\left(\sum_{j=1}^{m} y_j \cdot P(Y = y_j)\right) = 0$$

da nach Voraussetzung

$$P(X = x_i, Y = y_j) = P(X = x_i)\cdot P(Y = y_j).\ (**)$$

Aber Halt: Wir müssen genau sein: Nach Voraussetzung und nach Definition der Unabhängigkeit gilt für alle i, j »nur«:

$$P(X \le x_i, Y \le y_j) = P(X \le x_i)\cdot P(Y \le y_j)$$

Um daraus (**) zu erhalten, kann man folgendermaßen argumentieren:
Sei x_k der nächst (echt) kleinere Wert zum Wert x_i der Zufallsvariablen X und y_q der nächst (echt) kleinere Wert zum Wert y_j der Zufallsvariablen Y. Dann ist:

- $P(\ X = x_i\ ) = P(\ X \le x_i\ ) - P(\ X \le x_k\ )$
- $P(\ Y = y_j\ ) = P(\ Y \le y_j\ ) - P(\ Y \le y_q\ )$

Und also:

- $P(X = x_i, Y = y_j) = P(X \le x_i, Y \le y_j) -$
  $- P(X \le x_k, Y \le y_j) - P(X \le x_i, Y \le y_q) + P(X \le x_k, Y \le y_q) =$

(Der letzte Summand muss eingefügt werden, weil ich vorher die Wahrscheinlichkeit dieser Ereignismenge *zweimal* abgezogen habe).

$$= P(X \le x_i) \cdot P(Y \le y_j) - P(X \le x_k) \cdot P(Y \le y_j) -$$

$$- P(X \le x_i) \cdot P(Y \le y_q) + P(X \le x_k) \cdot P(Y \le y_q) =$$

$$= (P(X \le x_i) - P(X \le x_k)) \cdot (P(Y \le y_j) - P(Y \le y_q)) =$$

$$= P(X = x_i) \cdot P(Y = y_j)$$

Damit ist (**), (*) und damit auch der gesamte Satz bewiesen.

23.3 Diskrete Verteilungen

Wir beginnen mit der *Bernoulli-Verteilung*. Bernoulli ist der Name einer großen Dynastie von Wissenschaftlerinnen und Wissenschaftlern, Künstlerinnen und Künstlern, die vom 16. Jahrhundert bis heute reicht. »Der« Bernoulli der Bernoulli-Verteilung war einer der ersten in diesem Stammbaum: der schweizerische Mathematiker Jakob I. Bernoulli (1655–1705) aus Basel, der unter anderem die Wahrscheinlichkeitsrechnung wesentlich weiter entwickelt hat.

Man sagt, dass eine Zufallsvariable X, die nur die Werte 0 oder 1 annehmen kann, eine *Bernoulli-Verteilung* darstellt. Dabei repräsentiert die 1 meistens den Erfolg eines Experiments, die 0 den Misserfolg. Als Symbol für die Wahrscheinlichkeit des Erfolgs nimmt man p, für die Wahrscheinlichkeit des Misserfolgs schreibt man meistens q, dabei ist $q = 1 - p$.

Beispiele:

- *Experiment:* Werfen einer Münze. *Erfolg:* Kopf liegt oben. X(Kopf liegt oben) = 1, $p = \frac{1}{2}, q = \frac{1}{2}$
- *Experiment:* Werfen eines Würfels. *Erfolg:* Eine Sechs. $X(6) = 1$, $p = \frac{1}{6}, q = \frac{5}{6}$
- *Experiment:* Teste im Produktionsprozess ein fertig gestelltes Produkt. *Erfolg:* Das Produkt ist fehlerfrei. X(fehlerfrei) = 1
- *Experiment:* Teste eine beliebig ausgewählte natürliche Zahl $n > 1$ daraufhin, ob sie eine Primzahl ist. *Erfolg:* n ist eine Primzahl. X(prim) = 1

Allgemein definiert man:

> Definition:
> Es seien $(\Omega, \mathcal{A}, P)$ ein Wahrscheinlichkeitsraum und $X: \Omega \to \mathbf{R}$ sei eine Zufallsvariable mit folgenden Eigenschaften:
> (i) $\Omega = \{ \omega_0, \omega_1 \}$ besteht aus genau zwei Elementen.
> (ii) $P(\omega_1) = p$ mit $0 < p < 1$, $P(\omega_0) = q = 1 - p$
> (iii) $X(\omega_0) = 0$, $X(\omega_1) = 1$.
> Dann sagt man: X unterliegt der *Bernoulli-Verteilung* mit dem Parameter p.

Satz 23.8
Es sei X die Zufallsvariable einer Bernoulli-Verteilung. Dann gilt:
(i) Sei $k \in \{ 0, 1 \}$. Dann ist $P(X = k) = p^k \cdot (1 - p)^{1-k}$
(ii) $E(X) = p$
(iii) $Var(X) = E(X^2) - (E(X))^2 = p - p^2 = p \cdot (1 - p) = p \cdot q$
(iv) X besitzt die Verteilungsfunktion $F: \mathbf{R} \to \mathbf{R}$ mit

$$F(x) = P(X \leq x) = \begin{cases} 0, & x < 0 \\ 1 - p, & 0 \leq x < 1 \\ 1, & 1 \leq x \end{cases}$$

Alle vier Behauptungen rechnen sich leicht aus. Für unsere ersten beiden Beispiele (Münze bzw. Würfel) bedeutet das:

- Werfen einer Münze: $P(X = k) = \frac{1}{2^k} \cdot \frac{1}{2^{1-k}} = \frac{1}{2}$, $E(X) = \frac{1}{2}$, $Var(X) = \frac{1}{4}$

$$F(x) = P(X \leq x) = \begin{cases} 0, & x < 0 \\ \frac{1}{2}, & 0 \leq x < 1 \\ 1, & 1 \leq x \end{cases}$$

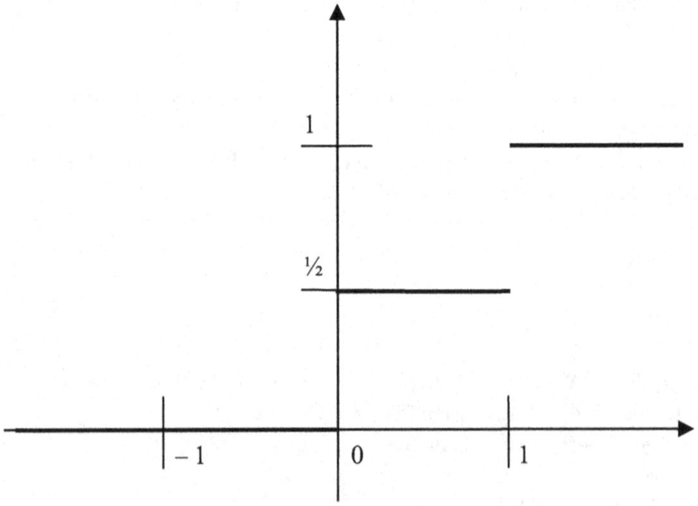

Bild 23-4: Verteilungsfunktion zum Münzwurf

- Würfeln, um eine 6 zu erlangen. $P(X = k) = \frac{1}{6^k} \cdot \frac{5^{1-k}}{6^{1-k}} = \frac{5^{1-k}}{6}$, $E(X) = \frac{1}{6}$, $\mathrm{Var}(X) = \frac{5}{36}$

$$F(x) = P(X \leq x) = \begin{cases} 0, & x < 0 \\ 5/6, & 0 \leq x < 1 \\ 1, & 1 \leq x \end{cases}$$

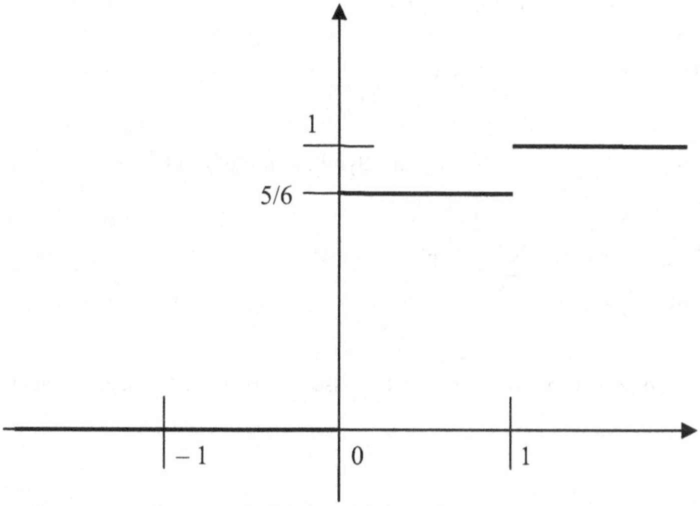

Bild 23-5: Verteilungsfunktion zum Würfeln mit dem Ziel, eine 6 zu würfeln

Die Bernoulli-Verteilung ist der entscheidende Baustein für die *Binomialverteilung*, die aus n gleichartigen Bernoulli-Experimenten besteht:

> Definition:
> Es sei $\Omega = \{ \omega_0 , \omega_1 \}$ eine Ereignismenge, die aus genau zwei Elementen besteht. P_0 sei das Wahrscheinlichkeitsmaß auf der Potenzmenge $\mathcal{A}$ von Ω, für das gilt:
> $P_0(\{\omega_1\}) = p$ mit $0 < p < 1$, $P_0(\{\omega_0\}) = q = 1 - p$
> Weiter sei $n > 0$ beliebig, $n \in \mathbf{N}$. Dann betrachte man den Wahrscheinlichkeitsraum $(\Omega^n, \mathcal{A}, P)$, der folgendermaßen definiert ist:
> (i) Ω^n ist das n-fache kartesische Produkt von Ω, seine Elemente sind n-Tupel, $(y_1, \ldots , y_n)$, deren Komponenten $y_i = \omega_0$ (Misserfolg) oder $= \omega_1$ (Erfolg) sind.

Definition (Fortsetzung)

(ii) $\mathcal{A}$ ist die Potenzmenge von Ω^n

(iii) Sei $(y_1, \dots, y_n) \in \Omega^n$, Dann ist $P(\{(y_1, \dots, y_n)\}) = \prod_{i=1}^{n} P_0(\{y_i\})$

Sei nun weiter für unsere festen Werte n und p eine Abbildung B von **Z** in das Intervall [0, 1] durch:

$$B(k) = B(k \mid p, n) = \binom{n}{k} \cdot p^k \cdot (1 - p)^{n-k}$$

definiert. Dabei definiert man für $k < 0$ und $k > n$: $\binom{n}{k} = 0$

Man sagt, dass eine Zufallsvariable $X\colon \Omega^n \to \mathbf{R}$ *binomial verteilt* ist, falls für alle $k \in \mathbf{Z}$ gilt:

$$P(X = k) = B(k \mid p, n) = \binom{n}{k} \cdot p^k \cdot (1 - p)^{n-k}$$

Mit $\lfloor x \rfloor := \max\{ z \in Z \mid z \leq x \}$ als Symbol für die Abrundung einer reellen Zahl hat X dann die Verteilungsfunktion

$$F(x) = P(X \leq x) = \sum_{i=0}^{\lfloor x \rfloor} \binom{n}{i} \cdot p^i \cdot (1 - p)^{n-i}$$

Damit diese Definition mathematisch korrekt ist, müssen wir den folgenden Satz zeigen:

Satz 23.9

Es sei $\Omega = \{ \omega_0, \omega_1 \}$ eine Ereignismenge, die aus genau zwei Elementen besteht. P_0 sei das Wahrscheinlichkeitsmaß auf der Potenzmenge $\mathcal{A}$ von Ω, für das gilt: $P_0(\{\omega_1\}) = p$ mit $0 < p < 1$, $P_0(\{\omega_0\}) = q = 1 - p$

Weiter sei $n > 0$ beliebig, $n \in \mathbf{N}$. $(\Omega^n, \mathcal{A}, P)$ sei der Wahrscheinlichkeitsraum, der folgendermaßen definiert ist:

(i) Ω^n ist das n-fache kartesische Produkt von Ω, seine Elemente sind n-Tupel, $(y_1, \dots, y_n)$, deren Komponenten $y_i = \omega_0$ (Misserfolg) oder $= \omega_1$ (Erfolg) sind.

(ii) $\mathcal{A}$ ist die Potenzmenge von Ω^n

(iii) $P\colon \mathcal{A} \to \mathbf{R}$ sei die Abbildung, die durch

a) $P(\{(y_1, \dots, y_n)\}) = \prod_{i=1}^{n} P_0(\{y_i\})$ für beliebige $(y_1, \dots, y_n) \in \Omega^n$

b) $P(A) = \sum_{x \in A} P(x)$ für beliebige $A \subseteq \Omega^n$

definiert ist.

Dann gilt: P ist eine Wahrscheinlichkeitsabbildung.

Beweis:
Es ist nur zu zeigen: $P(\Omega^n) = 1$. Dazu überlegen wir uns:

1.) Für alle $(y_1, \dots, y_n)$, für die genau k Komponenten $= \omega_1$ sind, gilt:
$$P(\{(y_1, .., y_n)\}) = p^k \cdot (1 - p)^{n-k}$$

2.) Sei $M_k = \{(y_1, \dots, y_n) \in \Omega^n \mid$ Für genau k Komponenten der y_i gilt: $y_i = \omega_1\}$. Dann ist die Anzahl der Elemente von M_k identisch mit der Anzahl der k-elementigen Teilmengen von $\{1, \dots, n\}$. Wir wissen seit dem dritten Kapitel (Satz 3.9), dass diese Anzahl $= \binom{n}{k}$ ist. Es gilt also:
$$P(M_k) = \binom{n}{k} \cdot p^k \cdot (1 - p)^{n-k}$$

3.) Es folgt: $P(\Omega^n) = \sum_{k=0}^{n} P(M_k) = \sum_{k=0}^{n} \binom{n}{k} \cdot p^k \cdot (1 - p)^{n-k} =$
$$= \text{(nach Satz 3.6)} = (p + 1 - p)^n = 1$$

q. e. d.

Und unsere binomial verteilte Zufallsvariable X gibt bei einem Element $(y_1, \dots, y_n)$ aus Ω^n, d. h. bei einer Reihe von n gleichen Versuchen, die Anzahl der ω_1 an, d. h. die Anzahl der Erfolge.

> Satz 23.10
> Es gelten dieselben Voraussetzungen wie in Satz 23.9. $X: \Omega^n \to \mathbf{R}$ sei binomial verteilt
>
> mit $P(X = k) = B(k \mid p, n) = \binom{n}{k} \cdot p^k \cdot (1 - p)^{n-k}$. Es gilt:
>
> (i) $E(X) = n \cdot p$
>
> (ii) $Var(X) = n \cdot p(1 - p)$

Beweis:
Man kann den Beweis auf mehrere Arten führen. Die einfachste besteht darin, dass wir uns »Basis«-Zufallsvariablen konstruieren. Sei also für $1 \le i \le n$:

$$X_i(\{(y_1, \dots, y_n)\}) = \begin{cases} 1, & y_i = \omega_1 \\ 0, & y_i = \omega_0 \end{cases}$$

Nach Definition unseres Wahrscheinlichkeitsmaßes P sind für $i \neq j$ die beiden Zufallsvariablen X_i und X_j stochastisch unabhängig. Außerdem ist für alle i: $E(X_i) = p$ und $Var(X_i) = p \cdot (1 - p)$ (Satz 23.8). Es gilt: $X = \sum_{i=1}^{n} X_i$. Mit Satz 23.7 folgt:

$$E(X) = E\left(\sum_{i=1}^{n} X_i\right) = \sum_{i=1}^{n} E(X_i) = n \cdot p \text{ und}$$

$$Var(X) = Var\left(\sum_{i=1}^{n} X_i\right) = \sum_{i=1}^{n} Var(X_i) = n \cdot p \cdot (1 - p)$$

q. e. d.

Wir sehen uns ein Beispiel an:

- Unser Einzelversuch besteht wieder daraus, bei einem fairen Würfel eine 6 zu erlangen. Die Wahrscheinlichkeit dafür war bekanntlich

  $$p = \frac{1}{6}.$$

  Dieser Versuch wird zwölf Mal durchgeführt. Unsere binomial verteilte Zufallsvariable X gibt die Anzahl der Erfolge an. Da der Erwartungswert unserer Zufallsvariablen der Wert 2 ist (überlegen Sie, warum das äußerst sinnvoll ist), »erwarten« wir, dass $P(X = 2)$ am größten sein wird. Es ist: (beachten Sie, dass die Werte auf bzw. abgerundet sind)

x	**P(X = x) = B(x | p , 12)**
0	0,112157000000000
1	0,269176000000000
2	0,296094000000000
3	0,197396000000000
4	0,088828100000000
5	0,028425000000000
6	0,006632500000000
7	0,001137000000000
8	0,000142125000000
9	0,000012633300000
10	0,000000758000000
11	0,000000027563600
12	0,000000000459394

Wir erhalten folgende Dichtefunktion und Verteilungsfunktion:

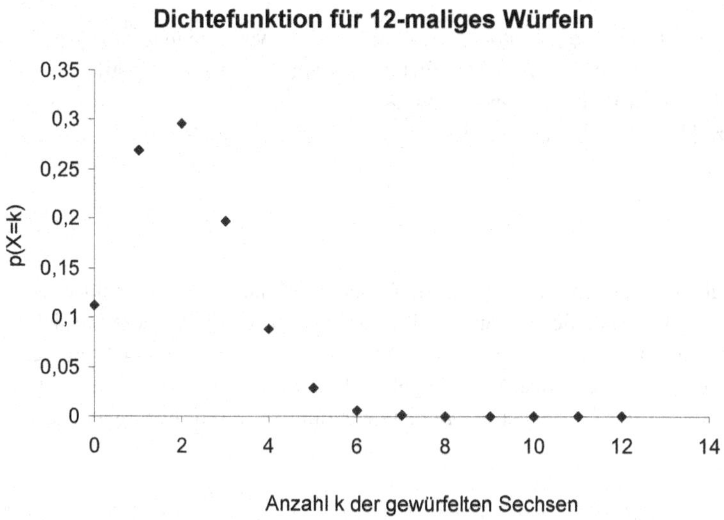

Bild 23-6: Dichtefunktion einer binomial verteilten Zufallsvariable

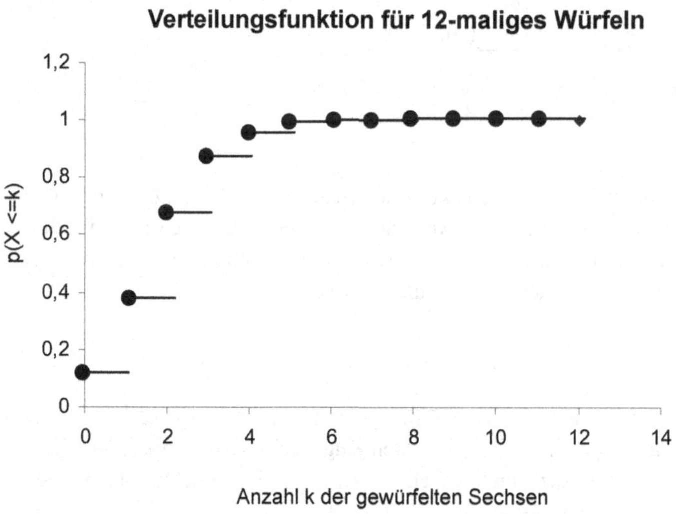

Bild 23-7: Verteilungsfunktion einer binomial verteilten Zufallsvariable

Die nächste Verteilung, die wir besprechen wollen, ist die *hypergeometrische Verteilung.* Gebildet gesprochen, wird bei der hypergeometrischen Verteilung von einer *dichotomen Grundgesamtheit* ausgegangen. Das Wort »dichotom« kommt aus dem Griechischen und bedeutet »zweigeteilt«.

Definition:
Eine Menge M heißt eine *dichotome Grundgesamtheit,* wenn sie in genau zwei nicht leere elementefremde Klassen aufgeteilt werden kann, wenn also gilt:
Es gibt Teilmengen W und S von M, sodass
(i) $W \neq \{\}$ und $S \neq \{\}$
(ii) $M = W \cup S$
(iii) $W \cap S = \{\}$

Ich habe für die Teilmengen die Buchstaben W und S gewählt, weil eines unser Standardbeispiele eine Urne ist, die schwarze und weiße Kugeln enthält. Denken Sie sich für die nächste Definition, in der wir natürliche Zahlen N, M und n als Parameter brauchen werden, die Zahl N als Gesamtzahl der Kugeln, M als die Anzahl der weißen Kugeln und n als die Anzahl der gezogenen Kugeln. Wir definieren unsere *hypergeometrische Funktion:*

Definition:
Seien $N, M, n \in \mathbf{N}$ beliebig, $N > 0$, $M \leq N$, $n \leq N$.
Dann ist die *hypergeometrische Funktion*

$$H(n, N, M) : \{0, \ldots, \min(n, M)\} \to \mathbf{R}$$

definiert durch:

$$H(n, N, M)(k) = \frac{\binom{M}{k} \cdot \binom{N-M}{n-k}}{\binom{N}{n}}$$

Der Begriff *hypergeometrisch* hat bei uns keine anschauliche Bedeutung, er kommt aus einem anderen Bereich der Mathematik, wo man Ausdrücke, zu denen auch Produkte und Quotienten von Binomialkoeffizienten gehören, als hypergeometrisch definiert. Unsere Funktion kommt jetzt folgendermaßen zum Einsatz:

Satz 23.11
Gegeben eine Urne mit N Kugeln. M dieser Kugeln seien schwarz ($M \leq N$), $N - M$ Kugeln seien weiß. Das Ziehen jeder einzelnen Kugel sei gleich wahrscheinlich. Weiter sei $0 < n \leq N$. Es werden nun n Kugeln $(y_1, \ldots, y_n)$ ohne Zurücklegen aus dieser Urne gezogen. X sei die Zufallsvariable, für die gilt:

$X(\{(y_1, \ldots, y_n)\}) = k$ genau dann, wenn genau k Kugeln unter den y_i schwarz sind.
X zählt also bei einer einzelnen Ziehungsserie die schwarzen Kugeln. Dann gilt für alle $k \in \mathbf{N}$ mit $k \leq \min(n, M)$:

$$P(X = k) = H(n, N, M)(k)$$

Achtung: Wir haben hier sogar auf die Bedingung, dass die Mengen W und S nicht leer sein dürfen, verzichtet. Unsere Formeln sind stark genug, auch diese »entarteten« Spezialfälle mit zu behandeln.

Beweis:

(i) Seit langem wissen wir, dass es $\begin{pmatrix} N \\ n \end{pmatrix}$ Möglichkeiten gibt, n Kugeln ohne Zurücklegen und ohne Berücksichtigung der Reihenfolge aus einer Urne mit N Kugeln zu ziehen.

(ii) Dementsprechend gibt es $\begin{pmatrix} M \\ k \end{pmatrix}$ Möglichkeiten, k schwarze Kugeln ohne Zurücklegen und ohne Berücksichtigung der Reihenfolge aus einer Menge von M Kugeln zu ziehen.

(iii) Und schließlich gibt es $\begin{pmatrix} N - M \\ n - k \end{pmatrix}$ Möglichkeiten, die restlichen $n - k$ weißen Kugeln ohne Zurücklegen und ohne Berücksichtigung der Reihenfolge aus der Gesamtmenge von $N - M$ weißen Kugeln zu ziehen.

Aus (i) – (iii) folgt die Behauptung.

q.e.d.

Definition:
Eine Zufallsvariable X heißt *hypergeometrisch verteilt*, falls es $N, M, n \in \mathbf{N}$ gibt mit $N > 0$, $M \leq N$, $n \leq N$. so dass gilt:

$$P(X = k) = \begin{cases} H(n, N, M)(k), & 0 \leq k \leq \min(n, M) \\ 0, & \text{sonst} \end{cases}$$

Sehen Sie bitte noch ohne Beweis Erwartungswert und Varianz solch einer Verteilung:

Satz 23.12
Eine Zufallsvariable X sei mit $N, M, n \in \mathbf{N}$ hypergeometrisch verteilt. Setze $p = \frac{M}{N}$ (p ist die Wahrscheinlichkeit, eine schwarze Kugel zu ziehen). Dann gilt:

(i) $E(X) = n \cdot p$

(ii) $Var(X) = n \frac{N - n}{N - 1} \cdot p(1 - p)$

Das folgende schöne Beispiel für eine hypergeometrische Verteilung habe ich dem Vorlesungsskript von Falkenberg [Falk1] entnommen:

Es ist Semesterende, eine Prüfung steht an. Es gibt 15 Themenbereiche, die in der Prüfung dran kommen können. Der Student Fritz Klever hat keine Lust, sich auf alle Themenbereiche vorzubereiten, er wählt unter diesen 15 Themenbereichen 9 aus, die er sorgfältig vorbereitet. Er weiß:

Am Tag der Prüfung wird er in 6 dieser 15 Gebiete geprüft werden und falls er in mindestens 3 Gebieten besteht, hat er die Prüfung insgesamt bestanden.

Wir nehmen an, dass der Prüfling vorbereitete Themen besteht und bei nicht vorbereiteten Themen durchfällt. Wie groß ist bei dieser Taktik die Wahrscheinlichkeit, dass Fritz Klever die Prüfung besteht?

Ich übersetze in die Terminologie des Urnenexperiments:

Gegeben N = 15 Kugeln, davon sind M = 6 schwarz, es werden n = 9 gezogen, wie groß ist die Wahrscheinlichkeit, dass mindestens 3 Kugeln schwarz sind. Wie groß ist:

$$H(9, 15, 6)(3) + H(9, 15, 6)(4) + H(9, 15, 6)(5) + H(9, 15, 6)(6)$$

Die Antwort lautet:

$$0{,}335664 + 0{,}377622 + 0{,}151049 + 0{,}0167832 \approx 0{,}881119$$ [1]

88 % ist eine ziemlich hohe Wahrscheinlichkeit, Fritz Klever trägt seinen Namen zu Recht.

Wenn wir für die hypergeometrische Verteilung H(9, 15, 6) die Dichtefunktion und die Verteilungsfunktion als Diagramm zeichnen, erhalten wir die folgenden Bilder:

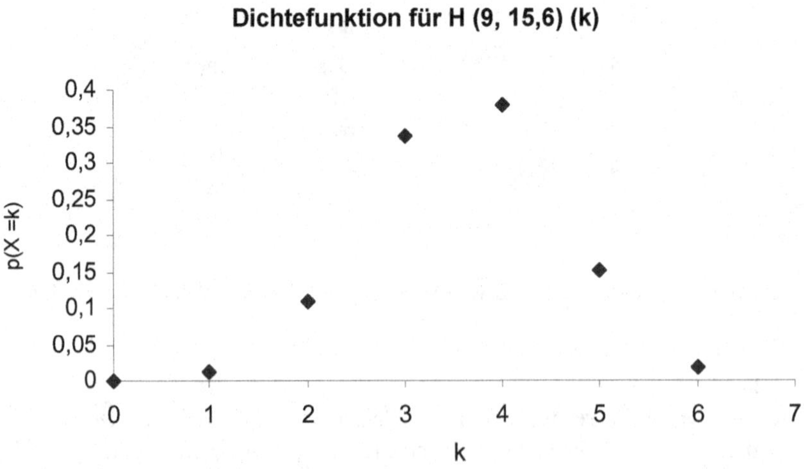

Bild 23-8: Dichtefunktion einer hypergeometrisch verteilten Zufallsvariable

[1] Die »falsche« Summation an der »letzten« Stelle ergibt sich daraus, dass das Programm, mit dem ich diese Zahlen berechnet habe, intern mit einer größeren Genauigkeit arbeitet.

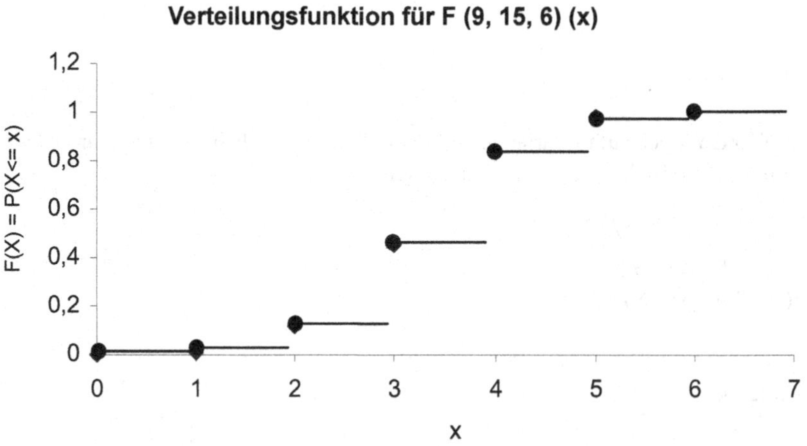

Bild 23-9: Verteilungsfunktion einer hypergeometrisch verteilten Zufallsvariable

Zu diesen Graphen gehören die folgenden Werte:

K	H(9, 15, 6) (k)	F(k)
0	0,0001998	0,0001998
1	0,0107892	0,010989
2	0,107892	0,118881
3	0,335664	0,454545
4	0,377622	0,832167
5	0,151049	0,983216
6	0,0167832	0,9999992

Eine Studentin, Klara Zuverlässig, fragt sich nun:
Wie viele Themengebiete muss man unter den oben skizzierten Bedingungen mindestens vorbereiten, damit man die Prüfung mit einer Wahrscheinlichkeit von 99 % besteht?

Die Antwort entnehmen Sie der folgenden Tabelle:

n	H(9, 15, n) (3) + H(9, 15, n) (4) + H(9, 15, n) (5) + H(9, 15, n) (6)
9	0,881119
10	0,953047
11	0,989011
12	größer als 0,99
13	größer als 0,99
14	größer als 0,99
15	größer als 0,99

Das bedeutet: Klara Zuverlässig muss gerade einmal 3 Themengebiete mehr als Fritz Klever bearbeiten, um mit einer Wahrscheinlichkeit, die größer als 99 % ist, ihre Prüfung zu bestehen.

Übungsaufgaben

1. Aufgabe

Es seien X und Y zwei Zufallsvariablen auf demselben Wahrscheinlichkeitsraum. Unter welchen jeweiligen Bedingungen an X und Y gilt:

a. $E(X + Y) = E(X) + E(Y)$
b. $E(X \cdot Y) = E(X) \cdot E(Y)$
c. $Var(X + Y) = Var(X) + Var(Y)$

2. Aufgabe

Geben Sie ein Beispiel für eine Zufallsvariable X mit $Var(X) = 0$.

3. Aufgabe

Es sei X eine Zufallsvariable und $Z = X^*$ die zugehörige Standardisierung. Drücken Sie die Verteilungsfunktion F_Z von Z mit Hilfe der Verteilungsfunktion F_X von X aus.

4. Aufgabe

Gegeben eine Zufallsvariable X, die die Werte $x_i = 1, 2, 3$ mit den Wahrscheinlichkeiten $p_i = 1/5, 3/10, 1/2$ für $i = 1, 2, 3$ annehmen kann.

a. Ist X damit bereits vollständig beschrieben? Oder gibt es die Möglichkeit, dass X noch andere Werte annehmen kann?
b. Berechnen Sie den Erwartungswert, die Varianz und die Standardabweichung von X.

5. Aufgabe

Sei X die Anzahl der Jahre, die vergehen können, bis bei einem PC ein bestimmtes Bauteil ersetzt werden muss. X habe die Werte $x_1 = 0, x_2 = 1, x_3 = 2, x_4 = 3$ und $x_5 = 4$. Dazu gehören: $p_1 = 0{,}1$; $p_2 = 0{,}2$; $p_3 = 0{,}3$; $p_4 = 0{,}25$ und $p_5 = 0{,}15$. Berechnen Sie den Erwartungswert und die Standardabweichung von X. Wenn Sie dieses Bauteil verkaufen, wie viele Jahre sollten Sie höchstens Garantie geben?

6. Aufgabe

Sie brauchen Geld! Sie bieten deshalb ein Gewinnspiel an, dass folgendermaßen funktioniert:

Ein Teilnehmer muss 1 Euro Einsatz zahlen. Es wird zweimal gewürfelt. Bei einer Augensumme von 11 erhält der Spieler x Euro ausgezahlt, bei einer Augensumme von 12 erhält der Spieler 2·x Euro ausgezahlt. Bei allen anderen Ergebnissen wird nichts ausgezahlt. Wie sollten Sie x als ganzzahligen Eurobetrag mindestens wählen, wenn Sie das Spiel einerseits für Ihre Kunden so attraktiv wie möglich machen wollen und aber andererseits bei genügend häufigem Spiel einen Gewinn machen wollen?
Sie müssen dazu den Erwartungswert der Zufallsvariable X = Reingewinn berechnen.

7. Aufgabe

Ein Würfel sei manipuliert worden. Es gelte jetzt: P(1) = 1/12, P(2) = 1/6, P(3) = 1/6, P(4) = 1/6, P(5 = 1/6), P(6) = 1/4.

a. Geben Sie Dichte- und die Verteilungsfunktion an!
b. Berechnen Sie den Median.
c. Berechnen Sie den Erwartungswert der Variable X = Augenzahl.
d. Berechnen Sie die Varianz und die Standardabweichung der Variable X = Augenzahl.
e. Berechnen Sie die Standardisierung X* von X und überprüfen Sie, dass hier Erwartungswert und Varianz die von der Theorie behaupteten Werte haben.

8. Aufgabe

Beim Roulettespiel kann man auf die verschiedensten Teilmengen der Zahlen von 0 bis 36 setzen. Beispielsweise haben 18 dieser 37 Zahlen die zusätzliche Eigenschaft »rot« und wenn man auf »rot« (beispielsweise) 100 Euro setzt, erhält man 200 Euro ausgezahlt, man macht also einen Reingewinn von 100 Euro, falls eine der »roten« Zahlen ausgespielt wird.
Ein Bekannter von mir, Herr Clever, hat sich nun die folgende Strategie ausgedacht:
Er setzt 100 Euro auf »rot«. Falls er gewinnt, streicht er seinen Gewinn ein und verlässt das Spielkasino. Falls er verliert er, verdoppelt er seinen Einsatz, solange bis er gewinnt oder bis das Einsatzlimit der Bank von 40000 Euro erreicht ist.
Es sei X die Zufallsvariable, die den Reingewinn bei dieser Strategie beschreibt. Errechnen Sie den Erwartungswert und die Varianz von X.
Wird Herr Clever mit dieser Strategie ein reicher Mann?

9. Aufgabe

Bei dem alten deutschen Kartenspiel Skat (wer das nicht kennt, findet bei Wikipedia ausführliche Informationen) wird mit 32 Spielkarten gespielt. Es spielen grundsätzlich drei Spieler, jeder bekommt 10 Karten, zwei Karten werden verdeckt in die Mitte gelegt, sie sind der so genannte Skat. Außerdem sind die vier Spielkarten, die man Buben nennt, im Skatspiel von größter Wichtigkeit. Es sei X die Zufallsvariable, die die Anzahl der Buben zählt, die sich im Skat befinden.

a. Geben Sie die Dichtefunktion, die Verteilungsfunktion und den Erwartungswert von X an.
b. Sie seien selber einer der drei Skatspieler und Sie hätten genau einen Buben unter Ihren 10 Karten. Geben Sie jetzt die Dichtefunktion, die Verteilungsfunktion und den Erwartungswert von X für diese Situation an.

10. Aufgabe

Wann ist eine Binomialverteilung zu erwarten?

11. Aufgabe

Zeigen Sie: Wenn X gemäß $P(X = k) = B(k \mid p, n) = \binom{n}{k} \cdot p^k \cdot (1 - p)^{n-k}$ binomial verteilt ist, dann ist auch $Y = n - X$ binomial verteilt.

12. Aufgabe

Eine faire Münze wird fünfmal hintereinander geworfen. Es sei X die Zufallsvariable, deren Werte gleich der Anzahl der geworfenen Köpfe ist.
a. Geben Sie die Dichte- und die Verteilungsfunktion von X an.
b. Berechnen Sie Erwartungswert, Varianz und Standardabweichung von X.
c. Wie groß ist die Wahrscheinlichkeit, dass mindestens einmal »Kopf« geworfen wurde?

13. Aufgabe

Jetzt wird ein Würfel 5-mal geworfen.
a. Geben Sie die gesamte Wahrscheinlichkeitsverteilung der Zufallsvariablen X = Anzahl der geworfenen Sechsen an.
b. Wie groß ist die Wahrscheinlichkeit, mindestens einmal eine »sechs« zu würfeln?
c. Wie groß ist die Wahrscheinlichkeit, mindestens zweimal eine »sechs« zu würfeln?
d. Berechnen Sie den Erwartungswert von X.

14. Aufgabe

In Mitteleuropa besitzen 45 % der Menschen die Blutgruppe A. Es liegen die Blutspenden von 10 zufälligen Blutspendern vor. Es sei X die Zufallsvariable, die angibt, wie viele Spenden der Blutgruppe A darunter sind.
a. Geben Sie die allgemeine Formel für die Dichtefunktion von X an.
b. Wie groß ist die Wahrscheinlichkeit, unter diesen 10 zufälligen Blutspendern mindestens einen mit der Blutgruppe A vorzufinden?

15. Aufgabe

Eine Fluggesellschaft weiß aus empirischen Untersuchungen, dass im Durchschnitt 10 % der gebuchten Flugplätze storniert werden. Daher verkauft sie für eine Maschine mit 100 Sitzplätzen von vornherein 5 % mehr Flugtickets.

a. Sei X die Anzahl der Passagiere, die zum Abflug kommen und mitfliegen wollen. Geben Sie die allgemeine Formel für die Dichtefunktion von X an.
b. Wie groß ist die Wahrscheinlichkeit, dass die Maschine überbucht ist, dass also mehr Passagiere zum Abflug kommen, als Sitzplätze vorhanden sind?

16. Aufgabe

Bei der Herstellung eines gewissen Bauteils ergibt sich ein durchgehender Anteil fehlerhafter Bauteile von 3 %. Es wird eine Stichprobe von 100 Stück entnommen, die vollständig überprüft wird. Es sei X die Zufallsvariable, die angibt, wie viele fehlerhafte Bauteile bei dieser Überprüfung gefunden werden.

a. Geben Sie die allgemeine Formel für die Dichtefunktion von X an.
b. Wie groß ist der Erwartungswert von X? (Jetzt werden auch die, die es nicht sofort gesehen haben, sagen, dass man sich das auch ohne irgendwelche Theorie sofort hätte überlegen können. Recht haben sie! Aber für die folgenden Fragen brauchen wir wieder unserer Theorie).
c. Wie groß ist die Wahrscheinlichkeit, dass die Stichprobe überhaupt kein fehlerhaftes Bauteil enthält?
d. Wie groß ist die Wahrscheinlichkeit, dass die Stichprobe genau ein fehlerhaftes Bauteil enthält?
e. Wie groß ist die Wahrscheinlichkeit, dass die Stichprobe mehr als ein fehlerhaftes Bauteil enthält?

17. Aufgabe

In einer Lieferung von 200 Computern sind 35 Geräte fehlerhaft. Man entnimmt eine zufällige Stichprobe von 15 Rechnern. Es sei X die Zufallsvariable, die die Anzahl der fehlerhaften Rechner in der Stichprobe angibt.

a. Geben Sie die allgemeine Formel für die Dichtefunktion von X an. (Achtung, dies ist ein anderer Funktionstyp als die Dichtefunktion in der vorherigen Aufgabe!).
b. Wie groß ist die Wahrscheinlichkeit, mehr als einen defekten Rechner in der Stichprobe vorzufinden?

18. Aufgabe

Wann ist eine hypergeometrische Verteilung zu erwarten?

19. Aufgabe

Sie spielen Lotto 6 aus 49. Es sei X die Zufallsvariable, die angibt, wie viele richtige Ziffern Sie getippt haben.

a. Geben Sie die allgemeine Formel für die Dichtefunktion von X an.
b. Was ist der Erwartungswert von X?
c. Wie groß ist die Wahrscheinlichkeit, wenigstens eine richtige Zahl getippt zu haben?

20. Aufgabe

Averell Dalton zahlt in einer Bank 70 Tausend-Dollar-Scheine ein, von denen 15 gefälscht sind, sein Bruder Joe hat sie persönlich hergestellt. Der Bankdirektor prüft 5 der eingezahlten Scheine auf Echtheit. Es sei X die Zufallsvariable, die angibt, wie viele gefälschte Scheine der Bankdirektor findet.

a. Geben Sie die allgemeine Formel für die Dichtefunktion von X an.
b. Mit welcher Wahrscheinlichkeit fliegt Averell auf?

21. Aufgabe

Eine Urne enthält 5 rote Kugeln, 3 gelbe Kugeln und 2 blaue Kugeln. 2 Kugeln werden zufällig herausgenommen.

a. Wie lautet der Ereignisraum dieses Zufallsexperiments?
b. Es sei X die Anzahl der gezogenen gelben Kugeln. Welche Werte kann X annehmen?
c. Bestimmen Sie die Dichte, die Verteilungsfunktion, den Erwartungswert und die Varianz von X.

Stetige Zufallsvariable

24

In diesem Kapitel brauchen wir ein paar Kenntnisse aus der Analysis. Wir werden von stetigen Funktionen reden, werden diese integrieren und werden differenzierbare Funktionen ableiten. Ich hoffe hier, dass Sie die nötigen Kenntnisse dazu aus der Schule mitbringen. Gegebenenfalls verweise ich Sie wieder auf den Anhang zu diesem Buch »Was Sie immer über Analysis wissen wollten, aber nie zu fragen wagten«.

24.1 Was Sie wissen sollten

Auf die folgenden Besonderheiten möchte ich Sie aber hier und jetzt hinweisen:

- Sie (sollten) wissen: Bei stetigen Funktionen berechnet das Integral den Flächeninhalt unter einer Kurve. Uns interessiert hier nur der Fall, dass diese Kurve oberhalb der x-Achse verläuft.

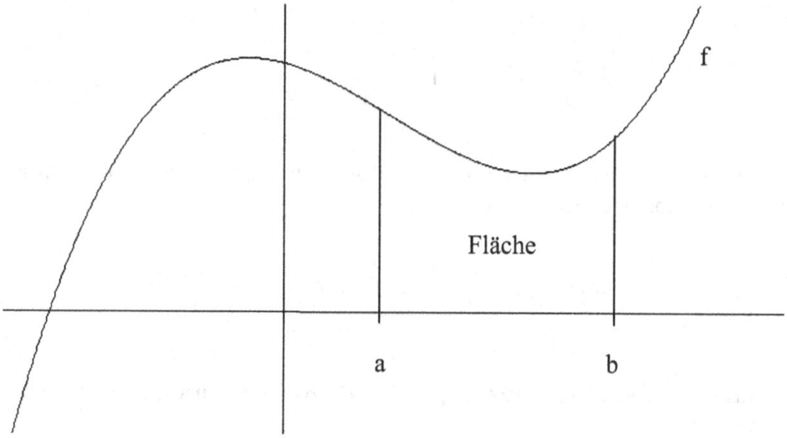

- Sie (sollten) wissen: Bei stetigen Funktionen f gibt es so genannte Stammfunktionen F, für die gilt: die Ableitung F' = f und es gilt: Fläche = F(b) – F(a). Man schreibt dafür:

$$\int_a^b f(x)\,dx$$

- Nun kann man auch in gewissen Fällen unendlich »breite« Flächen berechnen. Sehen Sie ein erstes Beispiel:

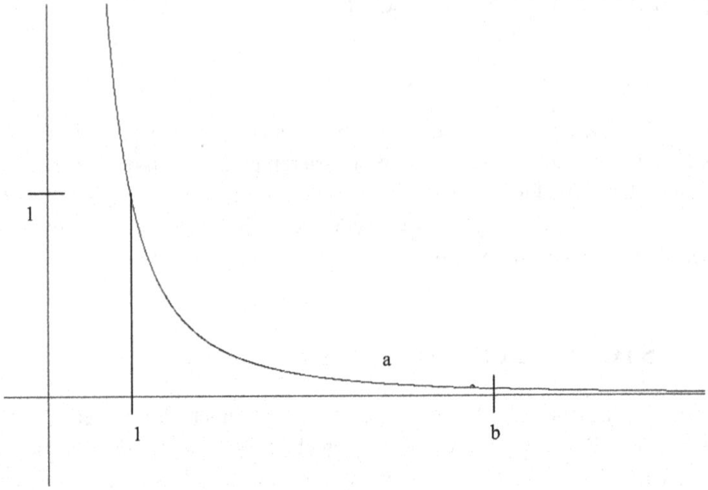

Für $f(x) = \frac{1}{x^2}$ ist beispielsweise $F(x) = -\frac{1}{x}$ eine Stammfunktion und daher ist:

$$\int_1^b \frac{1}{x^2}\,dx = 1 - \frac{1}{b}$$

Der Ausdruck auf der rechten Seite des Gleichheitszeichens wird = 1, wenn b gegen unendlich strebt, und man definiert:

$$\int_1^\infty \frac{1}{x^2}\,dx = \lim_{b \to \infty} \left(\int_1^b \frac{1}{x^2}\,dx \right) = \lim_{b \to \infty} \left(1 - \frac{1}{b} \right) = 1$$

- Was für eine Richtung klappt, klappt auch für zwei Richtungen. Sehen Sie wieder ein Beispiel:

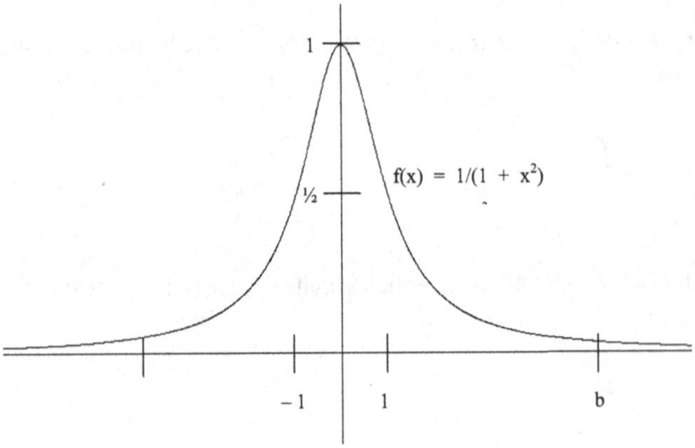

Für $f(x) = \dfrac{1}{1 + x^2}$ ist beispielsweise $F(x) = \arctan(x)$ eine Stammfunktion und daher ist:

$$\int_a^b \frac{1}{1 + x^2}\,dx = \arctan(b) - \arctan(a)$$

Der Ausdruck auf der rechten Seite des Gleichheitszeichens konvergiert sowohl für b gegen + unendlich und a gegen – unendlich. Daher ist es sinnvoll zu definieren:

$$\int_{-\infty}^{\infty} \frac{1}{1 + x^2}\,dx = \lim_{a \to -\infty}\left(\lim_{b \to \infty}\left(\int_a^b \frac{1}{1 + x^2}\,dx\right)\right) =$$

$$= \lim_{a \to -\infty}\left(\lim_{b \to \infty}\left(\arctan(b) - \arctan(a)\right)\right) = \lim_{a \to -\infty}\left(\frac{\pi}{2} - \arctan(a)\right) =$$

$$= \frac{\pi}{2} - \frac{-\pi}{2} = \pi$$

Solche Integrale in den Grenzen von $-\infty$ bis $+\infty$ werden jetzt dauernd vorkommen. Die einfachsten Fälle sind solche Integrale über Funktionen dieser Art:

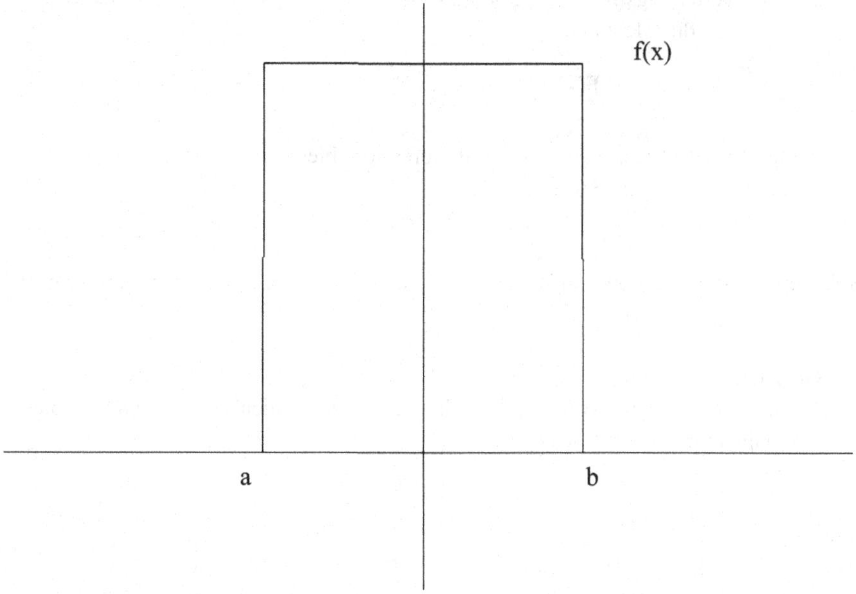

Hier ist $\displaystyle\int_{-\infty}^{\infty} f(x)\,dx = \int_a^b f(x)\,dx$

Wir betrachten jetzt den Fall, in dem Zufallsvariablen stetig sind. Was versteht man darunter? Da eine Zufallsvariable $X: \Omega \to \mathbf{R}$ auf einem Ereignisraum Ω definiert ist, ist es hier zunächst nicht möglich, den Begriff der Stetigkeit anzuwenden. Aber die Verteilungsfunktion F mit $F(x) = P(X \leq x)$ geht von **R** nach **R** und auf Grund ihrer Eigenschaften werden wir entscheiden, ob eine Zufallsvariable stetig ist oder nicht. Wenn F nicht stetig ist, ist auch die Zufallsvariable nicht stetig. Die Bilder 21-1, 21-2, 21-4, 21-5, 21-7 und 21-9 im letzten Kapitel zeigen Ihnen, dass unsere Zufallsvariablen bisher alle *nicht* stetig waren. Man erkennt nicht stetige Zufallsvariablen auch daran, dass sie nur diskrete Werte annehmen können.

24.2 Stetige Zufallsvariable

Folgendes ist eine mögliche Definition für eine stetige Zufallsvariable:

Definition:
Es sei $(\Omega, \mathcal{A}, P)$ ein Wahrscheinlichkeitsraum mit Zufallsvariable X. X heißt *stetig*, wenn es eine Funktion $f: \mathbf{R} \to \mathbf{R}$ gibt mit folgenden Eigenschaften:
(i) f ist stets ≥ 0

(ii) $$\int_{-\infty}^{\infty} f(t)\,dt = 1$$

(iii) Die Verteilungsfunktion $F: \mathbf{R} \to \mathbf{R}$ mit $F(x) = P(X \leq x)$ erfüllt für alle $x \in \mathbf{R}$ die Gleichung:
$$\int_{-\infty}^{x} f(t)\,dt = F(x)$$

Analog zum diskreten Fall (dort wurde summiert, hier wird integriert) heißt die Funktion f die *Dichte* von X.

Solch eine Verteilungsfunktion ist bei integrierbarem f immer stetig. Insbesondere gilt:

Satz 24.1
Bei einer stetigen Zufallsvariable X ist die die Wahrscheinlichkeit, dass ein einzelner Wert angenommen wird, stets = 0.

Beweis:
Es ist: $P(X = x) = F(x) - \lim\limits_{\substack{y \to x \\ y < x}} F(y) = 0$ wegen der Stetigkeit von F.

q.e.d

Es ist nützlich, sich noch einmal klar zu machen, dass im Falle der diskreten Zufallsvariablen *Augenzahl* beim Würfeln mit einem Würfel dagegen beispielsweise galt:

$$P(X = 3) = F(3) - \lim_{\substack{y \to 3 \\ y < 3}} F(y) = \frac{1}{2} - \frac{1}{3} = \frac{1}{6}$$

Bei stetigen Zufallsvariablen werden wir die Wahrscheinlichkeit von ganzen Intervallen betrachten.

(»X liegt zwischen a und b«) $= P(a \leq X \leq b) = F(b) - F(a) = \int_a^b f(t)\,dt$

Wir betrachten zwei Beispiele:

- Die *Gleichverteilung* **U(a, b)**: Eine Zufallsvariable hat eine stetige Gleichverteilung (das U steht für das englische Wort *u*niform distribution) auf dem offenen Intervall]a, b[, falls X die Dichte

  $f(x) = \dfrac{1}{b - a}$ für $a < x < b$ und $f(x) = 0$ in allen anderen Fällen besitzt.

  Dann ist die Verteilungsfunktion F bestimmt durch:

  $F(x) = 0$ für $x \leq a$, $F(x) = \dfrac{x - a}{b - a}$ für $a < x < b$ und $F(x) = 1$ für $x \geq b$

  Man sagt: $X \sim U(a, b)$. Wir erhalten folgende Bilder:

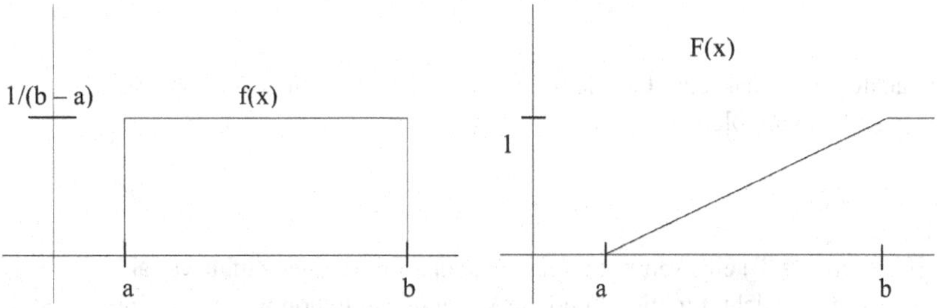

Bild 24-1: Dichte- und Verteilungsfunktion der Gleichverteilung U(a, b)

- Das zweite Beispiel, das ich mit Ihnen diskutieren möchte, schließt an unsere Diskussion von $\dfrac{1}{1 + x^2}$ an. Wir hatten berechnet: $\displaystyle\int_{-\infty}^{\infty} \frac{1}{1 + x^2}\,dx = \pi$

  Also definieren wir jetzt:

  $f(x) = \dfrac{1}{\pi} \cdot \dfrac{1}{1 + x^2}$ Und wissen: $\displaystyle\int_{-\infty}^{\infty} f(x)\,dx = 1$

  wie es sich für eine anständige Dichtefunktion gehört. Es ist außerdem

  $$F(x) = \int_{-\infty}^{x} f(t)\,dt = \frac{1}{\pi} \arctan(x) + \frac{1}{2}$$

Wir erhalten die folgenden Bilder:

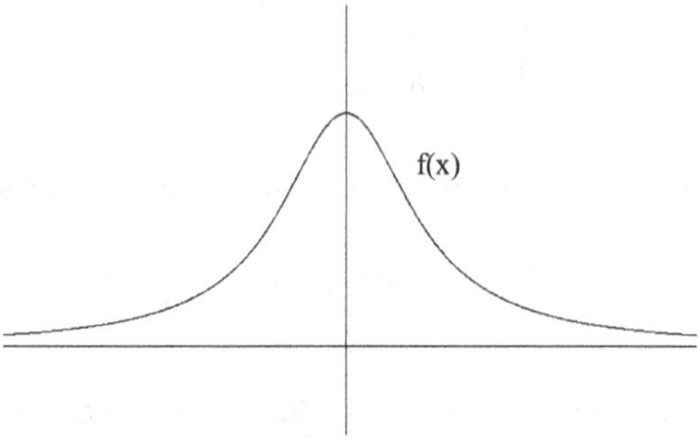

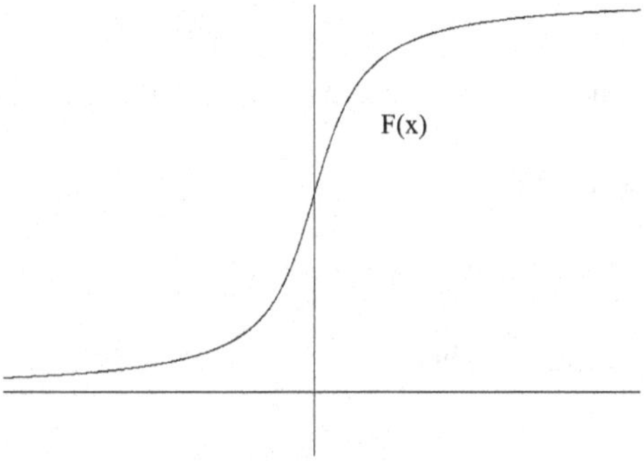

Ganz analog zum diskreten Fall definiert man die Erwartungswerte und Varianzen von stetigen Zufallsvariablen:

Definition:
Es sei $(\Omega, \mathcal{A}, P)$ ein Wahrscheinlichkeitsraum mit stetiger Zufallsvariable X. Zu X gehöre die Dichtefunktion f und die Verteilungsfunktion F. Dann definiert man den *Erwartungswert* **E(X)** von X durch:

$$E(X) = \int_{-\infty}^{\infty} t \cdot f(t)\, dt$$

Die *Varianz* Var(X) wird definiert durch

$$\mathrm{Var}(X) = \int_{-\infty}^{\infty} (t - E(X))^2 \cdot f(t)\, dt = E((X - E(X))^2)$$

Und die *Standardabweichung* $\sigma(X)$ ist wieder $\sigma(X) := \sqrt{\mathrm{Var}(X)}$.

Wieder (wie bei der Definition der Varianz von diskreten Zufallsvariablen) gilt das Gleichheitszeichen in der Definition der Varianz nur auf Grund einer Überlegung, die zu der in Satz 21.4. analog ist.

Wir berechnen im Falle unserer beiden Beispiele:

- Falls $f(x) = \frac{1}{b - a}$ für $a < x < b$ und $f(x) = 0$ in allen anderen Fällen ist, ist
  $$E(X) = \int_a^b t \cdot \frac{1}{b - a}\, dt = \frac{1}{b - a} \cdot \frac{1}{2} \cdot (b^2 - a^2) = \frac{1}{2} \cdot (b + a)$$
  und
  $$Var(X) = \int_a^b (t - \frac{b + a}{2})^2 \cdot \frac{1}{b - a}\, dt =$$
  $$= \left(\frac{b^3}{3} - \frac{a^3}{3}\right) \cdot \frac{1}{b - a} - (b^2 - a^2) \cdot \frac{b + a}{2} \cdot \frac{1}{b - a} + \frac{(b + a)^2}{4} =$$
  $$= \frac{4\,b^2 + 4\,ab + 4\,a^2 - 3\,b^2 - 6\,ab - 3\,a^2}{12} = \frac{(a - b)^2}{12}$$
- Falls $f(x) = \frac{1}{\pi} \cdot \frac{1}{1 + x^2}$ ist, gilt: $G(x) = \frac{1}{2 \cdot \pi} \cdot \log(1 + x^2)$
  ist eine Stammfunktion für $x \cdot f(x)$. Diese Funktion wächst sowohl unbeschränkt für x gegen $+\infty$ als auch für x gegen $-\infty$. Das heißt, unser Integral existiert nicht, hier gibt es keinen Erwartungswert. Auch so etwas kann vorkommen.

Die nächste Verteilung aber, die wir untersuchen werden, ist sehr berühmt und der Erwartungswert und die Varianz werden hier stets existieren. Ich spreche von der *Normalverteilung.* Für sie spendieren wir einen eigenen Abschnitt.

24.3 Die Standard-Normalverteilung

Die Normalverteilung, man nennt sie zu Ehren von Carl Friedrich Gauß auch die *Gaußsche Normalverteilung*, entsteht, wenn man beispielsweise Bernoulli-Experimente unendlich oft durchführt. Die Dichtefunktion der Normalverteilung wird durch die so genannte *Gaußsche Glockenkurve* dargestellt, die Gauß selber gefunden hat, als er um 1823 mit umfangreichen Landvermessungsarbeiten betraut war und untersuchen wollte, welchen Einfluss zufällige Messfehler auf seine Ergebnisse hatten.

Ich möchte Ihnen ein wenig vorführen, wie so etwas zu Stande kommt. Dazu betrachten wir ein beliebiges Bernoulli-Experiment, das mit der Wahrscheinlichkeit p Erfolg hat und das n mal durchgeführt wird. Dieses n soll nun immer größer werden. Die Zufallsvariable X_n, die die Anzahl der Erfolge auswertet,

- hat die Dichtefunktion $f(k) = \binom{n}{k} \cdot p^k \cdot (1 - p)^{n-k}$ für $0 \le k \le n$ und $f(x) = 0$ für alle anderen x
- den Erwartungswert $n \cdot p$
- und die Varianz $n \cdot p(1 - p)$.

Um die verschiedenen X_n für immer größer werdende n miteinander vergleichen zu können, muss ich sie standardisieren. Ohne Standardisierung erhält man Bilder, wie Sie sie auf der nächsten Seite im Bild 24-2 sehen können. Hier sind (im gleichen Maßstab) die als Rechtecke dargestellten Dichtefunktionen für n = 8, n = 16 und n = 24 abgebildet. *Genauer:* Hier sind Rechtecke mit der Breite 1 und mit der jeweiligen Höhe der diskreten Dichtefunktion abgebildet, deren Flächensumme (das Integral) gerade die Verteilungsfunktion von X_n ergeben. p ist hier stets 0.5. Und Sie sehen, dass die Verteilungen »immer breiter« und immer flacher werden.
Wenn man dagegen die Zufallsvariablen standardisiert und vergleichbar macht, erhalten wir

für $$X_n^* = \frac{X_n - E(X_n)}{\sigma(X_n)} = \frac{X_n - n\cdot p}{\sqrt{n\cdot p\cdot(1-p)}}$$

die Dichtefunktion $$f(k) = \binom{n}{k}\cdot p^k\cdot(1-p)^{n-k}$$

für die Werte (Achtung, *hier* geht jetzt die Standardisierung ein)

$$\left\{\frac{k - n\cdot p}{\sqrt{n\cdot p\cdot(1-p)}} \mid k \in N \text{ und } 0 \le k \le n\right\}$$

Und f(x) = 0 an allen anderen Stellen.

Wenn ich diese Werte für n = 8, 16 und 24 bei jeweils p = 0.5 bestimme, erhalte ich (ungefähre Angaben):

n	k = 0	1·n/8	2·n/8	3·n/8	4·n/8	5·n/8	6·n/8	7·n/8	k = n
8	– 2,83	– 2,12	– 1,41	– 0,71	0	0,71	1,41	2,12	2,83
16	– 4	– 3	– 2	– 1	0	1	2	3	4
24	– 4,90	– 3,67	– 2,45	– 1,22	0	1,22	2,45	3,67	4,90

Und wenn ich die jeweils berechneten Werte der Dichtefunktion nicht mehr an den Stellen k, sondern an den zugehörigen Stellen aus dieser Tabelle eintrage, erhalte ich die Bilder aus Abbildung 24-3. Zwei Werte, an denen die Dichtefunktion von $X_n \neq 0$ sind, liegen um

$$\frac{(k+1) - n\cdot p}{\sqrt{n\cdot p\cdot(1-p)}} - \frac{k - n\cdot p}{\sqrt{n\cdot p\cdot(1-p)}} = \frac{1}{\sqrt{n\cdot p\cdot(1-p)}} = b_n$$

auseinander. Darum habe ich hier lauter Rechtecke der Breite b_n und der Höhe $\frac{f(k)}{b_n}$. Deren Flächeninhalt ist gerade f(k).
In Abbildung 24-4 sehen Sie diese Bilder noch einmal, diesmal eingehüllt von der Gaußschen Standard-Glockenkurve, die auch die Normalverteilung definiert:

$$f(x) = \frac{1}{\sqrt{2\pi}}\exp\left(-\frac{x^2}{2}\right)$$

In Bild 24-2 einerseits und in den Bildern 24-3 und 24-4 andererseits liegt jeweils derselbe Maßstab vor.

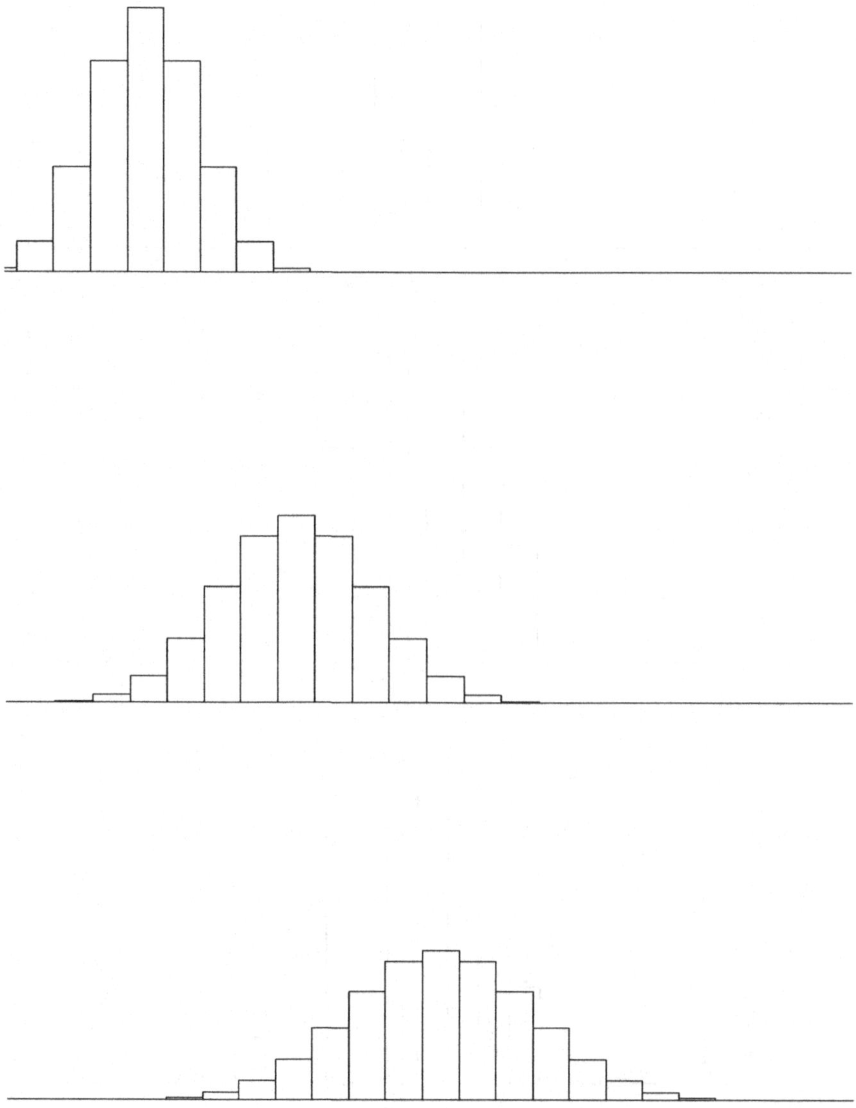

Bild 24-2: Die als Rechtecke dargestellten Dichtefunktionen binomischer Verteilungen für n = 8, n = 16 und n = 24.

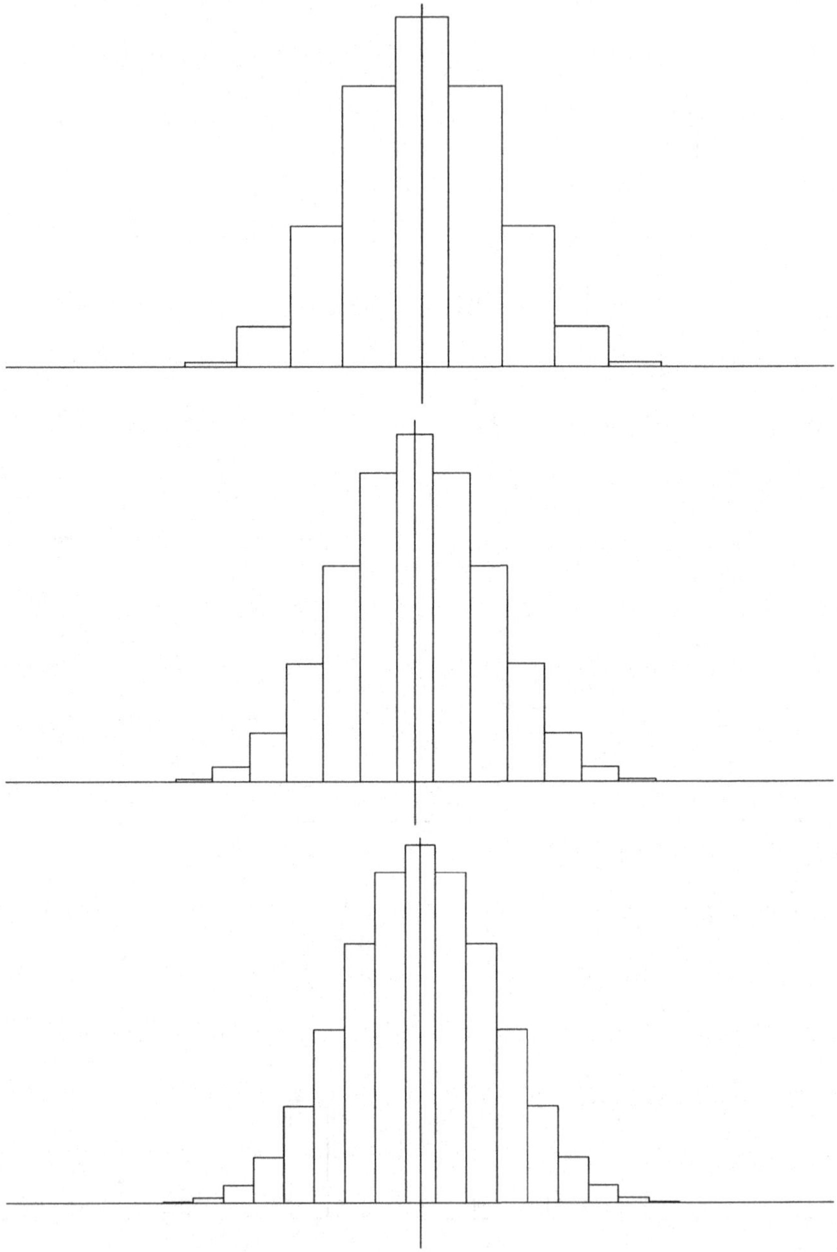

Bild 24-3: Die als Rechtecke dargestellten Dichtefunktionen standardisierter binomischer Verteilungen für n = 8, n = 16 und n = 24

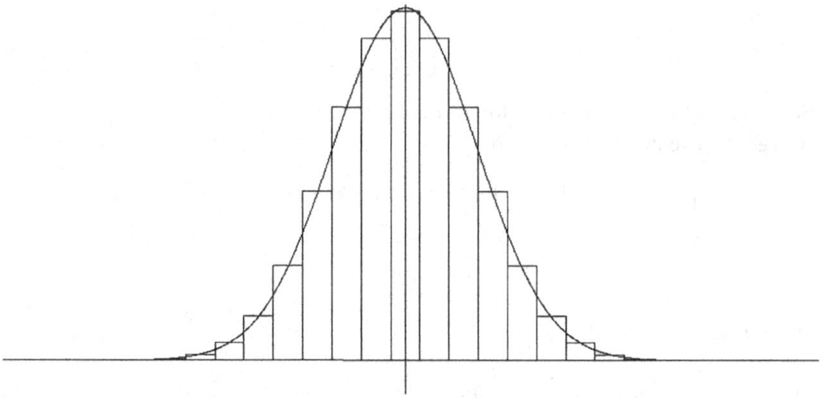

Bild 24-4: Die als Rechtecke dargestellten Dichtefunktionen standardisierter binomischer Verteilungen für n = 24 mit einhüllender Glockenkurve

Ich fasse das bisher Gesagte zusammen:

- Noch völlig ins Unreine gesprochen (die exakte Mathematik folgt auf dem Fuße) gilt: Eine stetige Zufallsvariable, deren Dichte durch die Gaußsche Glockenfunktion wiedergegeben wird, heißt *normal verteilt.*
- Und weiter gilt: Wenn man ein Bernoulli-Experiment unendlich oft wiederholt und die zugehörigen Zufallsvariablen, die binomial verteilt sind, standardisiert, dann konvergieren die zugehörigen Verteilungsfunktionen gegen die Verteilungsfunktion der Normalverteilung.

Dieser wichtige Sachverhalt ist schon schwer zu formulieren, vom beweisen wollen wir jetzt gar nicht reden.

Wir erinnern:
$$B(k \mid p, n) = \binom{n}{k} \cdot p^k \cdot (1 - p)^{n-k}$$
$$b_{n,p} = \frac{1}{\sqrt{n \cdot p \cdot (1 - p)}}$$

Wir definieren:
$$\text{LinkeGrenze}(n, p, k) = \frac{k - n \cdot p - 0.5}{\sqrt{n \cdot p \cdot (1 - p)}}$$
$$\text{RechteGrenze}(n, p, k) = \frac{k - n \cdot p + 0.5}{\sqrt{n \cdot p \cdot (1 - p)}}$$

Und wir behaupten:

Satz 24.2 Grenzwertsatz von Moivre-Laplace
Sei (genau wie in unseren Bildern)

$$f_n(x) = \begin{cases} B(k \mid p, n) / b_{n,p}, & \text{LinkeGrenze}(n,p,k) \leq x < \text{RechteGrenze}(n,p,k) \\ 0, & \text{sonst} \end{cases}$$

Dann ist für jeden Wert

$$0 < p < 1: \lim_{n \to \infty} f_n(x) = f(x) = \frac{1}{\sqrt{2\pi}} \exp\left(-\frac{x^2}{2}\right)$$

Wir haben (und das gilt sogar einschließlich des Analysis-Anhangs dieses Buches) nicht genug Analysis zur Verfügung, um diesen Satz beweisen zu können. Ich verweise dazu auf die weiterführende Literatur, beispielsweise [Fell1].

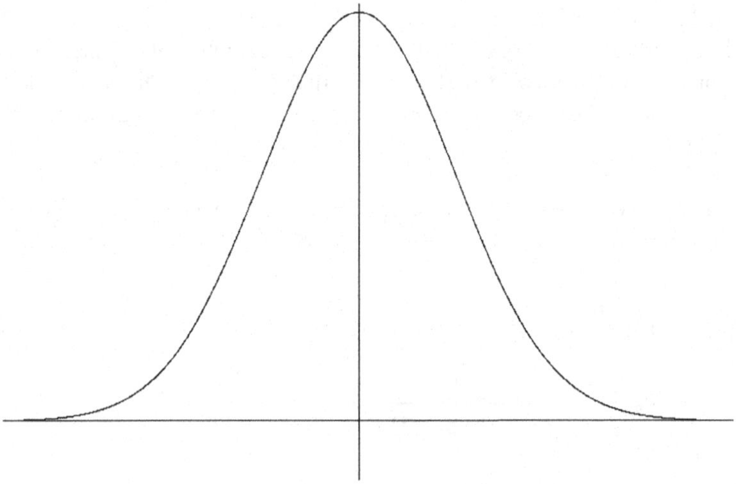

Bild 24-5: Graph der Standard-Glockenkurve, dargestellt von – 4 bis 4. Die Höhe beträgt ungefähr 0,4

Die Normalverteilung liefert uns also entscheidende Informationen über die Verteilung von genügend häufig durchgeführten Bernoulli-Experimenten. Es gilt:
Sei X eine binomial verteilte Zufallsvariable X, X* sei die Standardisierung

$$\frac{X - E(X)}{\sigma(X)}$$

und entsprechend sei für beliebiges k der »standardisierte« Wert k* definiert durch

$$k^* = \frac{k - E(X)}{\sigma(X)}$$

Dann ist:

$$P(X \leq k) = P(X^* \leq k^*) \approx \frac{1}{\sqrt{2\cdot\pi}} \cdot \int_{-\infty}^{k^*} \exp\left(-\frac{x^2}{2}\right) dx$$

Diese Übereinstimmung ist um so besser, desto größer das n im Binomialkoeffizienten $\binom{n}{k}$ der Binomialverteilung ist.

Zunächst stellen wir fest, ohne es zu beweisen, dass die Funktion der Glockenkurve ein guter Kandidat für eine Dichtefunktion ist. Es gilt nämlich:

Satz 24.3
Sei $f(x) = \frac{1}{\sqrt{2\pi}} \exp\left(-\frac{x^2}{2}\right)$. Dann ist

$$\int_{-\infty}^{\infty} f(t)\,dt = \frac{1}{\sqrt{2\cdot\pi}} \cdot \int_{-\infty}^{\infty} \exp\left(-\frac{t^2}{2}\right) dt = 1.$$

Und es folgt:

Satz 24.4
Für eine stetige Zufallsvariable X mit der Dichtefunktion

$$\varphi(x) = \frac{1}{\sqrt{2\cdot\pi}} \cdot \exp\left(-\frac{x^2}{2}\right)$$

gilt:
(i) $E(X) = 0$
(ii) $Var(X) = 1$

Beweis:
(i) bedeutet: $\frac{1}{\sqrt{2\cdot\pi}} \cdot \int_{-\infty}^{\infty} t \cdot \exp\left(-\frac{t^2}{2}\right) dt = 0$. Das folgt aber aus der Tatsache,

dass $-\exp\left(-\frac{t^2}{2}\right)$ eine Stammfunktion für $t \cdot \exp\left(-\frac{t^2}{2}\right)$ ist und dass sowohl

$\lim_{t\to-\infty} \exp\left(-\frac{t^2}{2}\right) = 0$ als auch $\lim_{t\to+\infty} \exp\left(-\frac{t^2}{2}\right) = 0$ gilt.

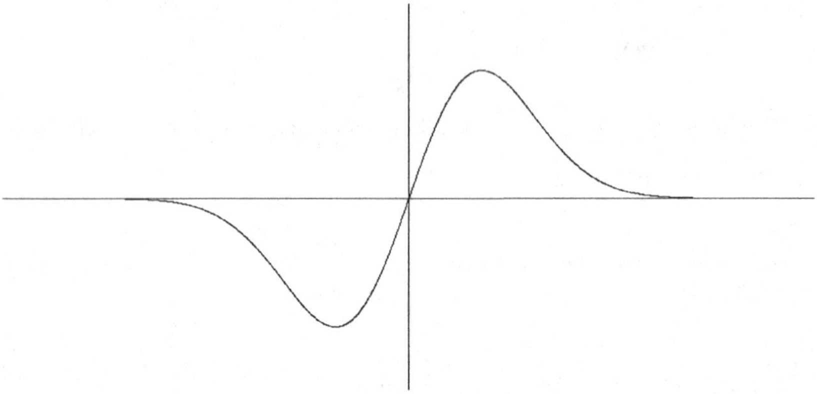

Bild 24-6: Graph von $t \cdot \exp(-t^2/2)$ zwischen -6 und 6 und der Höhe 1 und -1.

Für (ii) muss man $\frac{1}{\sqrt{2 \cdot \pi}} \cdot \int_{-\infty}^{\infty} t^2 \cdot \exp\left(-\frac{t^2}{2}\right) dt$ berechnen. Es gilt aber nach der Produktregel:

$$\int t^2 \cdot \exp\left(-\frac{t^2}{2}\right) dt = -t \cdot \exp\left(-\frac{t^2}{2}\right) + \int \exp\left(-\frac{t^2}{2}\right) dt$$

Da sowohl

$$\lim_{t \to -\infty} t \cdot \exp\left(-\frac{t^2}{2}\right) = 0 \quad \text{als auch} \quad \lim_{t \to +\infty} t \cdot \exp\left(-\frac{t^2}{2}\right) = 0 \text{ gilt, folgt:}$$

$$\frac{1}{\sqrt{2 \cdot \pi}} \cdot \int_{-\infty}^{\infty} t^2 \cdot \exp\left(-\frac{t^2}{2}\right) dt = \frac{1}{\sqrt{2 \cdot \pi}} \cdot \int_{-\infty}^{\infty} \exp\left(-\frac{t^2}{2}\right) dt$$

wegen Satz 24.3.

q. e. d.

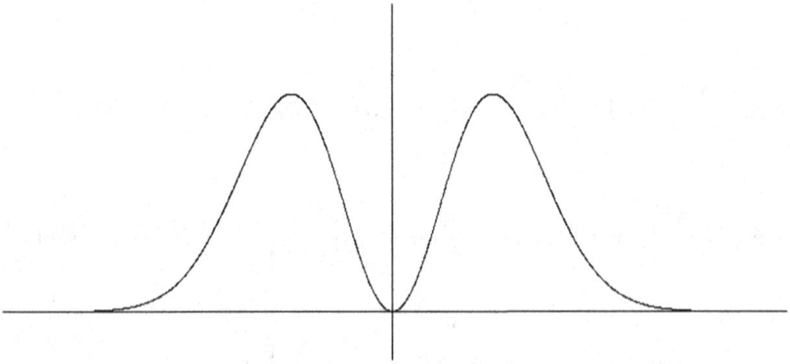

Bild 24-7: Graph von $t^2 \cdot \exp(-t^2/2)$ zwischen -6 und 6 und mit der Höhe 1.

Definition:
Die stetige Zufallsvariable X habe die Dichtefunktion

$$\varphi(x) = \frac{1}{\sqrt{2\cdot\pi}} \cdot \exp\left(-\frac{x^2}{2}\right)$$

Dann heißt X *standardnormalverteilt* oder auch (wegen Erwartungswert 0 und Varianz 1) **N(0, 1)**-*verteilt*. Man schreibt auch für die Zufallsvariable X oft das Symbol **N(0, 1)**.

Die *Verteilungsfunktion einer standardnormalverteilten* Zufallsvariable wird grundsätzlich mit dem Buchstaben Φ symbolisiert. Es gilt:

$$\Phi(x) = P(X \leq x) = P(\,N(0,1) \leq x\,) = \frac{1}{\sqrt{2\cdot\pi}} \cdot \int_{-\infty}^{x} \exp\left(-\frac{t^2}{2}\right) dt$$

Diese Funktion Φ ist sehr wichtig für alle Arbeiten mit normal verteilten Zufallsvariablen, aber sie ist leider nicht durch eine geschlossene Formel zu berechnen, man kann sie nur numerisch bestimmen. Darum finden Sie in fast jedem Buch über Wahrscheinlichkeitsrechnung und/oder Statistik eine Tabelle mit Werten dieser Funktion[1]. Ihr Graph sieht folgendermaßen aus:

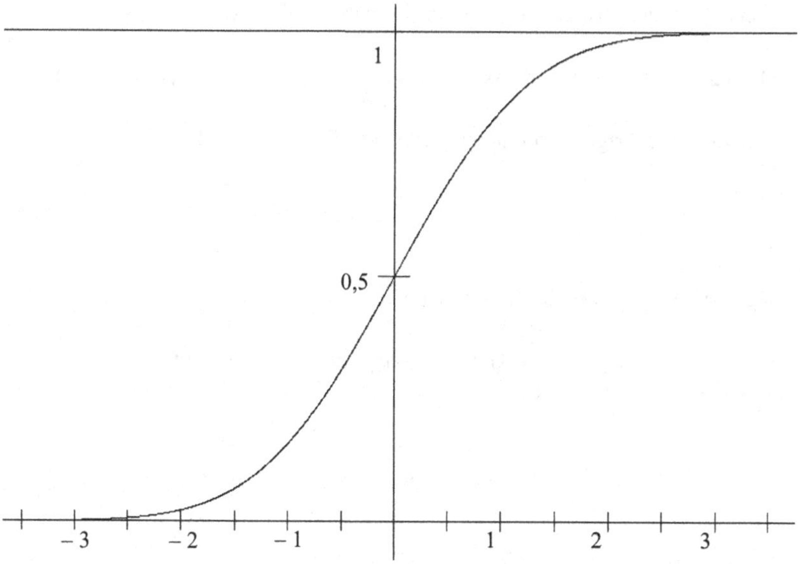

Bild 24-8: Graph der Verteilungsfunktion Φ(x) der Standardnormalverteilung

[1] So auch in diesem Buch. Vergleichen Sie Anhang 2 am Ende des Buches.

Statistiker arbeiten sehr viel mit Tabellenkalkulationssoftware. Beispielsweise können Sie die Werte der Standardnormalverteilung mit der Funktion NORMVERT aus Microsoft Excel berechnen lassen. Das hilft uns Informatikern leider nicht beim Programmieren. Aber ich verdanke dem Buch von Norbert Henze [Henze] einen sehr interessanten Hinweis. Dort steht, dass man für $x \geq 0$ die Funktion $\Phi(x)$ mit einem maximalen Fehler, der kleiner als 10^{-5} ist, folgendermaßen darstellen kann:

(i) Setze $a_1 = 0{,}4361836 \ , \ a_2 = -0{,}1201676 \ , \ a_3 = 0{,}937298$

(ii) Setze $b = 0{,}33276$ und $y = \dfrac{1}{1 + b \cdot x}$

(iii) Dann ist für $x \geq 0$:

$$\Phi(x) \approx 1 - \frac{1}{\sqrt{2\pi}} \exp\left(-\frac{x^2}{2}\right) \cdot (a_1 y + a_2 y^2 + a_3 y^3)$$

Genau mit dieser Formel (und dem folgenden Satz 24.5) habe ich die obige Graphik erzeugt.

Die Symmetrie der Dichtefunktion der Standardnormalverteilung erlaubt es uns, aus der Tabellierung der positiven Werte von $\Phi(x)$ die negativen Werte alle leicht berechnen zu können.

Satz 24.5
Sei X eine standardnormalverteilte Zufallsvariable und sei $x > 0$.

(i) Dann gilt für die Dichtefunktion $\varphi(t) = \dfrac{1}{\sqrt{2 \cdot \pi}} \cdot \exp\left(-\dfrac{t^2}{2}\right)$: $\varphi(-x) = \varphi(x)$

(ii) Und die zugehörige Verteilungsfunktion erfüllt: $\Phi(-x) = 1 - \Phi(x)$

Beweis:
Beziehung (i) ist sofort klar. Für (ii) rechnet man:

$$\Phi(-x) = \int_{-\infty}^{-x} \varphi(t)\,dt = \int_{x}^{\infty} \varphi(t)\,dt = \int_{-\infty}^{\infty} \varphi(t)\,dt - \int_{-\infty}^{x} \varphi(t)\,dt =$$

$$= 1 - \Phi(x)$$

q. e. d.

Man tabelliert also meistens nur die Werte für positive x. Abhängig von der gewählten Genauigkeit ist der größte x-Wert, für den der Wert von $\Phi(x)$ angegeben wird. Bei einer Genauigkeit von 4 Stellen hinter dem Komma erhält man ab $x = 3{,}9$ nur noch den Funktionswert $\Phi(x) = 1$.

Bezüglich der Approximation von binomial verteilten Zufallsvariablen finden Sie in den Büchern (vgl. [Hart]) die folgende Regel:

Regel zur Berechnung von binomial verteilten Zufallsvariablen mit Hilfe der Standardnormalverteilung:

Es sei X eine (diskrete) binomial verteilte Zufallsvariable, für die gilt:

$$P(X = k) = B(k \mid p, n) = \binom{n}{k} \cdot p^k \cdot (1 - p)^{n-k}$$

Falls n so groß ist, dass sowohl $n \cdot p > 5$ als auch $n \cdot (1 - p) > 5$ sind, sind im allgemeinen die folgende Berechnungen genügend genau:

(i) Für alle $0 \leq k_1 \leq k_2 \leq n$ setze man: $P(k_1 \leq X \leq k_2) \approx$

$$\approx \Phi\left(\frac{k_2 - np + 0{,}5}{\sqrt{np(1 - p)}}\right) - \Phi\left(\frac{k_1 - np - 0{,}5}{\sqrt{np(1 - p)}}\right)$$

(ii) Für alle $0 \leq k \leq n$ setze man: $P(X \leq k) \approx \Phi\left(\frac{k - np + 0{,}5}{\sqrt{np(1 - p)}}\right)$

(iii) Und $P(X < k) \approx \Phi\left(\frac{k - np - 0{,}5}{\sqrt{np(1 - p)}}\right)$

Betrachten Sie ein Beispiel:

- Man teste einen Würfel (Zufallsgenerator etc.) auf seine Qualität: Die Hypothese sei: Ein bestimmter Würfel sei fair, d. h. er sei korrekt. Er wird 4500-mal gewürfelt. Wie groß ist die Wahrscheinlichkeit, dass die »sechs«

  – öfter als $\frac{4500}{6} + 50 = 750 + 50 = 800$ mal oder

  – weniger als $\frac{4500}{6} - 50 = 750 - 50 = 700$ mal

geworfen wird?

Antwort: Es sei X die Zufallsvariable, die die Anzahl der Sechsen zählt. Dann ist X binomial verteilt, wobei hier $p = \frac{1}{6}$ ist. Es ist $n \cdot p = 750 > 5$ und $n \cdot (1 - p) = 3750 > 5$. Wir können also getrost mit der Approximation Φ arbeiten. Unsere Zufallsvariable hat den Erwartungswert $E(X) = n \cdot p = 750$ und die Varianz $Var(X) = n \cdot p(1 - p) = 625$.

Wir müssen nun berechnen:

$$P(X > 800) = 1 - P(X \leq 800) \approx$$

$$\approx 1 - \Phi\left(\frac{800 - 750 + 0{,}5}{\sqrt{625}}\right) = 1 - \Phi\left(\frac{50{,}5}{25}\right) = 1 - \Phi(2{,}02) =$$

(siehe unsere Tabelle im Anhang 2)

$$= 1 - 0{,}97831 = 0{,}02169$$

und

$$P(X < 700) \approx$$

$$\approx \Phi\left(\frac{700 - 750 - 0{,}5}{\sqrt{625}}\right) = \Phi\left(-\frac{50{,}5}{25}\right) = 1 - \Phi(2{,}02) =$$

$$= 0{,}02169$$

Und unsere Antwort lautet:

Die Wahrscheinlichkeit, dass sich die Anzahl der gewürfelten Sechsen bei 4500 Würfen um mehr als 50 vom Erwartungswert 750 unterscheidet, beträgt $2 \cdot 0{,}02169 = 0{,}04338$. Das sind weniger als 4,5 %.

Ohne unsere Approximation Φ hätten Sie Ausdrücke der Art

$$B(k \mid \frac{1}{6}, n) = \binom{4500}{k} \cdot \left(\frac{1}{6}\right)^{k} \cdot \left(\frac{5}{6}\right)^{4500 - k}$$

für *alle* $k \in N$, $k \leq 700$ ausrechnen müssen. Das ist äußerst mühsam und mit Ungenauigkeiten verbunden.

24.4 Die allgemeine Normalverteilung

Die Standardnormalverteilung hatte den Erwartungswert 0 und die Varianz 1, d. h., auch die Standardabweichung hatte den Wert 1. Man kann nun für beliebig vorgegebene Erwartungswerte μ und Standardabweichungen $\sigma > 0$ Normalverteilungen mit genau diesen Parametern definieren. Dazu müssen wir ein wenig Vorarbeit leisten:
Zunächst stellen wir fest, ohne es zu beweisen, dass die Funktion einer leicht veränderten Glockenkurve ein guter Kandidat für eine derartige Dichtefunktion ist. Es gilt nämlich:

Satz 24.6

Sei $\mu \in \mathbf{R}$ beliebig, $\sigma \in \mathbf{R}$ beliebig aber > 0.

Sei $f(x) = \frac{1}{\sigma \cdot \sqrt{2\pi}} \exp\left(-\frac{1}{2} \cdot \left(\frac{x - \mu}{\sigma}\right)^2\right)$. Dann ist

(i) $\int\limits_{-\infty}^{\infty} f(t)\, dt = 1$

(ii) $\int\limits_{-\infty}^{\infty} t \cdot f(t)\, dt = \mu$

(iii) $\int\limits_{-\infty}^{\infty} (t - \mu)^2 \cdot f(t)\, dt = \sigma^2$

Alle drei Beziehungen folgen für die Leserinnen und Leser, die Übung im Integrieren haben, schnell aus den entsprechenden Eigenschaften der Standardnormalverteilung.

Man kann jetzt definieren:

Definition:

Die stetige Zufallsvariable X habe die Dichtefunktion

$$f(x) = \frac{1}{\sigma \cdot \sqrt{2\pi}} \exp\left(-\frac{1}{2} \cdot \left(\frac{x - \mu}{\sigma}\right)^2\right)$$

Dann heißt X *normalverteilt* oder auch (wegen Erwartungswert μ und Varianz σ^2) **$N(\mu, \sigma^2)$**-*verteilt*. Man schreibt auch für die Zufallsvariable X oft das Symbol **$N(\mu, \sigma^2)$**.

Sehen Sie im folgenden Bild drei verschiedene Normalverteilungen:

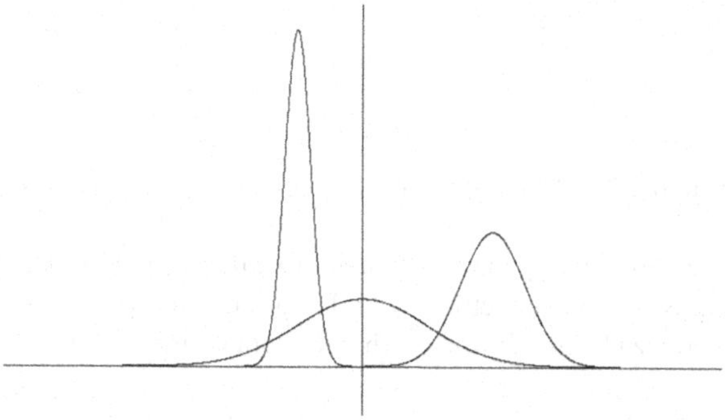

Bild 24-9: Drei Normalverteilungen: N(-1, 0.04) (links), Standard = N(0, 1) (Mitte) und N(2, 0.25) (rechts)

Satz 24.7

Für eine stetige Zufallsvariable X mit der Dichtefunktion

$$\varphi(x) = \frac{1}{\sigma\cdot\sqrt{2\pi}}\exp\left(-\frac{1}{2}\cdot\left(\frac{x-\mu}{\sigma}\right)^2\right)$$

ist der Erwartungswert $E(X) = \mu$ und die Varianz $Var(X) = \sigma^2$

Beweis:

Die Behauptungen folgen unmittelbar aus Satz 24.6.

q. e. d.

Die nächste Frage, die uns beunruhigt, ist die folgende: Müssen wir jetzt für jede der unendlich vielen Normalverteilungen $N(\mu, \sigma^2)$ die Verteilungsfunktionen neu ausrechnen, tabellieren, programmieren? Die Antwort lautet: Nein. Es gilt nämlich:

Satz 24.8

X sei eine stetige, normal verteilte Zufallsvariable X mit der Dichtefunktion

$$\varphi(x) = \frac{1}{\sigma\cdot\sqrt{2\pi}}\exp\left(-\frac{1}{2}\cdot\left(\frac{x-\mu}{\sigma}\right)^2\right)$$

X hat den Erwartungswert μ und die Standardabweichung σ. Es sei

$$F(x) = P(X \le x) = P(\,N(\mu,\sigma^2) \le x\,) = \int_{-\infty}^{x}\varphi(t)\,dt$$

die zugehörige Verteilungsfunktion. Es sei $\Phi(x)$ die Verteilungsfunktion der Standardnormalverteilung $N(0, 1)$. Dann gilt für alle $x \in \mathbf{R}$:

$$F(x) = \Phi\left(\frac{x-\mu}{\sigma}\right)$$

Beweis:

Man erhält dieses Ergebnis mit der Substitutionsregel der Integration. (vgl. Anhang 1).

Genau wie die Standardnormalverteilung symmetrisch zum Erwartungswert 0 ist, ist die allgemeine Normalverteilung $N(\mu, \sigma^2)$ symmetrisch zum Erwartungswert μ. Um diese einfache Tatsache besser zitieren zu können, machen wir auch daraus einen Satz:

Satz 24.9
X sei eine stetige, normal verteilte Zufallsvariable $N(\mu, \sigma^2)$. Dann gilt für die zugehörige Verteilungsfunktion:

$$F(\mu - x) = 1 - F(\mu + x)$$

Beweis:

$$F(\mu - x) = (\text{ nach Satz 24.8 }) = \Phi\left(\frac{\mu - x - \mu}{\sigma}\right) = \Phi\left(-\frac{x}{\sigma}\right) =$$

$$= (\text{ nach Satz 24.5 }) = 1 - \Phi\left(\frac{x}{\sigma}\right) = 1 - \Phi\left(\frac{\mu + x - \mu}{\sigma}\right) =$$

$$= (\text{ nach Satz 24.8 }) = 1 - F(\mu + x)$$

q. e. d.

Nun kann man für jede Normalverteilung die Wahrscheinlichkeiten der Ereignisse, deren Werte innerhalb gewisser Schranken liegen, einheitlich abschätzen. Es gilt:

Satz 24.10
X sei eine stetige, normal verteilte Zufallsvariable $N(\mu, \sigma^2)$. Dann gilt:
(i) $P(\mu - \sigma \leq X \leq \mu + \sigma) = 68{,}27\,\%$ (gerundet)
(ii) $P(\mu - 2\cdot\sigma \leq X \leq \mu + 2\cdot\sigma) = 95{,}44\,\%$ (gerundet)
(iii) $P(\mu - 3\cdot\sigma \leq X \leq \mu + 3\cdot\sigma) = 99{,}73\,\%$ (gerundet)
(iv) $P(\mu - 4\cdot\sigma \leq X \leq \mu + 4\cdot\sigma) = 99{,}99\,\%$ (gerundet)

Beweis:
Es wird beispielhaft Behauptung (ii) bewiesen:

Es ist $P(\mu - 2\cdot\sigma \leq X \leq \mu + 2\cdot\sigma) = F(\mu + 2\cdot\sigma) - F(\mu - 2\cdot\sigma) =$

$$= \Phi\left(\frac{\mu + 2\cdot\sigma - \mu}{\sigma}\right) - \Phi\left(\frac{\mu - 2\cdot\sigma - \mu}{\sigma}\right) = \Phi(2) - \Phi(-2)$$

$$= 2\cdot\Phi(2) - 1 = 2\cdot 0{,}9772 - 1 = 0{,}9544$$

q. e. d

Das folgende Bild zeigt Ihnen den geometrischen Hintergrund dieses Satzes:

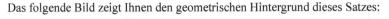

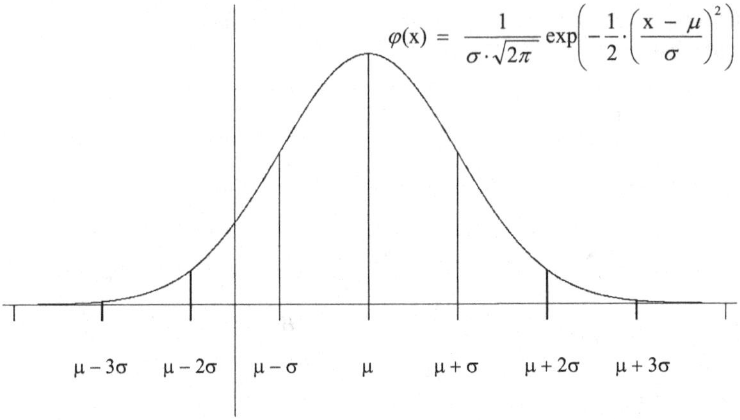

Man arbeitet mit diesen allgemeinen Normalverteilungen häufig folgendermaßen:

(i) Man setzt voraus, dass sich ein gegebenes Massenphänomen gemäß einer allgemeinen Normalverteilung verhält.

(ii) Man versucht, gute bzw. begründete Annahmen über den Erwartungswert und die Varianz dieser Normalverteilung zu machen.

(iii) Man leitet daraus Vorhersagen über die Wahrscheinlichkeit von Ereignissen ab.

(iv) Gegebenenfalls müssen diese Annahmen unter (i) und (ii) nach der Gegenüberstellung der Vorhersagen mit den tatsächlich eingetretenen Ereignissen korrigiert werden.

Betrachten Sie dazu ein Beispiel aus der Vorlesung von Falkenberg [Falk1], das Sie so oder in leichten Abwandlungen immer wieder in der Literatur finden:

Schauplatz dieses Beispiels ist ein Unternehmen, in dem Zucker hergestellt und in Packungen zu je 1000 Gramm für den Verkauf abgefüllt wird. Man nimmt an, dass die Zufallsvariable

$$X(\text{Packung}) = \text{Gewicht in Gramm}$$

normal verteilt ist. Dabei ist der Erwartungswert gerade $\mu = 1000$ Gramm (alles andere wäre für die Qualität der Abfüllung eine Katastrophe, die vor allen anderen Untersuchungen erst einmal geklärt werden müsste). Außerdem sei – beispielsweise durch empirische Messungen nahe gelegt – die Annahme vernünftig, dass die Varianz $\sigma^2 = 25$ ist.

1. Wie groß ist die Wahrscheinlichkeit, dass ein zufällig ausgewähltes Paket mindestens 1010 Gramm wiegt?

   Antwort: $P(X \geq 1010) = 1 - P(X < 1010) = 1 - P(X < \mu + 2 \cdot \sigma) =$
   $= 1 - \Phi(2) = 1 - 0{,}9772 = 0{,}0228$

2. Wie groß ist die Wahrscheinlichkeit, dass ein zufällig ausgewähltes Paket höchstens 995 Gramm wiegt?

   Antwort: $P(X \leq 995) = P(X \leq \mu - \sigma) = \Phi(-1) = 1 - \Phi(1) =$
   $= 1 - 0{,}8413 = 0{,}1587$

3. Wie groß ist die Wahrscheinlichkeit, dass ein zufällig ausgewähltes Paket ein Gewicht zwischen 985 und 1005 Gramm hat?

   Antwort: $P(985 \leq X \leq 1005) = P(X \leq 1005) - P(X < 985) =$
   $= P(X \leq \mu + \sigma) - P(X < \mu - 3\cdot\sigma) =$
   $= \Phi(1) - \Phi(-3) = \Phi(1) + \Phi(3) - 1 =$
   $= 0{,}8413 + 0{,}9987 - 1 = 0{,}84$

4. Umgekehrt: (Betrachten Sie dazu noch einmal unser Bild 24-8 mit der Verteilungsfunktion der Standardnormalverteilung.) Für jede Wahrscheinlichkeit zwischen 0 und 1 gibt es genau einen x-Wert für die Zufallsvariable X, bei dem die Verteilungsfunktion diesen Wert annimmt. Auf unser Beispiel übertragen muss man fragen:
   - Gegeben eine Wahrscheinlichkeit p. Was ist das Gewicht G_p, für das gilt: Die Menge aller Pakete, deren Gewicht höchstens G_p ist, hat die Wahrschein lichkeit p?

   Eine (leichter verständliche) äquivalente Formulierung dieser Fragestellung lautet:
   - Welches Gewicht hat ein Paket, das mit einer Wahrscheinlichkeit von höchstens p entnommen wird?

   Konkret:
   - Welches Gewicht G hat ein Paket, das mit einer Wahrscheinlichkeit von höchstens 90 % entnommen wird?

   Antwort: $\Phi(x) = 0{,}9$ liefert nach einem Blick in die Tabelle: $x \approx 1{,}28$. Aus:

   $$\frac{G - 1000}{5} = 1{,}28$$

   folgt: $G = 6{,}4 + 1000 = 1006{,}4$

5. Jetzt fragen wir:

   - Gegeben eine Wahrscheinlichkeit p. Was ist das Gewicht G_p, für das gilt: Die Menge aller Pakete, deren Gewicht mindestens G_p ist, hat die Wahrscheinlichkeit p?

Oder (äquivalent):

- Welches Gewicht hat ein Paket, das mit einer Wahrscheinlichkeit von mindes tens p entnommen wird?

Konkret:

- Welches Gewicht G hat ein Paket, das mit einer Wahrscheinlichkeit von min destens 95 % entnommen wird?

Antwort: $\Phi(x) = 0{,}95$ liefert nach einem Blick in die Tabelle: $x \approx 1{,}645$. Aus:

$$1 - F(G) = 0{,}95 \leftrightarrow 1 - \Phi\left(\frac{G - 1000}{5}\right) = 0{,}95 \leftrightarrow$$

$$\leftrightarrow \Phi\left(\frac{1000 - G}{5}\right) = 0{,}95 \leftrightarrow \frac{1000 - G}{5} = 1{,}645$$

folgt: $G = -8{,}225 + 1000 = 991{,}775$ Gramm

6. Wie sieht eine Gewichtsdifferenz d aus, sodass Pakete aus dem Bereich

$$[\mu - d, \mu + d] = [1000 - d, 1000 + d]$$

mit einer Wahrscheinlichkeit von 98 % zufällig ausgewählt werden?

Antwort: Es muss gelten:

$0{,}98$	$=$	$F(\mu + d) - F(\mu - d) = 2 \cdot F(\mu + d) - 1,$	also
$F(\mu + d)$	$=$	$0{,}99$	also
$\Phi(d / \sigma)$	$=$	$0{,}99$	also
$d / 5$	$=$	$2{,}33$	also
d	$=$	11,65 Gramm (= ungefähr das Zweifache der Standardabweichung)	

Wir werden das Beispiel gleich fortführen, stellen aber vorher noch ein wenig Theorie bereit, um gleich weitergehende Probleme bearbeiten zu können. Wir werden nämlich mehrere einzelne Zuckerpackungen zu größeren Paketen zusammenfassen und brauchen dafür die folgenden beiden Sätze:

Satz 24.11
Es seien X_1 und X_2 zwei stetige, stochastisch unabhängige, normal verteilte Zufallsvariablen $N(\mu_1, \sigma_1^2)$ und $N(\mu_2, \sigma_2^2)$. Dann gilt:
$X_1 + X_2$ ist ebenfalls normal verteilt mit Erwartungswert $\mu_1 + \mu_2$ und Varianz $\sigma_1^2 + \sigma_2^2$.

Für den Beweis, der einige fortgeschrittene Integrationstechniken benötigt, verweise ich Sie auf die Literatur, beispielsweise auf [Fisch]. Der Satz bleibt übrigens auch richtig, wenn man die Bedingung der Unabhängigkeit fallen lässt. Er ist dann aber noch schwerer zu beweisen. Vergleichen Sie bitte auch Satz 21.7, wo wir die Ergebnisse für Erwartungswert und Varianz leicht für diskrete Zufallsvariable haben beweisen können. Es folgt:

Satz 24.12
Sei $n \in \mathbf{N}$ beliebig, $n > 0$. $X_1, \ldots, X_n$ seien n stochastisch unabhängige normal verteilte Zufallsvariablen vom Typ $N(\mu, \sigma^2)$ (d.h., sie haben alle denselben Erwartungswert und dieselbe Varianz).

Es sei: $\overline{X} := \frac{1}{n} \cdot \sum_{i=1}^{n} X_i$. Dann ist $\overline{X}$ normal verteilt und vom Typ $N\left(\mu, \frac{\sigma^2}{n}\right)$.

Und nun sind wir bereit für die Bearbeitung des nächsten Problems im Zusammenhang mit unseren Zuckertüten:

7. Es werden jeweils zehn Pakete, deren Gewicht von den Zufallsvariablen $X_1, \ldots, X_{10}$ gemessen wird, zu einem großen Paket mit einer Folie zu einem Großpaket zusammengeschweißt. Wie groß ist die Wahrscheinlichkeit, dass solch ein Großpaket mehr als 10 120 Gramm wiegt? Das Gewicht der Folie sei ebenfalls normal verteilt und zwar mit Erwartungswert 100 und Varianz 16.

   Antwort: Es sei X_F die Zufallsvariable für das Foliengewicht. Wir müssen nun die Zufallsvariable:

   $$Y = X_1 + X_2 + X_3 + X_4 + X_5 + X_6 + X_7 + X_8 + X_9 + X_{10} + X_F$$

   untersuchen. Nach Satz 24.11 hat Y den Erwartungswert $\mu = 10100$ und die Varianz $\sigma^2 = 10 \cdot 25 + 16 = 266$.

   Dann ist $P(Y > 10120) = 1 - P(Y \leq 10120) =$

   $$= 1 - \Phi\left(\frac{10120 - 10100}{\sqrt{266}}\right) \approx 1 - \Phi(1,23) =$$
   $$= 1 - 0,8907 = 0,1093$$

   Das bedeutet: Die Wahrscheinlichkeit liegt ungefähr bei 11 %.

8. Zehn einzelne Zuckerpakete, deren Gewicht von den Zufallsvariablen $X_1, \ldots, X_{10}$ gemessen wird, werden zufällig entnommen. Wie groß ist die Wahrscheinlichkeit, dass das arithmetische Mittel des Gewichts dieser Pakete zwischen 999g und 1001 g liegt?

   Antwort: Es sei $\overline{X} := 0,1 \cdot \sum_{i=1}^{10} X_i$. Nach Satz 24.12 hat $\overline{X}$ den Erwartungswert $\mu = 1000$ und die Varianz $\sigma^2 = 25/10 = 2,5$.

   Dann ist $P(\overline{X} \leq 1001) - P(\overline{X} \leq 999) =$

$$= \Phi\left(\frac{1001 - 1000}{\sqrt{2{,}5}}\right) - \Phi\left(\frac{999 - 1000}{\sqrt{2{,}5}}\right) \approx$$

$$\approx \Phi(0{,}63) - \Phi(-0{,}63) = 2\cdot\Phi(0{,}63) - 1 = 2\cdot 0{,}7357 - 1 = 0{,}4714$$

Das bedeutet: Die Wahrscheinlichkeit liegt ungefähr bei 47,14 %.

24.5 Der zentrale Grenzwertsatz

Es war der russische national und international hoch geachtete Mathematiker Alexander Michailowitsch Ljapunow (1857–1918), der den folgenden *zentralen Grenzwertsatz* bewiesen hat und dabei Methoden entwickelte, die bis heute in der Wahrscheinlichkeitstheorie sehr wichtig sind.
Der zentrale Grenzwertsatz ist eine Verallgemeinerung unseres Satzes 24.2, des Grenzwertsatzes von Moivre-Laplace, und er macht deutlich, warum die Normalverteilung die wichtigste stetige Verteilung ist. Moivre-Laplace war ein Satz über Binomialverteilungen, der zentrale Grenzwertsatz verzichtet auf die Bedingung, dass die Verteilungen binomial sein müssen.

Satz 24.13 (Zentraler Grenzwertsatz)
Sei $n \in \mathbf{N}$ beliebig, $n > 0$. $X_1, \ldots, X_n$ seien n stochastisch unabhängige Zufallsvariablen, die alle den Erwartungswert μ und die Varianz σ^2 haben. Darüber hinaus sollen sie alle gleich verteilt sein, d.h. dieselbe Verteilungsfunktion besitzen. Es sei:

$$S_n := \sum_{i=1}^{n} X_i$$

die Zufallsvariable, die durch Summation der ersten n Zufallsvariablen X_i entsteht und

$$S_n^* = \frac{S_n - n\cdot\mu}{\sqrt{n}\cdot\sigma}$$

die zugehörige Standardisierung mit Erwartungswert 0 und Varianz 1.

Dann konvergieren die S_n^* gegen eine standardnormalverteilte Zufallsvariable, d.h., es gilt für alle $x \in \mathbf{R}$:

$$\lim_{n\to\infty} P(S_n^* \le x) = \Phi(x)$$

Der Beweis dieses Satzes ist zu schwierig für dieses Buch. Ich verweise die interessierten Leser auf die Literatur [Fell2]. Man kann die Voraussetzungen dieses Satzes noch abschwächen. Dieser Satz sagt, dass Zufallsvariablen, die die Summe vieler einzelner, verschiedener Einflüsse sind, normalverteilt sind. Darin liegt die Bedeutung dieser Verteilung.

Übungsaufgaben

1. Aufgabe

Unter welchen Umständen ist eine Normalverteilung zu erwarten?

2. Aufgabe

Sie haben in diesem Kapitel Beispiele gesehen, wo man nicht zu einem gegebenen Wert x die Wahrscheinlichkeit $\Phi(x)$ berechnet hat, sondern wo man sich gefragt hat: Zu welchem Wahrscheinlichkeitswert y gehört der Zufallsvariablenwert $\Phi^{-1}(y)$? Weiter unten sind auch mehrere Übungsaufgaben (7 e, 8 e, 9 e, 11b, 12 b, 12 c, 12 d) zu diesem Thema.

a. Zeichnen Sie den Graph von Φ^{-1}.
b. Sie wissen: $\Phi(-x) = 1 - \Phi(x)$. Folgern Sie daraus:
Für alle $0 < y < 0{,}5$ gilt: $\Phi^{-1}(0{,}5 - y) = -\Phi^{-1}(0{,}5 + y)$.

3. Aufgabe

a. X sei eine normal verteilte Zufallsvariable mit Erwartungswert 100 und Varianz 16. Skizzieren Sie die Graphen der Dichtefunktion und der Verteilungsfunktion und geben Sie die Formeln für beide Funktionen an.
b. X sei eine normal verteilte Zufallsvariable mit Erwartungswert μ und Varianz σ^2. Skizzieren Sie die Graphen der Dichtefunktion und der Verteilungsfunktion und geben Sie die Formeln für beide Funktionen an.

4. Aufgabe

a. Zeigen Sie: Für alle $a \in \mathbf{R}$, $a \neq 0$ und für alle $b \in \mathbf{R}$ gilt:
Falls X eine normal verteilte Zufallsvariable ist, ist auch $a \cdot X + b$ eine normal verteilte Zufallsvariable.
Hinweis: Beim exakten Beweis hilft die Substitutionsregel, vgl. Satz A1.49
b. X sei normal verteilt mit Erwartungswert μ und Standardabweichung σ. Es sei $a \in \mathbf{R}$, $a \neq 0$ und $b \in \mathbf{R}$ beliebig. Was ist der Erwartungswert und die Standardabweichung von $a \cdot X + b$? Gilt das immer oder nur im Falle einer Normalverteilung?

5. Aufgabe

Gegeben sei eine Indexmenge I. Es seien weiter für jedes $i \in I$ identisch verteilte Zufallsvariablen X_i gegeben. Wir definieren als neue Zufallsvariable die Summe $S = \sum_{i \in I} X_i$.

Welche Bedingung müssen die X_i zusätzlich erfüllen, damit S bei größer werdender Indexmenge I durch eine Normalverteilung angenähert werden kann?

6. Aufgabe

Es seien X und Y zwei normal verteilte und voneinander unabhängige Zufallsvariable.

a. Ist X + Y wieder normal verteilt?
b. X habe den Erwartungswert $\mu_X = 3$ und die Standardabweichung $\sigma_X = 3$, Y habe den Erwartungswert $\mu_Y = -4$ und die Standardabweichung $\sigma_Y = 4$. Was ist die Dichtefunktion, die Verteilung, der Erwartungswert und die Standardabweichung von X + Y?
c. Bearbeiten Sie nun den allgemeinen Fall: X habe den Erwartungswert μ_X und die Standardabweichung σ_X, Y habe den Erwartungswert μ_Y und die Standardabweichung σ_Y. Was ist die Dichtefunktion, die Verteilung, der Erwartungswert und die Standardabweichung von X + Y?

7. Aufgabe

In Deutschland beträgt der Anteil der Personen mit Blutgruppe B und negativem Rhesusfaktor 2 %. Sie wählen nun eine zufällige Stichprobe von 1000 Personen aus, die Sie auf die Anzahl der Personen mit Blutgruppe B und negativem Rhesusfaktor hin untersuchen.

a. Welche Verteilung gehört zu der (diskreten) Zufallsvariable X = Anzahl der Personen mit Blutgruppe B und negativem Rhesusfaktor?
b. Finden Sie die Normalverteilung, die die diskrete Verteilung aus Aufgabe a annähert. Überprüfen Sie anhand der in diesem Kapitel formulierten Regel, dass Sie diese Annäherung wirklich verwenden können. Bearbeiten Sie die Teile von c. bis e. mit dieser Annäherung.
c. Wie hoch ist die Wahrscheinlichkeit, dass in dieser Stichprobe höchstens 25 Personen Blutgruppe B mit negativem Rhesusfaktor haben?
d. Wie hoch ist die Wahrscheinlichkeit, dass in dieser Stichprobe mindestens 17 Personen Blutgruppe B mit negativem Rhesusfaktor haben?
e. Welche Mindestanzahl von Personen mit Blutgruppe B und negativem Rhesusfaktor erhält man mit 95 %-iger Wahrscheinlichkeit?

8. Aufgabe

In einem bestimmten industriellen Fertigungsprozess sei die Quote fehlerhafter Bauteile konstant 3 %. Sie wählen nun eine Stichprobe von 1 000 zufälligen Bauteilen aus, die Sie auf die Anzahl der fehlerhaften Bauteile hin untersuchen.

a. Welche Verteilung gehört zu der (diskreten) Zufallsvariable X = Anzahl der fehlerhaften Bauteile?
b. Finden Sie die Normalverteilung, die die diskrete Verteilung aus Aufgabe a annähert. Überprüfen Sie anhand der in diesem Kapitel formulierten Regel, dass Sie diese Annäherung wirklich verwenden können. Bearbeiten Sie die Teile von c. bis e. mit dieser Annäherung.
c. Wie hoch ist die Wahrscheinlichkeit, dass in dieser Stichprobe höchstens 40 Bauteile fehlerhaft sind?
d. Wie hoch ist die Wahrscheinlichkeit, dass in dieser Stichprobe mindestens 25 Bauteile fehlerhaft sind?
e. Unter welcher Höchstanzahl von fehlerhaften Bauteilen bleibt man mit 99 %-iger Wahrscheinlichkeit?

9. Aufgabe

In einer physikalischen Messreihe werden Werte X gemessen, die normal verteilt sind. Dabei weiß man, dass der Erwartungswert $\mu = 100$ Grad und die Standardabweichung $\sigma = 10$ Grad beträgt. Wie groß ist die Wahrscheinlichkeit, dass ein Messwert
a. höchstens 120 Grad ist?
b. mindestens 95 Grad ist?
c. genau 103 Grad ist?
d. Wie groß ist die Wahrscheinlichkeit, dass ein Messwert um weniger als 15 Grad vom Erwartungswert abweicht?
e. Wieviel Grad erreicht man mindestens mit 75 %-iger Wahrscheinlichkeit?

10. Aufgabe

Meine Lieblings-Teesorte wird in einem kleinen Teeladen von einer netten Verkäuferin von Hand abgefüllt. Ich kaufe immer ein Pfund, das Abfüllgewicht bei solchen Bestellungen ist normalverteilt mit dem (freundlichen) Erwartungswert $\mu = 510$ g und der Standardabweichung $\sigma = 10$ g. Es sei nun vom Ladeninhaber ein Toleranzbereich mit 500 ± 10g vorgegeben. Mit welcher Wahrscheinlichkeit liegt eine abgefüllte Packung außerhalb dieses Toleranzbereichs?

11. Aufgabe

Die Lebensdauer X von Glühbirnen einer bestimmten Bauserie sei normal verteilt. Der Mittelwert μ liege bei 1 000 Stunden, die Standardabweichung σ sei 50 Stunden.

a. Wie viel Prozent der Glühbirnen dieser Serie halten mindestens 900 Stunden?
b. Welche Lebensdauer wird nur von 1 % aller Glühbirnen dieser Serie überschritten?

12. Aufgabe

Man ermittelt die Körpergrößen X von männlichen Personen eines bestimmten Jahrgangs. X ist normal verteilt. Der Erwartungswert betrage 185 cm, die Standardabweichung betrage 12 cm.

a. Mit welcher Wahrscheinlichkeit tritt eine Körpergröße auf, die größer als 179 cm ist?
b. Wie groß müssen Personen aus der ausgewerteten Gruppe, deren Größe mit 99 %-iger Wahrscheinlichkeit auftritt, mindestens sein?
c. Wie groß dürfen Personen aus der ausgewerteten Gruppe, deren Größe mit 10 %-iger Wahrscheinlichkeit auftritt, höchstens sein?
d. Geben Sie einen symmetrischen Bereich $185 \pm x$ cm um den Erwartungswert herum an, den man mit 80 %-iger Wahrscheinlichkeit erhält.

Schätzungen

Bitte lesen (überfliegen) Sie noch einmal den einleitenden Abschnitt zum 19. Kapitel. Wir wissen jetzt viel mehr und können dieses Beispiel konkreter verstehen. Wir können an ihm Grundregeln für statistisches Arbeiten beobachten.

25.1 Stichproben und die Grundregeln des statistischen Arbeitens

Statistik will auf Grundlage von vergleichsweise wenigen Daten Aussagen, besser: möglichst plausible Vermutungen, über große Gesamtheiten formulieren. Beispiele sind Wahlprognosen, Qualitätskontrollen im Produktionsprozess, Testprozesse bei Medikamenten, Data Mining-Analysen der verschiedensten Art und vieles andere mehr. In all diesen Beispielen werden so genannte Stichproben untersucht. Wichtig ist (und darüber haben Sie im ersten Abschnitt des 19. Kapitels viel gelesen), dass eine Stichprobe so beschaffen ist, dass sie *frei von jeder Tendenz für das Untersuchungsmerkmal* ist. Gegebenenfalls muss man diese Freiheit durch verschiedene Maßnahmen wie die doppelte Blindheit eines Versuchs kontrollieren.
Das einfachste Verfahren zur Erstellung einer Stichprobe ist die Auswahl der Stichprobenelemente mittels eines Zufallsexperiments. Man nennt solch eine Stichprobe eine *Zufallsstichprobe*. Bei solchen Vorgehensweisen gibt es viele Möglichkeiten für Fehleinschätzungen und Fehlschlüsse.
Es ist das Ziel der schließenden Statistik, mit Hilfe des Einsatzes von wahrscheinlichkeitstheoretischen Mitteln und Werkzeugen diese Fehler zu kontrollieren und in ihren Konsequenzen möglichst gering zu halten.
Ich gebe Ihnen ein Beispiel. Dieses Beispiel können Sie sofort auf sämtliche Wiederholungen von Bernoulli-Experimenten übertragen.

- Die Qualitätskontrolle in einem Werk, das ein bestimmtes elektronisches Bauteil herstellt, will den Anteil p fehlerhafter Bauteile ermitteln. Da keine hundertprozentige Prüfung durchgeführt werden kann, muss dieser Anteil mittels statistischer Verfahren geschätzt werden.
  Es wird dazu eine Stichprobe von n zufällig ausgewählten Bauteilen aus der Tagesproduktion von N Stück vollständig kontrolliert. Genauer: Unser Ereignisraum Ω besteht aus allen n-elementigen Stichproben der Tagesproduktion. Da kommt sofort die Frage auf: *Wie groß (im Vergleich zur Gesamtmenge, die in unserem Beispiel N ist) sollte n sein?* Wir werden uns noch in diesem Kapitel um eine Antwort bemühen.
  Außerdem sehen Sie an diesem Beispiel, wie komplex die Festlegung des geeigneten statistischen Modells sein kann. Wenn Sie noch einmal Satz 21.11 ansehen, in dem die hypergeometrische Verteilung untersucht wurde, dann haben wir hier eine analoge Situation:
  (i) Gegeben eine Urne mit N Kugeln (unsere Tagesproduktion).
  (ii) M dieser Kugeln seien schwarz (d. h. fehlerhaft).
  (iii) Es werden nun n Kugeln ohne Zurücklegen aus dieser Urne gezogen (unsere Stichprobe).

(iv) H_n sei die Zufallsvariable, die jeder Stichprobe der Größe n die Anzahl der schwarzen (d. h. fehlerhaften) Kugeln zuordnet.

Dann ist die Wahrscheinlichkeit, dass H_n den Wert k annimmt, gerade:

$$P(H_n = k) = H(n, N, M)(k) = \frac{\binom{M}{k} \cdot \binom{N - M}{n - k}}{\binom{N}{n}}$$

Den Wert $P(H_n = k)$ wird man nun durch explizite Prüfung der Stichprobe(n) empirisch bestimmen. Die obige Formel macht es aber nahezu unmöglich, daraus Abschätzungen für die Zahl M der insgesamt vorhandenen fehlerhaften Bauteile zu erhalten. Schon die einzelnen Teile dieser Formel sind für große Werte von N äußerst schwer zu bestimmen. Man geht deshalb anders vor:

Man nimmt an (ohne diese Annahme würde die statistische Analyse sinnlos sein):
Es gibt eine vor aller Erfahrung feststehende Wahrscheinlichkeit p für die Fehlerhaftigkeit eines zufällig ausgewählten Bauteils. Wenn man nun zu einer Tagesproduktion von N Bauteilen die davon abhängige Anzahl M(N) von fehlerhaften Bauteilen betrachtet, dann muss gelten:

$$\lim_{N \to \infty} \frac{M(N)}{N} = p$$

Unter diesen Voraussetzungen gilt ein sehr wichtiger Satz für die hypergeometrische Verteilung, den wir schon im vorletzten Kapitel hätten formulieren und beweisen können, dessen Bedeutung aber erst jetzt richtig klar wird:

Satz 25.1
Es sei $n \in \mathbf{N}$ fest vorgegeben. Es sei für jedes $N \in \mathbf{N}$ mit $N \geq n$ eine Zahl $M(N) \in \mathbf{N}$ definiert, sodass gelte:

$$\lim_{N \to \infty} \frac{M(N)}{N} = p \text{ für ein } p \in \,]0, 1[$$

Weiter sei für jedes $N \in \mathbf{N}$ mit $N \geq n$ eine Zufallsvariable X_N definiert, die gemäß der folgenden Formel hypergeometrisch verteilt ist. Das heißt, es gilt für jedes $k \leq n$:

$$P(X_N = k) = H(n, N, M(N))(k) = \frac{\binom{M(N)}{k} \cdot \binom{N - M(N)}{n - k}}{\binom{N}{n}}$$

Dann gilt für alle $k \leq n$: $\lim_{N \to \infty} P(X_N = k) = \binom{n}{k} \cdot p^k \cdot (1 - p)^{n - k}$

Beweis:
Wenn Sie den Ausdruck für $P(X_N = k)$ mit Hilfe der Fakultätsausdrücke für Binomialkoeffizienten ausführlich notieren und sich überlegen, welche Teile bei wachsendem N fest bleiben (alles, was nur aus n und k besteht) und was sich verändert, sehen Sie:
Der Beweis beruht nur auf der Tatsache, dass für zwei natürliche Zahlen A und B, bei denen B sich nicht verändert, gilt:

$$\lim_{A \to \infty} \left(\frac{A - B}{A} \right) = 1 \qquad \text{Und also}$$

$$\lim_{A \to \infty} \left(\frac{A \cdot (A - 1) \cdot \ldots \cdot (A - B + 1)}{A^B} \right) = 1$$

q. e. d.

Wir arbeiten jetzt also mit der Formel:

$$P(H_n = k) = B(k \mid p, n) = \binom{n}{k} \cdot p^k \cdot (1 - p)^{n-k} \quad (*)$$

Der Name H_n unserer Zufallsvariablen soll Sie an die *H*äufigkeit defekter Bauteile erinnern.

Bisher war p bekannt und man wollte $P(H_n = k)$ berechnen. Jetzt haben wir empirische Werte für $P(H_n = k)$ und wir wollen Abschätzungen (mehr kann man nicht verlangen) für p erhalten.

Die obige Formel hat mehrere enorme Vorteile.

- Alle von großen Zahlen N und M bestimmten Informationen sind jetzt in der Variablen p versteckt, deren Wert wir ja schließlich auch bestimmen wollen.
- Es gibt keine weiteren Unbekannten.
- Wir werden unsere stetigen Approximationen der Binomialverteilung benutzen können.

Lassen Sie mich rekapitulieren, wie wir vorgegangen sind. Wir haben eine mathematisch überprüfbare *Fragestellung* formuliert:

a. Allgemein:
   Mit welcher Wahrscheinlichkeit ist ein zufällig aus der Produktion ausgewähltes Bauteil defekt?
b. Konkret:
   Wie verteilen sich in einer zufälligen Stichprobe von n Bauteilen, die der Tagesproduktion entnommen wird, die fehlerfreien und die defekten Bauteile?

Daraufhin haben wir uns überlegt, dass es sinnvoll ist, bei der Untersuchung dieser Frage mit dem *Modell* der Binomialverteilung zu arbeiten.
Danach ist zu entscheiden: Wie *groß* sollen unsere *Stichproben* sein?

Und schließlich wären die Fragen der *Datenerhebung* zu klären: Wie organisiert man die zufällige Entnahme von Stichproben, was bedeutet: defekt, wie groß sollen die Stichproben sein usw. usw.
Diese vier Punkte kennzeichnen die erste Phase des statistischen Arbeitens, die so genannte Planungsphase. Jedes statistische Arbeiten verläuft nach folgendem Muster:

Muster für das allgemeine Vorgehen der schließenden Statistik:

1. Die Planungsphase
   a. Formulierung der Fragestellung
   b. Auswahl eines passenden Modells
   c. Festlegung der Stichprobengröße
   d. Vorbereitung der Datenerhebung
2. Die eigentliche Datenerhebung
3. Die deskriptive Auswertung des Datenmaterials
4. Die induktive Auswertung des Datenmaterials

Punkt 3 haben wir schon in Kapitel 19 ausführlich besprochen. Bitte erinnern Sie sich in diesem Zusammenhang noch einmal an unsere Definitionen des *empirischen Mittelwerts* und der *empirischen Varianz* aus Kapitel 19, mit denen wir bei diesen Stichproben arbeiten müssen. Wir haben uns auch überlegt, dass bei Laplace-Experimenten Mittelwert und Erwartungswert identisch sind. Dagegen haben wir bei der Varianz einen Unterschied. Falls die Anzahl der Elementarereignisse gleich n ist, wird die empirische Varianz mit n – 1 und nicht mit n »normiert«, wie wir uns sehr genau überlegt haben.
Punkt 4 haben wir »induktive Auswertung des Datenmaterials« genannt. Mit induktiver Auswertung meint man eine Auswertung, die vom Besonderen (den Eigenschaften der Stichproben) auf das Allgemeine (die Eigenschaften der Gesamtheit) schließt. Das ist das Geschäft der induktiven Statistik, die man auf Deutsch auch »schließende Statistik« nennt. Beide Male meint man dasselbe und genau um diesen vierten Punkt geht es im Rest dieses Kapitels. Wir brauchen zum Schätzen von allgemeinen Eigenschaften erst einmal geeignete Funktionen, so genannte Schätzfunktionen.

25.2 Schätzungen von Wahrscheinlichkeiten

Nun beginnen wir das Schätzen unserer Wahrscheinlichkeit p. Dazu definieren wir für jedes p mit $0 < p < 1$ eine zugehörige Dichtefunktion P_p für H_n, die dem Modell entspricht, das wir eben ermittelt haben:

$$P_p(H_n = k) = B(k|p,n) = \binom{n}{k} \cdot p^k \cdot (1 - p)^{n-k}$$

Sind andererseits bei n Untersuchungen k defekte Bauteile ermittelt worden, scheint es vernünftig, den Parameter p durch die relative Trefferhäufigkeit

$$\hat{p} := \frac{k}{n}$$ zu schätzen.

Falls wir die relative Häufigkeit R_n von defekten Bauteilen (wie immer) durch:

$$R_n := \frac{H_n}{n} = \frac{k}{n}$$

definieren, ist $\hat{p}$ ein Funktionswert der Zufallsvariablen R_n.

Wenn wir jetzt unter der Voraussetzung, dass zu H_n die Dichtefunktion $B(k \mid p, n)$ gehört, den Erwartungswert von R_n berechnen, den ich wegen dieser Voraussetzung $E_p(R_n)$ (und nicht einfach $E(R_n)$) nenne, dann gilt nach Satz 21.10:

$$E_p(R_n) = \frac{1}{n} E_p(H_n) = \frac{n \cdot p}{n} = p$$

Eine analoge Betrachtung für die Varianz ergibt ebenfalls mit Satz 21.10:

$$Var_p(R_n) = \frac{1}{n^2} Var_p(H_n) = \frac{n \cdot p \cdot (1 - p)}{n^2} = \frac{p \cdot (1 - p)}{n}$$

Falls der Erwartungswert einer Zufallsvariablen identisch ist mit dem Wert, den man schätzen will, nennt man die Schätzung mit Hilfe dieser Zufallsvariablen *erwartungstreu.* In der englischen Literatur finden Sie dafür das Wort *unbiased* (unvoreingenommen, unbefangen).
Sie sehen außerdem, dass die Varianz des Schätzwertes für $n \to \infty$ gegen 0 geht. Das bedeutet, dass eine Vergrößerung des Stichprobenumfangs die Genauigkeit der Schätzung verbessert.
Ich möchte unser Beispiel weiter ausführen und Ihnen mit diesem Beispiel ein Schätzverfahren erläutern, das vielfältige Anwendungen in der Statistik hat: die *Maximum-Likelihood-Schätzmethode* (die Schätzmethode der größten Wahrscheinlichkeit). Man kann dieses Verfahren folgendermaßen beschreiben:

> *Die Maximum-Likelihood-Schätzmethode:*
> Falls es mehrere wahrscheinlichkeitstheoretische Modelle gibt, mit denen eine Situation interpretiert werden kann, so wähle man das Modell, bei dem die vorliegenden empirischen Daten die größte Wahrscheinlichkeit besitzen.

Auf unser Beispiel übertragen heißt das: Bei festem n und k suche man das p, bei dem

$$P_p(H_n = k) = B(k|p,n) = \binom{n}{k} \cdot p^k \cdot (1 - p)^{n-k}$$

einen maximalen Wert besitzt. Wenn wir das richtig beschreiben, wird das eine einfache Minimax-Aufgabe, die man mit der Bestimmung der Nullstelle der ersten Ableitung löst. Näheres dazu in unserem Anhang zur Analysis.

Wir definieren $f(p) = \binom{n}{k} \cdot p^k \cdot (1 - p)^{n-k}$ für $0 \le p \le 1$ und fragen uns:

Bei welchem p ist f maximal?

Betrachten Sie zur Einstimmung den Graphen von f mit den Werten n = 10 und k = 2. Hier geht es um die Modellierung der Situation, dass ein Fünftel der Bauteile der Stichprobe defekt ist.
Wie Sie und ich gehofft haben, sieht der Graph folgendermaßen aus:

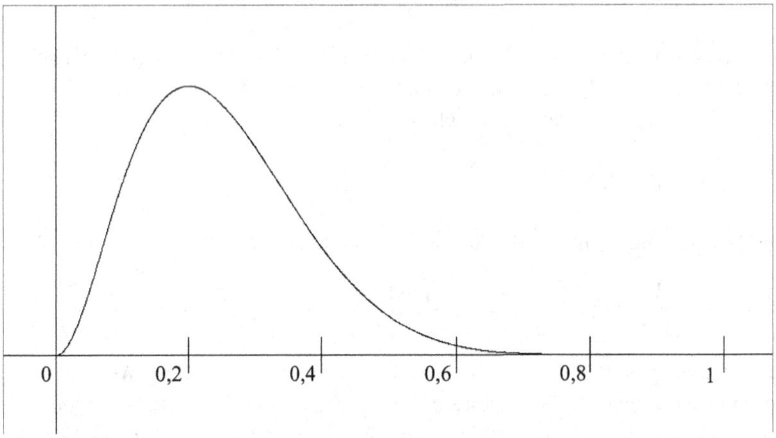

Bild 25-1: Der Graph von f(p) für n = 10 und k = 2

Sie sehen: Die Funktion hat bei $p = \frac{k}{n} = \frac{2}{10} = 0{,}2$ ihren maximalen Wert.
Allgemein gilt:

$$f'(p) = \binom{n}{k} \cdot (k \cdot p^{k-1} \cdot (1-p)^{n-k} - (n-k) \cdot p^k \cdot (1-p)^{n-k-1}) =$$

$$= \binom{n}{k} \cdot p^{k-1} \cdot (1-p)^{n-k-1} \cdot (k \cdot (1-p) - (n-k) \cdot p) =$$

$$= \binom{n}{k} \cdot p^{k-1} \cdot (1-p)^{n-k-1} \cdot (k - n \cdot p)$$

Das bedeutet:

- $f'(p) = 0$ und $0 < p < 1 \leftrightarrow p = \frac{k}{n}$.
- $p < \frac{k}{n} \rightarrow f'(p) > 0$, d. h., f ist steigend
- $p > \frac{k}{n} \rightarrow f'(p) < 0$, d. h., f ist fallend

Und es folgt:
f hat im Intervall [0, 1] genau ein Maximum und zwar bei $\frac{k}{n}$.

Sie sehen: Auch die Maximum-Likelihood-Methode empfiehlt uns, den gesuchten Parameter p mit den empirischen Werten $\frac{k}{n}$ zu schätzen.

Alles das ist natürlich für den Praktiker keine wirkliche Hilfe. So schlau war er auch schon ganz zu Beginn. Was er jetzt von der Statistik erwartet, ist eine Hilfe bei der Frage: Wie genau sind meine Schätzungen?

25.3 Konfidenzintervalle als Bereiche des Vertrauens

Wir bleiben bei unserem Beispiel: Wir haben eine Tagesproduktion von N Bauteilen, wir nehmen eine Stichprobe der Größe n, die geprüft wird und wir erhalten eine Schätzung

$$\frac{k}{n}$$

für die feste, aber unbekannte Größe p, die die Wahrscheinlichkeit angibt, mit der ein Bauteil defekt ist.

- Wir gehen damit zu unserer Statistikabteilung und fragen: Wie gut ist diese Schätzung?

Und erhalten die Antwort:

- Das wissen wir auch nicht. (Eine typische Wissenschaftlerantwort). Aber wir können beispielsweise garantieren, dass für den gesuchten Parameter p gilt:

  Er liegt mit einer Wahrscheinlichkeit von 93,75 % zwischen den Werten
  $\frac{k}{n} - \frac{2}{\sqrt{n}}$ und $\frac{k}{n} + \frac{2}{\sqrt{n}}$

  Anders formuliert: Gegeben eine Stichprobe der Größe n, bei der wir k defekte Geräte finden. Dann liegt die allgemeine Wahrscheinlichkeit p für ein defektes Gerät in der gesamten Baureihe mit 93,75 %-iger Wahrscheinlichkeit im Intervall

  $$I_{n,k} = \left[\frac{k}{n} - \frac{2}{\sqrt{n}} , \frac{k}{n} + \frac{2}{\sqrt{n}} \right]$$

Beispiele:

- Es sei n = 100, dann hätten wir bei den folgenden verschiedenen Werte von k für die angegebenen Intervalle $I_{100,k}$ die 93,75 %-ige Gewissheit, dass die allgemeine Defektwahrscheinlichkeit in diesen Intervallen liegt:

n = 100

k	$I_{100,k}$	$I_{100,k} \cap [0,1]$
0 (kein Bauteil der Stichprobe ist fehlerhaft)	[− 0.2 , 0.2]	[0 , 0.2]
10	[− 0.1 , 0.3]	[0 , 0.3]
50	[0.3 , 0.7]	[0.3 , 0.7]
100 (alle Bauteile der Stichprobe sind fehlerhaft)	[0.8 , 1.2]	[0.8 , 1]

- Es sei n = 10 000, dann hätten wir bei den folgenden verschiedenen Werte von k für die angegebenen Intervalle $I_{10000,k}$ die 93,75 %-ige Gewissheit, dass die allgemeine Defektwahrscheinlichkeit in diesen Intervallen liegt:

n = 10000

k	$I_{10000,k}$	$I_{10000,k} \cap [0,1]$
0 (kein Bauteil der Stichprobe ist fehlerhaft)	[− 0.02 , 0.02]	[0 , 0.02]
1000	[− 0.08 , 0.12]	[− 0.08 , 0.12]
5000	[0.48 , 0.52]	[0.48 , 0.52]
10000 (alle Bauteile der Stichprobe sind fehlerhaft)	[0.98 , 1.02]	[0.98 , 1]

Beachten Sie: Jetzt sind die Intervalle gegenüber dem vorherigen Beispiel um den Faktor 10 kleiner geworden.
Diese Bespiele sollen Ihnen klarmachen, worum es bei Konfidenzintervallen geht: Eine wachsende Stichprobengröße verkleinert das Konfidenzintervall. Aber ob es wirklich an

der »richtigen« Stelle liegt, kann man nicht garantieren. Ehe wir diese Frage weiter untersuchen, wollen wir zunächst den ominösen Wert 93,75 % herleiten und heraus bekommen, wovon er abhängt und wie man ihn verändern kann. Wir brauchen zwei Hilfsmittel bzw. Hilfssätze:

> Satz 25.2
> Sei $p \in [0, 1]$ beliebig. Dann gilt: $f(p) = p(1 - p) \leq \frac{1}{4}$.

Beweis:

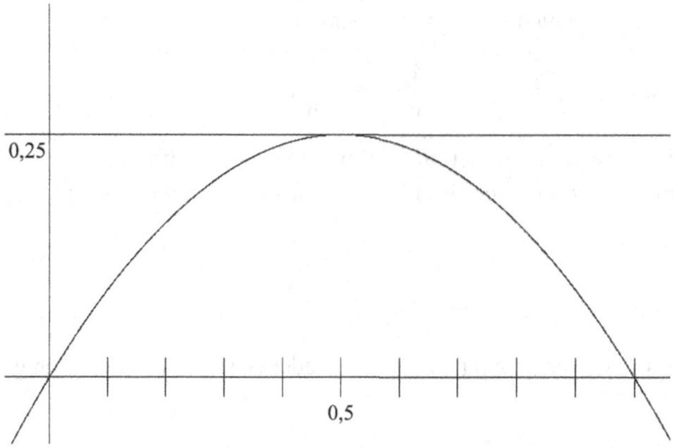

Bild 25-2: Der Graph für $f(p) = p(1-p)$

Sei $f(p) = p(1-p)$. Dann ist

- $f'(p) = 1 - p - p = 1 - 2p = 0 \leftrightarrow p = 0{,}5$
- $p < 0{,}5 \rightarrow f'(p) > 0 \rightarrow$ f ist steigend
- $p > 0{,}5 \rightarrow f'(p) < 0 \rightarrow$ f ist fallend

Und es folgt: f hat genau einen Extremwert. Dieser Extremwert ist ein Maximum. Er liegt bei $p = 0{,}5$. Es ist $f(0{,}5) = 0{,}25$. Das heißt: Sogar für alle $p \in \mathbf{R}$ ist $p(1-p) \leq 0{,}25$.

q. e. d.

Die zweite Tatsache, die wir benötigen, ist nach dem großen russischen Mathematiker Tschebyscheff benannt. Er hat von 1821 bis 1894 gelebt, war ab 1850 Professor in Petersburg und hat auf vielen Gebieten (Zahlentheorie, Funktionentheorie und eben auch Wahrscheinlichkeitstheorie) Hervorragendes geleistet. Die nach ihm benannte Ungleichung sagt etwas aus über die Wahrscheinlichkeit der Abweichung einer Zufallsvariablen von ihrem Erwartungswert. Hier bedeutet Wahrscheinlichkeit: An wie viel Stellen ω des Ereignisraums ist der Abstand zwischen $X(\omega)$ und $E(X)$ größer als eine bestimmte Schranke.

Satz 25.3 (Tschebyscheffsche Ungleichung)
Sei X eine Zufallsvariable, deren Varianz existiert und $\varepsilon \in \mathbf{R}$, $\varepsilon > 0$ beliebig. Dann ist:

$$P(|X - E(X)| \geq \varepsilon) \leq \frac{1}{\varepsilon^2} \cdot \mathrm{Var}(X)$$

Beweis:
Der Beweis ist (Ehrenwort!) nicht schwer, ich verweise Sie trotzdem auf die entsprechende Literatur [Henze], um den gegenwärtigen Erörterungsfluss nicht zu sehr zum Stocken zu bringen.
Mit diesen beiden Hilfsmitteln können wir nun argumentieren:

Gegeben sei unsere Zufallsvariable $R_n := \frac{H_n}{n} = \frac{k}{n}$.

Die Zufallsvariable X = k = Anzahl der fehlerhaften Bauteile in der Stichprobe sei gemäß unserer unbekannten Größe p binomial verteilt. Dann ist (Satz 21.10) $\mathrm{Var}(X) = n \cdot p(1-p)$ und daher

$$\mathrm{Var}_p(R_n) = \frac{p \cdot (1 - p)}{n}.$$

Die Wahrscheinlichkeit für den Wert von p nennen wir wieder (wie gehabt) P_p. Dann gilt für ein beliebiges $d > 0$, $d \in \mathbf{R}$:

$$P_p\left(R_n - \frac{d}{\sqrt{n}} \leq p \leq R_n + \frac{d}{\sqrt{n}}\right) =$$

$$= 1 - P_p\left(|R_n - p| > \frac{d}{\sqrt{n}}\right) \geq 1 - \frac{p(1 - p)}{d^2} \quad \text{wegen Satz 25.3}$$

$$\geq 1 - \frac{1}{4 \cdot d^2}$$

In unserem Beispiel war d = 2, d. h.

$$1 - \frac{1}{4 \cdot d^2} = 1 - \frac{1}{16} = 1 - 0{,}0625 = 0{,}9375$$

Und hier haben wir unsere ominösen 93,75 %.

Wir haben genug Arbeit geleistet, um daraus einen Satz zu formulieren, es wird unser

Satz 25.4
Gegeben ein Bernoulli-Experiment mit unbekannter Wahrscheinlichkeit p, das n Mal wiederholt wird. Es sei R_n die Zufallsvariable, die die Anzahl der geglückten Ausgänge dieses Experiments zählt. Es sei weiter $d > 0$ beliebig. Dann gilt:

p liegt mit einer Wahrscheinlichkeit von mindestens $1 - \frac{1}{4 \cdot d^2}$ im Intervall

$$I = \left[R_n - \frac{d}{\sqrt{n}} , R_n + \frac{d}{\sqrt{n}} \right]$$

Man formuliert diesen Satz noch einmal anders, um das Intervall I für eine gegebene Wahrscheinlichkeit P_p (die Wahrscheinlichkeit für den Wert der Wahrscheinlichkeit) angeben zu können. Man setzt:

$$\alpha = \frac{1}{4 \cdot d^2} , \text{ also } d^2 = \frac{1}{4 \cdot \alpha} , \text{ also } d = \frac{1}{2 \cdot \sqrt{\alpha}}$$

Und aus Satz 25.4 wird:

Satz 25.5
Gegeben ein Bernoulli-Experiment mit unbekannter Wahrscheinlichkeit p, das n Mal wiederholt wird. Es sei R_n die Zufallsvariable, die die Anzahl der geglückten Ausgänge dieses Experiments zählt. Es sei weiter $\alpha > 0$ beliebig. Dann gilt:

p liegt mit einer Wahrscheinlichkeit von mindestens $1 - \alpha$ im Intervall

$$I = \left[R_n - \frac{1}{2\sqrt{\alpha \cdot n}} , R_n + \frac{1}{2\sqrt{\alpha \cdot n}} \right]$$

Genauer:
R_n sei gemäß unserer unbekannten Größe p binomial verteilt. P_p sei die zugehörige Wahrscheinlichkeitsfunktion. Dann gilt für ein beliebiges $\alpha > 0$, $\alpha \in \mathbf{R}$:

$$P_p\left(R_n - \frac{1}{2\sqrt{\alpha \cdot n}} \leq p \leq R_n + \frac{1}{2\sqrt{\alpha \cdot n}} \right) \geq 1 - \alpha$$

Schließlich können wir auf Grund der Tatsache, dass p stets ≥ 0 und ≤ 1 ist das Intervall I zu

$$\tilde{I} = \left[\max\left(R_n - \frac{1}{2\sqrt{\alpha \cdot n}} , 0 \right) , \min\left(R_n + \frac{1}{2\sqrt{\alpha \cdot n}} , 1 \right) \right]$$

verbessern.

Hier sieht man noch klarer: Je wahrscheinlicher mein Intervall den Wert p enthalten soll, desto kleiner muss α sein und desto größer wird das Intervall.

Dieses Beispiel sollte uns bereit für die nun folgenden Definitionen machen. Die Intervalle aus Satz 25.5 können bedeutend verbessert werden, wenn wir noch geschickter Eigenschaften der Binomialverteilung ausnutzen. Das sehen Sie im nächsten Abschnitt. Nun zu den Definitionen. Bei der Zufallsvariable H_n, von der in dieser Definition die Rede ist, denken Sie bitte an die Häufigkeit des Eintreffens eines Ereignisses in einer Stichprobe mit n Elementen.

Definition:
Gegeben eine »kleine« Wahrscheinlichkeit α und eine Zufallsvariable H_n. p_u und p_o seien Funktionen auf der Menge der Zufallsvariablen, zu der auch H_n gehört. Das heißt: p_u und p_o sind ebenfalls Zufallsvariable, aber auf einer anderen Menge definiert. Es gelte weiter: $0 \leq p_u(H_n) < p_o(H_n) \leq 1$. Schließlich sei p ein unbekannter, wahrscheinlichkeitstheoretischer Parameter, der über die zugehörige Wahrscheinlichkeitsabbildung P_p die Verteilung von H_n bestimmt.

(i) Das Intervall $I_n = [p_u(H_n), p_o(H_n)]$ heißt *Konfidenzintervall für p zur Konfidenzwahrscheinlichkeit* **$1 - \alpha$** oder auch kurz: **$(1 - \alpha)$**-*Konfidenzintervall für p*, falls für jedes p mit $0 < p < 1$ gilt:

$$P_p(p \in I_n) = P_p(\, p_u(H_n) \leq p \leq p_o(H_n)\,) \geq 1 - \alpha$$

Man nennt $1 - \alpha$ das *Konfidenzniveau.*

(ii) Eine Funktion p_o heißt *obere Konfidenzgrenze für p zur Konfidenzwahrscheinlichkeit* **$1 - \beta$** $(0 < \beta < 1)$, falls für jedes p mit $0 < p < 1$ gilt:

$$P_p(\, p \leq p_o(H_n)\,) \geq 1 - \beta$$

(iii) Eine Funktion p_u heißt *untere Konfidenzgrenze für p zur Konfidenzwahrscheinlichkeit* **$1 - \beta$** $(0 < \beta < 1)$, falls für jedes p mit $0 < p < 1$ gilt:

$$P_p(\, p_u(H_n) \leq p\,) \geq 1 - \beta$$

Satz 25.6
Gegeben eine Zufallsvariable H_n mit dem wahrscheinlichkeitstheoretischen Parameter p. Für ein $0 < \alpha < 1$ gebe es sowohl eine obere Konfidenzgrenze $p_o(H_n)$ für p zur Konfidenzwahrscheinlichkeit $1 - \alpha/2$ als auch eine untere Konfidenzgrenze $p_u(H_n)$ für p zur selben Konfidenzwahrscheinlichkeit $1 - \alpha/2$. Dann gilt:

Das Intervall $I_n = [p_u(H_n), p_o(H_n)]$ ist ein Konfidenzintervall für p zur Konfidenzwahrscheinlichkeit $1 - \alpha$, d. h. für p gilt:

$$P_p(p \in I_n) = P_p(\, p_u(H_n) \leq p \leq p_o(H_n)\,) \geq 1 - \alpha$$

Beweis:
Es ist: $P_p(\, p_u(H_n) \le p \le p_o(H_n)\,) = P_p(\, \{ p_u(H_n) \le p \} \cap \{ p \le p_o(H_n) \}\,) =$

$= P_p(\, p_u(H_n) \le p\,) + P_p(\, p \le p_o(H_n)\,) - P_p(\, \{ p_u(H_n) \le p \} \cup \{ p \le p_o(H_n) \}\,) = (*)$

Es ist (natürlich) $P_p(\, \{ p_u(H_n) \le p \} \cup \{ p \le p_o(H_n) \}\,) \le 1$ und darum können wir weiter abschätzen:

$(*) \ge 1 - \alpha/2 + 1 - \alpha/2 - 1 = 1 - \alpha$ wie behauptet.

q. e. d.

25.4 Kleine Konfidenzintervalle für Binomialverteilungen - Trau keinem unter 30

Unser Beispiel verfolgt uns weiter, besser gesagt: Wir verfolgen es weiter. Wie bereits oben versprochen wollen wir jetzt noch weiterreichende Vertrauenszusagen für unsere Stichprobenüberprüfungen herleiten, als sie der Satz 25.5 geliefert hat.
Dazu werden wir die Standard-Binomialverteilung durch die im letzten Kapitel definierte Gauß-Verteilung, die Φ-Funktion, approximieren. Dafür sollten – so haben wir uns im Anschluss an Satz 22.5 überlegt – die Werte $n{\cdot}p$ und $n{\cdot}(1 - p)$ beide > 5 sein. Diese Voraussetzung können wir nicht überprüfen, da p ja unbekannt ist. Für die Schätzwerte von p sollte sie aber trotzdem gelten. Und es gilt:

- $k > 30$ und $n - k > 30 \rightarrow n \cdot \dfrac{k}{n} = k > 30 > 5$
- $k > 30$ und $n - k > 30 \rightarrow n \cdot (1 - \dfrac{k}{n}) = n - k > 30 > 5$

Wir werden also in diesem Abschnitt stets voraussetzen, dass $k > 30$ und $n - k > 30$ ist.
Bisher wissen wir für unsere Zufallsvariable H_n, die die Anzahl der defekten Bauteile in der Stichprobe einer Tagesproduktion zählt:
Es sei p die (unbekannte) Wahrscheinlichkeit dafür, dass ein Bauteil defekt ist. Dann ist:

$$\tilde{I}_n = \left[\max\left(\frac{H_n}{n} - \frac{1}{2\sqrt{\alpha \cdot n}}, 0 \right), \min\left(\frac{H_n}{n} + \frac{1}{2\sqrt{\alpha \cdot n}}, 1 \right) \right]$$

ein Konfidenzintervall für diese unbekannte Wahrscheinlichkeit p zur Konfidenzwahrscheinlichkeit $1 - \alpha$.
Das wollen wir verbessern. Dazu betrachten wir zunächst die Standardisierung H_n^* von H_n:

$$H_n^* = \frac{H_n - n \cdot p}{\sqrt{n \cdot p \cdot (1 - p)}}$$

Machen Sie sich klar, dass dieses H_n^* eine völlig unbekannte Zufallsvariable ist, die wir nie kennen werden. Schließlich kennen wir ja nicht den Parameter p. Trotzdem hilft uns diese Standardisierung beim weiteren Rechnen. Denn wir können die Verteilung von H_n^* für »genügend große n« (s. o.) durch die Verteilungsfunktion Φ einer standardnormalverteilten Zufallsvariable beschreiben. Das hilft uns. Diese Verteilungsfunktion ist streng monoton wachsend (vgl. Bild 22-8) und daher umkehrbar. Das bedeutet:

- Für ein $y \in]0, 1[$ gibt es genau ein x so, dass $\Phi(x) = y$. Man schreibt für y auch: $y = \Phi^{-1}(x)$[1]

Setze nun $c := \Phi^{-1}\left(1 - \frac{\alpha}{2}\right)$, das bedeutet: $\Phi(c) = 1 - \frac{\alpha}{2}$. Dann gilt:

$$P(-c \leq H_n^* \leq c) = \Phi(c) - \Phi(-c) = (\text{vgl. Satz 22.5}) = 2\cdot\Phi(c) - 1 = 1 - \alpha$$

Ich fasse zusammen:

> Satz 25.7
> Gegeben eine gemäß B(k|p n) binomial verteilte Zufallsvariable H_n mit Standardisierung H_n^*. Für $0 < \alpha < 1$ sei $c = \Phi^{-1}(1 - \alpha/2)$. Dann gilt für $H_n > 30$ und $n - H_n > 30$:
>
> $$P(-c \leq H_n^* \leq c) = 1 - \alpha$$

Als Nächstes ist aus der Bedingung $-c \leq H_n^* \leq c$ eine äquivalente Bedingung für die Wahrscheinlichkeit p mit entsprechenden Konfidenzgrenzen herzuleiten.

Dazu überlegen wir uns:

$$-c \leq H_n^* \leq c \leftrightarrow -c \leq \frac{H_n - n\cdot p}{\sqrt{n\cdot p\cdot(1 - p)}} \leq c \leftrightarrow$$

$$\leftrightarrow \frac{(H_n - n\cdot p)^2}{n\cdot p\cdot(1 - p)} \leq c^2 \leftrightarrow (H_n - n\cdot p)^2 \leq c^2\cdot n\cdot p\cdot(1 - p)$$

$$\leftrightarrow (n^2 + c^2 n)\cdot p^2 - (2 H_n\cdot n + c^2 n)\cdot p + H_n^2 \leq 0$$

In der letzten Zeile haben wir jetzt einen quadratischen Ausdruck in p mit echt positivem Koeffizienten vor p^2. Auf die Gefahr hin, Sie zu langweilen, schreibe ich:

$$A = n^2 + c^2\cdot n,\ B = -(2H_n\cdot n + c^2\cdot n),\ C = H_n^2$$

Wir haben also eine Parabel $f(p) = A\cdot p^2 + B\cdot p + C$, deren Werte genau dann kleiner oder gleich 0 sind, wenn p zwischen den beiden Nullstellen

$$-\frac{B}{2\cdot A} - \frac{\sqrt{B^2 - 4\cdot AC}}{2\cdot A} \quad \text{und} \quad -\frac{B}{2\cdot A} + \frac{\sqrt{B^2 - 4\cdot AC}}{2\cdot A}$$

liegt. (Wenn Sie hier unsicher sind, blättern Sie noch einmal Abschnitt 10.1 durch).

[1] Keine Angst: Sie werden gleich sehen, dass man auch Φ^{-1}mit unserer Tabelle am Ende des Buches leicht berechnen kann.

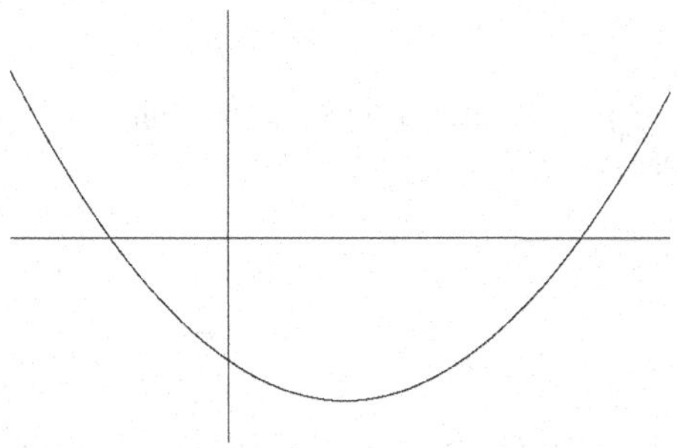

Bild 25-3: Der Graph einer Parabel f(p) mit positivem Koeffizienten vor p^2

Wir wissen jetzt also:
Sei $A = n^2 + c^2 \cdot n$, $B = -(2H_n \cdot n + c^2 \cdot n)$, $C = H_n^2$ Dann ist:

$$-c \leq H_n^* \leq c \leftrightarrow$$

$$-\frac{B}{2\cdot A} - \frac{\sqrt{B^2 - 4\cdot AC}}{2\cdot A} \leq p \leq -\frac{B}{2\cdot A} + \frac{\sqrt{B^2 - 4\cdot AC}}{2\cdot A}$$

Es ist $-\dfrac{B}{2\cdot A} = \dfrac{H_n + \frac{c^2}{2}}{n + c^2}$ und

$$\frac{\sqrt{B^2 - 4\cdot AC}}{2\cdot A} = \frac{n\sqrt{4H_n^2 + 4H_n c^2 + c^4 - 4H_n^2 - 4\frac{c^2\cdot H_n^2}{n}}}{2\cdot(n^2 + n\cdot c^2)} =$$

$$= \frac{c\sqrt{H_n + \frac{c^2}{4} - \frac{H_n^2}{n}}}{n + c^2} = \frac{c\sqrt{\frac{H_n(n - H_n)}{n} + \frac{c^2}{4}}}{n + c^2}$$

Und wir erhalten als abschließendes Resultat:

Satz 25.8
Die Zufallsvariable H_n sei binomial verteilt. Es sei $0 < p < 1$ beliebig. Weiter sei $H_n > 30$ und $n - H_n > 30$. Dann gilt für α mit $0 < \alpha < 1$ und $c = \Phi^{-1}(1 - \alpha/2)$:

Falls $$p_u(H_n) = \frac{1}{n + c^2}\left(H_n + \frac{c^2}{2} - c\sqrt{\frac{H_n(n - H_n)}{n} + \frac{c^2}{4}}\right)$$

Und $$p_o(H_n) = \frac{1}{n + c^2}\left(H_n + \frac{c^2}{2} + c\sqrt{\frac{H_n(n - H_n)}{n} + \frac{c^2}{4}}\right)$$

Satz 25.8 (Fortsetzung)
Dann ist das Intervall $I_n = [p_u(H_n)\ p_o(H_n)]$ ein Konfidenzintervall für p zur Konfidenzwahrscheinlichkeit $1 - \alpha$. Das heißt:

$$P(p_u \leq p \leq p_o) \geq 1 - \alpha.$$

Lassen Sie uns einige Beispiele ansehen.
Wir nehmen zunächst an, es sei n = 1 000 und k = 350. Das bedeutet: $H_n = 1\,000$ und $R_n = 0{,}35$. Wenn wir zunächst die Grenzen von Satz 23.5 ausrechnen, erhalten wir bei $\alpha = 0{,}05$:

Methode	**n = 1000, k = 350 , α = 0,05**
Satz 23.5	Das Intervall [0.2793 , 0.4207] ist ein Konfidenzintervall für die unbekannte Wahrscheinlichkeit p für einen Treffer zur Konfidenzwahrscheinlichkeit 0.95 bzw. Die unbekannte Wahrscheinlichkeit p für einen Treffer liegt mit 95 %-iger Sicherheit zwischen 27,93 % und 42,07 %.

Nun wollen wir mit Satz 23.8 arbeiten. Die einzige Schwierigkeit ist hier die Berechnung von $c = \Phi^{-1}(1 - 0{,}025) = \Phi^{-1}(0{,}975)$.
In unserer Tabelle im Anhang 2 finden Sie beispielsweise:

- $\Phi(1{,}96) = 0{,}975$

Das veranlasst uns, zu setzen: $c = \Phi^{-1}(0{,}975) = 1.96$. Das geht natürlich nicht immer so glatt, aber dann hilft man sich mit Zwischenwerten. Wir erhalten als Ergebnis:

Methode	**n = 1000, k = 350 , α = 0,05**
Satz 25.8	Das Intervall [0.3211 , 0.3801] ist ein Konfidenzintervall für die unbekannte Wahrscheinlichkeit p für einen Treffer zur Konfidenzwahrscheinlichkeit 0.95 bzw. Die unbekannte Wahrscheinlichkeit p für einen Treffer liegt mit 95 %-iger Sicherheit zwischen 32,11 % und 38,01 %.

Sie sehen, wie viel besser unser neues Konfidenzintervall ist. Das verändert sich nicht groß, erleichtert aber den Berechnungsaufwand – zumindest für Leute, die nicht programmieren – wenn man sagt:

»Satz« 25.9
Die Zufallsvariable H_n sei binomial verteilt. Es sei $0 < p < 1$ beliebig. Weiter sei $H_n > 30$ und $n - H_n > 30$. Dann gilt für α mit $0 < \alpha < 1$ und $c = \Phi^{-1}(1 - \alpha/2)$:

$$\text{Falls } p_u(H_n) = \frac{1}{n}\left(H_n - c\sqrt{\frac{H_n(n - H_n)}{n}}\right)$$

$$\text{Und } p_o(H_n) = \frac{1}{n}\left(H_n + c\sqrt{\frac{H_n(n - H_n)}{n}}\right)$$

Dann ist das Intervall $I_n = [p_u(H_n), p_o(H_n)]$ eine gute Näherung für ein Konfidenzin tervall für p zur Konfidenzwahrscheinlichkeit $1 - \alpha$. Das heißt:

$$P(p_u \leq p \leq p_o) \geq 1 - \alpha .$$

Rechtfertigung:
Man hat hier gegenüber den Formeln aus Satz 25.8 alle Summanden, in denen nur c bzw. c^2 vorkam, weggelassen. Die Rechtfertigung dafür ist die Tatsache, dass diese Ausdrücke gegenüber den Werten von n, k und $n - k$ im Allgemeinen so klein sind, dass sie vernachlässigbar sind.

Was zu rechtfertigen war.

Die Berechnung liefert:

Methode	**n = 1000, k = 350 , α = 0,05**
Satz 25.9	Das Intervall [0.3204 , 0.3796] ist ein Konfidenzintervall für die unbekannte Wahrscheinlichkeit p für einen Treffer zur Konfidenzwahrscheinlichkeit 0.95 bzw. Die unbekannte Wahrscheinlichkeit p für einen Treffer liegt mit 95 %-iger Sicherheit zwischen 32,04 % und 37,96 %.

Unser Beispiel war eigentlich motiviert für die Situation der Stichprobenüberprüfung einer Tagesproduktion. Aber dieses Beispiel ist natürlich auch auf andere Situationen anwendbar. Viele so genannte »repräsentative« Umfragen im Wahlforschungsbereich basieren auf einer Stichprobengröße von 1000 Personen. Und Sie sehen: Selbst ohne Berücksichtigung der Problematik des Findens einer wirklich »zufälligen« Stichprobe bleiben hier noch Schwankungen von 3 % vom Stichprobenwert $\frac{n}{k}$ im 95 %-igen Konfidenzbereich. Das macht diese Umfragen ein Stück problematischer. Auch hier ist alles eine Frage der Kosten. Das sehen Sie gleich in den weiteren Beispielen. Ich präsentiere Ihnen dabei von jetzt ab die Werte nach Satz 25.5 nur noch, um Ihnen zu zeigen, wie schlecht sie sind.

Wir hatten gesagt, es ist alles eine Frage der Kosten. Nehmen Sie an, es werden statt 1 000 Personen 10 000 Personen gefragt bzw. Bauteile geprüft und 3500 antworten mit einer bestimmten Partei bzw. sind defekt. Dann haben wir dieselbe relative Häufigkeit R_n wie bei dem vorherigen Beispielen. Aber unser Konfidenzintervall wird erheblich kleiner:

Methode	**n = 10000, k = 3500 , α = 0,05**
Satz 25.5	Das Intervall [0.3276 , 0.3724] ist ein Konfidenzintervall für die unbekannte Wahrscheinlichkeit p für einen Treffer zur Konfidenzwahrscheinlichkeit 0.95 bzw. Die unbekannte Wahrscheinlichkeit p für einen Treffer liegt mit 95 %-iger Sicherheit zwischen 32,76 % und 37,24 %.
Satz 25.8	Das Intervall [0.3407 , 0.3594] ist ein Konfidenzintervall für die unbekannte Wahrscheinlichkeit p für einen Treffer zur Konfidenzwahrscheinlichkeit 0.95 bzw. Die unbekannte Wahrscheinlichkeit p für einen Treffer liegt mit 95 %-iger Sicherheit zwischen 34,07 % und 35,94 %.
Satz 25.9	Das Intervall [0.3407 , 0.3593] ist ein Konfidenzintervall für die unbekannte Wahrscheinlichkeit p für einen Treffer zur Konfidenzwahrscheinlichkeit 0.95 bzw. Die unbekannte Wahrscheinlichkeit p für einen Treffer liegt mit 95 %-iger Sicherheit zwischen 34,07 % und 35,93 %.

Wenn wir mit denselben Werten 99 %-ige Sicherheit haben wollen, werden die Intervalle wieder breiter:

Methode	**n = 10000, k = 3500 , α = 0,01**
Satz 25.5	Das Intervall [0.3 , 0.4] ist ein Konfidenzintervall für die unbekannte Wahrscheinlichkeit p für einen Treffer zur Konfidenzwahrscheinlichkeit 0.99 bzw. Die unbekannte Wahrscheinlichkeit p für einen Treffer liegt mit 99 %-iger Sicherheit zwischen 30 % und 40 %.
Satz 25.8	Das Intervall [0.3378 , 0.3624] ist ein Konfidenzintervall für die unbekannte Wahrscheinlichkeit p für einen Treffer zur Konfidenzwahrscheinlichkeit 0.99 bzw. Die unbekannte Wahrscheinlichkeit p für einen Treffer liegt mit 99 %-iger Sicherheit zwischen 33,78 % und 36,24 %.
Satz 25.9	Das Intervall [0.3377 , 0.3623] ist ein Konfidenzintervall für die unbekannte Wahrscheinlichkeit p für einen Treffer zur Konfidenzwahrscheinlichkeit 0.99 bzw. Die unbekannte Wahrscheinlichkeit p für einen Treffer liegt mit 99 %-iger Sicherheit zwischen 33,77 % und 36,23 %.

Es bleibt, die lange angekündigte Frage der Größe der Stichproben zu untersuchen. Es ist der letzte Abschnitt in unserem Kapitel über Schätzungen:

25.5 Die Größe von Stichproben

Wir haben besprochen, dass es bei der Bestimmung von Konfidenzintervallen einen »ewigen« Konflikt zwischen garantierter Genauigkeit $1 - \alpha$ einerseits und Breite des Konfidenzintervalls andererseits gibt. Die Breite, die wir gemäß Satz 25.9 erhalten, ist (mit $H_n = k$):

$$\text{Breite}(k, n) = \frac{2c}{n}\sqrt{\frac{k\cdot(n - k)}{n}}$$

Ich suche nun zu einer gegebenen Grenze G eine Bedingung $\mathit{Condition}_G(n)$ für n, sodass gilt:
$\mathit{Condition}_G(n) \rightarrow$ Für alle $0 \leq k \leq n$ gilt: $\text{Breite}(k, n) \leq G$

Damit ich so eine Bedingung finden kann, muss ich mir überlegen:
Für welche k mit $0 \leq k \leq n$ ist $k\cdot(n - k)$ maximal?
Besser noch:
Für welches x mit $0 \leq x \leq n$ ist $f(x) = x\cdot(n - x) = -x^2 + n\cdot x$ maximal?

Zur Antwort vergleichen Sie noch einmal Bild 25-2 und Satz 25.2. Genau wie dort zeigt man:

Es gibt genau einen Extremwert von f, dieser Extremwert ist ein Maximum und er liegt bei $x = \frac{n}{2}$. Insbesondere gilt sogar für alle $x \in \mathbf{R}$: $f(x) \leq f\left(\frac{n}{2}\right) = \frac{n^2}{4}$

Insgesamt folgt:

> Satz 25.10
> Es sei $\alpha \in \mathbf{R}$ mit $0 < \alpha < 1$ und $c = \Phi^{-1}(1 - \alpha/2)$. Es werde eine Stichprobe der Größe n geprüft um eine Trefferwahrscheinlichkeit p eines Bernoulli-Experiments zu schätzen. Es sei $G > 0$. Falls gilt:
>
> $$n \geq \frac{c^2}{G^2}$$
>
> Dann hat das Konfidenzintervall für p zur Konfidenzwahrscheinlichkeit $1 - \alpha$ aus Satz 25.9 eine Breite von höchstens G.

Beweis:
Es ist für beliebiges k nach dem, was wir uns eben für $f(k) = k\cdot(n - k)$ überlegt haben:

$$B(n,k) = \frac{2c}{n}\sqrt{\frac{k\cdot(n - k)}{n}} \leq \frac{c}{\sqrt{n}} \leq G$$

wie behauptet.

q.e.d.

Wir lassen ein letztes Mal unser Beispiel ablaufen. Wir beginnen mit $\alpha = 0{,}05$ und wollen eine maximale Breite von 0,02 (also 2 % Unsicherheit) zulassen. Dann ergibt unser Satz 25.10:

Methode	$\alpha = 0{,}05$, maximale Breite G = 0,02, n = 9605, k = 3362
Satz 25.10	a = 0,05 und maximale Breite G = 0,02 erfordert eine Stichprobengröße von mindestens 9605. Eine Überprüfung einer Stichprobe dieser Größe ergebe eine Trefferzahl von 3362. Man erhält mit diesen Daten das folgende Ergebnis: Das Intervall [0.3405 , 0.3596] ist ein Konfidenzintervall für die unbekannte Wahrscheinlichkeit p für einen Treffer zur Konfidenzwahrscheinlichkeit 0.95 bzw. Die unbekannte Wahrscheinlichkeit p für einen Treffer liegt mit 95 %-iger Sicherheit zwischen 34,05 % und 35,96 %.

Das ist sehr nahe an unseren bisherigen Beispielen. Nun versuchen wir, dieselbe Breite für die Konfidenzwahrscheinlichkeit 99 % zu erhalten:

Methode	$\alpha = 0{,}01$, maximale Breite G = 0,02, n = 16596, k = 5809
Satz 25.10	a = 0,01 und maximale Breite G = 0,02 erfordert eine Stichprobengröße von mindestens 16596. Eine Überprüfung einer Stichprobe dieser Größe ergebe eine Trefferzahl von 5809. Man erhält mit diesen Daten das folgende Ergebnis: Das Intervall [0.3405 , 0.3596] ist ein Konfidenzintervall für die unbekannte Wahrscheinlichkeit p für einen Treffer zur Konfidenzwahrscheinlichkeit 0.95 bzw. Die unbekannte Wahrscheinlichkeit p für einen Treffer liegt mit 95 %-iger Sicherheit zwischen 34,05 % und 35,96 %.

Und Sie sehen: Wir brauchen für dieselbe Breite (übrigens *exakt* dieselbe Breite – das ist kein Druckfehler) fast das 1¾-Fache der vorherigen Stichprobengröße.

Sie sollten sich ein Programm schreiben, mit dem Sie mit diesen Werten herumspielen können. Ich werde Ihnen meine Version dazu ins Netz stellen.

Übungsaufgaben

1. Aufgabe

a. Welchen Einfluss hat die Größe der Stichprobe auf die Breite des Konfidenzintervalls? Wie verändert sich diese Breite beim Wachsen bzw. Fallen der Größe der Stichprobe?
b. Welchen Einfluss hat die Größe des Konfidenzniveaus auf die Breite des Konfidenzintervalls? Wie verändert sich diese Breite beim Wachsen bzw. Fallen der Größe des Konfidenzniveaus?

2. Aufgabe

Wie schon in den vergangenen Kapiteln interessieren wir uns über den Anteil fehlerhaft produzierter Warenstücke in einer Massenproduktion.

a. Bei der Überprüfung einer Stichprobe von 1 000 Elementen findet man 93 defekte Teile. Es soll nun zum Konfidenzniveau 95 % ein Konfidenzintervall für die unbekannte Wahrscheinlichkeit p ermittelt werden, mit der ein fehlerhaftes Teil produziert wird. Arbeiten Sie mit der Formel von Satz 25.9 und vergewissern Sie sich, dass die Voraussetzungen dieses Satzes erfüllt sind.
b. Bei der Überprüfung einer Stichprobe von 2 000 Elementen findet man 186 defekte Teile. Es soll wieder zum Konfidenzniveau 95 % ein Konfidenzintervall für die unbekannte Wahrscheinlichkeit p ermittelt werden, mit der ein fehlerhaftes Teil produziert wird. Arbeiten Sie auch hier mit der Formel von Satz 25.9.
c. Die Intervalle in Aufgabe 2 a und 2 b haben beide denselben Mittelpunkt: 93/1000 = 186/2000 = 0,093 = 9,3 %. Erklären Sie die unterschiedliche Breite der beiden Intervalle.
d. Ermitteln Sie die erforderliche Stichprobengröße, die zum Konfidenzniveau 95 % mit den in (a) und (b) verwendeten Verfahren Konfidenzintervalle liefert, deren Längen nicht größer als 0,02 sind.

3. Aufgabe

2005 wurden in Deutschland 334 399 Mädchen und 351 721 Jungen geboren. Bestimmen Sie auf Grund dieser Daten zum Konfidenzniveau 99 % ein Konfidenzintervall für die Wahrscheinlichkeit einer Mädchengeburt. Arbeiten Sie wieder mit der Formel von Satz 25.9.

4. Aufgabe

Es sind Parlamentswahlen und ein Meinungsforschungsinstitut möchte den prozentualen Stimmenanteil der Partei PDS (*P*artei *d*er *S*tatistiker) prognostizieren.

a. Wie viele zufällig ausgewählte Wahlberechtigte müssen mindestens befragt werden, um für den prozentualen Stimmenanteil ein Konfidenzintervall zum Niveau 0,96 zu erhalten, dessen Länge höchstens 2 Prozent beträgt.
b. Wie viele zufällig ausgewählte Wahlberechtigte müssen mindestens befragt werden, um für den prozentualen Stimmenanteil ein Konfidenzintervall zum Niveau 0,98 zu erhalten, dessen Länge höchstens 2 Prozent beträgt.
c. Das Meinungsforschungsinstitut befragt 12 000 Personen. Davon behaupten 2160, dass sie die Partei der Statistiker wählen werden. Bestimmen Sie sowohl für das Konfidenzniveau 96 % als auch für das Konfidenzniveau 98 % die zugehörigen Konfidenzintervalle für die Wahrscheinlichkeit, dass diese Partei gewählt wird. Arbeiten Sie mit der Formel von Satz 25.9.

5. Aufgabe

a. Nehmen Sie an, Sie wollten für eine Messreihe, in der immer wieder dasselbe Bernoulliexperiment durchgeführt wird, ein Konfidenzintervall für die zu suchende unbekannte Wahrscheinlichkeit p finden, mit der ein bestimmtes Ergebnis eintritt. Sie möchten absolute Sicherheit haben, d. h. das Konfidenzniveau soll 100 % betragen. Wie muss das Konfidenzintervall aussehen?
b. Warum muss Ihre Antwort im Widerspruch zu der im Anhang 2 abgedruckten Tafel von Funktionswerten der Normalverteilung Φ stehen und wie erklären Sie diesen Widerspruch?

Tests, Tests, Tests

Die Welt, das Internet[1], die wissenschaftlichen Institute – alle sind voller statistischer Tests, mit denen man auf Knopfdruck Hypothesen »überprüfen« kann, die auf der Grundlage von empirischen Daten getroffen wurden. Genau darum wird es in dem Kapitel gehen: Wie kann man mit Hilfe von statistischen Testverfahren, die empirisch erhobene Daten auswerten, Hypothesen untermauern bzw. als unwahrscheinlich ablehnen. Auch auf diese Problematik habe ich versucht, am Anfang des 21. Kapitels vorzubereiten. Sie ist natürlich mit der des vorherigen Kapitels eng verwandt. Wir beginnen mit einem klassischen Beispiel, dem man sofort ansieht, in welchem Land, in welchen Kreisen und in welcher Zeit es ausgedacht wurde. Ich habe zuerst versucht, es auf Hütchenspieler im Frankfurter Bahnhofsviertel umzuschreiben, aber das hätte den Nachteil gehabt, dass ich vor Ihnen einen etablierten Begriff aus der statistischen Literatur verschwiegen hätte: den Begriff *einer Dame, die Tee testet*. Wer will, denkt dabei hin und wieder an »Dinner for One«, obwohl dort Tee überhaupt keine Rolle spielt. Vielleicht ist welcher in der Blumenvase.

26.1 Ein erstes Beispiel: die tea testing Lady

Eine britische Lady trinkt viel Tee, sie trinkt ihn stets mit Milch und sie behauptet, »meistens« am Geschmack erkennen zu können, ob in die Tasse zuerst Milch oder zuerst Tee eingeschenkt wurde.

Diese Behauptung möchte man überprüfen, man organisiert n voneinander unabhängige Bernoulli-Experimente, von denen jedes einzelne aus zwei Tassen Tee besteht. In die eine Tasse wurde zuerst Milch und dann Tee, in die andere zuerst Tee und dann Milch eingeschenkt. Die Lady bekommt diese Tassen in einer zufälligen, beispielsweise durch Münzwurf festgelegten Reihenfolge gereicht und kann dann beurteilen, ob zuerst Tee oder zuerst Milch eingeschenkt wurde. Die Experimente werden durch genügend große Pausen zwischen den einzelnen Proben voneinander unabhängig gehalten. Wir sagen, das Experiment ist positiv ausgegangen, wenn die Lady die richtige Zubereitungsart angibt. Wir versuchen, etwas über die Wahrscheinlichkeit p für den positiven Ausgang dieses Experiments heraus zu bekommen. Ich höre Sie sagen: »Falsches Kapitel, Herr Schubert – das hatte wir gerade eben« – aber jetzt werden wir zu Beginn unserer Untersuchung, also auch vor Prüfungen von Stichproben Hypothesen, aufstellen, die anschließend durch empirisches Material untermauert oder in Zweifel gezogen werden. Diese Aufgabe ist in gewissem Sinne leichter als unsere Schätzungen in Kapitel 25, denn wir geben auf konkret gestellte Fragen eine Antwort, die »nur« aus (gewichteten) Ja-Antworten oder Nein-Antworten besteht.

In unserem Beispiel stehen zwei Hypothesen zur Auswahl:

HT_0: $p = \frac{1}{2}$, d. h., die Behauptung der Lady stimmt nicht, die Anzahl der richtigen Antworten entspricht der Anzahl, die bei zufälligem Raten aufgetreten wäre.

[1] Machen Sie sich den Spaß und geben Sie in Ihre Suchmaschine das Begriffspaar »statistisch Test« ein.

HT_1 : $p > \frac{1}{2}$, d.h., die Behauptung der Lady stimmt, die Anzahl der richtigen Antworten ist größer als die Anzahl, die bei zufälligem Raten aufgetreten wäre.

Wie soll man das testen? Betrachten Sie folgende Versuchsanordnung:
Man führt das Bernoulli-Experiment 30-mal durch und definiert:

»Definition«:
Wenn das Experiment bei 30 Versuchen mindestens 20-mal positiv ausgegangen ist, dann entscheidet man sich für die Hypothese HT_1, andernfalls sagt man, das Ergebnis ist nicht genügend *signifikant* (bedeutsam) für die Hypothese HT_1, man entscheidet sich für die Hypothese HT_0.

Dabei kann die generelle Herangehensweise bei Tests dieser Art folgendermaßen beschrieben werden:

Das primäre Ziel beim statistischen Testen:
Es ist beim statistischen Testen immer das primäre Ziel, die Nullhypothese HT_0 nicht umstoßen zu lassen. Nur unter besonders zugespitzten Bedingungen ist man bereit, die Hypothese HT_1 zu akzeptieren.

Ein schöneres, weil in seiner Dramatik klareres Beispiel für solch eine Situation sind Tests zur Zulassung eines neuen Medikaments, wo Nullhypothesen der Art: »Das Medikament ist nicht besser als bereits existierende Medikamente« – oder – »das Medikament hat Nebenwirkungen« signifikant, d.h. auf bedeutende Weise, widerlegt werden müssen.
Das bedeutet: Wir werden – solange nichts wirklich Signifikantes passiert – davon ausgehen, dass die Lady keine besonderen geschmacklich-hellseherischen Fähigkeiten hat, und ihr diese nur unter besonderen Bedingungen zugestehen. Und was signifikant ist, haben wir gerade definiert:

»Definition« (Wiederholung):
Wenn das Experiment bei 30 Versuchen mindestens 20-mal positiv ausgegangen ist, interpretieren wir das als *signifikant* für die Hypothese HT_1.

Und jetzt können wir uns fragen:

Erste Frage:
Wie groß ist bei dieser Signifikanzdefinition die Wahrscheinlichkeit P_1, die Hypothese HT_0 (die Lady kann nicht schmecken) fälschlicherweise umzustoßen?

Dazu muss ich untersuchen: Wie groß ist die Wahrscheinlichkeit P_1, mit der man bei 30 unabhängig voneinander durchgeführten Versuchen eines Bernoulli-Experiments mit der Trefferwahrscheinlichkeit p = ½ mindestens 20 Treffer erzielt?

Die Antwort lautet:

Sei $f_{30,20}(p) = \sum_{j=20}^{30} \binom{30}{j} p^j \cdot (1-p)^{30-j}$ die allgemeine Funktion für die Wahrscheinlichkeit, bei 30 Versuchen und einer »Bernoulli-Wahrscheinlichkeit« p mindestens 20 Treffer zu erzielen. Dann ist $P_1 = f_{30,20}(½) \approx 0{,}049$.
Das bedeutet, diese Wahrscheinlichkeit ist kleiner als 5 %.

> *Zweite Frage:*
> Nehmen wir an, die Lady könnte so gut schmecken, dass sie mit einer Wahrscheinlichkeit von p = 0,7 entscheiden könnte, wie der Tee zubereitet wurde. Wie groß ist dann bei unserer Signifikanzdefinition die Wahrscheinlichkeit P_2, die Hypothese HT_0 (die Lady kann nicht schmecken) fälschlicherweise zu akzeptieren?

Dazu muss ich untersuchen: Wie groß ist die Wahrscheinlichkeit P_2, mit der man bei 30 unabhängig voneinander durchgeführten Versuchen eines Bernoulli-Experiments mit der Trefferwahrscheinlichkeit p = 0,7 *nicht* mindestens 20 Treffer erzielt?

Die Antwort lautet:
Dann ist $P_2 = 1 - f_{30,20}(0{,}7) \approx 0{,}27$. Das bedeutet, diese Wahrscheinlichkeit beträgt immerhin 27 %.
Intuitiv haben wir die Vorstellung, wenn wir in unserer Signifikanzdefinition aus der 20 beispielsweise eine 25 machen, wenn wir also sagen, wir brauchen 25 geglückte Versuche, um zu erklären, dass die Lady die Zubereitungsweise des Tees am Geschmack erkennt, dann müsste sich $P_1 = f_{30,25}(½)$ verkleinern und $P_2 = 1 - f_{30,25}(0{,}7)$ vergrößern. Tatsächlich gilt:

- $f_{30,25}(½) \approx 0{,}0002 < 0{,}049 \approx f_{30,20}(½)$ d. h,. die Wahrscheinlichkeit, die Hypothese HT_0 fälschlicherweise umzustoßen, ist kleiner als 1 Promille.

Dagegen ist:

- $1 - f_{30,25}(0{,}7) \approx 0{,}9234 > 0{,}27 \approx 1 - f_{30,20}(0{,}7)$ d. h,. die Wahrscheinlichkeit, die Hypothese HT_0 bei einer Trefferquote von 70 % fälschlicherweise zu akzeptieren, wird sehr groß: über 90 %.

Das will ich noch in die andere Richtung testen: Wir ersetzen die 20 durch 17 und sagen: Wir brauchen nur 17 geglückte Versuche, um zu erklären, dass die Lady die Zubereitungsweise des Tees am Geschmack erkennt. Jetzt müsste sich $P_1 = f_{30,17}(½)$ vergrößern und $P_2 = 1 - f_{30,17}(0{,}7)$ verkleinern. Tatsächlich gilt:

- $f_{30,17}(½) \approx 0{,}2923 > 0{,}049 \approx f_{30,20}(½)$ d. h,. die Wahrscheinlichkeit, die Hypothese HT_0 fälschlicherweise umzustoßen, beträgt jetzt fast 30 %.

Dagegen ist:

- $1 - f_{30,17}(0,7) \approx 0,0401 < 0,27 \approx 1 - f_{30,20}(0,7)$ d. h,. die Wahrscheinlichkeit, die Hypothese HT_0 bei einer Trefferquote von 70 % fälschlicherweise zu akzeptieren, wird kleiner als 5 %.

Ich möchte diesen einleitenden Abschnitt nicht beenden, ohne Sie darauf hinzuweisen, wie wichtig auch hier die Stichprobengröße ist. Wir gehen zurück zur Signifikanz-Festlegung von mindestens 20 gelungenen Versuchen innerhalb von insgesamt 30 Versuchen. Wenn wir dieselbe Erfolgsrate bei insgesamt 60 Versuchen fordern (also 40 geglückte Versuche), erhalten wir überall kleinere Irrtumswahrscheinlichkeiten. Es ist:

- $f_{60,40}(½) \approx 0,0067 < 0,049 \approx f_{30,20}(½)$ d. h,. die Wahrscheinlichkeit, die Hypothese HT_0 fälschlicherweise umzustoßen, ist jetzt kleiner als 1 %.

Und außerdem ist:

- $1 - f_{60,40}(0,7) \approx 0,2378 < 0,27 \approx 1 - f_{30,20}(0,7)$ d. h,. die Wahrscheinlichkeit, die Hypothese HT_0 bei einer Trefferquote von 70 % fälschlicherweise zu akzeptieren, wird jetzt kleiner als 24 %.

Nach diesen einleitenden Untersuchungen können wir nun die nötigen Definitionen vornehmen, mit denen wir die Theorie der statistischen Tests weiter entwickeln werden.

26.2 Grundlegende Bemerkungen und Definitionen

Es geht bei Tests und Schätzungen immer um die Beurteilung oder Eingrenzung unbekannter statistischer Parameter. Den bezeichnet man in der Theorie der Statistik traditionellerweise mit dem griechischen (Klein-)Buchstaben ϑ (sprich: theta). In unserem letzten Beispiel war

ϑ = Wahrscheinlichkeit p für den positiven Ausgang eines Bernoulli-Experiments, konkret für die Wahrscheinlichkeit, dass unsere Lady die Zubereitungsweise des Tees am Geschmack erkennt.

Man bezeichnet das beim Test zu Grunde liegende Modell, genauer die Menge der möglichen Werte für den ϑ-Wert, mit dem griechischen (Groß-)Buchstaben Θ (sprich ebenfalls: Theta).

Ist ϑ allgemein eine zu schätzende bzw. eine zu testende Wahrscheinlichkeit, dann ist offensichtlich $\Theta = [0, 1]$, in unserem Beispiel der tea testing Lady war dagegen $\Theta = [½ , 1]$, wir haben Wahrscheinlichkeiten, die unterhalb der Ratewahrscheinlichkeit ½ liegen, nicht für sinnvoll gehalten und daher nicht zugelassen.

Weiter unterteilt man bei statistischen Tests die Menge Θ in zwei nicht leere, disjunkte Teilmengen Θ_0 und Θ_1 :

$$\Theta = \Theta_0 \cup \Theta_1 \text{ mit } \Theta_0 \cap \Theta_1 = \{\}$$

und testet die Aussagen $\vartheta \in \Theta_0$ und $\vartheta \in \Theta_1$.

In unserem Beispiel war $\Theta_0 = \{ ½ \}$ und $\Theta_1 =]\ ½ , 1]$. Die zugehörigen Aussagen $\vartheta \in \Theta_0$ und $\vartheta \in \Theta_1$ hatten wir Hypothese Null (HT_0) und Hypothese Eins (HT_1) genannt.

Wir werden jetzt die allgemeine Definition für Tests so abfassen, dass man ein wenig von der oben beschriebenen Teststrategie ahnen kann:

Definition statistischer Tests:
Gegeben eine Zufallsvariable X auf einem Wahrscheinlichkeitsraum Ω und ein unbekannter statistischer Parameter ϑ, der das Verhalten von X bestimmt. Es sei Θ die Menge der möglichen Werte von ϑ. Ein statistischer Test besteht aus:
i) Einer Aufteilung von Θ in zwei nicht leere, disjunkte Teilmengen Θ_0 und Θ_1 :

$$\Theta = \Theta_0 \cup \Theta_1 \text{ mit } \Theta_0 \cap \Theta_1 = \{\}$$

ii) Einer Entscheidungsregel, die bei jedem möglichen Funktionswert von X festlegt, ob man sich für
die *Hypothese* $HT_0 : \vartheta \in \Theta_0$ oder die *Alternative* $HT_1 : \vartheta \in \Theta_1$
entscheidet.

In unserem Beispiel war der Wahrscheinlichkeitsraum die Menge der 30-fachen Versuchsdurchführungen des Geschmackstests, und die Zufallsvariable X war die Zählung der Häufigkeit des richtigen Testens. Unsere Entscheidungsregel sah folgendermaßen aus:

- Es gilt die Hypothese HT_0. Nur wenn $X(\omega) \geq 20$ ist, gilt die Alternative HT_1

Definition (Fortsetzung der Definition statistischer Tests):
Die Menge der Funktionswerte von X nennt man χ. (χ (sprich »chi«, vgl. Kapitel 19) ist die griechische Version unseres Kleinbuchstabens c). χ heißt Stichprobenraum. Die Entscheidungsregel unterteilt χ durch die folgende Definition in zwei disjunkte Teilmengen κ_0 und κ_1:

$(X(\omega) \rightarrow \vartheta \in \Theta_0) \leftrightarrow X(\omega) \in \kappa_0 \leftrightarrow$ Man entscheidet sich für HT_0 .
$(X(\omega) \rightarrow \vartheta \in \Theta_1) \leftrightarrow X(\omega) \in \kappa_1 \leftrightarrow$ Man entscheidet sich für HT_1 .

In unserem Beispiel war:
$\chi = \{ 0, 1, 2, 3, 4, 5, 6, 7, 8, 9, 10, 11, 12, 13, 14, 15, 16, 17, 18, 19, 20, 21, 22, 23, 24, 25, 26, 27, 28, 29, 30 \}$
$\kappa_0 = \{ 0, 1, 2, 3, 4, 5, 6, 7, 8, 9, 10, 11, 12, 13, 14, 15, 16, 17, 18, 19 \}$ und
$\kappa_1 = \{ 20, 21, 22, 23, 24, 25, 26, 27, 28, 29, 30 \}$

Unser im vorigen Abschnitt formuliertes primäres Ziel beim statistischen Testen wird durch die Sprechweise

Man testet die Hypothese HT_0 gegen die Alternative HT_1

nahe gelegt. Man definiert aus derselben Motivation heraus:

Definition (Fortsetzung der Definition statistischer Tests):
Die Menge κ_1 heißt der *kritische Bereich* und die Menge κ_0 heißt der *Annahmebereich* des Tests.
Falls $X(\omega) \in \kappa_1$ ist, sagt man: *Die Hypothese* HT_0 *wird verworfen* bzw. $X(\omega)$ *steht im Widerspruch zu* HT_0 .

Falls $X(\omega) \in \kappa_0$ ist, sagt man: *Die Hypothese* HT_0 *wird nicht verworfen* bzw. $X(\omega)$ *steht nicht im Widerspruch zu* HT_0.

Falls in Wirklichkeit die Hypothese HT_0 gilt, falls also $\vartheta \in \Theta_0$ ist, falls aber $X(\omega) \in \kappa_1$ ist und der Test deshalb für die Alternative HT_1 entscheidet, heißt das ein *Fehler erster Art.*
Falls dagegen in Wirklichkeit die Hypothese HT_1 gilt, falls also $\vartheta \in \Theta_1$ ist, falls aber $X(\omega) \in \kappa_0$ ist und der Test deshalb für die Alternative HT_0 entscheidet, heißt das ein *Fehler zweiter Art.*

In unserem Beispiel würden wir einen Fehler erster Art machen, wenn die Lady nicht schmecken, sondern nur raten würde und trotzdem per Zufall eine Trefferanzahl von 20 oder höher erhalten hätte.
Unser Test würde ihr attestieren, dass sie am Geschmack die genaue Zubereitungsart des Tees erkennen kann, obwohl sie in Wirklichkeit unter Umständen nicht mal Tee von Malzbier unterscheiden kann.
Wir würden beispielsweise einen Fehler zweiter Art machen, wenn die Lady gut schmecken könnte (beispielsweise mit einer Treffsicherheit von 60 %) und auch 18-mal richtig entscheiden würde. Denn der Test würde entscheiden: Die Hypothese HT_0 wird nicht verworfen.
Wie Ihnen sicherlich unser Beispiel klar gemacht hat, sind sowohl Fehler erster Art als auch zweiter Art unvermeidbar. Generell legt man Tests so an, dass ein Fehler erster Art für die Realität weniger dramatisch und daher auch wahrscheinlicher ist. Das betrifft zwei Punkte:

i) Die Formulierung der Hypothese und der Alternative. Beispielsweise sollte man als *Hypothese* die Formulierung wählen: »Kernkraftwerke bergen Risiken« und als *Alternative*: »Kernkraftwerke sind sicher« – egal, wie man zur Frage der Kernenergie steht.
ii) Die Definition des kritischen Bereichs κ_1, der aus wirklich signifikanten Werten bestehen sollte.

Unser Beispiel hat Ihnen auch gezeigt, dass eine Verkleinerung der Wahrscheinlichkeit von Fehlern der einen Art oft eine Vergrößerung der Wahrscheinlichkeit von Fehlern der anderen Art zur Folge hat.
Zum besseren Kontrolle der Qualität einer Definition des kritischen Bereichs κ_1 definiert man:

Definition (Fortsetzung der Definition statistischer Tests):
Zu der Definition des kritischen Bereichs κ_1 definiert man eine Funktion

$$g : \Theta \to [0, 1] \text{ durch } g(\vartheta) = P_\vartheta (X \in \kappa_1)$$

g heißt die *Gütefunktion des zu* κ_1 *gehörenden Tests.*

Also: Zu jedem möglichen Wert unseres unbekannten statistischen Parameters ϑ erhält man eine Wahrscheinlichkeitsabbildung P_ϑ, mit der unsere Gütefunktion die Wahrscheinlichkeit misst, dass die Hypothese HT_0 verworfen wird.

Sehen Sie im folgenden Bild das Bild der Gütefunktion

$$g(\vartheta) = f_{30,20}(\vartheta) = \sum_{j=20}^{30} \binom{30}{j} \vartheta^j \cdot (1 - \vartheta)^{30-j}$$

unseres Teeschmeckertests, bei dem der kritische Bereich bei mindestens 20 geglückten von insgesamt 30 Versuchen begann:

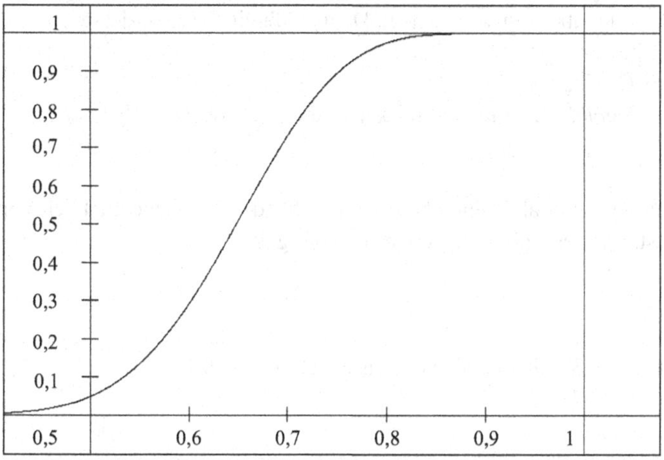

Bild 26-1: Der Graph von $f_{30,20}(\vartheta)$

In Bild 26-2 vergleichen wir die Gütefunktionen zweier Tests, nämlich $f_{30,20}(\vartheta)$ und $f_{60,40}(\vartheta)$:

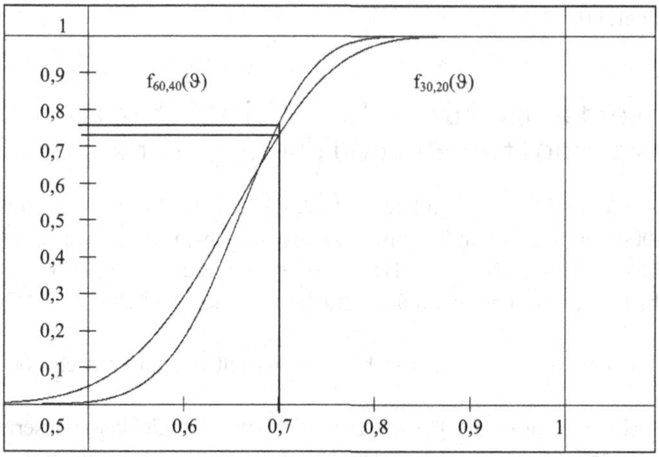

Bild 26-2: Die Graphen von $f_{30,20}(\vartheta)$ und $f_{60,40}(\vartheta)$

Eine Gütefunktion ist »gut«, wenn sie über Θ_0 sehr klein ist (dann gibt es wenig Anlass für Fehler der ersten Art) und wenn sie gleichzeitig über Θ_1 sehr groß, d. h. nahe an 1 ist. Dann gibt es wenig Anlass für Fehler der zweiten Art.

Insofern ist in unserem Beispiel die Funktion $f_{60,40}(\vartheta)$ »besser« als die Funktion $f_{30,20}(\vartheta)$, d.h. auch, dass unser Test mit 60 Geschmacksvergleichen besser ist als der Test mit 30 Geschmacksvergleichen, selbst wenn wir jedes Mal κ_1 mit identischer Erfolgsrate definieren.

Definition (Fortsetzung und Schluss der Definition statistischer Tests):
Sei $\alpha \in]0, 1]$ beliebig, aber fest vorgegeben. Dann heißt ein Test, für dessen Gütefunktion g gilt:

Für alle $\vartheta \in \Theta_0$ ist $g(\vartheta) \leq \alpha$

Signifikanztest zum Signifikanzniveau α. α heißt auch die *Irrtumswahrscheinlichkeit.*

Mit dieser Definition legt man also eine obere Grenze für die Wahrscheinlichkeit von Fehlern erster Art fest. Für Tests gilt üblicherweise die Regel:

Regel:
Üblicherweise liegt das Signifikanzniveau zwischen 0.01 und 0.1.

Bei solch einem Vorgehen sollten Sie bei einem Ergebnis aus κ_0 allerdings nie sagen:

Mein Test hat die Hypothese HT_0 bewiesen.

Sondern stets eine Formulierung der Art wählen:

Die Hypothese HT_0 konnte nicht widerlegt werden.

Die meisten statistischen Tests werden in der Hoffnung auf eine signifikante Ablehnung der Hypothese durchgeführt.

26.3 Parametertests für Wahrscheinlichkeiten von wiederholten Bernoulli-Experimenten

Sie vermuten, dass ein Würfel dahingehend gezinkt ist, dass die »6« zu oft gewürfelt wird. Sie würfeln 6000 mal und hoffen bei einer Irrtumswahrscheinlichkeit von α auf eine signifikante Widerlegung der Hypothese $HT_0 : p(6) = 1/6$. Sie erhalten 1060-mal die »6«. Wie sieht Ihr Test aus, wenn Sie mit den Irrtumswahrscheinlichkeiten $\alpha = 2\%$ und $\alpha = 5\%$ arbeiten?

- Es sei X_{6000} die Zufallsvariable, die die Anzahl der gewürfelten Sechsen nach 6000 Würfen zählt.
- Der gesuchte, unbekannte statistische Parameter ist die Wahrscheinlichkeit μ unseres Bernoulli-Experiments, mit einer »6« zu enden. Unsere Hypothese HT_0 lautet: $\mu = \mu_0 = 1/6$.
- Die Menge Θ_0, die die Menge der Werte darstellt, die der Hypothese HT_0 entspricht, ist

$$\Theta_0 = \{ \mu_0 \}.$$

- Folglich ist die Menge $\Theta_1 = [0, 1] \setminus \{ \mu_0 \}$.

- Aus Satz 21.8 über Erwartungswert und Varianz einer Bernoulli-Verteilung, aus Satz 21.10 und aus dem zentralen Grenzwertsatz 22.13 folgt:
  X_{6000} ist annähernd $N(6000\cdot\mu, 6000\cdot\mu\cdot(1-\mu))$-normal verteilt. Um unsere Betrachtungen gleich verallgemeinern zu können, schreibe ich jetzt für 6 000 das Symbol n. Es gilt also (mit n = 6 000):
  X_n ist annähernd $N(n\cdot\mu, n\cdot\mu\cdot(1-\mu))$-normal verteilt.

- Als Annahmebereich κ_0 für unsere Hypothese HT_0 definieren wir ein offenes Intervall mit dem Mittelpunkt μ_0, also
  $\kappa_0 =]\, n\cdot\mu_0 - \delta, n\cdot\mu_0 + \delta\, [$ für ein geeignetes δ.

- Damit wird der für die Hypothese kritische Bereich κ_1, die Komplementmenge in **R**, zu
  $\kappa_1 = \{ x \in \mathbf{R} \mid |x - n\cdot\mu_0| \geq \delta \}$

- Unsere Gütefunktion $g : \mathbf{R} \to [0, 1]$ zur Definition des kritischen Bereichs lautet nun:
  $g(\mu) = P_\mu(X_n \in \kappa_1) = P_\mu(|X_n - n\cdot\mu_0| \geq \delta)$.

  Dabei symbolisiert das Zeichen »P_μ«, dass sich diese Wahrscheinlichkeit in Abhängigkeit von dem tatsächlichen Mittelwert μ des Bernoulli-Experiments berechnet.

- Um ein Signifikanzniveau α zu erreichen, muss gelten:
  $\mu \in \Theta_0 \to g(\mu) \leq \alpha$, also
  $\mu = \mu_0 \to P_\mu(|X_n - n\cdot\mu_0| \geq \delta) \leq \alpha$.

Unsere Aufgabe lautet also – etwas umformuliert:

Finde zu gegebenem α ein δ, sodass für eine $N(n\cdot\mu_0, n\cdot\mu_0\cdot(1-\mu_0))$-normalverteilte Zufallsvariable Y gilt:
$P(|Y - n\cdot\mu_0| \geq \delta) \leq \alpha$

Wir rechnen:
Es ist $P(X_n \in \kappa_1) \leq \alpha \leftrightarrow 1 - P(X_n \in \kappa_0) \leq \alpha \leftrightarrow$

$\leftrightarrow P(X_n \in \kappa_0) \geq 1 - \alpha \leftrightarrow P(|X_n - n\cdot\mu_0| < \delta) \geq 1 - \alpha \leftrightarrow$

$\leftrightarrow P(-\delta < X_n - n\cdot\mu_0 < \delta) \geq 1 - \alpha \leftrightarrow$

$\leftrightarrow P(-\delta + n\cdot\mu_0 < X_n < \delta + n\cdot\mu_0) \geq 1 - \alpha$

Da X_n normalverteilt vom Typ $N(n \cdot \mu_0, n \cdot \mu_0 \cdot (1 - \mu_0))$ war, folgt:

$$P(-\delta + n \cdot \mu_0 < X_n < \delta + n \cdot \mu_0) =$$

$$= \Phi\left(\frac{\delta + n \cdot \mu_0 - n \cdot \mu_0}{\sqrt{n \cdot \mu_0 \cdot (1 - \mu_0)}}\right) - \Phi\left(\frac{-\delta + n \cdot \mu_0 - n \cdot \mu_0}{\sqrt{n \cdot \mu_0 \cdot (1 - \mu_0)}}\right) =$$

$$= \Phi\left(\frac{\delta}{\sqrt{n \cdot \mu_0 \cdot (1 - \mu_0)}}\right) - \Phi\left(\frac{-\delta}{\sqrt{n \cdot \mu_0 \cdot (1 - \mu_0)}}\right) =$$

$$= 2 \cdot \Phi\left(\frac{\delta}{\sqrt{n \cdot \mu_0 \cdot (1 - \mu_0)}}\right) - 1$$

Wir erhalten:

$$P(X_n \in \kappa_1) \leq \alpha \leftrightarrow$$

$$\leftrightarrow 2 \cdot \Phi\left(\frac{\delta}{\sqrt{n \cdot \mu_0 \cdot (1 - \mu_0)}}\right) - 1 \geq 1 - \alpha \leftrightarrow$$

$$\leftrightarrow 2 \cdot \Phi\left(\frac{\delta}{\sqrt{n \cdot \mu_0 \cdot (1 - \mu_0)}}\right) \geq 2 - \alpha \leftrightarrow \Phi\left(\frac{\delta}{\sqrt{n \cdot \mu_0 \cdot (1 - \mu_0)}}\right) \geq$$

$$\geq 1 - \frac{\alpha}{2}$$

$$\leftrightarrow \frac{\delta}{\sqrt{n \cdot \mu_0 \cdot (1 - \mu_0)}} \geq \Phi^{-1}\left(1 - \frac{\alpha}{2}\right) \text{ da } \Phi \text{ überall monoton steigend ist } \leftrightarrow$$

$$\leftrightarrow \delta \geq \sqrt{n \cdot \mu_0 \cdot (1 - \mu_0)} \cdot \Phi^{-1}\left(1 - \frac{\alpha}{2}\right)$$

Für unsere Werte $n = 6\,000$, $\mu_0 = 1/6$ und $\alpha = 0{,}02$ erhalten wir:

$$\delta \geq 28{,}9 \cdot \Phi^{-1}\left(1 - \frac{\alpha}{2}\right) = 28{,}9 \cdot \Phi^{-1}(0{,}99) = 28{,}9 \cdot 2{,}323 = 67{,}1347$$

d. h., solange X_{6000} im Intervall $]\,933\,,\,1067\,[$ liegt, sehen wir bei der Irrtumswahrscheinlichkeit 2% keinen Grund, die Hypothese, dass der Würfel korrekt ist, anzuzweifeln. Hier wäre unser Ergebnis 1 060 nicht signifikant.

Für $\alpha = 0{,}05$ erhalten wir:

$$\delta \geq 28{,}9 \cdot \Phi^{-1}\left(1 - \frac{\alpha}{2}\right) = 28{,}9 \cdot \Phi^{-1}(0{,}975) = 28{,}9 \cdot 1{,}96 = 56{,}644$$

d. h., bei der Irrtumswahrscheinlichkeit 5 % sehen wir keinen Grund, die Hypothese, dass der Würfel korrekt ist, anzuzweifeln, solange X_{6000} im Intervall $]\,944\,,\,1056\,[$ liegt. Hier wäre unser Ergebnis 1 060 bereits signifikant.

Wir können unser Beispiel zu einem allgemeinen Satz verallgemeinern, den Beweis haben wir schon geführt.

Satz 26.1 (Zweiseitiger Test)
Eine Zufallsvariable X_n werte die Anzahl der positiven Ausgänge eines Bernoulli-Experiments aus, das n-mal durchgeführt wird. Die Wahrscheinlichkeit $p = E(X_n)/ n = \mu$ für den positiven Ausgang des Experiments sei unbekannt. Es sei HT_0 die Hypothese: $\mu = \mu_0$ für ein gegebenes μ_0. Dann ist mit

$$\delta = \sqrt{n \cdot \mu_0 \cdot (1 - \mu_0)} \cdot \Phi^{-1}\left(1 - \frac{\alpha}{2}\right)$$

i) $\kappa_0 :=]\, n \cdot \mu_0 - \delta ,\ n \cdot \mu_0 + \delta\, [$ der Annahmebereich und

ii) $\kappa_1 :=]\, -\infty ,\ n \cdot \mu_0 - \delta\,] \cup [\, n \cdot \mu_0 + \delta , \infty\, [$ der kritische Bereich

für den Wert von X_n für einen Signifikanztest der Hypothese HT_0 zum Signifikanzniveau α.

Definition:
Ein Test wie in Satz 26.1 heißt *zweiseitig*, weil hier die Hypothese HT_0 $\mu = \mu_0$ gegen die zweiseitige Alternative $\mu < \mu_0 \vee \mu > \mu_0$ geprüft wird.

Wir verfolgen unser Beispiel weiter:
Sie vermuten wieder, dass ein Würfel dahingehend gezinkt ist, dass die »6« zu oft gewürfelt wird. Aber Sie formulieren Ihre Hypothese HT_0 anders. Sie würfeln 6 000 mal und hoffen bei einer Irrtumswahrscheinlichkeit von α auf eine signifikante Widerlegung der Hypothese HT_0: $p(6) \leq 1/6$. Sie erhalten 1 060-mal die »6«. Wie sieht jetzt Ihr Test aus, wenn Sie wieder mit den Irrtumswahrscheinlichkeiten $\alpha = 2\%$ und $\alpha = 5\ \%$ arbeiten?

- Es sei wieder X_{6000} die Zufallsvariable, die die Anzahl der gewürfelten Sechsen nach 6000 Würfen zählt.

- Der gesuchte, unbekannte statistische Parameter ist die Wahrscheinlichkeit μ unseres Bernoulli-Experiments, mit einer »6« zu enden. Unsere Hypothese HT_0 lautet: $\mu \leq \mu_0 = 1/6$.

- Die Menge Θ_0 , die die Menge der Werte darstellt, die der Hypothese HT_0 entspricht, ist hier
  $$\Theta_0 = [0, \mu_0].$$

- Folglich ist die Menge $\Theta_1 =]\, \mu_0 , 1\,]$.

Wieder schreibe ich für die 6 000 als Symbol die Variable n, wir haben jetzt also eine annähernd normal verteilte Zufallsvariable X_n vom Typ $N(n\cdot\mu , n\cdot\mu\cdot(1 - \mu))$.

- Als Annahmebereich κ_0 für unsere Hypothese HT_0 definieren wir das Intervall
  $\kappa_0 = [\, 0 \,,\, n \cdot \mu_0 + \delta \,[$ für ein geeignetes δ.

- Damit wird der für die Hypothese kritische Bereich κ_1 zu
  $\kappa_1 = [\, n \cdot \mu_0 + \delta, 1 \,[$.

- Unsere Gütefunktion $g : R \to [0, 1]$ zur Definition des kritischen Bereichs lautet nun:
  $g(\mu) = P_\mu(X_n \in \kappa_1) = P_\mu(X_n \geq n \cdot \mu_0 + \delta)$.

- Um ein Signifikanzniveau α zu erreichen, muss gelten:
  $\mu \in \Theta_0 \to g(\mu) \leq \alpha$, also
  $\mu = \mu_0 \to P_\mu(X_n \geq n \cdot \mu_0 + \delta) \leq \alpha$

Unsere Aufgabe lautet also – etwas umformuliert:

> Finde zu gegebenem α ein δ, sodass für eine $N(n \cdot \mu_0 , n \cdot \mu_0 \cdot (1 - \mu_0))$-normalverteilte Zufallsvariable Y gilt:
> $P_\mu(X_n \geq n \cdot \mu_0 + \delta) \leq \alpha$

Wir rechnen:
Es ist $P(X_n \in \kappa_1) \leq \alpha \leftrightarrow 1 - P(X_n \in \kappa_0) \leq \alpha \leftrightarrow$

$$\leftrightarrow P(X_n \in \kappa_0) \geq 1 - \alpha \leftrightarrow P(X_n < n \cdot \mu_0 + \delta) \geq 1 - \alpha$$

Da X_n normalverteilt vom Typ $N(n \cdot \mu, n \cdot \mu \cdot (1 - \mu))$ war mit $\mu \leq \mu_0$, folgt:

$$\delta \geq \sqrt{n \cdot \mu_0 \cdot (1 - \mu_0)} \cdot \Phi^{-1}(1 - \alpha) \leftrightarrow$$

$$\leftrightarrow \frac{\delta}{\sqrt{n \cdot \mu_0 \cdot (1 - \mu_0)}} \geq \Phi^{-1}(1 - \alpha) \leftrightarrow$$

$$\leftrightarrow \Phi\left(\frac{\delta}{\sqrt{n \cdot \mu_0 \cdot (1 - \mu_0)}}\right) \geq 1 - \alpha \quad (\text{da } \Phi \text{ überall monoton steigend ist}) \rightarrow$$

$$\rightarrow \Phi\left(\frac{n \cdot \mu_0 + \delta - n \cdot \mu}{\sqrt{n \cdot \mu \cdot (1 - \mu)}}\right) \geq \Phi\left(\frac{\delta}{\sqrt{n \cdot \mu_0 \cdot (1 - \mu_0)}}\right) \geq 1 - \alpha$$

(da Φ überall monoton steigend und $\mu \leq \mu_0$ ist) $\rightarrow$

$$\rightarrow P_\mu(X_n < n \cdot \mu_0 + \delta) = \Phi\left(\frac{n \cdot \mu_0 + \delta - n \cdot \mu}{\sqrt{n \cdot \mu \cdot (1 - \mu)}}\right) \geq 1 - \alpha$$

Der kleinstmögliche Annahmebereich für X_n, der unserer Hypothese HT_0 äquivalent ist, wird also:

$$\kappa_0 = [0,\ n\cdot\mu_0 + \sqrt{n\cdot\mu_0\cdot(1-\mu_0)}\cdot\Phi^{-1}(1-\alpha)\ [$$

Für unsere Werte n = 6 000, $\mu_0 = 1/6$ und $\alpha = 0{,}02$ erhalten wir:

$$\kappa_0 = [0,\ 1000 + \sqrt{n\cdot\mu_0\cdot(1-\mu_0)}\cdot\Phi^{-1}(1-\alpha)\ [\ =$$
$$= [0,\ 1000 + 28{,}9\cdot\Phi^{-1}(0{,}98)\ [\ = [0,\ 1000 + 28{,}9\cdot 2{,}054\ [\ = [0,\ 1059.36[$$

Das heißt: hier ist unser angenommener Wert von 1 060 Sechsen bereits im Ablehnungsbereich, er ist bereits bei einer kleinen Irrtumswahrscheinlichkeit von 2 % signifikant.
Für $\alpha = 0{,}05$ erhalten wir:

$$\kappa_0 = [0,\ 1000 + \sqrt{n\cdot\mu_0\cdot(1-\mu_0)}\cdot\Phi^{-1}(1-\alpha)\ [\ =$$
$$= [0,\ 1000 + 28{,}9\cdot\Phi^{-1}(0{,}95)\ [\ = [0,\ 1000 + 28{,}9\cdot 1{,}645\ [\ = [0,\ 1047.54[$$

Wie zu erwarten war, ist die 1 060 bei einer Irrtumswahrscheinlichkeit von 5 % viel deutlicher im Ablehnungsbereich.
Wieder können wir unser Beispiel zu einem allgemeinen Satz verallgemeinern:

Satz 26.2 (Einseitiger Test)
Eine Zufallsvariable X_n werte die Anzahl der positiven Ausgänge eines Bernoulli-Experiments aus, das n-mal durchgeführt wird. Die Wahrscheinlichkeit $p = E(X_n)/n = \mu$ für den positiven Ausgang des Experiments sei unbekannt.
Es sei HT_0 die Hypothese: $\mu \le \mu_0$ für ein gegebenes μ_0. Dann ist mit

i) $\kappa_0 = [0,\ n\cdot\mu_0 + \sqrt{n\cdot\mu_0\cdot(1-\mu_0)}\cdot\Phi^{-1}(1-\alpha)\ [$

der Annahmebereich und

ii) $\kappa_1 = [n\cdot\mu_0 + \sqrt{n\cdot\mu_0\cdot(1-\mu_0)}\cdot\Phi^{-1}(1-\alpha),\ \infty\ [$

der kritische Bereich

für den Wert von X_n für einen Signifikanztest der Hypothese HT_0 zum Signifikanzniveau α.

Wir definieren:

Definition:
Ein Test wie in Satz 26.2 heißt *einseitig*, weil hier die Hypothese $HT_0\ \mu \le \mu_0$ gegen die einseitige Alternative $\mu > \mu_0$ geprüft wird.

26.4 Parametertests – Mittelwerte von normal verteilten Werten

Ich gebe Ihnen ein Beispiel, das ich wieder dem Skript von Falkenberg [Falk1] entnommen habe und an dem wir viel diskutieren können:
Man will eine Maschine überprüfen, die Autokolben produziert. Der Durchmesser X der Autokolben sei $N(\mu, \sigma^2)$-verteilt. Die Varianz dieser Verteilung sei real (σ^2) und auch vom theoretischen Konzept dieser Verteilung (σ_0^2) konstant gleich 1, gleichgültig, wie die Maschine eingestellt ist. Der Sollwert für den Durchmesser sei μ_0 = 70 mm. Zur Überprüfung der Maschineneinstellung werden 100 Kolben zufällig ausgewählt. Für diese Auswahl wird der Mittelwert $\overline{X}_{100}$ der hundert Durchmesser bestimmt. Machen Sie einen Test, der mit einer Irrtumswahrscheinlichkeit $\alpha = 0{,}05$ überprüft, ob der Sollwert mit dem Mittelwert übereinstimmt.

Es sei HT_0 die Hypothese: Der unbekannte Mittelwert μ ist identisch mit μ_0.

- Der gesuchte, unbekannte statistische Parameter ϑ ist der Mittelwert μ.

- Die Menge Θ_0, die die Menge der Werte darstellt, die der Hypothese HT_0 entspricht, ist
  $\Theta_0 = \{ \mu_0 \}$.

- Folglich ist die Menge $\Theta_1 = R \setminus \{ \mu_0 \}$.

- Als Annahmebereich κ_0 für unsere Hypothese HT_0 definieren wir ein offenes Intervall mit dem Mittelpunkt μ_0, also
  $\kappa_0 =]\, \mu_0 - \delta, \mu_0 + \delta\, [$ für ein geeignetes δ.

- Damit wird der für die Hypothese kritische Bereich κ_1, die Komplementmenge in R, zu
  $\kappa_1 = \{ x \in R \mid |x - \mu_0| \geq \delta \}$.

- Aus Satz 22.12 und der $N(\mu, 1)$-Normalverteilung der Durchmesser der Autokolben folgt die $N(\mu, 1/n)$-Normalverteilung der Mittelwerte $\overline{X}_n$. Unsere Gütefunktion $g : R \rightarrow [0, 1]$ zur Definition des kritischen Bereichs lautet nun:
  $g(\mu) = P_\mu(\overline{X}_n \in \kappa_1) = P_\mu(|\overline{X}_n - \mu_0| \geq \delta)$.

  Dabei symbolisiert das Zeichen »P_μ«, dass sich diese Wahrscheinlichkeit in Abhängigkeit von dem tatsächlichen Mittelwert μ der Durchmesser berechnet.

- Um ein Signifikanzniveau α zu erreichen, muss gelten:
  $\mu \in \Theta_0 \rightarrow g(\mu) \leq \alpha$, also
  $\mu = \mu_0 \rightarrow P_\mu(|\overline{X}_n - \mu_0| \geq \delta) \leq \alpha$

Unsere Aufgabe lautet also – etwas umformuliert:

Finde zu gegebenem α (in unserem Falle war $\alpha = 0{,}05$) ein δ, sodass für die $N(\mu_0, 1/n)$-normalverteilte Zufallsvariable Y gilt:

$$P(|Y - \mu_0| \geq \delta) \leq \alpha$$

Wir rechnen:

Es ist $P(\overline{X}_n \in \kappa_1) \leq \alpha = 0{,}05 \leftrightarrow 1 - P(\overline{X}_n \in \kappa_0) \leq \alpha \leftrightarrow$

$$\leftrightarrow P(\overline{X}_n \in \kappa_0) \geq 1 - \alpha \leftrightarrow P(|\overline{X}_n - \mu_0| < \delta) \geq 1 - \alpha \leftrightarrow$$

$$\leftrightarrow P(-\delta < \overline{X}_n - \mu_0 < \delta) \geq 1 - \alpha \leftrightarrow$$

$$\leftrightarrow P(-\delta + \mu_0 < \overline{X}_n < \delta + \mu_0) \geq 1 - \alpha$$

Da $\overline{X}_n$ normalverteilt vom Typ $N\left(\mu_0, \frac{1}{n}\right)$ war, folgt:

$$P(-\delta + \mu_0 < \overline{X}_n < \delta + \mu_0) =$$

$$= \Phi\left(\sqrt{n}(\delta + \mu_0 - \mu_0)\right) - \Phi\left(\sqrt{n}(-\delta + \mu_0 - \mu_0)\right) =$$

$$= 2 \cdot \Phi\left(\sqrt{n} \cdot \delta\right) - 1$$

Wir erhalten:

$$P(\overline{X}_n \in \kappa_1) \leq \alpha \leftrightarrow$$

$$\leftrightarrow 2 \cdot \Phi(\sqrt{n} \cdot \delta) - 1 \geq 1 - \alpha \leftrightarrow$$

$$\leftrightarrow 2 \cdot \Phi(\sqrt{n} \cdot \delta) \geq 2 - \alpha \leftrightarrow \Phi(\sqrt{n} \cdot \delta) \geq 1 - \frac{\alpha}{2}$$

$$\leftrightarrow \sqrt{n} \cdot \delta \geq \Phi^{-1}\left(1 - \frac{\alpha}{2}\right) \text{ da } \Phi \text{ überall monoton steigend ist } \leftrightarrow$$

$$\leftrightarrow \delta \geq \frac{\Phi^{-1}\left(1 - \frac{\alpha}{2}\right)}{\sqrt{n}}$$

Mit unseren Werten $n = 100$ und $\alpha = 0{,}05$ erhalten wir: $\delta \geq 0{,}196$, d.h., solange der Mittelwert $\overline{X}_{100}$ im Intervall

$$]\,70 - 0.196\,,\,70 + 0.196\,[\; = \;]\,69.804\,,\,70.196\,[$$

liegt, sehen wir keinen Grund, die Hypothese anzuzweifeln.

Das folgende Bild zeigt Ihnen die Wahrscheinlichkeitsverteilung unter der Glockenkurve:

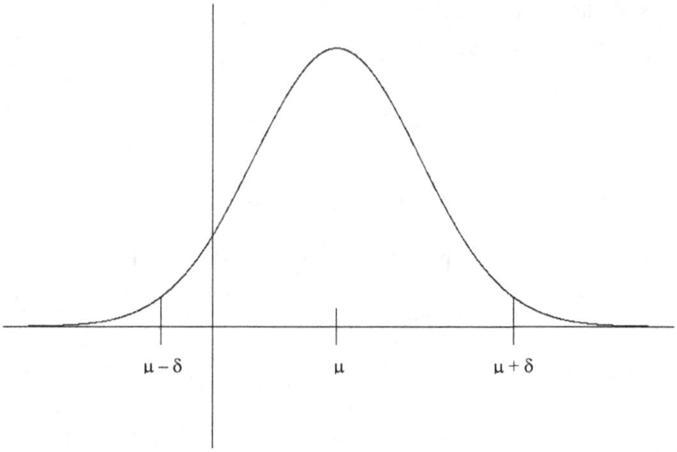

Bild 26-3: Veranschaulichung unserer zweiseitigen Parameterschätzungen. Die Fläche unter der Glockenkurve zwischen $\mu - \delta$ und $\mu + \delta$ hat dabei die Größe von $1 - \alpha$.

Unsere Verallgemeinerung dieses Beispiels lautet:

Satz 26.3 (Zweiseitiger Test)
Eine Zufallsvariable X sei auf einer Ereignismenge binomial vom Typ $N(\mu, \sigma^2)$ verteilt. Dabei sei μ unbekannt, die Standardabweichung σ sei bekannt. Es sei HT_0 die Hypothese: $\mu = \mu_0$ für ein gegebenes μ_0. Dann ist mit $c := \Phi^{-1}(1 - \alpha/2)$

i) $\kappa_0 := \left]\mu_0 - \frac{\sigma \cdot c}{\sqrt{n}}, \mu_0 + \frac{\sigma \cdot c}{\sqrt{n}}\right[$ der Annahmebereich und

ii) $\kappa_1 := \left]-\infty, \mu_0 - \frac{\sigma \cdot c}{\sqrt{n}}\right] \cup \left[\mu_0 + \frac{\sigma \cdot c}{\sqrt{n}}, \infty\right[$ der kritische Bereich

für den Mittelwert $\overline{X}_n$ einer Stichprobe der Größe n für einen Signifikanztest zum Signifikanzniveau α.

Auch hier beschäftigen wir uns mit dem einseitigen Fall:

Jetzt sei HT_0 die Hypothese: $\mu \leq \mu_0$. Dann gilt:

- Der gesuchte, unbekannte statistische Parameter ϑ ist wieder der Mittelwert μ.
- Die Menge Θ_0, die die Menge der Werte darstellt, die der Hypothese HT_0 entspricht, ist

$$\Theta_0 = \{ \mu \in R \mid 0 < \mu \leq \mu_0 \}.$$

- Folglich ist die Menge $\Theta_1 = \{ \mu \in R \mid \mu_0 < \mu \}$.

- Als Annahmebereich κ_0 für unsere Hypothese HT_0 definieren wir ein offenes Intervall $\kappa_0 =]\,0\,,\mu_0 + \delta\,[$ für ein geeignetes δ.

- Damit wird der für die Hypothese kritische Bereich κ_1, die Komplementmenge in R, zu
$$\kappa_1 = \{\, x \in R \mid x \geq \mu_0 + \delta \,\}.$$

- Unsere Gütefunktion $g : R \rightarrow [0, 1]$ zur Definition des kritischen Bereichs lautet jetzt:
$$g(\mu) = P_\mu(\overline{X}_n \in \kappa_1) = P_\mu(\overline{X}_n \geq \mu_0 + \delta).$$

Dabei symbolisiert das Zeichen »P_μ« wieder, dass sich diese Wahrscheinlichkeit in Abhängigkeit von dem tatsächlichen Mittelwert μ der Durchmesser berechnet.

- Um ein Signifikanzniveau α zu erreichen, muss gelten:
$\mu \in \Theta_0 \rightarrow g(\mu) \leq \alpha$, also $0 < \mu \leq \mu_0 \rightarrow P_\mu(\overline{X}_n \geq \mu_0 + \delta) \leq \alpha$

Unsere Aufgabe lautet also – etwas umformuliert:

Finde zu gegebenem α (in unserem Falle war $\alpha = 0{,}05$) ein δ, sodass für eine $N(\mu, 1/n)$-normalverteilte Zufallsvariable Y mit $0 < \mu \leq \mu_0$ gilt:
$$P(Y \geq \mu_0 + \delta) \leq \alpha$$

Wir rechnen:

Es ist $P\left(\overline{X}_n \in \kappa_1\right) \leq \alpha = 0{,}05 \leftrightarrow 1 - P\left(\overline{X}_n \in \kappa_0\right) \leq \alpha \leftrightarrow$

$\leftrightarrow P\left(\overline{X}_n \in \kappa_0\right) \geq 1 - \alpha \leftrightarrow P\left(\overline{X}_n < \mu_0 + \delta\right) \geq 1 - \alpha$

Für die $N(\mu, 1/n)$-normalverteilte Zufallsvariable $\overline{X}_n$ mit $0 < \mu \leq \mu_0$ gilt:

$$P\left(\overline{X}_n < \mu_0 + \delta\right) = \Phi\left(\sqrt{n}\cdot(\delta + \mu_0 - \mu\right) \geq \Phi\left(\sqrt{n}\cdot\delta\right)$$

denn nach Voraussetzung war $\mu_0 - \mu \geq 0$ und Φ ist monoton steigend.

Also gilt:

$\Phi\left(\sqrt{n}\cdot\delta\right) \geq 1 - \alpha \rightarrow$

$$P\left(\overline{X}_n < \mu_0 + \delta\right) = \Phi\left(\sqrt{n}\cdot(\delta + \mu_0 - \mu\right) \geq \Phi\left(\sqrt{n}\cdot\delta\right) \geq 1 - \alpha$$

Um $P\left(\overline{X}_n \in \kappa_1\right) \leq \alpha$ zu erhalten, müssen wir also sichern, dass gilt:

$\Phi\left(\sqrt{n}\cdot\delta\right) \geq 1 - \alpha$ Das aber ist äquivalent mit:

$$\sqrt{n}\cdot\delta \;\geq\; \Phi^{-1}(1 - \alpha) \quad \text{da } \Phi \text{ überall monoton steigend ist } \leftrightarrow$$

$$\leftrightarrow \quad \delta \;\geq\; \frac{\Phi^{-1}(1 - \alpha)}{\sqrt{n}}$$

Mit unseren Werten $n = 100$ und $\alpha = 0{,}05$ erhalten wir: $\delta \geq 0{,}16448$, d. h. solange der Mittelwert $\overline{X}_{100}$ kleiner als $70 + 0{,}16448 = 70{,}16448$ ist, sehen wir keinen Grund, die Hypothese anzuzweifeln. Das folgende Bild zeigt Ihnen die Wahrscheinlichkeitsverteilung unter der Glockenkurve:

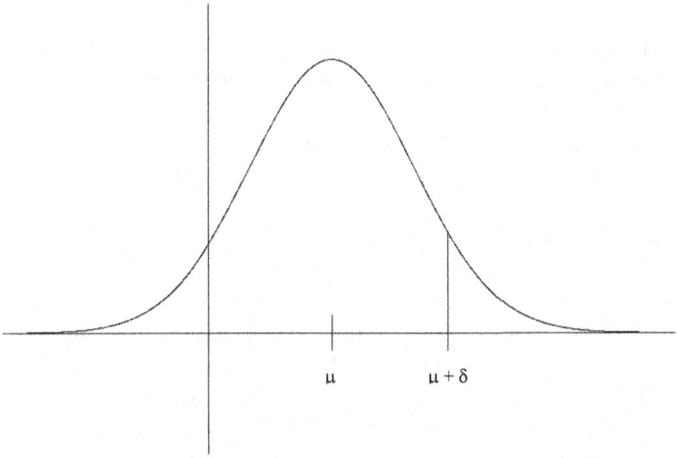

Bild 26-4 : Veranschaulichung unserer einseitigen Parameterschätzungen. Die Fläche unter der Glockenkurve zwischen $-\infty$ und $\mu + \delta$ hat dabei die Größe von $1 - \alpha$.

Auch hier können wir aus dem bisher Gesagten sofort einen Satz herleiten:

Satz 26.4 (Einseitiger Test)
Eine Zufallsvariable X sei auf einer Ereignismenge binomial vom Typ $N(\mu, \sigma^2)$ verteilt. Dabei sei μ unbekannt, die Standardabweichung σ sei bekannt. Es sei HT_0 die Hypothese: $\mu \leq \mu_0$ für ein gegebenes μ_0. Dann ist mit $c := \Phi^{-1}(1 - \alpha)$

i) $\kappa_0 \;:=\;]-\infty\,,\mu_0 + \dfrac{\sigma\cdot c}{\sqrt{n}}[$ der Annahmebereich und

ii) $\kappa_1 \;:=\; [\mu_0 + \dfrac{\sigma\cdot c}{\sqrt{n}}\,,\infty[$ der kritische Bereich

für den Mittelwert $\overline{X}_n$ einer Stichprobe der Größe n für einen Signifikanztest zum Signifikanzniveau α.

Nachdem wir diese verschiedenen ein- und zweiseitigen Parametertests besprochen haben, möchte ich mit Ihnen nur noch einen weiteren wichtigen und berühmten Test besprechen, den χ^2-Test.

26.5 Der Chi-Quadrat-Test: Vorbereitungen

Zum Verständnis des Chi-Quadrat-Tests muss ich zwei Dinge erklären, die ich schon viel früher hätte erklären sollen – ich hatte (vergebens) gehofft, ich könnte mich darum drücken. Das Erste ist der *Multinomialkoeffizient.*

Grundsätzlich geht es beim χ^2-Test, den der britische Mathematiker Karl Pearson in der Zeit der Wende vom 19. zum 20. Jahrhundert entwickelt hat, wie in allen unseren anderen Beispielen auch um die Prüfung der Übereinstimmung von relativen Stichprobenhäufigkeiten mit Wahrscheinlichkeiten, die als Hypothesen behauptet werden. Nur geht es bei diesem Test um n gleichartige, aber voneinander unabhängige Experimente, die nicht wie unsere Bernoulli-Experimente nur Erfolg oder keinen Erfolg haben können, sondern die s mögliche Ausgänge $A_1, \ldots A_s$ haben können. Dabei ist $s \in \mathbf{N}$, $s > 1$. Dabei nennt man den Ausgang A_k auch einen *Treffer k-ter Art.* Jedem dieser Ausgänge A_k kann eine Wahrscheinlichkeit p_k zugeordnet werden. Dabei gilt natürlich:

$$p_1 + \ldots + p_s = \sum_{k=1}^{s} p_k = 1 .$$

Standardbeispiele sind:

- n-mal Würfeln mit einem Würfel, $s = 6$, $A_k = k$ für $k = 1, \ldots, 6$, $p_k = \frac{1}{6}$
- n Lottoziehungen, $s = \binom{49}{6}$, $p_k = \frac{1}{\binom{49}{6}}$

Am Beispiel des Würfels kann man sich viele der folgenden theoretischen Konzepte klarmachen, aber haben Sie keine Sorge: Wir werden später noch andere, interessantere Anwendungsbeispiele diskutieren.

Man führt solch ein Experiment n-mal durch und erhält dabei:

- i_1-mal einen Treffer erster Art
- i_2-mal einen Treffer zweiter Art

  ...
- i_s-mal einen Treffer der Art s

mit $i_1 + \ldots + i_s = \sum_{k=1}^{s} i_k = n$. Die Wahrscheinlichkeit für solch ein Ergebnis ist:

$$\prod_{k=1}^{s} p_k^{\,i_k}$$

In diesem Zusammenhang ist es sehr interessant zu fragen: Wie viele Versuchsausgänge $(a_1, \ldots, a_n)$ sind möglich, bei denen

- $|\{ a_i \mid a_i = A_1 \}| = i_1$
- $|\{ a_i \mid a_i = A_2 \}| = i_2$

  ....

  ....
- $|\{ a_i \mid a_i = A_s \}| = i_s$ ist?

Die Antwort ist der *Multinomialkoeffizient.* Wir definieren ihn erst und formulieren dann unsere Behauptung als Satz.

Definition:
Es seien $n \in N$ und $i_1, \dots, i_s \in N$ mit $i_1 + \dots + i_s = \sum_{k=1}^{s} i_k = n$.
Dann heißt der Ausdruck $\dfrac{n!}{i_1! \cdot i_2! \cdot \dots \cdot i_s!}$ ein *Multinomialkoeffizient.*

Der Multinomialkoeffizient ist eine Verallgemeinerung des Binomialkoeffizienten. Es ist im Falle s = 2:

$$\frac{n!}{i_1! \cdot i_2!} = \binom{n}{i_1} = \binom{n}{i_2}$$

Es gilt der folgende Satz:

Satz 26.5
Es sei $n \in \mathbf{N}$ und $s \in \mathbf{N}$, $s > 0$. Weiter sei $\Omega = \{A_1, \dots, A_s\}$ eine Menge mit s Elementen.

Dann gibt es zu fest vorgegebenen $i_1, \dots, i_s \in N$ mit $i_1 + \dots + i_s = \sum_{k=1}^{s} i_k = n$

genau $\dfrac{n!}{i_1! \cdot i_2! \cdot \dots \cdot i_s!}$

Tupel $(a_1, \dots, a_n) \in \Omega^n$ mit der Eigenschaft: In diesem Tupel kommt das Element A_1 genau i_1-mal vor das Element A_2 kommt genau i_2-mal vor usw. Mathematisch formuliert:

Für alle $k \in \{1, \dots, s\}$ ist $|\{ a_i \mid a_i = A_k \}| = i_k$.

Beweis:
Wir fragen uns zuerst:
Wie viele Möglichkeiten gibt es für das Element A_1, genau i_1 Plätze in dem n-Tupel $(a_1, \dots, a_n)$ zu belegen?

Die Antwort lautet: Genau so viele Möglichkeiten, wie es Teilmengen mit i_1 Elementen der Menge $\{1, \dots, n\}$ gibt. Das sind:

$$\binom{n}{i_1} = \frac{n!}{i_1! \cdot (n - i_1)!} \text{ Möglichkeiten.}$$

Wenn $s = 2$ ist, es also nur 2 mögliche Elemente A_1 und A_2 gibt, sind für jede Belegung der Plätze für das Element A_1 auch die Plätze im Tupel für das Element A_2 festgelegt, es sind einfach die, die noch leer bleiben. Da dann auch $i_2 = n - i_1$ gilt, haben wir damit insgesamt

$$\binom{n}{i_1} = \frac{n!}{i_1! \cdot (n - i_1)!} = \frac{n!}{i_1! \cdot i_2!}$$

Möglichkeiten, die Behauptung ist bewiesen.

Wenn $s > 2$ ist, fragen wir uns als Nächstes:
Wie viele Möglichkeiten gibt es nun für das Element A_2, genau weitere i_2 Plätze in dem n-Tupel $(a_1, \dots, a_n)$ zu belegen?
Die Antwort lautet: Genau so viele Möglichkeiten, wie es Teilmengen mit i_2 Elementen der Menge $\{1, \dots, n - i_1\}$ gibt. Das sind:

$$\binom{n - i_1}{i_2} = \frac{(n - i_1)!}{i_2! \cdot (n - (i_1 + i_2))!}$$

Möglichkeiten. Damit haben wir jetzt insgesamt

$$\binom{n}{i_1} \cdot \binom{n - i_1}{i_2} = \frac{n!}{i_1! \cdot (n - i_1)!} \cdot \frac{(n - i_1)!}{i_2! \cdot (n - (i_1 + i_2))!} =$$

$$= \frac{n!}{i_1! \cdot i_2! \cdot (n - (i_1 + i_2))!}$$

Möglichkeiten. Wenn $s = 3$ ist, es also nur 3 mögliche Elemente A_1, A_2 und A_3 gibt, sind für jede Belegung der Plätze für die Elemente A_1 und A_2 auch die Plätze im Tupel für das Element A_3 festgelegt, es sind wieder einfach die, die noch leer bleiben. Da dann auch $i_3 = n - (i_1 + i_2)$ gilt, haben wir damit insgesamt

$$\frac{n!}{i_1! \cdot i_2! \cdot i_3!}$$

Möglichkeiten, die Behauptung ist bewiesen. So geht es weiter. Man zeigt dann die Behauptung allgemein mit einem Induktionsargument.

q. e. d.

Ich gebe ein Beispiel: Sie würfeln 6-mal. Sie sind interessiert an allen 6-Tupeln, bei denen die »1« dreimal, die »2« zweimal und die »6« einmal vorkommen. Unser Satz sagt Ihnen, es gibt:

$$\frac{6!}{3! \cdot 2! \cdot 1!} = \frac{6 \cdot 5 \cdot 4 \cdot 3 \cdot 2}{3 \cdot 2 \cdot 2} = 5 \cdot 4 \cdot 3 = 60$$

Möglichkeiten. Ich zeige Ihnen zunächst die 20 Möglichkeiten für die Verteilung der drei Einsen:

1.	1	1	1				**2.**	1	1		1			**3.**	1	1			1	
4.	1	1				1	**5.**	1		1	1			**6.**	1		1		1	
7.	1		1			1	**8.**	1			1	1		**9.**	1			1		1
10.	1				1	1	**11.**		1	1	1			**12.**		1	1		1	
13.		1	1			1	**14.**		1		1	1		**15.**		1		1		1
16.		1			1	1	**17.**			1	1	1		**18.**			1	1		1
19.			1		1	1	**20.**				1	1	1							

In jedem dieser Tupel gibt es drei Möglichkeiten, die beiden »2«-en zu verteilen. Ich nehme als Beispiel das Tupel Nr. 12:

12a	2	1	1	2	1		**12b**	2	1	1		1	2	**12c**		1	1	2	1	2

Und für die »6« bleibt dann immer der letzte noch freie Platz übrig:

12a	2	1	1	2	1	6	**12b**	2	1	1	6	1	2	**12c**	6	1	1	2	1	2

Definition:
Es sei $n \in \mathbf{N}$, $n > 1$ beliebig. Weiter sei ein Versuch mit n gleichartigen, aber voneinander unabhängigen Experimenten gegeben, die s mögliche Ausgänge $A_1, \dots A_s$ haben können. Dabei ist $s \in \mathbf{N}$, $s > 1$. Wir geben der Menge $\{ A_1, \dots, A_s \}$ den Namen Ω, es ist also $\Omega = \{ A_1, \dots, A_s \}$.

Die Zufallsvariablen $X_1, \dots, X_s : \Omega^n \rightarrow \mathbf{R}$ seien nun folgendermaßen definiert:

$$X_k(a_1, \dots, a_n) := |\{ a_i \mid a_i = A_k \}| \quad \text{für } 1 \leq k \leq s$$

d. h. X_k zählt bei n Versuchen die Treffer k-ter Art.

Dann nennt man das s-Tupel $(X_1, \dots, X_s)$ von Zufallsvariablen einen *Zufallsvektor*. Solch ein Zufallsvektor besitzt eine *Multinomialverteilung* mit den Parametern $n \in \mathbf{N}$, $n > 1$ und $p_1, \dots p_s \in \mathbf{R}$, falls gilt:

i) Für alle $k \in \{ 1, \dots, s \}$ ist $0 \leq p_k \leq 1$

ii) $p_1 + \dots + p_s = \sum_{k=1}^{s} p_k = 1$

iii) Für alle $i_1, \dots, i_s \in \mathbf{N}$ mit $i_1 + \dots + i_s = \sum_{k=1}^{s} i_k = n$ gilt:

$$P(X_1 = i_1, \dots, X_s = i_s) = \frac{n!}{i_1! \cdot i_2! \cdot \dots \cdot i_s!} \cdot p_1^{i_1} \cdot \dots \cdot p_s^{i_s}$$

Für solch einen multinomial verteilten Zufallsvektor schreibt man:
Seine Verteilung ist vom Typ *Mult(n; $p_1, \dots p_s$)*.

Es gilt:

> Satz 26.6
> Es sei $n \in N$, $n > 1$ beliebig. Weiter sei ein Versuch mit n gleichartigen, aber voneinander unabhängigen Experimenten gegeben, die s mögliche Ausgänge $A_1, \ldots A_s$ haben können. Dabei ist $s \in N$, $s > 1$. Wir geben der Menge $\{ A_1, \ldots, A_s \}$ den Namen Ω, es ist also $\Omega = \{ A_1, \ldots, A_s \}$. Es sei für alle $k \in \{ 1, \ldots, s \}$ der Wert p_k die Wahrscheinlichkeit für einen Treffer k-ter Art.
>
> Die Zufallsvariablen $X_1, \ldots, X_s : \Omega^n \to \mathbf{R}$ seien folgendermaßen definiert:
>
> $X_k(a_1, \ldots, a_n) := |\{ a_i \mid a_i = A_k \}|$ für $1 \leq k \leq s$
>
> Dann besitzt der Zufallsvektor $(X_1, \ldots, X_s)$ eine Multinomialverteilung vom Typ Mult(n; $p_1, \ldots p_s$), d. h., es gilt:
>
> $$P(X_1 = i_1, \ldots, X_s = i_s) = \frac{n!}{i_1! \cdot i_2! \cdot \ldots \cdot i_s!} \cdot p_1^{i_1} \cdot \ldots \cdot p_s^{i_s}$$

Der Beweis folgt unmittelbar aus Satz 26.5.
Genau wie es im Falle des Binomialkoeffizienten sehr wichtig war, die Binomialverteilung durch die Φ-Funktion approximieren zu können (vergleichen Sie noch einmal im Kapitel 22 die Sätze 22.2 (Grenzwertsatz von Moivre-Laplace) und folgende), genauso wichtig wird es jetzt für uns sein, (in diesem Leben berechenbare) Funktionen zu finden, die unsere Multinomialkoeffizienten

$$\frac{n!}{i_1! \cdot i_2! \cdot \ldots \cdot i_s!} \quad \text{approximieren.}$$

Im 18. Jahrhundert gelang es dem britischen Mathematiker James Stirling, eine Näherungsformel für den Wert von n! zu finden, die sich insbesondere in der Statistik als sehr nützlich erwiesen hat. Sie besagt, dass man n! für große n gut durch $\sqrt{2\pi}\, n^n \cdot e^{-n}$ beschreiben kann:

> Satz 26.7 (Stirling-Formel)
>
> Für $n \in \mathbf{N}$ gilt: $$\lim_{n \to \infty} \left(\frac{n!}{\sqrt{2\pi}\, n^n \cdot e^{-n}} \right) = 1$$
>
> Dafür schreibt man auch: $n! \sim \sqrt{2\pi}\, n^n \cdot e^{-n}$ (Man meint damit genau dasselbe).
>
> Genauer gilt: $$1 < \frac{n!}{\sqrt{2\pi}\, n^n \cdot e^{-n}} < 1 + \frac{1}{11 \cdot n}$$

Sie werden sich fragen, was um alles in der Welt für eine Verbesserung die komplizierte Formel $\sqrt{2\pi}\, n^n \cdot e^{-n}$ gegenüber der einfachen Formel n! bedeuten soll. Das alles sehen Sie im nächsten Abschnitt:

26.6 Die Chi-Quadrat-Testgröße

Wir haben eine Situation ähnlich wie in Satz 26.6: Es sei $n \in \mathbf{N}$, $n > 1$ beliebig. Weiter sei ein Versuch mit n gleichartigen, aber voneinander unabhängigen Experimenten gegeben, die s mögliche Ausgänge $A_1, \dots A_s$ haben können. Dabei ist $s \in \mathbf{N}$, $s > 1$. Wir geben der Menge $\{ A_1, \dots, A_s \}$ den Namen Ω, es ist also $\Omega = \{ A_1, \dots, A_s \}$.
Nun ist aber die Situation so (wie bei unseren anderen Tests auch): Wir kennen die Wahrscheinlichkeiten p_k für einen Treffer k-ter Art *nicht*, wir wollen aber Hypothesen über diese Wahrscheinlichkeiten treffen.
Zunächst wissen wir, dass diese unbekannten Wahrscheinlichkeiten in den Verteilungsformeln für den multinomial verteilten Zufallsvektor $(X_1, \dots X_s)$ vorkommen, dessen k-te Komponente jeweils die Treffer k-ter Art zählt:

$$P(X_1 = i_1, \dots, X_s = i_s) = \frac{n!}{i_1! \cdot i_2! \cdot \dots \cdot i_s!} \cdot p_1^{i_1} \cdot \dots \cdot p_s^{i_s}$$

Grundlage unserer Tests ist der Stichprobenraum χ

$$\chi := \{ \vec{k} = (k_1, \dots, k_s) \in \mathbf{N}^s \mid k_1 + \dots + k_s = n \}$$

Er repräsentiert die Menge aller möglichen Werte, die der Zufallsvektor $\vec{X} = (X_1, \dots X_s)$ annehmen kann. Unser Symbol für ein Tupel, für einen Vektor ist für den Rest dieses Abschnitts nach alter Väter Sitte ein Buchstabe mit einem Pfeil.
Man testet nun bei solch einem Verfahren theoretisch oder auf irgendeine andere Art hergeleitete Wahrscheinlichkeitswerte daraufhin, ob sie »vernünftig« sind. Das bedeutet: Man will überprüfen, ob diese Wahrscheinlichkeitswerte durch empirische Ergebnisse signifikant widerlegt werden. Wir nennen diese Werte in Anlehnung an unsere relativen Häufigkeiten aus dem 19. Kapitel

$r_k :=$ hypothetischer Wert für

$$P\left(\frac{\text{Anzahl der Treffer k-ter Art}}{n}\right), k = 1, \dots, s$$

Festlegung:
Unsere Hypothese lautet : HT_0 *: Für alle* $k = 1, \ldots, s$ *gilt:* $p_k = r_k$
Unsere Alternative lautet: HT_1 *: Es gibt ein* $k \in \{1, \ldots, s\}$ *mit:* $p_k \neq r_k$

Die Berechnung von Wahrscheinlichkeiten bei Annahme der Hypothese HT_0 bezeichnen wir mit $\mathbf{P}_0$.
Für die Wahrscheinlichkeit, unter Annahme der Hypothese HT_0 den Vektor $\vec{k}$ des Stichprobenraums χ zu erhalten, wählen wir die Abkürzung $m_n(\vec{k})$.

Es gilt also mit

$$\vec{k} = (k_1, \ldots, k_s),\ \vec{k} \in \chi:$$

$$m_n(\vec{k}) = P_0(\vec{k}) = \frac{n!}{k_1! \cdot k_2! \cdot \ldots \cdot k_s!} \cdot r_1^{k_1} \cdot \ldots \cdot r_s^{k_s}$$

Betrachten Sie zur Verdeutlichung dieser Begriffe das folgende Zahlenbeispiel:

Es sei $n = 4$; $s = 3$; $r_1 = 0{,}25$; $r_2 = 0{,}25$; $r_3 = 0{,}5$.

Die Tabellen in Bild 26-5 zeigen Ihnen zu jedem Element $\vec{k} = (k_1, k_2, k_3)$ des Stichprobenraums χ den zugehörigen Multinomialkoeffizienten, das Produkt der entsprechenden Wahrscheinlichkeiten $r_1^{k_1} \cdot r_2^{k_2} \cdot r_3^{k_3}$ und dazu den Ausdruck $m_4(\vec{k})$. Die zweite Tabelle zeigt dasselbe Beispiel, diesmal aber nach $m_4(\vec{k})$ sortiert.

Der britische Mathematiker Karl Pearson, der von 1857 bis 1936 lebte und der ein wahrer Universalgelehrter war, gilt als einer der Begründer der Statistik als einer wissenschaftlichen mathematischen Disziplin. Ein anderer weiterer wichtiger Statistiker war übrigens sein Sohn Egon, der es »unter« seinem Vater nie leicht gehabt hat. Karl Pearson gelang es, die Ausdrücke

$$m_n(\vec{k}) = P_0(\vec{k}) = \frac{n!}{k_1! \cdot k_2! \cdot \ldots \cdot k_s!} \cdot r_1^{k_1} \cdot \ldots \cdot r_s^{k_s}$$

mit Hilfe der Stirling-Formel durch besser zu kontrollierende Ausdrücke zu approximieren. Das geschah ganz ähnlich dem in Kapitel 22 im Satz 22.2 geschilderten Verfahren des Grenzwertsatzes von Moivre-Laplace.

Wir brauchen zunächst eine Definition:

$\vec{k} = (k_1, k_2, k_3)$	$\frac{4!}{k_1! \cdot k_2! \cdot k_3!}$	$r_1^{k_1} \cdot r_2^{k_2} \cdot r_3^{k_3}$	$m_4(\vec{k})$
(0, 0, 4)	1	0,06250000	0,06250000
(0, 1, 3)	4	0,03125000	0,1250000
(0, 2, 2)	6	0,01562500	0,09375000
(0, 3, 1)	4	0,00781250	0,03125000
(0, 4, 0)	1	0,00390625	0,00390625
(1, 0, 3)	4	0,03125000	0,12500000
(1, 1, 2)	12	0,01562500	0,18750000
(1, 2, 1)	12	0,00781250	0,9375000
(1, 3, 0)	4	0,00390625	0,01562500
(2, 0, 2)	6	0,01562500	0,09375000
(2, 1, 1)	12	0,00781250	0,09375000
(2, 2, 0)	6	0,00390625	0,02343750
(3, 0, 1)	4	0,00781250	0,03125000
(3, 1, 0)	4	0,00390625	0,01562500
(4, 0, 0)	1	0,00390625	0,00390625

$\vec{k} = (k_1, k_2, k_3)$	$\frac{4!}{k_1! \cdot k_2! \cdot k_3!}$	$r_1^{k_1} \cdot r_2^{k_2} \cdot r_3^{k_3}$	$m_4(\vec{k})$
(4, 0, 0)	1	0,00390625	0,00390625
(0, 4, 0)	1	0,00390625	0,00390625
(1, 3, 0)	4	0,00390625	0,01562500
(3, 1, 0)	4	0,00390625	0,01562500
(2, 2, 0)	6	0,00390625	0,02343750
(0, 3, 1)	4	0,00781250	0,03125000
(3, 0, 1)	4	0,00781250	0,03125000
(0, 0, 4)	1	0,06250000	0,06250000
(1, 2, 1)	12	0,00781250	0,09375000
(2, 1, 1)	12	0,00781250	0,09375000
(2, 0, 2)	6	0,01562500	0,09375000
(0, 2, 2)	6	0,01562500	0,09375000
(0, 1, 3)	4	0,03125000	0,12500000
(1, 0, 3)	4	0,03125000	0,12500000
(1, 1, 2)	12	0,01562500	0,18750000

Bild 26-5: Beispiel einer multinomialen Verteilung in unterschiedlicher Sortierung

Definition:
Es seien $n, s \in \mathbf{N}, n > 1, s > 1$ und

$$\chi := \{\vec{k} = (k_1, \dots, k_s) \in N^s \mid k_1 + \dots + k_s = n\}$$

Weiter seien Zahlen $r_1, \dots, r_s$ (unsere »hypothetischen Wahrscheinlichkeiten«) gegeben mit:

$$0 < r_k < 1 \text{ für alle } 1 \leq k \leq s \text{ und } r_1 + \dots + r_s = 1$$

Dann sei die Funktion $f_n : \chi \to R$ für $\vec{k} = (k_1, \dots, k_s)$ folgendermaßen definiert: $=$ min $\{ k_1, \dots, k_s \}$ die kleinste Komponente von $\vec{k}$

$$f_n(\vec{k}) = \left((2\pi)^{s-1} \cdot n^{s-1} \cdot \prod_{j=1}^{s} r_j\right)^{-\frac{1}{2}} \cdot \exp\left(-\frac{1}{2}\left(\sum_{j=1}^{s} \frac{(k_j - n \cdot r_j)^2}{n \cdot r_j}\right)\right)$$

Mit diesen Funktionen $f_n(\vec{k})$ können wir die Ausdrücke $m_n(\vec{k})$ approximieren.
Es gilt:

Satz 26.8
Es gilt: $m_n(\vec{k}) \sim f_n(\vec{k})$, genauer: Sei für $\vec{k} = (k_1, \dots, k_s)$ die Zahl $\min(\vec{k})$:

$= \min \{ k_1, \dots, k_s \}$ die kleinste Komponente von $\vec{k}$

Dann ist:

$$\lim_{n \to \infty,\ \min(\vec{k}) \to \infty} \left(\frac{m_n(\vec{k})}{f_n(\vec{k})}\right) = 1$$

(Für die Grenzwertbildung muss also nicht nur n wachsen, sondern es müssen auch *alle* Komponenten von $\vec{k}$ wachsen.)

Ich werde Ihnen diesen Satz nicht beweisen und möchte auch nicht, dass Sie die Formel für die $f_n(\vec{k})$ auswendig lernen. Sie werden gleich sehen, dass diese Formel den entscheidenden Ausdruck für den χ^2-Test enthält. *Den* sollten Sie erkennen und verstehen.

Wir argumentieren jetzt noch einmal entlang der altbekannten Teststrategie:

1. Wir wollen die Tupel $\vec{k}$ des Stichprobenraums in den kritischen Bereich κ_1 einfügen, die eine kleine Wahrscheinlichkeit $P_0(\vec{k}) = m_n(\vec{k})$ haben, denn sie widersprechen der Hypothese HT_0: Für alle $j = 1, \dots, s$ gilt: $p_j = r_j$ (Alle »tatsächlichen« Wahrscheinlichkeiten sind identisch mit den hypothetischen Wahrscheinlichkeiten.)
2. Also wollen wir nach Satz 26.8 die Tupel $\vec{k}$ des Stichprobenraums in den kritischen Bereich κ_1 einfügen, für die der Wert $f_n(\vec{k})$ klein ist.

Ehe Sie von mir verlangen, dass ich jetzt die Werte $f_n(\vec{k})$ ausrechne (auch dafür habe ich übrigens ein Programm geschrieben), lassen Sie uns noch einmal die Definition von $f_n(\vec{k})$ betrachten:

$$f_n(\vec{k}) = \left((2\pi)^{s-1} \cdot n^{s-1} \cdot \prod_{j=1}^{s} r_j\right)^{-\frac{1}{2}} \cdot \exp\left(-\frac{1}{2}\left(\sum_{j=1}^{s} \frac{(k_j - n \cdot r_j)^2}{n \cdot r_j}\right)\right)$$

Der erste Faktor $\left((2\pi)^{s-1} \cdot n^{s-1} \cdot \prod_{j=1}^{s} r_j\right)^{-\frac{1}{2}}$ enthält *keinerlei* Werte des Tupels , er hat also auf die Größe von $f_n(\vec{k})$ in der Abhängigkeit von $\vec{k}$ *keinerlei Einfluss.*

Also gilt:

- $f_n(\vec{k})$ ist für diejenigen Tupel klein, für die $\exp\left(-\frac{1}{2}\left(\sum_{j=1}^{s} \frac{(k_j - n \cdot r_j)^2}{n \cdot r_j}\right)\right)$ klein ist.

Das ist äquivalent zu:

- $f_n(\vec{k})$ ist für diejenigen Tupel klein, für die $\sum_{j=1}^{s} \frac{(k_j - n \cdot r_j)^2}{n \cdot r_j}$ groß ist.

Trommelwirbel!! Das ist die Funktion χ_n^2, die auf Pearson zurückgeht und mit der man den kritischen Bereich κ_1 bei Tests definiert, die aus n Versuchen mit s verschiedenen Ergebnismöglichkeiten bestehen. Ich gebe Ihnen zunächst eine weitere Umformulierung unserer Punkte 1 und 2:

3. Wir wollen die Tupel $\vec{k}$ des Stichprobenraums in den kritischen Bereich κ_1 einfügen, für die der Wert
$$\chi_n^2(\vec{k}) = \chi_n^2(k_1, \ldots, k_s) = \sum_{j=1}^{s} \frac{(k_j - n \cdot r_j)^2}{n \cdot r_j}$$ groß ist.

Wir definieren:

Definition:
Es seien $n, s \in \mathbf{N}$, $n > 1$, $s > 1$ und

$$\chi := \{\vec{k} = (k_1, \ldots, k_s) \in N^s \mid k_1 + \ldots + k_s = n\}.$$

Weiter seien Zahlen $r_1, \ldots, r_s$ (unsere »hypothetischen Wahrscheinlichkeiten«) gegeben mit:

$$0 < r_k < 1 \text{ für alle } 1 \leq k \leq s \text{ und } r_1 + \ldots + r_s = 1$$

Dann ist die Funktion $\chi_n^2 : \chi \to R$ für $\vec{k} = (k_1, \ldots, k_s)$ folgendermaßen definiert:

$$\chi_n^2(\vec{k}) = \chi_n^2(k_1, \ldots, k_s) = \sum_{j=1}^{s} \frac{(k_j - n \cdot r_j)^2}{n \cdot r_j}$$

Diese Funktion heißt χ^2-*Testgröße.*

Wir betrachten unser Beispiel aus Bild 26-5, diesmal mit zusätzlich berechneten χ^2-Testgrößen:

$\vec{k} = (k_1, k_2, k_3)$	$\frac{4!}{k_1! \cdot k_2! \cdot k_3!}$	$r_1^{k_1} \cdot r_2^{k_2} \cdot r_3^{k_3}$	$m_4(\vec{k})$	$\chi_4^2(\vec{k})$
(4, 0, 0)	1	0,00390625	0,00390625	12,0
(0, 4, 0)	1	0,00390625	0,00390625	12,0
(1, 3, 0)	4	0,00390625	0,01562500	6,0
(3, 1, 0)	4	0,00390625	0,01562500	6,0
(2, 2, 0)	6	0,00390625	0,02343750	4,0
(0, 3, 1)	4	0,00781250	0,03125000	5,5
(3, 0, 1)	4	0,00781250	0,03125000	5,5
(0, 0, 4)	1	0,06250000	0,06250000	4,0
(1, 2, 1)	12	0,00781250	0,09375000	2,0
(2, 1, 1)	12	0,00781250	0,09375000	2,0
(2, 0, 2)	6	0,01562500	0,09375000	1,5
(0, 2, 2)	6	0,01562500	0,09375000	1,5
(0, 1, 3)	4	0,03125000	0,12500000	1,5
(1, 0, 3)	4	0,03125000	0,12500000	1,5
(1, 1, 2)	12	0,01562500	0,18750000	0,0

Bild 26-6: Die multinomiale Verteilung aus Bild 26-5 mit χ2-Werten

Und Sie sehen:

- Während $m_4(\vec{k}) = P_0(\vec{k})$ von Zeile zu Zeile wächst, wird $\chi_4^2(\vec{k})$ immer kleiner. Es gibt zwar einen kleinen »Schlenker«, der auf die schlechte Approximation von $m_4(\vec{k})$ durch $f_4(\vec{k})$ für kleine n und k zurückzuführen ist, aber die Tendenz ist ganz deutlich. Und:
- Genau bei dem Wert von $\vec{k}$, der völlig den angenommenen Wahrscheinlichkeiten ¼ , ¼ , ½ entspricht, nämlich bei (1, 1, 2), ist $\chi_4^2(\vec{k}) = 0$.

Nun wollen wir χ^2-Tests so einrichten, dass sie zu gegebenem (kleinem) α mit $0 < \alpha < 1$ die Hypothese HT_0 (= »die angesetzten Wahrscheinlichkeiten sind die richtigen«) mit der Irrtumswahrscheinlichkeit α widerlegen. Dafür brauchen wir einen neuen Abschnitt.

26.7 Der Chi-Quadrat-Test und Irrtumswahrscheinlichkeiten

Nun müssen wir zu einem gegebenen α mit $0 < \alpha < 1$ eine Konstante c finden, sodass gilt: $P_0(\chi_n^2(\vec{k}) \geq c) \leq \alpha$. Dann macht die folgende Definition Sinn:

Definition:
Es sei $n \in \mathbf{N}$, $n > 1$ beliebig. Es sei außerdem ein Versuch mit n gleichartigen, aber voneinander unabhängigen Experimenten gegeben, die s mögliche Ausgänge $A_1, \dots A_s$ haben können. Dabei ist $s \in \mathbf{N}$, $s > 1$. Wir setzen $\Omega = \{A_1, \dots, A_s\}$. Die Zufallsvariablen $X_1, \dots, X_s : \Omega^n \to R$ seien nun folgendermaßen definiert:

$$X_k(a_1, \dots, a_n) := |\{ a_i \mid a_i = A_k \}| \quad \text{für } 1 \leq k \leq s$$

d. h., X_k zählt bei n Versuchen die Treffer k-ter Art.
Weiter seien Zahlen $r_1, \dots, r_s$ (unsere »hypothetischen Wahrscheinlichkeiten«) gegeben mit:

$$0 < r_k < 1 \text{ für alle } 1 \leq k \leq s \text{ und } r_1 + \dots + r_s = 1$$

Es sei für unser $n \in \mathbf{N}$ die Zufallsvariable $\xi_n : \Omega^n \to \mathbf{R}$ definiert durch:

$$\xi_n(\vec{a}) = \chi_n^2(X_1(\vec{a}), \dots, X_s(\vec{a})) = \sum_{j=1}^{s} \frac{(X_j(\vec{a}) - n \cdot r_j)^2}{n \cdot r_j}$$

$$\text{für } \vec{a} = (a_1, \dots, a_n)$$

Zu $\alpha \in \mathbf{R}$ mit $0 < \alpha < 1$ sei $c \in \mathbf{R}$, $c > 0$ gegeben, sodass gilt:

$$P_0(\xi_n(\vec{a}) \geq c) \leq \alpha.$$

Dann heißt ein Test, bei dem die Hypothese HT_0 (Alle »tatsächlichen« Wahrscheinlichkeiten p_j sind identisch mit den gesetzten Werten r_j für $1 \leq j \leq s$) nur dann verworfen wird, falls $\xi_n(\vec{a}) \geq c$ ist, ein χ^2-Test zum Signifikanzniveau α bzw. χ^2-Test zur Irrtumswahrscheinlichkeit α,

Unsere letzte Aufgabe in diesem Abschnitt ist somit klar: *Finde c zu* α. Den entscheidenden Satz dazu, der auf Karl Pearson zurückgeht, werde ich Ihnen ohne Beweis präsentieren. Wir werden Beispiele dazu berechnen. Dieser Satz benutzt eine unter Mathematikern berühmte Funktion, die zum ersten Mal bei Euler auftaucht, es ist die so genannte Gammafunktion Γ. Sie ist folgendermaßen definiert:

Definition:
Es sei $x \in \mathbf{R}$, $x > 0$. Dann ist die *Gammafunktion* $\Gamma(x)$ definiert durch:

$$\Gamma(x) := \int_0^\infty t^{x-1} \cdot e^{-t}\, dt$$

Diese Gammafunktion ist eine Verallgemeinerung der Fakultätsfunktion auf die Menge aller positiven reellen Zahlen. Es gilt:

Satz 26.9
Sei $x \in \mathbf{R}$, $x > 0$. Dann ist $\Gamma(x+1) = x \cdot \Gamma(x)$.
Sei $n \in \mathbf{N}$, $n > 0$. Dann ist $\Gamma(n) = (n-1)!$
$\Gamma(½) = \sqrt{\pi}$

Aus diesem Satz folgen die Werte der Gammafunktion, die wir für den χ^2-Test brauchen:

Folgerung 26.10
i) Sei $n \in \mathbf{N}$, $n > 0$ und gerade mit $n = 2 \cdot m$. Dann ist $\Gamma(n/2) = (m-1)!$
ii) Sei $n \in \mathbf{N}$, n ungerade mit $n = 2 \cdot m + 1$. Dann ist

$$\Gamma\left(\frac{n}{2}\right) = \sqrt{\pi} \cdot \left(\prod_{j=1}^{m} \frac{2 \cdot j - 1}{2}\right).$$

Beispiele:

- $n = 8 = 2 \cdot 4$: $\Gamma(8/2) = \Gamma(4) = 3! = 3 \cdot 2 \cdot 1 = 6$
- $n = 9 = 2 \cdot 4 + 1$:

$$\Gamma\left(\frac{9}{2}\right) = \sqrt{\pi} \cdot \left(\prod_{j=1}^{4} \frac{2 \cdot j - 1}{2}\right) = \sqrt{\pi} \cdot \frac{1}{2} \cdot \frac{3}{2} \cdot \frac{5}{2} \cdot \frac{7}{2} \approx 11{,}63$$

Definition:
Es sei $m \in \mathbf{N}$, $m > 1$. Dann sei die Funktion $g_m : \mathbf{R} \to \mathbf{R}$ definiert durch:

i) $$g_m(t) := \frac{1}{2^{m/2} \cdot \Gamma(m/2)} \cdot e^{-t/2} \cdot t^{m/2-1}, \quad \text{falls } t > 0$$

ii) $$g_m(t) := 0 \quad \text{, falls } t \leq 0$$

Diese Funktion g_m heißt *Dichte der χ^2 - Verteilung mit m Freiheitsgraden.*

Sehen Sie einige Graphen:

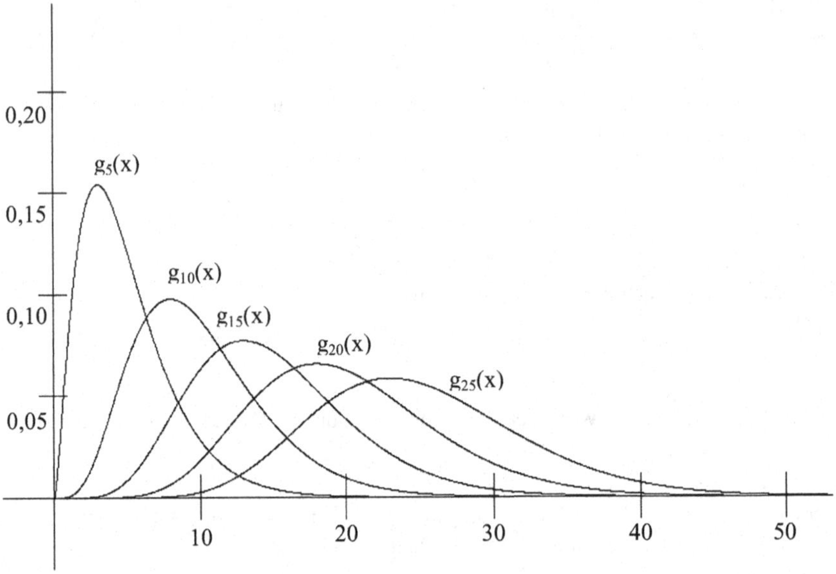

Bild 26-7 : χ^2-Verteilungen mit den Freiheitsgraden 5, 10, 15, 20 und 25

Wie Sie sich denken können, hat es durchaus seinen Sinn, dass diese Funktionen g_n Dichtefunktionen genannt werden (wenn auch nur in einer approximativen Interpretation). Es gilt der folgende Satz, den ich allerdings nur Regel nenne, denn einige Details (unser berühmtes n, das »groß genug« sein muss) sind nicht mit hinreichender Exaktheit formuliert. Nichts desto trotz formuliert diese Regel das allgemeine Vorgehen bei den meisten χ^2-Tests, die als Softwarepakete zur Verfügung stehen, bei denen eine Konstante c für einen Test mit der Irrtumswahrscheinlichkeit α gesucht wird. Es gilt:

Regel 26.10
Gegeben ein χ^2-Test für die wiederholte Durchführung eines Versuchs mit s verschieden Ausgängen. Man möchte diesen Test mit der Irrtumswahrscheinlichkeit α durchführen für ein $\alpha \in \mathbf{R}$ mit $0 < \alpha < 1$. Dazu setzt man als $c \in \mathbf{R}$, $c > 0$ die eindeutig bestimmte Zahl c, für die gilt:

$$\int_c^{\infty} g_{s-1}(t)\,dt = \alpha$$

Dann gilt bei »genügend großem n« die Bedingung

$$P_0(\xi_n(\vec{a}) \geq c) \leq \alpha\,.$$

Wir erhalten also mit diesem c für »genügend große n« einen χ^2-Test zum Signifikanzniveau α bzw. χ^2-Test zur Irrtumswahrscheinlichkeit α,

Definition:
Die eindeutig bestimmte Lösung c der Gleichung:

$$\int_c^\infty g_{s-1}(t)\,dt = \alpha$$

heißt in Übereinstimmung mit unseren bisherigen Sprechweisen $(1-\alpha)$ – *Quantil der χ^2-Verteilung mit s – 1 Freiheitsgraden* und wird mit $\chi^2_{s-1;1-\alpha}$ bezeichnet.

Betrachten Sie noch einmal ein Bild zur Veranschaulichung der Beziehung zwischen α und c:

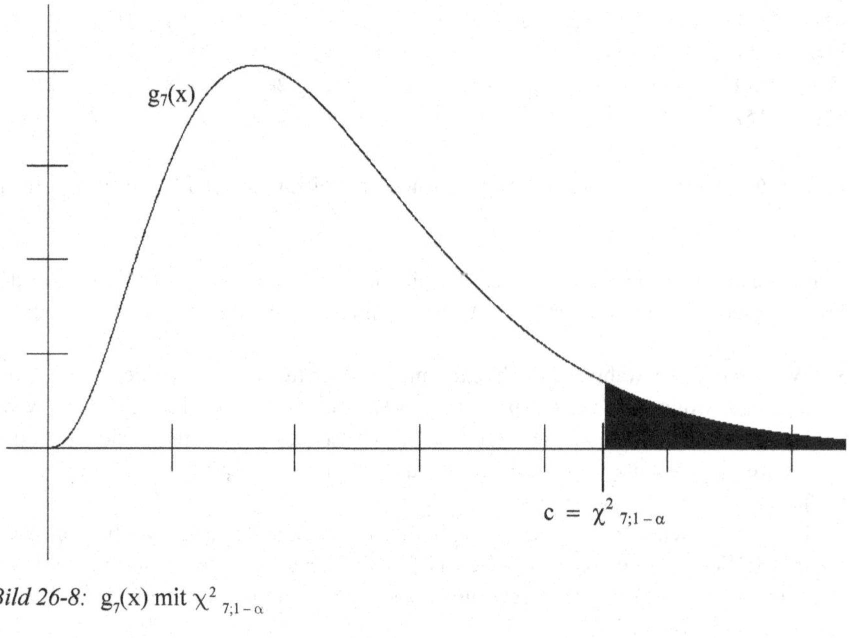

Bild 26-8: $g_7(x)$ mit $\chi^2_{7;1-\alpha}$

Ehe wir Beispiele untersuchen, müssen wir die Frage beantworten:

- Wie berechnet man *konkret* den Wert c für eine Irrtumswahrscheinlichkeit α bei m Freiheitsgraden?

Antwort:

- Beispielsweise mit der Funktion CHIINV der Software MS Excel. Bild 26-9 zeigt Ihnen eine kleine Tabelle von Werten für c (auf zwei Nachkommastellen gerundet) zu den Irrtumswahrscheinlichkeiten α zwischen 0,01 und 0,1 und den Freiheitsgraden m zwischen 1 und 20, die ich mit dieser Funktion berechnet habe.

	0,01	0,02	0,03	0,04	0,05	0,06	0,07	0,08	0,09	0,1
1	6,63	5,41	4,71	4,22	3,84	3,54	3,28	3,06	2,87	2,71
2	9,21	7,82	7,01	6,44	5,99	5,63	5,32	5,05	4,82	4,61
3	11,34	9,84	8,95	8,31	7,81	7,41	7,06	6,76	6,49	6,25
4	13,28	11,67	10,71	10,03	9,49	9,04	8,67	8,34	8,04	7,78
5	15,09	13,39	12,37	11,64	11,07	10,60	10,19	9,84	9,52	9,24
6	16,81	15,03	13,97	13,20	12,59	12,09	11,66	11,28	10,95	10,64
7	18,48	16,62	15,51	14,70	14,07	13,54	13,09	12,69	12,34	12,02
8	20,09	18,17	17,01	16,17	15,51	14,96	14,48	14,07	13,70	13,36
9	21,67	19,68	18,48	17,61	16,92	16,35	15,85	15,42	15,03	14,68
10	23,21	21,16	19,92	19,02	18,31	17,71	17,20	16,75	16,35	15,99
11	24,72	22,62	21,34	20,41	19,68	19,06	18,53	18,07	17,65	17,28
12	26,22	24,05	22,74	21,79	21,03	20,39	19,85	19,37	18,94	18,55
13	27,69	25,47	24,12	23,14	22,36	21,71	21,15	20,66	20,21	19,81
14	29,14	26,87	25,49	24,49	23,68	23,02	22,44	21,93	21,48	21,06
15	30,58	28,26	26,85	25,82	25,00	24,31	23,72	23,20	22,73	22,31
16	32,00	29,63	28,19	27,14	26,30	25,59	24,99	24,46	23,98	23,54
17	33,41	31,00	29,52	28,44	27,59	26,87	26,25	25,71	25,21	24,77
18	34,81	32,35	30,84	29,75	28,87	28,14	27,50	26,95	26,45	25,99
19	36,19	33,69	32,16	31,04	30,14	29,40	28,75	28,18	27,67	27,20
20	37,57	35,02	33,46	32,32	31,41	30,65	29,99	29,41	28,89	28,41

Bild 26-9: Tabelle mit c-Werten zu gegebenen Freiheitsgraden und Irrtumswahrscheinlichkeiten

Ein letztes Mal betrachten wir unser Beispiel aus Bild 26-6. Dort war die Anzahl der Freiheitsgrade = 3. Unsere gesetzten Wahrscheinlichkeiten waren $r_1 = ¼$, $r_2 = ¼$ und $r_3 = ½$.

- Wenn wir diese Wahrscheinlichkeiten mit einer Irrtumswahrscheinlichkeit von 0,1 ablehnen wollen, ist der entsprechende c-Wert c = 6,25. Das bedeutet: Nur wenn in unserer Versuchsreihe die Werte: (4, 0, 0) oder (0, 4, 0) auftreten (sie hatten den χ^2-Wert 12), gilt die Hypothese HT_0 mit der Irrtumswahrscheinlichkeit 0,1 als widerlegt.
- Das bleibt auch so für kleinere Irrtumswahrscheinlichkeiten und zwar bis zum Wert 0,008. Hier ist der zugehörige c-Wert 11,83. Ab einer geforderten Irrtumswahrscheinlichkeit von 0,007 ist der zugehörige c-Wert > 12 und die Hypothese HT_0 ist durch nichts mehr zu erschüttern.

Um das ein bisschen vielfältiger und anschaulicher zu machen, betrachten wir dieselbe Versuchsserie noch einmal, diesmal aber mit acht einzelnen Versuchen. Es gilt hier also: n = 8. Ich sortiere absteigend nach der Größe von (diesmal) $\chi_8^2(\vec{k})$.

$\vec{k} = (k_1, k_2, k_3)$	$m_8(\vec{k})$	$\chi_8^2(\vec{k})$
(0, 8, 0) und (8, 0, 0)	0,0000152588	24,00
(1, 7, 0) und (7, 1, 0)	0,0001220700	17,00
(0, 7, 1) und (7, 0, 1)	0,0002441410	16,75
(2, 6, 0) und (6, 2, 0)	0,0004272460	12,00
(0, 6, 2) und (6, 0, 2)	0,0017089800	11,00
(1, 6, 1) und (6, 1, 1)	0,0017089800	10,75
(3, 5, 0) und (5, 3, 0)	0,0008544920	9,00
(4, 4, 0)	0,0010681200	8,00
(0, 0, 8)	0,0039062500	8,00
(2, 5, 1) und (5, 2, 1)	0,0051269500	6,75
(0, 5, 3) und (5, 0, 3)	0,0068359400	6,75
(1, 5, 2) und (5, 1, 2)	0,0102539000	6,00
(3, 4, 1) und (4, 3, 1)	0,0085449200	4,75
(0, 1, 7) und (1, 0, 7)	0,0156250000	4,75
(0, 4, 4) und (4, 0, 4)	0,0170898000	4,00
(2, 4, 2) und (4, 2, 2)	0,0256348000	3,00
(0, 2, 6) und (2, 0, 6)	0,0273438000	3,00
(0, 3, 5) und (3, 0, 5)	0,0273438000	2,75
(1, 4, 3) und (4, 1, 3)	0,0341797000	2,75
(3, 3, 2)	0,0343797000	2,75
(1, 1, 6)	0,0546875000	2,00
(1, 3, 4) und (3, 1, 4)	0,0683594000	1,00
(2, 3, 3) und (3, 2, 3)	0,0683594000	0,75
(1, 2, 5) und (2, 1, 5)	0,0820313000	0,75
(2, 2, 4)	0,1025390000	0,00

Bild 26-10: Die multinomiale Verteilung aus Bild 26-5, aber diesmal für n = 8

Diese neue Tabelle zeigt Ihnen, wie viel genauer und differenzierter der χ^2-Test wird, wenn Sie die Anzahl n der Versuche erhöhen. Es gilt:

- Wenn wir die Wahrscheinlichkeiten $r_1 = ¼$, $r_2 = ¼$ und $r_3 = ½$ mit einer Irrtumswahrscheinlichkeit von $\alpha = 0{,}1$ ablehnen wollen, ist der entsprechende c-Wert c = 6,25. Das bedeutet: Wenn in unserer Versuchsreihe die Werte:
(0,8,0) ; (8,0,0) ; (1,7,0) ; (7,1,0) ; (0,7,1) ; (7,0,1) ; (2,6,0) ; (6,2,0) ; (0,6,2) ; (6,0,2) (1,6,1) ; (6,1,1) ; (3,5,0) ; (5,3,0) ; (4,4,0) ; (0,0,8) ; (2,5,1) ; (5,2,1) ; (0,5,3) ; (5,0,3) auftreten (sie alle haben einen χ^2-Wert, der größer als 6,25 ist), gilt die Hypothese HT_0 mit der Irrtumswahrscheinlichkeit 0,1 als widerlegt.
- Kleinere Irrtumswahrscheinlichkeiten bedeuten weniger Ablehnungsanlässe. Wenn wir die Wahrscheinlichkeiten $r_1 = ¼$, $r_2 = ¼$ und $r_3 = ½$ mit einer Irrtumswahrscheinlichkeit von $\alpha = 0{,}05$ ablehnen wollen, ist der entsprechende c-Wert c = 7,81. Das bedeutet: Wenn in unserer Versuchsreihe die Werte:
(0,8,0) ; (8,0,0) ; (1,7,0) ; (7,1,0) ; (0,7,1) ; (7,0,1) ; (2,6,0) ; (6,2,0) ; (0,6,2) ; (6,0,2) (1,6,1) ; (6,1,1) ; (3,5,0) ; (5,3,0) ; (4,4,0) ; (0,0,8)
auftreten, gilt die Hypothese HT_0 mit der Irrtumswahrscheinlichkeit 0,1 als widerlegt.

- Und wenn wir die Wahrscheinlichkeiten $r_1 = ¼$, $r_2 = ¼$ und $r_3 = ½$ mit einer Irrtumswahrscheinlichkeit von $\alpha = 0{,}01$ ablehnen wollen, ist der entsprechende c-Wert c = 11,34. Das bedeutet: Nur, wenn in unserer Versuchsreihe die Werte:
  (0,8,0) ; (8,0,0) ; (1,7,0) ; (7,1,0) ; (0,7,1) ; (7,0,1) ; (2,6,0) ; (6,2,0)
  auftreten, gilt die Hypothese HT_0 mit der Irrtumswahrscheinlichkeit 0,01 als widerlegt.

Sie werden weitere Beispiele in den Übungsaufgaben kennen lernen.

Übungsaufgaben

1. Aufgabe

Sie haben die Befürchtung, dass in Ihrem bevorzugtem Spielsaloon die Roulettetrommel manipuliert wurde und der Wert Zero, dessen Wahrscheinlichkeit eigentlich p(Zero) = 1/37 beträgt, zu oft auftritt. Sie lösen sich mit einigen Freunden bei der Beobachtung der Spielverläufe ab und notieren bei 4995 Würfen die Anzahl x der aufgetretenen Zeros. Ihre Hypothese HT_0 ist grundsätzlich: »p(Zero) = 1/37«.

a. Wie weit muss x mindestens von 135 entfernt sein, um bei einer Irrtumswahrscheinlichkeit von 1 % die Hypothese HT_0 signifikant zu widerlegen?
b. Wie weit muss x mindestens von 135 entfernt sein, um bei einer Irrtumswahrscheinlichkeit von 2 % die Hypothese HT_0 signifikant zu widerlegen?
c. Wie weit muss x mindestens von 135 entfernt sein, um bei einer Irrtumswahrscheinlichkeit von 5 % die Hypothese HT_0 signifikant zu widerlegen?
d. Nehmen Sie an, es sei x = 145. Wie groß muss die Irrtumswahrscheinlichkeit ihres Tests mindestens sein, damit dieser Wert eine signifikante Widerlegung der Hypothese HT_0 ist?

2. Aufgabe

Im Lande »YesYouMust« sind bei Präsidentschaftswahlen keine Enthaltungen möglich. Im Vorfeld der letzten Präsidentschaftswahlen, bei denen von zwei Bewerbern derjenige mit der höheren Stimmenzahl gewinnt, wird eine Umfrage unter 1024 Wahlberechtigten gemacht, von denen x angeben, den Kandidaten A wählen zu wollen, während 1024 – x Befragte ihr Kreuz bei der Kandidatin B machen wollen.
In der Auswertung dieser Umfrage soll die Hypothese HT_0 »Kandidat A wird nicht die Mehrheit der Stimmen bekommen« überprüft werden.

a. Wie groß muss x mindestens sein, um bei einer Irrtumswahrscheinlichkeit von 1 % die Hypothese HT_0 signifikant zu widerlegen?
b. Wie groß muss x mindestens sein, um bei einer Irrtumswahrscheinlichkeit von 2 % die Hypothese HT_0 signifikant zu widerlegen?
c. Wie groß muss x mindestens sein, um bei einer Irrtumswahrscheinlichkeit von 5 % die Hypothese HT_0 signifikant zu widerlegen?

d. Nehmen Sie an, es sei $x = 532$. Wie groß muss die Irrtumswahrscheinlichkeit ihres Tests mindestens sein, damit dieser Wert eine signifikante Widerlegung der Hypothese HT_0 ist?

Die Idee zu den folgenden zwei Aufgaben verdanke ich meinem geschätzten Kollegen Egbert Falkenberg, durch dessen Aufgabensammlung [Falk2] ich mich immer wieder habe inspirieren lassen.

3. Aufgabe

Nehmen Sie, nehmen wir einmal an, das Gewicht von Brötchen (gemessen in g) sei zufallsabhängig. Genauer: wir nehmen an, dass die Zufallsvariable X, die das Gewicht beschreibt, normal verteilt vom Typ $N(\mu, 36)$ ist. Für 100 zufällig und unabhängig ausgewählte Brötchen ergebe sich das Durchschnittsgewicht $\overline{X}_{100} = x$ Gramm. Nun soll in einem zweiseitigen Test geprüft werden, wie dieses Datenmaterial mit der Hypothese HT_0 : »Das Durchschnittsgewicht beträgt 38 g« vereinbar ist.

a. Wie weit muss x mindestens von 38 entfernt sein, um bei einer Irrtumswahrscheinlichkeit von 1 % die Hypothese HT_0 signifikant zu widerlegen?
b. Wie weit muss x mindestens von 38 entfernt sein, um bei einer Irrtumswahrscheinlichkeit von 2 % die Hypothese HT_0 signifikant zu widerlegen?
c. Wie weit muss x mindestens von 38 entfernt sein, um bei einer Irrtumswahrscheinlichkeit von 5 % die Hypothese HT_0 signifikant zu widerlegen?
d. Nehmen Sie an, es sei $x = 39$. Wie groß muss die Irrtumswahrscheinlichkeit ihres Tests mindestens sein, damit dieser Wert eine signifikante Widerlegung der Hypothese HT_0 ist?

4. Aufgabe

Wieder nehmen wir an, dass die Zufallsvariable X, die das Gewicht von gebackenen Brötchen beschreibt, normal verteilt vom Typ $N(\mu, 36)$ ist. Für 100 zufällig und unabhängig ausgewählte Brötchen ergebe sich das Durchschnittsgewicht $\overline{X}_{100} = x$ Gramm. Jetzt soll in einem einseitigen Test geprüft werden, wie dieses Datenmaterial mit der Hypothese HT_0 : »Das Durchschnittsgewicht höchstens 38 g« vereinbar ist.

a. Wie groß muss x mindestens sein, um bei einer Irrtumswahrscheinlichkeit von 1 % die Hypothese HT_0 signifikant zu widerlegen?
b. Wie groß muss x mindestens sein, um bei einer Irrtumswahrscheinlichkeit von 2 % die Hypothese HT_0 signifikant zu widerlegen?
c. Wie groß muss x mindestens sein, um bei einer Irrtumswahrscheinlichkeit von 5 % die Hypothese HT_0 signifikant zu widerlegen?
d. Nehmen Sie an, es sei $x = 38{,}6$ g. Wie groß muss die Irrtumswahrscheinlichkeit ihres Tests mindestens sein, damit dieser Wert eine signifikante Widerlegung der Hypothese HT_0 ist?

5. Aufgabe

Ich habe ein Programm geschrieben, dass Zufallszahlen zwischen 1 und 60 erzeugt. Ich habe dieses Programm 10 000-mal laufen lassen, dabei wurden die Zahlen zwischen 1 und 60 der Reihe nach mit den folgenden Häufigkeiten erzeugt:

159	176	189	178	171	153	190	135	167	162	167	148
169	174	162	161	147	171	161	184	185	148	144	186
167	154	169	166	178	152	180	203	173	152	161	152
179	178	167	165	148	163	144	181	139	164	169	164
142	169	168	164	166	183	171	173	184	174	178	173

Die Hypothese HT_0 laute: Die mit diesem Programm erzeugten Zufallszahlen sind gleich verteilt. Schreiben Sie nun ein Testprogramm, das für Sie überprüft, ob die in der Tabelle notierten Häufigkeiten diese Hypothese bei einer Irrtumswahrscheinlichkeit von 2 % widerlegen. Falls dies nicht der Fall ist, finden Sie die kleinste ganzzahlige Prozentzahl für die Irrtumswahrscheinlichkeit, bei der mit diesen Tabellenwerten die Gleichverteilung als widerlegt angesehen wird.

6. Aufgabe

Es ist gerade Donnerstag, der 18. Dezember 2008 und mal wieder »round about midnight«. Unter der Adresse www.dielottozahlen.de finde ich im Internet viele Statistische Informationen über das Lottospielen. Unter anderem gibt es dort eine Seite, auf der für jede der 49 Lottozahlen aufgezählt wird, wie oft sie seit 1955 bis »heute« (das ist eben der 18. Dezember 2008) gezogen wurde. Insgesamt handelt es sich dabei um 4709 Ziehungen 6 aus 49. Die Ergebnisse – ausgewertet ohne Zusatzzahl – lauten der Reihe nach

582	584	598	583	571	598	580
552	599	559	569	563	512	564
547	574	575	574	566	548	564
577	572	567	612	620	614	537
547	571	611	578	593	569	574
578	570	623	575	575	593	583
614	578	539	553	577	584	608

Die Hypothese HT_0 lautet: Diese Ergebnisse sind gleich verteilt. Schreiben Sie nun ein Testprogramm, das für Sie überprüft, ob die in der Tabelle notierten Häufigkeiten diese Hypothese bei einer Irrtumswahrscheinlichkeit von 1 % widerlegen. Sie werden sehen, dass hier eine »sehr gute« Gleichverteilung vorliegt. Finden Sie die kleinste ganzzahlige Prozentzahl für die Irrtumswahrscheinlichkeit, bei der mit diesen Ziehungsergebnissen die Gleichverteilung als widerlegt angesehen wird. Sie muss sehr hoch sein.

Was Sie schon immer über Analysis wissen wollten

A1

Wozu um alles in der Welt braucht ein Informatiker Analysis? Ich habe es selber lange Zeit nicht glauben wollen, aber es gibt viele Gründe, die es absolut notwendig machen, dass Sie darüber Bescheid wissen. Ich gebe einige Beispiele:

- Sie müssen verstehen, warum Sie in so vielen Situationen keine Möglichkeit haben, die »richtigen« Zahlwerte auf dem Computer anzugeben. Sehr deprimierende Beispiele sind die Zahlen $\sqrt{2}$, π und e – alle drei Zahlen spielen eine wichtige Rolle in statistischen Verteilungsfunktionen und Tests. ($\sqrt{2}$ steht hier als Vertreter des Problems der korrekten Quadratwurzel.) Darüber haben wir in Kapitel 9 viel gesprochen.
- Sie müssen Methoden lernen und anwenden können, mit denen Sie auch in längeren Rechnungen diese Ungenauigkeiten kontrollieren und begrenzen können.
- Sie müssen, um beispielsweise die Qualitäten von Algorithmen beurteilen zu können, Grenzwerte bilden können, gut über Funktionen wie log(x), Polynome, rationale Funktionen und die e-Funktion Bescheid wissen. Das betrifft auch ihr Wachstumsverhalten für x gegen $+\infty$ und x gegen $-\infty$.
- In unserem gesamten Stochastikteil (mit Ausnahme der beschreibenden Statistik) wimmelt es von Ableitungen, Integralen, Grenzwerten, e-Funktionen, Approximationen – kurz: Es kommt alles vor, was in der Analysis gut und teuer ist.

Ich habe es mir deshalb zum Ziel gesetzt, Ihnen in diesem Kapitel einen Überblick über die Begriffe und Resultate zu geben, die Sie eigentlich aus der Schule schon kennen sollten, vielleicht aber schon wieder vergessen haben. Das Stichwortverzeichnis am Ende des Buches sollte Ihnen helfen, schnell den Begriff zu finden, den Sie nachschlagen wollen. Ich werde in diesem Anhang (fast) keine Beweise durchführen, sondern verweise Sie dazu auf die entsprechende Literatur [Spiv1].
Wir starten mit dem Grenzwert von Funktionen (*nicht* von Folgen).

A1.1 Grenzwerte von Funktionen

Wir beginnen mit einer provisorischen »Definition«:

> provisorische »Definition«:
> Die Funktion f: **R** → **R** hat bei a den *Grenzwert* b, wenn gilt:
> f(x) kommt beliebig nahe an b heran, wenn x nur dicht genug bei a liegt, ohne dass x gleich a sein muss.
> Man schreibt: $\lim_{x \to a} f(x) = b$

Man möchte beispielsweise:

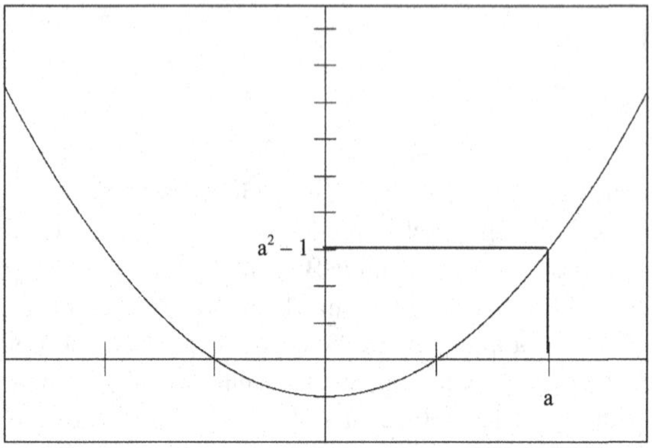

$$\lim_{x \to a} x^2 - 1 = a^2 - 1$$

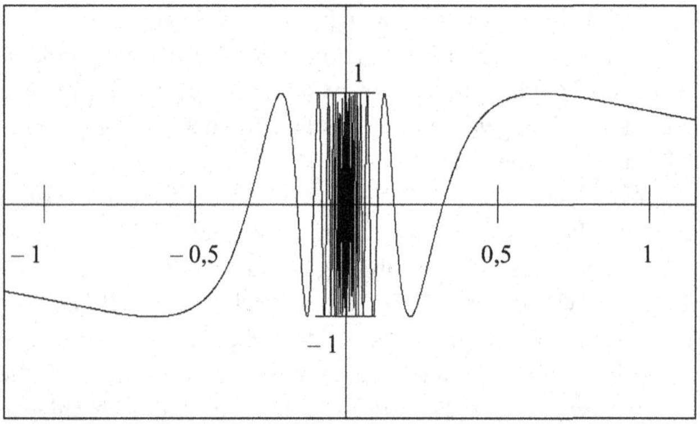

$$\lim_{x \to 0} \sin\left(\frac{1}{x}\right) \text{ existiert nicht.}$$

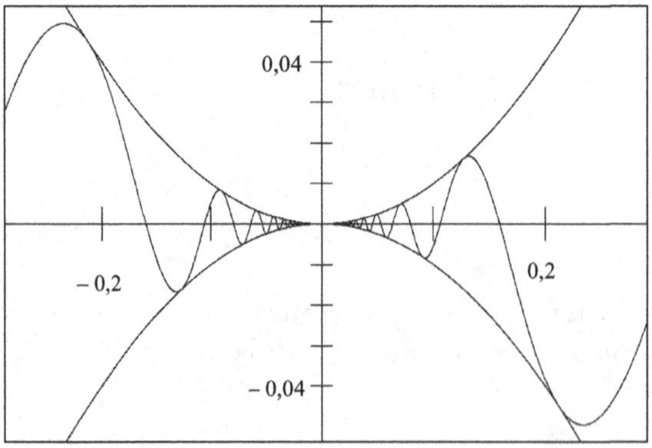

$$\lim_{x \to 0} x^2 \cdot \sin\left(\frac{1}{x}\right) = 0$$

Man erfasst diese Anforderungen mit der berühmt-berüchtigten $\varepsilon - \delta$-Formulierung, die Generationen von Schülerinnen und Schülern und Studentinnen und Studenten zur Verzweiflung gebracht hat:

Definition:
Die Funktion f: **R** → **R** hat bei a den *Grenzwert* b, wenn gilt:

$$\forall_{\varepsilon>0} \exists_{\delta>0} \forall_{x \in \mathbf{R}} \; 0 < |x - a| < \delta \rightarrow |f(x) - b| < \varepsilon$$

Man schreibt: $\lim\limits_{x \to a} f(x) = b$

Man zeigt sehr schnell:

Satz A1.1
(i) Sei f: **R** → **R** definiert durch f(x) = c (Konstant), dann gilt für beliebige a:

$$\lim_{x \to a} f(x) = c$$

(ii) Sei f: **R** → **R** definiert durch f(x) = x, dann gilt für beliebige a:

$$\lim_{x \to a} f(x) = a$$

Als Nächstes etabliert man die Grenzwertsätze über Summe, Produkt und Quotient von Funktionen:

Satz A1.2
Es seien f: **R** → **R** und g: **R** → **R** zwei Funktionen und es gelte: $\lim\limits_{x \to a} f(x) = b$ und $\lim\limits_{x \to a} g(x) = c$. Dann folgt:

(i) $\lim\limits_{x \to a} (f + g)(x) = \lim\limits_{x \to a} f(x) + g(x) = b + c$

(ii) $\lim\limits_{x \to a} (f \cdot g)(x) = \lim\limits_{x \to a} f(x) \cdot g(x) = b \cdot c$

(iii) Falls außerdem $c \neq 0$ ist, ist $\lim\limits_{x \to a} \left(\frac{f}{g}\right)(x) = \lim\limits_{x \to a} \left(\frac{f(x)}{g(x)}\right) = \frac{b}{c}$.

Damit berechnet man beispielsweise sofort:

- $\lim\limits_{x \to a} \dfrac{x^3 + 7 \cdot x^5}{x^2 + 1} = \dfrac{a^3 + 7 \cdot a^5}{a^2 + 1}$

Sie können nur mit dem, was wir bisher aufgeschrieben haben, die Grenzwerte jeder rationalen Funktion, d. h. jedes Quotienten zweier Polynome berechnen.

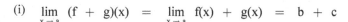

Man will den Grenzwertbegriff auch benutzen, um das Verhalten einer Funktion für sehr große x zu kennzeichnen:

Definition:
Die Funktion f: $\mathbf{R} \rightarrow \mathbf{R}$ hat für $x \rightarrow \infty$ den *Grenzwert* b, wenn gilt:

$$\forall_{\varepsilon > 0} \exists_{\delta > 0} \forall_{x \in \mathbf{R}} \quad x > \delta \rightarrow |f(x) - b| < \varepsilon$$

Man schreibt: $\lim\limits_{x \to \infty} f(x) = b$

Hier muss im Allgemeinen δ sehr groß werden – das ist die einzige Art, mathematisch exakt zu formulieren: x ist nahe bei $+\infty$: $x > \delta$.

Betrachten Sie dazu die Funktion f: $\mathbf{R}\backslash\{-1\} \rightarrow \mathbf{R}$ mit $f(x) = \dfrac{x-1}{x+1}$ für große x.

Zu dieser Funktion gehört das folgende Bild:

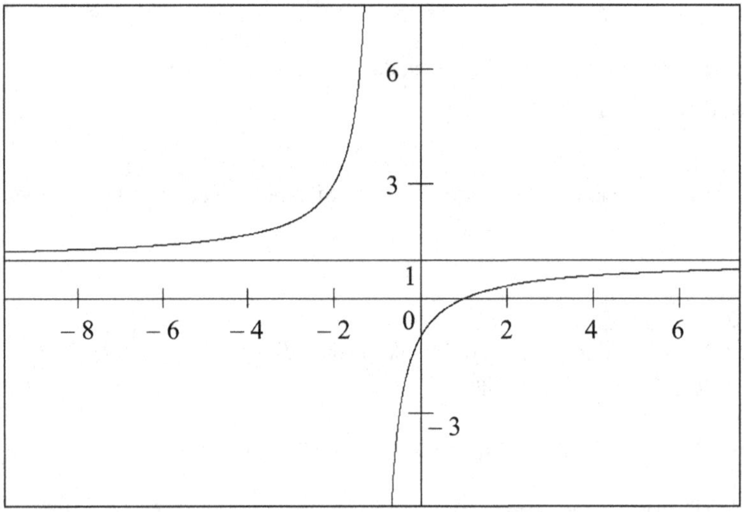

Bild A1-1: Graph der Funktion $f(x) = (x - 1)/(x + 1)$

Es gilt: $\lim\limits_{x \to \infty} \dfrac{x-1}{x+1} = 1$

Ich stelle Ihnen die Übungsaufgabe, eine Formulierung dafür zu finden, das Verhalten einer Funktion für $x \rightarrow -\infty$ zu charakterisieren. Dann sehen Sie, dass auch

$\lim\limits_{x \to -\infty} \dfrac{x-1}{x+1} = 1$ gilt.

A1.2 Stetige Funktionen

Am Ende dieses Abschnitts verstehen Sie die »Faustregel«:

Faustregel:
Funktionen, deren Graphen man zeichnen kann, ohne abzusetzen, nennt man stetig.

Wir beginnen mit der Definition für Stetigkeit:

Definition:
Die Funktion $f: \mathbf{R} \to \mathbf{R}$ ist an der Stelle a *stetig*, wenn gilt: $\lim_{x \to a} f(x) = f(a)$

Betrachten Sie die folgenden drei Beispiele:

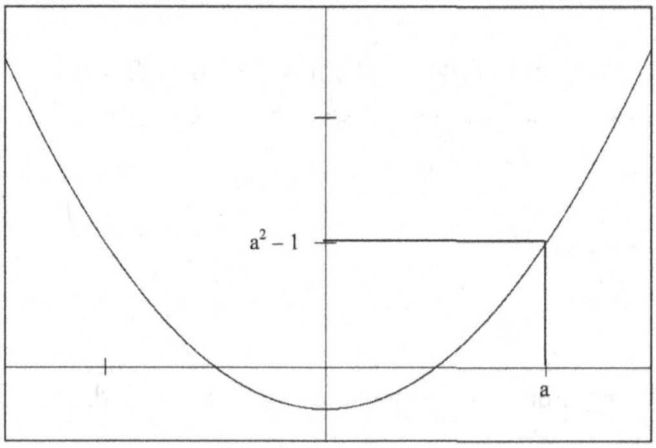

Hier ist $f(x) = x^2 - 1$, $\lim_{x \to a} f(x) = a^2 - 1 = f(a)$, d.h. f ist stetig bei a.

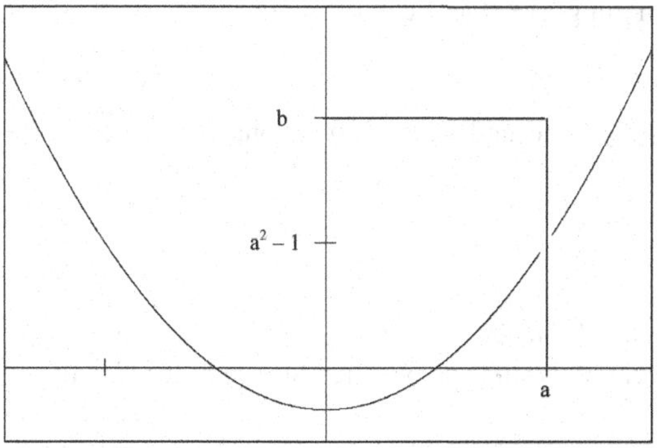

Hier ist $f(x) = x^2 - 1$ für $x \neq a$ und $f(a) = b \neq a^2 - 1$. f ist bei a *nicht* stetig, denn es ist

$\lim_{x \to a} f(x) = a^2 - 1 \neq b = f(a)$.

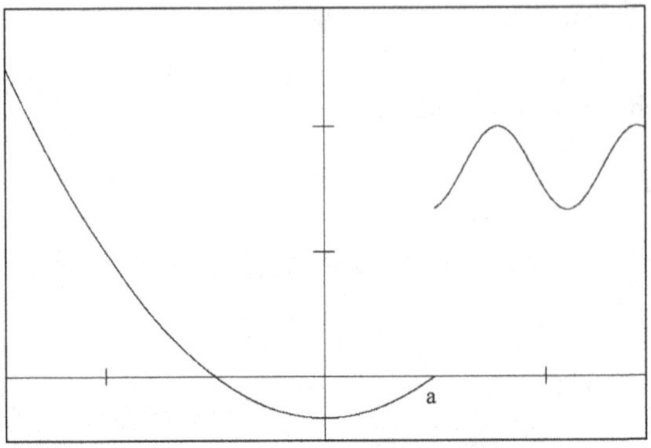

Diese Funktion hat überhaupt keinen Grenzwert bei a. Insbesondere ist sie auch nicht stetig bei a.

Aus Satz A1.1 folgt sofort:

> Satz A1.3
> (i) Sei f: **R** → **R** definiert durch f(x) = c (Konstant). Dann ist f in ganz **R** stetig.
> (ii) Sei f: **R** → **R** definiert durch f(x) = x. Dann ist f in ganz **R** stetig.

Und genauso folgt aus Satz A1.2:

> Satz A1.4
> Es seien f: **R** → **R** und g: **R** → **R** zwei Funktionen, die beide stetig bei a sind. Dann folgt:
> (i) f + g ist stetig bei a.
> (ii) f · g ist stetig bei a.
> (iii) An allen Stellen a, an denen gilt g(a) ≠ 0, ist auch f/g stetig bei a.

Damit wissen wir sofort für alle Polynome und gebrochen rationale Funktionen Bescheid:

> Satz A1.5
> (i) Jedes Polynom p(x) ist auf ganz **R** stetig.
> (ii) Jeder Quotient p(x)/q(x) zweier Polynome ist bei allen Stellen x, für die gilt: q(x) ≠ 0, stetig.

Auch das Hintereinanderschalten zweier stetiger Funktionen liefert wieder eine stetige Funktion:

Satz A1.6
g sei stetig bei a und f sei stetig bei g(a). Dann ist die Funktion $(f \circ g)(x) = f(g(x))$ stetig an der Stelle a.

Wie Sie sicher bemerkt haben, sind wir immer noch im mikroskopischen Bereich: Wir reden vom Verhalten der Funktion an einer bestimmten Stelle. Im Folgenden werden wir vom Verhalten der Funktion in Intervallen sprechen. Hier gilt der so genannte Zwischenwertsatz:

Satz A1.7 (Zwischenwertsatz)
Wenn f stetig auf [a, b] ist und $f(a) < 0$ und $f(b) > 0$ ist, dann gibt es ein $x \in]a, b[$, sodass $f(x) = 0$.

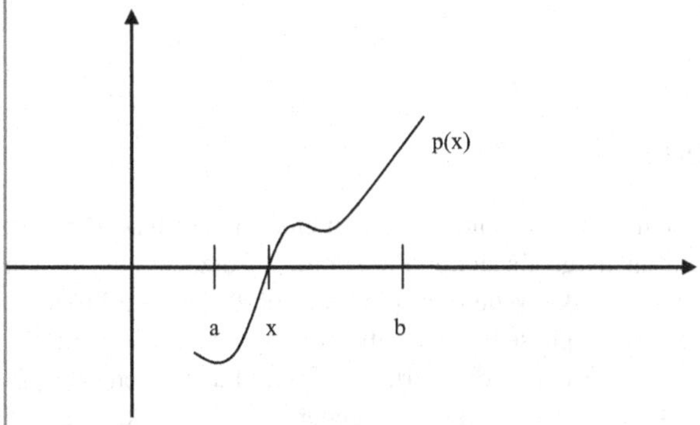

Ich erinnere Sie daran, dass wir uns in Kapitel 9 überlegt haben, dass dieser Satz in **Q** falsch ist:
Für die Funktion $p(x) = x^2 - 2$ gilt:

- $p(0) = -2 \quad < 0$
- $p(2) = 2 \quad > 0$

aber:

- Es gibt kein $x \in \mathbf{Q}$ mit $0 < x < 2$, sodass $p(x) = 0$.

Dieser Satz ist unter anderem auch eine Charakterisierung der reellen Zahlen und ihrer *Vollständigkeit* (vgl. Kapitel 9). Ihm verdanken wir auch unsere eingangs erwähnte Faustregel:

Faustregel:
Funktionen, deren Graphen man zeichnen kann, ohne abzusetzen, nennt man stetig.

Die Zwischenwerteigenschaft stetiger Funktionen liefert das wichtigste Verfahren zur Suche von Nullstellen:

Gesucht eine Nullstelle der Funktion f. Dann muss ich zwei Werte a und b finden, sodass $f(a) < 0$ und $f(b) > 0$ oder – umgekehrt – $f(a) > 0$ und $f(b) < 0$ ist und ich weiß: Dazwischen muss es irgendwo passieren. Sie können sich leicht einen Algorithmus zur Approximation von Nullstellen konstruieren, indem Sie mit einem geeigneten Intervall $[a, b]$ starten und gegebenenfalls dieses Intervall immer weiter halbieren.

Zum Abschluss dieses Abschnitts möchte ich Ihnen noch einen weiteren Satz über das Verhalten von stetigen Funktionen auf abgeschlossenen Intervallen mitteilen, der auch nur auf Grund der Vollständigkeit der reellen Zahlen gilt.

Satz A1.8 (Stetige Funktionen nehmen auf abgeschlossenen Intervallen ihr Maximum an.)
Falls f stetig ist auf dem Intervall $[a, b]$, dann gibt es eine Zahl $x_m \in [a, b]$, sodass für alle $x \in [a, b]$ gilt: $f(x) \le f(x_m)$.

A1.3 Ableitungen

Die Anforderung an eine Funktion, stetig zu sein, war schon eine starke Einschränkung und es gibt sicherlich weit mehr unstetige als stetige Funktionen. Trotzdem haben viele Funktionen, mit deren Hilfe man physikalische oder physikalisch-technische Prozesse beschreibt, noch bessere Eigenschaften. Diese Eigenschaften ermöglichen es, eine mächtige Theorie aufzubauen, mit deren Hilfe man das Verhalten dieser Funktionen sehr genau untersuchen kann. Das funktioniert auch in Fällen, in denen man die Funktionen gar nicht kennt, sondern nur ihr Wachstumsverhalten.

Wir fangen zunächst ganz harmlos an: Die bessere Eigenschaft, die wir von einer Funktion f noch verlangen, ist die, dass man an einem Punkt die Tangente an den Graph der Funktion zeichnen kann.

Dieser Satz wirft mehr Fragen auf, als er beantwortet: Was soll das sein – eine Tangente? Gesucht die Tangente an den Graphen der Funktion f im Punkte a. Dazu betrachte man für (betragsmäßig) kleine h die Sekanten durch $(a, f(a))$ und $(a + h, f(a + h))$. Wenn sich diese Geraden für kleine h einer Geraden »annähern«, dann nennt man das die Tangente. Man definiert:

Definition:
Die Funktion $f: R \to R$ heißt differenzierbar bei a, falls

$$\lim_{h \to 0} \frac{f(a + h) - f(a)}{h}$$

existiert. In diesem Falle heißt der Grenzwert $f'(a)$ und man nennt ihn die Ableitung von f an der Stelle a.

f '(a) ist dann der Anstieg der Tangente, die Tangente selber ist dann der Graph der Funktion g: R → R mit

$$g(x) = f'(a)(x - a) + f(a)$$

Betrachten Sie dazu das folgende Bild:

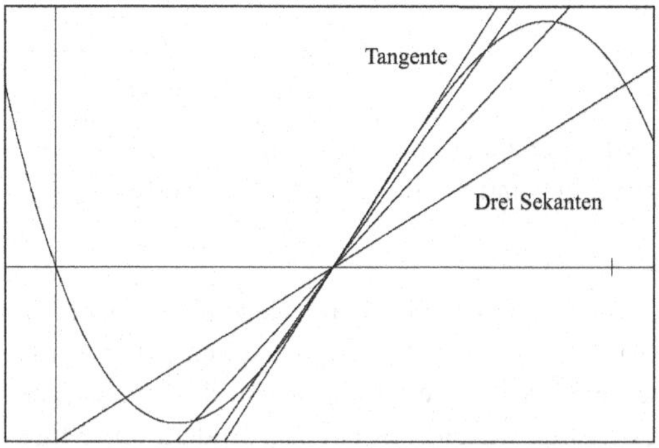

Wir gehen jetzt wieder so vor wie im Falle der Grenzwerte und der stetigen Funktionen:

Satz A1.9

(i) Sei f: **R** → **R** definiert durch f(x) = c (Konstant). Dann ist f in ganz **R** differenzierbar, es gilt für alle x ∈ **R**: f'(x) = 0.

(ii) Sei f: **R** → **R** definiert durch f(x) = x. Dann ist f in ganz **R** differenzierbar, es gilt für alle x ∈ **R**: f'(x) = 1.

Schwieriger zu beweisen sind die drei folgenden Regeln:

Satz A1.10 (Summenregel, Produktregel und Quotientenregel)

Es seien f: **R** → **R** und g: **R** → **R** zwei Funktionen, die beide bei a differenzierbar sind. Dann folgt:

(i) f + g ist bei a differenzierbar, es ist (f + g)'(a) = f'(a) + g'(a) (Summenregel).

(ii) f · g ist bei a differenzierbar, es ist (f · g)'(a) = f'(a) · g(a) + f(a) · g'(a) (Produktregel).

(iii) Falls g(a) ≠ 0 ist, ist auch f/g bei a differenzierbar, es ist $(f/g)'(a) = (f'(a) \cdot g(a) - f(a) \cdot g'(a)) / g(a)^2$.

Mit Hilfe der Sätze A1.9 und A1.10 können Sie alle Polynome und gebrochen rationale Funktionen ableiten.

Beispiele:

- Nicht nur für $n \in \mathbf{N}$, sondern für $n \in \mathbf{Z}$ gilt $f(x) = x^n \rightarrow f'(x) = n \cdot x^{n-1}$, also
- $f(x) = x^3 \rightarrow f'(x) = 3 \cdot x^2$
- $f(x) = 1/x^7 = x^{-7} \rightarrow f'(x) = (-7) \cdot x^{-8} = (-7) / x^8$

Auch das Hintereinanderschalten zweier differenzierbarer Funktionen liefert wieder eine differenzierbare Funktion:

Satz A1.11 (Kettenregel)
g sei differenzierbar bei a und f sei differenzierbar bei g(a). Dann ist die Funktion $(f \circ g)(x) = f(g(x))$ differenzierbar bei a und es gilt: $(f \circ g)'(a) = f'(g(a)) \cdot g'(a)$.

Um nun mehr Beispiele betrachten zu können, möchte ich bereits jetzt die trigonometrischen Funktionen »vom Himmel fallen lassen«, aber ich verspreche Ihnen, wir werden sie später noch exakt auf eine Weise definieren, die es leicht macht, ihre analytischen Eigenschaften herzuleiten. Zunächst behelfen wir uns mit ein paar Bildern und Mitteilungen:

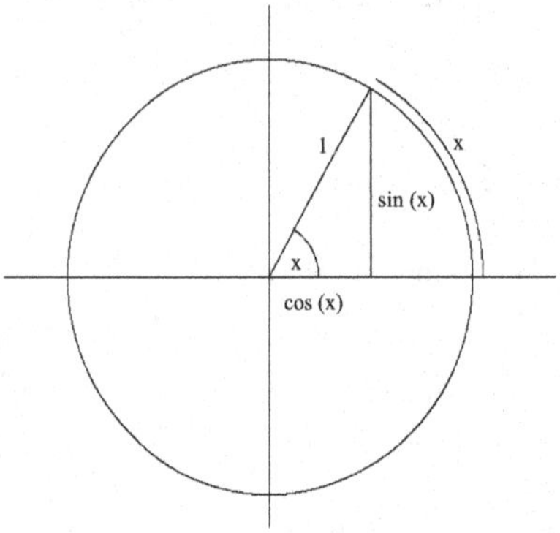

Bild A1-2: cos(x) und sin(x) als x- und y-Koordinaten des Winkels x, der *im Bogenmaß* gemessen wird

Definition:
Die Größe eines Winkels x im Bogenmaß ist die Länge der Strecke auf dem Rand des Einheitskreises, mit der man die beiden Schenkel des Winkels, dessen Ursprung im Mittelpunkt des Kreises liegt, verbinden kann. Um der Definition ein wenig ihrer Vieldeutigkeit zu nehmen, sagt man:
Man legt einen Schenkel des Winkels auf die x-Achse. Dort startet man mit der Strecke. Wenn man zum anderen Schenkel entgegen dem Uhrzeigersinn geht, erhält die Streckenlänge ein positives Vorzeichen, Strecken im Uhrzeigersinn erhalten ein negatives Vorzeichen.

Beachten Sie, dass diese Definition nicht eindeutig ist: Wir erhalten eine Periodizität von $2 \cdot \pi$. Beispielsweise ist:

Winkel der Größe $(\pi/6)$ = Winkel der Größe $(30°)$ =
= Winkel der Größe $(13 \cdot \pi/6)$ = Winkel der Größe $(390°)$ =
= Winkel der Größe $(25 \cdot \pi/6)$ = Winkel der Größe $(750°)$ =
= Winkel der Größe $(-11 \cdot \pi/6)$ = Winkel der Größe $(-330°)$ =
= Winkel der Größe $(-23 \cdot \pi/6)$ = Winkel der Größe $(-690°)$ usw.

Definition:
Gegeben sei ein Winkel x im Bogenmaß, der im Einheitskreis mit dem Ursprung im Mittelpunkt (0, 0) des Kreises liegt. Ein Schenkel liege auf der x-Achse. Der zweite Schenkel schneide den Einheitskreis im Punkte (c, s). Dann definiert man: **cos(x)** = c und **sin(x)** = s

Die beiden Funktionen haben die folgenden Graphen:

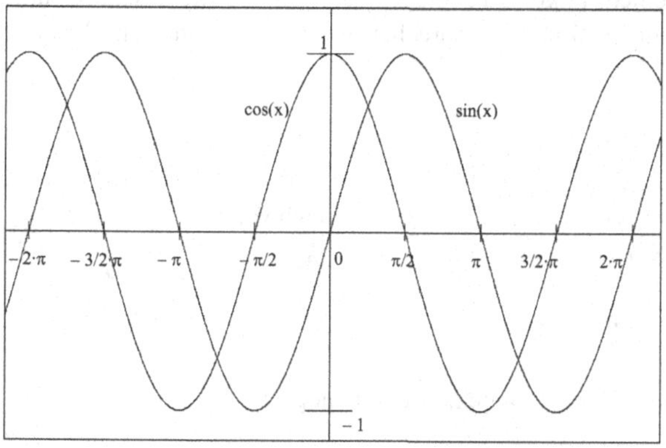

Satz A1.12
sin und cos sind auf ganz R differenzierbar und es gilt:
(i) $\sin(0) = 0$, $\sin'(a) = \cos(a)$,
(ii) $\cos(0) = 1$, $\cos'(a) = -\sin(a)$

Definition:
(i) Sei $x \in \mathbf{R}$, $x \neq (2 \cdot n + 1) \cdot \pi/2$ für alle $n \in \mathbf{Z}$. Dann definiert man die Funktion **tan(x)** durch $\tan(x) = \sin(x)/\cos(x)$. *(Tangens)*
(ii) Sei $x \in \mathbf{R}$, $x \neq n \cdot \pi$ für alle $n \in \mathbf{Z}$. Dann definiert man die Funktion **cot(x)** durch $\cot(x) = \cos(x)/\sin(x)$. *(Cotangens)*

Satz A1.13

tan und cot sind an allen Stellen ihres Definitionsbereichs differenzierbar. Dort gilt:

(i) $\tan'(x) = \dfrac{(\cos(x))^2 + (\sin(x))^2}{(\cos(x))^2} = 1 + (\tan(x))^2 = \dfrac{1}{(\cos(x))^2}$

(ii) $\cot'(x) = \dfrac{-(\sin(x))^2 - (\cos(x))^2}{(\sin(x))^2} = -1 - (\cot(x))^2 = \dfrac{-1}{(\sin(x))^2}$

Ich gebe Ihnen noch zwei Beispiele für die Anwendung der Kettenregel:

- $f(x) = \sin(x^2) \quad \rightarrow f'(x) = 2x\cdot\cos(x^2)$
- $f(x) = (x^3 + 3\cdot x^2)^{53} \quad \rightarrow f'(x) = 53\cdot(x^3 + 3\cdot x^2)^{52} \cdot (3\cdot x^2 + 6\cdot x)$

A1.4 Die Bedeutung der Ableitung

Wie wir in diesem Abschnitt sehen werden, lohnt es sich sehr, dass man sich so viel Mühe mit dem Ableitungsbegriff macht. Es zeigt sich nämlich, dass schon wenige Informationen über die Ableitung einer Funktion ausreichen, um wichtige Eigenschaften über die Funktion selber zu bestimmen. Zunächst sprechen wir über Maxima und Minima einer Funktion.

Definition:

f sei eine Funktion, $A \subseteq Db(f)$ (das ist der Definitionsbereich von f). Es sei $x \in A$.
f hat ein *lokales Maximum* bei x, wenn gilt:

$$\exists_{\delta>0} \ \forall_{y \in]x-\delta, x+\delta[\subseteq A} \ f(y) \le f(x).$$

Die Definition für ein *lokales Minimum* geht völlig analog.

Beispiel:

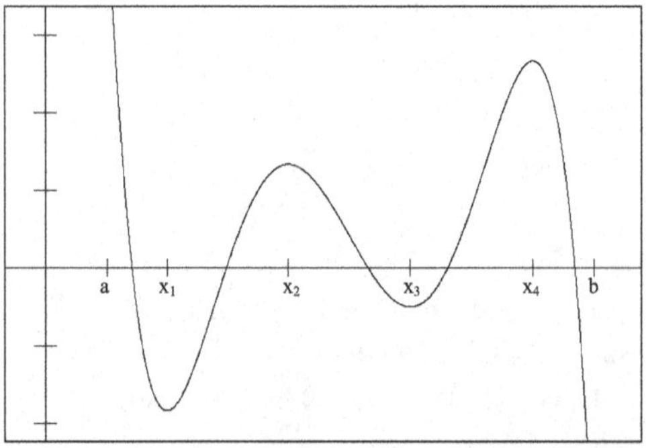

Bild A1-3: f(x), A = [a, b] f hat lokale Maxima bei x_2 und x_4, lokale Minima bei x_1 und x_3, ein (absolutes) Randmaximum bei a und ein (absolutes) Randminimum bei b

Es ist nun so, dass Nullstellen der ersten Ableitung beim Suchen nach Minima oder Maxima helfen:

Satz A1.14
Sei f:]a, b[$\rightarrow$ **R** eine differenzierbare Funktion. Falls f an der Stelle x $\in$]a, b[ein Maximum oder ein Minimum hat, dann gilt: f' (x) = 0.

Ich warne Sie: Die Umkehrung dieses Satzes ist falsch.

Es gilt nicht: f'(x) = 0 $\rightarrow$ f hat ein Minimum oder Maximum bei x.

Betrachten Sie die Funktion $f(x) = x^3$. Dann gilt $f'(x) = 3 \cdot x^2$ und daher f '(0) = 0. Trotzdem hat f an der Stelle Null weder ein Maximum noch ein Minimum.

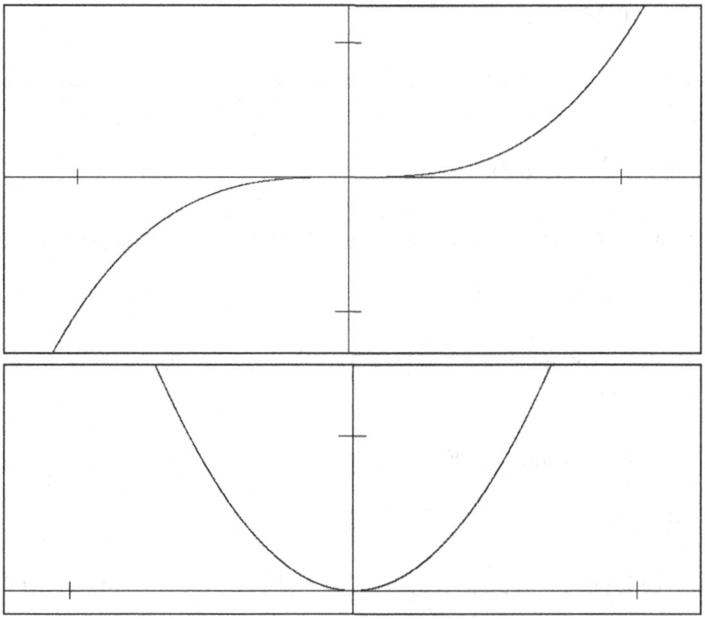

Bild A1-4: $f(x) = x^3$ und $f'(x) = 3 \cdot x^2$

Definition:
f sei Funktion. Falls an der Stelle x gilt: f '(x) = 0, dann heißt x ein *kritischer Punkt* von f.

Wir erhalten das folgende Vorgehen:

> Regelwerk zum Auffinden des Maximums und des Minimums einer Funktion in einem abgeschlossenen Intervall [a, b].
> Prüfe die folgenden Punkte:
> (i) die kritischen Punkte
> (ii) die Randpunkte
> (iii) die Punkte, an denen f nicht differenzierbar ist

Beispiel:
Wir möchten die Funktion $f(x) = x^3 - x$ im Intervall [– 1, 2] auf Extremwerte hin untersuchen.

(i) Es ist $f'(x) = 3 \cdot x^2 - 1$, d. h. $f'(x) = 0 \leftrightarrow$

$$\leftrightarrow\ x = \frac{\sqrt{3}}{3} \approx 0{,}58 \vee x = -\frac{\sqrt{3}}{3} \approx -0{,}58$$

Beide Punkte liegen im Intervall [– 1, 2], daher kommen sie als Kandidaten auf unsere Liste.

$$-\frac{\sqrt{3}}{3} \approx -0{,}58\,,\ \frac{\sqrt{3}}{3} \approx 0{,}58$$

(ii) Dann müssen wir unsere Kandidatenliste noch um die Randpunkte – 1 und 2 erweitern:

$$-1;\ -\frac{\sqrt{3}}{3} \approx -0{,}58\ ;\ \frac{\sqrt{3}}{3} \approx 0{,}58\ ;2$$

(iii) Da die Funktion f im gesamten Intervall [– 1, 2] differenzierbar ist, ist die 3. Kategorie von Punkten leer.

Wir müssen nun alle 4 Punkte untersuchen:

$$f(-1) = 0;\ f\left(-\frac{\sqrt{3}}{3}\right) \approx 0{,}39\,;\ f\left(\frac{\sqrt{3}}{3}\right) \approx -0{,}39\,;\ f(2) = 6$$

und wissen jetzt: f hat im Intervall [– 1, 2] bei $\frac{\sqrt{3}}{3} \approx 0{,}58$ sein Minimum und bei 2 sein Maximum.

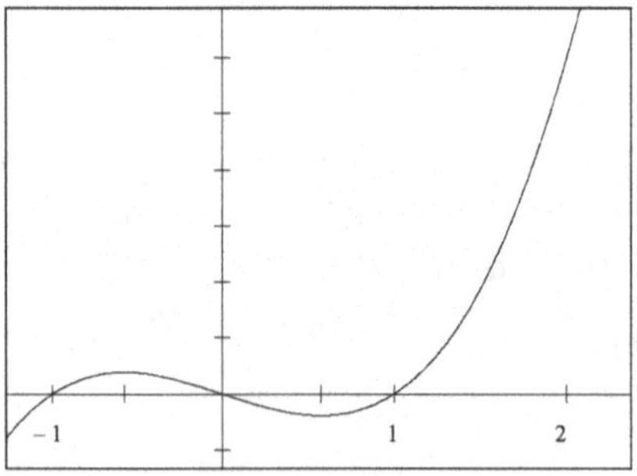

Bild A1-5 Graph der Funktion $f(x) = x^3 - x$

Um nun aus Informationen der Ableitung *sichere* Informationen über die Funktion selbst zu bekommen, brauchen wir die beiden folgenden Theoreme:

> Satz A1.15 (Satz von Rolle)
> Falls f: [a, b] $\rightarrow$ **R** stetig ist, auf]a, b[differenzierbar ist und falls außerdem gilt: f(a) = f(b), dann gibt es ein x $\in$]a, b[, sodass f ' (x) = 0.

Der Satz von Rolle ist nach dem französischen Mathematiker Michel Rolle benannt, der in der zweiten Hälfte des 17. Jahrhunderts lebte und arbeitete. Er ist ein Spezialfall des Mittelwertsatzes, den wir gleich formulieren werden und der mit Hilfe dieses Satzes bewiesen werden kann. Die Bedeutung des Mittelwertsatzes für die Analysis können Sie gar nicht überschätzen, er ist absolut zentral für alle Schlussfolgerungen für Funktionen aus Informationen, die man aus den Ableitungen kennt. Das betrifft insbesondere auch Integrale und Differentialgleichungen.

> Satz A1.16 (Mittelwertsatz)
> Falls f stetig ist auf [a, b] und differenzierbar auf]a, b[, dann gibt es eine Stelle x in]a, b[, sodass
>
> $$f'(x) = \frac{f(b) - f(a)}{b - a}$$

Sie werden gleich einige Konsequenzen dieses Satzes sehen:

> Satz A1.17 (Folgerung 1 aus dem Mittelwertsatz)
> Sei f : Intervall $\rightarrow$ **R** eine Funktion und für alle x aus diesem Intervall gelte: f ' (x) = 0 Dann ist f konstant auf diesem Intervall.

Beweis: (ausnahmsweise)
Seien a und b zwei beliebige Punkte aus diesem Intervall, a < b. Dann gibt es nach dem Mittelwertsatz ein x aus]a, b[, sodass gilt:

$$0 = f'(x) = \frac{f(b) - f(a)}{b - a}$$

und daraus folgt: f(b) = f(a). Da das für zwei beliebige Punkte gilt, folgt: die Funktion ist konstant.

q. e. d.

Satz A1.18 (Folgerung 2 aus dem Mittelwertsatz)
Wenn f und g auf demselben Intervall definiert sind und für alle x aus diesem Intervall gilt: $f'(x) = g'(x)$, dann gibt es eine Konstante c, sodass $f = g + c$ ist.

Nun definieren wir, was steigende und fallende Funktionen sind:

Definition:
Eine Funktion f ist in einem Intervall *wachsend*, wenn für alle a, b aus diesem Intervall gilt: $a < b \rightarrow f(a) < f(b)$.
Eine Funktion f ist in einem Intervall *fallend*, wenn für alle a, b aus diesem Intervall gilt: $a < b \rightarrow f(a) > f(b)$.

Satz A1.19 (Folgerung 3 aus dem Mittelwertsatz)
(i) Falls für alle x in einem Intervall gilt $f'(x) > 0$, dann verläuft f steigend in diesem Intervall.
(ii) Falls für alle x in einem Intervall gilt $f'(x) < 0$, dann verläuft f fallend in diesem Intervall.

Satz A1.19 gibt einem nun genügend Informationen, um von vielen Funktionen eine recht genaue Skizze von ihrem Verlauf zu finden, ohne dass man einzelne Punkte ausrechnen muss. Insbesondere können wir ein Regelwerk zur Bestimmung von Extremwerten, also Maxima und Minima, angeben:

Regelwerk zur Bestimmung von Extremwerten
f sei differenzierbar x sei ein kritischer Punkt (d. h. $f'(x) = 0$). Dann gilt:
1. Wenn f' in einer Umgebung von x links von x kleiner als 0 ist und rechts von x größer als 0 ist, geht fallendes Verhalten in steigendes Verhalten über und hat f an der Stelle x ein lokales Minimum.
2. Wenn f' in einer Umgebung von x links von x größer als 0 ist und rechts von x kleiner als 0 ist, geht steigendes Verhalten in fallendes Verhalten über und hat f an der Stelle x ein lokales Maximum.
3. Wenn f' in einer Umgebung von x links und rechts dasselbe Vorzeichen hat, dann liegt an der Stelle x weder ein lokales Maximum noch ein lokales Minimum vor.

Wir betrachten einen alten Bekannten:

$$f(x) = x^3 - x.$$

Jetzt sammeln wir nach und nach die verschiedenen Informationen, die wir erhalten, um den Graphen der Funktion zu skizzieren:

1. $f(0) = 0$

2. $f(x) = 0 \quad \leftrightarrow \ 0 = x^3 - x = x\cdot(x^2 - 1) = x\cdot(x - 1)\cdot(x + 1) \leftrightarrow$
   $\leftrightarrow \ x = 0 \lor x = 1 \lor x = -1$

3. Die kritischen Punkte $f'(x) = 3\cdot x^2 - 1 = 0 \ \leftrightarrow$
   $$\leftrightarrow \ x = \frac{\sqrt{3}}{3} \approx 0,58 \ \lor \ x = -\frac{\sqrt{3}}{3} \approx -0,58$$

4. Die Vorzeichen der Ableitung f ' links und rechts der kritischen Punkte
   $$x_1 = -\frac{\sqrt{3}}{3} \approx -0,58 \ \text{ und } \ x_2 = \frac{\sqrt{3}}{3} \approx 0,58$$
   $f'(-1) = 2 > 0;\ f'(0) = -1 < 0;\ f'(1) = 2 > 0$

5. Bestimmung von Maxima und Minima: bei x_1 liegt ein Maximum, bei x_2 ein Minimum vor.

6. $f(x_1) \approx 0,385\,,\ f(x_2) \approx -0,385$

7. Für $x \rightarrow -\infty$ geht auch $f(x) \rightarrow -\infty$, für $x \rightarrow +\infty$ geht auch $f(x) \rightarrow +\infty$.

Und wenn Sie diese Informationen von Punkt 1 bis Punkt 7 in ein Koordinatensystem eintragen, kommen Sie genau auf unser Bild A1-5.

Wenn Sie Funktionen mit Polstellen untersuchen, kommt zu diesen 7 Punkten noch ein achter Punkt hinzu: die Untersuchung der Umgebung von Polstellen:

8 Punkte Programm zur Analyse von Funktionen mit Hilfe der Ableitung
1. Bestimmen Sie f(0).
2. Finden Sie, falls möglich, die Nullstellen von f.
3. Bestimmen Sie die kritischen Punkte von f.
4. Bestimmen Sie das Vorzeichen von f ' zwischen den kritischen Punkten.
5. Entscheiden Sie auf Grund der Informationen aus Punkt 4, ob an den kritischen Punkten jeweils ein Maximum, ein Minimum oder kein Extremwert vorliegt.
6. Bestimmen Sie den Wert von f an den kritischen Punkten.
7. Bestimmen Sie, wie sich f für $x \rightarrow -\infty$ und für $x \rightarrow +\infty$ verhält.
8. Bestimmen Sie das Verhalten der Funktion in der Umgebung von nicht definierten Stellen (z. B. bei gebrochen rationalen Funktionen).

Auch dafür ein Beispiel:

Es sei $f(x) = \dfrac{x^2 - 2x + 2}{x - 1}$.

Zu 1.) Bestimmen Sie f(0): $f(0) = -2$

Zu 2.) Finden Sie, falls möglich, die Nullstellen von f

$$f(x) = 0 \leftrightarrow 0 = x^2 - 2x + 2 = (x - 1)^2 + 1$$

Das heißt: f hat keine reelle Nullstelle.

Zu 3.) Bestimmen Sie die kritischen Punkte von f.

$$f(x) = \frac{x^2 - 2x + 2}{x - 1} \rightarrow$$
$$f'(x) = \frac{(2x - 2)(x - 1) - (x^2 - 2x + 2)}{x - 1} = \frac{x^2 - 2x}{(x - 1)^2}$$
$$f'(x) = 0 \leftrightarrow 0 = x^2 - 2x = x(x - 2) \leftrightarrow x = 0 \vee x = 2$$

Die kritischen Punkte sind also $x_1 = 0$ und $x_2 = 2$.

Zu 4.) Bestimmen Sie das Vorzeichen von f' zwischen den kritischen Punkten. Für das Vorzeichen von f' ist ganz allein das Vorzeichen von $p(x) = x(x - 2)$ verantwortlich, ich habe lediglich zu bedenken, dass bei $x = 1$ eine Polstelle vorliegt. Es ist:

$$p(-1) = 3 > 0; \quad p(0{,}5) = -0{,}75 < 0; \quad p(1{,}5) = -0{,}75 < 0; \quad p(3) = 3 > 0$$

Zu 5.) Entscheiden Sie auf Grund der Informationen aus Punkt 4, ob an den kritischen Punkten jeweils ein Maximum, ein Minimum oder kein Extremwert vorliegt.

Bei x_1 geht steigendes Verhalten in fallendes Verhalten über, wir haben also bei x_1 ein Maximum.

Bei x_2 geht fallendes Verhalten in steigendes Verhalten über, wir haben also bei x_2 ein Minimum.

Zu 6.) Bestimmen Sie den Wert von f an den kritischen Punkten: $f(0) = -2$, $f(2) = 2$.

Zu 7.) Bestimmen Sie, wie sich f für $x \to -\infty$ und für $x \to +\infty$ verhält. Dazu müssen wir bei der Funktion f zunächst eine Polynomdivision durchführen:

$$
\begin{array}{lllllllllllll}
(& x^2 & - & 2x & + & 2 &) : (& x & - & 1 &) = & x - 1 & \text{Rest } 1 \\
 & x^2 & - & x & & & & & & & & & \\
 & ---- & - & ---- & & & & & & & & & \\
 & & & -x & + & 2 & & & & & & & \\
 & & & -x & + & 1 & & & & & & & \\
 & & & ---- & - & -- & & & & & & & \\
 & & & & & 1 & & & & & & &
\end{array}
$$

Also ist $f(x) = x - 1 + 1/(x - 1)$. Der Ausdruck $1/(x - 1)$ verschwindet aber für $x \to -\infty$ und für $x \to +\infty$. Darum nähert sich der Graph von f für sehr kleine und für sehr große x immer mehr der Gerade $g(x) = x - 1$. Man nennt solch eine Gerade auch *Asymptote.*

Zu 8.) Bestimme das Verhalten in der Umgebung der nicht definierten Stelle. Die einzige Stelle, an der f nicht definiert ist, ist 1. Es ist:

$$\lim_{x \to 1} (x^2 - 2x + 2) = 1 > 0$$

Der Ausdruck $x - 1$ wird aber für x gegen 1, wobei $x < 1$ ist, < 0 und betragsmäßig sehr klein, d. h., $f(x)$ geht für x gegen 1, wobei $x < 1$ ist, gegen $-\infty$.

Analog gilt: Der Ausdruck $x - 1$ wird für x gegen 1, wobei $x > 1$ ist, > 0 und betragsmäßig sehr klein, d. h., $f(x)$ geht für x gegen 1, wobei $x > 1$ ist, gegen $+\infty$.

Zusammenfassung: Wir erhalten das folgende Bild

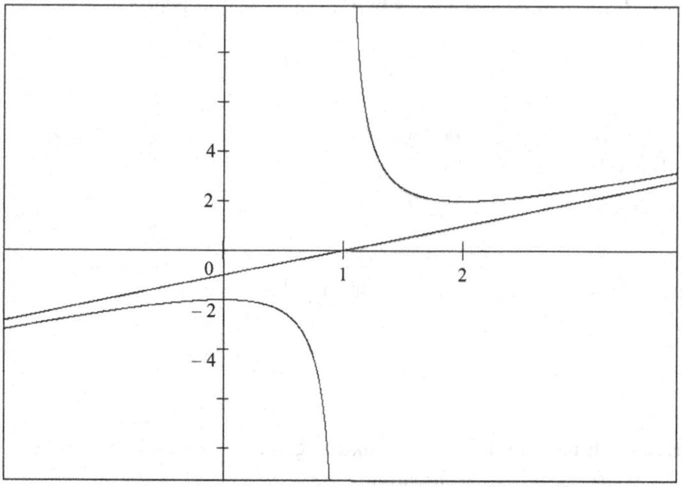

In vielen Fällen hilft die 2. Ableitung bei der Entscheidung, ob an einem kritischen Punkt ein Extremwert vorliegt. Das will ich hier aber nicht diskutieren.

Der letzte Satz, den wir in diesem Abschnitt besprechen, ist die *Regel von L'Hôpital.* Auch sie ist nach einem französischen Mathematiker, Marquis de L'Hôpital (1661–1704), benannt, der – so schreibt Wikipedia – »sie allerdings nicht selbst entdeckte, sondern aus einem Kurs von Johann Bernoulli übernahm, jenem abkaufte (!) und 1696 ... veröffentlichte«. Mit dieser Regel kann man Grenzwerte von Brüchen berechnen, bei denen Zähler und Nenner gegen 0 gehen. Dieser Satz lautet:

Satz A1.20 (Die Regel von L'Hôpital)
f und g seien differenzierbare Funktionen und es gelte für eine Stelle a:

$$\lim_{x \to a} f(x) = 0 \text{ und } \lim_{x \to a} g(x) = 0$$

Außerdem gelte: $\lim_{x \to a} \left(\frac{f'(x)}{g'(x)}\right)$ existiere. Dann existiert auch $\lim_{x \to a} \left(\frac{f(x)}{g(x)}\right)$ und es gilt:

$$\lim_{x \to a} \left(\frac{f(x)}{g(x)}\right) = \lim_{x \to a} \left(\frac{f'(x)}{g'(x)}\right)$$

Das berühmteste Beispiel für diesen Satz ist:

- $\lim_{x \to 0} \left(\frac{\sin(x)}{x}\right) = \lim_{x \to 0} \left(\frac{\cos(x)}{1}\right) = 1$

A1.5 Umkehrfunktionen

Ich beginne mit der Definition dessen, worin es in diesem Abschnitt geht:

Definition
Die Funktion $f: A \to B$ heißt *umkehrbar*, wenn es eine Funktion $g: B \to A$ gibt, sodass $g \circ f$ = Identität, d. h. für alle $x \in A$ gilt:

$$g(f(x)) = x$$

g heißt die *Umkehrfunktion* von f. Man schreibt für g dann f^{-1}.

Satz A1.21
Falls $f: A \to B$ umkehrbar ist mit Umkehrfunktion g, dann gilt für alle $y \in f(A)$: $f(g(y)) = y$, d. h., es ist auch $f \circ g$ = Identität.

Beispiele:

Zu f: **R** → **R** mit $f(x) = x^3$ ist $g(x) = \sqrt[3]{x} = x^{1/3}$ die Umkehrfunktion. In dem zugehörigen Bild sehen Sie, dass man den Graphen der Umkehrfunktion durch Spiegelung an der ersten Hauptdiagonale erhält.

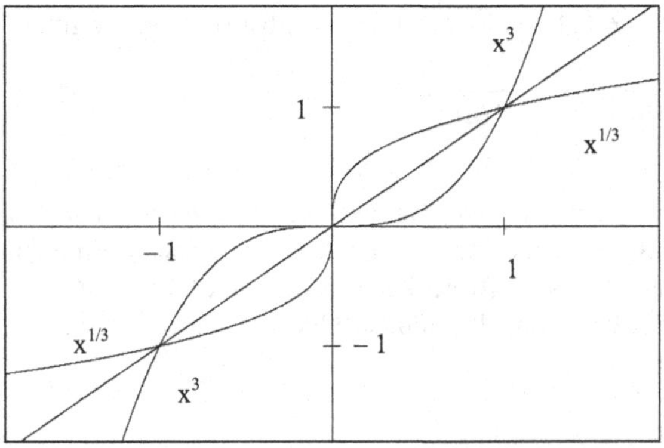

Bild A1-6: $f(x) = x^3$ und $f^{-1}(x) = x^{1/3}$ – beide auf ganz **R** definiert

Zu f: $\mathbf{R}^+ \to \mathbf{R}^+$ mit $f(x) = x^2$ ist $g(x) = \sqrt{x} = x^{1/2}$ die Umkehrfunktion. Auch hier erhält man die Umkehrfunktion durch Spiegelung an der ersten Hauptdiagonale.

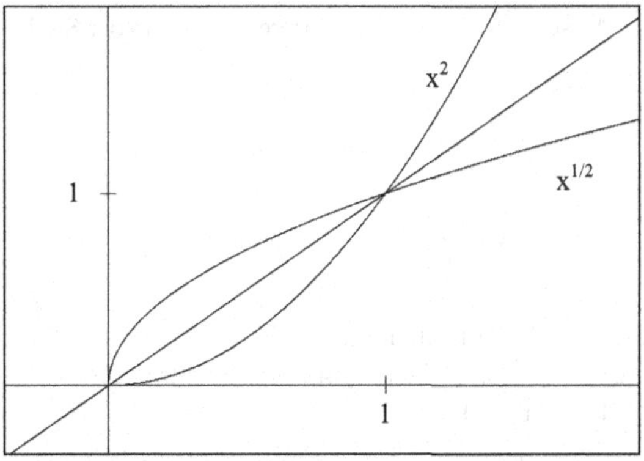

Bild A1-7: $f(x) = x^2$ und $f^{-1}(x) = x^{1/2}$ – beide nur auf $\mathbf{R}^+$ definiert

Es gilt:

Satz A1.22
Falls f auf einem Intervall stetig und injektiv ist, dann ist auch f^{-1} stetig.

Der Satz über die Differenzierbarkeit ist etwas komplizierter. Er lautet:

Satz A1.23
Sei $f: \mathbf{R} \to \mathbf{R}$ stetige, injektive Funktion. f sei differenzierbar bei $a = f^{-1}(b)$. Weiter sei $f'(a) = f'(f^{-1}(b)) \neq 0$. Dann ist f^{-1} differenzierbar bei b und es gilt:

$$(f^{-1})'(b) = \frac{1}{f'(f^{-1}(b))} = \frac{1}{f'(a)}$$

Dieser Satz wird uns bei der Analyse von sin, cos, log und e-Funktion noch von großem Nutzen sein. Eine Tatsache, die Sie auch alle schon vermutet haben, können wir mit ihm aber schon jetzt beweisen. Sie erinnern sich: Bisher konnten wir nur x^n für $n \in \mathbf{Z}$ ableiten. Die bisherige Regel können wir nun auf alle rationalen Exponenten erweitern:

Satz A1.24
(i) Sei $q = 1/n$ mit $n \in \mathbf{N}\backslash\{0\}$. Sei $f: \mathbf{R}^+ \to \mathbf{R}^+$ definiert durch $f(x) = x^q = \sqrt[n]{x} = x^{1/n}$. Sei $x > 0$. Dann ist f differenzierbar an der Stelle x und es gilt:
$f'(x) = q \cdot x^{q-1}$

(ii) Sei $q = m/n$ mit $m \in \mathbf{Z}, n \in \mathbf{N}\backslash\{0\}$. Sei $f: \mathbf{R}^+ \to \mathbf{R}^+$ definiert durch $f(x) = x^q$ $= \sqrt[n]{x^m} = \left(\sqrt[n]{x}\right)^m = x^{m/n}$. Sei $x > 0$. Dann ist f differenzierbar an der Stelle x und es gilt:

$$f'(x) = q \cdot x^{q-1}$$

Beweis: (ausnahmsweise)
Ich beweise nur (i). (ii) folgt dann leicht mit der Kettenregel.
Sei also $f: \mathbf{R}^+ \to \mathbf{R}^+$ definiert durch $f(x) = x^{1/n}$. Dann gilt: $f = g^{-1}$ für $g(x) = x^n$. Es folgt für $a = g^{-1}(b) = f(b) = b^{1/n}$ bzw. $a^n = b$:

$$f'(b) = (g^{-1})'(b) = \frac{1}{g'\left(b^{1/n}\right)} = \frac{1}{n \cdot \left(b^{1/n}\right)^{n-1}} = \frac{1}{n} \cdot b^{(1-n)/n} = \frac{1}{n} \cdot b^{1/n-1}$$
$$= q \cdot b^{q-1}$$

q. e. d.

Beispiele:

- $f(x) = \sqrt{x} = x^{1/2} \to$ $\quad f'(x) = (1/2) \cdot x^{-1/2} = \dfrac{1}{2 \cdot \sqrt{x}}$
- $f(x) = \sqrt[3]{x} = x^{1/3} \to$ $\quad f'(x) = (1/3) \cdot x^{-2/3} = \dfrac{1}{3 \cdot \sqrt[3]{x^2}}$
- $f(x) = \sqrt[5]{x^3} = x^{3/5} \to$ $\quad f'(x) = (3/5) \cdot x^{-2/5} = \dfrac{3}{5 \cdot \sqrt[5]{x^2}}$

Was bleibt zu klären? Natürlich die Frage: Kann man diese Regeln auf den Fall x^y erweitern, in dem y eine irrationale Zahl ist. Dazu müssen wir uns fragen:
Was ist überhaupt x^y, wenn y irrational ist? Was soll das sein, 3^{π}???
Sie werden sehen, dass Umkehrfunktionen auch bei der Definition solcher Ausdrücke eine zentrale Rolle spielen werden. Aber als Nächstes brauchen wir erst einmal die Integrale.

A1.6 Integrale und der Hauptsatz der Differential- und Integralrechnung

Man definiert das Integral als Berechnung einer Fläche F, die vom Graphen einer Funktion f, einem Intervall [a, x] auf der x-Achse und den Parallelen zur y-Achse, die durch a und x gehen, gebildet werden.

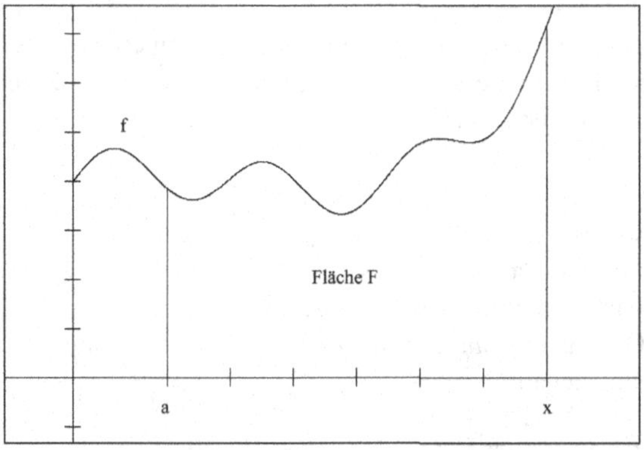

Ich werde mit Ihnen diese Definition nicht im Einzelnen erarbeiten, ich erinnere Sie nur daran, dass man sich dieser Fläche F durch Berechnungen von Unter- und Obersummen nähert, die man als Summe von Flächen von Rechtecken berechnen kann.
Das folgende Bild zeigt Ihnen das Prinzip dieser Konstruktion: Die Untersumme einer Zerlegung des Intervalls [a, x] ist die Summe der Flächeninhalte der kleineren Rechtecke, die entsprechende Obersumme ist die Summe der Flächeninhalte der größeren Rechtecke. Wenn ich das Intervall [a, x] anders unterteile, anders zerlege, erhalte ich andere Unter- und Obersummen.

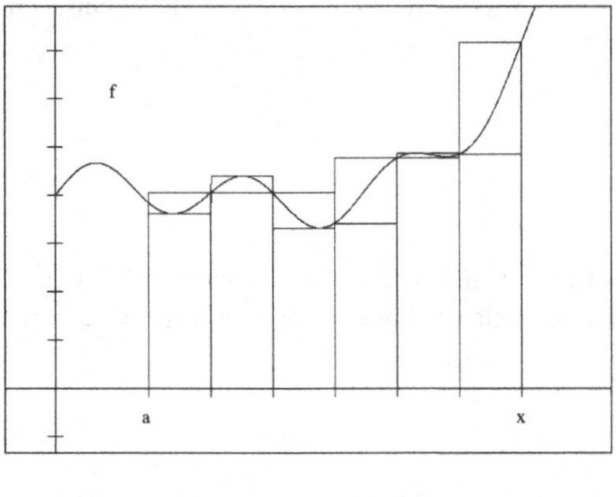

Man definiert:
(i) U := die Menge aller Untersummen über dem Intervall [a, x]
(ii) O := die Menge aller Obersummen über dem Intervall [a, x]

Und sagt:

Definition:
f ist über dem Intervall [a, x] *integrierbar*, wenn gilt: sup U = inf O
Man nennt dann diese gemeinsame Zahl sup U = inf O das Integral von f in den Grenzen von a bis x und schreibt dafür:

$$\int_a^x f \quad \text{oder auch} \quad \int_a^x f(t)\,dt$$

Diese Bemerkungen sollen Sie lediglich an die Herleitung einer Definition erinnern, für die man sich bei einer sorgfältigen Herangehensweise mehr Mühe machen muss. Zwei Besonderheiten muss ich aber hier noch erwähnen:

Zusatz zur Definition des Integrals:
(i) Falls Funktionswerte von f kleiner als 0 sind, wird der Flächeninhalt etwaiger Rechtecke, die unterhalb der x-Achse liegen, von der Untersumme bzw. der Obersumme *abgezogen*. Das heißt: Flächeninhalte unterhalb der x-Achse sind negativ.
(ii) Bei $\int_a^x f(t)\,dt$ haben wir stillschweigend vorausgesetzt, dass die untere Grenze a kleiner als die obere Grenze x ist. Bei Vertauschung der Grenzen ändert sich das Vorzeichen. Es gilt also: $\int_a^x f(t)\,dt = -\int_x^a f(t)\,dt$

Also: Das Integral ist der Wert einer Fläche, die unter bestimmten klaren Bedingungen ein Vorzeichen erhält. Auf Grund des eben diskutierten Zusatzes sollten Sie einsehen, dass beispielsweise

$$\int_0^{2\cdot\pi} \sin(t)\,dt = 0$$

ist. Betrachten Sie zur Erinnerung das Bild der sin-Funktion zwischen 0 und $2\cdot\pi$ und Sie sehen: Der Flächeninhalt über der x-Achse ist gleich dem unter der x-Achse, beide heben sich auf zu 0.

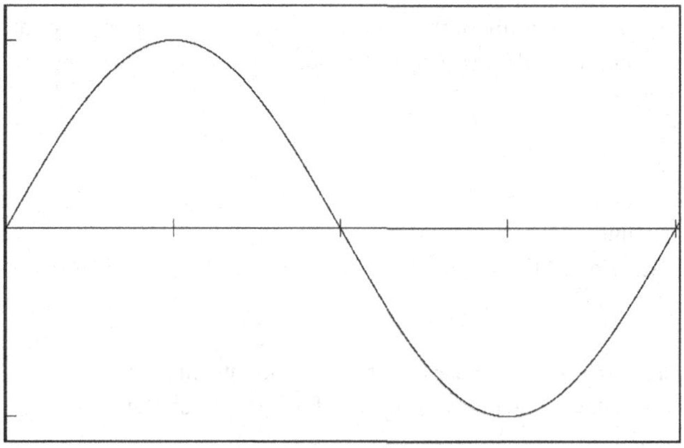

Bild A1-8: sin(x) zwischen 0 und 2π

Es sind sehr viel mehr Funktionen integrierbar als differenzierbar. Da ein »Strich in der Landschaft« keinen Flächeninhalt hat, macht es einer Funktion gar nichts aus, wenn sie einzelne Sprungstellen hat, sie bleibt integrierbar. Das wirklich Erstaunliche aber ist, dass zumindest für stetige Funktionen das Integrieren einer Funktion gleichsam die »*Umkehrung der Differentiation*« ist. Ich wünsche Ihnen, dass Sie sich daran nie gewöhnen werden, sondern immer wieder darüber staunen können – denn mal ehrlich: Wenn es uns allen nicht schon mal jemand gesagt hätte, wer von uns wäre von selber darauf gekommen, dass diese Bastelei mit kleinen und großen Rechtecken etwas mit Differenzieren zu tun haben könnte, ja dass wir auf einmal Flächeninhalte genau berechnen können, die wir sonst nie oder nur annäherungsweise herausgekriegt hätten? Es gilt – Trommelwirbel – der *Hauptsatz der Differential- und Integralrechnung*, auch bekannt unter dem Namen *Fundamentalsatz der Analysis*:

Satz A1.25 Hauptsatz der Differential- und Integralrechnung
f: **R** → **R** sei stetig auf dem Intervall [a, b]. Dann ist f auch integrierbar auf [a, b].
Sei für x ∈ [a, b] die Funktion F: [a, b] → **R** definiert durch

$$F(x) := \int_a^x f(t)\,dt$$

Dann ist F differenzierbar und es gilt: F(a) = 0 und F '(x) = f(x)

Der Hauptsatz hat eine einfache Folgerung, die die Berechnung von Integralen sehr erleichtert. Wir beginnen mit einer dafür nötigen Definition:

Definition:
f: [a, b] → **R** sei eine Funktion. Falls für die Funktion F: [a, b] → **R** gilt:
F ist differenzierbar und für alle x ∈ [a, b] ist F '(x) = f(x), dann ist F eine *Stammfunktion* von f.

Da die Ableitung eine konstanten Funktion immer = 0 ist, gibt es für jede Funktion, die *eine* Stammfunktion hat, immer *unendlich viele* Stammfunktionen.

Beispiel:
$f(x) = 4x^3$ hat beispielsweise

- $F(x) = x^4$ und
- $F(x) = x^4 + 5$ und
- $F(x) = x^4 - 3\pi$ als Stammfunktionen.

Satz A1.26 Folgerung aus dem Hauptsatz der Differential- und Integralrechnung
f sei stetig auf [a, b] und F sei eine Stammfunktion von f. Dann gilt für alle $x \in [a, b]$:

$$\int_a^x f(t)\,dt = F(x) - F(a)$$

Zunächst wollen wir einmal überprüfen, ob all das, was ich Ihnen erzählt habe, wenigstens für die Fälle, in denen wir auch ohne große Theorie die Fläche berechnen können, stets das richtige Ergebnis ergibt. Dazu betrachte ich die Funktion $f(x) = m \cdot x$ über dem Intervall [a, b] mit $0 < a < b$:

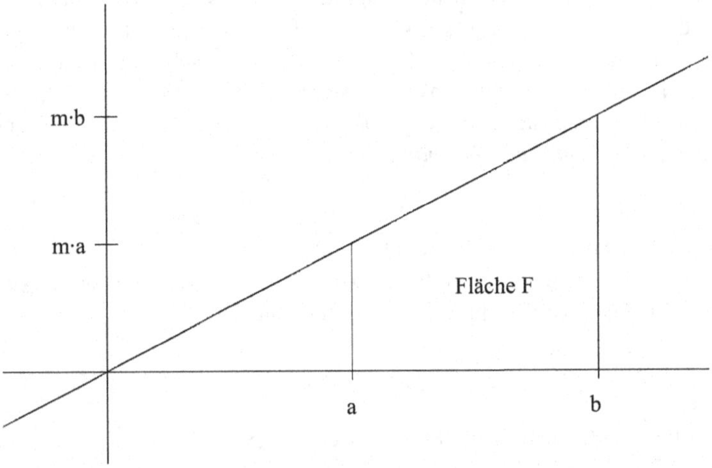

1. Es ist Fläche F $= (b - a) \cdot m \cdot a + 0{,}5 \cdot (b - a)(m \cdot b - m \cdot a)$
$= 0{,}5 \cdot (b - a)(m \cdot a + m \cdot b) = (m/2)(b^2 - a^2)$.

2. Es ist für $f(x) = m \cdot x$ die Funktion $F(x) = 0{,}5 \cdot m \cdot x^2$ eine Stammfunktion und daher

$$\int_a^b m \cdot t\,dt = \frac{m}{2}(b^2 - a^2).$$

Das sieht gut aus. Wegen Satz A1.24 können wir für *fast* alle $q \in \mathbf{Q}$ die Stammfunktionen für x^q finden:

Satz A1.27
Es sei $q \in \mathbf{Q}$, $q \neq -1$. Weiter seien $a, b \in \mathbf{R}$ mit $a < b$ so gewählt, dass $f: [a, b] \to \mathbf{R}$ mit $f(x) = x^q$ auf dem gesamten Intervall wohl definiert ist. Dann gilt: $F: [a, b] \to \mathbf{R}$ mit

$$F(x) = \frac{x^{q+1}}{q+1}$$

ist eine Stammfunktion von f. Es gilt für alle $x \in [a, b]$:

$$\int_a^x t^q \, dt = \frac{x^{q+1} - a^{q+1}}{q+1}$$

Damit bekommen wir auf einen Schlag die Integralformel für eine ganze Klasse von Funktionen, Sie können jetzt beispielsweise integrieren:

- x^7 mit der Stammfunktion $\frac{x^8}{8}$
- $\frac{1}{x^7} = x^{-7}$ mit der Stammfunktion $\frac{x^{-6}}{-6} = -\frac{1}{6 \cdot x^6}$
- $\sqrt[7]{x^3} = x^{\frac{3}{7}}$ mit der Stammfunktion $\frac{x^{\frac{10}{7}}}{\frac{10}{7}} = \frac{7 \cdot \sqrt[7]{x^{10}}}{10} = \frac{7 \cdot x \cdot \sqrt[7]{x^3}}{10}$
- $\frac{1}{\sqrt[7]{x^3}} = x^{-\frac{3}{7}}$ mit der Stammfunktion $\frac{x^{\frac{4}{7}}}{\frac{4}{7}} = \frac{7 \cdot \sqrt[7]{x^4}}{4}$

Die Formel aus Satz A1.27 funktioniert nicht für $q = -1$, da Sie dann durch Null dividieren müssen. Das bringt Sie in eine, wie ich annehme, für Sie neue, ungewohnte Situation:

Einerseits:
Sie wissen auf Grund des Hauptsatzes der Differential- und Integralrechnung, dass die Funktion $F: \mathbf{R}^+ \to \mathbf{R}$ mit

$$F(x) := \int_a^x \frac{1}{t} \, dt$$

existiert, wohl definiert ist und sogar differenzierbar ist.

Andererseits:
Sie können für diese Funktionen keinen Ausdruck, keine Formel angeben, die nicht das Integralzeichen enthält.

Dies ist eine in Integrationskreisen völlig normale Situation. Leider! Während die Ableitung eine Maschinerie ist, die Sie immer durchführen können, die Sie programmieren können und bei der Sie immer zu einem Resultat in der gewünschten Form kommen, ist das Integrieren eine Kunst, in der man Erfahrung, geniale Ideen und verrückte Einfälle braucht. Erfolg ist dabei nie garantiert. Darum hat jeder Physiker, Ingenieur oder anderer Naturwissenschaftler, der Integrale berechnen muss, dicke Bücher mit Integraltafeln zur Hand. Oft helfen auch nur numerische, approximative Methoden.

In unseren Stochastikkapiteln wimmelt es von solchen »unlösbaren« Integralen.

Die gute Nachricht für unser Problem ist, dass es im Falle von $F(x) := \int_a^x \frac{1}{t}\, dt$

eine einfache, großartige Lösung geben wird, wir werden dieses Integral dazu benutzen, eine neue Funktion zu definieren, die zu den wichtigsten Funktionen der reinen und der angewandten Mathematik gehört.
Genau, wie es für die Differentiation eine Summenregel, eine Produktregel, eine Quotientenregel, eine Kettenregel und eine Regel für die Ableitung von Umkehrfunktionen gibt, gibt es solche Regeln auch für die Integration. Sie sind nicht ganz so zahlreich und sie sind im Allgemeinen nicht so leicht anzuwenden. Wir beginnen aber einfach:

Satz A1.28 (Summenregel der Integration)
Seien f_1 und f_2: $[a, b] \to \mathbf{R}$ integrierbare Funktionen. Es sei $c \in \mathbf{R}$ eine Konstante. Dann gilt:

(i) $$\int_a^b c \cdot f_1(t)\, dt = c \cdot \int_a^b f_1(t)\, dt$$

(ii) $$\int_a^b (f_1(t) + f_2(t))dt = \int_a^b f_1(t)\, dt + \int_a^b f_2(t)\, dt$$

Mit Hilfe der letzten beiden Sätze können Sie jetzt das Integral jedes beliebigen Polynoms berechnen. Das ist doch schon mal etwas. Viel schwieriger wird es aber mit den gebrochen rationalen Funktionen. Versuchen Sie doch mal für

$$f(x) = \frac{x + 4}{x - 7}$$

eine Stammfunktion zu finden. (Hinweis: Mit dem, was wir bisher besprochen haben, geht es nicht.)

A1.7 Uneigentliche Integrale

In der Stochastik sind die meisten Integrale uneigentlich. Sie werden von $-\infty$ bis $+\infty$ »genommen«. Was meint man damit?

Ich beginne mit einem Beispiel, das Sie schon aus Kapitel 22 kennen. Wir diskutieren es jetzt kurz, aber exakt:

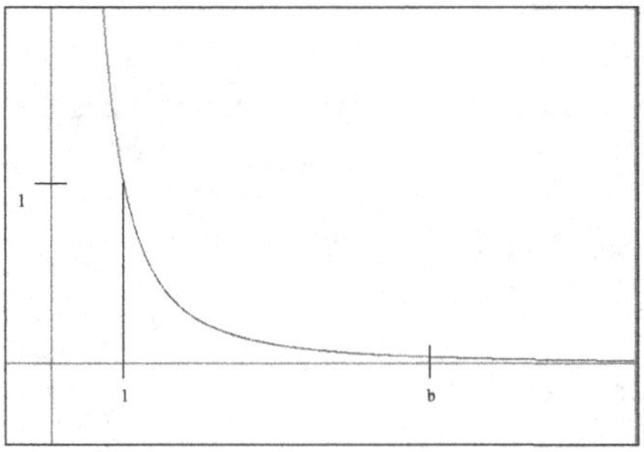

Für $f(x) = \frac{1}{x^2}$ ist beispielsweise $F(x) = -\frac{1}{x}$ eine Stammfunktion und daher ist:

$$\int_1^b \frac{1}{x^2}\,dx = 1 - \frac{1}{b}$$

Der Ausdruck auf der rechten Seite des Gleichheitszeichens wird = 1, wenn b gegen unendlich strebt, und man definiert:

$$\int_1^\infty \frac{1}{x^2}\,dx := \lim_{b \to \infty}\left(\int_1^b \frac{1}{x^2}\,dx\right) = \lim_{b \to \infty}\left(1 - \frac{1}{b}\right) = 1$$

Man definiert allgemein:

Definition:
f: $[a, \infty[\; \to \mathbf{R}$ sei eine für alle b > a auf [a, b] integrierbare Funktion. Falls der Grenzwert $\lim_{b \to \infty}\left(\int_a^b f(t)\,dt\right)$ existiert, schreibt man dafür auch $\int_a^\infty f(t)\,dt$ und nennt es das *uneigentliches Integral* über f von a bis ∞.

Das kann man auch in die Richtung von $-\infty$ durchführen. Sei $a < -1$. Dann ist:

$$\int_a^{-1} \frac{1}{x^2}\,dx = 1 + \frac{1}{a}$$

Der Ausdruck auf der rechten Seite des Gleichheitszeichens wird = 1, wenn a gegen minus unendlich strebt, und man definiert:

$$\int_{-\infty}^{-1} \frac{1}{x^2}\,dx := \lim_{a \to -\infty}\left(\int_a^{-1} \frac{1}{x^2}\,dx\right) = \lim_{a \to -\infty}\left(1 + \frac{1}{a}\right) = 1$$

Man definiert allgemein:

Definition:
$f:]-\infty, b] \to \mathbf{R}$ sei eine für alle $a < b$ auf $[a, b]$ integrierbare Funktion. Falls der Grenzwert

$$\lim_{a \to -\infty} \left(\int_a^b f(t)\,dt \right)$$ existiert, schreibt man dafür auch $$\int_{-\infty}^b f(t)\,dt$$

und nennt das uneigentliches Integral über f von $-\infty$ bis b.

Schließlich kann man auch manche Funktionen über ganz **R** integrieren. Dafür lernen wir im nächsten Abschnitt ein Beispiel kennen. Die Definition gebe ich Ihnen aber jetzt:

Definition:
$f: \mathbf{R} \to \mathbf{R}$ sei auf $[a, b]$ integrierbar für alle $a, b \in \mathbf{R}$ mit $a < b$. Falls gilt:

(i) Für alle $a \in \mathbf{R}$. existiert $\int_a^\infty f(t)\,dt$ und

(ii) Der Grenzwert $\lim_{a \to -\infty} \left(\int_a^\infty f(t)\,dt \right)$ existiert

Dann schreibt man für diesen Grenzwert auch:

$$\int_{-\infty}^{\infty} f(t)\,dt$$

und nennt ihn *uneigentliches Integral* über f von $-\infty$ bis ∞.

Diese letzte Form des Integrals von $-\infty$ bis ∞ kommt in der Statistik dauernd vor und wir benötigen die nächsten zwei Abschnitte, um Funktionen zu finden, mit denen wir solche Integrale bilden können.

A1.8 Die Trigonometrischen Funktionen

Endlich haben wir genügend Kenntnisse zur Verfügung, um sin und cos auf eine Weise exakt definieren zu können, bei der wir gleichzeitig auch die geometrische Bedeutung dieser Funktionen sehen.
Betrachten Sie zunächst die Funktion $f: [-1, 1] \to \mathbf{R}$ mit $f(t) = \sqrt{1 - t^2}$. Das ist der obere Halbkreis. Wir definieren jetzt für jedes $t \in [-1, 1]$ die Funktion F(t) als den Flächeninhalt des Kreissektors, der von den drei Punkten

$(0, 0)$; $(t, \sqrt{1 - t^2})$; $(1, 0)$ gebildet wird:

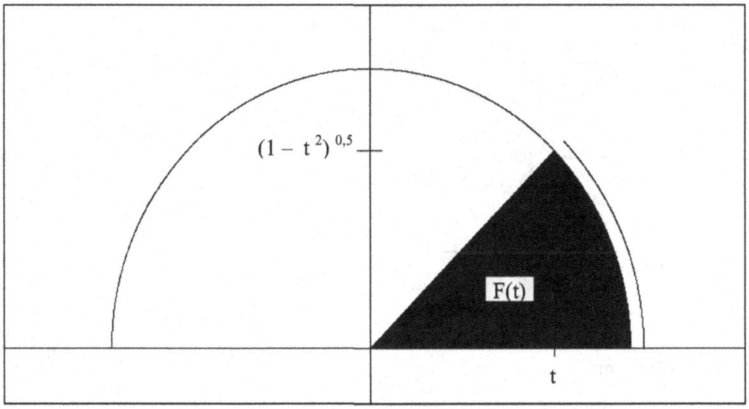

Dieser Flächeninhalt F(t) ist die Summe der Flächen D(t) und S(t):

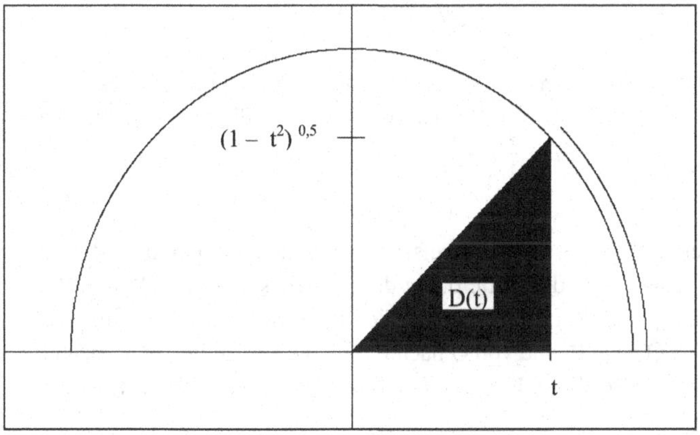

+

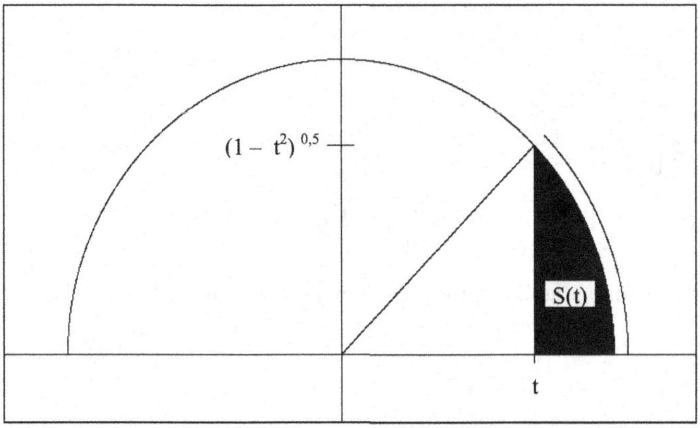

Dabei ist:

(i) $D(t) = \frac{1}{2} \cdot t \cdot \sqrt{1 - t^2}$ und

(ii) $S(t) = \int_t^1 \sqrt{1 - s^2}\, ds$ Also ist:

$$F(t) = \frac{1}{2} \cdot t \cdot \sqrt{1 - t^2} + \int_t^1 \sqrt{1 - s^2}\, ds$$

Nun ist das Folgende wahr:

Satz A1.29

Die Fläche des Einheitskreises ist π	Der Umfang des Einheitskreises ist $2 \cdot \pi$
Die Fläche des Halbkreises vom Radius 1 ist $\pi/2$	Die Länge der Kreislinie, die den Halbkreis vom Radius 1 begrenzt, ist π

Allgemein gilt:
Sei $S(O, P_1, P_2)$ ein Sektor des Einheitskreises, der von den 3 Punkten O, P_1 und P_2 begrenzt wird. Dabei ist O der Mittelpunkt des Einheitskreises und P_1 und P_2 seien zwei Punkte auf dem Rand. Die Linien, die den Sektor begrenzen, sind die beiden Geraden von O nach P_1 und von O nach P_2 und die Kreislinie von P_1 nach P_2. L sei die Länge dieser Kreislinie, F sei die Fläche des Sektors. Dann gilt:

$$L = 2 \cdot F$$

Damit erhalten wir:

Satz A1.30
Die Abbildung $G: [-1, 1] \to \mathbf{R}$ mit

$$G(t) = 2 \cdot F(t) = t \cdot \sqrt{1 - t^2} + 2 \cdot \int_t^1 \sqrt{1 - s^2}\, ds$$

bildet jeden Wert $t = \cos(x)$ auf die Größe des Winkels x im Bogenmaß ab.

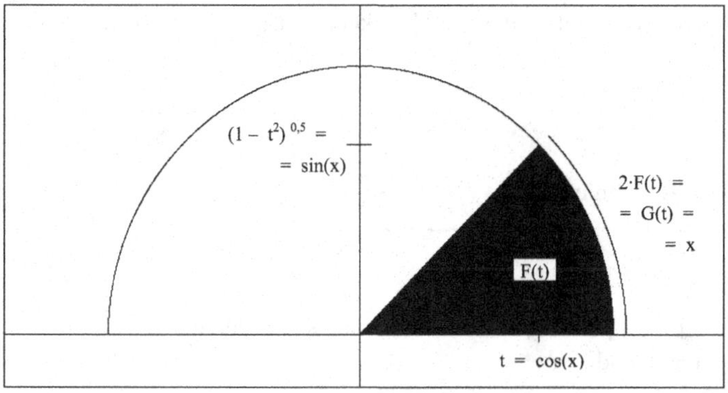

Sie sehen den Graphen der Funktion G(t) im Bild A1-9.

Wir haben gesagt: G(cos(x)) = x, wir wollen also die Funktion G umkehren. Unser Bild suggeriert schon, dass die Funktion G zwischen – 1 und 1 strikt monoton fallend und damit umkehrbar ist. Die Berechnung der Ableitung zeigt:

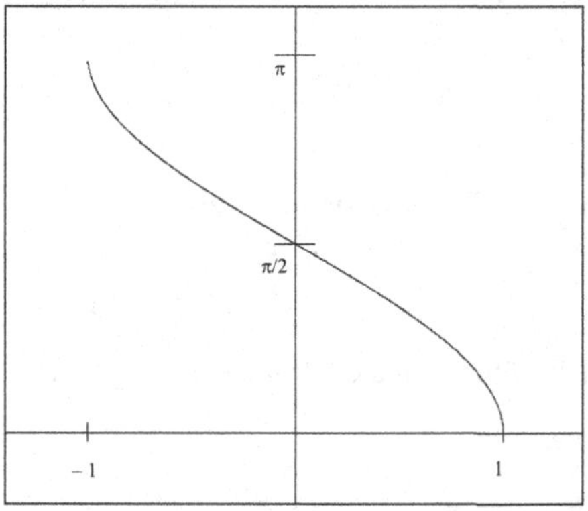

Bild A1-9: G(t) = arccos(t)

Satz A1.31

Für die Abbildung $G: [-1, 1] \to \mathbf{R}$ mit

$$G(t) = 2 \cdot F(t) = t \cdot \sqrt{1 - t^2} + 2 \cdot \int_t^1 \sqrt{1 - s^2}\, ds$$

gilt für alle $t \in [-1, 1]$:

$$G'(t) = \sqrt{1 - t^2} - \frac{t^2}{\sqrt{1 - t^2}} - 2 \cdot \sqrt{1 - t^2} =$$

$$= \frac{1 - t^2 - t^2 - 2 + 2 \cdot t^2}{\sqrt{1 - t^2}} = \frac{-1}{\sqrt{1 - t^2}} < 0$$

Es ist $G(-1) = \pi$, $G(0) = \pi/2$, $G(1) = 0$.

Damit wissen wir, dass G(t) im Intervall [– 1, 1] umkehrbar ist, und wir können definieren:

Definition:
Sei G: [– 1, 1] → **R** definiert durch

$$G(t) = t\cdot\sqrt{1 - t^2} + 2\cdot\int_t^1 \sqrt{1 - s^2}\,ds\,.$$

Dann sind für $x \in [0, \pi]$ die Funktionen cos(x) und sin(x) durch
(i) $\cos(x) = G^{-1}(x)$ und

(ii) $\sin(x) = \sqrt{1 - (\cos(x))^2}$

definiert.

Mit Hilfe unseres Satzes A1.23 über die Ableitung von Umkehrfunktionen berechnet man sofort:

Satz A1.32
Es sei $0 < x < \pi$. Dann sind sin und cos bei x differenzierbar und es gilt:
$\cos'(x) = -\sin(x)$ und $\sin'(x) = \cos(x)$

Um sin und cos für alle $x \in R$ zu definieren, benötigt man die folgenden Festlegungen:

Definition:
Sei $\pi \le x \le 2\cdot\pi$. Dann definiert man:
- $\cos(x) = -\cos(x - \pi)$
- $\sin(x) = -\sin(x - \pi)$

Die folgende Definition macht aus sin und cos Funktionen der Periode $2\cdot\pi$:

Definition:
Sei $x \in R$. Dann gibt es genau ein $k \in \mathbf{Z}$ und ein $x' \in [0, 2\cdot\pi]$, sodass $x = k\cdot 2\pi + x'$. Dann definiert man:

$$\cos(x) = \cos(x') \quad \text{und} \quad \sin(x) = \sin(x')$$

Satz A1.32 über die Ableitungsregeln von sin und cos bleibt auch für die auf ganz **R** erweiterten Funktionen gültig. Diese Funktionen erlauben es uns, uns zum ersten Mal mit Differentialgleichungen auseinander zu setzen:

> Satz A1.33
> f sei in ganz **R** (mindestens) zwei Mal differenzierbar und es gelte überall:
> $f'' + f = 0$ (das ist die *Differentialgleichung*). Außerdem sei $f(0) = 0$, $f'(0) = 0$.
> (Das nennt man die *Anfangsbedingungen*).
>
> Dann gilt für alle $x \in$ **R**: $f(x) = 0$

Dieser Satz hat zwei schöne Folgerungen:

> Satz A1.34
> f sei in ganz **R** (mindestens) zwei Mal differenzierbar und es gelte überall:
> $f'' + f = 0$ Außerdem sei $f(0) = a$, $f'(0) = b$. Dann gilt für alle $x \in$ **R**:
>
> $f(x) = a \cdot \cos(x) + b \cdot \sin(x)$

> Satz A1.35 (Additionstheoreme für cos und sin)
> Seien x y $\in$ **R** beliebig. Dann gilt:
> (i) $\cos(x + y) = \cos(x) \cdot \cos(y) - \sin(x) \cdot \sin(y)$
> (ii) $\sin(x + y) = \sin(x) \cdot \cos(y) + \cos(x) \cdot \sin(y)$

Beide Beziehungen beweist man so, dass man zeigt, dass die Funktionen rechts und links des Gleichheitszeichens für konstantes y dieselbe Differentialgleichung $f'' + f = 0$ erfüllen und denselben Anfangsbedingungen genügen.
Übrigens: Alle diese Sätze über die Ableitungen von sinus und cosinus würden so nicht mehr gelten, wenn die Winkel in Grad gemessen würden. Das ist der Grund für die Verwendung des Bogenmaßes.

Zum Abschluss dieses Abschnitts möchte ich mit Ihnen die Umkehrfunktionen von cos, sin und tan untersuchen. Sie sind vor allen Dingen wegen ihrer Ableitungen interessant. Diese Ableitungen sind überraschend einfach, sie enthalten keinerlei trigonometrische Funktionen mehr. Daher werden uns diese Umkehrfunktionen bei der Suche nach Integralen bzw. bei der Suche nach Stammfunktionen von großem Nutzen sein.
Natürlich sind weder cos noch sin noch tan noch cot injektive und damit umkehrbare Funktionen. Man muss alle diese Funktionen auf geeignete Intervalle einschränken. Dazu bemerken wir:

1. Im Intervall [0 , π] ist der cos injektiv und nimmt alle Werte zwischen –1 und 1 an.

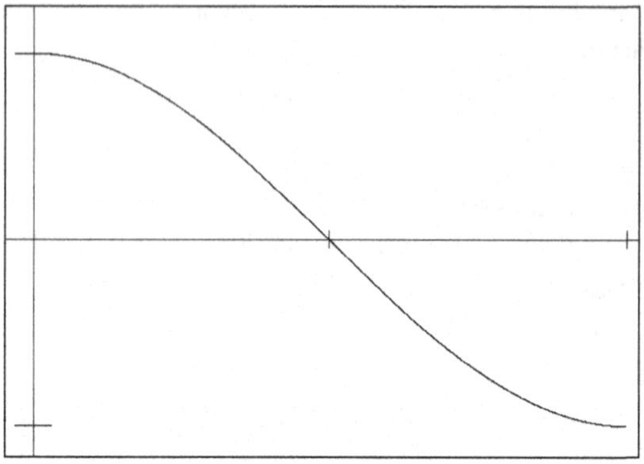

2. Im Intervall [–(π/2), π/2] ist der sin injektiv und nimmt alle Werte zwischen –1 und 1 an.

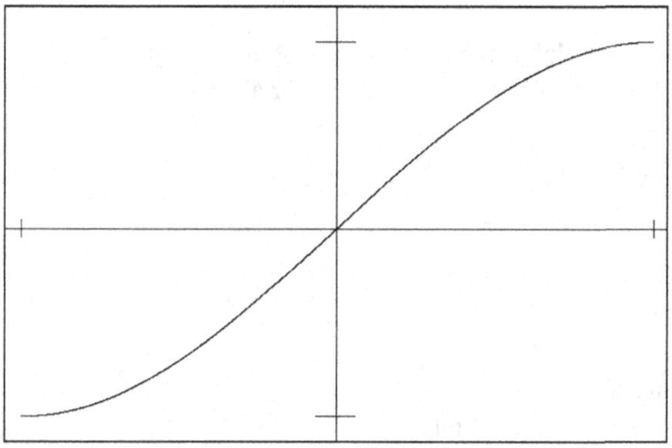

3. Im Intervall] –(π/2), π/2 [ist der tan injektiv und nimmt alle Werte zwischen – ∞ und +∞ an.

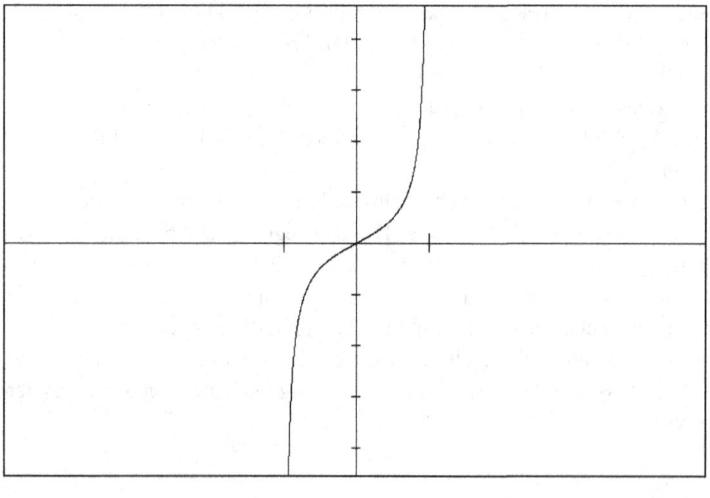

Damit können wir definieren:

Definition:

(i) Sei f: [0 , π] → [–1, 1] definiert durch f(x) := cos(x). Die Umkehrfunktion von f nennt man *arccos*. Es gilt also: arccos: [–1, 1] → [0 , π]

(ii) Sei g: [–(π/2) , π/2] → [–1, 1] definiert durch g(x) := sin(x). Die Umkehrfunktion von g nennt man *arcsin*. Es gilt also:
arcsin: [–1, 1] → [– (π/2) , π/2]

(iii) Sei h : [– (π/2) , π/2] → **R** definiert durch h(x):= tan(x). Die Umkehrfunktion von h nennt man *arctan*. Es gilt also: arctan: **R** → [– (π/2) , π/2]

Dazu gehören die folgenden Graphen: (Denken Sie daran: Graphen von Umkehrfunktionen erhält man, indem man die Graphen der ursprünglichen Funktion an der 1. Hauptdiagonalen spiegelt).

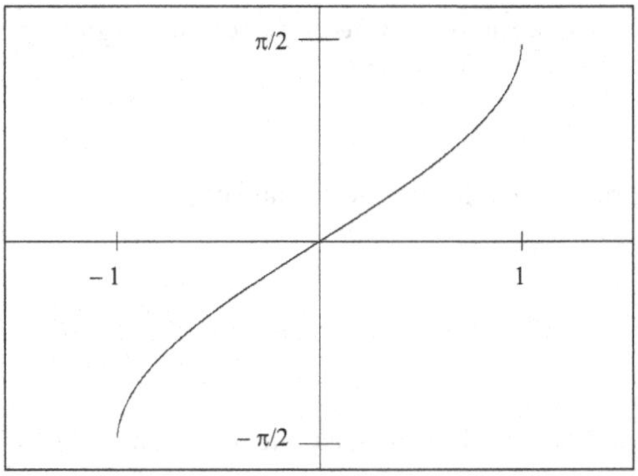

Bild A1-10: arcsin(x)

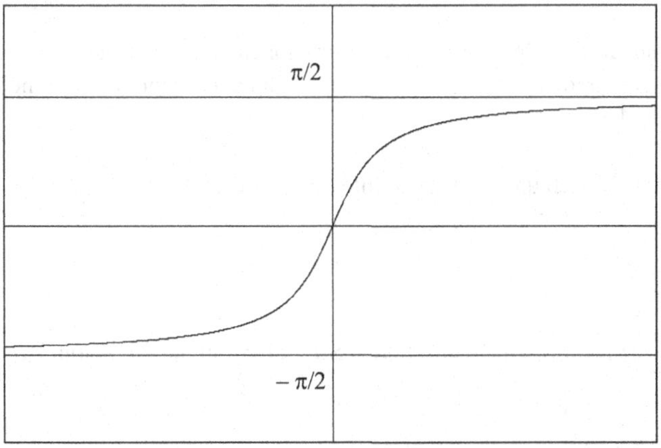

Bild A1-11: arctan(x)

Den Graphen von arccos(x) haben Sie schon in Bild A1-9 gesehen. Arccos(x) war unsere Funktion G(x), mit der alles angefangen hat und die wir mit Hilfe des Integrals explizit konstruieren konnten. Arctan ist eine sehr interessante Funktion. Zum Beispiel ist es eine der einfachsten differenzierbaren Funktionen, die auf ganz R injektiv und trotzdem beschränkt ist. Kein Polynom hat eine Chance, sich so verhalten zu können.
Nun zu den Ableitungen, die man alle mit Hilfe unseres Satzes A1.23 über die Ableitung von Umkehrfunktionen und der Beziehung:

$$(\cos(x))^2 + (\sin(x))^2 = 1$$

herleiten kann:

Satz A1.36

(i) Sei $x \in \,]-1, 1[$ beliebig. Dann ist arccos bei x differenzierbar und es gilt:

$$\text{arcos}'(x) = -\frac{1}{\sqrt{1 - x^2}}$$

(ii) Sei $x \in \,]-1, 1[$ beliebig. Dann ist arcsin bei x differenzierbar und es gilt:

$$\arcsin'(x) = \frac{1}{\sqrt{1 - x^2}}$$

(iii) Sei $x \in \mathbf{R}$ beliebig. Dann ist arctan bei x differenzierbar und es gilt:

$$\arctan'(x) = \frac{1}{1 + x^2}$$

Mit diesen Formeln haben wir jetzt eine Chance, die folgenden Integrale zu berechnen:

$$\int_a^b \frac{1}{\sqrt{1 - x^2}}\,dx \quad \text{und} \quad \int_a^b \frac{1}{1 + x^2}\,dx$$

Ohne unsere Untersuchungen der trigonometrischen Funktionen hätten wir diese Funktionen jahrelang betrachten können, ohne eine Möglichkeit zu haben, Stammfunktionen für diese Ausdrücke zu finden.

Nun noch eines der versprochenen uneigentlichen Integrale. Es ist:

$$\int_{-\infty}^{\infty} \frac{1}{1 + x^2}\,dx = \pi$$

Eine Begründung mit den zugehörigen Bildern finden Sie zu Beginn des 24. Kapitels.

A1.9 Logarithmus und Exponentialfunktion

Wir beginnen mit einer Grundtatsache der Potenzrechnung, die wir zunächst nur für rationale Exponenten $q \in \mathbf{Q}$ formulieren können, da wir überhaupt noch nicht definiert haben, was ein irrationaler Exponent in einem Ausdruck bedeutet.

Satz A1.37
Sei $b \in \mathbf{R}$ beliebig und $p \in \mathbf{Q}$ und $q \in \mathbf{Q}$ beliebig. Falls $p = 0$ oder $q = 0$ ist, muss $b \neq 0$ sein. Dann gilt:

$$b^p \cdot b^q = b^{p+q}$$

Dieser Satz ist die Hauptmotivation für die Definition negativer und gebrochener Exponenten. Diese Definitionen werden gerade so formuliert, dass dieser Satz stets gilt. Um nun auch irrationale Exponenten behandeln zu können, müssen wir uns mit dem Logarithmus beschäftigen.
Der Logarithmus hat den Kaufleuten und alle anderen, die aus beruflichen Gründen viel rechnen mussten, in den langen Jahrhunderten, in denen es noch keine elektronischen Rechner gab, sehr geholfen. Er hat ihnen das Rechnen erleichtert, indem er aus Multiplikationsaufgaben Additionsaufgaben gemacht hat. Ein Beispiel:

Es sei zu berechnen:

$$102{,}34 \cdot 17{,}21 \cdot 3267{,}16$$

Wenn Sie das mit Papier und Bleistift machen, wie es die »Alten« machen *mussten*, ist das eine sehr mühselige Rechnung.
Aber: Es gab – einmal ausgerechnet und in Büchern niedergeschrieben – umfangreiche Logarithmentafeln, in denen man zu Zahlen die Logarithmen nachschlagen konnte. Ich definiere Ihnen zunächst einmal umgangssprachlich, was der *Zehnerlogarithmus* ist:

Erklärung:
Sei $x \in \mathbf{R}$, $x > 0$ beliebig. Dann ist diejenige Zahl y der *Logarithmus von x zur Basis 10*, für die gilt:

$$10^y = x$$

Man schreibt dafür: $\mathbf{y = \log_{10}(x)}$ oder auch $\mathbf{y = lg(x)}$

Ich habe hier nicht *Definition*, sondern *Erklärung* geschrieben, weil hier dauernd Situationen auftreten, die nicht definiert sind: Meistens wird ein reelles, irrationales y notwendig sein, um den Logarithmus einer Zahl zu finden.
Bis zur ersten *Definition* ein bisschen weiter unten ist alles, was ich Ihnen hier sage, *nicht mathematisch exakt*, sondern es soll Ihnen verdeutlichen, wie man auf die exakten Definitionen und Begriffe kommt, mit denen man dann wirklich Mathematik macht.

Es ist
- $\log_{10}(100) = 2$, weil $10^2 = 100$ ist
- $\log_{10}(0{,}001) = -3$, weil $10^{-3} = 1/1000 = 0{,}001$ ist

Die oben gestellte Multiplikationsaufgabe $102{,}34 \cdot 17{,}21 \cdot 3267{,}16$ erledigte sich folgendermaßen:

Faktor	102,34	→ Ermittle den	2,01004541	Summand
Faktor	17,21	Zehnerlogarithmus	1,23578087	Summand
Faktor	3267,16	in der Tafel →	3,51417040	Summand
Ergebnis	5754355,38	← Ermittle $10^{6,76023}$ aus der Tafel ←	6,75999668	← Summe (wurde per Hand ausgerechnet)

(Das korrekte Ergebnis wäre 5754355,467224 gewesen.)

Die Argumentation war:

$$102{,}34 \cdot 17{,}21 \cdot 3267{,}16 = $$
$$= 10^{\lg(102{,}34)} \cdot 10^{\lg(17{,}21)} \cdot 10^{\lg(3267{,}16)} = \text{(ähnlich wie Satz A1.37)} =$$
$$= 10^{\lg(102{,}34) + \lg(17{,}21) + \lg(3267{,}16)} = \textit{(nur hier wurde gerechnet)}$$
$$= 10^{\lg(102{,}34 \cdot 17{,}21 \cdot 3267{,}16)} = 5754355{,}\ldots$$

Das heißt: Die entscheidenden Eigenschaften des Zehnerlogarithmus sind:

(i) $\log_{10}(1) = 0$

(ii) $\log_{10}(10) = 1$

(iii) Für alle $x, y > 0$ gilt: $\log_{10}(x) + \log_{10}(y) = \log_{10}(x \cdot y)$

Aus (i) und (iii) folgt übrigens sofort:

$\log_{10}(x) = \log_{10}((x/y) \cdot y) = \log_{10}(x/y) + \log_{10}(y)$, also

(iv) Für alle $x, y > 0$ gilt: $\log_{10}(x) - \log_{10}(y) = \log_{10}(x/y)$

Die einzige Bedingung, die spezifisch für die Basis 10 ist, ist $\log_{10}(10) = 1$. Wir können unsere Konstruktionen also für jede beliebige Basis $b > 0$, $b \neq 1$ machen und erhalten:

> Erklärung:
> Es seien b und $x \in \mathbf{R}$, beide größer als 0, $b \neq 1$. Dann ist diejenige Zahl y der *Logarithmus von x zur Basis b*, für die gilt:
> $$b^y = x$$
> Man schreibt dafür: $\mathbf{y = \log_b(x)}$.

Es ist

- $\log_3(81) = 4,$ weil $3^4 = 81$ ist
- $\log_4(0{,}25) = -1,$ weil $4^{-1} = 1/4 = 0{,}25$ ist

Das heißt: Die entscheidenden Eigenschaften des Logarithmus zur Basis b sind:

(i) $\log_b(1) = 0$

(ii) $\log_b(b) = 1$

(iii) Für alle x, y > 0 gilt: $\log_b(x) + \log_b(y) = \log_b(x \cdot y)$

Nun betrachten Sie bitte eine Funktion, die wir bisher nicht explizit integrieren konnten. Wir nennen die Stammfunktion *zunächst* F:

Satz A1.38

Es sei für $x \in \mathbf{R}$, $x > 0$ die Funktion $F\colon \mathbf{R} \to \mathbf{R}$ definiert durch:

$$F(x) := \int_1^x \frac{1}{t}\, dt$$

Dann gilt:

(i) $F(1) = 0$

(ii) Für alle x, y > 0 ist $F(x \cdot y) = F(x) + F(y)$.

Beweis:

$F(1) = 0$ ist klar.

Sei für festes y die Funktion G definiert durch $G(x) = F(x \cdot y) - F(x) - F(y)$. Dann ist $G(1) = F(y) - F(1) - F(y) = 0$ und nach dem Hauptsatz der Differential- und Integralrechnung folgt:

$$G'(x) = y \cdot F'(x \cdot y) - F'(x) = \frac{y}{x \cdot y} - \frac{1}{x} = 0$$

Also ist G konstant = 0 und der Satz ist bewiesen.

q. e. d.

Damit sind wir am Ende unserer Vorbetrachtungen angelangt. Die Funktion F ist eine logarithmische Funktion, deren Basis wir nur noch nicht kennen. Wir *definieren* jetzt:

Definition:

Sei $x \in \mathbf{R}$, $x > 0$ beliebig. Dann ist die Funktion **log:** $\mathbf{R}^+ \to \mathbf{R}$ definiert durch:

$$\log(x) := \int_1^x \frac{1}{t}\, dt$$

log heißt der *natürliche Logarithmus*, man schreibt dafür auch **ln.**

Die folgende Abbildung zeigen die Graphen von 1/x und log (x):

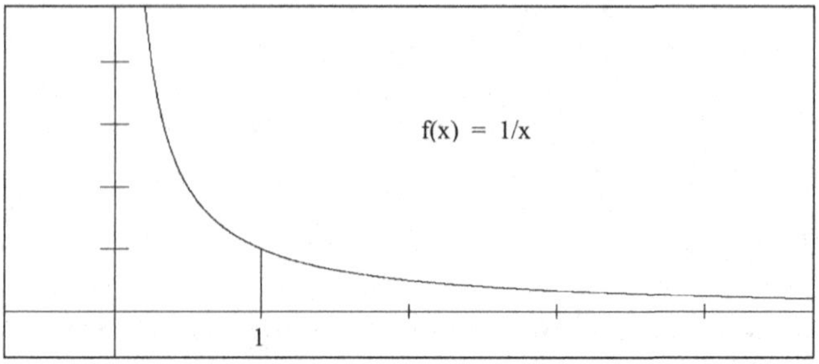

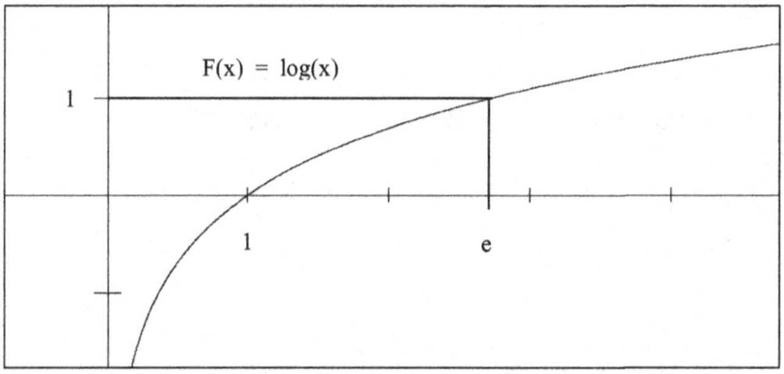

Noch einmal: Unsere neue Logarithmusfunktion log(x) ist für alle reellen Zahlen $x > 0$ definiert und kann offensichtlich unendlich oft differenziert werden.
Wenn man sich den Graphen von log ansieht, dann bemerkt man, dass der Logarithmus für große x sehr langsam wächst. Vielleicht ist er sogar beschränkt?
Das ist nicht der Fall, wie sich aus folgender Tatsache ergibt:
Es ist z.B. $\log(2^n) = n \cdot \log(2)$ und wenn man n nur groß genug wählt, wächst $\log(2^n)$ über alle Grenzen.
Genauso ist: $\log(1/(2^n)) = \log(1) - \log(2^n) = -n \cdot \log(2)$ und es folgt: Der Logarithmus ist auch nach unten unbeschränkt.
Da der Logarithmus als Integral eine stetige Funktion ist, folgt mit dem Zwischenwertsatz für stetige Funktionen: Der Wertebereich von log ist die gesamte Menge der reellen Zahlen.
Außerdem ist für alle $x > 0$ der Wert der Ableitung $\log'(x) = \frac{1}{x} > 0$, d.h., log ist strikt monoton steigend und daher injektiv.

Wir fassen zusammen:

Satz A1.39
log: $\mathbf{R}^+ \rightarrow \mathbf{R}$ ist eine bijektive, unendlich oft differenzierbare Funktion.

log hat also eine Umkehrfunktion. Sie ist so wichtig, dass man ihr einen eigenen Namen gibt:

Definition:
Die Umkehrfunktion des Logarithmus heißt *Exponentialfunktion.* Man schreibt:
exp : $\mathbf{R} \to \mathbf{R}^+$ mit $\exp(x) := \log^{-1}(x)$

Das folgende Bild zeigt Ihnen den Graph der exp-Funktion:

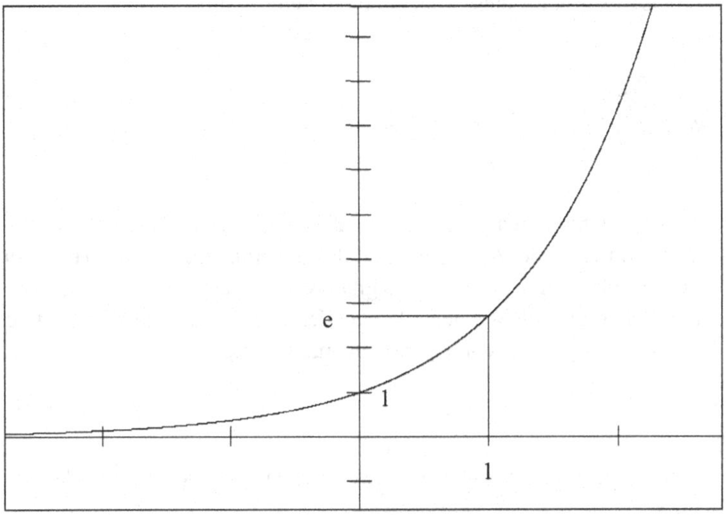

Bild A1-12: Die exp-Funktion e^x

Die exp-Funktion hat eine sehr charakteristische Ableitung, die sie zu einer der wichtigsten, wenn nicht zu *der* wichtigsten mathematischen Funktion überhaupt macht. Es gilt:

Satz A1.40
Für alle $x \in \mathbf{R}$ ist $\exp'(x) = \exp(x)$, d. h., die exp-Funktion ist identisch mit ihrer Ableitung.

Beweis:
Mit Satz A1.23 folgt:

$$\exp'(x) = (\log^{-1})'(x) = \frac{1}{\log'(\log^{-1}(x))} = \frac{1}{\frac{1}{\exp(x)}} = \exp(x)$$

q. e. d.

Außerdem gilt für die Exponentialfunktion die Erweiterung unseres Potenzgesetzes aus Satz A1.37 für beliebige reelle Zahlen. Wir werden uns diese Interpretation gleich erarbeiten.

Satz A1.41
Seien x und $y \in \mathbf{R}$ beliebig. Dann gilt: $\exp(x + y) = \exp(x) \cdot \exp(y)$

Dieser Satz und unsere Diskussion am Anfang des Abschnitts legen nahe, dass der Wert exp(1) sehr wichtig ist. Es gibt für diese Zahl ein besonderes Symbol:

Definition:
Die *Eulersche Zahl* **e** ist definiert durch $e := \exp(1)$.

Es gibt verschiedene Verfahren, den genauen Wert dieser Zahl zu bestimmen – bereits jetzt könnten wir uns mit Hilfe der Approximation des Integrals über 1/x mit Hilfe von Rechtecken eine erste Näherung verschaffen. Es gibt etwas bessere und viel bessere – d. h. schneller zum Ziel kommende, schneller konvergierende – Verfahren, den Wert der Zahl e zu bestimmen. Ein Ergebnis nehme ich schon mal vorweg:

Satz A1.42
e ist irrational. e ist sogar transzendent. Die ersten 9 Zahlen hinter dem Komma lauten $e = 2{,}718281828\ \ldots$.

In Kapitel 9 haben Sie gelernt, was transzendente Zahlen sind und warum es (leider) kein Wunder ist, dass eine nicht über Abzählprobleme definierte reelle Zahl transzendent ist. Es gibt einfach »zu viele« reelle Zahlen dieser Art.
Nun zu unserem alten Problem der irrationalen Exponenten:
Die Beziehung

$$\exp(x + y) = \exp(x) \cdot \exp(y)$$

hat zur Folge, dass für alle rationalen q gilt:

$$\exp(q) = (\exp(1))^q = e^q$$

Da aber exp für alle $x \in \mathbf{R}$ definiert ist und da für alle $q \in \mathbf{Q}$ gilt: $\exp(q) = e^q$, ist es in Übereinstimmung mit unserem früheren Verständnis vom Potenzieren, wenn wir definieren:

Definition:
Sei $x \in \mathbf{R}$. Dann setze: $\mathbf{e^x} := \exp(x)$

In der Sprache der Informatik würde man sagen: Die alte Definition für rationale q ist aufwärts kompatibel mit dieser neuen Definition für reelle x. Und entsprechend gehen wir vor, wenn wir b^x für $b \neq e$ definieren wollen. ($b \in \mathbf{R}$, $b > 0$):

- Zunächst seien Sie daran erinnert, dass Sie in der Schule gelernt haben, dass für rationale p, q gilt:
  $(b^p)^q = b^{p \cdot q}$
- Außerdem gilt stets: $b = e^{\log(b)}$. (Das eine ist die Umkehrfunktion vom anderen.)
- Also ist für rationale q: $b^q = (e^{\log(b)})^q = e^{q \cdot \log(b)}$

Aber dieser letzte Ausdruck $e^{q \cdot \log(b)}$ ist auch definiert, wenn q irrational ist und daher haben wir die nächste abwärts kompatible Definition:

Definition:
Sei $b > 0$. Dann setze man für $x \in$ **R**: $\mathbf{b^x} := e^{x \cdot \log(b)}$

Wir müssen in dieser Definition $b > 0$ verlangen, denn der Logarithmus ist nur für positive Zahlen definiert. Es gilt (wie schon immer):

Satz A1.43
Sei $b \in$ **R**, $b > 0$. Dann ist für alle x, y:
(i) $(b^x)^y = b^{x \cdot y}$
(ii) $b^{x+y} = b^x \cdot b^y$
(iii) $b^1 = b$

Wie sieht nun die Funktion $f(x) = b^x$ aus? Sie sehen in Bild A1-13 die Graphen für solch ein f.

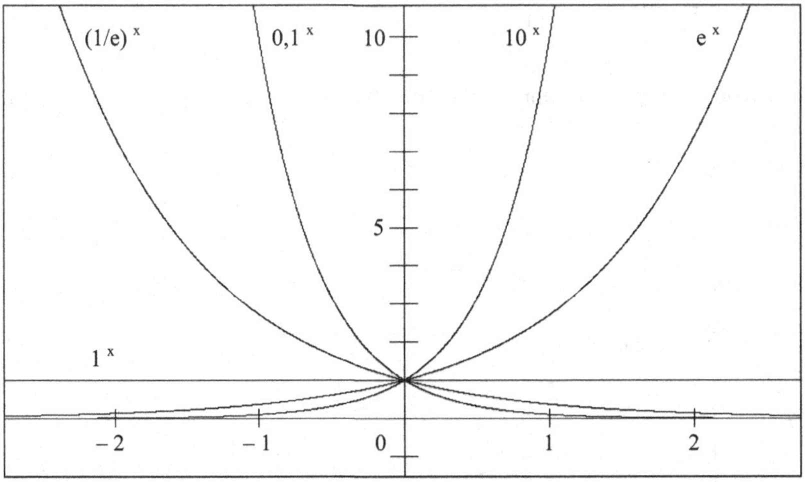

Bild A1-13: Verschiedene Funktionen b^x

Je nachdem, ob $b > 1$ oder < 1 ist, ist f steigend oder fallend. Wenn $b = 1$ ist, ist f konstant $= 1$. Wir machen daraus einen Satz.

Satz A1.44
Es sei $b \in \mathbf{R}$, $b > 0$. $f: \mathbf{R} \to \mathbf{R}$ sei definiert durch $f(x) = b^x$. Dann gilt:

(i) Falls $0 < b < 1$ ist, ist f strikt monoton fallend, also injektiv.
(ii) Falls $b = 1$ ist, ist f konstant = 1.
(iii) Falls $b > 1$ ist, ist f strikt monoton steigend, also injektiv.

Für $b \in \mathbf{R}$, $b > 0$, $b \neq 1$ ist also $f(x) = b^x$ injektiv. Man kann daher definieren:

Definition:
Es sei $b \in \mathbf{R}$, $b > 0$, $b \neq 1$ und $f: \mathbf{R} \to \mathbf{R}^+$ sei definiert durch $f(x) = b^x$. Die Umkehrfunktion $f^{-1}: \mathbf{R}^+ \to \mathbf{R}$ von f heißt *Logarithmus zur Basis b.*
Man schreibt dafür:
$f^{-1}(x) = \mathbf{\log_b (x)}$

Insbesondere ist $\log(x) = \log_e(x)$. Betrachten Sie die zugehörigen Graphen in Bild A1-14. Sie erhalten die verschiedenen Logarithmen mit Hilfe des folgenden einfach herzuleitenden Satzes:

Satz A1.45
Es sei $b \in \mathbf{R}$, $b > 0$ und $b \neq 1$. $f: \mathbf{R}^+ \to \mathbf{R}$ sei definiert durch $f(x) = \log_b(x)$.
Dann gilt:

$$f(x) = \log_b(x) = \frac{\log(x)}{\log(b)}$$

So können Sie beliebige Logarithmen mit Hilfe des natürlichen Logarithmus darstellen.

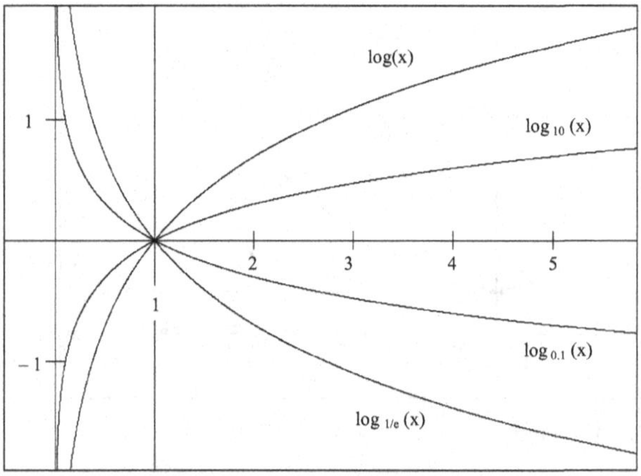

Bild A1-14: Verschiedene Funktionen $\log_b(x)$

Mit unseren Definitionen können wir jetzt eine weitere Tatsache, die ich Ihnen im Abschnitt über Umkehrfunktionen versprochen habe, beweisen. Wir wissen schon: Falls q rational ist, ist für $f(x) = x^q$ die Ableitung $f'(x) = q \cdot x^{q-1}$. Nun sei α irrational und $f(x) = x^{\alpha}$. Dann ist (für $x > 0$):

- $f(x) = \exp(\alpha \cdot \log(x))$ und damit:
- $f'(x) = \exp(\alpha \cdot \log(x)) \cdot (\alpha / x) = \alpha \cdot x^{\alpha - 1}$ wie erwartet.

Die Differentialgleichung $f' = f$ ist sehr charakteristisch für die Exponentialfunktion: Das zeigt der folgende Satz:

> Satz A1.46
> Wenn f differenzierbar ist und gilt:
> (i) $f' = f$
> (ii) $f(0) = c$
> Dann folgt für alle $x \in \mathbf{R}$: $f(x) = c \cdot e^x$

Wenn wir in den vergangenen Kapiteln über die e-Funktion geredet haben, dann hauptsächlich bei zwei Gelegenheiten:

1. Bei den Betrachtungen zu Komplexitäten und Laufzeiten von Algorithmen im 18. Kapitel
2. Bei den Verteilungsfunktionen im Stochastikteil dieses Buches

Immer war das Wachstumsverhalten der e-Funktion die entscheidende Eigenschaft, an die sich die weiteren Überlegungen anschlossen. Dazu ist Folgendes zu sagen:
Sei P(x) ein Polynom n-ten Grades. Denken Sie ruhig bei n an eine »sehr große« Zahl, z.B. 100-stellig. Sie wissen genau: Wenn Sie dieses Polynom $(n + 1)$-mal abgeleitet haben, ist das Resultat die Nullfunktion. Dagegen können Sie die e-Funktion Ihr ganzes Leben lang ableiten, das Resultat ist nach wie vor die e-Funktion. Das ist der Grund für den folgenden Satz und mit dieser Tatsache beweist man ihn auch:

> Satz A1.47
> Sei P(x) Polynom beliebigen Grades. Dann gilt:
>
> $$\lim_{x \to \infty} \left(\frac{P(x)}{e^x} \right) = 0$$

Damit wissen Sie alles Wichtige über die e-Funktion. Oder?? Wenn wir ehrlich sind, müssen wir diesen Satz leider als zu voreilig betrachten, denn wir wissen weder, wie wir beispielsweise e^5 ausrechnen sollen, noch wie das unser Taschenrechner oder unser Programm so schnell kann. (Wem 5 zu einfach ist, der nimmt stattdessen π).
Ich werde Ihnen darüber etwas im letzten Abschnitt dieses Anhangs erzählen, dort versuchen wir dann auch, e annäherungsweise zu berechnen.

A1.10 Integrationsregeln und Integrationstechniken

In diesem kurzen Abschnitt will ich Ihnen nur einige Sätze präsentieren, die einem bei der Suche nach Stammfunktionen helfen. Ich gebe zusätzlich einige Beispiele. Stammfunktionen sind immer bis auf eine Konstante bestimmt. Wir definieren:

> Definition:
> Sei f eine Funktion, zu der es Stammfunktionen F gibt mit $F'(x) = f(x)$ für alle $x \in Db(f)$. Dann schreibt man für die Menge dieser Stammfunktionen
> $$\int f(x)\,dx$$
> und nennt das das unbestimmte Integral von f.

Beispielsweise ist $\int 3 \cdot x^2\,dx = x^3 + C$ für beliebiges $C \in \mathbf{R}$.

Bisher können wir zu allen Polynomen Stammfunktionen finden und wir können zu den Funktionen Stammfunktionen finden, die in den Abschnitten über die trigonometrischen Funktionen und die e-Funktion und den Logarithmus als Ableitungen auftraten. Da waren einige interessante und überraschende darunter. Aber bisher wissen wir beispielsweise noch nicht, wie eine Stammfunktion des Logarithmus aussieht. Dazu brauchen wir die Umkehrung der Produktregel, die partielle Integration:

> Satz A1.48 (partielle Integration)
> Wenn f' und g' stetig sind, dann gilt:
> $$\int f(x) \cdot g'(x)\,dx = f(x) \cdot g(x) - \int f'(x) \cdot g(x)\,dx$$

Wenn man diese Regel auf ein Produkt anwenden will, muss man die Belegung der Faktoren mit f und g' so geschickt vornehmen, dass das Integral auf der anderen Seite des Gleichheitszeichens über $f'(x) \cdot g(x)$ leicht zu berechnen ist.

Beispiele:

- $\int x \cdot e^x\,dx$ Hier setzt man $f(x) = x$ und $g'(x) = e^x$.

  Dann liefert die Anwendung der partiellen Integration:

  $$\int x \cdot e^x\,dx = x \cdot e^x - \int e^x\,dx = e^x \cdot (x - 1) + C$$

- $\int x \cdot \sin(x)\,dx$ Hier setzt man $f(x) = x$ und $g'(x) = \sin(x)$.

  Dann liefert die Anwendung der partiellen Integration:

  $$\int x \cdot \sin(x)\,dx = -x \cdot \cos(x) + \int \cos(x)\,dx = -x \cdot \cos(x) + \sin(x) + C$$

- (Achtung Trick!) $\int \log(x)\,dx = \int 1\cdot\log(x)\,dx$ Hier setzt man $f(x) = \log(x)$ und $g'(x) = 1$.

  Dann liefert die Anwendung der partiellen Integration:

  $$\int 1\cdot \log(x)\,dx = x\cdot\log(x) - \int x/x\,dx = x\cdot(\log(x) - 1) + C$$

Sie merken: Stammfunktionen suchen ist eine Kunst, das ist nichts Mechanisches. Noch wichtiger als die partielle Integration ist die »Umkehrung« der Kettenregel – die so genannte Integration durch Substitution. Schon die Erklärung dieser Methode macht einige Schwierigkeiten. Wir werden den entsprechenden Satz zunächst für bestimmte Integrale formulieren und erst im Anschluss daran die Behandlung von unbestimmten Integralen anschließen.

Satz A1.49 (Integration durch Substitution)
Wenn f ' und g ' stetig sind, dann gilt:

$$\int_{g(a)}^{g(b)} f(x)\,dx = \int_a^b f(g(x))\cdot g'(x)\,dx$$

Beispiele:

- Gesucht: Eine Stammfunktion zu $(\sin(x))^5\cdot\cos(x)$. Dazu setzt man $g(x) = \sin(x)$ und $f(x) = x^5$. Dann folgt mit der Substitutionsregel:

  $$\int_a^x (\sin(t))^5\cdot\cos(t)\,dt = \int_{\sin(a)}^{\sin(x)} t^5\,dt = \frac{1}{6}\left((\sin(x))^6 - (\sin(a))^6\right)$$

  und damit:

  $$\int (\sin(x))^5\cdot\cos(x)\,dx = \frac{(\sin(x))^6}{6} + C$$

- Gesucht: Eine Stammfunktion zu $\dfrac{x}{1 + x^2}$. Dazu setzt man $g(x) = 1 + x^2$ und $f(x) = \dfrac{1}{2x}$. Dann folgt mit der Substitutionsregel:

  $$\int_a^x \frac{2t}{2(1 + t^2)}\,dt =$$

  $$\int_{1+a^2}^{1+x^2} \frac{1}{2t}\,dt = \frac{1}{2}\left(\log(1 + x^2) - \log(1 + a^2)\right)$$

  und damit: $$\int \frac{x}{1 + x^2}\,dx = \frac{1}{2}\log(1 + x^2) + C$$

Substitution und partielle Integration sind die beiden grundlegenden Methoden zum Integrieren, die Sie lernen müssen. Damit können Sie sehr viele Integrale finden. Es gibt noch eine weitere Formel, die beim Finden von Stammfunktionen von Umkehrfunktionen hilfreich ist. Sie lautet folgendermaßen:

Satz A1.50 (Integration von Umkehrfunktionen)
f: [a , b] → **R** sei differenzierbar und habe eine stetige Ableitung. Es gelte außerdem: f sei umkehrbar mit Umkehrfunktion $g = f^{-1}$. Dann ist:

$$\int_{f(a)}^{x} f^{-1}(t)\, dt = x \cdot f^{-1}(x) - \int_{a}^{f^{-1}(x)} f(t)\, dt - a \cdot f(a)$$

Sie können mit dieser Formel für jede Umkehrfunktion f^{-1} , für die Sie eine Stammfunktion von f kennen, das Integral berechnen.

Beispiel:

- Gesucht ist eine Stammfunktion von arcsin(x). Ich setze a = 0 = sin(a) und erhalte:

$$\int_{0}^{x} \arcsin(t)\, dt = x \cdot \arcsin(x) - \int_{0}^{\arcsin(x)} \sin(t)\, dt =$$

$$= x \cdot \arcsin(x) + \cos(\arcsin(x)) - 1 =$$

$$= x \cdot \arcsin(x) + \sqrt{1 - (\sin(\arcsin(x)))^2} - 1 =$$

$$= x \cdot \arcsin(x) + \sqrt{1 - x^2} - 1 \text{ und damit:}$$

$$\int \arcsin(x)\, dx = x \cdot \arcsin(x) + \sqrt{1 - x^2} + C$$

Genau mit diesem Satz hätten wir auch eine Stammfunktion zu log(x) berechnen können und wären zum selben Ergebnis gekommen wie durch die Anwendung der partiellen Integration.

A1.11 Gute Nacht, Freunde

Bis jetzt konnte ich noch so tun, als ob Sie alles, was ich Ihnen in diesem Anhang erzählte, auf die eine oder andere Weise schon aus der Schule kennen würden und ich Sie nur noch einmal daran erinnern müsste. Leider geht das für das, was ich Ihnen in diesem letzten Abschnitt erzählen muss, nicht mehr. Unser Thema sind die *Taylorpolynome,* mit deren Hilfe man beispielsweise die Funktionen cos(x), sin(x), e^x und log(x) wirklich ausrechnen kann.

Man definiert:

Definition:
Sei $n \in \mathbf{N}$ und f sei eine Funktion, die mindestens n-mal differenzierbar ist.
$a \in \mathbf{R}$ gehöre zum Definitionsbereich von f. Dann heißt das Polynom $p_{n,a}$ für das gilt:

- $p_{n,a}$ stimmt an der Stelle a in seinen ersten n Ableitungen mit den ersten n Ableitungen von f an der Stelle a überein

das *Taylor-Polynom n-ten Grades zur Funktion f, entwickelt an der Stelle a.*

Wir betrachten Beispiele:

- Sei $f(x) = e^x$, sei weiter $a = 0$. Dann gilt für alle $k \in \mathbf{N}$: Die k-te Ableitung bei 0 ist 1, in Formeln: $f^{(k)}(0) = e^0 = 1$.

Sei beispielsweise n = 3. Dann lautet das Taylor-Polynom 3. Grades zur e-Funktion, entwickelt an der Stelle 0:

$$p_{3,0}(x) = \frac{x^3}{6} + \frac{x^2}{2} + x + 1 \qquad \text{Es ist } p_{3,0}(0) = 1.$$

$$p_{3,0}'(x) = \frac{x^2}{2} + x + 1 \qquad \text{Es ist } p_{3,0}'(0) = 1.$$

$$p_{3,0}''(x) = x + 1 \qquad \text{Es ist } p_{3,0}''(0) = 1.$$

$$p_{3,0}'''(x) = 1 \qquad \text{Es ist } p_{3,0}'''(0) = 1.$$

Für höhere Ableitungen stimmt die Gleichheit von e^x und $p_{n,0}(x)$ bei 0 übrigens nicht mehr.

Allgemein gilt:
Das Taylorpolynom n-ten Grades zur e-Funktion, entwickelt an der Stelle 0, lautet:

$$p_{n,a}(x) = 1 + x + \frac{x^2}{2} + \frac{x^3}{3!} + \ldots\ldots + \frac{x^n}{n!} = \sum_{k=0}^{n} \frac{x^k}{k!}$$

Und man hat eine *Hoffnung*:

Hoffnung:
Je höher der Grad ist, bis zu dem man das Taylorpolynom zur e-Funktion entwickelt, desto besser stimmen e-Funktion und Taylorpolynom überein.

Sie sehen dazu in Bild A1-15 drei Graphen, die uns optimistisch stimmen. Tatsächlich gilt, dass man die e-Funktion auf ganz **R** beliebig genau mit ihren Taylorpolynomen beschreiben kann, wenn man nur den Grad hoch genug wählt. Für die Zahl e gilt:

$p_{0,0}(1) = 1{,}00000,$ $p_{1,0}(1) = 2{,}00000;$ $p_{2,0}(1) = 2{,}50000;$
$p_{3,0}(1) = 2{,}66667;$ $p_{4,0}(1) = 2{,}70833;$ $p_{5,0}(1) = 2{,}71667;$
$p_{6,0}(1) = 2{,}71806;$ $p_{7,0}(1) = 2{,}71825;$ $p_{8,0}(1) = 2{,}71828;$

Und bereits dieser Wert gibt e bis auf 5 Stellen genau hinter dem Komma an.

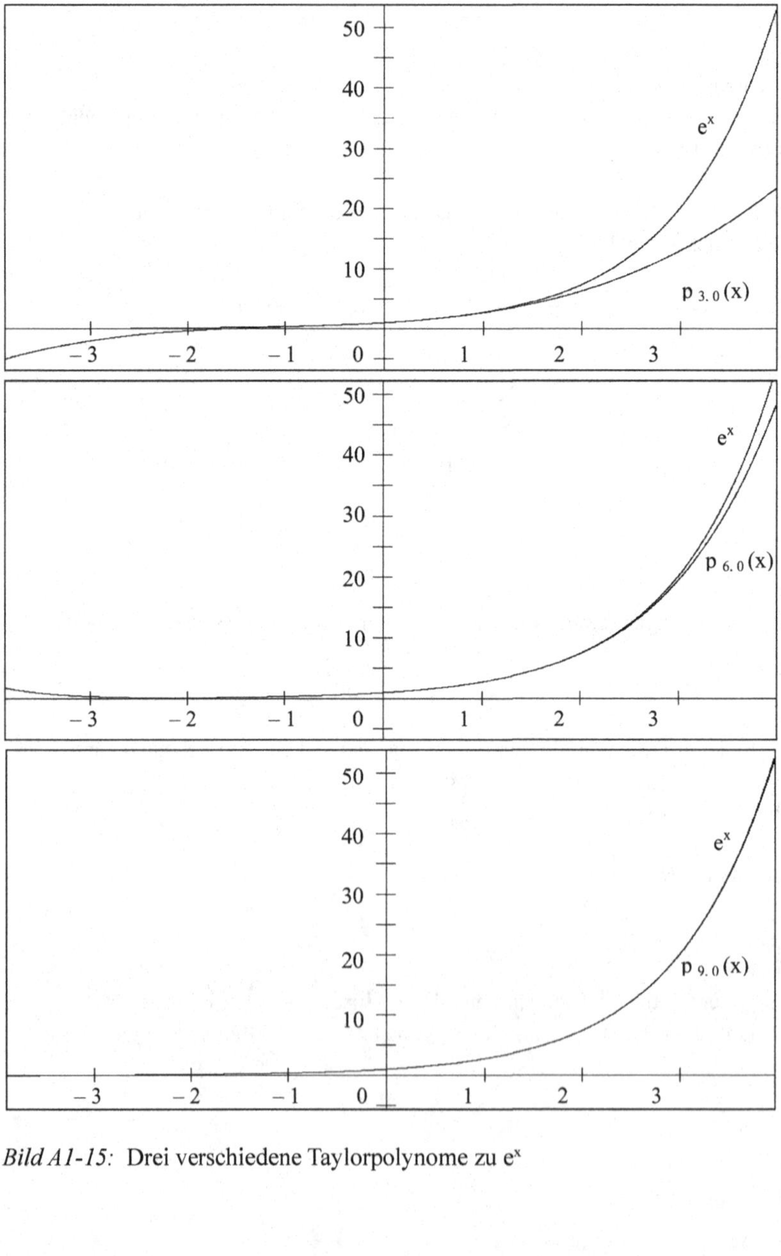

Bild A1-15: Drei verschiedene Taylorpolynome zu e^x

Allgemein gilt:

> Satz A1.51
> Sei $n \in \mathbf{N}$ und f eine Funktion, die mindestens n-mal differenzierbar ist. $a \in \mathbf{R}$ gehöre zum Definitionsbereich von f. Dann lautet das Taylor-Polynom n-ten Grades zur Funktion f, entwickelt an der Stelle a:
>
> $$p_{n,a}(x) =$$
> $$= f(a) + f'(a)(x-a) + \frac{f''(a)}{2}(x-a)^2 + \frac{f'''(a)}{3!}(x-a)^3 + ... + \frac{f^{(n)}(a)}{n!}(x-a)^n$$
> $$= \sum_{k=0}^{n} \frac{f^{(k)}(a)}{k!}(x-a)^k$$

Und wieder hat man die *Hoffnung*:

> Hoffnung:
> Je höher der Grad ist, bis zu dem man das Taylorpolynom einer Funktion entwickelt, desto besser stimmen diese Funktion und das Taylorpolynom überein.

Diese Hoffnung ist *unberechtigt*. Es gibt drei Klassen von Funktionen:

1. *Die Premium-Klasse.* Alle Funktionen dieser Klasse werden auf ganz **R** durch ihr Taylorpolynom beliebig genau beschrieben – vorausgesetzt, man wählt einen genügend großen Grad. Zu dieser Klasse gehören die e-Funktion und (man höre und staune) cos(x) und sin(x).
2. *Die Regionalliga.* Hierzu gehören die Funktionen, die zwar durch ihr Taylorpolynom beliebig genau beschrieben werden, aber nicht auf ganz **R,** sondern nur auf einem kleineren, beschränkten offenen Teilintervall. Beispiele dafür sind arctan(x) und log(x).
3. *Die Kreisklasse.* Das sind Funktionen, die grundsätzlich nur an dem Punkt, an dem das Taylorpolynom entwickelt wird, mit dem Taylorpolynom übereinstimmen, an allen anderen Stellen findet keinerlei Approximation statt. Auch dafür sehen Sie gleich ein Beispiel.

Ich will Ihnen für alle drei Klassen für die angekündigten Beispiele einige Graphen zeigen, damit das Gesagte anschaulicher wird. Sehen Sie zunächst in Bild A1-16 drei Taylorpolynome für cos(x), entwickelt an der Stelle 0. Die Ableitungen von cos sehen folgendermaßen aus: Sei $n \in \mathbf{N}$ beliebig. Dann gilt:

- $f^{(4\cdot n)}(x) = \cos(x)$, $f^{(4\cdot n)}(0) = 1$
- $f^{(4\cdot n+1)}(x) = -\sin(x)$, $f^{(4\cdot n+1)}(0) = 0$
- $f^{(4\cdot n+2)}(x) = -\cos(x)$, $f^{(4\cdot n+2)}(0) = -1$
- $f^{(4\cdot n+3)}(x) = -\sin(x)$, $f^{(4\cdot n+3)}(0) = 0$

Das bedeutet: Taylorpolynome von cos, die an der Stelle 0 entwickelt werden, haben immer einen geraden Grad. Für beliebiges n ∈ **N** lautet das Taylorpolynom zu cos vom Grad 2n:

$$p_{n,a}(x) = 1 - \frac{x^2}{2!} + \frac{x^4}{4!} - \frac{x^6}{6!} + \ldots\ldots + \frac{(-1)^n}{(2n)!} \cdot x^{2\cdot n} = \sum_{k=0}^{n} \frac{(-1)^k}{(2k)!} \cdot x^{2\cdot k}$$

Die Graphen in Bild A1-16 sollten Sie davon überzeugen, dass cos(x) zu unserer Premium-Klasse gehört.

In Bild A1-17 sehen Sie drei Taylorpolynome für sin(x), ebenfalls entwickelt an der Stelle 0. Die Ableitungen von sin sehen folgendermaßen aus: Sei n ∈ **N** beliebig. Dann gilt:

- $f^{(4\cdot n)}(x) = \sin(x)$, $f^{(4\cdot n)}(0) = 0$
- $f^{(4\cdot n+1)}(x) = \cos(x)$, $f^{(4\cdot n+1)}(0) = 1$
- $f^{(4\cdot n+2)}(x) = -\sin(x)$, $f^{(4\cdot n+2)}(0) = 0$
- $f^{(4\cdot n+3)}(x) = -\cos(x)$, $f^{(4\cdot n+3)}(0) = -1$

Das bedeutet: Taylorpolynome von sin, die an der Stelle 0 entwickelt werden, haben immer einen ungeraden Grad.

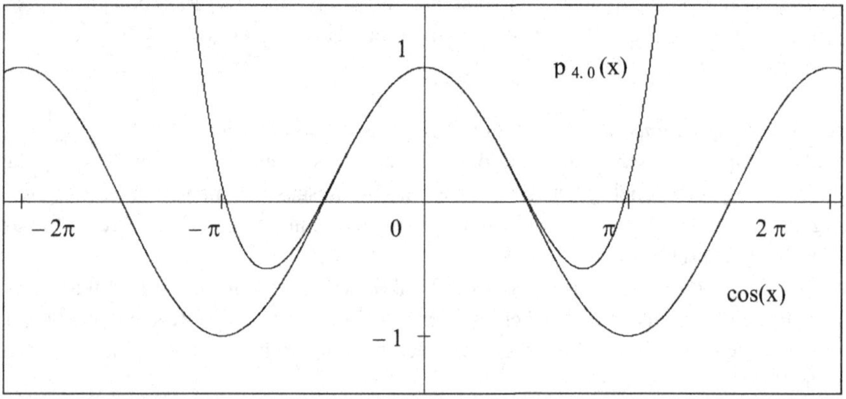

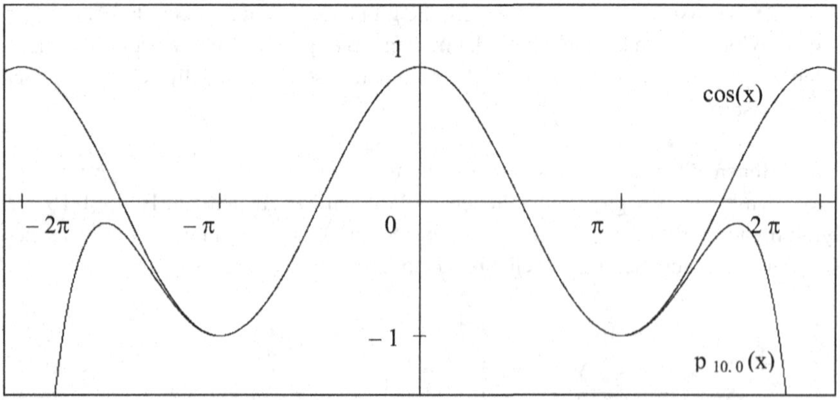

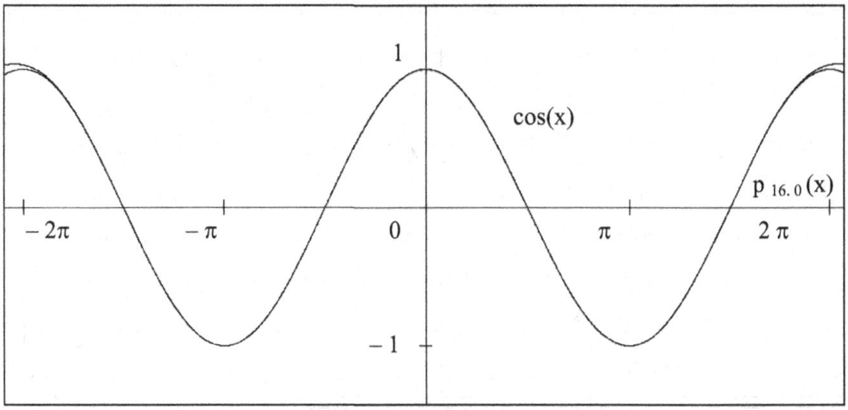

Bild A1-16: Drei verschiedene Taylorpolynome zu cos(x)

Für beliebiges $n \in \mathbf{N}$ lautet das Taylorpolynom zu sin vom Grad 2n + 1:

$$p_{n,a}(x) = x - \frac{x^3}{3!} + \frac{x^5}{5!} - \ldots + \frac{(-1)^n}{(2n+1)!} \cdot x^{2 \cdot n + 1} = \sum_{k=0}^{n} \frac{(-1)^k}{(2k+1)!} \cdot x^{2 \cdot k + 1}$$

Die Graphen in Bild A1-17 sollten Sie davon überzeugen, dass auch sin(x) zu unserer Premium-Klasse gehört.

In Bild A1-18 sehen Sie drei Taylorpolynome für log(x), diesmal entwickelt an der Stelle 1. Sie erinnern sich: Der Logarithmus war bei 0 nicht definiert. Die Ableitungen von log sehen folgendermaßen aus

- $f(x) = \log(x)$, $\quad f(1) = 0$
- $f'(x) = x^{-1}$, $\quad f'(1) = 1$
- $f''(x) = -x^{-2}$, $\quad f''(1) = -1$
- $f^{(3)}(x) = 2 \cdot x^{-3}$, $\quad f^{(3)}(1) = 2$
- $f^{(4)}(x) = -(3!) \cdot x^{-4}$, $\quad f^{(4)}(1) = -(3!)$
- $f^{(5)}(x) = (4!) \cdot x^{-5}$, $\quad f^{(5)}(1) = 4!$
- $f^{(6)}(x) = -(5!) \cdot x^{-6}$, $\quad f^{(6)}(1) = -(5!)$
- ……………………………………………………
- ……………………………………………………
- $f^{(n)}(x) = (-1)^{n-1}(n-1)!\, x^{-n}$, $\quad f^{(n)}(1) = (-1)^{n-1}(n-1)!$

Damit lautet der Koeffizient a_k des Taylorpolynoms von log vor dem Ausdruck $(x - 1)^k$ für $k > 0$:

$$a_k = \frac{(-1)^{k-1}(k-1)!}{k!} = \frac{(-1)^{k-1}}{k}$$

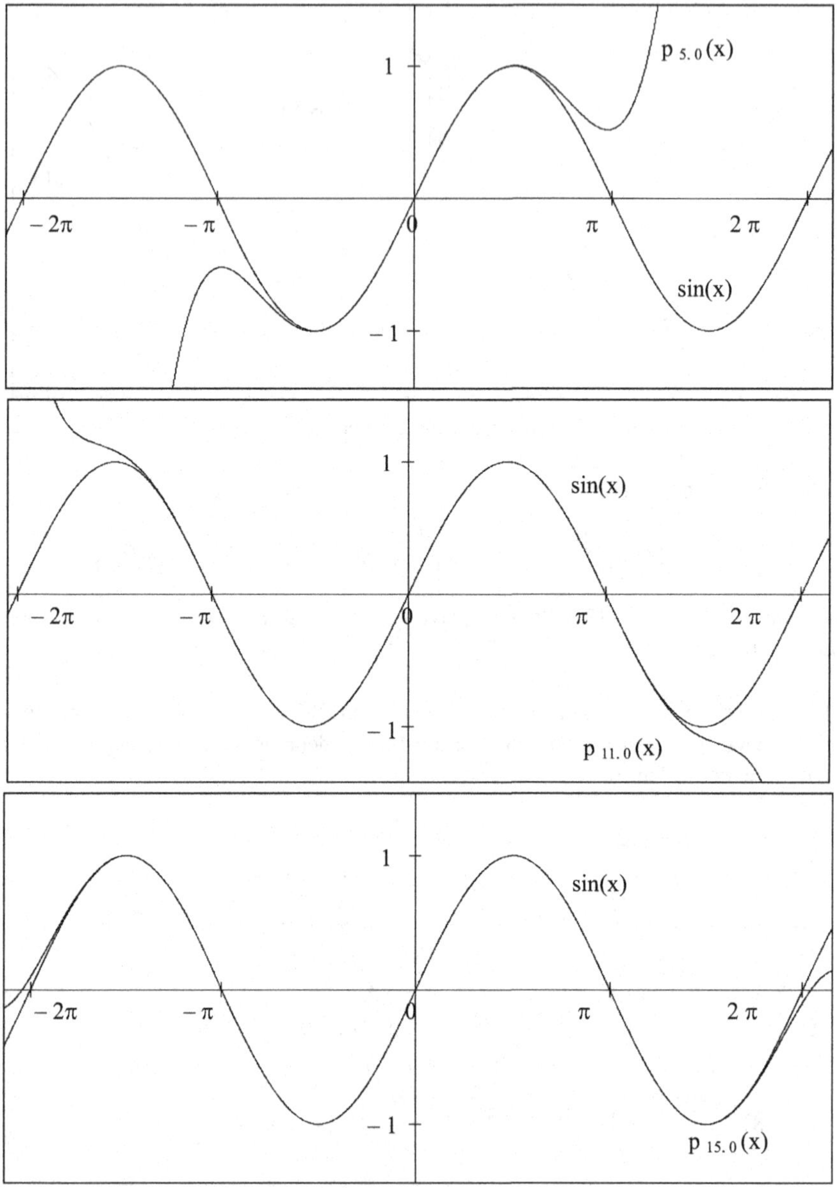

Bild A1-17 Drei verschiedene Taylorpolynome zu sin(x)

Und wir erhalten für beliebiges $n \in \mathbf{N}$ das folgende Taylorpolynom zu log vom Grad n:

$$p_{n,a}(x) = (x-1) - \frac{(x-1)^2}{2} + \frac{(x-1)^3}{3} - \ldots\ldots + \frac{(-1)^{n-1}}{n} \cdot (x-1)^n =$$

$$= \sum_{k=1}^{n} \frac{(-1)^{k-1}}{k} \cdot (x-1)^k$$

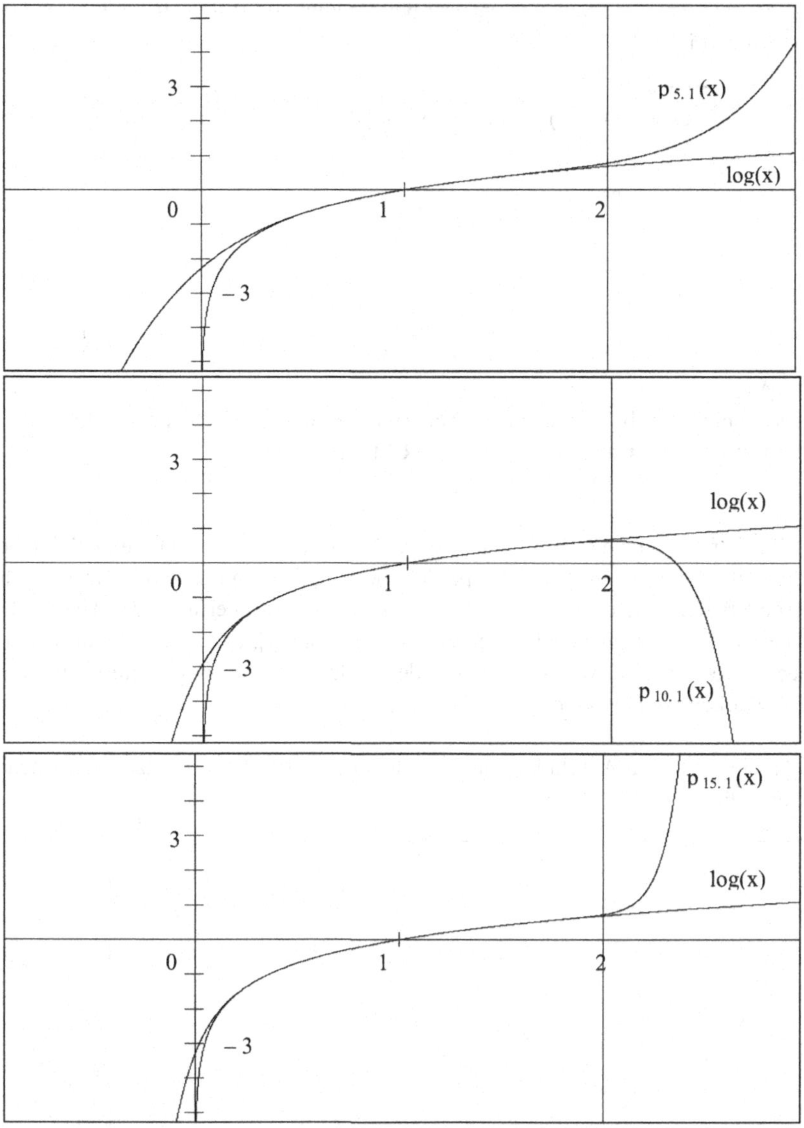

Bild A1-18: Drei verschiedene Taylorpolynome zu log(x)

Die Graphen in Bild A1-18 zeigen etwas Merkwürdiges: Die Übereinstimmung zwischen der Logarithmus-Funktion und ihrem Taylorpolynom wird nur im Intervall $]0,2[$ immer besser. Bei x-Werten, die größer als 2 sind, haben die beiden Graphen nichts mehr miteinander zu tun. Das wird bei Taylorpolynomen höheren Grades noch schlimmer. Im Intervall $]0,2[$ stimmen die Funktionen schnell sehr gut überein, aber für $x > 2$ erhalten wir ein stark divergierendes Verhalten.

Eine noch frustrierendere Situation entsteht bei der Funktion f: $\mathbf{R} \rightarrow \mathbf{R}$, die folgendermaßen definiert ist:

$$f(x) = \begin{cases} \exp(-(x^{-2})) & \text{, falls } x \neq 0 \\ 0 & \text{, falls } x = 0 \end{cases}$$

Es gilt:

Satz A1.52
Diese Funktion ist bei 0 unendlich oft differenzierbar und für alle $n \in \mathbf{N}$ gilt: $f^{(n)}(0) = 0$. An allen anderen Stellen $x \in \mathbf{R}$ ist f größer als 0.

Das heißt aber: Für alle $n \in \mathbf{N}$ und für alle $x \in \mathbf{R}$ gilt: $p_{n,0}(x) = 0$. Diese Funktion ist also durch ihr Taylorpolynom überhaupt nicht beschreibbar und daher ein Beispiel für die besonders deprimierende Klasse von Funktionen. Eine weiterführende Theorie, für die ich Sie auf die entsprechende Literatur verweise [Spiv1], untersucht alle diese Fragen genauer, erklärt das jeweilige Verhalten der Funktionen und findet Kriterien für ihre Beschreibbarkeit durch Polynome.

Zum Abschluss dieses Abschnitts möchte ich Ihnen noch diese zuletzt besprochene Funktion darstellen:

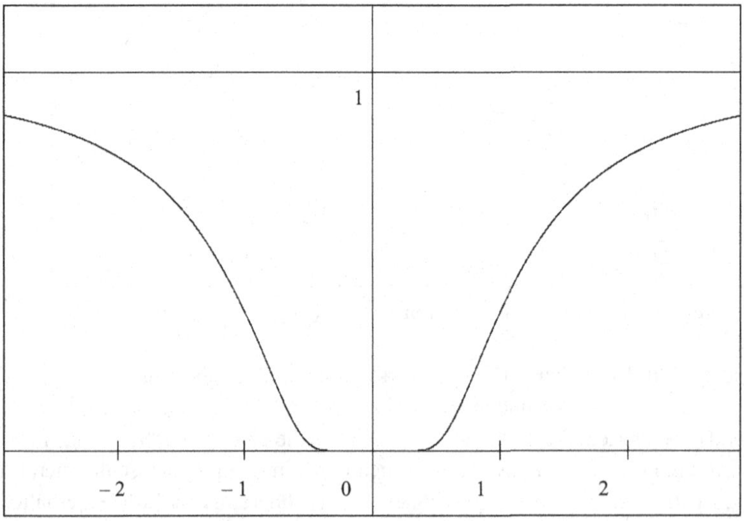

Bild A1-19: Graph von $\exp(-(x^{-2}))$, dem Schrecken aller Taylorpolynome

Einige Werte der Standardnormalverteilung

Beachte: $\Phi(-x) = 1 - \Phi(x)$

x	Φ x + 0,00	Φ x + 0,01	Φ x + 0,02	Φ x + 0,03	Φ x + 0,04	Φ x + 0,05	Φ x + 0,06	Φ x + 0,07	Φ x + 0,08	Φ x + 0,09
0,00	0,5000	0,5040	0,5080	0,5120	0,5160	0,5199	0,5239	0,5279	0,5319	0,5359
0,10	0,5398	0,5438	0,5478	0,5517	0,5557	0,5596	0,5636	0,5675	0,5714	0,5753
0,20	0,5793	0,5832	0,5871	0,5910	0,5948	0,5987	0,6026	0,6064	0,6103	0,6141
0,30	0,6179	0,6217	0,6255	0,6293	0,6331	0,6368	0,6406	0,6443	0,6480	0,6517
0,40	0,6554	0,6591	0,6628	0,6664	0,6700	0,6736	0,6772	0,6808	0,6844	0,6879
0,50	0,6915	0,6950	0,6985	0,7019	0,7054	0,7088	0,7123	0,7157	0,7190	0,7224
0,60	0,7257	0,7291	0,7324	0,7357	0,7389	0,7422	0,7454	0,7486	0,7517	0,7549
0,70	0,7580	0,7611	0,7642	0,7673	0,7704	0,7734	0,7764	0,7794	0,7823	0,7852
0,80	0,7881	0,7910	0,7939	0,7967	0,7995	0,8023	0,8051	0,8078	0,8106	0,8133
0,90	0,8159	0,8186	0,8212	0,8238	0,8264	0,8289	0,8315	0,8340	0,8365	0,8389
1,00	0,8413	0,8438	0,8461	0,8485	0,8508	0,8531	0,8554	0,8577	0,8599	0,8621
1,10	0,8643	0,8665	0,8686	0,8708	0,8729	0,8749	0,8770	0,8790	0,8810	0,8830
1,20	0,8849	0,8869	0,8888	0,8907	0,8925	0,8944	0,8962	0,8980	0,8997	0,9015
1,30	0,9032	0,9049	0,9066	0,9082	0,9099	0,9115	0,9131	0,9147	0,9162	0,9177
1,40	0,9192	0,9207	0,9222	0,9236	0,9251	0,9265	0,9279	0,9292	0,9306	0,9319
1,50	0,9332	0,9345	0,9357	0,9370	0,9382	0,9394	0,9406	0,9418	0,9429	0,9441
1,60	0,9452	0,9463	0,9474	0,9484	0,9495	0,9505	0,9515	0,9525	0,9535	0,9545
1,70	0,9554	0,9564	0,9573	0,9582	0,9591	0,9599	0,9608	0,9616	0,9625	0,9633
1,80	0,9641	0,9649	0,9656	0,9664	0,9671	0,9678	0,9686	0,9693	0,9699	0,9706
1,90	0,9713	0,9719	0,9726	0,9732	0,9738	0,9744	0,9750	0,9756	0,9761	0,9767
2,00	0,9772	0,9778	0,9783	0,9788	0,9793	0,9798	0,9803	0,9808	0,9812	0,9817
2,10	0,9821	0,9826	0,9830	0,9834	0,9838	0,9842	0,9846	0,9850	0,9854	0,9857
2,20	0,9861	0,9864	0,9868	0,9871	0,9875	0,9878	0,9881	0,9884	0,9887	0,9890
2,30	0,9893	0,9896	0,9898	0,9901	0,9904	0,9906	0,9909	0,9911	0,9913	0,9916
2,40	0,9918	0,9920	0,9922	0,9925	0,9927	0,9929	0,9931	0,9932	0,9934	0,9936
2,50	0,9938	0,9940	0,9941	0,9943	0,9945	0,9946	0,9948	0,9949	0,9951	0,9952
2,60	0,9953	0,9955	0,9956	0,9957	0,9959	0,9960	0,9961	0,9962	0,9963	0,9964
2,70	0,9965	0,9966	0,9967	0,9968	0,9969	0,9970	0,9971	0,9972	0,9973	0,9974
2,80	0,9974	0,9975	0,9976	0,9977	0,9977	0,9978	0,9979	0,9979	0,9980	0,9981
2,90	0,9981	0,9982	0,9982	0,9983	0,9984	0,9984	0,9985	0,9985	0,9986	0,9986
3,00	0,9987	0,9987	0,9987	0,9988	0,9988	0,9989	0,9989	0,9989	0,9990	0,9990
3,10	0,9990	0,9991	0,9991	0,9991	0,9992	0,9992	0,9992	0,9992	0,9993	0,9993
3,20	0,9993	0,9993	0,9994	0,9994	0,9994	0,9994	0,9994	0,9995	0,9995	0,9995
3,30	0,9995	0,9995	0,9995	0,9996	0,9996	0,9996	0,9996	0,9996	0,9996	0,9997
3,40	0,9997	0,9997	0,9997	0,9997	0,9997	0,9997	0,9997	0,9997	0,9997	0,9998
3,50	0,9998	0,9998	0,9998	0,9998	0,9998	0,9998	0,9998	0,9998	0,9998	0,9998
3,60	0,9998	0,9998	0,9999	0,9999	0,9999	0,9999	0,9999	0,9999	0,9999	0,9999
3,70	0,9999	0,9999	0,9999	0,9999	0,9999	0,9999	0,9999	0,9999	0,9999	0,9999
3,80	0,9999	0,9999	0,9999	0,9999	0,9999	0,9999	0,9999	0,9999	0,9999	0,9999
3,90	1,0000	1,0000	1,0000	1,0000	1,0000	1,0000	1,0000	1,0000	1,0000	1,0000

Literatur- und Linkverzeichnis

[Aigner] Aigner, Martin: *Diskrete Mathematik*, Vieweg 2006.

[Beu] Beutelspacher, Albrecht: *Einmal sechs Richtige und andere Mathe-Wunder*, Piper 2007.

[Brill] Brill, Manfred: *Mathematik für Informatiker*, Hanser Fachbuch 2004.

[BRK] Bartholomé, Andreas; Rung, Josef; Kern, Hans: *Zahlentheorie für Einsteiger*, Vieweg+Teubner 2008.

[Date] Date, Chris J.: *An Introduction to Database Systems*, Addison-Wesley 2004.

[Eirund] Eirund, Helmut; Kohl, Ullrich: *Datenbanken – leicht gemacht*, Teubner 2003.

[Falk1] Falkenberg, Egbert: *Vorlesung Quantitative Methoden – Statistik, Studiengang Wirtschaftsinformatik*, Sommersemester 2007, Vorlesungsskript.

[Falk2] Falkenberg, Egbert: *Übungen zur Vorlesung Quantitative Methoden – Statistik, Studiengang Wirtschaftsinformatik*, Sommersemester 2007, Vorlesungsskript.

[Fell1] Feller, William: *Introduction to Probability Theory and Its Applications Vol. 1*, Wiley & Sons 1968.

[Fell2] Feller, William: *Introduction to Probability Theory and Its Applications Vol. 2*, Wiley & Sons 1971.

[Fisch] Fischer, Gerd: *Stochastik einmal anders*, Vieweg 2005.

[Freed] Freedman, David; Pisani, Robert; Purves, Roger: *Statistics*, Norton 2007.

[Green] Greene, Brian: *Das elegante Universum*, Goldmann 2006.

[Güt] Güting, Ralf Hartmut: *Datenstrukturen und Algorithmen*, Teubner 2004.

[Hart] Hartmann, Peter: *Mathematik für Informatiker*, Teubner 2006.

[Henze] Henze, Norbert: *Stochastik für Einsteiger*, Vieweg+Teubner 2008.

[Hodges] Hodges, Andrew: Alan Turing, *Enigma*, Springer Verlag 1994.

[Hof] Hofstadter, Douglas R.: *Gödel, Escher, Bach. Ein Endloses Geflochtenes Band*, Verlag Klett-Cotta 2006.

[Krumke] Krumke, Sven Oliver; Noltemeier, Hartmut: *Graphentheoretische Konzepte und Algorithmen*, Vieweg+Teubner 2009.

[Kuhn] Kuhn, Harold W.: »The Hungarian Method for the Assignment Problem«, *Naval Research Logistics Quarterly*, 2-83-97, 1955.

[Lex] *Lexikon der Mathematik*, 6 Bände, Spektrum Akademischer Verlag 2001.

[Mand] Mandelbrot, Benoit B.: *Die fraktale Geometrie der Natur*, Birkhäuser 1991.

[Mart] Martin, Robert C.; Martin, Micah: Agile *Principles, Patterns, and Practices in C#*, Prentice Hall PTR 2006.

[Matt] Matthäus, Wolf-Gert; Schulze, Jörg: *Statistik mit Excel: Beschreibende Statistik für Jedermann*, Vieweg+Teubner 2011.

[Monin] Monin, Jean-Francois: *Understanding Formal Methods*, Springer-Verlag 2003.

[Ott] Ottmann, Thomas; Widmayer, Peter: *Algorithmen und Datenstrukturen*, Spektrum Akademischer Verlag 2002.

[Peit1] Peitgen, Heinz-Otto; Jürgens, Hartmut; Saupe, Dietmar: *Bausteine des Chaos*, Rowohlt Verlag 1998.

[Peit2] Peitgen, Heinz-Otto; Richter, Peter H.: *The Beauty Of Fractals*, Springer Verlag 2001.

[Poort] Van Der Poorten, Alf: *Notes On Fermat's Last Theorem*, Wiley & Sons 1996.

[Radke] *Statistik mit Excel: Für Praktiker: Statistiken aufbereiten und präsentieren,* Markt und Technik 2005.

[Rand] Randow, Gero von: *Das Ziegenproblem*, Rowohlt 2004.

[Ribe] Ribenboim, Paulo: *13 Lectures on Fermat's Last Theorem*, Springer Verlag 1998.

[Saake] Saake, Gunter; Sattler, Kai-Uwe: *Algorithmen und Datenstrukturen*, Dpunkt Verlag 2006.

[Saut1] Sautoy, Marcus du: *Die Musik der Primzahlen*, dtv 2006.

[Schel] *Excel 2007: Sehen und Können*, Markt und Technik 2007.

[Schub] Schubert, Matthias: *Datenbanken: Theorie, Entwurf und Programmierung relationaler Datenbanken*, Teubner 2007.

[SchuNet] www.datenbankschubert.de

[Sedge01] Sedgewick, Robert: *Algorithmen in C++*, Addison-Wesley 1992.

[Sedge02] Sedgewick, Robert: *Algorithmen in Java*, Pearson Studium 1992.

[Singh1] Singh, Simon: *Fermats letzter Satz*, dtv 2000.

[Singh2] Singh, Simon: *Geheime Botschaften*, dtv 2001.

[Spiv1] Spivak, Michael: *Calculus*, Cambridge University Press 2006.

[Taka] Takahashi, Shin: *Mathe-Manga Statistik*, Vieweg+Teubner 2009.

[Teschl1] Teschl, Gerold und Susanne: *Mathematik für Informatiker: Band 1*, Springer Verlag 2008.

[Teschl2] Teschl, Gerold und Susanne: *Mathematik für Informatiker: Band 2*, Springer Verlag 2007.

[Teusch] Teuscher, Christof: *Alan Turing: Life and Legacy of a Great Thinker*, Springer Verlag 2007.

[Wiener] Wiener, Oswald; Bonik, Manuel; Hödicke, Robert: *Eine elementare Einführung in die Theorie der Turing Maschinen*, Springer Verlag 1998.

Index

A-Z

E

F

G

H

I

K

T

U

V

Printed in the United States
By Bookmasters